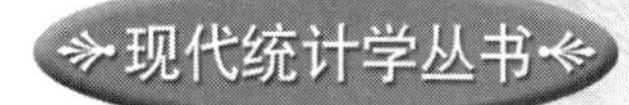

概率统计

（原书第4版）

Probability and Statistics

(Fourth Edition)

[美] 莫里斯·H. 德格鲁特（Morris H. DeGroot）
马克·J. 舍维什（Mark J. Schervish） 著

白云芬 熊德文 译

本书包括概率论、数理统计两部分，涉及条件分布、期望、大样本理论、估计、假设检验、非参数方法、线性统计模型、统计模拟等，内容取材比较时尚新颖。新版不但重写了很多章节，还介绍了在计算机科学中日益重要的切尔诺夫界，以及矩方法、牛顿法、EM算法、枢轴量、似然比检验的大样本分布等方面的知识，将目前研究前沿的一些问题深入浅出地融入教材。书中内容丰富完整，适当地选择某些章节，可以作为一学年的概率论与数理统计课程的教材，亦可作为一学期的概率论与随机过程的教材。本书适合数学、统计学、经济学等专业高年级本科生和研究生使用，也可供统计工作人员参考。

图书在版编目（CIP）数据

概率统计：原书第4版 /（美）莫里斯·H. 德格鲁特（Morris H.DeGroot），马克·J. 舍维什（Mark J.Schervish）著；白云芬，熊德文译. — 北京：机械工业出版社，2024.2

（现代统计学丛书）

书名原文：Probability and Statistics，Fourth Edition

ISBN 978-7-111-74666-9

I. ①概…　II. ①莫… ②马… ③白… ④熊…　III. ①概率统计　IV. ① O211

中国国家版本馆 CIP 数据核字（2024）第 054933 号

机械工业出版社（北京市百万庄大街 22 号　邮政编码 100037）

策划编辑：刘　慧　　　　责任编辑：刘　慧

责任校对：张雨霏　甘慧彤　牟丽英　　责任印制：常天培

北京铭成印刷有限公司印刷

2024 年 7 月第 1 版第 1 次印刷

186mm × 240mm · 50 印张 · 1181 千字

标准书号：ISBN 978-7-111-74666-9

定价：179.00 元

电话服务　　　　网络服务

客服电话：010-88361066　　机　工　官　网：www.cmpbook.com

010-88379833　　机　工　官　博：weibo.com/cmp1952

010-68326294　　金　书　网：www.golden-book.com

封底无防伪标均为盗版　　机工教育服务网：www.cmpedu.com

译 者 序

DeGroot 与 Schervish 所著的 *Probability and Statistics* 是一本概率论与数理统计方面的经典教材，先后出版了 4 版（1975 年第 1 版，1986 年第 2 版，2002 年第 3 版，2012 年第 4 版），每一版相对于上一版都有很大的变化，内容与页数也不断增加。本书多年来畅销不衰，被很多名校采用，包括卡内基梅隆大学、哈佛大学、麻省理工学院、华盛顿大学、芝加哥大学、康奈尔大学、杜克大学、加州大学洛杉矶分校等。

本次我们翻译的是 *Probability and Statistics*，*Fourth Edition*。在第 4 版中，作者用大量颇具启发性的例子引入概率论的相关知识，理论阐述清晰，证明逻辑严谨，并运用了很多新颖的例子来说明概率论在遗传学、排队论、计算金融学及计算机科学中的应用。统计（推断）部分以完整的形式展开，不是教条地处理哪个学派的思想，给读者提供一些过去证明有用并且在将来还可能有用的理论和方法；加入了很多新的例子，利用已公开发表的论文上的实际数据，对相关的统计概念与统计推断过程进行解释，很多示例生动、有趣，令人印象深刻。本书所讲的内容总体上是现代的，包含了参数估计、假设检验、非参数方法、多元回归和方差分析等基本内容，涉及先验和后验分布、充分统计量、Fisher 信息量、delta 方法、正常分布样本的贝叶斯分析、无偏性检验、拟合度检验、列联表、Simpson 悖论、稳健估计和修正均值、回归直线置信带、简单线性回归的贝叶斯分析和残差分析。为了适应计算机与人工智能发展的需要，在第 12 章还加入了模拟、重要性抽样、Gibbs 抽样、MCMC、自助法等内容，这部分又与前面的统计推断有机地联系在一起。

在翻译的过程中，我们尽量尊重原文，包括每一个符号、图表，尽量做到原汁原味，尽可能地体现原书的优势与特色。概率论部分（第 1~6 章）由上海师范大学的白云芬主译，由上海交通大学的熊德文校对，统计部分（第 7~12 章）由熊德文主译，由上海交通大学的叶中行校对。当然，由于译者水平和精力有限，加之时间仓促，在翻译的过程中难免出现错误，敬请有识之士指正！

译 者
2023 年 9 月

前　　言

第 4 版的主要变化

- 重组了正文中的很多重要结果，给它们加上“定理”这个标签，这样做是为了方便学生查找和参考这些结果。
- 为了让正文中的重要定义和假设更加凸显，把它们挑选出来，并加上相应的标签。
- 当要介绍一个新的主题时，在探究数学理论之前先用一个具有启发性的例子引入该主题，然后再回到这个例子来阐明新引入的内容。
- 把与大数定律和中心极限定理相关的内容从原来的第 5 章中抽取出来，放在全新的第 6 章中介绍，将之与大样本结论放到一起讨论似乎更自然。
- 把马尔可夫链这一节从第 3 版的第 2 章移到第 4 版的第 3 章。每次我给自己的学生介绍这部分内容时，都会因为不能提及随机变量、分布和条件分布而陷入困境。实际上我已经把这部分内容推迟了，在介绍完分布之后，再回头介绍马尔可夫链。我觉得是时候把它置于一个更合适的位置了。我还增加了一些关于马尔可夫链的平稳分布方面的内容。
- 为了提高思想呈现的流畅性，我把一些定理的冗长证明放到相关小节的末尾。
- 重写了 7.1 节，即“统计推断”这一节，使得推断的介绍更清晰明了。
- 重写了 9.1 节，这是为了更全面地介绍假设检验，包括似然比检验。对于那些对假设检验的更多数学理论不感兴趣的教师来说，从 9.1 节直接跳到 9.5 节变得更容易了。

下面给出了读者应该注意的其他变化：

- 以前表示两个集合 A 与 B 的交集的记号为 AB，现在替换为更流行的 $A\cap B$ 了。旧的记号虽然在数学上是合乎逻辑的，但是对于这一层次的教材来说，似乎有些晦涩了。
- 增加了对斯特林公式和詹森不等式的叙述。
- 全概率法则和样本空间的划分从第 3 版的 2.3 节移到第 4 版的 2.1 节。
- 累积分布函数（c. d. f.）曾专指分布函数（d. f.），所以在本版中把累积分布函数定义为分布函数这个首选名称。
- 在第 3 章和第 6 章中增加了直方图的内容。
- 重新安排了 3.8 节和 3.9 节中的一些主题，让随机变量的简单函数最先出现，一般的公式最后再出现，这样，对于那些打算避免具有数学挑战性部分的教师来说就更容易了。
- 列举了大量可用的条目强调超几何分布与二项分布之间的密切关系。
- 简单介绍了切尔诺夫边界。切尔诺大边界在计算机科学中日益重要，而它们的推导只需用本教材中的内容就足够了。
- 改变了置信区间的定义，它指的是随机区间，而不是观察区间。这不但使阐述更容易，也符合更现代的应用。

- 在 7.6 节简要介绍了矩估计法。
- 在第 7 章还简要介绍了牛顿法和 EM 算法的入门知识。
- 为了便于构造一般的置信区间，我还介绍了枢轴量的概念。
- 书中还介绍了似然比检验统计量的大样本分布，这也是新增加的内容。当假设方差不相等时，这可作为检验原假设“两个正态分布的均值相等”的备选方法。
- 把 Bonferroni 不等式移到正文部分（见第 1 章），第 11 章又把它作为构造联合检验和联合置信区间的一种方法。

怎样使用本书

这本书有点厚，不太可能在一学年的本科课程中介绍全部内容。这样设置是为了让教师能够自由选择哪些主题是必须要掌握的，哪些主题可供进一步深入学习。比如，很多教师希望不再强调经典计数的内容，这部分内容在 1.7~1.9 节。还有一部分教师只想全面介绍二项分布或多项分布相关的知识，那么他们可以只介绍排列、组合和可能的多项系数的定义和定理。只需要确保学生知道如何算出这些值，其他相关的分布都没有意义。对于理解重要的分布来说，在这些章节中的各种例子是很有用的，但不是必需的。另一个例子是 3.9 节关于两个或多个随机变量的函数。一般多元变换的雅可比行列式的应用涵盖了更多的数学知识，这或许比某些本科课程的教师所希望的还要多。整个这一节可以略去，而不会对后续学习造成任何影响，但是本节前面那些更简单的案例（比如卷积）还是很值得介绍的。9.2~9.4 节涉及单参数族的最优检验，这部分内容的数学理论很深奥，想深入理解假设检验理论的研究生可能对此很感兴趣。第 9 章的其余部分涵盖了本科课程所需要教授的全部知识。

除了本书之外，培生教育出版集团还提供教师解答手册[⊖]（*Instructor's Solutions Manual*），该手册可从教师资源中心下载（www.pearsonhighered.com/irc），其中包括教材中很多章节的具体选择建议。从本书的早期版本开始我就一直用它作为一学年概率和统计课程的教材，给本科高年级学生上课。在第一学期，我介绍本教材的前 5 章（包括马尔可夫链的内容）和第 6 章的部分内容，这些内容在前几版中也有。在第二学期，我讲述第 6 章的其余部分，第 7~9 章，11.1~11.5 节和第 12 章。我也给工程师和计算机科学家教授过一学期的概率论与随机过程的课程，我选择第 1~6 章和第 12 章的内容，包括马尔可夫链，但是不包括雅可比行列式。后面这一课程不同于数学系的课程，后者强调数学推导。

很多节前都标记了星号（*）。这表明其后面的内容并不以加了星号的这一节为基础。这一标记并不是建议教师跳过这些节，只是表明略去这些节并不会严重影响后面章节的学习。这些节是 2.4 节、3.10 节、4.8 节、7.7 节、7.8 节、7.9 节、8.6 节、8.8 节、9.2 节、9.3 节、9.4 节、9.8 节、9.9 节、10.6 节、10.7 节、10.8 节、11.4 节、11.7 节、11.8 节和 12.5 节。除了这些节之间交叉参考，教材中的其他内容偶尔也需要参考这些节；

⊖ 关于教辅资源，仅提供给采用本书作为教材的教师用作课堂教学、布置作业、发布考试等。如有需要的教师，请直接联系 Pearson 北京办公室查询并填表申请。联系邮箱：Copub.Hed@pearson.com。——编辑注

然而，对这些节的依赖性是很小的。多数情况是第12章向前参考某个加星号的节，原因是这些加星号的节阐述了比较难学的内容，并且对于用分析方法不能解决的难题，模拟方法非常有用。除了那些帮助把相关资料放到背景下的偶尔参考，还有下面3种依赖：

- 在12.6节讨论自助法时又重新介绍了样本分布函数（10.6节）。样本分布函数在呈现模拟结果时是很有用的工具。最早可在例12.3.7中简单介绍它，只需涵盖10.6节的第一部分的内容。
- 在12.2节的一些模拟习题（习题4、5、7、8）中也重现了稳健估计（10.7节）。
- 例12.3.4参考了双因子试验设计方差分析的内容（11.7节和11.8节）。

辅助资料

本教材有下面两种配套的辅助资料。

- 教师解答手册（*Instructor's Solutions Manual*）包含教材中所有习题的完整解答。可以从 www. pearsonhighered. com/irc 的教师资源中心下载。
- 学生解答手册（*Student Solutions Manual*）包含教材中所有奇数序号习题的完整解答。但这不是免费的，需要读者自行购买（ISBN-13：978-0-321-71598-2；ISBN-10：0-321-71598-5）。

致谢

在这次修订过程中，很多人给予我帮助和鼓励，在此深表谢意。其中，我要特别感谢 Marilyn DeGroot 和 Morris 的子女们给我这个机会来修订 Morris 的杰作。

我也要感谢许多读者、审阅人、同事、职员和 Addison-Wesley 公司的工作人员，他们的帮助和建议促使这个版本顺利完成。审阅人包括：伊利诺伊理工学院的 Andre Adler，洛约拉大学的 E. N. Barron，华盛顿大学圣路易斯分校的 Brian Blank，俄克拉何马大学的 Indranil Chakraborty，波士顿学院的 Daniel Chambers，东密歇根大学的 Rita Chattopadhyay，圣塔克拉拉大学的 Stephen A. Chiappari，韦恩州立大学的 Sheng-Kai Chang，拉斐特学院的 Justin Corvino，多伦多大学的 Michael Evans，宾州印第安纳大学的 Doug Frank，肯尼索州立大学的 Anda Gadidov，兰道夫-梅肯学院的 Lyn Geisler，俄亥俄州立大学的 Prem Goel，索诺玛州立大学的 Susan Herring，德雷塞尔大学的 Pawel Hitczenko，莱莫恩学院的 Lifang Hsu，理海大学的 Wei-Min Huang，北艾奥瓦大学的 Syed Kirmani，杜克大学的 Michael Lavine，圣地亚哥州立大学的 Rich Levine，杜兰大学的 John Liukkonen，格兰德弗学院的 Sergio Loch，西北大学的 Rosa Matzkin，雪城大学的 Terry McConnell，加州大学戴维斯分校的 Hans-Georg Mueller，贝瑟尔学院的 Robert Myers，俄亥俄州立大学的 Mario Peruggia，女王大学的 Stefan Ralescu，纽约州立大学纽伯兹分校的 Krishnamurthi Ravishankar，三一大学的 Diane Saphire，萨基诺谷州立大学的 Steven Sepanski，宾州大学的 Hen-Siong Tan，阿拉斯加大学的 Kanapathi Thiru，约翰斯霍普金斯大学的 Kenneth Troske，得克萨斯大学达拉斯分校的 John Van Ness，罗格斯大学的 Yehuda Vardi，韦恩州立大学的 Yelena Vaynberg，俄亥俄州立大学的 Joseph Verducci，肯特州立大学的 Mahbobeh Vezveai，杜克大学的 Brani Vidakovic，西田州立学院的 Karin Vorwerk，东密歇根大学的 Bette Warren，克莱门森大学的

Calvin L. Williams，密西西比大学的 Lori Wolff。

肯尼索州立大学的 Anda Gadidov 仔细审查了书中内容的准确性。我非常感谢我在卡内基梅隆大学的同事们，特别是 Anthony Brockwell、Joel Greenhouse、John Lehoczky、Heidi Sestrich 和 Valerie Ventura。Addison-Wesley 公司和其他单位中帮助出版这本书的人有 Paul Anagnostopoulos、Patty Bergin、Dana Jones Bettez、Chris Cummings、Kathleen DeChavez、Alex Gay、Leah Goldberg、Karen Hartpence 和 Christina Lepre。

如果我漏掉了某些人，很抱歉，我不是故意的。类似的错误也不可避免地会出现在任何我参加过的项目中。基于这个原因，只要这本书一出版，我就会在我的主页上公布这本书的信息，包括勘误表。我的主页是 http://www.stat.cmu.edu/~mark/。欢迎读者把发现的错误告诉我。

Mark J. Schervish

2010 年 10 月

目　录

第1章 关于概率的引言

1.1 概率的历史

用概率来衡量不确定性和可变性已经有数百年历史了，概率已经被应用到很多领域，例如：医学、博弈、天气预报和法律。

偶然和不确定性的概念像文明社会一样古老。人们不得不面临天气、食物供应和环境中其他方面的不确定性，并努力减少这种不确定性及其影响。甚至博弈的思想也有悠久的历史。大约公元前3500年，在埃及和其他地区已经出现利用骨制物体进行运气游戏，可以认为这就是掷骰子的前身。在公元前2000年的埃及墓葬中发现了标记与现代骰子几乎相同的立方骰子。由此可知，从那时起，用骰子博弈就很流行，并在概率论的早期发展中发挥了重要作用。

人们普遍认为概率的数学理论是由法国数学家 Blaise Pascal（1623—1662）和 Pierre Fermat（1601—1665）在成功推导出涉及骰子的某些博弈问题的精确概率时开创的。他们解决的问题中有些已有300多年未解决。然而 Girolamo Cardano（1501—1576）和 Galileo Galilei（1564—1642）在更早就已经算出掷骰子的各种排列组合的数值概率。

自从17世纪以来概率论得到了稳步的发展并且被广泛应用到很多研究领域。现在，概率论是工程、科学和管理领域的重要工具。许多研究工作者正致力于发现和确立概率论在新领域的应用，比如医学、气象学、卫星摄影、市场营销、地震预测、行为学、计算机系统设计、金融、遗传学和法律等。在许多涉及“反垄断”或“就业歧视”的法律诉讼中，双方都会使用概率和统计计算，以帮助支持他们的主张。

参考文献

David（1988）、Ore（1960）、Stigler（1986）和 Todhunter（1865）论述了博弈的古代史和概率数学理论的起源。

一些介绍概率论的书籍里面讨论了很多与本书研究相同的主题，它们是：Feller（1968）；Hoel，Port 和 Stone（1971）；Meyer（1970）；Olkin，Gleser 和 Derman（1980）。另外，还有一些介绍性的书籍介绍了概率论和统计，难度和本书水平相当，它们是：Brunk（1975）；Devore（1999）；Fraser（1976）；Hogg 和 Tanis（1997）；Kempthorne 和 Folks（1971）；Larsen 和 Marx（2001）；Larson（1974）；Lindgren（1976）；Miller 和 Miller（1999）；Mood，Graybill 和 Boes（1974）；Rice（1995）；Wackerly，Mendenhall 和 Schaeffer（2008）。

1.2 概率的解释

这一节描述概率的三种常见的运算解释。尽管这些解释看起来似乎是不完全相容的，幸运的是无论你喜欢哪种解释，都能很好地运用到概率的计算（本书前六章的主要内容）上去。

除了概率论的许多正式应用，概率的概念已经渗透到我们的日常生活和谈话中。我们经常听到："明天下午可能会下雨""飞机可能会晚点到达""他今晚很可能会和我们一起吃饭"等表述。每一个表述都基于某个特殊事件发生的概率或者可能性的概念。

尽管概率的概念在我们的生活经历中是如此的普遍和自然，但是却没有"概率"这一术语的唯一科学解释能被所有统计学家、哲学家和其他权威人士所接受。多年来，一些权威人士提出的每种概率的解释都受到其他人批评。事实上，概率真实的含义仍然是一个非常有争议的主题，且涉及目前关于统计基础的哲学讨论。这里将描述概率的三种不同的解释，每种解释对概率论应用到实际问题中都非常有用。

概率的频率解释

在很多问题中，一个观测过程的某个特定结果的概率可被理解为这个观测过程在相同条件下重复很多次得到该结果的相对频率。例如，抛掷一枚硬币一次，认为得到正面的概率是 1/2，这是因为在相同条件下抛掷一枚硬币很多次，得到正面的相对频率大约是 1/2，即可以假定掷出正面的比例大约是 1/2。

当然，这个例子中提到的条件太模糊，不能作为概率的科学定义的基础。首先，提到抛掷硬币"很多次"，但是对于足够多的具体的次数没有明确的界定。其次，规定每次必须在"相同条件下"抛掷硬币，但是并未确切地描述这些条件。每次抛掷硬币的条件不可能完全相同，因为结果有可能完全相同，有可能出现全是正面或者全是反面。事实上，一个熟练的人将硬币抛到空中，几乎每次都能得到正面。因此，抛掷不能完全控制，必须有一些"随机"的特征。

另外，声称得到正面的相对频率"近似 1/2"，但是对偏离 1/2 的程度没有明确的界定。如果抛掷一枚硬币 1 000 000 次，我们并不期望恰好得到 500 000 次正面。事实上，如果恰好得到 500 000 次正面，我们会非常惊奇。另一方面，我们也不期望得到正面的次数与 500 000 次相离甚远。我们希望能够对"出现正面的不同的可能次数的可能性"做一个准确的描述，但这些可能性必须依赖于我们将要定义的概率的概念。

概率的频率解释的另一个缺点在于，它只适用于（至少在原则上）观测过程能大量重复进行的问题。很多重要的问题都不属于这种类型，比方说，不能直接应用概率的频率解释某一对熟人在两年之内结婚的概率，或一项特殊的医学科研项目会在一个特定时期内对治疗某种疾病有新进展的概率。

概率的经典解释

概率的经典解释是基于"等可能结果"的概念。比方说，抛掷一枚硬币可能会出现两种可能的结果：正面或反面。如果可以假定这两种结果会等可能发生，它们必定有相同的概率。由于概率的总和是 1，所以出现正面和反面的概率都必为 1/2。更一般地，如果某观测过程的结果必是 n 种不同结果中的一种，并且这 n 种结果会等可能发生，那么每种结果的概率就是 $1/n$。

当试图从这种经典的解释中发展概率的正式定义时，出现了两个根本难题。首先，

“等可能结果”的概念本质上基于我们将要定义的概率的概念。“两个可能结果等可能发生”的说法和“两个结果有相同概率”的说法是一样的。其次，对于“不能被认为是等可能”的结果，还没有一种系统方法来设定其概率。当掷一枚硬币，或掷一个均匀的骰子，或从一副充分洗过的牌中抽取一张牌的时候，由于过程的特性经常会使我们认为出现不同可能结果的可能性相等。然而，当问题是“猜测一对熟人是否将会结婚”或“一个科研项目是否会成功”时，通常不会认为出现的结果是等可能的，此时就需要一种不同的方法来设定这些结果的概率。

概率的主观解释

根据对概率的主观（或个人）解释，一个人对某个观测过程可能结果分配的概率反映了他自己对该结果出现可能性的主观判断。这个判断是基于每个人的信念和关于这个观测过程的信息而做出的。另一个具有不同信念、掌握不同信息的人，对同一个结果也许会给出一个不同的概率。正是基于这个原因，说某个人对一个结果的主观概率比说该结果的真实概率要更恰当。

作为该解释的一个说明，假设抛掷一枚硬币一次。一个对硬币本身或抛硬币方式一无所知的人认为出现正面或反面结果的可能性相等，他就会对得到正面的可能性赋以 1/2 的主观概率；然而那个（实际）抛掷硬币的人也许会觉得正面更可能出现。通常，人们为了能对结果分配主观概率，会用数值来表示他们信念的强度。比方说，假如他们认为“抛硬币出现正面”的概率与“从充分洗好的四张红牌和一张黑牌里抽出一张红牌”的概率相等，因为他们认为“抽到红牌”的概率为 4/5，“掷一枚硬币时出现正面”的概率也应该为 4/5。

可以将概率的这种主观解释公式化。一般来说，如果人们对各种结果不同组合的相对可能性的判断满足某种相容性的要求，则表明他们关于不同可能事件的主观概率是可以唯一确定的。然而，这种主观解释遇到两个困难。首先，要求人们对无穷多个事件的相对可能性的判断必须完全相容，不相矛盾，这似乎不是人类所能做到的。其次，主观解释没有提供“两个或多个科学家一起工作，对他们共同感兴趣的某个科研领域的知识状况得到相同的评价”的客观根据。

另一方面，承认概率的主观解释对强调科学的某些主观方面有有益效果。一个科学家对某个不确定结果的概率评估最终一定是基于他所有已知资料的评估。这个评估有可能部分来自对概率的频率解释，因为科学家可能把这种结果或过去类似的结果出现的相对概率都考虑在内。这个评估可能部分来自对概率的经典解释，因为科学家也许会把等可能出现的结果的总数考虑进去。然而，数值概率的最终分配是科学家自己的责任。

科学家从一系列的研究课题中选择课题，在开展这项课题时选择试验，从试验数据中得出结论，在这个过程中处处体现了科学主观性。概率与统计的数学理论在这些选择、决策和结论中起着重要的作用。

注：概率论不依赖于解释。本书的第 1~6 章介绍了概率的数学理论，而没有涉及围绕概率这个术语不同解释的争论。无论在特定问题中使用哪一种概率解释，该理论都是正确的，并能够被充分利用。本书中所提到的理论和技巧可以对实际试验设计和分析的几乎所有方面提供有价值的指导和工具。

1.3 试验和事件

概率是我们量化"某事件发生的可能性"的方法（根据1.2节概率解释的一种叙述），在本节我们将举例说明概率应用场景的类型。

试验类型

概率论适用于进行试验时可获得的各种可能结果及可能发生的事件。

定义1.3.1 试验和事件 试验是任何可以提前确定可能结果的观测过程，这个观测可以是真实的，也可以是假设的。事件是明确定义的试验可能结果的集合。

这个定义的广度使我们可以将几乎任何可以想象的观测过程称为试验，不论是否知道它的结果。每个事件的概率是我们所说的"试验结果出现在事件中的可能性有多大"。并非每个可能结果的集合都被称为一个事件。我们将在1.4节中具体地说明哪些子集可以被看作事件。

对于事先不知道结果的真实试验，概率是最有用的，但是有许多假设试验为模拟真实试验提供了有用的工具。一种常见的假设试验就是在类似条件下无限地重复明确定义的任务。接下来给出一些试验和具体事件的例子。在每个例子中，"概率"前面的词描述了感兴趣的事件。

1. 将一个硬币抛掷10次，试验者可能想确定最少出现4次正面的概率。
2. 从一个装有大量相似零件的仓库中选出1000个晶体管样品，对每一个所选样品都进行检测，一个人可能想确定所选晶体管中不多于一个次品的概率。
3. 观测某固定地点连续90天中午的气温，一个人可能想确定在这段时间中平均气温低于某个值的概率。
4. 考查托马斯·杰斐逊的生平信息，一个人可能想确定杰斐逊生于1741年的概率。
5. 评估一项工业研究发展项目在一段时间的价值，一个人可能想确定在特定的几个月内成功开发一个新产品的概率。

概率的数学理论

正如1.2节所述，对分配给很多试验结果的一些概率的合理意义和解释是有争议的。然而，在一项试验中，一旦确定了一些简单结果的概率，所有权威人士完全同意概率的数学理论为进一步研究这些概率提供了合适的方法论。在几乎所有关于概率的数学理论的研究中，从最基础的教科书到最高级的研究，都涉及两个问题：（i）由试验的每一个可能结果的特定概率确定某些事件概率的方法；（ii）当得到额外的相关信息时，修正事件概率的方法。

这些方法是基于标准数学技术的。本书前六章的目的就是介绍这些技术，它们一起构成了概率的数学理论。

1.4 集合论

本节建立了事件的数学模型，即集合论。引入了几个重要的概念，即元素、子集、空集、交集、并集、补集和不相交的集合。

样本空间

定义 1.4.1 样本空间 一个试验的所有可能结果的集合被称为这个试验的样本空间。

一个试验的样本空间可以看作不同结果的集合，每一个结果可以认为是样本空间里的一个点，或者一个元素。类似地，事件可以看作样本空间的子集。

例 1.4.1 掷骰子 投掷一个六面骰子，样本空间是包含六个数字 1,2,3,4,5,6 的集合，每一个数字表示投掷骰子后可能出现的面。可以用符号表示为

$$S=\{1,2,3,4,5,6\}。$$

事件 A 表示“得到的点数为偶数”，可以表示为 $A=\{2,4,6\}$；事件 B 表示“得到的点数大于 2”，则定义为 $B=\{3,4,5,6\}$。 ◀

由于可以将“结果”解释为“集合里的元素”，将“事件”解释为“集合的子集”，因此集合论的语言和概念为概率论的发展提供了一个自然的背景。在此，将要复习一下集合论的思想和符号。

集合论中的关系

设 S 为某试验的样本空间，则试验的每个可能结果 s 可以说是空间 S 的一个元素，或属于空间 S。“s 是 S 的一个元素”可以用符号表示为 $s\in S$。

做了一个试验，某个事件 E 发生了，这意味着两个等价的事情：试验的结果满足事件 E 的条件；这个结果作为样本空间的点，是事件 E 的一个元素。

更精确地，我们将说明什么样的结果的集合对应于上述的事件。在许多应用中，对应事件的结果的集合是很明显的，如例 1.4.1。在其他应用中（例如接下来的例 1.4.5）可用的集合太多，无法将它们都视为事件。理想状况下，我们希望拥有尽可能多的称为事件的集合，以便概率的计算有尽可能广泛的适用性。然而，当样本空间太大时（如例 1.4.5），概率论不可能扩展到样本空间所有子集的集合。出于如下两个原因，我们不必详述这一点：首先仔细处理需要数学细节，这有可能干扰对重要概念的初步理解；其次，对本书结果的实际影响很小。为了不给读者带来过度负担，并保证在数学上是正确的，需要声明：为能够进行所有可能感兴趣的概率的计算，被称之为事件的集合族（以下称为“事件族”）必须满足下文给出的三个简单的条件。在书中所看到的每一个问题中都存在着一个集合族，包含了我们要讨论的集合，且满足这三个条件；读者可以假设“所有事件都是从这个集合族中选取的”。例如，对于只有有限多个结果的样本空间 S，S 的所有子集构成的集合族都满足这些条件，读者可以在本节的习题 12 看到。

下面说明三个条件中的第一个条件。

条件 1 样本空间 S 作为一个事件（称为必然事件），必须在事件族中。

也就是说，事件族必须包含样本空间 S。其他两个条件将在本节后面出现，因为它们需要额外的定义，条件 2 将在定义 1.4.5 后讨论，条件 3 将在定义 1.4.7 后讨论。

定义 1.4.2 包含 如果集合 A 的每个元素也属于集合 B，称为集合 A 包含于集合 B。两事件之间的这种关系用符号表示为：$A\subset B$，它是“A 是 B 的子集”的集合论表达式。如果 $A\subset B$，等价地可以说 B 包含 A，也可以写为 $B\supset A$。

用事件语言来说，$A \subset B$ 表示“如果 A 发生，则 B 也发生”。

以下省略了简单的证明过程。

定理 1.4.1　设 A，B 和 C 为事件，那么 $A \subset S$。如果 $A \subset B$ 且 $B \subset A$，则 $A=B$。如果 $A \subset B$，且 $B \subset C$，则 $A \subset C$。■

例 1.4.2　掷骰子　在例 1.4.1 中设 A 是事件“得到的点数为偶数”，C 是事件“得到的点数大于 1”。由于 $A=\{2,4,6\}$，$C=\{2,3,4,5,6\}$，因此 $A \subset C$。◀

空集　有些事件是不可能发生的。例如，掷骰子时，不可能得到负数，因此，“得到负数”的事件可以定义为 S 的不包含任何结果的子集。

定义 1.4.3　空集　S 中不含任何元素的子集称为空集，可以用符号 $\varnothing$ 表示。

用事件语言来说，空集是任何不可能发生的事件。

定理 1.4.2　设 A 是一个事件，则 $\varnothing \subset A$。

证明　设 A 为任意事件。由于空集 $\varnothing$ 不包含任何点，从逻辑上说，属于 $\varnothing$ 的任意点也属于 A，$\varnothing \subset A$。■

有限集和无限集　有些集合只包含有限个元素，而另一些集合则包含无限多个元素，有两个类型的无限集，需要我们加以区分。

定义 1.4.4　可数/不可数　如果无限集合 A 的元素与自然数集 $\{1,2,3,\cdots\}$ 之间存在一一对应的关系，则称无限集 A 是可数的。如果集合 A 既不是有限的也不是可数的，称该集合为不可数的。我们称一个集合有至多可数个元素，意思是这个集合要么是有限的，要么是可数的。

可数无限集的例子包括整数、偶数、奇数、素数和任意无限数列。这些集合中的任何一个数都可以与自然数一一对应。例如，以下函数 f 将整数与自然数一一对应起来：

$$f(n)=\begin{cases}\dfrac{n-1}{2}, & \text{如果 } n \text{ 是奇数}\\[2ex] -\dfrac{n}{2}, & \text{如果 } n \text{ 是偶数}\end{cases}$$

各项不同的每一个无限数列是一个可数集，因为它的索引使其与自然数一一对应。不可数集的例子包括实数、正实数、区间 $[0,1]$ 中的数以及实数的所有有序对集合。本节最后将给出实数不可数的证明。整数的每一个子集有至多可数个元素。

集合论中的运算

定义 1.4.5　补集　集合 A 的补集定义为样本空间 S 中所有不属于 A 的点构成的集合。A 的补集记为 A^c。

用事件语言来说，事件 A^c 就是 A 不发生的事件。

例 1.4.3　掷骰子　在例 1.4.1 中，再次假设 A 是“得到的点数为偶数”的事件，那么 $A^c=\{1,3,5\}$ 是“掷出的点数为奇数”的事件。◀

我们现在给出事件族需要的第二个条件。

条件 2　如果 A 是事件族的一个事件，则 A^c 也是该事件族的一个事件。

也就是说，我们将由结果组成的每个集合 A 称为事件，必须将其补集 A^c 也称为事件。

A 与 A^c 之间关系的直观版本如图 1.1 所示。这种类型的草图称为文氏图。

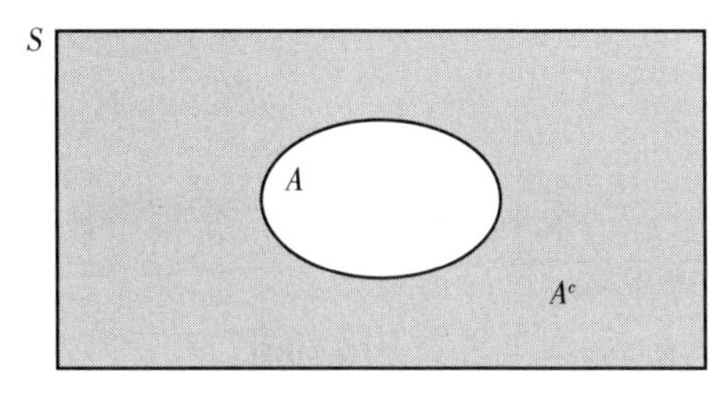

图 1.1 事件 A^c

下文将不加证明地给出补集的一些性质。

定理 1.4.3 设 A 是一个事件，则

$$(A^c)^c = A, \varnothing^c = S, S^c = \varnothing。$$

空集 $\varnothing$ 是一个事件。■

定义 1.4.6 两个集合的并集 设 A 和 B 是任意两个集合，A 与 B 的并集定义为包含 A 与 B 的所有结果的集合，用符号表示为 $A \cup B$。

集合 $A \cup B$ 的示意图见图 1.2。用事件语言表述为，$A \cup B$ 是“要么仅事件 A 发生，要么仅事件 B 发生，要么两者都发生”的事件。

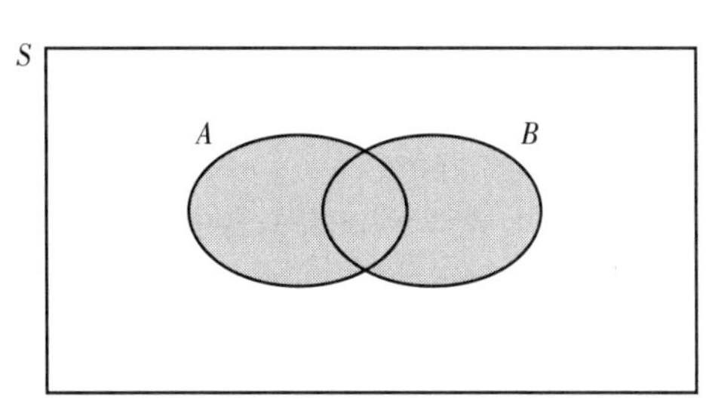

图 1.2 集合 $A \cup B$

并集有如下性质，证明留给读者。

定理 1.4.4 对所有的集合 A 和 B，

$$A \cup B = B \cup A, \quad A \cup A = A, \quad A \cup A^c = S,$$
$$A \cup \varnothing = A, \quad A \cup S = S。$$

此外，如果 $A \subset B$，那么 $A \cup B = B$。■

并集的概念可以推广到两个以上的集合。

定义 1.4.7 多个集合的并集 n 个集合 $A_1, A_2, \cdots, A_n$ 的并集定义为属于这 n 个集合中至少一个的所有结果构成的集合，用符号表示为：

$$A_1 \cup A_2 \cup \cdots \cup A_n \text{ 或者 } \bigcup_{i=1}^{n} A_i。$$

类似地，（无穷）集合序列 $A_1, A_2, \cdots$ 的并集是属于序列中至少一个事件的所有结果构成的集合。集合序列的无限并集表示为 $\bigcup_{i=1}^{\infty} A_i$。

用事件语言来说，事件族的并集是“该事件族中至少有一个事件发生”的事件。

我们现在来讲述事件族所需的最后一个条件。

条件 3 如果 $A_1, A_2, \cdots$ 是事件族的一个可数事件序列，那么 $\bigcup_{i=1}^{\infty} A_i$ 也是该事件族的一个事件。

换言之，如果我们选择将某个可数集合序列的每组结果称为一个事件，就需要称它们的并集也为事件。我们不要求任意事件族的并集为事件。为了清楚可见，设 I 是一个任意的集合，用来索引事件族 $\{A_i : i \in I\}$。这个事件族的并集是其中至少一个事件的试验结果构成的集合，记为 $\bigcup_{i \in I} A_i$。在此，不要求 $\bigcup_{i \in I} A_i$ 是一个事件，除非 I 是可数的。

条件 3 指的是可数个事件族。可以证明这个条件也适用于有限个事件族。

定理 1.4.5 事件族中的有限个事件 $A_1, \cdots, A_n$ 的并集是事件。

证明 对每个 $m = n+1, n+2, \cdots$，定义 $A_m = \varnothing$。由于 $\varnothing$ 是一个事件，现在有了可数个事

件族 $A_1, A_2, \cdots$。由条件3可得 $\bigcup_{m=1}^{\infty} A_m$ 是个事件。但很容易看出

$$\bigcup_{m=1}^{\infty} A_m = \bigcup_{m=1}^{n} A_m。$$ ■

三个事件 A,B,C 的并集可由 $A \cup B \cup C$ 的定义直接构造，也可通过估算任意两个事件的并集，然后形成该并集与第三个事件的并集得到。换言之，下述结果是正确的。

定理 1.4.6　结合律　对任意三个事件 A,B,C，下述的结合律成立：

$$A \cup B \cup C = (A \cup B) \cup C = A \cup (B \cup C)。$$ ■

定义 1.4.8　两个集合的交集　如果 A 和 B 是任意的两个集合，则 A 和 B 的交集定义为由同属于 A 和 B 的所有结果构成的集合，可用符号表示为 $A \cap B$。

集合 $A \cap B$ 可由文氏图（见图1.3）给出。用事件语言表述为，$A \cap B$ 是“事件 A 和事件 B 都发生”的事件。

定理 1.4.7　如果 A 与 B 是事件，则 $A \cap B$ 也是事件。对任意事件 A 和 B，有

$$A \cap B = B \cap A, \quad A \cap A = A, \quad A \cap A^c = \varnothing,$$

$$A \cap \varnothing = \varnothing, \qquad A \cap S = A。$$

进一步，如果 $A \subset B$，则 $A \cap B = A$。 ■

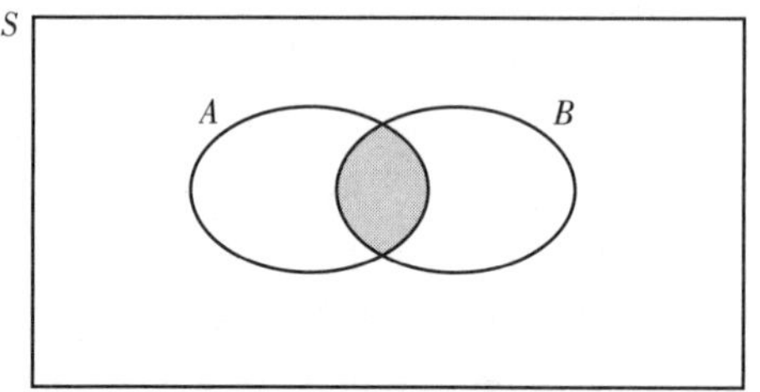

图1.3　集合 $A \cap B$

交集的概念可以推广到两个以上的集合。

定义 1.4.9　多个集合的交集　n 个集合 $A_1, A_2, \cdots, A_n$ 的交集定义为包含这 n 个集合共有元素的集合，记为 $A_1 \cap A_2 \cap \cdots \cap A_n$ 或者 $\bigcap_{i=1}^{n} A_i$。类似的符号可以用来表示一列无限集合序列的交集或者任意集合族的交集。

用事件语言表述为，事件族的交集是这族事件同时发生的事件。

很容易证明如下关于三个事件交集的结论。

定理 1.4.8　结合律　对任意的三个事件 A,B,C，以下的结合律成立：

$$A \cap B \cap C = (A \cap B) \cap C = A \cap (B \cap C)。$$ ■

定义 1.4.10　不相交/互斥　如果集合 A 和集合 B 没有共同的结果，即 $A \cap B = \varnothing$，则称 A 与 B 不相交或者互斥。如果对任意 $i \neq j$，集合 A_i 和集合 A_j 不相交，即 $A_i \cap B_j = \varnothing$，则称集合 $A_1, A_2, \cdots, A_n$ 或者集合 $A_1, A_2, \cdots$ 不相交。如果事件族中任意两个事件没有共同的结果，就称事件族的事件是不相交的。

用事件语言表述为，如果 A 和 B 不能同时发生，则它们是不相交的。

作为这些概念的说明，图1.4呈现了三个事件 A_1, A_2 和 A_3 的文氏图。该图表明 A_1, A_2 和 A_3 的各种交集及其补集把样本空间 S 划分为八个不相交的子集。

例 1.4.4　抛硬币　假设抛掷一枚硬币三次，则样本空间 S 包含以下八种可能的结果 $s_1, \cdots, s_8$：

$$s_1: \text{HHH},$$

$$s_2: \text{THH},$$

$$s_3: \text{HTH},$$
$$s_4: \text{HHT},$$
$$s_5: \text{HTT},$$
$$s_6: \text{THT},$$
$$s_7: \text{TTH},$$
$$s_8: \text{TTT}。$$

其中 H 表示正面，T 表示反面。例如结果 s_3 表示“第一次抛掷时得到正面，第二次抛掷时得到反面，第三次抛掷时得到正面”这样的结果。

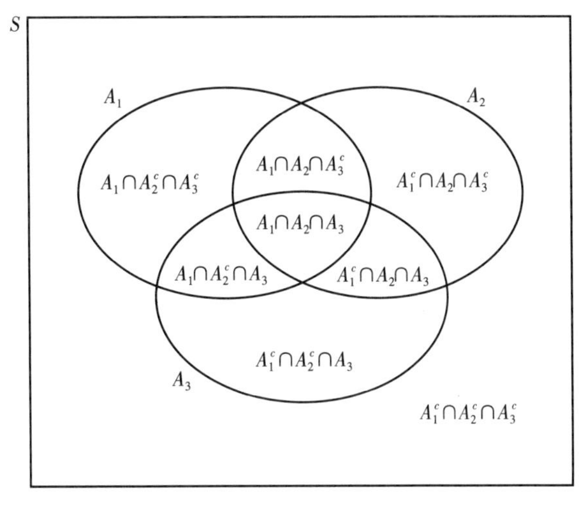

图 1.4　由 A_1, A_2, A_3 确定的 S 的划分

为了应用本节介绍的概念，我们将定义如下四个事件：设 A 表示事件“三次抛掷中至少有一次正面向上”，B 表示事件“第二次正面向上”，C 表示事件“第三次反面向上”，D 表示事件“没有正面向上”。相应地，

$$A = \{s_1, s_2, s_3, s_4, s_5, s_6, s_7\},$$
$$B = \{s_1, s_2, s_4, s_6\},$$
$$C = \{s_4, s_5, s_6, s_8\},$$
$$D = \{s_8\}。$$

可以推导出这些事件间的各种关系。其中一些关系是 $B \subset A, A^c = D, B \cap D = \varnothing, A \cup C = S, B \cap C = \{s_4, s_6\}, (B \cup C)^c = \{s_3, s_7\}, A \cap (B \cup C) = \{s_1, s_2, s_4, s_5, s_6\}$。◀

例 1.4.5　水电需求　承包商正在建造办公大楼，需要规划水和电力需求（管道、水管和电线的尺寸）。在与潜在租户协商和检查历史数据后，承包商认为每天电力需求在 1~150 百万千瓦时之间，每天用水量将在 4~200 千加仑[⊖]之间。电力和用水需求的所有组合都被认为是有可能的。图 1.5 中的阴影区域显示了试验的样本空间，包括了办公大楼所有可能的水、电需求量。样本空间可用有序实数对的集合 $\{(x, y): 4 \leqslant x \leqslant 200, 1 \leqslant y \leqslant 150\}$ 来表示，其中 x 表示每天以千加仑计的用水量，y 表示每天以百万千瓦时计算的电力需求量。我们考查如下形式的集合：

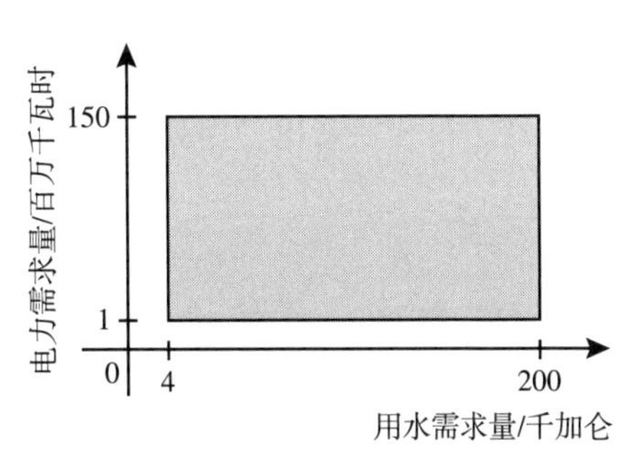

图 1.5　例 1.4.5 电力和用水需求量的样本空间

$$\{\text{用水需求量至少为 } 100\} = \{(x, y): x \geqslant 100\},$$

⊖　1 加仑≈3.785 立方分米。——编辑注

$$\{电力需求量不超过35\} = \{(x,y): y \leq 35\},$$

以及其交集、并集和补集，称此类集合为事件。这时，样本空间有无穷多个点，实际上这个样本空间是不可数的。样本空间中还有许多难以描述的集合，无法将其视为事件。◀

集合的可加性　以下结论的证明见本节的习题3。

定理1.4.9　德·摩根定律　对于任意两个事件A和B，有

$$(A \cup B)^c = A^c \cap B^c, \qquad (A \cap B)^c = A^c \cup B^c。$$ ■

定理1.4.9的推广见本节习题5。

下述分配律的证明留到本节习题2。这些性质可以很自然地推广到多个事件的情形。

定理1.4.10　分配律　对于任意的三个集合A，B和C，有

$$A \cap (B \cup C) = (A \cap B) \cup (A \cap C) \text{ 和 } A \cup (B \cap C) = (A \cup B) \cap (A \cup C)$$ ■

如下结果对于计算可以划分为较小部分的事件的概率很有用，证明留到本节的习题4，由图1.6说明。

定理1.4.11　集合的划分　任意两个集合，$A \cap B$与$A \cap B^c$是不相交的，而且

$$A = (A \cap B) \cup (A \cap B^c),$$

此外，B与$A \cap B^c$是不相交的，而且

$$A \cup B = B \cup (A \cap B^c)$$ ■

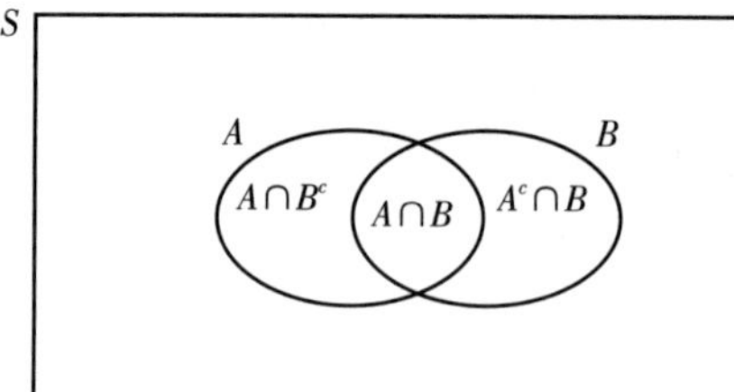

图1.6　定理1.4.11中$A \cup B$的划分

实数不可数的证明

我们将证明区间$[0,1)$中的实数是不可数的。每个更大的集合更是不可数的。对于每个数$x \in [0,1)$，定义序列$\{a_n(x)\}_{n=1}^{\infty}$如下：首先，$a_1(x) = \lfloor 10x \rfloor$，此处$\lfloor y \rfloor$表示小于或等于$y$的最大整数（将非整数向下舍入到下面最接近的整数），然后令$b_1(x) = 10x - a_1(x)$，它将再次位于$[0,1)$中。对于$n>1$，$a_n(x) = \lfloor 10b_{n-1}(x) \rfloor$，$b_n(x) = 10b_{n-1}(x) - a_n(x)$。很容易看出，序列$\{a_n(x)\}_{n=1}^{\infty}$给出了$x$的十进制展开式，形式为

$$x = \sum_{n=1}^{\infty} a_n(x) 10^{-n} \tag{1.4.1}$$

通过构造，具有$x = k/10^m$（存在某个非负整数k和m）形式的每一个数将会有$a_n(x) = 0, n>m$。具有$k/10^m$形式的数是唯一具有十进制展开式$x = \sum_{n=1}^{\infty} c_n(x) 10^{-n}$的数。当$k$不是10的倍数时，这个展开式满足$c_n(x) = a_n(x)$，$n = 1, \cdots, m-1$；$c_m(x) = a_m(x) - 1$；$c_n(x) = 9$，$n>m$。设$C = \{0,1,\cdots,9\}^{\infty}$表示所有无限数字序列构成的集合。令$B$为$C$的子集，由不以重复的9结尾组成序列，那么我们就构建了一个从区间$[0,1)$到B一一对应的函数a，其反函数由式（1.4.1）给出。现在证明集合B是不可数的。因此$[0,1)$是不可数的。取B的任何可数子集，并将序列排列成一个矩形数组，其中第k个序列穿过数

组的第 k 行（$k=1,2,\cdots$），图 1.7 给出了这样一个数组的一部分例子。

在图 1.7 中，对于每个 k，我们在第 k 个序列中的第 k 个数字加了下划线，数组的这一部分称为数组的对角线。现在证明 B 中必有一个不属于该数组的序列。这将证明整个集合 B 不能放入这样的数组中，因此 B 不可能是可数的。构建序列 $\{d_n\}_{n=1}^{\infty}$ 如下：对每个 n，如果第 n 个序列的第 n 个数字是 1，令 $d_n=2$，否则令 $d_n=1$，这个序列不会以重复的 9 结束，因此它在 B 中。可以通过证明 $\{d_n\}_{n=1}^{\infty}$ 不会出现在数组中来结束证明。如果序列确实出现在数组中，不妨设在第 k 行，那么它的第 k 个元素将会是数组的第 k 个对角线元素，但是我们构建序列是使得对于每个 n（包括 $n=k$），它的第 n 个元素永不会匹配第 n 个对角线元素。因此，无论 k 取哪个值，序列都不可能在第 k 行。这里给出的论点本质上是 19 世纪德国数学家乔治·康托（Georg Cantor）的论点。

$$\begin{array}{cccccccc}
\underline{0} & 2 & 3 & 0 & 7 & 1 & 3 & \cdots \\
1 & \underline{9} & 9 & 2 & 1 & 0 & 0 & \cdots \\
2 & 7 & \underline{3} & 6 & 0 & 1 & 1 & \cdots \\
8 & 0 & 2 & \underline{1} & 2 & 7 & 9 & \cdots \\
7 & 0 & 1 & 6 & \underline{0} & 1 & 3 & \cdots \\
1 & 5 & 1 & 5 & \underline{1} & 5 & 1 & \cdots \\
2 & 3 & 4 & 5 & 6 & \underline{7} & 8 & \cdots \\
0 & 1 & 7 & 3 & 2 & 9 & \underline{8} & \cdots \\
\vdots & \vdots & \vdots & \vdots & \vdots & \vdots & \vdots & \ddots
\end{array}$$

图 1.7　对角线具有下划线的数字序列的可数集合族数组

小结

我们使用集合论来建立事件的数学模型。试验的结果是样本空间 S 的元素，每个事件都是 S 的子集。如果试验结果在两个集合的交集中，则两个事件都会发生。如果试验结果在集合的并集中，则至少有一个事件发生。如果两个集合不相交，则两个事件不能同时发生。如果试验结果在集合的补集中，则该事件不会发生。空集代表不可能发生的事件。假设事件族包含样本空间（必然事件）、事件的补集以及每个可数事件族的并集。

习题

1. 假设 $A\subset B$，证明 $B^c\subset A^c$。
2. 证明定理 1.4.10 的分配律。
3. 证明德·摩根定律（定理 1.4.9）。
4. 证明定理 1.4.11。
5. 对于每个事件族 $A_i(i\in I)$，证明

$$\left(\bigcup_{i\in I}A_i\right)^c=\bigcap_{i\in I}A_i^c,\quad \text{且}\left(\bigcap_{i\in I}A_i\right)^c=\bigcup_{i\in I}A_i^c。$$

6. 假设要从一副 20 张卡片中选出一张卡片，其中 10 张红色卡片标有数字 1 至 10，10 张蓝色卡片也标有数字 1 至 10。设 A 表示事件“取到的卡片上的数字为偶数”，B 为事件“取到一张蓝色卡片”，C 表示事件“取到的卡片上的数字小于 5”。描述样本空间 S，并用文字和 S 的子集描述下列事件：
   a. $A\cap B\cap C$　　b. $B\cap C^c$　　c. $A\cup B\cup C$
   d. $A\cap(B\cup C)$　　e. $A^c\cap B^c\cap C^c$。
7. 假设要从实数轴 S 中任取一数 x，并设 A，B 和 C 是以下由 S 子集表示的事件，此处符号 $\{x: \cdots\}$ 表

示包含的每个点 x 具有冒号后面属性的集合：

$$A=\{x:1\leqslant x\leqslant 5\},$$
$$B=\{x:3<x\leqslant 7\},$$
$$C=\{x:x\leqslant 0\}。$$

将以下事件描述为实数的集合：

a. A^c　　b. $A\cup B$　　c. $B\cap C^c$

d. $A^c\cap B^c\cap C^c$　　e. $(A\cup B)\cap C$。

8. 人类血型系统的简化模型有四种血型：A、B、AB 和 O 型。有两种抗原，抗原 A 和抗原 B，根据血型不同，它们与人类血液发生反应的方式也不同。抗原 A 与 A 型血和 AB 型血发生反应，但与 B 型血和 O 型血不发生反应。抗原 B 与 B 型血和 AB 型血发生反应，但与 A 型血和 O 型血不发生反应。假设对一个人的血液抽样并用两种抗原进行测试。设 A 为事件"血液与抗原 A 发生反应"，B 为事件"血液与抗原 B 发生反应"，使用事件 A 和 B 及它们的补集对人类血型进行分类。

9. 设 S 为一个给定的样本空间，令 $A_1,A_2,\cdots$ 为无限多个事件的序列。对于 $n=1,2,\cdots$，令 $B_n=\bigcup_{i=n}^{\infty}A_i$，$C_n=$ 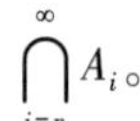 $\bigcap_{i=n}^{\infty}A_i$。

a. 证明 $B_1\supset B_2\supset\cdots$ 和 $C_1\subset C_2\subset\cdots$。

b. 证明 S 中的一个结果属于事件 $\bigcap_{n=1}^{\infty}B_n$ 当且仅当它属于无穷多个事件 $A_1,A_2,\cdots$。

c. 证明 S 中的一个结果属于事件 $\bigcup_{n=1}^{\infty}C_n$ 当且仅当它属于所有事件 $A_1,A_2,\cdots$，除了这些事件的个数可能是有限个。

10. 抛掷三个六面骰子，每个骰子的六个面编号为 1~6。令 A 为事件"第一个骰子显示偶数"，令 B 为事件"第二个骰子显示偶数"，令 C 为事件"第三个骰子显示偶数"。另外，对每个 $i=1,2,\cdots,6$，设 A_i 为事件"第一个骰子显示的数字为 i"，B_i 为事件"第二个骰子显示的数字为 i"，C_i 为事件"第三个骰子显示的数字为 i"，用上述命名的事件表示以下事件：

a. 三个骰子都显示偶数。

b. 没有骰子显示偶数。

c. 至少一个骰子显示奇数。

d. 最多两个骰子显示奇数。

e. 三个骰子之和不大于 5。

11. 一个电池由两个子电池组成，每个子电池都可以提供 0V 到 5V 的电压，无须考虑另一个子电池提供的电压。当且仅当两个子电池的电压之和至少为 6V 时，电池才起作用。一个试验包括测量和记录两个子电池的电压，令 A 表示事件"电池正常工作"，令 B 表示事件"两个子电池具有相同的电压"，令 C 表示事件"第一个子电池的电压严格高于第二个子电池"，令 D 表示事件"电池无法正常工作，需要不到 1V 的额外电压才能正常工作"。

a. 将试验的样本空间 S 定义为一组有序对，这样可以将上述四个集合表示为事件。

b. 将每个事件 A,B,C 和 D 表示为 S 子集的有序对集合。

c. 用 A，B，C 和（或）D 表示集合：$\{(x,y):x=y$ 且 $x+y\leqslant 5\}$。

d. 用 A，B，C 和（或）D 表示事件：电池无法正常工作，且第二个子电池的电压严格大于第一个子电池的电压。

12. 假设某个试验的样本空间 S 是有限的。证明 S 的所有子集族满足称为事件族所需的三个条件。

13. 令 S 为某试验的样本空间。证明仅由 S 和 $\varnothing$ 组成的子集族满足称为事件族所需的三个条件。解释为什么这个集合族在大多数实际问题中意义不大。
14. 假设某个试验的样本空间 S 是可数的，并且每个结果 $s\in S$，子集 $\{s\}$ 都是一个事件。证明 S 的每个子集都是一个事件。提示：回想一下我们称为事件族的 S 的子集族所需的三个条件。

1.5 概率的定义

我们先给出概率的数学定义，再给出几个容易从定义推导出的有用结论。

公理和基本定理

这一节，我们将给出概率的数学（公理化）定义。在一个试验中，有必要给样本空间 S 中每一个事件 A 都设定一个数 $P(A)$，这个数表示事件 A 发生的概率。为了满足概率的数学定义，设定的数 $P(A)$ 必须满足三个特定的公理。这些公理能确保 $P(A)$ 具有利用 1.2 节的概率解释直观得到的性质。

第一个公理是说任何一个事件的概率必定非负。

公理 1 对任何一个事件 A，$P(A)\geqslant 0$。

第二个公理是说如果一个事件肯定要发生，那么这个事件的概率为 1。

公理 2 $P(S)=1$。

在给出公理 3 之前，我们先讨论一下不相交事件的概率。如果两事件不相交，我们很自然地假定一个事件或另一个事件发生的概率应是它们各自概率之和。事实上，这种概率的可加性也适用于任何有限个不相交事件的集合，甚至也适用于无限个不相交事件序列。如果假定可加性仅适用于有限不相交事件的概率，我们就不能确定这个特性也适用于无限不相交事件序列。然而，如果先假定任何一个无限不相交事件序列具有概率可加性，那么有限个不相交事件一定也具有这个性质（正如我们将要证明的那样）。综合这些考虑给出了第三个公理。

公理 3 对于任何无限不相交事件序列 $A_1, A_2, \cdots$，有

$$P\left(\bigcup_{i=1}^{\infty} A_i\right)=\sum_{i=1}^{\infty} P(A_i)。$$

例 1.5.1 掷骰子 在例 1.4.1 中，对 $S=\{1,2,3,4,5,6\}$ 中的每个子集 A，设 $P(A)$ 为 A 中的元素个数除以 6。很容易看出它满足前两个公理。由于事件族中只有有限个不同的、非空的、不相交的事件，不难看出它也满足公理 3。◀

例 1.5.2 掷有偏向的骰子 在例 1.5.1 中，还有确定事件概率的其他方法。例如，我们拿到的骰子是有偏向的，可以认为骰子各面落地的概率不一样。确切地说，我们认为“6 点向上”是其他情况的概率的两倍。我们可以令 $p_i=1/7, i=1,2,3,4,5$，$p_6=2/7$。那么，对每个事件 A，定义 $P(A)$ 为 $p_i(i\in A)$ 之和。例如，如果 $A=\{1,3,5\}$，那么 $P(A)=p_1+p_3+p_5=3/7$。不难证明，这满足 3 个公理。◀

现在，我们可以给出概率的数学定义。

定义 1.5.1 概率 一个样本空间上的概率度量，简称概率，为对满足公理 1、2 和 3 的每个事件 A 的数 $P(A)$ 的说明。

我们现在来推导出公理3的两个重要结论。首先我们证明如果事件不可能发生，则它的概率必定为0。

定理1.5.1　$P(\varnothing)=0$。

证明　考虑无限事件序列 $A_1,A_2,\cdots$，满足 $A_i=\varnothing, i=1,2,\cdots$，换言之，序列中每个事件都是空集 $\varnothing$。因为 $\varnothing\cap\varnothing=\varnothing$，所以它是不相交事件序列，且 $\bigcup_{i=1}^{\infty}A_i=\varnothing$。从而，由公理3得：

$$P(\varnothing)=P\left(\bigcup_{i=1}^{\infty}A_i\right)=\sum_{i=1}^{\infty}P(A_i)=\sum_{i=1}^{\infty}P(\varnothing)。$$

这个等式表明数 $P(\varnothing)$ 在无穷级数中反复相加后的和仍是 $P(\varnothing)$，满足这个性质的实数只有0。■

现在可以证明，公理3对无限不相交事件序列的可加性对任何有限个不相交事件也成立。

定理1.5.2　对任何 n 个不相交事件 $A_1,\cdots,A_n$ 的有限序列，有

$$P\left(\bigcup_{i=1}^{n}A_i\right)=\sum_{i=1}^{n}P(A_i)。$$

证明　考虑无限事件序列 $A_1,A_2,\cdots$，其中 $A_1,\cdots,A_n$ 是 n 个给定的不相交事件，当 $i>n$ 时，$A_i=\varnothing$。则该无限事件序列中的事件互不相交，且有 $\bigcup_{i=1}^{\infty}A_i=\bigcup_{i=1}^{n}A_i$。从而根据公理3有：

$$\begin{aligned}P\left(\bigcup_{i=1}^{n}A_i\right)&=P\left(\bigcup_{i=1}^{\infty}A_i\right)=\sum_{i=1}^{\infty}P(A_i)\\&=\sum_{i=1}^{n}P(A_i)+\sum_{i=n+1}^{\infty}P(A_i)\\&=\sum_{i=1}^{n}P(A_i)+0\\&=\sum_{i=1}^{n}P(A_i)。\end{aligned}$$

■

推导得出的概率的一般性质

根据上面的公理和定理，我们推导出另外四个概率的一般性质，并以定理的形式给出，每一个定理都很容易被证明。

定理1.5.3　对每一个事件 A，有 $P(A^c)=1-P(A)$。

证明　由于 A 和 A^c 是不相交的事件，且有 $A\cup A^c=S$，由定理1.5.2有 $P(S)=P(A)+P(A^c)$。根据公理2有 $P(S)=1$，知 $P(A^c)=1-P(A)$。■

定理1.5.4　如果 $A\subset B$，则 $P(A)\leqslant P(B)$。

证明　如图1.8所示，可以将事件 B 看作两个不相交事件 A 和 $B\cap A^c$ 的并集，从而有 $P(B)=P(A)+P(B\cap A^c)$。因为 $P(B\cap A^c)\geqslant 0$，那么 $P(B)\geqslant P(A)$。■

定理1.5.5　对每个事件 A，有 $0\leqslant P(A)\leqslant 1$。

证明 由公理 1 可知 $P(A)\geqslant 0$。因为对每个事件 A，有 $A\subset S$，利用公理 2 和定理 1.5.4 可知 $P(A)\leqslant P(S)=1$。 ■

定理 1.5.6 对任意两个事件 A 和 B，有

$$P(A\cap B^c)=P(A)-P(A\cap B)。$$

证明 由定理 1.4.11，事件 $A\cap B^c$ 与 $A\cap B$ 是不相交的，且

$$A=(A\cap B)\cup(A\cap B^c)。$$

由定理 1.5.2 可得

$$P(A)=P(A\cap B)+P(A\cap B^c)。$$

最后一个等式两边都减去 $P(A\cap B)$ 就可以完成证明。 ■

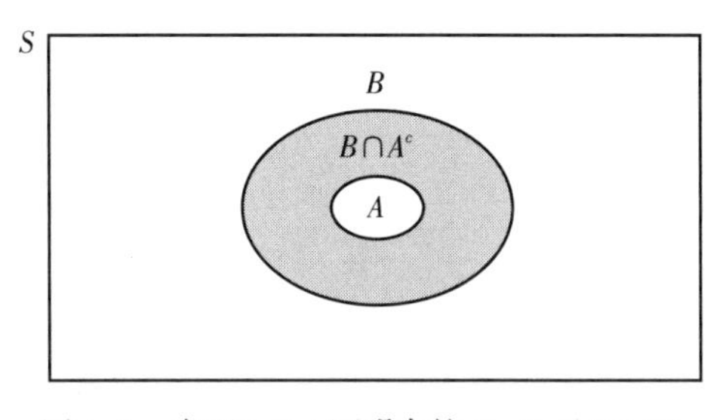

图 1.8 定理 1.5.4 证明中的 $B=A\cup(B\cap A^c)$

定理 1.5.7 对任意两个事件 A 和 B，有

$$P(A\cup B)=P(A)+P(B)-P(A\cap B)。\tag{1.5.1}$$

证明 由定理 1.4.11，可得

$$A\cup B=B\cup(A\cap B^c)$$

该等式右边的两个事件不相交，因此有

$$\begin{aligned}P(A\cup B)&=P(B)+P(A\cap B^c)\\&=P(B)+P(A)-P(A\cap B),\end{aligned}$$

其中第一个等式由定理 1.5.2 得到，第二个等式由定理 1.5.6 得到。 ■

例 1.5.3 疾病诊断 一个患有咽喉炎和低烧的病人去诊所看病。检查后，医生发现病人要么是细菌性感染，要么是病毒性感染，要么两者兼而有之。医生认为病人是细菌性感染的概率为 0.7，而病毒性感染的概率为 0.4。那么病人同时感染两者的概率是多少？

设 B 表示事件“病人是细菌性感染”；V 表示事件“病人是病毒性感染”。于是 $P(B)=0.7, P(V)=0.4$，且有 $S=B\cup V$。我们要求出 $P(B\cap V)$。我们利用定理 1.5.7，可得

$$P(B\cup V)=P(B)+P(V)-P(B\cap V)\tag{1.5.2}$$

因为 $S=B\cup V$，则式（1.5.2）的左边是 1，右边前两项分别是 0.7 和 0.4。结果为

$$1=0.7+0.4-P(B\cap V),$$

从而可得 $P(B\cap V)=0.1$，这就是病人两种感染都有的概率。 ◀

例 1.5.4 水电需求 再次考虑例 1.4.5，承包商需要规划水电的需求（管道、水管和电线的尺寸）。对于在样本空间上定义概率，有许多可能的选择（见图 1.5）。一种比较简单的办法是让事件 E 的概率和 E 的面积成比例。S（样本空间）的面积是 $(150-1)\times(200-4)=29\ 204$，于是 $P(E)$ 就等于 E 的面积除以 29 204 所得的商。例如，假设承包商感兴趣于“高需求量”。让 A 表示事件“水的需求量至少是 100”，B 表示事件“电的需求量至少是 115”，并假设这些值就是所谓的高需求量，在图 1.9 中用不同的阴影区域表示这些事件。A 的面积是 $(150-1)\times(200-100)=14\ 900$，$B$ 的面积是 $(150-115)\times(200-4)=6\ 860$，于是有

$$P(A)=\frac{14\ 900}{29\ 204}=0.510\ 2, P(B)=\frac{6\ 860}{29\ 204}=0.234\ 9。$$

两个事件相交部分记为 $A\cap B$，对应区域的面积为 $(150-115)\times(200-100)=3\,500$，于是 $P(A\cap B)=3\,500/29\,204=0.119\,8$。如果承包商希望计算两个需求中至少有一个是高需求的概率，根据定理 1.5.7 可得相应的概率为

$$\begin{aligned}P(A\cup B)&=P(A)+P(B)-P(A\cap B)\\&=0.510\,2+0.234\,9-0.119\,8\\&=0.625\,3。\end{aligned}$$

◀

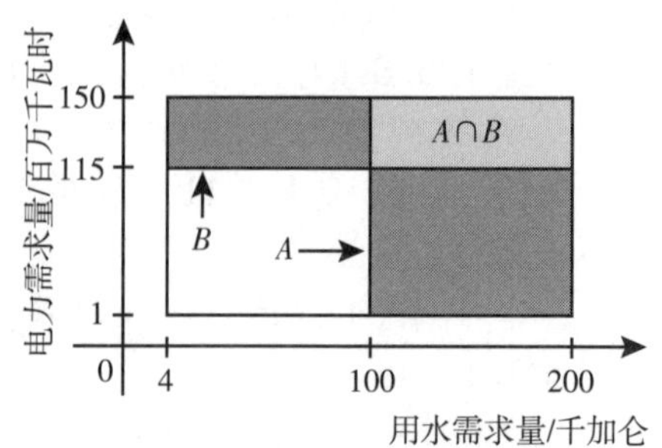

图 1.9　例 1.5.4 中公共事业需求量的样本空间中两个感兴趣的事件

下面结论的证明留到本节习题 13。

定理 1.5.8　Bonferroni 不等式　对所有的事件 $A_1,\cdots,A_n$，有

$$P\left(\bigcup_{i=1}^{n}A_i\right)\leqslant\sum_{i=1}^{n}P(A_i)\text{ 且 }P\left(\bigcap_{i=1}^{n}A_i\right)\geqslant 1-\sum_{i=1}^{n}P(A_i^c)。$$

上边第二个不等式被称为 Bonferroni 不等式。■

注：零概率并不意味着不可能。一个事件“概率为零”并不意味着该事件不可能发生。在例 1.5.4 中，有许多事件概率为零，但它们不都是不可能发生的。例如，对任何 x，事件“水的需求量为 x”对应图 1.5 中一条线段。由于线段的面积是 0，则每个这样的线段的概率为 0，但这些事件不都是不可能的。事实上，如果每个形如｛水的需求量为 x｝这类事件不可能的话，那么水的需求量就不能取任何一个值。设 $\varepsilon>0$，则事件｛水的需求量介于 $x-\varepsilon$ 和 $x+\varepsilon$ 之间｝有正的概率，但当 $\varepsilon\to 0$ 时概率趋于 0。

小结

我们通过三个公理给出了概率的数学定义。这些公理要求每个事件的概率非负；样本空间的概率为 1；无限不相交的事件序列的并集的概率等于各事件概率的和。要求记住的要点有：

- 如果事件 $A_1,\cdots,A_k$ 是不相交的，有 $P\left(\bigcup_{i=1}^{k}A_i\right)=\sum_{i=1}^{k}P(A_i)$。
- $P(A^c)=1-P(A)$。
- 如果 $A\subset B$，则 $P(A)\leqslant P(B)$。
- $P(A\cup B)=P(A)+P(B)-P(A\cap B)$。

概率是怎么确定的无关紧要，只要它满足这三个公理，它必定也满足上述关系以及本书后文所证明的结论。

习题

1. 从一个装有红色、白色、蓝色、黄色和绿色球的箱子中选一个球，如果选出的球是红色的概率为 1/5，是白色的概率为 2/5，那么它是蓝色、黄色或绿色的概率分别为多少？
2. 从一个班里选出一名学生，有可能是男生也有可能是女生。如果是男生的概率为 0.3，那么是女生的概率是多少？
3. 设两个事件 A 和 B，使得 $P(A)=1/3$ 和 $P(B)=1/2$。试求在以下各条件下 $P(B\cap A^c)$ 的值：(a) A 和 B

是不相交的；(b) $A \subset B$；(c) $P(A \cap B)=1/8$。

4. 设在统计课考试中，学生 A 不及格的概率是 0.5，学生 B 不及格的概率是 0.2，两人同时不及格的概率是 0.1，那么这两名学生中至少有一名不及格的概率是多少？
5. 在习题 4 的条件下，两人都及格的概率是多少？
6. 在习题 4 的条件下，两人中只有一个人不及格的概率是多少？
7. 考虑两个事件 A 和 B，满足 $P(A)=0.4, P(B)=0.7$，试求 $P(A \cap B)$ 的最大和最小的可能取值，并写出达到这些值的条件。
8. 在某一个城市里，有 50%的家庭订阅晨报，有 65%的家庭订阅晚报，而有 85%的家庭至少订阅其中一种。同时订阅两种报纸的家庭占多少百分比？
9. 试证明在任意两个事件 A 和 B 中只有一个事件发生的概率表达式为
$$P(A)+P(B)-2P(A \cap B)。$$
10. 对任意两个事件 A 和 B，试证明：
$$P(A)=P(A \cap B)+P(A \cap B^c)。$$
11. 现从包含所有点的 $0 \leqslant x \leqslant 1$，$0 \leqslant y \leqslant 1$ 的正方形 S 中任选一点 (x, y)，设所选的点属于 S 的某个子集的概率等于该子集的面积。求下面每个子集的概率：(a) 满足 $\left(x-\frac{1}{2}\right)^2+\left(y-\frac{1}{2}\right)^2 \geqslant \frac{1}{4}$ 的点组成的子集；(b) 满足 $\frac{1}{2}<x+y<\frac{3}{2}$ 的点组成的子集；(c) 满足 $y \leqslant 1-x^2$ 的点组成的子集；(d) 满足 $x=y$ 的点组成的子集。
12. 设 $A_1, A_2, \cdots$ 是一个任意无限事件序列，再设 $B_1, B_2, \cdots$ 是另一个无限事件序列，定义如下：$B_1=A_1$，$B_2=A_1^c \cap A_2$，$B_3=A_1^c \cap A_2^c \cap A_3$，$B_4=A_1^c \cap A_2^c \cap A_3^c \cap A_4, \cdots$，试证明：
$$P\left(\bigcup_{i=1}^{n} A_i\right)=\sum_{i=1}^{n} P(B_i), n=1,2,\cdots$$
和
$$P\left(\bigcup_{i=1}^{\infty} A_i\right)=\sum_{i=1}^{\infty} P(B_i)。$$
13. 证明定理 1.5.8。提示：利用习题 12。
14. 再次考虑 1.4 节习题 8 中的人类的 4 种血型 A、B、AB 和 O 型，以及 2 种抗原 A 和 B。假设一个人的血型是 O 型的概率为 0.5，是 A 型的概率为 0.34，是 B 型的概率为 0.12。
    a. 求每种抗原与此人的血液发生反应的概率。
    b. 求两种抗原与此人的血液都发生反应的概率。

1.6 有限样本空间

在确定概率的试验中，最简单的是只包含有限多个可能结果的试验。本节将用几个有限样本空间的例子解释 1.5 节中讲到的重要概念。

例 1.6.1 美国人口调查 每个月，人口普查局都会对美国人口进行调查，以了解劳动力特征。从大约 50 000 个家庭中，收集了每个家庭的几条信息，其中一条信息是“家庭中是否有人正在积极寻找工作，但目前没有工作”。假设我们的试验是从特定月份接受调查的 50 000 个家庭中随机选择三个家庭，并获取调查期间记录的信息。(由于当前人口调查期间获得信息的机密性，只有人口普查局的研究人员才能进行刚才描述的试验。) 在该试验中，组成样本空间 S 的结果（元素）可以描述为 1 到 50 000 中三个不同的数字列表。

例如，（300,1,24 602）就是这样一个列表，我们在其中保留了选择三个家庭的顺序。显然，只有有限个这样的列表。我们可以假设每个列表被选中的可能性相同，这时需要计算有多少个这样的列表。我们将在 1.7 节中学习计算这个例子的结果个数的方法。◀

概率的要求

本节将考虑只含有有限个可能结果的试验，即样本空间 S 仅包含有限个样本点 $s_1, s_2, \cdots, s_n$ 的试验。在这种类型的试验中，S 上的概率度量表现为，每一个样本点 $s_i \in S$，都对应一个概率 p_i。数值 p_i 就是试验结果 $s_i(i=1,\cdots,n)$ 发生的概率。为了满足概率的公理，$p_1,\cdots,p_n$ 必须满足下面两个条件：

$$p_i \geqslant 0, i = 1,\cdots,n$$

和

$$\sum_{i=1}^{n} p_i = 1。$$

事件 A 的概率就等于 A 中所有结果 s_i 对应的概率 p_i 的和，这是例 1.5.2 的一般形式。

例 1.6.2　线断裂　考虑以下试验，通过测试，来检验五条长度不等的线哪一根最先断。假设这五根线的长度分别是 1，2，3，4 和 5 英寸[⊖]，每一根线最先断的概率与它的长度成正比。我们将确定事件“最先断的那根线的长度不超过 3 英寸”的概率。

在这个例子中，令 s_i 表示“长度为 $i(i=1,\cdots,5)$ 的线先断”这个结果，则 $S=\{s_1,\cdots,s_5\}$，$p_i=\alpha i,(i=1,\cdots,5)$，其中 α 是比例因子。显然一定有 $p_1+\cdots+p_5=1$，并且有 $p_1+\cdots+p_5=15\alpha$，因此 $\alpha=\frac{1}{15}$。若 A 表示“最先断的那根线的长度不超过 3 英寸”这个事件，则 $A=\{s_1,s_2,s_3\}$，易知

$$P(A) = p_1 + p_2 + p_3 = \frac{1}{15} + \frac{2}{15} + \frac{3}{15} = \frac{2}{5}。$$ ◀

简单样本空间

样本空间 S 包含 n 个结果 $s_1,s_2,\cdots,s_n$，且如果对应于每个结果 $s_1,s_2,\cdots,s_n$ 的概率都是 $1/n$，则 S 被称为简单样本空间。若这个简单样本空间里的事件 A 包含 m 个结果，则

$$P(A) = \frac{m}{n}。$$

例 1.6.3　掷硬币　假设同时掷三枚均匀的硬币，我们要确定恰好有两个正面（向上）的概率。

不论试验者能否区分这三枚硬币，为了方便地描述样本空间，假设它们是可区分的。这样，我们就可以说第一个硬币的结果、第二个硬币的结果和第三个硬币的结果。样本空间包含了 8 种可能的结果，如例 1.4.4 所述。

⊖　1 英寸 = 0.025 4 米。——编辑注

另外，由于假设硬币是均匀的，有理由认为这个样本空间是简单的，且这 8 种结果中的每一种发生的概率都是 1/8。由例 1.4.4 的列表可以看出，三种结果中恰好有两个正面向上。因此，“恰好有两个正面”的概率就是 3/8。◀

应该注意的是，如果只考虑“没有正面”“有一个正面”“有两个正面”“三个全是正面”这 4 种结果时，那么假设样本空间仅包含这四种结果也是合理的。但由于这四种结果并不是等可能的，这时就不是简单样本空间。

例 1.6.4　遗传　人类的遗传特性是由染色体上特定位置上的物质所决定的，每个人都从父母每人那里得到 23 条染色体，并且这些染色体是自然成对的，每对中的两条染色体分别来自父亲和母亲。在这里，可以把基因看作一对染色体中每条染色体的一部分。单独一个基因，或者基因组合决定遗传特性，比如血型、发色。染色体对的两个位置上的组成物质称为等位基因，等位基因的不同组合（每条染色体上有一个等位基因）称为基因型。

下面考虑只有两个不同等位基因 A 和 a 的基因。假设父母双方都有基因型 Aa，即父母各方的一对染色体中，其中一条染色体上有 A，另一条染色体上有 a。（这里我们把组成等位基因相同但排列顺序不同的基因型看作相同的基因型。例如 aA 和 Aa 是同一个基因型。但在计算概率的中间步骤中，像例 1.6.3 区别三枚硬币那样，区分两条染色体是很方便的。）这些父母的后代们的基因型可能是什么？在所有的可能结果中，如果父母双方贡献等位基因对是等可能的，那么不同基因型出现的概率是多少呢？

首先，由于已经假设双方等可能的贡献等位基因对，我们将区分后代从各方获得的是哪一个等位基因。然后，把生成同一种基因型的结果结合起来。来自父母的可能贡献是：

父亲	母亲	
	A	a
A	AA	Aa
a	aA	aa

因此，后代可能会出现三种基因型 AA，Aa 和 aa。由于假定每种组合是等可能的，则上面表格里的四个单元格的概率都是 1/4。由于表中有两个组合为 Aa，该基因型的概率就是 1/2，而其余两个的概率就是 1/4，因为它们各对应一个单元格。◀

例 1.6.5　掷两个骰子　考查掷两个均匀的骰子的试验。我们要计算出现的两个点数和的所有可能值的概率。

尽管试验者为了观察它们的和的值，无须区分这两个骰子，但假设这两个骰子是不同的，这样就可以方便地描述出这个试验的简单样本空间。基于这个假设，可以用一个数对 (x, y) 来表示样本空间 S 里的每个结果，其中 x 和 y 分别是第一个和第二个骰子掷出的点数。因此，S 包含下面 36 个结果：

$$
\begin{array}{cccccc}
(1,1) & (1,2) & (1,3) & (1,4) & (1,5) & (1,6) \\
(2,1) & (2,2) & (2,3) & (2,4) & (2,5) & (2,6) \\
(3,1) & (3,2) & (3,3) & (3,4) & (3,5) & (3,6) \\
(4,1) & (4,2) & (4,3) & (4,4) & (4,5) & (4,6) \\
(5,1) & (5,2) & (5,3) & (5,4) & (5,5) & (5,6) \\
(6,1) & (6,2) & (6,3) & (6,4) & (6,5) & (6,6)
\end{array}
$$

自然地，可以假设 S 是一个简单样本空间，每个结果的概率都是 1/36。

令 P_i 是两数之和为 i 时的概率，$i=2,3,\cdots,12$。S 中和等于 2 的结果只有（1,1），因此，$P_2=1/36$。和等于 3 的结果可能是（1,2）或（2,1），因此 $P_3=2/36=1/18$。按这种方式算下去，就得到点数和所有可能值的概率：

$$P_2=P_{12}=\frac{1}{36},\quad P_5=P_9=\frac{4}{36},$$
$$P_3=P_{11}=\frac{2}{36},\quad P_6=P_8=\frac{5}{36},$$
$$P_4=P_{10}=\frac{3}{36},\quad P_7=\frac{6}{36}。$$
◀

小结

简单样本空间 S 是其中每个结果发生的概率都相等的有限样本空间。如果简单样本空间 S 中有 n 个结果，则每个结果的概率都是 $1/n$。在一个简单样本空间中，事件 E 的概率就是 E 中的结果数除以 n。在随后的三节里，我们将会介绍几种有用的方法来计数不同事件中出现的结果。

习题

1. 掷两个均匀的骰子，求事件“两个数字的和是奇数”的概率。
2. 掷两个均匀的骰子，求事件“两个数字的和是偶数”的概率。
3. 掷两个均匀的骰子，求事件“两个数字的差小于 3”的概率。
4. 一个学校有 1、2、3、4、5 和 6 年级，2、3、4、5 和 6 年级有相同数量的学生，但 1 年级人数是其他每个年级学生数的 2 倍。如果从该校学生中随机抽出一名，那么这名学生刚好是 3 年级的概率是多少？
5. 在习题 4 的条件下，抽出的那名学生所在年级是奇数的概率是多少？
6. 抛三枚均匀的硬币，三枚硬币向上的正反面刚好相同的概率是多少？
7. 在例 1.6.4 的设置下，现假设一对父母的基因型分别为 Aa 和 aa，仍假设父母双方贡献等位基因对的可能结果的概率是相等的，求后代可能的基因型和每种基因型的概率。
8. 进行一个试验：抛一枚均匀的硬币和一个均匀的骰子。
   a. 描述该试验的样本空间。
   b. 硬币是正面向上，且投掷的骰子点数是奇数的概率是多少？

1.7 计数方法

在简单样本空间中，计算事件概率的一种方法包括计算事件中包含的结果数和样本空间中包含的结果数。本节介绍计数集合中结果数量的常用方法。这些方法依赖于许多常见试验中存在的特殊结构，即每个结果由几个部分组成，且相对容易计算每个部分有多少种可能性。

我们已经看到，在一个简单的样本空间 S 中，事件 A 的概率是 A 包含的结果数与 S 包含的结果数的比。在许多试验中，S 包含的结果数如此之大，以至于将这些结果完整列出成本太昂贵、速度太慢或很有可能不正确而无法使用。在这样的试验中，有一种方法可以

方便地确定空间 S 包含的结果数以及 S 中各种事件包含的结果数，而无须列出所有这些结果。本节将介绍其中一些方法。

乘法原理

例 1.7.1　城市之间的路线　假设从城市 A 到城市 B 有 3 条不同的路线，从城市 B 到城市 C 有 5 条不同的路线。城市和路线如图 1.10 所示，路线编号从 1 到 8。我们希望计算从 A 经过 B 到 C 的不同路线数量。例如，图 1.10 中的一条这样的路线是 1 后跟 4，可以将其表示为 (1,4)。类似地，有路线(1,5),(1,6),⋯,(3,8)。不难看出不同路线的数量为 3×5=15。◀

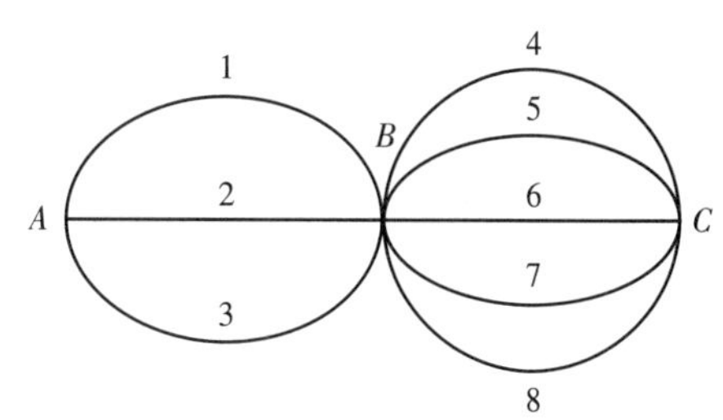

图 1.10　例 1.7.1 中三个城市之间的路线

例 1.7.1 是一种常见试验形式的特例。

例 1.7.2　分两部分进行试验　考查一个试验，具有以下两个特征：

i. 试验分两部分进行。

ii. 试验的第一部分有 m 种可能的结果 $x_1,\cdots,x_m$，且无论这些结果中哪一个 x_i 出现，试验的第二部分都有 n 种可能结果 $y_1,\cdots,y_n$。

因此，此类试验的样本空间 S 中的每个结果具有形如 (x_i,x_j) 的对，并且 S 由以下对组成：

$$
\begin{array}{cccc}
(x_1,y_1) & (x_1,y_2) & \cdots & (x_1,y_n) \\
(x_2,y_1) & (x_2,y_2) & \cdots & (x_2,y_n) \\
\vdots & \vdots & & \vdots \\
(x_m,y_1) & (x_m,y_2) & \cdots & (x_m,y_n)。
\end{array}
$$
◀

由于例 1.7.2 中 m 行数组中的每一行都包含 n 对，因此直接得出以下结论。

定理 1.7.1　两部分试验的乘法原理　在例 1.7.2 中描述的这种类型的试验中，样本空间 S 包含的结果数为 mn。■

图 1.11 用树形图说明了 $n=3$ 和 $m=2$ 情况下的乘法原理。树的每个结束节点代表一个结果，它是由两个部分组成的对，其名称出现在通向结束节点的分支上。◀

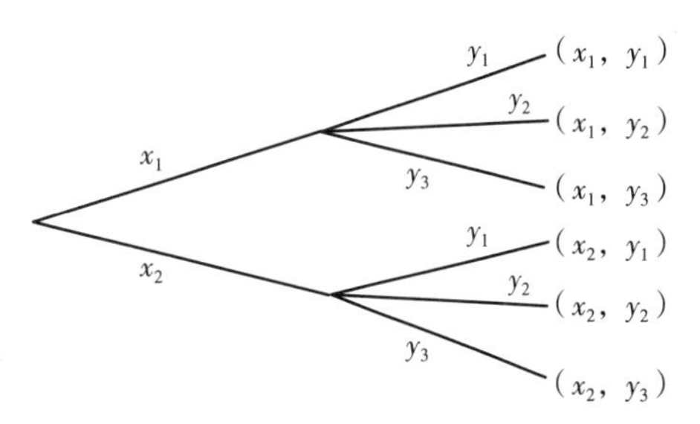

图 1.11　结束节点代表结果的树形图

例 1.7.3　掷两个骰子　假设掷两个骰子。由于每个骰子有六种可能的结果，因此试验所有可能的结果数为 6×6=36，如例 1.6.5 所示。◀

乘法原理可以推广到多个部分的试验。

定理 1.7.2　乘法原理　假设一个试验有 k 个部分 $(k\geqslant 2)$，第 $i(i=1,\cdots,k)$ 部分有 n_i 个可能结果；不管其他部分出现哪个结果，每个部分的所有结果都可能出现。则样本空间 S 包含所有形式为 $(u_1,\cdots,u_k)$ 的向量，其中 u_i 是

第 $i(i=1,\cdots,k)$ 部分的 n_i 个可能结果之一；S 中这些向量的总数将等于乘积 $n_1n_2\cdots n_k$。■

例 1.7.4　抛几枚硬币　假设我们抛掷六枚硬币。S 中的每个结果都将由六个正面和反面组成的序列构成，例如 HTTHHH。由于每一枚硬币都有两种可能的结果，因此 S 包含的结果数将为 $2^6=64$。如果认为每枚硬币的正面和反面朝上的可能性相同，则 S 将是一个简单样本空间。由于在 S 中只有一个结果是“六个正面没有反面”，所以获得“六个正面”的概率是 1/64。由于 S 中有六个结果是“一个正面和五个反面”，因此获得“恰好一个正面”的概率为 $6/64=3/32$。◀

例 1.7.5　密码锁　标准的密码锁有一刻度盘，刻度盘上有从 0 到 39 的 40 个数字。密码由三个数字组成，必须按正确的顺序拨出才能打开锁。无论其他两个位置包含什么数字，这 40 个数字中的每一个数字都可能出现在组合的三个位置中的每一个位置。因此有 $40^3=64\ 000$ 种可能的组合。这个数字很大足以阻止潜在的小偷尝试每一种组合。◀

注：乘法原理更通用。在定理 1.7.1 和定理 1.7.2 中，假设试验每部分中的每个结果都可能出现，不管试验的其他部分发生了什么。从技术上讲，所需要的只是试验每个部分的结果数，不依赖于其他部分的结果数。下面对排列的讨论就是这种情况的一个例子。

排列

例 1.7.6　无放回抽样　考虑一个试验，从 n 张不同扑克牌中抽取 3 张牌，相当于“先任意抽取一张，然后从剩余的 $n-1$ 张牌中任意抽取第二张，再从剩余的 $n-2$ 张牌中任意抽取第三张”。这时，每个试验结果由三张按顺序抽取排列的扑克牌组成。这种过程称为无放回抽样，因为抽出下一张牌之前，抽出的牌不会被再放回扑克牌中。在这个试验中，可以先从 n 张牌中任意抽取一张。一旦这张牌被抽出，第二次从剩余的 $n-1$ 张牌中任意抽取一张。因此，前两次抽取共有 $n(n-1)$ 种可能结果。最后，对于给定前两次抽取的结果，第三次还有剩下的 $n-2$ 张牌可供抽取。因此，三次抽取牌的所有可能的结果数为 $n(n-1)(n-2)$。◀

例 1.7.6 中的情况可以推广到任意数量的无放回抽样选择。

定义 1.7.1　排列　*假设一个集合有 n 个元素。假设一个试验，无放回地从该集合中任取 k 个元素，每个结果由所选的 k 个元素按顺序组成。每个这样的结果称为从 n 个元素中一次取 k 个元素的一个排列，不同的排列总数用符号 P_n^k 表示。*

通过例 1.7.6 中的论证，我们可以算出从 n 个元素中一次取 k 个元素的排列数。以下定理的证明只是将例 1.7.6 中的推理推广到无放回地抽取 k 张牌。证明留给读者。

定理 1.7.3　排列数　*一次从 n 个元素中取 k 个元素的排列数是 $\mathrm{P}_n^k=n(n-k)\cdots(n-k+1)$。*

■

例 1.7.7　美国人口调查　我们可以使用定理 1.7.3 计算例 1.6.1 的样本空间中的点数。S 中的每个结果都由从 $n=50\ 000$ 个元素中一次取 $k=3$ 个的排列组成。因此，该例中的样本空间 S 包含

$$50\ 000\times 49\ 999\times 49\ 998=1.25\times 10^{14}$$

个结果。◀

当 $k=n$ 时，所有 n 张牌的排列数为 P_n^n。从刚才推导出的方程可以看出

$$P_n^n = n(n-1)\cdots 1 = n!$$

符号 $n!$ 读作"n 的阶乘"。一般来说，n 个不同元素的排列数是 $n!$。

P_n^k 的表达式可以重写为如下形式

$$P_n^k = n(n-1)\cdots(n-k+1)\frac{(n-k)(n-k-1)\cdots 1}{(n-k)(n-k-1)\cdots 1} = \frac{n!}{(n-k)!}。$$

在这里和概率论的其他地方，定义 $0! = 1$ 会带来很大方便。根据这个定义，$P_n^k = n!/(n-k)!$ 对于 $k=n$ 及 $k=1,\cdots,n-1$ 都是正确的。总结一下：

定理 1.7.4　排列　从包含 n 个不同元素的集合中无放回地选取 $k(0\leqslant k\leqslant n)$ 个元素的不同排序数为

$$P_n^k = \frac{n!}{(n-k)!}。$$ ■

例 1.7.8　选拔干部　假设一个俱乐部由 25 名成员组成，从成员中选出一位主席和一名秘书，试确定填补这两个职位的所有可能的选拔方式总数。

填补职位可以先从 25 名成员中选拔一名担任主席，然后从其余 24 名成员中选拔一名担任秘书，因此可能的选拔方式数为 $P_{25}^2 = 25\times 24 = 600$。◀

例 1.7.9　整理书籍　假设有六本不同的书要放置在书架上，书的排列数是 $6! = 720$。◀

例 1.7.10　有放回抽样　假设一个盒子中装有 n 个球，球的编号为 $1,2,\cdots,n$。先从盒子中随机任取一个球，记下它的编号后将其放回盒子；再从盒子中任取另一个球（可能会取到相同的球）。以这种方式我们可以选取任意数量的球。这个过程称为**有放回抽样**。假设在每个阶段，盒子中的每一个球被选中的可能性相同，所有的选择都是独立地进行的。

假设要取球 k 次，k 是给定的正整数。这时，样本空间 S 将包含所有形如 $(x_1,\cdots,x_k)$ 的向量，其中 x_i 是第 $i(i=1,\cdots,k)$ 次取出球的编号。在这 k 次取球时，每一次都有 n 个可能的结果，因此 S 中的向量总数为 n^k。由假设可知，S 是简单样本空间。因此，S 中每个向量的概率为 $1/n^k$。◀

例 1.7.11　获得不同的数字　对于例 1.7.10 中的试验，我们来确定事件 E"选取的 k 个球的编号互不相同"的概率。

如果 $k>n$，所有选中的球不可能有不同的编号，因为只有 n 个不同的编号。因此，假设 $k\leqslant n$。事件 E 中的结果数就是所有 k 个分量都不同的向量的个数，这等于 P_n^k，因为每个向量的第一个分量 x_1 可以取 n 个值，第二个分量 x_2 可以取其他 $n-1$ 个值中的任何一个值，等等。由于 S 是一个包含 n^k 个向量的简单样本空间，因此"选取 k 个不同编号的球"的概率 p 是

$$p = \frac{P_n^k}{n^k} = \frac{n!}{(n-k)!\,n^k}。$$ ◀

注：在同一个问题中需要使用两种不同的计数方法。例 1.7.11 说明了一些乍一看可能令人困惑的技巧组合。用于计数样本空间包含的结果数的方法是基于有放回抽样的，因为试验允许每个结果中的编号数字可以重复。用于计算事件 E 包含的结果数的方法是排列（无放回抽样），因为 E 的结果由那些没有重复的数字组成。经常需要使用不同的方法来计

数样本空间不同子集包含的结果数。接下来的生日问题是另一个例子，在这个问题中我们需要在同一个问题中使用多个计数方法。

生日问题

下面这个问题，通常称为生日问题，需要确定一组人（k 人）中至少有两个人生日相同的概率 p，即求在同一个月、同一日、但不一定在同一年出生的概率。这里提出的解决方案是，假设这 k 个人的生日是无关的（特别是，我们假设双胞胎不存在），并且每个人的生日是一年 365 天中任何一天的可能性相同。特别是，忽略“在一年中出生率存在实际变化”这一事实，假设任何出生于 2 月 29 日的人都会认为他的生日是另一天，例如 3 月 1 日。

有了这些假设，这个问题与例 1.7.11 中的问题类似。由于 k 个人中的每个人都有 365 个可能的生日，因此样本空间 S 将包含 365^k 个可能结果，所有这些结果的概率都相同。如果 $k>365$，则没有足够的生日让每个人都不同，因此至少有两个人必须有相同的生日。因此，我们假设 $k\leqslant 365$。计算“至少有两个生日相同”的结果数是烦琐的。但是，S 中 k 个人生日都不同的结果数是 P_{365}^{k}，因为第一个人的生日可能是 365 天中的任何一天，第二个人的生日可以是其他 364 天中的任何一天，以此类推。因此，所有 k 个人的生日不同的概率是

$$\frac{\mathrm{P}_{365}^{k}}{365^k}。$$

因此，至少有两个人生日相同的概率 p 是

$$p=1-\frac{\mathrm{P}_{365}^{k}}{365^k}=1-\frac{(365)!}{(365-k)!\ 365^k}。$$

表 1.1 给出了不同 k 值时概率 p 的数值。对于以前没有考虑过这些概率的人来说，这些概率似乎大得惊人。许多人会猜测，为了获得大于 1/2 的 p 值，该组中的人数必须为 100 人左右。但是，根据表 1.1，该组中只需有 23 人。事实上，对于 $k=100$，p 的值为 0.999 999 7。

表 1.1　一组 k 个人中至少有两个人生日相同的概率 p

k	p	k	p
5	0.027	25	0.569
10	0.117	30	0.706
15	0.253	40	0.891
20	0.411	50	0.970
22	0.476	60	0.994
23	0.507		

此例中的计算展示了解决概率问题的一个常用技巧。如果要计算某个事件 A 的概率，计算 $P(A^c)$ 可能更简单明了，再利用 $P(A)=1-P(A^c)$ 这一事实。当事件 A 的形式为“至少有 n 个事件发生”，其中 n 与可能发生的事件的数量相比很小，这种思想更加有用。

斯特林公式（Stirling's Formula）

对于较大的 n 值，几乎不可能计算 $n!$。对于 $n \geqslant 70$ 时，$n! > 10^{100}$，许多科学计算器不能表示出来。在大多数情况下对一个很大的 n 计算 $n!$ 时，只需要 $n!$ 与另一个大数 a_n 的比值。一个常见的例子是 n 较大而 k 不是很大时 P_n^k 的值，等于 $n!/(n-k)!$。在这种情况下，我们可以注意到

$$\frac{n!}{a_n} = e^{\ln(n!)-\ln(a_n)}。$$

与计算 $n!$ 相比，对于很大的 n，$\ln(n!)$才变得难以表示。此外，如果我们对 $\ln(n!)$有一个简单的近似 s_n，使得 $\lim_{n\to\infty}|s_n-\ln(n!)|=0$，那么对很大的 n，$n!/a_n$ 与 s_n/a_n 的比值接近 1。下面的结论提供了这样一个近似，其证明可以在 Feller（1968）中找到。

定理 1.7.5　斯特林公式（Stirling's Formula）　令

$$s_n = \frac{1}{2}\ln(2\pi) + \left(n+\frac{1}{2}\right)\ln(n) - n。$$

那么，$\lim_{n\to\infty}|s_n-\ln(n!)|=0$。另一种表示为

$$\lim_{n\to\infty}\frac{(2\pi)^{1/2}n^{n+1/2}e^{-n}}{n!} = 1。$$ ■

例 1.7.12　排列数的近似　假设我们要计算 $P_{70}^{20}=70!/50!$，由斯特林近似公式可得

$$\frac{70!}{50!} \approx \frac{(2\pi)^{1/2}70^{70.5}e^{-70}}{(2\pi)^{1/2}50^{50.5}e^{-50}} = 3.940\times10^{35}。$$

精确值为 3.938×10^{35}。这个近似值和精确值的差小于1%的1/10。◀

小结

假设满足以下条件：

- 集合的每个元素由 k 个可区分的部分 $x_1,\cdots,x_n$ 组成。
- 第一部分 x_1 有 n_1 个可能结果。
- 对于 $i=2,\cdots,k$，前 $i-1$ 部分的每个组合为（$x_1,\cdots,x_{i-1}$），x_i 有 n_i 个可能结果。

在这些条件下，集合中共有 $n_1\times\cdots\times n_k$ 个元素。第三个条件只要求 x_i 有 n_i 个可能结果，无论前面的部分是什么样的。例如，对于 $i=2$，无论 x_1 是什么，只需要 x_2 有 n_2 个可能结果。这样，乘法原理、排列的计算和有放回抽样都是这个一般原理的特例。对于一次从 m 项取 k 项的排列，对 $i=1,\cdots,k$，$n_i=m-i+1$，则第 i 部分有 n_i 个可能选项，是前 $n-1$ 部分还没出现的 n_i 项。对于有 m 项的有放回抽样，对所有 i，我们有 $n_i=m$，且每个部分的 m 种可能项都是相同的。在下一节中，我们将考虑如何对元素每部分不可区分的集合进行计数。

习题

1. 每年从7天（周日到周六）的其中一天开始。每一年要么是闰年（即包括2月29日），要么不是闰年。一年可以有多少种不同的日历？
2. 三个不同的班级分别有20、18和25名学生，并且每个学生只能是一个班级的成员。如果一个团队由这三个班级中各选的一个学生组成，有多少种不同的方式来选择团队成员？
3. 五个字母 a、b、c、d 和 e 可以有多少种不同的排列方式？
4. 如果一个男人有六种不同的运动衫和四条不同的休闲裤，他能有多少种不同的穿搭组合？
5. 如果掷四个骰子，出现的四个数字中的每一个都不同的概率是多少？
6. 如果掷六个骰子，六个不同数字中的每一个都恰好出现一次的概率是多少？
7. 如果将12个球随机扔到20个盒子里，那么每个盒子收到的球都不多于一个的概率是多少？
8. 假设某建筑物的电梯里开始时有五名乘客，要到七层楼停留。如果每个乘客在每个楼层出电梯的可能性相同，并且所有乘客彼此独立离开电梯，问乘客离开的楼层各不同的概率是多少？
9. 假设 A 队的3名选手和 B 队的3名选手参加比赛。如果所有6名选手的能力相同且没有平局，求事件"A 队的3名选手分别获得第一、第二和第三名，B 队的3名选手获得第四、第五和第六名"的概率是多少？
10. 一个盒子里有100个球，其中 r 个是红球。假设每次从盒子中无放回地随机抽出一个球。求（a）第一个球是红球的概率；（b）第50个球为红球的概率；（c）抽出的最后一个球是红球的概率。
11. 设 n 和 k 为正整数，使得 n 和 $n-k$ 都很大。利用斯特林公式写出一个尽可能简单的 P_n^k 的近似值。

1.8　组合方法

计数事件中结果数量的许多问题相当于计数固定集合中包含多少特定大小的子集。本节举例说明如何进行此类计数以及什么情况下可能出现此类计数。

组合

例1.8.1　选择子集　考虑包含四个不同字母的集合 $\{a,b,c,d\}$。我们想计算大小为2的不同子集的数量。在这种情况下，我们可以列出所有大小为2的子集：

$$\{a,b\},\{a,c\},\{a,d\},\{b,c\},\{b,d\}\text{ 和 }\{c,d\}。$$

我们看到有六个大小为2的不同子集。这与计算排列不同，因为 $\{a,b\}$ 和 $\{b,a\}$ 是同一个子集。◀

对于比较大的集合，如果像我们在例1.8.1中所做的那样，枚举给定大小的所有子集并对它们计数，将会很烦琐。然而，计数子集和计数排列之间存在联系，这将使我们能够推导出计数子集数量的一般公式。

假设一个集合中有 n 个不同的元素，从中选取一个包含 $k(1\leqslant k\leqslant n)$ 个元素的子集，我们要确定可以选择的不同子集的数量。在这个问题中，子集中元素的排列是无关紧要的，每个相同元素不同排列的子集都被视为同一个集合。

定义1.8.1　组合　考虑一个包含 n 个元素的集合。从该集合中选取的大小为 k 的子集称为从 n 个元素中一次取 k 个元素的一个组合，所有不同组合的总数用符号 C_n^k 表示。

没有两个组合包含完全相同的元素，因为相同元素的两个子集是相同的子集。

在例 1.8.1 的末尾，我们注意到两个不同的排列 (a,b) 和 (b,a) 都对应于相同的组合或子集 $\{a,b\}$。我们认为，排列可以分两步构建：首先，从 n 个元素中选择 k 个元素的一个组合；其次，将这 k 个元素按特定顺序排列。从 n 个元素中选择 k 个元素有 C_n^k 种方法，对于每个这样的选择，排列这 k 个元素的方法都有 $k!$ 种不同顺序。使用 1.7 节的乘法原理，我们看到从 n 个元素中一次取 k 个元素的排列数是 $P_n^k=C_n^k k!$；因此，我们有如下定理。

定理 1.8.1　组合　从大小为 n 的集合中选取大小为 k 的子集，则不同的子集数量为

$$C_n^k = \frac{P_n^k}{k!} = \frac{n!}{k!\,(n-k)!}。$$ ■

在例 1.8.1 中，我们看到 $C_4^2=4!/(2!\ 2!)=6$。

例 1.8.2　选举一个委员会　假设要从 20 人的小组中选出一个由 8 人组成的委员会。可能组成委员会的组合数是

$$C_{20}^8 = \frac{20!}{8!\,12!} = 125\ 970。$$ ◀

例 1.8.3　选择岗位　假设在例 1.8.2 中，委员会中的 8 人每人在委员会中分配到不同的岗位。从 20 个人中选择 8 个人并将他们分配到 8 个不同岗位，分配方法的数目是从 20 个元素中一次选择 8 个元素的排列数，或者

$$P_{20}^8 = C_{20}^8 \times 8! = 125\ 970 \times 8! = 5\ 078\ 110\ 400。$$ ◀

例 1.8.2 和例 1.8.3 说明了组合和排列之间的区别和联系。例 1.8.3 中，我们将同一组人按不同的顺序计为不同的结果；而在例 1.8.2 中，我们将同一组人按不同的顺序计为相同的结果。这两个数值相差 8! 倍，即对例 1.8.2 中的每个组合重新排序以获得例 1.8.3 中的排列数。

二项式系数

定义 1.8.2　二项式系数　数 C_n^k 也可用符号 $\binom{n}{k}$ 表示。也就是说，对于 $k=0,1,\cdots,n$，

$$\binom{n}{k} = \frac{n!}{k!\,(n-k)!}。\tag{1.8.1}$$

当使用这种表示法时，这个数称为二项式系数。

二项式系数的名称源于二项式定理中出现的符号，其证明见本节的习题 20。

定理 1.8.2　二项式定理　对于所有数 x 和 y 以及每个正整数 n，有

$$(x+y)^n = \sum_{k=0}^{n} \binom{n}{k} x^k y^{n-k}。$$ ■

二项式系数之间有许多有用的关系。

定理 1.8.3　对于所有 n，有

$$\binom{n}{0} = \binom{n}{n} = 1。$$

对于所有 n 和所有 $k=0,1,\cdots,n$，有

$$\binom{n}{k}=\binom{n}{n-k}。$$

证明 第一个等式由以下事实得出：0! =1，第二个等式来自式（1.8.1）。第二个等式也可以由“选取 k 个元素组成一个子集”等价于“选取其余的 $n-k$ 个元素组成子集的补集”这一事实推出。■

有时用语言“n 个选 k 个”来表述 C_n^k 的值。因此，两种不同的符号 C_n^k 和$\binom{n}{k}$表示相同的值，可用三个不同方式来表述这个量：n 个元素一次取 k 个的组合数，作为 n 和 k 的二项式系数，或简称为“n 个选 k 个”。

例 1.8.4 血型 在例 1.6.4 中，我们定义了基因、等位基因和基因型。人类血型的基因从通常称为 O、A 和 B 的三个等位基因中选出的一对等位基因组成。例如，形成血型基因的两种可能的等位基因组合（称为基因型）是 BB 和 AO，我们不会以不同的顺序区分相同的两个等位基因，因此 OA 与 AO 代表相同的基因型。血型有多少种基因型?

通过计数很容易找到答案，但这是更一般计算的例子。假设一个基因由从 n 个不同等位基因中选出的一对组成。假设我们不能区分不同顺序的同一对基因，则有 n 对基因中的两个等位基因相同，有$\binom{n}{2}$对基因中的两个等位基因不同。基因型总数为

$$n+\binom{n}{2}=n+\frac{n(n-1)}{2}=\frac{n(n+1)}{2}=\binom{n+1}{2}。$$

对于血型的情况，$n=3$，所以有

$$\binom{4}{2}=\frac{4\times3}{2}=6$$

种基因型，很容易通过计数来验证。◀

注：有放回抽样。例 1.8.4 中描述的计数方法是一种有放回地抽样，与例 1.7.10 中描述的抽样类型不同。在例 1.7.10 中，我们进行了有放回抽样，但我们区分了具有不同顺序的相同球的样本，这可以称为有放回地有序抽样。在例 1.8.4 中，包含不同顺序的相同基因的样本被认为是相同的结果，这可以称为有放回地无序抽样。从 n 个元素中有放回地无序抽取 k 个元素的抽取方式个数的一般公式是$\binom{n+k-1}{k}$，推导见本节习题 19。有放回抽样时 k 可能大于 n。

例 1.8.5 选择烘焙食品 你去面包店为晚餐派对挑选一些烘焙食品，总共需要选择 12 个商品。有 7 种不同类型的商品可供选择，每种类型中可以选择多个商品，总共有多少种不同的选取方式？这里我们不区分所选取的 12 个商品的排列顺序。这是一个有放回地无序抽样的例子，因为我们可以（也必须）多次选取相同类型的商品，但我们不必区分相同商品的顺序，有$\binom{7+12-1}{12}$=18 564 种不同的选取方式。◀

例 1.8.5 提出了一个问题，如果没有仔细确定样本空间的元素并仔细指定哪些结果（如果有）是等可能的，则可能会导致混淆。下一个例子解释了例 1.8.5 中的问题。

例 1.8.6 选择烘焙食品 想象一下，从可供选择的 7 种不同类型的商品中选择 12 个烘焙商品有两种不同的方法。第一种方法是，从 7 种商品中随机选取一个。不管首先选取什么商品，然后再从 7 种商品中随机选取第二个商品，继续以这种方式从 7 种商品中随机选取下一个商品，而不考虑已经选取商品的种类，直到选取了 12 个商品。对于这种选择方法，很自然地令结果为所选的 12 个商品的类型的可能序列。样本空间将包含 $7^{12}=1.38\times 10^{10}$ 个不同的等可能的结果。

第二种方法是，面包师告诉你，他有 18 564 盒新鲜包装的不同烘焙食品可供选择。然后你随机选择一个。在这种情况下，样本空间将包含 18 564 个不同的等可能结果。

尽管在两种选择方法中出现了不同的样本空间，但仍有一些口头描述可以识别两个样本空间中的事件。例如，两个样本空间都包含一个事件，可以描述为“所有 12 个商品都属于同一类型”，即使两个样本空间中的结果是不同类型的数学对象。事件“所有 12 个商品都属于同一类型”的概率实际上会有所不同，具体取决于你选取商品时使用的方法。

在第一种方法中，事件“12 个商品的类型相同”包含了 7^{12} 个等可能结果中的 7 个结果。因此，“12 个商品的类型相同”的概率为 $7/7^{12}=5.06\times 10^{-10}$。在第二种方法中，有 7 个等可能的包装盒中“12 个商品的类型相同”。因此，“12 个商品的类型相同”的概率为 $7/18\,564=3.77\times 10^{-4}$。在计算诸如“12 个商品的类型相同”这样的事件的概率之前，必须小心定义试验及其结果。 ◀

两种不同类型的元素的排列 当一个集合只包含两种不同类型的元素时，可以使用二项式系数来表示集合中所有元素的不同排列的数量。例如，假设将 k 个相似的红球和 $n-k$ 个相似的绿球排成一排。由于红球将占据行中的 k 个位置，因此 n 个球的每种不同排列对应于红球占据的 k 个位置的不同选择。因此，n 个球的不同排列数等于从 n 个可用位置中为红球选择 k 个位置的不同选择方式的数量。由于这种选择方式的数量由二项式系数 $\binom{n}{k}$ 确定，因此 n 个球的不同排列的数量也是 $\binom{n}{k}$。换句话说，由一种类型的 k 个相似对象和另一种类型的 $n-k$ 个相似对象组成的 n 个对象的不同排列的数量为 $\binom{n}{k}$。

例 1.8.7 抛硬币 假设掷一枚均匀的硬币 10 次，求：(a)“恰好三次正面向上”的概率 p；(b)“正面向上次数不超过 3”的概率 p'。

(a) 10 个正面、反面的不同序列的可能总数为 2^{10}，并且假设这些序列中每一个出现的概率都相同。这些序列中“恰好三次正面向上”的序列数等于可以由三个正面和七个反面组成的不同排列的数量。以下是其中一些排列：

HHHTTTTTTT、HHTHTTTTTT、HHTTHTTTTT、TTHTHTHTTT 等

每一个这样的排列都等价于在 10 次抛掷中选择将 3 次正面放在哪里，所以有 $\binom{10}{3}$ 个这样的排列。那么“恰好三次正面向上”的概率是

$$p=\frac{\binom{10}{3}}{2^{10}}=0.117\,2。$$

（b）利用与（a）中相同的推理，样本空间中“恰好 $k(k=0,1,2,3)$ 次正面向上”的序列数为 $\binom{10}{k}$。因此，“正面向上次数不超过3”的概率是

$$p' = \frac{\binom{10}{0}+\binom{10}{1}+\binom{10}{2}+\binom{10}{3}}{2^{10}}$$

$$= \frac{1+10+45+120}{2^{10}} = \frac{176}{2^{10}} = 0.171\ 9。$$ ◀

注：使用两种不同的方法解决同一个问题。例1.8.7的（a）部分是在同一问题中使用两种不同计数方法的又一个例子。（b）部分说明了另一种常用方法。在这一部分中，我们将感兴趣的事件分解为几个不相交的子集，并分别对每个子集中的结果计数，然后将计数相加得到总数。在许多问题中，可能需要多次应用相同或不同的计数方法来计算事件包含的结果数。下一个例子是一个事件的元素由两部分组成（乘法原理），但我们需要单独使用组合计算来确定每部分的结果数。

例1.8.8　无放回抽样　假设一个班级有15个男孩和30个女孩，随机选择10名学生完成一项特殊的任务，求“恰好3个男孩被选中”的概率 p。

45名学生中抽取10名学生可能得到不同组合的数量为 $\binom{45}{10}$，10名学生被随机选中的说法意味着这 $\binom{45}{10}$ 个可能组合是等可能的。因此，我们必须找到“恰好包含3个男孩和7个女孩”的组合的数量。

当形成3个男孩和7个女孩的组合时，从15个男孩中选择3个男孩的不同组合的数量为 $\binom{15}{3}$，且从30个女孩中选择7个女孩的不同组合的数量是 $\binom{30}{7}$。由3个男孩组成的每个组合都可以与7个女孩的每个组合配对，以形成一个不同的样本，所以“恰好包含3个男孩”的组合数是 $\binom{15}{3}\binom{30}{7}$。因此，所求概率是

$$p = \frac{\binom{15}{3}\binom{30}{7}}{\binom{45}{10}} = 0.290\ 4。$$ ◀

例1.8.9　玩扑克牌　假设一副包含4个A的52张牌被彻底洗牌，然后将牌分配给四个玩家，每个玩家都会收到13张牌。求每个玩家各得一张A的概率。

四个A在这副牌四个位置的可能不同组合的数量是 $\binom{52}{4}$，并且假设每一个组合的可能性相同。如果每个玩家都得到一个A，那么必须是第一个玩家收到的13张牌中恰好有一张A，其他三名玩家收到的每组13张牌中都恰好有一张A。换句话说，第一个玩家收到的A有13个可能的位置，第二个玩家收到的A有13个其他可能的位置，以此类推。因此，在

四个 A 的$\binom{52}{4}$个可能的位置组合中，恰好有 13^4 个可导致所求的事件。因此，每个玩家获得一张 A 的概率 p 为

$$p = \frac{13^4}{\binom{52}{4}} = 0.105\ 5。$$ ◀

有序样本与无序样本 本节和上一节中的几个例子涉及使用多种抽样方案进行的可能样本数量的计数。有时，我们将相同元素、不同顺序的集合视为不同的样本；有时，我们将相同元素、不同顺序的集合视为同一个样本。一般而言，如何判断给定问题的正确计数方法？有时，问题描述会指明哪些是需要的。例如，如果要我们求样本中的各项以指定的顺序到达的概率，我们可能无法确定感兴趣的事件，除非我们将相同项的不同排列视为不同的结果。例 1.8.5 和例 1.8.6 说明了不同的问题描述如何导致完全不同的计算。

但是，在某些情况下，问题描述并没有明确说明是否必须将相同的元素、不同的顺序看作不同的结果。实际上，有些问题可以通过两种方式解决。例 1.8.9 就是这样一个问题。在此问题中，我们需要确定什么作为结果，然后计算整个样本空间 S 中有多少结果以及感兴趣的事件 E 中有多少结果。例 1.8.9 提出的解决方案中，我们选择了 52 张牌中被四个 A 占据的位置作为结果。当我们计算 S 中的结果数量时，没有将四个 A 的四个位置的不同排放方式看作不同的结果。因此，当我们计算 E 中的结果数量时，也没有将四个 A 的位置的不同排列方式看作不同的结果。一般来说，这是选择计数方法的原则。如果我们面临“是否将相同元素、不同顺序的排列计数为不同的结果”的选择时，我们需要做出选择，然后在整个问题中保持一致。如果我们在对 S 的结果进行计数时，将相同的元素以不同的顺序计数为不同的结果，那么我们在计数 E 的元素时也必须这样做。如果我们在计数 S 时将它们计数为相同的结果，则对 E 进行计数时不应将它们看作不同。

例 1.8.10 重温扑克牌 我们将再次解决例 1.8.9 中的问题，但这次，我们将不同的顺序、同样的牌看作不同的结果。极端地说，设每个结果都是 52 张牌的完整排序。所以，有 52！种可能的结果。四位玩家收到的四组 13 张牌中各有一张 A 的结果有多少个呢？和以前一样，为四个 A 选择四个位置、四组 13 张牌中都有一个 A，共有 13^4 种方式。无论我们选择哪一组位置，在四个位置上排列四个 A 的方式共有 4！种。不管怎么排列 A，在 48 个位置上排列剩下的 48 张牌共有 48！种方式。所以，所感兴趣的事件的结果有 $13^4 \times 4! \times 48!$ 个。然后我们可以计算

$$p = \frac{13^4 \times 4! \times 48!}{52!} = 0.105\ 5。$$ ◀

在下面的例子中，是否将相同的项不同的顺序计数为不同的结果取决于你希望使用哪些事件。

例 1.8.11 彩票 在彩票游戏中，从一个箱子里的 1 到 30 个数字中无放回地、随机抽取六个数字，每个玩家购买一张从 1 到 30 的六个不同数字的彩票。如果所有六个数字都与玩家彩票上的数字一致，则该玩家中奖。假设所有可能的抽取都是等可能的。在这个

“抽取中奖组合”的试验中，一种构建样本空间的方法是考虑所有可能的抽取序列。也就是说，每个结果都包含从 30 个数字中选取的六个数字的有序子集，共有 $P_{30}^{6}=30!/24!$ 种可能结果。利用这个样本空间 S，我们可以计算如下事件的概率：

$$A=\{抽取包含数字 1,14,15,20,23 和 27\},$$
$$B=\{抽取的数字之一是 15\},$$
$$C=\{第一个抽取的数字小于 10\}。$$

对于本试验，还有另一个自然的样本空间，我们将其表示为 S'。它仅由从 30 个数字中抽取的六个数字的不同组合组成，有 $\binom{30}{6}=30!/(6!\,24!)$ 种可能结果。很自然地，可以认为所有这些结果都是等可能的。利用这个样本空间，我们可以计算上面的事件 A 和 B 的概率，但是 C 不是样本空间 S' 的子集，所以我们不能利用这个更小的样本空间计算它的概率。当自然地、不止一种方式构建一个试验的样本空间时，人们需要根据要计算概率的事件进行选择。 ◀

例 1.8.11 提出了一个问题，即当某个事件存在于两个样本空间中时，例如 A 或 B，是否可以使用两个不同的样本空间计算这个事件的概率。在该例中，较小样本空间 S' 中的每个结果对应于较大样本空间 S 中的一个事件。实际上，S' 中每个结果 s' 对应于 S 中单个组合 s' 的 $6!$ 个排列的事件。例如，该例中的事件 A 在样本空间 S' 中只包含一个排列 $s'=(1,14,15,20,23,27)$，而在样本空间 S 中对应的事件有 $6!$ 个排列，包括

$$(1,14,15,20,23,27),(14,20,27,15,23,1),(27,23,20,15,14,1)\ 等$$

在样本空间 S 中，事件 A 的概率为

$$P(A)=\frac{6!}{P_{30}^{6}}=\frac{6!\ 24!}{30!}=\frac{1}{\binom{30}{6}}。$$

在样本空间 S' 中，事件 A 具有相同的概率，因为它只包含 $\binom{30}{6}$ 种等可能结果中的一种结果。同样推理适用于 S' 中的每个结果。因此，如果同一事件可以在样本空间 S 和 S' 中表示，我们可以利用任一样本空间计算出相同的概率。这是类似于例 1.8.11 的一个特殊特征，其中在较小的样本空间中的每个结果都对应于较大样本空间中具有相同数量元素的事件。有些例子不存在此特征，不能将两个样本空间都视为简单的样本空间。

例 1.8.12 抛硬币 一个试验包括掷硬币两次。如果我们想将先正面后反面和先反面后正面区分开来，应该使用样本空间 $S=\{HH,HT,TH,TT\}$，这自然地被假设为一个简单样本空间。另一方面，我们可能只对抛出正面的次数感兴趣。在这种情况下，我们可能会考虑较小的样本空间 $S'=\{0,1,2\}$，每个结果只计数正面的次数。S' 中的结果 0 和 2 分别对应于 S 中的一个结果，但 $1\in S'$ 对应的事件为 $\{HT,TH\}\subset S$，有两个结果。如果我们把 S 看作简单样本空间，那么 S' 就不是一个简单样本空间，因为结果 1 的概率是 1/2，而其他两个结果，每个的概率都为 1/4。

在某些情况下，将 S' 视为一个简单样本空间并将其每个结果概率分配 1/3 是合理的。如果有人认为硬币不是均匀的，他可能会这样做，但不知道它有多不均匀，不知道哪一面

更有可能落地。在这种情况下，S 将不是简单样本空间，因为它的两个结果的概率为 1/3，而另外两个结果的概率加起来为 1/3。◀

例 1.8.6 是两个不同样本空间的另一种情况，其中一个样本空间中的每个结果对应于另一个空间中不同数量的结果。1.9 节的习题 12 将对例 1.8.6 进行更完整地分析。

网球锦标赛

我们现在提出一个难题，它有一个简单而漂亮的解决方案。假设有 n 名网球运动员参加锦标赛。在第一轮中，球员随机配对。每场比赛中的输者被淘汰出局，胜者继续进入第二轮。如果球员人数 n 是奇数，则在第一轮配对之前随机选择一名球员，该球员自动进入第二轮。然后将第二轮中的所有球员随机配对。同样，失败者被淘汰，获胜者继续进入第三轮。如果第二轮的球员人数是奇数，则在其他球员配对之前随机选择其中一名球员，该球员自动进入第三轮。比赛以这种方式继续进行，直到最后一轮只剩下两名球员。然后他们进行比赛，这场比赛的获胜者就是锦标赛的获胜者。假设所有 n 个球员的能力相同，求两个特定球员 A 和 B 在锦标赛期间交手的概率 p。

我们将首先确定比赛期间将进行的比赛总数。每场比赛结束后，一名球员（该场比赛的输家）将被淘汰出局。当除最后一场比赛的获胜者之外的所有人都被淘汰出局时，比赛结束。由于必须淘汰恰好 $n-1$ 名球员，因此在锦标赛期间必须进行恰好 $n-1$ 场比赛。

球员可能的配对数为 $\binom{n}{2}$，每场比赛中两个球员都等可能地赢得比赛，且最初所有的配对都是随机的。因此，在锦标赛开始之前，每对球员等可能地出现在锦标赛期间要进行的 $n-1$ 场比赛中的每一场比赛中。因此，球员 A 和 B 在提前确定好的某场特定比赛中相遇的概率为 $1/\binom{n}{2}$，如果 A 和 B 在该特定比赛中确实相遇，则他们中的一人将输掉被淘汰出局，因此他们不可能在多于一场比赛中相遇。

由前面的解释可知，球员 A 和 B 在锦标赛期间的某个时间相遇的概率 p 等于他们在任何特定比赛中相遇的概率 $1/\binom{n}{2}$ 与他们可能会遇到的 $n-1$ 场比赛的乘积。因此，

$$p=\frac{n-1}{\binom{n}{2}}=\frac{2}{n}。$$

小结

我们证明了大小为 n 的集合的大小为 k 的子集数量为 $\binom{n}{k}=n!/[k!(n-k)!]$。它是从大小为 n 的总体中无放回地抽取大小为 k 的可能样本的数量，也是两种类型的 n 个项的排列数，其中 k 项为一种类型，$n-k$ 项为另一种类型。我们也看到了几个例子，在同一问题

中用不止一种方法计数。有时，计算单个集合的元素个数也需要多种技巧。

习题

1. 两名民意调查员将对一个有 20 栋房屋的社区进行调查。每名民意调查员将访问 10 栋房屋。有多少种不同的可能的分配方案？
2. 以下两个数字哪个更大：$\binom{93}{30}$ 和 $\binom{93}{31}$？
3. 以下两个数字哪个更大：$\binom{93}{30}$ 和 $\binom{93}{63}$？
4. 一个盒子里有 24 个灯泡，其中 4 个次品。如果一个人从盒子里无放回地随机选取了 4 个灯泡，那么 4 个灯泡都为次品的概率是多少？
5. 证明下列数为整数：
$$\frac{4\,155\times 4\,156\times\cdots\times 4\,250\times 4\,251}{2\times 3\times\cdots\times 96\times 97}。$$
6. 假设 n 个人以随机方式在剧院的一排 n 个座位上就座。两个特定的人 A 和 B 坐在一起的概率是多少？
7. 如果 k 个人以随机方式坐在一排 $n(n>k)$ 个座位上，那么“这些人的 k 个座位相邻”的概率是多少？
8. 如果 k 个人以随机方式坐在一个 $n(n>k)$ 个座位的圆圈里，那么“这些人的 k 个座位相邻”的概率是多少？
9. 如果 n 个人在一排 $2n$ 个座位上随机就座，那么“没有两个人相邻”的概率是多少？
10. 一个盒子里有 24 个灯泡，其中两个次品。如果从盒子中无放回地随机选取 10 个灯泡，那么“两个次品都被选中”的概率是多少？
11. 假设从 100 人中随机选举 12 人组成委员会。求两个特定的人 A 和 B 都被选中的概率。
12. 假设将 35 人随机分成两队，一队 10 人，另一队 25 人。两个特定的人 A 和 B 在同一队的概率是多少？
13. 一个盒子里有 24 个灯泡，其中 4 个次品。如果一个人从盒子中随机选取 10 个灯泡，第二个人选择剩下的 14 个灯泡，那么“4 个次品都被同一个人选中”的概率是多少？
14. 证明：对任意的正整数 n 和 $k(n\geqslant k)$，有
$$\binom{n}{k}+\binom{n}{k-1}=\binom{n+1}{k}。$$
15. a. 证明：
$$\binom{n}{0}+\binom{n}{1}+\binom{n}{2}+\cdots+\binom{n}{n}=2^n。$$
b. 证明：
$$\binom{n}{0}-\binom{n}{1}+\binom{n}{2}-\binom{n}{3}+\cdots+(-1)^n\binom{n}{n}=0。$$
提示：使用二项式定理。
16. 美国参议院由来自 50 个州、每个州两名参议员组成。(a) 如果随机选出 8 名参议员组成委员会，“它至少包含一名来自某个特定州的参议员”的概率是多少？(b) 随机选出 50 名参议员，“每个州都有一名参议员”的概率是多少？
17. 一副 52 张牌包含四个 A。如果将洗好的牌随机分配给四个玩家，每个玩家收到 13 张牌，那么“同一个玩家收到四个 A”的概率是多少？
18. 假设 100 名学生被分成 5 个班，每个班有 20 名学生，并对其中 10 名学生进行奖励。如果每个学生获

得奖励的可能性相同，那么“每个班中恰好有两名学生获奖”的概率是多少？

19. 一家餐馆的菜单上有 n 个菜单选项。在某天，k 位顾客会到达，每人将选择一个菜单选项。经理想要计算有多少个不同的菜单选择的集合，而无须考虑选择的顺序。（例如，如果 $k=3$ 且菜单选项是 $a_1,\cdots,a_n$，则不区分 $a_1a_3a_1$ 和 $a_1a_1a_3$。）证明：顾客选择的不同集合数为$\binom{n+k-1}{k}$。提示：假设菜单选项为 $a_1,\cdots,a_n$。说明顾客选择的每个组合排列为 a_1 在前、a_2 在第二个等，可以看成一列 k 个 0 和 $n-1$ 个 1 的序列，其序列中每个 0 代表有 1 个客户选择，每个 1 代表序列中的一个点，表明菜单选项编号加 1。例如，如果 $k=3$ 和 $n=5$，则 $a_1a_1a_3$ 变为 0011011。
20. 证明二项式定理 1.8.2。提示：利用归纳论证。即，首先证明如果 $n=1$，结果为真。然后，假设存在 n_0 使得结果对所有 $n\leqslant n_0$ 都成立，证明结论对于 $n=n_0+1$ 也成立。
21. 回到生日问题。k 个人在 365 天中有多少个生日的不同集合（如果不区分“相同的生日、不同的顺序”）？例如，如果 $k=3$，我们将（1 月 1 日，3 月 3 日，1 月 1 日）与（1 月 1 日，1 月 1 日，3 月 3 日）看成是同一结果。
22. 设 n 为一个很大的偶数。利用斯特林公式（定理 1.7.5）求二项式系数$\binom{n}{n/2}$的近似值。计算 $n=500$ 时的近似值。

1.9 多项式系数

我们将学习如何计算“把有限集划分成多个不相交子集”的划分方式数，它推广了 1.8 节的二项式系数。当结果由从不同类型（每种类型的数量是确定的）中选择的几个部分组成时，这个推广很有用。

我们从一个相当简单的例子开始，说明本节的一般思想。

例 1.9.1　选择委员会　假设将 20 名成员分成三个委员会 A、B 和 C，委员会 A 和 B 各有 8 名成员，委员会 C 有 4 名成员，试确定不同分配方式的数量。请注意，每一个成员都只能被分配到一个委员会。

分配的一种方法是先选择其 8 名成员来组建委员会 A，然后将剩余的 12 名成员组建委员会 B 和委员会 C。每一个操作都是选择一个组合，委员会 A 的每一个选择都可以与其余 12 名成员组建委员会 B 和委员会 C 的每一种分配相匹配。因此，三个委员会的分配方式数是两个分配部分的组合数的乘积。具体来说，要组建委员会 A，我们必须从 20 名成员中选出 8 名，共有$\binom{20}{8}$种方式；然后将剩余的 12 名成员分成委员会 B 和 C，有$\binom{12}{8}$种方法可以做到这一点。因此，答案是

$$\binom{20}{8}\binom{12}{8}=\frac{20!}{8!\,12!}\,\frac{12!}{8!\,4!}=\frac{20!}{8!\,8!\,4!}=62\ 355\ 150。\qquad ◀$$

注意$\binom{20}{8}$的分母中的 12! 是如何与$\binom{12}{8}$的分子中的 12! 消掉的，这个事实是我们接下来要推导的常用公式的关键。

一般来说，假设 n 个不同的元素被分成 $k(k\geqslant 2)$ 个不同的组，使得对于 $j=1,\cdots,k$，第 j 组正好包含 n_j 个元素，其中 $n_1+n_2+\cdots+n_k=n$。需要确定可以将 n 个元素分成 k 组的不同方

式的数量。第一组中的 n_1 个元素从 n 个可用元素中选取，共有$\binom{n}{n_1}$种不同的选取方式。在第一组中的 n_1 个元素被选中后，第二组中的 n_2 个元素可以从剩余的 $n-n_1$ 个元素中选取，共有$\binom{n-n_1}{n_2}$种不同的选取方式。因此，第一组和第二组选择元素的不同选取方式数为$\binom{n}{n_1}\binom{n-n_1}{n_2}$。在前两组中 n_1+n_2 个元素被选中之后，第三组中的 n_3 个元素的不同选取方式数为$\binom{n-n_1-n_2}{n_3}$。因此，前三组选取元素的不同方式的总数为$\binom{n}{n_1}\binom{n-n_1}{n_2}\binom{n-n_1-n_2}{n_3}$。

从前面的解释可以看出，在前 $j(j=1,\cdots,k-2)$ 个组选取好后，下一组（$j+1$ 组）可从剩余的 $n-n_1-n_2-\cdots-n_j$ 个元素中选择，共有$\binom{n-n_1-\cdots-n_j}{n_{j+1}}$种不同方式。第 $k-1$ 组的元素选取好后，剩下的 n_k 个元素组成最后一组。因此，将 n 个元素分成 k 组的不同方法的总数为

$$\binom{n}{n_1}\binom{n-n_1}{n_2}\binom{n-n_1-n_2}{n_3}\cdots\binom{n-n_1-\cdots-n_{k-2}}{n_{k-1}}=\frac{n!}{n_1!\,n_2!\cdots n_k!},$$

其中最后一个公式是用阶乘写出的二项式系数。

定义 1.9.1　多项式系数　数$\frac{n!}{n_1!\,n_2!\cdots n_k!}$可表示为$\binom{n}{n_1,n_2,\cdots,n_k}$，称为多项式系数。

多项式系数的名称源于多项式定理中出现的符号，其证明留作本节习题 11。

定理 1.9.1　多项式定理　对于任意实数 $x_1,\cdots,x_n$ 和每个正整数 n，

$$(x_1+\cdots+x_k)^n=\sum\binom{n}{n_1,n_2,\cdots,n_k}x_1^{n_1}x_2^{n_2}\cdots x_k^{n_k},$$

其中求和是关于所有满足 $n_1+n_2+\cdots+n_k=n$ 的非负整数 $n_1,\cdots,n_k$ 的组合。■

多项式系数是 1.8 节中讨论的二项式系数的推广。当 $k=2$ 时，多项式定理与二项式定理相同，多项式系数变为二项式系数。尤其是，

$$\binom{n}{k,n-k}=\binom{n}{k}。$$

例 1.9.2　选择委员会　我们可以看到，例 1.9.1 得到的解与多项式系数相同，其中 $n=20$，$k=3$，$n_1=n_2=8$ 和 $n_3=4$，即

$$\binom{20}{8,8,4}=\frac{20!}{(8!)^2 4!}=62\ 355\ 150。$$ ◀

两种以上不同类型的元素的排列　就像二项式系数可以用来表示仅包含两种不同类型元素的集合中元素的排列数一样，多项式系数可以用来表示集合中包含 $k(k\geqslant 2)$ 种不同类型元素的排列数。例如，假设将 n 个 k 种不同颜色的球排成一排，并且颜色为 $j(j=1,\cdots,k)$ 的球有 n_j 个，其中 $n_1+n_2+\cdots+n_k=n$。那么 n 个球的每种排列对应于从一行的 n 个位置找出 n_1 个位置为一组，由第一种颜色的 n_1 个球占据，第二组的 n_2 个位置由第二种颜色的 n_2 个球占据，以此类推。因此，n 个球的可能排列的总数必须是

$$\binom{n}{n_1, n_2, \cdots, n_k} = \frac{n!}{n_1!\ n_2!\ \cdots n_k!}。$$

例 1.9.3　掷骰子　掷 12 个骰子，求六个不同的数字每个都会出现两次的概率 p。

样本空间 S 中的每种结果都可以看作 12 个数字的有序序列，其中序列中的第 i 个数字是第 i 次抛掷的结果。因此，在 S 中有 6^{12} 种可能的结果，并且每一种结果都被认为是等概率的。这些结果的数量就是包含六个数字 $1,2,\cdots,6$ 中的每一个数字恰好出现两次，即这 12 个元素的可能排列数量。这个数字可以通过计算 $n=12, k=6$ 和 $n_1=n_2=\cdots=n_6=2$ 的多项式系数来确定。因此，此类结果的数量为

$$\binom{12}{2,2,2,2,2,2} = \frac{12!}{(2!)^6},$$

所求的概率 p 为

$$p = \frac{12!}{2^6 6^{12}} = 0.0034。$$

◀

例 1.9.4　玩扑克牌　一副 52 张牌包含 13 张红心，充分洗好后分配给 4 个玩家 A、B、C 和 D，使得每个玩家收到 13 张牌。求“玩家 A 收到 6 张红心，玩家 B 收到 4 张红心，玩家 C 收到 2 张红心，玩家 D 收到 1 张红心”的概率 p。

将 52 张牌分配给 4 个玩家，使得每个玩家收到 13 张牌的分配方式数为

$$N = \binom{52}{13,13,13,13} = \frac{52!}{(13!)^4}。$$

可以假设每一种方式都是等可能的。我们现在要计算每个玩家获得所需红心数的纸牌分配方式数 M。将红心分配给玩家 A、B、C 和 D，使得他们收到的红心张数分别为 6、4、2 和 1，分配方式数为

$$\binom{13}{6,4,2,1} = \frac{13!}{6!\ 4!\ 2!\ 1!}。$$

然后把其他 39 张牌可以分配给 4 个玩家，使得每人有 13 张牌，分配方式数为

$$\binom{39}{7,9,11,12} = \frac{39!}{7!\ 9!\ 11!\ 12!}。$$

因此，

$$M = \frac{13!}{6!\ 4!\ 2!\ 1!} \cdot \frac{39!}{7!\ 9!\ 11!\ 12!},$$

所求概率为

$$p = \frac{M}{N} = \frac{13!\ 39!\ (13!)^4}{6!\ 4!\ 2!\ 1!\ 7!\ 9!\ 11!\ 12!\ 52!} = 0.001\,96。$$

根据例 1.8.9 的思想，还有另一种方法来解决这个问题。一副牌中红心占据的 13 个位置的可能组合数为 $\binom{52}{13}$。如果玩家 A 要得到 6 张红心，在 A 收到的 13 张牌中，红心占据 6 个位置的可能组合数为 $\binom{13}{6}$。类似地，如果玩家 B 要获得 4 张红心，在 B 将收到的 13 张

牌中，红心占据4个位置的可能组合数为$\binom{13}{4}$。玩家C的可能组合数为$\binom{13}{2}$，玩家D的可能组合数为$\binom{13}{1}$。因此，

$$p=\frac{\binom{13}{6}\binom{13}{4}\binom{13}{2}\binom{13}{1}}{\binom{52}{13}},$$

得到的值与通过第一种求解方法获得的值相同。◀

小结

多项式系数推广了二项式系数。系数$\binom{n}{n_1,\cdots,n_k}$是将一组$n$个元素的集合划分为大小为$n_1,\cdots,n_k$的子集的划分方式数，其中$n_1+\cdots+n_k=n$。它也是$k$个不同类型的$n$个元素的排列数，其中$n_i$是类型$i$的元素个数，$i=1,\cdots,k$。例1.9.4说明了计算概率时要记住的另一个要点：计算同一个概率的正确方法可能不止一种。

习题

1. 三名民意调查员将对一个有21栋房屋的社区进行调查，每名民意调查员将访问7栋房屋，共有多少种不同的分配方案？
2. 假设将18颗红珠、12颗黄珠、8颗蓝珠和12颗黑珠串成一排，一共可以形成多少种不同的颜色排列？
3. 假设300名成员选举产生两个委员会。如果一个委员会需5个成员，另一个需8个成员，共有多少种不同的组建方式？
4. 如果字母s,s,s,t,t,t,i,i,a,c随机排列，它们拼出“statistics”这个词的概率是多少？
5. 假设掷n个均匀的骰子。求数字$j(j=1,\cdots,6)$恰好出现n_j次的概率，其中$n_1+n_2+\cdots+n_6=n$。
6. 掷7个均匀的骰子，求6个不同数字每一个至少出现一次的概率是多少？
7. 一副25张的牌，其中有12张红牌。随机把这25张牌分发给玩家A、B和C，使A有10张、B有8张、C有7张牌。求A有6张红牌、B有2张红牌、C有4张红牌的概率是多少？
8. 一副52张的牌，其中12张人头牌。随机把52张牌发给4个玩家，每个玩家13张牌，求每个玩家手中有3张人头牌的概率是多少？
9. 一副52张的牌，其中有13张红牌、13张黄牌、13张蓝牌和13张绿牌。随机把这52张牌分给4个玩家，使每个玩家手中有13张牌，求每个玩家手中有13张同色牌的概率是多少？
10. 假设有2个叫Davis的男孩、3个叫Jones的男孩、4个叫Smith的男孩随意地坐在一排9座的座位上。求在这一排座位上叫Davis的男孩刚好坐在前两个座位，叫Jones的男孩坐在接下来的3个座位，叫Smith的男孩坐在最后4个座位的概率是多少？
11. 证明多项式定理1.9.1。(可以使用与1.8节习题20中相同的提示。)
12. 回到例1.8.6。令S为较大的样本空间（第一种选择方法），令S'为较小的样本空间（第二种方法）。对于S'的每个元素s'，令$N(s')$表示忽略顺序时得到的相同包装盒s'在S中的数量。
    a. 对于每个$s'\in S'$，求$N(s')$的表达式。提示：设n_i表示s'中类型$i(i=1,\cdots,7)$的项数。

b. 验证 $\sum_{s' \in S'} N(s')$ 等于 S 中的结果数。

1.10 和事件的概率

概率公理直接告诉我们如何求不相交事件并集的概率。定理 1.5.7 表明如何求任意两个事件的和事件的概率。这个定理可被推广到任意有限个事件族的和事件。

我们考虑任意一个样本空间 S，它可以包含有限个结果或无限个结果，我们将进一步研究为 S 中事件指定的各种概率的一些一般性质。特别地，在本节中我们将研究 n 个事件 $A_1,\cdots,A_n$ 的和事件 $\bigcup_{i=1}^{n} A_i$ 的概率。

如果事件 $A_1,\cdots,A_n$ 是不相交的，易知

$$P\left(\bigcup_{i=1}^{n} A_i\right) = \sum_{i=1}^{n} P(A_i)。$$

此外，对于任意两个事件 A_1 和 A_2，无论它们是否不相交，由定理 1.5.7 可知

$$P(A_1 \cup A_2) = P(A_1) + P(A_2) - P(A_1 \cap A_2)。$$

在本节中，我们将把这个结果推广到三个事件，然后推广到任意有限个事件。

三个事件的和事件

定理 1.10.1 对于任意三个事件 A_1, A_2 和 A_3，有

$$\begin{aligned} P(A_1 \cup A_2 \cup A_3) = {} & P(A_1) + P(A_2) + P(A_3) - \\ & [P(A_1 \cap A_2) + P(A_2 \cap A_3) + P(A_1 \cap A_3)] + \\ & P(A_1 \cap A_2 \cap A_3)。\end{aligned} \tag{1.10.1}$$

证明 根据和事件的结合律（定理 1.4.6），我们可以写成

$$A_1 \cup A_2 \cup A_3 = (A_1 \cup A_2) \cup A_3。$$

对事件 $A=A_1 \cup A_2$ 和 $B=A_3$ 应用定理 1.5.7，得到

$$\begin{aligned} P(A_1 \cup A_2 \cup A_3) &= P(A \cup B) \\ &= P(A) + P(B) - P(A \cap B)。\end{aligned} \tag{1.10.2}$$

我们接下来计算式（1.10.2）右侧的三个概率，并将它们合并得到式（1.10.1）。首先，对事件 A_1 和 A_2 应用定理 1.5.7，有

$$P(A) = P(A_1) + P(A_2) - P(A_1 \cap A_2)。\tag{1.10.3}$$

利用定理 1.4.10 中的第一个分配律，有

$$A \cap B = (A_1 \cup A_2) \cap A_3 = (A_1 \cap A_3) \cup (A_2 \cap A_3)。\tag{1.10.4}$$

将定理 1.5.7 应用于式（1.10.4）最右侧的事件，得

$$P(A \cap B) = P(A_1 \cap A_3) + P(A_2 \cap A_3) - P(A_1 \cap A_2 \cap A_3)。\tag{1.10.5}$$

将 $P(B)=P(A_3)$、式（1.10.3）和式（1.10.5）代入式（1.10.2），证明完成。■

例 1.10.1 学生注册 在 200 名学生中，有 137 名学生报名数学班，50 名学生报名历史班，124 名学生报名音乐班。此外，同时在数学班和历史班报名的学生人数为 33，同时在历史班和音乐班报名的学生人数为 29，同时在数学班和音乐班报名的学生人数为 92。最后，在所有三个班都报名的人数是 18。从 200 名学生中随机挑选一名学生，求他至少报名

一个班的概率。

令 A_1 表示事件“所选学生在数学班报名”，令 A_2 表示事件“他在历史班报名”，令 A_3 表示事件“他在音乐班报名”。为了解决这个问题，我们先确定 $P(A_1 \cup A_2 \cup A_3)$ 的值。由题意可知，

$$P(A_1)=\frac{137}{200},\quad P(A_2)=\frac{50}{200}, P(A_3)=\frac{124}{200},$$

$$P(A_1 \cap A_2)=\frac{33}{200},\quad P(A_2 \cap A_3)=\frac{29}{200},\quad P(A_1 \cap A_3)=\frac{92}{200},$$

$$P(A_1 \cap A_2 \cap A_3)=\frac{18}{200}。$$

由式（1.10.1）可得，$P(A_1 \cup A_2 \cup A_3)=175/200=7/8$。◀

有限个事件的和事件

与定理1.10.1类似的结果适用于任意有限个事件，如下面的定理所述。

定理 1.10.2 对任意 n 个事件 $A_1,\cdots,A_n$，有

$$P\left(\bigcup_{i=1}^{n} A_i\right) = \sum_{i=1}^{n} P(A_i) - \sum_{i<j} P(A_i \cap A_j) + \sum_{i<j<k} P(A_i \cap A_j \cap A_k) - \sum_{i<j<k<l} P(A_i \cap A_j \cap A_k \cap A_l) + \cdots + (-1)^{n+1} P(A_1 \cap A_2 \cap \cdots \cap A_n)。\tag{1.10.6}$$

证明 利用归纳法进行证明。特别地，我们首先确定对于 $n=1$ 和 $n=2$，式（1.10.6）成立。接下来，证明如果存在 m 使得式（1.10.6）对于所有 $n \leqslant m$ 成立，则式（1.10.6）对 $n=m+1$ 也成立。显然 $n=1$ 时成立。定理1.5.7是 $n=2$ 时的情况。为了完成证明，假设对所有 $n \leqslant m$，式（1.10.6）都成立。令 $A_1,\cdots,A_{m+1}$ 为 $m+1$ 个事件，定义 $A=\bigcup_{i=1}^{m} A_i$ 和 $B=A_{m+1}$，定理1.5.7表明，

$$P\left(\bigcup_{i=1}^{n} A_i\right) = P(A \cup B) = P(A) + P(B) - P(A \cap B)。\tag{1.10.7}$$

当 $n=m$ 时，$P(A)$ 等于式（1.10.6）。我们只需证明，将 $P(A)$ 加到 $P(B)-P(A \cap B)$ 可以得到 $n=m+1$ 时的式（1.10.6）。当 $n=m+1$ 时，式（1.10.6）与 $P(A)$ 的差是有一个下标（i，j，k 等）等于 $m+1$ 的所有项。这些项如下

$$P(A_{m+1}) - \sum_{i=1}^{m} P(A_i \cap A_{m+1}) + \sum_{i<j} P(A_i \cap A_j \cap A_{m+1}) - \sum_{i<j<k} P(A_i \cap A_j \cap A_k \cap A_{m+1}) + \cdots + (-1)^{m+2} P(A_1 \cap A_2 \cap \cdots \cap A_m \cap A_{m+1})。\tag{1.10.8}$$

式（1.10.8）中的第一项是 $P(B)=P(A_{m+1})$。剩下的就是证明 $-P(A \cap B)$ 等于式（1.10.8）中除第一项之外的所有项。

利用分配律（定理1.4.10）的自然推广，易知

$$A \cap B = \left(\bigcup_{i=1}^{m} A_i\right) \cap A_{m+1} = \bigcup_{i=1}^{m} (A_i \cap A_{m+1})。\tag{1.10.9}$$

式（1.10.9）中的并集包含 m 个事件，因此我们可以对 $n=m$ 时应用式（1.10.6），把每个 A_i 替换为 $A_i \cap A_{m+1}$。结果是 $-P(A\cap B)$ 等于式（1.10.8）中除第一项之外的所有项。 ■

定理 1.10.2 中的计算可以概括如下：第一，取 n 个单独事件的概率之和。第二，减去所有可能事件对交集的概率之和，共有 $\binom{n}{2}$ 个不同的配对。第三，加上任意三个事件交集的概率和，有 $\binom{n}{3}$ 个这种类型的交集。第四，减去任意四个事件交集的概率和；有 $\binom{n}{4}$ 个这种类型的交集。继续这种方式，直到最后，加还是减 n 个事件交集的概率依赖于 n 是奇数还是偶数。

匹配问题

把一副 n 张不同的牌排成一排，再将另一副相同的牌洗好并排成一排，放在原来那副牌的上方。求这两副牌中对应位置的牌之间至少有一张匹配的概率 p_n。相同的问题可以用各种有趣的环境表达。例如，我们可以假设一个人打印了 n 封信，在 n 个信封上输入相应的地址，然后随机地将 n 封信放入 n 个信封中，求至少一封信被放入正确信封的概率 p_n。再举一个例子，我们可以假设 n 个电影明星的照片以随机方式与其幼年时期的 n 张照片配对，求至少有一位明星的照片与其婴儿照片正确配对的概率 p_n。

在这里，我们以装信来讨论这个匹配问题。令 A_i 是事件“第 $i(i=1,\cdots,n)$ 封信放入正确的信封”，我们利用式（1.10.6）确定 $p_n=P\left(\bigcup_{i=1}^{n}A_i\right)$ 的值。由于信是随意放入信封中的，因此任何一封信被放入正确信封的概率 $P(A_i)$ 都为 $1/n$。因此，式（1.10.6）右侧的第一个求和的值是

$$\sum_{i=1}^{n}P(A_i)=n\cdot\frac{1}{n}=1。$$

进而，由于第 1 封信可以放入 n 个信封中的任何一个中，第 2 封信可以放入在其他 $n-1$ 个信封中的任何一个中，因此把第 1 封信和第 2 封信都放进正确信封的概率 $P(A_1\cap A_2)$ 为 $1/[n(n-1)]$。类似地，把任意第 i 封信和第 $j(i\neq j)$ 封信都放进正确信封的概率 $P(A_i\cap A_j)$ 为 $1/[n(n-1)]$。因此，式（1.10.6）右侧的第二个求和的值为

$$\sum_{i<j}P(A_i\cap A_j)=\binom{n}{2}\frac{1}{n(n-1)}=\frac{1}{2!}。$$

通过类似的推理，可以算出把任意三封信 $i,j,k\,(i<j<k)$ 放入正确信封的概率 $P(A_i\cap A_j\cap A_k)$ 为 $1/[n(n-1)(n-2)]$。因此，第三个求和的值为

$$\sum_{i<j<k}P(A_i\cap A_j\cap A_k)=\binom{n}{3}\frac{1}{n(n-1)(n-2)}=\frac{1}{3!}。$$

继续这个过程，直到计算出把所有 n 封信放入正确信封的概率 $P(A_1 \cap A_2 \cap \cdots \cap A_n)$ 是 $1/(n!)$。由式（1.10.6）可知，把至少一封信放入正确信封的概率 p_n 是

$$p_n = 1 - \frac{1}{2!} + \frac{1}{3!} - \frac{1}{4!} + \cdots + (-1)^{n+1}\frac{1}{n!}。\tag{1.10.10}$$

这个概率具有以下有趣的特征。当 $n \to \infty$ 时，p_n 的值趋向于以下极限：

$$\lim_{n \to \infty} p_n = 1 - \frac{1}{2!} + \frac{1}{3!} - \frac{1}{4!} + \cdots。$$

在初等微积分的书籍中表明，这个等式右边的无穷级数之和是 $1-(1/e)$，其中 $e=2.718\ 28\cdots$。因此，$1-(1/e)=0.632\ 12\cdots$。也就是说，对于较大的 n 值，至少有一封信放入正确信封的概率 p_n 大约是 0.632 12。

正如式（1.10.10）所示，p_n 的精确值随着 n 的增大形成一个波动序列。当 n 以偶数 $2,4,6,\cdots$ 增加时，p_n 的值将单增趋向于极限值 0.632 12 ；当 n 以奇数 $3,5,7,\cdots$ 增加时，p_n 的值将单减趋向于相同的极限值。

p_n 的值的收敛速度很快。事实上，对于 $n=7$，p_7 的值和 p_n 的极限值前四位小数一致。因此，无论是把 7 封信随机放入 7 个信封，还是 700 万封信随机放入 700 万个信封，至少有一封信放入正确信封的概率为 0.632 1。

小结

将两个任意事件的和事件的概率公式推广到有限多个事件的和事件。顺便说一句，有时通过计算 $1-P(A_1^c \cap \cdots \cap A_n^c)$ 来计算 $P(A_1 \cup \cdots \cup A_n)$ 更容易些，这是由于 $(A_1 \cup \cdots \cup A_n)^c = A_1^c \cap \cdots \cap A_n^c$ 这个事实。

习题

1. 一副牌有 52 张，其中有 4 张 A。随机地从这副牌中分给 3 个玩家每人 5 张。求至少有一个人手中的 5 张牌刚好有 2 张是 A 的概率。
2. 在某城中有 A、B 和 C 三种报纸发行。假设城市中有 60%的家庭订阅报纸 A，40%的家庭订阅报纸 B，30%的家庭订阅报纸 C。再设有 20%的家庭同时订阅报纸 A 和 B，有 10%的家庭同时订阅报纸 A 和 C，有 20%的家庭同时订阅报纸 B 和 C，5%的家庭同时订阅三种报纸。求至少订阅三种报纸中的一种的家庭所占的比例？
3. 对于习题 2 的条件，求该市只订阅了一种报纸的家庭占比是多少？
4. 假设从 CD 包装盒中分别取出三张 CD，播放完后随机地将它们放回三个空包装盒中。求至少一张 CD 被正确放回包装盒的概率。
5. 假设有四位客人在到达某饭店时摘了他们的帽子，离开时帽子被客人随机拿走。求没有一位客人拿到自己的帽子的概率。
6. 一个盒子包含 30 个红球、30 个白球和 30 个蓝球。从中无放回地选取 10 个球，求至少有一种颜色的球

没有被拿到的概率是多少?

7. 假设一个学校乐队有 10 名一年级学生，20 名二年级学生，30 名三年级学生和 40 名四年级学生。如果从乐队中随机挑选 15 名学生，求每个年级中至少有一名学生被选到的概率是多少? 提示：先求至少有一个年级的学生没有被选到的概率。
8. 随意地把 n 封信放进 n 个信封，求恰好有 $n-1$ 封信被放进正确信封的概率?
9. 设随意地把 n 封信放进 n 个信封，记 q_n 表示为没有一封信被放入正确信封的概率。n 的下列四个值：$n=10$，$n=21$，$n=53$，$n=300$ 中哪个 q_n 最大?
10. 随意地把 3 封信放进 3 个信封，求恰好有 1 封信被放进正确信封的概率?
11. 有 10 张卡片，其中红绿各 5 张。随机地把它们放进 10 个信封，信封的颜色也是红绿各 5 个，求恰好有 $x(x=0,1,\cdots,10)$ 个信封里装的卡片与信封颜色匹配的概率。
12. 令 $A_1,A_2,\cdots$是一个无限事件序列，满足 $A_1 \subset A_2 \subset \cdots$，证明

$$P\left(\bigcup_{i=1}^{\infty} A_i\right) = \lim_{n\to\infty} P(A_n)。$$

提示：令序列 $B_1,B_2,\cdots$，如 1.5 节的习题 12 所定义，证明

$$P\left(\bigcup_{i=1}^{\infty} A_i\right) = \lim_{n\to\infty} P\left(\bigcup_{i=1}^{n} B_i\right) = \lim_{n\to\infty} P(A_n)。$$

13. 令 $A_1,A_2,\cdots$是一个无限事件序列，满足 $A_1 \supset A_2 \supset \cdots$，证明

$$P\left(\bigcap_{i=1}^{\infty} A_i\right) = \lim_{n\to\infty} P(A_n)。$$

提示：考虑序列 $A_1^c,A_2^c,\cdots$，利用习题 12。

1.11 统计诈骗

本节提供了一些例子，说明人们如何被要求忽略概率计算的论点所误导。

误导使用统计数据

统计领域在许多人心目中的形象很差，因为人们普遍认为统计数据和统计分析很容易被不科学和不道德的方式操纵，以表明某个特定的结论或观点是正确的。我们都听过这样的说法：“谎言分为三种：谎言、该死的谎言和统计数据。”（马克·吐温 [1924, p. 246] 说这句话归功于本杰明·迪斯雷利）以及“你可以用统计证明任何东西。”

学习概率和统计的一个好处是，我们获得的知识使我们能够分析我们在报纸、杂志或其他地方读到的统计论点。然后，我们可以根据这些论点的优点来评估它们，而不是盲目地接受它们。在本节中，我们将描述三种用于诱使消费者向计划的运营商汇款以换取某些类型的信息的方案。前两个方案本质上不是严格的统计，但它们强烈地基于概率的意义。

完美的预测

假设某个星期一早上，你收到一封你不熟悉的公司的邮件，说该公司以非常高的费用出售有关股市的预测信息。为了表明公司的预测能力，它预测某特定股票或某个特定股票组合将在未来一周内上涨。你没有回复这封信，但确实在一周内观察了股市，并注意到这些预测是正确的。在接下来的星期一早上，你收到来自同一家公司的另一封邮件，其中包含另一个预测，这封信指出某特定股票将在未来一周内下跌。再次证明该预测是正确的。

这个过程持续了七周：每个星期一早上，你都会收到公司的预测邮件，这七个预测中的每一个都被证明是正确的。在第八个星期一早上，你收到了公司的另一封邮件。这封邮件指出，公司将提供另一个预测，并收取大笔费用，据此你可以在股票市场上赚大钱。你应该如何回应这封邮件？

由于该公司已经连续做出了七次正确的预测，看来它肯定有一些关于股市的特殊信息，而不是简单的猜测。毕竟，连续七次正确猜出抛硬币的结果的概率只有 $(1/2)^7 = 0.008$。因此，如果公司每周只猜测一次，那么公司连续七周正确的概率小于 0.01。

这里的谬误在于，你可能只看到了该公司在七周内所做的预测中相对较少的部分。例如，假设公司从 $2^7 = 128$ 个潜在客户的列表开始整个流程。在第一个星期一，公司可以将特定股票价值上涨的预测发送给这些客户的一半，并将同一股票价值下跌的预测发送给另一半。在第二个星期一，该公司给那些第一次预测被证明是正确的 64 位客户继续发邮件，向这 64 个客户中的一半发送新的预测，并向另一半发送相反的预测。在七周结束时，公司（通常仅由一个人和一台计算机组成）有且只有一个客户的所有七个预测都是正确的。

通过对几个 128 名客户的不同组执行此过程，每周创建新组，公司可能从客户那里获得足够的积极响应，从而实现可观的利润。

保证赢家

还有另一种方案与刚刚描述的方案有些关系，因为它的简单性，显得更加优雅。在这个方案中，一家公司以固定费用（通常为 10 或 20 美元）做广告，它将向客户发送其对即将到来的棒球比赛、足球比赛、拳击比赛或客户可能指定的其他体育赛事的获胜者预测。此外，该公司提供退款保证，以确保该预测是正确的。也就是说，如果在预测中被认定为获胜者的团队或个人实际上并未成为获胜者，公司将向客户退还全部费用。

你如何看待这样的广告？乍一看，该公司似乎必须对这些体育赛事有一些特殊了解，否则它无法保证其预测。然而，进一步的思考表明，该公司根本不会亏损，因为它唯一的成本是广告和邮资。实际上，当使用此方案时，公司会保留客户的费用，直到确定获胜者为止。如果预测正确，公司将获得费用；否则，它只是将费用返还给客户。

另一方面，客户很可能会输。他预先购买了公司的预测，因为他想在体育赛事上下注。如果预测被证明是错误的，客户将不必向公司支付任何费用，但他将失去押注在预测获胜者身上的钱。

因此，当有“保证赢家”时，只有公司才能保证赢。事实上，该公司知道它可以向所有预测正确的客户收取费用。

提高你的彩票机会

在美国非常流行“州彩票”。人们每周花费数百万美元购买中奖机会很小、奖金额中等或巨大的彩票。由于人们愿意花这么多钱在彩票上，一些人天真地以为自己会有中奖的可能性，于是一些人铤而走险编造彩票的骗局，也就不足为奇了。现在有一些书和视频声称可以帮助彩票玩家提高中奖的概率。人们实际上为这些建议付钱，其中一些建议只是常识，其中一些建议则具有误导性，利用对概率的微妙误解。

具体而言，假设我们有一个游戏，有 40 个编号为 1 到 40 的球，从中无放回地抽出六个号码来作为获胜的号码组合。客户购买彩票时，需要从 1 到 40 中选择六个不同的号码，并支付费用。此游戏有$\binom{40}{6}$=3 838 380 种不同的获胜组合和相同数量的可能彩票。在已发布的彩票指南中，经常有一条建议是“彩票上的六个数字选择不要相距太远”。很多人倾向于从 1 到 40 均匀地选择他们的六个号码，但中奖组合中往往会有两个连续的号码或至少两个非常接近的号码。于是一些“顾问”建议，由于数字更可能靠近，玩家应该将他们的六个数字中的一些靠在一起，以避免在“派利分成”游戏（即所有获胜者分享累积奖金的游戏）中选择与其他玩家相同的数字，这样的建议可能是有意义的。但是，任何策略都可以提高获胜机会的想法是有误导性的。

要了解这个建议为何具有误导性，设 E 为事件“获胜组合至少包含一对连续的数字”。读者可以在 1.12 节习题 13 中计算 $P(E)$。对于本例，$P(E)=0.577$。所以彩票指南是正确的，E 的概率很高。然而，声称“在 E 中选择一彩张票会增加你获胜的机会”是将“事件 E 的概率”与“E 中每个结果的概率”混淆了。如果你选择彩票（5,7,14,23,24,38），你的中奖概率只有 1/3 828 380，和你选择任何其他彩票一样。“这张彩票恰好在 E 中”这一事实并不会使你中奖的概率等于 0.577。$P(E)$ 如此之大的原因是 E 中有很多不同的组合。这些组合中的每一个组合的中奖概率仍然为 1/3 828 380，而每张彩票你只能得到一个组合。“E 中有如此多的组合”这一事实并没有使 E 中的每个组合都比其他任何组合出现的可能性更高。

1.12 补充习题

1. 掷一枚硬币七次，令 A 表示事件“第一次获得正面”，令 B 表示事件“第五次获得正面”。A 和 B 不相交吗？
2. 如果 A，B 和 D 是三个事件，使得 $P(A\cup B\cup D)=0.7$，则 $P(A^c\cap B^c\cap D^c)$ 的值是多少？
3. 假设某个选区有 350 名选民，其中民主党有 250 人，共和党有 100 人。从该选区中随机选出 30 名选民，恰好选出 18 名民主党人的概率是多少？
4. 假设一副牌有 20 张，每张牌的数字为：1，2，3，4，5，每个数字有 4 张牌。如果无放回地从中随机抽取 10 张牌，每个数字恰好出现两次的概率是多少？
5. 考虑例 1.5.4 中的承包商，他希望计算物业（水、电等）高需求总量的概率，这意味着“水和电力需求总量至少为 215（采用例 1.4.5 的单位）”。画出这个事件类似于图 1.5 或图 1.9 的图，并求出它的概率。
6. 假设一个盒子包含 r 个红球和 w 个白球，从盒子中无放回地多次取球，每次取一球。(a) 在取得白球之前取到所有 r 个红球的概率是多少？(b) 在取到两个白球之前取到 r 个红球的概率是多少？
7. 假设一个盒子包含 r 个红球、w 个白球和 b 个蓝球，从盒子中无放回地多次取球，每次取一球。在取得任何白球之前获得所有 r 个红球的概率是多少？
8. 假设有 10 张卡片，7 张红色，3 张绿色；有 10 个信封，7 个红色，3 个绿色。将 10 张卡片随机放入 10 个信封，每个信封装有一张卡片。求恰好 $k(k=0,1,\cdots,10)$ 个信封装有与之同色的卡片的概率。
9. 假设有 10 张卡片，5 张红色和 5 张绿色；有 10 个信封，7 个红色和 3 个绿色。将 10 张卡片随机放入 10 个信封，每个信封装有一张卡片。求恰好 $k(k=0,1,\cdots,10)$ 个信封装有与之同色的卡片的概率。
10. 假设事件 A 和 B 是不相交的，A^c 和 B^c 在什么条件下不相交？

11. 设 A_1, A_2 和 A_3 是三个任意事件。证明：这三个事件中恰好一个发生的概率是

$$P(A_1)+P(A_2)+P(A_3)-2P(A_1\cap A_2)-2P(A_1\cap A_3)-$$
$$2P(A_2\cap A_3)+3P(A_1\cap A_2\cap A_3)。$$

12. 设 $A_1,\cdots,A_n$ 是 n 个任意事件，证明：这 n 个事件中恰好有一个事件发生的概率是

$$\sum_{i=1}^{n}P(A_i)-2\sum_{i<j}P(A_i\cap A_j)+3\sum_{i<j<k}P(A_i\cap A_j\cap A_k)-\cdots+$$
$$(-1)^{n+1}nP(A_1\cap A_2\cdots\cap A_n)。$$

13. 考虑一个州彩票游戏，每个中奖组合和每张彩票由从数字 1 到 n 中无放回地选择的 k 个数字组成。我们想要求获胜组合至少包含一对连续数字的概率。

a. 如果 $n<2k-1$，证明：每个获胜组合至少包含一对连续数字。在下面的问题中，假设 $n\geqslant 2k-1$。

b. 设 $i_1<\cdots<i_k$ 为按从小到大的顺序排列的任意获胜组合，对于 $s=1,\cdots,k$，令 $j_s=i_s-(s-1)$，即

$$j_1=i_1,$$
$$j_2=i_2-1,$$
$$\vdots$$
$$j_k=i_k-(k-1)。$$

证明：$(i_1,\cdots,i_k)$ 至少包含一对连续数字，当且仅当 $(j_1,\cdots,j_k)$ 包含重复数字。

c. 证明：$1\leqslant j_1\leqslant\cdots\leqslant j_k\leqslant n-k+1$，且由 $(j_1,\cdots,j_k)$ 组成的集合包含没有重复数字的集合数是 $\binom{n-k+1}{k}$。

d. 求中奖组合没有包含连续数字的概率。

e. 求中奖组合至少包含一对连续数字的概率。

第2章　条件概率

2.1　条件概率的定义

统计推断中概率的一个主要应用是观察到某些事件后对概率的修正，已知事件 B 发生后对事件 A 修正的概率就是在条件 B 下事件 A 的条件概率。

例 2.1.1　彩票　考虑一个“州彩票”游戏，从装有数字 1~30 的箱中无放回地抽取六个数字。每个玩家都尝试匹配将被抽出的六个数字，而无须考虑数字的抽取顺序。假设你持有一张号码为 1、14、15、20、23 和 27 的彩票。你打开电视观看抽奖过程，但你看到了一个数“15”，就突然断电了。你甚至不知道 15 是第一次抽取的、最后一次抽取的还是中间抽取的。但是，你现在知道 15 出现在中奖号码中，这时你的彩票中奖的概率必高于你看到抽奖之前中奖的概率。如何计算修正后的概率？ ◀

例 2.1.1 是如下情况的典型。进行一个试验，其样本空间 S 给定（或可以轻松构建）及所有感兴趣的事件的概率均可用。我们知道某个事件 B 已经发生，我们想知道在 B 已经发生之后事件 A 的概率如何变化。例 2.1.1 中，已知事件 $B=\{$抽取的一个数字是 15$\}$ 发生，我们对如下事件

$$A=\{\text{抽取到数字为 }1,14,15,20,23,27\}$$

的概率感兴趣，也可能对其他事件的概率感兴趣。

若已知事件 B 已经发生，则试验的结果包含在 B 中。因此，要计算 A 发生的概率，必须考虑出现在 B 中并会导致 A 发生的那些结果的集合。如图 2.1 所示，这个集合正好就是集合 $A\cap B$。因此，可自然地根据如下定义来计算 A 修正后的概率。

定义 2.1.1　条件概率　假设我们知道事件 B 已经发生，想要计算把“B 已经发生”考虑进去时事件 A 的概率，这个 A 的新概率被称为给定事件 B 发生时事件 A 的条件概率，记为 $P(A|B)$。如果 $P(B)>0$，这个概率计算为

$$P(A\mid B)=\frac{P(A\cap B)}{P(B)}。\qquad(2.1.1)$$

如果 $P(B)=0$，则条件概率 $P(A|B)$ 没有定义。

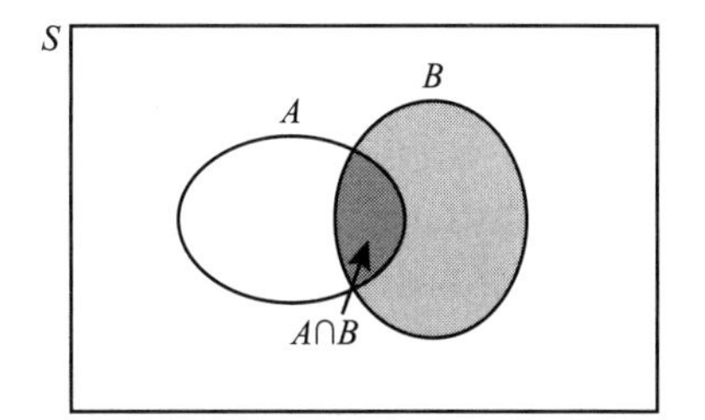

图 2.1　事件 B 中的结果也属于事件 A

为方便起见，定义 2.1.1 的符号可以读作“给定 B，A 的条件概率”。式（2.1.1）表明，$P(A|B)$ 为 $P(A\cap B)$ 占总概率 $P(B)$ 的比例，直观地说，就是 A 与 B 的公共部分占 B 部分的比例。

例 2.1.2　彩票　例 2.1.1 中，你知道事件

$$B=\{\text{抽取的一个数字是 }15\}$$

已经发生，你想要计算事件 A“你买的彩票中奖”的概率。事件 A 和事件 B 可以在一个样本空间中表示，该样本空间由“从 30 个中一次选 6 个”的所有可能组合构成，这些组合

共有$\binom{30}{6}=30!/(6!24!)$个，即从 1~30 中无序地选取 6 个数。事件 B 包括数字 15 的组合，即从剩下的 29 个数字中选取其余的 5 个数字，B 中有$\binom{29}{5}$个结果，由此可得

$$P(B)=\frac{\binom{29}{5}}{\binom{30}{6}}=\frac{29!24!6!}{30!5!24!}=0.2。$$

事件 A “你的彩票中奖”包含的单个结果也在 B 中，因此 $A\cap B=A$，且

$$P(A\cap B)=P(A)=\frac{1}{\binom{30}{6}}=\frac{6!24!}{30!}=1.68\times10^{-6}。$$

由此可得，给定 B，A 的条件概率为

$$P(A|B)=\frac{\frac{6!24!}{30!}}{0.2}=8.4\times10^{-6}。$$

这个概率为已知 B 发生前 $P(A)$ 的五倍。◀

定义 2.1.1 中关于条件概率 $P(A|B)$ 的定义用的是 1.2 节概率的主观解释的措辞。式（2.1.1）就概率的频率解释还有个简单含义：如果重复一个试验过程多次，则事件 B 发生的次数在试验总次数中所占的比例约为 $P(B)$，事件 A 和 B 同时发生的次数在试验总次数中所占的比例约为 $P(A\cap B)$。因此，在事件 B 发生的重复试验中，事件 A 发生次数所占的比例近似等于

$$P(A|B)=\frac{P(A\cap B)}{P(B)}。$$

例 2.1.3　掷骰子　假定抛掷两个骰子，观察到“两个骰子的点数之和 T 为奇数”，求 T 小于 8 的概率。

如果用 A 表示事件“$T<8$”，B 表示事件“T 为奇数”，则 $A\cap B$ 就为事件“T 为 3，5 或 7”。由 1.6 节末给出的两个骰子的概率，可计算出 $P(A\cap B)$ 和 $P(B)$ 如下：

$$P(A\cap B)=\frac{2}{36}+\frac{4}{36}+\frac{6}{36}=\frac{12}{36}=\frac{1}{3},$$

$$P(B)=\frac{2}{36}+\frac{4}{36}+\frac{6}{36}+\frac{4}{36}+\frac{2}{36}=\frac{18}{36}=\frac{1}{2}。$$

于是，

$$P(A|B)=\frac{P(A\cap B)}{P(B)}=\frac{2}{3}。$$

◀

例 2.1.4　临床试验　通常抑郁症患者二至三年内会反复发作。Prien 等人（1984）研究了抑郁症的三种疗法：丙咪嗪，碳酸锂和联合疗法。按照传统研究（称为临床试验），将有一群病人接受安慰剂（安慰剂是指既没有益处也没有害处的疗法。让一些病人接受安

慰剂是为了不让他们知道自己并没有接受其他任何一种治疗，其余的病人也没有人会知道自己接受的是哪一种治疗或安慰剂）。本例中，考虑 150 名抑郁症发作后进入研究的患者，他们患有“单相抑郁症”（意味着没有躁狂发作）。将他们分为四组治疗（三种疗法加上安慰剂），持续观察有多少人病情发作。表 2.1 汇总了试验的结果。现在随机挑选一名患者，若得知该病人接受了安慰剂，该病人复发的条件概率是多少？设 B 表示事件“病人接受安慰剂”，A 表示事件“病人复发”。可直接从表中计算出 $P(B)=34/150$，$P(A\cap B)=24/150$，则 $P(A|B)=24/34=0.706$。另一方面，若发现随机挑选的患者接受了碳酸锂疗法（称为事件 C），则 $P(C)=38/150$，$P(A\cap C)=13/150$ 和 $P(A|C)=13/38=0.342$。知道患者接受了哪一种治疗似乎得到复发的概率是不同的。在第 10 章，将研究描述产生了多大差异的更精确的方法。◀

表 2.1 抑郁症治疗研究的结果

疗效	治疗组			安慰剂	总计
	丙咪嗪	碳酸锂	联合疗法		
复发	18	13	22	24	77
没有复发	22	25	16	10	73
总计	40	38	38	34	150

例 2.1.5 重复掷骰子 重复抛掷两个骰子，观察每次掷出的两个骰子的点数和 T。计算“在观察到 $T=7$ 前，先观察到 $T=8$”的概率 p。

可直接计算所求的概率 p：设样本空间 S 包含所有“要么观察到 $T=7$ 要么观察到 $T=8$ 时为止”的结果序列，可以求出“观察到 $T=7$ 时为止”的所有结果的概率和。

本例有一个更简单的方法：考虑重复掷两个骰子的试验，要么到 $T=7$ 要么到 $T=8$ 时停止，将实验结果限制在这两个值之一。因此，问题可以重新表述为：在给定试验结果要么是 $T=7$ 要么是 $T=8$ 的条件下，求实际结果是 $T=7$ 的概率 p。

令 A 是事件“$T=7$”，B 是事件“T 要么是 7 要么是 8”，那么 $A\cap B=A$，且

$$p=P(A\mid B)=\frac{P(A\cap B)}{P(B)}=\frac{P(A)}{P(B)}。$$

利用例 1.6.5 给出的两个骰子的概率，$P(A)=6/36, P(B)=(6/36)+(5/36)=11/36$。因此，$p=6/11$。◀

条件概率的乘法原理

在一些试验中，可以相对容易地直接计算某些条件概率。在这些试验中，直接利用式（2.1.1）及 $P(B|A)$的定义可以得到如下结果，可用来计算两个事件都发生的概率。

定理 2.1.1 条件概率的乘法原理 设 A 和 B 是两个事件，如果 $P(B)>0$，那么

$$P(A\cap B)=P(B)P(A\mid B)。$$

如果 $P(A)>0$，那么

$$P(A\cap B)=P(A)P(B\mid A)。$$ ■

例 2.1.6 取两个球 假定一个箱子中装有 r 个红球和 b 个蓝球，无放回地随机取出两个球，求取出的第一个球是红球同时第二个球是蓝球的概率 p。

设 A 表示事件“取出的第一个球是红球”，B 为事件“第二个球是蓝球”。显然，$P(A)=r/(r+b)$。进而，如果事件 A 发生，第一次取出的红球将从箱子里移走，于是第二次取到蓝球的概率为

$$P(B \mid A)=\frac{b}{r+b-1}。$$

由此可得

$$P(A \cap B)=\frac{r}{r+b} \cdot \frac{b}{r+b-1}。$$ ◀

将刚才这个原理推广到有限多个事件，有如下定理。

定理 2.1.2　条件概率的乘法原理　假定 $A_1,A_2,\cdots,A_n$ 为 n 个事件，满足 $P(A_1 \cap A_2 \cap \cdots \cap A_n)>0$，则有

$$\begin{aligned}&P(A_1 \cap A_2 \cap \cdots \cap A_n)\\&=P(A_1)P(A_2 \mid A_1)P(A_3 \mid A_1 \cap A_2)\cdots P(A_n \mid A_1 \cap A_2 \cap \cdots \cap A_{n-1})。\end{aligned} \tag{2.1.2}$$

证明　式（2.1.2）右端概率的乘积等于

$$P(A_1) \cdot \frac{P(A_1 \cap A_2)}{P(A_1)} \cdot \frac{P(A_1 \cap A_2 \cap A_3)}{P(A_1 \cap A_2)} \cdots \frac{P(A_1 \cap A_2 \cap \cdots \cap A_n)}{P(A_1 \cap A_2 \cdots \cap A_{n-1})}。$$

因为 $P(A_1 \cap A_2 \cap \cdots \cap A_{n-1})>0$，这个乘积中每个分母都为正。乘积中除最后一项分子 $P(A_1 \cap A_2 \cap \cdots \cap A_n)$ 外其余所有的项可相互抵消，即为式（2.1.2）左端。■

例 2.1.7　取四个球　假定一个箱子中装有 r 个红球和 b 个蓝球，$r \geqslant 2$，$b \geqslant 2$，无放回地随机取四个球，一次取一个。求取出球的次序为红、蓝、红、蓝的概率。

对 $j=1,\cdots,4$，设 R_j 表示事件“第 j 次取出红球”，B_j 表示事件“第 j 次取出蓝球”，则

$$\begin{aligned}P(R_1 \cap B_2 \cap R_3 \cap B_4)&=P(R_1)P(B_2 \mid R_1)P(R_3 \mid R_1 \cap B_2)P(B_4 \mid R_1 \cap B_2 \cap R_3)\\&=\frac{r}{r+b} \cdot \frac{b}{r+b-1} \cdot \frac{r-1}{r+b-2} \cdot \frac{b-1}{r+b-3}。\end{aligned}$$ ◀

注：条件概率和概率的用法很类似。在本书遇到的所有情况下都可以证明：在给定一个事件 $B(P(B)>0)$ 发生时，每一个结果都有条件概率的形式。只需用事件 B 发生的条件概率来代替所有的概率，用给定事件 $C \cap B$ 发生的条件概率代替在已知其他事件 C 发生下所有的条件概率即可。例如，定理 1.5.3 说 $P(A^c)=1-P(A)$，易证：如果 $P(B)>0$，则有 $P(A^c \mid B)=1-P(A \mid B)$（见本节习题 11 和习题 12）。另一个例子，定理 2.1.3 是定理 2.1.2 乘法原理的条件概率形式。尽管这里给出了定理 2.1.3 的证明，我们以后将不再给出此类条件概率定理的证明，因为它们的证明过程与无条件情形下的证明过程完全类似。

定理 2.1.3　若 $A_1,A_2,\cdots,A_n$，B 为事件，且 $P(A_1 \cap A_2 \cap \cdots \cap A_{n-1} \mid B)>0$，则有

$$\begin{aligned}P(A_1 \cap A_2 \cap \cdots \cap A_n \mid B)=&P(A_1 \mid B)P(A_2 \mid A_1 \cap B) \cdot \cdots \cdot\\&P(A_n \mid A_1 \cap A_2 \cap \cdots \cap A_{n-1} \cap B)。\end{aligned} \tag{2.1.3}$$

证明　式（2.1.3）右端概率的乘积等于

$$\frac{P(A_1 \cap B)}{P(B)} \cdot \frac{P(A_1 \cap A_2 \cap B)}{P(A_1 \cap B)} \cdots \frac{P(A_1 \cap A_2 \cap \cdots \cap A_n \cap B)}{P(A_1 \cap A_2 \cap \cdots \cap A_{n-1} \cap B)}。$$

因为$P(A_1\cap A_2\cap\cdots\cap A_{n-1}|B)>0$，乘积中每个分母必都为正。乘积中除第一个分母与最后一个分子外的每一项都可相互抵消，得到$P(A_1\cap A_2\cap\cdots\cap A_n\cap B)/P(B)$，即为式（2.1.3）左端。■

条件概率和划分

定理 1.4.11 展示了如何通过将样本空间分为两个事件B和B^c来计算事件的概率，这个结论可以很容易推广到多个事件的划分的情形，结合定理 2.1.1，可以得到计算概率的一个强有力的工具。

定义 2.1.2　划分　设某试验的样本空间为S，设$B_1,\cdots,B_k$为S的k个事件，满足$B_1,\cdots,B_k$不相交，且$\bigcup_{i=1}^{k}B_i=S$，则称这些事件形成了S的一个划分。

通常，选择组成划分的事件，以便如果我们知道哪个事件发生了，问题不确定性的一个重要来源就会减少。

例 2.1.8　选取螺栓　两个盒子中装有长螺栓和短螺栓，假设一个盒子中装有 60 个长螺栓和 40 个短螺栓，另一个盒子中装有 10 个长螺栓和 20 个短螺栓。随机选一个盒子，再从中随机选取一个螺栓，求选取螺栓是长螺栓的概率。◀

划分可以方便计算某些事件的概率。

定理 2.1.4　全概率公式　设事件$B_1,\cdots,B_k$是样本空间S的一个划分，且对$j=1,\cdots,k$，$P(B_j)>0$，则对S的任意事件A，有

$$P(A)=\sum_{j=1}^{k}P(B_j)P(A|B_j)。\tag{2.1.4}$$

证明　事件$B_1\cap A,B_2\cap A,\cdots,B_k\cap A$构成了$A$的一个划分，如图 2.2 所示。因此，记

$$A=(B_1\cap A)\cup(B_2\cap A)\cup\cdots\cup(B_k\cap A)。$$

进而，由于上式右边k个事件不相交，故

$$P(A)=\sum_{j=1}^{k}P(B_j\cap A)。$$

最后，对于$j=1,\cdots,k$，如果$P(B_j)>0$，则$P(B_j\cap A)=P(B_j)P(A|B_j)$，由此可得式（2.1.4）成立。■

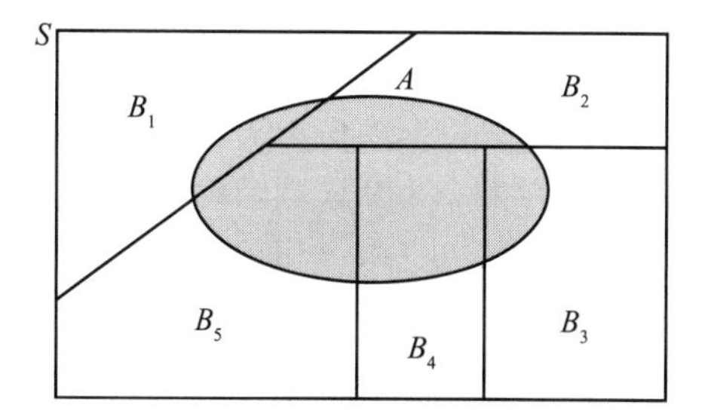

图 2.2　定理 2.1.4 证明中A与划分$B_1,\cdots,B_5$的交集

例 2.1.9　选择螺栓　在例 2.1.8 中，令B_1为事件“选择第一个盒子（里面有 60 个长螺栓和 40 个短螺栓）”，令B_2为事件“选择第二个盒子（里面有 10 个长螺栓、20 个短螺栓）”。设A为选中长螺栓的事件，则

$$P(A)=P(B_1)P(A|B_1)+P(B_2)P(A|B_2)。$$

由于随机选择一个盒子，我们知道$P(B_1)=P(B_2)=1/2$。此外，从第一个盒子中选取长螺栓的概率为$P(A|B_1)=60/100=3/5$，从第二个盒子中选取长螺栓的概率为$P(A|B_2)=10/30=1/3$。因此，

$$P(A)=\frac{1}{2}\cdot\frac{3}{5}+\frac{1}{2}\cdot\frac{1}{3}=\frac{7}{15}。$$ ◀

例 2.1.10　取得高分　假设一个人玩游戏，他的分数等可能地为 50 个数字 $1,2,\cdots,50$ 中的每一个数字。他第一次玩游戏时，他的分数是 X；然后，他继续玩游戏，直到他获得另一个高于 X 的分数 Y，即 $Y\geqslant X$。假设在之前的游戏结果的条件下，50 个分数在所有后续游戏中等可能地被获得。求事件 $A=\{Y=50\}$ 的概率。

对于 $i=1,\cdots,50$，令 B_j 为事件"$X=i$"。在 B_i 发生的条件下，Y 等可能地取数字 $i,i+1,\cdots,50$ 中的任何一个，由此可得

$$P(A\mid B_i)=P(Y=50\mid B_i)=\frac{1}{51-i}。$$

进一步，由于 X 取 50 个值的概率为 1/50，由此得对所有的 i，$P(B_i)=1/50$，且

$$P(A)=\sum_{i=1}^{50}\frac{1}{50}\cdot\frac{1}{51-i}=\frac{1}{50}\left(1+\frac{1}{2}+\frac{1}{3}+\cdots+\frac{1}{50}\right)=0.090\,0。$$ ◀

注：全概率公式的条件形式。在另一个事件 C 发生的条件下，也有类似的全概率公式，即

$$P(A\mid C)=\sum_{j=1}^{k}P(B_j\mid C)P(A\mid B_j\cap C)。\tag{2.1.5}$$

读者可以在本节习题 17 中证明这一点。

扩展试验　在一些试验中，从试验的初始描述中可能不清楚是否存在有助于概率计算的划分。然而，如果我们想象实验有一些额外的结构，则有许多这样的试验存在这样的划分。考虑例 2.1.8 和例 2.1.9 的如下修改。

例 2.1.11　选择螺栓　一盒螺栓包含一些长螺栓和一些短螺栓。一位经理目前无法打开盒子，她问员工盒子装的是什么。一名员工说，它里面有 60 个长螺栓和 40 个短螺栓；另一名员工说，它里面有 10 个长螺栓和 20 个短螺栓。由于无法协调这些意见，经理以 1/2 的概率判定每个员工是正确的。令 B_1 为事件"盒子包含 60 个长螺栓和 40 个短螺栓"，令 B_2 为事件"盒子包含 10 个长螺栓和 20 个短螺栓"。选取的第一个螺栓是长螺栓的概率可以按照例 2.1.9 进行精确地计算。◀

例 2.1.11 中，只有一盒螺栓，我们却认为它具有两种可能的组合，用事件 B_1 和 B_2 表示。这种情况在试验中很常见。

例 2.1.12　临床试验　考虑一项临床试验，如例 2.1.4 中抑郁症治疗研究。与许多此类试验一样，每位患者都有两种可能的结果："复发"和"不复发"。我们称"复发"为"失败"，称"不复发"为"成功"。目前，我们只考虑丙咪嗪治疗组的患者。如果我们知道丙咪嗪治疗的有效性，即所有接受治疗的患者成功的比例 p，那么我们可以将研究中的所有患者建模为成功概率为 p 的试验。不幸的是，我们在试验开始时并不知道 p。与例 2.1.11 中"不知道组成比例"的螺栓盒类似，我们可以想象所有可用患者的集合（从本试验中选择的 40 名丙咪嗪患者）包含两种或多种可能的组成。我们可以想象，患者集合的组成决定了成功的比例。为简单起见，这里我们假设患者集合有 11 种不同的可能组成。具体说来，我们假设这 11 种可能组成的成功比例为 $0,1/10,\cdots,9/10,1$。（我们将在

第3章中处理关于 p 的更实际的模型。）例如，如果我们知道患者是从成功比例为3/10的集合中抽取的，我们就会很乐意地说样本中的患者每个人的成功概率 p 为3/10。p 的值是这个问题的不确定性的重要来源，我们可以通过 p 的可能值来划分样本空间。对于 $j=1,\cdots,11$，设 B_j 是事件“样本是从成功率为 $(j-1)/10$ 的集合中抽取的”，可将 B_j 看作事件 $\{p=(j-1)/10\}$。

现在，设 E_1 为事件“丙咪嗪组中第一位患者成功”。我们前面定义了事件 B_j，则 $P(E_1|B_j)=(j-1)/10$。假设在开始试验之前，我们认为对于每个 j，$P(B_j)=1/11$，由此可得

$$P(E_1)=\sum_{j=1}^{11}\frac{1}{11}\frac{j-1}{10}=\frac{55}{110}=\frac{1}{2}, \tag{2.1.6}$$

其中第二个等式使用了 $\sum_{j=1}^{n}j=n(n+1)/2$。◀

可以认为，例2.1.12的事件 $B_1,B_2,\cdots,B_{11}$ 与例2.1.11中长螺栓和短螺栓混合所确定的两个事件 B_1 和 B_2 如出一辙。只有一盒螺栓，但其组成比例存在不确定性。类似地，在例2.1.12中，虽然只有一组患者，我们却认为它的组成比例由事件 $B_1,B_2,\cdots,B_{11}$ 中的一个事件确定。要利用这些事件，它们必须是所考查问题相关试验的样本空间的子集。如果我们想象一下，试验不仅包括观察患者成功和失败的数量，还包括潜在观察足够多的额外患者（可能在未来很远的某个时间）以便能够计算 p，例2.1.12就是这种情况。类似地，例2.1.11中，如果我们设想试验不仅观察一个螺栓，还潜在地观察整个盒子的组成，则 B_1 和 B_2 是样本空间的子集。

在本文的其余部分，我们将隐含地假设试验可以扩展，以便包含确定某些量（例如 p）的值的结果。我们不会要求观察试验的完整结果来告诉我们 p 的精确值是什么，而只是要求有一个试验包括我们感兴趣的所有事件，包括那些确定像 p 这样的量的事件。

定义2.1.3 扩展试验 为了帮助我们计算想要的任何概率，如果需要，我们可以扩展任何试验来对尽可能多的额外信息进行潜在（或假设）观察。

定义2.1.3的措辞有些含糊，因为它旨在涵盖各种各样的情况。这里有一个例2.1.12的明确应用。

例2.1.13 临床试验 例2.1.12中，我们可以明确地假设存在可以用丙咪嗪治疗的患者的无限序列，尽管我们只观察其中有限个患者。我们假设样本空间由两个符号 S 和 F 的无限序列组成，例如 $(S,S,F,S,F,F,F,\cdots)$。这里第 i 个坐标分量的 S 表示第 i 个患者是成功的，F 表示失败。因此，例2.1.12中的事件 E_1 就是第一个坐标分量为 S 的事件，上面举例的序列在事件 E_1 中。为了适应将 p 解释为成功的比例，对于每个这样的序列，我们假设随着 n 的增加，前 n 个坐标分量中 S 的比例接近数字 $0,1/10,\cdots,9/10,1$ 中的一个。这样，如果我们能找到一种方法来无限地观察，p 显然就是观察到的成功比例的极限。例2.1.12中，B_2 是由 S 的比例的极限等于1/10的所有结果组成的事件，B_3 是极限为2/10的结果集合，以此类推。这里我们虽然只观察到无限序列的前40个坐标分量，但我们仍然表现得好像 p 存在，只要我们永远观察，就能够确定 p 的值。◀

在本书的其余部分，我们将假设有许多试验是扩展试验。在这种情况下，我们将指

出哪些量（例如例 2. 1. 13 中的 p）将由扩展试验确定，即使我们没有指明试验是扩展的。

掷双骰子的游戏

在本节最后，我们讨论一个称为掷双骰子的流行赌博游戏。这个游戏的一种玩法如下：玩家抛掷两个骰子，观察两个点数之和。如果第一次掷出的和为 7 或 11，玩家立刻就赢了；若第一次掷出的和为 2，3 或 12，玩家立刻就输了。若第一次掷出的和是 4，5，6，8，9 或 10，则重新抛掷骰子直至和为 7 或原来的值：如果得到 7 之前第二次再得到原来的值，则玩家赢；如果第二次得到原来的值之前先得到 7，则玩家输。

设 W 为事件“玩家赢”，现在来计算概率 $P(W)$。设样本空间 S 由游戏中所有可能出现的点数和的序列组成。例如，S 的一些元素是$(4,7)$，(11)，$(4,3,4)$，(12)，$(10,8,2,12,6,7)$等。可以看到$(11)\in W$，但$(4,7)\in W^c$。注意到，结果是否在 W 中关键取决于第一次抛掷。因此，根据第一次抛掷的点数和来划分 W。设 B_i 是事件“第一次抛掷得到和为 i”，$i=2,\cdots,12$。

由定理2. 1. 4 可知，$P(W)=\sum_{i=2}^{12}P(B_i)P(W|B_i)$。对每个 i，例 1. 6. 5 计算了 $P(B_i)$，我们只需计算 $P(W|B_i)$。从 $i=2$ 开始，如果第一次抛掷和为 2，则玩家输，可得 $P(W|B_2)=0$，类似地，$P(W|B_3)=P(W|B_{12})=0$。另外，由于玩家第一次抛掷的点数和为 7，则玩家胜，因此 $P(W|B_7)=1$，同理 $P(W|B_{11})=1$。

若第一次抛掷的点数和为 $i\in\{4,5,6,8,9,10\}$，则 $P(W|B_i)$为得到和为 7 之前再次得到和为 i 的抛掷序列的概率。如例 2. 1. 5 所述，这个概率与和要么为 i 要么为 7 时得到和 i 的概率一样。因此

$$P(W|B_i)=\frac{P(B_i)}{P(B_i\cup B_7)}。$$

我们计算必要的值如下：

$$P(W|B_4)=\frac{\frac{3}{36}}{\frac{3}{36}+\frac{6}{36}}=\frac{1}{3},\quad P(W|B_5)=\frac{\frac{4}{36}}{\frac{4}{36}+\frac{6}{36}}=\frac{2}{5},$$

$$P(W|B_6)=\frac{\frac{5}{36}}{\frac{5}{36}+\frac{6}{36}}=\frac{5}{11},\quad P(W|B_8)=\frac{\frac{5}{36}}{\frac{5}{36}+\frac{6}{36}}=\frac{5}{11},$$

$$P(W|B_9)=\frac{\frac{4}{36}}{\frac{4}{36}+\frac{6}{36}}=\frac{2}{5},\quad P(W|B_{10})=\frac{\frac{3}{36}}{\frac{3}{36}+\frac{6}{36}}=\frac{1}{3}。$$

最后，计算 $\sum_{i=2}^{12} P(B_i)P(W \mid B_i)$ ：

$$P(W) = \sum_{i=2}^{12} P(B_i)P(W \mid B_i)$$

$$= 0 + 0 + \frac{3}{36}\frac{1}{3} + \frac{4}{36}\frac{2}{5} + \frac{5}{36}\frac{5}{11} + \frac{6}{36} +$$

$$\frac{5}{36}\frac{5}{11} + \frac{4}{36}\frac{2}{5} + \frac{3}{36}\frac{1}{3} + \frac{2}{36} + 0 = \frac{2\,928}{5\,940} = 0.493。$$

于是，掷双骰子游戏中玩家赢得游戏的概率略小于1/2。

小结

已知事件 $B(P(B)>0)$ 发生后，事件 A 的修正概率是在条件 B 下 A 的条件概率，记作 $P(A \mid B)$，用 $P(A \cap B)/P(B)$ 来计算。通常，容易直接得到条件概率 $P(A \mid B)$。在这种情况下，用条件概率的乘法法则来计算 $P(A \cap B) = P(B)P(A \mid B)$。关于概率的所有结论，在事件 $B(P(B)>0)$ 发生的条件下，都有条件概率形式：只要将概率全部换成除原有条件外还依赖事件 B 的条件概率。例如，条件概率下的乘法法则变为 $P(A_1 \cap A_2 \mid B) = P(A_1 \mid B)P(A_2 \mid A_1 \cap B)$。划分是不相交的事件族，其并集为整个样本空间。最有用的是，选择一个划分，如果我们知道划分的哪个事件发生，可以减少不确定性的重要来源。如果给定划分中的每个事件，事件 A 的条件概率已求出，全概率公式告诉我们如何把这些条件概率加起来得到 $P(A)$。

习题

1. 若 $A \subset B$ 且 $P(B)>0$。求 $P(A \mid B)$ 的值。
2. 若 A 和 B 为不相交事件且 $P(B)>0$，求 $P(A \mid B)$ 的值。
3. 若 S 为某试验的样本空间，A 为 S 中的任意事件，求 $P(A \mid S)$ 的值。
4. 每次一位顾客购买牙膏时要么选择品牌 A 要么选择 B。假定初次购买后，以后每一次购买时他都有 1/3 的概率选择上次购买的品牌，有 2/3 的概率换成另一品牌。若第一次购买时该顾客选择 A 或 B 的概率相等，求“他第一次、第二次都购买 A 牌牙膏且第三次、第四次都购买 B 牌牙膏”的概率。
5. 一个箱子装有 r 个红球 b 个蓝球。从箱中随机取出一球，观察其颜色，然后将其放回，同时箱中放入与之同色的球 k 个。随机取出第二个球，观察颜色，将其放回，同时箱中放入与之同色的球 k 个。重复进行这个过程。若取出四个球，求“前三个是红球、第四个是蓝球”的概率。
6. 一个箱子中有三张卡片：一张卡片两面都是红色，一张两面都是绿色，还有一张卡片一面是红色另一面是绿色。从箱子中随机选出一张卡片，观察其一面的颜色。若这面是绿色，求另一面也是绿色的概率。
7. 重新考虑 1.10 节中习题 2 的条件。若从城市中订阅 A 报纸的家庭中随机选出一个家庭，求这个家庭同时订阅 B 报纸的概率。
8. 重新考虑 1.10 节中习题 2 的条件。若从该城市至少订阅了报纸 A、B、C 中一种的家庭中随机挑选一家，求这个家庭订阅 A 报纸的概率。

9. 假定一个箱子里装有一个蓝色卡片和四个分别标记为 A、B、C、D 的红色卡片，随机且无放回地随机抽取两张。
   a. 若已知卡片 A 被选中，求选出的两个卡片都是红色的概率。
   b. 若已知至少选出一个红色的卡片，求两个卡片都是红色的概率。
10. 考虑如下掷骰子游戏的另一种玩法：玩家掷两个骰子。如果第一次掷出的和为 7 或 11，玩家立刻就赢得游戏；若第一次掷出的和为 2，3 或 12，玩家立刻就输了。若第一次掷出的和是 4，5，6，8，9 或 10，则重新抛掷骰子直至和为 7 或 11 或原来的值。如果在第二次得到 7 或 11 之前，先得到原来的值，则玩家赢；若在第二次得到原来的值之前，先得到 7 或 11，则玩家输。求玩家赢得游戏的概率。
11. 对任意三个事件 A，B 和 D，且 $P(B)>0$，证明：$P(A^c|B)=1-P(A|B)$。
12. 对任意三个事件 A，B 和 D，且 $P(D)>0$，证明：
$$P(A\cup B|D)=P(A|D)+P(B|D)-P(A\cap B|D)。$$
13. 一个盒子包含三枚每面都是正面的硬币，四枚每面都是反面的硬币，以及两枚均匀的硬币。如果从这九个硬币中随机选择一枚并抛掷一次，得到正面的概率是多少？
14. 一台机器根据其维修状态以三种不同概率生产可能有缺陷的零件：如果机器处于良好的工作状态，它生产有缺陷零件的概率为 0.02；如果它正在磨损，它生产有缺陷零件的概率为 0.1；如果它需要维护，它生产有缺陷零件的概率为 0.3。机器处于良好工作状态时的概率为 0.8，磨损的概率为 0.1，需要维护的概率为 0.1。随机挑选一个零件，计算该零件有缺陷的概率。
15. 三个不同选区自由党选民的比例划分如下：第一选区为 21%；第二选区为 45%；第三选区为 75%。如果随机选出一个选区，再从此选区中随机选出一个选民，那么他是自由党的概率是多少？
16. 再次考虑习题 4 中描述的顾客。在每次购买时，他会选择上次购买时选择的牙膏品牌的概率是 1/3，换品牌的概率是 2/3。假设在他第一次购买时，他会选择品牌 A 的概率是 1/4，他会选择品牌 B 的概率是 3/4。他第二次购买品牌 B 的概率是多少？
17. 证明关于条件概率的全概率公式（2.1.5）。

2.2 独立事件

如果知道 B 的发生不改变 A 的概率，那么称 A 和 B 是独立的。有许多事件 A 和 B 不独立的例子，但是，如果知道某个其他事件 C 已经发生，它们可能是独立的，这种情况下称给定 C 下 A 和 B 条件独立。

例 2.2.1　抛硬币　假设抛掷一枚均匀的硬币两次。试验有四个结果：HH、HT、TH 和 TT，这些结果告诉我们硬币在两次抛掷中的每一次落地情况。我们可以假设这个样本空间是简单的，每个结果的概率为 1/4。假设我们对第二次抛掷感兴趣，要计算事件 $A=\{$第二次正面向上$\}$的概率。可以看到 $A=\{\text{HH},\text{TH}\}$。如果我们知道第一次抛掷反面向上，我们可以计算 $P(A|B)$，其中 $B=\{$第一次抛掷反面向上$\}$。利用条件概率的定义，因为 $A\cap B=\{\text{TH}\}$ 的概率为 1/4，容易计算
$$P(A|B)=\frac{P(A\cap B)}{P(B)}=\frac{1/4}{1/2}=\frac{1}{2},$$
可知 $P(A|B)=P(A)$。因此，在知道 B 发生的条件下，并没有改变 A 的概率。◀

独立的定义

已知事件 B 发生的条件下事件 A 的条件概率是知道 B 发生后事件 A 的修正概率。但

是，有时候即使已经知道 B 发生，但不需要修正 A 的概率，例 2.2.1 正是这种情况。这时，我们称 A 和 B 是独立事件。再举一个例子，如果我们抛一枚硬币同时掷一个骰子，令 A 是事件“骰子的点数为 3”，而 B 是事件“硬币正面向上”。如果抛硬币与掷骰子独立进行，我们可能会很乐意分配 $P(A|B)=P(A)=1/6$。在这种情况下，我们称 A 和 B 是独立事件。

一般地，如果 $P(B)>0$，可以将等式 $P(A|B)=P(A)$ 写为 $P(A\cap B)/P(B)=P(A)$。如果等式两边同乘以 $P(B)$，可以得到等式 $P(A\cap B)=P(A)P(B)$。为了避免 $P(B)>0$ 的条件，可把两个事件独立的数学定义表述如下：

定义 2.2.1 如果

$$P(A\cap B)=P(A)P(B),$$

称两个事件 A 和 B 为独立的。

假设 $P(A)>0$ 且 $P(B)>0$，则由独立的定义和条件概率的定义易得：A 和 B 独立的充要条件是 $P(A|B)=P(A)$ 且 $P(B|A)=P(B)$。

两个事件的独立

如果认为两个事件 A 和 B 是独立的，因为事件在物理上不相关，如果已知概率 $P(A)$ 和 $P(B)$，则可以用定义确定 $P(A\cap B)$ 的值。

例 2.2.2 机器运行 假设一个工厂里机器 1 和 2 相互独立地运行。事件 A 是事件“机器 1 在给定 8 小时的时间段内变成不运行的状态”，事件 B 是事件“在同一时间段内机器 2 变成不运行的状态”；设 $P(A)=1/3, P(B)=1/4$。求“在给定时间段内至少有一台机器变为不运行状态”的概率。

易知，“这两台机器在给定的时间段内都变成不运行状态”的概率 $P(A\cap B)$ 是

$$P(A\cap B)=P(A)P(B)=\frac{1}{3}\times\frac{1}{4}=\frac{1}{12}。$$

故“在给定时间段内至少有一台机器变为不运行状态”的概率 $P(A\cup B)$ 是

$$P(A\cup B)=P(A)+P(B)-P(A\cap B)=\frac{1}{3}+\frac{1}{4}-\frac{1}{12}=\frac{1}{2}。$$ ◀

下面的例子说明事件 A 和 B 虽然物理上相关，但仍满足独立的定义。

例 2.2.3 掷骰子 假设掷一个均匀的骰子。记 A 为事件“掷出点数为偶数”，记 B 为事件“掷出点数为 1、2、3、4 中的一个”。下面证明事件 A 和 B 是独立的。

在这个例子中，$P(A)=1/2, P(B)=2/3$。由于 $A\cap B$ 是事件“掷出点数要么为 2 要么为 4”，$P(A\cap B)=1/3$。因此，$P(A\cap B)=P(A)P(B)$。这说明事件 A 和 B 是独立事件，尽管这两个事件的发生取决于掷同一个骰子的试验。 ◀

例 2.2.3 中事件 A 和 B 独立也可以这样解释：设一个人必须根据掷骰子结果是奇数还是偶数来下赌注，也就是说，对事件 A 是否发生来下赌注。因为可能的结果中有三个是奇数，其他三个是偶数，这个人在奇数上下赌注和在偶数上下赌注是无偏好的。

再设掷骰子之后，但是在这个人知道结果和他决定在奇数或偶数结果上下赌注之前，告诉他实际结果是 1、2、3、4 中的任意一个，即事件 B 已经发生。这个人现在知道结果是

1、2、3或者4。不过，因为这些数中两个是奇数，两个是偶数，这个人在奇数上下赌注和在偶数上下赌注仍然是无偏好的。换句话说，事件B发生的信息对试图确定事件A是否发生的这个人来说是没有帮助的。

补集的独立性 在前面独立事件的讨论中，如果知道事件A和B独立，那么A发生或者不发生和B发生或者不发生是没有关系的。因此，如果A和B满足独立事件的数学定义，那么A和B^c、A^c和B、A^c和B^c也都是相互独立的事件。在下面的定理中证明这些结论中的一个。

定理2.2.1 如果事件A和B独立，则事件A和B^c也独立。

证明 定理1.5.6表明

$$P(A\cap B^c)=P(A)-P(A\cap B)。$$

进而，因为A和B是独立事件，$P(A\cap B)=P(A)P(B)$，于是

$$\begin{aligned}P(A\cap B^c)&=P(A)-P(A)P(B)=P(A)[1-P(B)]\\&=P(A)P(B^c)。\end{aligned}$$

所以，事件A和B^c独立。 ■

类似地可以证明A^c和B也是独立的，A^c和B^c独立的证明留作本节的习题2。

多个事件的独立

可以将独立的概念推广到任意多个事件$A_1,\cdots,A_k$的情形中。直观地，如果知道多个事件发生还是不发生不改变仅取决于其余事件的任何事件的概率，我们称k个事件独立。类似于定义2.2.1的数学定义如下。

定义2.2.2 （相互）独立事件 如果k个事件$A_1,\cdots,A_k$中的任意$j(j=2,3,\cdots,k)$个事件的子集$A_{i_1},\cdots,A_{i_j}$，有

$$P(A_{i_1}\cap\cdots\cap A_{i_j})=P(A_{i_1})\cdots P(A_{i_j}),$$

则称k个事件$A_1,\cdots,A_k$（相互）独立。

例如，为使三个事件A,B,C相互独立，必须满足下面四个关系式：

$$\begin{aligned}P(A\cap B)&=P(A)P(B),\\P(A\cap C)&=P(A)P(C),\\P(B\cap C)&=P(B)P(C),\end{aligned}\tag{2.2.1}$$

及

$$P(A\cap B\cap C)=P(A)P(B)P(C)。\tag{2.2.2}$$

有可能满足式（2.2.2），但是不满足三个式（2.2.1）中的一个或者多个。另一方面，下面的例子中，式（2.2.1）中的三个等式都满足，但不满足式（2.2.2）。

例2.2.4 两两独立 掷一枚均匀硬币两次，则样本空间$S=\{\mathrm{HH},\mathrm{HT},\mathrm{TH},\mathrm{TT}\}$是简单的。定义如下三个事件

$$\begin{aligned}A&=\{第一次正面向上\}=\{\mathrm{HH},\mathrm{HT}\},\\B&=\{第二次正面向上\}=\{\mathrm{HH},\mathrm{TH}\},\\C&=\{两次抛掷结果一样\}=\{\mathrm{HH},\mathrm{TT}\}。\end{aligned}$$

那么$A\cap B=A\cap C=B\cap C=A\cap B\cap C=\{\mathrm{HH}\}$，因此，

$$P(A\cap B)=P(A\cap C)=P(B\cap C)=P(A\cap B\cap C)=1/4。$$

这说明它满足式（2.2.1）中的三个关系式，但是不满足式（2.2.2）。总之，事件 A,B,C 两两独立，但不是相互独立的。◀

下面举出一些例子来说明独立的概念在解决概率问题中的作用和使用范围。

例 2.2.5　检查产品　设一台机器生产出次品的概率是 $p(0<p<1)$，生产出正品的概率为 $1-p$。随机抽取六件产品进行检查，这六件产品的结果（次品或正品）是相互独立的。求恰好有两件是次品的概率。

易知，样本空间 S 为六件产品所有可能的排列，每一件产品都有可能是正品或者次品。记 D_j 为事件“第 $j(j=1,\cdots,6)$ 件产品是次品”，记 D_j^c 为事件“第 j 件产品是正品”。因为六件不同产品的结果相互独立，所以生产出正品和次品的某个特定序列的概率是单个产品概率的乘积。例如

$$\begin{aligned}P(D_1^c\cap D_2\cap D_3^c\cap D_4^c\cap D_5\cap D_6^c)&=P(D_1^c)P(D_2)P(D_3^c)P(D_4^c)P(D_5)P(D_6^c)\\&=(1-p)p(1-p)(1-p)p(1-p)=p^2(1-p)^4。\end{aligned}$$

可以看到，S 中任何包含两件次品和四件正品的特定序列的概率也都是 $p^2(1-p)^4$。因此，在样本空间中六件产品中恰好有两件次品的概率是包含两件次品的特定序列的概率 $p^2(1-p)^4$ 乘以所有这种可能的序列数。因为有两件次品和四件正品的不同排列数是 $\binom{6}{2}$，正好有两件次品的概率是 $\binom{6}{2}p^2(1-p)^4$。◀

例 2.2.6　得到一件次品　条件同例 2.2.5，求至少一件产品是次品的概率。

因为不同产品的结果是相互独立的，六件产品都是正品的概率为 $(1-p)^6$。因此，至少有一件产品是次品的概率是 $1-(1-p)^6$。◀

例 2.2.7　抛掷一枚硬币直到出现正面　抛掷一枚硬币直到首次出现正面为止，每次抛掷的结果相互独立。求需要掷 n 次的概率 p_n。

所求概率等于“前 $n-1$ 次都是反面，第 n 次为正面”的概率。因为每次抛掷的结果是独立的，所求概率就是 $p_n=\left(\frac{1}{2}\right)^n$。

直到掷出正面（或等价地，不会一直出现反面）的概率是

$$\sum_{n=1}^{\infty}p_n=\frac{1}{2}+\frac{1}{4}+\frac{1}{8}+\cdots=1。$$

因为概率 p_n 的和是 1，表明一直出现反面的无穷序列概率一定是 0。◀

例 2.2.8　一次检查一件产品　再次考虑机器生产出次品的概率为 p，生产出正品的概率为 $1-p$。随机抽取产品进行检查，一次检查一件，直到得到五件次品为止。求需要抽取 $n(n\geqslant5)$ 件产品正好得到五件次品的概率 p_n。

第 5 件次品是被检查的第 n 件产品的充要条件是前 $n-1$ 件产品中正好有 4 件次品且第 n 件产品是次品。与例 2.2.5 类似，可得“在前 $n-1$ 件产品中正好有 4 件次品和 $n-5$ 件正品”的概率为 $\binom{n-1}{4}p^4(1-p)^{n-5}$。“第 n 件产品是次品”的概率是 p。因为第一个事件涉及

的结果仅和前 $n-1$ 件产品有关，第二个事件涉及的结果仅和第 n 件产品有关，这两个事件独立。所以，两个事件同时发生的概率等于它们的概率乘积，即

$$p_n = \binom{n-1}{4} p^5 (1-p)^{n-5}。$$ ◀

例 2.2.9 人民诉柯林斯案（People v. Collins） Finkelstein and Levin（1990）描述了一个犯罪案件，加利福尼亚州最高法院撤销了裁决，部分缘由涉及条件概率和独立的概率计算。这个案件（见 *People v. Collins*，68 Cal. 2d 319，438 P. 2d 33（1968））涉及抢钱包，目击者称，“看见一个金黄色头发、马尾发型的年轻女子坐在一辆由留着胡子的黑人男子开着的黄色小汽车里逃离现场”。犯罪活动发生后几天，符合上述特征的一对夫妇被逮捕了，但是没有发现实物证据。一位数学家计算了随机选取一对具有以上描述特征的夫妇的概率大约是 8.3×10^{-8}，即 1 200 万分之一。面对如此具有说服性的概率和没有实物证据，陪审团认定被告一定是这对夫妇，并宣判他们有罪。最高法院认为应该计算一个更有用的概率。根据目击者的证词，有一对夫妇符合上面的描述。在已经有一对夫妇符合描述的条件下，还有另一对夫妇符合被告特征的条件概率是多少？

假设从 n 对夫妇中随机挑选一对具有特定特征的夫妇的概率为 p。记 A 为事件“全体夫妇中至少有一对具有这些特征”，记 B 为事件“至少有两对夫妇具有这些特征”，求 $P(B|A)$。由于 $B\subset A$，有

$$P(B \mid A) = \frac{P(B \cap A)}{P(A)} = \frac{P(B)}{P(A)}。$$

通过把每个事件划分为更易处理的小事件来计算 $P(B)$ 和 $P(A)$。把这 n 对夫妇进行编号，编号分别为 1 到 n。记 A_i 为事件“编号为 $i(i=1,\cdots,n)$ 的夫妇具有这些特征”，记 C 为事件“恰好有一对夫妇具有这些特征”，则

$$A = (A_1^c \cap A_2^c \cap \cdots \cap A_n^c)^c,$$

$$C = (A_1 \cap A_2^c \cap \cdots \cap A_n^c) \cup (A_1^c \cap A_2 \cap A_3^c \cap \cdots \cap A_n^c) \cup \cdots \cup (A_1^c \cap \cdots \cap A_{n-1}^c \cap A_n),$$

$$B = A \cap C^c。$$

假设 n 对夫妇之间相互独立，$P(A^c)=(1-p)^n$，$P(A)=1-(1-p)^n$。并集为 C 的 n 个事件互不相交，每个概率为 $p(1-p)^{n-1}$，因此 $P(C)=np(1-p)^{n-1}$。由于 $A=B\cup C$，且 B 和 C 不相交，有

$$P(B) = P(A) - P(C) = 1 - (1-p)^n - np(1-p)^{n-1}。$$

因此

$$P(B \mid A) = \frac{1 - (1-p)^n - np(1-p)^{n-1}}{1 - (1-p)^n}。 \tag{2.2.3}$$

加利福尼亚州最高法院的理由是：因为犯罪发生在人口众多的地方，n 是数以百万计的。例如，设 $p=8.3\times10^{-8}$，$n=8\,000\,000$，则式（2.2.3）的值为 0.296 6。这样一个概率表明，存在“有另外一对夫妇符合目击者提供的描述”的可能性。当然，法院不知道 n 有多大，但是由于式（2.2.3）的值相当大，事实上有足够的理由裁定，对“被告有罪”的怀疑仍然是合理的。 ◀

独立和条件概率 两个概率为正的事件 A 和 B 独立的充要条件是 $P(A|B)=P(A)$。

对于多个独立事件也有类似的结果。例如下面的定理，可以利用相互独立的定义直接证明。

定理 2.2.2 设 $A_1,\cdots,A_k$ 为满足 $P(A_1\cap\cdots\cap A_k)>0$ 的事件，则 $A_1,\cdots,A_k$ 相互独立的充要条件是，如果对 $\{1,\cdots,k\}$ 任意不相交的子集 $\{i_1,\cdots,i_m\}$ 和 $\{j_1,\cdots,j_l\}$，有

$$P(A_{i_1}\cap\cdots\cap A_{i_m}\mid A_{j_1}\cap\cdots\cap A_{j_l})=P(A_{i_1}\cap\cdots\cap A_{i_m})。$$ ■

定理 2.2.2 表明，k 个事件相互独立的充要条件是，如果知道某些事件的发生后不改变其他事件任意组合发生的概率。

独立的含义 我们在定义 2.2.1 中给出了独立事件的数学定义。我们还对事件独立的含义给出了一些解释，其中最有启发性的是基于条件概率的解释。如果得知 B 发生并不会改变 A 的概率，那么 A 和 B 是独立的。在简单的例子中，比如抛掷一枚我们认为是均匀的硬币，在观察到前面的抛掷结果后，我们不会改变“关于后面的抛掷可能会发生什么”的看法；因此，我们声明与不同抛掷有关的事件是独立的。但是，考虑类似于例 2.2.5 的情况，检查机器生产的产品是否为次品。这里我们声明不同的产品是独立的，并且每个产品为次品的概率都为 p。如果我们确切知道机器的工作状态如何，这可能是有意义的。但是，如果不能确定机器的工作状态，我们很容易地改变“关于第 10 件产品为次品的概率”的看法，这取决于前 9 件产品中有多少件为次品。具体来说，在刚开始的时候，我们认为“一件产品为次品的概率为 0.08”。如果我们在前 9 件产品中检查到 1 件或 0 件次品，我们可能不会对第 10 件为次品的概率进行太多修改。但是，如果我们在前 9 件产品中检查到 8 或 9 件次品，我们可能不太会坚持认为第 10 件为次品的概率仍为 0.08。总之，在决定是否将事件建模为独立事件时，请尝试回答这样的问题：“如果我知道其中一些事件发生了，是否会更改其他事件的概率?”如果我们感觉到“知道了这些事件已经发生，就知道了关于其他事件发生的可能性的一切”，我们就可以放心地将它们建模为独立事件。另一方面，如果我们感觉到“知道了这些事件中的一些事件发生，可能会改变对其他事件发生的概率的看法”，我们就应该更加谨慎地确定条件概率，而不是将事件建模为独立的。

互斥事件与相互独立事件 本书前面出现了两个类似的定义。定义 1.4.10 定义了互斥事件，定义 2.2.2 则定义了相互独立的事件。同一组事件不可能同时满足这两个定义，原因是：如果事件是不相交的（互斥的），那么“知道其中一个事件发生”意味着“其他事件肯定没有发生”。因此，知道其中一个事件发生，其他所有事件发生的概率会变为 0，除非其他事件发生的概率本身就是 0。事实上，这是同一组事件对这两个定义都适用的唯一条件。如下结果的证明留作本节习题 24。

定理 2.2.3 设 $n>1$，并设 $A_1,\cdots,A_n$ 是互斥的事件，则 $A_1,\cdots,A_n$ 相互独立的充要条件是 $A_1,\cdots,A_n$ 中有 $n-1$ 个事件的概率都为 0。 ■

条件独立事件

条件概率和独立性组合成一个最通用的数据收集模型。其思想是，在很多情况下不情愿说“一些特定的事件相互独立”，这是因为在得知一些信息的情况下，会提供其他事件发生可能性的信息。但是如果得知了事件发生的频率信息后，我们可能愿意假设它们是独

立的。这个模型可以用本节较早出现的一个例子来描述。

例 2.2.10　检查产品　条件同例 2.2.5。然而，这次假设我们相信，如果我们得知某些数量的前面产品是次品，我们会改变关于后期产品是次品的概率的看法。假设我们把例 2.2.5 中的数字 p 看作如果我们检查一个很大的产品样本，我们希望看到的次品的比例。如果我们知道这个比例 p，如果我们只抽取几个产品检查，比如 6 个或 10 个，我们可以自信地认为，即使我们已经检查了一些前面的产品，后期产品是次品的概率仍为 p。另一方面，如果我们不确定一个大样本中次品的比例，我们可能没有信心在继续检查中保持相同的概率。

更确切地说，这里假设机器生产次品的概率 p 是未知的，且我们正在处理定义 2.1.3 中描述的扩展试验。为简单起见，设 p 可能取 0.01 和 0.4 中的一个值，第一种情况表明机器运转正常，第二种情况表明机器需要维修。记 B_1 表示事件"$p=0.01$"，记 B_2 表示事件"$p=0.4$"。如果已知事件 B_1 发生，则可以假定事件 $D_1,D_2,\cdots$是相互独立的，且对所有 i 有 $P(D_i|B_1)=0.01$。例如，同例 2.2.5 和例 2.2.8 中一样，可以用 $p=0.01$ 做同样的计算。设 A 为随机抽取 6 件产品中有 2 件是次品的事件，则 $P(A|B_1)=\binom{6}{2}0.01^2 0.99^4=1.44\times 10^{-3}$。类似地，当 B_2 发生时，可以认为 $D_1,D_2,\cdots$是相互独立的，且有 $P(D_i|B_2)=0.4$。在这种情况下，$P(A|B_2)=\binom{6}{2}0.4^2 0.6^4=0.311$。◀

当然，在例 2.2.10 中，没有道理认为 p 一定最多取两个不同的值。很容易允许 p 取到第三个、第四个值等。实际上，我们在第 3 章将学习如何处理"0 到 1 之间任何值都是 p 的可能取值"的情形。这个简单例子的意义就是描述了事件在另一个事件的条件下是独立的概念，就像本例中的 B_1 或 B_2 一样。

例 2.2.10 中的概念严格定义如下：

定义 2.2.3　条件独立　如果对于事件 $A_1,\cdots,A_k$ 中的任意 j 个事件 $A_{i_1},\cdots,A_{i_j}(j=2,3,\cdots,k)$，有

$$P(A_{i_1}\cap\cdots\cap A_{i_j}|B)=P(A_{i_1}|B)\cdots P(A_{i_j}|B),$$

我们称事件 $A_1,\cdots,A_k$ 在给定 B 下条件独立。

此定义等价于把独立事件的定义中的"所有概率"改为"在事件 B 下的条件概率"。在 2.3 节学习了划分的概念后，就会显示出条件独立性的作用。注意，即使假设事件 $A_1,\cdots,A_k$ 在事件 B 下是条件独立的，它们也不一定在 B^c 下是条件独立的。例 2.2.10 中，事件 $D_1,D_2,\cdots$在 B_1 和 $B_2=B_1^c$ 下都是条件独立的，这是特殊情形。

回忆两事件 A_1 和 $A_2(P(A_1)>0)$ 相互独立的充要条件是 $P(A_2|A_1)=P(A_2)$。对于条件独立的事件也有同样的结果。

定理 2.2.4　设事件 A_1,A_2 和 B 满足 $P(A_1\cap B)>0$，则 A_1 和 A_2 关于 B 条件独立的充要条件是 $P(A_2|A_1\cap B)=P(A_2|B)$。■

这是前面提到的论断的另一个例子，即可以证明在条件 B 下都有类似的结果。读者可在本节习题 22 中证明这个定理。

收集者的问题

假设把 n 个球随机地投进 $r(r\leqslant n)$ 个盒子，可以认为 n 次投球都是独立的，每个球等可能投进这 r 个盒子。求“每个盒子至少有一个球”的概率 p。这个问题可以变形为如下收集者的问题：设每盒泡泡糖都含有一张棒球运动员的照片；共有 r 名不同运动员的照片；每名运动员的照片都等可能地放进每一盒泡泡糖中，且相互独立。现在的问题变为“求一个买了 n 盒泡泡糖的人得到了全部 $r(n\geqslant r)$ 张不同的照片的概率 p”。

对 $i=1,\cdots,r$，记 A_i 表示事件“第 i 名运动员的照片不在这 n 盒中”，则 $\bigcup_{i=1}^{r}A_i$ 表示事件“至少有一名运动员的照片不在这 n 盒中”。应用式（1.10.6）可得 $P\left(\bigcup_{i=1}^{r}A_i\right)$。

因为每名运动员的照片都是等可能地放进每一个盒中的，则在任意特定的盒子中没有第 i 名运动员的照片的概率为 $(r-1)/r$。因为装盒子是独立的，则在这 n 盒中都没有第 i 名运动员的照片的概率是 $[(r-1)/r]^n$。因此，对 $i=1,\cdots,r$，有

$$P(A_i)=\left(\frac{r-1}{r}\right)^n。$$

现在考虑任意两名运动员 i 和 j，在任意一盒中没有第 i 名运动员和第 j 名运动员的照片的概率是 $(r-2)/r$。因此，在这 n 盒中都没有这两名运动员的照片的概率为 $[(r-2)/r]^n$，即

$$P(A_i\cap A_j)=\left(\frac{r-2}{r}\right)^n。$$

如果接着考虑任意三名运动员 i,j 和 k，有

$$P(A_i\cap A_j\cap A_k)=\left(\frac{r-3}{r}\right)^n。$$

这样持续下去，最终可得所有 r 名运动员的照片都不出现在这 n 盒中的概率 $P(A_1\cap A_2\cap\cdots\cap A_r)$，当然，这个概率为 0。因此，由 1.10 节式（1.10.6）得

$$\begin{aligned}P\left(\bigcup_{i=1}^{r}A_i\right)&=r\left(\frac{r-1}{r}\right)^n-\binom{r}{2}\left(\frac{r-2}{r}\right)^n+\cdots+(-1)^r\binom{r}{r-1}\left(\frac{1}{r}\right)^n\\&=\sum_{j=1}^{r-1}(-1)^{j+1}\binom{r}{j}\left(1-\frac{j}{r}\right)^n。\end{aligned}$$

因为收集到一整套 r 张不同照片的概率 p 等于 $1-P\left(\bigcup_{i=1}^{r}A_i\right)$，从前面的推导可得，$p$ 能表示为如下的形式

$$p=\sum_{j=0}^{r-1}(-1)^j\binom{r}{j}\left(1-\frac{j}{r}\right)^n。$$

小结

一组事件是相互独立的充要条件是，获知其中一些事件发生的信息不改变其他事件的

任意组合发生的概率。等价地，一组事件相互独立的充要条件是，每个子集的交集的概率等于该子集每个事件发生的概率的乘积。独立的概念有一个以另一事件为条件的形式。一组事件在给定 B 下条件独立的充要条件是，在给定 B 下任意子集的交集的条件概率等于给定 B 下各事件发生的条件概率的乘积。等价地，给定 B 下一组事件条件独立的充要条件是，在获知其中一些事件（包含 B）发生后，不改变其他事件任意组合在给定 B 下发生的条件概率。在下一节介绍贝叶斯定理后，条件独立性的作用会变得更加明显。

习题

1. 若 A 和 B 是独立事件，且 $P(B)<1$，求 $P(A^c|B^c)$ 的值。
2. 设 A 和 B 是独立事件，证明事件 A^c 和 B^c 也是相互独立的。
3. 假设事件 A 满足 $P(A)=0$ 且 B 是任意事件，证明：A 和 B 是独立事件。
4. 掷两枚均匀的骰子三次，求三次中每次的两个点数之和是 7 的概率。
5. 设在某次飞行中，宇宙飞船所使用的控制系统失灵的概率是 0.001，设在飞船上另外安装了一个完全独立的备用控制系统，以便在第一个系统失灵时使用。求“在这次飞行中，宇宙飞船处于原来的或者备用的系统控制下”的概率。
6. 在一次博彩中卖出了 10 000 张彩票，在另一次卖出了 5 000 张。如果某人在每次博彩中都买了 100 张彩票，求她至少赢得一次一等奖的概率。
7. A 和 B 两名学生都选了同一门课。设学生 A 有 80%的时间去上课，学生 B 有 60%的时间去上课，两名学生是否缺席相互独立。
   a. 求一天中两名学生中至少有一名去上课的概率是多少？
   b. 若某一天两名学生中至少有一名去上课，求这天 A 去上课的概率是多少？
8. 掷三枚均匀的骰子，求“三个点数相同”的概率是多少？
9. 考虑一个试验，掷一枚均匀的硬币直至首次出现正面为止。若这个试验进行了 3 次，求“3 次试验中每次都需要掷相同次数”的概率。
10. 设某家庭中的任何一个孩子是蓝眼睛的概率是 1/4，这个特征遗传给每个孩子是相互独立的。若这家有五个孩子，且至少有一名孩子是蓝眼睛，求至少有三个孩子是蓝眼睛的概率。
11. 考虑习题 10 中有五个孩子的家庭。
    a. 若已知此家庭中最小的孩子是蓝眼睛，求至少有三个孩子是蓝眼睛的概率。
    b. 解释 a 中的答案为何与习题 10 的答案不同。
12. 设 A，B 和 C 是三个独立事件，满足 $P(A)=1/4, P(B)=1/3, P(C)=1/2$。
    a. 求三个事件都没发生的概率。
    b. 求三个事件中恰好有一个发生的概率。
13. 设由一放射性物质释放的任何粒子会以 0.01 的概率穿透某种介质。若释放出 10 个粒子，求恰好有一个粒子穿透介质的概率。
14. 条件同习题 13，若释放出 10 个粒子，求至少有一个粒子穿透介质的概率。
15. 条件同习题 13，求需要释放多少粒子才能使至少有一个粒子穿透介质的概率不少于 0.8。
16. 在世界棒球联赛中，A 和 B 两队之间有一系列赛事，且先赢得四场比赛的队在世界联赛中胜出。若在任意一场比赛中 A 队打败 B 队的概率是 1/3，求 A 队赢得世界联赛的概率。
17. A 和 B 两个男孩向一个目标投球。设男孩 A 每次投中的概率是 1/3，男孩 B 每次投中的概率是 1/4。再设男孩 A 先投且两男孩轮流投球。求男孩 A 在第三次投球时首次投中的概率。
18. 条件同习题 17，求男孩 A 比男孩 B 先投中的概率。

19. 一个盒子装有 20 个红球、30 个白球和 50 个蓝球。从盒子中随机抽取一个球，记录颜色后再放回，共进行 10 次。求在这 10 个选中的球中至少有一种颜色没有出现的概率。
20. 假设 $A_1,\cdots,A_k$ 是一列 k 个相互独立的事件。记 $B_1,\cdots,B_k$ 是另一列 k 个事件，满足对于任意 $j(j=1,\cdots,k)$ 或者有 $B_j=A_j$ 或者有 $B_j=A_j^c$。证明事件 $B_1,\cdots,B_k$ 也是相互独立的。提示：由满足 $B_j=A_j^c$ 的事件 B_j 的数目归纳证明。
21. 证明定理 2.2.2。提示："必要性"可由独立性定义直接得出。"充分性"可用独立性的定义并对 j 值用归纳法证明。记 $m=j-1$，记 $l=1$，$j_1=i_j$。
22. 证明定理 2.2.4。
23. 一名程序员计划编译一列 11 个类似的程序。记 A_j 为事件"第 i 个程序编译成功"，$i=1,\cdots,11$。当编程工作容易时，程序员预期 80%的程序会编译成功。而当编程工作困难时，预期会有 40%的程序编译成功。记 B 为事件"编程工作容易"，则程序员认为事件 $A_1,\cdots,A_{11}$ 在给定事件 B 和 B^c 下都是条件独立的。
    a. 求在给定 B 条件下，11 个程序中有 8 个会编译成功的概率。
    b. 求在给定 B^c 条件下，11 个程序中有 8 个会编译成功的概率。
24. 证明定理 2.2.3。

2.3 贝叶斯定理

假设考虑 k 个互不相交的事件 $B_1,\cdots,B_k$，在此基础上观察其他的事件 A。对每个 i，如果知道概率 $P(A|B_i)$，在给定 A 下计算 B_i 的条件概率时，贝叶斯定理是一个非常有用的公式。

首先从一个典型的例子开始。

例 2.3.1 疾病检测 假设你正在马路上散步，注意到公共卫生部门正在对某一特定疾病做免费医疗检测。这个检测在下列意义下有 90%的可靠性：如果一个人有这种疾病，检测结果呈阳性的概率是 0.9；反之，如果一个人没有这种疾病，检测结果呈阳性的概率是 0.1。

数据表明得这种疾病的概率只是万分之一。这个检测没有任何费用，又快且无害，所以你决定做这个检测，检查是否有这种疾病。几天以后，你的检测结果是阳性。问你有这种疾病的概率是多少？ ◀

例 2.3.1 的最后一个问题是设计贝叶斯定理问题的原型。我们至少有两个互不相交的事件（"有病"和"没有病"），哪一个并不确定；又知道一些信息（试验结果），告诉我们关于这些不确定事件的一些情况。我们需要知道在已知信息的前提下，如何修正事件的概率。

在回到例题之前，先给出贝叶斯定理的一般结构。

贝叶斯定理的表述、证明与举例

例 2.3.2 选取螺栓 再次考虑例 2.1.8 中的情况，从两个盒子中选一个盒子，再从选中的盒子中随机选取一个螺栓。假设我们不做进一步的尝试，就无法判断螺栓是从哪一个盒子中选取的。例如，这些盒子在外观上是相同的，或者其他人可能选择了盒子，但我们只能看到螺栓。在选取螺栓前，每一个盒子等可能地被选中。然而，如果我们知道事件

A 已经发生，即选取了一个长螺栓，我们就可以计算给定 A 下选中两个盒子的条件概率。为了提醒读者，B_1 是事件“选择包含60个长螺栓和40个短螺栓的盒子”，B_2 是事件“选择包含10个长螺栓与20个短螺栓的盒子”。在例2.1.9中，我们计算出 $P(A)=7/15$，$P(A|B_1)=3/5, P(A|B_2)=1/3$，及 $P(B_1)=P(B_2)=1/2$。例如

$$P(B_1 | A)=\frac{P(A\cap B_1)}{P(A)}=\frac{P(B_1)P(A|B_1)}{P(A)}=\frac{\frac{1}{2}\times\frac{3}{5}}{\frac{7}{15}}=\frac{9}{14}。$$

由于第一个盒子中的长螺栓所占比例比第二个盒子高，在我们知道所取的螺栓是长螺栓后，B_1 的概率应该增加。因为两个盒子必须选一个盒子，一定有 $P(B_2|A)=5/14$。◀

在例2.3.2中，开始时我们不确定选中哪一个盒子，然后观察到从所选盒子中取出一个长螺栓。因为两个盒子中选取长螺栓的概率是不同的，观察到“选取的是长螺栓”会改变每个盒子被选中的概率。概率如何改变的精确计算正是贝叶斯定理的目的。

定理2.3.1 贝叶斯定理 设事件 $B_1,\cdots,B_k$ 构成样本空间 S 的一个划分，满足 $P(B_j)>0, j=1,\cdots,k$，又设 A 是满足 $P(A)>0$ 的事件，则对于 $i=1,\cdots,k$，有

$$P(B_i | A)=\frac{P(B_i)P(A|B_i)}{\sum_{j=1}^{k}P(B_j)P(A|B_j)}。\tag{2.3.1}$$

证明 由条件概率定义知，

$$P(B_i | A)=\frac{P(B_i\cap A)}{P(A)}。$$

根据定理2.1.1，式（2.3.1）右边项的分子等于 $P(B_i\cap A)$；根据定理2.1.4，分母等于 $P(A)$。■

例2.3.3 疾病检测 回到本节开始的例子。我们刚接到对于这个疾病检测呈阳性的消息。在例2.3.1描述的意义下，检测的可靠性为90%。在知道检测呈阳性之后，我们想知道得这种疾病的概率。一些读者可能认为这个概率应该为0.9。然而，这种看法完全忽视了在诊病之前你得这种疾病的概率很小，为0.000 1。记 B_1 为事件“有这种疾病”，记 B_2 为事件“没有这种疾病”。同样，记 A 为事件“检测结果呈阳性”。由贝叶斯定理，有

$$\begin{aligned}P(B_1 | A)&=\frac{P(A|B_1)P(B_1)}{P(A|B_1)P(B_1)+P(A|B_2)P(B_2)}\\&=\frac{(0.9)(0.000\,1)}{(0.9)(0.000\,1)+(0.1)(0.999\,9)}=0.000\,90。\end{aligned}$$

在给定这样的检测结果条件下，患有这种疾病的条件概率大约是千分之一。当然即使这个条件概率是十分小的，但这个条件概率大约是做检测前概率的10倍。

这一结论另一种解释如下：实际上，每一万个人中仅有一个人患有这种疾病，但是大约每十个人中有一个人检测结果为阳性。因此，结果呈阳性的人数大约是真正患有这种疾病人数的1 000倍。也就是说，检测结果呈阳性的1 000个人中，只有一个人实际上患有这种疾病。这个例子不仅显示出贝叶斯定理的使用，而且也显示出问题中考虑所有可用信息

的重要性。◀

例 2.3.4　确定次品的来源　用三个不同的机器 M_1, M_2 和 M_3 生产一批相同的产品。假设 20%的产品由 M_1 生产，30%的产品由 M_2 生产，50%的产品由 M_3 生产。进一步，假设机器 M_1 生产的产品为次品的概率是 1%，机器 M_2 生产的产品为次品的概率是 2%，机器 M_3 生产的产品是次品的概率为 3%。假设从整批产品中随机地选取一件产品，发现是次品。试计算这件产品是由机器 M_2 生产的概率。

设 B_i 表示事件"选中的产品是由机器 $M_i(i=1,2,3)$ 生产的"，A 表示事件"选中的产品是次品"。我们要计算条件概率 $P(B_2|A)$。

设从整批产品中随机挑选一个产品，它由机器 $M_i(i=1,2,3)$ 生产的概率如下

$$P(B_1)=0.2,\quad P(B_2)=0.3,\quad P(B_3)=0.5。$$

由机器 M_i 生产的一个产品是次品的概率为 $P(A|B_i)$，它们分别为

$$P(A|B_1)=0.01,\quad P(A|B_2)=0.02,\quad P(A|B_3)=0.03。$$

根据贝叶斯定理，有

$$P(B_2|A)=\frac{P(B_2)P(A|B_2)}{\sum_{j=1}^{3}P(B_j)P(A|B_j)}$$

$$=\frac{(0.3)(0.02)}{(0.2)(0.01)+(0.3)(0.02)+(0.5)(0.03)}=0.26。$$ ◀

例 2.3.5　确定基因型　考虑两个等位基因 A 和 a（见例 1.6.4）。假设基因通过两种形式表现其本身的性状（如头发颜色或血型）：具有基因型 AA 和 Aa 的个体有相同的性状，而具有基因型 aa 的个体有另一种性状。A 和 a 分别称为显性和隐性，性状的这两种形式称为表现型。具有基因型 AA 和 Aa 的个体的表现型称为**显性性状**，具有基因型 aa 的个体的表现型称为**隐性性状**。在遗传学研究中，获得个体的表现型信息是很普遍的，但是确定基因型却十分困难。然而，通过观察父母和孩子的表现型能获得一些关于基因的信息。

假设等位基因 A 是显性的，且个体基因配对是相互独立的，在群体中出现基因型 AA，Aa 和 aa 的概率分别是 1/4，1/2 和 1/4。我们观察一个不知道其父母基因型的个体，观察这个个体的表现型。设 E 是事件"被观察的个体具有显性性状"，我们希望揭示其父母可能有的基因型。在观察之前，父母有 $B_1,\cdots,B_6$ 共 6 种可能的基因型组合，见表 2.2：

表 2.2　例 2.3.5 的父母基因型组合

	(AA, AA)	(AA, Aa)	(AA, aa)	(Aa, Aa)	(Aa, aa)	(aa, aa)
事件名	B_1	B_2	B_3	B_4	B_5	B_6
B_i 的概率	1/16	1/4	1/8	1/4	1/4	1/16
$P(E\|B_i)$	1	1	1	3/4	1/2	0

假设父母基因型是相互独立的，我们来计算 B_i 的概率。例如，如果在父亲是 AA 和母亲是 aa（概率是 1/16）或者父亲是 aa 和母亲是 AA（概率是 1/16）条件下，则 B_3 发生。假设两个可用的等位基因分别从父母遗传给孩子的概率是 1/2，且双亲是相互独立的，计算 $P(E|B_i)$ 的值。例如给定 B_4 条件下，事件 E 发生当且仅当孩子不能得到 2 个 a。给定

B_4，从双亲得到两个 a 的概率是 1/4，所以 $P(E|B_4)=3/4$。

现在计算 $P(B_1|E)$ 和 $P(B_5|E)$，其他的计算留给读者。对于这两个计算，贝叶斯定理的分母是一样的，即

$$P(E)=\sum_{i=1}^{5}P(B_i)P(E|B_i)$$
$$=\frac{1}{16}\times 1+\frac{1}{4}\times 1+\frac{1}{8}\times 1+\frac{1}{4}\times\frac{3}{4}+\frac{1}{4}\times\frac{1}{2}+\frac{1}{16}\times 0=\frac{3}{4}。$$

应用贝叶斯定理，得：

$$P(B_1|E)=\frac{\frac{1}{16}\times 1}{\frac{3}{4}}=\frac{1}{12},\quad P(B_5|E)=\frac{\frac{1}{4}\times\frac{1}{2}}{\frac{3}{4}}=\frac{1}{6}。$$ ◀

注：贝叶斯定理的条件形式。 在给定事件 C 下，有如下贝叶斯定理形式：

$$P(B_i|A\cap C)=\frac{P(B_i|C)P(A|B_i\cap C)}{\sum_{j=1}^{k}P(B_j|C)P(A|B_j\cap C)}。\tag{2.3.2}$$

先验和后验概率

在例 2.3.4 中，常称 $P(B_2)$ 为选中的产品由机器 M_2 生产的先验概率，因为 $P(B_2)$ 是在选取产品且不知道选取产品是不是次品之前事件 B_2 的概率。称 $P(B_2|A)$ 为选中的产品由机器 M_2 生产的后验概率，因为 $P(B_2|A)$ 是在已知选取的产品为次品之后事件 B_2 的概率。

在例 2.3.4 中，选中的产品是机器 M_2 生产的先验概率是 0.3。在选取一个产品且发现是次品之后，它是由机器 M_2 生产的后验概率是 0.26。因为这个后验概率小于该产品是由机器 M_2 生产的先验概率，则这个产品由其他机器生产的后验概率一定大于它是由其他机器生产的先验概率。（见本节习题 1 和 2）。

多阶段后验概率的计算

设想一个盒子里有一枚均匀硬币和一枚两面都是正面的硬币。随机选取一枚硬币进行抛掷，得到一个正面，求硬币是均匀硬币的概率。

令 B_1 为事件“取到均匀硬币”，B_2 为事件“取到两面都是正面的硬币”，H_1 为事件“掷出正面”。由贝叶斯定理可得：

$$P(B_1|H_1)=\frac{P(B_1)P(H_1|B_1)}{P(B_1)P(H_1|B_1)+P(B_2)P(H_1|B_2)}$$
$$=\frac{(1/2)(1/2)}{(1/2)(1/2)+(1/2)(1)}=\frac{1}{3}。\tag{2.3.3}$$

从而，在第一次抛掷后，“硬币是均匀硬币”的后验概率是 1/3。

现在再次抛掷同一枚硬币，假定又得到一个正面。假定这两次抛掷在 B_1 和 B_2 的条件下是独立的。有两种方法来确定“硬币是均匀硬币”的后验概率的值。

第一种方法是返回到试验的开始，再次假定先验概率是 $P(B_1)=P(B_2)=1/2$。用 $H_1\cap H_2$ 表示事件“两次掷出正面”。我们要计算在观测到事件 $H_1\cap H_2$ 之后，“硬币是均匀硬币”的后验概率 $P(B_1|H_1\cap H_2)$。假设在 B_1 条件下的所有抛掷是独立的，这就意味着 $P(H_1\cap H_2|B_1)=1/2\times1/2=1/4$。依据贝叶斯定理，

$$P(B_1|H_1\cap H_2)=\frac{P(B_1)P(H_1\cap H_2|B_1)}{P(B_1)P(H_1\cap H_2|B_1)+P(B_2)P(H_1\cap H_2|B_2)}$$
$$=\frac{(1/2)(1/4)}{(1/2)(1/4)+(1/2)(1)}=\frac{1}{5}。\quad(2.3.4)$$

第二种确定这个后验概率的方法是在给定 H_1 的条件下，利用贝叶斯定理的条件形式（2.3.2）。在 H_1 的条件下，B_1 的条件概率为 1/3，从而 B_2 的条件概率是 2/3。这些条件概率现在可以作为下一阶段（即第二次抛掷硬币时）的先验概率。从而，令 $C=H_1$，$P(B_1|H_1)=1/3$，$P(B_2|H_1)=2/3$，运用式（2.3.2），我们可以计算出后验概率 $P(B_1|H_1\cap H_2)$，即“在两次抛掷都出现正面之后，硬币是均匀硬币”的概率。我们需求 $P(H_2|B_1\cap H_1)$，既然 H_1 与 H_2 在 B_1 下是条件独立的，根据定理 2.2.4，$P(H_2|B_1\cap H_1)=P(H_2|B_1)=1/2$。当 B_2 发生时，硬币两面都是正面，则 $P(H_2|B_2\cap H_1)=1$，从而我们得到

$$P(B_1|H_1\cap H_2)=\frac{P(B_1|H_1)P(H_2|B_1\cap H_1)}{P(B_1|H_1)P(H_2|B_1\cap H_1)+P(B_2|H_1)P(H_2|B_2\cap H_1)}$$
$$=\frac{(1/3)(1/2)}{(1/3)(1/2)+(2/3)(1)}=\frac{1}{5}。\quad(2.3.5)$$

用第二种方法得到的事件 B_1 的后验概率跟第一种方法得到的一样。我们有如下一般性的结论：如果一个试验多阶段进行，则在多阶段中也能计算每个事件的后验概率。在每个阶段完成之后，这个阶段的后验概率可以作为下一个阶段的先验概率。读者可以看一下式（2.3.5），就会发现这正是贝叶斯定理的条件形式。抛掷硬币的例子就是贝叶斯定理和它的条件形式诸多应用的一个典型，因为我们假设在划分 $B_1,\cdots,B_k$（在上面例子中，$k=2$）的每个事件下，观察事件都是条件独立的。而条件独立性使得在 B_1 或是 B_2 条件下，H_i（第 i 次抛掷出现正面）的概率在考虑或不考虑前期抛掷时都是一样的。（见定理 2.2.4。）

条件独立事件

导出式（2.3.3）、式（2.3.5）的计算及例 2.2.10，说明了观察事件的一个有用的统计模型的简单情况。我们通常会遇到一列类似的事件，它们有相同的发生概率。通常事件的下标次序不影响我们给定的概率。然而，我们通常认为这些事件不是独立的，因

为如果观察前面一些事件，我们就会根据前面事件发生的个数改变后来事件发生的概率。例如，在本节前面抛掷硬币的计算中，在抛掷前，H_2 的概率和 H_1 的概率是一样的，正如定理 2.1.4 所述，式（2.3.3）的分母是 3/4。然而，在观察到事件 H_1 发生之后，H_2 的概率为 $P(H_2 \mid H_1)$，它是式（2.3.5）的分母。利用全概率公式的条件形式（2.1.5），可以算出 $P(H_2 \mid H_1)=5/6$。即使我们把在“所选硬币为均匀硬币”条件下抛掷硬币视为条件独立的，在“所取硬币两面都是正面”下抛掷硬币也视为条件独立的（在这种情况下我们总能知道每次发生的事情），但是如果没有条件信息，我们也不能视它们为独立的。因为条件信息把问题中不确定性的主要来源消除了，所以可以相应地来划分样本空间。现在，在每个划分事件的条件下，利用抛掷的条件独立性来计算事件不同组合的联合概率。最后，用定理 2.1.4 和式（2.1.5）把这些概率联系起来。多个例子可以说明这一思想。

例 2.3.6　了解概率　例 2.2.10 中，机器生产的产品为次品的概率是 $p=0.01$ 或 $p=0.4$，假设 $p=0.01$ 的先验概率是 0.9。在随机抽取六件产品后，假设检查出两个次品。问 $p=0.01$ 的后验概率是多少？

例 2.2.10 中，令 $B_1=\{p=0.01\}$，$B_2=\{p=0.4\}$，A 是事件“大小为 6 的随机样本中有两件次品”。B_1 的先验概率是 0.9，B_2 的先验概率是 0.1。在例 2.2.10 中，我们已经计算出 $P(A \mid B_1)=1.44\times10^{-3}$ 和 $P(A \mid B_2)=0.311$，由贝叶斯定理，

$$P(B_1 \mid A)=\frac{0.9\times1.44\times10^{-3}}{0.9\times1.44\times10^{-3}+0.1\times0.311}=0.04。$$

即使我们最初认为 B_1 的概率高达 0.9，但得知在一个很小的样本（6 个个体）中有两个次品之后，我们明显会改变想法，认为 B_1 有小至 0.04 的概率。这么大改变的原因是，如果 B_2 是真的而非 B_1 是真的，事件 A 发生的可能性会更大。◀

例 2.3.7　临床试验　考虑例 2.1.12 和例 2.1.13 中描述的相同的临床试验，令 E_i 是事件“第 i 个患者成功”。对 $j=1,\cdots,11$，B_j 仍是事件“$p=(j-1)/10$”，这里 p 是所有患者的成功概率。如果知道 B_j 发生了，我们会说 $E_1,E_2,\cdots$ 是相互独立的，即我们愿意将患者建模为给定 B_j 下是条件独立的，对所有 i,j，令 $P(E_i \mid B_j)=(j-1)/10$。我们仍然假设在试验开始之前对所有 j 有 $P(B_j)=1/11$。现在，我们可以通过计算每个患者完成试验之后事件 B_j 的后验概率来表示我们关于 p 了解多少。

例如，考虑第一个患者，在式（2.1.6）中计算出 $P(E_1)=1/2$。如果 E_1 发生，应用贝叶斯定理，我们得到

$$P(B_j \mid E_1)=\frac{P(E_1 \mid B_j)P(B_j)}{1/2}=\frac{2(j-1)}{10\times11}=\frac{j-1}{55}。\qquad (2.3.6)$$

在观察到“一个患者成功”后，正如我们所预料的，p 取大值的后验概率大于它们的先验概率，p 取小值的后验概率小于它们的先验概率。例如，$P(B_1 \mid E_1)=0$，因为在一个人成功之后，$p=0$ 被排除掉了。$P(B_2 \mid E_1)=0.0182$，这比它的先验概率 0.0909 小得多，

$P(B_{11}|E_1)=0.1818$，这比它的先验概率 0.0909 大得多。

在每个患者被观察后，我们可以检查后验概率如何变化。然而，我们应该跳到表 2.1 丙咪嗪列所有 40 个患者已经被观察的点前面。A 代表事件“观察到他们有 22 个成功，18 个失败”，我们利用与例 2.2.5 相同的方法来计算 $P(A|B_j)$。40 个患者有 22 个成功，共有$\binom{40}{22}$个可能的序列；在 B_j 的条件下，每一个序列的概率是$[(j-1)/10]^{22}[1-(j-1)/10]^{18}$。因此，对每个 j 有

$$P(A \mid B_j)=\binom{40}{22}[(j-1)/10]^{22}[1-(j-1)/10]^{18}, \tag{2.3.7}$$

然后，利用贝叶斯定理，有

$$P(B_j \mid A)=\frac{\frac{1}{11}\binom{40}{22}[(j-1)/10]^{22}[1-(j-1)/10]^{18}}{\sum_{i=1}^{11}\frac{1}{11}\binom{40}{22}[(i-1)/10]^{22}[1-(i-1)/10]^{18}}。$$

图 2.3 表明在观察到 A 后 11 个划分事件的后验概率。注意到 B_6 和 B_7 的概率最大，为 0.42。这与观察样本中成功的比例 22/40=0.55（介于(6-1)/10 和(7-1)/10 之间）是一致的。

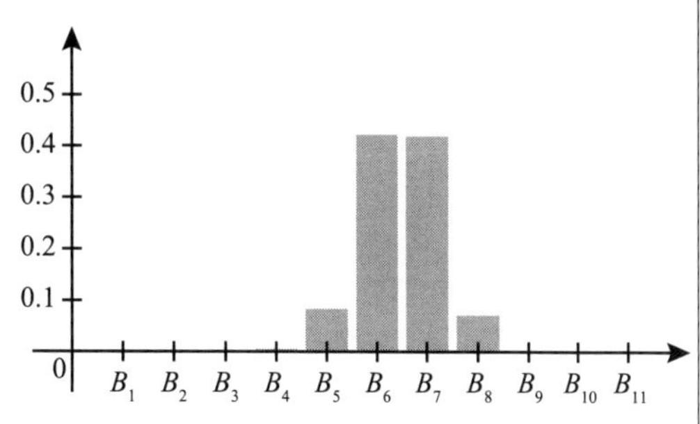

图 2.3　例 2.3.7 中 40 个病人之后划分事件的后验概率

我们也可以计算在 40 个患者试验后，下一个试验前，患者是成功的概率。在第 41 个患者试验之前，按式（2.1.6）计算的结果，$P(E_{41})=P(E_1)=1/2$。在观察 40 个病人之后，利用全概率公式的条件形式（2.1.5），可以计算 $P(E_{41}|A)$：

$$P(E_{41} \mid A)=\sum_{j=1}^{11}P(E_{41} \mid B_j \cap A)P(B_j \mid A)。 \tag{2.3.8}$$

利用图 2.3 中 $P(B_j|A)$ 的数据，以及 $P(E_{41}|B_j \cap A)=P(E_{41}|B_j)=(j-1)/10$（$E_i$ 关于 B_j 的条件独立性），代入式（2.3.8）计算得 0.5476。这与观察到的成功频率是非常接近的。◀

例 2.3.7 中最后的计算是在观察到很多有着相同条件概率的条件独立的事件之后会发生的典型情况。给定观察到的事件，下一个观察事件的条件概率趋近于在已观察到事件中发生的频率。的确，当有实际数据时，先验概率的选择变得一点都不重要。

例 2.3.8　先验概率的影响　考虑与例 2.3.7 中相同的临床试验，假设不同的研究者关于成功的概率 p 的值有不同的先验看法。这个研究者认为有下面的先验概率。

事件	B_1	B_2	B_3	B_4	B_5	B_6	B_7	B_8	B_9	B_{10}	B_{11}
p	0.0	0.1	0.2	0.3	0.4	0.5	0.6	0.7	0.8	0.9	1.0
先验概率	0.00	0.19	0.19	0.17	0.14	0.11	0.09	0.06	0.04	0.01	0.00

我们重新用贝叶斯定理计算后验概率，得到图2.4中的数据。为了有助于比较，例2.3.7中的后验概率也在图2.4中用符号X标出。可以看出不管先验概率之间是多么不同，后验概率的两个集合却是那么接近。如果过去有很少病人被观察，那么在后验概率的两个集合之间会有较大的不同，因为被观察到的事件提供较少的信息。（见本节习题12。） ◀

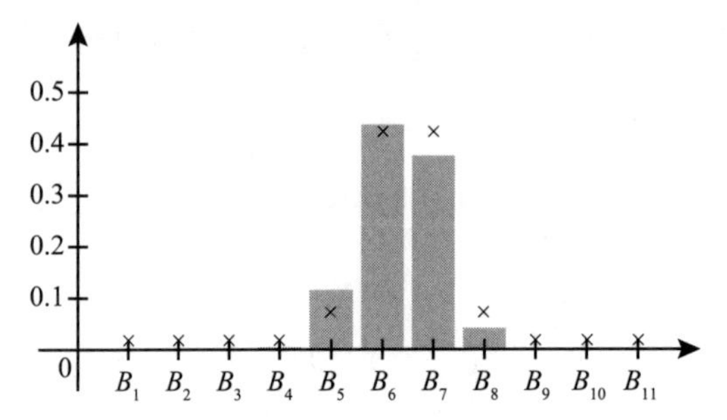

图2.4 例2.3.8中40个病人之后划分事件的后验概率。字符×表示例2.3.7中计算的后验概率的值

小结

贝叶斯定理告诉我们怎样去计算每个划分事件在给定观察事件A下的条件概率。划分的一个重要应用是把样本空间分成足够小的事件，以至于感兴趣的事件族在每个划分事件下都是条件独立的。

习题

1. 假定k个事件$B_1,\cdots,B_k$构成样本空间S的一个划分。对每个$i=1,\cdots,k$，用$P(B_i)$表示B_i的先验概率。对每个事件A满足$P(A)>0$，用$P(B_i|A)$表示B_i关于事件A的后验概率。证明：如果$P(B_1|A)<P(B_1)$，那么至少有一个$i(i=2,\cdots,k)$满足$P(B_i|A)>P(B_i)$。
2. 再次考虑例2.3.4中的条件。从一批产品中随机抽取一个产品，发现是次品。问：对哪个$i(i=1,2,3)$满足，由机器M_i生产的产品的后验概率大于由机器M_i生产的产品的先验概率？
3. 假定在本节例2.3.4中，从整批产品中随机选取的一件产品是正品。求由机器M_2生产的后验概率。
4. 设计一项新的试验来检测一种特殊类型的癌症：如果这项试验用于一个有这种典型癌症的患者，有阳性反应的概率为0.95，有阴性反应的概率为0.05；如果这项试验用于一个没有这种典型癌症的人，有阳性反应的概率为0.05，有阴性反应的概率为0.95。假定在一般人群中，每100 000人中有1人得这种典型的癌症，如果随机选取一个人，这个人对试验有阳性反应，问他得这种典型癌症的概率是多少？
5. 某一个城市，30%的人是保守党，50%是自由党，20%是无党派人士。有记录显示在某一次选举中，65%的保守党投票，82%的自由党投票，50%的无党派人士投票。如果在城市中随机选取一个人，他在上次选举中没有投票，他是自由党的概率是多少？
6. 假定适当调整一台机器后，它生产的产品中50%是高质量的，另外50%是中等质量的。然而，如果这个机器经过不恰当调整，则生产的产品中25%是高质量的，75%是中等质量的。
   a. 假定在某一时间随机选取由机器生产的5件产品进行检测。如果有4个是高质量的，1个是中等质量的，这时机器得到适当调整的概率是多少？
   b. 假设再选一件与其他5件同时由机器生产的产品，发现它是中等质量的。问机器得到适当调整后新的后验概率是多少？

7. 假定一个盒子有 5 枚硬币，抛掷每枚硬币出现正面的概率是不相同的。令 p_i 表示当抛掷第 $i(i=1,\cdots,5)$ 枚硬币时出现正面的概率。假定 $p_1=0,p_2=1/4,p_3=1/2,p_4=3/4,p_5=1$。
   a. 假定从盒子里随机选取一枚硬币，抛掷一次出现正面。问选取第 $i(i=1,\cdots,5)$ 枚硬币的后验概率是多少？
   b. 如果再次抛掷这枚硬币，问出现正面的概率是多少？
   c. 选取一枚硬币，第一次抛掷出现反面。用同一枚硬币再次抛掷，问在第二次抛掷时出现正面的概率是多少？
8. 再次考虑习题 7 中一个有着 5 枚不同硬币的盒子。随机选取一枚硬币，进行重复抛掷，直至出现正面。
   a. 如果在第四次抛掷时首次出现正面，问选取到第 $i(i=1,\cdots,5)$ 枚硬币的后验概率是多少？
   b. 如果继续抛掷这枚硬币直到再次出现正面，问恰好需要再抛掷三次的概率是多少？
9. 再次考虑 2.1 节习题 14 的条件。假设可以观察到几个零件是否有缺陷，在给定每台机器的修理状态下，不同的零件（是否有缺陷）条件独立。如果观察 7 个零件，恰好有 1 个零件有缺陷，计算 3 种修理状态的后验概率。
10. 再次考虑例 2.3.5 的情况。观察个体的表现型，并且呈现显性性状。问哪个 $i(i=1,\cdots,6)$ 满足：父母为事件 B_i 的基因型的后验概率比父母为事件 B_i 的基因型的先验概率小？
11. 在例 2.3.5 中假定观察到的个体呈隐性性状，试确定父母有事件 B_4 基因型的后验概率。
12. 在例 2.3.7 和例 2.3.8 的临床试验中，假定我们仅仅观察了前 5 个病人，有 3 个成功。利用例 2.3.7 和例 2.3.8 中两组不同的先验概率来计算这两组的后验概率。这两组的后验概率是否与例 2.3.7 和例 2.3.8 中的两组一样彼此接近？为什么？
13. 假定一个盒子里有一枚均匀硬币和一枚两面都是正面的硬币，随机抽取一枚硬币抛掷。在式（2.3.4）和式（2.3.5）中，在前两次抛掷都出现正面的条件下，确定“所选硬币是均匀硬币”的条件概率。
   a. 假定第三次抛掷硬币又出现正面，计算在所有三次抛掷都出现正面的条件下“所选硬币是均匀硬币”的条件概率。
   b. 假定第四次抛掷硬币，结果是反面，计算“所选硬币是均匀硬币”的后验概率。
14. 再次考虑 2.2 节习题 23 中的情况。假设 $P(B)=0.4$，A 是事件“11 个程序中恰好有 8 个编译成功”。求在条件 A 下 B 的条件概率。
15. 利用例 2.3.8 中对事件 $B_1,\cdots,B_{11}$ 的先验概率。令 E_1 是事件“第一个病人成功”，计算 E_1 的概率并且说明为什么它比例 2.3.7 中计算的数值小得多。
16. 考察一台机器生产的产品序列。在正常操作下，产品相互独立，次品率为 0.01。然而，机器有可能产生“记忆”：在生产出每件次品后，下一件产品为次品的概率变为 2/5，与前面发生的任何事件独立；在生产出正品后，下一件是次品的概率变为 1/165，与前面发生的任何事件独立。在观察时间内，机器要么是正常操作，要么有记忆。设 B 表示事件“机器正常操作”，且 $P(B)=2/3$；D_i 表示事件“第 i 件产品检测为次品”。假设 D_1 与 B 独立。
   a. 证明：对所有 i，$P(D_i)=0.01$。提示：用归纳法。
   b. 假设我们观察前 6 件产品，发生的事件是 $E=D_1^c\cap D_2^c\cap D_3\cap D_4\cap D_5^c\cap D_6^c$，即第 3 件和第 4 件产品是次品，其余都是正品。计算 $P(B|D)$。

*2.4 赌徒破产问题

考虑两个资金有限的赌徒重复玩同一个游戏。利用条件概率这个工具，我们可以求出每个赌徒输光的概率。

问题描述

假设两个赌徒 A 和 B 在玩一场赌博游戏。设 $p(0<p<1)$ 是一个给定的数字，在每次游

戏中，赌徒 A 从赌徒 B 手中赢得1美元的概率是 p，而赌徒 B 从赌徒 A 中赢得1美元的概率是 $1-p$。假设赌徒 A 的初始财产是 i 美元，赌徒 B 的初始财产为 $k-i$ 美元，其中 i 和 $k-i$ 都是正整数。因此，这两个赌徒的总财产是 k 美元。最后，假设赌徒重复独立地玩游戏，直到其中一人的财产减少到0美元（输光）。这个问题的另一种形式是：B 是一个赌场，A 是一个赌徒，当他从赌场先赢 $k-i$ 美元或者他先输光时，就退出游戏。

我们现在从赌徒 A 的角度来考虑这个游戏。他的初始财产是 i 美元，在每一次游戏中，他的财产要么增加1美元，概率为 p；要么减少1美元，概率为 $1-p$。如果 $p>1/2$，游戏对他有利；如果 $p<1/2$，游戏对他不利；如果 $p=1/2$，游戏对两个赌徒都一样。当赌徒 A 的财产先达到 k 美元时，游戏结束，这时赌徒 B 将输光所有的钱；也有可能赌徒 A 输光所有的钱。问题是求“赌徒 A 在输光前财产达到 k 美元”的概率。因为其中一个赌徒在游戏结束时输光所有的钱，所以这个问题被称为**赌徒破产问题**。

问题的求解

我们继续假设赌徒 A 和 B 的总财产是 k 美元，并且用 a_i 表示赌徒 A 在输光前财产达到 k 美元的概率，假定他的初始财产是 i 美元。假设每次重复玩相同的游戏，游戏相互独立。因此，在每次游戏之后，赌徒破产问题唯一的变化就是两个赌徒的财产的变化。特别地，对于每个 $j=0,\cdots,k$，每次我们观察到一个导致“赌徒 A 的财产变为 j 美元”的游戏序列时，给定这样的序列，赌徒 A 获胜的条件概率为 a_j。如果赌徒 A 的财产达到0美元，那么赌徒 A 就破产了，因此 $a_0=0$。同样，如果他的财产达到 k 美元，那么赌徒 A 就获胜了，因此 $a_k=1$。现在我们只需确定 a_i 值，$i=1,\cdots,k-1$。

设 A_1 表示事件“赌徒 A 在第一次赢了1美元”，设 B_1 表示事件“赌徒 A 第一次输了1美元”，设 W 表示事件“赌徒 A 的财产在输光前最终达到 k 美元”。则

$$\begin{aligned} P(W) &= P(A_1)P(W\mid A_1) + P(B_1)P(W\mid B_1) \\ &= pP(W\mid A_1) + (1-p)P(W\mid B_1)。 \end{aligned} \tag{2.4.1}$$

由于赌徒 A 的初始财产是 $i(i=1,\cdots,k-1)$ 美元，则 $P(W)=a_i$。如果赌徒 A 在第一次赢了1美元，财产就变成了 $i+1$ 美元，因此他的财产最终达到 k 美元的条件概率 $P(W|A_1)$ 变为 a_{i+1}；如果他第一次输了1美元，财产就变成 $i-1$ 美元，财产最终达到 k 美元的条件概率 $P(W|B_1)$ 为 a_{i-1}。于是，利用式（2.4.1），有

$$a_i = pa_{i+1} + (1-p)a_{i-1}。 \tag{2.4.2}$$

在式（2.4.2）中，令 $i=1,\cdots,k-1$，由于 $a_0=0, a_k=1$，我们得到如下 $k-1$ 个等式：

$$\begin{aligned} a_1 &= pa_2, \\ a_2 &= pa_3 + (1-p)a_1, \\ a_3 &= pa_4 + (1-p)a_2, \\ &\vdots \\ a_{k-2} &= pa_{k-1} + (1-p)a_{k-3}, \\ a_{k-1} &= p + (1-p)a_{k-2}。 \end{aligned} \tag{2.4.3}$$

如果把第 i 个等式左边的 a_i 值重写成 $pa_i+(1-p)\,a_i$ 的形式，并进行一些初等代数的运算，则这 $k-1$ 个等式可以重写为如下形式：

$$a_2 - a_1 = \frac{1-p}{p}a_1,$$

$$a_3 - a_2 = \frac{1-p}{p}(a_2 - a_1) = \left(\frac{1-p}{p}\right)^2 a_1,$$

$$a_4 - a_3 = \frac{1-p}{p}(a_3 - a_2) = \left(\frac{1-p}{p}\right)^3 a_1,$$

$$\vdots$$

$$a_{k-1} - a_{k-2} = \frac{1-p}{p}(a_{k-2} - a_{k-3}) = \left(\frac{1-p}{p}\right)^{k-2} a_1,$$

$$1 - a_{k-1} = \frac{1-p}{p}(a_{k-1} - a_{k-2}) = \left(\frac{1-p}{p}\right)^{k-1} a_1。 \tag{2.4.4}$$

这 $k-1$ 个等式左右两边分别相加，得到如下关系

$$1 - a_1 = a_1 \sum_{i=1}^{k-1} \left(\frac{1-p}{p}\right)^i。 \tag{2.4.5}$$

公平赌博的求解 首先假设 $p=1/2$。则 $(1-p)/p=1$，从式（2.4.5）可以得出 $1-a_1=(k-1)a_1$，其中 $a_1=1/k$。反过来，从式（2.4.4）中的第一个等式得出 $a_2=2/k$，从式（2.4.4）中的第二个等式得出 $a_3=3/k$，以此类推。这样，当 $p=1/2$ 时，我们得到以下完整解：

$$a_k = \frac{i}{k}, i = 1, \cdots, k-1。 \tag{2.4.6}$$

例 2.4.1 公平赌博中获胜的概率 假设 $p=1/2$，在这种情况下，游戏对两个赌徒同样有利；假设赌徒 A 的初始财产是 98 美元，而赌徒 B 的初始财产只有 2 美元。这时，$i=98$，$k=100$。由式（2.4.6）可以看出，在赌徒 B 从赌徒 A 手中赢得 98 美元之前，赌徒 A 从赌徒 B 手中赢得 2 美元的概率为 0.98。◀

不公平赌博的求解 现在假设 $p\neq 1/2$。式（2.4.5）可以重写为如下形式

$$1 - a_1 = a_1 \frac{\left(\frac{1-p}{p}\right)^k - \left(\frac{1-p}{p}\right)}{\left(\frac{1-p}{p}\right) - 1}。 \tag{2.4.7}$$

因此，

$$a_1 = \frac{\left(\frac{1-p}{p}\right) - 1}{\left(\frac{1-p}{p}\right)^k - 1}。 \tag{2.4.8}$$

对于 $i=2,\cdots,k-1$，a_i 的每个其他值可以根据式（2.4.4）依次求出。通过这种方式，我们得到如下完整的解：

$$a_i = \frac{\left(\frac{1-p}{p}\right)^i - 1}{\left(\frac{1-p}{p}\right)^k - 1}, i = 1, \cdots, k-1。 \tag{2.4.9}$$

例 2.4.2 不公平赌博中获胜的概率 假设 $p=0.4$，这时赌徒 A 在每次游戏中赢得 1 美元的概率小于他输掉 1 美元的概率。假设赌徒 A 的初始财产为 99 美元，而赌徒 B 的初始财产仅为 1 美元。在赌徒 B 从赌徒 A 手中赢得 99 美元之前，求赌徒 A 从赌徒 B 手中赢得 1

美元的概率。

在本例中，所求概率 a_i 由式（2.4.9）给出，其中 $(1-p)/p=3/2$，$i=99, k=100$。因此，

$$a_i=\frac{\left(\frac{3}{2}\right)^{99}-1}{\left(\frac{3}{2}\right)^{100}-1}\approx\frac{1}{3/2}=\frac{2}{3}。$$

因此，尽管赌徒 A 在任何给定的游戏中赢1美元的概率只有0.4，但他在输掉99美元之前赢1美元概率约为2/3。◀

小结

我们考虑了一个赌徒和他的对手，每个人开始时的财产有限。然后，两人进行一系列的赌博游戏，直到其中一人输光为止。我们可以计算出每一个人先输光的概率，它是每次获胜的概率函数和每个人的初始财产的函数。

习题

1. 考虑例2.4.2中的不公平游戏。这里假设赌徒 A 的初始财产为 i 美元，$i\leqslant 98$。假设赌徒 B 的初始财产是 $100-i$ 美元。证明：赌徒 A 在赢得 $100-i$ 美元之前损失 i 美元的概率大于1/2。
2. 在赌徒破产问题中，考查如下三个不同的可能条件：
   a. 赌徒 A 的初始财产是2美元，赌徒 B 的初始财产为1美元。
   b. 赌徒 A 的初始财产是20美元，赌徒 B 的初始财产为10美元。
   c. 赌徒 A 的初始财产是200美元，赌徒 B 的初始财产为100美元。
   假设 $p=1/2$。对于这三个条件中的哪一个，赌徒 A 在输光之前赢得赌徒 B 的初始财产的概率最大？
3. 再次考虑习题2中给出的三个不同条件a、b和c，但现在假设 $p<1/2$。对于这三个条件中的哪一个，赌徒 A 在输光之前赢得赌徒 B 的初始财产的可能性最大？
4. 再次考虑习题2中给出的三个不同条件a、b和c，但现在假设 $p>1/2$。对于这三个条件中的哪一个，赌徒 A 在输光之前赢得赌徒 B 的初始财产的可能性最大？
5. 假设在每一次赌博游戏中，一个人赢1美元或输1美元的可能性都相等。假设某人的目标是通过玩这个游戏赢得2美元。他的初始财产为多大时，才能使他在输光之前达到目标的概率至少达到0.99？
6. 假设在每一次游戏中，一个人以概率2/3赢得1美元，以概率1/3输掉1美元。假设某人的目标是赢得2美元。他的初始财产为多大时，才能在输光之前达到目标的概率至少为0.99？
7. 假设在每一次游戏中，一个人以概率1/3赢得1美元，以概率2/3输掉1美元。假设某人的目标是通过比赛赢得2美元。证明：无论他的初始财产有多大，他在输光之前实现目标的概率都小于1/4。
8. 假设重复抛掷一枚硬币，每一次出现正面的概率为 $p(0<p<1)$。设 X_n 表示在前 n 次抛掷中出现正面的次数，设 $Y_n=n-X_n$ 表示前 n 次出现反面的次数。如果 n 满足"$X_n=Y_n+3$ 或 $Y_n=X_n+3$"，则停止抛掷。求抛掷停止时 $X_n=Y_n+3$ 的概率。
9. 假设盒子 A 里面有5个球，盒子 B 里面有10个球。从这两个盒子中随机选择一个，从选择的盒子中任取一个球放入另一个盒子里，持续进行。求盒子 A 先变空的概率是多少？

2.5 补充习题

1. 假设 A,B 和 D 是任意三个事件，满足 $P(A|D)\geqslant P(B|D)$ 和 $P(A|D^c)\geqslant P(B|D^c)$。证明 $P(A)\geqslant P(B)$。
2. 独立重复地抛掷一枚均匀硬币，直到其正面和反面都至少出现一次为止。
   a. 描述这个试验的样本空间。

b. 需要抛掷 3 次的概率是多少？

3. 设事件 A 和 B 满足 $P(A)=1/3, P(B)=1/5$ 和 $P(A|B)+P(B|A)=2/3$，求 $P(A^c\cup B^c)$。
4. 设 A 和 B 是独立事件，满足 $P(A)=1/3$，$P(B)>0$，$P(A\cup B^c|B)$ 的值是多少？
5. 掷一枚均匀的骰子 10 次，数字 6 恰好出现了 3 次。前 3 次中每一次都出现数字 6 的概率是多少？
6. 设 A,B 和 D 是事件，A 和 B 是独立的，$P(A\cap B\cap D)=0.04$，$P(D|A\cap B)=0.25$，且 $P(B)=4P(A)$。求 $P(A\cup B)$。
7. 设事件 A，B 和 C 相互独立。在什么条件下 A^c，B^c 和 C^c 相互独立？
8. 设事件 A 和 B 是不相交的，每个事件的概率都为正。A 和 B 是独立的吗？
9. 设 A，B 和 C 是三个事件，使得 A 和 B 不相交，A 和 C 独立，B 和 C 独立。还假设 $4P(A)=2P(B)=P(C)>0$ 并且 $P(A\cup B\cup C)=5P(A)$。确定 $P(A)$ 的值。
10. 设两个骰子中的每一个都被"做过手脚"：掷任何一枚骰子一次，出现点数为 $k(k=1,2,5,6)$ 的概率为 0.1，出现点数为 $k(k=3,4)$ 的概率是 0.3。独立地掷这两个"做过手脚"的骰子一次，出现的点数和为 7 的概率是多少？
11. 设你赢得某游戏的概率为 1/50。如果你独立地玩了 50 次该游戏，你至少赢一次的概率是多少？
12. 掷一枚均匀的骰子 3 次，用 X_i 表示"第 i 次掷出的数字"（$i=1,2,3$）。求 $P(X_1>X_2>X_3)$。
13. 三名学生 A,B 和 C 都选了同一门课。假设 A 有 30%的时间去上课，B 有 50%的时间去上课，C 有 80%的时间去上课。如果这些学生彼此独立地去上课，
    a. 他们中至少有一人在某一天去上课的概率是多少？
    b. 他们中恰有一人在某一天去上课的概率是多少？
14. 考虑世界棒球联赛，如 2.2 节习题 16 所述。如果 A 队赢得任何一场比赛的概率为 p，需要打 7 场比赛才能确定联赛冠军的概率是多少？
15. 把 3 个红球和 3 个白球随机投进 3 个盒子，所有的投掷都是独立的。每个盒子都有一个红球和一个白球的概率是多少？
16. 把 5 个球随机投进 n 个盒子中，所有的投掷都是独立的，那么没有一个盒子超过两个球的概率是多少？
17. 某个城市的公共汽车票包含 4 个数字 U,V,W 和 X，每一个数字都有可能是 $0,1,\cdots,9$ 中的任何一个，且这 4 个数字是独立选取的。如果 $U+V=W+X$，则该乘客被认为是幸运的，幸运乘客的比例是多少？
18. 某一团体有 8 名成员。今年 1 月，3 名成员被随机选入一个委员会；2 月，4 名成员被随机选入另一个委员会；3 月，5 名成员被随机选入第三个委员会。3 次挑选相互独立。求 8 名成员中的每一名至少加入一个委员会的概率。
19. 根据习题 18 的条件，求"两名特定成员 A 和 B 在三个委员会中的至少一个委员会中共同任职"的概率。
20. 设两名玩家 A 和 B 轮流掷一对均匀的骰子，获胜者是"第一个点数和为 7"的玩家。如果 A 先掷，B 获胜的概率是多少？
21. 三名玩家 A,B 和 C 轮流抛掷一枚均匀硬币。假设 A 先掷硬币，B 第二次掷硬币，C 第三次掷硬币；假设这个循环无限重复，直到有人成为"第一个掷出正面的玩家"而获胜。确定三名玩家各自获胜的概率。
22. 重复掷一枚均匀的骰子，直到"连续两次掷出相同的点数"为止，并且 X 表示需要投掷的次数。求 $P(X=x)$ 的值，$x=2,3,\cdots$。
23. 假设 80%的统计学家参加聚会显得害羞，而只有 15%的经济学家显得害羞。假设在一个大型聚会上，90%的人是经济学家，另外 10%的人是统计学家。如果你在聚会上随机遇到一个害羞的人，这个人是统计学家的概率是多少？
24. "梦想之舟"汽车在三个不同的工厂 A，B 和 C 生产。工厂 A 生产的梦想之舟占 20%，B 生产的占 50%，C 生产的占 30%。然而，A 生产的汽车中有 5%是柠檬色的，B 生产的汽车有 2%是柠檬色的，C 生产的汽车 10%是柠檬色的。如果你买了一辆梦想之舟，结果它是柠檬色的，那么它在 A 工厂生产的可能性有多大？
25. 设某个工厂生产的瓶子有 30%是次品。如果瓶子是次品，检查员会注意到并将其从灌装线上移除的概率为 0.9；如果瓶子是正品，检查员认为其为次品并将其从灌装线中移除的概率为 0.2。

a. 如果某个瓶子从灌装线移除，求它是次品的概率。

b. 如果客户购买了未从灌装线上移除的瓶子，求这个瓶子是次品的概率。

26. 掷一枚均匀硬币，直到首次出现正面；整个试验再独立重复做一次。“第二次试验需要的抛掷次数比第一个试验多”的概率是多少？

27. 假设一个家庭有 n 个孩子（$n\geqslant 2$），每一个孩子是女孩的概率是 1/2，每个孩子的性别都是独立的。假设这个家庭至少有一个女孩，求这个家庭至少有一个男孩的概率。

28. 将一枚均匀硬币独立掷 n 次。给定条件：（a）至少出现 $n-2$ 次正面，（b）前 $n-2$ 次投掷中出现正面，求“恰好出现 $n-1$ 次正面”的概率。

29. 假设从 52 张常规扑克牌中随机抽取 13 张牌。

a. 如果已知至少抽取了一张 A，至少抽取两张 A 的概率是多少？

b. 如果已知抽取了红心 A，至少抽取两张 A 的概率是多少？

30. 假设 n 封信随机放入 n 个信封中，如 1.10 节的匹配问题所示，用 q_n 表示没有信放在正确信封中的概率。证明：恰好有一封信放在正确信封中的概率是 q_{n-1}。

31. 再次考虑习题 30 的条件。证明：恰好有两封信放在正确信封中的概率是$(1/2)q_{n-2}$。

32. 再次考虑 2.2 节习题 7 的条件。如果 A 和 B 两名学生恰好有一名在某一天去上课，那么是 A 的概率是多少？

33. 再次考虑 1.10 节习题 2 的条件。从这个城市中随机选择一个家庭，已知该家庭只订阅了 A,B 和 C 三种报纸中的一种报纸，这种报纸是 A 的概率是多少？

34. 三名死囚 A,B 和 C 知道他们中正好有两人将被处决，但他们不知道是哪两人。囚犯 A 知道看守人员不会告诉他“他是否会被处决”。因此，他要求看守人员告诉他将被处决的一名囚犯的名字，而不是 A 本人。看守人员回答说“B 将被处决”。收到这一答复后，囚犯 A 的推理如下：在他与看守人员交谈之前，他可能是被处决的两名囚犯之一的概率是 2/3。在与看守人员交谈后，他知道自己或囚犯 C 将是另一个被处决的人。因此，他被处决的概率现在只有 1/2。因此，仅仅通过向看守人员提问，囚犯就将被处决的可能性从 2/3 降低到了 1/2，因为无论看守人员给出的答案是什么，他都可以进行完全相同的推理。讨论囚犯 A 的推理有什么问题。

35. 假设两个赌徒 A 和 B 的初始财产都为 50 美元，赌徒 A 在每一次游戏中赢的概率为 p。在每一次游戏中，一个赌徒可以从另一个赌徒手中赢得 1 美元；他们也可以将赌注加倍，一个赌徒可以从另一人手中赢得 2 美元。在下面条件中，在上述两种情况的哪一种下 A 在输光之前赢得 B 的初始财产的概率更大：（a）$p<1/2$；（b）$p>1/2$；（c）$p=1/2$？

36. n 名求职者准备面试一份工作。我们想雇佣最好的候选人，但在面试候选人之前，我们没有任何信息来区分他们。我们假设在面试开始之前，最好的候选人等可能是面试顺序中的 n 个候选人中的每一个。面试开始后，我们可以对见过的候选人进行排名，但没有关于剩余候选人相对于我们见过的候选人的排名信息。每次面试后，要求我们要么立即雇佣当前候选人并停止面试，要么我们必须让当前候选人离开，再也不能打电话给他们。我们选择如下面试方式：选择一个数字 $0\leqslant r<n$，先面试了第一批 r 个候选人，并没有任何雇佣他们的意图。从下一位候选人 $r+1$ 开始，我们继续面试，直到目前的候选人是我们迄今为止见过的最好的。然后我们停下来雇佣当前的候选人。如果从 $r+1$ 到 n 的候选人中没有一个是最好的，则只雇佣候选人 n。我们想要计算雇佣到最佳候选人的概率，并且选择 r，使这个概率尽可能大。假设 A 是事件“雇佣最佳候选人”，而假设 B_i 是事件“最佳候选人在面试序列中处于位置 i”。

a. 令 $i>r$。求“前 i 个面试中相对最好的候选人出现在前 r 个面试中”的概率。

b. 证明：$P(A|B_i)=0, i\leqslant r$ 和 $P(A|B_i)=r/(i-1)$，$i>r$。

c. 对于固定的 r，设 p_r 是 A 的概率（依赖于 r）。证明：$p_r=(r/n)\sum_{i=r+1}^{n}(i-1)^{-1}$。

d. 当 $r=1,\cdots,n-1$ 时，令 $q_r=p_r-p_{r-1}$，证明：q_r 是 r 的严格递减函数。

e. 证明：使 p_r 达到最大化的 r 值是满足 $q_r>0$ 的最后一个 r。（提示：对 $r>0$，注意到 $p_r=p_0+q_1+\cdots+q_r$。）

f. 对于 $n=10$，求使 p_r 达到最大化的 r 值，并求出相应的 p_r 值。

第3章　随机变量及其分布

3.1　随机变量及离散分布

随机变量是定义在样本空间上的实值函数，它是统计分析中对未知量建模的主要工具。对每个随机变量 X 和每个实数集合 C，可以计算“X 在 C 中取值”的概率，所有这些概率的集合就是 X 的分布。随机变量及其分布函数主要有两类：离散型（3.1 节）和连续型（3.2 节）。离散分布是那些在至多可数个不同值上有正概率的分布。离散分布可以通过其概率函数（p. f.）来表示，该概率函数指定了随机变量取不同可能值的概率。称具有离散分布函数的随机变量为离散随机变量。

随机变量的定义

例 3.1.1　抛硬币　考虑将一枚硬币抛掷 10 次，可以将样本空间 S 看作由 10 个可能出现的正面或反面的不同序列构成的 2^{10} 种结果的集合。我们对观察到的结果中包含的正面数感兴趣。令 X 表示定义在 S 上的实值函数，表示每个结果中出现正面的次数。例如，如果 s 是序列：HHTTTHTTTH，则有 $X(s)=4$。每个可能的序列 s，包含 10 个正面或反面，$X(s)$ 的值等于该序列中正面的个数。函数 X 的可能取值为 $0,1,\cdots,10$。◀

定义 3.1.1　随机变量　设 S 为某试验的样本空间，定义在 S 上的实值函数称为随机变量。

例如，在例 3.1.1 中，10 次抛掷中的正面数就是一个随机变量。随机变量的另一个例子是 10 次抛掷中的反面数 $Y=10-X$。

例 3.1.2　测身高　考虑以下试验：从人群中任意选择一人并以英寸为单位测其身高，那么测得的身高就是一个随机变量。◀

例 3.1.3　水电需求　考虑例 1.5.4 中的承包商，他关心一个新综合办公楼水和电的需求量，样本空间图 1.5 所示，包含形如 (x,y) 的点的集合，其中 x 是水的需求量、y 是电的需求量，即对任意一点 $s\in S, s=(x,y)$。此问题中，我们所感兴趣的“水的需求量”是一个随机变量。当 $s=(x,y)$ 时，可以用 $X(s)=x$ 来表示。X 的可能取值为区间 $[4,200]$。我们感兴趣的另外一个随机变量是电的需求量 Y，当 $s=(x,y)$ 时，它可以表示为 $Y(s)=y$，Y 的可能取值为区间 $[1,150]$。我们还可以定义第三个随机变量 Z 来表示是否至少有一个高需求量。令 A 和 B 是例 1.5.4 中的两个事件，A 代表事件“用水需求量至少为 100”，B 代表事件“用电需求量至少为 115”。定义：

$$Z(s)=\begin{cases}1, & s\in A\cup B,\\ 0, & s\notin A\cup B。\end{cases}$$

Z 的可能取值为 0 和 1。事件 $A\cup B$ 如图 3.1 所示。◀

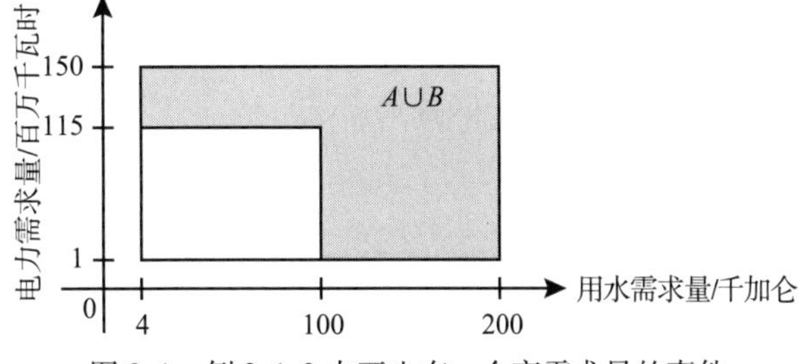

图 3.1　例 3.1.3 中至少有一个高需求量的事件

随机变量的分布

如果试验的样本空间已经确定了概率（测度），就可以确定与每个随机变量 X 可能取值相关的概率。记 C 是实数轴的子集，使得 $\{X\in C\}$ 为一个事件，将 X 属于子集 C 的概率记作 $P(X\in C)$，则 $P(X\in C)$ 等于试验的结果 s 满足 $X(s)\in C$ 的概率，用符号表示为

$$P(X\in C)=P(\{s:X(s)\in C\})。\tag{3.1.1}$$

定义 3.1.2 分布 设 X 是一个随机变量，对于所有实数集合 C，使得 $\{X\in C\}$ 是一个事件，X 的分布是形如 $P(X\in C)$ 的所有概率的集合。

X 分布的定义的一个直接结果就是该分布本身就是实数集合上的概率测度。对于大多数读者都可以想象到的每个实数集合 C，$\{X\in C\}$ 是一个事件。

例 3.1.4 抛硬币 再次考虑掷均匀硬币 10 次的试验，设 X 为正面出现的次数，则 X 可能的取值为 $0,1,2,\cdots,10$。对于每个 x，$P(X=x)$ 为事件 $\{X=x\}$ 中所有结果的概率之和，由于硬币是均匀的，每个结果的概率为 $1/2^{10}$，我们只需计算有多少个结果使得 $X(s)=x$ 即可。我们知道 $X(s)=x$ 当前仅当 10 次掷硬币中恰好有 x 次正面，因此 $X(s)=x$ 的结果 s 的数量与从 10 次抛掷中选取的大小为正面次数 x 的子集个数相同，由定义 1.8.1 和定义 1.8.2 可知，即为 $\binom{10}{x}$，因此

$$P(X=x)=\binom{10}{x}\frac{1}{2^{10}},x=0,1,\cdots\cdots,10。$$ ◀

例 3.1.5 水电需求 例 1.5.4 中，我们实际上计算了例 3.1.3 中所定义的 3 个随机变量 X、Y 和 Z 分布的一些特征。例如，设 A 表示事件“用水需求量至少为 100”，则 A 可以表示为 $A=\{X\geqslant 100\}$，且 $P(A)=0.510\,2$，这意味着 $P(X\geqslant 100)=0.501\,2$。$X$ 的分布由所有形如 $P(X\in C)$ 的概率组成，其中 C 为任意满足 $\{X\in C\}$ 是事件的实数集合。这些概率都可以用例 1.5.4 中求 $P(A)$ 类似的方法进行计算。特别地，如果 C 是区间 $[4,200]$ 的子区间，则：

$$P(X\in C)=\frac{(150-1)\times(\text{区间 }C\text{ 的长度})}{29\,204}\tag{3.1.2}$$

例如，C 是区间 $[50,175]$，其长度是 125，则 $P(X\in C)=(149\times 125)/29\,204=0.637\,8$。对应的样本空间的子集如图 3.2 所示。 ◀

定义 3.1.2 关于分布的一般定义是很笨拙的，找到其他方法来指定随机变量的分布将会更加有用。在本节的其余部分，我们将介绍一些替代方法。

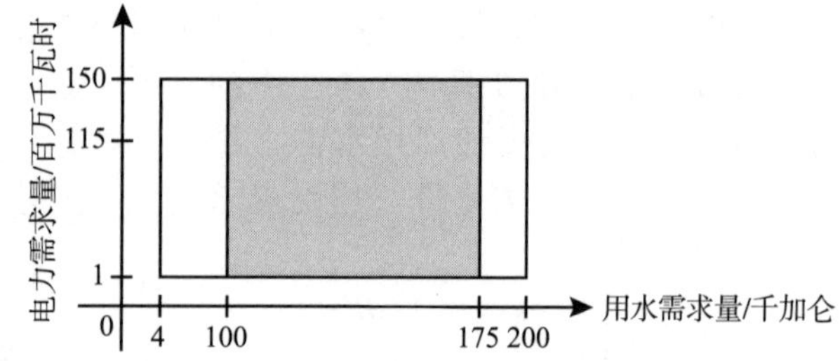

图 3.2 例 3.1.5 中事件“用水需求量介于 50 至 175 之间”

离散分布

定义 3.1.3 离散分布/随机变量 当 X 只能取有限多个不同值 $x_1,x_2,\cdots,x_k$ 或者至多可列个不同值 $x_1,x_2,\cdots$ 时，则称

随机变量 X 服从离散分布或 X 是一个离散随机变量。

若随机变量可以取某个区间中的任一点，则称该随机变量是连续型的，将在 3.2 节中详细讨论。

定义 3.1.4 概率函数/p. f. /支撑 如果随机变量 X 服从离散分布，定义 X 的概率函数（简记为 p. f.）为函数 $f(x)$，满足对于任意实数 x，

$$f(x)=P(X=x)。$$

集合 $\{x:f(x)>0\}$ 的闭包称为 X（分布）的支撑。

有些作者把概率函数称为概率质量函数，或者 p. m. f。我们在此不使用这个术语。

例 3.1.6 水电需求 考虑例 3.1.3 中的随机变量 Z，当至少有一种高需求量时，令 $Z=1$；当两种需求量都不是高需求量时，令 $Z=0$。由于 Z 只能取两个不同的值，故 Z 服从离散分布。注意到 $\{s:Z(s)=1\}=A\cup B$，其中 A 和 B 同在例 1.5.4 中定义，例 1.5.4 中计算得 $P(A\cup B)=0.6253$，如果 Z 有概率函数 f，则

$$f(x)=\begin{cases}0.6253, & z=1,\\ 0.3747, & z=0,\\ 0, & \text{其他。}\end{cases}$$

Z 的支撑为集合 $\{0,1\}$，只有两个元素。 ◀

例 3.1.7 抛硬币 例 3.1.4 中随机变量 X 有 11 个可能取值。对于 $x=0,1,2,\cdots,10$，其概率函数在例 3.1.4 的最后给出，X 的支撑为 $\{0,1,2,\cdots,10\}$；对于其他的 x，$f(x)=0$。 ◀

这里有概率函数的一些简单结论。

定理 3.1.1 设 X 为离散随机变量，概率函数为 f。如果 x 不是 X 的可能取值，则 $f(x)=0$。同时，如果序列 $x_1,x_2,\cdots$ 包括 X 的所有可能值，则 $\sum_{i=1}^{\infty}f(x_i)=1$。 ■

图 3.3 中描绘了一个典型的概率函数，其中每个垂直段表示对应于可能值 x 的 $f(x)$ 的值。图 3.3 中的垂直段的高度之和必须是 1。

定理 3.1.2 表明离散随机变量的概率函数显示了它的分布，当我们讨论离散随机变量时，它允许我们不用分布的一般定义。

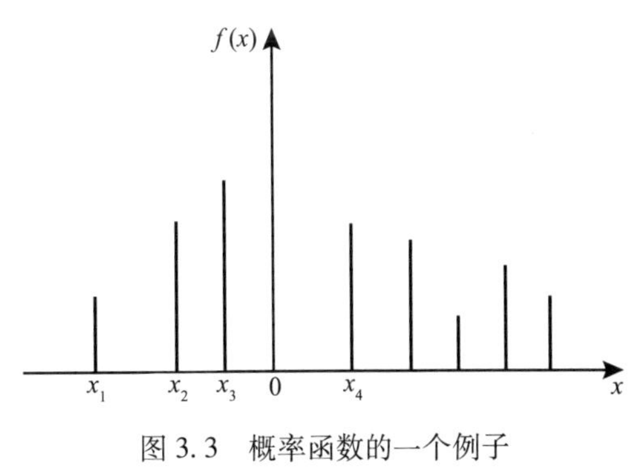

图 3.3 概率函数的一个例子

定理 3.1.2 如果 X 具有离散分布，则实数轴的每个子集 C 的概率可以根据如下关系来确定

$$P(X\in C)=\sum_{x_i\in C}f(x_i)。$$ ■

一些随机变量的分布出现得很频繁，所以它们被赋予名称。例 3.1.6 中的随机变量 Z 就是一个这样的例子。

定义 3.1.5 伯努利分布/随机变量 若随机变量 Z 仅取两个值 0 和 1，且 $P(Z=1)=p$，称随机变量 Z 服从参数为 p 的伯努利分布。我们还称 Z 是参数为 p 的伯努利随机变量。

例 3.1.6 中的 Z 服从参数为 0.625 3 的伯努利分布。很容易看出，伯努利分布的名称足以让我们计算出概率函数；反过来，这又可以让我们能够描述其分布。

在本节的最后，我们以另外两个离散分布族的说明作为结尾，这些离散分布族经常出现，因此具有名称。

整数上的均匀分布

例 3.1.8　每日数字　在一个流行的州彩票游戏中，要求参与者选择一个三位数（允许这个三位数的前几位是0），从一个充分搅拌、放满球的大碗中随机选择三个球，每个球上标有一个数字。这个试验的样本空间由所有三元数组(i_1,i_2,i_3)组成，其中 $i_j\in\{0,1,\cdots,9\}$，$j=1,2,3$。若 $s=(i_1,i_2,i_3)$，定义 $X(s)=100i_1+10i_2+i_3$。如 $X(0,1,5)=15$。显然，对于任意 $x\in\{0,1,\cdots,999\}$，$P(X=x)=0.001$。◀

定义 3.1.6　整数上的均匀分布　*设 $a\leqslant b$，a,b 为整数。假设随机变量 X 的值等可能地取整数 $a,\cdots,b$ 中的每一个。那么我们说 X 在整数 $a,\cdots,b$ 上服从均匀分布。*

例 3.1.8 中的 X 在整数 $0,1,\cdots,999$ 上服从均匀分布。在由 k 个整数组成的集合上的均匀分布在每个整数上的概率为 $1/k$。如果 $b>a$，则存在从 a 到 b 的 $b-a+1$ 个整数（包括 a 和 b）。接下来的结论是我们刚刚看到的结果，它说明了分布的名称如何表征分布。

定理 3.1.3　*如果 X 服从在整数 $a,\cdots,b$ 上的均匀分布，X 的概率函数为*

$$f(x)=\begin{cases}\dfrac{1}{b-a+1}, & x=a,\cdots,b,\\ 0, & \text{其他。}\end{cases}$$ ■

整数 $a,\cdots,b$ 上的均匀分布表示试验结果，试验通常表述为“在整数 $a,\cdots,b$ 中随机选择一个整数”。在这种情况下，“随机”意味着这 $b-a+1$ 个整数中的每个都等可能被选中。从同样的意义上讲，不可能从所有正整数的集合中随机选择整数，因为不可能对每个正整数赋予相同的概率，并使得这些概率和为 1。换言之，一个均匀分布的随机变量不可能在无限个可能值的序列上取值，但是可以在有限个可能值的序列上取值。

注：不同的随机变量可以具有相同的分布。考虑例 3.1.8 中所得到的两列每日数字。样本空间包含所有的六元数组$(i_1,\cdots,i_6)$，其中前三个坐标表示第一天抽取到的数字，后三个坐标表示第二天抽取到的数字（所有数字按抽取的顺序排列）。如果 $s=(i_1,\cdots,i_6)$，令 $X_1(s)=100i_1+10i_2+i_3,X_2(s)=100i_4+10i_5+i_6$，容易看到 X_1 和 X_2 是 s 的不同函数，因此不是同一个随机变量。确实，它们取相同值的可能性很小。但是它们具有相同的分布，因为它们以相同的概率取相同的值。如果一个商人有 1000 个编号为 $0,\cdots,999$ 的客户，并且他随机选择一个并记录编号 Y，则 Y 的分布将与 X_1 和 X_2 的分布相同，但是 Y 与 X_1，X_2 是不同的随机变量。

二项分布

例 3.1.9　产品为次品　再次考虑例 2.2.5。在该例中，假设某台机器生产的产品每件为次品概率为 $p(0<p<1)$，每件为正品概率为 $1-p$。假设不同的产品是否为次品是相互独立的。假设试验是检查 n 件产品。该试验的每个结果包括一列按检查顺序记录的哪些产品

是次品，哪些不是的序列。例如，令 0 代表正品，1 代表次品。那么每个结果是一个由 n 位数字组成的字符串，每位数字都是 0 或 1。具体地说，如果 $n=6$，那么一些可能的结果是

$$010010,100100,000011,110000,100001,000000,\text{等。} \tag{3.1.3}$$

令 X 表示这 n 件产品中次品的个数，则随机变量 X 服从离散分布，它的可能取值为 $0,1,\cdots,n$。例如，(3.1.3) 中所给的前五个序列都有 $X(s)=2$。最后一个序列 $X(s)=0$。◀

例 3.1.9 是例 2.2.5 的一个推广，检查 n 件产品而不仅仅是 6 件，用随机变量的符号重写一下。对于 $x=0,1,\cdots,n$，得到一个含有 x 件次品 $n-x$ 件正品的特定排列的概率是 $p^x(1-p)^{n-x}$，如例 2.2.5 所示。因为这类有序排列共有 $\binom{n}{x}$ 个，故

$$P(X=x)=\binom{n}{x}p^x(1-p)^{n-x}\text{。}$$

因此，X 的概率函数是

$$f(x)=\begin{cases}\binom{n}{x}p^x(1-p)^{n-x}, & x=0,1,\cdots,n,\\ 0, & \text{其他。}\end{cases} \tag{3.1.4}$$

定义 3.1.7 二项分布/随机变量 *由式（3.1.4）概率函数表示的离散分布称为参数为 n 和 p 的二项分布。具有此分布的随机变量称为参数为 n 和 p 的二项随机变量。*

读者可以自行验证例 3.1.4 中的随机变量 X，即独立抛掷一枚均匀硬币 10 次时正面向上的次数，服从参数为 10 和 1/2 的二项分布。

由于从每个二项分布的名称可以构建它的概率函数，因此从名称就可以识别出分布。每个二项分布的名称有两个参数。二项分布在概率统计中十分重要，本书后面的章节将详细讨论这个分布。

本书的末尾附有二项分布取值的简表。例如，若 X 服从参数为 $n=10$，$p=0.2$ 的二项分布，通过查表我们可以得到 $P(X=5)=0.0264$，$P(X\geqslant 5)=0.0328$。

再举一个二项分布的例子，假设进行一个临床试验，病人从病症中痊愈的概率是 p，不能痊愈的概率是 $1-p$。设 Y 是 n 个相互独立的病人中痊愈的人数，则 Y 服从参数为 n 和 p 的二项分布。事实上，考虑一个一般的对 n 个相互独立对象进行观察的试验，每次试验只有两种结果。为方便起见，这两种可能结果分别称为“成功”和“失败”。则这 n 个试验出现成功的次数服从参数为 n 和 p 的二项分布，其中参数 p 表示每次试验成功的概率。

注：分布的名称。在本节中我们给几个分布进行了命名。每个分布的名称都包括了作为定义一部分的数值参数。例如，例 3.1.4 中的随机变量 X 服从具有参数 10 和 1/2 的二项分布。X 服从二项分布或 X 服从离散分布是正确的表述，但是这些表述只是对 X 分布的部分描述。这样的表述并不足以对 X 的分布命名，也不足以回答“X 的分布是什么”。同样的考虑也适用于我们在书中其他地方介绍的所有命名的分布。当试图通过给出随机变量的名称来指定其分布时，人们必须给出全称，包括所有参数的值。只有完整的名称才足以确定分布。

小结

随机变量是定义在样本空间上的实值函数。随机变量 X 的分布是概率 $P(X\in C)$ 的全

体，其中C是任意使得$\{X \in C\}$为事件的实数子集。如果随机变量X只能取到至多可数个值，则称X是离散型的。这种情形下，可以用概率函数表示X的分布，即$f(x)=P(X=x)$对可能取值的集合中的x成立。有些分布十分著名，因而有特别的名称；其中之一为有限整数集上的均匀分布，更著名的一类是参数为n和p的二项分布，其中n为正整数，$0<p<1$，其概率函数由式（3.1.4）给出。特别地，当$n=1$时二项分布也称为参数为p的伯努利分布。这些分布的名称也代表了分布的特征。

习题

1. 设随机变量X服从整数$10,11,\cdots,20$上的均匀分布，求X为偶数的概率。
2. 设随机变量X服从离散分布，具有以下概率函数：

$$f(x)=\begin{cases}cx, & x=1,\cdots,5\\0, & \text{其他},\end{cases}$$

   计算常数c的值。
3. 抛掷两枚均匀的骰子，令X为出现的两个点数差的绝对值。求X的概率函数，并作出它的图像。
4. 独立地抛掷一枚均匀硬币10次，求得到正面次数的概率函数。
5. 一个盒子中有7只红球和3只蓝球，无放回地随机选取5只球，求选出的红球数的概率函数。
6. 设随机变量X服从参数为$n=15$和$p=0.5$的二项分布，计算$P(X<6)$。
7. 设随机变量X服从参数为$n=8$和$p=0.7$的二项分布，查书后附表计算$P(X\geqslant 5)$。（提示：利用$P(X\geqslant 5)=P(Y\leqslant 3)$，其中$Y$服从参数为$n=8$和$p=0.3$的二项分布。）
8. 假设盒子中10%是红球，有放回地随机选取20只球。计算得到超过3只红球的概率。
9. 设随机变量X服从离散分布，其概率函数如下：

$$f(x)=\begin{cases}\dfrac{c}{2^x}, & x=0,1,2,3,\cdots\\0, & \text{其他},\end{cases}$$

   求常数c的值。
10. 某个工程师研究一条长度可以容纳7辆车的左转车道。设随机选的一个红灯结束时，车道的停车数为X，工程师相信$X=x$的概率与$(x+1)(8-x)$成正比（X的可能取值为$x=0,1,\cdots,7$）。
    a. 写出X的概率函数。
    b. 计算X至少为5的概率。
11. 证明：不存在常数c，使得如下函数为一个概率函数：

$$f(x)=\begin{cases}\dfrac{c}{x}, & x=1,2,3,\cdots,\\0, & \text{其他}。\end{cases}$$

3.2　连续分布

接下来，我们将关注可取一个区间（有界或无界）内每个值的随机变量。如果一个随机变量X有一个与它关联的函数f，使得在每个区间上的积分给出了X在该区间内的概率，则称f为概率密度函数，并称X具有连续分布。

概率密度函数

例3.2.1　水电需求　例3.1.5中，我们确定了用水需求量X的分布。从图3.2中，

我们看到 X 的最小可能值为 4，最大可能值为 200。对于每个区间 $C=[c_0,c_1]\subset[4,200]$，式（3.1.2）意味着

$$P(c_0\leqslant X\leqslant c_1)=\frac{149(c_1-c_0)}{29\,204}=\frac{c_1-c_0}{196}=\int_{c_0}^{c_1}\frac{1}{196}\mathrm{d}x。$$

因此，如果定义

$$f(x)=\begin{cases}\dfrac{1}{196}, & 4\leqslant x\leqslant 200,\\ 0, & 其他,\end{cases} \tag{3.2.1}$$

就会有

$$P(c_0\leqslant X\leqslant c_1)=\int_{c_0}^{c_1}f(x)\,\mathrm{d}x。 \tag{3.2.2}$$

由定义，$f(x)$在区间$[4,200]$外为零，可以看到，式（3.2.2）对所有的 $c_0\leqslant c_1$ 都成立，即使 $c_0=-\infty$或 $c_1=\infty$。◀

例 3.2.1 中的用水需求量 X 是下面连续分布的例子。

定义 3.2.1 连续分布/随机变量 如果存在定义在实数轴上的非负函数$f(x)$，使得对实数轴的任意区间（有界或无界），随机变量 X 在该区间取值的概率等于f在该区间上的积分，则称 X 服从连续分布或者 X 是连续随机变量。

例如，在定义 3.2.1 所描述的情况下，对于闭区间 $[a,b]$，有

$$P(a\leqslant X\leqslant b)=\int_a^b f(x)\,\mathrm{d}x。 \tag{3.2.3}$$

类似地，$P(X\geqslant a)=\int_a^{\infty}f(x)\,\mathrm{d}x$ 和 $P(X\leqslant b)=\int_{-\infty}^{b}f(x)\,\mathrm{d}x$ 。

我们看到，函数f刻画了连续随机变量的分布，与概率函数刻画离散随机变量的分布几乎相同。因此，函数f起着重要的作用，我们为其命名。

定义 3.2.2 概率密度函数/p.d.f./支撑 如果 X 具有连续分布，定义 3.2.1 中描述的函数f称为 X 的概率密度函数（缩写为 p.d.f.）。集合$\{x:f(x)>0\}$的闭包称为 X 分布的支撑。

例 3.2.1 给出了用水需求量 X 的概率密度函数（3.2.1）。

每一个概率密度函数f必须满足以下两个要求：

$$f(x)\geqslant 0,\forall x \tag{3.2.4}$$

并且

$$\int_{-\infty}^{\infty}f(x)\,\mathrm{d}x=1。 \tag{3.2.5}$$

图 3.4 给出了一个典型的概率密度函数。图中，曲线下方的面积是 1，并且 $P(a\leqslant X\leqslant b)$ 的值为图中阴影部分的面积。

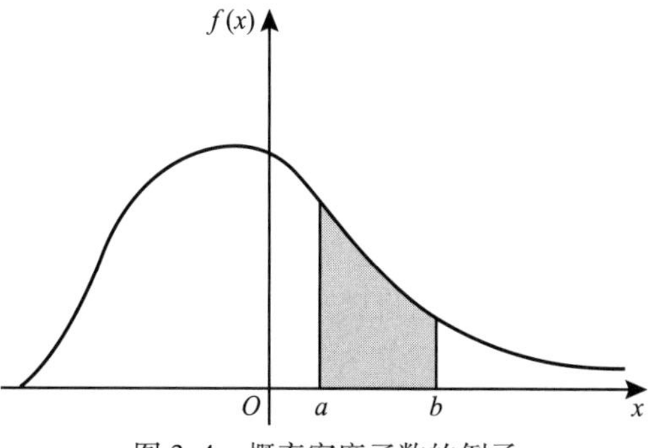

图 3.4 概率密度函数的例子

注：连续分布在单个值上概率为零。式（3.2.3）中的积分等于 $P(a<X\leqslant b)$，也等于 $P(a<X<b)$，也等于 $P(a\leqslant X<b)$。因此，由连

续分布的定义可得，如果 X 服从连续分布，则对每个数 a，$P(X=a)=0$。就像定理 1.5.8 后面的注一样，$P(X=a)=0$ 并不意味着 $X=a$ 是不可能发生的。如果 $P(X=a)=0$ 能得到"$X=a$ 是不可能发生"的话，X 的所有值都是不可能的，就不能假设 X 取任何值。就会发生这样的情况：X 分布中的概率分布变得很薄，我们只能在像非退化区间这样的集合上看到它。这与"线在二维空间中的面积为 0"的事实非常相似，但这并不意味着线不存在。图 3.4 中曲线下方的两条垂线面积为 0，这表示 $P(X=a)=P(X=b)=0$。然而，对任意的 $\varepsilon>0$ 和任意 a 满足 $f(a)>0$，有 $P(a-\varepsilon\leqslant X\leqslant a+\varepsilon)\approx 2\varepsilon f(a)>0$。

概率密度函数的不唯一性

如果一个随机变量 X 具有连续分布，则对任意单个值 x，$P(X=x)=0$。因为这个性质，可以在有限个点上改变概率密度函数的值，甚至可以在任何特定的无限点列上改变，而不改变概率密度函数在任意子集 A 上的积分值。换言之，一个随机变量 X 的概率密度函数可以在多个点上任意改变，不会影响任何与 X 有关的概率，即不影响 X 的概率分布。我们可以在哪些点集上改变概率密度函数，这取决于黎曼积分定义的微妙特征。在本书中我们不会处理这个问题，我们只会考虑在有限多个点上改变概率密度函数的情况。

正如刚才所述，随机变量的概率密度函数不是唯一的。然而，在许多问题中，有一个尽可能在实数轴上连续的概率密度函数，它比其他任何形式的概率密度函数都更自然。例如图 3.4 中所画的概率密度函数在整个实数轴上是连续的。这个概率密度函数可以在几个点上任意改变，但是不影响它所表示的随机变量的概率分布。对概率密度函数所做的这种改变必然破坏了函数的连续性，却没有带来任何的好处。

在本书的大部分内容中，将采用以下做法：如果随机变量 X 具有连续分布，我们将给出一个形式的概率密度函数，称之为 X 的概率密度函数，就像它是唯一确定的一样。然而要记住，可以自由选择概率密度函数的特殊形式用其来表示连续分布。这种自由最常见的地方像式（3.2.1）这样的情况，其中要求概率密度函数不连续。在不降低函数 f 的连续性的情况下，我们可以在该例中定义概率密度函数，使得 $f(4)=f(200)=0$，而不是 $f(4)=f(200)=1/196$。这两个选择都导致与 X 相关的所有概率都有相同的计算，且它们同样有效。因为连续分布的支撑是概率密度函数严格为正的集合的闭包，可以证明支撑是唯一的。明智的方法是选择在支撑上尽可能是正的概率密度函数的形式。

读者应该注意到"连续分布"并不是分布的名称，就像"离散分布"也不是分布的名称一样。有许多分布是离散型的，也有许多是连续型的。每种类型的分布有我们已经介绍过和后边将要介绍的名称。

现在我们举一些连续分布和它们概率密度函数的例子。

区间上的均匀分布

例 3.2.2　气温预报　电视天气预报员报道最高温度和最低温度预报是整数度。然而，这些预报是非常复杂的气象模型的结果，这些模型提供了更精确的预报，而电视预报为简单起见只把它精确到整数。假设预报员报道高温为 y，如果要知道气象模型实际产生的温度 X，我们可以用区间 $[y-1/2,y+1/2]$ 上的均匀分布表示温度的分布。◀

例 3.2.2 中 X 的分布是下面均匀分布的一个特例。

定义 3.2.3 区间上的均匀分布 设 a,b 为两个给定的实数，且 $a<b$。设 X 是一个随机变量，已知 $a\leqslant X\leqslant b$，X 落在 $[a,b]$ 内任意子区间中的概率与该子区间的长度成正比。则称随机变量 X 服从区间 $[a,b]$ 上的均匀分布。

区间 $[a,b]$ 上均匀分布的随机变量 X 表示一个试验的结果，该结果经常描述为“从区间 $[a,b]$ 中随机选取一个点”。这里所说的“随机”意味着点 X 取自区间中任一特定子区间的可能性与取自相同长度的任何其他子区间的可能性是一样大的。

定理 3.2.1 均匀分布的概率密度函数 如果 X 服从区间 $[a,b]$ 上的均匀分布，则 X 的概率密度函数为

$$f(x)=\begin{cases}\dfrac{1}{b-a}, & a\leqslant x\leqslant b,\\ 0, & \text{其他。}\end{cases} \tag{3.2.6}$$

证明 X 在区间 $[a,b]$ 上取值，X 的概率密度函数 $f(x)$ 在 $[a,b]$ 以外为 0。由于 X 落在 $[a,b]$ 中长度相同的区间上的概率是相等的，无论这些区间在 $[a,b]$ 的什么位置，所以 $f(x)$ 在 $[a,b]$ 上必须是常值函数，这个区间就是分布的支撑。另外，

$$\int_{-\infty}^{\infty} f(x)\,\mathrm{d}x=\int_a^b f(x)\,\mathrm{d}x=1。 \tag{3.2.7}$$

因此，$f(x)$ 在 $[a,b]$ 上的值恒为 $1/(b-a)$。故 X 的概率密度函数为式（3.2.6）。■

图 3.5 给出了概率密度函数（3.2.6）的图像。例如，例 3.2.1 中的随机变量 X（用水需求量）服从区间 $[4,200]$ 上的均匀分布。

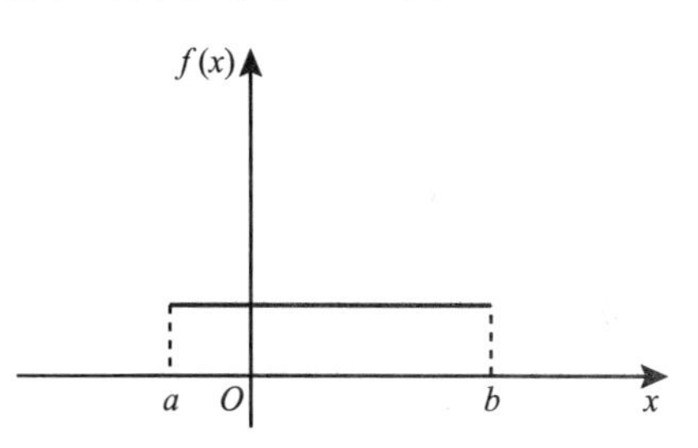

图 3.5 区间 $[a,b]$ 上均匀分布的概率密度函数

注：密度不是概率。读者应该注意，式（3.2.6）中的概率密度函数可以大于 1，特别是如果 $b-a<1$ 时。事实上，概率密度函数可以是无界的，正如我们将在例 3.2.6 中看到的那样。X 的概率密度函数 $f(x)$ 本身不等于 X 在 x 附近的概率。f 在 x 附近的值上的积分给出了 X 在 x 附近的概率，并且积分永远不会大于 1。

由式（3.2.6）可以看到，在给定区间上的均匀分布的概率密度函数在该区间上取常数值，这一常数值就是区间长度的倒数。我们不能在无界区间上定义均匀分布，这是因为无界区间的长度是无穷的。

再次考虑 $[a,b]$ 上的均匀分布。由于在端点 a 或者 b 的概率是 0，均匀分布是定义在闭区间 $a\leqslant x\leqslant b$ 上的，是定义在开区间 $a<x<b$ 上的，还是定义在半开半闭区间 $a<x\leqslant b$ 上的，都无关紧要。

例如，随机变量 X 服从 $[-1,4]$ 上的均匀分布，则 X 的概率密度函数是

$$f(x)=\begin{cases}\dfrac{1}{5}, & -1\leqslant x\leqslant 4,\\ 0, & \text{其他。}\end{cases}$$

进而

$$P(0 \leqslant X < 2)=\int_{0}^{2} f(x) \mathrm{d} x=\frac{2}{5}。$$

注意，我们定义 X 的概率密度函数在闭区间$[-1,4]$上严格为正，在此闭区间之外为0。在开区间（$-1,4$）上定义概率密度函数严格为正，在此开区间之外为 0 也是合理的。无论哪种方式，概率分布都是相同的，包括我们刚刚计算的 $P(0 \leqslant X<2)$。此后，对于如何确定概率密度函数有多个同样合理的选择时，我们将简单地选择其中之一，而无须记下其他选择。

其他连续分布

例 3.2.3 未完全给定的概率密度函数 设随机变量 X 的概率密度函数如下：

$$f(x)=\begin{cases}c x, & 0<x<4, \\ 0, & \text{其他},\end{cases}$$

其中 c 是给定常数。现在我们来确定 c 的值。

对每个概率密度函数必有 $\int_{-\infty}^{\infty} f(x) \mathrm{d} x=1$。于是，

$$\int_{0}^{4} c x \mathrm{d} x=8 c=1。$$

于是，得到 $c=1/8$。◀

注：计算规范化常系数。例 3.2.3 中的计算说明了一个要点，它可以简化许多统计结果。随机变量 X 的概率密度函数没有明确给出常数 c 的值，然而，我们可以通过"概率密度函数的积分为 1"这一性质来求出 c。这一手法十分常见，尤其是在第 8 章，我们可以纵观观测数据找到样本分布，可以确定随机变量除一个常数因子外的密度函数。由于概率密度函数的积分为 1，即便在有些情况下直接计算待定常系数比较困难，我们也可以肯定这个常系数是唯一的。

例 3.2.4 利用概率密度函数计算概率 假设 X 的概率密度函数如例 3.2.3 所示，即

$$f(x)=\begin{cases}\dfrac{x}{8}, & 0<x<4, \\ 0, & \text{其他}。\end{cases}$$

计算 $P(1 \leqslant X \leqslant 2)$和 $P(X>2)$。利用式（3.2.3）可得

$$P(1 \leqslant X \leqslant 2)=\int_{1}^{2} \frac{1}{8} x \mathrm{d} x=\frac{3}{16}$$

和

$$P(X>2)=\int_{2}^{4} \frac{1}{8} x \mathrm{d} x=\frac{3}{4}。$$ ◀

例 3.2.5 无界随机变量 利用在实数轴上无界区间取值为正的概率密度函数表示连续分布通常是方便和有用的。例如，在现实问题中某个电力系统的电压 X 是连续分布的随机变量，它可以近似地用下面的概率密度函数表示：

$$f(x)=\begin{cases}0, & x\leqslant 0,\\ \dfrac{1}{(1+x)^2}, & x>0。\end{cases} \tag{3.2.8}$$

可以证明$f(x)$满足式（3.2.4）和式（3.2.5），即概率密度函数必须满足的两条性质。

即使实际电压X可能只分布在实线轴上的有限区间，概率密度函数（3.2.8）对于随机变量X在其区间上的分布给出了一个很好的近似。例如，假设我们已知X最大可能值是1 000，即$P(x>1\ 000)=0$，利用概率密度函数（3.2.8）可得$P(x>1\ 000)=0.001$。如果式（3.2.8）在区间（0,1 000）上能充分拟合随机变量X的分布，用式（3.2.8）作为概率密度函数比用“在$x\leqslant 1\ 000$上与式（3.2.8）类似，仅相差一个常数，在$x>1\ 000$上取值为0”的概率密度函数更加方便。尤其在我们还不确定电压的最大值是1 000时，更应该选择式（3.2.8）作为近似的概率密度函数。◀

例 3.2.6　无界概率密度函数　由于概率密度函数的取值是概率密度而非概率，取值可能大于1，甚至，还可以取到在$x=0$的邻域无界的概率密度函数：

$$f(x)=\begin{cases}\dfrac{2}{3}x^{-1/3}, & 0<x<1,\\ 0, & \text{其他}。\end{cases} \tag{3.2.9}$$

即使上述函数$f(x)$无界，也可证明它满足式（3.2.4）和式（3.2.5），即概率密度函数所满足的两条性质。◀

混合分布

现实问题中所遇到的大部分分布，要么是离散分布，要么是连续分布。然而，我们将证明有时候很有必要考虑离散分布和连续分布的混合分布。

例 3.2.7　电压截断　假设例3.2.5中讨论的电力系统中，电压X为用电压表测量的真实电压，当电压$X\leqslant 3$时可以精确地记录下来，而当$X>3$时只能记录下3。令Y表示电压表所记录的电压，那么Y的分布如下：

首先，$P(Y=3)=P(X\geqslant 3)=1/4$。由于$Y$取单个值3的概率是1/4，可知$P(0<Y<3)=3/4$。进而，由于$0<X<3$有$Y=X$，可知$Y$以概率3/4分布在区间（0,3）上，$Y$的密度函数由$X$在（0,3）上的概率密度函数（3.2.8）给出。故Y的分布由一个在区间（0,3）上的概率密度函数和一个在点$Y=3$处的正概率组成。◀

小结

一个连续分布由其概率密度函数刻画。如果非负函数f满足对于任意区间$[a,b]$，有$P(a\leqslant X\leqslant b)=\int_a^b f(x)\mathrm{d}x$，则$f$可作为$X$的概率密度函数。连续随机变量满足：对任意的$x$，$P(X=x)=0$。如果概率密度函数在区间$[a,b]$上取常数值，而在区间外取0，我们称该分布为$[a,b]$上的均匀分布。

习题

1. 设随机变量 X 的概率密度函数为例 3.2.6 中指出的，试计算 $P(X\leqslant 8/27)$。
2. 设随机变量 X 的概率密度函数如下：

$$f(x)=\begin{cases}\frac{4}{3}(1-x)^3, & 0<x<1,\\ 0, & \text{其他。}\end{cases}$$

试画出概率密度函数的图像，并计算以下概率：a. $P\left(X<\frac{1}{2}\right)$；b. $P\left(\frac{1}{4}<X<\frac{3}{4}\right)$；c. $P\left(X>\frac{1}{3}\right)$。

3. 设随机变量 X 的概率密度函数如下：

$$f(x)=\begin{cases}\frac{9}{36}(9-x^2), & -3\leqslant x\leqslant 3,\\ 0, & \text{其他。}\end{cases}$$

试画出概率密度函数的图像，并计算以下概率：a. $P(X<0)$；b. $P(-1\leqslant X\leqslant 1)$；c. $P(X>2)$。

4. 设随机变量 X 的概率密度函数如下：

$$f(x)=\begin{cases}cx^2, & 1\leqslant x\leqslant 2,\\ 0, & \text{其他。}\end{cases}$$

a. 计算常数 c，并画出概率密度函数的图像。

b. 计算 $P(X>3/2)$。

5. 设随机变量 X 的概率密度函数如下：

$$f(x)=\begin{cases}\frac{1}{8}x, & 0\leqslant x\leqslant 4,\\ 0, & \text{其他。}\end{cases}$$

a. 求 t 值，使其满足 $P(X\leqslant t)=1/4$。

b. 求 t 值，使其满足 $P(X\geqslant t)=1/2$。

6. 设随机变量 X 的概率密度函数由习题 5 给出，在观察到随机变量 X 的值后，令 Y 是与 X 最接近的整数。计算随机变量 Y 的概率函数。
7. 设随机变量 X 服从区间 $[-2,8]$ 上的均匀分布。写出 X 的概率密度函数，并计算 $P(0<X<7)$。
8. 设随机变量 X 的概率密度函数如下：

$$f(x)=\begin{cases}ce^{-2x}, & x>0,\\ 0, & \text{其他。}\end{cases}$$

a. 计算常数 c，并画出概率密度函数的图像。

b. 计算 $P(1<X<2)$。

9. 证明：不存在常数 c 使下列函数成为概率密度函数：

$$f(x)=\begin{cases}\frac{c}{1+x}, & x>0,\\ 0, & \text{其他。}\end{cases}$$

10. 随机变量 X 的概率密度函数如下：

$$f(x)=\begin{cases}\frac{c}{(1-x)^{1/2}}, & 0<x<1,\\ 0, & \text{其他。}\end{cases}$$

a. 求常数 c，并画出概率密度函数的图像。

b. 计算 $P(X\leqslant 1/2)$。

11. 试证明：不存在常数 c 使下列函数成为概率密度函数：

$$f(x)=\begin{cases}\dfrac{c}{x}, & 0<x<1,\\ 0, & \text{其他。}\end{cases}$$

12. 试确定例 3.1.3 中的随机变量用电需求量 Y 的分布，并计算 $P(Y<50)$。

13. 设某冰淇凌销售商每天在卡车上装载 20 加仑冰淇凌。令 X 表示她出售的加仑数。$X=20$ 的概率为 0.1。如果她没有全部卖出 20 加仑，则 X 的分布服从连续分布，概率密度函数的形式为

$$f(x)=\begin{cases}cx, & 0<x<20,\\ 0, & \text{其他。}\end{cases}$$

求常数 c 使得 $P(X<20)=0.9$。

3.3 分布函数

尽管离散分布和连续分布分别由它们的概率函数和概率密度函数刻画，但所有的分布都可以通过（累积）分布函数（c.d.f）来描述。称分布函数的反函数为分位数函数，它在表示概率在分布中的位置时很有用。

例 3.3.1　电压　再次考虑例 3.2.5 中的电压 X，X 的分布用概率密度函数（3.2.8）来刻画。与 X 相关的概率更直接相关的另一种描述可以通过如下函数得到：

$$F(x)=P(X\leqslant x)=\int_{-\infty}^{x}f(y)\,\mathrm{d}y=\begin{cases}0, & x\leqslant 0,\\ \displaystyle\int_0^x\frac{\mathrm{d}y}{(1+y)^2}, & x>0\end{cases}$$

$$=\begin{cases}0, & x\leqslant 0,\\ 1-\dfrac{1}{1+x}, & x>0\text{。}\end{cases}\tag{3.3.1}$$

因此，例如，$P(X\leqslant 3)=F(3)=3/4$。◀

定义和基本性质

定义 3.3.1　（累积）分布函数　随机变量 X 的分布函数或累积分布函数（简写为 c.d.f）F 定义为如下函数：

$$F(x)=P(X\leqslant x),\ -\infty<x<\infty\text{。}\tag{3.3.2}$$

需要强调，无论随机变量 X 的分布是离散型的、连续型的，还是混合型的，其累积分布函数都可以按照如上方式定义。对于例 3.3.1 中的连续随机变量，其分布函数可以按照式（3.3.1）算出。关于离散型情况，见下例。

例 3.3.2　伯努利分布函数　设随机变量 X 服从参数为 p 的伯努利分布，见定义 3.1.5，则 $P(X=0)=1-p$ 及 $P(X=1)=p$。令 F 为 X 的分布函数。由于 $X\geqslant 0$，容易看出当 $x<0$ 时，$F(x)=0$。类似地，又由 $X\leqslant 1$ 可知，当 $x\geqslant 1$ 时 $F(x)=1$。当 $0\leqslant x<1$ 时，$P(X\leqslant x)=P(X=0)=1-p$，因为 X 在区间 $(-\infty,x]$ 内仅可能取一个值 0。总之，

$$F(x)=\begin{cases}0, & x<0,\\ 1-p, & 0\leqslant x<1,\\ 1, & x\geqslant 1\text{。}\end{cases}$$

◀

我们将在定理3.3.2中看出，由分布函数可以计算任意区间上的概率，因此，它刻画了一个随机变量的分布。由式（3.3.2）可知，每个随机变量X的分布函数是定义在实线轴上的函数F。这是由于$F(x)$是事件$\{X\leqslant x\}$的概率，F在每一个点x的取值为在$[0,1]$上的一个值$F(x)$。另外，由式（3.3.2）可知每个随机变量X的分布函数有以下三个性质：

性质3.3.1 非减性 分布函数$F(x)$是x的非减函数，即对$x_1<x_2$，则$F(x_1)\leqslant F(x_2)$。

证明 如果$x_1<x_2$，则事件$\{X\leqslant x_1\}$是事件$\{X\leqslant x_2\}$的子集。因此，由定理1.5.4可知，$P(X\leqslant x_1)\leqslant P(X\leqslant x_2)$。 ■

图3.6就是一个分布函数图像的例子。它意味着在整个实数轴上$0\leqslant F(x)\leqslant 1$。尽管$F(x)$在$x_1\leqslant x\leqslant x_2$及$x\geqslant x_4$上为常数，但当$x$增大时，$F(x)$总是单调非减的。

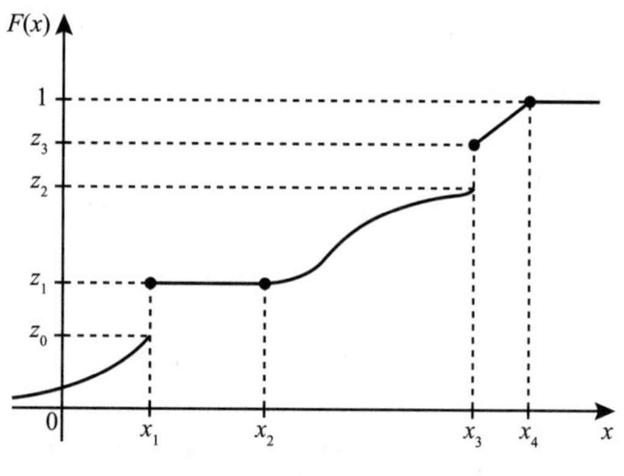

图3.6 一个分布函数的例子

性质3.3.2 在±∞处的极限 $\lim\limits_{x\to-\infty}F(x)=0$，$\lim\limits_{x\to\infty}F(x)=1$。

证明 在性质3.3.1的证明中注意到，当$x_1<x_2$时，$\{X\leqslant x_1\}\subset\{X\leqslant x_2\}$。事实上，利用1.10节的习题13可知，当$x\to-\infty$时$F(x)=P(X\leqslant x)$必须趋于0。利用1.10节的习题12可知，当$x\to\infty$时，$P(X\leqslant x)$必须趋于1。 ■

图3.6给出了性质3.3.2中所指的极限值。在该图中，函数$F(x)$的取值实际上在$x=x_4$处变成1，而当$x>x_4$时保持为1，由此可知$P(X\leqslant x_4)=1$，且$P(X>x_4)=0$。另一方面，从图3.6来看，当$x\to-\infty$时，$F(x)$趋于0，但是在任何有限的x点处都达不到0。因此，对x的任意有限值，无论多么小，都有$P(X\leqslant x)>0$。

一个分布函数并不一定是连续的。事实上，$F(x)$的值可以在任何有限或至多可数的点处跳跃。例如，图3.6中不连续的跳跃点出现在$x=x_1$及$x=x_3$处。对每一个给定的x，我们令$F(x^-)$表示当自变量y从x的左侧趋近于x时分布函数$F(y)$的极限，用符号表示为：

$$F(x^-)=\lim_{\substack{y\to x\\ y<x}}F(y)。$$

类似地，我们定义$F(x^+)$为自变量y从x的右侧趋近于x时分布函数$F(y)$的极限，即

$$F(x^+)=\lim_{\substack{y\to x\\ y>x}}F(y)。$$

如果分布函数在给定的x处连续，则在x点处有$F(x^-)=F(x^+)=F(x)$。

性质3.3.3 右连续性 一个分布函数总是右连续的，即对任意x，有$F(x)=F(x^+)$。

证明 设$y_1>y_2>\cdots$是一递减的数列，且$\lim\limits_{n\to\infty}y_n=x$，则所有事件$\{X\leqslant y_n\}(n=1,2,\cdots)$的交集为事件$\{X\leqslant x\}$。于是，利用1.10节的习题13可得

$$F(x)=P(X\leqslant x)=\lim_{n\to\infty}P(X\leqslant y_n)=F(x^+)。$$ ■

由性质3.3.3可得，在任意跳跃的点x处，有

$$F(x^+)=F(x), F(x^-)<F(x)。$$

这个性质可以由图3.6说明：在不连续点 $x=x_1$ 与 $x=x_3$ 处，$F(x_1)$ 的取值为 z_1，$F(x_3)$ 的取值为 z_3。

利用分布函数确定概率

例3.3.3 电压 在例3.3.1中，假设我们想求出 X 落在区间[2,4]上的概率，即要计算 $P(2\leqslant X\leqslant 4)$。通过分布函数，我们可以计算 $P(X\leqslant 4)$ 和 $P(X\leqslant 2)$。以下与我们要计算的概率相关：令 $A=\{2<X\leqslant 4\}, B=\{X\leqslant 2\}, C=\{X\leqslant 4\}$。由于 X 服从连续分布，$P(A)$ 与我们所求概率相等。可以看到 $A\cup B=C$，且 A 与 B 不相交。因此 $P(A)+P(B)=P(C)$。由此可得

$$P(A)=P(C)-P(B)=F(4)-F(2)=\frac{4}{5}-\frac{3}{4}=\frac{1}{20}。$$ ◀

例3.3.3中的推理可以推广到利用分布函数求任意随机变量 X 落在实数轴上任意特定区间内的概率。我们将对四种不同类型的区间进行概率的计算。

定理3.3.1 对每个 x 值，

$$P(X>x)=1-F(x)。\tag{3.3.3}$$

证明 因为事件 $\{X>x\}$ 和事件 $\{X\leqslant x\}$ 不相交，且它们的并集是整个样本空间 S，其概率为1，因此 $P(X>x)+P(X\leqslant x)=1$。因此，利用式（3.3.2）可得到式（3.3.3）。 ■

定理3.3.2 对所有满足 $x_1<x_2$ 的 x_1,x_2，有

$$P(x_1<X\leqslant x_2)=F(x_2)-F(x_1)。\tag{3.3.4}$$

证明 令 $A=\{x_1<X\leqslant x_2\}, B=\{X\leqslant x_1\}$ 及 $C=\{X\leqslant x_2\}$。与例3.3.3一样，A 和 B 不相交，它们的并集是 C，因此

$$P(x_1<X\leqslant x_2)+P(X\leqslant x_1)=P(X\leqslant x_2)。$$

上式两边都减去 $P(X\leqslant x_1)$，并利用式（3.3.2）可得式（3.3.4）。 ■

例如，如果 X 的分布函数如图3.6所示，利用定理3.3.1和定理3.3.2可以得到，$P(X>x_2)=1-z_1$ 以及 $P(x_2<X\leqslant x_3)=z_3-z_1$。由于在区间 $x_1\leqslant x\leqslant x_2$ 上，$F(x)$ 是常值，所以 $P(x_1<X\leqslant x_2)=0$。

在前面所有讨论中出现的关系和接下来的定理中，区分严格不等式和弱不等式非常重要。如果 $F(x)$ 在给定的 x 处跳跃，则 $P(X\leqslant x)$ 和 $P(X<x)$ 的值是不同的。

定理3.3.3 对每一个 x，有

$$P(X<x)=F(x^-)。\tag{3.3.5}$$

证明 令 $y_1<y_2<\cdots$ 是一递增的数列，且 $\lim\limits_{n\to\infty}y_n=x$，则可以证明

$$\{X<x\}=\bigcup_{n=1}^{\infty}\{X\leqslant y_n\}。$$

因此，利用1.10节习题12可以得到

$$\begin{aligned}P(X<x)&=\lim_{n\to\infty}P(X\leqslant y_n)\\&=\lim_{n\to\infty}F(y_n)=F(x^-)。\end{aligned}$$ ■

例如，对图3.6中所示的分布函数，有 $P(X<x_3)=z_2$ 以及 $P(X<x_4)=1$。

最后，我们将证明对每个 x，$P(X=x)$ 等于 F 在点 x 处的跳跃幅度。如果 F 在点 x 处连续，则 F 在点 x 处无跳跃，$P(X=x)=0$。

定理3.3.4　*对每一个 x，有*

$$P(X=x)=F(x)-F(x^-)。\tag{3.3.6}$$

证明　$P(X=x)=P(X\leqslant x)-P(X<x)$ 总成立。由在每一点都有 $P(X\leqslant x)=F(x)$，及定理3.3.3就可以得到式（3.3.6）。■

例如在图3.6中，$P(X=x_1)=z_1-z_0$，$P(X=x_3)=z_3-z_2$，而 X 取其他单个值的概率都为0。

离散分布的分布函数

利用分布函数 $F(x)$ 的定义及其性质可以看到，对 $a<b$，如果 $P(a<X<b)=0$，则 $F(x)$ 在区间 $a<x<b$ 上是水平的，即保持常数。正如刚才看到的那样，在任何满足 $P(X=x)>0$ 的点 x 处，分布函数将产生一个跳跃，跳跃幅度为 $P(X=x)$。

假设 X 具有离散分布，其概率函数为 $f(x)$。相应地，分布函数的性质意味着 $F(x)$ 必有如下形式：在 X 可能取到的每一个 x_i 值处都有一个跳跃幅度为 $f(x_i)$ 的跳跃；且在相邻的两个跳跃之间，$F(x)$ 是常数。可见，离散随机变量的分布可以由 X 的概率函数或者 X 的分布函数等价表示。

连续分布的分布函数

定理3.3.5　*设 X 具有连续分布，设 $f(x)$ 和 $F(x)$ 分别表示 X 的概率密度函数和分布函数，则 $F(x)$ 在任意点 x 是连续的，*

$$F(x)=\int_{-\infty}^{x}f(t)\,\mathrm{d}t,\tag{3.3.7}$$

及 $f(x)$ 在任意点 x 处连续，

$$\frac{\mathrm{d}F(x)}{\mathrm{d}x}=f(x)。\tag{3.3.8}$$

证明　由于随机变量 X 在每个单点 x 处的概率为0，分布函数没有跳跃，因此 $F(x)$ 在整个实数轴上必是连续函数。

由定义有 $F(x)=P(X\leqslant x)$，由于 f 是 X 的概率密度函数，由概率密度函数的定义可知，式（3.3.7）右边即为 $P(X\leqslant x)$。

由式（3.3.7）和积分及导数之间的关系（积分的基本定理）可知，对于在每个点 x 处连续的 f，式（3.3.8）成立。■

因此，连续随机变量 X 的分布函数可由概率密度函数得到，反之亦然。例3.3.1中，式（3.3.7）是如何求出分布函数的方法。注意，例3.3.1中 F 的导数为

$$F'(x)=\begin{cases}0, & x<0,\\ \dfrac{1}{(1+x)^2}, & x>0,\end{cases}$$

在 $x=0$ 点处，F'不存在。这验证了式（3.3.8）在例 3.3.1 中成立。这里使用了常用的简写 $F'(x)$来表示 F 在 x 点处的导数。

例 3.3.4 利用分布函数计算概率密度函数 假设一个随机变量的分布函数为

$$F(x)=\begin{cases}0, & x<0,\\ x^{2/3}, & 0\leqslant x\leqslant 1,\\ 1, & x>1。\end{cases}$$

显然，这个函数满足本节所给出的分布函数的性质。另外，由于分布函数在整个实数轴是连续的，在除点 $x=0$ 和 $x=1$ 外的点处可微，因此 X 的分布是连续的。利用式（3.3.8）可求出 X 在除点 $x=0$ 和 $x=1$ 外的概率密度函数。$f(x)$在点 $x=0$ 和 $x=1$ 的值可以任意指定。当计算导数 $F'(x)$时，就会发现$f(x)$如同例 3.2.6 的式（3.2.9）给出的那样。相反，如果 X 的概率密度函数由式（3.2.9）给出，那么可利用式（3.3.7）计算 $F(x)$，与该例中给出的一样。◀

分位数函数

例 3.3.5 公平赌博 假设 X 表示“明天的降雨量”，其分布函数为 F。假设我们想要下如下赌注：如果 $X\leqslant x_0$，可以获得 1 美元；如果 $X>x_0$，将损失 1 美元。为了使这个赌博公平，就需要 $P(X\leqslant x_0)=P(X>x_0)=1/2$。我们可以尝试所有的实数 x，找出使得 $F(x)=1/2$ 的那个点 x_0。如果 F 是一一对应的函数，则 F 有反函数 F^{-1}，且 $x_0=F^{-1}(1/2)$。◀

例 3.3.5 中所求的值 x_0 称为 X 的 0.5 分位数或 X 的第 50 百分位数。

定义 3.3.2 分位数/百分位数 设随机变量 X 的分布函数为 F。对于严格地介于 0 和 1 之间的每个 p，定义 $F^{-1}(p)$为满足 $F(x)\geqslant p$ 的最小的 x 值。则称 $F^{-1}(p)$为 X 的 p 分位数或 X 的第 $100p$ 百分位数。定义在开区间（0,1）上的函数 F^{-1} 称为分位数函数。

例 3.3.6 标准化分数 美国的许多大学依赖于标准化分数，将其作为招生过程的一部分。每次成千上万的人参加他们提供的这些测试。将每个考生的分数与所有考生的分数集合进行比较，以查看其在总体排名中的位置。例如，如果有 83%的测试分数等于或低于你的分数，则你的测试报告将显示你的分数在第 83 百分位数的位置。◀

定义 3.3.2 中的符号 $F^{-1}(p)$值得一些合理的解释。假设 X 的分布函数 F 是连续的，并且在 X 的整个可能值集合上一一对应，则 F^{-1} 存在，且对每个 $0<p<1$，有且仅有一个 x，使得 $F(x)=p$，这个 x 就是 $F^{-1}(p)$。定义 3.3.2 将反函数的概念推广到了既不是一一对应也不是连续的非减函数（例如分布函数）。

连续分布的分位数 假设随机变量 X 的分布函数连续，且在 X 所有可能取值的集合上一一对应，则 F 的反函数 F^{-1} 存在，且与 X 的分位数函数相等。

例 3.3.7 在险值 某投资组合的管理者（如基金经理）非常关心在固定的时间段内，该组合可能会损失多少。令 X 为一个月内给定的投资组合价值的变化。假设 X 具有如图 3.7 的概率密度函数。基金经理会计算出一个在风险管理领域中被称为“在险值”的量（用 VaR 表示）。具体地，令 $Y=-X$ 表示该投资组合在一个月内产生的损失，基金经理希望以一定的置信水平了解 Y 的大小。在本例中，基金经理给出了某个概率水平，比如 0.99，求出了 Y 的 0.99 分位数 y_0，她现在就有 99%的把握可以确定 $Y\leqslant y_0$，y_0 被称为在险值

(VaR)。如果 X 具有连续分布，很容易看出 y_0 与 X 分布的 0.01 分位数密切相关。对于 0.01 分位数 x_0，有 $P(X<x_0)=0.01$，由于 $P(X<x_0)=P(Y>-x_0)=1-P(Y\leqslant -x_0)$，$-x_0$ 是 Y 的 0.99 分位数。由图 3.7 中的概率密度函数可知，$x_0=-4.14$，如图中阴影区域所示。于是 $y_0=4.14$ 就是概率水平为 0.99 的一个月的在险值。◀

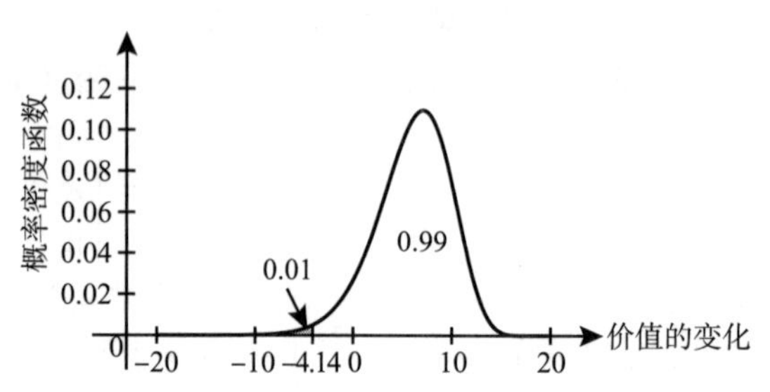

图 3.7　低于 1%的投资组合价值变化的概率密度函数

例 3.3.8　区间上的均匀分布　设 X 服从区间 $[a,b]$ 上的均匀分布。X 的分布函数为：

$$F(x)=P(X\leqslant x)=\begin{cases}0, & x\leqslant a,\\ \displaystyle\int_a^x \frac{1}{b-a}\mathrm{d}u, & a<x\leqslant b,\\ 1, & x\geqslant b。\end{cases}$$

上式中的积分等于 $(x-a)/(b-a)$。故对任意 $x\in(a,b)$，$F(x)=(x-a)/(b-a)$，该函数在 X 可能取值的整个区间上是严格单调增函数。该函数的反函数就为 X 的分位数函数，可以通过令 $F(x)=p$ 来求得 x：

$$\frac{x-a}{b-a}=p,$$

$$x-a=p(b-a),$$

$$x=a+p(b-a)=pb+(1-p)a。$$

图 3.8 说明了如何用分布函数求分位数。

X 的分位数函数为 $F^{-1}(p)=pb+(1-p)a\,(0<p<1)$。特别地，$F^{-1}(1/2)=(a+b)/2$。◀

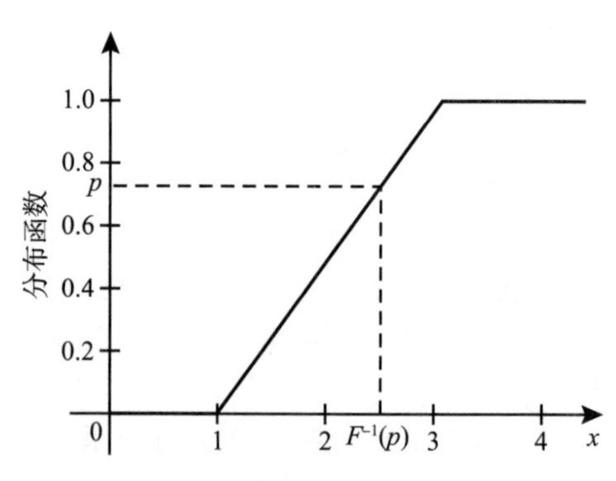

图 3.8　用均匀分布的分布函数表明如何求分位数

注：类似于分布函数，分位数仅仅依赖于分布。任意两个随机变量，只要有相同的分布就有相同的分位数函数。当我们说到 X 的某个分位数时，指的是 X 分布的分位数。

离散分布的分位数　我们同样可以很方便地计算出离散分布的分位数。所有分布都存在定义 3.3.2 的分位数函数，无论该分布是离散型的、连续型的还是其他类型的。例如在图 3.6 中，令 $z_0\leqslant p\leqslant z_1$，则满足 $F(x)\geqslant p$ 的最小的 x 是 x_1。对每一个 $x<x_1$，都有 $F(x)<z_0\leqslant p$，$F(x_1)=z_1$。对 x_1 和 x_2 之间的所有 x，均有 $F(x)=z_1$，但是由于 x_1 是这些值中最小的，所以 x_1 就是 p 分位数。因为分布函数是右连续的，对于任意的 $0<p<1$，满足 $F(x)\geqslant p$ 的最小的 x 总是存在。对于 $p=1$，并不能保证这样的 x 存在。例如图 3.6，$F(x_4)=1$；但在例 3.3.1 中，对所有的 x，$F(x)<1$。对于 $p=0$，不存在最小的 x 使得 $F(x)=0$，因为 $\lim\limits_{x\to-\infty}F(x)=0$。也就是说，如果 $F(x_0)=0$，则对于所有的 $x<x_0$，都有 $F(x)=0$。由于这些原因，我们从不会说“0 分位

数”或者“1 分位数”。

例 3.3.9 二项分布的分位数 设 X 服从参数为 5 和 0.3 的二项分布。本书后面的二项表中给出了 X 的概率函数，我们由此可生成分布函数 F：

x	0	1	2	3	4	5
$f(x)$	0.168 1	0.360 2	0.308 7	0.132 3	0.028 4	0.002 4
$f(x)$	0.168 1	0.528 3	0.837 0	0.969 3	0.997 7	1

（概率函数中有一些近似的误差）例如，该分布的 0.5 分位数是 1，1 同样也是 0.25 分位数和 0.2 分位数。表 3.1 给出了整个分位数函数。因此第 90 百分位数是 3，3 同样也是第 95 百分位数，等等。◀

表 3.1 例 3.3.9 的分位数函数

p	$F^{-1}(p)$	p	$F^{-1}(p)$
(0, 0.168 1]	0	(0.837 0, 0.969 3]	3
(0.168 1, 0.528 3]	1	(0.969 3, 0.997 7]	4
(0.528 3, 0.837 0]	2	(0.997 7, 1)	5

某些分位数有特别的名称。

定义 3.3.3 中位数/四分位数 分布的 1/2 分位数或者第 50 百分位数被称为中位数，而 1/4 分位数或者第 25 百分位数被称为下四分位数。3/4 分位数或者第 75 百分位数被称为上四分位数。

注：中位数较为特殊。人们在对随机变量的分布进行汇总时，喜欢使用的几个特殊特征之一是分布的中位数。我们将在第 4 章中详细讨论分布的汇总。由于中位数是一个流行的汇总，因此我们需要注意的是，中位数有几种不同但相似的“定义”。回想一下，1/2 分位数是满足 $F(x)\geqslant 1/2$ 的最小数 x。对于某些分布（通常是离散分布），会有一个区间$[x_1,x_2)$，使得对于所有 $x\in[x_1,x_2)$，$F(x)=1/2$。在这种情况下，通常将所有这样的 x（包括 x_2）看作分布的中位数（见定义 4.5.1）。另一个流行的惯例是将$(x_1+x_2)/2$ 称为中位数。最后这种是最常见的惯例。读者应该意识到，每次遇到的中位数可能是我们刚才讨论的任何一种。幸运的是，它们的意思几乎是一样的，即该数字尽可能地将分布分成两半。

例 3.3.10 整数上的均匀分布 设 X 服从整数 1,2,3,4 上的均匀分布（见定义 3.1.6），X 的分布函数为

$$F(x)=\begin{cases}0, & x<1,\\ 1/4, & 1\leqslant x<2,\\ 1/2, & 2\leqslant x<3,\\ 3/4, & 3\leqslant x<4,\\ 1, & x\geqslant 4。\end{cases}$$

1/2 分位数为 2，但在区间$[2,3]$中的任何数都被称为中位数，通常的选择是 2.5。◀

用分位数函数而不是分布函数来描述分布有一个好处就是，对于多个分布，比较容易

通过表格的形式表示分位数函数。这是因为无论 X 取什么数，分位数函数的定义域始终是 $(0,1)$，分位数函数用来指出概率值的位置也是非常有用的。例如，若想要确定分布的中间一半在哪里，可以说它位于 0.25 分位数和 0.75 分位数之间。在 8.5 节中，我们将看到在观察到数据之后，如何运用分位数来给出未知量的估计值。

在本节习题 19 中，可以看到如何利用分位数函数来得到分布函数。因此，分位数函数是另一个刻画分布的方式。

小结

随机变量 X 的分布函数是 $F(x)=P(X\leqslant x), \forall x\in\mathbf{R}$。分布函数是右连续的。如果令 $F(x^-)$ 表示 y 从左侧逼近 x 时 $F(y)$ 的极限值，那么 $F(x)-F(x^-)=P(X=x)$。连续分布具有连续的分布函数，且对于所有 x，F 是可微的，有 $F'(x)=f(x)$，其中 $f(x)$ 是概率密度函数。离散分布的分布函数在可能取值之间是常数，且在每个可能的 x 值处都有跳跃，跳跃幅度为 $f(x)$。对于任意的 $0<p<1$，分位数函数 $F^{-1}(p)$ 等于所有满足 $F(x)\geqslant p$ 的最小的 x。

习题

1. 设随机变量 X 服从参数为 $p=0.7$ 的伯努利分布（见定义 3.1.5），画出 X 的分布函数图像。
2. 设随机变量 X 只能取值 -2，0，1 和 4，相应概率值为 $P(X=-2)=0.4, P(X=0)=0.1, P(X=1)=0.3, P(X=4)=0.2$。画出 X 的分布函数图像。
3. 不断地抛掷一枚硬币直到第一次出现正面为止，记 X 为抛掷的次数，画出 X 的分布函数图像。
4. 设随机变量 X 的分布函数 F 如图 3.9 所示，试求出下面的概率值：

   a. $P(X=-1)$　b. $P(X<0)$
   c. $P(X\leqslant 0)$　d. $P(X=1)$
   e. $P(0<X\leqslant 3)$　f. $P(0<X<3)$
   g. $P(0\leqslant X\leqslant 3)$　h. $P(1<X\leqslant 2)$
   i. $P(1\leqslant X\leqslant 2)$　j. $P(X>5)$
   k. $P(X\geqslant 5)$　l. $P(3\leqslant X\leqslant 4)$

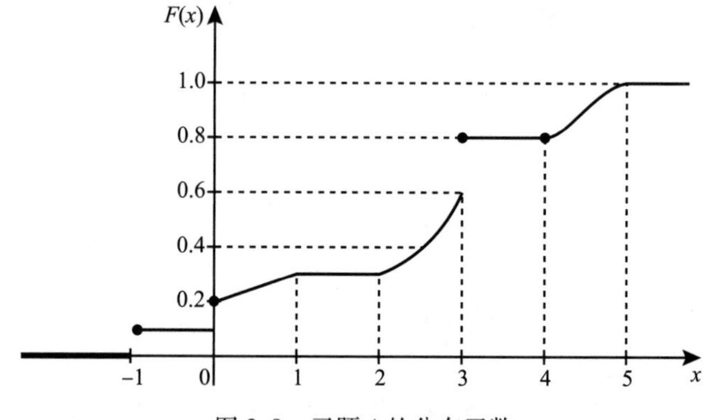

图 3.9　习题 4 的分布函数

5. 假设随机变量 X 有如下分布函数：

$$F(x)=\begin{cases}0, & x\leqslant 0,\\ \dfrac{1}{9}x^2, & 0<x\leqslant 3,\\ 1, & x>3。\end{cases}$$

   计算并画出 X 的概率密度函数。
6. 假设随机变量 X 有如下分布函数：

$$F(x)=\begin{cases}e^{x-3}, & x\leqslant 3,\\ 1, & x>1。\end{cases}$$

   计算并画出 X 的概率密度函数。
7. 在 3.2 节习题 7 的假设下，随机变量 X 服从区间 $[-2,8]$ 上的均匀分布。计算并画出 X 的分布函数。
8. 假设在 xy 平面上，在由方程 $x^2+y^2=1$ 决定的圆内随机选一点，假设这个点落在该圆内某个区域的概率与这个区域的面积成比例。随机变量 Z 表示该点到圆心的距离。计算并画出 Z 的分布函数。
9. 假设 X 服从区间 $[0, 5]$ 上的均匀分布，随机变量 Y 定义为：当 $X\leqslant 1$ 时，$Y=0$；当 $X\geqslant 3$ 时，$Y=5$；

其他情况下，$X=Y$。请画出 Y 的分布函数图像。

10. 对于例 3.3.4 中的分布函数，计算分位数函数。
11. 对于习题 5 的分布函数，确定分位数函数。
12. 对于习题 6 的分布函数，确定分位数函数。
13. 假设某个经纪人认为在接下来的两个月内某项投资价值的变化 X 服从区间 $[-12,24]$ 上的均匀分布。试求概率水平为 0.95 的两个月的在险值（VaR）。
14. 求参数为 $n=10$，$p=0.2$ 的二项分布的分位数函数及中位数。
15. 设 X 的概率密度函数为

$$f(x)=\begin{cases}2x, & 0<x<1,\\ 0, & \text{其他。}\end{cases}$$

计算并画出 X 的分布函数。

16. 计算例 3.3.1 中分布的分位数函数。
17. 证明：一般随机变量 X 的分位数函数 F^{-1} 满足如下三个类似于分布函数的性质：
    a. 对于 $0<p<1$，F^{-1} 是关于 p 的非减函数。
    b. 令 $x_0=\lim\limits_{\substack{p\to 0\\ p>0}}F^{-1}(p)$，$x_1=\lim\limits_{\substack{p\to 1\\ p<1}}F^{-1}(p)$，则 x_0 等于数集 $\{c:P(X\leqslant c)>0\}$ 中 c 的最大下界，而 x_1 等于数集 $\{d:P(X\geqslant d)>0\}$ 中 d 的最小上界。
    c. F^{-1} 为左连续的，即对于 $0<p<1$，$F^{-1}(p)=F^{-1}(p^-)$。
18. 设 X 是一个随机变量，分位数函数为 F^{-1}，假设下述三个条件：（i）对任意 $p\in(p_0,p_1)$，$F^{-1}(p)=c$；（ii）要么 $p_0=0$，要么 $F^{-1}(p_0)<c$；（iii）要么 $p_1=1$，要么当 $p>p_1$ 时，$F^{-1}(p)>c$。证明：$P(X=c)=p_1-p_0$。
19. 设 X 为一个随机变量，其分布函数为 F，分位数函数为 F^{-1}。设 x_0 和 x_1 如习题 17 所定义（注意有可能 $x_0=-\infty$ 或 $x_1=\infty$）。证明：对于 $x\in(x_0,x_1)$，$F(x)$ 是满足 $F^{-1}(p)\leqslant x$ 的最大的 p。
20. 在 3.2 节习题 13 中，画出 X 的分布函数图像，并求出 $F(10)$。

3.4　二元随机变量的分布

我们将单个随机变量分布的概念推广到两个随机变量的联合分布。为此，我们引入两个离散随机变量的联合概率函数、两个连续随机变量的联合概率密度函数，以及任意两个随机变量的联合分布函数。另外，也将介绍一个离散随机变量和一个连续随机变量的联合混合概率函数和概率密度函数。

例 3.4.1　水电需求　例 3.1.5 中，我们求出了用水需求量 X 这个随机变量的分布。但是，还有另一个感兴趣的随机变量，用电需求量 Y。当讨论两个随机变量时，通常将它们放到一起，组成一个有序对 (X,Y)。就像例 1.5.4 所示，我们计算了与 (X,Y) 有关的一些概率。在那里，我们定义了两个事件：$A=\{X\geqslant 115\}$，$B=\{Y\geqslant 110\}$，计算了 $P(A\cap B)$ 和 $P(A\cup B)$。我们可以把事件 $A\cap B$ 和事件 $A\cup B$ 表示为涉及 (X,Y) 的事件。例如，定义有序对的集合 $C=\{(x,y):x\geqslant 115,y\geqslant 110\}$，则事件 $\{(X,Y)\in C\}=A\cap B$，事件“随机变量 (X,Y) 落在集合 C 中”即为事件 A 和 B 的交集。在例 1.5.4 中，计算出 $P(A\cap B)=0.1198$。因此，我们可以认为 $P((X,Y)\in C)=0.1198$。◀

定义 3.4.1　联合/二元分布　设 X 和 Y 是两个随机变量。二元随机变量 (X,Y) 的联合分布或二元分布为所有形如 $P((X,Y)\in C)$ 的概率，其中 C 是满足 $\{(X,Y)\in C\}$ 是事件的实数对的集合。

(X,Y)的联合分布定义的一个简单明了的结果是，联合分布本身是有序实数对集合上的概率测度。对于大部分读者都可以想象到的实数对的集合C，$\{(X,Y)\in C\}$都为事件。

本节和随后两节中，我们将讨论方便的方式来刻画和计算二元分布。3.7节中，将考虑推广到任意有限个随机变量的联合分布。

离散联合分布

例3.4.2 剧院观众 假设某剧院有200名观众，从中随机抽取10人作为样本。一个感兴趣的随机变量是样本中60岁以上的人数X，另一个随机变量是样本中居住在距离剧院25英里[⊖]以上的人数Y。对于$x=0,1,\cdots,10$和$y=0,1,\cdots,10$的每个有序对(x,y)，我们希望计算$P((X,Y)=(x,y))$，即求“样本中有x人超过60岁，同时有y人居住在25英里以外”的概率。◀

定义3.4.2 离散联合分布 设X和Y是两个随机变量，考虑有序对(X,Y)，如果(X,Y)的所有可能取值(x,y)为有限个或者至多可数个，则称(X,Y)有离散联合分布。

例3.4.2中的两个随机变量有离散联合分布。

定理3.4.1 假设两个随机变量X和Y各自具有离散分布，那么(X,Y)具有离散联合分布。

证明 如果X和Y都只有有限个可能取值，则(X,Y)也只有有限个不同可能值(x,y)。另一方面，如果X或Y或二者都有可数无穷多个可能取值，则(X,Y)也有可数无穷多个可能取值。在所有这些情况下，(X,Y)具有离散联合分布。■

在稍后定义了连续联合分布时，我们将会看到类似于定理3.4.1是不正确的。

定义3.4.3 联合概率函数 (X,Y)的联合概率函数（简写为联合p.f.）定义为满足如下条件的二元函数f：对xy平面上的每一点(x,y)，有

$$f(x,y)=P(X=x,Y=y)。$$

由于对离散联合概率分布，所有可能取值至多有可数对(x,y)，很容易证明下面的结论。

定理3.4.2 设(X,Y)有离散联合分布，如果(x,y)不是随机变量(X,Y)的可能取值，则$f(x,y)=0$，且

$$\sum_{\text{所有}(x,y)} f(x,y)=1。$$

对有序对的任意子集C，有

$$P[(X,Y)\in C]=\sum_{(x,y)\in C} f(x,y)。$$ ■

例3.4.3 通过概率表指定离散联合分布 在某个郊区，每个家庭都报告了他们拥有的汽车数量和电视机数量。从该地区随机选择一个家庭，设X表示该家庭拥有的汽车数量，Y表示该家庭拥有的电视机数量。这种情况下，X只取值1,2,3；Y只取值1,2,3和4。可用表3.2表示(X,Y)的联合概率函数：

⊖ 1英里=1 609.344米。——编辑注

表 3.2 例 3.4.3 的联合概率函数 $f(x,y)$

x	y			
	1	2	3	4
1	0.1	0	0.1	0
2	0.3	0	0.1	0.2
3	0	0.2	0	0

(X,Y)的联合概率函数由图 3.10 给出。我们将计算随机选择的家庭至少拥有两辆汽车和电视机的概率，即求 $P(X\geqslant 2,Y\geqslant 2)$。

对所有满足 $x\geqslant 2$，$y\geqslant 2$ 的$f(x,y)$求和得到：

$$P(X\geqslant 2,Y\geqslant 2)=f(2,2)+f(2,3)+f(2,4)+f(3,2)+f(3,3)+f(3,4)=0.5。$$

接下来，我们来计算随机选择的家庭恰好拥有一辆车的概率，即 $P(X=1)$。把表格中第一行的概率值求和，就可以得到：

$$P(X=1)=\sum_{y=1}^{4}f(1,y)=0.2。$$

◀

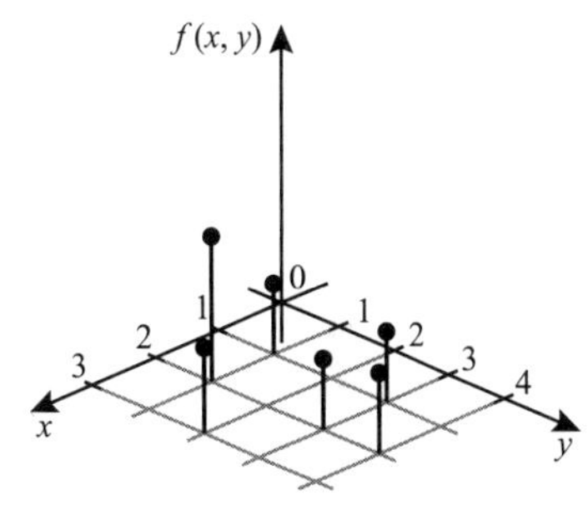

图 3.10 例 3.4.3 中(X,Y)的联合概率函数

连续联合分布

例 3.4.4 水电需求 再次考虑例 3.4.1 中 X 与 Y 的联合分布。我们在例 1.5.4 中第一次计算这两个随机变量有关的概率时（甚至在我们称它们为随机变量之前），我们假设样本空间的每个子集的概率与该子集的面积成比例。由于样本空间的面积是 29 204，所以(X,Y)位于区域 C 的概率是 C 的面积除以 29 204。我们可以将此关系写为

$$P((X,Y)\in C)=\iint_C \frac{1}{29\ 204}\mathrm{d}x\mathrm{d}y, \tag{3.4.1}$$

假如上述积分存在。◀

如果仔细观察式（3.4.1），就会注意到与式（3.2.2）的相似性。我们将这种联系正式化，给出如下定义：

定义 3.4.4 连续联合分布/联合概率密度函数/支撑 如果存在一个非负的，定义在 xy 平面上的函数f，使得对平面的每一个子集 C 有

$$P((X,Y)\in C)=\iint_C f(x,y)\mathrm{d}x\mathrm{d}y,$$

如果上述积分存在，则称随机变量 X 与 Y 具有连续分布。称函数f 为 X 和 Y 的联合概率密度函数（简写为联合 p.d.f.），称集合$\{(x,y):f(x,y)>0\}$的闭包为(X,Y)（分布）的支撑。

例 3.4.5 水电需求 在例 3.4.4 中，由式（3.4.1）可以清楚地看到，X 与 Y 的联合概率密度函数是

$$f(x,y)=\begin{cases}\dfrac{1}{29\ 204}, & 4\leqslant x\leqslant 200, 1\leqslant y\leqslant 150,\\ 0, & \text{其他。}\end{cases}\tag{3.4.2}$$

◀

从定义 3.4.4 可以清楚地看到，联合概率密度函数可以刻画两个随机变量的联合分布。下面结论也比较简单明了。

定理 3.4.3　联合概率密度函数必须满足如下两个条件：

$$f(x,y)\geqslant 0,\ -\infty<x<\infty,\ -\infty<y<\infty,$$

和

$$\int_{-\infty}^{\infty}\int_{-\infty}^{\infty}f(x,y)\,\mathrm{d}x\mathrm{d}y=1。$$ ■

任何满足定理 3.4.3 给出的两个公式的函数都是某个概率分布的联合概率密度函数。

图 3.11 给出了一个联合概率密度函数图像的例子。夹在曲面 $z=f(x,y)$ 下和 xy 平面上的体积为 1。(X,Y) 落在矩形 C 的概率等于图中以 C 为底的立体图形的体积，如图 3.11 所示，该立体图形的顶由曲面 $z=f(x,y)$ 构成。

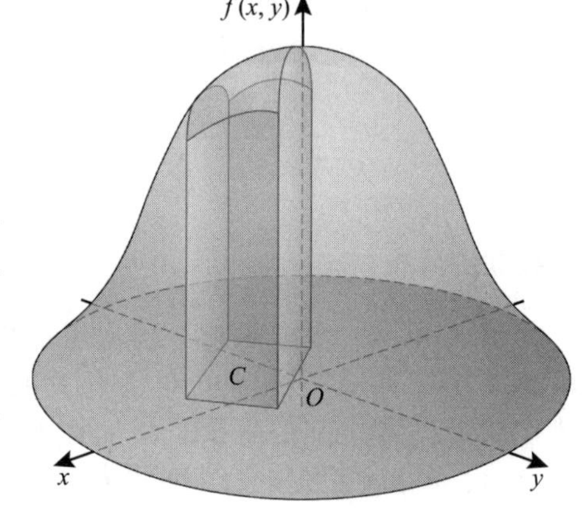

图 3.11　一个联合概率密度函数的例子

我们将在 3.5 节说明，如果 (X,Y) 有连续联合分布，单独考虑 X 和 Y 时，X 和 Y 都具有连续分布。这在直觉上看起来是合理的。然而，这种说法反过来是不正确的，下面的结论有助于说明原因。

定理 3.4.4　在 xy 平面上的任一个连续联合分布，则有如下两个结论：

(i) 在 xy 平面上每个单点和每个可数点列的概率为 0；

(ii) 设 f 是定义在区间 (a,b)（可能无界）上的实变量连续函数，则集合 $\{(x,y):y=f(x),a<x<b\}$ 和集合 $\{(x,y):x=f(y),a<y<b\}$ 的概率为 0。

证明　由定义 3.4.4，连续联合分布在 xy 平面特定区域内的概率可以通过将联合概率密度函数 $f(x,y)$ 在该区域进行积分可得（如果该积分存在）。如果该区域是单点，积分将为 0。由概率的公理 3 可知，任意可数的点的集合的概率必为 0。如果积分区域为 xy 平面上的连续函数曲线，则二元函数的积分也为 0。 ■

例 3.4.6　不是连续联合分布　由定理 3.4.4 的 (ii) 可知，(X,Y) 落在平面上某一特定直线上的概率为 0。如果 X 具有连续分布，且 $Y=X$，则 X 和 Y 都有连续分布，但是 (X,Y) 落在直线 $y=x$ 上的概率为 1，因此 (X,Y) 不可能具有连续联合分布。 ◀

例 3.4.7　计算规范化常系数　设 X 和 Y 的联合概率密度函数如下：

$$f(x,y)=\begin{cases}cx^2y, & x^2\leqslant y\leqslant 1,\\ 0, & \text{其他。}\end{cases}$$

试确定常数 c。

图 3.12 给出了(X,Y)的支撑 S 的图像。由于在 S 外，$f(x,y)=0$，可得

$$\int_{-\infty}^{\infty}\int_{-\infty}^{\infty} f(x,y)\,\mathrm{d}x\mathrm{d}y = \iint_S f(x,y)\,\mathrm{d}x\mathrm{d}y$$

$$= \int_{-1}^{1}\int_{x^2}^{1} cx^2 y\mathrm{d}y\mathrm{d}x = \frac{4}{21}c。\tag{3.4.3}$$

由于这个积分的值为 1，故 c 只能是 21/4。

式（3.4.3）中最后一个积分的积分限确定如下：我们可以选择 x 或 y 作为内积分，这里选择了 y。对每一个 x，我们要求 y 的积分区间。由图 3.12 可知，y 从曲线 $y=x^2$ 到直线 $y=1$；外积分 x 的区间从−1 到 1。如果我们选择 x 作为内积分的积分变量，则对每一个 y，当 y 从 0 到 1 时，x 取值为从$-\sqrt{y}$到$\sqrt{y}$。两种方式的计算结果是相同的。◀

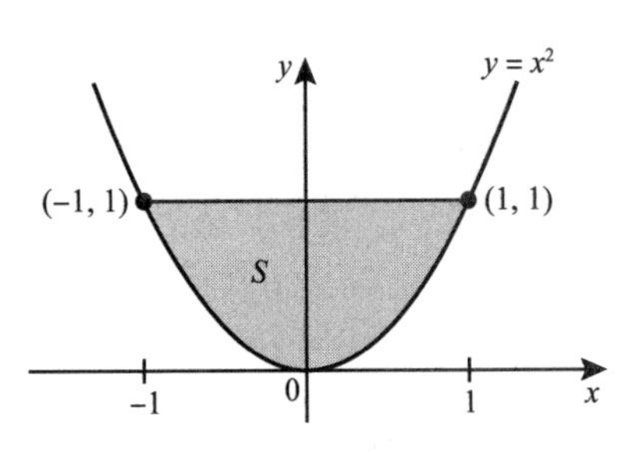

图 3.12　例 3.4.7 中的(X,Y)的支撑

例 3.4.8　利用联合概率密度函数计算概率　对例 3.4.7 中的联合分布，求 $P(X\geqslant Y)$的值。

图 3.13 表示了 S 中满足 $x\geqslant y$ 的子集 S_0。因此，

$$P(X\geqslant Y)=\iint_{S_0} f(x,y)\,\mathrm{d}x\mathrm{d}y=\int_0^1\int_{x^2}^{x}\frac{21}{4}x^2 y\mathrm{d}y\mathrm{d}x=\frac{3}{20}。$$ ◀

例 3.4.9　利用几何法确定联合概率密度函数　设在圆盘 $x^2+y^2\leqslant 9$ 内随机地选取一点(X,Y)。下面求(X,Y)的联合概率密度函数。

(X,Y)的支撑 S 是圆盘 $x^2+y^2\leqslant 9$ 内部和圆盘上的点集。随机地在圆盘内取点等价于：X 和 Y 的联合概率密度函数在 S 上是常数，而在 S 外是 0。因此，

$$f(x)=\begin{cases}c, & (x,y)\in S,\\ 0, & (x,y)\notin S。\end{cases}$$

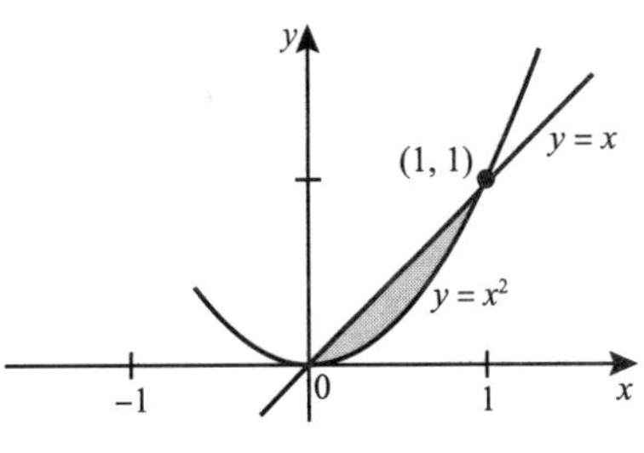

图 3.13　例 3.4.8 中支撑 S 满足 $x\geqslant y$ 的子集 S_0

我们有

$$\iint_S f(x,y)\,\mathrm{d}x\mathrm{d}y = c\times(S\text{ 的面积})=1。$$

由于 S 的面积是 9π，故常数 c 必须是 $1/(9\pi)$。◀

二元混合分布

例 3.4.10　临床试验　考虑一个临床试验（如例 2.1.12 中所描述），试验中每个抑郁症患者接受一项治疗，观察患者是否再次复发。设 X 为指示性函数，表示第一个患者是否成功：$X=1$ 表示患者没有复发（成功），$X=0$ 表示患者复发（失败）。假设 P 为接受治疗的患者中没有复发的比例。显然 X 有离散分布，把 P 看作取值于区间[0,1]的连续随机变量是合理的。易知，(X,P)的联合分布既不是离散型也不是连续型，我们对(X,P)的联合

分布仍感兴趣。◀

在例 3.4.10 之前，我们讨论了二元变量的联合分布，要么为离散型的，要么为连续型的。偶尔，需要考虑二元混合分布，其中一个变量是离散型的，另一个变量是连续型的。我们用函数 $f(x,y)$ 来刻画联合分布，类似于用联合概率函数刻画离散联合分布，或者用联合概率密度函数来刻画连续联合分布。

定义 3.4.5　联合概率/密度函数　设 X 和 Y 是随机变量，X 为离散型，Y 为连续型。假设定义在 xy 平面上的函数 $f(x,y)$，对于实数的任一对子集 A 和 B，有

$$P(X \in A, Y \in B) = \int_B \sum_{x \in A} f(x,y)\,\mathrm{d}y, \tag{3.4.4}$$

如果积分存在，则称函数 f 为 X 和 Y 的联合概率/密度函数。

很明显，如果 Y 是离散型的，X 是连续型的，可以对定义 3.4.5 进行修改。每个联合概率/密度函数必须满足两个条件。如果 X 是离散随机变量，可能取值为 $x_1, x_2, \cdots$，Y 为连续随机变量，那么对所有的 x, y，$f(x,y) \geqslant 0$，且

$$\int_{-\infty}^{\infty} \sum_{i=1}^{\infty} f(x_i, y)\,\mathrm{d}y = 1。 \tag{3.4.5}$$

由于 f 是非负的，式（3.4.4）和式（3.4.5）中的求和和求积分可以以方便的顺序计算。

注：更一般集合的概率。对一般的实数对的集合 C，我们可以利用 X 和 Y 的联合概率/密度函数计算 $P((X,Y) \in C)$。对每个 x，令 $C_x = \{y:(x,y) \in C\}$，则

$$P((X,Y) \in C) = \sum_{所有x} \int_{C_x} f(x,y)\,\mathrm{d}y,$$

如果上述积分存在。相应地，对每个 y，定义 $C^y = \{y:(x,y) \in C\}$，则

$$P((X,Y) \in C) = \int_{-\infty}^{\infty} \Big[\sum_{x \in C^y} f(x,y) \Big]\,\mathrm{d}y,$$

如果上述积分存在。

例 3.4.11　联合概率/密度函数　假设 X 和 Y 的联合概率/密度函数为

$$f(x,y) = \frac{xy^{x-1}}{3}, \quad x = 1,2,3, 0 < y < 1。$$

我们将验证该函数满足式（3.4.5）。先关于 y 积分较为容易些，因此计算

$$\sum_{x=1}^{3} \int_0^1 \frac{xy^{x-1}}{3}\mathrm{d}y = \sum_{x=1}^{3} \frac{1}{3} = 1。$$

假设我们想计算 $Y \geqslant 1/2$ 同时 $X \geqslant 2$ 的概率，即求 $P(X \in A, Y \in B)$，$A = [2,\infty)$ 及 $B = [1/2,\infty)$。因此，利用式（3.4.4）可得概率

$$\sum_{x=2}^{3} \int_{1/2}^{1} \frac{xy^{x-1}}{3}\mathrm{d}y = \sum_{x=2}^{3} \left[\frac{1-(1/2)^x}{3} \right] = 0.541\,7。$$

为了说明，我们还将以其他顺序计算和与积分。对每一个 $y \in [1/2,1)$，$\sum_{x=2}^{3} f(x,y) = 2y/3 + y^2$，对于 $y \geqslant 1$，和为 0。于是，概率为

$$\int_{1/2}^{1}\left(\frac{2}{3}y+y^2\right)\mathrm{d}y=\frac{1}{3}\left[1-\left(\frac{1}{2}\right)^2\right]+\frac{1}{3}\left[1-\left(\frac{1}{2}\right)^3\right]=0.5417。$$ ◀

例 3.4.12　临床试验　例 3.4.10 中(X,P)的一个可能的联合概率/密度函数为

$$f(x,p)=p^x(1-p)^{1-x},x=0,1,0<p<1。$$

这里 X 是离散型的，P 是连续型的。易知，函数f是非负的，可以验证它满足式（3.4.5）。如果我们要计算 $P(X\leqslant 0,P\leqslant 1/2)$，可以这样计算：

$$\int_0^{1/2}(1-p)\mathrm{d}p=-\frac{1}{2}[(1-1/2)^2-(1-0)^2]=\frac{3}{8}。$$

假如我们还想求 $P(X=1)$。这时，我们利用式（3.4.4），其中 $A=\{1\}$ 和 $B=(0,1)$。在这种情况下，

$$P(X=1)=\int_0^1 p\mathrm{d}p=\frac{1}{2}。$$ ◀

在实际问题中，也可能出现更复杂的联合分布类型。

例 3.4.13　复杂的联合分布　假设 X 和 Y 为电子系统中两个特定组件失效的时间。两个组件将同时失效的概率可能为 $p(0<p<1)$，在不同时间失效的概率为 $1-p$。另外，如果它们同时失效，则它们的共同失效时间服从由概率密度函数 $f(x)$ 确定的分布；如果它们在不同时间失效，则失效时间服从由联合概率密度函数 $g(x,y)$ 确定的联合分布。

本例中，X 和 Y 的联合分布不是连续的，因为(X,Y)落在直线 $x=y$ 上的概率 p 为正，联合分布也没有联合概率/密度函数，也不能用其他任何简单的函数来描述。有处理这种联合分布的方法，但不会在本文中讨论它们。 ◀

二元分布函数

例 3.4.12 中 $P(X\leqslant 0,Y\leqslant 1/2)$ 的计算，是将累积分布函数的计算推广到二元分布上。我们将其规范化如下：

定义 3.4.6　联合（累积）分布函数　两个随机变量 X 与 Y 的联合（累积）分布函数定义为函数 F，满足对任意 x 与 $y(-\infty<x<\infty,-\infty<y<\infty)$，有

$$F(x,y)=P(X\leqslant x,Y\leqslant y)。$$

由定义 3.4.6 可知，对每一个固定的 y，$F(x,y)$关于 x 是单增的；对每一个固定的 x，$F(x,y)$关于 y 是单增的。

若任意两个随机变量 X 和 Y 的联合分布函数是 F，则利用 F 可以得到(X,Y)落在 xy 平面上矩形区域内的概率：对给定的数 $a<b$，$c<d$，

$$\begin{aligned}&P(a<X\leqslant b,c<Y\leqslant d)\\&=P(a<X\leqslant b,Y\leqslant d)-P(a<X\leqslant b,Y\leqslant c)\\&=[P(X\leqslant b,Y\leqslant d)-P(X\leqslant a,Y\leqslant d)]-\\&\quad[P(X\leqslant b,Y\leqslant c)-P(X\leqslant a,Y\leqslant c)]\\&=F(b,d)-F(a,d)-F(b,c)+F(a,c)。\end{aligned}\tag{3.4.6}$$

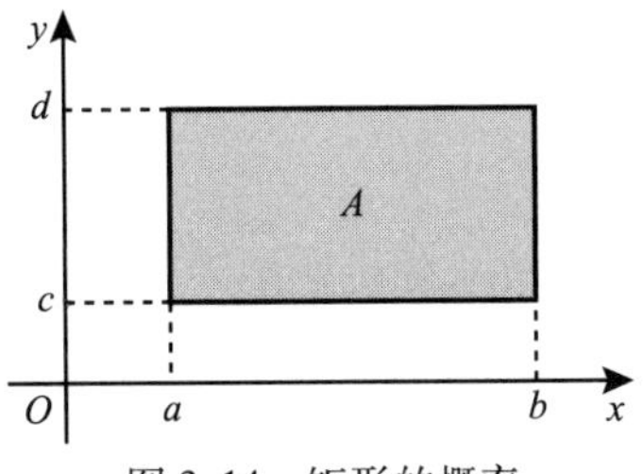

图 3.14　矩形的概率

因此，落入图 3.14 矩形 A 中的概率就可以由上述推导出的 F 值给出。需要指出的是集合 A 包含矩形的两条边，

而不包含另两条边在内。因此，若在 A 的边界上的某些点或者线段上有正概率，那么区分式（3.4.6）中的弱不等式和严格不等式是重要的。

定理 3.4.5　设 X 和 Y 有联合分布函数 F，则单个随机变量 X 的分布函数为 $F_1(x)=\lim_{y\to\infty}F(x,y)$。类似地，$Y$ 的分布函数为 $F_2(y)=\lim_{x\to\infty}F(x,y)$,$0<y<\infty$。

证明　我们证明关于 F_1 的命题，类似可得关于 F_2 的命题。设$-\infty<x<\infty$，定义

$$B_0=\{X\leqslant x,Y\leqslant 0\},$$

$$B_n=\{X\leqslant x,n-1<Y\leqslant n\},n=1,2,\cdots,$$

$$A_m=\bigcup_{n=0}^{m}B_n,m=1,2,\cdots。$$

则$\{X\leqslant x\}=\bigcup_{n=0}^{\infty}B_n,A_m=\{X\leqslant x,Y\leqslant m\}$，$m=1,2,\cdots$。由此可得，对任意的 m，$P(A_m)=F(x,m)$。还有

$$\begin{aligned}F_1(x)&=P(X\leqslant x)=P\left(\bigcup_{n=0}^{\infty}B_n\right)\\&=\sum_{n=0}^{\infty}P(B_n)=\lim_{m\to\infty}P(A_m)\\&=\lim_{m\to\infty}F(x,m)=\lim_{y\to\infty}F(x,y),\end{aligned}$$

其中，第三个等式来自可数可加性和事件 B_n 不相交的事实，最后一个等式是由于“对任一固定的 x，$F(x,y)$关于 y 单调增加”的事实。■

在下一节将给出其他涉及 X 的单变量分布、Y 的单变量分布以及(X,Y)的联合分布之间的关系。

最后，若 X 和 Y 具有连续联合分布，联合概率密度函数为f，则在点(x,y)处的联合分布函数是：

$$F(x,y)=\int_{-\infty}^{y}\int_{-\infty}^{x}f(r,s)\,\mathrm{d}r\mathrm{d}s。$$

这里，符号 r 和 s 是积分虚拟变量。根据下述关系，可由联合分布函数得到联合概率密度函数：

$$f(x,y)=\frac{\partial^2F(x,y)}{\partial x\partial y}=\frac{\partial^2F(x,y)}{\partial y\partial x}$$

在二阶导数存在的点(x,y)处成立。

例 3.4.14　利用联合分布确定联合概率密度函数　设 X 和 Y 是随机变量，取值区间分别是 $0\leqslant X\leqslant 2$ 和 $0\leqslant Y\leqslant 2$，且假设 X 和 Y 的联合分布函数如下：

$$F(x,y)=\frac{1}{16}xy(x+y),0\leqslant x\leqslant 2,0\leqslant y\leqslant 2。\tag{3.4.7}$$

我们先求随机变量 X 的分布函数 F_1，再求 X 和 Y 的联合概率密度函数f。

对 xy 平面上 X 和 Y 可能取值范围外的任意点(x,y)，可以通过式（3.4.7）以及 $F(x,y)=P(X\leqslant x,Y\leqslant y)$来计算 $F(x,y)$的值。于是，若 $x<0$ 或者 $y<0$，则 $F(x,y)=0$；如果 $x>2$ 且 $y>2$，则 $F(x,y)=1$；若 $0\leqslant x\leqslant 2,y>2$，则 $F(x,y)=F(x,2)$，且由

式（3.4.7）得：

$$F(x,y)=\frac{1}{8}x(x+2)。$$

类似地，若$0\leqslant y\leqslant 2, x>2$，则

$$F(x,y)=\frac{1}{8}y(y+2)。$$

如此，函数$F(x,y)$在xy平面上的每个点都有了定义。

令$y\to\infty$，我们便可以确定随机变量X的分布函数是：

$$F_1(x)=\begin{cases}0, & x<0,\\ \frac{1}{8}x(x+2), & 0\leqslant x\leqslant 2,\\ 1, & x>2。\end{cases}$$

进一步地，对$0<x<2, 0<y<2$，

$$\frac{\partial^2 F(x,y)}{\partial x\partial y}=\frac{1}{8}(x+y)。$$

另外，对$x<0$，$y<0$，$x>2$，或者$y>2$，有

$$\frac{\partial^2 F(x,y)}{\partial x\partial y}=0。$$

因此，X和Y的联合概率密度函数是：

$$f(x,y)=\begin{cases}\frac{1}{8}(x+y), & 0<x<2, 0<y<2,\\ 0, & 其他。\end{cases}$$ ◀

例 3.4.15 水电需求 我们利用式（3.4.2）中给出的水电需求量的联合概率密度函数来计算它们的联合分布函数。如果$x\leqslant 4$或$y\leqslant 1$，则$F(x,y)=0$，因为$X\leqslant x$或$Y\leqslant y$都是不可能的。类似地，如果$x\geqslant 200$且$y\geqslant 150$，则$F(x,y)=1$，因为$X\leqslant x$和$Y\leqslant y$都是必然事件。对于x和y的其他值，我们计算

$$F(x,y)=\begin{cases}\int_4^x\int_1^y\frac{1}{29\,204}\mathrm{d}y\mathrm{d}x=\frac{xy}{29\,204}, & 4\leqslant x\leqslant 200, 1\leqslant y\leqslant 150,\\ \int_4^x\int_1^{150}\frac{1}{29\,204}\mathrm{d}y\mathrm{d}x=\frac{x}{196}, & 4\leqslant x\leqslant 200, y>150,\\ \int_4^{200}\int_1^y\frac{1}{29\,204}\mathrm{d}y\mathrm{d}x=\frac{y}{149}, & x>200, 1\leqslant y\leqslant 150。\end{cases}$$

这里，$F(x,y)$需要分三种情况的原因是当$x>200$或$y>150$时式（3.4.2）中的联合概率密度函数为0。因此，我们在$x=200$或$x=150$之外不对1/29 204进行积分。当$y\to\infty$时，对$F(x,y)$取极限（对于固定的$x, 4\leqslant x\leqslant 200$），可得上式中第二种情况，即$X$的分布函数$F_1(x)$。类似地，如果取极限$\lim\limits_{x\to\infty}F(x,y)$（对固定的$y, 1\leqslant y\leqslant 150$），可以得到公式里的第三种情况，即$Y$的分布函数$F_2(y)$。 ◀

小结

两个随机变量 X 和 Y 的联合分布函数是 $F(x,y)=P(X\leqslant x,Y\leqslant y)$。两个连续随机变量的联合概率密度函数 f 是非负函数的，且使得随机变量 (X,Y) 落在集合 C 中的概率等于 $f(x,y)$ 在 C 上的积分（如果积分存在）。联合概率密度函数是联合分布函数关于两个变量的二阶混合偏导数。两个离散随机变量的联合概率函数 f 也是非负的，使得随机变量 (X,Y) 落在集合 C 中的概率等于 C 中所有的点的 $f(x,y)$ 之和。联合概率函数在至多可数个 (X,Y) 上严格为正。而离散随机变量 X 和连续随机变量 Y 的联合概率/密度函数 f 是非负的，且使得随机变量 (X,Y) 落在集合 C 中的概率等于"对所有 $(x,y)\in C$ 的点，先关于所有 x 对 $f(x,y)$ 求和，再对 y 求积分"。

习题

1. 假设两个随机变量 (X,Y) 的联合概率密度函数在矩形 $0\leqslant x\leqslant 2,0\leqslant y\leqslant 1$ 上是常数，且在该矩形外为 0。
   a. 求在矩形上概率密度函数的常数值。
   b. 求 $P(X\geqslant Y)$。
2. 假设某个电子信号显示屏的第一排有三个灯泡，第二排有四个灯泡。令 X 表示在 t 时刻第一排烧坏的灯泡的个数，Y 表示同一时刻 t 第二排烧坏的灯泡的个数。假设 X 和 Y 的联合概率函数如下表所示：

X	Y				
	0	1	2	3	4
0	0.08	0.07	0.06	0.01	0.01
1	0.06	0.10	0.12	0.05	0.02
2	0.05	0.06	0.09	0.04	0.03
3	0.02	0.03	0.03	0.03	0.04

   试求如下的概率：
   a. $P(X=2)$　　b. $P(Y\geqslant 2)$
   c. $P(X\leqslant 2,Y\leqslant 2)$　　d. $P(X=Y)$
   e. $P(X>Y)$
3. 设 X 和 Y 有离散联合分布，它们的联合概率函数定义如下：
$$f(x,y)=\begin{cases}c|x+y|, & x=-2,-1,0,1,2,y=-2,-1,0,1,2,\\ 0, & \text{其他。}\end{cases}$$
   试求（a）常数 c；（b）$P(X=0,Y=-2)$；（c）$P(X=1)$；（d）$P(|X-Y|\leqslant 1)$。
4. 设 X 和 Y 有连续联合分布，它们的联合概率密度函数定义如下：
$$f(x,y)=\begin{cases}cy^2, & 0\leqslant x\leqslant 2,0\leqslant y\leqslant 1,\\ 0, & \text{其他。}\end{cases}$$
   试求（a）常数 c；（b）$P(X+Y>2)$；（c）$P(Y<1/2)$；（d）$P(X\leqslant 1)$；（e）$P(X=3Y)$。
5. 设两个随机变量 X 和 Y 的联合概率密度函数定义如下：
$$f(x,y)=\begin{cases}c(x^2+y), & 0\leqslant y\leqslant 1-x^2,\\ 0, & \text{其他。}\end{cases}$$
   试求（a）常数 c；（b）$P(0\leqslant X\leqslant 1/2)$；（c）$P(Y\leqslant X+1)$；（d）$P(Y=X^2)$。
6. 设在 xy 平面内的某个区域 S 中随机选取点 (X,Y)，这个区域包含满足 $x\geqslant 0,y\geqslant 0,4y+x\leqslant 4$ 的所有点 (x,y)。

a. 求 X 和 Y 的联合概率密度函数。

b. 设 S_0 是 S 中面积为 α 的子集，求 $P((X,Y)\in S_0)$。

7. 设在 xy 平面内的某个区域 S 中随机选取点 (X,Y)，这个区域中的点满足：$0\leqslant x\leqslant 1, 0\leqslant y\leqslant 1$。被选中的点处于 $(0,0),(1,0),(0,1),(1,1)$ 的概率分别是 0.1，0.2，0.4，0.1。若被选中的点不是这四个顶点时，它为该正方形区域的内点，并且将根据正方形内部的常数概率密度函数进行选取。试求（a）$P(X\leqslant 1/4)$；（b）$P(X+Y\leqslant 1)$。

8. 假设 X 和 Y 是两个随机变量，使得点 (X,Y) 必属于 xy 平面内由 $0\leqslant x\leqslant 3$，$0\leqslant y\leqslant 4$ 围成的矩形，且定义 X 和 Y 在这个矩形中每个点 (x,y) 的联合分布函数如下：

$$F(x,y)=\frac{1}{156}xy(x^2+y)。$$

确定（a）$P(1\leqslant X\leqslant 2, 1\leqslant Y\leqslant 2)$；（b）$P(2\leqslant X\leqslant 4, 2\leqslant Y\leqslant 4)$；（c）$Y$ 的分布函数；（d）(X,Y) 的联合概率密度函数；（e）$P(Y\leqslant X)$。

9. 在例 3.4.5 中，求用水需求量 X 大于用电需求量 Y 的概率。

10. 设 Y 是到达交换台的呼叫频率（次数/小时），并设 X 是两个小时内总的呼叫次数。通常 (X,Y) 的联合概率/密度函数的一个选择是：

$$f(x,y)=\begin{cases}\dfrac{(2y)^x}{x!}e^{-3y}, & y>0, x=0,1,\cdots,\\ 0, & 其他。\end{cases}$$

a. 验证：f 是一个联合概率/密度函数。提示：先利用 e^{2y} 的幂级数展开式对 x 求和。

b. 求 $P(X=0)$。

11. 考虑例 2.1.4 中的抑郁症药物的临床试验。假设从该研究的 150 名患者中随机选择一名患者，我们记录 Y 为指标“该患者的治疗组”，以及 X 为指标“该患者是否复发”。表 3.3 包含 X 和 Y 的联合概率函数。

表 3.3　习题 11 的抑郁症诊疗结果的比例

疗效（X）	治疗组（Y）			
	丙咪嗪（1）	碳酸锂（2）	联合疗法（3）	安慰剂（4）
复发（0）	0.120	0.087	0.146	0.160
没有复发（1）	0.147	0.166	0.107	0.067

a. 计算从这项研究中随机选择的患者使用碳酸锂（单独或与丙咪嗪联合使用）且没有复发的概率。

b. 计算患者复发的概率（不考虑治疗组）。

3.5 边际分布

前面我们介绍了随机变量的分布，在 3.4 节讨论了二元随机变量联合分布的一般情形。我们经常从两个随机变量的联合分布开始，然后想要找到它们两个中一个的分布。从联合分布计算得到的关于随机变量 X 的分布被称为 X 的边际分布。每个随机变量都有边际分布函数和边际概率密度函数或概率函数，我们也引入了独立随机变量的概念，它是独立事件自然的推广。

推导边际概率函数或边际概率密度函数

由定理 3.4.5 可知，若已知两个随机变量 X 和 Y 的联合分布函数 F，由 F 可推导出随

机变量 X 的分布函数 F_1。例 3.4.15 中我们进行了这样的推导。如果 X 有连续分布，可由联合分布推导出 X 的边际概率密度函数。

例 3.5.1　水电需求　仔细看一下例 3.4.15 中 $F(x,y)$ 的公式，具体地，我们将最后两个公式记为 $F_1(x)$ 和 $F_2(y)$，它们是两个单独的随机变量 X 和 Y 的分布函数。从这两个公式和定理 3.3.5 可以明显看出，X 的概率密度函数为

$$f_1(x)=\begin{cases}\dfrac{1}{196}, & 4\leqslant x\leqslant 200,\\ 0, & \text{其他。}\end{cases}$$

这与例 3.2.1 中已经得到的结论是一致的。类似地，Y 的概率密度函数为

$$f_2(y)=\begin{cases}\dfrac{1}{149}, & 1\leqslant y\leqslant 150,\\ 0, & \text{其他。}\end{cases}$$

◀

利用例 3.5.1 中的思路可以得到如下定义：

定义 3.5.1　边际分布函数/概率函数/概率密度函数　如果 X 和 Y 有联合分布，由定理 3.4.5 所推导出的 X 的分布函数被称为 X 的边际分布函数。类似地，与 X 的边际分布函数相对应的 X 的概率函数或者概率密度函数被称为 X 的边际概率函数或边际概率密度函数。

为了得到边际概率函数或概率密度函数的具体公式，我们先从离散联合分布开始。

定理 3.5.1　如果 X 和 Y 有离散联合分布，其联合概率函数为 f，则 X 的边际概率函数为

$$f_1(x)=\sum_{\text{所有}y}f(x,y)。\tag{3.5.1}$$

类似地，Y 的边际概率函数为 $f_2(y)=\sum_{\text{所有}x}f(x,\ y)$。

证明　我们证明 f_1 的结果，因为 f_2 的证明是相似的。我们利用图 3.15 来说明该证明。在图中，虚线框中的点的第一个坐标为 x，事件 $\{X=x\}$ 可以用虚线框中的事件 $B_y=\{X=x,Y=y\}$ 关于所有可能的 y 的并集来表示。事件 B_y 是不相交的，且 $P(B_y)=f(x,y)$。由于 $P(X=x)=\sum_{\text{所有}y}P(B_y)$，因此式（3.5.1）成立。■

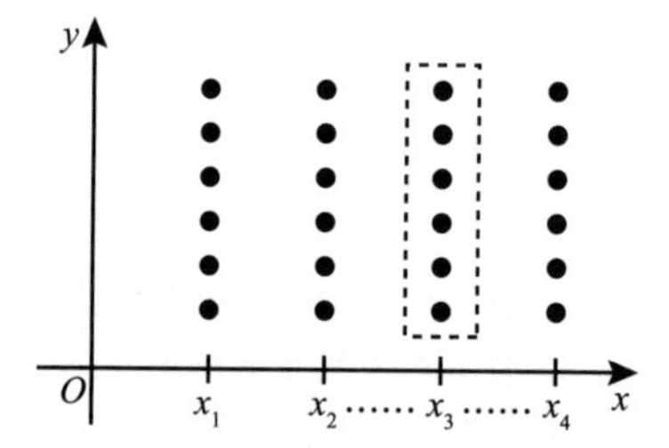

图 3.15　由联合概率函数计算 f_1

例 3.5.2　由概率表推导边际概率函数　假设 X 和 Y 是例 3.4.3 的随机变量，分别是某个郊区随机选择的一个家庭拥有的汽车和电视机的数量。表 3.2 给出了它们的联合概率函数，我们在表 3.4 中重复该表，并将行和列的和添加到表的边缘。

X 的边际概率函数 f_1 可由表 3.4 中的“总计”列得到，将该表中间四列（标记为 $y=1,2,3,4$ 的列）的每一行求和可获得这些数值。按此方法，可得 $f_1(1)=0.2, f_2(2)=0.6, f_1(3)=0.2$；对所有其他的 x，$f_1(x)=0$。边际概率函数给出了随机选择一个家庭拥有 1 辆、2 辆、3 辆汽车的概率。类似地，Y 的边际概率函数 f_2，可从“总计”行中得到一个家庭拥有 1 台、2 台、3 台及 4 台电视机的概率。这些数字是通过将表中间三行（标记为 $x=1,2,3$

的列）的每一列中的数字相加而获得的。◀

表 3.4　例 3.5.2 的联合概率函数及其边际概率函数

x	y				总计
	1	2	3	4	
1	0.1	0	0.1	0	0.2
2	0.3	0	0.1	0.2	0.6
3	0	0.2	0	0	0.2
总计	0.4	0.2	0.2	0.2	1.0

“边际分布”这个名称源于这样一个事实：边际分布是出现在表（如表 3.4）的边缘中的总计。

若 X 和 Y 有连续联合分布，其联合概率密度函数为 f，也可以利用式（3.5.1）的方法确定 X 的边际概率密度函数 f_1，但对 Y 的所有可能值求和现在要替换成关于 Y 的所有可能值积分。

定理 3.5.2　若 X 和 Y 有连续联合分布，其联合概率密度函数为 f，则 X 的边际概率密度函数为

$$f_1(x)=\int_{-\infty}^{\infty}f(x,y)\mathrm{d}y,\ -\infty<x<\infty。\tag{3.5.2}$$

类似地，Y 的边际概率密度函数为

$$f_2(y)=\int_{-\infty}^{\infty}f(x,y)\mathrm{d}x,\ -\infty<y<\infty。\tag{3.5.3}$$

证明　式（3.5.2）的证明与式（3.5.3）的证明类似。对任意的 x，$P(X\leqslant x)$ 可以表示为 $P((X,Y)\in C)$，其中 $C=\{(r,s):r\leqslant x\}$。可由 (X,Y) 的联合概率密度函数直接计算这个概率，

$$\begin{aligned}P((X,Y)\in C)&=\int_{-\infty}^{x}\int_{-\infty}^{\infty}f(r,s)\mathrm{d}s\mathrm{d}r\\&=\int_{-\infty}^{x}\left[\int_{-\infty}^{\infty}f(r,s)\mathrm{d}s\right]\mathrm{d}r。\end{aligned}\tag{3.5.4}$$

式（3.5.4）的最后一个表达式中的内积分是 r 的函数，很容易地将其识别为 $f_1(r)$，其中 f_1 由式（3.5.2）所定义。由此可得，$P(X\leqslant x)=\int_{-\infty}^{x}f_1(r)\mathrm{d}r$，因此 f_1 是 X 的边际概率密度函数。■

例 3.5.3　推导边际概率密度函数　假设 X 和 Y 的联合概率密度函数如例 3.4.7 所示，即

$$f(x,y)=\begin{cases}\dfrac{21}{4}x^2y, & x^2\leqslant y\leqslant 1,\\ 0, & 其他。\end{cases}$$

在图 3.16 中画出了使得 $f(x,y)>0$ 的点 (x,y) 的集合 S。我们将先求 X 的边际概率密度函数 f_1，再求 Y 的边际概率密度函数 f_2。

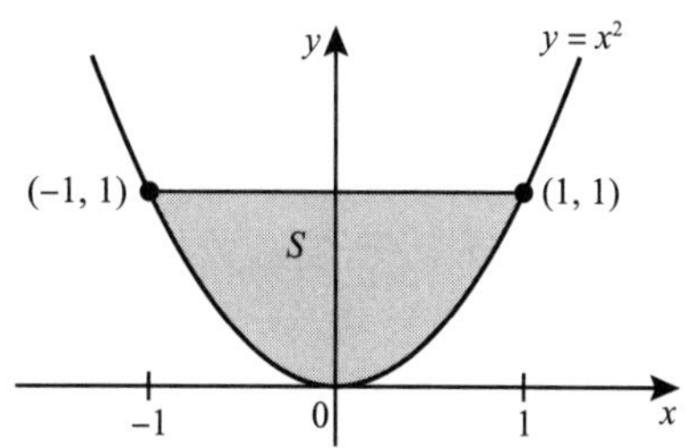

图 3.16　例 3.5.3 中的集合 S，其中 $f(x,y)>0$

由图 3.16 可知，X 不可能取区间$[-1,1]$外的任何值，所以对 $x<-1$ 或 $x>1$ 有 $f_1(x)=0$。进一步，对$-1\leqslant x\leqslant 1$，由图 3.16，$f(x,y)=0$，除非 $x^2\leqslant y\leqslant 1$。于是，对于$-1\leqslant x\leqslant 1$，

$$f_1(x)=\int_{-\infty}^{\infty}f(x,y)\,\mathrm{d}y=\int_{x^2}^{1}\left(\frac{21}{4}\right)x^2y\,\mathrm{d}y=\left(\frac{21}{8}\right)x^2(1-x^4)\text{。}$$

X 的边际概率密度函数如图 3.17 所示。

接着，由图 3.16 可见，Y 不可能取区间$[0,1]$外的任何值。因此，对 $y<0$ 或 $y>1$，有 $f_2(y)=0$。进一步，对 $0\leqslant y\leqslant 1$，从图 3.16 可见，$f(x,y)=0$，除非$-\sqrt{y}\leqslant x\leqslant\sqrt{y}$。因而，对 $0\leqslant y\leqslant 1$，

$$f_2(y)=\int_{-\infty}^{\infty}f(x,y)\,\mathrm{d}x=\int_{-\sqrt{y}}^{\sqrt{y}}\left(\frac{21}{4}\right)x^2y\,\mathrm{d}x=\left(\frac{7}{2}\right)y^{5/2}\text{。}$$

Y 的边际概率密度函数如图 3.18 所示。

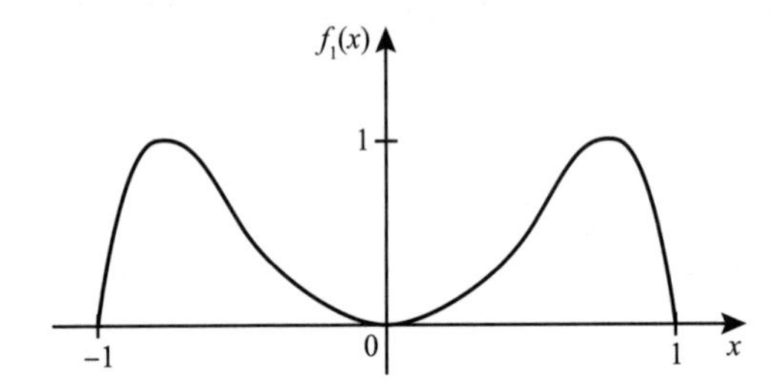

图 3.17　例 3.5.3 中 X 的边际概率密度函数

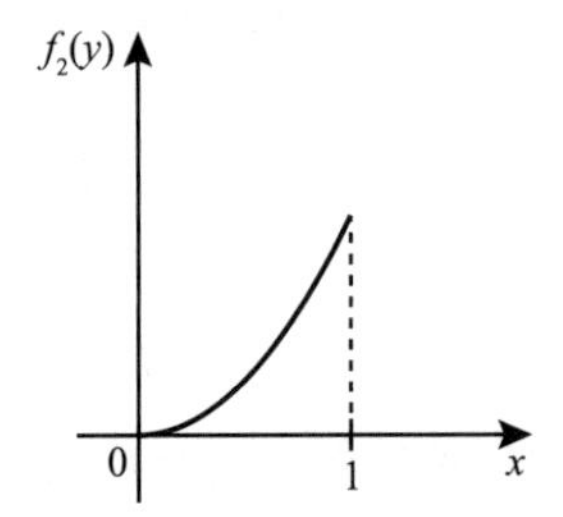

图 3.18　例 3.5.3 中 Y 的边际概率密度函数

◀

若 X 有离散分布，Y 有连续分布，我们可用同样的方法由联合概率/密度函数推导出 X 的边际概率函数和 Y 的边际概率密度函数，就如同我们由联合概率函数或联合概率密度函数推导出边际概率函数或边际概率密度函数一样。下述结论可以通过结合定理 3.5.1 和定理 3.5.2 的证明中使用的技巧来证明。

定理 3.5.3　令 f 是 X 和 Y 的联合概率/密度函数，其中 X 是离散型的，Y 是连续型的，则 X 的边际概率函数为

$$f_1(x)=P(X=x)=\int_{-\infty}^{\infty}f(x,y)\,\mathrm{d}y,\ \forall x\text{。}$$

Y 的边际概率密度函数为

$$f_2(y)=\sum_x f(x,y),\ -\infty<y<\infty\text{。}$$ ■

例 3.5.4　通过联合概率/密度函数确定边际概率函数和边际概率密度函数　假设 X 和 Y 的联合概率/密度函数如例 3.4.11 中所示。通过如下积分可得到 X 的边际概率函数

$$f_1(x)=\int_0^1\frac{xy^{x-1}}{3}\mathrm{d}y=\frac{1}{3},x=1,2,3\text{。}$$

Y 的边际概率密度函数可通过如下求和得到，

$$f_2(y)=\frac{1}{3}+\frac{2y}{3}+y^2,\text{对 }0<y<1\text{。}$$ ◀

尽管我们能通过 X 和 Y 的联合分布推导出它们的边际分布，但是如果没有额外信息，仅通过 X 和 Y 的边际分布重构联合分布是不可能的。例如图 3.17 和图 3.18 所绘的边际概率密度函数并没有揭示关于 X 和 Y 间关系的任何信息。事实上，由定义可知，X 的边际分布确定了 X 的概率，与任何其他随机变量的取值无关。边际概率密度函数的这种性质可用另一个例子来进一步解释。

例 3.5.5 边际分布和联合分布 假设有一枚一分硬币和一枚五分硬币，每个都掷 n 次，每对投掷序列（每个序列有 n 次投掷）等可能发生。考虑如下定义的 X 和 Y 的两个随机变量：（i）X 是一分硬币正面朝上的次数，Y 是五分硬币正面朝上的次数；（ii）X 和 Y 都是一分硬币正面朝上的次数，即随机变量 X 和 Y 是完全相同的。

在情况（i）中，X 的边际分布和 Y 的边际分布是相同的二项分布。在情形（ii）中，也能得到同样的 X 和 Y 的边际分布。然而，这两种情形中的 X 和 Y 的联合分布不相同。在情形（i）中，X 和 Y 可能取不同的值，它们的联合概率函数为

$$f(x,y)=\begin{cases}\binom{n}{x}\binom{n}{y}\left(\frac{1}{2}\right)^{x+y}, & x=0,1,\cdots,n,y=0,1,\cdots,n,\\0, & \text{其他。}\end{cases}$$

而在情形（ii）中，X 和 Y 的取值必然相同，它们的联合概率函数为

$$f(x,y)=\begin{cases}\binom{n}{x}\left(\frac{1}{2}\right)^{x}, & x=y=0,1,\cdots,n,\\0, & \text{其他。}\end{cases}$$

◀

独立随机变量

例 3.5.6 水电需求 在例 3.4.15 和例 3.5.1 中，我们得到了水、电需求量的边际分布函数，分别为

$$F_1(x)=\begin{cases}0, & x<4,\\ \dfrac{x}{196}, & 4\leqslant x\leqslant 200,\\ 1, & x>200,\end{cases}\quad F_2(y)=\begin{cases}0, & y<1,\\ \dfrac{y}{149}, & 1\leqslant y\leqslant 150,\\ 1, & y>150,\end{cases}$$

这两个函数的乘积与例 3.4.15 中给出的 (X,Y) 的联合分布函数完全相同。于是，对于每个 x 和 y，$P(X\leqslant x,Y\leqslant y)=P(X\leqslant x)P(Y\leqslant y)$。这意味着 X 和 Y 是下述定义的一个例子。◀

定义 3.5.2 独立随机变量 如果对任意两个实数集 A 和 B，使得 $\{X\in A\}$ 与 $\{Y\in B\}$ 都为事件，有

$$P(X\in A,Y\in B)=P(X\in A)P(Y\in B)。\tag{3.5.5}$$

则随机变量 X 和 Y 被称为独立的。

换言之，设 E 是任意事件，发生与否仅依赖于 X 的取值（例如 $E=\{X\in A\}$）；设 D 是任意事件，发生与否仅依赖于 Y 的取值（例如 $D=\{Y\in B\}$）。那么，X 和 Y 是独立随机变量当且仅当对所有事件 E 和 D，E 和 D 是独立事件。

若 X 和 Y 是独立的，则对所有实数 x 和 y，有

$$P(X \leqslant x, Y \leqslant y) = P(X \leqslant x)P(Y \leqslant y)。\tag{3.5.6}$$

进而，因为出现在式（3.5.5）中的X和Y的类型的所有概率，能由出现在式（3.5.6）中的类型的概率导出，从而若式（3.5.6）对所有的x和y都成立，则X和Y必然是独立的。这个命题的证明超出了本书的范围，所以略去。我们可以将之归结为以下定理：

定理3.5.4　设X和Y的联合分布函数为F，X的边际分布函数为F_1，Y的边际分布函数为F_2。则随机变量X和Y相互独立，当且仅当对所有的实数x和y，有$F(x,y)=F_1(x)F_2(y)$。■

例如，例3.5.6中水和电的需求量是独立的。回到例3.5.1，还可以看到水和电需求量的边际概率密度函数乘积等于式（3.4.2）所给出的联合概率密度函数。这种关系是独立随机变量的特征，无论是离散变量还是连续变量。

定理3.5.5　设X和Y为随机变量，有联合概率函数或联合概率密度函数或联合概率/密度函数f。则X和Y相互独立，当且仅当f可表示为如下形式，对$-\infty<x<\infty$，$-\infty<y<\infty$，有

$$f(x,y)=h_1(x)h_2(y),\tag{3.5.7}$$

其中h_1是x的非负函数，h_2是y的非负函数。

证明　这里仅对X是离散型、Y是连续型的情况给出证明，其他情况相似。对于"充分条件"部分，假设式（3.5.7）成立。记

$$f_1(x) = \int_{-\infty}^{\infty} h_1(x)h_2(y)\,\mathrm{d}y = c_1 h_1(x),$$

其中$c_1 = \int_{-\infty}^{\infty} h_2(y)\,\mathrm{d}y$为有限的正数，否则$f_1$就不是一个概率函数，因此$h_1(x)=f_1(x)/c_1$。类似地，

$$f_2(y) = \sum_x h_1(x)h_2(y) = h_2(y)\sum_x \frac{1}{c_1}f_1(x) = \frac{1}{c_1}h_2(y)。$$

因此$h_2(y)=c_1 f_2(y)$。由于$f(x,y)=h_1(x)h_2(y)$，由此可得

$$f(x,y) = \frac{f_1(x)}{c_1}c_1 f_2(y) = f_1(x)f_2(y)。\tag{3.5.8}$$

现在设A和B是实数集。假设积分存在，我们可以写

$$\begin{aligned} P(X \in A, Y \in B) &= \sum_{x \in A}\int_B f(x,y)\,\mathrm{d}y \\ &= \int_B \sum_{x \in A} f_1(x)f_2(y)\,\mathrm{d}y \\ &= \sum_{x \in A} f_1(x)\int_B f_2(y)\,\mathrm{d}y, \end{aligned}$$

其中，第一个等式来自定义3.4.5，第二个来自式（3.5.8），第三个是直接重排。根据定义3.5.2，可以看到X和Y是独立的。

对于"必要条件"部分，假设X和Y是独立的，设A和B是实数集，X的边际概率函数为f_1，Y的边际概率密度函数为f_2，那么

$$P(X \in A, Y \in B) = \sum_{x \in A} f_1(x)\int_B f_2(y)\,\mathrm{d}y$$

$$= \int_B \sum_{x \in A} f_1(x) f_2(y) \, dy,$$

（如果积分存在）其中第一个等式来自定义 3.5.2，第二个是直接重排。我们现在看到 $f_1(x)f_2(y)$ 满足定义 3.4.5 中 $f(x,y)$ 的所需条件。■

由定理 3.5.5 可得如下简单推论。

推论 3.5.1 两个随机变量 X 和 Y 是独立的，当且仅当对于所有实数 x 和 y，如下因式分解都是成立的：

$$f(x,y) = f_1(x) f_2(y)。 \tag{3.5.9}$$

■

如 3.2 节所述，在连续分布中，概率密度函数的值在可数点集上可以任意改变。因此，对于这样的分布，更准确地说应该是，随机变量 X 和 Y 是独立的，当且仅当可以选择 f，f_1 和 f_2 的形式使得式（3.5.9）对所有 $-\infty<x<\infty$ 和 $-\infty<y<\infty$ 都成立。

独立性的含义 在定义 3.5.2 中我们给出了独立随机变量的数学定义，但是我们还没有对独立随机变量的概念给出任何解释。由于独立事件与独立随机变量之间存在着紧密联系，因此独立随机变量的解释与独立事件的解释密切相关。如果知道其中一个事件发生不会改变另一个事件发生的概率，我们就将这两个事件建模为独立事件。很容易将这种思想扩展到离散随机变量。假设 X 和 Y 具有离散联合分布。如果对于每个 y，知道了 $Y=y$ 并不会改变事件 $\{X=x\}$ 的概率，我们就会说"X 和 Y 是独立的"。由推论 3.5.1 和边际概率函数的定义可知，X 和 Y 是独立的，当且仅当对于每个 y 和 x，使得 $P(Y=y)>0$，$P(X=x \mid Y=y)=P(X=x)$，也就是说，知道 Y 的值不会改变与 X 相关的任何事件的概率。在 3.6 节正式定义条件分布时，我们将看到对独立离散随机变量的这种解释可扩展到所有二元分布。总之，如果我们试图决定是否将两个随机变量 X 和 Y 建模为独立的，应该考虑在知道 Y 的值后是否会改变 X 的分布，反之亦然。

例 3.5.7 机会游戏 狂欢节游戏包括投掷一枚均匀的骰子，抛掷一个均匀的硬币两次，并记录两个结果。设 Y 表示骰子上的数字，令 X 表示两次抛掷中正面向上的次数。认为掷骰子的所有事件与掷硬币的所有事件相互独立，这似乎是合理的。因此，我们可以假设 X 和 Y 是独立的随机变量。Y 的边际分布是整数 $1,\cdots,6$ 上的均匀分布，而 X 的分布是参数为 2 和 1/2 的二项分布。表 3.5 中给出了 X 和 Y 的边际概率函数和联合概率函数，其中联合概率函数是由式（3.5.9）给出的。"总计"列给出了 X 的边际概率函数 f_1，"总计"行给出了 Y 的边际概率函数 f_2。◀

表 3.5 例 3.5.7 的联合概率函数 $f(x,y)$

x	y						总计
	1	2	3	4	5	6	
0	1/24	1/24	1/24	1/24	1/24	1/24	1/4
1	1/12	1/12	1/12	1/12	1/12	1/12	1/2
2	1/24	1/24	1/24	1/24	1/24	1/24	1/4
总计	1/6	1/6	1/6	1/6	1/6	1/6	1.000

例 3.5.8 确定临床试验中的随机变量是否独立 回到 3.4 节习题 11 中抑郁症药物的

临床试验，从研究的150名患者中随机挑选一名患者，记录Y为指标“该患者的治疗组”和X为指标“该患者是否复发”，表3.6再次给出了X和Y的联合概率函数，并在边缘上给出了边际分布。我们现在来确定X和Y是否独立。

在式（3.5.9）中，$f(x,y)$是表中第x行和第y列中的概率，$f_1(x)$是“总计”列第x行的数字，$f_2(y)$是“总计”行第y列的数字。从表中可以看出，$f(1,2)=0.087$，而$f_1(1)=0.513$,$f_2(2)=0.253$。因此，$f(1,2)\neq f_1(1)f_2(2)=0.129$。由此可得$X$和$Y$不是独立的。◀

表3.6　例3.5.8的比例与边际分布

疗效（X）	治疗组（Y）			安慰剂（4）	总计
	丙咪嗪（1）	碳酸锂（2）	联合疗法（3）		
复发（0）	0.120	0.087	0.146	0.160	0.513
没有复发（1）	0.147	0.166	0.107	0.067	0.487
总计	0.267	0.253	0.253	0.227	1.000

例3.5.7和例3.5.8中值得注意的是，X和Y是独立的当且仅当表中联合概率函数的行与其他行对应成比例，或等价地，表中列与列之间对应成比例。

例3.5.9　计算涉及独立随机变量的概率　假定连续两年在5月1日对特定地区降雨量的两次测量为X和Y。鉴于在历史上对5月1日降雨量的了解，将随机变量X和Y视为独立变量是合理的。假设每次测量的概率密度函数g如下：

$$g(x)=\begin{cases}2x, & 0\leqslant x\leqslant 1,\\ 0, & \text{其他。}\end{cases}$$

我们将确定$P(X+Y\leqslant 1)$的值。

因为X和Y是独立的，且概率密度函数均为g，由式（3.5.9）可知，对所有x和y，X和Y的联合概率密度函数$f(x,y)$的值能由关系$f(x,y)=g(x)g(y)$确定。因此，

$$f(x,y)=\begin{cases}4xy, & 0\leqslant x\leqslant 1,0\leqslant y\leqslant 1,\\ 0, & \text{其他。}\end{cases}$$

xy平面的集合$S=\{(x,y):f(x,y)>0\}$和子集$S_0=\{(x,y)\in S:x+y\leqslant 1\}$如图3.19所示。因此

$$P(X+Y\leqslant 1)=\iint_{S_0}f(x,y)\,\mathrm{d}x\mathrm{d}y=\int_0^1\int_0^{1-x}4xy\,\mathrm{d}y\mathrm{d}x=\frac{1}{6}。$$

作为最后的注释，如果两个测量X和Y是同一个日期在比较近的两个地点进行的，将其视为独立可能没有多大的意义，因为我们希望它们彼此之间比历史降雨量更相似。例如，如果我们首先了解到与所讨论的日期的历史降雨量相比，X很小，则可能会期望Y也小于历史分布所建议的降雨量。◀

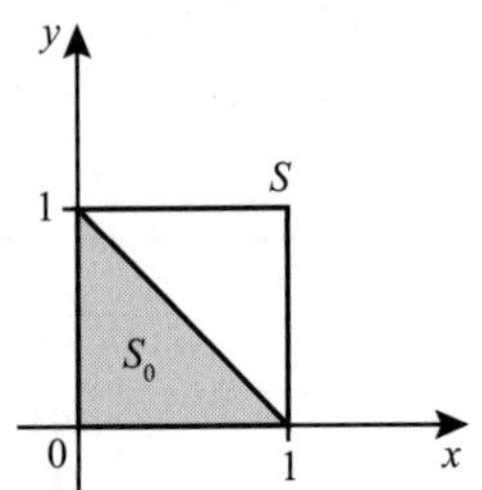

图3.19　例3.5.9中的子集S_0，其中$x+y\leqslant 1$

定理3.5.5表明，X和Y独立当且仅当对所有的x和y，f可以分解成x的任意非负函数和y的任意非负函数的乘积。需要强调的是，正如式（3.5.9）所示，式（3.5.7）中的因式分解必须对所有x和y（$-\infty<x<\infty,-\infty<y<\infty$）都成立。

例 3.5.10 相依随机变量 假设 X 和 Y 的联合概率密度函数如下：

$$f(x,y)=\begin{cases}kx^2y^2, & x^2+y^2\leqslant 1,\\ 0, & \text{其他。}\end{cases}$$

我们将证明 X 和 Y 不是独立的。

显然在圆 $x^2+y^2\leqslant 1$ 内的每个点，$f(x,y)$ 可以分解为式（3.5.7）的形式。然而，在圆外的每个点并不都满足这样的因式分解。例如 $f(0.9,0.9)=0$，但 $f_1(0.9)=0$ 不成立，$f_2(0.9)=0$ 也不成立。（在本节习题 13 中，可以验证 f_1 和 f_2 的这个特征。）

本例的重要特征是 X 和 Y 的取值限制在圆内，X 和 Y 的联合概率密度函数在圆内为正，在圆外为零。在此条件下，X 和 Y 不可能独立，因为对 Y 的所有给定的值 y，X 的可能取值依赖于 y。比如说，若 $Y=0$，则 X 能取使得 $X^2\leqslant 1$ 的任意值；又若 $Y=1/2$，则 X 的取值必须满足 $X^2\leqslant 3/4$。◀

例 3.5.10 表明，在尝试运用定理 3.5.5 时必须小心。每当 $\{(x,y):f(x,y)>0\}$ 具有弯曲或不平行于坐标轴的边界时，该例中的情况就会发生。这是一个重要的特殊情况，很容易验证定理 3.5.5 的条件。证明留作练习。

定理 3.5.6 设 X 和 Y 有连续联合分布，并设 $\{(x,y):f(x,y)>0\}$ 是个矩形区域 R（可能无界），其边界（如果有）平行于坐标轴。则 X 和 Y 是独立的当且仅当式（3.5.7）对所有的 $(x,y)\in R$ 成立。■

例 3.5.11 检验联合概率密度函数的因式分解 假设 X 和 Y 的联合概率密度函数如下：

$$f(x,y)=\begin{cases}k\mathrm{e}^{-(x+2y)}, & x\geqslant 0, y\geqslant 0,\\ 0, & \text{其他。}\end{cases}$$

其中 k 是某个常数。我们先确定 X 和 Y 是否是独立的，再求它们的边际概率密度函数。

本例中，在一个无界的矩形区域 R（其边界为直线 $x=0$ 和 $y=0$）外 $f(x,y)=0$。进一步，对 R 中的每个点，令 $h_1=k\mathrm{e}^{-x}$，$h_2=\mathrm{e}^{-2y}$，则 $f(x,y)$ 有形如式（3.5.7）的因式分解。因此，X 和 Y 是独立的。

因此，在这种情况下，除去常数因子外，$h_1(x)$ 和 $h_2(y)$ 必然是 X 和 Y 当 $x\geqslant 0$ 和 $y\geqslant 0$ 时的边际概率密度函数。选取常数使得 $h_1(x)$ 和 $h_2(y)$ 的积分为 1，我们可以得到 X 和 Y 的边际概率密度函数 f_1 和 f_2：

$$f_1(x)=\begin{cases}\mathrm{e}^{-x}, & x\geqslant 0,\\ 0, & \text{其他。}\end{cases}$$

和

$$f_2(y)=\begin{cases}2\mathrm{e}^{-2y}, & y\geqslant 0,\\ 0, & \text{其他。}\end{cases}$$

我们将 f_1 乘上 f_2 并将乘积与 $f(x,y)$ 比较，可以得到 $k=2$。◀

注：独立随机变量各自的函数是相互独立的。若 X 和 Y 是独立的，则 $h(X)$ 和 $g(Y)$ 是独立的，无论 h 和 g 是何种函数形式。因为对任何 t，事件 $\{h(X)\leqslant t\}$ 总能写成 $\{X\in A\}$，其中 $A=\{x:h(x)\leqslant t\}$。类似地，$\{g(Y)\leqslant u\}$ 可写成 $\{Y\in B\}$，由 X 和 Y 满足式（3.5.5）可得 $h(X)$ 和 $g(Y)$ 满足式（3.5.6）。

小结

设$f(x,y)$是随机变量X和Y的联合概率函数、联合概率密度函数或联合概率/密度函数。记X的边际概率函数或边际概率密度函数为$f_1(x)$，记Y的边际概率函数或边际概率密度函数为$f_2(y)$。为了求得$f_1(x)$，若Y是离散的，则计算$\sum_y f(x,y)$；若Y是连续的，则计算$\int_{-\infty}^{\infty} f(x,y)\,dy$。类似地，为了求得$f_2(y)$，若$X$是离散的，则计算$\sum_x f(x,y)$；若$X$是连续的，则计算$\int_{-\infty}^{\infty} f(x,y)\,dx$。随机变量$X$和$Y$是独立的当且仅当对所有的$x$和$y$，有$f(x,y)=f_1(x)f_2(y)$。无论$X$或$Y$是离散型的还是连续型的，这个公式都是对的。两个连续随机变量独立的充分条件是$R=\{(x,y):f(x,y)>0\}$是矩形区域，其边平行于坐标轴，且在R内，$f(x,y)$可分解为x与y的独立函数的乘积。

习题

1. 设X和Y有连续联合分布，其联合概率密度函数如下：

$$f(x,y)=\begin{cases}k, & a\leqslant x\leqslant b, c\leqslant y\leqslant d,\\ 0, & \text{其他。}\end{cases}$$

其中$a<b$，$c<d$且$k>0$。求X和Y的边际分布。

2. 设X和Y有离散联合分布，其联合概率函数定义如下：

$$f(x,y)=\begin{cases}\frac{1}{30}(x+y), & x=0,1,2, y=0,1,2,3,\\ 0, & \text{其他。}\end{cases}$$

a. 求X和Y的边际概率函数。

b. X和Y是否独立？

3. 设X和Y有连续联合分布，其联合概率密度函数如下：

$$f(x,y)=\begin{cases}\frac{3}{2}y^2, & 0\leqslant x\leqslant 2, 0\leqslant y\leqslant 1,\\ 0, & \text{其他。}\end{cases}$$

a. 求X和Y的边际概率密度函数。

b. X和Y是否独立？

c. 事件$\{X<1\}$和事件$\{Y\geqslant 1/2\}$是否独立？

4. 设X和Y的联合概率密度函数如下：

$$f(x,y)=\begin{cases}\frac{15}{4}x^2, & 0\leqslant y\leqslant 1-x^2,\\ 0, & \text{其他。}\end{cases}$$

a. 求X和Y的边际概率密度函数。

b. X和Y是否独立？

5. 某药店有三个公共电话亭。令$p_i(i=0,1,2,3)$表示在任意周一晚八点刚好有i个电话亭被占用的概率；又假设$p_0=0.1$，$p_1=0.2$，$p_2=0.4$，$p_3=0.3$。设X和Y表示在两个独立的周一晚八点电话亭被占用的个数。确定：(a) X和Y的联合概率函数；(b) $P(X=Y)$；(c) $P(X>Y)$。

6. 假设在某药品中某特定化学成分的浓度是一个有连续分布的随机变量，概率密度函数 g 如下：

$$g(x)=\begin{cases}\frac{3}{8}x^2, & 0\leqslant x\leqslant 2,\\ 0, & \text{其他。}\end{cases}$$

设 X 和 Y 表示两批药品中该化学成分的浓度，它们是独立的且概率密度函数均为 g。求：(a) X 和 Y 的联合概率密度函数；(b) $P(X=Y)$；(c) $P(X>Y)$；(d) $P(X+Y\leqslant 1)$。

7. 设 X 和 Y 的联合概率密度函数如下：

$$f(x,y)=\begin{cases}2xe^{-y}, & 0\leqslant x\leqslant 1, 0<y<\infty,\\ 0, & \text{其他。}\end{cases}$$

X 和 Y 是否独立？

8. 设 X 和 Y 的联合概率密度函数如下：

$$f(x,y)=\begin{cases}24xy, & x\geqslant 0, y\geqslant 0, x+y\leqslant 1,\\ 0, & \text{其他。}\end{cases}$$

X 和 Y 是否独立？

9. 假设从如下矩形 S 中随机选取点 (X,Y)：

$$S=\{(x,y): 0\leqslant x\leqslant 2, 1\leqslant y\leqslant 4\}。$$

a. 求 X 和 Y 的联合概率密度函数，X 的边际概率密度函数和 Y 的边际概率密度函数。

b. X 和 Y 是否独立？

10. 假设从如下圆 S 中随机选取点 (X,Y)：

$$S=\{(x,y): x^2+y^2\leqslant 1\}。$$

a. 求 X 和 Y 的联合概率密度函数，X 的边际概率密度函数和 Y 的边际概率密度函数。

b. X 和 Y 是否独立？

11. 设两人约定在下午五点至六点间在某地见面，他们约定任何人等对方都不会超过十分钟。若他们独立而随机地在下午五点至六点间到达，求他们见面的概率。

12. 证明定理 3.5.6。

13. 例 3.5.10 中，验证 X 和 Y 有相同的边际概率密度函数，为

$$f_1(x)=\begin{cases}2kx^2(1-x^2)^{3/2}/3, & -1\leqslant x\leqslant 1,\\ 0, & \text{其他。}\end{cases}$$

14. 对于例 3.4.7 中的联合概率密度函数，X 和 Y 是否独立。

15. 涂油漆过程包括两个阶段。在第一阶段，涂油漆，在第二阶段，添加保护性涂料。令 X 为第一阶段花费的时间，令 Y 为第二阶段花费的时间。第一阶段包括检查，如果油漆未通过检查，则必须等待三分钟并再次涂油漆。第二次涂漆后，不再进行检查。设 X 和 Y 的联合概率密度函数为

$$f(x,y)=\begin{cases}\frac{1}{3}, & 1<x<3, 0<y<1,\\ \frac{1}{6}, & 6<x<8, 0<y<1,\\ 0, & \text{其他。}\end{cases}$$

a. 画出 $f(x,y)>0$ 的区域，注意它不完全是一个矩形。

b. 求出 X 和 Y 的边际概率密度函数。

c. 证明 X 和 Y 是独立的。

这个问题并不与定理 3.5.6 矛盾。在这个问题中，条件（包括集合 $f(x,y)>0$ 是矩形）是充分非必要条件。

3.6 条件分布

我们将条件概率的概念推广到条件分布。回忆一下，分布事实上就是由随机变量决定的事件概率的集合。条件分布就是在其他随机变量相关的事件下由随机变量决定的事件的条件概率。其思想是：在一个典型的应用问题中会有许多我们感兴趣的随机变量；在我们观测其中一些随机变量后，我们希望能调整那些还未被观测到的随机变量的概率。给定一个随机变量 Y 的条件下，另一个随机变量 X 的条件分布就是知道 Y 的值后 X 的分布。

离散条件分布

例 3.6.1 汽车保险 保险公司会跟踪各种汽车被盗的可能性。假设某特定地区的一家公司计算了汽车品牌与该汽车在特定年份是否会被盗的指标的联合分布，如表 3.7 所示。

令 $X=1$ 表示汽车被盗，$X=0$ 表示汽车没有被盗。令 Y 取 1 到 5 中的一个值来表示汽车的品牌，如表 3.7 所示。如果客户为特定品牌的汽车申请保险，保险公司需要计算随机变量 X 的分布，作为确定其保费的一部分。保险公司可能会根据风险因素（例如被盗的可能性）来调整保费。总的来说，虽然汽车被盗的概率是 0.024，但如果假设我们知道汽车的品牌，概率可能会发生很大变化。本节将引入正式的概念来解决此类问题。 ◀

表 3.7 例 3.6.1 的联合概率函数

被盗 X	品牌 Y					总计
	1	2	3	4	5	
0	0.129	0.298	0.161	0.280	0.108	0.976
1	0.010	0.010	0.001	0.002	0.001	0.024
总计	0.139	0.308	0.162	0.282	0.109	1.000

假设 X 和 Y 是两个随机变量，具有离散联合分布，联合概率函数为 f。和前面一样，令 f_1 和 f_2 分别表示 X 和 Y 的边际概率函数。在观察到 $Y=y$ 之后，随机变量 X 取特定值 x 的概率由以下条件概率给定：

$$P(X=x \mid Y=y)=\frac{P(X=x,Y=y)}{P(Y=y)}=\frac{f(x,y)}{f_2(y)}。 \tag{3.6.1}$$

换言之，如果已知 $Y=y$，则 $X=x$ 的概率将更新为式（3.6.1）中的值。接下来，我们在已知 $Y=y$ 后，考虑 X 的整个分布。

定义 3.6.1 条件分布/概率函数 设 X 和 Y 具有离散联合分布，联合概率函数为 f。令 f_2 表示 Y 的边际概率函数。对于每个 y，使得 $f_2(y)>0$，定义

$$g_1(x \mid y)=\frac{f(x,y)}{f_2(y)}。 \tag{3.6.2}$$

则称 g_1 为给定 $Y=y$ 下 X 的条件概率函数。概率函数为 $g_1(\cdot \mid y)$ 的离散分布被称为给定条件 $Y=y$ 下 X 的条件分布。

我们应该验证，对每个 y，$g_1(x|y)$ 作为 x 的函数是一个概率函数。令 y 满足 $f_2(y)>0$，则对于所有 x，$g_1(x|y)\geqslant 0$，且

$$\sum_x g_1(x \mid y) = \frac{1}{f_2(y)} \sum_x f(x,y) = \frac{1}{f_2(y)} f_2(y) = 1。$$

注意，我们不必费心为那些使得$f_2(y)=0$的y定义$g_1(x|y)$。

类似地，若x为X给定的一个值，使得$f_1(x)=P(X=x)>0$，若$g_2(y|x)$是给定$X=x$下Y的条件概率函数，则

$$g_2(y \mid x) = \frac{f(x,y)}{f_1(x)}。 \tag{3.6.3}$$

对每个x，若满足$f_1(x)>0$，则函数$g_2(y|x)$作为y的函数是一个概率函数。

例 3.6.2 由联合概率函数计算条件概率函数 假设X和Y的联合概率函数如例3.5.2的表3.4所示。求给定$X=2$时Y的条件概率函数。

X的边际函数在表3.4中的“总计”列，$f_1(2)=P(X=2)=0.6$。因此，Y取特定值y的条件概率$g_2(y|2)$为

$$g_2(y \mid 2) = \frac{f(2,y)}{0.6}。$$

值得注意的是，对y的所有可能值，条件概率$g_2(y|2)$必然与联合概率$f(2,y)$成比例。本例中，为使得结果值的和等于1，$f(2,y)$的每个值除以常数$f_1(2)=0.6$。因此

$$g_2(1 \mid 2) = 1/2, \quad g_2(2 \mid 2) = 0, \quad g_2(3 \mid 2) = 1/6, \quad g_2(4 \mid 2) = 1/3。$$ ◀

例 3.6.3 汽车保险 再次考虑例3.6.1中汽车品牌和汽车被盗的概率。表3.8给出了给定Y（品牌）条件下X（被盗）的条件分布。可以看出品牌1似乎比该地区的其他汽车更容易被盗，品牌1有很大的被盗机会。 ◀

表 3.8 例3.6.3中给定Y下X的条件概率函数

被盗 X	品牌 Y				
	1	2	3	4	5
0	0.928	0.968	0.994	0.993	0.991
1	0.072	0.032	0.006	0.007	0.009

连续条件分布

例 3.6.4 加工时间 一个生产过程包括两个阶段：第一阶段需要Y分钟，整个过程需要X分钟（其中包括第一个阶段的Y分钟），假设X和Y具有连续联合分布，联合概率密度函数为

$$f(x,y) = \begin{cases} e^{-x}, & 0 \leqslant y \leqslant x < \infty, \\ 0, & \text{其他。} \end{cases}$$

在我们了解了第一阶段需要Y分钟之后，我们想要更新总时间X的分布。换句话说，我们希望能够在给定$Y=y$的情况下计算X的条件分布。我们不能用与离散联合分布相同的方式讨论，因为对所有的y，$\{Y=y\}$是一个概率为0的事件。 ◀

为了便于解决例3.6.4中提出的问题，通过考虑式（3.6.2）给出的X的条件概率函数的概念以及概率函数和概率密度函数之间的类比，我们推广条件概率的定义。

定义 3.6.2 条件概率密度函数 设 X 和 Y 有连续联合分布，其联合概率密度函数为 f，边际概率密度函数分别为 f_1 和 f_2。设 y 是一个值，满足 $f_2(y)>0$，则在给定 $Y=y$ 条件下，X 的条件概率密度函数定义如下：

$$g_1(x \mid y)=\frac{f(x,y)}{f_2(y)},\ -\infty<x<\infty。\tag{3.6.4}$$

对于满足 $f_2(y)=0$ 的 y 值，我们可以随意定义 $g_1(x|y)$，只要 $g_1(x|y)$ 作为 x 的函数，是一个概率密度函数。

应该注意的是，式（3.6.2）和式（3.6.4）是相同的。然而，式（3.6.2）被推导为在给定 $Y=y$ 下，$X=x$ 的条件概率，而式（3.6.4）被定义为在给定 $Y=y$ 下，X 的条件概率密度函数的值。事实上，我们应该验证上面定义的 $g_1(x|y)$ 确实是一个概率密度函数。

定理 3.6.1 对于每个 y，定义 3.6.2 中定义的 $g_1(x|y)$ 作为 x 的函数，是一个概率密度函数。

证明 如果 $f_2(y)=0$，我们可以根据我们的意愿定义 $g_1(x|y)$，因此它是一个概率密度函数。如果 $f_2(y)>0$，则 g_1 由式（3.6.4）定义。对于每个这样的 y，很显然对所有的 x，$g_1(x|y)\geqslant 0$。进而，如果 $f_2(y)>0$，则

$$\int_{-\infty}^{\infty} g_1(x \mid y)\,\mathrm{d}x=\frac{\int_{-\infty}^{\infty} f(x,y)\,\mathrm{d}x}{f_2(y)}=\frac{f_2(y)}{f_2(y)}=1,$$

这里使用式（3.5.3）$f_2(y)$ 的公式。 ■

例 3.6.5 加工时间 在例 3.6.4 中，Y 是生产过程的第一阶段所用的时间，而 X 是两个阶段的总时间。计算给定 Y 时，X 的条件概率密度函数。我们可以计算 Y 的边际概率密度函数，如下：对于每个 y，X 的可能值都是 $x\geqslant y$，所以对于每个 $y>0$，

$$f_2(y)=\int_y^{\infty} \mathrm{e}^{-x}\,\mathrm{d}x=\mathrm{e}^{-y},$$

并且对于 $y<0$，$f_2(y)=0$。对于每个 $y\geqslant 0$，给定 $Y=y$ 时，X 的条件概率密度函数是

$$g_1(x \mid y)=\frac{f(x,y)}{f_2(y)}=\frac{\mathrm{e}^{-x}}{\mathrm{e}^{-y}}=\mathrm{e}^{y-x},x \geqslant y,$$

且对于 $x<y$，$g_1(x \mid y)=0$。因此，如果我们观察到 $Y=4$，想要求 $X\geqslant 9$ 的条件概率，可以这样计算：

$$P(X \geqslant 9 \mid Y=4)=\int_9^{\infty} \mathrm{e}^{4-x}\,\mathrm{d}x=\mathrm{e}^{-5}=0.006\ 7。$$

◀

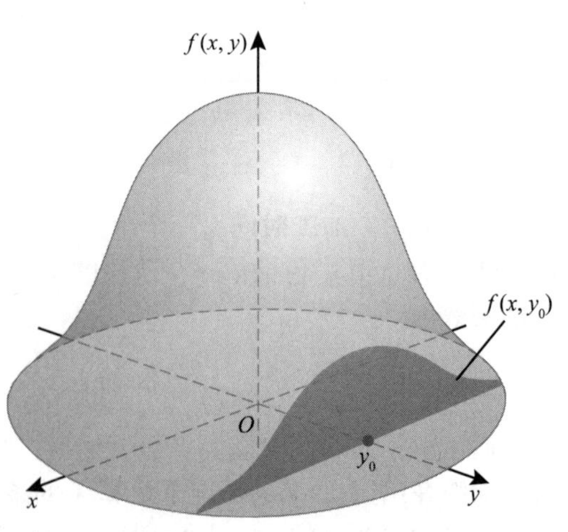

图 3.20 条件概率密度函数 $g_1(x \mid y_0)$ 与 $f(x, y_0)$ 成比例

定义 3.6.2 的解释可以通过图 3.20 来理解。联合概率密度函数定义了 xy 平面上的一个曲面，每个点 (x,y) 处的高度 $f(x,y)$ 表示该点的相对可能性。如果已知 $Y=y_0$，相应的点 (x,y) 位于 xy 平面中的直线 $y=y_0$ 上，在这条

线上任意点(x,y_0)的相对可能性是$f(x,y_0)$。因此，X的条件概率密度函数$g_1(x|y_0)$应该与$f(x,y_0)$成比例。换句话说，$g_1(x|y_0)$与$f(x,y_0)$基本相同，但它包含一个常数因子$1/[f_2(y_0)]$，这是构造条件概率密度函数所必需的，使得关于x的积分为1。

类似地，对于满足$f_1(x)>0$的每个x，在$X=x$条件下，Y的条件概率密度函数定义如下：

$$g_2(y|x)=\frac{f(x,y)}{f_1(x)},\ -\infty<y<\infty。\tag{3.6.5}$$

该式与离散分布推导出的式（3.6.3）相同。如果$f_1(x)=0$，则$g_2(y|x)$可以任意指定，只要它作为y的函数是一个概率密度函数即可。

例 3.6.6　由联合概率密度函数计算条件概率密度函数　假设X和Y的联合概率密度函数由例3.4.7中所示，先求给定$X=x$下Y的条件概率密度函数，再确定给定$X=1/2$时Y的一些概率。

满足$f(x,y)>0$的点集S的图形见图3.12。进而，例3.5.3推导的边际概率密度函数f_1的图形如图3.17所示。由图3.17可见，当$-1<x<1$时，$f_1(x)>0$，但除去$x=0$。因此，对每个使得$-1<x<0$或$0<x<1$的x，Y的条件概率密度函数$g_2(y|x)$如下：

$$g_2(y|x)=\begin{cases}\dfrac{2y}{1-x^4}, & x^2\leqslant y\leqslant 1,\\ 0, & \text{其他。}\end{cases}$$

特别地，若已知$X=1/2$，那么$P\left(Y\geqslant\frac{1}{4}\middle|X=\frac{1}{2}\right)=1$且

$$P\left(Y\geqslant\frac{3}{4}\middle|X=\frac{1}{2}\right)=\int_{3/4}^{1}g_2\left(y\middle|\frac{1}{2}\right)\mathrm{d}y=\frac{7}{15}。$$ ◀

注：条件概率密度函数不是在一个零概率集上取条件得到的结果。给定$Y=y$下X的条件概率密度函数$g_1(x|y)$是当我们知道$Y=y$后用以描述X的概率密度函数。以事件$\{Y=y\}$为条件，而当Y有连续分布时，它的概率为零。事实上，我们在本书中将见到的那些情况，$g_1(x|y)$的值是如下极限：

$$g_1(x|y)=\lim_{\varepsilon\to 0}\frac{\partial}{\partial x}P(X\leqslant x|y-\varepsilon<Y\leqslant y+\varepsilon)。\tag{3.6.6}$$

在式（3.6.6）中，如果Y的边际概率密度函数在y点为正，则条件事件$\{y-\varepsilon\leqslant Y\leqslant y+\varepsilon\}$的概率是正的。严格证明所需的数学知识超出了本书的范围。(见本节的习题11和3.11节的习题25、26，我们可以证明的结果。）处理以连续随机变量为条件的另一种方法是注意到，我们计算的条件概率密度函数作为条件变量的函数，通常是连续的。这意味着在$Y=y$或$Y=y+\varepsilon$（ε非常小）条件下，X几乎有相同的条件分布。因此，如果我们使用$Y=y$作为“Y接近y”的替代并不要紧。然而，重要的是要记住，在给定$Y=y$的情况下X的概率密度函数，最好理解为“给定Y非常接近y的情况下，X的条件概率密度函数”。这些措辞有点像绕口令，所以我们不会使用它，但必须记住“条件概率密度函数”和“以概率为0的事件为条件”之间的区别。尽管有这种区别，但在处理给定$Y=y$的条件下X的条件分布时，将Y视为常数y仍然是合理的。

对于混合分布，我们继续使用式（3.6.2）和式（3.6.3）定义条件概率函数和条件概率密度函数。

定义 3.6.3　混合分布的条件概率函数或条件概率密度函数　设 X 是离散型的，Y 是连续型的，具有联合概率/密度函数 f。那么给定 $Y=y$ 下，X 的条件概率函数由式（3.6.2）所定义。给定 $X=x$ 情况下，Y 的条件概率密度函数由式（3.6.3）所定义。

联合分布的构造

例 3.6.7　有缺陷的零件　假设某台机器生产的零件有的有缺陷和有的无缺陷，但我们不知道在这台机器生产的零件中有多少比例有缺陷。令 P 表示机器生产的所有零件中有缺陷的未知比例。如果已经知道了 $P=p$，可以认为这些零件是相互独立的，每个零件有缺陷的概率都为 p。换句话说，如果以 $P=p$ 为条件，我们就会遇到例 3.1.9 中所描述的情况。就像在该例中一样，假设我们检查 n 个零件，令 X 表示这 n 个零件中有缺陷的零件数。假设我们知道 $P=p$，X 的分布是参数为 n 和 p 的二项分布。也就是说，可以设二项分布的概率函数式（3.1.4）是给定 $P=p$ 下 X 的条件概率函数，即

$$g_1(x\mid p)=\binom{n}{x}p^x(1-p)^{n-x},x=0,\cdots,n。$$

我们可以认为 P 有连续分布，具有概率密度函数 $f_2(p)=1,0\leqslant p\leqslant 1$（这意味着 P 在区间 $[0,1]$ 上服从均匀分布）。在我们知道给定 $P=p$ 的情况下，X 的条件概率函数满足

$$g_1(x\mid p)=\frac{f(x,p)}{f_2(p)},$$

其中，f 是 X 和 P 的联合概率/密度函数。如果将这个等式的两边都乘以 $f_2(p)$，则联合概率/密度函数是

$$f(x,p)=g_1(x\mid p)f_2(p)=\binom{n}{x}p^x(1-p)^{n-x},x=0,1,\cdots,n,0\leqslant p\leqslant 1。$$ ◀

这个构造对一般情形都是可行的，我们接着解释它。

乘法原理对条件概率的推广　定理 2.1.2 条件概率的乘法原理的一个特例表明，如果 A 和 B 是两个事件，则 $P(A\cap B)=P(A)P(B\mid A)$。下面的定理将定理 2.1.2 推广到两个随机变量的情况，其证明可直接利用式（3.6.4）和式（3.6.5）得到。

定理 3.6.2　分布的乘法原理　设 X 和 Y 是随机变量，X 具有概率函数或概率密度函数 $f_1(x)$，Y 具有概率函数或概率密度函数 $f_2(y)$。假设给定 $Y=y$，X 的条件概率函数或条件概率密度函数 $g_1(x\mid y)$；假设给定 $X=x$，Y 的条件概率函数或条件概率密度函数 $g_2(y\mid x)$，则对于任意满足 $f_2(y)>0$ 的 y 和任意的 x，有

$$f(x,y)=g_1(x\mid y)f_2(y),\tag{3.6.7}$$

其中，f 是 X 和 Y 的联合概率函数、联合概率密度函数、联合概率/密度函数。类似地，对于任意满足 $f_1(x)>0$ 的 x 和任意的 y，有

$$f(x,y)=f_1(x)g_2(y\mid x)。\tag{3.6.8}$$

■

定理 3.6.2 中，若对某个值 y_0 有 $f_2(y_0)=0$，那么，不失一般性，可假设对所有的值

x，$f(x,y_0)=0$。在这种情形下，式（3.6.7）的两边都等于0，而$g_1(x|y_0)$定义的不唯一性变得无关紧要了。因此，对所有的x和y都满足式（3.6.7）。式（3.6.8）也有相同的结论。

例 3.6.8 排队等候 设X为一个人在队列中等待服务的时间。服务人员在队列中工作的速度越快，等待时间应该越短。设Y表示服务人员工作的速率，假设它是未知的。给定$Y=y$下，X的条件分布常选择为：对于每个$y>0$，

$$g_1(x\mid y)=\begin{cases}ye^{-xy}, & x\geqslant 0,\\ 0, & \text{其他。}\end{cases}$$

假设Y具有连续分布，概率密度函数为$f_2(y)=e^{-y},y>0$。我们可以利用定理3.6.2构造X和Y的联合概率密度函数：

$$f(x,y)=g_1(x\mid y)f_2(y)=\begin{cases}ye^{-y(x+1)}, & x\geqslant 0,y>0,\\ 0, & \text{其他。}\end{cases}$$

◀

例 3.6.9 有缺陷的零件 设X为样本量为n的样本中有缺陷的零件数，令P为所有零件中有缺陷的比例，如例3.6.7所示。X和P的联合概率/密度函数计算为

$$f(x,p)=g_1(x\mid p)f_2(p)=\binom{n}{x}p^x(1-p)^{n-x},x=0,1,\cdots,n,0\leqslant p\leqslant 1。$$

要计算给定$X=x$，P的条件概率密度函数，可以先求X的边际概率函数：

$$f_1(x)=\int_0^1\binom{n}{x}p^x(1-p)^{n-x}dp, \tag{3.6.9}$$

给定$X=x$，P的条件概率密度函数为

$$g_2(p\mid x)=\frac{f(x,p)}{f_1(x)}=\frac{p^x(1-p)^{n-x}}{\int_0^1 q^x(1-q)^{n-x}dq},0<p<1。 \tag{3.6.10}$$

式（3.6.10）分母中的积分计算起来可能很烦琐，但总是可以求出。例如，如果$n=2$且$x=1$，我们得到

$$\int_0^1 q(1-q)dq=\frac{1}{2}-\frac{1}{3}=\frac{1}{6}。$$

在这种情况下，对于$0\leqslant p\leqslant 1$，$g_2(p|1)=6p(1-p)$。 ◀

随机变量的贝叶斯定理和全概率公式 式（3.6.9）的计算是全概率公式推广到随机变量的一个例子，式（3.6.10）中的计算是将贝叶斯定理推广到随机变量的一个例子。这些结论的证明很简单，这里就不给出了。

定理 3.6.3 随机变量的贝叶斯定理和全概率公式 如果$f_2(y)$是随机变量Y的边际概率函数或边际概率密度函数，$g_1(x|y)$是给定$Y=y$下X的条件概率函数或条件概率密度函数。如果Y是离散型的，则X的边际概率函数或边际概率密度函数是

$$f_1(x)=\sum_y g_1(x\mid y)f_2(y), \tag{3.6.11}$$

如果Y为连续型的，则X的边际概率函数或边际概率密度函数为

$$f_1(x)=\int_{-\infty}^{\infty}g_1(x\mid y)f_2(y)\,\mathrm{d}y。\tag{3.6.12}$$

■

将 x 和 y 及下标1和2互换，可以得到式（3.6.11）和式（3.6.12）的变形。如果 X 和 Y 的联合分布是根据给定 X 下的 Y 的条件分布和 X 的边际分布构建的，则可以使用这些变形。

定理 3.6.4 随机变量的贝叶斯定理 若 $f_2(y)$ 是随机变量 Y 的边际概率函数或边际概率密度函数，$g_1(x|y)$ 是给定 $Y=y$ 下 X 的条件概率函数或条件概率密度函数，则给定 $X=x$ 下 Y 的条件概率函数或条件概率密度函数为

$$g_2(y\mid x)=\frac{g_1(x\mid y)f_2(y)}{f_1(x)},\tag{3.6.13}$$

其中，$f_1(x)$ 由式（3.6.11）或式（3.6.12）给出。类似地，给定 $Y=y$ 下 X 的条件概率函数或条件概率密度函数为

$$g_1(x\mid y)=\frac{g_2(y\mid x)f_1(x)}{f_2(y)},\tag{3.6.14}$$

其中，$f_2(y)$ 由式（3.6.11）或式（3.6.12）中 x 和 y 互换及下标1和2互换得到。 ■

例 3.6.10 从均匀分布中选取点 假设点 X 选自区间 $[0,1]$ 上的均匀分布。当观测到 $X=x$ 后（$0<x<1$），点 Y 在区间 $[x,1]$ 上的均匀分布中选取。求 Y 的边际概率密度函数。

因为 X 是均匀分布，X 的边际概率密度函数如下：

$$f_1(x)=\begin{cases}1, & 0<x<1,\\ 0, & \text{其他。}\end{cases}$$

类似地，对每个 $X=x(0<x<1)$，Y 的条件分布是区间 $[x,1]$ 上的均匀分布。因为区间长度是 $1-x$，给定 $X=x$ 下 Y 的条件概率密度函数是

$$g_2(y\mid x)=\begin{cases}\dfrac{1}{1-x}, & x<y<1,\\ 0, & \text{其他。}\end{cases}$$

由式（3.6.8）可知，X 和 Y 的联合概率密度函数为

$$f(x,y)=\begin{cases}\dfrac{1}{1-x}, & 0<x<y<1,\\ 0, & \text{其他。}\end{cases}\tag{3.6.15}$$

因此，对于 $0<y<1$，Y 的边际概率密度函数 $f_2(y)$ 是

$$f_2(y)=\int_{-\infty}^{\infty}f(x,y)\,\mathrm{d}x=\int_0^y\frac{1}{1-x}\mathrm{d}x=-\ln(1-y)。\tag{3.6.16}$$

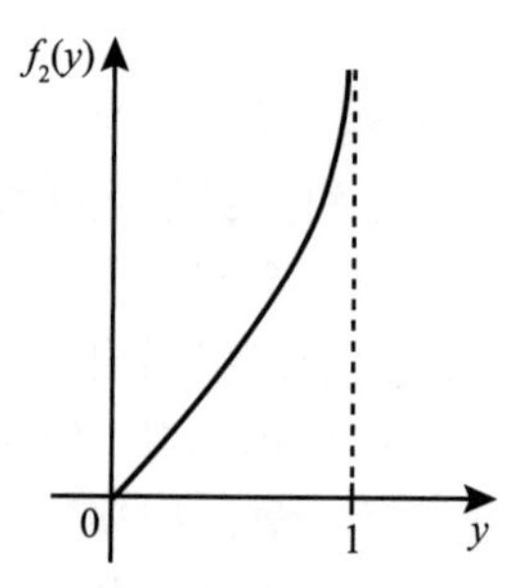

图 3.21 例 3.6.10 中 Y 的边际概率密度函数

进一步，因为 Y 不可能落在区间 $0<y<1$ 外，则对于 $y\leqslant 0$ 或 $y\geqslant 1$，有 $f_2=0$。Y 的边际概率密度函数 f_2 如图 3.21 所示。有意思的是，注意到，本例中函数 f_2 是无界的。

利用贝叶斯定理（3.6.14），我们同样能得到给定 $Y=y$ 下 X 的

条件概率密度函数。在式（3.6.15）中已计算过$f_1(x)$和$g_2(y|x)$的乘积。在式（3.6.16）中已计算了$f_2(y)$，该乘积与$f_2(y)$的比为

$$g_1(x\mid y)=\begin{cases}\dfrac{-1}{(1-x)\ln(1-y)}, & 0<x<y,\\ 0, & 其他。\end{cases}$$ ◀

定理 3.6.5 独立随机变量 *假设 X 和 Y 是两个独立随机变量，它们有联合概率函数、联合概率密度函数，或者联合概率/密度函数。那么 X 和 Y 是独立的，当且仅当对每个满足 $f_2(y)>0$ 的 y 值和每个 x 值，有*

$$g_1(x\mid y)=f_1(x)。\tag{3.6.17}$$

证明 定理 3.5.4 表明 X 和 Y 是独立的当且仅当对$-\infty<x<\infty$，$-\infty<y<\infty$，它们的联合概率密度函数$f(x,y)$能分解为如下形式：

$$f(x,y)=f_1(x)f_2(y),$$

当且仅当对每个 x 和每个满足$f_2(y)>0$ 的 y，有

$$f_1(x)=\frac{f(x,y)}{f_2(y)}。\tag{3.6.18}$$

式（3.6.18）的右边是公式$g_1(x|y)$，因此，X 和 Y 是独立的当且仅当式（3.6.17）对每个 x 和每个满足$f_2(y)>0$ 的 y 都成立。 ■

定理 3.6.5 表明 X 和 Y 是独立的当且仅当对所有使得$f_2(y)>0$ 的 y 值，在给定 $Y=y$ 下 X 的条件概率函数或条件概率密度函数与 X 的边际概率函数或边际概率密度函数相等。因为当$f_2(y)=0$ 时 $g_1(x\mid y)$是可以任取的，我们不期望式（3.6.17）在这种情形下仍成立。

类似地，由式（3.6.8）可知 X 和 Y 是独立的当且仅当

$$g_2(y\mid x)=f_2(y),\tag{3.6.19}$$

对所有使得$f_1(x)>0$ 的 x 值成立。定理 3.6.5 和式（3.6.19）给出了我们前面 3.5 节提出的独立性含义的数学证据。

注：条件分布和分布的表现是一样的。如同例 2.1.7 后面的注释，条件概率和概率的表现是一样的。因为分布是概率的集合，由此可知条件分布和分布的表现是一样的。例如，计算给定 $Y=y$ 下，离散随机变量 X 在区间$[a,b]$的条件概率，我们必须把该区间每个 x 值对应的 $g_1(x|y)$相加。同样，我们证明过的和将要证明的关于分布的定理都有随机变量相加为条件的变形结果。我们将这些定理的例子放到 3.7 节，因为它们依赖于多于两个随机变量的联合分布。

小结

给定随机变量 Y 的观察值 y 下，随机变量 X 的条件分布就是在我们知道 $Y=y$ 后，用来描述 X 的分布。当处理给定 $Y=y$ 下 X 的条件分布时，把 Y 作为常数 y 处理是正确的。若 X 和 Y 有联合概率函数、联合概率密度函数、联合概率/密度函数$f(x,y)$，则给定 $Y=y$ 下 X 的条件概率函数或条件概率密度函数就是 $g_1(x|y)=f(x,y)/f_2(y)$，其中f_2 是 Y 的边际概率函数或边际概率密度函数。当方便直接确定条件分布时，可以通过条件分布和另一个随机

变量的边际分布来构造联合分布。例如：

$$f(x,y)=g_1(x\mid y)f_2(y)=f_1(x)g_2(y\mid x)。$$

在这种情形下，我们有全概率公式和贝叶斯定理相应的形式，可以用来计算另一个的边际分布和条件分布。

两个随机变量 X 和 Y 是独立的当且仅当对所有满足 $f_2(y)>0$ 的 y，给定 $Y=y$ 下 X 的条件概率函数或条件概率密度函数与 X 的边际概率函数或边际概率密度函数相等。等价地，X 和 Y 是独立的当且仅当对所有满足 $f_1(x)>0$ 的 x，给定 $X=x$ 下 Y 的条件概率函数或条件概率密度函数与 Y 的边际概率函数或边际概率密度函数相等。

习题

1. 设随机变量 X 和 Y 的联合概率密度函数如例 3.5.10 所示，对每个 y，求给定 $Y=y$ 下 X 的条件概率密度函数。
2. 将美国某高中的学生按照其在校年级（高一、高二、高三、高四）及其参观某特定博物馆的次数（从未、一次、多于一次）分类。每个类别中学生的比例如下表：

	从未	一次	多于一次
高一	0.08	0.10	0.04
高二	0.04	0.10	0.04
高三	0.04	0.20	0.09
高四	0.02	0.15	0.10

　a. 若从该高中随机挑选的一个学生是高三，那么他从未参观过博物馆的概率是多大？
　b. 若从该高中随机挑选的一个学生已经参观过博物馆三次，那么他是高四的概率多大？
3. 设从如下圆 S 内随机选取一点 (X,Y)，S 的定义如下：
$$S=\{(x,y):(x-1)^2+(y+2)^2\leqslant 9\}。$$
　a. 对每个给定的 X 的值，求 Y 的条件概率密度函数。
　b. 求 $P(Y>0\mid X=2)$。
4. 设两个随机变量 X 和 Y 的联合概率密度函数如下：
$$f(x,y)=\begin{cases}c(x+y^2), & 0\leqslant x\leqslant 1, 0\leqslant y\leqslant 1,\\ 0, & \text{其他。}\end{cases}$$
　a. 对每个给定的 Y 的值，求 X 的条件概率密度函数。
　b. 求 $P\left(X<\frac{1}{2}\,\middle|\,Y=\frac{1}{2}\right)$。
5. 设两个随机变量 X 和 Y 的联合概率密度函数如例 3.6.10 的式（3.6.15）所示。
　a. 对每个给定的 Y 的值，求 X 的条件概率密度函数。
　b. 求 $P\left(X>\frac{1}{2}\,\middle|\,Y=\frac{3}{4}\right)$。
6. 设两个随机变量 X 和 Y 的联合概率密度函数如下：
$$f(x,y)=\begin{cases}c\sin x, & 0\leqslant x\leqslant \pi/2, 0\leqslant y\leqslant 3,\\ 0, & \text{其他。}\end{cases}$$
　a. 对每个给定的 X 的值，求 Y 的条件概率密度函数。
　b. 求 $P(1<Y<2\mid X=0.73)$。

7. 假设两个随机变量 X 和 Y 的联合概率密度函数如下：

$$f(x,y)=\begin{cases}\dfrac{3}{16}(4-2x-y), & x>0,y>0,2x+y<4,\\ 0, & \text{其他。}\end{cases}$$

a. 对每个给定的 X 的值，求 Y 的条件概率密度函数。

b. 求 $P(Y\geqslant 2\mid X=0.5)$。

8. 数学能力测试中，假设一个人的分数 X 是 0 到 1 间的一个数；音乐能力测试中，他的分数 Y 也是 0 到 1 间的一个数。进一步假设美国全体大学生中，X 和 Y 有如下的联合概率密度函数：

$$f(x,y)=\begin{cases}\dfrac{2}{5}(2x+3y), & 0\leqslant x\leqslant 1,0\leqslant y\leqslant 1,\\ 0, & \text{其他。}\end{cases}$$

a. 在数学测试中大学生获得大于 0.8 分的比例是多少?

b. 如果一个学生的音乐测试分数是 0.3，那么其数学测试分数大于 0.8 的概率有多大?

c. 如果一个学生的数学测试分数是 0.3，那么其音乐测试分数大于 0.8 的概率有多大?

9. 假设用两种工具来进行某种测量，用工具 1 测量的概率密度函数是

$$h_1(x)=\begin{cases}2x, & 0<x<1,\\ 0, & \text{其他。}\end{cases}$$

用工具 2 测量的概率密度函数是

$$h_2(x)=\begin{cases}3x^2, & 0<x<1,\\ 0, & \text{其他。}\end{cases}$$

随机选用两种工具中的一种进行测量，得到的结果为 X。

a. 求 X 的边际概率密度函数。

b. 如果测量的值 $X=1/4$，求选用工具 1 的概率有多大?

10. 在一堆硬币中，不同的硬币掷出正面的概率 X 不尽相同，在这堆硬币中 X 的概率密度函数如下：

$$f_1(x)=\begin{cases}6x(1-x), & 0<x<1,\\ 0, & \text{其他。}\end{cases}$$

设从这堆硬币中随机选取一枚硬币，掷一次，得到正面。求这枚硬币的 X 的条件概率密度函数。

11. 当 $f_2(y)=0$ 时，给定 $Y=y$ 下 X 的条件概率密度函数的定义可以是任意的。这并不会造成什么严重问题的原因是，我们不大可能观测到接近于使得 $f_2(y_0)=0$ 的 y_0 的 Y 值。更严格地说，令 $f_2(y_0)=0$，并令 $A_0=[y_0-\varepsilon,y_0+\varepsilon]$。同样，令 y_1 满足 $f_2(y_1)>0$，并令 $A_1=[y_1-\varepsilon,y_1+\varepsilon]$。假设 f_2 在 y_0 点和 y_1 点都连续。证明：

$$\lim_{\varepsilon\to 0}\frac{P(Y\in A_0)}{P(Y\in A_1)}=0。$$

也就是说，Y 接近于 y_0 的概率比 Y 接近于 y_1 的概率小得多。

12. 令 Y 是交换机收到呼叫的频率（每小时呼叫数）。令 X 是两小时内呼叫的次数。假设 Y 的边际概率密度函数是：

$$f_2(x)=\begin{cases}e^{-y}, & y>0,\\ 0, & \text{其他。}\end{cases}$$

且在给定 $Y=y$ 下 X 的条件概率密度函数是

$$g_1(x\mid y)=\begin{cases}\dfrac{(2y)^x}{x!}e^{-2y}, & x=0,1,2,\cdots,\\ 0, & \text{其他。}\end{cases}$$

a. 求 X 的边际概率密度函数。(可利用公式：$\int_0^{\infty} y^k e^{-y} dy = k!$。)

b. 求给定 $X=0$ 下 Y 的条件概率密度函数 $g_2(y|0)$。

c. 求给定 $X=1$ 下 Y 的条件概率密度函数 $g_2(y|1)$。

d. 哪些值 y 使得 $g_2(y|1)>g_2(y|0)$？这是否与“呼叫越多，频率越高”的直觉相符合？

13. 从表 3.6 中治疗组和疗效的联合分布开始，对于每个治疗组，求给定治疗组下疗效的条件分布。它们看起来非常相似还是完全不同？

3.7 多元分布

这一节，我们将 3.4 节、3.5 节和 3.6 节中的两个随机变量 X 和 Y 的相关结论推广到任意有限个随机变量 $X_1,\cdots,X_n$。一般地，称多于两个随机变量的联合分布为多元分布。统计推断的理论（本书第 7 章开始及以后的部分）依赖于观测数据的数学模型，其中每个观测量都是随机变量。为此，多元分布很自然地来源于数据的数学模型。用得最多的模型是在给定一个或两个随机变量的条件下，其他随机变量条件独立。

联合分布

例 3.7.1 临床试验 假设对 m 个患有某种疾病的患者进行了治疗，每个患者要么从病情中康复，要么没有康复。对于 $i=1,\cdots,m$，如果患者 i 康复，则令 $X_i=1$；如果没有康复，则令 $X_i=0$。我们还可以认为存在一个在 0 到 1 之间取值的、具有连续分布的随机变量 P，满足：如果知道 $P=p$，可以认为这 m 个患者康复与否彼此独立，且康复的概率为 p。现在我们已经对感兴趣的 $n=m+1$ 个随机变量进行了命名。◀

例 3.7.1 中描述的情况需要构建 n 个随机变量的联合分布。现在，我们给出多元分布的概念及其应用举例。

定义 3.7.1 联合分布函数/累积分布函数 n 个随机变量 $X_1,\cdots,X_n$ 的联合分布函数是 F，它在 n 维空间 $\mathbf{R}^n$ 中每一个点 $(x_1,\cdots,x_n)$ 的值由如下关系式给出：

$$F(x_1,\cdots,x_n) = P(X_1 \leqslant x_1, X_2 \leqslant x_2, \cdots, X_n \leqslant x_n)。\tag{3.7.1}$$

多元分布函数与前面给出的一元和二元分布函数有相似的性质。

例 3.7.2 失效时间 假设一台机器有三个部分，第 i 部分将在时间 $X_i(i=1,2,3)$ 失效。X_1,X_2 和 X_3 可能的联合分布函数如下：

$$F(x_1,x_2,x_3) = \begin{cases}(1-e^{-x_1})(1-e^{-2x_2})(1-e^{-3x_3}), & x_1,x_2,x_3 \geqslant 0,\\ 0, & \text{其他。}\end{cases}$$ ◀

向量记号 在 n 个随机变量 $X_1,\cdots,X_n$ 的联合分布的研究中，为了方便，通常用向量记号 $\boldsymbol{X}=(X_1,\cdots,X_n)$ 表示随机向量。随机变量 $X_1,\cdots,X_n$ 的联合分布函数 $F(x_1,\cdots,x_n)$，可以简述为随机向量 $\boldsymbol{X}$ 的联合分布函数 $F(\boldsymbol{x})$。当使用这个向量记号时，必须记住 $\boldsymbol{X}$ 是 n 维随机向量，则它的分布函数为定义在 n 维空间 $\mathbf{R}^n$ 上的函数。在任一点 $\boldsymbol{x}=(x_1,\cdots,x_n)\in\mathbf{R}^n$，$F(\boldsymbol{x})$ 的值由式（3.7.1）所确定。

定义 3.7.2 离散联合分布/概率函数 如果随机向量 $(X_1,\cdots,X_n)$ 只取 $\mathbf{R}^n$ 中有限个或可数个不同的值 $(x_1,\cdots,x_n)$，称 n 个随机变量 $X_1,\cdots,X_n$ 具有离散联合分布。这时，$X_1,\cdots,$

X_n 的联合概率函数定义为函数 f，满足对任意的 $(x_1,\cdots,x_n)\in\mathbf{R}^n$，有

$$f(x_1,\cdots,x_n)=P(X_1=x_1,\cdots,X_n=x_n)。$$

若用向量记号，定义 3.7.2 则称随机向量 $\boldsymbol{X}$ 具有离散分布，且在每一点 $\boldsymbol{x}\in\mathbf{R}^n$，它的概率函数由如下关系式所确定：

$$f(\boldsymbol{x})=P(\boldsymbol{X}=\boldsymbol{x})。$$

下列结论是定理 3.4.2 的简单推广。

定理 3.7.1 若 $\boldsymbol{X}$ 有离散联合分布，联合概率函数为 f，则对任意的 $C\subset\mathbf{R}^n$，有

$$P(\boldsymbol{X}\in C)=\sum_{x\in C}f(\boldsymbol{x})。$$ ■

容易证明，如果每个 $X_1,\cdots,X_n$ 都具有离散分布，则 $\boldsymbol{X}=(X_1,\cdots,X_n)$ 具有离散联合分布。

例 3.7.3 临床试验 考虑例 3.7.1 中的 m 个病人。现假设 $P=p$ 已知，我们便不再把它当作一个随机变量。这时，$\boldsymbol{X}=(X_1,\cdots,X_n)$ 的联合概率函数为

$$f(\boldsymbol{x})=p^{x_1+\cdots+x_m}(1-p)^{m-x_1-\cdots-x_m},$$

对所有 $x_i\in\{0,1\}$ 成立；否则，等于 0。◀

定义 3.7.3 连续分布/概率密度函数 称 n 个随机变量 $X_1,\cdots,X_n$ 具有连续联合分布，如果存在定义在 $\mathbf{R}^n$ 上的非负函数 f，使得对任意的子集 $C\subset\mathbf{R}^n$，有

$$P((X_1,\cdots,X_n)\in C)=\int\cdots\int_C f(x_1,\cdots,x_n)\,\mathrm{d}x_1\cdots\mathrm{d}x_n, \tag{3.7.2}$$

如果积分存在，称函数 f 为 $X_1,\cdots,X_n$ 的联合概率密度函数。

若用向量记号，$f(\boldsymbol{x})$ 表示随机向量 $\boldsymbol{X}$ 的概率密度函数，式（3.7.2）可以改写为更简单的形式

$$P(\boldsymbol{X}\in C)=\int\cdots\int_C f(\boldsymbol{x})\,\mathrm{d}\boldsymbol{x}。$$

定理 3.7.2 如果 $X_1,\cdots,X_n$ 具有连续联合分布，则联合概率密度函数 f 可由联合分布函数 F 导出：

$$f(x_1,\cdots,x_n)=\frac{\partial^n F(x_1,\cdots,x_n)}{\partial x_1\cdots\partial x_n},$$

上式在导数存在的点 $(x_1,\cdots,x_n)$ 处成立。■

例 3.7.4 失效时间 利用定理 3.7.2 可以求出例 3.7.2 中三个随机变量的联合概率密度函数。容易计算出三阶混合偏导数为

$$f(x_1,x_2,x_3)=\begin{cases}6\mathrm{e}^{-x_1-2x_2-3x_3}, & x_1,x_2,x_3\geqslant 0,\\ 0, & \text{其他。}\end{cases}$$

◀

值得注意的是，即使 $X_1,\cdots,X_n$ 中的每一个都具有连续分布，向量 $\boldsymbol{X}=(X_1,\cdots,X_n)$ 也可能没有连续的联合分布。见本节习题 9。

例 3.7.5 排队中的服务时间 排队是这样的系统：一些顾客按某种算法排队等待并接受服务。一个简单的模型是单个服务人员的排队，即所有顾客都排成一队，按照先后顺

序等待一个服务人员为他们服务。假设 n 个顾客来到只有一个服务人员队列接受服务。设 X_i 表示服务人员对第 i 个顾客的服务时间，$i=1,\cdots,n$。我们可以用下面形式的联合密度函数 $f(x)$ 作为 $\boldsymbol{X}=(X_1,\cdots,X_n)$ 的联合分布

$$f(\boldsymbol{x})=\begin{cases}\dfrac{c}{\left(2+\sum\limits_{i=1}^{n}x_i\right)^{n+1}}, & x_i\geqslant 0,\\ 0, & \text{其他。}\end{cases} \tag{3.7.3}$$

现在来确定 c，使得式（3.7.3）中的函数为联合概率密度函数。可以通过关于每一个变量 $x_1,\cdots,x_n$ 求积分（从 x_n 开始）来做到这一点。第一个积分是

$$\int_0^{\infty}\frac{c}{(2+x_1+\cdots+x_n)^{n+1}}\mathrm{d}x_n=\frac{c/n}{(2+x_1+\cdots+x_{n-1})^{n}}。 \tag{3.7.4}$$

式（3.7.4）的右端与原概率密度函数的形式是一样的，除了 n 换成了 $n-1$，c 换成了 c/n。因此对变量 x_i 积分($i=n-1,n-2,\cdots,1$)时，结果有相同形式，只是把 n 换成 $i-1$，把 c 换成 $c/[n(n-1)\cdots i]$。对除了 x_1 的所有坐标积分得到的最后结果是

$$\frac{c/n!}{(2+x_1)^2},x_1>0。$$

关于 x_1 积分，可得 $c/[2(n!)]$，它必等于1，因此 $c=2(n!)$。◀

混合分布

例 3.7.6　排队的到达时间　在例3.7.5中，我们介绍了单个服务人员的排队，讨论了服务时间。影响排队运作的另一个因素是顾客到达的速率和顾客接受服务的速率。如果用 Z 表示顾客接受服务的速率，Y 表示顾客到达的速率，用 W 表示一天中到达的顾客数，则 W 有离散分布，Y 和 Z 具有连续分布。这三个随机变量的一个可能的联合概率/密度函数为

$$f(y,z,w)=\begin{cases}6\mathrm{e}^{-3z-10y}(8y)^w/w!, & z>0,y>0,w=0,1,\cdots,\\ 0, & \text{其他。}\end{cases}$$

我们将很快验证该结论。◀

定义 3.7.4　联合概率/密度函数　设 $X_1,\cdots,X_n$ 是随机变量，其中一些具有连续联合分布，一些具有离散分布；它们的联合分布可由联合概率/密度函数 f 表示。这个函数具有如下性质：$\boldsymbol{X}$ 落在子集 $C\subset\mathbf{R}^n$ 的概率可以这样计算，将 $f(\boldsymbol{x})$ 关于 $\boldsymbol{x}\in C$ 中与离散随机变量相应的坐标分量求和，再将 $f(x)$ 对 $\boldsymbol{x}\in C$ 与连续随机变量相对应的那些坐标分量进行积分。

例 3.7.7　排队的到达时间　我们将通过"对所有的(y,z,w)求和与求积分为1"来验证例3.7.6中给出的函数为概率/密度函数。我们必须关于 w 求和，关于 y 和 z 求积分，必须选择用什么顺序进行。不难看出，可将 f 分解为 $f(y,z,w)=h_2(z)h_{13}(y,w)$，其中

$$h_2(z)=\begin{cases}6\mathrm{e}^{-3z}, & z>0,\\ 0, & \text{其他，}\end{cases}$$

$$h_{13}(y,w)=\begin{cases}e^{-10y}(8y)^{w}/w!, & y>0,w=0,1,2,\cdots,\\ 0, & 其他。\end{cases}$$

因此，可先对 z 积分得

$$\int_{-\infty}^{\infty}f(y,z,w)\mathrm{d}z=h_{13}(y,w)\int_{0}^{\infty}6e^{-3z}\mathrm{d}z=2h_{13}(y,w)。$$

可以从 $h_{13}(y,w)$ 中将 y 积分出来，但较为烦琐。相反，注意到 $(8y)^{w}/w!$ 是 e^{8y} 的泰勒展开式中的第 w 项。因此对于 $y>0$，

$$\sum_{w=0}^{\infty}2h_{13}(y,w)=2e^{-10y}\sum_{w=0}^{\infty}\frac{(8y)^{w}}{w!}=2e^{-10y}e^{8y}=2e^{-2y},$$

否则为 0。最后再关于 y 求积分，可得 1。 ◀

例 3.7.8 临床试验 在例 3.7.1 中，随机变量 P 具有连续分布，其他随机变量 $X_1,\cdots,X_m$ 具有离散分布。$(X_1,\cdots,X_m,P)$ 的一个可能的联合概率/密度函数是

$$f(\boldsymbol{x},p)=\begin{cases}p^{x_1+\cdots+x_m}(1-p)^{m-x_1-\cdots-x_m}, & x_i\in\{0,1\},0\leqslant p\leqslant 1,\\ 0, & 其他。\end{cases}$$

基于该函数，我们可以求得一些概率。例如，假设我们要求得“前两名患者中恰好有一名康复”的概率，即 $P(X_1+X_2=1)$。我们必须先关于 p 求积分，再对所有满足 $x_1+x_2=1$ 的 $\boldsymbol{x}$ 求和。为解释说明，令 $m=4$。首先，$p^{x_1+x_2}(1-p)^{2-x_1-x_2}=p(1-p)$，可得

$$f(\boldsymbol{x},p)=[p(1-p)]p^{x_3+x_4}(1-p)^{2-x_3-x_4},$$

其中 $x_3,x_4\in\{0,1\}$，$0<p<1$，$x_1+x_2=1$。关于 x_3 求和，可得

$$[p(1-p)][p^{x_4}(1-p)^{1-x_4}(1-p)+pp^{x_4}(1-p)^{1-x_4}]=[p(1-p)]p^{x_4}(1-p)^{1-x_4}。$$

再关于 x_4 求和，可得 $p(1-p)$。然后关于 p 积分可得 $\int_0^1 p(1-p)\mathrm{d}p=1/6$。最后，注意到 (x_1,x_2) 有两个向量 $(1,0)$ 和 $(0,1)$，满足 $x_1+x_2=1$，因此 $P(X_1+X_2=1)=(1/6)+(1/6)=1/3$。

◀

边际分布

边际概率密度函数的推导 如果已知 n 个随机变量 $X_1,\cdots,X_n$ 的联合分布，则可由联合分布导出每个随机变量 X_i 的边际分布。例如，如果 $X_1,\cdots,X_n$ 的联合概率密度函数是 f，则 X_1 的边际概率密度函数 f_1 在每个 x_1 处的值可由以下关系式确定：

$$f_1(x_1)=\underbrace{\int_{-\infty}^{\infty}\cdots\int_{-\infty}^{\infty}}_{n-1}f(x_1,\cdots,x_n)\mathrm{d}x_2\cdots\mathrm{d}x_n。$$

更一般地，n 个随机变量 $X_1,\cdots,X_n$ 中任意 k 个随机变量的边际联合概率密度函数可以通过将联合概率密度函数对其他 $n-k$ 个变量求积分得到。比如设 f 是 4 个随机变量 X_1,X_2,X_3,X_4 的联合概率密度函数，则 X_2,X_4 的二元边际概率密度函数 f_{24} 在每个点 (x_2,x_4) 的值为

$$f_{24}(x_2,x_4)=\int_{-\infty}^{\infty}\int_{-\infty}^{\infty}f(x_1,x_2,x_3,x_4)\mathrm{d}x_1\mathrm{d}x_3。$$

例 3.7.9　排队中的服务时间　在例 3.7.5 中，设 $n=5$，求(X_1,X_4)的二元边际概率密度函数。我们须将式（3.7.3）对 x_2,x_3 和 x_5 积分。因为联合概率密度函数关于 $\boldsymbol{x}$ 的坐标分量的序列对称，我们只需对后 3 个变量进行积分，然后把剩下的变量换成 x_1 和 x_4。在例 3.7.5 中，我们已经看到了是如何做的，结果是

$$f(x_1,x_2)=\begin{cases}\dfrac{4}{(2+x_1+x_2)^3}, & x_1,x_2>0,\\ 0, & \text{其他。}\end{cases} \tag{3.7.5}$$

则 f_{14} 就是将式（3.7.5）中的下标 2 换成 4。每个 X_i 的一元边际概率密度函数为

$$f_i(x_i)=\begin{cases}\dfrac{2}{(2+x_i)^2}, & x_i>0,\\ 0, & \text{其他。}\end{cases} \tag{3.7.6}$$

例如，如果我们想知道一个顾客等待的时间超过 3 个单位的概率，可以通过对式（3.7.6）中的函数从 3 到∞积分计算 $P(X_i>3)$，结果是 0.4。◀

如果 n 个随机变量 $X_1,\cdots,X_n$ 具有离散联合分布，则可以用类似于连续分布的关系式求出 n 个随机变量每个子集的边际联合概率函数。在新的关系式中，只是将积分换成求和。

边际分布函数的推导　现在考虑随机变量 $X_1,\cdots,X_n$ 的联合分布，联合分布函数是 F。可由如下关系式得到 X_1 的边际分布函数 F_1：

$$\begin{aligned}F_1(x_1)&=P(X_1\leqslant x_1)=P(X_1\leqslant x_1,X_2<\infty,\cdots,X_n<\infty)\\&=\lim_{x_2,\cdots,x_n\to\infty}F(x_1,x_2,\cdots,x_n)\text{。}\end{aligned}$$

例 3.7.10　失效时间　在例 3.7.2 中，令 x_2 和 x_3 趋于∞，利用联合分布函数可求出 X_1 的边际分布函数。对 $x_1\geqslant 0$，极限为 $F_1(x_1)=1-e^{-x_1}$，否则为 0。◀

更一般地，n 个随机变量 $X_1,\cdots,X_n$ 中任意 k 个的边际联合分布函数可以通过如下方式得到：令其他 $n-k$ 个变量的每一个分量 $x_j\to\infty$，计算 n 维联合分布函数 F 的极限。例如，如果 F 是四个随机变量 X_1,X_2,X_3,X_4 的联合分布函数，则 X_2 和 X_4 的二元边际分布函数 F_{24} 在任意一点(x_2,x_4)的值为：

$$F_{24}(x_2,x_4)=\lim_{x_1,x_3\to\infty}F(x_1,x_2,x_3,x_4)\text{。}$$

例 3.7.11　失效时间　例 3.7.2 中，在联合分布函数中令 x_2 趋于∞，得到 X_1 和 X_3 的二元边际分布函数，极限为

$$F_{13}(x_1,x_3)=\begin{cases}(1-e^{-x_1})(1-e^{-3x_3}), & x_1,x_3\geqslant 0,\\ 0, & \text{其他。}\end{cases}$$ ◀

独立随机变量

定义 3.7.5　独立随机变量　若对任意 n 个实数集 $A_1,A_2,\cdots,A_n$，有

$$\begin{aligned}&P(X_1\in A_1,X_2\in A_2,\cdots,X_n\in A_n)\\&=P(X_1\in A_1)P(X_2\in A_2)\cdots P(X_n\in A_n),\end{aligned}$$

则称 n 个随机变量 $X_1,\cdots,X_n$ 是独立的。如果 $X_1,\cdots,X_n$ 是独立的，易知随机变量 $X_1,\cdots,X_n$ 的任意非空子集也是独立的（见本节习题11）。

以下是定理3.5.4的一个推广。

定理3.7.3 令 F 表示 $X_1,\cdots,X_n$ 的联合分布函数，F_i 表示 X_i 的一元边际分布函数，$i=1,\cdots,n$，则 $X_1,\cdots,X_n$ 独立的充分必要条件是对任意的$(x_1,x_2,\cdots,x_n)\in\mathbf{R}^n$，有

$$F(x_1,x_2,\cdots,x_n)=F_1(x_1)F_2(x_2)\cdots F_n(x_n)。$$ ■

定理3.7.3表明，随机变量 $X_1,\cdots,X_n$ 独立的充分必要条件是，它们的联合分布函数是 n 个一元边际分布函数的乘积。利用定理3.7.3容易验证例3.7.2中的三个随机变量是独立的。

以下是推论3.5.1的一个推广。

定理3.7.4 若 $X_1,\cdots,X_n$ 具有连续、离散或混合分布，其联合概率密度函数、联合概率函数或联合概率/密度函数为 f，若 $f_i(i=1,\cdots,n)$ 为 X_i 的一元边际概率密度函数或概率函数，那么 $X_1,\cdots,X_n$ 独立的充分必要条件是，对所有的点$(x_1,x_2,\cdots,x_n)\in\mathbf{R}^n$，有

$$f(x_1,x_2,\cdots,x_n)=f_1(x_1)f_2(x_2)\cdots f_n(x_n)。\tag{3.7.7}$$

■

例3.7.12 排队中的服务时间 在例3.7.9中，可以将利用式（3.7.6）得到的 X_1 和 X_2 的一元边际概率密度函数相乘，可以看到乘积并不等于式（3.7.5）中随机变量(X_1, X_2)的二元边际分布概率密度函数。因此，X_1 和 X_2 并不是独立的。◀

定义3.7.6 随机样本/独立同分布/样本量 考虑给定实数轴上的一个概率分布，其概率函数或概率密度函数用 f 表示。如果随机变量 $X_1,\cdots,X_n$ 是独立的，且每个边际概率函数或者概率密度函数都为 f，则称 n 个随机变量 $X_1,\cdots,X_n$ 组成该分布的一个随机样本。这些随机变量也被称为是独立同分布的，缩写为i.i.d。将随机变量的个数 n 称为样本量。

定义3.7.6表明，随机变量 $X_1,\cdots,X_n$ 组成一个由 f 表示的分布的随机样本，如果它们的联合概率函数或联合概率密度函数 g 满足，对任意的$(x_1,x_2,\cdots,x_n)\in\mathbf{R}^n$，有

$$g(x_1,\cdots,x_n)=f(x_1)f(x_2)\cdots f(x_n)。$$

很显然，独立同分布的样本不可能具有混合分布。

例3.7.13 灯泡的寿命 假设某工厂生产的灯泡的寿命服从如下概率密度函数的分布：

$$f(x)=\begin{cases}xe^{-x}, & x>0,\\ 0, & \text{其他。}\end{cases}$$

从工厂的产品中随机抽取 n 个灯泡，求其寿命的联合概率密度函数。

抽取的灯泡的寿命 $X_1,\cdots,X_n$ 组成概率密度函数为 f 的一个随机样本。为了方便，当 v 的表达式复杂时，用记号 $\exp(v)$ 表示指数函数 e^v。则 $X_1,\cdots,X_n$ 的联合概率密度函数 g 满足：当 $x_i>0,i=1,\cdots,n$ 时，

$$g(x_1,\cdots,x_n)=\prod_{i=1}^{n}f(x_i)=\left(\prod_{i=1}^{n}x_i\right)\exp\left(-\sum_{i=1}^{n}x_i\right)。$$

否则，$g(x_1,\cdots,x_n)=0$。

涉及 n 个寿命 $X_1,\cdots,X_n$ 的每个概率原则上可以通过在$\mathbf{R}^n$ 的适当子集上积分得到。比如，如果 C 是点$(x_1,\cdots,x_n)$的子集，满足 $x_i>0,i=1,\cdots,n$ 且 $\sum_{i=1}^{n}x_i<a$，其中 a 是给定的正数，则

$$P\left(\sum_{i=1}^{n}X_i<a\right)=\int\cdots\int_C\left(\prod_{i=1}^{n}x_i\right)\exp\left(-\sum_{i=1}^{n}x_i\right)\mathrm{d}x_1\cdots\mathrm{d}x_n。$$ ◀

如果不借助于表或计算机，计算例 3.7.13 最后给定的积分将花费大量的时间。然而，一些特定的概率可以利用连续分布和随机样本的性质简化计算。例如，已知例 3.7.13 的条件，要计算 $P(X_1<X_2<\cdots<X_n)$。因为随机变量 $X_1,\cdots,X_n$ 具有连续联合分布，至少有两个随机变量取相同值的概率为 0。事实上，向量$(X_1,\cdots,X_n)$属于 $\mathbf{R}^n$ 的某个 n 维体积为 0 的子集的概率为 0。因为 $X_1,\cdots,X_n$ 独立同分布，每一个随机变量都等可能成为 n 个寿命中的最小值，每一个也等可能成为最大值。更一般地，如果把寿命 $X_1,\cdots,X_n$ 按由小到大排列，每一个特定的顺序出现的概率都相同。因为有 $n!$ 个不同的顺序，因此每一个特定顺序 $X_1<X_2<\cdots<X_n$ 的概率是 $1/n!$。从而，

$$P(X_1<X_2<\cdots<X_n)=\frac{1}{n!}。$$

条件分布

假设 n 个随机变量 $X_1,\cdots,X_n$ 的联合分布是连续的，其联合概率密度函数是 f，用 f_0 表示 $k(k<n)$个随机变量 $X_1,\cdots,X_k$ 的边际联合概率密度函数。则对所有满足 $f_0(x_1,\cdots,x_k)>0$ 的$(x_1,\cdots,x_k)$，在给定 $X_1=x_1,\cdots,X_k=x_k$ 的条件下，$(X_{k+1},\cdots,X_n)$的条件概率密度函数为：

$$g_{k+1\cdots n}(x_{k+1},\cdots,x_n\mid x_1,\cdots,x_k)=\frac{f(x_1,x_2,\cdots,x_n)}{f_0(x_1,\cdots,x_k)}。$$

上述定义可以推广到如下任意的联合分布：

定义 3.7.7　条件概率函数、条件概率密度函数或条件概率/密度函数　假设随机向量 $\boldsymbol{X}=(X_1,\cdots,X_n)$被分成两个子向量 $\boldsymbol{Y}$ 和 $\boldsymbol{Z}$，$\boldsymbol{Y}$ 是由组成 $\boldsymbol{X}$ 的 k 个分量组成的 k 维随机向量，$\boldsymbol{Z}$ 是剩下的 $n-k$ 个分量组成的 $n-k$ 维随机向量。假设 n 维向量$(\boldsymbol{Y},\boldsymbol{Z})$的 n 维联合概率函数、联合概率密度函数或联合概率/密度函数是 f，$\boldsymbol{Z}$ 的 $n-k$ 维边际概率函数、边际概率密度函数或边际概率/密度函数是 f_2。则对每个满足 $f_2(\boldsymbol{z})>0(\boldsymbol{z}\in\mathbf{R}^{n-k})$的点，当 $\boldsymbol{Z}=\boldsymbol{z}$ 时，$\boldsymbol{Y}$ 的 k 维条件概率函数、条件概率密度函数或条件概率/密度函数 g_1 定义为如下函数：

$$g_1(\boldsymbol{y}\mid\boldsymbol{z})=\frac{f(\boldsymbol{y},\boldsymbol{z})}{f_2(\boldsymbol{z})},\boldsymbol{y}\in\mathbf{R}^k。\tag{3.7.8}$$

我们也可将式（3.7.8）改写为

$$f(\boldsymbol{y},\boldsymbol{z})=g_1(\boldsymbol{y}\mid\boldsymbol{z})f_2(\boldsymbol{z}),\tag{3.7.9}$$

这个式子表明，可以利用条件分布和边际分布来构建联合分布。正如二元的情形，如果 $f_2(\boldsymbol{z})=0$，可以放心地假设 $f(\boldsymbol{y},\boldsymbol{z})=0$。则式（3.7.9）对所有的 $\boldsymbol{y}$ 和 $\boldsymbol{z}$ 成立，即使 $g_1(\boldsymbol{y}|\boldsymbol{z})$ 不是唯一定义的。

例 3.7.14　排队中的服务时间　例 3.7.9 中我们计算了两个服务时间 $\boldsymbol{Z}=(X_1,X_2)$的

二元边际分布。对满足 $x_1,x_2>0$ 的任意对(x_1,x_2)，现在求在给定 $\boldsymbol{Z}=(x_1,x_2)$下 $\boldsymbol{Y}=(X_3,X_4,X_5)$的三元条件概率密度函数：对 $x_3,x_4,x_5>0$，

$$g_1(x_3,x_4,x_5\mid x_1,x_2)=\frac{f(x_1,\cdots,x_5)}{f_{12}(x_1,x_2)}$$
$$=\left[\frac{240}{(2+x_1+\cdots+x_5)^6}\right]\left[\frac{4}{(2+x_1+x_2)^3}\right]^{-1}$$
$$=\frac{60(2+x_1+x_2)^3}{(2+x_1+\cdots+x_5)^6},\tag{3.7.10}$$

对其他点，$g_1(x_3,x_4,x_5\mid x_1,x_2)=0$。式（3.7.10）中的联合概率密度函数看起来像一堆符号，它实际上很有用。假设观测到 $X_1=4$ 和 $X_2=6$，那么

$$g_1(x_3,x_4,x_5\mid 4,6)=\begin{cases}\dfrac{103\,680}{(12+x_3+x_4+x_5)^6}, & x_3,x_4,x_5>0,\\ 0, & 其他。\end{cases}$$

现在计算给定 $X_1=4$ 和 $X_2=6$ 下，$X_3>3$ 的条件概率：

$$P(X_3>3\mid X_1=4,X_2=6)=\int_3^\infty\int_0^\infty\int_0^\infty\frac{10\,360}{(12+x_3+x_4+x_5)^6}\mathrm{d}x_5\mathrm{d}x_4\mathrm{d}x_3$$
$$=\int_3^\infty\int_0^\infty\frac{20\,736}{(12+x_3+x_4)^5}\mathrm{d}x_4\mathrm{d}x_3$$
$$=\int_3^\infty\frac{5\,184}{(12+x_3)^4}\mathrm{d}x_3$$
$$=\frac{1\,728}{15^3}=0.512。$$

将其与例 3.7.9 中末尾计算的 $P(X_3>3)=0.4$ 进行比较。知道“前两个的服务时间稍长于三个时间单位”，我们可将 $X_3>3$ 的概率向上修正，以此来反映前两个观察信息的影响。如果前两个的服务时间较短，$X_3>3$ 的条件概率应小于 0.4。例如 $P(X_3>3\mid X_1=1,X_2=1.5)=0.216$。◀

例 3.7.15　确定二元边际概率密度函数　设 Z 是一个随机变量，概率密度函数为

$$f_0(z)=\begin{cases}2\mathrm{e}^{-2z}, & z>0,\\ 0, & 其他。\end{cases}\tag{3.7.11}$$

假设对任意给定的 $Z=z>0$，X_1 和 X_2 是独立同分布的随机变量，每一个的条件概率密度函数是

$$g(x\mid z)=\begin{cases}z\mathrm{e}^{-zx}, & x>0,\\ 0, & 其他。\end{cases}\tag{3.7.12}$$

我们来确定(X_1,X_2)的边际联合概率密度函数。

对每个给定的 Z 值，X_1 和 X_2 是独立同分布的，所以当 $Z=z>0$ 时，它们的条件联合概率密度函数是

$$g_{12}(x_1,x_2 \mid z)=\begin{cases}z^2 e^{-z(x_1+x_2)}, & x_1,x_2>0,\\ 0, & \text{其他。}\end{cases}$$

(Z,X_1,X_2)的联合概率密度函数f仅在满足$x_1,x_2,z>0$的点(z,x_1,x_2)是正的。因此，在每个这样的点有

$$f(z,x_1,x_2)=f_0(z)g_{12}(x_1,x_2 \mid z)=2z^2 e^{-z(2+x_1+x_2)}。$$

对$x_1>0$和$x_2>0$，X_1和X_2的边际联合概率密度函数$f_{12}(x_1,x_2)$可以通过分部积分或5.7节中的某些特殊结果来计算：

$$f_{12}(x_1,x_2)=\int_0^{\infty} f(z,x_1,x_2)\mathrm{d}z=\frac{4}{(2+x_1+x_2)^3},x_1>0,x_2>0。$$

可以看出这个概率密度函数与式（3.7.5）得出的(X_1,X_2)的二元边际概率密度函数一致。

从这个二元边际概率密度函数，可以计算涉及X_1和X_2的概率，诸如$P(X_1+X_2<4)$。我们有

$$P(X_1+X_2<4)=\int_0^4\int_0^{4-x_2}\frac{4}{(2+x_1+x_2)^3}\mathrm{d}x_1\mathrm{d}x_2=\frac{4}{9}。$$ ◀

例3.7.16　排队中的服务时间　考虑例3.7.15中随机变量Z视为例3.7.6的队列中顾客接受服务的速率。这个解释可以帮助在观测到服务时间（例如X_1和X_2）之后，求速率Z的条件分布。

对任意的z，给定$X_1=x_1$，$X_2=x_2$，Z的条件概率密度函数是

$$g_0(z \mid x_1,x_2)=\frac{f(z,x_1,x_2)}{f_{12}(x_1,x_2)}=\begin{cases}\frac{1}{2}(2+x_1+x_2)^3 z^2 e^{-z(2+x_1+x_2)}, & z>0,\\ 0, & \text{其他。}\end{cases} \tag{3.7.13}$$

最后，计算$P(Z\leqslant 1 \mid X_1=1,X_2=4)$：

$$P(Z\leqslant 1 \mid X_1=1,X_2=4)=\int_0^1 g_0(z \mid 1,4)\mathrm{d}z$$
$$=\int_0^1 171.5z^2 e^{-7z}\mathrm{d}z=0.9704。$$ ◀

全概率公式和贝叶斯定理　例3.7.15包含了多元形式的全概率公式，例3.7.16包含了多元形式的贝叶斯定理。这些一般形式的证明是定义3.7.7的直接结果。

定理3.7.5　多元随机变量的全概率公式和贝叶斯定理　假设条件和符号由定义3.7.7给出。如果$\boldsymbol{Z}$具有连续联合分布，则$\boldsymbol{Y}$的边际概率密度函数为

$$f_1(\boldsymbol{y})=\underbrace{\int_{-\infty}^{\infty}\cdots\int_{-\infty}^{\infty}}_{n-k} g_1(\boldsymbol{y} \mid \boldsymbol{z})f_2(\boldsymbol{z})\mathrm{d}\boldsymbol{z}, \tag{3.7.14}$$

给定$\boldsymbol{Y}=\boldsymbol{y}$下，$\boldsymbol{Z}$的条件概率密度函数为

$$g_2(\boldsymbol{z} \mid \boldsymbol{y})=\frac{g_1(\boldsymbol{y} \mid \boldsymbol{z})f_2(\boldsymbol{z})}{f_1(\boldsymbol{y})}。 \tag{3.7.15}$$

若$\boldsymbol{Z}$具有离散联合分布，则式（3.7.14）的多重积分要用多重求和替代。若$\boldsymbol{Z}$具有混合联合分布，多重积分要由连续分布坐标分量的积分和离散分布坐标分量的求和替代。■

条件独立随机变量　在例 3.7.15 和例 3.7.16 中，Z 是单一随机变量，$\boldsymbol{Y}=(X_1,X_2)$。这些例子也说明了条件独立随机变量的用途，即在给定 $Z=z(z>0)$ 下，X_1 和 X_2 是条件独立的。在例 3.7.16 中，我们认为 Z 是顾客接受服务的速率。当速率未知时，这是不确定性的一个主要来源。用速率 Z 的值来划分样本空间，以 Z 的每一个取值为条件，可以去掉部分计算的不确定性的主要来源。

一般地，随机变量的条件独立与事件的条件独立类似。

定义 3.7.8　条件独立随机变量　设 $\boldsymbol{Z}$ 是一个随机向量，其联合概率函数、联合概率密度函数或联合概率/密度函数为 $f_0(\boldsymbol{z})$。称给定 $\boldsymbol{Z}$ 下多个随机变量 $X_1,\cdots,X_n$ 条件独立，如果对满足 $f_0(\boldsymbol{z})>0$ 所有的 $\boldsymbol{z}$，有

$$g(\boldsymbol{x}\mid\boldsymbol{z})=\prod_{i=1}^{n}g_i(x_i\mid\boldsymbol{z}),$$

其中，$g(\boldsymbol{x}|\boldsymbol{z})$ 表示给定 $\boldsymbol{Z}=\boldsymbol{z}$ 下，$\boldsymbol{X}$ 的多元条件概率函数、条件概率密度函数或条件概率/密度函数，$g_i(x_i|\boldsymbol{z})$ 表示给定 $\boldsymbol{Z}=\boldsymbol{z}$ 下，X_i 的一元条件概率函数或条件概率密度函数。

例 3.7.15 中，$g_i(x_i|z)=z\,\mathrm{e}^{-zx_i}(x_i>0,i=1,2)$。

例 3.7.17　临床试验　在例 3.7.8 中，通过假设在 $P=p$ 下，$X_1,\cdots,X_m$ 是条件独立的来构造联合概率/密度函数。每个条件概率函数 $g_i(x_i|p)=p^{x_i}(1-p)^{1-x_i},x_i\in\{0,1\}$ 都相同，且 P 在区间$[0,1]$上具有均匀分布。使用定义 3.7.8 中的符号，由这些假设可得

$$g(\boldsymbol{x}\mid p)=\begin{cases}p^{x_1+\cdots+x_m}(1-p)^{m-x_1-\cdots-x_m}, & x_i\in\{0,1\},\\ 0, & \text{其他},\end{cases}$$

$0\leqslant p\leqslant 1$。结合 P 的边际概率密度函数，当 $0\leqslant p\leqslant 1$ 时，$f_2(p)=1$；否则为 0，我们可得例 3.7.8 中给出的联合概率/密度函数。◀

前面和接下来定理的条件形式　我们前面已经说明条件分布和分布的性质类似。因此，我们已经和将要证明的定理都有相应的条件形式。例如，式（3.7.14）中的全概率公式有如下的条件形式：在另一个随机向量 $\boldsymbol{W}=\boldsymbol{w}$ 的条件下，

$$f_1(\boldsymbol{y}\mid\boldsymbol{w})=\underbrace{\int_{-\infty}^{\infty}\cdots\int_{-\infty}^{\infty}}_{n-k}g_1(\boldsymbol{y}\mid\boldsymbol{z},\boldsymbol{w})f_2(\boldsymbol{z}\mid\boldsymbol{w})\,\mathrm{d}\boldsymbol{z},\tag{3.7.16}$$

其中，$f_1(\boldsymbol{y}|\boldsymbol{w})$ 表示给定 $\boldsymbol{W}=\boldsymbol{w}$ 时 $\boldsymbol{Y}$ 的条件概率密度函数、条件概率函数或条件概率/密度函数，$g_1(\boldsymbol{y}|\boldsymbol{z},\boldsymbol{w})$ 表示给定$(\boldsymbol{Z},\boldsymbol{W})=(\boldsymbol{z},\boldsymbol{w})$时 $\boldsymbol{Y}$ 的条件概率密度函数、条件概率函数或条件概率/密度函数，$f_2(\boldsymbol{z}|\boldsymbol{w})$ 表示给定 $\boldsymbol{W}=\boldsymbol{w}$ 时 $\boldsymbol{Z}$ 的条件概率密度函数。使用同样的记号，贝叶斯定理的条件形式是

$$g_2(\boldsymbol{z}\mid\boldsymbol{y},\boldsymbol{w})=\frac{g_1(\boldsymbol{y}\mid\boldsymbol{z},\boldsymbol{w})f_2(\boldsymbol{z}\mid\boldsymbol{w})}{f_1(\boldsymbol{y}\mid\boldsymbol{w})}。\tag{3.7.17}$$

例 3.7.18　随机变量序列的条件　在例 3.7.15 中得到了给定$(X_1,X_2)=(x_1,x_2)$时 Z 的条件概率密度函数。现在假设多了三个观测变量 X_3,X_4,X_5，假设给定 $Z=z$ 时 $X_1,\cdots,X_5$ 是条件独立且同分布的，条件概率密度函数为 $g(x|z)$。我们利用贝叶斯定理的条件形式来计算给定$(X_1,\cdots,X_5)=(x_1,\cdots,x_5)$时 Z 的条件概率密度函数。首先，我们求在 $Z=z$ 和 $\boldsymbol{W}=(X_1,X_2)=(x_1,x_2)$的条件下 $\boldsymbol{Y}=(X_3,X_4,X_5)$ 的条件概率密度函数 $g_{345}(x_3,x_4,x_5|x_1,x_2,z)$。

我们将使用本例前面的概率密度函数的记号。因为 $X_1,\cdots,X_5$ 在给定 Z 下是条件独立且同分布的，有 $g_1(\boldsymbol{y}|z,\boldsymbol{w})$ 不依赖于 $\boldsymbol{w}$。事实上，

$$g_1(\boldsymbol{y}\mid z,\boldsymbol{w})=g(x_3\mid z)g(x_4\mid z)g(x_5\mid z)=z^3\mathrm{e}^{-z(x_3+x_4+x_5)},$$

$x_3>0,x_4>0,x_5>0$。根据式（3.7.13）的计算，得到在 $\boldsymbol{W}=\boldsymbol{w}$ 的条件下 Z 的条件概率密度函数，记为

$$f_2(z\mid \boldsymbol{w})=\frac{1}{2}(2+x_1+x_2)^3z^2\mathrm{e}^{-z(2+x_1+x_2)}。$$

最后，我们需要在已知前两个观测变量的条件下，求后三个观测变量的条件概率密度函数。根据例 3.7.14 的计算，有

$$f_1(\boldsymbol{y}\mid \boldsymbol{w})=\frac{60(2+x_1+x_2)^3}{(2+x_1+\cdots+x_5)^6}。$$

现在利用贝叶斯定理（3.7.17），结合这些关系式得到

$$g_2(z\mid \boldsymbol{y},\boldsymbol{w})=\frac{z^3\mathrm{e}^{-z(x_3+x_4+x_5)}\dfrac{1}{2}(2+x_1+x_2)^3z^2\mathrm{e}^{-z(2+x_1+x_2)}}{\dfrac{60(2+x_1+x_2)^3}{(2+x_1+\cdots+x_5)^6}}$$

$$=\frac{1}{120}(2+x_1+\cdots+x_5)^6z^5\mathrm{e}^{-z(2+x_1+\cdots+x_5)},$$

对 $z>0$ 成立。◀

注：建立结论的条件形式的简单规则。如果想确定已经证明的结论在 $\boldsymbol{W}=\boldsymbol{w}$ 的条件下的条件形式，只需将条件“$\boldsymbol{W}=\boldsymbol{w}$”加到结论的每一个概率表达式中即可，包括所有的概率、分布函数、分位数、分布的名称、概率密度函数、概率函数等等，也包括以后章节中要介绍的一些与概率有关的概念（例如第 4 章中介绍的期望值和方差）。

注：独立是条件独立的一个特例。设 $X_1,\cdots,X_n$ 是独立的随机变量，W 是一个常数随机变量，即存在常数 c，使得 $P(W=c)=1$。那么，给定 $W=c$ 下，$X_1,\cdots,X_n$ 是条件独立的。该证明较为简单，留给读者证明（见本节习题 15）。这个结论本身并不是特别有趣，其用途如下：如果我们证明了一个对条件独立的随机变量或条件独立且同分布的随机变量成立的结论，则相同的结论对独立随机变量或独立同分布的随机变量也成立（视情况而定）。

直方图

例 3.7.19　服务速率　在例 3.7.5 和例 3.7.6 中，我们考虑了到达队列并得到服务的顾客。令 Z 表示顾客接受服务的速率，令 $X_1,X_2,\cdots$ 表示一系列顾客的服务时间。假设在 $Z=z$ 下，$X_1,X_2,\cdots$ 条件独立且同分布，概率密度函数为

$$g(x\mid z)=\begin{cases}z\mathrm{e}^{-zx}, & x>0,\\ 0, & 其他。\end{cases}\tag{3.7.18}$$

这与例 3.7.15 中的式（3.7.12）相同。这里，我们将 Z 建模为一个随机变量，其概率密

度函数为$f_0(z)=2\exp(-2z),z>0$。假设对较大的 n，$X_1,\cdots,X_n$ 将被观察到，我们考虑一下这些观察值能告诉我们关于 Z 的什么信息。确切地说，假设观察了 $n=100$ 个服务时间，前 10 个为：

$$1.39,0.61,2.47,3.35,2.56,3.60,0.32,1.43,0.51,0.94。$$

整个样本中观察到的最短和最长服务时间分别为 0.004 和 9.60。最好以图形方式显示 $n=100$ 个服务时间的整个样本，而不必单独列出它们。◀

如下定义的直方图是数字集合的图形显示。它对于展示一组建模为独立同分布的随机变量的观测值较为有用。

定义 3.7.9　直方图　设 $x_1,\cdots,x_n$ 是位于两个数 $a<b$ 之间的数字的集合，即 $a\leqslant x_i\leqslant b,i=1,\cdots,n$。选择某个整数 $k\geqslant 1$，并将区间$[a,b]$分为 k 个长度为$(b-a)/k$ 的子区间。对于每子区间，统计 $x_1,\cdots,x_n$ 中落在每个子区间的数字个数。设 $c_i(i=1,\cdots,k)$是落在第 i 个子区间的个数。选择一个数字 $r>0$。（通常，$r=1$ 或 $r=n$ 或 $r=n(b-a)/k$。）绘制一个二维图形，其横轴从 a 到 b。对于每个子区间，在第 $i(i=1,\cdots,k)$个区间的中点上绘制一个宽度为$(b-a)/k$ 和高度等于 c_i/r 的矩形。这样的图被称为直方图。

在直方图定义中，数字 r 的选取取决于人们希望在纵轴上显示的内容。无论选择什么 r 值，直方图的形状是相同的。对于 $r=1$，每个条形的高度是每个子区间的原始计数，在纵轴上显示的是计数；对于 $r=n$，每个条形的高度是每个子区间中数字集合的比例，在纵轴上显示的是比例；对于 $r=n(b-a)/k$，每个条形的面积是每个子区间中数字集合的比例。

例 3.7.20　服务速率　例 3.7.19 中观察到的 $n=100$ 个服务时间都介于 0 和 10 之间。本例中绘制一个横轴从 0 到 10 的直方图很方便，并划分为 10 个子区间，每个子区间的长度为 1。其他选择也可以，但用这个作为说明。图 3.22 包含 $r=100$ 的观察到的 100 个服务时间的直方图。可以看到，随着子区间中点的增大，在子区间中观察到的服务时间的数量在减少，这与服务时间的条件概率密度函数 $g(x|z)$（固定 z，关于 x 的函数）描述是一致的。◀

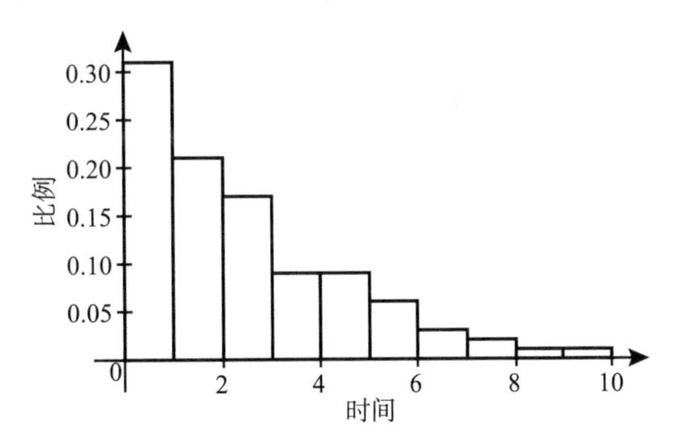

图 3.22　例 3.7.20 中服务时间直方图，$a=0$，$b=10$，$k=10$，$r=100$

直方图不仅可用于大量数字集合的图形显示。在大数定律（定理 6.2.4）之后，我们可以证明连续随机变量的（条件）独立同分布的大样本的直方图是样本中随机变量的（条件）概率密度函数的近似，只要使用 r 的第三个选择，即 $r=n(b-a)/k$。

注：更多常规直方图。有时，将直方图中要绘制的数字的范围划分为不等长的子区间是很方便的。在这种情况下，通常让每个条形的高度为 c_i/r_i，其中 c_i 是原始计数，r_i 与第 i 个子区间的长度成正比。通过这种方式，每个条形的面积仍然与每个子区间的计数或比例成正比。

小结

随机变量的有限集称为随机向量。我们定义了任意随机向量的联合分布。每一个随机向量都有联合分布函数。连续随机向量具有联合概率密度函数，离散随机向量具有联合概率函数，混合随机向量具有联合概率/密度函数。如果联合概率函数、联合概率密度函数或联合概率/密度函数 $f(\boldsymbol{x})$ 可以分解为 $f(\boldsymbol{x}) = \prod_{i=1}^{n} f_i(x_i)$ ，则称 n 维随机向量 X 的分量相互独立。

我们可以计算随机向量的子向量的边际分布，也可以计算在给出其余子向量的条件下该子向量的条件分布，还可以根据一个随机向量的部分向量的边际分布以及它的其余向量的条件分布来计算联合分布。对于随机向量，也有相应的贝叶斯定理和全概率公式。

如果在 $\boldsymbol{Z}=\boldsymbol{z}$ 的条件下，$\boldsymbol{X}$ 的条件概率函数、条件概率密度函数或条件概率/密度函数 $g(\boldsymbol{x}|\boldsymbol{z})$ 可以分解为 $\prod_{i=1}^{n} g_i(x_i \mid \boldsymbol{z})$ ，则 n 维随机向量 $\boldsymbol{X}$ 的分量在给定 $\boldsymbol{Z}$ 下被称为是条件独立的。贝叶斯定理、全概率公式、接下来关于随机变量的所有定理和随机向量都有以任意随机向量为条件的条件形式。

习题

1. 设三个随机变量 X_1，X_2，X_3 有连续联合分布，联合概率密度函数为：

$$f(x_1, x_2, x_3) = \begin{cases} c(x_1 + x_2 + x_3), & 0 \leqslant x_i \leqslant 1 (i = 1,2,3), \\ 0, & \text{其他。} \end{cases}$$

   a. 求常数 c 的值。

   b. 求 X_1 和 X_3 的边际联合概率密度函数。

   c. 求 $P\left(X_3 < \frac{1}{2} \middle| X_1 = \frac{1}{4}, X_2 = \frac{3}{4}\right)$ 。

2. 设三个随机变量 X_1, X_2, X_3 具有混合联合分布，其概率/密度函数为

$$f(x_1, x_2, x_3) = \begin{cases} c x_1^{1+x_2+x_3} (1 - x_1)^{3-x_2-x_3}, & 0 < x_1 < 1; x_2, x_3 \in \{0,1\}, \\ 0, & \text{其他。} \end{cases}$$

   （注意 X_1 有连续分布，X_2, X_3 有离散分布。）

   a. 求常数 c 的值。

   b. 求 X_2 和 X_3 的边际联合概率函数。

   c. 求在 $X_2 = 1$ 和 $X_3 = 1$ 的条件下，X_1 的条件概率密度函数。

3. 设三个随机变量 X_1, X_2, X_3 具有连续联合分布，联合概率密度函数为

$$f(x_1, x_2, x_3) = \begin{cases} c e^{-(x_1 + 2x_2 + 3x_3)}, & x_i > 0 (i = 1,2,3), \\ 0, & \text{其他。} \end{cases}$$

   a. 求常数 c 的值。

   b. 求 X_1 和 X_3 的边际联合概率密度函数。

   c. 求 $P(X_1 < 1 | X_2 = 2, X_3 = 1)$ 。

4. 设从下面集合 S 上随机选取一点 (X_1, X_2, X_3) ，有均匀分布的概率密度函数：

$$S = \{(x_1, x_2, x_3): 0 \leqslant x_i \leqslant 1, i = 1,2,3\}。$$

a. 求 $P\left[\left(X_1-\frac{1}{2}\right)^2+\left(X_2-\frac{1}{2}\right)^2+\left(X_3-\frac{1}{2}\right)^2\leqslant\frac{1}{4}\right]$。

b. 求 $P(X_1^2+X_2^2+X_3^2\leqslant 1)$。

5. 设一个电子系统有 n 个元件组成，每个元件相互独立运行，且第 i 个元件正常工作的概率为 $p_i(i=1,\cdots,n)$。如果一个系统正常工作的充分必要条件是每一个元件都正常工作，称这个系统是串联的；如果一个系统正常工作的充分必要条件是至少一个元件正常工作，称这个系统是并联的。称系统正常工作的概率为系统的可靠性。求这两种情况下系统的可靠性：(a) 假设系统是串联的；(b) 假设系统是并联的。

6. 设 n 个随机变量 $X_1,\cdots,X_n$ 组成概率函数为 f 的离散分布的随机样本。求 $P(X_1=X_2=\cdots=X_n)$ 的值。

7. 设 n 个随机变量 $X_1,\cdots,X_n$ 组成某连续分布的随机样本，该分布的概率密度函数为 f。求这 n 个随机变量中至少有 k 个落在区间 $a\leqslant x\leqslant b$ 中的概率。

8. 设随机变量 X 的概率密度函数为：

$$f(x)=\begin{cases}\frac{1}{n!}x^n\mathrm{e}^{-x}, & x>0,\\ 0, & \text{其他。}\end{cases}$$

假设对给定的 $X=x(x>0)$，n 个随机变量 $Y_1,\cdots,Y_n$ 是独立同分布的，且每一个的条件概率密度函数 g 为

$$g(y\mid x)=\begin{cases}\frac{1}{x}, & 0<y<x,\\ 0, & \text{其他。}\end{cases}$$

a. 求 Y_1，…，Y_n 的边际联合概率密度函数。

b. 对任意给定的 Y_1，…，Y_n 的值，求 X 的条件概率密度函数。

9. 设 X 是有连续分布的随机变量，令 $X_1=X_2=X$。

a. 证明：X_1 和 X_2 都具有连续分布。

b. 证明：$\boldsymbol{X}=(X_1,X_2)$ 不具有连续联合分布。

10. 在例 3.7.18 中，令 $\boldsymbol{X}=(X_1,\cdots,X_5)$，在同时给定 $\boldsymbol{X}=\boldsymbol{x}$ 的条件下，计算 Z 的条件概率密度函数，可以看成同时观测到所有的 $\boldsymbol{X}$。

11. 设 $X_1,\cdots,X_n$ 是相互独立的。令 $k<n,i_1,\cdots,i_k$ 是 1 到 n 之间的不同的整数。证明：$X_{i_1},\cdots,X_{i_k}$ 是相互独立的。

12. 设随机向量 $\boldsymbol{X}$ 被分成三个部分 $\boldsymbol{X}=(\boldsymbol{Y},\boldsymbol{Z},\boldsymbol{W})$，假设 $\boldsymbol{X}$ 有连续的联合分布，其概率密度函数为 $f(\boldsymbol{y},\boldsymbol{z},\boldsymbol{w})$。令 $g_1(\boldsymbol{y},\boldsymbol{z}\mid\boldsymbol{w})$ 为给定 $\boldsymbol{W}=\boldsymbol{w}$ 的条件下 $(\boldsymbol{Y},\boldsymbol{Z})$ 的条件概率密度函数，$g_2(\boldsymbol{y}\mid\boldsymbol{w})$ 为给定 $\boldsymbol{W}=\boldsymbol{w}$ 的条件下 $\boldsymbol{Y}$ 的条件概率密度函数。证明：$g_2(\boldsymbol{y}\mid\boldsymbol{w})=\int g_1(\boldsymbol{y},\boldsymbol{z}\mid\boldsymbol{w})\mathrm{d}\boldsymbol{z}$。

13. 设对任意的 z，在 $Z=z$ 的条件下，X_1,X_2,X_3 是条件独立的，且条件概率密度函数为式（3.7.12）中的 $g(x\mid z)$。此外，Z 的边际概率密度函数为式（3.7.11）中的 f_0。证明：在给定 $(X_1,X_2)=(x_1,x_2)$ 的条件下，X_3 的概率密度函数为 $\int_0^\infty g(x_3\mid z)g_0(z\mid x_1,x_2)\mathrm{d}z$，其中 g_0 如式（3.7.13）所定义。(即使不能得到积分的条件形式也可以证明此式。)

14. 考虑例 3.7.14 的情形。假设观测到 $X_1=5$ 和 $X_2=7$。

a. 计算在给定 $(X_1,X_2)=(5,7)$ 的条件下 X_3 的条件概率密度函数。(可以利用习题 12 的结果。)

b. 求在 $(X_1,X_2)=(5,7)$ 的条件下 $X_3>3$ 的条件概率。并与例 3.7.9 得到的 $P(X_3>3)$ 的值做比较。思考：能否给出条件概率比边际概率大的理由？

15. 设 $X_1,\cdots,X_n$ 是独立的随机变量，W 是一个随机变量：存在常数 c，使得 $P(W=c)=1$。证明：给定

$W=c$，$X_1,\cdots,X_n$ 是条件独立的。

3.8 随机变量的函数

我们经常发现，在求出随机变量 X 的分布后，真正想要的是 X 的某些函数的分布。例如，如果 X 是一个队列中顾客接受服务的速率，则 $1/X$ 是平均等待时间。如果有了 X 的分布，就能确定 $1/X$ 或者 X 的其他任意函数的分布，如何来做就是本节的主题。

离散分布的随机变量

例 3.8.1　与中间的距离　设 X 在整数 $1,2,\cdots,9$ 上服从均匀分布。假设我们对 X 与分布中间（即 5）的距离感兴趣，可以定义 $Y=|X-5|$，并计算诸如 $P(Y=1)=P(X\in\{4,6\})=2/9$ 这样的概率。◀

例 3.8.1 说明了计算离散随机变量函数分布的一般过程。一般结论很简单。

定理 3.8.1　离散随机变量的函数　设随机变量 X 有离散分布，概率函数为 f，定义另一个随机变量 $Y=r(X)$ 为 X 的函数，其中函数 r 定义在 X 的可能值集合上。则对 Y 的每一个可能值 y，Y 的概率函数为

$$g(y)=P(Y=y)=P(r(X)=y)=\sum_{x:r(x)=y}f(x)。$$ ■

例 3.8.2　与中间的距离　例 3.8.1 中 Y 的可能取值为 $0,1,2,3,4$。我们看到当且仅当 $X=5$ 时 $Y=0$，所以 $g(0)=f(5)=1/9$。对于 Y 的所有其他值，X 有两个值可以得到 Y 的值。例如 $\{Y=4\}=\{X=1\}\cup\{X=9\}$，因此，对 $y=1,2,3,4$，$g(y)=2/9$。◀

连续分布的随机变量

如果随机变量 X 有连续分布，求 X 函数的概率分布的推导过程和离散型是不一样的。一种方法是直接计算，如例 3.8.3 所示。

例 3.8.3　平均等待时间　设 Z 为队列中顾客接受服务的速率，并假设 Z 具有连续分布函数 F，平均等待时间为 $Y=1/Z$。如果要求出 Y 的分布函数 G，我们可以写出

$$G(y)=P(Y\leqslant y)=P\left(\frac{1}{Z}\leqslant y\right)=P\left(Z\geqslant\frac{1}{y}\right)=P\left(Z>\frac{1}{y}\right)=1-F\left(\frac{1}{y}\right),$$

其中第四个等式是由于这样一个事实，即 Z 具有连续分布，因此 $P(Z=1/y)=0$。◀

通常，假设 X 的概率密度函数为 f，另一个随机变量定义为 $Y=r(X)$。对任意的实数 y，Y 的分布函数 $G(y)$ 可以由下式给出：

$$\begin{aligned}G(y)&=P(Y\leqslant y)=P(r(X)\leqslant y)\\&=\int_{\{x:r(x)\leqslant y\}}f(x)\,\mathrm{d}x。\end{aligned}$$

如果随机变量 Y 也有连续分布，其概率密度函数 g 可以由下式得出：

$$g(y)=\frac{\mathrm{d}G(y)}{\mathrm{d}y}。$$

上式在使得 G 可微的任一点 y 成立。

例 3.8.4 推导当 X 服从均匀分布时 X^2 的概率密度函数 设 X 在区间$[-1,1]$上服从均匀分布，即

$$f(x)=\begin{cases}1/2, & -1\leqslant x\leqslant 1,\\ 0, & \text{其他。}\end{cases}$$

求随机变量 $Y=X^2$ 的概率密度函数。

由于 $Y=X^2$，Y 必属于区间 $0\leqslant Y\leqslant 1$。因此，对满足 $0\leqslant y\leqslant 1$ 的任一个 Y 值，Y 的分布函数 $G(y)$ 为：

$$\begin{aligned}G(y)&=P(Y\leqslant y)=P(X^2\leqslant y)\\&=P(-y^{1/2}\leqslant X\leqslant y^{1/2})\\&=\int_{-y^{1/2}}^{y^{1/2}}f(x)\,\mathrm{d}x=y^{1/2}。\end{aligned}$$

对于 $0<y<1$，Y 的概率密度函数 $g(y)$ 可以通过如下关系式得到：

$$g(y)=\frac{\mathrm{d}G(y)}{\mathrm{d}y}=\frac{1}{2y^{1/2}}。$$

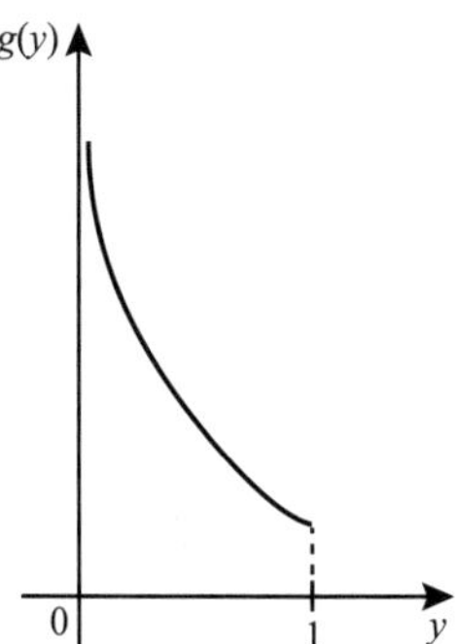

图 3.23 例 3.8.4 中 $Y=X^2$ 的概率密度函数

图 3.23 给出了 Y 的概率密度函数图像。需要指出的是，尽管 Y 只是具有均匀分布的随机变量的平方，但是 Y 的概率密度函数在 $y=0$ 的邻域内无界。◀

线性函数是非常有用的变换，连续随机变量的线性函数的概率密度函数很容易推导。如下结论的证明留给读者，见本节习题 5。

定理 3.8.2 线性函数 假设 X 是一个随机变量，概率密度函数为 f，并且 $Y=aX+b(a\neq 0)$。则 Y 的概率密度函数为

$$g(y)=\frac{1}{|a|}f\left(\frac{y-b}{a}\right),\ -\infty<y<\infty, \tag{3.8.1}$$

否则为 0。■

概率积分变换

例 3.8.5 假设随机变量 X 具有连续随机变量，其概率密度函数为：当 $x>0$ 时，$f(x)=\exp(-x)$，否则为 0。X 的分布函数为 $F(x)=1-\exp(-x)$，$x>0$；否则为 0。若令 F 为本节前面结论中的函数 r，我们可以求出 $Y=F(X)$的分布。对 $0<y<1$，Y 的分布为

$$\begin{aligned}G(y)&=P(Y\leqslant y)=P(1-\exp(-X)\leqslant y)=P(X\leqslant -\ln(1-y))\\&=F(-\ln(1-y))=1-\exp(-(-\ln(1-y)))=y,\end{aligned}$$

它是区间$[0,1]$上的均匀分布的分布函数。因此，Y 的分布是区间$[0,1]$上的均匀分布。◀

例 3.8.5 中的结论较为通用。

定理 3.8.3 概率积分变换 假设随机变量 X 有连续分布函数 F，令 $Y=F(X)$（这个从 X 到 Y 的变换被称为概率积分变换），则 Y 的分布是区间$[0,1]$上的均匀分布。

证明 首先，因为 F 是随机变量的分布函数，则 $0\leqslant F(x)\leqslant 1,-\infty<x<\infty$。因此，$P(Y<0)=P(Y>1)=0$。因为 F 是连续型的，所以对每个 $y\in(0,1)$，满足 $F(x)=y$ 的 x 的集合是非空的有界闭区间$[x_0,x_1]$。令 $F^{-1}(y)$表示这个区间的左端点 x_0，在定义 3.3.2 中称它为 F

的 y 分位数。这样 $Y\leqslant y$ 当且仅当 $X\leqslant x_1$。令 G 表示 Y 的分布函数，则

$$G(y)=P(Y\leqslant y)=P(X\leqslant x_1)=F(x_1)=y。$$

因此，对 $0<y<1$，$G(y)=y$。因为这个函数是区间[0,1]上的均匀分布的分布函数，这个均匀分布就是 Y 的分布。■

由于在定理3.8.3的证明中 $P(X=F^{-1}(Y))=1$，有下面的推论。

推论3.8.1　*设 Y 在区间[0,1]上具有均匀分布，并设 F 为连续分布函数，其分位数函数为 F^{-1}，则 $X=F^{-1}(Y)$ 的分布函数为 F。*■

定理3.8.3及其推论为我们提供了一种将任意连续随机变量 X 转换为另一个具有任何所需连续分布的随机变量 Z 的方法。具体来说，设 X 有一个连续分布函数 F，并设 G 是另一个连续分布函数。则根据定理3.8.3，$Y=F(X)$ 在区间[0,1]上具有均匀分布。根据推论3.8.1，$Z=G^{-1}(Y)$ 具有分布函数 G。二者结合，$Z=G^{-1}[F(x)]$ 具有分布函数 G。

模拟

伪随机数　大多数做统计分析的计算机软件包也能生成所谓的伪随机数。即使这些数是由确定算法生成的，它们仍有一个随机样本所拥有的一些性质。这些程序中最基本的是能生成具有区间[0,1]上均匀分布的伪随机数。我们把这些函数称为均匀伪随机数发生器。均匀伪随机数发生器必须具备如下所述的重要特征：

它生成的数相当均匀地分布在区间[0,1]上，且它们必须看起来是独立随机变量的观测值。最后一项特征比较难于用语言精确地描述。一个“看起来不是独立随机变量的观测值序列”的例子是，间隔完全均匀的序列（相邻两个数之间的距离相等）。另一个例子是如下描述的序列：假设我们观察序列 $X_1,X_2,\cdots$，一次观察一个。每次发现一个 $X_i>0.5$，就记录下一个数 X_{i+1}。如果我们记录的数的序列不是近似均匀地分布在[0,1]上，则原始的序列就不像是区间[0,1]上均匀分布的独立随机变量的观测值。原因是给定 $X_i>0.5$，根据独立性，X_{i+1} 的条件分布应该是区间[0,1]上的均匀分布。

生成有给定分布的伪随机数　均匀伪随机数发生器可以用来生成有任意给定的连续分布函数 G 的随机变量 Y 的值。如果随机变量 X 服从区间[0,1]上的均匀分布，且分位数函数 G^{-1} 的定义如前所述，由推论3.8.1可知随机变量 $Y=G^{-1}(X)$ 的分布函数就是 G。因此，如果由均匀伪随机数发生器生成了 X 的值，则相应的 Y 的值就满足我们需要的性质。如果发生器生成了 n 个独立的值 $X_1,\cdots,X_n$，则相应的值 $Y_1,\cdots,Y_n$ 就组成一个分布函数为 G 的大小为 n 的随机样本。

例3.8.6　从给定的概率密度函数生成独立的随机数　假设用一个均匀伪随机数发生器来生成三个独立的、概率密度函数为 g 的随机数，g 如下：

$$g(y)=\begin{cases}\frac{1}{2}(2-y), & 0<y<2,\\ 0, & \text{其他。}\end{cases}$$

对 $0<y<2$，给定分布的分布函数 G 是

$$G(y)=y-\frac{y^2}{4}。$$

并且，当 $0<x<1$，可以通过解方程 $x=G(y)$ 求得反函数 $y=G^{-1}(x)$。结果是

$$y=G^{-1}(x)=2[1-(1-x)^{1/2}]。\quad (3.8.2)$$

下一步就是用发生器生成三个均匀的伪随机数 x_1,x_2 和 x_3。设三个生成的值是

$$x_1=0.4125,\quad x_2=0.0894,\quad x_3=0.8302。$$

当将这些值 x_1,x_2,x_3 依次代入式（3.8.2），我们就得到 y 的值 $y_1=0.47,y_2=0.09,y_3=1.18$。这些值就被看作三个独立随机变量的观测值，这些随机变量的概率密度函数是 g。

◀

如果 G 是一般的分布函数，则有一个类似于推论 3.8.1 概率积分变换的方法，可以用来将均匀随机变量转换为具有分布函数为 G 的随机变量。见本节习题 12。还有一些其他计算机方法生成指定的分布伪随机数，比使用分位数函数更快更精确。这些内容在 Kennedy 和 Gentle（1980）和 Rubinstein（1981）的书里都有讨论。本书第 12 章包含了怎样用模拟来解决统计问题。

一般函数 一般地，假设 X 具有连续分布，$Y=r(X)$，Y 不一定有连续分布（不一定是必要的）。例如，如果 $r(x)$ 在区间 $[a,b]$ 上为常数，即对任意 x，$a\leqslant x\leqslant b$，$r(x)=c$，c 为常数，假设 $P(a\leqslant X\leqslant b)>0$，则 $P(Y=c)>0$，因此 Y 的分布不可能是连续型的。为了推导出这种情况下 Y 的分布，必须利用上述方法来推导 Y 的分布函数。但是，对于某些函数 r，Y 的分布是连续型的，可以直接推导出 Y 的概率密度函数，而无须先推导出它的分布函数。我们将在本节最后研究这种情况。

当 r 是一一对应且可微时，直接推导概率密度函数

例 3.8.7 平均等待时间 再次考虑例 3.8.3。Y 的概率密度函数可由 $G(y)=1-F(1/y)$ 计算得到，由于 F 和 $1/y$ 处处可导，使用导数的链式法则可得

$$g(y)=\frac{\mathrm{d}G(y)}{\mathrm{d}y}=-\frac{\mathrm{d}F(x)}{\mathrm{d}x}\bigg|_{x=1/y}\left(-\frac{1}{y^2}\right)=f\left(\frac{1}{y}\right)\frac{1}{y^2},$$

除 $y=0$ 点和那些使得 $F(x)$ 在 $x=1/y$ 处不可导的 y 点外都成立。 ◀

可微的一一对应函数 例 3.8.7 中使用的方法可推广到任意可微的一一对应函数。在说明一般结论之前，我们先回顾微积分中可微的一一对应函数的一些性质。设 r 是一个在开区间 (a,b) 上可微的一一对应函数，则 r 是严格递增或严格递减的。由于 r 是连续的，它将把区间 (a,b) 映射到另一个开区间 (α,β) 上（称之为 (a,b) 在 r 下的像），即对任意的 $x\in(a,b)$，$r(x)\in(\alpha,\beta)$；对任意的 $y\in(\alpha,\beta)$，存在一个 $x\in(a,b)$，使得 $y=r(x)$，这个 y 是唯一的，这是因为 r 为一一对应的。因此在区间 (α,β) 上 r 的反函数 s 存在，意味着对 $x\in(a,b)$ 和 $y\in(\alpha,\beta)$，有 $r(x)=y$ 当且仅当 $s(y)=x$。s 的导数存在（可能无穷），与 r 的导数有关：

$$\frac{\mathrm{d}s(y)}{\mathrm{d}y}=\left(\frac{\mathrm{d}r(x)}{\mathrm{d}x}\bigg|_{x=s(y)}\right)^{-1}。$$

定理 3.8.4 设 X 是一个随机变量，概率密度函数为 f，使 $P(a<X<b)=1$（其中 a 和 b 可以是有界的、无界的）。令 $Y=r(X)$，并假设当 $a<x<b$ 时，$r(x)$ 是可微的且一一对

应的，设 $s(y)(\alpha<y<\beta)$ 为 $r(x)$ 的反函数，则 Y 的概率密度函数 g 为

$$g(y)=\begin{cases}f(s(y))\left|\dfrac{\mathrm{d}s(y)}{\mathrm{d}y}\right|, & \alpha<y<\beta,\\ 0, & \text{其他。}\end{cases}\tag{3.8.3}$$

证明　若 r 是单增的，则 s 也是单增的，对任意的 $y\in(\alpha,\beta)$，有

$$G(y)=P(Y\leqslant y)=P(r(X)\leqslant y)=P(X\leqslant s(y))=F(s(y))。$$

由于 G 在任意点 y 都可微，其中 s 是可微的，$f(x)$ 在 $x=s(y)$ 处是可微的。利用求导的链式法则，可得当 $\alpha<y<\beta$ 时，概率密度函数 $g(y)$ 为

$$g(y)=\frac{\mathrm{d}G(y)}{\mathrm{d}y}=\frac{\mathrm{d}F(s(y))}{\mathrm{d}y}=f(s(y))\frac{\mathrm{d}s(y)}{\mathrm{d}y}。\tag{3.8.4}$$

由于 s 是递增的，$\mathrm{d}s/\mathrm{d}y$ 为正的，因此它等于 $|\mathrm{d}s/\mathrm{d}y|$，式（3.8.4）意味着式（3.8.3）成立。类似地，r 是递减的，则 s 是递减的，对于任意的 $y\in(\alpha,\beta)$，

$$G(y)=P(r(X)\leqslant y)=P(X\geqslant s(y))=1-F(s(y))。$$

再次使用链式法则，对 G 求导，可得 Y 的概率密度函数 $g(y)$ 为

$$g(y)=\frac{\mathrm{d}G(y)}{\mathrm{d}y}=-f(s(y))\frac{\mathrm{d}s(y)}{\mathrm{d}y}。\tag{3.8.5}$$

由于 s 是严格递减的，$\mathrm{d}s/\mathrm{d}y$ 为负，因此 $-\mathrm{d}s/\mathrm{d}y$ 等于 $|\mathrm{d}s/\mathrm{d}y|$。由式（3.8.5）可得式（3.8.3）成立。■

例 3.8.8　微生物增长　大环境下微生物种群个数增长的一个典型模型是指数增长模型。假设在0时刻把 v 个微生物放入水箱中，设 X 表示增长率。经过时间 t 后，我们预测微生物的数目为 $v\mathrm{e}^{Xt}$。假设 X 是未知的但具有连续分布，其概率密度函数为：

$$f(x)=\begin{cases}3(1-x)^2, & 0<x<1,\\ 0, & \text{其他。}\end{cases}$$

我们感兴趣的是对已知的 v 和 t 值，$Y=v\mathrm{e}^{Xt}$ 的分布。具体地，令 $v=10$ 和 $t=5$，因此 $r(x)=10\mathrm{e}^{5x}$。

在这个例子中，$P(0<X<1)=1$，且对 $0<x<1$，r 为 x 的连续且严格递增的函数。当 x 在区间 $(0,1)$ 上变化时，可以发现 $y=r(x)$ 在区间 $(10,10\mathrm{e}^5)$ 内变化。对 $10<y<10\mathrm{e}^5$，反函数是 $s(y)=\ln(y/10)/5$。因此，对 $10<y<10\mathrm{e}^5$，有

$$\frac{\mathrm{d}s(y)}{\mathrm{d}y}=\frac{1}{5y}。$$

由式（3.8.3）知，$g(y)$ 为：

$$g(y)=\begin{cases}\dfrac{3[1-\ln(y/10)/5]^2}{5y}, & 10<y<10\mathrm{e}^5,\\ 0, & \text{其他。}\end{cases}$$

◀

小结

我们学习了几种求随机变量函数的分布的方法。对连续随机变量 X，其概率密度函数为f，如果 r 是严格增（或严格减）的且有可微的反函数（即 $s(r(x))=x$，且 s 是可微的），则 $Y=r(X)$的概率密度函数是 $g(y)=f(s(y))|ds(y)/dy|$。一个特别的变换允许我们通过 $Y=G^{-1}(X)$，把在区间$[0,1]$上均匀分布的随机变量 X 变换成具有任意连续分布函数 G 的随机变量 Y。这种方法和均匀伪随机数发生器相结合，可以生成具有任意连续分布的随机变量。

习题

1. 设随机变量 X 的概率密度函数是

$$f(x)=\begin{cases}3x^2, & 0<x<1,\\ 0, & \text{其他。}\end{cases}$$

且设 $Y=1-X^2$。求 Y 的概率密度函数。

2. 设随机变量 X 以等概率取$-3,-2,-1,0,1,2,3$ 这七个数中的每个值。求 $Y=X^2-X$ 的概率函数。

3. 设随机变量 X 的概率密度函数是

$$f(x)=\begin{cases}\frac{1}{2}x, & 0<x<2,\\ 0, & \text{其他。}\end{cases}$$

且 $Y=X(2-X)$，求 Y 的概率密度函数和分布函数。

4. 设 X 的概率密度函数是习题 3 中所给出，求 $Y=4-X^3$ 的概率密度函数。

5. 证明：定理 3.8.2（提示：利用定理 3.8.4 或者先分别计算 $a>0$ 和 $a<0$ 时的分布函数）。

6. 设 X 的概率密度函数是习题 3 中所给出，求 $Y=3X+2$ 的概率密度函数。

7. 设随机变量 X 具有区间$[0,1]$上的均匀分布，求下列变量的概率密度函数。
   a. X^2； b. $-X^3$； c. $X^{1/2}$。

8. 设随机变量 X 的概率密度函数如下：

$$f(x)=\begin{cases}e^{-x}, & x>0,\\ 0, & \text{其他。}\end{cases}$$

求 $Y=X^{1/2}$ 的概率密度函数。

9. 设随机变量 X 具有区间$[0,1]$上的均匀分布，试构造随机变量 $Y=r(X)$，使得它的概率密度函数是

$$g(y)=\begin{cases}\frac{3}{8}y^2, & 0<y<2,\\ 0, & \text{其他。}\end{cases}$$

10. 设 X 的概率密度函数f是习题 3 所给出，试构造随机变量 $Y=r(X)$，使得它的概率密度函数为习题 9 所给出的函数 g。

11. 解释怎样从均匀伪随机数发生器来生成服从分布的概率密度函数是

$$g(y)=\begin{cases}\frac{1}{2}(2y+1), & 0<y<1,\\ 0, & \text{其他。}\end{cases}$$

的四个独立的值。

12. 设 F 是任意一个分布函数（不一定是离散型，不一定是连续型，也不一定是其中任意一个）。设 F^{-1}

是定义3.3.2中的分位数函数，X 服从区间[0,1]上的均匀分布。定义 $Y=F^{-1}(X)$。证明 Y 的分布函数是 F。

（提示：在两种情况下计算 $P(Y\leq y)$。首先，y 是唯一的满足 $F(x)=F(y)$ 的 x 的值；其次，在 x 的取值的全区间上 $F(x)=F(y)$。）

13. 设 Z 是一个排队中为消费者提供服务的速度。并设 Z 具有概率密度函数

$$f(z)=\begin{cases}2e^{-2z}, & z>0,\\ 0, & \text{其他。}\end{cases}$$

求平均等待时间 $T=1/Z$ 的概率密度函数。

14. 设随机变量 X 服从区间 $[a,b]$ 上的均匀分布。设 $c>0$，证明：$cX+d$ 服从区间 $[ca+d,cb+d]$ 上的均匀分布。

15. 例3.8.4中的大部分计算较为常见。假设 X 有连续分布，概率密度函数为 f，令 $Y=X^2$，证明：Y 的概率密度函数为

$$g(y)=\frac{1}{2y^{1/2}}[f(y^{1/2})+f(-y^{1/2})]。$$

16. 例3.8.4中，$Y=X^2$ 的概率密度函数在0附近的 y 值比在1附近的 y 值大得多，尽管 X 的概率密度函数是平的。为什么在这个例子中会发生这种情况，请给出一个直观的解释。

17. 保险代理人出售的保单有100美元的免赔额和5 000美元的上限。这意味着当投保人提出索赔时，投保人必须先支付100美元。在第一笔100美元之后，保险公司支付最多5 000美元的索赔。任何超额必须由保单持有人支付。假设索赔的美元金额 X 有连续分布，其概率密度函数为 $f(x)=1/(1+x)^2, x>0$，否则为0。设 Y 是保险公司必须支付的索赔金额。

a. 将 Y 写成 X 的函数，即 $Y=r(X)$。

b. 求 Y 的分布函数。

c. 解释为什么 Y 既没有连续分布也没有离散分布。

3.9　两个或多个随机变量的函数

当我们观察的数据是由多个随机变量的值组成时，需要汇总这些观测值，以便能够关注这些数据中的信息。汇总包括构造一个或几个关于这些随机变量的函数，用来捕获大量的信息。在这一节中，我们将描述用来求两个或多个随机变量的函数的分布的技巧。

具有离散联合分布的随机变量

例3.9.1　牛市　三个不同的投资公司试图通过显示有多少共同基金比公认标准表现更好来宣传他们的共同基金。每个公司有10只基金，总共有30只。假设前10只基金属于第一个公司，接下来的10只属于第二个公司，最后10只属于第三个公司。如果基金 $i(i=1,\cdots,30)$ 的表现优于标准，令 $X_i=1$，否则 $X_i=0$。

我们感兴趣的是三个函数：

$$Y_1=X_1+\cdots X_{10},$$
$$Y_2=X_{11}+\cdots X_{20},$$
$$Y_3=X_{21}+\cdots X_{30}。$$

我们希望能够从 $X_1,\cdots,X_{30}$ 的联合分布中确定 Y_1,Y_2,Y_3 的联合分布。◀

解决例3.9.1之类的问题的一般方法是定理3.8.1的简单推广。

定理3.9.1　离散随机变量的函数　设n个随机变量$X_1,\cdots,X_n$具有离散联合分布，联合概率函数为f。关于这n个随机变量的m个函数$Y_1,\cdots,Y_m$定义如下：

$$\begin{aligned}Y_1&=r_1(X_1,\cdots,X_n),\\Y_2&=r_2(X_1,\cdots,X_n),\\&\vdots\\Y_m&=r_m(X_1,\cdots,X_n)。\end{aligned}$$

对于m个随机变量$Y_1,\cdots,Y_m$的给定的值$y_1,\cdots,y_m$，令A表示所有满足

$$\begin{aligned}r_1(x_1,\cdots,x_n)&=y_1,\\r_2(x_1,\cdots,x_n)&=y_2,\\&\vdots\\r_m(x_1,\cdots,x_n)&=y_m\end{aligned}$$

的点$(x_1,\cdots,x_n)$的集合。则$Y_1,\cdots,Y_m$的联合概率函数g在给定点$(y_1,\cdots,y_m)$的值由下式给出

$$g(y_1,\cdots,y_m)=\sum_{(x_1,\cdots,x_n)\in A}f(x_1,\cdots,x_n)。$$ ■

例3.9.2　牛市　回顾例3.9.1中的情形。假设我们想计算(Y_1,Y_2,Y_3)在点$(3,5,8)$的联合概率函数g，即求$g(3,5,8)=P(Y_1=3,Y_2=5,Y_3=8)$。定理3.9.1定义的集合$A$为

$$A=\{(x_1,\cdots,x_{30}):x_1+\cdots+x_{10}=3,x_{11}+\cdots+x_{20}=5,x_{21}+\cdots+x_{30}=8\}。$$

例如，集合A中的两个点为

$$(1,1,1,0,0,0,0,0,0,0,1,1,1,1,1,0,0,0,0,0,1,1,1,1,1,1,1,1,0,0),$$
$$(1,0,0,0,1,0,0,1,0,0,0,1,1,0,0,1,0,1,0,1,1,0,1,1,1,0,1,1,1,1)。$$

由类似于1.8节的计数方法可知，A中共有

$$\binom{10}{3}\binom{10}{5}\binom{10}{8}=1\ 360\ 800$$

个点。除非$X_1,\cdots,X_{30}$的联合分布形式简单，要计算出$g(3,5,8)$和g的其他大多数值是非常烦琐的。例如，如果向量$(X_1,\cdots,X_{30})$取所有2^{30}个值都是等可能的，则

$$g(3,5,8)=\frac{1\ 360\ 800}{2^{30}}=1.27\times10^{-3}。$$ ◀

下面的结论给出了一个重要的离散随机变量函数的例子。

定理3.9.2　二项分布和伯努利分布　设$X_1,\cdots,X_n$是独立同分布的随机变量，服从参数为p的伯努利分布。令$Y=X_1+\cdots+X_n$，则Y服从参数为n和p的二项分布。

证明　显然$Y=y$当且仅当$X_1,\cdots,X_n$中恰有y个等于1，其他$n-y$个等于0，向量$(X_1,\cdots,X_n)$有$\binom{n}{y}$个不同的可能值，其中有y个1，$n-y$个0，观测到每个这样的向量的概率为$p^y(1-p)^{n-y}$，因此$Y=y$的概率是这些向量的概率之和，即$\binom{n}{y}p^y(1-p)^{n-y},y=0,\cdots,n$。由定义3.1.7可知，$Y$服从参数为$n$和$p$的二项分布。 ■

例 3.9.3　抽取零件　假设有两台机器生产零件。对于 $i=1,2$，机器 i 将产生有缺陷零件的概率是 p_i，假设两台机器生产的所有零件都是独立的。假设前 n_1 个零件由机器 1 生产，后 n_2 个零件由机器 2 生产，$n=n_1+n_2$ 为抽取样本零件的总数。如果第 i 个零件是有缺陷的，令 $X_i=1(i=1,\cdots,n)$，否则 $X_i=0$。定义 $Y_1=X_1+\cdots+X_{n_1}$ 和 $Y_2=Y_{n_1+1}+\cdots+Y_n$ 为每个机器生产的有缺陷的零件总数。问题的假设允许我们根据关于独立随机变量的各自函数的注释得出（见 3.5 节）：Y_1 和 Y_2 是独立的。此外，定理 3.9.2 表明，Y_j 服从参数为 n_j 和 p_j 的二项分布$(j=1,2)$。这两个边际分布，加上 Y_1 和 Y_2 是独立的，给出了完整的联合分布。因此，如果 g 为 Y_1 和 Y_2 的联合概率函数，可以计算对于 $y_1=0,\cdots,n_1$ 和 $y_2=0,\cdots,n_2$，有

$$g(y_1,y_2)=\binom{n_1}{y_1}p_1^{y_1}(1-p_1)^{n_1-y_1}\binom{n_2}{y_2}p_2^{y_2}(1-p_2)^{n_2-y_2},$$

否则 $g(y_1,y_2)=0$。这里无须像例 3.9.2 一样求出集合 A，这是因为 $X_1,\cdots,X_n$ 联合分布结构简单。◀

具有连续联合分布的随机变量

例 3.9.4　总服务时间　假设队列中前两个顾客打算一起离开。设 X_i 为顾客 i 所需的服务时间$(i=1,2)$，假设 X_1 和 X_2 是独立的随机变量，概率密度函数都为 $f(x)=2\,e^{-2x},x>0$；否则为 0。由于顾客一起离开，他们感兴趣的是他们两个总的服务时间 $Y=X_1+X_2$。我们现在来求 Y 的概率密度函数。

对任意的 y，令

$$A_y=\{(x_1,x_2):x_1+x_2\leqslant y\},$$

则 $Y\leqslant y$，当且仅当$(X_1,X_2)\in A_y$。集合 A_y 如图 3.24 所示。如果 $G(y)$ 表示 Y 的分布函数，则对于 $y>0$，有

$$\begin{aligned}G(y)&=P((X_1,X_2)\in A_y)=\int_0^y\int_0^{y-x_2}4e^{-2x_1-2x_2}dx_1dx_2\\&=\int_0^y 2e^{-2x_2}[1-e^{-2(y-x_2)}]dx_2=\int_0^y(2e^{-2x_2}-2e^{-2y})dx_2\\&=1-e^{-2y}-2ye^{-2y}。\end{aligned}$$

对 $G(y)$ 关于 y 求导，可得概率密度函数为

$$g(y)=\frac{d}{dy}(1-e^{-2y}-2ye^{-2y})=4ye^{-2y},$$

对 $y>0$，否则为 0。◀

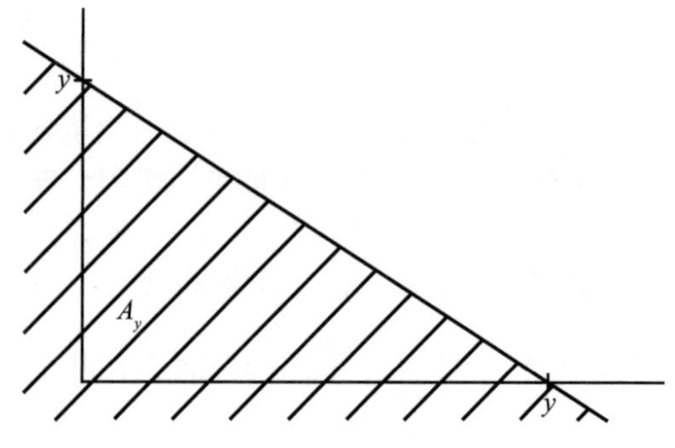

图 3.24　例 3.9.4 和定理 3.9.4 的证明中的集合 A_y

例 3.9.4 中的变换是一个暴力方法的例子，这种方法始终可用于求关于多个随机变量的函数的分布。然而，在个别情况下可能很难应用。

定理 3.9.3　求函数分布的暴力方法　设 $\boldsymbol{X}=(X_1,\cdots,X_n)$ 的联合概率密度函数为 $f(\boldsymbol{x})$，且 $Y=r(\boldsymbol{X})$。对任意的实数 y，定义 $A_y=\{\boldsymbol{x}:$

$r(\boldsymbol{x})\leqslant y\}$，则 Y 的分布函数 $G(y)$ 为

$$G(y)=\int\cdots\int_{A_y} f(\boldsymbol{x})\,\mathrm{d}\boldsymbol{x}。\tag{3.9.1}$$

证明 由分布函数的定义及定义 3.7.3，

$$G(y)=P(Y\leqslant y)=P(r(\boldsymbol{X})\leqslant y)=P(\boldsymbol{X}\in A_y),$$

等于式（3.9.1）的右边。 ■

若 Y 的分布也是连续型的，对分布函数 $G(y)$ 求导可得 Y 的概率密度函数。

定理 3.9.3 的一个典型情况如下：

定理 3.9.4 两个随机变量的线性函数 设 X_1,X_2 有联合概率密度函数 $f(x_1,x_2)$，令 $Y=a_1X_1+a_2X_2+b(a_1\neq 0)$，则 Y 具有连续分布，概率密度函数为

$$g(y)=\int_{-\infty}^{\infty} f\left(\frac{y-b-a_2x_2}{a_1},x_2\right)\frac{1}{|a_1|}\mathrm{d}x_2。\tag{3.9.2}$$

证明 首先求出 Y 的分布函数 G，再对其求导数。对任意的 y，令 $A_y=\{(x_1,x_2):a_1x_1+a_2x_2+b\leqslant y\}$。集合 A_y 和图 3.24 中的集合有着一样的形式。我们将在集合 A_y 上关于 x_2 进行外积分，关于 x_1 进行内积分。不妨设 $a>0$，其他情况类似。根据定理 3.9.3，

$$G(y)=\iint_{A_y} f(x_1,x_2)\,\mathrm{d}x_1\mathrm{d}x_2=\int_{-\infty}^{\infty}\int_{-\infty}^{(y-b-a_2x_2)/a_1} f(x_1,x_2)\,\mathrm{d}x_1\mathrm{d}x_2。\tag{3.9.3}$$

对于内积分，进行变量代换 $z=a_1x_1+a_2x_2+b$，其逆为 $x_1=(z-b-a_2x_2)/a_1$，使得 $\mathrm{d}x_1=\mathrm{d}z/a_1$。在变量代换之后，内积分变换为

$$\int_{-\infty}^{y} f\left(\frac{z-b-a_2x_2}{a_1},x_2\right)\frac{1}{a_1}\mathrm{d}z。$$

把这个式子代入式（3.9.3）的内积分：

$$\begin{aligned}G(y)&=\int_{-\infty}^{\infty}\int_{-\infty}^{y} f\left(\frac{z-b-a_2x_2}{a_1},x_2\right)\frac{1}{a_1}\mathrm{d}z\mathrm{d}x_2\\&=\int_{-\infty}^{y}\int_{-\infty}^{\infty} f\left(\frac{z-b-a_2x_2}{a_1},x_2\right)\frac{1}{a_1}\mathrm{d}x_2\mathrm{d}z。\end{aligned}\tag{3.9.4}$$

令 $g(z)$ 表示式（3.9.4）最右边的内积分，则 $G(y)=\int_{-\infty}^{y} g(z)\,\mathrm{d}z$，其导数为 $g(y)$，即为式（3.9.2）中的函数。 ■

定理 3.9.4 中的特殊情形是 X_1 和 X_2 相互独立且 $a_1=a_2=1,b=0$，这时称为卷积。

定义 3.9.1 卷积 设 X_1 和 X_2 为独立的连续随机变量，令 $Y=X_1+X_2$。称 Y 的分布为 X_1 和 X_2 分布的卷积。有时称 Y 的概率密度函数为 X_1 和 X_2 概率密度函数的卷积。

如果令定义 3.9.1 中 X_i 的概率密度函数为 f_i，$i=1,2$，则定理 3.9.4$(a_1=a_2=1,b=0)$ 表明 $Y=X_1+X_2$ 的概率密度函数为

$$g(y)=\int_{-\infty}^{\infty} f_1(y-z)f_2(z)\,\mathrm{d}z。\tag{3.9.5}$$

等价地，将 X_1 和 X_2 的名称互换，可以得到卷积的另一种形式

$$g(y)=\int_{-\infty}^{\infty} f_1(z)f_2(y-z)\,\mathrm{d}z。\tag{3.9.6}$$

例3.9.4中得到的概率密度函数是式（3.9.5）的一种特殊情况，其中$f_1(x)=f_2(x)=2\mathrm{e}^{-2x},x>0$，否则为0。

例3.9.5　投资组合　假设投资者想买股票和债券。设X_1为一年末股票的价值，X_2为一年末债券的价值，设X_1和X_2是独立的。令X_1服从区间［1 000，4 000］上的均匀分布，X_2服从区间［800，1 200］上的均匀分布。$Y=X_1+X_2$是由股票和债券组成的投资组合在年末的价值。我们要求出Y的概率密度函数。式（3.9.6）中的函数$f_1(z)f_2(y-z)$为

$$f_1(z)f_2(y-z)=\begin{cases}8.333\times10^{-7}, & 1\,000\leqslant z\leqslant 4\,000, 800\leqslant y-z\leqslant 1\,200,\\ 0, & \text{其他。}\end{cases}\tag{3.9.7}$$

我们将式（3.9.7）中的函数对每个y关于z进行积分，可得到Y的概率密度函数。画出使得式（3.9.7）中函数为正的（y，z）的集合的图像会有所帮助，见图3.25的阴影区域。对于$1\,800<y\leqslant 2\,200$，须将z从1 000到$y-800$上进行积分；对于$2\,200<y\leqslant 4\,800$，须将z从$y-1\,200$到$y-800$上进行积分；对于$4\,800<y<5\,200$，须将z从$y-1\,200$到4 000上进行积分。由于式（3.9.7）中的函数为正时，函数为一常数，积分等于常数乘以相应区间的长度，因此Y的概率密度函数为

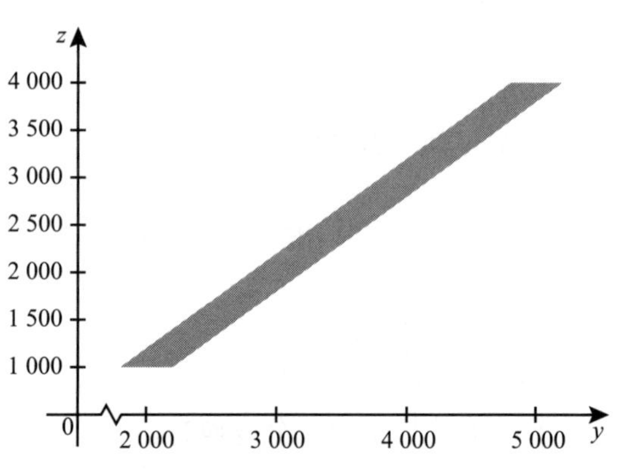

图3.25　式（3.9.7）中函数为正的区域

$$g(z)=\begin{cases}8.333\times10^{-7}(y-1\,800), & 1\,800<y\leqslant 2\,200,\\ 3.333\times10^{-4}, & 2\,200<y\leqslant 4\,800,\\ 8.333\times10^{-7}(5\,200-y), & 4\,800<y<5\,200,\\ 0, & \text{其他。}\end{cases}$$ ◀

作为暴力方法的另一个例子，我们考虑随机样本中最大和最小的观测值。这些函数告诉我们这些数据是如何散布的。例如，气象专家经常报告特定的日期温度的最高和最低纪录，也记录月和年的最大降雨量和最小降雨量。

例3.9.6　随机样本的最大值最小值的分布　设变量$X_1,\cdots,X_n$为大小为n的随机样本且来自概率密度函数是f、分布函数是F的分布。该随机样本的最大值Y_n和最小值Y_1定义如下：

$$\begin{aligned}Y_n&=\max\{X_1,\cdots,X_n\},\\ Y_1&=\min\{X_1,\cdots,X_n\}。\end{aligned}\tag{3.9.8}$$

首先考虑Y_n。用G_n表示Y_n的分布函数，g_n表示Y_n的概率密度函数。对任意给定的y，$-\infty<y<\infty$，有

$$\begin{aligned}G_n(y)&=P(Y_n\leqslant y)=P(X_1\leqslant y,X_2\leqslant y,\cdots,X_n\leqslant y)\\ &=P(X_1\leqslant y)P(X_2\leqslant y)\cdots P(X_n\leqslant y)\\ &=F(y)F(y)\cdots F(y)=[F(y)]^n,\end{aligned}$$

其中第三个等式是由 X_i 相互独立得到的，第四个等式是因为所有的 X_i 具有相同的分布函数 F。从而 $G_n(y)=[F(y)]^n$。

现在，对分布函数 G_n 求导，可得到 g_n。结果是

$$g_n(y)=n[F(y)]^{n-1}f(y),\ -\infty<y<\infty。$$

现在考虑 Y_1，其分布函数和概率密度函数分别为 G_1 和 g_1。对任意给定的 y，$-\infty<y<\infty$，

$$\begin{aligned}G_1(y)&=P(Y_1\leqslant y)=1-P(Y_1>y)\\&=1-P(X_1>y,X_2>y,\cdots,X_n>y)\\&=1-P(X_1>y)P(X_2>y)\cdots P(X_n>y)\\&=1-[1-F(y)][1-F(y)]\cdots[1-F(y)]\\&=1-[1-F(y)]^n。\end{aligned}$$

从而，$G_1(y)=1-[1-F(y)]^n$。对分布函数 G_1 求导得到 g_1，结果是

$$g_1(y)=n[1-F(y)]^{n-1}f(y),\ -\infty<y<\infty。$$

图 3.26 展示了区间[0,1]上均匀分布的概率密度函数与 $n=5$ 时样本的最小值和最大值的概率密度函数，也展示了 Y_5-Y_1 的概率密度函数（将在例 3.9.7 中推导）。注意到 Y_1 的概率密度在 0 点附近达到最高，在 1 附近达到最低，这与 Y_n 的概率密度函数正好相反，与我们预期一样。

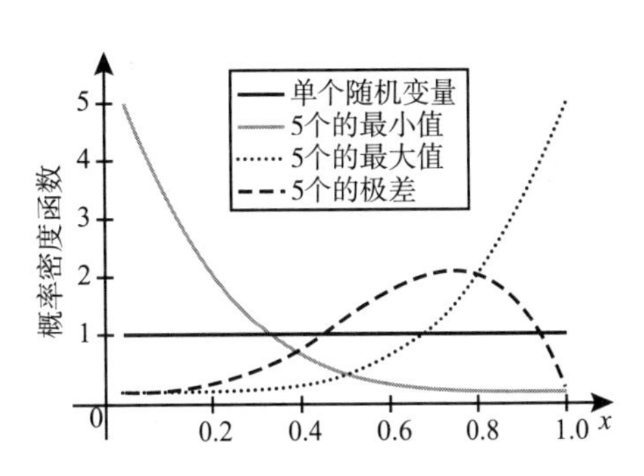

图 3.26 区间[0,1]上均匀分布的概率密度函数与样本量为 $n=5$ 时样本的最小值和最大值的概率密度函数，也包括样本量为 $n=5$ 的样本极差（参见例 3.9.7）

最后，我们求 Y_1 和 Y_n 的联合分布。对每一对值 (y_1,y_n)，满足$-\infty<y_1<y_n<\infty$，事件$\{Y_1\leqslant y_1\}\cap\{Y_n\leqslant y_n\}$和事件$\{Y_n\leqslant y_n\}\cap\{Y_1>y_1\}^c$ 相同。若 G 为 Y_1 和 Y_n 的联合分布函数，则

$$\begin{aligned}G(y_1,y_n)&=P(Y_1\leqslant y_1,Y_n\leqslant y_n)\\&=P(Y_n\leqslant y_n)-P(Y_n\leqslant y_n,Y_1>y_1)\\&=P(Y_n\leqslant y_n)-P(y_1<X_1\leqslant y_n,y_1<X_2\leqslant y_n,\cdots,y_1<X_n\leqslant y_n)\\&=G_n(y_n)-\prod_{i=1}^{n}P(y_1<X_i\leqslant y_n)\\&=[F(y_n)]^n-[F(y_n)-F(y_1)]^n。\end{aligned}$$

可由下列关系式得到 Y_1 和 Y_n 的二元联合概率密度函数

$$g(y_1,y_n)=\frac{\partial^2G(y_1,y_n)}{\partial y_1\partial y_n}。$$

这样，对于$-\infty<y_1<y_n<\infty$，

$$g(y_1,y_n)=n(n-1)[F(y_n)-F(y_1)]^{n-2}f(y_1)f(y_n)。\tag{3.9.9}$$

且对 y_1 和 y_n 其他所有的值，有 $g(y_1,y_n)=0$。 ◀

一个描述随机样本是如何分散的常用方法是最小值和最大值之间的距离，被称为随机样本的极差。将例 3.9.6 结尾的结果与定理 3.9.4 结合，得到极差的概率密度函数。

例 3.9.7　随机样本极差的分布　考虑与例3.9.6相同的情形。随机变量 $W=Y_n-Y_1$ 称为样本极差。Y_1 和 Y_n 的联合概率密度函数 $g(y_1,y_n)$ 由式（3.9.9）表示。令 $a_1=-1$，$a_2=1$ 和 $b=0$，利用定理3.9.4，可得 W 的概率密度函数 h 为：

$$h(w)=\int_{-\infty}^{\infty} g(y_n-w,y_n)\,\mathrm{d}y_n=\int_{-\infty}^{\infty} g(z,z+w)\,\mathrm{d}z, \tag{3.9.10}$$

其中最后一个等式做了变量代换 $z=y_n-w$。◀

式（3.9.10）中的积分有一个特殊情况，其中的积分可以在封闭区间计算。

例 3.9.8　均匀分布的随机样本的极差　设随机变量 $X_1,\cdots,X_n$ 为来自区间 $[0,1]$ 上均匀分布的一个随机样本，求这个随机样本的极差的概率密度函数。

在这个情况下，

$$f(x)=\begin{cases}1, & 0<x<1,\\ 0, & \text{其他。}\end{cases}$$

且当 $0<x<1$ 时 $F(x)=x$。此时，可将式（3.9.9）中的 $g(y_1,y_n)$ 写为

$$g(y_1,y_n)=\begin{cases}n(n-1)(y_n-y_1)^{n-2}, & 0<y_1<y_n<1,\\ 0, & \text{其他。}\end{cases}$$

因此，在式（3.9.10）中，$g(z,z+w)=0$，除非 $0<w<1$ 且 $0<z<1-w$。对满足这些条件的 w 和 z 的值，$g(z,w+z)=n(n-1)w^{n-2}$。因此，式（3.9.10）中的概率密度函数为

$$h(w)=\int_0^{1-w} n(n-1)w^{n-2}\,\mathrm{d}z=n(n-1)w^{n-2}(1-w),$$

对 $0<w<1$；否则，$h(w)=0$。这个概率密度函数如图3.26所示的 $n=5$ 情况。◀

多元概率密度函数的直接变换

下面，我们不加证明的将定理3.8.4推广到多个随机变量的情况。定理3.9.5的证明基于高等微积分学中一一对应变换的微分理论。

定理 3.9.5　多元变换　设 $X_1,\cdots,X_n$ 有连续联合分布，联合概率密度函数为 f。假设 $\mathbf{R}^n$ 有一子集 S，满足 $P((X_1,\cdots,X_n)\in S)=1$。随机变量 $Y_1,\cdots,Y_n$ 定义如下：

$$\begin{aligned}Y_1&=r_1(X_1,\cdots,X_n),\\ Y_2&=r_2(X_1,\cdots,X_n),\\ &\vdots\\ Y_n&=r_n(X_1,\cdots,X_n),\end{aligned} \tag{3.9.11}$$

其中假设 n 个函数 $r_1,\cdots,r_n$ 是从 S 到 $\mathbf{R}^n$ 的一个子集 T 上一一对应的可微变换。该变换的逆由以下给出：

$$\begin{aligned}x_1&=s_1(y_1,\cdots,y_n),\\ x_2&=s_2(y_1,\cdots,y_n),\\ &\vdots\\ x_n&=s_n(y_1,\cdots,y_n)。\end{aligned} \tag{3.9.12}$$

则 $Y_1,\cdots,Y_n$ 的联合概率密度函数为

$$g(y_1,\cdots,y_n)=\begin{cases}f(s_1,\cdots,s_n)\,|J|, & (y_1,\cdots,y_n)\in T,\\0, & \text{其他。}\end{cases} \tag{3.9.13}$$

其中，J 是行列式

$$J=\det\begin{bmatrix}\dfrac{\partial s_1}{\partial y_1} & \cdots & \dfrac{\partial s_1}{\partial y_n}\\ \vdots & \ddots & \vdots\\ \dfrac{\partial s_n}{\partial y_1} & \cdots & \dfrac{\partial s_n}{\partial y_n}\end{bmatrix},$$

$|J|$ 表示行列式 J 的绝对值。 ■

因此，联合概率密度函数 $g(y_1,\cdots,y_n)$ 是通过从联合概率密度函数 $f(x_1,\cdots,x_n)$ 开始，将每个 x_i 通过其表达式 $s_i(y_1,\cdots,y_n)$ 替换为 $y_1,\cdots,y_n$，然后将结果乘以 $|J|$。称行列式 J 为式（3.9.12）给定的变换的**雅可比行列式**。

注：雅可比变换是反函数求导的推广。式（3.8.3）和式（3.9.13）是非常相似的。前者给出了单个随机变量的一元函数的概率密度函数。事实上，如果在式（3.9.13）中取 $n=1$，$J=\mathrm{d}s_1(y_1)/\mathrm{d}y_1$，则式（3.9.13）就变得和式（3.8.3）一样。雅可比变换仅仅是从一个变量的一元函数的反函数求导推广到 n 个变量的 n 元函数。

例 3.9.9　两个随机变量的积和商的联合概率密度函数　设随机变量 X_1 和 X_2 具有连续联合分布，联合概率密度函数如下：

$$f(x_1,x_2)=\begin{cases}4x_1x_2, & 0<x_1<1,0<x_2<1,\\0, & \text{其他。}\end{cases}$$

我们求两个新随机变量 Y_1 和 Y_2 的联合概率密度函数，它们的定义如下：

$$Y_1=\frac{X_1}{X_2},Y_2=X_1X_2\text{。}$$

使用定理 3.9.5 中的符号，即 $Y_1=r_1(X_1,X_2)$ 和 $Y_2=r_2(X_1,X_2)$，其中

$$r_1(x_1,x_2)=\frac{x_1}{x_2},r_2(x_1,x_2)=x_1x_2\text{。} \tag{3.9.14}$$

式（3.9.14）中变换的反函数通过解方程组 $y_1=r_1(x_1,x_2)$ 和 $y_2=r_2(x_1,x_2)$ 可得用 y_1 和 y_2 表示的 x_1 和 x_2，结果是

$$x_1=s_1(y_1,y_2)=(y_1y_2)^{1/2},$$
$$x_2=s_2(y_1,y_2)=\left(\frac{y_2}{y_1}\right)^{1/2}\text{。} \tag{3.9.15}$$

用 S 表示满足 $0<x_1<1$ 且 $0<x_2<1$ 的点 (x_1,x_2) 的集合，使得 $P[(x_1,x_2)\in S]=1$。设 T 为满足如下条件的点 (y_1,y_2) 的集合：$(y_1,y_2)\in T$，当且仅当 $(s_1(y_1,y_2),s_2(y_1,y_2))\in S$，

则 $P((Y_1,Y_2)\in T)=1$。由式（3.9.14）（或等价的式（3.9.15））定义的变换给出了 S 和 T 中的点一一对应的关系。

现在说明如何确定集合 T。我们知道，$(x_1,x_2)\in S$ 当且仅当下列不等式成立：

$$x_1>0,x_1<1,x_2>0,x_2<1。\tag{3.9.16}$$

将从式（3.9.15）中得到 x_1 和 x_2 关于 y_1 和 y_2 的表达式代入式（3.9.16），可得

$$(y_1y_2)^{1/2}>0,(y_1y_2)^{1/2}<1,\left(\frac{y_2}{y_1}\right)^{1/2}>0,\left(\frac{y_2}{y_1}\right)^{1/2}<1。\tag{3.9.17}$$

第一个不等式变换为$(y_1>0,y_2>0)$或者$(y_1<0,y_2<0)$。然而，由于 $y_1=x_1/x_2$，不可能有 $y_1<0$，故只有$(y_1>0,y_2>0)$的情形。式（3.9.17）中的第三个不等式也有同样的变换。式（3.9.17）中的第二个不等式变为 $y_2<1/y_1$，第四个不等式变为 $y_2<y_1$。故(y_1,y_2)所满足的不等式确定的区域 T 如图 3.27 的右图所示，区域 S 如左图所示。

对于式（3.9.15）中的函数，

$$\frac{\partial s_1}{\partial y_1}=\frac{1}{2}\left(\frac{y_2}{y_1}\right)^{1/2},\frac{\partial s_1}{\partial y_2}=\frac{1}{2}\left(\frac{y_1}{y_2}\right)^{1/2},$$

$$\frac{\partial s_2}{\partial y_1}=-\frac{1}{2}\left(\frac{y_2}{y_1^3}\right)^{1/2},\frac{\partial s_2}{\partial y_2}=\frac{1}{2}\left(\frac{1}{y_1y_2}\right)^{1/2}。$$

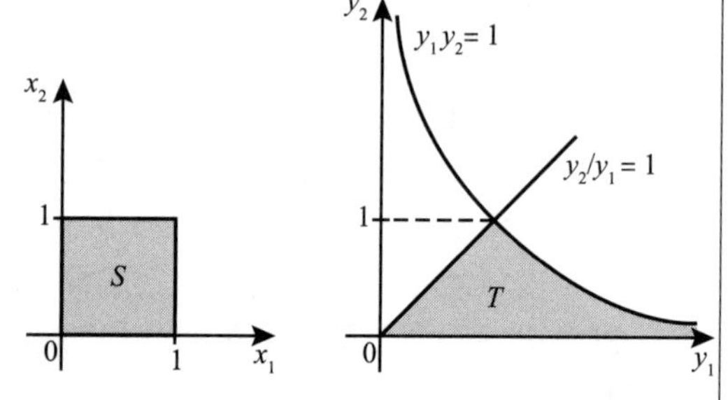

图 3.27　例 3.9.9 中的集合 S 和 T

因此，

$$J=\det\begin{bmatrix}\frac{1}{2}\left(\frac{y_2}{y_1}\right)^{1/2} & \frac{1}{2}\left(\frac{y_1}{y_2}\right)^{1/2}\\ -\frac{1}{2}\left(\frac{y_2}{y_1^3}\right)^{1/2} & \frac{1}{2}\left(\frac{1}{y_1y_2}\right)^{1/2}\end{bmatrix}=\frac{1}{2y_1}。$$

由于在整个 T 上 $y_1>0$，所以 $|J|=1/(2y_1)$。

联合概率密度函数 $g(y_1,y_2)$可以直接由式（3.9.13）得到，方式如下：在 $f(x_1,x_2)$ 表达式中，用$(y_1y_2)^{1/2}$ 代替 x_1，用$(y_2/y_1)^{1/2}$ 代替 x_2，所得结果再乘以 $|J|=1/(2y_1)$。因此，

$$g(y_1,y_2)=\begin{cases}2\left(\frac{y_2}{y_1}\right), & (y_1,y_2)\in T,\\ 0, & 其他。\end{cases}$$ ◀

例 3.9.10　排队中的服务时间　设服务系统只有 1 个服务人员，令 X 表示某指定顾客的服务时间，令 Y 表示服务人员的服务速率。给定 $Y=y$ 下，X 的条件分布的一个普遍模型，即 X 的条件概率密度函数，是

$$g_1(x\mid y)=\begin{cases}y\mathrm{e}^{-xy}, & x>0,\\ 0, & 其他。\end{cases}$$

设 Y 的概率密度函数是 $f_2(y)$。则 (X,Y) 的联合概率密度函数是 $g_1(x|y)f_2(y)$。由于 $1/Y$ 可解释为平均服务时间，$Z=XY$ 度量了顾客接受服务有多快（相对于平均而言）。例如，$Z=1$ 对应于平均服务时间，而 $Z>1$ 意味着这位顾客所花的时间比平均时间更长，$Z<1$ 意味着这位顾客接受服务比一般的顾客要快。如果要求 Z 的分布，可以直接利用刚才所述的方法先求 (Z,Y) 的联合概率密度函数，再用联合概率密度函数对 y 积分，就可得到 Z 的边际概率密度函数。然而，由于条件 $Y=y$ 允许我们可以把 Y 看作常数 y，把“给定 $Y=y$ 下 X 的条件分布”变换成“给定 $Y=y$ 下 Z 的条件分布”会更加简单，因为 $X=Z/Y$，逆变换是 $x=s(z)$，其中 $s(z)=z/y$。它的导数是 $1/y$，给定 $Y=y$ 下，Z 的条件概率密度是

$$h_1(z\mid y)=\frac{1}{y}g_1\left(\frac{z}{y}\middle|y\right)。$$

因为 Y 是速率，$Y\geqslant 0$ 且 $X=Z/Y>0$ 当且仅当 $Z>0$。因此

$$h_1(z\mid y)=\begin{cases}e^{-z}, & z>0,\\ 0, & 其他。\end{cases}\tag{3.9.18}$$

注意到 h_1 不依赖于 y，因此 Z 和 Y 是独立的，h_1 是 Z 的边际概率密度函数。读者可以在本节习题 17 中验证这些结论。◀

注：消除依赖性。在例 3.9.10 中，公式 $Z=XY$ 看上去 Z 是依赖 Y 的。然而，事实上用 Y 乘以 X，就消除了 X 对 Y 已有的依赖性，使得结果独立于 Y。这种消除一个变量对另一个变量依赖性的变换是求随机变量变换的边际分布的非常有用的技巧。

在例 3.9.10 中，我们提到了另一种更直接但更烦琐的方法来计算 Z 的分布。这种方法在许多情况中都有用：引入没有多大意义的随机变量 W，将 (X,Y) 转换为 (Z,W)，然后将 w 从联合概率密度函数中积分掉。选择 W 时，重要的是变换要一对一，具有可微的反函数，并且计算是可行的。这里有一个特定的例子。

例 3.9.11　一个关于两个变量的函数　在例 3.9.9 中，假设我们只对商 $Y_1=X_1/X_2$ 感兴趣，而不是对商和乘积 $Y_2=X_1X_2$ 两个都感兴趣。因为我们已经有了 (Y_1,Y_2) 的联合概率密度函数，可以只对 y_2 积分而不是从头开始。对每个 $y_1>0$，可以从图 3.27 中的区域 T 找到 y_2 的区间进行积分。对 $0<y_1<1$，积分区间为 $0<y_2<y_1$；对 $y_1>1$，积分区间为 $0<y_2<1/y_1$（对 $y_1=1$，两个区间相同）。因此，Y_1 的边际概率密度函数为

$$g_1(y_1)=\begin{cases}\displaystyle\int_0^{y_1}2\left(\frac{y_2}{y_1}\right)\mathrm{d}y_2, & 0<y_1<1,\\ \displaystyle\int_0^{\frac{1}{y_1}}2\left(\frac{y_2}{y_1}\right)\mathrm{d}y_2, & y_1>1\end{cases}$$

$$=\begin{cases}y_1, & 0<y_1<1,\\ \dfrac{1}{y_1^3}, & y_1>1,\end{cases}$$

如果需要，还有其他的变换，使得 g_1 的计算更为简单，见本节习题 21。◀

定理 3.9.6　线性变换　设 $\boldsymbol{X}=(X_1,\cdots,X_n)$ 有连续联合分布，联合概率密度函数为 f，定义 $\boldsymbol{Y}=(Y_1,\cdots,Y_n)$ 如下：

$$\boldsymbol{Y}=\boldsymbol{A}\boldsymbol{X}, \tag{3.9.19}$$

其中 $\boldsymbol{A}$ 为一个 $n\times n$ 非奇异的矩阵。则 $\boldsymbol{Y}$ 有连续分布，其概率密度函数为

$$g(\boldsymbol{y})=\frac{1}{|\det\boldsymbol{A}|}f(\boldsymbol{A}^{-1}\boldsymbol{y}),\boldsymbol{y}\in\mathbf{R}^n, \tag{3.9.20}$$

其中 $\boldsymbol{A}^{-1}$ 为 $\boldsymbol{A}$ 的逆。

证明　每个随机变量 Y_i 都是随机变量 $X_1,\cdots,X_n$ 的一个线性组合。由于矩阵 $\boldsymbol{A}$ 是非奇异的，式（3.9.19）中的变换为 $\mathbf{R}^n$ 整个空间到自身的一一变换。在每一点 $\boldsymbol{y}\in\mathbf{R}^n$，逆变换可表示为：

$$\boldsymbol{x}=\boldsymbol{A}^{-1}\boldsymbol{y}。 \tag{3.9.21}$$

式（3.9.21）所定义的变换的雅可比行列式简记为 $J=\det\boldsymbol{A}^{-1}$，由行列式理论可知

$$\det\boldsymbol{A}^{-1}=\frac{1}{\det\boldsymbol{A}}。$$

因此，在每一点 $\boldsymbol{y}\in\mathbf{R}^n$，联合概率密度 $g(\boldsymbol{y})$ 可根据定理 3.9.5，用下面方法得到：首先，对 $i=1,\cdots,n$，$f(x_1,\cdots,x_n)$ 中的每个分量 x_i 用向量 $\boldsymbol{A}^{-1}\boldsymbol{y}$ 的第 i 个分量来代替，再将结果除以 $|\det\boldsymbol{A}|$ 即得结果。这就有了式（3.9.20）。■

小结

我们把关于一个随机变量的一个函数的分布的构建推广到关于多个随机变量的多个函数的情形。如果要得到关于 n 个随机变量的一个函数 r_1 的分布，通常的方法是：首先找到 $n-1$ 个附加的函数 $r_2,\cdots,r_n$，使得 n 个函数一起组成一个一对一的变换；再求出这 n 个函数的联合概率密度函数；最后，通过对其余 $n-1$ 个变量积分来得到第一个函数的边际概率密度函数。这种方法在关于几个随机变量的和与极差的情况展示过。

习题

1. 设 X_1 和 X_2 是独立同分布的随机变量，它们都服从区间 $[0,1]$ 上的均匀分布。求 $Y=X_1+X_2$ 的概率密度函数。
2. 对于习题 1 的条件，求均值 $(X_1+X_2)/2$ 的概率密度函数。
3. 设三个随机变量 X_1,X_2,X_3 有连续联合分布，其联合概率密度函数如下：

$$f(x_1,x_2,x_3)=\begin{cases}8x_1x_2x_3, & 0<x_i<1(i=1,2,3),\\ 0, & \text{其他。}\end{cases}$$

　且设 $Y_1=X_1,Y_2=X_1X_2,Y_3=X_1X_2X_3$，求 Y_1,Y_2,Y_3 的联合概率密度函数。

4. 设随机变量 X_1 和 X_2 有连续联合分布，其联合概率密度函数如下：

$$f(x_1,x_2)=\begin{cases}x_1+x_2, & 0<x_1<1,0<x_2<1,\\ 0, & \text{其他。}\end{cases}$$

求 $Y=X_1X_2$ 的概率密度函数。

5. 设随机变量 X_1 和 X_2 的联合概率密度函数由习题 4 给出，求 $Z=X_1/X_2$ 的概率密度函数。
6. 设 X 和 Y 是随机变量，它们的联合概率密度函数如下：

$$f(x,y) = \begin{cases} 2(x+y), & 0 \leqslant x \leqslant y \leqslant 1, \\ 0, & \text{其他。} \end{cases}$$

求 $Z=X+Y$ 的概率密度函数。

7. 设 X_1 和 X_2 是独立同分布的随机变量，它们的概率密度函数如下：

$$f(x) = \begin{cases} \mathrm{e}^{-x}, & x > 0, \\ 0, & \text{其他。} \end{cases}$$

求 $Y=X_1-X_2$ 的概率密度函数。

8. 设随机变量 $X_1,\cdots,X_n$ 为来自区间 $[0,1]$ 上均匀分布的样本量为 n 的随机样本，$Y_n=\max\{X_1,\cdots,X_n\}$。求满足 $P(Y_n \geqslant 0.99) \geqslant 0.95$ 的最小的 n 值。
9. 设 n 个随机变量 $X_1,\cdots,X_n$ 为来自区间 $[0,1]$ 上均匀分布的随机样本，随机变量 Y_1 和 Y_n 的定义如式（3.9.8）。求 $P(Y_1 \leqslant 0.1, Y_n \leqslant 0.8)$ 的值。
10. 对于习题 9 的条件，求 $P(Y_1 \leqslant 0.1, Y_n \geqslant 0.8)$ 的值。
11. 对于习题 9 的条件，求从 Y_1 到 Y_n 的区间不包括点 1/3 的概率。
12. 令 W 表示区间 $[0,1]$ 上均匀分布的 n 个观测值的随机样本的极差，求 $P(W>0.9)$ 的值。
13. 求区间 $[-3,5]$ 上均匀分布的 n 个观测值的随机样本的极差的概率密度函数。
14. 设 n 个随机变量 $X_1,\cdots,X_n$ 为来自区间 $[0,1]$ 上均匀分布的随机样本，令 Y 表示第二大的观测值，求 Y 的概率密度函数。提示：首先求 Y 的分布函数 G，注意到

$$G(y) = P(Y \leqslant y) = P(\text{至少有 } n-1 \text{ 个观测值} \leqslant y)\text{。}$$

15. 证明：如果 $X_1,X_2,\cdots,X_n$ 是独立随机变量，且若 $Y_1=r_1(X_1), Y_2=r_2(X_2),\cdots,Y_n=r_n(X_n)$，则 Y_1，$Y_2,\cdots,Y_n$ 也是独立随机变量。
16. 设 $X_1,X_2,\cdots,X_5$ 是五个随机变量，对所有点 $(x_1,x_2,\cdots,x_5) \in \mathbf{R}^5$，它们的联合概率密度函数可以分解为：

$$f(x_1,x_2,\cdots,x_5) = g(x_1,x_2)h(x_3,x_4,x_5),$$

其中 g 和 h 都是某个非负函数。证明：若 $Y_1=r_1(X_1,X_2), Y_2=r_2(X_3,X_4,X_5)$，则随机变量 Y_1 和 Y_2 是独立的。

17. 例 3.9.10 中，利用雅可比变换（3.9.13）证明：Y 和 Z 是独立的，式（3.9.18）是 Z 的边际概率密度函数。
18. 设给定 Y，X 的条件概率密度函数是 $g_1(x|y)=3x^2/y^3$，$0<x<y$；否则为 0。设 Y 的边际概率密度函数是 $f_2(y)$；$f_2(y)=0$，$y \leqslant 0$；其他情况没有指定。令 $Z=X/Y$。证明：Z 和 Y 相互独立，并求 Z 的边际概率密度函数。
19. 设 X_1 和 X_2 如习题 7。求 $Y=X_1+X_2$ 的概率密度函数。
20. 若定理 3.9.4 中 $a_2=0$，证明：式（3.9.2）可以变形为式（3.8.1），其中 $a=a_1$，$f=f_1$。
21. 例 3.9.9 和例 3.9.11 中，通过先变换 Z_1 和 $Z_2=X_1$，将联合概率密度函数中的 z_2 积分掉，求 $Z=X_1/X_2$ 的边际概率密度函数。

*3.10 马尔可夫链

描述一个系统随时间变化而随机变化的常用模型是马尔可夫链模型。马尔可夫链每个时刻有一个随机变量，是一个随机变量序列。每个时刻，相应的随机变量刻画了系统的状态。同样地，给定“过去状态”和“现在状态”条件下，“将来状

态”的条件分布仅依赖于“现在状态”。

随机过程

例3.10.1　电话线占用数　假设某一商务办公室有五条电话线，在任意指定时间，这些电话线中的任意多条可能被占用。在某个特定的时间段内，每隔2分钟观察一次电话线并记录使用的线路数。用 X_1 表示在这个时段开始时，第一次观察到的所使用的电话线数目，用 X_2 表示两分钟后，第二次观察到的使用的电话线数目。一般地，当 $n=1,2,\cdots$，用 X_n 表示第 n 次观察到的使用的电话线数目。◀

定义3.10.1　随机过程　称随机变量 $X_1,X_2,\cdots$ 的序列为一个随机过程或者具有离散时间参数的随机过程。称第一个随机变量 X_1 为过程的初始状态；对于 $n=2,3,\cdots$，称 X_n 为过程在时刻 n 的状态。

在例3.10.1中，过程在任意时刻的状态是在那个时刻使用的电话线的数目，因此，每个状态必定是0和5之间的一个整数。随机过程中的每个随机变量都有一个边际分布，整个过程有联合分布。为方便起见，在本书中，我们每次讨论 $X_1,X_2,\cdots$ 中有限个随机变量的联合分布。“离散时间参数”一词的含义是，该过程仅在离散时刻或分散的时刻才可能被观测到，而不是连续时间。例如“占用电话线的数目”。在5.4节，我们将介绍连续时间参数的随机过程（称为泊松过程）。

在离散时间参数随机过程中，过程的状态随着时间的改变而随机的变化。为使用一个完备的概率模型来描述特定的随机过程，需要确定初始状态 X_1 的分布。对给定的 X_1，$X_2,\cdots,X_n$，还要确定每个后续状态 $X_{n+1}(n=1,2,\cdots)$ 的条件分布。这些条件分布是具有以下形式的条件分布函数的集合：

$$P(X_{n+1}\leqslant b\mid X_1=x_1,X_2=x_2,\cdots,X_n=x_n)。$$

马尔可夫链

马尔可夫链是一类特殊的随机过程，用给定“现在”和“过去”的状态下“未来”状态的条件分布来定义。

定义3.10.2　马尔可夫链　如果对于任意时刻 n，给定 $X_1,\cdots,X_n$ 的条件下 $X_{n+j}(j\geqslant 1)$ 的条件分布仅依赖于“现在”状态 X_n，而并不依赖“过去”的状态 $X_1,\cdots,X_{n-1}$，则具有离散时间参数的随机过程称为马尔可夫链。用符号表示，对于 $n=1,2,\cdots$，对于任意的 b 和每个可能状态序列 $x_1,x_2,\cdots,x_n$，有

$$P(X_{n+1}\leqslant b\mid X_1=x_1,X_2=x_2,\cdots,X_n=x_n)=P(X_{n+1}\leqslant b\mid X_n=x_n)。$$

如果只有有限多个可能的状态，则称该马尔可夫链为有限链。

在本节的其余部分，我们将只考虑有限马尔可夫链。可以用更复杂的理论和计算来放宽这个假设。为方便起见，在本节其余部分我们将保留符号 k 来代表一般马尔可夫链的可能状态数目。在讨论一般有限马尔可夫链时，通常使用整数 $1,2,\cdots,k$ 来表示 k 个状态。对每个 n 和 j，$X_n=j$ 将意味着在 n 时刻系统处于状态 j。在特定的例子中，用提供丰富信息的方式标记状态可能会更方便。例如，如果状态是给定时刻使用的电话线数目（如本节前面介绍的例子中），尽管 $k=6$，但我们将状态标记为 $0,1,\cdots,5$。

如下结论来自条件概率的乘法原理（定理2.1.2）。

定理3.10.1 对于有限马尔可夫链，前 n 个时刻状态的联合概率函数等于

$$P(X_1=x_1,X_2=x_2,\cdots,X_n=x_n)$$
$$=P(X_1=x_1)P(X_2=x_2\mid X_1=x_1)P(X_3=x_3\mid X_2=x_2)\cdots$$
$$P(X_n=x_n\mid X_{n-1}=x_{n-1})。\tag{3.10.1}$$

此外，对于任意的 n 和任意的 $m>0$，有

$$P(X_{n+1}=x_{n+1},X_{n+2}=x_{n+2},\cdots,X_{n+m}=x_{n+m}\mid X_n=x_n)$$
$$=P(X_{n+1}=x_{n+1}\mid X_n=x_n)P(X_{n+2}=x_{n+2}\mid X_{n+1}=x_{n+1})\cdots$$
$$P(X_{n+m}=x_{n+m}\mid X_{n+m-1}=x_{n+m-1})。\tag{3.10.2}$$

■

例3.7.18介绍了以连续随机变量序列为条件的情形，式（3.10.1）是其一般化的离散型形式。式（3.10.2）是式（3.10.1）在时间上向后移动的条件形式。

例3.10.2 购买牙膏 在2.1节习题4中，考虑了一位顾客在几种场合下选择两种品牌的牙膏。如果顾客在第 i 次购买中选择品牌 A，就记作 $X_i=1$；在第 i 次购买中选择品牌 B，就记作 $X_i=2$。则状态的序列 $X_1,X_2,\cdots$是一个每次都有两种可能状态的随机过程。设顾客本次购买的品牌与前一次相同的概率是1/3，购买的品牌与前一次不同的概率是2/3。由于这个概率与前一次之前的选购相同与否无关，这个随机过程是一个马尔可夫链，有如下条件概率

$$P(X_{n+1}=1\mid X_n=1)=\frac{1}{3},\quad P(X_{n+1}=2\mid X_n=1)=\frac{2}{3},$$

$$P(X_{n+1}=1\mid X_n=2)=\frac{2}{3},\quad P(X_{n+1}=2\mid X_n=2)=\frac{1}{3}。$$

◀

例3.10.2有一个其他特性，可以看作一类特殊的马尔可夫链。n 时刻的某个状态转移到 $n+1$ 时刻的另一个状态的概率不依赖 n。

定义3.10.3 转移分布/平稳转移分布 考虑具有 k 个可能状态的有限马尔可夫链。给定 n 时刻的状态，$n+1$ 时刻的状态的条件分布，即 $P(X_{n+1}=j\mid X_n=i),i,j=1,\cdots,k;n=1,2,\cdots$，被称为该马尔可夫链的转移分布。如果对任意的 $n(n=1,2,\cdots)$，这些转移分布都是一样的，则称该马尔可夫链具有平稳转移分布。

如果一个具有 k 个状态的马尔可夫链有平稳转移分布，则对于 $i,j=1,\cdots,k$ 和任意 n，存在概率 p_{ij} 满足

$$P(X_{n+1}=j\mid X_n=i)=p_{ij},n=1,2,\cdots。\tag{3.10.3}$$

例3.10.2中的马尔可夫链有平稳转移分布，例如 $p_{11}=1/3$。

用多元分布的语言来表示，当马尔可夫链具有由式（3.10.3）给出的平稳转移分布时，可以把给定 X_n 时 X_{n+1} 的条件概率分布写为

$$g(j\mid i)=p_{ij},\tag{3.10.4}$$

对所有的 n,i,j。

例3.10.3 电话线占用数 为了说明这些概念的应用，再次考虑含有五条电话线的办公室。为了使这个随机过程是个马尔可夫链，在每时刻，每个可能使用的电话线数目的分

布必须只依赖于最近 2 分钟前观察的过程中所使用的线路数目，而不依赖于任何以前观察的结果。例如，在 n 时刻，如果有三条线路在使用，不管 $n-1$ 时刻使用的线路数目是 0,1,2,3,4,5 中的哪一个，在 $n+1$ 时刻的分布必定是相同的。然而，在现实中，$n-1$ 时刻观察到的结果可以提供在 n 时刻使用的三条线中每一条被占用的时间长度的一些信息，这些信息能有助于确定在 $n+1$ 时刻的分布。尽管如此，我们将假设这个过程是马尔可夫链。如果这个马尔可夫链有平稳转移分布，在整个过程中，打进与打出电话的比率必定是不变的，这些电话通话的平均持续时间也不会改变。这个要求意味着，在整个期间不包括有很多呼叫的繁忙时刻或很少有呼叫的空闲时段。例如，如果在一个特定的时刻只有一条电话线在使用，不管这是发生在整个过程的哪个时期，在 2 分钟后恰有 j 条电话线被使用的概率必定是 p_{1j}。◀

转移矩阵

例 3.10.4　买牙膏　平稳转移分布的符号 p_{ij} 表明它们可以排列在一个矩阵中。例 3.10.2 中的转移矩阵是

$$\boldsymbol{P}=\begin{bmatrix}\frac{1}{3} & \frac{2}{3}\\ \frac{2}{3} & \frac{1}{3}\end{bmatrix}。$$ ◀

每个具有平稳转移分布的有限马尔可夫链都有一个类似于例 3.10.4 中构造的矩阵。

定义 3.10.4　转移矩阵　考虑一个有限马尔可夫链，其平稳转移分布为 $P(X_{n+1}=j|X_n=i)=p_{ij}$，对任意的 n,i,j。则马尔可夫链的转移矩阵由元素为 p_{ij} 的 $k\times k$ 矩阵 $\boldsymbol{P}$ 定义，为

$$\boldsymbol{P}=\begin{bmatrix}p_{11} & \cdots & p_{1k}\\ p_{21} & \cdots & p_{2k}\\ \vdots & \ddots & \vdots\\ p_{k1} & \cdots & p_{kk}\end{bmatrix}。\tag{3.10.5}$$

从转移矩阵的定义可以容易得到它的几个性质。例如，每一个元素都是非负的，因为所有的元素都为概率。由于转移矩阵的每一行都是给定当前状态的值条件下，下一个状态的条件概率函数，有 $\sum_{j=1}^{k}p_{ij}=1$，对 $i=1,\cdots,k$ 成立。实际上，转移矩阵的第 i 行给出了由式（3.10.4）定义的条件概率函数 $g(\cdot|i)$。

定义 3.10.5　随机矩阵　如果一个方阵，所有元素都为非负，且每一行元素之和为 1，则称之为随机矩阵。

很明显，每个具有平稳转移分布的有限马尔可夫链的转移矩阵 $\boldsymbol{P}$ 必定是一个随机矩阵。反过来，每一个 $k\times k$ 随机矩阵都可以作为具有 k 个可能状态和平稳转移分布的有限马尔可夫链的转移矩阵。

例 3.10.5　电话线使用数目的转移矩阵　假设在有五条电话线的办公室的例子中，在时刻 1,2,…使用的电话线数目构成一个具有平稳转移分布的马尔可夫链。这个链有六个可能的状态 0,1,…,5，这里的状态 i 是在给定的时刻恰有 i 条线在使用($i=0,1,\cdots,5$)。假设转移矩阵 $\boldsymbol{P}$ 有如下形式：

$$\boldsymbol{P}=\begin{array}{c}\\0\\1\\2\\3\\4\\5\end{array}\begin{array}{c}\begin{array}{cccccc}0&1&2&3&4&5\end{array}\\\begin{bmatrix}0.1&0.4&0.2&0.1&0.1&0.1\\0.2&0.3&0.2&0.1&0.1&0.1\\0.1&0.2&0.3&0.2&0.1&0.1\\0.1&0.1&0.2&0.3&0.2&0.1\\0.1&0.1&0.1&0.2&0.3&0.2\\0.1&0.1&0.1&0.1&0.4&0.2\end{bmatrix}\end{array}。\tag{3.10.6}$$

(a) 假设在某个特定时刻所有五条线都在使用，要确定在下一个观察时刻恰好有四条线在使用的概率。(b) 假设在某个特定时刻一条线都没使用，要确定在下一个观察时刻至少有一条线在使用的概率。

(a) 这个概率是矩阵 $\boldsymbol{P}$ 中对应于状态 5 的行和对应于状态 4 的列的元素，可以看到它的值是 0.4。

(b) 如果在某个特定时刻没有电话线路在使用，矩阵 $\boldsymbol{P}$ 的左上角的元素就是在下一个观察时刻没有线路在使用的概率，可以看到它的值是 0.1，则在下一个观察时刻至少有一条线在使用的概率是 $1-0.1=0.9$。◀

例 3.10.6　植物繁殖实验　植物学家正在研究一种雌雄同株的植物的变化（在同一株植物的花朵上既有雄性器官又有雌性器官）。她开始时有两株植物 Ⅰ 和 Ⅱ，通过将雄性 Ⅰ 与雌性 Ⅱ 杂交和雌性 Ⅱ 与雄性 Ⅰ 杂交，对它们进行异花授粉，这样就产生了下一代的两个个体。原来的植物被破坏了，等到新一代的两个个体成熟，重复上述过程。同时进行多次重复研究。植物学家可能感兴趣的是在每一代中每个特定基因的几种可能的基因型植物的比例（见例 1.6.4）。假设一个基因型有两个等位基因 A 和 a，一个个体的基因型是以下三种类型 AA、Aa 或 aa 中的一种。新的个体出生时，它从父代的一个个体中得到两个等位基因中的一个（得到每个基因的概率是 1/2），从父代另外一个个体中独立地得到两个等位基因中的一个，这两个后代独立地得到它们的基因型。例如，如果这个父代有基因型 AA 和 Aa，则后代肯定从父代中第一个个体得到 A，从第二个个体分别以 1/2 的概率得到 A 或 a。设这个种群的状态为现在种群中的两个个体的基因型的集合，对集合{AA,Aa}和{Aa,AA}不加区分，这样就有六种状态：{AA,AA}，{AA,Aa}，{AA,aa}，{Aa,Aa}，{Aa,aa}和{aa,aa}。我们可以计算下一代是六种状态中的哪一种状态的概率。例如，如果状态是{AA,AA}或{aa,aa}中的一种，则下一代将是相同状态的概率是 1。如果状态是{AA,aa}，则下一代是状态{Aa,Aa}的概率也是 1，其他三种状态有更复杂的转移概率。

如果现在的状态是{Aa,Aa}，那么下一代就可能是六种状态中的任意一种。为了计算六种转移分布，首先要计算一个给定的后代有三种基因型中任一种的概率，图 3.28 给出了后代的可能状态，图 3.28 中每一个向下箭头就是一个等位基因的可能遗传，箭头的每个组合终端是一个基因型，概率是 1/4。由此可知 AA 和 aa 的概率都是 1/4，而 Aa 的概率是 1/2，因为有两个不同的箭头组合产生了这个后代。为了使下一个状态是{AA,AA}，这两个后代必定分别独立地是 AA，所以这个转移概率是 1/16。同理可得，转移到{aa,aa}的概率也是 1/16。转移到{AA,Aa}要求一个后代是 AA（概率 1/4），另一个是 Aa（概率 1/2），但这两个不同的基因型可以以任何顺序出现，所以这个转移的总概率是 $2\times(1/4)\times(1/2)=$

1/4。同理可得，转移到{Aa,aa}的概率也是1/4。转移到{AA,aa}需要一个后代是AA（概率1/4）和另一个后代是aa（概率1/4）。另外，这些过程可以以两种顺序发生，所以总的概率是2×(1/4)×(1/4)=1/8。利用减法，转移到{Aa,Aa}的概率必定是1-(1/16)-(1/16)-(1/4)-(1/4)-(1/8)=1/4。以下是一个完整转移矩阵，可以用上述类似的方法来验证。

	{AA,AA}	{AA,Aa}	{AA,aa}	{Aa,Aa}	{Aa,aa}	{aa,aa}
{AA,AA}	1.000 0	0.000 0	0.000 0	0.000 0	0.000 0	0.000 0
{AA,Aa}	0.250 0	0.500 0	0.000 0	0.250 0	0.000 0	0.000 0
{AA,aa}	0.000 0	0.000 0	0.000 0	1.000 0	0.000 0	0.000 0
{Aa,Aa}	0.062 5	0.250 0	0.125 0	0.250 0	0.250 0	0.062 5
{Aa,aa}	0.000 0	0.000 0	0.000 0	0.250 0	0.500 0	0.250 0
{aa,aa}	0.000 0	0.000 0	0.000 0	0.000 0	0.000 0	1.000 0

。

◀

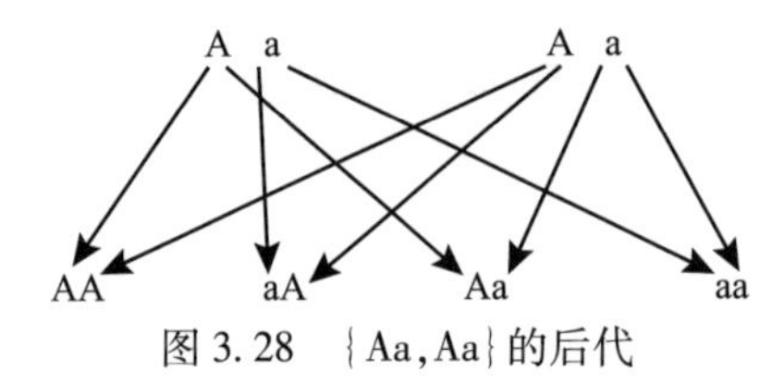

图3.28　{Aa,Aa}的后代

多步转移矩阵

例3.10.7　单个服务人员的队列　一个经理通常每5分钟检查一次她商店的服务人员，以查看服务人员是否繁忙。服务人员的状态（1表示忙，2表示不忙）建模为具有两个可能状态的马尔可夫链，并由以下矩阵给出平稳转移分布：

$$\boldsymbol{P}=\begin{array}{c} \text{忙} \\ \text{不忙} \end{array}\overset{\begin{array}{cc}\text{忙} & \text{不忙}\end{array}}{\begin{bmatrix}0.9 & 0.1\\ 0.6 & 0.4\end{bmatrix}}。$$

经理知道，当天晚些时候，她将不得不离开10分钟，将会错过一次检查。在给定每个可能状态的情况下，她想计算出未来两个时段状态的条件分布。她的推理如下：例如，如果$X_n=1$，则在$n+1$时刻的状态可能是1或2。但她不关心$n+1$时刻的状态。如果她能计算出在给定$X_n=1$条件下X_{n+1}和X_{n+2}的联合分布，她就可以对X_{n+1}的可能状态求和，得到给定$X_n=1$条件下，X_{n+2}的条件分布。用符号表示为

$$\begin{aligned}P(X_{n+2}=1\mid X_n=1)=&P(X_{n+1}=1,X_{n+2}=1\mid X_n=1)+\\&P(X_{n+1}=2,X_{n+2}=1\mid X_n=1)。\end{aligned}$$

由定理3.10.1的第二部分，

$$\begin{aligned}P(X_{n+1}=1,X_{n+2}=1\mid X_n=1)&=P(X_{n+1}=1\mid X_n=1)P(X_{n+2}=1\mid X_{n+1}=1)\\&=0.9\times0.9=0.81。\end{aligned}$$

类似地，

$$\begin{aligned}P(X_{n+1}=2,X_{n+2}=1\mid X_n=1)&=P(X_{n+1}=2\mid X_n=1)P(X_{n+2}=1\mid X_{n+1}=2)\\&=0.1\times0.6=0.06。\end{aligned}$$

由此可得 $P(X_{n+2}=1|X_n=1)=0.81+0.06=0.87$，因此 $P(X_{n+2}=2|X_n=1)=1-0.87=0.13$。通过类似的推理，如果 $X_n=2$，则有

$$P(X_{n+2}=1\mid X_n=2)=0.6\times0.9+0.4\times0.6=0.78。$$

和 $P(X_{n+2}=2|X_n=2)=1-0.78=0.22$。◀

将例 3.10.7 中的计算推广到三个或更多转移看起来可能很烦琐，但是如果仔细观察计算，就会发现一种模式，允许对多步的转移分布进行计算。考虑具有 k 个可能状态 $1,2,\cdots,k$ 的一般马尔可夫链和由式（3.10.5）给出的转移矩阵 $\boldsymbol{P}$，假设在 n 时刻处于状态 i，现在要确定在 $n+2$ 时刻处于状态 j 的概率。换言之，在给定 $X_n=i$ 的条件下确定 $X_{n+2}=j$ 的概率，用符号 $p_{ij}^{(2)}$ 表示这个概率。

我们按照例 3.10.7 中的经理的推断，令 r 表示 X_{n+1} 的值，这不是我们主要感兴趣的，但是有助于我们的计算。则有

$$\begin{aligned}
p_{ij}^{(2)} &= P(X_{n+2}=j\mid X_n=i)\\
&=\sum_{r=1}^{k}P(X_{n+1}=r,X_{n+2}=j\mid X_n=i)\\
&=\sum_{r=1}^{k}P(X_{n+1}=r\mid X_n=i)P(X_{n+2}=j\mid X_n=i,X_{n+1}=r)\\
&=\sum_{r=1}^{k}P(X_{n+1}=r\mid X_n=i)P(X_{n+2}=j\mid X_{n+1}=r)\\
&=\sum_{r=1}^{k}p_{ir}p_{rj},
\end{aligned}$$

其中第三个等式可以由定理 2.1.3 得到，第四个等式可以由马尔可夫链的定义得到。

$p_{ij}^{(2)}$ 的值可由以下方式确定：如果将转移矩阵 $\boldsymbol{P}$ 取平方，即构造矩阵$\boldsymbol{P}^2=\boldsymbol{PP}$。矩阵 $\boldsymbol{P}^2$ 的第 i 行第 j 列的元素将是 $\sum\limits_{r=1}^{k}p_{ir}p_{rj}$，因此 $p_{ij}^{(2)}$ 将是$\boldsymbol{P}^2$ 的第 i 行第 j 列的元素。

用类似的推理，这个链从状态 i 经过三步转移到 j 的概率就是 $p_{ij}^{(3)}=P(X_{n+3}=j|X_n=i)$，可以通过构造矩阵 $\boldsymbol{P}^3=\boldsymbol{P}^2\boldsymbol{P}$ 来得到。那么概率 $p_{ij}^{(3)}$ 就是矩阵$\boldsymbol{P}^3$ 的第 i 行第 j 列的元素。

一般地，我们有以下结论。

定理 3.10.2　多步转移矩阵　设 $\boldsymbol{P}$ 是具有平稳转移分布的有限马尔可夫链的转移矩阵。对于任意的 $m(m=2,3,\cdots)$，矩阵 $\boldsymbol{P}$ 的 m 次幂$\boldsymbol{P}^m$ 的第 i 行、第 j 列的元素 $p_{ij}^{(m)}$ 为这个链从状态 i 出发经过 m 步转移到状态 j 的概率。■

定义 3.10.6　多步转移矩阵　在定理 3.10.2 条件下，矩阵$\boldsymbol{P}^m$ 称为马尔可夫链的 m 步转移矩阵。

总之，m 步转移矩阵的第 i 行给出了在 $X_n=i$ 条件下 X_{n+m} 的条件分布（对于所有的 $i=1,2,\cdots,k$ 和所有的 $n,m=1,2,\cdots$）。

例 3.10.8　电话线使用数目的两步和三步转移矩阵　再次考虑五条电话线使用状态的马尔可夫链，由式（3.10.6）给出转移矩阵。首先假设在某一特定时刻有 i 条电话线在使用，然后再确定两个时间段后恰有 j 条线在使用的概率。

如果我们将矩阵 $\boldsymbol{P}$ 乘以其本身，就得到以下的两步转移矩阵：

$$
P^2 = \begin{array}{c} \\ 0 \\ 1 \\ 2 \\ 3 \\ 4 \\ 5 \end{array}
\begin{array}{c} \begin{array}{cccccc} 0 & 1 & 2 & 3 & 4 & 5 \end{array} \\
\begin{bmatrix}
0.14 & 0.23 & 0.20 & 0.15 & 0.16 & 0.12 \\
0.13 & 0.24 & 0.20 & 0.15 & 0.16 & 0.12 \\
0.12 & 0.20 & 0.21 & 0.18 & 0.17 & 0.12 \\
0.11 & 0.17 & 0.19 & 0.20 & 0.20 & 0.13 \\
0.11 & 0.16 & 0.16 & 0.18 & 0.24 & 0.15 \\
0.11 & 0.16 & 0.15 & 0.17 & 0.25 & 0.16
\end{bmatrix} \end{array}。 \tag{3.10.7}
$$

从这个矩阵我们可以得到这个链的任意两步转移概率，例如：

i. 如果在某一特定时刻有两条电话线在使用，那么在两个时间段后有四条电话线在使用的概率是0.17。

ii. 如果在某一特定时刻有三条电话线在使用，那么在两个时间段后有三条电话线在使用的概率是0.20。

现在假设在某一特定时刻有i条电话线在使用，我们来确定在三个时间段后恰好有j条电话线在使用的概率。

如果我们构造矩阵$\boldsymbol{P}^3=\boldsymbol{P}^2\boldsymbol{P}$，就得到以下三步转移矩阵：

$$
P^3 = \begin{array}{c} \\ 0 \\ 1 \\ 2 \\ 3 \\ 4 \\ 5 \end{array}
\begin{array}{c} \begin{array}{cccccc} 0 & 1 & 2 & 3 & 4 & 5 \end{array} \\
\begin{bmatrix}
0.123 & 0.208 & 0.192 & 0.166 & 0.183 & 0.128 \\
0.124 & 0.207 & 0.192 & 0.166 & 0.183 & 0.128 \\
0.120 & 0.197 & 0.192 & 0.174 & 0.188 & 0.129 \\
0.117 & 0.186 & 0.186 & 0.179 & 0.199 & 0.133 \\
0.116 & 0.181 & 0.177 & 0.176 & 0.211 & 0.139 \\
0.116 & 0.180 & 0.174 & 0.174 & 0.215 & 0.141
\end{bmatrix} \end{array}。 \tag{3.10.8}
$$

从这个矩阵可以得到这个链的任意三步转移概率，例如：

i. 如果在某一特定时刻所有五条电话线都在使用，那么在三个时间段后没有线路在使用的概率是0.116。

ii. 如果在某一特定时刻有一条电话线在使用，那么在三个时间段后恰好有一条线在使用的概率是0.207。◀

例3.10.9　植物繁殖实验　在例3.10.6中，转移矩阵中有许多个0元素，这是因为许多状态没有发生转移。然而，如果我们愿意等两步，将会发现在两步中不可能出现的状态转移是从第一个状态到任意其他状态，或者从最后一个状态到任意其他状态。两步转移矩阵如下：

$$
\begin{array}{c} \\ \{AA,AA\} \\ \{AA,Aa\} \\ \{AA,aa\} \\ \{Aa,Aa\} \\ \{Aa,aa\} \\ \{aa,aa\} \end{array}
\begin{array}{c} \begin{array}{cccccc} \{AA,AA\} & \{AA,Aa\} & \{AA,aa\} & \{Aa,Aa\} & \{Aa,aa\} & \{aa,aa\} \end{array} \\
\begin{bmatrix}
1.0000 & 0.0000 & 0.0000 & 0.0000 & 0.0000 & 0.0000 \\
0.3906 & 0.3125 & 0.0313 & 0.1875 & 0.0625 & 0.0156 \\
0.0625 & 0.2500 & 0.1250 & 0.2500 & 0.2500 & 0.0625 \\
0.1406 & 0.1875 & 0.0313 & 0.3125 & 0.1875 & 0.1406 \\
0.0156 & 0.0625 & 0.0313 & 0.1875 & 0.3125 & 0.3906 \\
0.0000 & 0.0000 & 0.0000 & 0.0000 & 0.0000 & 1.0000
\end{bmatrix} \end{array}。
$$

确实，如果我们观察三步、四步、或 m 步的转移矩阵，第一和最后一行总是相同的。◀

例 3.10.9 中的第一个和最后一个状态具有这样的性质，即一旦进入其中一个状态就无法离开。在许多马尔可夫链中都有这样的状态，它们有一个特殊的名称。

定义 3.10.7　吸收状态　在马尔可夫链中，如果对某个状态 i，$p_{ii}=1$，则称状态 i 为吸收状态。

在例 3.10.9 中，无论马尔可夫链从何处开始，两步进入每个吸收状态的概率都为正。因此，如果允许运行足够长的时间，则最终被某个吸收状态吸收的概率为 1。

初始分布

例 3.10.10　单个服务人员的队列　例 3.10.7 中的经理进入商店时，认为在她第一次检查时服务人员忙的概率是 0.3，因此该服务人员不忙的概率为 0.7，这些值给定了在 1 时刻的状态 X_1 的边际分布，这种分布可以用向量 $\boldsymbol{v}=(0.3,0.7)$ 来表示，它给出了在 1 时刻两个状态的概率，这个顺序与其在转移矩阵中出现的顺序相同。◀

例 3.10.10 给出的 X_1 的边际分布的向量有一个特殊的名称。

定义 3.10.8　概率向量/初始分布　由和为 1 的非负数组成的向量称为概率向量。概率向量的坐标给定了马尔可夫链在 1 时刻处于每个状态的概率，被称为初始分布或者初始概率向量。

在 2.1 节的习题 4 中给出了例 3.10.2 的初始分布 $\boldsymbol{v}=(0.5,0.5)$。

初始分布和转移矩阵共同决定了马尔可夫链的整个联合分布。事实上，定理 3.10.1 展示了如何利用初始概率向量和转移矩阵构造链的联合分布。令 $\boldsymbol{v}=(v_1,\cdots,v_k)$ 表示初始分布。式（3.10.1）可以改写为

$$P(X_1=x_1,X_2=x_2,\cdots,X_n=x_n)=v_{x_1}p_{x_1x_2}\cdots p_{x_{n-1}x_n}。\qquad(3.10.9)$$

利用联合分布可以得到 1 时刻后的状态的边际分布。

定理 3.10.3　非 1 时刻的边际分布　考查一个有平稳转移分布的有限马尔可夫链，设初始分布为 $\boldsymbol{v}$ 和转移矩阵为 $\boldsymbol{P}$，则 n 时刻的状态 X_n 的边际分布由概率向量 $\boldsymbol{vP}^{n-1}$ 给出。

证明　X_n 的边际分布可由式（3.10.9）关于 $x_1,\cdots,x_{n-1}$ 的可能值求和得到，即

$$P(X_n=x_n)=\sum_{x_{n-1}=1}^{k}\cdots\sum_{x_2=1}^{k}\sum_{x_1=1}^{k}v_{x_1}p_{x_1x_2}p_{x_2x_3}\cdots p_{x_{n-1}x_n}。\qquad(3.10.10)$$

式（3.10.10）最里边的、关于 $x_1=1,\cdots,k$ 求和只涉及前两个因子 $v_{x_1}p_{x_1x_2}$，并产生 $\boldsymbol{vP}$ 的 x_2 坐标。类似地，第二个最里边的、关于 $x_2=1,\cdots,k$ 求和仅涉及 $\boldsymbol{vP}$ 的 x_2 坐标和 $p_{x_2x_3}$，并生成 $\boldsymbol{vPP}=\boldsymbol{vP}^2$ 的 x_3 坐标。以这种方式，所有的 $n-1$ 个求和生成 $\boldsymbol{vP}^{n-1}$ 的 x_n 坐标。■

例 3.10.11　电话线使用数目的概率　再次考虑有五条电话线的办公室，马尔可夫链的转移矩阵 $\boldsymbol{P}$ 由式（3.10.6）给出。假设在 $n=1$ 时刻开始观察，一条线路都没使用的概率是 0.5，使用一条线的概率是 0.3，使用两条线的概率是 0.2，则初始概率向量就是 $\boldsymbol{v}=(0.5,0.3,0.2,0,0,0)$。我们首先确定一个时间段后，在 2 时刻恰好使用 j 条线的概率。

通过初等计算，可以发现

$$\boldsymbol{vP}=(0.13,0.33,0.22,0.12,0.10,0.10)。$$

因为这个概率向量的第一个分量是 0.13，在 2 时刻一条线路都没使用的概率就是 0.13；因

为第二个分量是0.33，在2时刻恰好使用一条线的概率是0.33；以此类推。

接下来，我们将确定在3时刻恰好使用j条线的概率。

利用式（3.10.7），则有

$$\boldsymbol{v}\boldsymbol{P}^2=(0.133,0.227,0.202,0.156,0.162,0.120)。$$

因为这个概率向量的第一个分量是0.133，在3时刻没有使用线路的概率就是0.133；因为第二个分量是0.227，在3时刻恰好使用一条线的概率是0.227；以此类推。◀

平稳分布

例3.10.12 电话线的一个特殊初始分布 假设占用电话线数的初始分布为

$$\boldsymbol{v}=(0.119,0.193,0.186,0.173,0.196,0.133)。$$

可以通过矩阵乘法证明$\boldsymbol{vP}=\boldsymbol{v}$。这意味着，如果$\boldsymbol{v}$是初始分布，则一步转移后它仍是一个分布。因此，它也是两步或多步转移之后的分布。◀

定义3.10.9 平稳分布 *设$\boldsymbol{P}$为马尔可夫链的转移矩阵。若概率向量$\boldsymbol{v}$满足$\boldsymbol{vP}=\boldsymbol{v}$，则称其为马尔可夫链的平稳分布。*

在例3.10.12中，初始分布是电话线马尔可夫链的平稳分布。如果马尔可夫链从这个分布出发，则分布始终保持不变。每个具有平稳转移分布的有限马尔可夫链至少有一个平稳分布。一些马尔可夫链具有唯一的平稳分布。

注：平稳分布并非意味着链没有发生转移。值得注意的是，$\boldsymbol{v}\boldsymbol{P}^n$给出了马尔可夫链在$n$步转移后处于每个状态的概率，它在观察到马尔可夫链的初始状态或者任何转移之前计算。这些不同于观察到初始状态后或观察到任何转换后处于各种状态的概率。此外，平稳分布并不意味着马尔可夫链停留在原地。如果马尔可夫链从平稳分布开始，则对于每个状态i，在n次转移以后链的概率与链在开始时处于状态i的概率相同。但是马尔可夫链在每次转移中可以从一个状态转移到另一个状态。马尔可夫链保持不变的一种情况是它进入吸收状态之后。仅集中于某个吸收状态的分布必是平稳的，因为如果马尔可夫链以这样的分布开始，它将永远不会转移。在这种情况下，所有的不确定性都围绕着初始状态，它也是每次转移后的状态。

例3.10.13 植物繁殖实验的平稳分布 再次考虑例3.10.6中的专家。第一个和第六个状态{AA，AA}和{aa，aa}分别为吸收状态。容易看出对于每一个形如$\boldsymbol{v}=(p,0,0,0,0,1-p)(0\leqslant p\leqslant 1)$的初始分布都具有$\boldsymbol{vP}=\boldsymbol{v}$的性质。假设马尔可夫链在1时刻处于状态1和状态6的概率分别为p和$1-p$。因为这两个状态都为吸收状态，所以这时马尔可夫链永远不会发生转移。若$X_1=1$，则对任意的n都有$X_n=1$。同样，若$X_1=6$，则$X_n=6$。因此，考虑到马尔可夫链在n次转移后可能处于的位置，它将以概率p位于状态1和以概率$1-p$位于状态6。◀

求平稳分布的方法 我们可以改写$\boldsymbol{vP}=\boldsymbol{v}$，将平稳分布定义为$\boldsymbol{v}(\boldsymbol{P}-\boldsymbol{I})=\boldsymbol{0}$，其中$\boldsymbol{I}$是$k\times k$的单位矩阵，$\boldsymbol{0}$是全为零的$k$维向量。不幸的是，即使存在唯一的平稳分布，这个方程组有很多解。原因是当$\boldsymbol{v}$是方程组的解时，对于所有实数c（包括$c=0$），$c\boldsymbol{v}$也一样是方程组的解。尽管对于k个变量有k个方程，也至少有一个冗余方程，然而还缺少一个方程。我们要求解向量$\boldsymbol{v}$的坐标和为1。这样可以通过用$\boldsymbol{v}$的坐标和为1替换原方程组中的一个方程就可以解决这两个问题。

具体而言，定义矩阵 $\boldsymbol{G}$ 为 $\boldsymbol{P}-\boldsymbol{I}$，其最后一列全替换为 1，然后解方程

$$\boldsymbol{v}\boldsymbol{G}=(0,\cdots,0,1)。\tag{3.10.11}$$

如果存在唯一的平稳分布，则可以通过求解式（3.10.11）求出。在这种情况下，矩阵 $\boldsymbol{G}$ 将有一个逆矩阵 $\boldsymbol{G}^{-1}$，满足

$$\boldsymbol{G}\boldsymbol{G}^{-1}=\boldsymbol{G}^{-1}\boldsymbol{G}=\boldsymbol{I}。$$

式（3.10.11）的解为

$$\boldsymbol{v}=(0,\cdots,0,1)\boldsymbol{G}^{-1},$$

容易看出这是矩阵 $\boldsymbol{G}^{-1}$ 的最后一行。这就是例 3.10.12 求平稳分布的方法。如果马尔可夫链有多个平稳分布，则矩阵 $\boldsymbol{G}$ 是奇异的，用这种方法将求不出任何平稳分布。如果应用该方法，就会出现例 3.10.13 中的情况。

例 3.10.14　牙膏购买的平稳分布　考虑例 3.10.4 中构造的转移矩阵 $\boldsymbol{P}$。可以构造如下矩阵：

$$\boldsymbol{P}-\boldsymbol{I}=\begin{bmatrix}-\frac{2}{3} & \frac{2}{3}\\ \frac{2}{3} & -\frac{2}{3}\end{bmatrix};\text{因此 }\boldsymbol{G}=\begin{bmatrix}-\frac{2}{3} & 1\\ \frac{2}{3} & 1\end{bmatrix}。$$

$\boldsymbol{G}$ 的逆矩阵为

$$\boldsymbol{G}^{-1}=\begin{bmatrix}-\frac{3}{4} & \frac{3}{4}\\ \frac{1}{2} & \frac{1}{2}\end{bmatrix}。$$

可以看到平稳分布就是 $\boldsymbol{G}^{-1}$ 的最后一行，$\boldsymbol{v}=(1/2,1/2)$。◀

有一种特殊情况，已知存在唯一的平稳分布，且它具有特殊的性质。

定理 3.10.4　*如果存在 m，使得 $\boldsymbol{P}^m$ 的每个元素都严格为正，则*

- *马尔可夫链有唯一的平稳分布 $\boldsymbol{v}$；*
- *$\lim_{n\to\infty}\boldsymbol{P}^n$ 是一个所有行都等于 $\boldsymbol{v}$ 的矩阵；*
- *无论马尔可夫链从何种分布开始，当 $n\to\infty$ 时，n 步转移后的分布收敛到 $\boldsymbol{v}$。* ■

我们不对定理 3.10.4 进行证明。尽管可以在式（3.10.8）中看到第二个性质，其中 $\boldsymbol{P}^3$ 的六行之间比 $\boldsymbol{P}$ 的六行之间更相似，这与例 3.10.12 中给出的平稳分布非常相似。定理 3.10.4 中的第三个性质实际上很容易由第二个性质得出。在 12.5 节将利用定理 3.10.4 的第三个性质，介绍一种方法，在这些分布难以精确计算时，近似估计这些分布。

例 3.10.2、例 3.10.5 和例 3.10.7 中的转移矩阵都满足定理 3.10.4 的条件。下例具有唯一的平稳分布，但不满足定理 3.10.4 的条件。

例 3.10.15　交替链　设两状态的马尔可夫链的转移矩阵为

$$\boldsymbol{P}=\begin{bmatrix}0 & 1\\ 1 & 0\end{bmatrix}。$$

矩阵 $\boldsymbol{G}$ 容易构造，也容易求逆矩阵。可以发现唯一的平稳分布为 $\boldsymbol{v}=(0.5,0.5)$。然而，随

着 m 的增加，$\boldsymbol{P}^m$ 在 $\boldsymbol{P}$ 和 2×2 单位矩阵之间交替。它不收敛，也永远不具有严格为正数的所有元素。如果有初始分布(v_1,v_2)，那么 n 步以后分布在(v_1,v_2)和(v_2,v_1)之间交替。◀

另一个不满足定理 3.10.4 条件的例子是 2.4 节的赌徒破产问题。

例 3.10.16　赌徒破产　在 2.4 节，我们描述了赌徒的破产问题，其中，一个赌徒在每次赌博时以概率 p 赢一美元，以概率 $1-p$ 输一美元。赌徒在这个赌博过程中持有的金额数序列形成了一个马尔可夫链，具有两个吸收状态，即 0 和 k，还有 $k-1$ 个其他状态，即 $1,\cdots,k-1$（这个符号违反了使用 k 来表示状态数，在这个例子中是 $k+1$，这比从 2.4 节的原始符号转换更容易混淆）。转移矩阵第一行和最后一行分别为$(1,0,\cdots,0)$和$(0,\cdots,1)$。第 i 行$(i=1,\cdots,k-1)$除了在坐标为 $i-1$ 中为 $1-p$ 和坐标为 $i+1$ 中为 p，其他坐标均为 0。与例 3.10.15 不同，这一次矩阵序列 $\boldsymbol{P}^m$ 收敛，但没有唯一的平稳分布。$\boldsymbol{P}^m$ 的极限的最后一列是数字 $a_0,a_1,\cdots,a_k$，其中 a_j 是从 i 美元开始的赌徒的财富在达到 0 美元之前达到 k 美元的概率。极限的第一列数字是数值 $1-a_0,\cdots,1-a_k$，极限矩阵的其余部分全为 0。平稳分布与例 3.10.13 中的形式相同，即所有概率都处于吸收状态。◀

小结

马尔可夫链是一个随机过程，它是描述系统状态变化的随机变量序列。在给定所有“过去”的状态的条件下，在下一时刻处于各个状态的条件概率只通过“最近”的状态依赖于“过去”状态。对于具有有限个状态和平稳转移分布的马尔可夫链来说，转移概率可以用一个矩阵来表示，这个矩阵给出了由行标记的状态转移到由列标记的状态的概率（转移矩阵 $\boldsymbol{P}$）。初始概率向量 $\boldsymbol{v}$ 给出了 1 时刻马尔可夫链处于各个状态的概率，我们可以利用转移矩阵和初始概率向量一起计算所有与马尔可夫链有关的概率。特别地，$\boldsymbol{P}^n$ 给出了经过 n 步转移的概率，$\boldsymbol{v}\boldsymbol{P}^n$ 给出了在 $n+1$ 时刻不同状态的概率。平稳分布是一个概率向量 $\boldsymbol{v}$，满足 $\boldsymbol{v}\boldsymbol{P}=\boldsymbol{v}$。每个具有平稳转移分布的有限马尔可夫链至少有一个平稳分布。对于许多马尔可夫链，存在唯一的平稳分布，并且当 n 趋于∞时，在 n 步转移后马尔可夫链的分布会收敛到平稳分布。

习题

1. 考虑例 3.10.2 中初始概率向量为 $\boldsymbol{v}=(1/2,1/2)$ 的马尔可夫链。
   a. 求出在 $n=2$ 时刻表征状态概率的概率向量。
   b. 求出两步转移矩阵。
2. 假设天气只可能是晴或多云，连续早晨的天气状况形成一个平稳转移概率的马尔可夫链，并假设这个转移矩阵如右所示：
   a. 如果某一天是多云，那么第二天也是多云的概率是多少？
   b. 如果某一天是晴天，在以后的两天都是晴天的概率是多少？
   c. 如果某一天是多云，在接下来的三天中至少一天是晴天的概率是多少？

	晴	多云
晴	0.7	0.3
多云	0.6	0.4

3. 再次考虑习题 2 中所描述的马尔可夫链。
   a. 如果某个星期三是晴天，在接下来的星期六是晴天的概率是多少？
   b. 如果某个星期三是多云，在接下来的星期六是晴天的概率是多少？
4. 再次考虑习题 2 和 3 的条件。

a. 如果某个星期三是晴天，在接下来的星期六和星期日两天都是晴天的概率是多少？

b. 如果某个星期三是多云，在接下来的星期六和星期日两天都是晴天的概率是多少？

5. 再次考虑习题 2 中所描述的马尔可夫链。假设某个星期三是晴天的概率是 0.2，是多云的概率是 0.8。

a. 求第二天（星期四）将是多云的概率。

b. 求星期五将是多云的概率。

c. 求星期六将是多云的概率。

6. 假设一个学生可能准时去上课或迟到，连续几天他准时或迟到的事件构成具有平稳转移概率的马尔可夫链。假设如果某一天他迟到，则他在第二天准时的概率是 0.8；如果某一天他准时，则他在第二天迟到的概率是 0.5。

a. 如果这个学生在某一天迟到，他在以后三天的每一天都准时的概率是多少？

b. 如果这个学生在某一天上课准时，他在以后三天的每一天都迟到的概率是多少？

7. 再次考虑习题 6 中所描述的马尔可夫链。

a. 如果这个学生在第一天上课迟到，他在第四天上课准时的概率是多少？

b. 如果这个学生在第一天上课准时，他在第四天上课准时的概率是多少？

8. 再次考虑习题 6 和 7 的条件。假设这个学生在第一天上课迟到的概率是 0.7，他准时的概率是 0.3。

a. 求第二天上课他将准时的概率。

b. 求第四天上课他将准时的概率。

9. 假设一个马尔可夫链有四个状态 1,2,3,4，平稳转移概率由以下转移矩阵指定：

$$\begin{array}{c} \\ 1 \\ 2 \\ 3 \\ 4 \end{array}\begin{array}{c} \begin{array}{cccc} 1 & 2 & 3 & 4 \end{array} \\ \begin{bmatrix} 1/4 & 1/4 & 0 & 1/2 \\ 0 & 1 & 0 & 0 \\ 1/2 & 0 & 1/2 & 0 \\ 1/4 & 1/4 & 1/4 & 1/4 \end{bmatrix} \end{array}。$$

a. 如果在给定 n 时刻处于状态 3，在 $n+2$ 时刻处于状态 2 的概率是多少？

b. 如果在给定 n 时刻处于状态 1，在 $n+3$ 时刻处于状态 3 的概率是多少？

10. 设 X_1 表示马尔可夫链在 1 时刻的初始状态，其转移矩阵由习题 9 确定，其初始概率如下：

$$P(X_1 = 1) = 1/8, P(X_1 = 2) = 1/4,$$
$$P(X_1 = 3) = 3/8, P(X_1 = 4) = 1/4。$$

对于以下 n 的每一个值，求在 n 时刻处于状态 1,2,3,4 的概率：(a) $n=2$；(b) $n=3$；(c) $n=4$。

11. 一位顾客每次购买一管牙膏，她可能选择品牌 A 或品牌 B，她选择与她以前所购品牌相同的概率是 1/3，选择与她以前所购品牌不同的概率是 2/3。

a. 如果她第一次购买的是品牌 A，她第五次购买品牌 B 的概率是多少？

b. 如果她第一次购买的是品牌 B，她第五次购买品牌 B 的概率是多少？

12. 假设有三个男孩 A、B 和 C，相互掷球，每当 A 拿到球时，他以 0.2 的概率扔给 B，以 0.8 的概率扔给 C。当 B 拿到球时，他以 0.6 的概率扔给 A，以 0.4 的概率扔给 C。当 C 拿到球时，他以相同的概率扔给 A 或 B。

a. 将此过程视为马尔可夫链，构造转移矩阵。

b. 如果在某一时刻 n，这三个男孩中的每个人拿到球的可能相同，在 $n+2$ 时刻，哪个男孩最有可能拿到球？

13. 假设一枚硬币重复地抛掷，在每次抛掷中出现正面和反面的可能性相同，且每次抛掷都是相互独立的，但是以下情况除外：每当连续三次抛掷出现“三个正面”或“三个反面”时，则下一次抛掷的结果总是相反的。在 $n(n\geqslant 3)$ 时刻，这个过程的状态是由第 $n-2$，$n-1$ 和 n 次抛掷的结果所决定的。

证明：这个过程是一个具有平稳转移概率的马尔可夫链，并求其转移矩阵。

14. 有两个盒子 A 和 B，每个盒子里有红球和绿球。假设盒子 A 中有一个红球和两个绿球，盒子 B 中有八个红球和两个绿球。考虑以下过程：从 A 盒中随机地选一个球，且从 B 盒中随机地选一个球。从 A 盒中选出的球放进 B 盒，从 B 盒中选出的球放进 A 盒，无限重复这些操作。证明：A 盒中的红球数目形成一个具有平稳转移概率的马尔可夫链，并求其转移矩阵。
15. 验证例 3.10.6 中转移矩阵中的行与当前状态{AA,Aa}和{Aa,aa}对应。
16. 设例 3.10.6 的初始概率向量 $\boldsymbol{v}=(1/16,1/4,1/8,1/4,1/4,1/16)$，求下一代六个状态的概率。
17. 回到例 3.10.6。假设在 $n-1$ 时刻的状态是{Aa,aa}：
    a. 假设我们知道 X_{n+1} 是{AA,aa}，求 X_n 的条件分布。（即假设 $n+1$ 时刻的状态是{AA,aa}，求 n 时刻的所有可能状态的概率。）
    b. 假设我们知道 X_{n+1} 是{aa,aa}，求 X_n 的条件分布。
18. 回到例 3.10.13。证明：所描述的平稳分布是该马尔可夫链的唯一平稳分布。
19. 求出习题 2 的马尔可夫链的唯一平稳分布。
20. 习题 9 中的唯一平稳分布为 $\boldsymbol{v}=(0,1,0,0)$。这是以下一般结果的一个实例：假设马尔可夫链恰好具有一个吸收状态，并假设对每个非吸收状态 k，存在一个 n，使得从状态 k 出发经过 n 步转移到吸收状态的概率为正，则唯一平稳分布在吸收状态下的概率为 1，证明这个结果。

3.11　补充习题

1. 假设 X,Y 是独立随机变量，X 服从整数 1,2,3,4,5 上的均匀分布（离散），Y 服从区间[0,5]上的均匀分布（连续）。令 Z 为随机变量，满足 $Z=X$ 的概率为 1/2，$Z=Y$ 的概率为 1/2。画出 Z 的分布函数的图像。
2. 假设 X,Y 是独立随机变量，X 服从离散分布，在有限个不同值上的概率函数为 f_1，Y 服从连续分布，概率密度函数为 f_2。设 $Z=X+Y$，证明：Z 服从连续分布，并求 Z 的概率密度函数。提示：给定 $X=x$ 下，求 Z 的条件概率密度函数。
3. 假设随机变量 X 的分布函数如下：

$$F(x)=\begin{cases}0, & x\leqslant 0,\\ \dfrac{2}{5}x, & 0<x\leqslant 1,\\ \dfrac{3}{5}x-\dfrac{1}{5}, & 1<x\leqslant 2,\\ 1, & x>2。\end{cases}$$

   验证 X 是否服从连续分布，并求 X 的概率密度函数。
4. 假设随机变量 X 服从连续分布，概率密度函数如下：

$$f(x)=\frac{1}{2}\mathrm{e}^{-|x|},\ -\infty<x<\infty,$$

   分布函数为 $F(x)$。确定 x_0 使得 $F(x_0)=0.9$。
5. 设随机变量 X_1,X_2 是独立同分布的，并且每个变量都服从区间［0，1］上的均匀分布，计算 $P(X_1^2+X_2^2\leqslant 1)$。
6. 对于任意的 $p>1$，设

$$c(p)=\sum_{x=1}^{\infty}\frac{1}{x^p}。$$

   设离散随机变量 X 的概率函数为：

$$f(x)=\frac{1}{c(p)x^p},x=1,2,\cdots。$$

a. 对每个固定的正整数 n，求 X 能被 n 整除的概率。

b. 确定 X 为奇数的概率。

7. 设 X_1,X_2 是独立同分布的随机变量，每个变量的概率函数 $f(x)$ 由习题 6 给出，求 X_1+X_2 为偶数的概率。

8. 假设一个电子系统包含四个组件，用 X_j 表示直到组件 j 无法运行的时间($j=1,2,3,4$)。假设 X_1,X_2,X_3，X_4 是独立同分布的随机变量，每个变量具有连续分布，分布函数为 $F(x)$。假设只要组件 1 和其他三个组件中的至少一个运行，系统就会运行。求直到系统无法运行为止的运行时间的分布函数。

9. 假设一个盒子包含大量的大头钉，并且将一个个大头钉抛掷，大头钉落地时顶尖着地的概率 X 服从以下的概率密度函数：

$$f(x)=\begin{cases}2(1-x), & 0<x<1,\\ 0, & \text{其他。}\end{cases}$$

假设从盒子中随机选取一个大头钉，将这个大头钉独立地抛掷三次。求“在所有三次抛掷中，都是大头钉顶尖着地”的概率。

10. 假设圆半径 X 的概率密度函数为

$$f(x)=\begin{cases}\frac{1}{8}(3x+1), & 0<x<2,\\ 0, & \text{其他。}\end{cases}$$

求圆面积的概率密度函数。

11. 假设随机变量 X 的概率密度函数如下：

$$f(x)=\begin{cases}2e^{-2x}, & x>0,\\ 0, & \text{其他。}\end{cases}$$

构造一个随机变量 $Y=r(X)$，使其服从$[0,5]$上的均匀分布。

12. 假设 12 个随机变量 $X_1,\cdots,X_{12}$ 是独立同分布的，并且每个都在区间$[0,20]$上服从均匀分布。对于 $j=0,1,\cdots,19$，令 I_j 表示区间$(j,j+1)$。求“这 20 个不相交的区间中，每个区间包含 $X_1,\cdots,X_{12}$ 都不多于一个”的概率。

13. 假设 X,Y 的联合分布为 xy 平面上集合 A 上的均匀分布。对于下列哪个集合 A，X，Y 是独立的：

a. 半径为 1 且圆心在原点的圆。

b. 半径为 1 且圆心在$(3,5)$的圆。

c. 顶点在$(1,1),(1,-1),(-1,-1),(-1,1)$处的正方形。

d. 顶点在$(0,0),(0,3),(1,3),(1,0)$处的长方形。

e. 顶点在$(0,0),(1,1),(0,2),(-1,1)$处的正方形。

14. 设 X,Y 是独立的随机变量，概率密度函数如下：

$$f_1(x)=\begin{cases}1, & 0<x<1,\\ 0, & \text{其他，}\end{cases}$$

$$f_2(y)=\begin{cases}8y, & 0<y<\frac{1}{2},\\ 0, & \text{其他。}\end{cases}$$

计算 $P(X>Y)$。

15. 设某一天，两个人 A 和 B 彼此独立地到达某个商店。假设 A 在商店停留 15 分钟，B 在商店停留 10 分钟。如果每个人到达的时间服从上午 9:00 到上午 10:00 一个小时内的均匀分布，那么 A 和 B 同时在商店的概率是多少？

16. 设 X,Y 具有如下联合概率密度函数：

$$f(x,y)=\begin{cases}2(x+y), & 0<x<y<1,\\ 0, & 其他。\end{cases}$$

确定（a）$P(X<1/2)$；（b）X 的边际概率密度函数；（c）给定 $X=x$ 时 Y 的条件概率密度函数。

17. 设 X 和 Y 是随机变量，X 的边际概率密度函数为

$$f(x)=\begin{cases}3x^2, & 0<x<1,\\ 0, & 其他。\end{cases}$$

给定 $X=x$ 时，Y 的条件概率密度函数为

$$g(y\mid x)=\begin{cases}\dfrac{3y^2}{x^3}, & 0<y<x,\\ 0, & 其他。\end{cases}$$

求(a)Y 的边际概率密度函数；（b）给定 $Y=y$ 时，X 的条件概率密度函数。

18. 设 X,Y 的联合分布是在 xy 平面中由四条线 $x=-1,x=1,y=x+1,y=x-1$ 所围区域上的均匀分布。确定（a）$P(XY>0)$，（b）给定 $X=x$ 时，Y 的条件概率密度函数。

19. 设随机变量 X,Y,Z 具有如下联合概率密度函数：

$$f(x,y,z)=\begin{cases}6, & 0<x<y<z<1,\\ 0, & 其他。\end{cases}$$

求 X,Y,Z 的一元边际概率密度函数。

20. 假设随机变量 X,Y,Z 具有如下联合概率密度函数：

$$f(x,y,z)=\begin{cases}2, & 0<x<y<1, 0<z<1,\\ 0, & 其他。\end{cases}$$

计算 $P(3X>Y\mid 1<4Z<2)$。

21. 假设 X,Y 是独立同分布的随机变量，概率密度函数都为

$$f(x)=\begin{cases}\mathrm{e}^{-x}, & x>0,\\ 0, & 其他。\end{cases}$$

令 $U=X/(X+Y)$ 和 $V=X+Y$。

a. 确定 U,V 的联合概率密度函数。

b. U,V 独立吗?

22. 假设 X,Y 是随机变量，且具有以下的联合密度函数：

$$f(x,y)=\begin{cases}8xy, & 0\leqslant x\leqslant y\leqslant 1,\\ 0, & 其他。\end{cases}$$

令 $U=X/Y$ 和 $V=Y$。

a. 求 U,V 的联合概率密度函数。

b. X,Y 独立吗?

c. U,V 独立吗?

23. 设 $X_1,\cdots,X_n$ 是独立同分布的随机变量，分布函数都为：

$$F(x)=\begin{cases}0, & x\leqslant 0,\\ 1-\mathrm{e}^{-x}, & x>0。\end{cases}$$

令 $Y_1=\min\{X_1,\cdots,X_n\}$ 和 $Y_2=\max\{X_1,\cdots,X_n\}$，求在 $Y_n=y_n$ 的条件下，Y_1 的条件概率密度函数。

24. 设 X_1,X_2,X_3 是来自某分布的随机样本，该分布的概率密度函数如下：

$$f(x)=\begin{cases}2x, & 0<x<1,\\ 0, & 其他。\end{cases}$$

求样本极差的概率密度函数。

25. 在本题中，我们为式（3.6.6）提供一个近似的理由。首先，记住如果 a 和 b 非常接近，则

$$\int_a^b r(t)\,\mathrm{d}t \approx (b-a)r\left(\frac{a+b}{2}\right)。\tag{3.11.1}$$

在这个问题中，假设 X，Y 的联合概率密度函数为 f。

a. 利用式（3.11.1）近似 $P(y-\varepsilon<Y\leqslant y+\varepsilon)$。

b. 利用式（3.11.1）和 $r(t)=f(s,t)$（对固定的 s），近似

$$P(X\leqslant x, y-\varepsilon<Y\leqslant y+\varepsilon)=\int_{-\infty}^{x}\int_{y-\varepsilon}^{y+\varepsilon} f(s,t)\,\mathrm{d}t\mathrm{d}s。$$

c. 证明：b 部分中的近似值与 a 部分的近似值之比是 $\int_{-\infty}^{x} g_1(s\mid y)\,\mathrm{d}s$。

26. 设 X_1,X_2 是独立的随机变量，每一个的概率密度函数都为：$f_1(x)=\mathrm{e}^{-x},x>0$ 和 $f_1(x)=0,x\leqslant 0$,，令 $Z=X_1-X_2,W=X_1/X_2$。

a. 求出 X_1 和 Z 的联合概率密度函数。

b. 证明：给定 $Z=0$ 时，X_1 的条件概率密度函数是

$$g_1(x_1\mid 0)=\begin{cases}2\mathrm{e}^{-2x_1}, & x_1>0,\\ 0, & \text{其他。}\end{cases}$$

c. 求出 X_1 和 W 的联合概率密度函数。

d. 证明：给定 $W=1$ 时，X_1 的条件概率密度函数为

$$h_1(x_1\mid 1)=\begin{cases}4x_1\mathrm{e}^{-2x_1}, & x_1>0,\\ 0, & \text{其他。}\end{cases}$$

e. 注意到 $\{Z=0\}=\{W=1\}$，但是在 $Z=0$ 时 X_1 的条件分布和 $W=1$ 时 X_1 的条件分布是不同的。这种不一致叫作 Borel 悖论。鉴于 3.6 节讨论的“条件概率密度函数”与“以概率为零的事件为条件”不同，请说明“Z 非常接近 0”与“W 非常接近 1”是不一样的。提示：以 x_1 和 x_2 为坐标轴，画出两个集合 $\{(x_1,x_2):|x_1-x_2|<\varepsilon\}$ 和 $\{(x_1,x_2):|x_1/x_2-1|<\varepsilon\}$，看看它们有多大不同。

27. 三个男孩 A、B 和 C 正在打乒乓球。在每场比赛中，两个男孩比赛，第三个男孩不比赛。在第 $n+1$ 次比赛中，第 n 次比赛中的赢家与没有参加第 n 次比赛的男孩进行比赛，第 n 次比赛中的输家不参与第 $n+1$ 次比赛。在任何比赛中，A 战胜 B 的概率是 0.3，A 战胜 C 的概率是 0.6，B 战胜 C 的概率是 0.8。定义可能的状态和构造转移矩阵，将此过程表示为具有平稳转移概率的马尔可夫链。

28. 再次考虑习题 27 中描述的马尔可夫链。

a. 确定在第一次比赛中互相对抗的两个男孩在第四次比赛中再次互相对抗的概率。

b. 证明：这个概率不取决于第一次比赛中哪两个男孩参加比赛。

29. 求习题 27 中马尔可夫链的唯一平稳分布。

第4章　数学期望

4.1　随机变量的数学期望

随机变量X的分布包含了X的所有概率信息。然而，使用分布表达关于X的信息往往显得过于烦琐。分布的汇总信息，如均值或期望值，可以帮助人们了解我们对X的预期，而不必试图描述整个分布。期望值在第6章中出现的近似方法中也起着重要作用。

离散分布的数学期望

例4.1.1　股票的合理价格　一位投资者正在考虑是否要投资某股票一年，股价为每股18美元。一年后该股票的价值（以美元计）将为$18+X$，其中X是价格在一年中变化的量。目前X是未知的，投资者希望计算X的“均值”，以便将她期望从投资中获得的回报与她将18美元存入银行以5%的利息获得的回报进行比较。◀

在许多涉及随机变量的应用中，都出现了像例4.1.1中涉及均值的想法。一种普遍的选择是我们所说的均值或期望值。

随机变量均值的直观思想是，它是随机变量所有可能取值的加权平均值，权重等于概率。

例4.1.2　股票价格变化　假设例4.1.1中股票价格变化是一个随机变量X，假设它只能取四个不同的值$-2,0,1,4$，且$P(X=-2)=0.1$，$P(X=0)=0.4$，$P(X=1)=0.3$，$P(X=4)=0.2$。则这些值的加权平均值为

$$-2(0.1)+0(0.4)+1(0.3)+4(0.2)=0.9。$$

现在投资者将其与18美元按一年5%的利息，即$18\times 0.05=0.9$美元进行比较。从这个角度来看，18美元的价格似乎是合理的。◀

例4.1.2中的计算很容易推广到假设只取有限个值的随机变量。随机变量的可能取值比有限多个还要多的时候，可能会出现问题，尤其是当可能值的集合是无界的时候。

定义4.1.1　有界离散随机变量的均值　假设随机变量X是有界离散随机变量，其概率函数为f。X的数学期望是一个数值，记为$E(X)$，定义如下：

$$E(X)=\sum_{\text{所有}x} xf(x)。\tag{4.1.1}$$

X的数学期望也被称为X的均值或者期望值。

在例4.1.2中，$E(X)=0.9$。请注意，0.9不是该例中X的可能取值之一，这是离散随机变量常见的情况。

例4.1.3　伯努利随机变量　设X服从参数为p的伯努利分布，即X仅取0和1，且$P(X=1)=p$。则X的均值为

$$E(X)=0\times(1-p)+1\times p=p。$$ ◀

如果 X 是无界的，仍然有可能定义 $E(X)$ 为其可能取值的加权平均值，但需要小心一些。

定义 4.1.2　一般离散随机变量的均值　如果 X 是离散随机变量，其概率函数为 f。假设下列求和式至少有一个是有限的：

$$\sum_{x:x>0} xf(x),\quad \sum_{x:x<0} xf(x)。\tag{4.1.2}$$

则称 X 的均值（或数学期望，期望值）存在，均值（或数学期望，期望值）定义为

$$E(X)=\sum_{\text{所有}x} xf(x)。\tag{4.1.3}$$

若式（4.1.2）中的两个和都是无穷的，则称 $E(X)$ 不存在。

如果式（4.1.2）中的两个总和都是无穷的，则期望不存在的原因是，在这种情况下，式（4.1.3）中的和没有很好地定义。从微积分中知道，如果无穷级数的正项和负项都是无穷的，相加要么无法收敛，要么可以通过以不同的顺序重新排列项来收敛到许多不同的值。我们希望期望值的含义不依赖于所加项的求和顺序。如果式（4.1.3）中的两个和中只有一个是无穷的，那么期望值也是无穷的，其符号与无穷的和符号相同。如果两个和都是有限的，则式（4.1.3）中的和收敛并且不取决于所加项的求和顺序。

例 4.1.4　X 的均值不存在　设 X 为一个随机变量，概率函数为

$$f(x)=\begin{cases}\dfrac{1}{2|x|(|x|+1)}, & x=\pm1,\pm2,\pm3,\cdots,\\ 0, & \text{其他。}\end{cases}$$

可以验证该函数满足概率函数所需的条件。式（4.1.2）中的两个和为

$$\sum_{x=-1}^{-\infty} x\frac{1}{2|x|(|x|+1)}=-\infty,\ \sum_{x=1}^{\infty} x\frac{1}{2|x|(|x|+1)}=\infty;$$

因此，$E(X)$ 不存在。◀

例 4.1.5　无穷均值　设 X 为一个随机变量，概率函数为

$$f(x)=\begin{cases}\dfrac{1}{x(x+1)}, & x=1,2,3,\cdots,\\ 0, & \text{其他。}\end{cases}$$

式（4.1.2）中的关于负项的和为 0，因此 X 的均值存在，且

$$E(X)=\sum_{x=1}^{\infty} x\frac{1}{x(x+1)}=\infty。$$

这种情况下，称 X 的期望为无穷。◀

注：X 的数学期望只依赖于 X 的分布。虽然 $E(X)$ 称为 X 的数学期望，但是它只依赖于 X 的分布。任意两个具有相同分布的随机变量都有相同的数学期望，即使它们之间毫无关系。基于这个原因，我们通常称之为分布的数学期望，即使我们不了解这个分布的随机变量。

连续分布的数学期望

上述计算可能取值的加权平均值的思路可推广到连续随机变量，通过使用积分而不是

求和。在这种情况下，基于同样的原因，有界和无界随机变量之间是有区别的。

定义 4.1.3　有界连续随机变量的均值　如果随机变量 X 有连续分布，其概率密度函数为 f，则 X 的数学期望，记为 $E(X)$，定义如下：

$$E(X) = \int_{-\infty}^{\infty} xf(x)\,dx。\tag{4.1.4}$$

同样地，期望也可称为均值或者期望值。

例 4.1.6　故障时间的期望　电器的最长寿命为一年。X 为直到故障为止的时间，是一个连续随机变量，概率密度函数为

$$f(x) = \begin{cases} 2x, & 0 < x < 1, \\ 0, & 其他。\end{cases}$$

则

$$E(X) = \int_0^1 x(2x)\,dx = \int_0^1 2x^2\,dx = \frac{2}{3}。$$

我们也可以说概率密度函数为 f 的分布的数学期望是 2/3。◀

对一般的连续随机变量，将定义 4.1.2 修改如下。

定义 4.1.4　一般连续随机变量的均值　设 X 是一个连续随机变量，概率密度函数为 f。假设下列积分中至少有一个是有限的：

$$\int_0^{\infty} xf(x)\,dx, \int_{-\infty}^{0} xf(x)\,dx。\tag{4.1.5}$$

则称 X 的均值（或数学期望，期望值）存在，X 的均值（或数学期望，期望值）定义为

$$E(X) = \int_{-\infty}^{\infty} xf(x)\,dx。\tag{4.1.6}$$

如果式（4.1.5）中的两个积分都是无穷的，则称 $E(X)$ 不存在。

例 4.1.7　保修后失效　一种产品的保修期为一年。令 X 为产品故障时间，假设 X 为连续随机变量，概率密度函数为

$$f(x) = \begin{cases} 0, & x < 1, \\ \dfrac{2}{x^3}, & x \geq 1。\end{cases}$$

期望故障时间为

$$E(X) = \int_1^{\infty} x\frac{2}{x^3}dx = \int_1^{\infty} \frac{2}{x^2}dx = 2。$$

◀

例 4.1.8　均值不存在　设 X 为连续随机变量，其概率密度函数如下：

$$f(x) = \frac{1}{\pi(1+x^2)}, -\infty < x < \infty。\tag{4.1.7}$$

这种分布称为柯西分布，可以使用以下初等微积分学的标准结论

$$\frac{d}{dx}\arctan x = \frac{1}{1+x^2}, -\infty < x < \infty。$$

验证 $\int_{-\infty}^{\infty} f(x)\,dx = 1$。

式（4.1.5）中的两个积分为

$$\int_{0}^{\infty}\frac{x}{\pi(1+x^{2})}\mathrm{d}x=\infty,\int_{-\infty}^{0}\frac{x}{\pi(1+x^{2})}\mathrm{d}x=-\infty;$$

因此，X 的均值不存在。◀

数学期望的解释

均值与重心的关系 随机变量的数学期望（或等价地，分布的均值）可以看作该分布的重心。为了解释这个概念，考虑如图4.1所示的概率函数。将 x 轴看作一根无重力长杆，将重物放在该长杆上。如果在每一个点 x_j 处，将重量等于 $f(x_j)$ 的重物放在长杆上，如果在点 $E(X)$ 处支撑该杆，则该杆是平衡的。

现在考虑如图4.2所示的概率密度函数。这时，可将 x 轴看作一根长的、质量连续变化的杆。如果杆上每点 x 处的质量密度是 $f(x)$，则这根杆的重心处于点 $E(X)$。如果在这点支撑的话，该杆将会达到平衡。

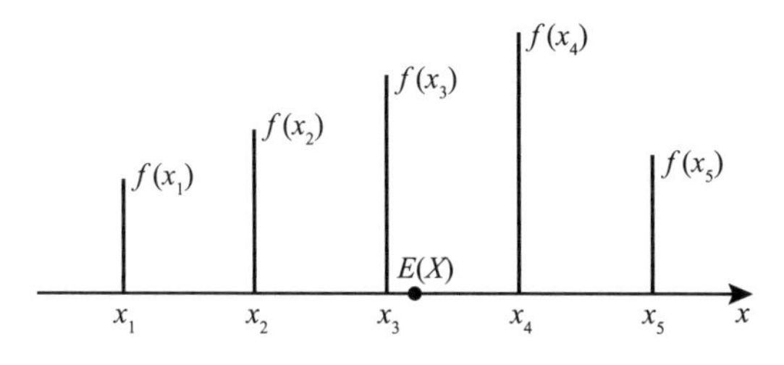

图4.1 离散分布的均值

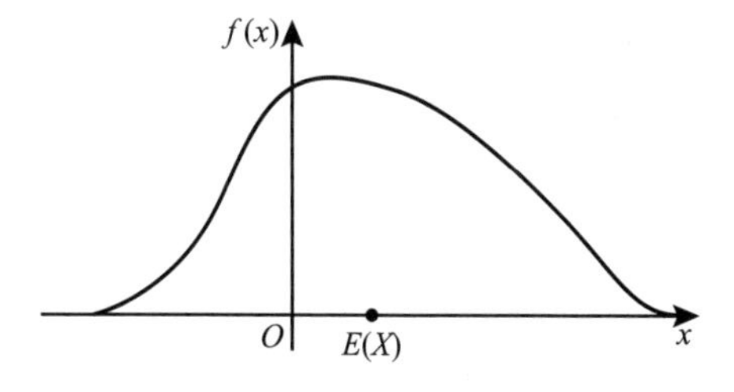

图4.2 连续分布的均值

从这个分布可以看出，很大 x 值对应的概率量发生微小的变化都会对分布的均值产生很大的影响。例如，图4.1所示的概率函数分布的均值可以移动到 x 轴上的任意点，不论该点距原点有多远，为此我们只要把某个点 x_j 处减去一个任意小的但是正的概率值，并将它加到距原点足够远的一个点即可。

现在假设某分布的概率函数或概率密度函数在 x 轴上关于某个给定点 x_0 是对称的，换句话说，对任意的 δ，有 $f(x_0+\delta)=f(x_0-\delta)$ 成立。同时假设分布的均值 $E(X)$ 存在，根据均值即重心的解释，则 $E(X)$ 一定等于对称点 x_0。下面的例子强调了这个事实：在得出 $E(X)=x_0$ 的结论之前，必须保证均值 $E(X)$ 是存在的。

例4.1.9 柯西分布 再次考虑式（4.1.7）中所给的概率密度函数，其图像如图4.3所示。该概率密度函数关于 $x=0$ 对称。如果柯西分布的均值存在，其值必为0。然而，在例4.1.8中我们看到柯西分布的均值不存在。

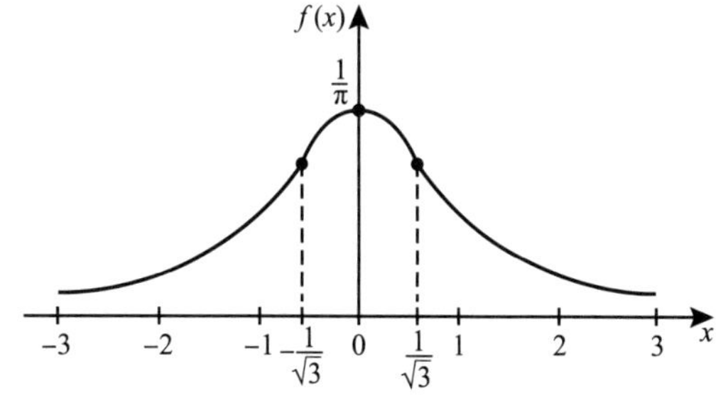

图4.3 柯西分布的概率密度函数

柯西分布的均值不存在的原因如下：当曲线 $y=f(x)$ 如图4.3所示时，其尾部足够迅速地趋近 x 轴使得曲线下部的总面积等于1。另一方面，如果每一个值 $f(x)$ 乘以 x，则曲线 $y=xf(x)$ 如图 4.4 所示，曲线的尾部很慢地趋近 x 轴，以至于 x 轴与曲线每一部分之间的总面积是无穷的。◀

函数的数学期望

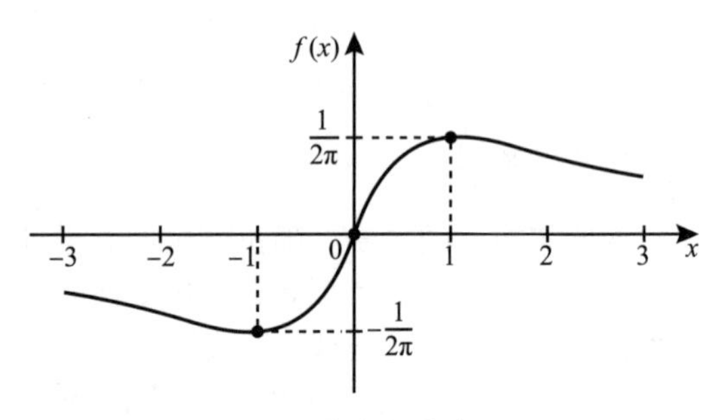

图 4.4　柯西分布的曲线 $y=xf(x)$

例 4.1.10　故障率和故障时间　假设某公司生产的电器每年的故障率为 X，其中 X 当前未知，因此是一个随机变量。如果我们感兴趣的是预测这种电器在发生故障之前的使用寿命，可以采用 $1/X$ 的平均值。如何计算 $Y=1/X$ 的均值呢？◀

单个随机变量的函数　如果 X 为连续随机变量，其概率密度函数为 f，则实值函数 $r(X)$ 的数学期望可通过把数学期望的定义应用于 $r(X)$ 的分布得到：令 $Y=r(X)$，先确定 Y 的概率分布；然后应用式（4.1.1）或式（4.1.4）来求 $E(Y)$。例如，假设 Y 有连续分布，概率密度函数为 g，如果数学期望存在，则

$$E[r(X)]=E(Y)=\int_{-\infty}^{\infty} yg(y)\,\mathrm{d}y, \tag{4.1.8}$$

例 4.1.11　故障率和故障时间　在例 4.1.10 中，假设 X 的概率密度函数如下：

$$f(x)=\begin{cases}3x^2, & 0<x<1,\\ 0, & \text{其他。}\end{cases}$$

令 $r(x)=1/x$，利用 3.8 节的方法，可以求出 $Y=r(X)$ 的概率密度函数为

$$g(y)=\begin{cases}3y^{-4}, & y>1,\\ 0, & \text{其他。}\end{cases}$$

则 Y 的数学期望为

$$E(Y)=\int_0^{\infty} y3y^{-4}\,\mathrm{d}y=\frac{3}{2}。$$ ◀

尽管例 4.1.11 中的方法可以用来求出连续随机变量的均值，但是，计算数学期望 $E[r(X)]$ 时没有必要确定 $r(X)$ 的概率密度函数。事实上，可以证明通过以下结论来直接计算 $E[r(X)]$ 的值。

定理 4.1.1　无意识统计学家定律　设 X 为随机变量，设 r 为实变量的实值函数。如果 X 具有连续分布，如果数学期望存在，则

$$E[r(X)]=\int_{-\infty}^{\infty} r(x)f(x)\,\mathrm{d}x, \tag{4.1.9}$$

如果 X 有离散分布，数学期望存在，则

$$E[r(X)]=\sum_{\text{所有}x} r(x)f(x)。 \tag{4.1.10}$$

证明　我们这里不给出一般的证明，只给出两种特殊情况的证明。首先，假设 X 的分布是离散型的，则 Y 的分布也是离散型的。令 g 为 Y 的概率函数，此时，

$$\sum_y yg(y)=\sum_y yP[r(X)=y]$$

$$= \sum_{y} y \sum_{x:r(x)=y} f(x)$$

$$= \sum_{y} \sum_{x:r(x)=y} r(x)f(x) = \sum_{x} r(x)f(x)。$$

因此，式（4.1.10）得出的值与对 Y 利用定义 4.1.1 所得的值相同。

其次，假设 X 的分布是连续型的；如同在 3.8 节中，假设 $r(x)$ 或严格递增或严格递减，其反函数 $s(y)$ 可微，将式（4.1.9）中的变量 x 换成 $y=r(x)$，有

$$\int_{-\infty}^{\infty} r(x)f(x)\mathrm{d}x = \int_{-\infty}^{\infty} yf[s(y)]\left|\frac{\mathrm{d}s(y)}{\mathrm{d}y}\right|\mathrm{d}y。$$

由式（3.8.3）可知，等式的右边等于

$$\int_{-\infty}^{\infty} yg(y)\mathrm{d}y。$$

因此，式（4.1.8）和式（4.1.9）得出相同的值。■

定理 4.1.1 被称为无意识统计学家定律，是因为许多人将式（4.1.9）和式（4.1.10）作为 $E[r(X)]$ 的定义，而忘记了 $Y=r(X)$ 的均值的定义是由定义 4.1.2 和定义 4.1.4 给出的。

例 4.1.12　故障率和故障时间　在例 4.1.11 中，应用定理 4.1.1，可得

$$E(Y) = \int_{0}^{1} \frac{1}{x} 3x^2 \mathrm{d}x = \frac{3}{2},$$

这与例 4.1.11 中所得到的结果一样。◀

例 4.1.13　确定 $X^{1/2}$ 的数学期望　假设 X 的概率密度函数由例 4.1.6 中给出，$Y=X^{1/2}$，由式（4.1.9）可得：

$$E(Y) = \int_{0}^{1} x^{1/2}(2x)\mathrm{d}x = 2\int_{0}^{1} x^{3/2}\mathrm{d}x = \frac{4}{5}。$$ ◀

注：一般地，$E[g(X)] \neq g[E(X)]$。例 4.1.13 中，$X^{1/2}$ 的均值为 4/5。例 4.1.6 中算得 X 的均值为 2/3。注意 $4/5 \neq (2/3)^{1/2}$。事实上，除非 g 为线性函数，一般 $E[g(X)] \neq g[E(X)]$。线性函数 g 确实满足 $E[g(X)] = g[E(X)]$，我们将在定理 4.2.1 中看到这一点。

例 4.1.14　期权定价　假设即将上市的公司 A 的股票价格现在是每股 200 美元。为了激励你为 A 公司工作，你被给予在一年后以 200 美元的价格买入一定数量股票的权利。如果你认为一年后股价会上涨的话，这个期权就很有价值。为简化起见，假设一年后的股价 X 是离散随机变量，只能取两个值（以美元计）：260 或 180。设 $X=260$ 的概率为 p。你想计算股票期权的价值，因为或许你想预计卖掉它们的可能性，或许你想比较 A 公司和其他公司的出价。令 Y 是一年后到期的一股股票的期权的价值。因为若股价 $X<200$，则没有人愿意花 200 美元去买这只股票，所以当 $X=180$ 时期权价值为 0。若 $X=260$，则可以以每股 200 美元买进再立刻以 260 美元卖出，取得每股 60 美元的收益。（为简化起见，忽略股息和买卖股票的交易成本。）故 $Y=h(X)$，其中

$$h(x) = \begin{cases} 0, & x = 180, \\ 60, & x = 260。\end{cases}$$

假设投资者同年在任何投资中可以获得4%的无风险收益（设4%包含复利）。如果没有其他投资方式，期权的合理成本为一年里 $E(Y)$ 的现值，这个值等于 c，满足 $E(Y)=1.04c$，即期权的预期价值应该等于投资者不买此期权的一年后获得的收益。很容易可得 $E(Y)$：

$$E(Y)=0\times(1-p)+60\times p=60p。$$

所以，买一股股票的期权的合理价格应为 $c=60p/1.04=57.69p$。

怎么来确定概率 p 呢？可以通过金融业中的一种标准方法来选择此例中的 p。该方法假设 X（一年后股票价格）的均值的现值等于当前股价，即假定“买一股股票一年后卖出”的期望值等于“把股票的当前成本无风险投资一年”所得（此例中乘以1.04）。此例中，意味着 $E(X)=200\times1.04$。又 $E(X)=260p+180(1-p)$，

$$200\times1.04=260p+180(1-p),$$

则 $p=0.35$。一年后200美元买一股股票的期权的价格为57.69美元×0.35=20.19美元。称此价格为期权的风险中性价格。可以证明，任何不等于20.19美元的期权价格会导致市场的不良后果（见本节习题14）。◀

多个随机变量的函数

例4.1.15　两个随机变量函数的期望　设 X 和 Y 有联合概率密度函数，我们想要计算 X^2+Y^2 的均值。最直接但也是最难的做法是利用3.9节，先求出 $Z=X^2+Y^2$ 的分布，再利用 Z 的均值的定义。◀

以下是定理4.1.1的变形，关于多个随机变量的函数，这里没有给出它的证明。

定理4.1.2　无意识统计学家定律　设 n 个随机变量 $X_1,\cdots,X_n$ 的联合概率密度函数为 $f(x_1,\cdots,x_n)$，设 r 是 n 个实变量的实值函数，且 $Y=r(X_1,\cdots,X_n)$。如果 $E(Y)$ 存在，则

$$E(Y)=\int_{\mathbf{R}^n}\cdots\int r(x_1,\cdots,x_n)f(x_1,\cdots,x_n)\,\mathrm{d}x_1,\cdots,\mathrm{d}x_n。$$

类似地，如果 $X_1,\cdots,X_n$ 有离散联合分布，联合概率函数为 $f(x_1,\cdots,x_n)$，若 $Y=r(X_1,\cdots,X_n)$ 的均值存在，则

$$E(Y)=\sum_{所有x_1,\cdots,x_n}r(x_1,\cdots,x_n)f(x_1,\cdots,x_n)。$$ ■

例4.1.16　确定两个变量的函数的数学期望　假设在正方形区域 S 中随机抽取点 (X,Y)，S 包含所有满足 $0\leqslant x\leqslant1,0\leqslant y\leqslant1$ 的点 (x,y)，求 X^2+Y^2 的期望值。

因为 X 和 Y 在区域 S 中是均匀分布的，S 的面积为1，故 X，Y 的联合概率密度函数为

$$f(x,y)=\begin{cases}1, & (x,y)\in S,\\ 0, & 其他。\end{cases}$$

因此，

$$\begin{aligned}E(X^2+Y^2)&=\int_{-\infty}^{\infty}\int_{-\infty}^{\infty}(x^2+y^2)f(x,y)\,\mathrm{d}x\mathrm{d}y\\&=\int_0^1\int_0^1(x^2+y^2)\,\mathrm{d}x\mathrm{d}y=\frac{2}{3}。\end{aligned}$$ ◀

注：更一般的函数。例3.2.7引入了一种既不是离散型的也不是连续型的分布类型，可以对这种分布定义期望。这个定义相当麻烦，在此我们不予考虑。

小结

一个随机变量的数学期望、期望值或均值，是其分布的一个汇总特征。如果把概率分布想象成实数轴上质量的分布，则均值就是质心。随机变量 X 的函数 r 的均值可以由 X 的分布直接求出，而不需要知道 $r(X)$ 的分布。同样地，随机向量 $\boldsymbol{X}$ 的函数的均值可以由 $\boldsymbol{X}$ 的分布直接求出。

习题

1. 假设 X 服从区间$[a,b]$上的均匀分布，求 X 的均值。
2. 从 1 到 100 之间随机地抽取一个整数，期望值是多少？
3. 在一个有 50 名学生的班级里，年龄为 i 的学生的数量 n_i 如下表所示：

年龄 i	18	19	20	21	25
n_i	20	22	4	3	1

若从班级中随机地选取一名学生，他的年龄的期望值是多少？

4. 假设从“THE GIRL PUT ON HER BEAUTIFUL RED HAT”这句话中随机地抽取一个单词，X 表示所选单词中字母的个数，$E(X)$的值是多少？
5. 假设从习题 4 句子中的 30 个字母中随机抽取一个字母，Y 表示抽到的字母所在单词中的字母个数，$E(Y)$的值是多少？
6. 假设随机变量 X 服从连续分布，其概率密度函数由例 4.1.6 中给出。求 $1/X$ 的数学期望。
7. 假设随机变量 X 有$[0,1]$上的均匀分布，证明：$1/X$ 的数学期望为无穷大。
8. 假设 X 和 Y 的联合概率密度函数如下：

$$f(x,y)=\begin{cases}12y^2, & 0\leqslant y\leqslant x\leqslant 1,\\ 0, & \text{其他。}\end{cases}$$

求 $E(XY)$的值。

9. 假设从长度为 1 的杆上随机选取一点，将杆从该点分为两段。求较长那段的长度的期望值。
10. 假设一质点从 xy 平面的原点出发，往右半平面 $x>0$ 移动，该质点的轨迹是一条直线，与 x 正半轴的夹角为 α，α 可正可负，且服从区间$[-\pi/2,\pi/2]$上的均匀分布。令 Y 为质点轨迹与垂直线 $x=1$ 交点的纵坐标，证明：Y 服从柯西分布。
11. 假设随机变量 $X_1,\cdots,X_n$ 来自区间$[0,1]$上均匀分布的样本量为 n 的一个随机样本。令 $Y_1=\min\{X_1,\cdots,X_n\}$，$Y_n=\max\{X_1,\cdots,X_n\}$，求 $E(Y_1)$和 $E(Y_n)$。
12. 假设随机变量 $X_1,\cdots,X_n$ 为来自某连续分布的大小为 n 的随机样本，其分布函数为 F，设随机变量 Y_1 和 Y_n 如习题 11 所定义。求 $E[F(Y_1)]$和 $E[F(Y_n)]$。
13. 一只股票现在每股卖 110 美元，设一年后的股价为 X，X 可取值为 100 美元或 300 美元。假设你有一年后以每股 150 美元买入的期权。假设一年期的无风险利率为 5.8%。求买入一股的期权的风险中性价格是多少？
14. 考虑例 4.1.14 中股票期权的定价问题。我们要证明，在一年内以 200 美元的价格购买一份期权，任何不为 20.19 美元的期权价格都是不合理的。
    a. 假设一个投资者（已经持有该股票）做如下交易：以每股 200 美元的价格再买入 3 股股票，以每份 20.19 美元卖出 4 份期权。投资者必须以 4%的年利率借额外的 519.24 美元来完成交易。一年后，投资者必须向买入期权的人以每股200美元的价格卖出4股股票。无论如何，她必须卖出足够多的股票来偿还年利率4%的借款。证明：一年后，投资者的净收益（在误差范围内）与她不做此交易的收益相等，而与股票价格无关。（使得净收益不变的股票和期权的组合称为无风险投资组合。）

b. 考虑如同a中的交易，假设期权价格为x美元，$x<20.19$。证明：投资者的净收益损失了$|4.16x-84|$美元，且与股票价格无关。

c. 考虑如同a中的交易，假设期权价格为x美元，$x>20.19$。证明：投资者的净收益赚得了$|4.16x-84|$美元，且与股票价格无关。

b、c的情形称为套利机会。在金融市场中任意长的时间段中这种机会都极少存在。想象一下，如果把3股股票和4份期权变成300万股股票和400万份期权，会发生什么情形。

15. 在例4.1.14中，我们给出了如何对“在将来给定时刻以给定价格买入一股股票”的期权进行定价。这种期权叫看涨期权。看跌期权则是在将来给定时刻以给定价格y美元卖出一股股票的权利。（如果当你要执行权利时你没有股票，你可以以市价买入再以y美元卖出。）可以将例4.1.14中的原理同样运用到看跌期权的定价上。考虑例4.1.14中的相同股票，一年后价格为X，分布相同，无风险利率也相同。求一年后以220美元卖出一股股票的期权的风险中性价格。

16. 设Y是一个离散随机变量，概率函数为例4.1.4中的f，令$X=|Y|$。证明：X的分布具有例4.1.5中的概率函数。

4.2　数学期望的性质

本节我们将给出一些结论以简化随机变量某些常用函数的数学期望的计算。

基本定理

假设X为一随机变量，数学期望$E(X)$存在。我们给出几个关于数学期望性质的结论。

定理4.2.1　线性函数　如果$Y=aX+b$，其中a和b为常数，则

$$E(Y)=aE(X)+b。$$

证明　为方便起见，假设X具有连续分布，概率密度函数为f。则

$$\begin{aligned}E(Y)=E(aX+b)&=\int_{-\infty}^{\infty}(ax+b)f(x)\,\mathrm{d}x\\&=a\int_{-\infty}^{\infty}xf(x)\,\mathrm{d}x+b\int_{-\infty}^{\infty}f(x)\,\mathrm{d}x\\&=aE(X)+b。\end{aligned}$$

离散分布及更一般分布的证明与之类似。■

例4.2.1　计算线性函数的数学期望　设$E(X)=5$，则

$$E(3X-5)=3E(X)-5=10$$

且

$$E(-3X+15)=-3E(X)+15=0。$$ ◀

由定理4.2.1知，当$a=0$时，有以下结论：

推论4.2.1　如果$X=c$的概率为1，则$E(c)=c$。■

例4.2.2　投资　某投资者想从两只股票中做选择，进行为期三个月的投资。一只股票的价格为每股50美元，三个月的每股回报率R_1为随机变量。另一只股票的价格为每股

30 美元，三个月的每股回报率为 R_2。投资者的投资总额为 6 000 美元。此例中，假设投资者只买某一只股票。(在例 4.2.3 中我们考虑投资者买多于一只股票的策略。) 设 R_1 服从 $[-10,20]$ 上的均匀分布，R_2 服从 $[-4.5,10]$ 上的均匀分布。我们首先计算投资于每只股票的期望美元值。对第一只股票，6 000 美元可以买 120 股，回报为 $120R_1$，均值为 $120E(R_1)=600$。(由 4.1 节习题 1 可知为何 $E(R_1)=5$。) 对第二只股票，6 000 美元可以买 200 股，回报为 $200R_2$，均值为 $200E(R_2)=550$。第一只股票有较高的期望回报。

除了计算期望回报，我们也关心这两项投资哪项的风险更大。现在我们计算每项投资在概率水平 0.97 下的在险值（VaR）（见例 3.3.7）。VaR 为每项投资回报的 $1-0.97=0.03$ 分位数的负值。对第一只股票，回报 $120R_1$ 服从区间 $[-1\,200,2\,400]$ 上的均匀分布（见 3.8 节习题 14），其 0.03 分位数为（根据例 3.3.8）$0.03\times2\,400+0.97\times(-1\,200)=-1\,092$。因此，VaR $=1\,092$。对第二只股票，回报 $200R_2$ 服从区间 $[-900,2\,000]$ 上的均匀分布，其 0.03 分位数为 $0.03\times2\,000+0.97\times(-900)=-813$，因此，VaR $=813$。虽然第一只股票有较高的期望回报，但是根据 VaR，第二只股票却有较低的风险。在两者之间进行选择时，我们应该如何平衡风险和期望收益呢？在学习了效用之后，例 4.8.10 说明了回答这个问题的一种方法。◀

定理 4.2.2　如果存在常数 a，使得 $P(X\geqslant a)=1$，则 $E(X)\geqslant a$。如果存在常数 b，使得 $P(X\leqslant b)=1$，则 $E(X)\leqslant b$。

证明　为方便起见，我们仍然假设 X 服从连续分布，概率密度函数为 f，且 $P(X\geqslant a)=1$。由于 X 有下界，则式（4.1.5）中的第二个积分有限，因此有

$$E(X)=\int_{-\infty}^{\infty}xf(x)\,\mathrm{d}x=\int_{-a}^{\infty}xf(x)\,\mathrm{d}x$$

$$\geqslant\int_{a}^{\infty}af(x)\,\mathrm{d}x=aP(X\geqslant a)=a。$$

定理的另一半证明以及对离散分布的证明与之类似。■

由定理 4.2.2 知，如果 $P(a\leqslant X\leqslant b)=1$，则 $a\leqslant E(X)\leqslant b$。

定理 4.2.3　如果 $E(X)=a$，且或 $P(X\geqslant a)=1$ 或 $P(X\leqslant a)=1$，则 $P(X=a)=1$。

证明　我们将给出 X 服从离散分布且 $P(X\geqslant a)=1$ 情况下的证明。其他情况下是类似的。设 $x_1,x_2,\cdots$ 为包括所有 $x>a$，使得 $P(X=x)>0$ 的值。令 $p_0=P(X=a)$，则

$$E(X)=p_0a+\sum_{j=1}^{\infty}x_jP(X=x_j)。\tag{4.2.1}$$

式（4.2.1）右端求和项中的每一个 x_j 都大于 a。如果用 a 代替所有的 x_j，和不能更大，因此有

$$E(X)\geqslant p_0a+\sum_{j=1}^{\infty}aP(X=x_j)=a。\tag{4.2.2}$$

此外，如果存在一个 $x>a$，使得 $P(X=x)>0$，式（4.2.2）中的不等式是严格不等式。这与 $E(X)=a$ 矛盾。因此，不存在 $x>a$，$P(X=x)>0$。■

定理 4.2.4　如果 $X_1,\cdots,X_n$ 为 n 个随机变量，数学期望 $E(X_i)$ 为有限的，$i=1,\cdots,n$，则

$$E(X_1+\cdots+X_n)=E(X_1)+\cdots+E(X_n)。$$

证明 首先假设 $n=2$，为方便起见，仍设 X_1,X_2 服从连续联合分布，联合概率密度函数为 f。则

$$
\begin{aligned}
E(X_1+X_2) &= \int_{-\infty}^{\infty}\int_{-\infty}^{\infty}(x_1+x_2)f(x_1,x_2)\,\mathrm{d}x_1\mathrm{d}x_2 \\
&= \int_{-\infty}^{\infty}\int_{-\infty}^{\infty}x_1 f(x_1,x_2)\,\mathrm{d}x_1\mathrm{d}x_2 + \int_{-\infty}^{\infty}\int_{-\infty}^{\infty}x_2 f(x_1,x_2)\,\mathrm{d}x_1\mathrm{d}x_2 \\
&= \int_{-\infty}^{\infty}\int_{-\infty}^{\infty}x_1 f(x_1,x_2)\,\mathrm{d}x_2\mathrm{d}x_1 + \int_{-\infty}^{\infty}x_2 f_2(x_2)\,\mathrm{d}x_2 \\
&= \int_{-\infty}^{\infty}x_1 f_1(x_1)\,\mathrm{d}x_1 + \int_{-\infty}^{\infty}x_2 f_2(x_2)\,\mathrm{d}x_2 \\
&= E(X_1)+E(X_2),
\end{aligned}
$$

其中 f_1,f_2 分别是 X_1,X_2 的边际概率密度函数。离散分布的证明与之类似。最后利用归纳法可以证明，定理对每个正整数 n 均成立。■

需要强调的是，根据定理 4.2.4，几个随机变量的和的数学期望一定等于它们各自数学期望的和，不论这些随机变量的联合分布如何。即使在定理 4.2.4 证明中出现了 X_1,X_2 的联合概率密度函数，在 $E(X_1+X_2)$ 的计算中也只考虑了边际概率密度函数。

由定理 4.2.1 和定理 4.2.4 很容易得到下述结论：

推论 4.2.2 假设对于 $i=1,2,\cdots,n$，$E(X_i)$ 都有限。对于所有的常数 $a_1,\cdots,a_n$ 和 b，有

$$E(a_1X_1+\cdots+a_nX_n+b)=a_1E(X_1)+\cdots+a_nE(X_n)+b。$$ ■

例 4.2.3 投资组合 假设例 4.2.2 中拥有 6 000 美元的投资者可以同时买两只股票。设该投资者以每股 50 美元的价格购买了第一只股票 s_1 股，以每股 30 美元的价格购买了第二只股票 s_2 股。称这样一种投资的组合为投资组合。不考虑股数取非整数时带来的问题，且投资总额为 6 000 美元，则 s_1 和 s_2 必须满足

$$50s_1+30s_2=6\,000,$$

此投资组合的回报为 $s_1R_1+s_2R_2$，平均回报为

$$s_1E(R_1)+s_2E(R_2)=5s_1+2.75s_2。$$

例如，取 $s_1=54$，$s_2=110$，则平均回报为 572.5。◀

例 4.2.4 无放回地取样 假设盒子里装有红球和蓝球，红球所占的比例为 $p(0\leqslant p\leqslant 1)$。无放回地随机选取 n 个球，用 X 表示选取的红球的个数。确定 $E(X)$ 的值。

首先，定义 n 个随机变量 $X_1,\cdots,X_n$ 如下：对于 $i=1,\cdots,n$，如果选取的第 i 个球为红球，记 $X_i=1$；如果第 i 个球为蓝球，记 $X_i=0$。因为这 n 个球是无放回选取的，则随机变量 $X_1,\cdots,X_n$ 是相依的。然而，可以很容易得到每一个 X_i 的边际分布。我们可以假想所有的球以随机的顺序放在盒子里，选取前 n 个球。由于随机性，第 i 个球为红球的概率为 p。对于 $i=1,\cdots,n$，有

$$P(X_i=1)=p,P(X_i=0)=1-p。\tag{4.2.3}$$

因此，$E(X_i)=1(p)+0(1-p)=p$。

由 $X_1,\cdots,X_n$ 的定义可知，$X_1+\cdots+X_n$ 等于选取到的红球的总数。因此，$X=X_1+\cdots+X_n$，

且由定理4.2.4，

$$E(X)=E(X_1)+\cdots+E(X_n)=np。\tag{4.2.4}$$

◀

注：一般地，$E[g(X)]\neq g[E(X)]$。定理4.2.1和定理4.2.4表明，如果g是随机向量$\boldsymbol{X}$的线性函数，则$E[g(\boldsymbol{X})]=g[E(\boldsymbol{X})]$。从例4.1.13可以看到，对于非线性函数$g$，$E[g(\boldsymbol{X})]\neq g[E(\boldsymbol{X})]$。詹森不等式（定理4.2.5）给出了$E[g(\boldsymbol{X})]$和$g[E(\boldsymbol{X})]$关于一类特殊函数的关系式。

定义4.2.1　凸函数　如果对于任意$\alpha\in(0,1)$以及任意x和y，有

$$g[\alpha\boldsymbol{x}+(1-\alpha)\boldsymbol{y}]\geqslant\alpha g(\boldsymbol{x})+(1-\alpha)g(\boldsymbol{y})。$$

则向量参数的函数g被称为是凸函数。

定理4.2.5的证明不再给出，一个特例在本节习题13中留给读者。

定理4.2.5　詹森不等式　设g是一个凸函数，令$\boldsymbol{X}$是一个数学期望有限的随机向量，则$E[g(\boldsymbol{X})]\geqslant g[E(\boldsymbol{X})]$。■

例4.2.5　有放回地抽样　再次假设盒子里装有红球和蓝球，红球的比例为$p(0\leqslant p\leqslant 1)$。有放回地随机选取$n$个球。若用$X$表示样本中红球的个数，如3.1节中描述，$X$服从参数为$n$和$p$的二项分布。现在我们确定$E(X)$的值。

像前面一样，如果选取的第i个球为红球，记$X_i=1$，否则$X_i=0$，其中$i=1,\cdots,n$。则如前所述，$X=X_1+\cdots+X_n$。这里$X_1,\cdots,X_n$是相互独立的，每个X_i的边际分布由式（4.2.3）给出。因此$E(X_i)=p,i=1,\cdots,n$，由定理4.2.4知

$$E(X)=np。\tag{4.2.5}$$

于是，参数为n和p的二项分布的均值为np。二项分布的概率函数$f(x)$由式（3.1.4）给出，可以利用概率函数直接计算得到它的均值：

$$E(X)=\sum_{x=0}^{n}x\binom{n}{x}p^x(1-p)^{n-x}。\tag{4.2.6}$$

由式（4.2.5）可知，式（4.2.6）中的和式的值必为np。◀

由式（4.2.4）和式（4.2.5）可知，不论样本的选取是否为有放回，n个球的样本中红球数的期望值都为np。然而，红球数的分布却是不同的，取决于抽样是有放回还是无放回（对于$n>1$）。例如，$P(X=n)$在例4.2.4无放回情况下的值总是小于在例4.2.5有放回情况下的值（见4.9节习题27）。

例4.2.6　匹配数的期望　假设一个人打印了n封信，在n个信封上打印了地址，然后把信随机地放入信封里。令X为把信放进正确的信封的数量，求X的均值。（在1.10节中对本例做了较为复杂的计算。）

对$i=1,\cdots,n$，如果将第i封信放入了正确的信封，记$X_i=1$，否则记$X_i=0$，则对$i=1,\cdots,n$，有

$$P(X_i=1)=\frac{1}{n},\quad P(X_i=0)=1-\frac{1}{n}。$$

因此

$$E(X_i)=\frac{1}{n},\ i=1,2,\cdots,n。$$

因为 $X=X_1+\cdots+X_n$，则

$$E(X)=E(X_1)+\cdots+E(X_n)$$
$$=\frac{1}{n}+\cdots+\frac{1}{n}=1。$$

因此，信和信封正确匹配数的期望值为 1，与 n 的值无关。◀

独立随机变量乘积的数学期望

定理 4.2.6　如果 $X_1,\cdots,X_n$ 为 n 个独立随机变量，每个期望 $E(X_i)$ 都有限，$i=1,\cdots,n$，则

$$E\Big(\prod_{i=1}^{n}X_i\Big)=\prod_{i=1}^{n}E(X_i)。$$

证明　为方便起见，再次假设 $X_1,\cdots,X_n$ 为连续随机变量，联合概率密度函数为 f。令 f_i 为 X_i 的边际概率密度函数，$i=1,\cdots,n$。由于 $X_1,\cdots,X_n$ 是相互独立的，对每个点 $(x_1,\cdots,x_n)\in\mathbf{R}^n$，有

$$f(x_1,\cdots,x_n)=\prod_{i=1}^{n}f_i(x_i)。$$

因此，

$$E\Big(\prod_{i=1}^{n}x_i\Big)=\int_{-\infty}^{\infty}\cdots\int_{-\infty}^{\infty}\Big(\prod_{i=1}^{n}x_i\Big)f(x_1,\cdots,x_n)\,\mathrm{d}x_1\cdots\mathrm{d}x_n$$
$$=\int_{-\infty}^{\infty}\cdots\int_{-\infty}^{\infty}\Big[\prod_{i=1}^{n}x_if_i(x_i)\Big]\,\mathrm{d}x_1\cdots\mathrm{d}x_n$$
$$=\prod_{i=1}^{n}\int_{-\infty}^{\infty}x_if_i(x_i)\,\mathrm{d}x_i=\prod_{i=1}^{n}E(X_i)。$$

对离散分布的证明与之类似。■

定理 4.2.4 与定理 4.2.6 的区别需要强调一下。如果假设每个数学期望都有限，一组随机变量的和的数学期望总是等于其单个数学期望的和。然而，一组随机变量的积的数学期望并不总是等于各个数学期望的积。如果随机变量是独立的，则等式成立。

例 4.2.7　计算随机变量组合的数学期望　若 X_1,X_2,X_3 为独立随机变量，满足 $E(X_i)=0$ 和 $E(X_i^2)=1$，$i=1,2,3$。计算 $E[X_1^2(X_2-4X_3)^2]$ 的值。

因为 X_1,X_2,X_3 相互独立，则 X_1^2 和 $(X_2-4X_3)^2$ 也独立，从而

$$E[X_1^2(X_2-4X_3)^2]=E(X_1^2)E[(X_2-4X_3)^2]$$
$$=E(X_2^2-8X_2X_3+16X_3^2)$$
$$=E(X_2^2)-8E(X_2X_3)+16E(X_3^2)$$
$$=1-8E(X_2)E(X_3)+16$$
$$=17。$$
◀

例 4.2.8　重复过滤　过滤过程可以去除水中随机比例的颗粒。假设一个水样经过了两次过滤。设 X_1 为第一次过滤去除的颗粒的比例，X_2 为第二次过滤后第一次过滤剩余的颗粒去除的比例。假设 X_1,X_2 是独立的随机变量，有相同的概率密度函数：当 $0<x<1$ 时，

$f(x)=4x^3$，否则$f(x)=0$。设Y是两次过滤后残留在样品中的原始颗粒的比例，则$Y=(1-X_1)(1-X_2)$，由于X_1和X_2是独立的，因此$1-X_1$和$1-X_2$也是独立的。由于$1-X_1$和$1-X_2$有同样的分布，它们有相同的均值，记为μ。由此可知Y的均值为μ^2。μ的计算过程为：

$$\mu = E(1-X_1) = \int_0^1 (1-x_1)4x_1^3 \mathrm{d}x_1 = 1-\frac{4}{5} = 0.2。$$

由此可得$E(Y)=0.2^2=0.04$。◀

非负分布的数学期望

定理 4.2.7　整数值随机变量　设X为一个只能取值$0,1,2,\cdots$的随机变量，则

$$E(X) = \sum_{n=1}^{\infty} P(X \geqslant n)。\tag{4.2.7}$$

证明　我们可以写

$$E(X) = \sum_{n=0}^{\infty} nP(X=n) = \sum_{n=1}^{\infty} nP(X=n)。\tag{4.2.8}$$

考虑下面的概率三角阵列：

$$\begin{matrix} P(X=1) & P(X=2) & P(X=3) & \cdots \\ & P(X=2) & P(X=3) & \cdots \\ & & P(X=3) & \cdots \\ & & & \ddots \end{matrix}$$

有两种不同的方法来计算阵列中的所有元素和：第一种，将阵列中每一列的元素相加，然后把所有的列相加，由此可得$\sum_{n=1}^{\infty} nP(X=n)$；第二种，可以将阵列中每一行的元素相加，然后把所有的行相加，由此可得$\sum_{n=1}^{\infty} P(X \geqslant n)$。因此，

$$\sum_{n=1}^{\infty} nP(X=n) = \sum_{n=1}^{\infty} P(X \geqslant n)。$$

由式（4.2.8）可得式（4.2.7）。■

例 4.2.9　试验次数的期望　假设一个人重复做一项试验直到成功为止。设每次试验成功的概率为$p(0<p<1)$，所有的试验都是独立的。如果X表示第一次成功所需的试验次数，则可以通过如下来确定$E(X)$：

因为总是至少需要一次试验，$P(X \geqslant 1)=1$。当$n=2,3,\cdots$时，至少需要n次试验当且仅当前$n-1$次试验都失败。因此

$$P(X \geqslant n) = (1-p)^{n-1}。$$

由式（4.2.7），有

$$E(X) = 1 + (1-p) + (1-p)^2 + \cdots = \frac{1}{1-(1-p)} = \frac{1}{p}。$$ ◀

定理 4.2.7 有一个更适用于所有非负变量的一般形式。

定理 4.2.8 一般非负随机变量 设 X 是一个非负随机变量，分布函数为 F，则

$$E(X)=\int_0^{\infty}[1-F(x)]\mathrm{d}x。\tag{4.2.9}$$

定理 4.2.8 的证明留到 4.9 节习题 1 和习题 2。■

例 4.2.10 等待时间的数学期望 设 X 为一个队列中顾客等待服务的时间，假设 X 的分布函数为

$$F(x)=\begin{cases}0, & x\leqslant 0,\\ 1-\mathrm{e}^{-2x}, & x>0。\end{cases}$$

则 X 的均值为

$$E(X)=\int_0^{\infty}\mathrm{e}^{-2x}\mathrm{d}x=\frac{1}{2}。$$ ◀

小结

随机向量的线性函数的均值为均值的线性函数。特别地，和的均值为均值的和。作为一个例子，参数为 n,p 的二项分布的均值为 np。非线性函数一般没有这样的关系。对于独立的随机变量，均值的乘积为乘积的均值。

习题

1. 设股票每股的回报 R（以每股美元计）服从区间 $[-3,7]$ 上的均匀分布，又设每股的成本为 1.5 美元，令 Y 为投资 10 股股票的净收益（总回报减去成本），求 $E(Y)$。
2. 设三个随机变量 X_1,X_2,X_3 是取自均值为 5 的分布的随机样本，求 $E(2X_1-3X_2+X_3-4)$。
3. 设三个随机变量 X_1,X_2,X_3 是取自区间 $[0,1]$ 上的均匀分布的随机样本，求 $E[(X_1-2X_2+X_3)^2]$。
4. 设随机变量 X 服从区间 $[0,1]$ 上的均匀分布，随机变量 Y 服从区间 $[5,9]$ 上的均匀分布，X 和 Y 相互独立。假设构造一个两相邻边长为 X 和 Y 的矩形，求矩形面积的期望值。
5. 设变量 $X_1,\cdots,X_n$ 为取自某个连续分布的大小为 n 的随机样本，其概率密度函数为 f。求样本中观察值落在特定区间 $[a,b]$ 中的个数的期望值。
6. 假设一个质点从原点出发，在实数轴上跳跃移动。每次跳跃，质点以概率 $p(0\leqslant p\leqslant 1)$ 向左移动 1 个单位，以概率 $1-p$ 向右移动 1 个单位。求 n 步跳跃后质点位置的期望值。
7. 设某一赌徒在每一场赌博中都以等概率赢或输。如果赢了，他的赌本翻倍；如果输了，其赌本减半。如果他的初始赌本为 c，在 n 场独立赌博后，赌本的期望值是多少？
8. 设一个班级里有 10 名男生、15 名女生，从班级中无放回地随机地挑选 8 名学生。设 X 表示选中的男生人数，Y 为选中的女生人数，求 $E(X-Y)$。
9. 设在大量产品中不合格品的比例为 p，从中随机地选取一个有 n 个产品的样本。用 X 表示样本中不合格品的个数，用 Y 表示合格品的个数，求 $E(X-Y)$。
10. 设重复抛一枚均匀硬币直到第一次出现“正面”为止，问
    a. 需要抛硬币次数的期望值为多少？
    b. 在第一次出现“正面”之前，出现“反面”的期望值为多少？
11. 设重复地抛一枚均匀硬币直到恰好出现 k 次“正面”为止，需要抛硬币次数的期望值为多少？（提

示：将总的抛硬币次数 X 表示为 $X=X_1+\cdots+X_k$，其中 X_i 是在得到 $i-1$ 个“正面”后、得到第 i 个“正面”需要抛的次数)。

12. 设例 4.2.2 和例 4.2.3 中的两只股票的回报随机变量 R_1, R_2 是相互独立的。考虑例 4.2.3 末尾的投资组合，其中第一只股票买了 54 股（$s_1=54$），第二只股票买了 110 股（$s_2=110$）。
    a. 证明投资组合的价值变化 X 的概率密度函数为

$$f(x)=\begin{cases}3.87\times 10^{-7}(x+1\,035), & -1\,035<x<560,\\ 6.172\,8\times 10^{-4}, & 560\leqslant x\leqslant 585,\\ 3.87\times 10^{-7}(2\,180-x), & 585<x<2\,180,\\ 0, & 其他。\end{cases}$$

    提示：参见例 3.9.5。
    b. 求投资组合在概率水平为 0.97 的在险值（VaR）。
13. 证明定理 4.2.5 的特殊情况，其中函数 g 是二次连续可微的，$\boldsymbol{X}$ 是一维随机变量。你可以假设“二次连续可微凸函数具有非负二阶导数”。提示：将 $g(X)$ 在均值附近进行带余项的泰勒展开，利用带余项的泰勒定理证明如果 $g(x)$ 在点 $x=x_0$ 处有连续导数 g' 和 g''，则在 x 和 x_0 之间存在 y 使得

$$g(x)=g(x_0)+(x-x_0)g'(x_0)+\frac{(x-x_0)^2}{2}g''(y)。$$

4.3 方差

尽管分布的均值是一个有用的汇总特征，但是它并没有包含太多关于分布的信息。例如，一个均值为 2 的随机变量 X 和一个满足 $P(Y=2)=1$ 的常值随机变量 Y 具有相同的均值，即使这里 X 不是常值。在这种情况下，为了把 X 分布和 Y 分布区分开来，给出一个关于 X 分布的分散程度的度量也许会是一种有效的手段。X 的方差就是这样一种度量，X 的标准差是方差的平方根。方差在第 6 章中的近似方法中发挥着重要作用。

例 4.3.1 股票价格变化 在未来一个月内某一时刻考虑两只股票的价格 A 和 B。假设 A 在区间 $[25,35]$ 上具有均匀分布，而 B 在区间 $[15,45]$ 上具有均匀分布。容易看出（4.1 节习题 1），两只股票的平均价格都是 30，但是分布差别很大。例如，价格 A 肯定至少为 25，而 $P(B<25)=1/3$，但是 B 也有更大的上行潜力。这两个随机变量的概率密度函数图像如图 4.5 所示。◀

方差和标准差的定义

尽管例 4.3.1 中的两个随机变量有相同的均值，价格 B 比价格 A 更加分散，因此最好有一个汇总特征，可以很容易看到分布的分散程度。

定义 4.3.1 方差/标准差 假设 X 是一个具有有限均值 $\mu=E(X)$ 的随机变量。X 的方差，记为 $\mathrm{Var}(X)$，定义为：

$$\mathrm{Var}(X)=E[(X-\mu)^2]。\qquad(4.3.1)$$

如果 X 的均值无限或 X 的均值不存在，称 $\mathrm{Var}(X)$ 不存在。如果方差存在，称 $\mathrm{Var}(X)$ 的非负平方根为 X 的标准差。

如果式（4.3.1）中的期望为无穷大，则称 $\mathrm{Var}(X)$ 和 X 的标准差为无穷大。

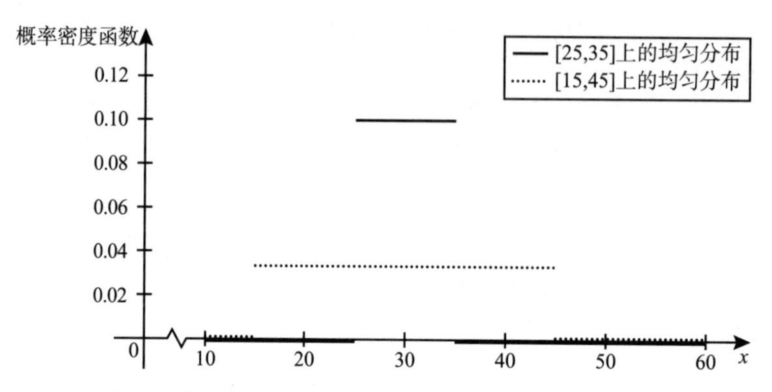

图 4.5　例 4.3.1 中两个均匀分布的概率密度函数。
两个分布的均值都为 30，但是它们分散程度不同

当我们只考虑一个随机变量时，通常用符号 σ 表示标准差，用 σ^2 表示方差。当讨论多于一个随机变量时，随机变量的名字将出现在 σ 下标中，例如 σ_X 表示随机变量 X 的标准差，而 σ_Y^2 表示随机变量 Y 的方差。

例 4.3.2　股票价格变化　回到例 4.3.1 中两个随机变量 A,B。利用定理 4.1.1，可以计算

$$\mathrm{Var}(A)=\int_{25}^{35}(a-30)^2\frac{1}{10}\mathrm{d}a=\frac{1}{10}\int_{-5}^{5}x^2\mathrm{d}x=\frac{1}{10}\frac{x^3}{3}\bigg|_{x=-5}^{5}=\frac{25}{3},$$

$$\mathrm{Var}(B)=\int_{15}^{45}(b-30)^2\frac{1}{30}\mathrm{d}b=\frac{1}{30}\int_{-15}^{15}y^2\mathrm{d}y=\frac{1}{30}\frac{y^3}{3}\bigg|_{y=-15}^{15}=75。$$

因此，$\mathrm{Var}(B)$ 是 $\mathrm{Var}(A)$ 的 9 倍。A 和 B 的标准差为 $\sigma_A=2.87$，$\sigma_B=8.66$。◀

注：方差仅仅与分布有关。随机变量 X 的方差和标准差仅仅与 X 的分布有关，就像 X 的期望也仅仅和它的分布有关一样。事实上，所有能从概率函数或者概率密度函数计算得到的值，都只和分布有关。两个具有相同分布的随机变量具有相同的方差，即使它们之间可能毫无关系。

例 4.3.3　离散分布的方差和标准差　假设随机变量 X 等概率地取到以下 5 个值：$-2,0,1,3,4$，计算 X 的方差和标准差。

易知

$$E(X)=\frac{1}{5}(-2+0+1+3+4)=1.2。$$

令 $\mu=E(X)=1.2$，并且定义 $W=(X-\mu)^2$，则可得 $\mathrm{Var}(X)=E(W)$。我们可以很容易地计算出 W 的概率函数 f:

x	-2	0	1	3	4
w	10.24	1.44	0.04	3.24	7.84
$f(w)$	1/5	1/5	1/5	1/5	1/5

可以得到：

$$\mathrm{Var}(X)=E(W)=\frac{1}{5}(10.24+1.44+0.04+3.24+7.84)=4.56。$$

X 的标准差是方差的平方根，即 2.135。◀

还有另一种计算分布的方差的方法，用起来较容易。

定理 4.3.1　另一种计算方差的方法　对每个随机变量 X，$\mathrm{Var}(X)=E(X^2)-[E(X)]^2$。

证明　令 $E(X)=\mu$，则

$$\begin{aligned}\mathrm{Var}(X)&=E[(X-\mu)^2]\\&=E(X^2-2\mu X+\mu^2)\\&=E(X^2)-2\mu E(X)+\mu^2\\&=E(X^2)-\mu^2。\end{aligned}$$

■

例 4.3.4　离散分布的方差　再次考虑例 4.3.3 中的随机变量 X，X 等概率地取到以下 5 个值：$-2,0,1,3,4$。我们现在利用定理 4.3.1 来计算 $\mathrm{Var}(X)$。例 4.3.3 得到了 X 的均值为 $\mu=1.2$，为了利用定理 4.3.1，我们需要计算

$$E(X^2)=\frac{1}{5}[(-2)^2+0^2+1^2+3^2+4^2]=6。$$

因为 $E(X)=1.2$，定理 4.3.1 表明：

$$\mathrm{Var}(X)=6-(1.2)^2=4.56,$$

这个结果和例 4.3.3 得到的结果是一致的。◀

分布的方差（或标准差）提供了一个关于这个分布在其均值 μ 周围的分散程度的度量。如果方差的值很小，则表示这个概率分布紧密地集中在 μ 周围；如果方差的值很大，则表示这个概率分布在 μ 周围分散得很广。然而，只要在实数轴上离原点足够远的地方放置一个非常小的正值概率，该分布的方差及均值就可以变得任意大。

例 4.3.5　伯努利分布的小改动　设 X 是离散随机变量，概率函数如下：

$$f(x)=\begin{cases}0.5, & x=0,\\0.499, & x=1,\\0.001, & x=10\,000,\\0, & \text{其他。}\end{cases}$$

从某种意义上讲，X 的分布与参数为 0.5 的伯努利分布差别很小。然而，X 的均值和方差与参数为 0.5 的伯努利分布的均值与方差差别很大。设 Y 服从参数为 0.5 的伯努利分布。根据例 4.1.3，我们计算 Y 的均值为 $E(Y)=0.5$。由于 $Y^2=Y$，$E(Y^2)=E(Y)=0.5$，因此 $\mathrm{Var}(Y)=0.5-0.5^2=0.25$。$X$ 和 X^2 的均值也是直接计算：

$$E(X)=0.5\times0+0.499\times1+0.001\times10\,000=10.499,$$

$$E(X^2)=0.5\times0^2+0.499\times1^2+0.001\times10\,000^2=100\,000.499。$$

故 $\mathrm{Var}(X)=99\,890.27$。$X$ 的均值和方差比 Y 的均值和方差大得多。◀

方差的性质

现在我们提出几个定理来讨论方差性质，假设所有随机变量的方差都是存在的。第一个定理关于方差的可能值。

定理 4.3.2　对任意随机变量 X，$\mathrm{Var}(X)\geqslant 0$。如果 X 有界，则 $\mathrm{Var}(X)$ 存在且有限。

证明　由于 $\mathrm{Var}(X)$ 是非负随机变量 $(X-\mu)^2$ 的均值，由定理 4.2.2 可知，它必为非负的。如果 X 有界，则该均值存在，因而方差也存在。进一步，如果 X 有界，则 $(X-\mu)^2$ 也有界，因此方差也必有限。■

下一个定理表明随机变量 X 的方差不能为 0，除非 X 的整个概率分布集中于一个单点。

定理 4.3.3　$\mathrm{Var}(X)=0$ 当且仅当存在一个常数 c，使得 $P(X=c)=1$。

证明　若存在常数 c，使得 $P(X=c)=1$。则有 $E(X)=c$，且 $P((X-c)^2=0)=1$，因此可以得到

$$\mathrm{Var}(X)=E[(X-c)^2]=0。$$

反过来，假设 $\mathrm{Var}(X)=0$，则 $P((X-\mu)^2\geqslant 0)=1$ 但是 $E[(X-\mu)^2]=0$，由定理 4.2.3 可以知

$$P((X-\mu)^2=0)=1。$$

从而，$P(X=\mu)=1$。■

定理 4.3.4　对于常数 a 和 b，令 $Y=aX+b$，则

$$\mathrm{Var}(Y)=a^2\mathrm{Var}(X),$$

且 $\sigma_Y=|a|\sigma_X$。

证明　如果 $E(X)=\mu$，由定理 4.2.1 知，$E(Y)=a\mu+b$，因此，

$$\begin{aligned}\mathrm{Var}(Y)&=E[(aX+b-a\mu-b)^2]=E[(aX-a\mu)^2]\\&=a^2E[(X-\mu)^2]=a^2\mathrm{Var}(X)。\end{aligned}$$

对 $\mathrm{Var}(Y)$ 取平方根可得 $|a|\sigma_X$。■

由定理 4.3.4 可以得到，对于每个常数 b，$\mathrm{Var}(X+b)=\mathrm{Var}(X)$ 成立。这个结论从直观上很好理解，因为沿着实数轴把整个 X 的分布移动 b 个单位以后，会使分布的均值变化 b 个单位，但是这个移动不会影响这个分布在其均值周围的分散情况。图 4.6 显示了随机变量 X 的概率密度函数以及 $X+3$ 的概率密度函数，表明分布的移动并不影响分散程度。

类似地，利用定理 4.3.4 还可以得到 $\mathrm{Var}(-X)=\mathrm{Var}(X)$。这个结论从直观上也是很好理解的，因为把整个 X 的分布在实数轴上关于原点取对称以后，会得到一个新的分布，这个分布是原来分布关于原点的镜像，均值会从 μ 变到 $-\mu$，但是分布围绕其均值的分散情况并不会改变。图 4.6 将随机变量 X 的概率密度函数与 $-X$ 的概率密度函数放在一起，展示了分布的镜像并不影响分散程度。

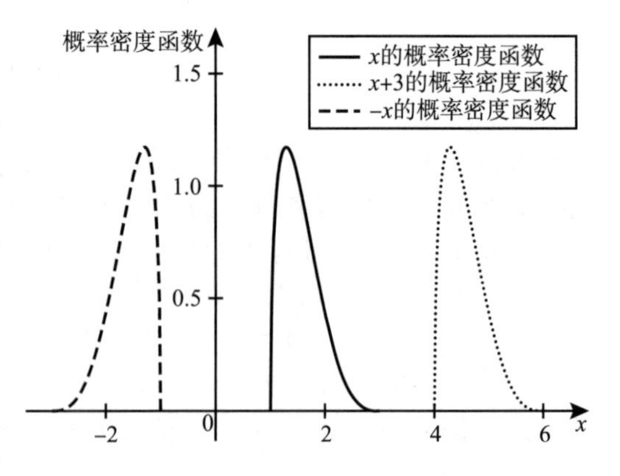

图 4.6　随机变量 X，$X+3$ 和 $-X$ 的概率密度函数。注意三个分布的分散程度一样

例 4.3.6　计算线性函数的方差和标准差　考虑和例 4.3.3 中一样的随机变量 X，X 等概率地取以下 5 个值：$-2,0,1,3,4$。求 $Y=4X-7$ 的方差和标准差。

在例 4.3.3 中，我们算得 X 的均值为 $\mu=1.2$，方差为 4.56，根据定理 4.3.4，有

$$\mathrm{Var}(Y)=16\mathrm{Var}(X)=72.96。$$

因此，Y 的标准差为

$$\sigma_Y=4\sigma_X=4(4.56)^{1/2}=8.54。$$ ◀

下一个定理提供了计算独立随机变量之和的方差的另外一种方法。

定理 4.3.5　如果 $X_1,\cdots,X_n$ 是相互独立的随机变量，且均值有限，则

$$\mathrm{Var}(X_1+\cdots+X_n)=\mathrm{Var}(X_1)+\cdots+\mathrm{Var}(X_n)。$$

证明　首先假设 $n=2$，若 $E(X_1)=\mu_1,E(X_2)=\mu_2$，则

$$E(X_1+X_2)=\mu_1+\mu_2。$$

因此

$$\begin{aligned}\mathrm{Var}(X_1+X_2)&=E[(X_1+X_2-\mu_1-\mu_2)^2]\\&=E[(X_1-\mu_1)^2+(X_2-\mu_2)^2+2(X_1-\mu_1)(X_2-\mu_2)]\\&=\mathrm{Var}(X_1)+\mathrm{Var}(X_2)+2E[(X_1-\mu_1)(X_2-\mu_2)]。\end{aligned}$$

因为 X_1 和 X_2 是相互独立的，所以

$$\begin{aligned}E[(X_1-\mu_1)(X_2-\mu_2)]&=E(X_1-\mu_1)E(X_2-\mu_2)\\&=(\mu_1-\mu_1)(\mu_2-\mu_2)\\&=0。\end{aligned}$$

从而可以得到

$$\mathrm{Var}(X_1+X_2)=\mathrm{Var}(X_1)+\mathrm{Var}(X_2)。$$

根据数学归纳法，可以证明对于每个正整数 n，定理成立。■

需要强调的是，定理 4.3.5 中的随机变量必须是相互独立的，非独立的随机变量的和的方差将会在 4.6 节讨论。综合定理 4.3.4 和定理 4.3.5，可以得出如下推论。

推论 4.3.1　如果 $X_1,\cdots,X_n$ 是相互独立的随机变量，$a_1,\cdots,a_n$ 和 b 是任意常数，则

$$\mathrm{Var}(a_1X_1+\cdots+a_nX_n+b)=a_1^2\mathrm{Var}(X_1)+\cdots+a_n^2\mathrm{Var}(X_n)。$$ ■

例 4.3.7　投资组合　一个持有 100 000 美元的投资者希望构建一个投资组合，这个投资组合包含两只可购买的股票中的一只或者两只，有可能的话还包括一些固定利率的投资。假设这两只股票在一年期间每股的随机回报率分别为 R_1,R_2。假设 R_1 服从均值为 6、方差为 55 的分布，R_2 服从均值为 4、方差为 28 的分布。假设第一只股票每股成本为 60 美元，第二只股票每股成本 48 美元。假设资金也能以固定年利率 3.6%进行投资。这个投资组合包含第一只股票 s_1 股和第二只股票 s_2 股，所有剩下的资金(s_3)以固定利率投资。则这个投资组合的收益是

$$s_1R_1+s_2R_2+0.036s_3,$$

上式中的系数满足以下限制

$$60s_1+48s_2+s_3=100\,000,\tag{4.3.2}$$

同时 $s_1,s_2,s_3\geqslant0$。从这里起，我们假设 R_1,R_2 是独立的。该投资组合收益的均值和方差分别为

$$E(s_1R_1+s_2R_2+0.036s_3)=6s_1+4s_2+0.036s_3,$$

$$\mathrm{Var}(s_1R_1+s_2R_2+0.036s_3)=55s_1^2+28s_2^2。$$

比较一类投资组合的一种方法是：如果投资组合 A 的收益的均值至少和投资组合 B 的收益

的均值一样大，而且 A 的方差不比 B 的大，就说投资组合 A 至少和投资组合 B 一样好。(见 Markowitz，1987，处理此类问题的一种经典方法。）更偏爱较小的方差的原因在于，“大方差”和“大偏差”联系在一起；对于有相同均值的投资组合，一些“大偏差”会比均值小，从而产生巨大损失的风险。图 4.7 是对本例中所有可能的投资组合的对（均值，方差）的描述。具体来讲，对于每个满足式（4.3.2）的(s_1,s_2,s_3)，对应一个位于图 4.7 中标出的区域中的点。指向右下方边界上的点，对于固定的方差来说具有最大的收益均值，对于固定的收益均值来说具有最小的方差。称这些投资组合为有效的。例如，假设投资者希望得到 7 000 的平均收益。在图 4.7 中，横轴坐标为 7 000 的垂线段的纵坐标部分表示收益均值为 7 000 的投资组合的所有可能的方差。图 4.7 表明，在这些投资组合中，具有最小方差的是有效的。在这个投资组合中 $s_1=524.7, s_2=609.7, s_3=39\ 250$，方差为 2.55×10^7。因此，每个平均收益大于 7 000 的投资组合，其方差必然比 2.55×10^7 大；每个方差小于 2.55×10^7 的投资组合，其平均收益必然比 7 000 小。 ◀

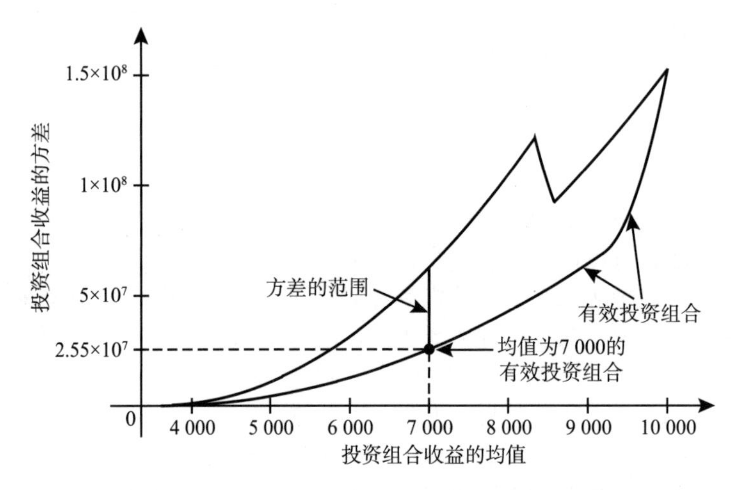

图 4.7　例 4.3.7 中所有投资组合的均值和方差的集合。
实垂线显示了均值为 7 000 投资组合可能方差的范围

二项分布的方差

现在我们再次考虑在 4.2 节中提到的产生二项分布的方法。假设箱子装有红球和蓝球，红球的比例为 $p(0\leqslant p\leqslant1)$。假设从箱子中有放回地随机抽取 n 个球组成一个随机样本。对于 $i=1,\cdots,n$，如果第 i 个球为红色，令 $X_i=1$，否则令 $X_i=0$。如果 X 表示随机样本中红球的个数，则 $X=X_1+\cdots+X_n$，且 X 服从参数为 n 和 p 的二项分布。

因为 $X_1,\cdots,X_n$ 是相互独立的，由定理 4.3.5 可得

$$\operatorname{Var}(X)=\sum_{i=1}^{n}\operatorname{Var}(X_i)\text{。}$$

根据例 4.1.3，对于 $i=1,\cdots,n$，$E(X_i)=p$。由于对任意的 i，$X_i^2=X_i$，$E(X_i^2)=E(X_i)=p$。因此，由定理 4.3.1 有

$$\begin{aligned}\mathrm{Var}(X_i) &= E(X_i^2) - [E(X_i)]^2 \\ &= p - p^2 = p(1-p)。\end{aligned}$$

于是，

$$\mathrm{Var}(X) = np(1-p)。 \tag{4.3.3}$$

图 4.8 比较了两个具有相同均值（2.5）、但不同方差（1.25 和 1.875）的二项分布。由此可以看到，具有较大方差($n=10, p=0.25$)的分布的概率函数比具有较小方差($n=5$, $p=0.5$)的分布的概率函数在极端值处更高，而在中心值处较低。类似地，图 4.5 比较了具有相同均值（30）和不同方差（8.33 和 75）的两个均匀分布，出现了相同的模式，即方差较大的分布在极端值处具有较高的概率密度函数，而在中心值处较低。

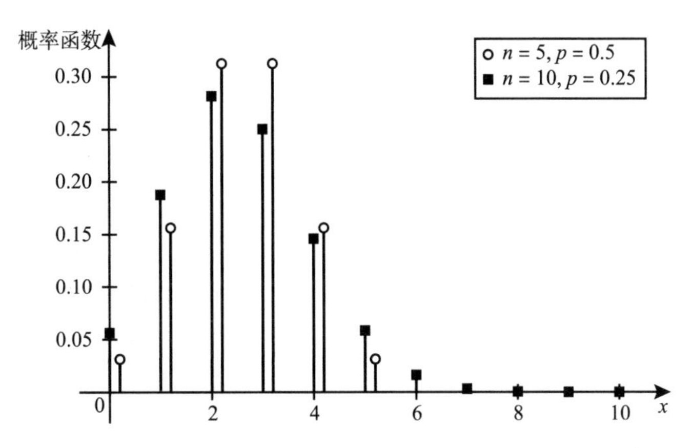

图 4.8 具有相同均值（2.5）但不同方差的两个二项分布

四分位距

例 4.3.8 柯西分布 例 4.1.8 中我们看到了一个均值不存在的分布（柯西分布），因此方差也不存在。但是，仍然可以描述该分布的分散程度。例如，如果 X 服从柯西分布，$Y=2X$，这表明 Y 的分散程度是 X 的两倍，但是我们如何量化呢？ ◀

有一个对任何分布都存在的分散的度量，无论分布是否具有均值或方差。回忆定义 3.3.2，随机变量的分位数函数是分布函数的反函数，并且对于每个随机变量都是有定义的。

定义 4.3.2 四分位距 设 X 是一个随机变量，分位数函数为 $F^{-1}(p)$ $(0<p<1)$。四分位距（IQR）定义为 $F^{-1}(0.75)-F^{-1}(0.25)$。

换句话说，四分位距为分布中间一半的区间的长度。

例 4.3.9 柯西分布 设 X 具有柯西分布，X 的分布函数可通过在以下积分中使用三角变换得到：

$$F(x) = \int_{-\infty}^{x} \frac{\mathrm{d}y}{\pi(1+y^2)} = \frac{1}{2} + \frac{\arctan(x)}{\pi},$$

其中，$\arctan(x)$ 为正切函数的反函数，当 x 从 $-\infty$ 到 ∞ 时，该函数在 $(-\pi/2, \pi/2)$ 中取值。X

的分位数函数就为 $F^{-1}(p)=\tan[\pi(p-1/2)]$，$0<p<1$。四分位距为

$$F^{-1}(0.75)-F^{-1}(0.25)=\tan(\pi/4)-\tan(-\pi/4)=2。$$

不难证明，如果 $Y=2X$，则 Y 的四分位距为 4（见本节习题 14）。◀

小结

X 的方差，记为 $\mathrm{Var}(X)$，是 $[X-E(X)]^2$ 的均值，度量了 X 分布的分散情况。方差也等于 $E(X^2)-[E(X)]^2$。标准差是方差的平方根。若 a 和 b 为常数，则 $aX+b$ 的方差为 $a^2\mathrm{Var}(X)$。独立随机变量之和的方差为它们方差的和。作为例子，参数为 n 和 p 的二项分布的方差为 $np(1-p)$。四分位距（IQR）是 0.75 和 0.25 分位数之间的差。四分位距是对每个分布都存在的分散程度的度量。

习题

1. 设 X 服从区间 $[0,1]$ 上的均匀分布，计算 X 的方差。
2. 假设从以下这个句子里面随机选取一个单词：THE GIRL PUT ON HER BEAUTIFUL RED HAT。如果用 X 表示选取的单词中含有的字母数，$\mathrm{Var}(X)$ 的值是多少？
3. 给定 a 和 b，$a<b$，求在区间 $[a,b]$ 上的均匀分布的方差。
4. 设 X 是一个随机变量，$E(X)=\mu$，$\mathrm{Var}(X)=\sigma^2$，证明：$E[X(X-1)]=\mu(\mu-1)+\sigma^2$。
5. 设 X 为一个随机变量，$E(X)=\mu$，$\mathrm{Var}(X)=\sigma^2$，令 c 为一个任意常数，证明：
$$E[(X-c)^2]=(\mu-c)^2+\sigma^2。$$
6. 假设 X 和 Y 是相互独立的随机变量，方差都存在，且 $E(X)=E(Y)$，证明：
$$E[(X-Y)^2]=\mathrm{Var}(X)+\mathrm{Var}(Y)。$$
7. 假设 X 和 Y 是相互独立的随机变量，并且 $\mathrm{Var}(X)=\mathrm{Var}(Y)=3$，求（a）$\mathrm{Var}(X-Y)$ 和（b）$\mathrm{Var}(2X-3Y+1)$。
8. 构造一个均值有限但是方差无限的分布。
9. 设 X 服从整数 $1,\cdots,n$ 上的离散均匀分布，计算 X 的方差。提示：利用公式 $\sum_{k=1}^{n}k^2=n(n+1)\cdot(2n+1)/6$。
10. 考虑例 4.3.7 结尾的有效投资组合的例子。假设对于 $i=1,2$，R_i 服从区间 $[a_i,b_i]$ 上的均匀分布。
    a. 求这两个区间 $[a_1,b_1]$ 和 $[a_2,b_2]$。提示：区间可由均值和方差确定。
    b. 求出该投资组合在概率水平 0.97 下的在险值（VaR）。提示：回顾例 3.9.5 中是怎么求出两个均匀随机变量之和的概率密度函数的。
11. 设 X 服从区间 $[0,1]$ 上的均匀分布，求 X 的四分位距。
12. 设 X 的概率密度函数为 $f(x)=\exp(-x)$，$x\geqslant 0$ 及 $f(x)=0,x<0$，求 X 的四分位距。
13. 设 X 服从参数为 5 和 0.3 的二项分布，求 X 的四分位距。提示：回到例 3.3.9 和表 3.1。
14. 设 X 是一个随机变量，四分位距为 η。令 $Y=2X$，证明：Y 的四分位距为 2η。

4.4　矩

对于随机变量 X 而言，X 的幂 $X^k(k>2)$ 的均值（称作 X 的矩）具有有用的理论性质，其中一些被用来作为分布的附加汇总特征。矩母函数是一个相关的工具，可用来帮助获得独立的随机变量之和的分布以及分布的极限性质。

矩的存在性

对任意的随机变量 X 和任意正整数 k，称期望 $E(X^k)$ 为 X 的 k 阶矩。特别地，根据这

个术语，X 的期望是 X 的一阶矩。

X 的 k 阶矩存在，当且仅当 $E(|X|^k)<\infty$。如果随机变量 X 有界，即存在有限数 a 和 b，使得 $P(a\leqslant X\leqslant b)=1$，则 X 的任意阶矩存在。然而，当 X 无界时，X 的任意阶矩也有可能存在。下面的定理表明，当 X 的 k 阶矩存在时，阶数比 k 低的矩也存在。

定理 4.4.1 如果 $E(|X|^k)<\infty$，对某个正整数 k 成立，则 $E(|X|^j)<\infty$，对任意满足 $j<k$ 的正整数 j 成立。

证明 不妨设 X 是连续随机变量，概率密度函数是 f，则

$$
\begin{aligned}
E(|X|^j) &= \int_{-\infty}^{\infty} |x|^j f(x)\,\mathrm{d}x \\
&= \int_{|x|\leqslant 1} |x|^j f(x)\,\mathrm{d}x + \int_{|x|>1} |x|^j f(x)\,\mathrm{d}x \\
&\leqslant \int_{|x|\leqslant 1} 1\cdot f(x)\,\mathrm{d}x + \int_{|x|>1} |x|^k f(x)\,\mathrm{d}x \\
&\leqslant P(|X|\leqslant 1) + E(|X|^k)。
\end{aligned}
$$

由假设 $E(|X|^k)<\infty$ 可知，$E(|X|^j)<\infty$。对离散型和更一般的分布有类似的证明。 ■

特别地，由定理 4.4.1 知，如果 $E(|X|^2)<\infty$，随机变量 X 的期望和方差均存在。由定理 4.4.1 将这种情况推广到 j 和 k 为任意正数，而不仅仅是整数情况（见本节习题 15）。本节不会使用这个结论。

中心矩 假设 X 是一个随机变量，$E(X)=\mu$。对任意正整数 k，称期望 $E[(X-\mu)^k]$ 为 X 的 k 阶中心矩，或称为 X 关于均值的 k 阶矩。特别地，根据这个术语，X 的方差是 X 的二阶中心矩。

对任意分布，一阶中心矩必为 0，因为

$$E(X-\mu)=\mu-\mu=0。$$

进一步，如果 X 的分布关于均值 μ 是对称的，如果对于一个给定的奇数 k，中心矩 $E[(X-\mu)^k]$ 存在，则 $E[(X-\mu)^k]$ 的值一定是 0，因为这个期望的正项和负项正好相互抵消。

例 4.4.1 对称的概率密度函数 设 X 服从连续分布，概率密度函数为

$$f(x)=c\mathrm{e}^{-(x-3)^2/2},\quad -\infty<x<\infty。$$

下面来计算 X 的均值和所有阶中心矩。

可以证明，对任意正整数 k，有

$$\int_{-\infty}^{\infty}|x|^k\mathrm{e}^{-(x-3)^2/2}\mathrm{d}x<\infty。$$

因此，X 的各阶矩都存在。进一步，由于 $f(x)$ 关于点 $x=3$ 对称，所以 $E(X)=3$。由于这种对称性，对任意奇正整数 k，有 $E[(X-3)^k]=0$。对于偶数 $k=2n$，可以求出各阶中心矩序列的递归公式。首先，在所有积分式中令 $y=x-\mu$，则对于 $n\geqslant 1$，$2n$ 阶中心矩为

$$m_{2n}=\int_{-\infty}^{\infty}y^{2n}c\mathrm{e}^{-y^2/2}\mathrm{d}y。$$

令 $u=y^{2n-1}$ 和 $\mathrm{d}v=cy\mathrm{e}^{-y^2/2}\mathrm{d}y$，可得 $\mathrm{d}u=(2n-1)y^{2n-2}\mathrm{d}y$ 和 $v=-c\mathrm{e}^{-y^2/2}$，利用分部积分，有

$$\begin{aligned} m_{2n} &= \int_{-\infty}^{\infty} u\mathrm{d}v = uv\Big|_{y=-\infty}^{\infty} - \int_{-\infty}^{\infty} v\mathrm{d}u \\ &= -y^{2n-1}c\mathrm{e}^{-y^2/2}\Big|_{y=-\infty}^{\infty} + (2n-1)\int_{-\infty}^{\infty} y^{2n-2}c\mathrm{e}^{-y^2/2}\mathrm{d}y \\ &= (2n-1)m_{2(n-1)}。\end{aligned}$$

由于 $y^0=1$，m_0 为概率密度函数的积分，因此 $m_0=1$。由此可得 $m_{2n}=\prod_{i=1}^{n}(2i-1), n=1,2,\cdots$。例如，$m_2=1$，$m_4=3$，$m_6=15$，等等。◀

偏度　在例 4.4.1 中，我们看到对称分布的奇数中心矩都为 0。这引出了以下用于度量缺乏对称性的分布汇总。

定义 4.4.1　偏度　*设 X 是一个随机变量，均值为 μ，标准差为 σ，且三阶矩有限。X 的偏度定义为 $E[(X-\mu)^3]/\sigma^3$。*

三阶中心矩除以 σ^3 的原因是使偏度仅仅度量的是缺乏对称性，而不是分布的分散程度。

例 4.4.2　二项分布的偏度　设 X 服从参数为 10 和 0.25 的二项分布。该分布的概率函数在图 4.8 中给出。不难看出，该分布是非对称的。偏度的计算如下：首先，注意到均值为 $\mu=10\times0.25=2.5$，标准差为

$$\sigma=(10\times0.25\times0.75)^{1/2}=1.369。$$

其次，计算

$$\begin{aligned} E[(X-2.5)^3] &= (0-2.5)^3\binom{10}{0}0.25^0 0.75^{10}+\cdots+(10-2.5)^3\binom{10}{10}0.25^{10}0.75^0 \\ &= 0.9375。\end{aligned}$$

最后，偏度为

$$\frac{0.9375}{1.369^3}=0.3652。$$

为了比较，参数为 10 和 0.2 的二项分布的偏度为 0.474 3，参数为 10 和 0.3 的二项分布的偏度为 0.276 1。偏度的绝对值随着成功概率远离 0.5 而增加。可以直接证明，参数为 n 和 p 的二项分布的偏度是参数为 n 和 $1-p$ 的二项分布的偏度的相反数。（见本节习题 16。）◀

矩母函数

现在，我们考虑另一种刻画随机变量分布的方法，它与矩的关系比与概率分布更密切。

定义 4.4.2　矩母函数　*设 X 是一个随机变量，对任意实数 t，定义*

$$\psi(t)=E(\mathrm{e}^{tX})。\tag{4.4.1}$$

称函数 ψ 为 X 的矩母函数（简记为 m.g.f）。

注：X 的矩母函数仅依赖于 X 的分布。因为矩母函数是 X 的函数的期望值，所以它只依赖于 X 的分布。如果 X 和 Y 有相同的分布，则它们一定有相同的矩母函数。

如果随机变量 X 有界，则式（4.4.1）中的期望对所有的 t 值都为有限的。因此，对所有的 t 值，X 的矩母函数都有限。另一方面，如果 X 无界，则对一些 t 值，矩母函数也许有限，对另一些 t 值，矩母函数也许无限。由式（4.4.1）可以看出，对任意随机变量 X，矩

母函数 $\psi(t)$ 在 $t=0$ 处一定存在，其值为 $\psi(0)=E(1)=1$。

下一个结论解释了“矩母函数”这个名称是如何产生的。

定理 4.4.2 设 X 是随机变量，对于在 $t=0$ 点处的某个开区间中所有的 t 值，矩母函数 $\psi(t)$ 是有限的。则对任意的整数 $n>0$，X 的 n 阶矩 $E(X^n)$ 有限，且等于 $\psi^{(n)}(t)$ 在 $t=0$ 点的 n 阶导数，即 $E(X^n)=\psi^{(n)}(0), n=1,2,\cdots$。 ■

本节结尾处将给出简要的证明。

例 4.4.3 计算一个矩母函数 假定随机变量 X 的概率密度函数是

$$f(x)=\begin{cases}e^{-x}, & x>0,\\ 0, & x\leqslant 0。\end{cases}$$

下面来计算 X 的矩母函数和 $\mathrm{Var}(X)$。

对每个实数 t，有

$$\psi(t)=E(e^{tX})=\int_0^\infty e^{tx}e^{-x}dx$$
$$=\int_0^\infty e^{(t-1)x}dx。$$

这个等式中最后一个积分有限当且仅当 $t<1$。因此，$\psi(t)$ 有限当且仅当 $t<1$。对每个这样的 t 值，

$$\psi(t)=\frac{1}{1-t}。$$

因为对 $t=0$ 处的某个开区间的所有 t 值，$\psi(t)$ 都是有限的，X 的所有阶矩都存在。ψ 的前两阶导数分别为

$$\psi'(t)=\frac{1}{(1-t)^2},\ \psi''(t)=\frac{2}{(1-t)^3}。$$

因此，$E(X)=\psi'(0)=1$，$E(X^2)=\psi''(0)=2$，进而有

$$\mathrm{Var}(X)=\psi''(0)-[\psi'(0)]^2=1。$$ ◀

矩母函数的性质

下面介绍与矩母函数有关的三个基本定理。

定理 4.4.3 设随机变量 X 的矩母函数是 ψ_1；令 $Y=aX+b$，其中 a,b 是给定常数；令 ψ_2 表示 Y 的矩母函数。则对于使得 $\psi_1(at)$ 有限的任意 t 值，有

$$\psi_2(t)=e^{bt}\psi_1(at)。\tag{4.4.2}$$

证明 由矩母函数的定义，

$$\psi_2(t)=E(e^{tY})=E[e^{t(aX+b)}]=e^{bt}E(e^{atX})=e^{bt}\psi_1(at)。$$ ■

例 4.4.4 计算线性函数的矩母函数 假设 X 的分布由例 4.4.3 给出，则对于 $t<1$，X 的矩母函数是

$$\psi_1(t)=\frac{1}{1-t}。$$

如果 $Y=3-2X$，则 Y 的矩母函数在 $t>-1/2$ 时有限，并且它的值为

$$\psi_2(t)=e^{3t}\psi_1(-2t)=\frac{e^{3t}}{1+2t}。$$ ◀

下一个定理表明，任意个独立随机变量之和的矩母函数具有非常简单的形式。因为这个性质，矩母函数是研究这种和的重要工具。

定理 4.4.4 假设 $X_1,\cdots,X_n$ 是 n 个独立的随机变量；对 $i=1,\cdots,n$，令 ψ_i 代表 X_i 的矩母函数。令 $Y=X_1+\cdots+X_n$，Y 的矩母函数是 ψ。则对于使得 ψ_i 有限的任意 t 值，$i=1,\cdots,n$，有

$$\psi(t)=\prod_{i=1}^{n}\psi_i(t)。\tag{4.4.3}$$

证明 由定义

$$\psi(t)=E(e^{tY})=E[e^{t(X_1+\cdots+X_n)}]=E\Big(\prod_{i=1}^{n}e^{tX_i}\Big)。$$

因为随机变量 $X_1,\cdots,X_n$ 独立，根据定理 4.2.6 可得：

$$E\Big(\prod_{i=1}^{n}e^{tX_i}\Big)=\prod_{i=1}^{n}E(e^{tX_i})。$$

因此

$$\psi(t)=\prod_{i=1}^{n}\psi_i(t)。$$ ■

二项分布的矩母函数 假设随机变量 X 服从参数为 n,p 的二项分布。在 4.2 节和 4.3 节，将 X 视为 n 个独立随机变量 $X_1,\cdots,X_n$ 的和，求出了 X 的期望和方差。在这个表示中，每个变量 X_i 的分布是。

$$P(X_i=1)=p,P(X_i=0)=1-p。$$

现在求 $X=X_1+\cdots+X_n$ 的矩母函数。

因为 $X_1,\cdots,X_n$ 中的每个随机变量有相同的分布，则每个变量的矩母函数相同。对 $i=1,\cdots,n$，X_i 的矩母函数是

$$\begin{aligned}\psi_i(t)&=E(e^{tX_i})=(e^t)P(X_i=1)+(1)P(X_i=0)\\&=pe^t+1-p。\end{aligned}$$

由定理 4.4.4，X 的矩母函数是

$$\psi(t)=(pe^t+1-p)^n。\tag{4.4.4}$$

矩母函数的唯一性 现在来介绍矩母函数的一个更重要的性质。这个性质的证明超出了本书的范围。

定理 4.4.5 两个随机变量 X_1 和 X_2，对于在 $t=0$ 处的某个开区间内的所有 t 值，有相同的、有限的矩母函数，则 X_1 和 X_2 的概率分布一定相同。 ■

定理 4.4.5 是开始讨论矩母函数时提出的论点的理由，即矩母函数是刻画随机变量分布的另一种方法。

二项分布的可加性 矩母函数提供了一种简单的方法，用来推导第二个参数相同的两个独立的二项随机变量之和的分布。

定理 4.4.6 假设 X_1 和 X_2 是独立随机变量，$X_i(i=1,2)$ 服从参数为 n_i 和 p 的二项分

布，则 X_1+X_2 服从参数为 n_1+n_2 和 p 的二项分布。

证明 令 X_i 的矩母函数是 $\psi_i, i=1,2$，则由式（4.4.4）有

$$\psi_i(t)=(pe^t+1-p)^{n_i}。$$

如果记 X_1+X_2 的矩母函数为 ψ，由定理 4.4.4 有

$$\psi(t)=(pe^t+1-p)^{n_1+n_2}。$$

从式（4.4.4）可以看出，函数 ψ 是参数为 n_1+n_2 和 p 的二项分布的矩母函数。因此，由定理 4.4.5 知，X_1+X_2 必定服从二项分布。■

定理 4.4.2 的证明概要

首先，我们指出为什么 X 的所有矩都是有限的。设 $t>0$ 满足 $\psi(t)$ 和 $\psi(-t)$ 都是有限的。定义 $g(x)=e^{tx}+e^{-tx}$，

$$E[g(X)]=\psi(t)+\psi(-t)<\infty。\tag{4.4.5}$$

注意到，对任意有界区间中的 x，$g(x)$ 是有界的。对任意整数 $n>0$，当 $|x|\to\infty$，$g(x)$ 最终大于 $|x|^n$，由上述事实及式（4.4.5）可知，$E(|X|^n)<\infty$。

可以证明导数 $\psi'(t)$ 在 $t=0$ 处存在；因此，在 $t=0$ 处，式（4.4.1）中的期望的导数一定等于导数的期望。（证明超出了本书的范围。）因此，

$$\psi'(0)=\left[\frac{d}{dt}E(e^{tX})\right]_{t=0}=E\left[\left(\frac{d}{dt}e^{tX}\right)_{t=0}\right]。$$

又由于

$$\left(\frac{d}{dt}e^{tX}\right)_{t=0}=(Xe^{tX})_{t=0}=X。$$

故

$$\psi'(0)=E(X)。$$

也就是说，矩母函数 $\psi(t)$ 在 $t=0$ 处的导数是 X 的均值。

更一般地，如果 $\psi(t)$ 在 $t=0$ 处任意阶可导。对 $n=1,2,\cdots$，在 $t=0$ 处，n 阶导数 $\psi^{(n)}(0)$ 满足如下的关系：

$$\psi^{(n)}(0)=\left[\frac{d^n}{dt^n}E(e^{tX})\right]_{t=0}=E\left[\left(\frac{d^n}{dt^n}e^{tX}\right)_{t=0}\right]$$
$$=E[(X^ne^{tX})_{t=0}]=E(X^n)。$$

因此，$\psi'(0)=E(X)$，$\psi''(0)=E(X^2)$，$\psi'''(0)=E(X^3)$ 等。因此，如果矩母函数在 $t=0$ 处的一个开区间内有限，通过在 $t=0$ 处取导数，可以生成该分布的任意阶矩。

小结

如果随机变量的 k 阶矩存在，则对任意 $j<k$，j 阶矩也存在。如果 X 的矩母函数 $\psi(t)=E(e^{tX})$，对于 0 点处某个邻域中的 t 有限，则可以用来求解 X 的矩。$\psi(t)$ 在 $t=0$ 处的 k 阶

导数是 $E(X^k)$。有相同矩母函数的随机变量，必有相同的分布；在这个意义下，矩母函数描述了分布的特征。

习题

1. 如果 X 服从区间$[a,b]$上的均匀分布，则 X 的 5 阶中心矩是多少？
2. 如果 X 服从区间$[a,b]$上的均匀分布，写出 X 的偶数阶中心矩公式。
3. 假设 X 是随机变量，且满足 $E(X)=1, E(X^2)=2, E(X^3)=5$，计算 X 的三阶中心矩。
4. 假设 X 是随机变量，二阶矩 $E(X^2)$有限。
   a. 证明：$E(X^2) \geqslant [E(X)]^2$。
   b. 证明：$E(X^2)=[E(X)]^2$，当且仅当存在常数 c，满足 $P(X=c)=1$。提示：$\mathrm{Var}(X) \geqslant 0$。
5. 假设 X 是随机变量，均值为 μ，方差为 σ^2，且 X 的 4 阶矩有限。证明：$E[(X-\mu)^4] \geqslant \sigma^4$。
6. 如果 X 服从区间$[a,b]$上的均匀分布。试求 X 的矩母函数。
7. 设 X 是随机变量，具有如下的矩母函数：

$$\psi(t) = \frac{1}{4}(3\mathrm{e}^t + \mathrm{e}^{-t}), -\infty < t < \infty,$$

   求 X 的均值和方差。
8. 假设 X 是随机变量，具有如下的矩母函数：

$$\psi(t) = \mathrm{e}^{t^2+3t}, -\infty < t < \infty,$$

   求 X 的均值和方差。
9. 假设随机变量 X 的期望是 μ，方差是 σ^2，令 $\psi_1(t)$表示 X 的矩母函数，$-\infty<t<\infty$。令 c 是给定的正的常数。设 Y 是随机变量，矩母函数是

$$\psi_2(t) = \mathrm{e}^{c[\psi_1(t)-1]}, -\infty < t < \infty,$$

   试用 X 的均值和方差来表示 Y 的均值和方差。
10. 假设随机变量 X 和 Y 独立同分布，每一个的矩母函数都为

$$\psi(t) = \mathrm{e}^{t^2+3t}, -\infty < t < \infty,$$

    试求 $Z=2X-3Y+4$ 的矩母函数。
11. 假设 X 是随机变量，具有如下的矩母函数：

$$\psi(t) = \frac{1}{5}\mathrm{e}^t + \frac{2}{5}\mathrm{e}^{4t} + \frac{2}{5}\mathrm{e}^{8t}, -\infty < t < \infty,$$

    试求 X 的概率分布。提示：这是一个简单的离散分布。
12. 设 X 是随机变量，具有如下的矩母函数：

$$\psi(t) = \frac{1}{6}(4 + \mathrm{e}^t + \mathrm{e}^{-t}), -\infty < t < \infty,$$

    试求 X 的概率分布。
13. 设 X 服从柯西分布（见例 4.1.8）。证明其矩母函数 $\psi(t)$仅在 $t=0$ 处有限。
14. 设 X 的概率密度函数是

$$f(x) = \begin{cases} x^{-2}, & x > 1, \\ 0, & x \leqslant 1。\end{cases}$$

    证明：矩母函数 $\psi(t)$在 $t\leqslant 0$ 时有限，在 $t>0$ 时无限。
15. 证明定理 4.4.1 以下的推广：如果对某个正数 a，$E(|X|^a)<\infty$，则对任意的正数 $b<a$，$E(|X|^b)<\infty$。给出当 X 有离散分布时的证明。

16. 设 X 服从参数为 n 和 p 的二项分布，X 服从参数为 n 和 $1-p$ 的二项分布，证明：Y 的偏度为 X 偏度的相反数。提示：令 $Z=n-X$，证明 Z 和 Y 有相同的分布。
17. 求例 4.4.3 中分布的偏度。

4.5 均值和中位数

尽管分布的均值是对中心位置的一个度量，分布的中位数（定义 3.3.3）也是对中心位置的一个度量。本节给出分布的这两种汇总特征之间的一些比较。

中位数

在 4.1 节提到，实数轴上的概率分布的均值是这个分布的重心。从这个意义上说，可将分布的均值看作分布的中心。在实数轴上还有一点，也可以作为分布的中心。假设有一点 m_0 将总的概率分为相等的两部分，即在 m_0 左边的概率是 1/2，在 m_0 右边的概率也是 1/2。对于连续分布，定义 3.3.3 引入的分布中位数就是这样的数。如果存在这样的 m_0，可以很自然地称其为分布的中心。值得注意的是，一些离散分布不存在将总概率分成完全相等的两部分的点。进一步，对某些分布，连续型的或离散型的，也许存在不止一个这样的点。因此，这里要给出中位数正式的定义，必须能够包括所有的这些可能出现的情况。

定义 4.5.1 中位数 设 X 是一个随机变量，满足下列性质的每个数 m，被称为 X 分布的中位数：

$$P(X \leqslant m) \geqslant 1/2, \quad P(X \geqslant m) \geqslant 1/2。$$

理解中位数定义的另一个方法是，中位数是一个点 m，满足以下的两个条件：
第一，如果 m 包含在 m 左侧的 X 值中，则

$$P(X \leqslant m) \geqslant P(X > m)。$$

第二，如果 m 包含在 m 右侧的 X 值中，则

$$P(X \geqslant m) \geqslant P(X < m)。$$

如果存在数 m，满足 $P(X<m)=P(X>m)$，即 m 将总概率精确地分成两部分，m 自然就是分布 X 的中位数（见本节习题 16）。

注：多个中位数。可以证明，每个分布至少有一个中位数。实际上，定义 3.3.2 中的 1/2 分位数就是中位数（见本节习题 1）。对于某些分布，某个区间中的每个数都是中位数。在这种情况下，1/2 分位数是所有中位数的集合中的最小值。当整个区间中的数是分布的中位数时，一些作者将区间的中点称为中位数。

例 4.5.1 离散分布的中位数 假设 X 服从如下的离散分布：

$$P(X=1)=0.1, P(X=2)=0.2,$$
$$P(X=3)=0.3, P(X=4)=0.4。$$

3 是这个分布的中位数，因为 $P(X\leqslant 3)=0.6$，这个值比 1/2 大，$P(X\geqslant 3)=0.7$，这个值同样比 1/2 大，而 3 是这个分布唯一的中位数。◀

例 4.5.2 中位数不唯一的离散分布 假设 X 服从如下的离散分布：

$$P(X=1)=0.1, P(X=2)=0.4,$$
$$P(X=3)=0.3, P(X=4)=0.2。$$

这里，$P(X\leqslant 2)=1/2, P(X\geqslant 3)=1/2$，因此，闭区间 $2\leqslant m\leqslant 3$ 中的每个数 m 都是这个分布的中位数。该分布的中位数最普遍的选择是中点 2.5。◀

例 4.5.3　连续分布的中位数　假设 X 服从连续分布，概率密度函数如下

$$f(x)=\begin{cases}4x^3, & 0<x<1,\\ 0, & \text{其他。}\end{cases}$$

这个分布唯一的中位数 m 满足：

$$\int_0^m 4x^3\mathrm{d}x=\int_m^1 4x^3\mathrm{d}x=\frac{1}{2}。$$

这个值是 $m=1/2^{1/4}$。◀

例 4.5.4　中位数不唯一的连续分布　假设 X 服从连续分布，有如下的概率密度函数：

$$f(x)=\begin{cases}1/2, & 0\leqslant x\leqslant 1,\\ 1, & 2.5\leqslant x\leqslant 3,\\ 0, & \text{其他。}\end{cases}$$

这里，对闭区间 $1\leqslant m\leqslant 2.5$ 中的每个 m，$P(X\leqslant m)=P(X\geqslant m)=1/2$。因此，闭区间 $1\leqslant m\leqslant 2.5$ 中的每个 m 都是这个分布的中位数。◀

均值和中位数的比较

例 4.5.5　最后彩票号码　在一个州彩票游戏中，每天抽取一个从 000 到 999 的三位数。几年后，1 000 个可能的数字中，除一个之外，所有数字都被抽取到了。一个彩票官员想预测到最终抽出这个缺失的数字为止还需要多长时间。设 X 为抽到该数字之前的天数（明天为 $X=1$）。确定 X 的分布并不难，假设每天中 1 000 个数字被抽到的可能性相同，且抽取是独立的。设 A_x 表示缺失的数字在第 x 天被抽到，$x=1,2,\cdots$，则 $\{X=1\}=A_1$。对于 $x>1$，

$$\{X=x\}=A_1^c\cap\cdots\cap A_{x-1}^c\cap A_x。$$

由于事件 A_x 是独立的，概率都为 0.001，容易得到 X 的概率函数为

$$f(x)=\begin{cases}0.001(0.999)^{x-1}, & x=1,2,\cdots,\\ 0, & \text{其他。}\end{cases}$$

但是，彩票官员希望给出一个简单的数来预测何时会抽出号码，分布的哪个汇总特征适合此预测？◀

例 4.5.5 中的彩票官员想要某类“平均”或“中间”的数来汇总直到最后一个数出现的天数的分布。他大概想要一个既不太大又不太小的预测。X 的均值或中位数都可以用作分布的汇总特征。本章已经介绍了均值的一些重要性质，本书后面还会给出几个性质。然而，对于许多分布来说，和均值相比，中位数是衡量中等水平的更有用的指标。例如，每个分布都有一个中位数，但不是每个分布都有一个均值。如例 4.3.5 所示，可以从分布的许多部分中移除较小但为正的概率值，并将该值分配给很大的 x，可使分布的均值非常大。另一方面，中位数可能不受概率类似变化的影响。如果从大于中位数的 x 值中移除任何量的概率并分配给很大的 x 值，则新分布的中位数将与原始分布的中位数相同。

在例 4.3.5 中，区间 $[0,1]$ 内的所有数都是随机变量 X 和 Y 的中位数，尽管它们的均

值相差巨大。

例 4.5.6 年收入 假设某社区的家庭年平均收入是 30 000 美元。很有可能的是，这个社区里只有很少的家庭实际收入达到 30 000 美元，但那些少数家庭的收入比 30 000 大得多。举一个极端的例子，假设有 100 个家庭，其中 99 个家庭的收入是 1 000 美元，另一个家庭的收入是 2 901 000 美元。但是如果这些家庭年收入的中位数是 30 000 美元，则至少有一半家庭的收入是 30 000 美元或比 30 000 美元多。 ◀

中位数有一个均值没有的实用的性质。

定理 4.5.1 一对一函数 设 X 是一个随机变量，在实数区间 I 中取值。设 r 为区间 I 上的一对一函数。如果 m 是 X 的中位数，则 $r(m)$ 是 $r(X)$ 的中位数。

证明 设 $Y=r(X)$。需要证明 $P(Y\geqslant r(m))\geqslant 1/2$ 和 $P(Y\leqslant r(m))\geqslant 1/2$。由于 r 是 I 上的一对一函数，在区间 I 上它必须是单增或单减的。如果 r 是单增的，则 $Y\geqslant r(m)$ 当且仅当 $X\geqslant m$，则 $P(Y\geqslant r(m))=P(X\geqslant m)=1/2$。类似地，$Y\leqslant r(m)$ 当且仅当 $X\leqslant m$ 且 $P(Y\leqslant r(m))\geqslant 1/2$。如果 r 单减，则当且仅当 $X\leqslant m$ 时，$Y\geqslant r(m)$。证明的其余部分与前面相似。 ■

现在来考虑两个具体的标准，可以用来判断随机变量 X 进行预测的准确性。按照第一个标准，最优预测是均值；按照第二个标准，最优预测是中位数。

最小化均方误差

设随机变量 X 的均值是 μ，方差是 σ^2。又假设在一些试验中可观察到 X 的值，但必须在观察前进行预测。预测的依据是选择某个数 d，使得误差 $X-d$ 的平方的期望达到最小。

定义 4.5.2 均方误差（M. S. E.） 称数值 $E[(X-d)^2]$ 为预测 d 的均方误差（M. S. E.）。

下一个结论说明使均方误差达到最小的数 d 是均值 $E(X)$。

定理 4.5.2 设 X 是一个随机变量，且方差 σ^2 有限，令 $\mu=E(X)$，则对任意的数 d，有

$$E[(X-\mu)^2]\leqslant E[(X-d)^2]。\tag{4.5.1}$$

进一步，当且仅当 $d=\mu$ 时，式（4.5.1）为等式。

证明 对每个 d 值，有

$$\begin{aligned}E[(X-d)^2]&=E(X^2-2dX+d^2)\\&=E(X^2)-2d\mu+d^2。\end{aligned}\tag{4.5.2}$$

式（4.5.2）的最后一个表达式是 d 的二次函数。由初等微分知识可知，当 $d=\mu$ 时，这个函数达到最小值。因此为了最小化均方误差，X 的预测值应为它的均值 μ。当应用这个预测值时，均方误差为 $E[(X-d)^2]=\sigma^2$。 ■

例 4.5.7 最后彩票号码 在例 4.5.5 中，我们讨论了一个州彩票游戏，其中有一个数字一直未被取到。令 X 表示取到最后一个数字的天数。例 4.5.5 中计算了 X 的概率函数为

$$f(x)=\begin{cases}0.001(0.999)^{x-1}, & x=1,2,\cdots,\\0, & 其他。\end{cases}$$

我们可以计算 X 的均值，

$$E(X)=\sum_{x=1}^{\infty}x0.001(0.999)^{x-1}=0.001\sum_{x=1}^{\infty}x(0.999)^{x-1}。\tag{4.5.3}$$

乍一看，该求和不容易计算，但是它与如下级数密切相关：

$$g(y)=\sum_{x=0}^{\infty}y^{x}=\frac{1}{1-y},0<y<1。$$

利用微积分中幂级数的性质，我们可以通过对幂级数的各个项微分来求 $g(y)$ 的导数。即

$$g'(y)=\sum_{x=0}^{\infty}xy^{x-1}=\sum_{x=1}^{\infty}xy^{x-1},0<y<1。$$

又知 $g'(y)=1/(1-y)^2$。式（4.5.3）中最后一项求和为 $g'(0.999)=1/(0.001)^2$，由此可得

$$E(X)=0.001\frac{1}{(0.001)^2}=1\ 000。$$ ◀

最小化平均绝对误差

另一个预测随机变量 X 值的可能依据是，选择某个数 d 使得 $E(|X-d|)$ 最小。

定义 4.5.3　平均绝对误差（M. A. E.）　数 $E(|X-d|)$ 称为预测 d 的平均绝对误差（M. A. E.）。

下面将证明当 d 是 X 分布的中位数时，平均绝对误差最小。

定理 4.5.3　设 X 是一个随机变量，均值有限。令 m 是 X 分布的中位数，则对任意的数 d，有

$$E(|X-m|)\leqslant E(|X-d|)。\tag{4.5.4}$$

当且仅当 d 是 X 分布的中位数时，式（4.5.4）为等式。

证明　为方便起见，我们假设 X 为连续随机变量，概率密度函数为 f。对任何其他类型的分布，证明是相似的。首先假设 $d>m$，则

$$\begin{aligned}E(|X-d|)-E(|X-m|)&=\int_{-\infty}^{\infty}(|x-d|-|x-m|)f(x)\mathrm{d}x\\&=\int_{-\infty}^{m}(d-m)f(x)\mathrm{d}x+\int_{m}^{d}(d+m-2x)f(x)\mathrm{d}x+\int_{d}^{\infty}(m-d)f(x)\mathrm{d}x\\&\geqslant\int_{-\infty}^{m}(d-m)f(x)\mathrm{d}x+\int_{m}^{d}(m-d)f(x)\mathrm{d}x+\int_{d}^{\infty}(m-d)f(x)\mathrm{d}x\\&=(d-m)[P(X\leqslant m)-P(X>m)]。\end{aligned}\tag{4.5.5}$$

因为 m 是 X 分布的中位数，由此可得

$$P(X\leqslant m)\geqslant 1/2\geqslant P(X>m)。\tag{4.5.6}$$

因此，式（4.5.5）中最后的差值非负，则

$$E(|X-d|)\geqslant E(|X-m|)。\tag{4.5.7}$$

式（4.5.7）为等式，当仅当式（4.5.5）和式（4.5.6）也为等式。通过仔细分析可以发现，在这些不等式中，只有当 d 也是 X 分布的中位数时，等式才成立。

对任意 d，满足 $d<m$，同理可证。 ■

例 4.5.8　最后的彩票号码　例 4.5.5 中，为计算 X 的中位数，需要找到最小的数 x，使得分布函数 $F(x)\geqslant 0.5$。对于整数 x，有

$$F(x)=\sum_{n=1}^{x}0.001(0.999)^{n-1}。$$

利用常见的公式

$$\sum_{n=0}^{x}y^{n}=\frac{1-y^{x+1}}{1-y}$$

可以看到，对整数 $x\geqslant 1$，

$$F(x)=0.001\frac{1-(0.999)^{x}}{1-0.999}=1-(0.999)^{x}。$$

令其等于 0.5，可解得 $x=692.8$，因此 X 的中位数为 693。中位数是唯一的，因为对于任意整数 x，$F(x)$ 的值不可能恰好取到 0.5。X 的中位数远小于例 4.5.7 中的均值 1 000。 ◀

例 4.5.7 和例 4.5.8 中，均值比中位数大得多的原因是在任意大的值处分布具有概率，但是有下界的。这些大值的概率会拉高均值，因为没有同样小的值处的概率用于平衡。中位数不受概率上半部分分布的影响。如下例子涉及对称分布，均值和中位数更相似。

例 4.5.9　预测离散均匀分布随机变量　假设随机变量 X 取以下 6 个值：1,2,3,4,5,6，概率都为 1/6。现在来分别确定使均方误差和平均绝对误差达到最小的预测。

在这个例子中，

$$E(X)=\frac{1}{6}(1+2+3+4+5+6)=3.5。$$

因此，使均方误差最小的唯一值是 $d=3$。

此外，闭区间 $3\leqslant m\leqslant 4$ 中的每个 m 都是分布的中位数。于是，使平均绝对误差最小的 d 满足 $3\leqslant d\leqslant 4$，且只对这些 d 值成立。因为 X 的分布是对称的，所以 X 的均值也是 X 的中位数。 ◀

注：当均方误差和平均绝对误差有限时。注意到每个分布都有中位数，但是当且仅当分布有有限均值时，平均绝对误差是有限的。同样，当且仅当分布具有有限方差时，平方绝对误差是有限的。

小结

X 的中位数是任何满足 $P(X\geqslant m)\geqslant 1/2$ 和 $P(X\leqslant m)\geqslant 1/2$ 的数 m。选择 d 使 $E(|X-d|)$ 达到最小，则 d 一定是中位数；选择 d 使 $E(|X-d|^{2})$ 达到最小，则必须选取 $d=E(X)$。

习题

1. 证明定义 3.3.2 的 1/2 分位数是定义 4.5.1 中的中位数。
2. 假设随机变量 X 有离散分布，概率函数为：

$$f(x)=\begin{cases}cx, & x=1,2,3,4,5,6,\\ 0, & 其他。\end{cases}$$

求这个分布的所有中位数。

3. 假设随机变量 X 有连续分布，概率密度函数为

$$f(x)=\begin{cases}e^{-x}, & x>0,\\ 0, & x\leqslant 0,\end{cases}$$

求这个分布的所有中位数。

4. 在一个由 153 户家庭组成的小型社区中，有 k 个小孩($k=0,1,2,\cdots$)的家庭数由下表给出，

小孩数	家庭数	小孩数	家庭数
0	21	3	27
1	40	4 或更多	23
2	42		

确定每户家庭小孩数的均值和中位数。(对于均值，假设大于等于 4 个小孩的家庭仅有 4 个小孩，为什么这个假设对中位数没有影响?)

5. 假设 X 的观测值等概率地来自两个连续分布，这两个分布的概率密度函数分别为 f 和 g。假设 $f(x)>0$，$0<x<1$；$f(x)=0$，x 取其他值。又设 $g(x)>0$，$2<x<4$；$g(x)=0$，x 取其他值。试确定 X 分布的 (a) 均值，(b) 中位数。

6. 假设随机变量 X 有连续分布，概率密度函数为

$$f(x)=\begin{cases}2x, & 0<x<1,\\ 0, & \text{其他。}\end{cases}$$

试确定 d 的值，使下述指标达到最小：(a) $E[(X-d)^2]$，(b) $E(|X-d|)$。

7. 假设在某个考试中，某个人的分数 X 在 $0\leqslant X\leqslant 1$ 中取值，X 有连续分布，概率密度函数为

$$f(x)=\begin{cases}x+\dfrac{1}{2}, & 0\leqslant x\leqslant 1,\\ 0, & \text{其他。}\end{cases}$$

试确定 X 的预测，使得下述指标达到最小：(a) 均方误差，(b) 平均绝对误差。

8. 设随机变量 X 的分布关于 $x=0$ 对称，且 $E(X^4)<\infty$。试证：当 $d=0$ 时，$E[(X-d)^4]$达到最小。

9. 假设火灾可能发生在路上的五个点中任意一点，这些点分布在$-3,-1,0,1,2$ 处 (见图 4.9)。假设这些点是下一个着火点的概率如图 4.9 所示。

a. 消防车应该在路上的哪个点等候，以便使消防车赶到下一个着火点的距离平方的期望值最小?

b. 消防车应该在路上的哪个点等候，以便使消防车赶到下一个着火点的距离的期望值最小?

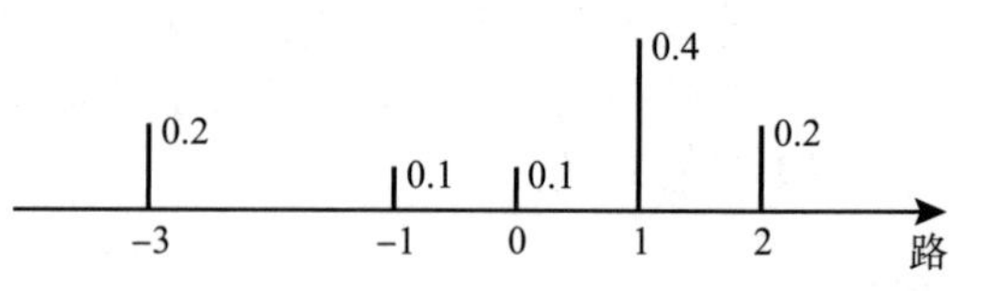

图 4.9　习题 9 的概率

10. 如果 n 所房子坐落在一条直路上的不同点，要在这条路上设一个商店，使得它到这 n 所房子的距离之和最短，商店应该建在哪一点?

11. 假设 X 服从二项分布，参数为 $n=7$ 和 $p=1/4$。Y 服从二项分布，参数为 $n=5$ 和 $p=1/2$。这两个随机变量的哪一个可以用更小的均方误差来预测?

12. 考虑一枚硬币，每次抛掷得到正面的概率是 0.3。假设抛掷这枚硬币 15 次，X 表示出现正面的次数。

a. X 的哪个预测具有最小均方误差?

b. X 的哪个预测具有最小平均绝对误差?

13. 假设 X 的分布关于点 m 对称，证明：m 是 X 的中位数。

14. 求例 4.1.8 中定义的柯西分布的中位数。

15. 假设 X 是随机变量，分布函数为 F。假设 $a<b$，且 a 和 b 都是 X 的中位数。
    a. 证明：$F(a)=1/2$。
    b. 证明：存在一个最小的 c 和一个最大的 d，使得 $c\leqslant a$ 和 $d\geqslant b$，使得闭区间 $[c,d]$ 中的每个值都是 X 的中位数。
    c. 假设 X 有离散分布，证明：$F(d)>1/2$。
16. 设 X 为随机变量。假设存在一个数 m，使得 $P(X<m)=P(X>m)$。证明：m 是 X 分布的中位数。
17. 设 X 为随机变量。假设存在一个数 m，使得 $P(X<m)<1/2$，且 $P(X>m)<1/2$。证明：m 是 X 分布唯一的中位数。
18. 证明定理 4.5.1 的以下推广。令 m 为随机变量 X 的 p 分位数（见定义 3.3.2）。如果 r 是严格递增函数，则 $r(m)$ 是 $r(X)$ 的 p 分位数。

4.6 协方差和相关系数

当我们对两个随机变量的联合分布感兴趣时，刻画两个随机变量相互依赖的程度的汇总特征是很有用的。协方差和相关系数试图度量这种依赖性，但它们只捕捉到特殊类型的依赖性，称之为线性相关性。

协方差

例 4.6.1　考试分数　申请大学时，高中生经常参加许多标准化考试。考虑一个特定的学生，他将参加一个口语考试和一个数学考试。设 X 为该学生在口语考试中的分数，设 Y 为该生在数学考试中的分数。尽管有些学生在一项考试中比在另一项考试中表现好得多，但我们仍然可以合理地期望“在一项考试中表现出色的学生在另一项考试中的成绩比平均好一点”。我们需要找到 X 和 Y 的联合分布的数值汇总特征，以反映我们认为“一项考试的高分或低分将伴随另一项考试的高分或低分”的程度。◀

当考虑两个随机变量的联合分布时，随机变量的均值、中位数和方差提供了边际分布的有用的信息。但是，这些数值并没有提供两个随机变量之间关系的任何信息，也没有提供它们非独立但同时变化的趋势。本节和下节将介绍联合分布的一些汇总特征，使得我们能度量两个随机变量关联的程度，确定任意多个相依随机变量之和的方差，以及通过观察其他一些相依随机变量来预测一个随机变量的值。

定义 4.6.1　协方差　假设 X 和 Y 是随机变量，有有限的均值。令 $E(X)=\mu_X$，$E(Y)=\mu_Y$，X 和 Y 的协方差，用 $\mathrm{Cov}(X,Y)$ 表示，定义为

$$\mathrm{Cov}(X,Y)=E[(X-\mu_X)(Y-\mu_Y)],\tag{4.6.1}$$

如果式（4.6.1）的期望存在。

由本节最后的习题 2 可以证明，当 X 和 Y 的方差都有限时，则式（4.6.1）中的期望存在，且 $\mathrm{Cov}(X,Y)$ 有限。然而，$\mathrm{Cov}(X,Y)$ 的值可以是正的、负的、或 0。

例 4.6.2　考试分数　假设例 4.6.1 中 X 和 Y 为考试分数，联合概率密度函数为

$$f(x,y)=\begin{cases}2xy+0.5, & 0\leqslant x\leqslant 1,0\leqslant y\leqslant 1,\\ 0, & \text{其他。}\end{cases}$$

下面来计算协方差 $\mathrm{Cov}(X,Y)$。首先必须分别计算 X 和 Y 的均值 μ_X 和 μ_Y。由概率密度函数中 X 和 Y 的对称性可知，X 和 Y 有相同的边际分布，因此 $\mu_X=\mu_Y$。可以看到

$$\mu_X = \int_0^1\int_0^1 (2x^2y + 0.5x)\,\mathrm{d}y\mathrm{d}x$$
$$= \int_0^1 (x^2 + 0.5x)\,\mathrm{d}x = \frac{1}{3} + \frac{1}{4} = \frac{7}{12},$$

因此，$\mu_X = 7/12$。利用定理 4.1.2 可以计算出协方差，需要计算积分

$$\int_0^1\int_0^1 \left(x - \frac{7}{12}\right)\left(y - \frac{7}{12}\right)(2xy + 0.5)\,\mathrm{d}y\mathrm{d}x。$$

可直接计算这个积分，计算过程有些乏味，结果是 $\mathrm{Cov}(X,Y) = 1/144$。◀

下面的结论通常能够简化协方差的计算。

定理 4.6.1　对所有满足 $\sigma_X^2<\infty$ 和 $\sigma_Y^2<\infty$ 的随机变量 X 和 Y，有

$$\mathrm{Cov}(X,Y) = E(XY) - E(X)E(Y)。\tag{4.6.2}$$

证明　由式（4.6.1）有

$$\mathrm{Cov}(X,Y) = E(XY - \mu_X Y - \mu_Y X + \mu_X\mu_Y)$$
$$= E(XY) - \mu_X E(Y) - \mu_Y E(X) + \mu_X\mu_Y。$$

因为 $E(X)=\mu_X, E(Y)=\mu_Y$，即得到式（4.6.2）。■

X 和 Y 的协方差是用来度量 X 和 Y 同时增大，或一个增大一个减少的程度。仔细观察式（4.6.1），可以得到一些关于这种解释的直觉。例如，假设 $\mathrm{Cov}(X,Y)$ 是正的，则 $X>\mu_X$ 和 $Y>\mu_Y$ 必同时发生或 $X<\mu_X$ 和 $Y<\mu_Y$ 必同时发生的程度，要比 $X>\mu_X$ 和 $Y<\mu_Y$ 同时发生或 $X<\mu_X$ 和 $Y>\mu_Y$ 同时发生的程度高。否则，均值将为负。类似地，如果 $\mathrm{Cov}(X,Y)$ 是负的，则 $X>\mu_X$ 和 $Y<\mu_Y$ 同时发生或 $X<\mu_X$ 和 $Y>\mu_Y$ 同时发生的程度，要比另两个不等式同时发生的程度高。如果 $\mathrm{Cov}(X,Y)=0$，则 X 和 Y 在各自均值同侧的程度完全抵消了它们在均值相对侧的程度。

相关系数

尽管 $\mathrm{Cov}(X,Y)$ 给出了 X 和 Y 同时变化的数值度量，$\mathrm{Cov}(X,Y)$ 的大小也受到 X 和 Y 的倍数大小的影响。例如本节习题 5，可以证明 $\mathrm{Cov}(2X,Y) = 2\mathrm{Cov}(X,Y)$。为了使得 X 和 Y 之间这种相关关系的度量不受到一个或其他随机变量比例变化的影响，下面定义一个稍稍不同的量。

定义 4.6.2　相关系数　设 X 和 Y 是随机变量，有限的方差分别为 σ_X^2 和 σ_Y^2，则 X 和 Y 的相关系数，用 $\rho(X,Y)$ 表示，定义如下：

$$\rho(X,Y) = \frac{\mathrm{Cov}(X,Y)}{\sigma_X\sigma_Y}。\tag{4.6.3}$$

为了确定相关系数 $\rho(X,Y)$ 的取值范围，需要如下的结论。

定理 4.6.2　施瓦茨（Schwarz）不等式　对所有的随机变量 U 和 V，$E(UV)$ 存在，则

$$[E(UV)]^2 \leqslant E(U^2)E(V^2)。\tag{4.6.4}$$

另外，如果不等式（4.6.4）的右端有限，则不等式（4.6.4）的两端相等当且仅当存在常数 a 和 b，使得 $aU+bV=0$ 的概率是 1。

证明 如果$E(U^2)=0$，则$P(U=0)=1$。因此，$P(UV=0)=1$也成立。所以$E(UV)=0$，式（4.6.4）成立。同理，如果$E(V^2)=0$，式（4.6.4）也成立。如果$E(U^2)$或$E(V^2)$之一是无穷，则式（4.6.4）右端也是无穷。这种情况下，式（4.6.4）必定成立。

接下来的证明，假设$0<E(U^2)<\infty$且$0<E(V^2)<\infty$，对所有的a和b，有

$$0 \leqslant E[(aU+bV)^2]=a^2E(U^2)+b^2E(V^2)+2abE(UV) \tag{4.6.5}$$

和

$$0 \leqslant E[(aU-bV)^2]=a^2E(U^2)+b^2E(V^2)-2abE(UV)。 \tag{4.6.6}$$

如果令$a=[E(V^2)]^{1/2}, b=[E(U^2)]^{1/2}$，则由式（4.6.5）有

$$E(UV) \geqslant -[E(U^2)E(V^2)]^{1/2}。 \tag{4.6.7}$$

由式（4.6.6）有

$$E(UV) \leqslant [E(U^2)E(V^2)]^{1/2}。 \tag{4.6.8}$$

以上两式说明式（4.6.4）成立。

最后，假设式（4.6.4）的右端有限。式（4.6.4）两端相等当且仅当式（4.6.7）两端相等，或式（4.6.8）两端相等。式（4.6.7）两端相等当且仅当式（4.6.5）最右边的表达式为0。当且仅当$E[(aU+bV)^2]=0$，即当且仅当$aU+bV=0$的概率是1，反过来也是成立的。读者可以验证式（4.6.8）两端值相等当且仅当$aU-bV=0$的概率是1。 ■

将定理4.6.2稍微变形可得我们想要的结论。

定理4.6.3 柯西-施瓦茨（Cauchy-Schwarz）不等式 设X和Y是随机变量，且方差有限，则

$$[\mathrm{Cov}(X,Y)]^2 \leqslant \sigma_X^2\sigma_Y^2, \tag{4.6.9}$$

且

$$-1 \leqslant \rho(X,Y) \leqslant 1。 \tag{4.6.10}$$

另外，式（4.6.9）中的不等式为等式，当且仅当存在非零的常数a和b及常数c，使得$aX+bY=c$的概率是1。

证明 令$U=X-\mu_X, V=Y-\mu_Y$，则由定理4.6.2可直接得到式（4.6.9）。反过来，由式（4.6.3）有$[\rho(X,Y)]^2\leqslant 1$，或等价地，式（4.6.10）成立。从定理4.6.2的命题很容易得到最后一个命题成立。 ■

定义4.6.3 正相关/负相关/不相关 如果$\rho(X,Y)>0$，称X和Y正相关；如果$\rho(X,Y)<0$，称X和Y负相关；如果$\rho(X,Y)=0$，称X和Y不相关。

由式（4.6.3）可以看出，$\mathrm{Cov}(X,Y)$和$\rho(X,Y)$必定有相同的符号；即都是正的，或都是负的，或都是0。

例4.6.3 考试分数 对例4.6.2的两个分数，可以计算它们的相关系数$\rho(X,Y)$。X，Y的方差都是11/144。所以，相关系数$\rho(X,Y)=1/11$。 ◀

协方差和相关系数的性质

我们将给出涉及协方差和相关系数的四个基本定理。

第一个定理表明独立的随机变量必是互不相关的。

定理 4.6.4　如果 X 和 Y 是独立的随机变量，满足 $0<\sigma_X^2<\infty$ 且 $0<\sigma_Y^2<\infty$，则

$$\operatorname{Cov}(X,Y)=\rho(X,Y)=0。$$

证明　如果 X 和 Y 是独立的，则 $E(XY)=E(X)E(Y)$。因此，由式（4.6.2）有，$\operatorname{Cov}(X,Y)=0$。同理，有 $\rho(X,Y)=0$。■

一般来说，定理 4.6.4 的逆命题不成立。两个不独立的随机变量可以不相关。事实上，即使 Y 是 X 的显函数，也有可能 $\rho(X,Y)=0$，见下例。

例 4.6.4　不独立但不相关的随机变量　假设随机变量 X 只取三个值 $-1,0,1$，取每个值的概率相等。令随机变量 Y 满足 $Y=X^2$。证明：X 和 Y 不独立但不相关。

在这个例子中，X 和 Y 显然不独立，因为 Y 不是常数，Y 的值完全由 X 的值决定。然而

$$E(XY)=E(X^3)=E(X)=0,$$

由于 X^3 与随机变量 X 相同，因为 $E(XY)=0$ 且 $E(X)E(Y)=0$，由定理 4.6.1 有 $\operatorname{Cov}(X,Y)=0$，即 X 和 Y 不相关。◀

例 4.6.5　圆内的均匀分布　设 (X,Y) 在单位圆内的联合概率密度函数为常数，见图 4.10 中阴影区域。概率密度函数所取的常数为 1 除以圆面积，即 $1/(2\pi)$。很显然 X 和 Y 是不独立的，因为联合概率密度函数非零的区域不是一个矩形。特别地，注意到 Y 的可能值集合为区间 $(-1,1)$，但是当 $X=0.5$ 时，Y 的可能值集合是更小的区间 $(-0.866,0.866)$。由圆的对称性容易得到 X 和 Y 的均值都为 0。不难看到，

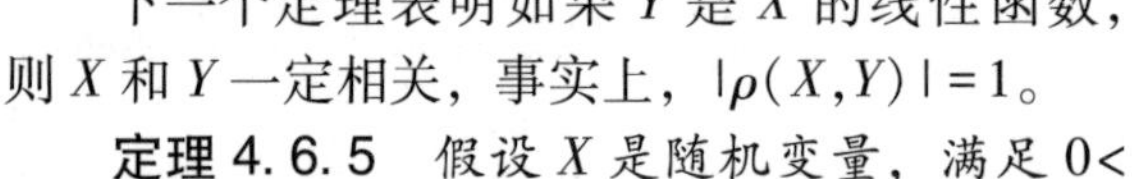

$E(XY)=\iint xyf(x,y)\,\mathrm{d}x\mathrm{d}y=0$。事实上，注意到在圆上半部分关于 xy 的积分恰好是在圆下半部分关于 xy 的积分的相反数，因此，$\operatorname{Cov}(X,Y)=0$。但是随机变量不是独立的。◀

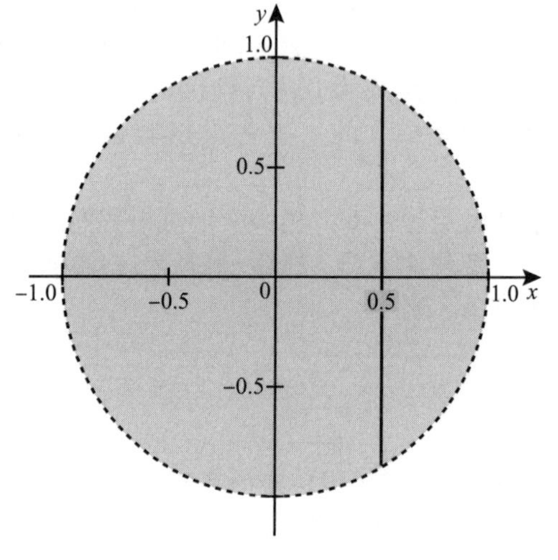

图 4.10　阴影区域是例 4.6.5 中 (X,Y) 的联合概率密度函数为常数且非零区域。垂线表示当 $X=0.5$ 时 Y 的可能取值

下一个定理表明如果 Y 是 X 的线性函数，则 X 和 Y 一定相关，事实上，$|\rho(X,Y)|=1$。

定理 4.6.5　假设 X 是随机变量，满足 $0<\sigma_X^2<\infty$，令 $Y=aX+b$，其中 a，b 是常数，$a\neq0$。如果 $a>0$，则 $\rho(X,Y)=1$。如果 $a<0$，则 $\rho(X,Y)=-1$。

证明　如果 $Y=aX+b$，则 $\mu_Y=a\mu_X+b$，并且 $Y-\mu_Y=a(X-\mu_X)$。由式（4.6.1），有

$$\operatorname{Cov}(X,Y)=aE[(X-\mu_X)^2]=a\sigma_X^2。$$

因为 $\sigma_Y=|a|\sigma_X$，由式（4.6.3）可得定理。■

定理 4.6.5 有逆命题，即 $|\rho(X,Y)|=1$ 时，X 和 Y 线性相关（见本节习题 17）。一般地，$\rho(X,Y)$ 的值度量了两个随机变量 X 和 Y 线性相关的程度。如果 X 和 Y 的联合分布相对集中于 xy 平面的一条直线附近，并且此直线的斜率为正，则 $\rho(X,Y)$ 相当接近 1。如果 X 和 Y 的联合分布相对集中于 xy 平面的一条斜率为负的直线附近，则 $\rho(X,Y)$ 相当接近 -1。

我们不在这里进一步讨论这些概念，在5.10节介绍和学习二元正态分布时，将再次讨论这些概念。

注：相关系数仅仅度量线性关系。$|\rho(X,Y)|$的大值意味着X和Y接近线性关系，因此是密切相关的。但$|\rho(X,Y)|$的小值也不意味着X和Y相关的不紧密。事实上，例4.6.4表明了随机变量是函数相关的，但是相关系数为0。

现在确定随机变量之和的方差，这些随机变量不一定独立。

定理4.6.6　如果X和Y是随机变量，满足$\text{Var}(X)<\infty$且$\text{Var}(Y)<\infty$，则

$$\text{Var}(X+Y)=\text{Var}(X)+\text{Var}(Y)+2\text{Cov}(X,Y)。\tag{4.6.11}$$

证明　因为$E(X+Y)=\mu_X+\mu_Y$，则

$$\begin{aligned}\text{Var}(X+Y)&=E[(X+Y-\mu_X-\mu_Y)^2]\\&=E[(X-\mu_X)^2+(Y-\mu_Y)^2+2(X-\mu_X)(Y-\mu_Y)]\\&=\text{Var}(X)+\text{Var}(Y)+2\text{Cov}(X,Y)。\end{aligned}$$

■

对所有的常数a和b，可以证明$\text{Cov}(aX,bY)=ab\text{Cov}(X,Y)$（本节习题5）。由定理4.6.6易得如下结论。

推论4.6.1　设a,b,c是常数，在定理4.6.6条件下，有

$$\text{Var}(aX+bY+c)=a^2\text{Var}(X)+b^2\text{Var}(Y)+2ab\text{Cov}(X,Y)。\tag{4.6.12}$$

■

推论4.6.1有个特殊情况，为

$$\text{Var}(X-Y)=\text{Var}(X)+\text{Var}(Y)-2\text{Cov}(X,Y)。\tag{4.6.13}$$

例4.6.6　投资组合　再次考虑例4.3.7的投资者，尝试用100 000美元选择一个组合来投资。对两只股票的回报采用同样的假设，但是假设两只股票的回报R_1和R_2的相关系数为-0.3，反映了这样一种观点：这两只股票对共同的市场力量有相反的反应。考查这样的投资组合：第一只股票持有s_1股，第二只股票持有s_2股，s_3美元投资在利率为3.6%的无风险资产，则该投资组合的方差是：

$$\text{Var}(s_1R_1+s_2R_2+0.036s_3)=55s_1^2+28s_2^2-0.3\sqrt{55\times 28}s_1s_2。$$

下面接着假设式（4.3.2）成立。图4.11展示了本例和例4.3.7中，有效投资组合的均值和方差的关系。注意，本例中的方差比例4.3.7小很多，这是因为负相关降低了具有正系数的线性组合的方差。◀

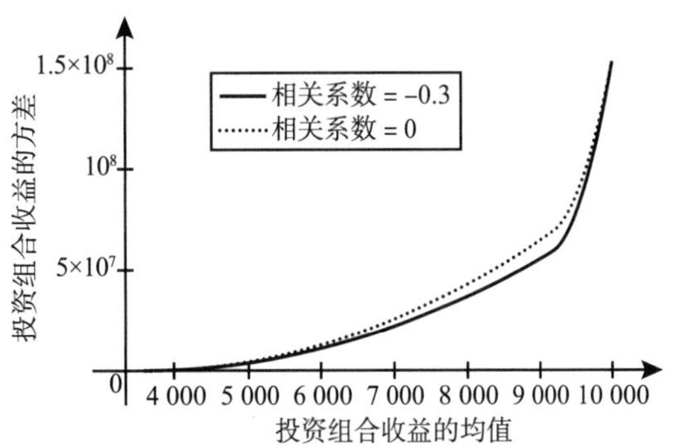

图4.11　有效投资组合的均值和方差

可以很容易地将定理4.6.6推广到n个随机变量之和的方差，具体如下：

定理4.6.7　如果$X_1,\cdots,X_n$是随机变量，满足$\text{Var}(X_i)<\infty,i=1,\cdots,n$，则

$$\text{Var}\left(\sum_{i=1}^n X_i\right)=\sum_{i=1}^n\text{Var}(X_i)+2\sum_{i<j}\sum\text{Cov}(X_i,X_j)。\tag{4.6.14}$$

证明　对每个随机变量Y，$\text{Cov}(Y,Y)=$

$\mathrm{Var}(Y)$。利用本节结尾习题8的结论，可以得到下面的关系式：

$$\mathrm{Var}\left(\sum_{i=1}^{n} X_i\right) = \mathrm{Cov}\left(\sum_{i=1}^{n} X_i, \sum_{j=1}^{n} X_j\right) = \sum_{i=1}^{n}\sum_{j=1}^{n}\mathrm{Cov}(X_i, X_j)。$$

将这个关系式最后的和式拆成两项：（i）$i=j$ 的项的和，（ii）$i\neq j$ 的项的和。利用 $\mathrm{Cov}(X_i,X_j)=\mathrm{Cov}(X_j,X_i)$ 这个事实，可以得到关系式

$$\begin{aligned}\mathrm{Var}\left(\sum_{i=1}^{n} X_i\right) &= \sum_{i=1}^{n}\mathrm{Var}(X_i) + \sum_{i\neq j}\sum \mathrm{Cov}(X_i,X_j)\\ &= \sum_{i=1}^{n}\mathrm{Var}(X_i) + 2\sum_{i<j}\sum \mathrm{Cov}(X_i,X_j)。\end{aligned}$$

■

下面是定理4.6.7的一个简单推论。

推论4.6.2 如果 $X_1,\cdots,X_n$ 是不相关的随机变量（即当 $i\neq j$ 时，X_i 和 X_j 不相关），则

$$\mathrm{Var}\left(\sum_{i=1}^{n} X_i\right) = \sum_{i=1}^{n}\mathrm{Var}(X_i)。\tag{4.6.15}$$

■

推论4.6.2推广了定理4.3.5，该定理表明当 $X_1,\cdots,X_n$ 是独立的随机变量时，式（4.6.15）成立。

注：一般地，方差的可加性仅对不相关的随机变量成立。一般地，我们要通过定理4.6.7来求得随机变量之和的方差。推论4.6.2仅对不相关的随机变量成立。

小结

X 和 Y 的协方差为 $\mathrm{Cov}(X,Y)=E\{[X-E(X)][Y-E(Y)]\}$。相关系数为 $\rho(X,Y)=\mathrm{Cov}(X,Y)/[\mathrm{Var}(X)\mathrm{Var}(Y)]^{1/2}$，这个值度量了 X 和 Y 线性相关的程度。事实上，X 和 Y 完全线性相关当且仅当 $|\rho(X,Y)|=1$。随机变量之和的方差可以表示为各个随机变量方差的和加上协方差和的2倍。线性函数的方差为 $\mathrm{Var}(aX+bY+c)=a^2\mathrm{Var}(X)+b^2\mathrm{Var}(Y)+2ab\mathrm{Cov}(X,Y)$。

习题

1. 假设 (X,Y) 在半径为1的圆内服从均匀分布。计算 $\rho(X,Y)$。
2. 证明：如果 $\mathrm{Var}(X)<\infty$ 且 $\mathrm{Var}(Y)<\infty$，则 $\mathrm{Cov}(X,Y)$ 有限。提示：考虑 $[(X-\mu_X)\pm(Y-\mu_Y)]^2\geqslant 0$，证明
$$|(X-\mu_X)(Y-\mu_Y)| \leqslant \frac{1}{2}[(X-\mu_X)^2+(Y-\mu_Y)^2]。$$
3. 设 X 服从区间 $[-2,2]$ 上的均匀分布，且 $Y=X^6$，证明：X 和 Y 不相关。
4. 设随机变量 X 的分布关于 $x=0$ 对称，$0<E(X^4)<\infty$，且 $Y=X^2$，证明：X 和 Y 不相关。
5. 对所有的随机变量 X 和 Y，所有的常数 a,b,c,d，证明：
$$\mathrm{Cov}(aX+b,cY+d) = ac\mathrm{Cov}(X,Y)。$$
6. 设 X 和 Y 是随机变量，满足 $0<\sigma_X^2<\infty$ 和 $0<\sigma_Y^2<\infty$。假设 $U=aX+b, V=cY+d$，其中 $a\neq 0, c\neq 0$。证明：如果 $ac>0$，$\rho(U,V)=\rho(X,Y)$；如果 $ac<0$，$\rho(U,V)=-\rho(X,Y)$。
7. 设 X,Y,Z 是三个随机变量，使得 $\mathrm{Cov}(X,Z)$ 和 $\mathrm{Cov}(Y,Z)$ 存在，设 a,b,c 是任意给定的常数。

证明：

$$\mathrm{Cov}(aX+bY+c,Z)=a\mathrm{Cov}(X,Z)+b\mathrm{Cov}(Y,Z)。$$

8. 假设 $X_1,\cdots,X_m$ 和 $Y_1,\cdots,Y_n$ 是随机变量，使得 $\mathrm{Cov}(X_i,Y_j)$ 存在，$i=1,\cdots,m,j=1,\cdots,n$；假设 $a_1,\cdots,a_m$ 和 $b_1,\cdots,b_n$ 是常数。证明：

$$\mathrm{Cov}\left(\sum_{i=1}^{m}a_iX_i,\sum_{j=1}^{n}b_jY_j\right)=\sum_{i=1}^{m}\sum_{j=1}^{n}a_ib_j\mathrm{Cov}(X_i,Y_j)。$$

9. 假设 X 和 Y 是两个随机变量，可能不独立，且 $\mathrm{Var}(X)=\mathrm{Var}(Y)$。假设 $0<\mathrm{Var}(X+Y)<\infty$，$0<\mathrm{Var}(X-Y)<\infty$。证明：随机变量 $X+Y$ 和 $X-Y$ 不相关。
10. 假设 X 和 Y 是负相关的。$\mathrm{Var}(X+Y)$ 的值比 $\mathrm{Var}(X-Y)$ 大还是小？
11. 证明：两个随机变量 X 和 Y 不可能同时满足下面的性质：
$E(X)=3,E(Y)=2,E(X^2)=10,E(Y^2)=29,E(XY)=0$。
12. 设 X,Y 有连续联合分布，其联合概率密度函数如下：

$$f(x,y)=\begin{cases}\dfrac{1}{3}(x+y), & 0\leqslant x\leqslant 1,0\leqslant y\leqslant 2,\\ 0, & \text{其他。}\end{cases}$$

试确定 $\mathrm{Var}(2X-3Y+8)$ 的值。
13. 设 X 和 Y 是随机变量，满足 $\mathrm{Var}(X)=9,\mathrm{Var}(Y)=4,\rho(X,Y)=-1/6$。试求（a）$\mathrm{Var}(X+Y)$，（b）$\mathrm{Var}(X-3Y+4)$。
14. 假设 X,Y 和 Z 是三个随机变量，满足 $\mathrm{Var}(X)=1,\mathrm{Var}(Y)=4,\mathrm{Var}(Z)=8,\mathrm{Cov}(X,Y)=1,\mathrm{Cov}(X,Z)=-1,\mathrm{Cov}(Y,Z)=2$。试确定（a）$\mathrm{Var}(X+Y+Z)$，（b）$\mathrm{Var}(3X-Y-2Z+1)$。
15. 假设 $X_1,\cdots,X_n$ 是随机变量，每个的方差都是 1，每一对随机变量间的相关系数是 1/4。试确定 $\mathrm{Var}(X_1+\cdots+X_n)$。
16. 考虑例 4.2.3 的投资者，假设两只股票的回报 R_1 和 R_2 的相关系数是 -1。一个投资组合由 s_1 股第一只股票和 s_2 股第二只股票组成，其中 $s_1,s_2\geqslant 0$。试求一个投资组合，使得这个投资组合的总成本是 6 000 美元，方差是 0。为什么这种情况不现实？
17. 设 X 和 Y 是随机变量，具有有限的方差。证明：$|\rho(X,Y)|=1$ 意味着存在常数 a,b 和 c，使得 $aX+bY=c$ 的概率是 1。提示：利用定理 4.6.2，其中 $U=X-\mu_X,V=Y-\mu_Y$。
18. 设 X 和 Y 有连续联合分布，联合概率密度函数为

$$f(x,y)=\begin{cases}x+y, & 0\leqslant x\leqslant 1,0\leqslant y\leqslant 1,\\ 0, & \text{其他。}\end{cases}$$

计算协方差 $\mathrm{Cov}(X,Y)$。

4.7 条件期望

由于期望（包括方差和协方差）是分布的特性，因此分布的汇总特征有着相关的条件形式，我们已经证明或稍后将证明的关于期望的定理也都有相应的条件形式。特别地，假设我们希望利用随机变量 X 的函数 $d(X)$ 来预测随机变量 Y，使得 $E([Y-d(X)]^2)$ 达到最小，则 $d(X)$ 应该是给定 X 时 Y 的条件均值。还有一个非常有用的定理是对全概率公式的期望的推广。

定义和基本性质

例 4.7.1 住户调查 对一组家庭进行调查，每个家庭都报告家庭成员人数和拥有的汽车数量。报告的数字见表 4.1。

表4.1　例4.7.1中家庭成员数量和汽车数量的报告

汽车数量	成员数量							
	1	2	3	4	5	6	7	8
0	10	7	3	2	2	1	0	0
1	12	21	25	30	25	15	5	1
2	1	5	10	15	20	11	5	3
3	0	2	3	5	5	3	2	1

假设我们从调查的这些家庭中随机抽取一个家庭并了解成员的数量，则他们拥有的汽车的预期数量是多少？ ◀

例4.7.1提出的问题与3.6节定义的一个随机变量在给定另一个随机变量下的条件分布密切相关。

定义4.7.1　条件期望/均值　设X和Y为随机变量，Y的期望存在且有限。给定$X=x$时Y的条件期望（或条件均值），记为$E(Y|x)$，定义为给定$X=x$时Y的条件分布的期望。

例如，在给定$X=x$时，如果Y具有连续条件分布，条件概率密度函数为$g_2(y|x)$，则

$$E(Y\mid x)=\int_{-\infty}^{\infty} yg_2(y\mid x)\,\mathrm{d}y。\tag{4.7.1}$$

类似地，给定$X=x$时，如果Y具有离散条件分布，条件概率函数为$g_2(y|x)$，则

$$E(Y\mid x)=\sum_{\text{所有的}y} yg_2(y\mid x)。\tag{4.7.2}$$

对于使得X的边际概率函数或边际概率密度函数$f_1(x)=0$的那些x值，条件期望的值$E(Y|x)$不是唯一的。但是由于x的这些值形成了一组概率为0的点，这使得$E(Y|x)$在这些点的定义无关紧要（见3.6节习题11），也有可能存在某些x值，使得给定$X=x$时Y的条件分布的期望值对于这些x值没有定义。当Y的期望存在且有限时，条件期望没有定义的x值集合的概率为0。

式（4.7.1）和式（4.7.2）的表达式是x的函数。在观测到X之前，这些关于x的函数可以计算出来，这个思路可以得到以下有用的概念。

定义4.7.2　作为随机变量的条件均值　用$h(x)$表示x的函数，表示在式（4.7.1）或式（4.7.2）中的$E(Y|x)$，称$h(X)$为给定X时，Y的条件期望，用符号表示为$E(Y|X)=h(X)$。

换言之，$E(Y|X)$是一个随机变量（X的函数），当$X=x$时，其值为$E(Y|x)$。显然，可以类似地定义$E(X|Y)$和$E(X|y)$。

例4.7.2　住户调查　考虑例4.7.1中的住户调查。设X是随机选择的家庭的成员数，设Y是该家庭拥有的汽车数量。被调查的250户家庭被选中的可能性相等。因此，$P(X=x,Y=y)$等于x个家庭成员拥有y辆汽车的家庭数除以250。这些概率在表4.2中给出。假设被抽样家庭有$X=4$个成员，在给定$X=4$前提下，Y的条件概率函数为$g_2(y|4)=f(4,y)/f_1(4)$，表4.2中$x=4$的列除以$f_1(4)=0.208$，即：

$g_2(0|4)=0.038\,5$，　$g_2(1|4)=0.576\,9$，　$g_2(2|4)=0.288\,5$，　$g_2(3|4)=0.096\,2$。

表 4.2 例 4.7.2 中 X 和 Y 的联合概率函数 $f(x,y)$ 和边际概率函数 $f_1(x)$ 和 $f_2(y)$

y	x								$f_2(y)$
	1	2	3	4	5	6	7	8	
0	0.040	0.028	0.012	0.008	0.008	0.004	0	0	0.100
1	0.048	0.084	0.100	0.120	0.100	0.060	0.020	0.004	0.536
2	0.004	0.020	0.040	0.060	0.080	0.044	0.020	0.012	0.280
3	0	0.008	0.012	0.020	0.020	0.012	0.008	0.004	0.084
$f_1(x)$	0.092	0.140	0.164	0.208	0.208	0.120	0.048	0.020	

给定 $X=4$ 时，Y 的条件期望为

$$E(Y|4)=0\times0.0385+1\times0.5769+2\times0.2885+3\times0.0962=1.442。$$

类似地，对任意的 x，可以计算 $E(Y|x)$，它们是

x	1	2	3	4	5	6	7	8
$E(Y\|x)$	0.609	1.057	1.317	1.442	1.538	1.533	1.75	2

当被抽样家庭有一个成员时，随机变量取值 0.609；当被抽样家庭有两个成员时，随机变量取值 1.057，等等。该随机变量是 $E(Y|X)$。◀

例 4.7.3 临床试验 考虑一项临床试验，将治疗许多患者。每个患者将有两种可能结果之一：成功或失败。令 P 为大量患者中成功的比例。如果第 i 个患者成功，则令 $X_i=1$，否则令 $X_i=0$。给定 $P=p$ 和 $P(X_i=1|P=p)=p$ 时，假设随机变量 $X_1,X_2,\cdots$ 是条件独立的。设 $X=X_1+\cdots+X_n$，即前 n 个患者中的成功人数。我们现在计算给定 P 时 X 的条件期望。给定 $P=p$ 时，患者是独立同分布的。因此，给定 $P=p$ 时，X 的条件分布是参数为 n 和 p 的二项分布。正如我们在 4.2 节中所见，这个二项分布的均值是 np，所以 $E(X|p)=np$ 和 $E(X|P)=nP$。稍后，我们将展示给定 X 时如何计算 P 的条件期望，这可用于在观察 X 后预测 P。◀

注：给定 X 时，Y 的条件期望是一个随机变量。 因为 $E(Y|X)$ 是随机变量 X 的函数，所以它本身也是一个随机变量，有自己的概率分布，可以利用 X 的分布推导出来。另一方面，$h(x)=E(Y|x)$ 是 x 的函数，可以像任何其他函数一样进行操作。两者之间的联系是当用随机变量 X 替换 $h(x)$ 中的 x 时，结果就是 $h(X)=E(Y|X)$。

我们现在证明随机变量 $E(Y|X)$ 的均值必须是 $E(Y)$。类似的计算表明 $E(X|Y)$ 的均值必须是 $E(X)$。

定理 4.7.1 期望的全概率公式 设 X 和 Y 是随机变量，Y 的均值有限，则

$$E[E(Y|X)]=E(Y)。\tag{4.7.3}$$

证明 为方便起见，假设 X 和 Y 具有连续联合分布，则

$$\begin{aligned}E[E(Y|X)]&=\int_{-\infty}^{\infty}E(Y|x)f_1(x)\,\mathrm{d}x\\&=\int_{-\infty}^{\infty}\int_{-\infty}^{\infty}yg_2(y|x)f_1(x)\,\mathrm{d}y\mathrm{d}x\end{aligned}$$

由于 $g_2(y|x)=f(x,y)/f_1(x)$，故

$$E[E(Y|X)] = \int_{-\infty}^{\infty}\int_{-\infty}^{\infty} yf(x,y)\,\mathrm{d}y\mathrm{d}x = E(Y)。$$

类似地，离散分布或更一般的分布的证明类似。■

例 4.7.4　住户调查　在例 4.7.2 中的最后，我们描述了随机变量 $E(Y|X)$，该描述可以构建它的分布。它具有离散分布，取值为该例末尾列出的 $E(Y|x)$ 的八个值，相应的概率为 $f_1(x), x=1,\cdots,8$。具体值如下表：

z	0.609	1.057	1.317	1.442	1.538	1.533	1.75	2
$P(Z=z)$	0.092	0.140	0.164	0.208	0.208	0.120	0.048	0.020

我们可以计算出 $E(Z)=0.609\times0.092+\cdots+2\times0.020=1.348$。读者可以利用表 4.2 中的 $f_2(y)$ 值来验证 $E(Y)=1.348$。◀

例 4.7.5　临床试验　例 4.7.3 中，我们设 X 是前 n 个患者中成功者的人数。在给定 $P=p$ 时，X 的条件期望为 $E(X|p)=np$，其中 P 是大量患者中成功的比例。若 P 服从区间 $[0,1]$ 上的均匀分布，则 X 的边际期望为 $E[E(X|P)]=E(nP)=n/2$。在例 4.7.8 中可看到如何计算 $E(P|X)$。◀

例 4.7.6　从均匀分布中选取点　假设点 X 在区间 $[0,1]$ 上均匀地选取，在观察到 $X=x$ 时（$0<x<1$），点 Y 在 $[x,1]$ 上均匀取点。试确定 $E(Y)$ 的值。

对每个给定的 $x(0<x<1)$，$E(Y|x)$ 将等于区间 $[x,1]$ 的中点 $(1/2)(x+1)$，因此 $E(Y|X)=(1/2)(X+1)$，并且有

$$E(Y) = E[E(Y|X)] = \frac{1}{2}[E(X)+1] = \frac{1}{2}(\frac{1}{2}+1) = \frac{3}{4}。$$ ◀

给定 $X=x$ 计算条件分布时，可以放心地假设 X 是常数 x，这样可以简化某些条件期望的计算，现在不加证明地给出这个结论。

定理 4.7.2　假设 X 和 Y 是随机变量，对某个函数 r，令 $Z=r(X,Y)$。在给定 $X=x$ 时 Z 的条件分布与给定 $X=x$ 时 $r(x,Y)$ 的条件分布相同。■

当 X 和 Y 具有连续联合分布时，定理 4.7.2 的结论是

$$E(Z|x) = E(r(x,Y)|x) = \int_{-\infty}^{\infty} r(x,y)g_2(y|x)\,\mathrm{d}y。$$

定理 4.7.1 还意味着对任意两个随机变量 X 和 Y

$$E\{E[r(X,Y)|X]\} = E[r(X,Y)], \tag{4.7.4}$$

令 $Z=r(X,Y)$，并注意到 $E[E(Z|X)]=E(Z)$。

可以用类似的方式定义 $r(X,Y)$ 在给定 Y 时的条件期望和多个随机变量 $X_1,\cdots,X_n$ 函数 $r(X_1,\cdots,X_n)$ 在给定一个或多个随机变量时的条件期望。

例 4.7.7　线性条件期望　假设 $E(Y|X)=aX+b$，其中 a,b 为任意的常数。我们用 $E(X)$ 和 $E(X^2)$ 来确定 $E(XY)$。

由式（4.7.4），$E(XY)=E[E(XY|X)]$。另外，由于 X 给定，在条件期望中固定，有

$$E(XY|X) = XE(Y|X) = X(aX+b) = aX^2+bX。$$

因此，

$$E(XY)=E(aX^2+bX)=aE(X^2)+bE(X)。$$ ◀

期望并不是条件分布的唯一特征，它的重要性使得它可以有自己的名字。

定义 4.7.3 条件方差 对给定的 x，用 $\mathrm{Var}(Y|x)$ 表示给定 $X=x$ 时 Y 的条件分布的方差，即

$$\mathrm{Var}(Y|x)=E\{[Y-E(Y|x)]^2|x\}, \tag{4.7.5}$$

称 $\mathrm{Var}(Y|x)$ 为给定 $X=x$ 时 Y 的条件方差。

式（4.7.5）的表达式又是一个函数 $v(x)$，我们将 $\mathrm{Var}(Y|X)$ 定义为 $v(X)$，称其为给定 X 时 Y 的条件方差。

注：其他的条件量。采用与定义 4.7.1 和定义 4.7.3 中的类似方式，我们完全可以定义所希望的分布的任何条件汇总特征。例如，给定 $X=x$ 时 Y 的条件分位数是给定 $X=x$ 时 Y 的条件分布的分位数。给定 $X=x$ 时 Y 的条件矩母函数是给定 $X=x$ 时 Y 的条件分布的矩母函数。

预测

例 4.7.3 的最后，我们考虑了在给定大小为 n 的样本中观察到治疗成功的病例数 X 的情况下，预测大量总体中治疗成功的患者比例 P 的问题。一般来说，考虑两个具有指定联合分布的任意随机变量 X 和 Y，假设在观察到 X 的值之后，需要预测 Y 的值。换言之，Y 的预测值可取决于 X 的值。假设这个预测值 $d(X)$ 的选择要最小化均方误差 $E\{[Y-d(X)]^2\}$。

定理 4.7.3 预测 $d(X)=E(Y|X)$ 使得均方误差 $E\{[Y-d(X)]^2\}$ 达到最小。

证明 我们仅在 X 服从连续分布的情况下给出证明，在离散情况下的证明本质上是一样的。令 $d(X)=E(Y|X)$，令 $d^*(X)$ 为 Y 的任意预测值。我们只需证明 $E\{[Y-d(X)]^2\}\leqslant E\{[Y-d^*(X)]^2\}$。由式（4.7.4）可得

$$E\{[Y-d(X)]^2\}=E(E\{[Y-d(X)]^2|X\})。 \tag{4.7.6}$$

对于 d^*，同样的等式也成立。令 $Z=[Y-d(X)]^2$，$h(x)=E(Z|x)$。同样，令 $Z^*=[Y-d^*(X)]^2$，$h^*(x)=E(Z^*|x)$。式（4.7.6）右边为 $\int h(x)f_1(x)\,\mathrm{d}x$，对于 d^*，相应的表达式为 $\int h^*(x)f_1(x)\,\mathrm{d}x$。我们只需证明下式成立

$$\int h(x)f_1(x)\,\mathrm{d}x\leqslant\int h^*(x)f_1(x)\,\mathrm{d}x。 \tag{4.7.7}$$

显然，如果能够证明出对任意的 x，有 $h(x)\leqslant h^*(x)$，则式（4.7.7）成立，即如果能够证明 $E\{[Y-d(X)]^2|x\}\leqslant E\{[Y-d^*(X)]^2|x\}$，就完成了证明。当给定条件 $X=x$ 时，可以把 X 当作常数 x，因此我们只需证明 $E\{[Y-d(x)]^2|x\}\leqslant E\{[Y-d^*(x)]^2|x\}$。最后一个表达式只不过是在给定条件 $X=x$ 下，使用 Y 的条件分布，计算 Y 的两个不同预测 $d(x)$ 与 $d^*(x)$ 的均方误差。如 4.5 节所讨论，Y 的分布的均值是使均方误差达到最小的预测。在这种情况下，由于给定 $X=x$ 时 Y 的条件分布的均值为 $d(x)$，与其他预测 $d^*(x)$ 相比，它有最小均方误差。因此，对任意的 x，$h(x)\leqslant h^*(x)$。 ■

如果观察到 $X=x$，$E(Y|x)$ 是 Y 的预测值，由定义 4.7.3 可知，这个预测值的均方误差就为 $\mathrm{Var}(Y|x)$。由式（4.7.6）可知，如果利用函数 $d(X)=E(Y|X)$ 进行预测，相应的均方误差关于 X 的所有可能值求平均就是 $E[\mathrm{Var}(Y|X)]$。

如果必须在没有 X 的任何信息的情况下预测 Y 的值，如 4.5 节所示，最佳预测是均值 $E(Y)$，均方误差是 $\mathrm{Var}(Y)$。然而，如果在预测前可以观察到 X，最佳预测变为 $d(X)=E(Y|X)$，均方误差是 $E[\mathrm{Var}(Y|X)]$。利用观察值 X，均方误差的减小量为

$$\mathrm{Var}(Y)-E[\mathrm{Var}(Y|X)]。\tag{4.7.8}$$

这个减少量提供了 X 在预测 Y 中的作用大小的度量。在本节习题 11 中可知，这个减少量可以表示为 $\mathrm{Var}[E(Y|X)]$。

仔细区分整体均方误差（即 $E[\mathrm{Var}(Y|X)]$）和给定 $X=x$ 时预测的均方误差（即 $\mathrm{Var}(Y|x)$）非常重要。在观察到 X 的值之前，观察 X 然后预测 Y 的整个过程的均方误差的恰当值是 $E[\mathrm{Var}(Y|X)]$。当观察到 X 的特定值 x 并做出预测 $E(Y|x)$ 之后，这个预测的均方误差的度量是 $\mathrm{Var}(Y|x)$。下面的结论给出了这些值之间的关系，证明留作本节习题 11。

定理 4.7.4　方差的全概率公式　*如果 X 和 Y 是任意随机变量，期望和方差都存在，则 $\mathrm{Var}(Y)=E[\mathrm{Var}(Y|X)]+\mathrm{Var}[E(Y|X)]$。* ■

例 4.7.8　临床试验　在例 4.7.3 中，设 X 是临床试验中前 40 名患者中取得成功的患者人数。设 P 为单个患者成功的概率。在试验开始前，假设 P 在区间 $[0,1]$ 上服从均匀分布，并假设在给定 $P=p$ 的情况下患者的结果是条件独立的。正如例 4.7.3 中所看到的，给定 $P=p$ 的情况下，X 服从参数为 40 和 p 的二项分布。在观察 X 之前时，我们需要最小化均方误差来预测 P，我们可以使用 P 的均值 1/2，相应的均方误差是 $\mathrm{Var}(P)=1/12$。然而，我们很快观察到 X 的值，然后预测 P。这时，我们需要给定 $X=x$ 时 P 的条件分布。随机变量的贝叶斯定理（3.6.13）告诉我们，给定 $X=x$ 下 P 的条件概率密度函数为

$$g_2(p|x)=\frac{g_1(x|p)f_2(p)}{f_1(x)},\tag{4.7.9}$$

其中，$g_1(x|p)$ 是给定 $P=p$ 时 X 的条件概率函数，即二项概率函数为 $g_1(x|p)=\binom{40}{x}p^x\cdot(1-p)^{40-x},x=0,1,\cdots,40$，$f_2(p)=1,0<p<1$ 为 P 的边际概率密度函数，$f_1(x)$ 为 X 的边际概率函数，由随机变量的全概率公式（3.6.12）得到：

$$f_1(x)=\int_0^1\binom{40}{x}p^x(1-p)^{40-x}\mathrm{d}p。\tag{4.7.10}$$

最后一个积分看上去很难计算。然而，这种形式的积分有一个简单的公式：

$$\int_0^1 p^k(1-p)^l\mathrm{d}p=\frac{k!\,l!}{(k+l+1)!}。\tag{4.7.11}$$

5.8 节中给出了式（4.7.11）的证明。把式（4.7.11）代入式（4.7.10）中可得

$$f_1(x)=\frac{40!}{x!\,(40-x)!}\frac{x!\,(40-x)!}{41!}=\frac{1}{41},x=0,\cdots,40,$$

将其代入式（4.7.9），可得

$$g_2(p|x)=\frac{41!}{x!\,(40-x)!}p^x(1-p)^{40-x},0<p<1。$$

例如，对于表 2.1 观测到成功的数目为 $x=18$，图 4.12 中展示了 $g_2(p|18)$。

如果在预测 P 时，要最小化均方误差，可以使用条件期望 $E(P|x)$。我们可以利用条件概率密度函数和式（4.7.11）来计算 $E(P|x)$：

$$E(P|x)=\int_0^1 p\frac{41!}{x!(40-x)!}p^x(1-p)^{40-x}\mathrm{d}p$$
$$=\frac{41!}{x!(40-x)!}\frac{(x+1)!(40-x)!}{42!}$$
$$=\frac{x+1}{42}。\tag{4.7.12}$$

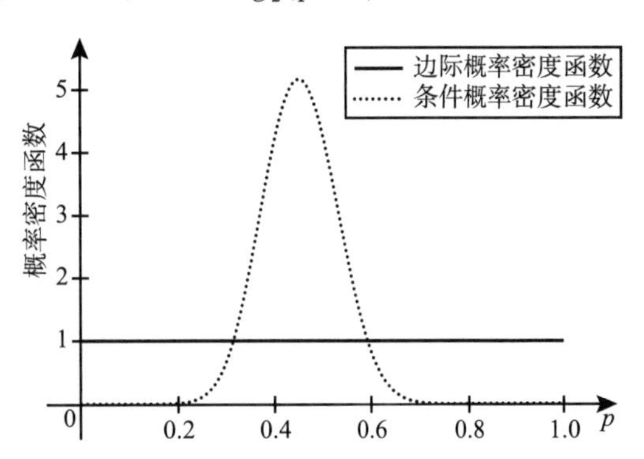

图 4.12　例 4.7.8 中，给定 $X=18$ 时，P 的条件概率密度函数，还展示了 P 的边际概率密度函数（观察到 x 之前）

因此，在观察到 $X=x$ 时，我们可以用$(x+1)/42$来预测 P，这与前 40 名患者的成功比例非常接近。观察到 $X=x$ 时，均方误差就是条件方差 $\mathrm{Var}(P|x)$，可以使用式（4.7.12）和

$$E(P^2|x)=\int_0^1 p^2\frac{41!}{x!(40-x)!}p^x(1-p)^{40-x}\mathrm{d}p$$
$$=\frac{41!}{x!(40-x)!}\frac{(x+2)!(40-x)!}{43!}=\frac{(x+1)(x+2)}{42\times 43}。$$

利用 $\mathrm{Var}(P|x)=E(P^2|x)-[E(P|x)]^2$，我们可以得到

$$\mathrm{Var}(P|x)=\frac{(x+1)(41-x)}{42^2\times 43}。$$

由 X 预测 Y 的整体均方误差就是条件均方误差的均值

$$E[\mathrm{Var}(P|X)]=E\left[\frac{(X+1)(41-X)}{42^2\times 43}\right]$$
$$=\frac{1}{75\,852}E(-X^2+40X+41)$$
$$=\frac{1}{75\,852}\left(-\frac{1}{41}\sum_{x=0}^{40}x^2+\frac{40}{41}\sum_{x=0}^{40}x+41\right)$$
$$=\frac{1}{75\,852}\left(-\frac{1}{41}\frac{40\times 41\times 81}{6}+\frac{40}{41}\frac{40\times 41}{2}+41\right)$$
$$=\frac{301}{75\,852}=0.003\,968。$$

这里，我们用到了两个常用的公式

$$\sum_{k=0}^{n}k=\frac{n(n+1)}{2},\tag{4.7.13}$$

$$\sum_{k=0}^{n}k^2=\frac{n(n+1)(2n+1)}{6}。\tag{4.7.14}$$

整体均方误差比在观察到 X 之前得到的方差 $1/12=0.08333$ 小很多。作为说明，图 4.12 展示了 P 的边际分布与观察到 $X=18$ 后 P 的条件分布相比分散度的差别有多大。◀

需要强调的是，对于例 4.7.8 的条件，在知道 X 的值对预测 P 有用后同时在 X 的值确定之前，0.003 968 是整体均方误差的恰当值。在确定 $X=x$ 后，均方误差的恰当值 $\operatorname{Var}(P|x)=\dfrac{(x+1)(41-x)}{75\,852}$。注意到 $\operatorname{Var}(P|x)$ 的最大可能值是当 $x=20$ 时的 0.005 814，仍然小于 1/12。

如果我们试图使预测的平均绝对误差达到最小，而不是均方误差，类似于定理 4.7.3 的结论成立。本节习题 16 可以证明，最小化平均绝对误差的预测值 $d(X)$ 等于给定 X 时 Y 的条件分布的中位数。

小结

给定 $X=x$ 时，Y 的条件期望 $E(Y|x)$ 是给定 $X=x$ 时 Y 的条件分布的期望。第 3 章已有了条件分布的定义。同样，给定 $X=x$ 时，Y 的条件方差 $\operatorname{Var}(Y|x)$ 是给定 $X=x$ 时 Y 的条件分布的方差。期望的全概率公式表明 $E[E(Y|X)]=E(Y)$。在我们观察到 X 后需要预测 Y 时，最小的均方误差的预测值即为条件期望 $E(Y|X)$。

习题

1. 再次考虑例 4.7.8 中描述的情况。当观察到 $X=18$ 后用 $E(P|x)$ 预测 P，计算均方误差。这比边际均方误差 1/12 小多少？
2. 假设参加某项考试的 20%的学生来自 A 学校。他们考试成绩的算术平均分是 80。还假设 30%的学生来自 B 学校，他们考试成绩的算术平均分是 76。假设另外 50%的学生来自 C 学校，他们考试成绩的算术平均分是 84。如果从参加考试的所有学生中随机选择一个学生，她分数的期望值是多少？
3. 假设 $0<\operatorname{Var}(X)<\infty, 0<\operatorname{Var}(Y)<\infty$，证明：如果对于 Y 的任何值 $E(X|Y)$ 都是常数，则 X 和 Y 不相关。
4. 假设 X 的分布关于 $x=0$ 对称，X 的所有阶矩都存在，且 $E(Y|X)=aX+b$，其中 a 和 b 是给定的常数，证明：X^{2m} 与 Y 是不相关的，$m=1,2,\cdots$。
5. 假设在区间 $[0,1]$ 上的均匀分布中选取点 X_1，观察到 $X_1=x_1$ 的值后，从区间 $[x_1,1]$ 上的均匀分布中选取点 X_2。假设随机变量 $X_3,X_4,\cdots$ 以同样的方式生成。一般来说，对于 $j=1,2,\cdots$，当观察到 $X_j=x_j$ 后，在区间 $[x_j,1]$ 上的均匀分布中选取点 X_{j+1}。求 $E(X_n)$ 的值。
6. 假设 X 和 Y 服从圆 $x^2+y^2<1$ 上的联合均匀分布，求 $E(X|Y)$。
7. 假设 X 和 Y 具有连续联合分布，其联合概率密度函数如下：

$$f(x,y)=\begin{cases}x+y, & 0\leqslant x\leqslant 1, 0\leqslant y\leqslant 1,\\ 0, & \text{其他。}\end{cases}$$

   求 $E(Y|X)$ 和 $\operatorname{Var}(Y|X)$。
8. 再次考虑习题 7 的条件。
   a. 如果观察到 $X=1/2$，Y 的预测值是多少时有最小的均方误差？
   b. 这个均方误差的值是多少？
9. 再次考虑习题 7 的条件。根据 X 的值预测 Y 的值，整体均方误差的最小值是多少？
10. 在习题 7 和习题 9 的条件下，假设在预测 Y 之前，一个人或者花费成本 c 获得观察 X 值的机会，或者不需要先观察 X 的值而直接预测 Y 的值。如果一个人认为她的总损失是成本 c 加上预测值的均方误差，她愿意支付的最大成本 c 是多少?

11. 证明定理4.7.4。
12. 设 X 和 Y 是随机变量，$E(Y|X)=aX+b$。假设 $\mathrm{Cov}(X,Y)$ 存在，$0<\mathrm{Var}(X)<\infty$，用 $E(X),E(Y)$，$\mathrm{Var}(X)$ 和 $\mathrm{Cov}(X,Y)$ 表示 a 和 b。
13. 假设一个人在数学能力测验中的分数 X 是区间(0,1)中的一个数，他在音乐能力测验中的分数也是区间(0,1)中的一个数。还假设在美国所有大学生中，分数 X 和 Y 的联合概率密度函数为

$$f(x,y)=\begin{cases}\frac{2}{5}(2x+3y), & 0\leqslant x\leqslant 1,0\leqslant y\leqslant 1,\\ 0, & \text{其他。}\end{cases}$$

    a. 随机选择一个大学生，他音乐考试成绩的哪个预测值的均方误差最小?
    b. 他数学考试成绩的哪个预测值具有最小的平均绝对误差。
14. 再次考虑习题13的条件。大学生的数学考试成绩和音乐考试成绩是正相关、负相关还是不相关?
15. 再次考虑习题13的条件。
    a. 如果一个学生的数学考试成绩是0.8，那么他音乐考试成绩的哪个预测值的均方误差最小?
    b. 如果一个学生在音乐测试中的分数是1/3，那么他数学考试成绩的哪个预测值具有最小的平均绝对误差?
16. 给定 $X=x$ 的 Y 的条件中位数定义为给定 $X=x$ 的 Y 的条件分布的任意中位数。假设我们要观察 X 再进行预测 Y。假设希望选择的预测值 $d(X)$ 能够最小化平均绝对误差 $E(|Y-d(X)|)$。证明：在给定 $X=x$ 的情况下，应选择 $d(x)$ 为 Y 的条件中位数。提示：你可以仿照定理4.7.3的证明来处理这种情况。
17. 对于 X 和 Y 有离散联合分布的情况，证明定理4.7.2。证明的关键是用 X 和 Y 的联合概率函数和 X 的边际概率函数写出条件概率函数的所有必要条件。为方便起见，对每一个 x 和 z，需要对满足 $r(x,y)=z$ 的关于 y 的集合命名。

*4.8 效用

许多统计推断都在几个可用操作之间选择。一般来说，我们不确定哪种选择是最好的，因为一些重要的随机变量还没有被观察到。对于随机变量的某些值，一种选择可能是最好的；而对于其他值，另一种选择是最好的。我们可以尝试权衡各种选择的成本和收益，以及多个选择成为最佳的概率。效用为我们选择的成本和收益分配价值提供了一种工具。效用的期望值可以根据不确定的可能性的大小来平衡成本与收益。

效用函数

例4.8.1 赌博的选择 考虑赌徒必须从两个赌博中进行选择。每个赌博用一个随机变量表示，其中正值意味着赌徒的收益，负值意味着赌徒的损失。每个随机变量的数值预示着每个赌徒获得或损失的美元数量。假设 X 具有概率函数

$$f(x)=\begin{cases}0.5, & x=500\text{ 或 }x=-350,\\ 0, & \text{其他。}\end{cases}$$

设 Y 具有概率函数

$$g(y)=\begin{cases}1/3, & y=40,y=50\text{ 或 }y=60,\\ 0, & \text{其他。}\end{cases}$$

很容易计算 $E(X)=75$ 和 $E(Y)=50$。赌徒如何在这两种赌博之间进行选择？X 是否比 Y 好，只是因为它具有更高的期望值？ ◀

例 4.8.1 中，赌徒如果不希望为赢得 500 美元而冒险失去 350 美元，可能偏好于 Y，这至少会产生确定的 40 美元的收益。

效用理论是在 20 世纪 30 年代和 40 年代发展起来的，用于描述一个人对类似于例 4.8.1 中的赌博的偏好。根据该理论，人们会更倾向于选择赌博 X 使得某个特定的函数 $U(X)$ 的期望最大化，而不是简单地倾向于期望收益 $E(X)$ 达到最大的赌博。

定义 4.8.1　效用函数　一个人的效用函数 U 是一个函数，它为每个可能的数量 $x(-\infty<x<\infty)$ 分配一个数 $U(x)$，以此表示这个人获得数量 x 的真实价值。

例 4.8.2　赌博的选择　假设一个人的效用函数是 U，他须在例 4.8.1 中的赌博 X 和赌博 Y 中选一个，则

$$E[U(X)]=\frac{1}{2}U(500)+\frac{1}{2}U(-350) \tag{4.8.1}$$

$$E[U(Y)]=\frac{1}{3}U(60)+\frac{1}{3}U(50)+\frac{1}{3}U(40)。 \tag{4.8.2}$$

此人更偏好于期望收益效用较大的赌博，期望收益如式（4.8.1）和式（4.8.2）所示。

作为一个具体的例子，考虑以下效用函数，损失的程度远大于收益：

$$U(x)=\begin{cases}100\ln(x+100)-461, & x\geq 0,\\ x, & x<0。\end{cases} \tag{4.8.3}$$

这个函数在 $x=0$ 点处可微，当 $x>0$ 时，处处连续，递增的凹函数；$x<0$ 时，是线性的。图 4.13 给出了 $U(x)$ 的图形。利用给定的 U，可以计算

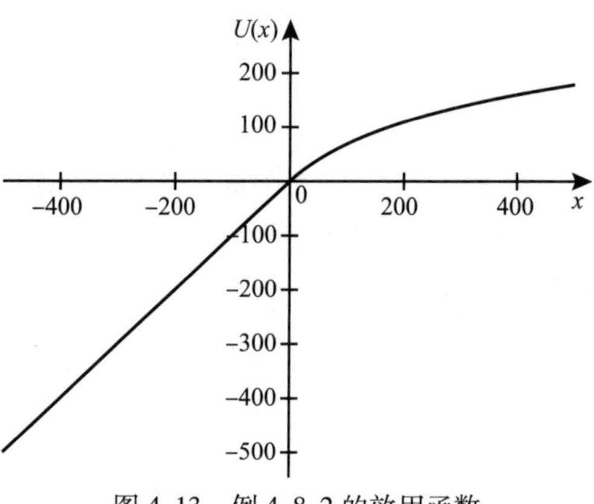

图 4.13　例 4.8.2 的效用函数

$$E[U(X)]=\frac{1}{2}[100\ln(600)-461]+\frac{1}{2}(-350)=-85.4,$$

$$E[U(Y)]=\frac{1}{3}[100\ln(160)-461]+\frac{1}{3}[100\ln(150)-461]+\frac{1}{3}[100\ln(140)-461]$$
$$=40.4。$$

可以看到一个具有效用函数（4.8.3）的人，相比于 X 而言，他更倾向于 Y。 ◀

我们将例 4.8.1 中赌博选择的原理正式化，有如下定义：

定义 4.8.2　最大化预期效用　如果以下条件成立，我们称一个人通过最大化期望效用在赌博之间进行选择：(1) 有一个效用函数 U；(2) 当他必须在任意两个赌博 X 和 Y 之间进行选择时，如果 $E[U(X)]>E[U(Y)]$，他更倾向于 X 而不是 Y；如果 $E[U(X)]=E[U(Y)]$，则他认为 X 和 Y 没有区别。

换句话说，定义 4.8.2 表明，如果一个人通过最大化期望效用在两个赌博之间进行选

择，他将选择期望效用 $E[U(X)]$ 最大的赌博 X。

如果人们采用某个效用函数，则他可以（至少在原则上）通过最大化期望效用在赌博之间做出选择。实际上，进行最大化所需的算法往往会带来一定的挑战。反过来，如果人们以某种合理的标准在赌博之间做选择，可以证明存在一个效用函数与他选择的最大期望效用相对应。在此我们不过多考虑细节问题，在 DeGroot（1970）和 Schervish（1995，第 3 章）中有讨论。

效用函数举例

由于可以合理地假设每个人都喜欢较大的收益而不是较小的收益，因此我们将假设每个效用函数 $U(x)$ 都是收益 x 的增函数。然而，函数 $U(x)$ 的形式会因人而异，取决于每个人在尝试增加收益时冒各种损失风险的意愿。

例如，考虑两个赌博 X 和 Y，其收益具有如下概率分布：

$$P(X=-3)=0.5,\quad P(X=2.5)=0.4,\quad P(X=6)=0.1 \tag{4.8.4}$$

和

$$P(Y=-2)=0.3,\quad P(Y=1)=0.4,\quad P(Y=3)=0.3。 \tag{4.8.5}$$

假设一个人必须从如下三个决策中选择一个：

（1）接受赌博 X；（2）接受赌博 Y；（3）不接受任何赌博。

我们将在三种不同的效用函数下确定一个人选择的决策。

例 4.8.3　线性效用函数　假设 $U(x)=ax+b$，其中 a 和 b 为常数，$a>0$。在这种情况下，对于每个赌博 X，$E[U(X)]=aE(X)+b$。因此，对于任意的赌博 X 和 Y，当且仅当 $E(X)>E(Y)$ 时，$E[U(X)]>E[U(Y)]$。换而言之，具有线性效用函数的人总是会选择期望收益最大的赌博。

当赌博 X 和 Y 由式（4.8.4）和式（4.8.5）定义时，

$$E(X)=(0.5)(-3)+(0.4)(2.5)+(0.1)(6)=0.1$$

和

$$E(Y)=(0.3)(-2)+(0.4)(1)+(0.3)(3)=0.7。$$

此外，由于不接受任何一种赌博的收益为 0，因此选择不接受任何一种赌博的期望收益显然为 0。由于 $E(Y)>E(X)>0$，因比拥有线性效用函数的人会选择赌博 Y。如果赌博 Y 不可用，则他宁愿接受赌博 X 而不是不赌博。◀

例 4.8.4　三次效用函数　假设一个人的效用函数是 $U(x)=x^3$，$-\infty<x<\infty$，则对式（4.8.4）和式（4.8.5）所定义的赌博，有

$$E[U(X)]=(0.5)(-3)^3+(0.4)(2.5)^3+(0.1)(6)^3=14.35$$

和

$$E[U(Y)]=(0.3)(-2)^3+(0.4)(1)^3+(0.3)(3)^3=6.1。$$

此外，不接受任一赌博的效用为 $U(0)=0^3=0$。由于 $E[U(X)]>E[U(Y)]>0$，这个人会选择赌博 X。如果赌博 X 不可用，他会选择赌博 Y 而不是不赌博。◀

例 4.8.5　对数效用函数　假设一个人的效用函数为 $U(x)=\ln(x+4)$，$x>-4$。由于 $\lim\limits_{x\to-4}\ln(x+4)=-\infty$，具有这个效用函数的人不能选择他的收益可能为 -4 或更少的赌博。对

于由式（4.8.4）和式（4.8.5）所定义的赌博 X 和 Y，有

$$E[U(X)] = (0.5)(\ln 1) + (0.4)(\ln 6.5) + (0.1)(\ln 10) = 0.9790$$

和

$$E[U(Y)] = (0.3)(\ln 2) + (0.4)(\ln 5) + (0.3)(\ln 7) = 1.4355。$$

此外，不接受任一赌博的效用为 $U(0)=\ln 4=1.3863$。由于 $E[U(Y)]>U(0)>E[U(X)]$，因此他会选择赌博 Y。如果赌博 Y 不可用，该人宁可不赌博也不会接受赌博 X。◀

出售彩票

假设一个人有一张彩票，他将从中获得 X 美元的随机收益，其中 X 服从某指定的概率分布。我们将确定这个人愿意出售这张彩票的美元价格。

令 U 表示这个人的效用函数，则她从彩票中获得的收益的期望效用是 $E[U(X)]$。如果她以 x_0 美元的价格出售彩票，则收益为 x_0 美元，相应的期望效用是 $U(x_0)$。当且仅当 $U(x_0)>E[U(X)]$时，她愿意接受 x_0 美元作为确定收益，而不愿接受从彩票中获得的随机收益 X。故她愿意以任意价格 x_0 出售彩票，其中 x_0 满足 $U(x_0)>E[U(X)]$。如果 $U(x_0)=E[U(X)]$，她以相同的愿意要么卖掉彩票，要么接受随机收益 X。

例 4.8.6　二次效用函数　假设 $U(x)=x^2, x\geqslant 0$，并假设一个人有一张彩票，她将以 1/4 概率赢得 36 美元或以 3/4 的概率赢得 0 美元。她愿意卖掉这张彩票的价格 x_0 是多少？

这张彩票收益的期望效用是

$$E[U(X)] = \frac{1}{4}U(36) + \frac{3}{4}U(0) = \frac{1}{4}(36^2) + \frac{3}{4}(0) = 324。$$

因此，她愿意以任意价格 x_0 出售彩票，其中 x_0 满足 $U(x_0)=x_0^2>324$。因此，$x_0>18$。换句话说，尽管本例中彩票的期望收益仅为 9 美元，但她不会以低于 18 美元的价格出售彩票。◀

例 4.8.7　平方根效用函数　现在假设 $U(x)=x^{1/2}, x\geqslant 0$，并再次考虑例 4.8.6 中描述的彩票。在这种情况下，彩票收益的期望效用是

$$E[U(X)] = \frac{1}{4}U(36) + \frac{3}{4}U(0) = \frac{1}{4}(6) + \frac{3}{4}(0) = 1.5。$$

因此，她愿意以任意满足 $U(x_0)=x_0^{1/2}>1.5$ 的金额 x_0 出售彩票。因此，$x_0>2.25$。换句话说，虽然在这个例子中彩票的期望收益是 9 美元，但这个人愿意以低至 2.25 美元的价格出售这张彩票。◀

一些统计决策问题

许多统计推断理论（本书第 7~11 章的主题）处理的问题是，人们必须在几个可用的选择中做出一个选择。通常，最好的选择取决于一些尚未观察到的随机变量。一个例子已经在 4.5 节中讨论过，那里我们介绍了预测随机变量的标准：均方误差和平均绝对误差。在这些情况下，我们必须选择一个数字 d 来预测随机变量 Y。哪个预测最好，取决于我们还不知道的 Y 值。像 $-|Y-d|$ 和 $-(Y-d)^2$ 之类的随机变量都可以看成“赌博的收益”：使均方误差或平均绝对误差最小化的赌博选择问题是期望效用最大化的选择问题。

例 4.8.8　预测随机变量　假设 Y 是需要预测的随机变量。对于每个可能的预测 d，相应的赌博收益为 $X_d=-|Y-d|$，它是使用绝对误差来评判的收益。如果使用平方误差来判断，相应的赌博收益则是 $Z_d=-(Y-d)^2$。注意，这些赌博收益始终是负数，因为它们是根据 Y 与预测 d 的距离产生损失。如果效用函数 U 是线性的，则通过选择 d 使 $E[U(X_d)]$ 达到最大化与平均绝对误差最小化相同。同样地，最大化 $E[U(Z_d)]$ 与最小化均方误差也相同。如果允许预测依赖于（在预测之前）可以观察到的另一个随机变量 W，最大化期望效用和最小化平均误差之间的等价性也仍然成立，即我们的预测是一个函数 $d(W)$，$X_d=-|Y-d(W)|$ 或 $Z_d=-[Y-d(W)]^2$ 为赌博收益，我们要计算其赌博的期望效用。◀

例 4.8.9　限制随机变量　设 Y 是一个随机变量，我们感兴趣是否 $Y\leqslant c$（c 为任意常数）。例如，Y 可以是例 4.7.3 中临床试验的随机变量 P。我们感兴趣的是，是否 $P\leqslant p_0$，其中 p_0 是患者在没有任何治疗帮助的情况下康复的概率。假设我们必须从下面两个决策之中选择一个：

（t）继续跟进治疗；

（a）放弃治疗。

如果选择 t，假设我们将获得

$$X_t=\begin{cases}10^6, & P>p_0,\\ -10^6, & P\leqslant p_0。\end{cases}$$

如果选择 a，则收益为 $X_a=0$。如果效用函数是 U，选择 t 的期望效用是 $E[U(X_t)]$；如果这个值大于 $U(0)$，t 是较好的选择。例如，假设效用函数是

$$U(x)=\begin{cases}x^{0.8}, & x\geqslant 0,\\ x, & x<0,\end{cases}\tag{4.8.6}$$

则 $U(0)=0$，且

$$\begin{aligned}E[U(X_t)]&=-10^6P(P\leqslant p_0)+(10^6)^{0.8}P(P>p_0)\\&=10^{4.8}-(10^6+10^{4.8})P(P\leqslant p_0)。\end{aligned}$$

因此，如果 $P(P\leqslant p_0)<10^{4.8}/(10^6+10^{4.8})=0.0594$，则 $E[U(X_t)]>0$。如果 $P(P\leqslant p_0)$ 很小，则 t 优于 a，这是很有道理的。因为当 $P>p_0$ 时，不选择 a 而选择 t 的效用是正的。这正是本着假设检验的思想，这是第 9 章的主题。◀

例 4.8.10　投资　例 4.2.2 中，我们根据期望收益和风险值 VaR 比较了两只股票的购买策略。假设投资者对美元有非线性效用函数，具体来说，假设收益 x 的效用 $U(x)$ 将由式（4.8.6）给出。我们分别计算出例 4.2.2 中购买这两只股票的期望效用，以决定哪一种更有利。如果 R 是每股收益，买入 s 股，相应的收益为 $X=sR$，收益的期望效用就是

$$E[U(sR)]=\int_{-\infty}^{0}srf(r)\mathrm{d}r+\int_{0}^{-\infty}(sr)^{0.8}f(r)\mathrm{d}r,\tag{4.8.7}$$

其中，f 是 R 的概率密度函数。对于第一只股票，每股收益 R_1 服从 $[-10,20]$ 上的均匀分布，股票数量为 $s_1=120$，这使得式（4.8.7）等于

$$E[U(120R_1)]=\int_{-10}^{0}\frac{120r}{30}\mathrm{d}r+\int_{0}^{20}\frac{(120r)^{0.8}}{30}\mathrm{d}r=-12.6。$$

对于第二只股票，每股收益 R_2 服从[−4.5,10]上的均匀分布，股票数量为 $s_2=200$。使得式（4.8.7）等于

$$E[U(200R_2)]=\int_{-4.5}^{0}\frac{200r}{14.5}\mathrm{d}r+\int_{0}^{10}\frac{(200r)^{0.8}}{14.5}\mathrm{d}r=27.9_{\circ}$$

有了这个效用函数，购买第一只股票的期望效用实际上是负的，因为在效用中大的收益（高达 $120\times20=2\,400$）增加的效用（$(2\,400)^{0.8}=506$）比大的损失（高达 $120\times(-10)=-1\,200$）减少的效用要小。购买第二只股票具有正的期望效用，在本例中是首选策略。◀

小结

当面对不确定性不得不做出选择时，我们需要评估在每一种不确定的可能性下的收益和损失是什么。效用就是我们这些收益和损失的价值。例如，如果 X 表示某个可能的选择的随机收益，则 $U(X)$ 是做出这个选择时所获得的随机收益的价值。我们应该选择 X 使 $E[U(X)]$ 尽可能大。

习题

1. 设 $\alpha>0$，决策者的效用函数具有如下形式

$$U(x)=\begin{cases}x^{\alpha}, & x>0,\\ x, & x\leqslant 0_{\circ}\end{cases}$$

假设她正试图决定是否以1美元购买彩票。该彩票以0.001的概率中奖500美元，以0.999的概率没有中奖，获0美元。要使这个投资者更愿意购买彩票，α 的值应是多少？

2. 考虑三种赌博方式，相应的收益为 X，Y 和 Z，概率分布分别为：

$$P(X=5)=P(X=25)=1/2,$$
$$P(Y=10)=P(Y=20)=1/2,$$
$$P(Z=15)=1_{\circ}$$

假设一个人的效用函数具有 $U(x)=x^2,x>0$ 的形式，他更喜欢这三种赌博中的哪一种？

3. 习题2中，设效用函数为 $U(x)=x^{1/2},x>0$，那个人更喜欢三种赌博中的哪一种？
4. 习题2中，设效用函数为 $U(x)=ax+b$，其中 a 和 b 是常数，$a>0$，那个人更喜欢三种赌博中的哪一种？
5. 考虑一个效用函数，满足 $U(0)=0,U(100)=1$。假设拥有这个效用函数的人不在乎“以1/3概率获得0元，以2/3概率获得100元”与“确定地获得50元”这两个赌博间的差异。问 $U(50)$ 的值是多少？
6. 考虑一个效用函数，满足 $U(0)=5,U(1)=8,U(2)=10$。假设拥有这个效用函数的人不在乎两个收益为 X 和 Y 的赌博之间差异，概率分布为：

$$P(X=-1)=0.6,P(X=0)=0.2,P(X=2)=0.2;$$
$$P(Y=0)=0.9,\quad P(Y=1)=0.1_{\circ}$$

问 $U(-1)$ 值为多少？

7. 假设一个人必须接受某种赌博，收益 X 的分布为

$$P(X=a)=p,\quad P(X=1-a)=1-p,$$

其中 p 是一个给定的数，$0<p<1$。假设他可以选择确定的 $a(0\leqslant a\leqslant1)$ 的值。如果他的效用函数为 $U(x)=\ln x,x>0$，他会选择的 a 的值为多少？

8. 如果习题7中的效用函数为 $U(x)=x^{1/2}$，$x\geqslant0$，他会选择的 a 的值为多少？
9. 如果习题7中的效用函数为 $U(x)=x$，$x\geqslant0$，他会选择的 a 的值为多少？

10. 考虑四个赌博，收益分别为 X_1,X_2,X_3,X_4，相应的概率分布如下：

$$P(X_1=0)=0.2,P(X_1=1)=0.5,P(X_1=2)=0.3;$$
$$P(X_2=0)=0.4,P(X_2=1)=0.2,P(X_2=2)=0.4;$$
$$P(X_3=0)=0.3,P(X_3=1)=0.3,P(X_3=2)=0.4;$$
$$P(X_4=0)=P(X_4=2)=0.5。$$

假设一个人的效用使他更偏好 X_1，而不是 X_2。如果他被迫接受收益为 X_3 或 X_4 的赌博，他会选择哪一个？

11. 假设某人的财富为 $A>0$，他可以在某个赌博中下注任意数量的财富 $b(0\leqslant b\leqslant A)$。如果赢，则财富变为 $A+b$；如果输，则财富变为 $A-b$。假设他赢的概率为 $p(0<p<1)$，输的概率为 $1-p$。一般地，假设他赢或输后的财富用 X 表示。假设对最终财富 x，他的效用函数为 $U(x)=\ln x,x>0$。如果他希望下注的金额 b 使他的期望效用 $E[U(X)]$ 达到最大，他下注的金额 b 应为多少？
12. 如果习题 11 中，此人的效用函数为 $U(x)=x^{1/2}$，$x\geqslant 0$，他下注的金额 b 应为多少？
13. 如果习题 11 中，此人的效用函数为 $U(x)=x,x\geqslant 0$，他下注的金额 b 应为多少？
14. 如果习题 11 中，此人的效用函数为 $U(x)=x^2,x\geqslant 0$，他下注的金额 b 应为多少？
15. 假设一个人有一张彩票，他将从中赢得 X 美元，X 服从$[0,4]$上的均匀分布。假设他的效用函数为 $U(x)=x^{\alpha},x\geqslant 0$，其中 α 是给定的正常数。他愿意以多少美元 x_0 出售这张彩票？
16. 假设 Y 是要预测的随机变量，我们必须选择数 d 作为预测，损失为$(Y-d)^2$ 美元。假设效用函数是平方根函数：

$$U(x)=\begin{cases}\sqrt{x}, & x\geqslant 0,\\ -\sqrt{-x}, & x<0。\end{cases}$$

证明：使期望效用达到最大的 d 是 Y 的分布的中位数。

17. 重新考虑例 4.8.9 中的条件，现在假设 $p_0=1/2$，且

$$U(x)=\begin{cases}x^{0.9}, & x\geqslant 0,\\ x, & x<0。\end{cases}$$

假设 P 的概率密度函数为 $f(p)=56p^6(1-p)$，$0<p<1$。放弃治疗是否更好？

4.9 补充习题

1. 假设随机变量 X 具有连续分布，其分布函数为 $F(x)$，概率密度函数为 f，假设 $E(X)$ 存在，证明

$$\lim_{x\to\infty}x[1-F(x)]=0。$$

提示：如果 $E(X)$ 存在，则

$$E(X)=\lim_{u\to\infty}\int_{-\infty}^{u}xf(x)\,\mathrm{d}x。$$

2. 假设随机变量 X 的连续分布函数为 $F(x)$。假设 $P(X\geqslant 0)=1$ 和 $E(X)$ 存在。证明

$$E(X)=\int_0^{\infty}[1-F(x)]\,\mathrm{d}x。$$

提示：利用习题 1 证明的结果。

3. 再次考虑习题 2 的条件，但现在假设 X 服从离散分布，分布函数 $F(x)$。证明习题 2 的结论仍然成立。
4. 假设 X,Y,Z 是非负随机变量，满足 $P(X+Y+Z\leqslant 1.3)=1$，证明：X,Y,Z 不可能服从这样的联合分布，每个的边际分布都为$[0,1]$上的均匀分布。
5. 假设随机变量 X 的均值为 μ，方差为 σ^2，设 $Y=aX+b$，确定 a 和 b 的值，使得 $E(Y)=0,\mathrm{Var}(Y)=1$。
6. 求来自$[0,1]$上均匀分布的、样本量为 n 的样本的极差的期望。
7. 假设一个汽车经销商支付 X（以千美元计）收购一辆二手车，然后以 Y 的价格出售。假设 X 和 Y 的联

合概率密度函数如下

$$f(x,y)=\begin{cases}\frac{1}{36}x, & 0<x<y<6,\\ 0, & \text{其他。}\end{cases}$$

求经销商销售的期望收益。

8. 假设 $X_1,X_2,\cdots,X_n$ 为样本量为 n 的随机样本，总体分布的概率密度函数如下：

$$f(x)=\begin{cases}2x, & 0<x<1,\\ 0, & \text{其他。}\end{cases}$$

令 $Y_n=\max\{X_1,\cdots,X_n\}$。计算 $E(Y_n)$。

9. 设 m 是 X 的分布的中位数，$Y=r(X)$ 是 X 的非减函数或非增函数。证明：$r(m)$ 是 Y 的分布的中位数。

10. 假设 $X_1,X_2,\cdots,X_n$ 为独立同分布的随机变量，每个随机变量都服从中位数为 m 的连续分布，令 $Y_n=\max\{X_1,\cdots,X_n\}$。确定 $P(Y_n>m)$ 的值。

11. 假设你要在一场足球赛上卖可乐，必须提前确定订购数量。假设比赛中对可乐的需求量（以升为单位）服从连续分布，概率密度函数为 $f(x)$。假设你每销售一升，可获得 g 美分的利润；如果你订购了但未出售，每升将损失 c 美分。为了最大化期望净收益，你订购的最佳可乐量应是多少？

12. 假设一台机器在发生故障前的运行时间（单位：小时）X 服从连续分布，概率密度函数为 $f(x)$。假设在机器开始运行时，你必须决定何时返回检查它：如果在机器发生故障前返回，将因检查而产生 b 美元的损失；如果在机器发生故障后返回，将在机器发生故障后未运行的时间段内每小时产生 c 美元的损失。为了最大限度地降低你的期望损失，在你返回进行检查之前等待的最佳小时数应为多少？

13. 假设 X 和 Y 是随机变量，$E(X)=3,E(Y)=1,\mathrm{Var}(X)=4,\mathrm{Var}(Y)=9$，令 $Z=5X-Y+15$。在下列条件下，求 $E(Z)$ 和 $\mathrm{Var}(Z)$：(a) X 和 Y 是独立的；(b) X 和 Y 是不相关的；(c) X 和 Y 的相关系数是 0.25。

14. 设 $X_0,X_1,\cdots,X_n$ 为独立的随机变量，每个随机变量有相同的方差 σ^2，令 $Y_j=X_j-X_{j-1},j=1,2,\cdots,n$，令 $\overline{Y}_n=\frac{1}{n}\sum_{j=1}^{n}Y_j$，计算 $\mathrm{Var}(\overline{Y}_n)$ 的值。

15. 设 $X_1,\cdots,X_n$ 为随机变量，每个随机变量的方差 $\mathrm{Var}(X_i)$ 都相同，为 σ^2，$i=1,2,\cdots,n$，对 $i,j,i\neq j$，$\rho(X_i,X_j)$ 有相同的值 ρ。证明：$\rho\geqslant-\frac{1}{n-1}$。

16. 假设 X 和 Y 服从边平行于 xy 平面上坐标轴的矩形上的均匀分布。求 X 和 Y 的相关系数。

17. 假设将 n 封信随机放入 n 个信封中，如 1.10 节中描述的匹配问题。求放置在正确信封中的信的数量的方差。

18. 假设随机变量 X 的均值为 μ，方差为 σ^2，证明：X 的三阶中心矩可以表示为 $E(X^3)-3\mu\sigma^2-\mu^3$。

19. 假设随机变量 X 的矩生成函数为 $\psi(t)$，均值为 μ，方差为 σ^2，令 $c(t)=\ln[\psi(t)]$，证明：$c'(0)=\mu$，$c''(0)=\sigma^2$。

20. 假设 X 和 Y 具有联合分布，均值为 μ_X,μ_Y，标准差为 σ_X,σ_Y，相关系数为 ρ，证明：如果 $E(Y|X)$ 是 X 的线性函数，则

$$E(Y\mid X)=\mu_Y+\rho\frac{\sigma_Y}{\sigma_X}(X-\mu_X)。$$

21. 假设 X 和 Y 是随机变量，满足 $E(Y|X)=1-(1/4)X,E(X|Y)=10-Y$，求 X 和 Y 的相关系数。

22. 假设一根 3 英尺长的棍子被折断成两部分，断点是根据概率密度函数 $f(x)$ 选取的。问较长部分的长度与较短部分的长度之间的相关系数为多大？

23. 设 X 和 Y 有联合分布，相关系数 $\rho>1/2,\mathrm{Var}(X)=\mathrm{Var}(Y)=1$，证明：$b=-\frac{1}{2\rho}$ 是使得 X 和 $X+bY$ 的相关

系数为ρ的唯一的b值。

24. 假设四栋公寓楼A，B，C和D位于高速公路沿线的0,1,3,5点处，如下图所示。假设某公司10%的员工住在A楼，20%住在B楼，30%住在C楼，40%住在D楼。

a. 要尽量减少员工必须走的总距离，公司应该在哪里修建新办公楼？

b. 要尽量减少员工必须走的距离的平方之和，公司应该在哪里修建新办公楼？

A	B		C		D		
0	1	2	3	4	5	6	7

25. 假设X和Y的联合概率密度函数如下：

$$f(x,y)=\begin{cases}8xy, & 0<y<x<1,\\ 0, & 其他,\end{cases}$$

同时假设X的观测值是为0.2。

a. Y的哪个预测值有最小均方误差。

b. Y的哪个预测值有最小平均绝对误差。

26. 对于所有的随机变量X,Y和Z，设$\mathrm{Cov}(X,Y|z)$表示在给定$Z=z$时，X和Y的条件联合分布的协方差，证明：

$$\mathrm{Cov}(X,Y)=E[\mathrm{Cov}(X,Y\mid Z)]+\mathrm{Cov}[E(X\mid Z),E(Y\mid Z)]。$$

27. 考虑例4.2.4和例4.2.5中装有红球和蓝球的盒子。有放回抽取$n>1$个球作为样本，X为样本中红球的个数。然后再进行无放回抽样，抽n个球，Y是样本中红球的数量，证明：$P(X=n)>P(Y=n)$。

28. 假设一个人的效用函数为$U(x)=x^2,x\geqslant 0$。证明：此人更喜欢参加随机收益为X美元的赌博，而不是参与确定收益为$E(X)$的赌博，这里随机收益X的分布满足$P(X\geqslant 0)=1,E(X)<\infty$。

29. 给一个人m美元，他必须在事件A和它的补集A^c之间分配。假设他分配a美元给A，将$m-a$美元分配给A^c，收益如下：如果A发生，则收益为g_1a；如果A^c发生，收益为$g_2(m-a)$，其中g_1，g_2是给定的正常数。还假设$P(A)=p$，效用函数为$U(x)=\ln x,x>0$。确定数a使得期望效用达到最大，并证明这个数不依赖于g_1,g_2的值。

第5章　特殊分布

5.1　引言

在这一章，我们将定义和讨论几类特殊的分布，它们在概率统计中都有着广泛的应用。我们要描述的这些分布主要包括一元、二元和多元的连续分布和离散分布。一元离散分布包括伯努利（Bernoulli）分布、二项（binomial）分布、超几何（hypergeometric）分布、泊松（Poisson）分布、负二项（negative binomial）分布和几何（geometric）分布。一元连续分布包括正态（normal）分布、对数正态（lognormal）分布、伽马（gamma）分布、指数（exponential）分布和贝塔（beta）分布。其他一元连续分布有韦布尔（Weibull）分布和帕累托（Pareto）分布（将在例子和习题中介绍）。还将要讨论多元离散分布的多项分布、二元连续分布的二元正态分布。

对于每一种分布，都将介绍它在实际中的应用背景，并解释为何可以用它来作为某个试验的恰当的概率模型。对每一族分布，我们将给出它们的概率函数或概率密度函数，并讨论该族分布的一些基本性质。

本章或本书中介绍的分布并非详尽无遗。众所周知，这些分布可用于各种应用问题。然而，在许多现实世界的问题中，可能需要考虑此处未提及的其他分布。我们在此介绍这些分布所使用的方法可以推广到其他分布。在此深入介绍最常用的分布的目的，就是让读者了解如何利用概率对应用问题中的变化和不确定性进行建模，以及在概率建模过程中使用的一些工具。

5.2　伯努利分布和二项分布

> 最简单的试验只有两个可能结果：记为 0 和 1。如果 X 为这试验的可能结果，则 X 服从最简单的非退化分布，它属于伯努利分布族。如果 n 个相互独立的随机变量 $X_1,X_2,\cdots,X_n$ 都服从相同的伯努利分布，则它们的和就是这些 X_i 中等于 1 的个数，而且和的分布属于二项分布族。

伯努利分布

例 5.2.1　临床试验　临床试验中特定患者接受的治疗可能成功也可能失败。如果治疗失败，记 $X=0$；如果治疗成功，记 $X=1$。确定 X 的分布只需值 $p=P(X=1)$（或等价地，$1-p=P(X=0)$）。每个不同的 p 对应于 X 的不同分布。对于所有的 $0\leqslant p\leqslant 1$，这类分布的集合构成伯努利分布族。◀

一个特别简单的试验只有两个可能结果，比如正面或反面、成功或失败、有缺陷或无缺陷、病人康复或未康复。为方便起见，将这种试验的两个可能的结果记为 0 和 1，如例 5.2.1。以下对定义 3.1.5 的概述就是建立在这类试验基础之上的。

定义 5.2.1　伯努利分布　如果随机变量 X 只取 0 和 1 两个值，并且相应的概率为

$$P(X=1)=p,\quad P(X=0)=1-p, \tag{5.2.1}$$

则称随机变量 X 服从参数为 p （$0\leqslant p\leqslant 1$） 的伯努利分布。

X 的概率函数可改写为

$$f(x\mid p)=\begin{cases}p^{x}(1-p)^{1-x}, & x=0,1,\\ 0, & \text{其他。}\end{cases} \tag{5.2.2}$$

要验证这个概率函数 $f(x\mid p)$ 确实是式（5.2.1）所定义的伯努利分布，只要注意到 $f(1\mid p)=p$，$f(0\mid p)=1-p$ 即可。

如果 X 服从参数为 p 的伯努利分布，则 X^2 和 X 也服从相同的分布。可得

$$E(X)=1\cdot p+0\cdot(1-p)=p,$$
$$E(X^2)=E(X)=p,$$

并且，

$$\operatorname{Var}(X)=E(X^2)-[E(X)]^2=p(1-p)。$$

进而，X 的矩母函数为

$$\psi(t)=E(\mathrm{e}^{tX})=p\mathrm{e}^{t}+(1-p),\ -\infty<t<\infty。$$

定义 5.2.2　伯努利试验/过程　如果有限或无限随机变量序列 $X_1,X_2,\cdots$ 是独立同分布的，而且每个随机变量 X_i 都服从参数为 p 的伯努利分布，则称随机变量 $X_1,X_2,\cdots$ 为参数为 p 的伯努利试验。无限序列的伯努利试验也称为伯努利过程。

例 5.2.2　掷硬币　重复抛掷一枚均匀硬币。如果在第 i 次抛掷中出现正面，令 $X_i=1$；如果出现反面，令 $X_i=0(i=1,2,\cdots)$。则随机变量 $X_1,X_2,\cdots$ 是参数为 $p=1/2$ 的伯努利试验。◀

例 5.2.3　有缺陷的零件　假定某台机器生产的零件中有 10%是有缺陷的且零件相互独立。我们随机抽取 n 个零件并进行检查。如果第 i 个零件有缺陷，令 $X_i=1$；如果第 i 个零件没有缺陷，令 $X_i=0$，$i=1,2,\cdots,n$。那么，随机变量 $X_1,\cdots,X_n$ 就构成参数为 $p=1/10$ 的 n 重伯努利试验。◀

例 5.2.4　临床试验　前面章节中的许多临床试验的例子中（见例 4.7.8），随机变量 $X_1,X_2,\cdots$ 表示每个病人是否康复，在给定 $P=p$ 的条件下，它们构成参数为 p 的一个条件伯努利试验，其中 P 是在一个非常大的人群中未知的康复比例。◀

二项分布

例 5.2.5　有缺陷的零件　例 5.2.3 中，设 $X=X_1+\cdots+X_{10}$ 为 10 个抽样零件中有缺陷的零件的个数。X 的分布是什么样的？◀

正如例 3.1.9 所推导出来的，例 5.2.5 中 X 服从参数为 10 和 1/10 的二项分布。在此，我们重复一下二项分布的一般定义。

定义 5.2.3　二项分布　如果 X 具有离散分布，概率函数为：

$$f(x\mid n,p)=\begin{cases}\dbinom{n}{x}p^{x}(1-p)^{n-x}, & x=0,1,2,\cdots,n,\\ 0, & \text{其他。}\end{cases} \tag{5.2.3}$$

则称随机变量 X 服从参数为 n 和 p 的二项分布。其中，n 是正整数，p 位于区间 $0\leqslant p\leqslant 1$ 内。

通过本书后面的附录表和许多统计软件程序可获得不同二项分布的概率。

二项分布是概率统计中非常重要的分布，因为它有如下结论，该结论在3.1节得到。下面重申这些结论。

定理5.2.1 如果随机变量 $X_1,\cdots,X_n$ 构成参数为 p 的 n 重伯努利试验，且 $X=X_1+\cdots+X_n$，则 X 服从参数为 n 和 p 的二项分布。■

当 X 表示定理5.2.1中的 n 重伯努利试验的和时，就很容易得到 X 的均值、方差和矩母函数。第4章已得到这些结果，具体如下：

$$E(X)=\sum_{i=1}^{n}E(X_i)=np,$$

$$\operatorname{Var}(X)=\sum_{i=1}^{n}\operatorname{Var}(X_i)=np(1-p),$$

$$\psi(t)=E(\mathrm{e}^{tX})=\prod_{i=1}^{n}E(\mathrm{e}^{tX_i})=(p\mathrm{e}^{t}+1-p)^{n}。\tag{5.2.4}$$

读者可以利用式（5.2.4）的矩母函数，将定理4.4.6推广得到如下定理：

定理5.2.2 如果随机变量 $X_1,\cdots,X_k$ 相互独立，X_i 服从参数为 n_i 和 p 的二项分布（$i=1,2,\cdots,k$），则 $X_1+\cdots+X_k$ 服从参数为 $n=n_1+\cdots+n_k$ 和 p 的二项分布。■

如果把每个 X_i 看作参数为 p 的 n_i 重伯努利试验的和，则很容易证明定理5.2.2。若 $n=n_1+\cdots+n_k$，且所有的 n 重伯努利试验都是独立的，则和 $X_1+\cdots+X_k$ 就是参数为 p 的 n 重伯努利试验结果的和，这个和服从参数为 n 和 p 的二项分布。

例5.2.6 卡斯塔内达诉帕蒂达案（Castaneda v. Partida） 美国法院曾用二项分布计算陪审团成员中来自已知种族的概率。在 *Castaneda v. Partida*，430 U.S. 482（1977）案件中，当地人口中有79.1%是墨西哥裔美国人。在两年半的时间里，有220个人曾担任大陪审团成员，但只有100个人是墨西哥裔美国人。有人声称，这是在大陪审团成员的选择过程中存在对墨西哥裔美国人严重歧视的证据。于是，法院假定随机地、独立地选择大陪审员，并假设以0.791的概率选到墨西哥裔美国人，然后进行计算。由于有人宣称100这个数字对墨西哥裔美国人来说太小，所以法院计算参数为220和0.791的二项分布随机变量 X 小于或等于100的概率。这个概率非常小（小于 10^{-25}）。这能够说明对墨西哥裔美国人的歧视吗？这个非常小的概率是在 X 服从参数为220和0.791的二项分布的假设下计算得到的，这意味着法院在假定对墨西哥裔美国人没有歧视的条件下进行计算的。换句话说，这个很小的概率是在没有歧视的前提下 $X\leqslant 100$ 的条件概率。法院更感兴趣的应该是相反问题的条件概率，即给定 $X=100$（或给定 $X\leqslant 100$）的条件下没有种族歧视的概率。这有点像贝叶斯定理的问题，在5.8节引入贝塔分布之后，将会说明如何用贝叶斯定理计算这个条件概率，见例5.8.3和例5.8.4。◀

注：伯努利分布和二项分布。每个只取0和1两个值的随机变量必服从伯努利分布。但是，并非伯努利随机变量的总和都服从二项分布，应用定理5.2.1需要两个条件。伯努利随机变量必须相互独立，并且它们都必须具有相同的参数。如果其中任何一个条件不成立，总和的分布将不是二项分布。例5.2.6中，当法院利用二项分布进行计算时，将“无歧视”定义为陪审员是独立选择的，并且是墨西哥裔美国人的概率为

0.791。如果法院以其他方式定义“无歧视”，他们将需要进行不同的、可能更复杂的概率计算。

我们以一个例子结束本节，该例说明了当数据收集成本高昂时，伯努利和二项分布计算如何提高效率。

例 5.2.7 分组检测 军队和其他大型组织经常面临需要对大量的会员进行罕见病检测的问题。假设每个检测都需要少量的血液，根据血液的成分可以检测到疾病。假设需要对 1 000 人进行某种疾病检测，这种疾病会影响所有人的 1%的 1/5。如果第 j 个人患有疾病，则设 $X_j=1$；如果没有，则设 $X_j=0$。我们将 X_j 建模为独立同分布的参数为 0.002 的伯努利分布（$j=1,\cdots,1\ 000$）。最简单的方法是进行 1 000 次检测以查看谁患有此病。但如果检测成本高昂，则可能有更经济的检测方式。例如，可以将 1 000 人分成 10 组，每组 100 人。从每组 100 人中的每个人抽取一部分血液样本，并将它们合并为一个样本。然后检测 10 个组合样本中的每一个。如果 10 个组合样本中没有一个患有疾病，那么就没有人患有这种疾病，我们只需要检测 10 次而不是 1 000 次。如果组合样本中只有一组患有疾病，我们可以分别检测这 100 个人，我们只需要 110 次检测。

一般来说，设 $Z_{1,i}$ 是第 i 组中患有该疾病的人数，$i=1,\cdots,10$，则每个 $Z_{1,i}$ 服从参数为 100 和 0.002 的二项分布。如果 $Z_{1,i}>0$，令 $Y_{1,i}=1$；如果 $Z_{1,i}=0$，令 $Y_{1,i}=0$。易知，每个 $Y_{1,i}$ 服从伯努利分布，参数为

$$P(Z_{1,i}>0)=1-P(Z_{1,i}=0)=1-0.998^{100}=0.181,$$

且它们是独立的。故 $Y_1=\sum_{i=1}^{10}Y_{1,i}$ 是必须逐一检测的组数。同样地，Y_1 服从参数为 10 和 0.181 的二项分布。我们需要单独检测的人数是 $100Y_1$，$100Y_1$ 的均值为 $100\times10\times0.181=181$。因此，预期的检测总数为 $10+181=191$，而不是 1 000。大家可以计算检测总次数 $100Y_1+10$ 的分布。检测过程中每组的最大检测次数是 1 010，这是 10 组每一组都至少有一人患这种疾病的情况，概率为 3.84×10^{-8}。在其他所有情况下，分组检测次数远少于 1 000 次。

有多个阶段形式的分组检测，其中每个检测呈现阳性的组被进一步分成子组，每个子组一起检测。如果每一个子组都足够大，则可以将它们进一步细分为更小的子组，等等。最后，仅对具有阳性结果的最后阶段划分的子组进行单独检测。就可以进一步减少期望检测次数。例如，考虑前面描述的检测过程的两阶段形式。我们可以将 10 个 100 人的组中的每一个组分成 10 个子组，每个子组 10 人。按照上述符号，令 $Z_{2,i,k}$ 表示第 i 组的第 k 个子组患有该疾病的人数，$i=1,\cdots,10,k=1,\cdots,10$。每个 $Z_{2,i,k}$ 服从参数为 10 和 0.002 的二项分布。如果 $Z_{2,i,k}>0$，令 $Y_{2,i,k}=1$；否则 $Y_{2,i,k}=0$。注意到，对每个 i 使得 $Y_{1,i}=0$，则 $Y_{2,i,k}=0,k=1,2,\cdots,10$。因此，我们只需要检测使得 $Y_{2,i,k}=1$ 的这些子组中的人。每个 $Y_{2,i,k}$ 都服从伯努利分布，参数为

$$P(Z_{2,i,k}>0)=1-P(Z_{2,i,k}=0)=1-0.998^{10}=0.019\ 8,$$

且它们是独立的。那么 $Y_2=\sum_{i=1}^{10}\sum_{k=1}^{10}Y_{2,i,k}$ 是我们必须逐一检测的组数。同样，Y_2 服从参数为 100 和 0.019 8 的二项分布。我们需要单独检测的人数是 $10Y_2$，$10Y_2$ 的均值为 $10\times100\times0.019\ 8=19.82$。在第二个阶段我们需要检测的子组数是 Y_1，均值为 1.81。因此，预期检

测总次数为 10+1.81+19.82=31.63，这甚至比前面介绍的一阶段检测的预期检测次数 191 还小。◀

小结

如果随机变量 X 的概率函数为 $f(x|p)=p^x(1-p)^{1-x}, x=0,1; f(x|p)=0$，其他，则随机变量 X 服从参数为 p 的伯努利分布。如果 $X_1,\cdots,X_n$ 独立同分布，都服从参数为 p 的伯努利分布，我们称 $X_1,\cdots,X_n$ 为伯努利试验，$X=\sum_{i=1}^{n} X_i$ 服从参数为 n 和 p 的二项分布。另外，X 是 n 重伯努利试验中成功的次数，此处，试验 i “成功”对应于 $X_i=1$，“失败”对应于 $X_i=0$。

习题

1. 设 X 为一随机变量满足 $E(X^k)=1/3, k=1,2,\cdots$。假定不可能有多个分布具有相同的矩序列（见习题 14），求 X 的分布。
2. 设随机变量 X 只能取两个值 a 和 b，且具有如下的概率：
$$P(X=a)=p,\quad P(X=b)=1-p。$$
试用类似于式（5.2.2）的形式表示 X 的概率函数。
3. 独立重复抛掷一枚均匀的硬币 10 次，每次出现正面的概率为 1/2。利用本书后面附录给出的二项分布表，计算出现正面的次数严格大于反面次数的概率。
4. 设某一试验成功的概率为 0.4，以 X 表示在 15 次独立试验中成功的次数。利用本书后面附录给出的二项分布表，计算概率 $P(6\leqslant X\leqslant 9)$。
5. 一枚硬币出现正面的概率为 0.6，现抛掷 9 次。利用本书后面附录给出的二项分布表，计算出现偶数次正面的概率。
6. 有三个人 A,B,C，朝同一目标射击。设 A 射击 3 次，每次击中目标的概率为 1/8；B 射击 5 次，每次击中目标的概率为 1/4；C 射击 2 次，每次击中目标的概率为 1/2。目标被击中的次数的期望值为多少？
7. 在习题 6 的条件下，假定所有的射击都是独立的。目标被击中的次数的方差为多少？
8. 某电子系统包含 10 个元件。设每个单独的元件失灵的概率为 0.2，且每个元件是否失灵是相互独立的。在至少有一个元件失灵的条件下，至少有两个元件失灵的条件概率为多少？
9. 假定随机变量 $X_1,\cdots,X_n$ 构成参数为 p 的 n 重伯努利试验。在给定条件
$$\sum_{i=1}^{n} X_i = k(k=1,\cdots,n)$$
下，计算 $X_1=1$ 的条件概率。
10. 在一个给定家庭中，每个特定的小孩患有某种遗传病的概率为 p。已知在一个有 n 个小孩的家庭中至少有一个小孩患有该遗传病，患有该遗传病的小孩数的期望值为多少？
11. 已知 $0\leqslant p\leqslant 1$，$n=2,3,\cdots$，计算
$$\sum_{x=2}^{n} x(x-1)\binom{n}{x} p^x(1-p)^{n-x}。$$
12. 设一个离散随机变量 X 的概率函数为 $f(x)$，使 $f(x)$ 达到最大值的 x 值称为该分布的众数。如果使 $f(x)$ 达到最大值的 x 值不止一个，则称所有这样的 x 值都为该分布的众数。试求参数为 n 和 p 的二项分布的众数。提示：考查比率 $f(x+1|n,p)/f(x|n,p)$。
13. 在一个临床试验中，病人被分成两组进行治疗，其中一组治疗成功的概率为 0.5，另一组成功的概率

为 0.6。假定每一组有 5 个病人，所有病人的治疗结果是独立的。计算第一组治疗成功的人数不少于第二组的概率。

14. 在习题 1 中，假定至多一个分布具有矩：$E(X^k)=1/3, k=1,2,\cdots$。在本题中，我们来证明至多存在一个这样的分布。证明下面的事实并说明这些事实意味着是最多有一个分布具有上述给定的矩。
    a. $P(|X|\leqslant 1)=1$。（否则，需证明 $\lim\limits_{k\to\infty}E(X^{2k})=\infty$。）
    b. $P(X^2\in\{0,1\})=1$。（否则，需证明 $E(X^4)<E(X^2)$。）
    c. $P(X=-1)=0$。（否则，需证明 $E(X)<E(X^2)$。）
15. 例 5.2.7 中，假设我们采用例子末尾描述的两阶段形式的检测。在这种情况下，可能需要检测次数的最大值是多少？检测次数取最大值的概率是多少？
16. 对于例 5.2.7 中的 1 000 人，假设我们使用如下三个阶段的小组检测过程：首先，将 1 000 人分为五个组，每个组的大小为 200；其次，对于每个检测阳性的组，进一步将其分为每个大小为 40 的五个子组；最后，对于每个检测阳性的子组，将其分成每个大小为 8 的五个子组，若子组为阳性，检测所有 8 个人。求检测次数的期望和检测的最大次数。

5.3 超几何分布

在本节中，我们将讨论不独立的伯努利随机变量。常见的不独立伯努利随机变量来自有限总体的无放回抽样。假定一个有限总体中包含的成功和失败的次数是已知的，如果从该总体中抽取一个样本，样本量是固定的，则样本中包含的成功次数的分布属于超几何分布族。

定义和例子

例 5.3.1　无放回抽样　设一个箱子里有 A 个红球和 B 个蓝球，假定随机地不放回地从该箱子中取 $n(n\geqslant 0)$ 个球，以 X 表示取到的红球的个数。显然，$n\leqslant A+B$，即我们最多把球取完。如果 $n=0$，则 $X=0$，因为没有红球或蓝球可供抽取。对于 $n\geqslant 1$ 的情况，如果取到的第 i 个球是红色的，则令 $X_i=1$；如果不是红色的，则令 $X_i=0$。易知，每个 X_i 服从伯努利分布，但是一般情况下 $X_1,\cdots,X_n$ 不是独立的。要看到这一点，假设 $A>0$，$B>0$ 以及 $n\geqslant 2$，可以证明 $P(X_2=1|X_1=0)\neq P(X_2=1|X_1=1)$。如果 $X_1=1$，则第二次取球时，总共有 $A+B-1$ 个球可供抽取，其中有 $A-1$ 个红球，因此 $P(X_2=1|X_1=1)=(A-1)/(A+B-1)$。同样的推理，可得

$$P(X_2=1|X_1=0)=\frac{A}{A+B-1}>\frac{A-1}{A+B-1}。$$

因此，X_2 与 X_1 不独立，我们不应该期望 X 服从二项分布。◀

例 5.3.1 中描述的问题是一个模板，适用于从只有两种类型物体的有限总体中进行无放回抽样的所有情况。我们所了解的例 5.3.1 中关于随机变量 X 的任何结果，都适用于从仅有两种类型物体的有限总体中进行无放回抽样的任何一种情况。首先，我们推导 X 的分布。

定理 5.3.1　概率函数　例 5.3.1 中的 X 分布的概率函数为

$$f(x|A,B,n)=\frac{\binom{A}{x}\binom{B}{n-x}}{\binom{A+B}{n}},\tag{5.3.1}$$

其中

$$\max\{0,n-B\}\leqslant x\leqslant \min\{n,A\},\tag{5.3.2}$$

否则，$f(x|A,B,n)=0$。

证明　X 的值既不能超过 n，也不能超过 A，因此，$X\leqslant \min\{n,A\}$。同样，蓝球的个数 $n-X$ 也不能超过 B，即 X 的值至少为 $n-B$。由于 X 的值不能小于 0，故有 $X\geqslant \max\{0,n-B\}$。因此，X 的取值必定是区间（5.3.2）中的一个整数。

现在用 1.8 节中讨论的组合来求 X 的概率函数。退化情况是 A,B 或 n 等于 0，易证，对任意的非负数 k（包括 $k=0$），$\binom{k}{0}=1$。当 A,B 和 n 都是严格的正数，从 $A+B$ 个球中取 n 个球，共有 $\binom{A+B}{n}$ 种取法，所有的取法都是等可能的。对于满足区间（5.3.2）的任意整数 x，有 $\binom{A}{x}$ 种方法取到红球；对于同一次取球，有 $\binom{B}{n-x}$ 种取法取到 $n-x$ 个蓝球。因此，n 个球中恰好有 x 个红球的概率由式（5.3.1）给出。此外，对于其他的 x，$f(x|A,B,n)$ 必定为 0，因为所有其他值都是不可能的。■

定义 5.3.1　超几何分布　设 A，B 和 n 是非负整数，$n\leqslant A+B$。如果随机变量 X 具有离散分布，概率函数由式（5.3.1）和式（5.3.2）给出，则称 X 服从参数为 A,B 和 n 的超几何分布。

例 5.3.2　从观察到的数据集中进行无放回抽样　考虑在临床试验中的患者，其结果列于表 2.1。我们可能需要重新检查安慰剂组中的一部分患者，假设需要从该组的 34 名患者中抽取 11 名不同的患者。我们在子样本中获得的治疗成功（没有复发）的病例数的分布是什么样的？令 X 代表子样本中的成功数。表 2.1 表明安慰剂组有 10 个成功病例和 24 个失败病例。根据超几何分布的定义，X 服从参数为 $A=10$，$B=24$ 和 $n=11$ 的超几何分布。特别是，X 的可能值是从 0 到 10 的整数。即使我们抽样了 11 名患者，也不可能观察到 11 个成功病例，因为子样本中最多只有 10 个成功病例。◀

超几何分布的均值和方差

定理 5.3.2　均值和方差　设 X 服从超几何分布，参数 A,B 和 n 为严格的正数，则

$$E(X)=\frac{nA}{A+B},\tag{5.3.3}$$

$$\operatorname{Var}(X)=\frac{nAB}{(A+B)^2}\cdot\frac{A+B-n}{A+B-1}。\tag{5.3.4}$$

证明　如例 5.3.1 中所定义，从一个包含 A 个红球和 B 个蓝球的盒子中无放回地随机抽取 n 个球，设 X 为抽到的红球数。对于 $i=1,2,\cdots,n$，如果第 i 次取得的是红球，令 $X_i=1$；如果第 i 次取得的是蓝球，则令 $X_i=0$。正如例 4.2.4 所解释，随机地抽取 n 个球，可以看作把盒子里所有的球按照一定的随机顺序进行排列，然后选取前面 n 个球。从这个解释中可以看到，对于 $i=1,\cdots,n$，有

$$P(X_i=1)=\frac{A}{A+B},\qquad P(X_i=0)=\frac{B}{A+B},$$

因此，对于 $i=1,\cdots,n$，

$$E(X_i)=\frac{A}{A+B},\mathrm{Var}(X_i)=\frac{AB}{(A+B)^2}。\tag{5.3.5}$$

因为 $X=X_1+\cdots+X_n$，则 X 的均值为 X_i 的均值之和，即式（5.3.3）。

接下来，利用定理4.6.7可以得

$$\mathrm{Var}(X)=\sum_{i=1}^{n}\mathrm{Var}(X_i)+2\sum_{i<j}\sum\mathrm{Cov}(X_i,X_j)。\tag{5.3.6}$$

由于随机变量 $X_1,\cdots,X_n$ 之间的对称性，在式（5.3.6）最后求和中的每一项 $\mathrm{Cov}(X_i,X_j)$ 与 $\mathrm{Cov}(X_1,X_2)$ 相同。由于该求和中共有 $\binom{n}{2}$ 项。由式（5.3.5）和式（5.3.6）可得

$$\mathrm{Var}(X)=\frac{nAB}{(A+B)^2}+n(n-1)\mathrm{Cov}(X_1,X_2)。\tag{5.3.7}$$

我们可以直接计算 Cov（X_1，X_2）。但下边的解法更简单。如果 $n=A+B$，必有 $P(X=A)=1$，这是因为不放回地把所有的球都从盒中取出，所以，对于 $n=A+B$，X 是个常数随机变量，$\mathrm{Var}(X)=0$。于是，令式（5.3.7）等于0，可得

$$\mathrm{Cov}(X_1,X_2)=-\frac{AB}{(A+B)^2(A+B-1)}。$$

将其代入式（5.3.7），可得式（5.3.4）。■

抽样方式的比较

如果例5.3.1中进行的是有放回抽样，红球个数服从参数为 n 和 $A/(A+B)$ 的二项分布。这种情况下，红球个数的均值仍然为 $nA/(A+B)$，但是方差却不同了。为了看到有放回抽样和无放回抽样的方差有关，令 $T=A+B$ 表示盒子里的球总数，$p=A/T$ 表示盒里红球的比例。式（5.3.4）可改写为

$$\mathrm{Var}(X)=np(1-p)\frac{T-n}{T-1}。\tag{5.3.8}$$

二项分布的方差 $np(1-p)$ 是有放回抽样时红球数量的方差。式（5.3.8）中的因子 $\alpha=(T-n)/(T-1)$ 表示由于从有限总体中无放回抽样而导致的 $\mathrm{Var}(X)$ 的减少。这个 α 在从有限总体无放回抽样的理论中称为有限总体校正。

如果 $n=1$，则因子 α 的值为1，因为当只选择一个球时，有放回抽样和无放回抽样之间没有区别。如果 $n=T$，则（如前所述）$\alpha=0$ 和 $\mathrm{Var}(X)=0$。对于介于1和 T 之间的 n 值，α 的值将介于0和1之间。

对于每个固定的样本量 n，可以看出当 $T\to\infty$ 时，$\alpha\to1$。这一极限反映了这样一个事实，即当总体规模 T 与样本量 n 相比非常大时，放回抽样和不放回抽样之间几乎没有差异。定理5.3.4更正式地表达了这个思想。证明依赖于如下在本书中多次使用的结论。

定理5.3.3　设 a_n 和 c_n 是实数序列，a_n 收敛到0，$c_na_n^2$ 收敛到0，则

$$\lim_{n\to\infty}(1+a_n)^{c_n}e^{-a_nc_n}=1。$$

特别地，如果 $a_n c_n$ 收敛到 b，则 $(1+a_n)^{c_n}$ 收敛到 e^b。■

定理5.3.3的证明留给读者，见本节习题11。

定理5.3.4　二项分布和超几何分布的相近程度　令 $0<p<1$，n 为正整数。设 Y 服从参数为 n 和 p 的二项分布。对每个正整数 T，设 A_T 和 B_T 为整数，使得 $\lim\limits_{T\to\infty}A_T=\infty$，$\lim\limits_{T\to\infty}B_T=\infty$，$\lim\limits_{T\to\infty}A_T/(A_T+B_T)=p$。设 X_T 服从参数为 A_T, B_T 和 n 的超几何分布，则对每一个固定的 n，和每个 $x=0,\cdots,n$，有

$$\lim_{T\to\infty}\frac{P(Y=x)}{P(X_T=x)}=1。\tag{5.3.9}$$

证明　一旦 A_T，B_T 都大于 n，则式（5.3.1）中的公式就为 $P(X_T=x)$，$x=0,1,\cdots,n$。因此，对于很大的 T，有

$$P(X_T=x)=\binom{n}{x}\frac{A_T!\ B_T!\ (A_T+B_T-n)!}{(A_T-x)!\ (B_T-n+x)!\ (A_T+B_T)!}。$$

将上述第二个因子中的六个阶乘中每一个阶乘应用斯特林公式（定理1.7.5），一点点运算就可以得到

$$\lim_{T\to\infty}\frac{\binom{n}{x}A_T^{A_T+1/2}B_T^{B_T+1/2}(A_T+B_T-n)^{A_T+B_T-n+1/2}}{P(X_T=x)(A_T-x)^{A_T-x+1/2}(B_T-n+x)^{B_T-n+x+1/2}(A_T+B_T)^{A_T+B_T+1/2}}\tag{5.3.10}$$

等于1。以下每个极限都来自定理5.3.3：

$$\lim_{T\to\infty}\left(\frac{A_T}{A_T-x}\right)^{A_T-x+1/2}=e^x$$

$$\lim_{T\to\infty}\left(\frac{B_T}{B_T-n+x}\right)^{B_T-n+x+1/2}=e^{n-x}$$

$$\lim_{T\to\infty}\left(\frac{A_T+B_T-n}{A_T+B_T}\right)^{A_T+B_T-n+1/2}=e^{-n}。$$

将这些极限代入式（5.3.10）可得

$$\lim_{T\to\infty}\frac{\binom{n}{x}A_T^xB_T^{n-x}}{P(X_T=x)(A_T+B_T)^n}=1。\tag{5.3.11}$$

由于 $A_T/(A_T+B_T)$ 收敛到 p，可得

$$\lim_{T\to\infty}\frac{A_T^xB_T^{n-x}}{(A_T+B_T)^n}=p^x(1-p)^{n-x}。\tag{5.3.12}$$

联立式（5.3.11）和式（5.3.12）可得

$$\lim_{T\to\infty}\frac{\binom{n}{x}p^x(1-p)^{n-x}}{P(X_T=x)}=1。$$

最后一个表达式的分母为 $P(Y=x)$，因此式（5.3.9）成立。■

换句话说，定理 5.3.4 说明：如果样本量 n 表示全部总体 $A+B$ 的一个可忽略的部分，则参数为 A，B 和 n 的超几何分布与参数为 n 和 $p=A/(A+B)$ 的二项分布很接近。

例 5.3.3　未知组成的总体　当从未知组成的有限总体中进行无放回抽样时，超几何分布可以作为条件分布出现。最简单的例子是例 5.3.1 的变形，假设我们仍然知道 $T=A+B$ 的值，但不知道 A 和 B。也就是说，我们知道盒子里有多少个球，但不知道有多少个红球，也不知道有多少个蓝球，即红球的比例 $P=A/T$ 未知。设 $h(p)$ 为 P 的概率函数。这里 P 是一个随机变量，其可能值为 $0,1/T,\cdots,(T-1)/T,1$。以 $P=p$ 为条件，我们可以表现得好像我们知道 $A=pT$ 和 $B=(1-p)T$，则 X（样本量为 n 的样本中红球数）的条件分布是参数为 $pT,(1-p)T$ 和 n 的超几何分布。

现在假设 T 非常大，以至于这个超几何分布和参数为 n 和 p 的二项分布之间的差异基本上可以忽略不计。在这种情况下，不再需要假设 T 是已知的。这是我们想到的情形（例 3.4.10 和例 3.6.7，及它们的变形或其他例子），将 P 称为所有可能接受治疗的患者中成功的比例或一台机器生产的所有零件中有缺陷的比例。我们认为 T 在本质上是无限的，因此以比例 A/T 为条件，称之为 P，由于每个个体独立地被抽取，因此可以看成独立的伯努利试验。如果 A 或 T（或两者）未知，则 $P=A/T$ 未知。在第 2 章描述的扩展试验中，P 可以由实验结果计算出来。我们可以说 P 是一个随机变量。 ◀

注：本质上无限总体。例 5.3.3 中，T 在本质上是无限的情况，这是利用二项分布来模拟计算非常大的有限总体的样本成功数的动机。例如，从例 5.2.6 中看到，可供大陪审团抽样的墨西哥裔美国人数量是有限的。但是，相对于 2.5 年期间选举的大陪审员的数量（220 名）而言，它是巨大的。从技术上讲，独立挑选个别大陪审员是不可能的，但差异太小，即使是最好的辩护律师也无法从中看出这种差异。将来，当我们设想着从一个庞大的有限总体进行随机无放回抽样时，可以将伯努利随机变量建模为独立变量。在这些情况下，我们将依赖定理 5.3.4，无须明确说明。

二项式系数定义的推广

在 1.8 节，已经给出二项式系数定义的推广，这使得超几何分布的概率函数的表达式得以简化。对于所有满足 $r\leqslant m$ 的正整数 r 和 m，定义二项式系数 $\binom{m}{r}$ 为

$$\binom{m}{r}=\frac{m!}{r!\,(m-r)!}。\tag{5.3.13}$$

可以看到由式（5.3.13）定义的 $\binom{m}{r}$ 也可以写成下面的形式：

$$\binom{m}{r}=\frac{m(m-1)\cdots(m-r+1)}{r!}。\tag{5.3.14}$$

对于每个未必是正整数的实数 m 和每个正整数 r，式（5.3.14）右边的值是定义很明确的数。因此，对于每个实数 m 和每个正整数 r，我们可以将二项式系数 $\binom{m}{r}$ 的定义推广成式（5.3.14）的形式。

根据这个定义，对于所有的正整数 r 和 m，都可以得到二项式系数$\binom{m}{r}$的值。如果 $r\leqslant m$，则$\binom{m}{r}$的值由式（5.3.13）给出；如果 $r>m$，式（5.3.14）中分母的一个因子为0，则$\binom{m}{r}=0$。最后，对于所有的实数 m，我们定义$\binom{m}{0}$的值为$\binom{m}{0}=1$。

根据二项式系数的推广定义，可以看到，对于满足 $x>A$ 或者 $n-x>B$ 的每个整数 x，都有$\binom{A}{x}\binom{B}{n-x}=0$。因此，可以将参数为 A，B 和 n 的超几何分布的概率函数写成如下形式：

$$f(x\mid A,B,n)=\begin{cases}\dfrac{\binom{A}{x}\binom{B}{n-x}}{\binom{A+B}{x}}, & x=0,1,\cdots,n,\\ 0, & \text{其他。}\end{cases}\tag{5.3.15}$$

由式（5.3.14）可得，$f(x|A,B,n)>0$ 当且仅当 x 是满足区间（5.3.2）的整数。

小结

我们介绍了超几何分布族。假定一个有限总体含有 T 个个体，其中成功的个体数为 A，失败的个体数为 $B=T-A$。从该总体中无放回地随机抽取 n 个个体，X 表示样本中成功的个体数，则 X 的分布就是参数为 A，B 和 n 的超几何分布。可以看到，当总体量相对于样本量很大时，从有限总体样本中有放回抽样和无放回抽样之间的区别可以忽略不计。我们还对二项式系数进行了推广，以便对于所有的实数 m 和正整数 r，$\binom{m}{r}$都有定义。

习题

1. 例5.3.2中，从安慰剂组抽取11个患者构成一个子样本，计算所有治疗成功的10个患者都出现在该子样本中的概率。
2. 假设盒子中有5个红球和10个蓝球，现从该盒中不放回地随机抽取7个球。求至少取到三个红球的概率。
3. 假设盒子中有5个红球和10个蓝球，现从该盒中不放回地随机抽取7个球。如果 $\overline{X}$ 表示样本中红球所占的比例，$\overline{X}$ 的均值和方差分别为多少？
4. 如果随机变量 X 服从参数为 $A=8$，$B=20$ 和 n 的超几何分布，n 为多少时可使 $\mathrm{Var}(X)$ 达到最大值？
5. 设一个班级有 T 名学生，其中 A 名是男生，$T-A$ 名是女生，现从该班不重复地随机挑选 n 名学生，以 X 表示挑到的男生数。使 Var（X）达到最大值的样本量 n 为多少？
6. 设随机变量 X_1 和 X_2 相互独立，且 X_1 服从参数为 n_1 和 p 的二项分布，X_2 服从参数为 n_2 和 p 的二项分布，其中的 p 是相同的。对于任意固定的 $k(k=1,2,\cdots,n_1+n_2)$ 值，证明在给定 $X_1+X_2=k$ 的条件下，X_1

的条件分布是参数为 n_1，n_2 和 k 的超几何分布。

7. 假定在 T 个生产零件中，30%是次品，70%是正品。无放回地随机抽取 10 个零件。写出（a）不多于一个有缺陷的零件被取到的概率的确切表达式；（b）利用二项分布写出该概率的近似表达式。

8. 设一个总体中含有 T 个人，$a_1,\cdots,a_n$ 分别表示这 T 个人的身高。无放回地随机选取 n 个人，以 X 表示这 n 个人身高的和。计算 X 的均值和方差。

9. 求$\binom{3/2}{4}$的值。

10. 证明：对所有的正整数 n，k，有

$$\binom{-n}{k}=(-1)^k\binom{n+k-1}{k}。$$

11. 证明定理 5.3.3。提示：对 $f(x)=\ln(1+x)$ 在 $x=0$ 点处使用带余项的泰勒定理（见 4.2 节习题 13），证明

$$\lim_{n\to\infty}c_n\ln(1+a_n)-a_nc_n=0。$$

5.4 泊松分布

许多试验都要观测随机到达发生的时间。这样的例子有：接受服务的顾客的到达，某交换机收到的电话呼叫的到达，洪水及其他自然灾害和人为因素导致的事故的发生，等等。泊松分布族用来描述在固定时间间隔里这些到达的数目，它也可用来作为具有非常小的成功概率的二项分布的近似。

泊松分布的定义和性质

例 5.4.1 顾客到达 一个商店店主认为顾客以平均每小时 4.5 个顾客的速率来到他的商店。他想求出某天中某个特定的一小时内来商店的实际顾客数 X 的分布。他将不同时间段到达的顾客数建模为相互独立的随机变量。作为第一个近似值，他将一小时的时间段划分为 3 600 秒，到达速率为每秒 4.5/3 600 = 0.001 25。然后他认为，在每一秒内将有 0 个或 1 个顾客到达，并且在任何一秒内有一个顾客到达的概率是 0.001 25。他尝试利用参数 $n=3\,600$ 和 $p=0.001\,25$ 的二项分布对当天晚些时候的一小时内到达的顾客数进行建模。

他从计算二项分布的概率函数开始，并很快发现计算很是烦琐。然而，他意识到 $f(x)$ 的相邻取值彼此密切相关，因为 $f(x)$ 会随着 x 的增加而发生系统地改变。所以他计算

$$\frac{f(x+1)}{f(x)}=\frac{\binom{n}{x+1}p^{x+1}(1-p)^{n-x-1}}{\binom{n}{x}p^x(1-p)^{n-x}}=\frac{(n-x)p}{(x+1)(1-p)}\approx\frac{np}{x+1},$$

其中，最后近似的原因如下：对于 x 的前 30 个左右的值，$n-x$ 与 n 几乎相同，除以 $1-p$ 几乎没有影响，因为 p 很小。例如，对于 $x=30$，实际值为 0.144 1，而近似值为 0.145 2。近似值表明，如果定义 $\lambda=np$，则对所有的 x 值，有 $f(x+1)\approx f(x)\lambda/(x+1)$，也就是，

$$f(1)=f(0)\lambda,$$

$$f(2)=f(1)\frac{\lambda}{2}=f(0)\frac{\lambda^2}{2},$$

$$f(3)=f(2)\frac{\lambda}{3}=f(0)\frac{\lambda^3}{6},$$
$$\vdots$$

继续这个模式，对所有的 x 可得 $f(x)=f(0)\lambda^x/x!$。为得到 X 的概率函数，需要 $\sum_{x=0}^{\infty}f(x)=1$，从而有

$$f(0)=\frac{1}{\sum_{x=0}^{\infty}\lambda^x/x!}=e^{-\lambda},$$

其中最后一个等式由众所周知的微积分结果可得：

$$e^{\lambda}=\sum_{x=0}^{\infty}\frac{\lambda^x}{x!}, \tag{5.4.1}$$

对于所有的 $\lambda>0$。因此，$f(x)=\frac{e^{-\lambda}\lambda^x}{x!}$，$x=0,1,2,\cdots$，否则 $f(x)=0$，是一个概率函数。◀

例 5.4.1 末尾的二项分布概率函数的近似公式实际上是一个有用的概率函数，可以对许多类似于顾客到达类型的现象进行建模。

定义 5.4.1　泊松分布　设 $\lambda>0$，如果 X 的概率函数如下：

$$f(x\mid\lambda)=\begin{cases}\frac{e^{-\lambda}\lambda^x}{x!}, & x=0,1,2,\cdots,\\ 0, & 其他,\end{cases} \tag{5.4.2}$$

则称随机变量 X 服从均值为 λ 的泊松分布。

在例 5.4.1 的最后，我们证明了式（5.4.2）中的函数实际上是一个概率函数。为了验证分布定义中“均值为 λ”的合理性，我们需要证明均值是 λ。

定理 5.4.1　均值　具有式（5.4.2）的概率函数的分布的均值为 λ。

证明　如果 X 的分布具有概率函数 $f(x\mid\lambda)$，则 $E(X)$ 可由下列无穷级数给出：

$$E(X)=\sum_{x=0}^{\infty}xf(x\mid\lambda)。$$

由于 $x=0$ 时，级数所对应的项为 0，可以将这一项删掉。这样，求和从 $x=1$ 项开始。因此，

$$E(X)=\sum_{x=1}^{\infty}xf(x\mid\lambda)=\sum_{x=1}^{\infty}x\frac{e^{-\lambda}\lambda^x}{x!}=\lambda\sum_{x=1}^{\infty}\frac{e^{-\lambda}\lambda^{x-1}}{(x-1)!}。$$

若在该求和中令 $y=x-1$，则

$$E(X)=\lambda\sum_{y=0}^{\infty}\frac{e^{-\lambda}\lambda^y}{y!}。$$

上式中的和式是 $f(y\mid\lambda)$ 的和，等于 1。因此，$E(X)=\lambda$。■

例 5.4.2　顾客到达　例 5.4.1 中，店主用均值为 $\lambda=3\,600\times0.001\,25=4.5$ 的泊松分布来近似参数为 3 600 和 0.001 25 的二项分布。对于 $x=0,\cdots,9$，表 5.1 给出了二项分布和相应的泊松分布的概率值。

表 5.1 例 5.4.2 中二项分布和泊松分布的概率比较

	x				
	0	1	2	3	4
二项分布	0.011 08	0.049 91	0.112 41	0.168 74	0.189 91
泊松分布	0.011 11	0.049 99	0.112 48	0.168 72	0.189 81
	5	6	7	8	9
二项分布	0.170 94	0.128 19	0.082 37	0.046 30	0.023 13
泊松分布	0.170 83	0.128 12	0.082 37	0.046 33	0.023 17

将一小时的时间划分为 3 600 秒有些武断。店主可以将一小时划分为 7 200 半秒或 14 400 四分之一秒，等等。无论时间划分得多么精细，时间间隔的数量与每个时间间隔的顾客到达速率的乘积始终是 4.5，因为它们全部是基于每小时 4.5 个顾客的速率。店主将到达的顾客数 X 简单地建模为均值为 4.5 的泊松随机变量可能更好，而不是选择任意大小的时间间隔来适应烦琐的二项式计算。X 的泊松模型的缺点是泊松随机变量在任意的大值处有正的概率，而具有参数 n 和 p 的二项随机变量永远不会超过 n。但是，均值为 4.5 的泊松随机变量超过 19 的概率基本上为 0。◀

定理 5.4.2 方差 均值为 λ 的泊松分布的方差也为 λ。

证明 可以用定理 5.4.1 中同样的技巧得到泊松分布的方差。首先，考虑下述期望：

$$E[X(X-1)] = \sum_{x=0}^{\infty} x(x-1)f(x\mid\lambda) = \sum_{x=2}^{\infty} x(x-1)f(x\mid\lambda)$$
$$= \sum_{x=2}^{\infty} x(x-1)\frac{e^{-\lambda}\lambda^{x}}{x!} = \lambda^2\sum_{x=2}^{\infty}\frac{e^{-\lambda}\lambda^{x-2}}{(x-2)!}。$$

若令 $y=x-2$，则

$$E[X(X-1)] = \lambda^2\sum_{y=0}^{\infty}\frac{e^{-\lambda}\lambda^{y}}{y!} = \lambda^2。\tag{5.4.3}$$

由于 $E[X(X-1)]=E(X^2)-E(X)=E(X^2)-\lambda$，由式（5.4.3），得 $E(X^2)=\lambda^2+\lambda$。因此，

$$\mathrm{Var}(X) = E(X^2) - [E(X)]^2 = \lambda。\tag{5.4.4}$$

因此，方差也为 λ。■

定理 5.4.3 矩母函数 均值为 λ 的泊松分布的矩母函数为

$$\psi(t) = e^{\lambda(e^t-1)},\tag{5.4.5}$$

对所有的实数 t。

证明 对每个实数值 t（$-\infty<t<\infty$），有

$$\psi(t) = E(e^{tX}) = \sum_{x=0}^{\infty}\frac{e^{tx}e^{-\lambda}\lambda^{x}}{x!} = e^{-\lambda}\sum_{x=0}^{\infty}\frac{(\lambda e^t)^x}{x!}。$$

由式（5.4.1）可得，对$-\infty<t<\infty$，有

$$\psi(t) = e^{-\lambda}e^{\lambda e^t} = e^{\lambda(e^t-1)}。$$ ■

均值、方差和其他各阶矩都可以由式（5.4.5）给出的矩母函数求得。在此，我们不推导其他各阶矩的值，但利用矩母函数得到泊松分布的下列性质。

定理 5.4.4 如果随机变量 $X_1,\cdots,X_k$ 相互独立，而且 X_i 服从均值为 $\lambda_i(i=1,\cdots,k)$ 的泊松分布，则 $X_1+\cdots+X_k$ 服从均值为 $\lambda_1+\cdots+\lambda_k$ 的泊松分布。

证明 以 $\psi_i(t)$ 表示 $X_i(i=1,\cdots,k)$ 的矩母函数，$\psi(t)$ 表示 $X_1+\cdots+X_k$ 的矩母函数。由于 $X_1,\cdots,X_k$ 相互独立，于是，对于 $-\infty<t<\infty$，有

$$\psi(t)=\prod_{i=1}^{k}\psi_i(t)=\prod_{i=1}^{k}\mathrm{e}^{\lambda_i(\mathrm{e}^t-1)}=\mathrm{e}^{(\lambda_1+\cdots+\lambda_k)(\mathrm{e}^t-1)}。$$

由式（5.4.5）可以看出，矩母函数 $\psi(t)$ 就是均值为 $\lambda_1+\cdots+\lambda_k$ 的泊松分布的矩母函数。因此，$X_1+\cdots+X_k$ 的分布必如定理所述。■

本书后面的附录表中给出不同均值 λ 的泊松分布的概率表。

例 5.4.3 顾客到达 假设例 5.4.1 和例 5.4.2 中的店主所关心的不仅仅是一小时内到达的顾客数，还关心之后的一小时内到达的顾客数量。用 Y 表示第二个小时内到达的顾客数。根据例 5.4.2 结尾的推理，店主可以将 Y 建模为均值为 4.5 的泊松随机变量。他还说，X 和 Y 是相互独立的，因为假设到达人数在不相交的时间段内是独立的。根据定理 5.4.4，$X+Y$ 服从均值为 $4.5+4.5=9$ 的泊松分布。在两小时的时间间隔内至少有 12 名顾客到达本店的概率为多少？可以利用本书后面给出的泊松概率表，见 $\lambda=9$ 一列对应的数值，将 $k=0,\cdots,11$ 对应的数值加起来，然后从 1 减去它们的和；或者从 $k=12$ 加到最后。无论哪一种方法，得到的结果都是 $P(X\geqslant 12)=0.197\,0$。◀

使用泊松分布近似二项分布

例 5.4.1 和例 5.4.2 中，我们说明了均值为 4.5 的泊松分布与参数为 3 600 和 0.001 25 的二项分布的接近程度。我们现在证明该结论的一般情况，即当 n 的值较大，且 p 的值接近 0 时，参数为 n 和 p 的二项分布可以用均值为 np 的泊松分布来近似。

定理 5.4.5 二项分布和泊松分布的近似 对每个整数 n 和任意的 $p(0<p<1)$，设 $f(x|n,p)$ 是参数为 n 和 p 的二项分布的概率函数。设 $f(x|\lambda)$ 为均值为 λ 的泊松分布。设 $\{p_n\}_{n=1}^{\infty}$ 为一列介于 0 到 1 之间的数，满足 $\lim\limits_{n\to\infty}np_n=\lambda$，则

$$\lim_{n\to\infty}f(x\mid n,p_n)=f(x\mid\lambda),$$

对所有的 $x=0,1,\cdots$。

证明 首先，记

$$f(x\mid n,p_n)=\frac{n(n-1)\cdots(n-x+1)}{x!}p_n^x(1-p_n)^{n-x}。$$

然后，令 $\lambda_n=np_n$，则 $\lim\limits_{n\to\infty}\lambda_n=\lambda$。因此，$f(x|n,p_n)$ 可改写为

$$f(x\mid n,p_n)=\frac{\lambda_n^x}{x!}\frac{n}{n}\cdot\frac{n-1}{n}\cdots\frac{n-x+1}{n}\left(1-\frac{\lambda_n}{n}\right)^n\left(1-\frac{\lambda_n}{n}\right)^{-x}。\qquad(5.4.6)$$

对任意的 $x\geqslant 0$，有

$$\lim_{n\to\infty}\frac{n}{n}\cdot\frac{n-1}{n}\cdots\frac{n-x+1}{n}\left(1-\frac{\lambda_n}{n}\right)^{-x}=1。$$

此外，从定理 5.3.3 可以得出

$$\lim_{n\to\infty}\left(1-\frac{\lambda_n}{n}\right)^n=e^{-\lambda}。\tag{5.4.7}$$

由式（5.4.6）可得，对任意的 $x\geqslant 0$，有

$$\lim_{n\to\infty}f(x\mid n,p_n)=\frac{e^{-\lambda}\lambda^x}{x!}=f(x\mid\lambda)。$$ ■

例 5.4.4 概率近似 假设在一个数量很大的总体中，患有某种疾病的比例为 0.01。确定在 200 人的随机组中至少有 4 人患这种疾病的概率。

在这个例子中，可以假设在 200 人的随机组中患病人数的精确分布是参数为 $n=200$ 和 $p=0.01$ 的二项分布。因此，这个分布可以近似为均值 $\lambda=np=2$ 的泊松分布。如果 X 表示具有这种泊松分布的随机变量，则可以从本书后边的泊松分布表中得到 $P(X\geqslant 4)=0.1428$。因此至少有四个人患此病的概率约为 0.142 8，实际值为 0.142 0。 ◀

定理 5.4.5 说明，如果 n 很大且 p 很小，使得 np 接近 λ，则参数为 n 和 p 的二项分布近似于均值为 λ 的泊松分布。回忆定理 5.3.4，表明如果 A 和 B 比 n 大，$A/(A+B)$ 接近 p，则参数为 A，B 和 n 的超几何分布近似于参数为 n 和 p 的二项分布。这两个结果可以合成下面的定理，其证明留到本节习题 17。

定理 5.4.6 超几何分布和泊松分布的近似 设 $\lambda>0$，设 Y 服从均值为 λ 的泊松分布。对于任意的正整数 T，设 A_T, B_T 和 n_T 为整数，满足 $\lim_{T\to\infty}A_T=\infty$，$\lim_{T\to\infty}B_T=\infty$，$\lim_{T\to\infty}n_T=\infty$ 及 $\lim_{T\to\infty}n_TA_T/(A_T+B_T)=\lambda$。设 X_T 服从参数为 A_T, B_T 和 n_T 的超几何分布，则对每一个固定的 $x=0,1,2,\cdots$，有

$$\lim_{T\to\infty}\frac{P(Y=x)}{P(X_T=x)}=1。$$ ■

泊松过程

例 5.4.5 顾客到达 例 5.4.3 中，店主认为每小时内到达的顾客数服从均值为 4.5 的泊松分布。如果店主感兴趣的是半小时或 4 小时 15 分钟的时间段怎么办呢？假设半小时到达的顾客数服从均值为 2.25 的泊松分布是否合理？ ◀

为了确保例 5.4.5 中各种到达人数的分布彼此一致，店主需要考虑顾客到达的整个过程，而不仅仅是几个孤立的时间段。下面的定义给出了整个到达过程的模型，这将允许店主为他所感兴趣的顾客到达数以及其他有用的东西进行建模。

定义 5.4.2 泊松过程 每单位时间速率为 λ 的泊松过程是满足以下两个性质的过程：

（i）在长度为 t 的每个固定时间间隔内的到达事件数服从均值为 λt 的泊松分布；

（ii）每个不相交的时间间隔内的到达事件数是独立的。

如果店主假设顾客按照泊松过程以每小时 4.5 个顾客的速率到达，则例 5.4.5 末尾的问题答案将是“合理”。下面是另一个例子。

例 5.4.6 放射性粒子 假设放射性粒子以平均每分钟三个粒子的速率撞击某个目标符合泊松过程。试确定在特定的两分钟内有 10 个或更多粒子撞击目标的概率。

在泊松过程中，在任何特定的一分钟时间内撞击目标的粒子数服从均值为 λ 的泊松分布。由于任何一分钟内的平均撞击次数为 3，$\lambda=3$。故任意两分钟内的撞击次数 X 服从均

值为6的泊松分布。可从本书最后的泊松分布表中查到 $P(X\geqslant 10)=0.0838$。◀

注：泊松过程的一般性。虽然我们已经根据时间段内的到达数介绍了泊松过程，但泊松过程实际上更一般。例如，泊松过程可用于空间和时间中发生的事件进行建模。泊松过程可用于模拟到达交换机的电话呼叫次数、放射源发射的粒子数、森林中患病的树木棵数或者制成品表面的缺陷数。泊松过程模型流行的原因有两个。首先，该模型计算方便。其次，如果对现象如何发生做出三个合理的假设，则该模型就有数学上的理由。我们将在另一个例子之后详细介绍这三个假设。

例 5.4.7　饮用水中的隐孢子虫　隐孢子虫属于原生生物界，以小卵囊形式出现，摄入后会引起疼痛甚至死亡。偶尔会在公共饮用水中检测到卵囊。浓度低至每五升1个卵囊就足以触发沸水警告。1993年4月，在威斯康星州密尔沃基市爆发的隐孢子虫病期间，成千上万的人患病。不同的供水系统有不同的系统来监测饮用水中原生生物的出现。监测系统的一个问题是监测技术并不是非常敏感。一种流行的技术是大量的水通过一个非常精细的过滤器，然后以识别隐孢子虫卵囊的方式来处理过滤器上捕获的物质，然后监测计数并记录卵囊的数量。即使过滤器上有一个卵囊，它被计数的概率也低至0.1。

假设在特定的供水系统中，卵囊按照泊松分布过程以每升 λ 个卵囊的速率发生。假设过滤系统能够捕获样本中的所有卵囊，但实际上计数系统监测到过滤器上每个卵囊的概率为 p。假设监测计数系统观察到或错过过滤器上的每个卵囊是相互独立的。从 t 升过滤的水中监测到的卵囊数的分布是什么样的呢？

设 Y 表示 t 升水中的卵囊数（所有这些卵囊都进入了过滤器），则 Y 服从均值为 λt 的泊松分布。如果过滤器上的第 i 个卵囊被监测到，则 $X_i=1$，否则 $X_i=0$。如果 $Y=y$，令 X 为监测到的卵囊数，$X=X_1+\cdots+X_y$。以 $Y=y$ 为条件，我们假设 X_i 为独立的、参数为 p 的伯努利随机变量，因此在 $Y=y$ 条件下，X 服从参数为 y 和 p 的二项分布。我们可以使用随机变量的全概率公式（3.6.11），求出 X 的边际分布。对于 $x=0,1,\cdots$，有

$$
\begin{aligned}
f_1(x) &= \sum_{y=0}^{\infty} g_1(x\mid y)f_2(y) \\
&= \sum_{y=x}^{\infty}\binom{y}{x}p^x(1-p)^{y-x}\mathrm{e}^{-\lambda t}\frac{(\lambda t)^y}{y!} \\
&=\mathrm{e}^{-\lambda t}\frac{(p\lambda t)^x}{x!}\sum_{y=x}^{\infty}\frac{[\lambda t(1-p)]^{y-x}}{(y-x)!} \\
&=\mathrm{e}^{-\lambda t}\frac{(p\lambda t)^x}{x!}\sum_{u=0}^{\infty}\frac{[\lambda t(1-p)]^{u}}{u!} \\
&=\mathrm{e}^{-\lambda t}\frac{(p\lambda t)^x}{x!}\mathrm{e}^{\lambda t(1-p)}=\mathrm{e}^{-p\lambda t}\frac{(p\lambda t)^x}{x!}。
\end{aligned}
$$

很容易看出这是均值为 $p\lambda t$ 的泊松分布的概率函数。卵囊计数减少（$1-p$）倍的影响仅仅是将泊松过程的速率从每升 λ 个降低到每升 $p\lambda$ 个。

假设 $\lambda=0.2$ 和 $p=0.1$。要以至少0.9的概率至少监测到一个卵囊，需要过滤多少水？"至少监测到一个卵囊"的概率是1减去"没有监测到任何卵囊"的概率，没有监测到任何卵囊的概率为 $\mathrm{e}^{-p\lambda t}=\mathrm{e}^{-0.02t}$。所以，我们需要足够大的 t，使得 $1-\mathrm{e}^{-0.02t}\geqslant 0.9$，也就是说，

$t \geqslant 115$。一个典型的过程是监测 100 升水，这将有至少监测到一个卵囊的概率 $1-e^{-0.02\times 100}=0.86$。 ◀

泊松过程模型的假设

在下文中，我们将提及时间区间，这些假设同样适用于二维或三维区域的子区域或线性距离的长度。事实上，泊松过程可以用来对可细分为任意小块的任何区域中事件的发生进行建模。有三个假设可得到泊松过程模型。

第一个假设是任何不相交的时间区间中事件出现的次数必须相互独立。例如，即使在特定时间段总机接收到异常大量的电话呼叫，在即将到来的时间段至少接收到一个呼叫的概率保持不变。类似地，即使在异常长的时间段内总机没有接到呼叫，在下一个短的时间段内接到呼叫的概率也保持不变。

第二个假设是在每个非常短的时间段内发生的概率必须与该时间段的长度近似成正比。为了更正式地表述这个条件，我们将使用标准的数学符号来表示：设 $o(t)$ 表示关于 t 的任意函数，具有性质

$$\lim_{t\to 0}\frac{o(t)}{t}=0。\tag{5.4.8}$$

由式（5.4.8）可知，$o(t)$ 是函数，当 $t\to 0$ 时函数值趋于 0，且这个函数必须以比 t 本身更快的速率趋于 0。这种函数的一个例子是 $o(t)=t^{\alpha}$，其中 $\alpha>1$。可以验证这个函数满足式（5.4.8）。第二个假设可以表示如下：存在一个常数 $\lambda>0$，使得对于长度为 t 的每个时间区间，在该时间段内至少发生一次的概率具有 $\lambda t+o(t)$ 的形式。因此，对于每一个非常小的 t 值，在长度为 t 的区间内至少发生一次的概率等于 λt 加上高阶的无穷小量。

第二个假设的结果之一是被观察的过程在整个观察期间必须是平稳的。也就是说，在整个时间段内发生的概率必须相同，既不可能有繁忙的时间区间，在此期间我们预先知道事件可能更频繁；也没有安静的时间区间，在此期间我们事先知道事件可能不太频繁。这种情况反映在这样一个事实中，即相同的常数 λ 表示在整个观察期间的每个时间区间中发生的概率。我们可以将第二个假设放宽，代价就是以更复杂的数学原理，但我们在这里不这样做。

第三个假设是，对于每个非常短的时间区间，在该时间区间内发生两次或多次事件的概率必须是仅发生一次事件的概率的高阶无穷小量。用符号表示，在长度为 t 的时间区间内出现两次或更多次事件的概率必须为 $o(t)$。因此，与在一个小区间内发生一次的概率相比，在该区间内发生两次或多次发生的概率必须可以忽略不计。当然，从第二个假设得出，与不发生的概率相比，在同一区间内发生一次的概率本身可以忽略不计。

在上述三个假设下，可以证明该过程满足速率为 λ 的泊松过程的定义。证明见本节习题 16。

小结

泊松分布常用来对到达计数的数据进行建模，速率为 λ 的泊松过程可用对单位时间内

（或单位面积内）期望速率为 λ 的随机事件发生的次数进行建模。假定在互不相交的时间区间内（或互不相交的区域内）发生的事件数相互独立，且两个甚至更多事件不能在同一时间（或同一地点）发生，则在长度（或面积）为 t 的区间内，事件发生的次数服从均值为 λt 的泊松分布。如果 n 较大，p 较小，则参数为 n 和 p 的二项分布可以用均值为 np 的泊松分布近似。

习题

1. 例 5.4.7 中，设 $\lambda=0.2$，$p=0.1$，计算过滤 100 升水后，至少监测到两个卵囊的概率。
2. 假定在一个给定的周末，在某个特定的十字路口，发生交通事故的次数服从均值为 0.7 的泊松分布。这个周末在这个十字路口至少发生 3 次交通事故的概率为多少？
3. 设某个特定的生产过程生产的一卷布中瑕疵数量服从均值为 0.4 的泊松分布。现随机抽取 5 卷布进行检测，则 5 卷布中有瑕疵的总数至少为 6 的概率为多少？
4. 假定在某本书中，平均每页有 λ 处印刷错误，且出现的错误数服从泊松过程。在特定的某页上没有印刷错误的概率为多少？
5. 设一本书有 n 页，平均每页有 λ 处印刷错误。至少有 m 页上的印刷错误多于 k 的概率为多少？
6. 设某种磁带每 1 000 英尺中平均有 3 处缺陷。一卷 1 200 英尺长的磁带中没有缺陷的概率为多少？
7. 设某个商店平均每小时服务 15 名顾客，在特定的两小时内服务人数多于 20 人的概率为多少？
8. 设随机变量 X_1 和 X_2 相互独立，且 X_i 服从参数为 $\lambda_i(i=1,2)$ 的泊松分布。对于固定的 $k(k=1,2,\cdots)$，在给定 $X_1+X_2=k$ 的条件下，求 X_1 的条件分布。
9. 设某台机器生产的零件总数服从均值为 λ 的泊松分布，所有的零件相互独立，且由该机器生产的每个零件为次品的概率为 p。求由此台机器生产的零件中次品数的边际分布。
10. 在习题 9 中，X 表示该机器生产的零件中的次品数，Y 表示生产的正品数。证明：X 和 Y 相互独立。
11. 利用 5.2 节习题 12 离散分布的众数的定义，求均值为 λ 的泊松分布的众数。
12. 假定在一个特定的人群中，色盲的人所占比例为 0.005。在随机选取的 600 人中，色盲人数不多于一个的概率为多少？
13. 在婴儿出生中，出现三胞胎的概率近似为 0.001。在一所大型医院里，700 个新生婴儿中恰有一个三胞胎的概率为多少？
14. 某航班出售 200 张机票，但飞机上只有 198 个座位。这是因为在机票购买者中，平均有 1%的人不会乘坐该次航班。求乘坐该次航班的所有人均有座位的概率。
15. 设互联网使用者按速率 λ/小时登录某特定网站，但 λ 是未知的。网站维护者认为 λ 服从连续分布，其概率密度函数为：
$$f(\lambda)=\begin{cases}2\mathrm{e}^{-2\lambda}, & \lambda>0,\\ 0, & \text{其他。}\end{cases}$$
X 表示一小时内登录该网站的人数。如果观测到 $X=1$，试求在 $X=1$ 的条件下 λ 的条件概率密度函数。
16. 在此题中，将证明在泊松过程的三条假设下事件的发生确实是按照泊松过程进行的。我们要证明的是对于任意的 t，在长度为 t 的时间间隔内，事件发生的次数服从均值为 λt 的泊松分布。以 X 表示在长度为 t 的时间段内事件发生的次数。证明过程中，可以利用公式（5.4.7）的扩展：
$$\lim_{u\to 0}(1+au+o(u))^{1/u}=\mathrm{e}^{a}, a\text{ 为任意实数。}\tag{5.4.9}$$
a. 对于每个正整数 n，将时间区间 t 分成 n 个互不相交的长度为 t/n 的时间区间。如果在第 i 个时间区间内（$i=1,\cdots,n$）恰有一个事件发生，令 $Y_i=1$。以 A_i 表示第 i 个时间区间内出现两次及两次以上的事件。令 $W_n=\sum_{i=1}^{n}Y_i$。对于每个非负整数 k，证明：$P(X=k)=P(W_n=k)+P(B)$，其中，B 是 $\bigcup_{i=1}^{n}A_i$ 的子集。

b. 证明：$\lim_{n\to\infty}P\left(\bigcup_{i=1}^{n}A_i\right)=0$。提示：只需证明 $P\left(\bigcap_{i=1}^{n}A_i^c\right)=(1+o(u))^{1/u}$，其中 $u=1/n$。

c. 证明：$\lim_{n\to\infty}P(W_n=k)=\mathrm{e}^{-\lambda}(\lambda t)^k/k!$。提示：$\lim_{n\to\infty}n!/[n^k(n-k)!]=1$。

d. 证明：X 服从均值为 λt 的泊松分布。

17. 证明定理 5.4.6。一种方法是使用定理 5.3.4 证明的方法，将其中 n 替换为 n_T。显著不同的证明步骤如下：(i) 你需要证明 B_T-n_T 趋于∞。(ii) 依赖于定理 5.3.3 三个极限需要重写为收敛到 1 的比率。例如，第二个被重写为

$$\lim_{T\to\infty}\left(\frac{B_T}{B_T-n_T+x}\right)^{B_T-n_T+x+1/2}\mathrm{e}^{-n_T+x}=1。$$

你需要其他两个类似的极限。(iii) 无须证明式 (5.3.12)，需证明

$$\lim_{T\to\infty}\frac{n_T^xA_T^xB_T^{n_T-x}}{(A_T+B_T)^{n_T}}=\lambda^x\mathrm{e}^{-\lambda}。$$

18. 设 A_T,B_T 和 n_T 是序列，当 $T\to\infty$时，所有这三个序列趋于∞。证明：$\lim_{T\to\infty}n_TA_T/(A_T+B_T)=\lambda$ 当且仅当 $\lim_{T\to\infty}n_TA_T/B_T=\lambda$。

5.5 负二项分布

前面我们知道，在成功概率为 p 的 n 重伯努利试验中，成功次数服从参数为 n 和 p 的二项分布。经常会考虑这样的试验：试验进行到出现一定次数的成功为止，而不是在固定试验次数中考虑成功出现的次数。比如说，监测一台设备什么时候需要维修，可以让它一直运转到出现一定次数的故障为止，然后再进行维修。直到出现一定次数的成功为止失败总次数的分布属于负二项分布族。

定义和解释

例 5.5.1 有缺陷的零件 假设一台机器生产的零件可以是好的也可以是有缺陷的。如果第 i 个零件有缺陷，则令 $X_i=1$，否则令 $X_i=0$。假设所有零件是否有缺陷相互独立，对所有的 i，都有 $P(X_i=1)=p$。一个检查员观察这台机器生产的零件，直到她发现四个有缺陷的零件为止。设 X 表示在观察到第四个有缺陷零件时观察到好的零件的数量。X 的分布是什么？ ◀

例 5.5.1 中描述的问题是可以观察到伯努利试验序列的一般情况的典型问题。假设有一个无限的伯努利试验序列可用。这两种可能的结果称为成功和失败，p 是成功的概率。在本节中，我们将研究在获得 r 次成功之前失败总次数的分布，其中 r 是一个固定的正整数。

定理 5.5.1 抽样直到达到固定的成功次数 假设有一个无限的伯努利试验序列，每次成功的概率为 p。在第 r 次成功之前失败次数 X 的概率函数如下：

$$f(x\mid r,p)=\begin{cases}\binom{r+x-1}{x}p^r(1-p)^x, & x=0,1,2,\cdots,\\ 0, & \text{其他}。\end{cases}\tag{5.5.1}$$

证明　对于 $n=r,r+1,\cdots$，设 A_n 表示事件“恰好获得 r 次成功所需的试验总次数为 n”。如例 2.2.8 中所解释，当且仅当在前 $n-1$ 次中恰好获得 $r-1$ 次成功、在第 n 次试验中获得第 r 次成功时，事件 A_n 才会发生。由于所有试验都是独立的，因此

$$P(A_n)=\binom{n-1}{r-1}p^{r-1}(1-p)^{(n-1)-(r-1)}p=\binom{n-1}{r-1}p^r(1-p)^{n-r}。\qquad(5.5.2)$$

对于每个 $x(x=0,1,2,\cdots)$，事件“在获得第 r 次成功之前恰好有 x 次失败”与事件“r 次成功所需的试验总次数为 $r+x$”相同。换句话说，如果 X 表示在第 r 次成功之前的失败次数，则 $P(X=x)=P(A_{r+x})$，现在可从式（5.5.2）得到式（5.5.1）。■

定义 5.5.1　负二项分布　如果 X 服从离散分布，概率函数 $f(x|r,p)$ 由式（5.5.1）给出，则称随机变量 X 服从参数为 r 和 p（$r=1,2,\cdots$ 和 $0<p<1$）的负二项分布。

例 5.5.2　有缺陷的零件　根据例 5.5.1 的措辞，有缺陷的零件是成功的，好的零件是失败的。观察到第四个有缺陷的零件时观察到好的零件数 X 的分布是参数为 4 和 p 的负二项分布。◀

几何分布

负二项分布的随机变量最常见的特殊情况是 $r=1$。这是第一次成功之前的失败次数。

定义 5.5.2　几何分布　如果随机变量 X 服从离散分布，概率函数 $f(x|1,p)$ 如下：

$$f(x|1,p)=\begin{cases}p(1-p)^x, & x=0,1,2,\cdots,\\0, & \text{其他。}\end{cases}\qquad(5.5.3)$$

则称随机变量 X 服从参数为 $p(0<p<1)$ 的几何分布。

例 5.5.3　彩票中的三重数　一个常见的彩票游戏中，每天独立地、有放回地从 0 到 9 取 3 个数字。当所有的三位数字相同时，该事件称作三重数，彩票观察者看到这一事件时，经常会很兴奋。如果以 p 表示观察到三重数的概率，X 表示“在第一个三重数出现前，没有出现三重数的天数”，则 X 服从参数为 p 的几何分布。这里很容易看到 $p=0.01$，这是因为每天 1 000 种可能结果中有 10 种不同的三重数。◀

几何分布和负二项分布之间的关系超出了几何分布是负二项分布的特例这一事实。

定理 5.5.2　若随机变量 $X_1,\cdots,X_r$ 独立同分布，且每个 X_i 均服从参数为 p 的几何分布，则 $X_1+\cdots+X_r$ 服从参数为 r 和 p 的负二项分布。

证明　考虑一个无穷的伯努利试验序列，每次成功的概率为 p。如果以 X_1 表示出现第一次成功前失败的次数，则 X_1 服从参数为 p 的几何分布。

出现第一次成功后继续观察伯努利试验，对于 $j=2,3,\cdots$，令 X_j 表示出现 $j-1$ 次成功后至第 j 次成功前失败的次数。由于所有的试验相互独立，每次成功的概率均为 p，则 X_j 服从参数为 p 的几何分布，且随机变量 $X_1,X_2,\cdots$ 相互独立。进而，对于 $r=1,2,\cdots$，$X_1+\cdots+X_r$ 表示恰好出现 r 次成功前失败的总次数。因此，$X_1+\cdots+X_r$ 服从参数为 r 和 p 的负二项分布。■

负二项分布和几何分布的性质

定理 5.5.3　矩母函数　如果随机变量 X 服从参数为 r 和 p 的负二项分布，则 X 的矩

母函数为

$$\psi(t)=\left(\frac{p}{1-(1-p)e^t}\right)^r, t<\ln\left(\frac{1}{1-p}\right)。\tag{5.5.4}$$

参数为 p 的几何分布的矩母函数是式（5.5.4）的特例 $r=1$ 的情况。

证明　令 $X_1,\cdots,X_r$ 是 r 个几何随机变量的随机样本，每个的参数都为 p。我们先出求 X_1 的矩母函数，然后利用定理 4.4.4 和定理 5.5.2 来求出参数为 r 和 p 的负二项分布的矩母函数。

X_1 的矩母函数 $\psi_1(t)$ 为：

$$\psi_1(t)=E(e^{tX_1})=p\sum_{x=0}^{\infty}[(1-p)e^t]^x。\tag{5.5.5}$$

对于满足 $0<(1-p)e^t<1$（即 $t<\ln[1/(1-p)]$）的每个 t，式（5.5.5）中的无穷级数都为有限的和。由初等计算知，对于每个 $\alpha(0<\alpha<1)$，有

$$\sum_{x=0}^{\infty}\alpha^x=\frac{1}{1-\alpha}。$$

因此，对于 $t<\ln[1/(1-p)]$，参数为 p 的几何分布的矩母函数为

$$\psi_1(t)=\frac{p}{1-(1-p)e^t}。\tag{5.5.6}$$

如果随机变量 $X_1,\cdots,X_r$ 中每一个变量的矩母函数均为 $\psi_1(t)$，由定理 4.4.4 可知，$X_1+\cdots+X_r$ 的矩母函数为$[\psi_1(t)]^r$。由定理 5.5.2 知 $X_1+\cdots+X_r$ 服从参数为 r 和 p 的负二项分布，因此可得到 X 的矩母函数为$[\psi_1(t)]^r$，即为式（5.5.4）。■

定理 5.5.4　均值和方差　如果随机变量 X 服从参数为 r 和 p 的负二项分布，则 X 的均值和方差分别为

$$E(X)=\frac{r(1-p)}{p},\quad \mathrm{Var}(X)=\frac{r(1-p)}{p^2}。\tag{5.5.7}$$

在式（5.5.7）中取 $r=1$ 可得参数为 p 的几何分布的均值和方差。

证明　设 X_1 为服从参数为 p 的几何分布，可以通过对式（5.5.5）的矩母函数求导得到 X_1 的均值和方差：

$$E(X_1)=\psi'_1(0)=\frac{1-p}{p},\tag{5.5.8}$$

$$\mathrm{Var}(X_1)=\psi''_1(0)-[\psi'_1(0)]^2=\frac{1-p}{p^2}。\tag{5.5.9}$$

如果 X 服从参数为 r 和 p 的负二项分布，X 可以表示成 r 个独立随机变量的和 $X=X_1+\cdots+X_r$，每个随机变量均与 X_1 具有相同的分布，则由式（5.5.8）和式（5.5.9）可得式（5.5.7）。■

例 5.5.4　彩票中的三重数　例 5.5.3 中，直到我们看到一个三重数为止，没有抽到三重数的天数 X 服从参数为 $p=0.01$ 的几何分布，直到看到第一个三重数的总天数是 $X+1$。因此，直到观察到三重数为止，总天数的数学期望是 $E(X)+1=100$。

现在假设一位彩票玩家在等待三重数的出现，已经等待了 120 天。这样的玩家可能会

从前面的计算中得出结论，“三重数快要出现了”。解决这种说法的最直接方法是在“$X \geq 120$”条件下计算 X 的条件分布。◀

下一个结论表明，例5.5.4末尾的彩票玩家的结论完全错误。不管他等了三重数多长时间，直到三重数出现的剩余时间与他开始等待的时间有同样的几何分布（且有相同的均值）。证明很简单，留作本节习题8。

定理5.5.5　几何分布的无记忆性　设 X 服从参数为 p 的几何分布，$k \geq 0$，则对于所有的整数 $t \geq 0$，有

$$P(X = k + t \mid X \geq k) = P(X = t)。$$ ■

定理5.5.5的直觉如下：将 X 视为一系列伯努利试验中第一次成功之前的失败次数。设 Y 为从第 $k+1$ 次试验开始直到下一次成功的失败次数，则 Y 与 X 具有相同的分布，并且独立于前 k 次试验。因此，以前 k 次试验中发生的任何事情为条件，例如还没有成功，不会影响 Y 的分布——它仍然具有相同的几何分布。在本节习题8中将给出规范的证明。在本节习题13中，可以证明几何分布是唯一具有无记忆性的离散分布。

例5.5.5　彩票中的三重数　例5.5.4中，在前120个没有三重数的试验后，过程基本上重新开始，我们需要的等待时间仍然服从几何分布，直到第一个三重数出现。

在试验开始时，在第一次成功（三重数出现）之前失败（非三重数）次数的期望为 $(1-p)/p$，如式（5.5.8）所示。如果已知前120次试验中有失败的试验，则第一次成功前失败次数的条件期望（给定前120次试验中失败的试验为120次）是 $120+(1-p)/p$。◀

负二项分布定义的推广

运用式（5.3.14）给出的二项式系数的定义，对于每个 $r>0$（不必是整数）和每个满足 $0<p<1$ 的 p，可以将函数 $f(x \mid r,p)$ 看作离散随机变量的概率函数。换言之，对于 $r>0, 0<p<1$，可证得

$$\sum_{x=0}^{\infty} \binom{r+x-1}{x} p^r (1-p)^x = 1。\qquad (5.5.10)$$

小结

对一列成功概率为 p 的独立伯努利试验进行观测，则第 r 次成功前失败的次数服从参数为 r 和 p 的负二项分布。特别地，当 $r=1$ 时，称为参数为 p 的几何分布。第二个参数 p 相同且相互独立的负二项分布的和仍为负二项分布。

习题

1. 考虑例5.5.4中描述的每日彩票的例子。
   a. 计算在特定的两天里都出现三重数的概率。
   b. 设在某一天里观察到三重数的条件下，计算在接下来的一天仍然观察到三重数的概率。
2. 在一系列独立抛掷硬币中，假设每次抛掷出现正面的概率为1/30。
   a. 在出现5次正面前，出现反面次数的期望为多少？

b. 在出现 5 次正面前，出现反面次数的方差为多少？

3. 考虑习题 2 中一系列抛掷硬币的试验。

a. 到出现 5 次正面为止，抛掷次数的期望为多少？

b. 到出现 5 次正面为止，抛掷次数的方差为多少？

4. 设有两个人 A 和 B 试图将篮球投进篮筐。每次投篮，A 成功的概率为 p，他一直投到成功 r 次为止；B 成功的概率为 mp，其中 m 是给定的整数（$m=2,3,\cdots$）且 $mp<1$，他一直投到成功 mr 次为止。

a. 哪个人投篮次数的期望较小？

b. 哪个人投篮次数的方差较小？

5. 设随机变量 $X_1,\cdots,X_k$ 相互独立，且 X_i 服从参数为 r_i 和 $p(i=1,\cdots,k)$ 的负二项分布。证明：$X_1+\cdots+X_k$ 服从参数为 $r=r_1+\cdots+r_k$ 和 p 的负二项分布。

6. 设随机变量 X 服从参数为 p 的几何分布，试求 X 的取值为偶数 $0,2,4,\cdots$ 的概率。

7. 设随机变量 X 服从参数为 p 的几何分布。证明：对于任意非负整数 k，$P(X\geqslant k)=(1-p)^k$。

8. 证明定理 5.5.5。

9. 设一个电子系统包含 n 个元件，它们工作与否相互独立。假定这些元件是串联的，正如 3.7 节习题 5 所描述。设每个元件正常工作一段时间后都会坏掉。最后，对于 $i=1,\cdots,n$，假定每个元件 i 正常工作的周期数是一个离散随机变量，且服从参数为 p_i 的几何分布。试确定整个系统正常工作的周期数的分布。

10. 设 $f(x|r,p)$ 表示参数为 r 和 p 的负二项分布的概率函数；$f(x|\lambda)$ 表示均值 λ 的泊松分布的概率函数，如式（5.4.2）所定义。令 $r\to\infty,p\to1$，且在整个过程中，$r(1-p)$ 保持为常数 λ 不变。证明：对任意固定的非负整数 x，有

$$f(x|r,p)\to f(x|\lambda)。$$

11. 证明：负二项分布的概率函数也可写成下列形式：

$$f(x|r,p)=\begin{cases}\dbinom{-r}{x}p^r[-(1-p)]^x, & x=0,1,2,\cdots,\\ 0, & \text{其他}。\end{cases}$$

提示：利用 5.3 节习题 10。

12. 设一台机器生产出有缺陷的零件的概率为 P，但 P 未知。假设 P 具有连续分布，概率密度函数为：

$$f(p)=\begin{cases}10(1-p)^9, & 0<p<1,\\ 0, & \text{其他}。\end{cases}$$

在给定 $P=p$ 的条件下，设所有的零件相互独立，X 表示直到第一个有缺陷的零件出现前所观察到的没有缺陷的零件数。如果观察到 $X=12$，求 P 的条件概率密度函数。

13. 设 F 为定理 5.5.5 中所述的无记忆性的离散分布的分布函数。对 $x=1,2,\cdots$，定义 $l(x)=\ln[1-F(x-1)]$。

a. 对于所有整数 $t,h>0$，证明：$1-F(h-1)=\dfrac{1-F(t+h-1)}{1-F(t-1)}$。

b. 对每一个整数 $t>0$，证明：$l(t+h)=l(t)+l(h)$。

c. 对每一个整数 $t>0$，证明：$l(t)=tl(1)$。

d. 证明：F 必是一个几何分布的分布函数。

5.6 正态分布

应用最广泛的连续分布是正态分布族。这是我们看到的第一个概率密度函数的积分不能以封闭形式积分出来的分布，因此为了计算正态分布的概率值和分位数，

需要查分布函数表或者运行计算机程序。

正态分布的重要性

例 5.6.1　汽车排放　汽车发动机在燃烧汽油时会排放许多有害污染物。Lorenzen (1980) 研究了46辆汽车发动机排放的各种污染物的数量。一类污染物由氮氧化物组成。图5.1显示了Lorenzen (1980) 报告的46种氮氧化物（以克/英里为单位）的直方图。直方图中的条形的面积等于46次测量样本的比例，这些测量值位于横轴上条形两侧的点之间。例如，第四个条形（横轴从1.0到1.2）的面积为0.870×0.2=0.174，等于8/46，因为有8个测量值位于1.0和1.2之间。当我们想要表达与排放的概率相关的观点时，我们将需要一个分布来模拟排放。可以证明在本节介绍的正态分布族在类似例子中是很有意义的。◀

这一节将讨论和定义正态分布族，是目前为止在统计中最重要的概率分布。正态分布之所以有如此重要的地位，主要有三个原因。

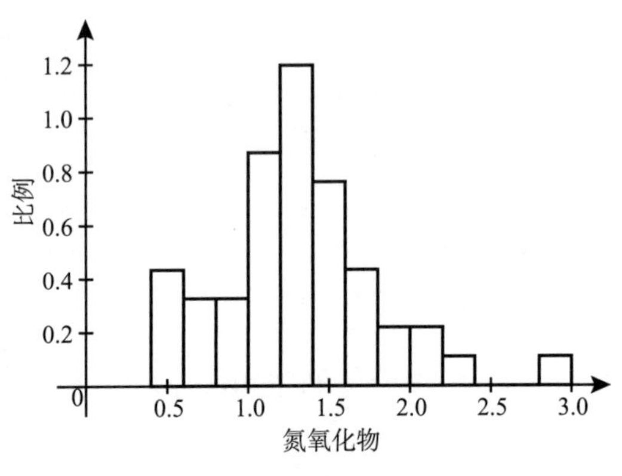

图5.1　例5.6.1中同一驾驶方式下氮氧化物排放（以克/英里为单位）直方图

第一个原因与正态分布的数学性质有直接联系。在本节及本书后面几节中，我们将说明，如果一个随机样本来自正态分布，则各种重要的样本观测值函数的分布都可以被严格推导出来，且形式简单。因此，如果假定随机样本服从正态分布，在数学处理上将非常方便。

第二个原因是许多科学家已经观察到，在各种物理试验中研究的随机变量通常近似服从正态分布。正态分布通常可以作为某些随机变量很好的近似分布，如同类人群的身高或体重，玉米秆的长度或重量，老鼠的身长或体重，或是由某种工序生产的钢的抗拉强度。有时，对观测到的随机变量进行的简单变换也服从正态分布。

正态分布非常重要的第三个原因是中心极限定理，将在6.3节进行介绍和证明。如果一个大的随机样本来自某个分布，即使该分布不近似服从正态分布，中心极限定理的一个结论是：许多重要的样本观测值函数都近似服从正态分布。尤其是，来自任何具有有限方差的分布的大随机样本，随机样本的均值将近似服从正态分布。下一章将专门介绍这些内容。

正态分布的性质

定义 5.6.1　定义和概率密度函数　如果连续随机变量 X 的概率密度函数 $f(x|\mu,\sigma^2)$ $(-\infty<\mu<\infty,\sigma>0)$ 具有如下形式

$$f(x|\mu,\sigma^2)=\frac{1}{\sqrt{2\pi}\sigma}\exp\left[-\frac{1}{2}\left(\frac{x-\mu}{\sigma}\right)^2\right],\ -\infty<x<\infty, \tag{5.6.1}$$

则称 X 服从均值为 μ，方差为 σ^2 的正态分布。

下面来证明由式（5.6.1）定义的函数确实是一个概率密度函数，紧接着证明以式（5.6.1）为概率密度函数的分布的均值和方差确实分别为 μ 和 σ^2。

定理 5.6.1 由式（5.6.1）定义的函数是一个概率密度函数。

证明 显然，该函数是非负的，只需要证明

$$\int_{-\infty}^{\infty} f(x \mid \mu, \sigma^2)\,\mathrm{d}x = 1。 \tag{5.6.2}$$

若令 $y=(x-\mu)/\sigma$，则

$$\int_{-\infty}^{\infty} f(x \mid \mu, \sigma^2)\,\mathrm{d}x = \int_{-\infty}^{\infty} \frac{1}{(2\pi)^{1/2}} \exp\left(-\frac{1}{2}y^2\right)\mathrm{d}y。$$

令

$$I = \int_{-\infty}^{\infty} \exp\left(-\frac{1}{2}y^2\right)\mathrm{d}y。 \tag{5.6.3}$$

接下来，证明 $I=(2\pi)^{1/2}$。由式（5.6.3），可得

$$\begin{aligned} I^2 = I \cdot I &= \int_{-\infty}^{\infty} \exp\left(-\frac{1}{2}y^2\right)\mathrm{d}y \int_{-\infty}^{\infty} \exp\left(-\frac{1}{2}z^2\right)\mathrm{d}z \\ &= \int_{-\infty}^{\infty}\int_{-\infty}^{\infty} \exp\left[-\frac{1}{2}(y^2+z^2)\right]\mathrm{d}y\mathrm{d}z。\end{aligned}$$

将积分中变量 y 和 z 换成极坐标变量 r 和 θ，令 $y=r\cos\theta, z=r\sin\theta$。由于 $y^2+z^2=r^2$，

$$I^2 = \int_0^{2\pi}\int_0^{\infty} \exp\left(-\frac{1}{2}r^2\right) r\mathrm{d}r\mathrm{d}\theta = 2\pi \tag{5.6.4}$$

其中，式（5.6.4）中的内积分可令 $v=r^2/2$，则 $\mathrm{d}v=r\mathrm{d}r$，内积分为

$$\int_0^{\infty} \exp(-v)\,\mathrm{d}v = 1,$$

外积分是 2π。因此，$I=(2\pi)^{1/2}$，式（5.6.2）也得到证明。■

例 5.6.2 汽车排放 考虑例 5.6.1 中描述的汽车发动机。图 5.2 表明图 5.1 的直方图可用带有一定均值和方差的正态概率密度函数进行拟合。虽然概率密度函数与直方图的形状不完全匹配，但它确实对应得非常好。◀

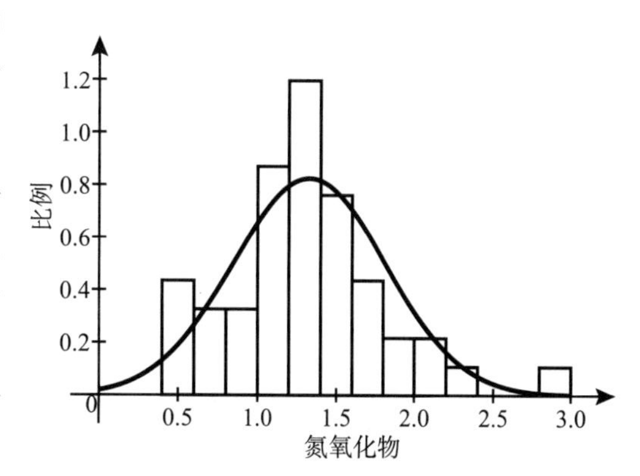

图 5.2 例 5.6.2 氮氧化物排放直方图及匹配的正态概率密度函数

假设连续分布的概率密度函数由式（5.6.1）给出，可以使用分部积分直接验证，这个分布的均值和方差分别为 μ 和 σ^2（见本节习题 26）。我们需要矩母函数，然后对矩母函数求两次导数，可以得到前两阶矩。

定理 5.6.2 矩母函数 由式（5.6.1）定义的概率密度函数，其分布对应的矩母函数为

$$\psi(t) = \exp\left(\mu t + \frac{1}{2}\sigma^2 t^2\right),\ -\infty < t < \infty。 \tag{5.6.5}$$

证明　由矩母函数的定义，有

$$\psi(t)=E(e^{tX})=\int_{-\infty}^{\infty}\frac{1}{(2\pi)^{1/2}\sigma}\exp\left[tx-\frac{(x-\mu)^2}{2\sigma^2}\right]dx。$$

通过将方括号里的项配成完全平方（见本节习题24），可以得到如下关系：

$$tx-\frac{(x-\mu)^2}{2\sigma^2}=\mu t+\frac{1}{2}\sigma^2t^2-\frac{[x-(\mu+\sigma^2t)]^2}{2\sigma^2}。$$

因此，

$$\psi(t)=C\exp\left(\mu t+\frac{1}{2}\sigma^2t^2\right),$$

其中，

$$C=\int_{-\infty}^{\infty}\frac{1}{(2\pi)^{1/2}\sigma}\exp\left\{-\frac{[x-(\mu+\sigma^2t)]^2}{2\sigma^2}\right\}dx。$$

如果用$\mu+\sigma^2t$代替式（5.6.1）中的μ，则由式（5.6.2）知$C=1$。于是，正态分布的矩母函数由式（5.6.5）给出。■

我们现在准备验证均值和方差。

定理5.6.3　均值与方差　*设分布的概率密度函数由式（5.6.1）所定义，则该分布的均值与方差分别为μ和σ^2。*

证明　式（5.6.5）中的矩母函数的一、二阶导数为

$$\psi'(t)=(\mu+\sigma^2t)\exp\left(\mu t+\frac{1}{2}\sigma^2t^2\right),$$

$$\psi''(t)=[(\mu+\sigma^2t)^2+\sigma^2]\exp\left(\mu t+\frac{1}{2}\sigma^2t^2\right)。$$

将$t=0$代入这些导数，可得

$$E(X)=\psi'(0)=\mu,\quad \mathrm{Var}(X)=\psi''(0)-[\psi'(0)]^2=\sigma^2。$$ ■

由于对于所有的t，矩母函数$\psi(t)$都是有限值，因此所有的矩$E(X^k)\,(k=1,2,\cdots)$也都是有限值。

例5.6.3　股票价格变化　股票价格在时间段（长度为u）内变化的常见模型是，经过时间u后，股票的价格为$S_u=S_0\,e^{Z_u}$，其中Z_u服从均值为μu、方差为σ^2u的正态分布。在此公式中，S_0是股票当前价格，σ称作股票价格的波动率。可以通过Z_u的矩母函数ψ计算得到S_u的期望值：

$$E(S_u)=S_0E(e^{Z_u})=S_0\psi(1)=S_0e^{\mu u+\sigma^2u/2}。$$ ◀

正态分布的形状　由式(5.6.1)可以看到，均值为μ、方差为σ^2的正态分布的概率密度函数$f(x|\mu,\sigma^2)$关于点$x=\mu$对称。因此，μ既是分布的均值又是中位数。易知，μ还是该分布的众数，即概率密度函数$f(x|\mu,\sigma^2)$在点$x=\mu$处达到最大值。最后，通过对$f(x|\mu,\sigma^2)$求两次导数，可以发现该函数有两个拐点：$x=\mu+\sigma$，$x=\mu-\sigma$。

概率密度函数$f(x|\mu,\sigma^2)$的图像如图5.3所示，可以看到，该曲线的形状是钟形。然而，不是每个具有钟形的概率密度函数都可以用正态分布来近似。比如，图4.3给出的柯

西分布的概率密度曲线是一个对称的钟形图，与图 5.3 给出的概率密度曲线非常相似。然而，由于柯西分布的任何矩、甚至均值，都不存在，所以柯西分布的概率密度曲线的尾部与正态分布的概率密度曲线的尾部有很大差异。

线性变换 接下来，我们将说明如果随机变量 X 服从正态分布，则 X 的任意线性函数也服从正态分布。

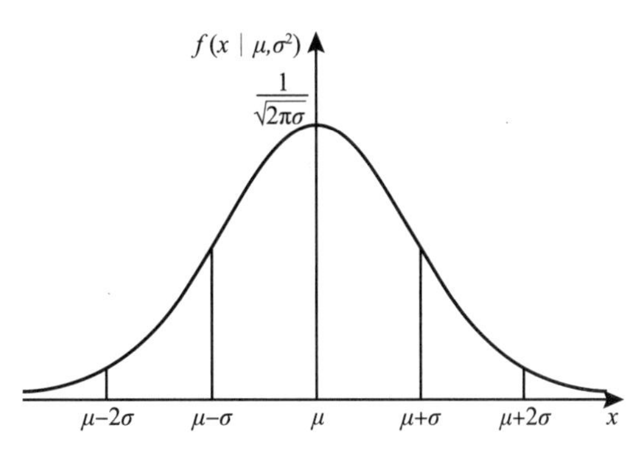

图 5.3 正态分布的概率密度函数

定理 5.6.4 如果随机变量 X 服从均值为 μ、方差为 σ^2 的正态分布，若 $Y=aX+b$，其中 a 和 b 是给定常数，$a\neq 0$，则 Y 服从均值为 $a\mu+b$、方差为 $a^2\sigma^2$ 的正态分布。

证明 X 的矩母函数 ψ 由式（5.6.5）给出，用 ψ_Y 表示 Y 的矩母函数，则

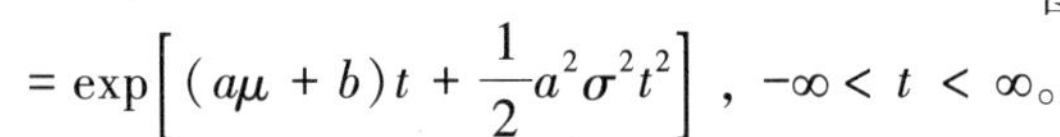

$$\begin{aligned}\psi_Y(t) &= \mathrm{e}^{bt}\psi(at)\\ &= \exp\left[(a\mu+b)t+\frac{1}{2}a^2\sigma^2t^2\right],\ -\infty<t<\infty。\end{aligned}$$

将 ψ_Y 的表达式与由式（5.6.5）给出的正态分布的矩母函数进行比较，可以看到 ψ_Y 是均值为 $a\mu+b$、方差为 $a^2\sigma^2$ 的正态分布的矩母函数。因此 Y 服从正态分布。 ■

标准正态分布

定义 5.6.2 标准正态分布 称均值为 0、方差为 1 的正态分布为标准正态分布。标准正态分布的概率密度函数通常用符号 ϕ 表示，分布函数以 Φ 表示。因此，

$$\phi(x)=f(x\mid 0,1)=\frac{1}{(2\pi)^{1/2}}\exp\left(-\frac{1}{2}x^2\right),\ -\infty<x<\infty \tag{5.6.6}$$

和

$$\Phi(x)=\int_{-\infty}^{x}\phi(u)\mathrm{d}u,\ -\infty<x<\infty, \tag{5.6.7}$$

式（5.6.7）中的 u 表示积分中的虚拟变量。

分布函数 $\Phi(x)$ 不能用初等函数的封闭形式表达出来。因此，标准正态分布或者其他正态分布的概率只能通过近似数值计算或者利用本书后面的附录表给出的 $\Phi(x)$ 值得到。表中只给出 $x\geqslant 0$ 时 $\Phi(x)$ 的值。大部分进行统计分析的软件包都包含计算标准正态分布的分布函数和分位数的功能。知道了 $x\geqslant 0$ 时 $\Phi(x)$ 的函数值和 $0.5<p<1$ 时 $\Phi^{-1}(p)$ 的值足以用来计算任何正态分布的分布函数和分位数函数，如下两个结论所示。

定理 5.6.5 对称性结论 对任意的 x 和 $0<p<1$，有

$$\Phi(-x)=1-\Phi(x),\quad \Phi^{-1}(p)=-\Phi^{-1}(1-p)。 \tag{5.6.8}$$

证明 由于标准正态分布的概率密度函数关于 $x=0$ 对称，可得对于每个 $x(-\infty<x<\infty)$，$P(X\leqslant x)=P(X\geqslant -x)$。又因为 $P(X\leqslant x)=\Phi(x)$，$P(X\geqslant -x)=1-\Phi(-x)$，可得式（5.6.8）中的第一个等式。在第一个式子中令 $x=\Phi^{-1}(p)$，两边取函数 Φ^{-1} 可得第二个式子。 ■

定理 5.6.6 正态分布标准化 设随机变量 X 服从均值为 μ、方差为 σ^2 的正态分布，

F 为 X 的分布函数，则 $Z=(X-\mu)/\sigma$ 服从标准正态分布，且对任意的 x 和 $0<p<1$，有

$$F(x)=\Phi\left(\frac{x-\mu}{\sigma}\right), \tag{5.6.9}$$

$$F^{-1}(p)=\mu+\sigma\Phi^{-1}(p)。 \tag{5.6.10}$$

证明　由定理 5.6.4 可立即得出 $Z=(X-\mu)/\sigma$ 服从标准正态分布，因此，

$$F(x)=P(X\leqslant x)=P\left(Z\leqslant\frac{x-\mu}{\sigma}\right),$$

可得式（5.6.9）。对式（5.6.10），可在式（5.6.9）中令 $p=F(x)$，然后在所得结果中求解 x 即可。■

例 5.6.4　计算正态分布的概率　设 X 服从均值为 5、标准差为 2 的正态分布。现在来确定概率 $P(1<X<8)$ 的值。

令 $Z=(X-5)/2$，则 Z 服从标准正态分布，且

$$P(1<X<8)=P\left(\frac{1-5}{2}<\frac{X-5}{2}<\frac{8-5}{2}\right)=P(-2<Z<1.5)。$$

进一步，

$$\begin{aligned}P(-2<Z<1.5)&=P(Z<1.5)-P(Z\leqslant -2)\\&=\Phi(1.5)-\Phi(-2)\\&=\Phi(1.5)-[1-\Phi(2)]。\end{aligned}$$

根据本书后面的附录表，可以查得 $\Phi(1.5)=0.933\,2$，$\Phi(2)=0.977\,3$。于是，

$$P(1<X<8)=0.910\,5。$$ ◀

例 5.6.5　正态分布的分位数　设工程师收集到例 5.6.1 中汽车排放物的数据，他们对大部分发动机是否产生严重的污染感兴趣。比如说，他们可以计算排放物分布的 0.05 分位数，并断言在被检测的发动机中，有 95%超过这一分位数。以 X 表示某种类型的发动机每英里排放出的氮氧化物平均克数，则工程师可用正态分布来对 X 建模。图 5.2 给出的正态分布中，均值为 1.329，标准差为 0.484 4。则 X 的分布函数 $F(x)=\Phi((x-1.329)/0.484\,4)$，分位数函数为 $F^{-1}(p)=1.329+0.484\,4\,\Phi^{-1}(p)$，其中 Φ^{-1} 是标准正态分布的分位数函数，它可以通过计算机或者查表得到。为了从 Φ 的表中找到 $\Phi^{-1}(p)$，需要在 $\Phi(x)$ 一列找到与 p 最接近的值，然后从 x 一列中找到对应的值。由于表中仅有 $p>0.5$ 的值，可以根据式（5.6.8）来计算 $\Phi^{-1}(0.05)=-\Phi^{-1}(0.95)$。因此，在 $\Phi(x)$ 一列查找 0.95（在 0.949 5 和 0.950 5 中间一半）所对应的 x 值，可得 $x=1.645$（在 1.64 和 1.65 中间一半），可以计算出 $\Phi^{-1}(0.05)=-1.645$。所以，X 的 0.05 分位数为 $1.329+0.484\,4\times(-1.645)=0.532\,2$。◀

正态分布的比较

图 5.4 给出了具有固定的 μ 和三个不同的 $\sigma(\sigma=1/2,1,2)$ 的正态分布的概率密度曲线图像。从图中可以看出，具有较小 σ 值的正态分布概率密度曲线有较高的峰，并且集中在均值 μ 的两侧。然而，具有较大 σ 值的正态分布概率密度曲线相对平坦，且比较平缓地延伸在实数轴上。

一个重要的事实是，每个正态分布在均值附近的一个标准差内具有相同的概率值，在均值附近的两个标准差内也具有相同的概率值，及在均值附近的任何固定的标准差倍数内都具有相同的概率值。一般地，如果 X 服从均值为 μ、方差为 σ^2 的正态分布，Z 服从标准正态分布，则对于 $k>0$，有

$$p_k = P(|X-\mu| \leqslant k\sigma) = P(|Z| \leqslant k)。$$

表 5.2 给出了不同 k 值对应的概率 p_k。通过 Φ 表或者计算机程序可以得到这些概率值。虽然正态分布的概率密度函数在整个实数轴上是正的，但从此表可以看出在均值两侧 4 个标准差区间外的总概率值却是很小的，只有 0.000 06。

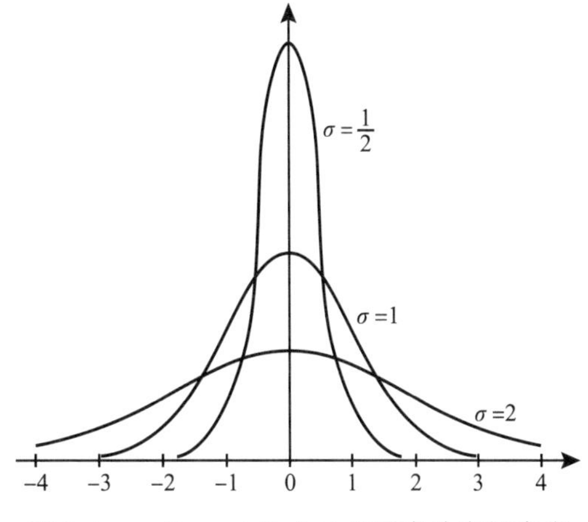

图 5.4　$\mu=0,\sigma=1/2,1,2$ 的正态分布概率密度函数图

表 5.2　正态随机变量在其均值的 k 个标准差内的概率

k	p_k	k	p_k
1	0.682 6	4	0.999 94
2	0.954 4	5	$1-6\times10^{-7}$
3	0.997 4	10	$1-2\times10^{-23}$

正态随机变量的线性组合

在接下来的定理和推论中，我们将证明重要结论：独立且服从正态分布的随机变量的线性组合仍具有正态分布。

定理 5.6.7　如果随机变量 $X_1,\cdots,X_k$ 相互独立，且 $X_i(i=1,\cdots,k)$ 服从均值为 μ_i、方差为 σ_i^2 的正态分布，则 $X_1+\cdots+X_k$ 服从均值为 $\mu_1+\cdots+\mu_k$、方差为 $\sigma_1^2+\cdots+\sigma_k^2$ 的正态分布。

证明　设 $\psi_i(t)(i=1,\cdots,k)$ 表示 X_i 的矩母函数，$\psi(t)$ 表示 $X_1+\cdots+X_k$ 的矩母函数。由于随机变量 $X_1,\cdots,X_k$ 相互独立，则

$$\psi(t)=\prod_{i=1}^{k}\psi_i(t)=\prod_{i=1}^{k}\exp\left(\mu_i t+\frac{1}{2}\sigma_i^2 t^2\right)$$
$$=\exp\left[\left(\sum_{i=1}^{k}\mu_i\right)t+\frac{1}{2}\left(\sum_{i=1}^{k}\sigma_i^2\right)t^2\right],\ -\infty<t<\infty。$$

由式（5.6.5）可知，矩母函数 $\psi(t)$ 是均值为 $\sum_{i=1}^{k}\mu_i$、方差为 $\sum_{i=1}^{k}\sigma_i^2$ 的正态分布的矩母函数。因此，$X_1+\cdots+X_k$ 的分布是上述定理中给出的分布。■

下面的推论是由定理 5.6.4 和定理 5.6.7 共同得到。

推论 5.6.1　如果随机变量 $X_1,\cdots,X_k$ 相互独立，且 $X_i(i=1,\cdots,k)$ 服从均值为 μ_i、方差为 σ_i^2 的正态分布。如果 $a_1,\cdots,a_k$ 和 b 为常数，且 $a_1,\cdots,a_k$ 中至少有一个不等于零，则

随机变量 $a_1X_1+\cdots+a_kX_k+b$ 服从均值为 $a_1\mu_1+\cdots+a_k\mu_k+b$、方差为 $a_1^2\sigma_1^2+\cdots+a_k^2\sigma_k^2$ 的正态分布。■

例 5.6.6　男性和女性的身高　设在某特定总体中女性的身高（以英寸计）服从均值为65、标准差为1的正态分布；男性的身高服从均值为68、标准差为3的正态分布。假定独立地随机选择一个女性和一个男性。下面来确定女性比男性高的概率。

设 W 表示被选中的女性的身高，M 表示被选中的男性的身高，则差值 $W-M$ 服从均值为 $65-68=-3$ 和方差为 $1^2+3^2=10$ 的正态分布。因此，若令

$$Z=\frac{1}{10^{1/2}}(W-M+3),$$

则 Z 服从标准正态分布。从而，

$$\begin{aligned}P(W>M)&=P(W-M>0)\\&=P\left(Z>\frac{3}{10^{1/2}}\right)=P(Z>0.949)\\&=1-\Phi(0.949)=0.171。\end{aligned}$$

于是，女性比男性高的概率为0.171。◀

正态随机变量的随机样本的平均值在许多统计计算中占有重要地位。对于符号，我们从一般的定义开始。

定义 5.6.3　样本均值　设 $X_1,\cdots,X_n$ 为随机变量，则这 n 个随机变量的平均值 $\frac{1}{n}\sum_{i=1}^{n}X_i$ 称为它们的样本均值，通常用 $\overline{X}_n$ 表示。

下面是推论5.6.1的一个简单推论，给出了正态分布的随机样本的样本均值的分布。

推论 5.6.2　设随机变量 $X_1,\cdots,X_n$ 来自均值为 μ、方差为 σ^2 的正态分布的随机样本，以 $\overline{X}_n$ 表示它们的样本均值，则 $\overline{X}_n$ 服从均值为 μ、方差为 σ^2/n 的正态分布。

证明　由于 $\overline{X}_n=\sum_{i=1}^{n}(1/n)X_i$，由推论5.6.1可知，$\overline{X}_n$ 的分布是正态分布，且均值为 $\sum_{i=1}^{n}(1/n)\mu=\mu$，方差为 $\sum_{i=1}^{n}(1/n)^2\sigma^2=\sigma^2/n$。■

例 5.6.7　确定样本量　设一个样本量为 n 的随机样本来自均值为 μ、方差为9的正态总体。（例5.6.6中的男性身高服从 $\mu=68$ 的这种分布。）下面来确定 n 的最小值，使得

$$P(|\overline{X}_n-\mu|\leqslant 1)\geqslant 0.95。$$

由推论5.6.2知，样本均值 $\overline{X}_n$ 服从均值为 μ、标准差为 $3/n^{1/2}$ 的正态分布。因此，若令

$$Z=\frac{n^{1/2}}{3}(\overline{X}_n-\mu),$$

则 Z 服从标准正态分布。此例中，需要选择 n 使得

$$P(|\overline{X}_n-\mu|\leqslant 1)=P\left(|Z|\leqslant\frac{n^{1/2}}{3}\right)\geqslant 0.95。\tag{5.6.11}$$

对于每个正数 x，$P(|Z|\leqslant x)\geqslant 0.95$ 当且仅当 $1-\Phi(x)=P(Z>x)\leqslant 0.025$。利用本书后面的标准正态分布表可知，$1-\Phi(x)\leqslant 0.025$ 当且仅当 $x\geqslant 1.96$。因此，式（5.6.11）中的

不等式成立当且仅当

$$\frac{n^{1/2}}{3} \geqslant 1.96。$$

由于可允许的最小的 n 值为 34.6，所以不等式的样本量至少为 35。◀

例 5.6.8　均值的区间　考虑一个具有正态分布的总体，比如例 5.6.6 中的男性身高。假设我们没有在那个例子中那样给定精确的分布，只是给出了标准差为 3，并未给定均值 μ。如果我们从这个总体中抽取一些男性样本，可以尝试利用他们的身高样本来了解 μ 等于多少。我们将在 8.5 节中讨论一种流行的统计推断形式，可以求出一个包含 μ 的具有给定概率的区间。具体来说，假设从均值为 μ 和标准差为 3 的正态分布中观察一个样本量为 n 的随机样本，则 $\overline{X}_n$ 服从均值为 μ 和标准差为 $3/n^{1/2}$ 的正态分布，如例 5.6.7 所示。同样，我们可以定义

$$Z = \frac{n^{1/2}}{3}(\overline{X}_n - \mu),$$

它服从标准正态分布。因此

$$0.95 = P(|Z| < 1.96) = P\left(|\overline{X}_n - \mu| < 1.96\frac{3}{n^{1/2}}\right)。\quad (5.6.12)$$

易证

$$|\overline{X}_n - \mu| < 1.96\frac{3}{n^{1/2}}$$

当且仅当

$$\overline{X}_n - 1.96\frac{3}{n^{1/2}} < \mu < \overline{X}_n + 1.96\frac{3}{n^{1/2}}。\quad (5.6.13)$$

式（5.6.13）中的两个不等式成立当且仅当区间

$$\left(\overline{X}_n - 1.96\frac{3}{n^{1/2}}, \overline{X}_n + 1.96\frac{3}{n^{1/2}}\right)\quad (5.6.14)$$

包含 μ 的值。这是因为由式（5.6.12）可得区间（5.6.14）中包含 μ 的概率为 0.95。现假设样本量为 $n=36$，则区间（5.6.14）中的一半长度为 $(1.96\times3)/36^{1/2}=0.98$。在观察到 $\overline{X}_n$ 之前，我们不知道区间的端点。然而，我们现在知道，区间 $(\overline{X}_n-0.98,\overline{X}_n+0.98)$ 包含 μ 的概率为 0.95。◀

对数正态分布

用正态分布拟合随机变量的对数非常普遍。由于这个原因，在作对数变换之前的随机变量的分布有一个特定的名称。

定义 5.6.4　对数正态分布　*如果 $\ln(X)$ 服从均值为 μ、方差为 σ^2 的正态分布，则称 X 服从参数为 μ 和 σ^2 的对数正态分布。*

例 5.6.9　滚珠轴承的失效时间　有些产品容易磨损和破损，所以为了估算其有效使用寿命，经常对它们的耐磨性进行检测。Lawless（1982，例 5.2.2）描述了 Lieblein 和 Zelen（1956）取得的数据，该数据是对 23 个滚珠轴承在破裂前进行的成百万计的转数的

测量。对数正态分布是一个拟合失效时间非常有用的模型。图5.5给出23个滚珠轴承使用寿命的直方图，及根据该数据拟合出的具有一定参数的对数正态分布概率密度曲线。图5.5中直方图中条形的面积与位于横轴上条形两侧的点之间的样本比例相等。假定工程师感兴趣的是想知道一个滚珠轴承有90%的机会失效需要等待多长时间，则只要得到寿命分布的0.9分位数。以X表示一个滚珠轴承的失效时间。图5.5绘制的X服从参数为4.15和0.5334^2的对数正态分布。则X的分布函数为$F(x)=\Phi([\ln(x)-4.15]/0.5334)$，分位数函数为

$$F^{-1}(p)=e^{4.15+0.5334\Phi^{-1}(p)},$$

其中Φ^{-1}表示标准正态分布的分位数函数。当$p=0.9$时，$\Phi^{-1}(0.9)=1.28$，$F^{-1}(0.9)=125.6$。◀

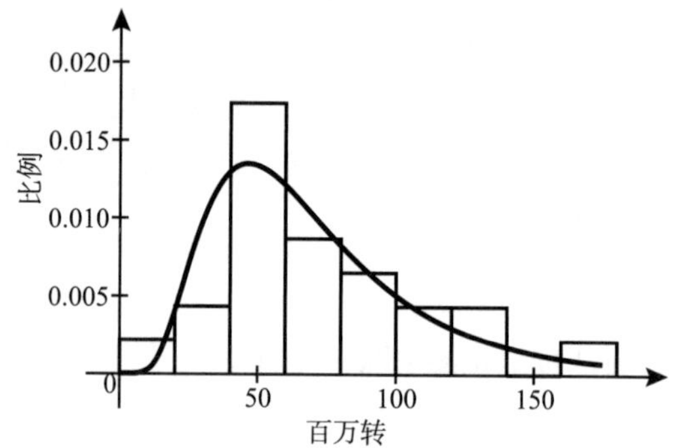

图5.5　例5.6.9中滚珠轴承寿命的直方图及拟合的对数正态概率密度曲线

根据正态分布的矩母函数，很容易得到对数正态随机变量的各阶矩。若$Y=\ln(X)$服从均值为μ、方差为σ^2的正态分布，则Y的矩母函数为$\psi(t)=\exp(\mu t+0.5\sigma^2t^2)$。但是，$\psi$的定义为$\psi(t)=E(e^{tY})$。由于$Y=\ln(X)$，有

$$\psi(t)=E(e^{tY})=E(e^{t\ln(X)})=E(X^t)。$$

对所有的实数t，有$E(X^t)=\psi(t)$，X的均值和方差为

$$E(X)=\psi(1)=\exp(\mu+0.5\sigma^2),$$
$$\mathrm{Var}(X)=\psi(2)-\psi(1)^2=\exp(2\mu+\sigma^2)[\exp(\sigma^2)-1]。\tag{5.6.15}$$

例5.6.10　股票和期权价格　考虑例5.6.3描述的股票，它当前的价格为S_0，经过时间u后，股票的价格为$S_u=S_0e^{Z_u}$，其中Z_u服从均值为μu、方差为σ^2u的正态分布。注意到$S_0e^{Z_u}=e^{Z_u+\ln(S_0)}$，$Z_u+\ln(S_0)$服从均值为$\mu u+\ln(S_0)$、方差为$\sigma^2u$的正态分布，从而$S_u$服从参数为$\mu u+\ln(S_0)$和$\sigma^2u$的对数正态分布。

Black和Scholes（1973）假定股票价格服从对数正态分布，得到了股票期权定价的公式。在这个例子接下来的部分，考虑单一时段u，将股票的价格写为$S_u=S_0e^{\mu u+\sigma u^{1/2}Z}$，其中$Z$服从标准正态分布。假设我们要对在将来某个特定时间$u$以确定价格$q$购买一份该股票的期权定价。如例4.1.14所述，我们使用风险中性定价法。也就是说，使$E(S_u)$的现值等于S_0。如果u以年为单位计量，每年的无风险利率为r，则$E(S_u)$的现值为$e^{-ru}E(S_u)$。（这里假定是连续复利，而不是例4.1.14的单利，将在本节习题25中来考查连续复利的影响。）但$E(S_u)=S_0e^{\mu u+\sigma^2u/2}$。用风险中性定价时，令$S_0=e^{-ru}S_0e^{\mu u+\sigma^2u/2}$，得到$\mu=r-\sigma^2/2$。

现在确定特定期权的价格。在时刻u处，期权价值为$h(S_u)$，其中

$$h(s)=\begin{cases}s-q, & s>q,\\ 0, & 其他。\end{cases}$$

现在，令$\mu=r-\sigma^2/2$，容易看到$h(S_u)>0$当且仅当

$$Z > \frac{\ln\left(\frac{q}{S_0}\right) - (r - \sigma^2/2)u}{\sigma u^{1/2}}。 \tag{5.6.16}$$

把式（5.6.16）中右边视为常数 c。期权的风险中性价格是 $E[h(S_u)]$ 的现值，它等于

$$e^{-ru}E[h(S_u)] = e^{-ru}\int_c^{\infty}[S_0 e^{(r-\sigma^2/2)u+\sigma u^{1/2}z} - q]\frac{1}{(2\pi)^{1/2}}e^{-z^2/2}dz。 \tag{5.6.17}$$

为了计算式（5.6.17）的积分，需在 $-q$ 处把被积函数分成两部分。第二部分积分可看成正态分布概率密度函数的常数倍，也就是说

$$-e^{-ru}q\int_c^{\infty}\frac{1}{(2\pi)^{1/2}}e^{-z^2/2}dz = -e^{-ru}q[1-\Phi(c)]。$$

式（5.6.17）中第一部分积分为

$$e^{-\sigma^2 u/2}S_0\int_c^{\infty}\frac{1}{(2\pi)^{1/2}}e^{-z^2/2+\sigma u^{1/2}z}dz。$$

它可以通过配方法变成正态概率密度函数乘以一个常数的积分（见本节习题 24）。完全平方后的结果为：

$$e^{-\sigma^2 u/2}S_0\int_c^{\infty}\frac{1}{(2\pi)^{1/2}}e^{-(z-\sigma u^{1/2})^2/2+\sigma^2 u/2}dz = S_0[1-\Phi(c-\sigma u^{1/2})]。$$

最后，把两部分积分合起来就是期权价格，并利用 $1-\Phi(x)=\Phi(-x)$，得

$$S_0\Phi(\sigma u^{1/2}-c) - qe^{-ru}\Phi(-c)。 \tag{5.6.18}$$

这是著名的 Black-Scholes 期权定价公式。举个简单的例子，设 $q=S_0, r=0.06$（6%的利率），$u=1$（一年期），$\sigma=0.1$。由式（5.6.18）可知，期权价格为 $0.074\,6S_0$。如果 S_u 的分布不同于这里所用的，则可用模拟技巧（见 12 章）来计算期权价格。 ◀

在本节习题 17 中可以求得对数正态分布的概率密度函数。由标准正态分布的分布函数 Φ 很容易得到对数正态分布的分布函数。设 X 服从参数为 μ 和 σ^2 的对数正态分布，则

$$P(X \leqslant x) = P(\ln(X) \leqslant \ln(x)) = \Phi\left(\frac{\ln(x)-\mu}{\sigma}\right)。$$

本节前面关于正态随机变量线性组合的结论可以变成对数正态随机变量幂的乘积的结论。独立正态随机变量和的结论可以变成独立对数正态随机变量乘积的结论。

小结

本节介绍了正态分布族。每个正态分布的参数是分布的均值和方差。独立正态随机变量的线性组合仍服从正态分布，其均值为它们均值的线性组合，方差由推论 4.3.1 所确定。特别地，如果随机变量 X 服从均值为 μ、方差为 σ^2 的正态分布，则 $(X-\mu)/\sigma$ 服从标准正态分布（均值为 0，方差为 1）。可以通过查表或者计算机程序得到标准正态分布的概率和分位数，而一般正态分布的概率和分位数需要通过标准正态分布的概率和分位数得到。比如说，若 X 服从均值为 μ、方差为 σ^2 的正态分布，则 X 的分布函数为 $F(x)=\Phi((x-\mu)/\sigma)$，$X$ 的分位数函数为 $F^{-1}(p)=\mu+\Phi^{-1}(p)\sigma$，其中 Φ 为标准正态分布的分布函数。

习题

1. 求出标准正态分布的0.5，0.25，0.75，0.1，0.9分位数。
2. 设X服从均值为1、方差为4的正态分布，试求下列概率值：

   a. $P(X \leqslant 3)$　　b. $P(X > 1.5)$

   c. $P(X = 1)$　　d. $P(2 < X < 5)$

   e. $P(X \geqslant 0)$　　f. $P(-1 < X < 0.5)$

   g. $P(|X| \leqslant 2)$　　h. $P(1 \leqslant -2X + 3 \leqslant 8)$
3. 如果在某一特定地点的温度（以华氏度计量）服从正态分布，均值为68华氏度，标准差为4华氏度。试求：以摄氏度计量同一地点温度的分布。
4. 在习题3中，计算以华氏度计量的温度的0.25和0.75分位数。
5. 设X_1, X_2, X_3为存储芯片寿命，它们是相互独立的。假定每个X_i服从均值为300小时、标准差为10小时的正态分布。计算至少有一个存储芯片的寿命不小于290小时的概率。
6. 如果随机变量X的矩母函数为$\psi(t) = e^{t^2}, -\infty < t < \infty$。求$X$的分布。
7. 设在某电路中测定的电压服从均值为120、标准差为2的正态分布。若进行了三次独立的电压测量，则三次测量值都在116和118之间的概率为多少？
8. 计算积分$\int_0^{\infty} e^{-3x^2} dx$。
9. 一直杆由A，B，C三节连接而成，每一节由不同的机器生产。A节的长度（以英寸计）服从均值为20、方差为0.04的正态分布；B节的长度（以英寸计）服从均值为14、方差为0.01的正态分布；C节的长度（以英寸计）服从均值为26、方差为0.04的正态分布。如图5.6所示，将三节连接起来，每两节之间都有2英寸重叠。如果该杆的总长度（以英寸计）在55.7至56.3之间，则可用于建造机翼。计算该杆可被利用的概率。

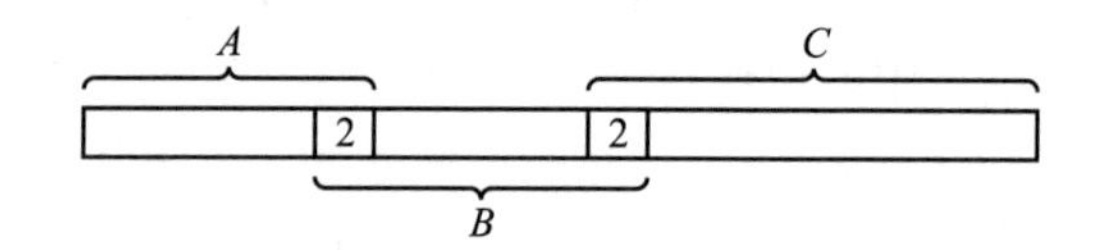

图5.6　习题9中杆的截面

10. 样本量为25的随机样本来自均值为μ、标准差为2的正态总体。样本均值在μ的一个单位邻域内的概率为多少？
11. 设一样本量为n的随机样本来自均值为μ、标准差为2的正态总体。求使下述不等式成立的最小的n值：

$$P(|\overline{X}_n - \mu| < 0.1) \geqslant 0.9。$$

12. a. 根据本书后面的附录表画出标准正态分布的分布函数Φ的图形。

    b. 根据a画出的正态分布函数图，画出均值为-2、标准差为3的正态分布的分布函数图。
13. 设一个大箱子里螺栓的直径服从均值为2厘米、标准差为0.03厘米的正态分布。假定另一个大箱子里螺母孔的直径服从均值为2.02厘米、标准差为0.04厘米的正态分布。如果螺母孔的直径比螺栓的直径大但又不大于0.05厘米，则螺母与螺栓可以互相匹配。如果随机选取一个螺母和一个螺栓，则它们可以匹配的概率为多少？
14. 设在某次高等数学考试中，来自A大学的学生考试分数服从均值为625、方差为100的正态分布，来自B大学的学生考试分数服从均值为600、方差为150的正态分布。如果有2个A大学学生、3个B

大学的学生参加该次考试，则来自 A 大学的 2 个学生的平均成绩高于来自 B 大学的 3 个学生的平均成绩的概率为多少？提示：确定两个平均成绩之差的分布。

15. 假定在某特定人群中，有 10%的人患有青光眼疾病。对患有青光眼疾病的人来说，其眼压的测量值服从均值为 25、方差为 1 的正态分布。对未患有青光眼疾病的人来说，其眼压的测量值服从均值为 20、方差为 1 的正态分布。假定从该人群中随机选取一个人，并测量其眼压。
    a. 在给定 $X=x$ 的条件下，确定此人患有青光眼疾病的条件概率。
    b. x 为何值时，a 中的条件概率大于 1/2？
16. 设两随机变量 X 和 Y 的联合概率密度函数为
$$f(x,y) = \frac{1}{2\pi}e^{-(1/2)(x^2+y^2)},\ -\infty < x < \infty,\ -\infty < y < \infty。$$
    求概率 $P(-\sqrt{2}<X+Y<2\sqrt{2})$ 的值。
17. 设随机变量 X 服从参数为 μ 和 σ^2 的对数正态分布。求 X 的概率密度函数。
18. 设随机变量 X 和 Y 相互独立，且均服从标准正态分布。证明：X/Y 服从柯西分布。
19. 假定某系统中由一个装置产生的压力测量值 X 服从均值为 μ、方差为 1 的正态分布，其中 μ 为真实压力值。设真实压力值 μ 未知，但在区间 [5, 15] 上服从均匀分布。若观测到 $X=8$ 的条件下，求 μ 的条件概率密度函数。
20. 设 X 服从参数为 3 和 1.44 的对数正态分布。求 $X\leqslant 6.05$ 的概率值。
21. 设随机变量 X 和 Y 相互独立，且 $\ln(X)$ 服从均值为 1.6、方差为 4.5 的正态分布，$\ln(Y)$ 服从均值为 3、方差为 6 的正态分布，求乘积 XY 的分布。
22. 设 X 服从参数为 μ 和 σ^2 的对数正态分布，求 $1/X$ 的分布。
23. 设 X 服从参数为 4.1 和 8 的对数正态分布，求 $3X^{1/2}$ 的分布。
24. 本节中多次使用配方法。这种方法是把几个二次多项式和线性多项式变成一个完全平方项加上一个常数。证明下述等式，该等式是配平方的一般形式：
$$\sum_{i=1}^{n} a_i(x-b_i)^2 + cx$$
$$= \left(\sum_{i=1}^{n} a_i\right)\left(x - \frac{\sum_{i=1}^{n} a_i b_i - c/2}{\sum_{i=1}^{n} a_i}\right)^2 + \sum_{i=1}^{n} a_i\left(b_i - \frac{\sum_{i=1}^{n} a_i b_i}{\sum_{i=1}^{n} a_i}\right)^2 +$$
$$\left(\sum_{i=1}^{n} a_i\right)^{-1}\left(c\sum_{i=1}^{n} a_i b_i - c^2/4\right)$$
    假设 $\sum_{i=1}^{n} a_i \neq 0$。
25. 例 5.6.10 中，考虑连续复利的影响。假定 u 年中 S_0 美元以每年利率 r 连续复利。证明：在 u 年末，本金加利息的值为 $S_0\,e^{ru}$。提示：设利率在长度为 u/n 年的区间复利 n 次。在 n 个时间区间的每个区间末，本金被扩大 $1+ru/n$ 倍。令 $n\to\infty$，便得到结果。
26. 设 X 服从正态分布，其密度函数由式（5.6.6）给出。不使用矩母函数，使用分部积分计算 X 的方差。

5.7 伽马分布

伽马分布族是随机变量取值为正的一种常见模型。指数分布族是伽马分布族中的一类特殊子分布族。泊松过程中，相邻事件发生的时间服从指数分布。伽马函数与伽马分布相联系，它将整数的阶乘推广到所有正数。

伽马函数

例 5.7.1 灯泡寿命的均值和方差 假设我们将灯泡的寿命建模为连续随机变量，其概率密度函数为：

$$f(x)=\begin{cases}e^{-x}, & x>0,\\ 0, & 其他。\end{cases}$$

如果我们想计算这个寿命的均值和方差，我们需要计算以下积分：

$$\int_0^{\infty} x e^{-x} dx, \int_0^{\infty} x^2 e^{-x} dx。\tag{5.7.1}$$

这些积分是我们接下来要研究的一个重要函数的特例。 ◀

定义 5.7.1 伽马函数 对于每个正数 α，令 $\Gamma(\alpha)$ 的值由下述积分定义：

$$\Gamma(\alpha)=\int_0^{\infty} x^{\alpha-1} e^{-x} dx。\tag{5.7.2}$$

对于 $\alpha>0$，称由式（5.7.2）定义的函数 Γ 为伽马函数。

作为一个例子，

$$\Gamma(1)=\int_0^{\infty} e^{-x} dx = 1。\tag{5.7.3}$$

下面的结论和式（5.7.3）表明，对每个 $\alpha>0$ 的值，$\Gamma(\alpha)$ 的值都是有限的。

定理 5.7.1 如果 $\alpha>1$，则

$$\Gamma(\alpha)=(\alpha-1)\Gamma(\alpha-1)。\tag{5.7.4}$$

证明 我们用分部积分的方法证明式（5.7.2）。如果令 $u=x^{\alpha-1}, dv=e^{-x}dx$，则 $du=(\alpha-1)x^{\alpha-2}dx, v=-e^{-x}$。因此，

$$\begin{aligned}\Gamma(\alpha)&=\int_0^{\infty} u dv=(uv)_0^{\infty}-\int_0^{\infty} v du\\ &=(-x^{\alpha-1}e^{-x})_{x=0}^{\infty}+(\alpha-1)\int_0^{\infty} x^{\alpha-2}e^{-x}dx\\ &=0+(\alpha-1)\Gamma(\alpha-1)。\end{aligned}$$

■

对整数值的 α，伽马函数有个简单的表达式。

定理 5.7.2 对于每个正整数 n，有

$$\Gamma(n)=(n-1)!。\tag{5.7.5}$$

证明 由定理 5.7.1，对于每个 $n\geqslant 2$ 的整数，有

$$\begin{aligned}\Gamma(n)&=(n-1)\Gamma(n-1)=(n-1)(n-2)\Gamma(n-2)\\ &=(n-1)(n-2)\cdots 1\cdot\Gamma(1)\\ &=(n-1)!\ \Gamma(1)。\end{aligned}$$

并且，由式（5.7.3）知 $\Gamma(1)=1=0!$，结论得证。 ■

例 5.7.2 灯泡寿命的均值和方差 式（5.7.1）中的两个积分分别为 $\Gamma(2)=1!=1$ 和 $\Gamma(3)=2!=2$。由此得出每个灯泡的寿命的均值为 1，方差为 $2-1^2=1$。 ◀

在许多统计应用中，当 α 为正整数或对于某个正整数 n 具有 $\alpha=n+(1/2)$ 的形式时，可

以计算$\Gamma(\alpha)$的值。由式（5.7.4）可知，对于每个正整数n，有

$$\Gamma\left(n+\frac{1}{2}\right)=\left(n-\frac{1}{2}\right)\left(n-\frac{3}{2}\right)\cdots\left(\frac{1}{2}\right)\Gamma\left(\frac{1}{2}\right)。\tag{5.7.6}$$

因此，如果能确定$\Gamma\left(\frac{1}{2}\right)$的值，就能确定$\Gamma\left(n+\frac{1}{2}\right)$的值。

由式（5.7.2），知

$$\Gamma\left(\frac{1}{2}\right)=\int_0^{\infty}x^{-1/2}e^{-x}dx。$$

如果在上述积分中令$x=(1/2)y^2$，则$dx=ydy$，且

$$\Gamma\left(\frac{1}{2}\right)=2^{1/2}\int_0^{\infty}\exp\left(-\frac{1}{2}y^2\right)dy。\tag{5.7.7}$$

由于标准正态分布的概率密度函数在整个定义区间上的积分等于1，故

$$\int_{-\infty}^{\infty}\exp\left(-\frac{1}{2}y^2\right)dy=(2\pi)^{1/2}。\tag{5.7.8}$$

因为式（5.7.8）中的被积函数是关于$y=0$对称的，从而有

$$\int_0^{\infty}\exp\left(-\frac{1}{2}y^2\right)dy=\frac{1}{2}(2\pi)^{1/2}=\left(\frac{\pi}{2}\right)^{1/2}。$$

由式（5.7.7）可得

$$\Gamma\left(\frac{1}{2}\right)=\pi^{1/2}。\tag{5.7.9}$$

比如说，由式（5.7.6）和式（5.7.9），可得

$$\Gamma\left(\frac{7}{2}\right)=\left(\frac{5}{2}\right)\left(\frac{3}{2}\right)\left(\frac{1}{2}\right)\pi^{1/2}=\frac{15}{8}\pi^{1/2}。$$

在介绍伽马分布之前，我们给出两个有用的结论。

定理 5.7.3　对于任意的$\alpha>0,\beta>0$，有

$$\int_0^{\infty}x^{\alpha-1}\exp(-\beta x)dx=\frac{\Gamma(\alpha)}{\beta^{\alpha}}。\tag{5.7.10}$$

证明　令$y=\beta x$，做变量替换，则$x=y/\beta$，$dx=dy/\beta$，可由式（5.7.2）易得结论。■

对于伽马函数，下面是斯特林公式（定理1.7.5）的一个变形，在此我们不给出证明。

定理 5.7.4　斯特林公式

$$\lim_{x\to\infty}\frac{(2\pi)^{1/2}x^{x-1/2}e^{-x}}{\Gamma(x)}=1。$$ ■

例 5.7.3　排队中的服务时间　对于$i=1,\cdots,n$，假设队列中的顾客i必须等待时间X_i才能到达队列前边。设Z为服务于顾客的平均速率。这种情况的典型概率模型是，在已知$Z=z$条件下，$X_1,\cdots,X_n$独立同分布，条件概率密度函数为$g_1(x_i|z)=z\exp(-zx_i)$，$x_i>0$。假设Z的分布未知，概率密度函数为$f_2(z)=2\exp(-2z),z>0$。故$X_1,\cdots,X_n,Z$的联合概率密度函数为

$$f(x_1,\cdots,x_n,z)=\prod_{i=1}^{n}g_1(x_i\mid z)f_2(z)$$
$$=2z^n\exp(-z(2+x_1+\cdots+x_n)),\tag{5.7.11}$$

对 $z,x_1,\cdots,x_n>0$，否则为 0。为计算 $X_1,\cdots,X_n$ 的边际联合分布，需要上述联合概率密度函数关于 z 积分。令 $\alpha=n+1,\beta=2+x_1+\cdots+x_n$，利用定理 5.7.3 和定理 5.7.2 对式（5.7.11）中的函数进行积分，结果是

$$\int_0^{\infty}f(x_1,\cdots,x_n,z)\,\mathrm{d}z=\frac{2(n!)}{\left(2+\sum_{i=1}^{n}x_i\right)^{n+1}},\tag{5.7.12}$$

对所有的 $x_i>0$，否则为 0。这与例 3.7.5 的联合概率密度函数相同。◀

伽马分布

例 5.7.4　排队中的服务时间　例 5.7.3 中，假设我们观察 n 个顾客的服务时间，想求服务于顾客的平均速率 Z 的条件分布。我们可以将式（5.7.11）中 $X_1,\cdots,X_n,Z$ 的联合概率密度函数除以式（5.7.12）中 $X_1,\cdots,X_n$ 的概率密度函数，这样很容易得到在 $X_1=x_1,\cdots,X_n=x_n$ 的条件下 Z 的条件概率密度函数 $g_2(z\mid x_1,\cdots,x_n)$。通过定义 $y=2+\sum_{i=1}^{n}x_i$ 可将计算简化。可以得到

$$g_2(z\mid x_1,\cdots,x_n)=\begin{cases}\dfrac{y^{n+1}}{n!}\mathrm{e}^{-yz}, & z>0,\\ 0, & \text{其他。}\end{cases}$$
◀

类似于例 5.7.4 末尾的概率密度函数就是下面要定义的一类常用的概率密度函数族。

定义 5.7.2　伽马分布　设 $\alpha>0$，$\beta>0$，如果连续随机变量 X 的概率密度函数具有下述形式：

$$f(x\mid\alpha,\beta)=\begin{cases}\dfrac{\beta^{\alpha}}{\Gamma(\alpha)}x^{\alpha-1}\mathrm{e}^{-\beta x}, & x>0,\\ 0, & x\leqslant 0,\end{cases}\tag{5.7.13}$$

称 X 服从参数为 α 和 β 的伽马分布。

根据定理 5.7.3 很容易得到概率密度函数（5.7.13）在整个区间上的积分等于 1。

例 5.7.5　排队中的服务时间　例 5.7.4 中，我们很容易将条件概率密度函数看成参数为 $\alpha=n+1$ 和 $\beta=y$ 的伽马分布的概率密度函数。◀

如果 X 服从伽马分布，由式（5.7.13）和式（5.7.10）可以很容易得到 X 的各阶矩。

定理 5.7.5　各阶矩　设 X 服从参数为 α 和 β 的伽马分布，对于 $k=1,2,\cdots$，有

$$E(X^k)=\frac{\Gamma(\alpha+k)}{\beta^k\Gamma(\alpha)}=\frac{\alpha(\alpha+1)\cdots(\alpha+k-1)}{\beta^k}。$$

特别地，$E(X)=\dfrac{\alpha}{\beta},\mathrm{Var}(X)=\dfrac{\alpha}{\beta^2}$。

证明 对于 $k=1,2,\cdots$，有

$$E(X^k)=\int_0^\infty x^k f(x\mid\alpha,\beta)\,\mathrm{d}x=\frac{\beta^\alpha}{\Gamma(\alpha)}\int_0^\infty x^{\alpha+k-1}\mathrm{e}^{-\beta x}\mathrm{d}x$$
$$=\frac{\beta^\alpha}{\Gamma(\alpha)}\cdot\frac{\Gamma(\alpha+k)}{\beta^{\alpha+k}}=\frac{\Gamma(\alpha+k)}{\beta^k\Gamma(\alpha)}。\tag{5.7.14}$$

利用式（5.7.14）很容易得到 $E(X)$ 的表达式。方差可以这样计算：

$$\mathrm{Var}(X)=\frac{\alpha(\alpha+1)}{\beta^2}-\left(\frac{\alpha}{\beta}\right)^2=\frac{\alpha}{\beta^2}。$$ ■

图 5.7 显示了几个伽马分布概率密度函数，它们的均值都等于 1，但 α 和 β 的值不同。

例 5.7.6 排队中的服务时间 例 5.7.5 中，在给定观测值 $X_1=x_1,\cdots,X_n=x_n$ 条件下，条件平均服务速率为

$$E(Z\mid x_1,\cdots,x_n)=\frac{n+1}{2+\sum_{i=1}^n x_i}。$$

对于较大的 n，条件均值近似为 1 除以样本平均服务时间。这是有道理的，因为 1 除以平均服务时间是我们通常所说的服务速率。◀

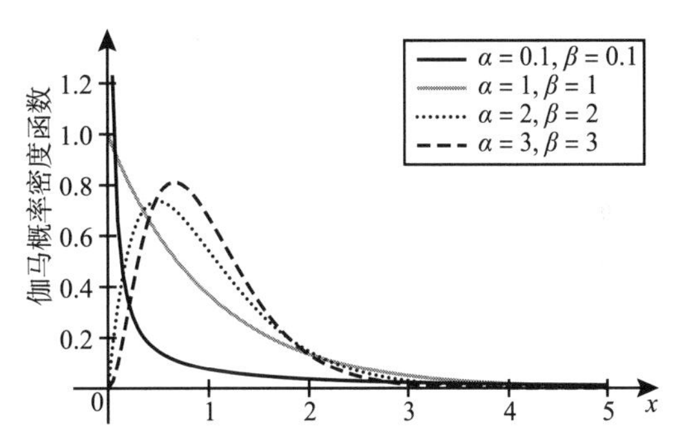

图 5.7 均值为 1 的不同伽马分布的概率密度函数图像

类似地，可以得到 X 的矩母函数 ψ。

定理 5.7.6 矩母函数 设 X 服从参数为 α 和 β 的伽马分布，则 X 的矩母函数为

$$\psi(t)=\left(\frac{\beta}{\beta-t}\right)^\alpha,t<\beta。\tag{5.7.15}$$

证明 矩母函数为

$$\psi(t)=\int_0^\infty \mathrm{e}^{tx}f(x\mid\alpha,\beta)\,\mathrm{d}x=\frac{\beta^\alpha}{\Gamma(\alpha)}\int_0^\infty x^{\alpha-1}\mathrm{e}^{-(\beta-t)x}\mathrm{d}x。$$

对于每个满足 $t<\beta$ 的 t，上述积分都是有限的。因此，由式（5.7.10），可以得到

$$\psi(t)=\frac{\beta^\alpha}{\Gamma(\alpha)}\cdot\frac{\Gamma(\alpha)}{(\beta-t)^\alpha}=\left(\frac{\beta}{\beta-t}\right)^\alpha。$$ ■

现在，可以证明独立且具有相同参数 β 的伽马分布的随机变量的和也服从伽马分布。

定理 5.7.7 如果随机变量 $X_1,\cdots,X_k$ 相互独立，且 $X_i(i=1,\cdots,k)$ 服从参数为 α_i 和 β 的伽马分布，则 $X_1+\cdots+X_k$ 服从参数为 $\alpha_1+\cdots+\alpha_k$ 和 β 的伽马分布。

证明 如果用 ψ_i 表示 X_i 的矩母函数，由式（5.7.15），对于 $i=1,\cdots,k$，有

$$\psi_i(t)=\left(\frac{\beta}{\beta-t}\right)^{\alpha_i},t<\beta。$$

若以 ψ 表示 $X_1+\cdots+X_k$ 的矩母函数，由定理 4.4.4，得

$$\psi(t)=\prod_{i=1}^k\psi_i(t)=\left(\frac{\beta}{\beta-t}\right)^{\alpha_1+\cdots+\alpha_k},t<\beta。$$

可以将矩母函数 ψ 看成参数为 $\alpha_1+\cdots+\alpha_k$ 和 β 的伽马分布的矩母函数。因此，$X_1+\cdots+X_k$ 也服从伽马分布。■

指数分布

伽马分布的一个特例给出了类似等待时间等现象的一个常见模型。比如，例 5.7.3 中给定 Z（服务速率）条件下，每个服务时间 X_i 的条件分布是下列分布族中的一员。

定义 5.7.3　指数分布　设 $\beta>0$，如果连续随机变量 X 的概率密度函数具有下述形式：

$$f(x \mid \beta)=\begin{cases}\beta e^{-\beta x}, & x>0,\\ 0, & \text{其他。}\end{cases} \tag{5.7.16}$$

称 X 服从参数为 β 的指数分布。

将伽马分布的概率密度函数与指数分布的概率密度函数相比，很容易得到下面的结论。

定理 5.7.8　参数为 β 的指数分布与参数为 $\alpha=1$ 和 β 的伽马分布是一样的。因此，如果随机变量 X 服从参数为 β 的指数分布，则

$$E(X)=\frac{1}{\beta},\quad \operatorname{Var}(X)=\frac{1}{\beta^2}。 \tag{5.7.17}$$

X 的矩母函数为

$$\psi(t)=\frac{\beta}{\beta-t},\quad t<\beta。$$

■

指数分布具有类似于定理 5.5.5 中所介绍的几何分布的无记忆性。

定理 5.7.9　指数分布的无记忆性　如果 X 服从参数为 β 的指数分布，设 $t>0$，则对任意的 $h>0$，有

$$P(X\geqslant t+h \mid X\geqslant t)=P(X\geqslant h)。 \tag{5.7.18}$$

证明　对任意 $t>0$，有

$$P(X\geqslant t)=\int_0^\infty \beta e^{-\beta x}dx=e^{-\beta t}。 \tag{5.7.19}$$

对任意的 $t>0$ 和 $h>0$，有

$$\begin{aligned}P(X\geqslant t+h \mid X\geqslant t)&=\frac{P(X\geqslant t+h)}{P(X\geqslant t)}\\&=\frac{e^{-\beta(t+h)}}{e^{-\beta t}}=e^{-\beta h}=P(X\geqslant h)。\end{aligned} \tag{5.7.20}$$

■

可以证明（本节习题 23）指数分布是连续分布中唯一具有无记忆性的分布。

为了解释指数分布的无记忆性，可以假定 X 表示某个事件发生前所经历的分钟数。根据式（5.7.20），如果事件在前 t 分钟内没有发生，则在接下来的 h 分钟内事件仍未发生的概率为 $e^{-\beta h}$。这与从 0 时刻开始、在 h 分钟内事件未发生的概率是相同的。换言之，不考虑事件没有发生所经历的时间，事件在紧接着的 h 分钟内发生的概率总是具有相同的值。

严格地讲，并不是所有的实际问题都满足这条无记忆性。比如说，设随机变量 X 表示

一个灯泡在烧坏之前所使用的时间，灯泡将来期望使用的时间长度依赖于过去已经使用的时间长度。然而，指数分布作为表示产品寿命的随机变量的近似分布却是很有效的。

寿命测试

例 5.7.7 灯泡 假定为了测定 n 个灯泡的使用寿命，同时开始测试这些灯泡。设 n 个灯泡烧坏是相互独立的，且每个灯泡的使用寿命都服从参数为 β 的指数分布。换句话说，对于 $i=1,\cdots,n$，如果以 X_i 表示第 i 个灯泡的使用寿命，则随机变量 $X_1,\cdots,X_n$ 独立同分布，且都服从参数为 β 的指数分布。直到这 n 个灯泡中第一个烧坏所经历的时间 Y_1 服从什么分布？第一个灯泡烧坏后到第二个灯泡烧坏之间持续的时间长度 Y_2 服从什么分布？ ◀

例 5.7.7 中随机变量 Y_1 是 n 个服从指数分布的随机变量的最小值。很容易得到 Y_1 的分布。

定理 5.7.10 设变量 $X_1,\cdots,X_n$ 为来自参数为 β 的指数分布总体的随机样本，则 $Y_1=\min\{X_1,\cdots,X_n\}$ 服从参数为 $n\beta$ 的指数分布。

证明 对于任意 $t>0$，有

$$\begin{aligned}P(Y_1>t)&=P(X_1>t,\cdots,X_n>t)\\&=P(X_1>t)\cdots P(X_n>t)\\&=\mathrm{e}^{-\beta t}\cdots\mathrm{e}^{-\beta t}=\mathrm{e}^{-n\beta t}。\end{aligned}$$

将该结果与式（5.7.19）比较，可以看到 Y_1 服从参数为 $n\beta$ 的指数分布。 ■

指数分布的无记忆特性使我们能够回答例 5.7.7 末尾的第二个问题以及后来烧坏的类似问题。一个灯泡烧坏后，$n-1$ 个灯泡仍在使用。此外，无论第一个灯泡何时烧坏或哪个灯泡先烧坏，从指数分布的无记忆性可以得出，其他 $n-1$ 个灯泡的剩余寿命分布仍然服从参数为 β 的指数分布。换言之，这与我们从时间 $t=0$ 开始用 $n-1$ 个新灯泡重新开始测试时的情况相同。因此，Y_2 将等于 $n-1$ 个独立同分布的随机变量中的最小值，其中每个随机变量都服从参数为 β 的指数分布。根据定理 5.7.10，Y_2 将服从参数为 $(n-1)\beta$ 的指数分布。下面结论解决灯泡烧坏之间的剩余使用寿命。

定理 5.7.11 设随机变量 $X_1,\cdots,X_n$ 为来自参数为 β 的指数分布总体的随机样本，设 $Z_1\leqslant Z_2\leqslant\cdots\leqslant Z_n$ 为随机变量 $X_1,\cdots,X_n$ 从小到大排序的随机变量。对任意 $k=2,\cdots,n$，令 $Y_k=Z_k-Z_{k-1}$，则 Y_k 服从参数为 $(n+1-k)\beta$ 的指数分布。

证明 在 Z_{k-1} 时刻，恰好有 $k-1$ 个使用寿命已经结束，并且有 $n+1-k$ 个使用寿命尚未结束。对于每个剩余寿命，它已经持续了至少 Z_{k-1}，由无记忆性可知，剩余寿命的条件分布仍然服从参数为 β 的指数分布。因此，$Y_k=Z_k-Z_{k-1}$ 与从参数为 β 的指数分布的总体中抽取的样本量为 $n+1-k$ 的随机样本的最小使用寿命的分布相同。由定理 5.7.10 可知，该分布服从参数为 $(n+1-k)\beta$ 的指数分布。 ■

与泊松过程的关系

例 5.7.8 放射性粒子 假设放射性粒子按速率为 β 的泊松过程（见定义 5.4.2）撞击一个目标。设 Z_k 为直到第 k 个粒子击中目标的时刻，$k=1,2,\cdots$。问 Z_1 服从什么分布？

$Y_k=Z_k-Z_{k-1}(k\geqslant 2)$ 服从什么分布？ ◀

尽管例 5.7.8 末尾定义的随机变量看起来与定理 5.7.11 中的随机变量相似，但还是有很大的区别。在定理 5.7.11 中，我们观察固定 n 个同时开始测试的使用寿命。这 n 个的寿命都是预先标记的，并且每个的寿命都可以独立于其他的寿命进行观察。例 5.7.8 中，没有考虑固定数量的粒子，并且我们没有明确定义每个粒子何时“开始”朝向目标的概念。事实上，在观察到它们之前，甚至无法分辨哪个粒子。我们只是在任意时间开始观察并记录每次粒子撞击的时间。根据我们观察该过程的时间长短，可以在例 5.7.8 中看到任意数量的粒子击中目标。但无论我们观察多长时间，在定理 5.7.11 的设置中永远不会看到超过 n 个灯泡烧坏。定理 5.7.12 给出了例 5.7.8 中到达的时间间隔的分布，可以看出这些分布与定理 5.7.11 中的分布的不同之处。

定理 5.7.12　泊松过程中事件发生的时间间隔　假设事件到达符合速率为 β 的泊松过程，设 Z_k 为第 k 次到达的时刻，$k=1,2,\cdots$。定义 $Y_1=Z_1$，$Y_k=Z_k-Z_{k-1}(k\geqslant 2)$，则 Y_1，$Y_2,\cdots$ 独立同分布，都服从参数为 β 的指数分布。

证明　设 $t>0$，定义 X 为从 0 时刻到 t 时刻为止到达的事件数。容易看到，$Y_1\leqslant t$ 当且仅当 $X\geqslant 1$，即“第一个粒子在 t 时刻前击中目标”当且仅当“到 t 时刻为止至少有一个粒子击中目标”。我们已经知道，X 服从均值为 βt 的泊松分布，其中 β 为到达速率。因此，对于 $t>0$，有

$$P(Y_1\leqslant t)=P(X\geqslant 1)=1-P(X=0)=1-\mathrm{e}^{-\beta t}。$$

与式（5.7.19）相比，可以看出 $1-\mathrm{e}^{-\beta t}$ 是参数为 β 的指数分布的分布函数。

泊松过程中 t 时刻后所发生的与 t 时刻之前所发生的独立。因此在给定 $Y_1=t$ 条件下，从 t 时刻开始到下一次到达时刻 Z_2 的时间间隔与从 0 时刻开始到第一次到达的时间间隔的分布一样。也就是说，给定 $Y_1=t$（即 $Z_1=t$）时，$Y_2=Z_2-Z_1$ 的分布为服从参数为 β 的指数分布，不管 t 取值是多少。因此 Y_2 与 Y_1 独立并且有相同的分布。可以应用相同的论点分析 $Y_3,Y_4,\cdots$ 的分布。 ■

在实际问题中，常使用指数分布来表示某个事件发生之前经过的时间的分布。例如，这个分布被用于表示诸如机器或电子元件在发生故障前的正常运行的时间、在某些服务设施中服务客户所需的时间以及一个服务系统中两个相邻客户到达的时间间隔。

如果所考虑的事件按照泊松过程发生，则事件发生的等待时间和任何两个相邻事件之间的时间间隔都服从指数分布。这一事实为在许多类型的问题中使用指数分布提供了理论支持。

我们可以将定理 5.7.12 与定理 5.7.7 结合起来，得到以下结论。

推论 5.7.1　第 k 次到达的时间　在定理 5.7.12 的情况下，Z_k 的分布服从参数为 k 和 β 的伽马分布。 ■

小结

定义伽马函数为：$\Gamma(\alpha)=\int_0^{\infty}x^{\alpha-1}\mathrm{e}^{-x}\mathrm{d}x$，它具有性质：对于 $n=1,2,\cdots,\Gamma(n)=(n-1)!$。

如果随机变量 $X_1,\cdots,X_n$ 相互独立，且每个都服从第二个参数 β 相同的伽马分布，则 $\sum_{i=1}^{n}X_i$

也服从伽马分布，其中第一个参数为 $X_1,\cdots,X_n$ 的第一个参数的和，第二个参数为 β。参数为 β 的指数分布与参数为 1 和 β 的伽马分布是一样的。因此，来自参数为 β 的指数分布总体的 n 个随机变量的和服从参数为 n 和 β 的伽马分布。对于速率为 λ 的泊松过程，相邻事件发生的时间间隔服从参数为 β 的指数分布，且相互独立。第 k 个事件发生的等待时间服从参数为 k 和 β 的伽马分布。

习题

1. 设随机变量 X 服从参数为 α 和 β 的伽马分布，c 是正的常数。证明：cX 服从参数为 α 和 β/c 的伽马分布。
2. 计算参数为 β 的指数分布的分位数函数。
3. 画出下列参数 α 和 β 的伽马分布的概率密度曲线：（a）$\alpha=1/2,\beta=1$；（b）$\alpha=1,\beta=1$；（c）$\alpha=2,\beta=1$。
4. 计算参数为 α 和 β 的伽马分布的众数。
5. 画出下列参数 β 的指数分布的概率密度曲线：（a）$\beta=1/2$；（b）$\beta=1$；（c）$\beta=2$。
6. 设随机变量 $X_1,\cdots,X_n$ 是来自参数为 β 的指数分布总体的样本量为 n 的随机样本。求样本均值 $\overline{X}_n$ 的分布。
7. 设随机变量 X_1,X_2,X_3 是来自参数为 β 的指数分布随机样本，求至少有一个随机变量的取值大于 t 的概率，其中 $t>0$。
8. 设随机变量 $X_1,\cdots,X_k$ 相互独立，且 $X_i(i=1,\cdots,k)$ 服从参数为 β 的指数分布。令 $Y=\min\{X_1,\cdots,X_k\}$，证明：Y 服从参数为 $\beta_1+\cdots+\beta_k$ 的指数分布。
9. 设某系统中包含 3 个元件，每个元件都独立工作，且串联在一起，正如 3.7 节习题 5 所描述，只要系统中的一个元件毁坏，整个系统就崩溃。假定第一个元件的寿命（单位：小时）服从参数为 $\beta=0.001$ 的指数分布；第二个元件的寿命服从参数为 $\beta=0.003$ 的指数分布；第三个元件的寿命服从参数为 $\beta=0.006$ 的指数分布。求整个系统在 100 小时内没有崩溃的概率。
10. 设在一个含有 n 个相同电子元件的系统里，每个元件独立工作，且串联在一起，只要系统中的一个元件毁坏，整个系统就崩溃。假定每个元件的寿命（单位：小时）服从均值为 μ 的指数分布。求直到整个系统崩溃所经历时间的均值和方差。
11. 设同时检验 n 件产品，每件产品相互独立，且每件产品的寿命均服从参数为 β 的指数分布。求直到有 3 件产品失效为止所经历时间的期望值。提示：所求的值在定理 5.7.11 中记为 $E(Y_1+Y_2+Y_3)$。
12. 重新考虑习题 10 中所描述的电子系统，但现在假定整个系统工作一直持续到有两个元件毁坏。计算整个系统崩溃所经历时间的均值和方差。
13. 设有 5 名学生参加某门考试，每名学生相互独立，且每名学生完成考试的时间（单位：分钟）服从均值为 80 的指数分布。假定考试在上午 9：00 开始。求至少有一名学生在上午 9：40 前完成考试的概率。
14. 重新考虑习题 13，5 名学生参加考试，设第一名学生在上午 9：25 完成考试。求在上午 10：00 前至少另有一名学生完成考试的概率。
15. 再一次考虑习题 13，5 名学生参加考试。求在 10 分钟的时间段内，没有两名学生完成考试的概率。
16. 对于 $x_0>0,\alpha>0$，如果连续随机变量 X 的概率密度函数 $f(x|x_0,\alpha)$ 具有下述形式：

$$f(x|x_0,\alpha)=\begin{cases}\dfrac{\alpha x_0^{\alpha}}{x^{\alpha+1}}, & x\geq x_0,\\ 0, & x<x_0,\end{cases}$$

则称 X 服从参数为 x_0 和 α 的帕累托（Pareto）分布。证明：如果 X 服从参数为 x_0 和 α 的帕累托分布，则随机变量 $\ln(X/x_0)$ 服从参数为 α 的指数分布。

17. 设随机变量 X 服从均值为 μ、方差为 σ^2 的正态分布。求 $E[(X-\mu)^{2n}], n=1,2,\cdots$。

18. 考虑满足 $P(X>0)=1$ 的随机变量 X，其概率密度函数为 f，分布函数为 F。定义函数 h 如下：

$$h(x)=\frac{f(x)}{1-F(x)}, x>0。$$

称函数 h 为 X 的失效率或风险函数。证明：如果 X 服从指数分布，则对于 $x>0$，失效率 $h(x)$ 为常数。

19. 对于 $a>0$，$b>0$，如果连续随机变量 X 的概率密度函数 $f(x \mid a, b)$ 具有下述形式：

$$f(x \mid a,b)=\begin{cases}\dfrac{b}{a^b}x^{b-1}\mathrm{e}^{-(x/a)^b}, & x>0,\\ 0, & x\leqslant 0,\end{cases}$$

则称 X 服从参数为 a 和 b 的韦布尔（Weibull）分布。证明：如果 X 具有这样的分布，则随机变量 X^b 服从参数为 $\beta=a^{-b}$ 的指数分布。

20. 如果习题 18 中定义的失效率 $h(x)$ 是关于 $x(x>0)$ 的递增函数，则称随机变量 X 具有上升的失效率；如果 $h(x)$ 是关于 $x(x>0)$ 的递减函数，则称随机变量 X 具有下降的失效率。设随机变量 X 服从参数为 a 和 b 的韦布尔分布（如习题 19 所定义）。证明：如果 $b>1$，X 具有上升的失效率；如果 $b<1$，X 具有下降的失效率。

21. 如果随机变量 X 服从参数为 $\alpha>2$ 和 $\beta>0$ 的伽马分布。
    a. 证明：$1/X$ 的均值为 $\beta/(\alpha-1)$。
    b. 证明：$1/X$ 的方差为 $\beta^2/[(\alpha-1)^2(\alpha-2)]$。

22. 考虑例 5.7.8 中放射性粒子击中目标的泊松过程。假定泊松过程的速率 β 未知，但它服从参数为 α 和 γ 的伽马分布。以 X 表示在 t 个时间单位里，击中目标的粒子数。证明：在给定 $X=x$ 的条件下，β 的条件分布为伽马分布，并求其参数。

23. 设 F 为连续分布函数，满足 $F(0)=0$，且假定分布函数 F 具有无记忆性，见式（5.7.18）。定义：$l(x)=\ln[1-F(x)], x>0$。
    a. 证明：对于所有的 $t>0, h>0$，有

$$1-F(h)=\frac{1-F(t+h)}{1-F(t)}。$$

    b. 证明：对于所有的 $t>0, h>0$，有 $l(t+h)=l(t)+l(h)$。
    c. 证明：对于 $t>0$ 和所有的正整数 k, m，有 $l(kt/m)=(k/m)l(t)$。
    d. 证明：对于所有的 $t>0, c>0$，有 $l(ct)=cl(t)$。
    e. 证明：对于 $t>0$，$g(t)=l(t)/t$ 是常数。
    f. 证明：F 一定是指数分布的分布函数。

24. 回顾式（5.6.18）的 Black-Scholes 公式的推导过程。本题中，假定股票在将来某个时刻 u 的价格为 $S_0\mathrm{e}^{\mu u+W_u}$，其中 W_u 服从参数为 αu 和 $\beta(\beta>1)$ 的伽马分布。以 r 表示无风险利率。
    a. 证明：$\mathrm{e}^{-ru}E(S_u)=S_0$ 当且仅当 $\mu=r-\alpha\ln[\beta/(\beta-1)]$。
    b. 设 $\mu=r-\alpha\ln[\beta/(\beta-1)]$。以 R 表示 1 减去参数为 αu 和 1 的伽马分布函数。证明：若在时刻 u 购买一股价格为 q 的这种股票，则该期权的风险中性价格为 $S_0R(c(\beta-1))-q\mathrm{e}^{-ru}R(c\beta)$。其中，

$$c=\ln\left(\frac{q}{S_0}\right)+\alpha u\ln\left(\frac{\beta}{\beta-1}\right)-ru。$$

    c. 当 $u=1$，$q=S_0$，$r=0.06$，$\alpha=1$，$\beta=10$ 时，计算该期权的价格。

5.8 贝塔分布

贝塔分布族是一种常见的在区间[0,1]内取值的随机变量模型。这种随机变量的一个常见的例子是一系列伯努利试验中未知的成功比例。

贝塔函数

例 5.8.1 有缺陷的零件 一台机器生产的零件要么有缺陷，要么没有缺陷，如例 3.6.9 所示。令 P 表示这台机器可能生产的所有零件中的缺陷比例。假设我们观察 n 个这样的零件，并设 X 是观察的 n 个零件中有缺陷的零件数。如果在给定 P 的情况下，零件是条件独立的，则情况与例 3.6.9 相同，我们计算了在给定 $X=x$ 条件下 P 的条件概率密度函数

$$g_2(p \mid x) = \frac{p^x(1-p)^{n-x}}{\int_0^1 q^x(1-q)^{n-x}\mathrm{d}q}, 0 < p < 1。 \tag{5.8.1}$$

现在计算式（5.8.1）分母中的积分，得到的概率密度函数对应的分布是本节中研究的一个有用的分布族。◀

定义 5.8.1 贝塔函数 对于每个正的 α 和 β，定义

$$\mathrm{B}(\alpha,\beta) = \int_0^1 x^{\alpha-1}(1-x)^{\beta-1}\mathrm{d}x。$$

函数 B 称为贝塔函数。

我们可以证明，对于所有 $\alpha>0,\beta>0$，贝塔函数 B 是有限的。以下结论的证明依赖于 3.9 节末尾的方法，并在本节末尾给出。

定理 5.8.1 对于所有 $\alpha>0,\beta>0$，有

$$\mathrm{B}(\alpha,\beta) = \frac{\Gamma(\alpha)\Gamma(\beta)}{\Gamma(\alpha+\beta)}。 \tag{5.8.2}$$

■

例 5.8.2 有缺陷的零件 由定理 5.8.1 可以得出，式（5.8.1）分母中的积分为

$$\int_0^1 q^x(1-q)^{n-x}\mathrm{d}q = \frac{\Gamma(x+1)\Gamma(n-x+1)}{\Gamma(n+2)} = \frac{x!\,(n-x)!}{(n+1)!}。$$

则在给定 $X=x$ 条件下，P 的条件概率密度函数为

$$g_2(p \mid x) = \frac{(n+1)!}{x!\,(n-x)!}p^x(1-p)^{n-x}, 0 < p < 1。$$ ◀

贝塔分布的定义

例 5.8.2 中的分布是以下的一个特殊情况。

定义 5.8.2 贝塔分布 设 $\alpha>0,\beta>0$，设 X 为随机变量，概率密度函数为

$$f(x \mid \alpha,\beta) = \begin{cases} \dfrac{\Gamma(\alpha+\beta)}{\Gamma(\alpha)\Gamma(\beta)}x^{\alpha-1}(1-x)^{\beta-1}, & 0 < x < 1, \\ 0, & \text{其他}。\end{cases} \tag{5.8.3}$$

则称 X 服从参数为 α 和 β 的贝塔分布。

例 5.8.2 中在 $X=x$ 条件下，P 的条件分布是参数为 $x+1$ 和 $n-x+1$ 的贝塔分布。根据式（5.8.3）可以看出，参数为 $\alpha=1$ 和 $\beta=1$ 的贝塔分布就是区间 $[0,1]$ 上的均匀分布。

例 5.8.3　卡斯塔内达诉帕蒂达案　在例 5.2.6 中，从当地人口中选择 220 名大陪审员，当地人口中有 79.1%的墨西哥裔美国人，但只有 100 名大陪审员是墨西哥裔美国人。参数为 220 和 0.791 的二项分布的随机变量 X 的期望值为 $E(X)=220\times0.791=174.02$。这比 $X=100$ 的观测值大得多。当然，这种差异也可能是偶然发生的。毕竟，对于所有 $X=x$（$x=0,\cdots,220$），存在正概率。设 P 表示在当前使用的系统下选择的所有大陪审员中墨西哥裔美国人的比例。在 $P=p$ 的条件下，法院假设 X 服从参数 $n=220$ 和 p 的二项分布。我们对“P 是否远远小于 0.791”感兴趣，这代表了陪审员选择的公正性。例如，假设我们将歧视定义为 $P\leqslant0.8\times0.791=0.6328$。我们想计算给定 $X=100$ 的情况下 $P\leqslant0.6328$ 的条件概率。

假设在观察 X 之前 P 的分布是参数为 α 和 β 的贝塔分布，则 P 的条件概率密度函数是

$$f_2(p)=\frac{\Gamma(\alpha+\beta)}{\Gamma(\alpha)\Gamma(\beta)}p^{\alpha-1}(1-p)^{\beta-1},0<p<1。$$

给定 $P=p$ 下 X 的条件概率函数是如下二项概率函数：

$$g_1(x\mid p)=\binom{220}{x}p^x(1-p)^{220-x},x=0,1,\cdots,220。$$

由式（3.6.13）中关于随机变量的贝叶斯定理可得，给定 $X=100$ 条件下 P 的条件概率密度函数为

$$g_2(p\mid 100)=\frac{\binom{220}{100}p^{100}(1-p)^{120}\frac{\Gamma(\alpha+\beta)}{\Gamma(\alpha)\Gamma(\beta)}p^{\alpha-1}(1-p)^{\beta-1}}{f_1(100)}$$

$$=\frac{\binom{220}{100}\Gamma(\alpha+\beta)}{\Gamma(\alpha)\Gamma(\beta)f_1(100)}p^{\alpha+100-1}(1-p)^{\beta+120-1},\qquad(5.8.4)$$

其中 $0<p<1$，$f_1(100)$ 是 X 在 100 处的边际概率函数。在式（5.8.4）最右侧关于 p 的函数，是 $p^{\alpha+100-1}(1-p)^{\beta+120-1}$ 的常数倍（$0<p<1$）。这显然是贝塔分布的概率密度函数，参数为 $\alpha+100$ 和 $\beta+120$。因此，这个常数必须为 $1/\mathrm{B}(100+\alpha,120+\beta)$。即

$$g_2(p\mid 100)=\frac{\Gamma(\alpha+\beta+220)}{\Gamma(\alpha+100)\Gamma(\beta+120)}p^{\alpha+100-1}(1-p)^{\beta+120-1},0<p<1。\qquad(5.8.5)$$

在选择 α 和 β 的值后，我们可以计算 $P(P\leqslant0.6328\mid X=100)$，并确定存在歧视的可能性。在学习如何计算贝塔随机变量的期望值之后，我们将看到如何选择 α 和 β。◀

注：观察到二项分布的 X 值后 P 的条件分布。例 5.8.3 中给定 $X=100$ 下 P 的条件分布的计算是一般结果的一个特例。实际上，下面结论的证明本质上在例 5.8.3 中已经给出，不再赘述。

定理 5.8.2　假设 P 服从参数为 α 和 β 的贝塔分布，给定 $P=p$ 条件下 X 的条件分布是

参数为 n 和 p 的二项分布，则给定 $X=x$ 条件下 P 的条件分布是参数为 $\alpha+x$ 和 $\beta+n-x$ 的贝塔分布。 ■

贝塔分布的各阶矩

定理 5.8.3 各阶矩 设 X 服从参数为 α 和 β 的贝塔分布，则对任意正整数 k，有

$$E(X^k)=\frac{\alpha(\alpha+1)\cdots(\alpha+k-1)}{(\alpha+\beta)(\alpha+\beta+1)\cdots(\alpha+\beta+k-1)}。\tag{5.8.6}$$

特别地，

$$E(X)=\frac{\alpha}{\alpha+\beta},$$

$$\mathrm{Var}(X)=\frac{\alpha\beta}{(\alpha+\beta)^2(\alpha+\beta+1)}。$$

证明 对 $k=1,2,\cdots$，有

$$\begin{aligned}E(X^k)&=\int_0^1 x^k f(x\mid\alpha,\beta)\,\mathrm{d}x\\&=\frac{\Gamma(\alpha+\beta)}{\Gamma(\alpha)\Gamma(\beta)}\int_0^1 x^{\alpha+k-1}(1-x)^{\beta-1}\,\mathrm{d}x。\end{aligned}$$

由式（5.8.2）可得

$$E(X^k)=\frac{\Gamma(\alpha+\beta)}{\Gamma(\alpha)\Gamma(\beta)}\cdot\frac{\Gamma(\alpha+k)\Gamma(\beta)}{\Gamma(\alpha+k+\beta)},$$

可简化为式（5.8.6）。特殊情况的均值较为简单，方差可以由下式得：

$$E(X^2)=\frac{\alpha(\alpha+1)}{(\alpha+\beta)(\alpha+\beta+1)}。$$ ■

贝塔分布太多，以至于无法在书后提供所有的表格。任何好的统计软件包都可以计算贝塔分布的分布函数，有些包还可以计算分位数函数。下一个例子说明了能够计算贝塔分布的均值和分布函数的重要性。

例 5.8.4 卡斯塔内达诉帕蒂达案 继续讨论例 5.8.3，我们现在准备了解为什么，对 α 和 β 做出的每一个合理选择，在卡斯塔内达诉帕蒂达案中存在歧视的概率都相当大。为了避免对被告的偏袒或反对，我们假设在学习 X 之前，每次从备选人员中抽取一名墨西哥裔美国人陪审员的概率为 0.791。如果在一次抽取中选择了墨西哥裔美国人陪审员，则令 $Y=1$；如果不是，则令 $Y=0$。则在给定 $P=p$ 的条件下，Y 服从参数为 p 的伯努利分布，且 $E(Y|p)=p$。因此按照期望的全概率公式（定理 4.7.1），有

$$P(Y=1)=E(Y)=E[E(Y\mid P)]=E(P)。$$

这意味着我们应该选择 α 和 β，使得 $E(P)=0.791$。由于 $E(P)=\alpha/(\alpha+\beta)$，这意味着 $\alpha=3.785\beta$。给定 $X=100$ 条件时，P 的条件分布是参数为 $\alpha+100$ 和 $\beta+120$ 的贝塔分布。对任意 $\beta>0$，利用 $\alpha=3.785\beta$，可以计算 $P(P\leqslant 0.6328\mid X=100)$。然后，对每个 $\beta>0$，我们可以检查该概率是不是很小。图 5.8 给出了 β 取不同的值时 $P(P\leqslant 0.6328\mid X=100)$ 的图像。从该图可以看出，当且仅当 $\beta\geqslant 51.5$ 时 $P(P\leqslant 0.6328\mid X=100)<0.5$，由此可得 $\alpha\geqslant 194.9$。

我们可以说这个贝塔分布的参数 194.9 和 51.5 是不合理的，所有其他使 $P(P\leqslant 0.6328\mid X=100)<0.5$ 的参数都是不合理的，因为它们对歧视的可能性抱有极大的偏见。例如，假设有人在观察到 $X=100$ 之前，确实相信 P 的分布是参数为 194.9 和 51.5 的贝塔分布。对于这个贝塔分布，存在歧视的概率 $P(P\leqslant 0.6328)=3.28\times 10^{-8}$ 本质上为零。所有其他的 $\beta\geqslant 51.5$，$\alpha=3.785\beta$ 的先验假设会有更小的 $\{P\leqslant 0.6328\}$ 的概率。换个角度讨论，可得下述结论：任何人在观察到 $X=100$ 之前，认为 $E(P)=0.791$ 和歧视概率大于 3.28×10^{-8}，在知道 $X=100$ 后认为歧视概率至少为 0.5。这是相当有说服力的证据，表明在这种情况下存在歧视。◀

例 5.8.5 临床试验 考虑例 2.1.4 中描述的临床试验。设 P 为接受丙咪嗪治疗的大量患者中没有复发（称为成功）人数的比例。P 的一个流行模型是 P 服从贝塔分布，参数为 α 和 β。可以根据专家对成功机会的意见以及观察数据后数据对 P 分布的影响来选择 α 和 β。例如，假设进行临床试验的医生认为成功的概率应该在 1/3 左右。如果第 i 个患者成功，则为 $X_i=1$，否则为 $X_i=0$。假设 $E(X_i\mid p)=P(X_i=1\mid p)=p$，利用期望的全概率公式（定理 4.7.1）可得

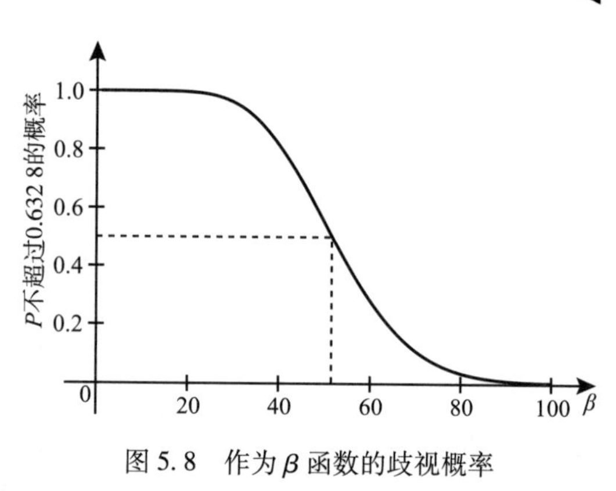

图 5.8 作为 β 函数的歧视概率

$$P(X_i=1)=E(X_i)=E[E(X_i\mid P)]=E(P)=\frac{\alpha}{\alpha+\beta}。$$

如果想要 $P(X_i=1)=1/3$，就需要 $\alpha/(\alpha+\beta)=1/3$，因此 $\beta=2\alpha$。当然，医生会在观察研究的患者后修改成功的概率，可以根据修改情况选择 α 和 β。

假设在给定 $P=p$ 的情况下，随机变量 $X_1,X_2,\cdots$（成功的指标）是条件独立的。令 $X=X_1+\cdots+X_n$ 为前 n 个患者中成功的患者数。给定 $P=p$ 的条件下 X 的条件分布是参数为 n 和 p 的二项分布，而 P 的边际分布是参数为 α 和 β 的贝塔分布。定理 5.8.2 告诉我们，给定 $X=x$ 的条件下 P 的条件分布是参数为 $\alpha+x$ 和 $\beta+n-x$ 的贝塔分布。假设一个序列中有 20 名患者，他们都是成功的，这将使医生认为成功的概率从 1/3 提高到 0.9。则

$$0.9=E(P\mid X=20)=\frac{\alpha+20}{\alpha+\beta+20}。$$

这个式子表明 $\alpha+20=9\beta$，结合 $\beta=2\alpha$，可得 $\alpha=1.18$ 和 $\beta=2.35$。

最后，我们可以问，观察一些患者后，P 服从什么分布？假设实际观察了 40 名患者，其中 22 名患者康复（如表 2.1 所示）。根据这个观察，P 的条件分布是参数为 $1.18+22=23.18$ 和 $2.35+18=20.35$ 的贝塔分布。可得

$$E(P\mid X=22)=\frac{23.18}{23.18+20.35}=0.5325。$$

注意这比 $E(P)=1/3$ 更加接近成功的比例（0.55）。◀

定理 5.8.1 的证明

定理 5.8.1，即式（5.8.2），是如下有用结论的一部分。证明利用定理 3.9.5（随机变量的多元变换）。如果你没有学习定理 3.9.5，你将无法完成定理 5.8.4 的证明。

定理 5.8.4　令 U 和 V 是独立随机变量，其中 U 服从参数为 α 和 1 的伽马分布，V 服从参数为 β 和 1 的伽马分布。则

- $X=U/(U+V)$ 和 $Y=U+V$ 相互独立；
- X 服从参数为 α 和 β 的贝塔分布；
- Y 服从参数为 $\alpha+\beta$ 和 1 的伽马分布。

进而，式（5.8.2）成立。

证明　因为 U 和 V 是独立的，所以 U 和 V 的联合概率密度函数是它们的边际概率密度函数的乘积，为

$$f_1(u)=\frac{u^{\alpha-1}e^{-u}}{\Gamma(\alpha)},u>0,$$

$$f_2(v)=\frac{v^{\beta-1}e^{-v}}{\Gamma(\beta)},v>0。$$

因此，联合概率密度函数为

$$f(u,v)=\frac{u^{\alpha-1}v^{\beta-1}e^{-u-v}}{\Gamma(\alpha)\Gamma(\beta)},u>0,v>0。$$

从(u,v)到(x,y)的变换是

$$x=r_1(u,v)=\frac{u}{u+v},y=r_2(u,v)=u+v,$$

其反函数是

$$u=s_1(x,y)=xy,\quad v=s_2(x,y)=(1-x)y。$$

雅可比行列式为

$$J=\det\begin{bmatrix} y & x \\ -y & 1-x \end{bmatrix},$$

等于 y。根据定理 3.9.5，(X,Y)的联合概率密度函数为

$$\begin{aligned} g(x,y)&=f(s_1(x,y),s_2(x,y))y \\ &=\frac{x^{\alpha-1}(1-x)^{\beta-1}y^{\alpha+\beta-1}e^{-y}}{\Gamma(\alpha)\Gamma(\beta)}, \end{aligned} \tag{5.8.7}$$

其中，$0<x<1$ 和 $y>0$。请注意，此联合概率密度函数因子分解为 x 和 y 的独立函数，因此 X 和 Y 是独立的。可从定理 5.7.7 得到 Y 的边际分布。X 的边际概率密度函数可以通过对式（5.8.7）关于 y 积分得到：

$$\begin{aligned} g_1(x)&=\int_0^\infty\frac{x^{\alpha-1}(1-x)^{\beta-1}y^{\alpha+\beta-1}e^{-y}}{\Gamma(\alpha)\Gamma(\beta)}dy \\ &=\frac{x^{\alpha-1}(1-x)^{\beta-1}}{\Gamma(\alpha)\Gamma(\beta)}\int_0^\infty y^{\alpha+\beta-1}e^{-y}dy \end{aligned}$$

$$= \frac{\Gamma(\alpha+\beta)}{\Gamma(\alpha)\Gamma(\beta)} x^{\alpha-1}(1-x)^{\beta-1}, \tag{5.8.8}$$

其中最后一个式子来自式（5.7.2）。因为式（5.8.8）的最右边是概率密度函数，它的积分为 1，这就证明了式（5.8.2）。此外，式（5.8.8）的最右边可以看成参数为 α 和 β 的贝塔分布。■

小结

贝塔分布族是位于区间 $(0,1)$ 内的随机变量的常见模型，例如伯努利试验序列中成功比例未知的情形。参数为 α 和 β 的贝塔分布的均值是 $\alpha/(\alpha+\beta)$。如果在 $P=p$ 条件下，X 服从参数为 n 和 p 的二项分布，且如果 P 服从参数为 α 和 β 的贝塔分布，则在 $X=x$ 条件下，P 的分布是参数为 $\alpha+x$ 和 $\beta+n-x$ 的贝塔分布。

习题

1. 计算参数为 $\alpha>0$ 和 $\beta=1$ 的贝塔分布的分位数函数。
2. 假设 $\alpha>1$ 和 $\beta>1$，确定参数为 α 和 β 的贝塔分布的众数。
3. 绘制以下各对参数值的贝塔分布的概率密度函数图像：
   a. $\alpha=1/2$，$\beta=1/2$；　b. $\alpha=1/2$，$\beta=1$；
   c. $\alpha=1/2$，$\beta=2$；　d. $\alpha=1$，$\beta=1$；
   e. $\alpha=1$，$\beta=2$；　f. $\alpha=2$，$\beta=2$；
   g. $\alpha=25$，$\beta=100$；　h. $\alpha=100$，$\beta=25$。
4. 假设 X 服从参数为 α 和 β 的贝塔分布。证明：$1-X$ 服从参数为 β 和 α 的贝塔分布。
5. 假设 X 服从参数为 α 和 β 的贝塔分布，并设 r 和 s 为正整数。确定 $E[X^r(1-X)^s]$ 的值。
6. 假设 X 和 Y 是独立随机变量，X 服从参数为 α_1 和 β 的伽马分布，Y 服从参数为 α_2 和 β 的伽马分布。令 $U=X/(X+Y)$，$V=X+Y$。证明：
   a. U 服从参数为 α_1 和 α_2 的贝塔分布。b. U 和 V 是独立的。提示：参考定理 5.8.1 证明中的步骤。
7. 假设 X_1 和 X_2 是来自参数为 β 的指数分布的随机样本的观察值。证明：$X_1/(X_1+X_2)$ 服从区间 $[0,1]$ 上的均匀分布。
8. 假设大批产品中次品的比例 X 未知，X 服从参数为 α 和 β 的贝塔分布。
   a. 如果从该批次中随机选择一件产品，它为次品的概率是多少？
   b. 如果从该批次中随机选择两件产品，两件都为次品的概率是多少？
9. 制造商认为生产的零件中有未知比例 P 将有缺陷。她将 P 建模为贝塔分布。制造商认为 P 应该在 0.05 左右，但如果前 10 个观察到的产品都是有缺陷的，则 P 的均值将从 0.05 上升到 0.9。找到具有这个性质的贝塔分布。
10. 营销人员对在特定商店有多少顾客可能会购买特定产品感兴趣。设 P 是商店中所有顾客将购买该产品的比例。在观察任何数据之前，假设 P 服从区间 $[0,1]$ 上的均匀分布。营销人员随后观察了 25 位顾客，其中只有 6 位购买了该产品。如果在给定 P 的情况下，顾客是条件独立的，在给定观察到的顾客的情况下，求出 P 的条件分布。

5.9　多项分布

很多时候，我们观察的数据可能会有三个或更多的可能值。用来处理这些情况的多项分布族是二项分布族的扩展。多项分布是多元分布。

多项分布的定义和推导

例 5.9.1　血型　在例 1.8.4 中，我们讨论了人类血型，其中有四种：O、A、B 和 AB。如果随机选择一些人，我们感兴趣的是获得每种血型特定数量的概率。这种计算在法庭上用于亲子关系的诉讼。◀

一般来说，假设一个总体包含 $k(k\geqslant 2)$ 个不同类型的项，并且总体中属于第 i 类的项的比例为 $p_i(i=1,\cdots,k)$，假设 $p_i>0, i=1,\cdots,k$，且 $\sum_{i=1}^{k} p_i=1$。设 $\boldsymbol{p}=(p_1,\cdots,p_k)$ 表示这些概率的向量。

接下来，假设从该总体中有放回地随机选取 n 项，并令 $X_i(i=1,\cdots,k)$ 表示选取的是第 i 类的项数。因为是从总体中随机、有放回地选取 n 项，选择彼此独立。因此，第一项为第 i_1 类，第二项为第 i_2 类，以此类推，其概率就是 $p_{i_1}p_{i_2}\cdots p_{i_n}$。因此，$n$ 个结果的序列中恰好有 x_1 项第 1 类，x_2 项第 2 类，等等，以预先指定的顺序选择的概率为 $p_1^{x_1}p_2^{x_2}\cdots p_k^{x_k}$。由此得出，恰好获得第 $i(i=1,\cdots,k)$ 类 x_i 项的概率等于 $p_1^{x_1}p_2^{x_2}\cdots p_k^{x_k}$ 乘以 n 项不同排列的总数。

由多项式系数定义的讨论（定义 1.9.1）可以得出，当对 n 项进行排列时，其中第 $i(i=1,\cdots,k)$ 类有 x_i 项，不同排列的总数可由多项式系数给出

$$\binom{n}{x_1,\cdots,x_k}=\frac{n!}{x_1!\ x_2!\ \cdots x_k!}。$$

在多元分布的符号中，令 $\boldsymbol{X}=(X_1,\cdots,X_k)$ 表示计数的随机向量，令 $\boldsymbol{x}=(x_1,\cdots,x_k)$ 表示该随机向量的一个可能值。最后，设 $f(\boldsymbol{x}\mid n,\boldsymbol{p})$ 表示 $\boldsymbol{X}$ 的联合概率函数，则

$$f(\boldsymbol{x}\mid n,\boldsymbol{p})=P(\boldsymbol{X}=\boldsymbol{x})=P(X_1=x_1,\cdots,X_k=x_k)$$

$$=\begin{cases}\binom{n}{x_1,\cdots,x_k}p_1^{x_1}\cdots p_k^{x_k}, & x_1+\cdots+x_k=n,\\ 0, & \text{其他。}\end{cases}\tag{5.9.1}$$

定义 5.9.1　多项分布　若离散随机向量 $\boldsymbol{X}=(X_1,\cdots,X_k)$ 的概率函数由式（5.9.1）给出，称其为服从参数为 n 和 $\boldsymbol{p}=(p_1,\cdots,p_k)$ 的多项分布。

例 5.9.2　参加棒球比赛　假设参加某场棒球比赛的人中有 23%居住在距离体育场 10 英里范围内，59%居住在距离体育场 10 到 50 英里之间，18%居住在距离体育场 50 英里以上。还假设从参加比赛的人群中随机选择 20 人。确定“被选中的人中有 7 人居住在距离体育场 10 英里以内，8 人居住在距离体育场 10 到 50 英里之间，5 人居住在距离体育场 50 英里以上”的概率。

假设参加比赛的人数很多，以至于这 20 个人是否有放回地被选择是无关紧要的。因此，我们可以假设他们是通过有放回被选择的。由式（5.9.1）可得所求的概率为

$$\frac{20!}{7!\ 8!\ 5!}(0.23)^7(0.59)^8(0.18)^5=0.0094。$$

◀

例 5.9.3　血型　Berry 和 Geisser（1986）根据 Grunbaum 等人（1978）分析的 6 004

名加利福尼亚白人样本，在表5.3中估计了四种血型的概率。假设从这个人群总体中随机选择两个人并观察他们的血型，两人血型相同的概率是多少？两个人血型相同的事件是四个不相交事件的并集，每个事件是两人都有四种不同血型中的同一种。这些事件中每一个事件的概率都为$\binom{2}{2,\ 0,\ 0,\ 0}$乘以事件对应的四个概率之一的平方和。我们所求的概率为四个事件的概率之和：

$$\binom{2}{2,0,0,0}(0.360^2+0.123^2+0.038^2+0.479^2)=0.376。$$ ◀

表5.3　加利福尼亚白人血型的估计概率

A	B	AB	O
0.360	0.123	0.038	0.479

多项分布和二项分布的关系

当被抽样的总体只包含两种不同类型的项时，即当$k=2$时，每个多项分布基本上都简化为二项分布。这种关系的精确形式如下。

定理5.9.1　假设随机向量$\boldsymbol{X}=(X_1,X_2)$服从参数为n和$\boldsymbol{p}=(p_1,p_2)$的多项分布，则X_1服从参数为n和p_1的二项分布，并且$X_2=n-X_1$。

证明　从多项分布的定义可以清楚地看出$X_2=n-X_1$和$p_2=1-p_1$。因此，随机向量$\boldsymbol{X}$实际上是由单个随机变量X_1决定的。从多项分布的推导中，可以看到如果从由两种类型的个体组成的总体中选取n个个体，X_1是第1类的个体数。如果将选中第1类个体称为“成功”，则X_1是n次伯努利试验中的成功次数，每次试验的成功概率等于p_1。因此X_1服从参数为n和p_1的二项分布。■

定理5.9.1的证明很容易推广到以下结论。

推论5.9.1　假设随机向量$\boldsymbol{X}=(X_1,\cdots,X_k)$服从参数为$n$和$\boldsymbol{p}=(p_1,\cdots,p_k)$的多项分布，则每个变量$X_i(i=1,\cdots,k)$的边际分布为参数为$n$和$p_i$的二项分布。

证明　从$1,\cdots,k$中选择一个i，并将“选到第i类的个体”定义为“成功”，则X_i是n次伯努利试验中的成功次数，每次试验的成功概率等于p_i。■

推论5.9.1可推广为“多项分布的随机向量的某些坐标之和的边际分布服从二项分布”。证明留到本节习题1。

推论5.9.2　假设随机向量$\boldsymbol{X}=(X_1,\cdots,X_k)$服从参数为$n$和$\boldsymbol{p}=(p_1,\cdots,p_k)$的多项分布$(k>2)$。令$l<k$，并令$i_1,\cdots,i_l$是从集合$\{1,\cdots,k\}$中选取的不同元素，则$Y=X_{i_1}+\cdots+X_{i_l}$的分布为参数为$n$和$p_{i_1}+\cdots+p_{i_l}$的二项分布。■

最后一点，伯努利分布和二项分布之间的关系可推广到多项分布。参数为p的伯努利分布与参数为1和p的二项分布相同。但是，第一个参数为$n-1$的多项分布没有单独的名称。服从这种分布的随机向量的坐标由一个1和$k-1$个0组成，第i个坐标为1的概率为p_i。一个k维向量表示一个只能取k个不同值的随机对象，这种表述方法看起来很笨拙。

更常见的表示形式是单个离散随机变量 X，从 $1,\cdots,k$ 这 k 个值中取一个，概率分别为 $p_1,\cdots,p_k$。刚刚描述的单变量分布没有与之相关的常用名称；然而，我们刚刚证明它与参数为 1 和（$p_1,\cdots,p_k$）的多项分布密切相关。

均值、方差和协方差

多项分布的随机向量的每个坐标的均值、方差和协方差由如下定理给出。

定理 5.9.2 均值、方差和协方差 设随机向量 $\boldsymbol{X}$ 服从参数为 n 和 $\boldsymbol{p}$ 的多项分布，则 $\boldsymbol{X}$ 的坐标分量的均值和方差为

$$E(X_i)=np_i,\mathrm{Var}(X_i)=np_i(1-p_i),i=1,\cdots,k。\tag{5.9.2}$$

此外，坐标分量之间的协方差为

$$\mathrm{Cov}(X_i,X_j)=-np_ip_j。\tag{5.9.3}$$

证明 推论 5.9.1 表明每个分量 X_i 的边际分布是参数为 n 和 p_i 的二项分布。可直接得到式（5.9.2）。

推论 5.9.2 表明，X_i+X_j 服从参数为 n 和 p_i+p_j 的二项分布。因此，

$$\mathrm{Var}(X_i+X_j)=n(p_i+p_j)(1-p_i-p_j)。\tag{5.9.4}$$

根据定理 4.6.6，可得

$$\begin{aligned}\mathrm{Var}(X_i+X_j)&=\mathrm{Var}(X_i)+\mathrm{Var}(X_j)+2\mathrm{Cov}(X_i,X_j)\\&=np_i(1-p_i)+np_j(1-p_j)+2\mathrm{Cov}(X_i,X_j)。\end{aligned}\tag{5.9.5}$$

令式（5.9.4）和式（5.9.5）右边相等，可解得 $\mathrm{Cov}(X_i,X_j)$。结果就是式（5.9.3）。 ■

注：负的协方差对于多项分布来说是很自然的。服从多项分布的随机向量的不同坐标之间的负协方差是自然的，因为 n 个选择的个体要分布在向量的 k 个坐标中，如果其中一个坐标很大，则其他坐标中至少有一些必须很小，因为坐标的总和固定为 n。

小结

多项分布将二项分布推广到两个以上可能的结果。服从参数为 n 和 $\boldsymbol{p}=(p_1,\cdots,p_k)$ 的多项分布的随机向量的第 $i(i=1,\cdots,k)$ 个坐标服从参数为 n 和 p_i 的二项分布。因此，多项分布的随机向量坐标的均值和方差与二项随机变量的相同。第 i 个坐标和第 j 个坐标之间的协方差为 $-np_ip_j$。

习题

1. 证明推论 5.9.2。
2. 假设 F 是在实数轴上的连续分布函数，令 α_1 和 α_2 为使得 $F(\alpha_1)=0.3$ 和 $F(\alpha_2)=0.8$ 的数。如果从分布函数为 F 的分布中随机选择 25 个观测值，“有六个观测值小于 α_1，十个观测值介于 α_1 和 α_2 之间，九个观测值比 α_2 大”的概率为多少？
3. 抛掷五个均匀的骰子，点数 1 和点数 4 出现次数相同的概率是多少？
4. 假设制作一个骰子，使得在掷骰子时，点数 1,2,3,4,5,6 中的每一个都有不同的出现概率。对于 $i=1,\cdots,6$，设 p_i 表示得到点数 i 的概率，假设 $p_1=0.11,p_2=0.30,p_3=0.22,p_4=0.05,p_5=0.25,p_6=0.07$。还假设掷骰子 40 次。令 X_1 表示出现偶数的次数，令 X_2 表示点数 1 或点数 3 出现的次数。求 $P(X_1=20,X_2=15)$。

5. 假设某一个学校有16%的学生是大一学生，14%是大二学生，38%是大三学生，32%是大四学生。如果从学校中随机选择15名学生，至少有8名学生是大一或大二的概率是多少?
6. 在习题5中，设X_3表示15名学生的随机样本中的大三学生人数，X_4表示样本中的大四学生人数。求$E(X_3-X_4)$和$\mathrm{Var}(X_3-X_4)$的值。
7. 假设随机变量$X_1,\cdots,X_k$相互独立，且$X_i(i=1,\cdots,k)$服从均值为λ_i的泊松分布。证明：对于任意固定的正整数n，在给定$\sum_{i=1}^{k}X_i=n$条件下，随机向量$\boldsymbol{X}=(X_1,\cdots,X_k)$服从参数为$n$和$\boldsymbol{p}=(p_1,\cdots,p_k)$的多项分布，其中

$$p_i=\frac{\lambda_i}{\sum_{j=1}^{k}\lambda_j},i=1,\cdots,k。$$

8. 假设一台机器生产的零件的实用性有三个不同的水平：正常工作、受损、有缺陷。设p_1，p_2和$p_3=1-p_1-p_2$分别是零件正常工作、受损和有缺陷的概率。假设向量$\boldsymbol{p}=(p_1,\ p_2)$是未知的，联合概率密度函数为：

$$f(p_1,p_2)=\begin{cases}12p_1^2, & 0<p_1,p_2<1,p_1+p_2<1,\\0, & 其他。\end{cases}$$

假设在给定$\boldsymbol{p}$时，我们观察的10个零件是条件独立的，在这10个零件中，8个可正常工作，2个零件受损。在给定观察的零件的前提下，求出$\boldsymbol{p}$的条件概率密度函数。提示：式（5.8.2）可能会有所帮助。

5.10 二元正态分布

我们介绍的第一个多元连续分布是正态分布在二维空间的推广。二元正态分布的结构比一对边际正态分布具有更复杂的结构。

二元正态分布的定义和推导

例5.10.1　甲状腺激素　生产火箭燃料会产生一种高氯酸盐的化学物质，该物质已进入饮用水供应中。有人怀疑高氯酸盐会抑制甲状腺功能。在实验室里，实验人员在老鼠的饮用水中加入了高氯酸盐。几周后，杀死老鼠，并测量了一些甲状腺激素。然后将这些激素的水平与水中未加入高氯酸盐的老鼠的激素进行比较，尤其对两种激素，TSH和T4较为关心。实验者对TSH和T4的联合分布感兴趣。尽管每种激素都可以用正态分布分别建模，但需要二元分布来建立这两种激素水平的联合模型。对甲状腺活动的了解知道这些激素的水平不独立，因为甲状腺用其中一种激素来刺激产生另一种激素。◀

如果研究人员使用正态分布族分别对两个随机变量进行建模，例如例5.10.1中的激素，他们需要对正态分布族进行二元推广，该正态分布族的边际分布仍然具有正态分布，而允许两个随机变量相互依赖。建立这种推广的一种简单方法是利用推论5.6.1中的结论。该结论表明，独立正态随机变量的线性组合服从正态分布。如果用相同的独立正态随机变量生成两个不同的线性组合X_1和X_2，则X_1和X_2将分别服从正态分布，且它们可能是相关的。下面的结论将这个思路规范化。

定理5.10.1　*设Z_1和Z_2是相互独立的随机变量，且都服从标准正态分布。对于常数$\mu_1,\mu_2,\sigma_1,\sigma_2$和$\rho$，其中$-\infty<\mu_i<\infty(i=1,2)$，$\sigma_i>0(i=1,2)$，$-1<\rho<1$。两个新的随机变量$X_1$*

和 X_2 定义如下：

$$X_1=\sigma_1 Z_1+\mu_1,$$
$$X_2=\sigma_2[\rho Z_1+(1-\rho^2)^{1/2}Z_2]+\mu_2。 \tag{5.10.1}$$

则 X_1 和 X_2 的联合概率密度函数为：

$$f(x_1,x_2)=\frac{1}{2\pi(1-\rho^2)^{1/2}\sigma_1\sigma_2}\exp\left\{-\frac{1}{2(1-\rho^2)}\left[\left(\frac{x_1-\mu_1}{\sigma_1}\right)^2-2\rho\left(\frac{x_1-\mu_1}{\sigma_1}\right)\left(\frac{x_2-\mu_2}{\sigma_2}\right)+\left(\frac{x_2-\mu_2}{\sigma_2}\right)^2\right]\right\}。 \tag{5.10.2}$$

证明 该证明依赖于定理3.9.5（随机变量的多元变换）。如果你没有学过定理3.9.5，你将难以完成这个证明。Z_1 和 Z_2 的联合概率密度函数 $g(z_1,z_2)$ 为

$$g(z_1,z_2)=\frac{1}{2\pi}\exp\left[-\frac{1}{2}(z_1^2+z_2^2)\right], \tag{5.10.3}$$

对任意的 z_1 和 z_2。

变换（5.10.1）的逆是$(Z_1,Z_2)=(s_1(X_1,X_2),s_2(X_1,X_2))$，其中

$$s_1(x_1,x_2)=\frac{x_1-\mu_1}{\sigma_1},$$
$$s_2(x_1,x_2)=\frac{1}{(1-\rho^2)^{1/2}}\left(\frac{x_2-\mu_2}{\sigma_2}-\rho\frac{x_1-\mu_1}{\sigma_1}\right)。 \tag{5.10.4}$$

变换的雅可比行列式 J 为

$$J=\det\begin{bmatrix}\frac{1}{\sigma_1} & 0\\ \frac{-\rho}{\sigma_1(1-\rho^2)^{1/2}} & \frac{1}{\sigma_2(1-\rho^2)^{1/2}}\end{bmatrix}=\frac{1}{(1-\rho^2)^{1/2}\sigma_1\sigma_2}。 \tag{5.10.5}$$

将式（5.10.3）中的 $z_i(i=1,2)$ 用 $s_i(x_1,x_2)$ 代替，再乘上 $|J|$，可以得到式（5.10.2），根据定理3.9.5可知，即为(X_1,X_2)的联合概率密度函数。■

在给联合分布命名之前，有必要推导出具有式（5.10.2）的联合分布的一些简单性质。

定理5.10.2 设随机变量 X_1 和 X_2 的联合概率密度函数由式（5.10.2）给出，则存在独立的标准正态分布的随机变量 Z_1 和 Z_2，使得式（5.10.1）成立。另外，$X_i(i=1,2)$ 的均值为 μ_i，X_i 的方差为 σ_i^2，另外 X_1 和 X_2 的相关系数为 ρ。最后，$X_i(i=1,2)$ 的边际分布为均值为 μ_i，方差为 σ_i^2 的正态分布。

证明 由式（5.10.4）定义的函数 s_1 和 s_2 和定义 $Z_i=s_i(X_1,X_2),i=1,2$。将定理5.10.1的证明倒推，可以看到 Z_1 和 Z_2 的联合概率密度函数就为式（5.10.3）。因此，Z_1 和 Z_2 是相互独立的标准正态分布的随机变量。

对式（5.10.1）应用推论5.6.1很容易得到 X_1 和 X_2 的均值和方差。如果应用4.6节习题8的结论，可以得到 $\text{Cov}(X_1,X_2)=\rho\sigma_1\sigma_2$，由此可知 ρ 是相关系数。X_1 和 X_2 的边际分布可以从推论5.6.1直接得到。■

现在我们可以对二元正态分布族进行定义。

定义 5.10.1　二元正态分布　当随机变量 X_1 和 X_2 的联合概率密度函数由式（5.10.2）给出，则称 X_1 和 X_2 服从期望为 μ_1 和 μ_2、方差为 σ_1^2 和 σ_2^2、相关系数为 ρ 的二元正态分布。

把二元正态分布归结为服从标准正态分布的独立随机变量的某些线性组合的联合分布很是方便。应该强调的是，二元正态分布很直接、自然地产生于许多实际问题中。例如，对于许多总体两个物理特征（个体的身高和体重等）的联合分布可以近似为二元正态分布。对于其他总体，总体中个体在两次相关测试中的得分的联合分布可以近似为二元正态分布。

例 5.10.2　跳甲的测量　Lubischew（1962）报告了对不同种类跳甲的物理特征的测量值，其研究主要关注：是否可以用容易得到的测量值的某些组合来区分不同种类。图 5.9 给出了来自种类为 *Chaetocnema heikertingeri* 的 31 个个体组成的样本中，每只跳甲第一块跗骨的第一个关节和第一块跗骨的第二个关节的测量值的散点图。该图还包含三个椭圆，它们对应拟合出的二元正态分布。三个椭圆分别包含拟合二元正态分布 25%、50% 和 75% 的概率，拟合分布是二元正态分布，均值为 201 和 119.3，方差为 222.1 和 44.2，相关系数为 0.64。◀

二元正态分布的性质

对于二元正态分布的随机变量而言，独立和不相关是等价的。

定理 5.10.3　独立和相关性　二元正态分布的随机变量 X_1 和 X_2 相互独立等价于 X_1 和 X_2 不相关。

证明　必要性的证明可由定理 4.6.4 得到。

充分性的证明：假设 X_1 和 X_2 不相关，则 $\rho=0$，由式（5.10.2）可知，联合概率密度函数 $f(x_1,x_2)$ 可以分解成 X_1 的边际概率密度和 X_2 的边际概率密度的乘积。因此，X_1 和 X_2 是独立的。■

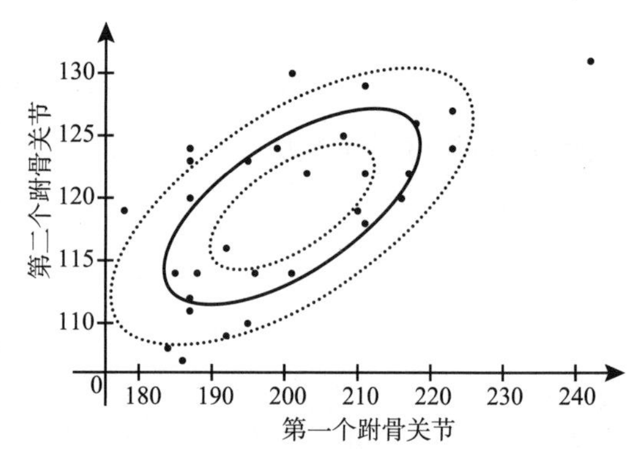

图 5.9　例 5.10.2 中以二元正态椭圆 25%、50% 和 75% 的概率得到的跳甲数据的散点图

我们在例 4.6.4 中已经看到，对任意联合分布的随机变量 X_1 和 X_2，不独立也可以不相关。定理 5.10.3 表明，对服从二元正态分布的 X_1 和 X_2，不存在这样的例子。

当相关性不为零时，定理 5.10.2 给出了二元正态随机变量的边际分布。结合边际分布和联合分布，可以得到在给定 X_i 的条件下另一个随机变量的条件分布。下一个定理使用其他方法推导出条件分布。

定理 5.10.4　条件分布　假定随机变量 X_1 和 X_2 服从二元正态分布，联合概率密度函数由式（5.10.2）给出，则给定 $X_1=x_1$ 的条件下，X_2 的条件分布仍然是正态分布，均值和方差为

$$E(X_2 \mid x_1) = \mu_2 + \rho\sigma_2\left(\frac{x_1 - \mu_1}{\sigma_1}\right), \mathrm{Var}(X_2 \mid x_1) = (1-\rho^2)\sigma_2^2。\tag{5.10.6}$$

证明　我们将在这个证明中充分利用定理 5.10.2 及其证明中的符号。条件 $X_1 = x_1$ 与条件 $Z_1 = (x_1 - \mu_1)/\sigma_1$ 相同。在给定 $Z_1 = (x_1 - \mu_1)/\sigma_1$ 条件时，我们想求出 X_2 的条件分布，可以将式（5.10.1）关于 X_2 的公式中的 Z_1 用 $(x_1 - \mu_1)/\sigma_1$ 代替，可求公式其余部分的条件分布。也就是说，给定 $X_1 = x_1$ 的条件下，X_2 的条件分布为给定 $Z_1 = (x_1 - \mu_1)/\sigma_1$ 下，

$$(1-\rho^2)^{1/2}\sigma_2 Z_2 + \mu_2 + \rho\sigma_2\left(\frac{x_1 - \mu_1}{\sigma_1}\right) \tag{5.10.7}$$

的条件分布。但是 Z_2 是式（5.10.7）中唯一的随机变量，且 Z_2 与 Z_1 独立，因此在 $X_1 = x_1$ 的条件下，X_2 的条件分布为式（5.10.7）中边际分布，即均值和方差由式（5.10.6）给出的正态分布。■

由式（5.10.1）不会很容易地得到给定 $X_2 = x_2$ 的条件下 X_1 的条件分布，这是因为在式（5.10.1）中，Z_1 和 Z_2 的形式不同。然而，由式（5.10.2）可以看到，如果将下标 1 和 2 所有的参数进行调换，X_2 和 X_1 联合分布仍然是二元正态分布。因此对 X_2 和 X_1 应用定理 5.10.4 可知，在给定 $X_2 = x_2$ 的条件下，X_1 的条件分布一定是正态分布，其均值和方差为：

$$E(X_1 \mid x_2) = \mu_1 + \rho\sigma_1\left(\frac{x_2 - \mu_2}{\sigma_2}\right), \quad \mathrm{Var}(X_1 \mid x_2) = (1-\rho^2)\sigma_1^2。\tag{5.10.8}$$

我们已经证明，二元正态分布的每个条件分布和边际分布都是一元正态分布。

应该注意到给定 $X_1 = x_1$ 的条件下 X_2 的条件分布具有一些特殊性质。如果 $\rho \neq 0$，则 $E(X_2 \mid x_1)$ 是关于 x_1 的线性函数。如果 $\rho > 0$，该线性函数的斜率是正的；如果 $\rho < 0$，该线性函数的斜率是负的。然而，给定 $X_1 = x_1$ 的条件下，X_2 的条件分布的方差是 $(1-\rho^2)\sigma_2^2$，它不依赖于 x_1，且 X_2 的条件分布的方差比 X_2 的边际分布的方差 σ_2^2 小。

例 5.10.3　预测人的体重　从一个特定总体中随机抽取一个人，用 X_1 表示此人的身高，X_2 表示此人的体重。假定 X_1 和 X_2 服从二元正态分布，概率密度函数由式（5.10.2）确定，并假定需要对 X_2 进行预测。我们将“身高 X_1 已知时，对体重预测得到的最小均方误差”和“身高未知时，对其体重预测得到的最小均方误差”进行比较。

如果此人身高未知，则体重的最好预测是均值 $E(X_2) = \mu_2$，该预测的最小均方误差为方差 σ_2^2。如果此人身高已知为 x_1，则最好预测是给定 $X_1 = x_1$ 的条件下 X_2 的条件分布的均值 $E(X_2 \mid x_1)$，预测的均方误差是条件分布的方差 $(1-\rho^2)\sigma_2^2$。因此，当 X_1 的值已知，均方误差从 σ_2^2 减小到 $(1-\rho^2)\sigma_2^2$。◀

由于例 5.10.3 中条件分布的方差为 $(1-\rho^2)\sigma_2^2$，所以，如果不考虑此人的已知身高 x_1，则对于一个高个子、矮个子或中等个子的人来说，预测其体重的难度是一样的。由于方差 $(1-\rho^2)\sigma_2^2$ 随着 $|\rho|$ 的增加而减少，当从身高和体重高度相关的总体中随机抽取人时，则很容易由这个人的身高预测其体重。

例 5.10.4　确定边际分布　设随机变量 X 服从均值为 μ、方差为 σ^2 的正态分布，且对于每个 x，在给定 $X = x$ 的条件下，随机变量 Y 服从均值为 x、方差为 τ^2 的正态分布。现

在确定 Y 的边际分布。

我们知道 X 的边际分布是正态分布，在给定 $X=x$ 的条件下，Y 的边际分布也是正态分布，且边际分布的均值是 x 的线性函数，方差是常数。因此，X 和 Y 的联合分布必定是二元正态分布（见本节习题 14）。故 Y 的边际分布也是正态分布，需要确定 Y 的均值和方差。

Y 的均值为

$$E(Y)=E[E(Y\mid X)]=E(X)=\mu。$$

由定理 4.7.4 可知

$$\begin{aligned}\mathrm{Var}(Y)&=E[\mathrm{Var}(Y\mid X)]+\mathrm{Var}[E(Y\mid X)]\\&=E(\tau^2)+\mathrm{Var}(X)\\&=\tau^2+\sigma^2。\end{aligned}$$

因此，Y 的边际分布是均值为 μ、方差为 $\tau^2+\sigma^2$ 的正态分布。◀

线性组合

例 5.10.5　丈夫和妻子的身高　假定从一个由已婚夫妇组成的特定总体中随机抽取一对夫妇，设妻子的身高和丈夫的身高的联合分布为二元正态分布，求抽取到的夫妇中妻子比丈夫高的概率。◀

例 5.10.5 结尾处的问题可以表示为妻子和丈夫身高差的分布。这是二元正态分布线性组合的一个特例。

定理 5.10.5　二元正态分布的线性组合　*设两个随机变量 X_1 和 X_2 服从二元正态分布，其概率密度函数由式（5.10.2）确定。令随机变量 $Y=a_1X_1+a_2X_2+b$，其中，a_1,a_2 和 b 是任意给定的常数，则 Y 也是正态分布，均值为 $a_1\mu_1+a_2\mu_2+b$，方差为*

$$a_1^2\sigma_1^2+a_2^2\sigma_2^2+2a_1a_2\rho\sigma_1\sigma_2。\tag{5.10.9}$$

证明　根据定理 5.10.2 可知，X_1 和 X_2 均可由独立的正态随机变量 Z_1 和 Z_2 的线性组合来表示成式（5.10.1）的形式。由于 Y 是 X_1 和 X_2 的线性组合，则 Y 也可以表示成 Z_1 和 Z_2 的线性组合。因此，根据推论 5.6.1，Y 的分布也是正态分布。剩下的只需计算 Y 的均值和方差即可。Y 的均值为

$$\begin{aligned}E(Y)&=a_1E(X_1)+a_2E(X_2)+b\\&=a_1\mu_1+a_2\mu_2+b。\end{aligned}$$

从推论 4.6.1 可知

$$\mathrm{Var}(Y)=a_1^2\mathrm{Var}(X_1)+a_2^2\mathrm{Var}(X_2)+2a_1a_2\mathrm{Cov}(X_1,X_2)。$$

由 $\mathrm{Var}(Y)$ 很容易得到式（5.10.9）。■

例 5.10.6　丈夫和妻子的身高　继续讨论例 5.10.5。假设妻子身高的均值为 66.8 英寸，标准差为 2 英寸，丈夫身高的均值为 70 英寸，标准差为 2 英寸，两人身高的相关系数为 0.68。求妻子比丈夫高的概率。

如果以 X 表示妻子的身高，Y 表示丈夫的身高，则需要确定 $P(X-Y>0)$ 的值。由于 X 和 Y 的联合分布为二元正态分布，所以 $X-Y$ 的分布是正态分布，其均值为

$$E(X-Y)=66.8-70=-3.2,$$

方差为

$$\begin{aligned}\mathrm{Var}(X-Y) &= \mathrm{Var}(X)+\mathrm{Var}(Y)-2\mathrm{Cov}(X,Y)\\ &= 4+4-2(0.68)(2)(2)=2.56。\end{aligned}$$

因此，$X-Y$ 的标准差是 1.6。

随机变量 $Z=(X-Y+3.2)/(1.6)$ 服从标准正态分布。由本书后面的附录表可以得到：

$$\begin{aligned}P(X-Y>0) &= P(Z>2)=1-\Phi(2)\\ &= 0.022\,7。\end{aligned}$$

于是，妻子比丈夫高的概率为 0.022 7。◀

小结

如果随机向量(X,Y)服从二元正态分布，则每个线性组合 $aX+bY+c$ 都服从正态分布。特别地，X 和 Y 的边际分布是正态分布。在给定 $Y=y$ 的条件下，X 的条件分布也是正态分布，其条件均值为 y 的线性函数，条件方差为常数。（在给定 $X=x$ 条件下，Y 的条件分布也有类似的结论。）在 D. F. Morrison（1990）所著的书中可以找到关于二元正态和高维正态分布更透彻的讨论。

习题

1. 再考虑例 5.10.6 中丈夫和妻子身高的联合分布，求在给定丈夫的身高是 72 英寸的条件下，妻子身高的条件分布的 0.95 分位数。
2. 设从某个总体中随机选取一名学生参加两门不同的考试 A 和 B。假定考试 A 的平均分为 85，标准差为 10；考试 B 的平均分为 90，标准差为 16；两门考试成绩的联合分布为二元正态分布，且相关系数为 0.8。如果该学生在考试 A 中的成绩为 80，则在考试 B 中的成绩高于 90 分的概率为多少？
3. 再次考虑习题 2 中有关两门课程的考试。如果随机抽取一名学生，他两门课程的总成绩高于 200 分的概率为多少？
4. 再次考虑习题 2 中有关两门课程的考试。如果随机抽取一名学生，他在考试 A 中的成绩高于考试 B 的成绩的概率为多少？
5. 再次考虑习题 2 中有关两门课程的考试。如果随机抽取一名学生，已知他在考试 B 中的成绩是 100 分，则他在考试 A 中成绩有最小均方误差时的预测值为多少？最小均方误差为多少？
6. 设随机变量 X_1 和 X_2 服从二元正态分布，其联合概率密度函数由式（5.10.2）给出。求常数 b 使得 $\mathrm{Var}(X_1+bX_2)$ 达到最小。
7. 设随机变量 X_1 和 X_2 服从二元正态分布，已知：$E(X_1|X_2)=3.7-0.15X_2, E(X_2|X_1)=0.4-0.6X_1$，$\mathrm{Var}(X_2|X_1)=3.64$。求 X_1 的均值和方差，X_2 的均值和方差，及 X_1 和 X_2 的相关系数。
8. 设 $f(x_1,x_2)$ 表示二元正态分布的联合概率密度函数，具体由式（5.10.2）给出。证明：在 $x_1=\mu_1, x_2=\mu_2$ 处 $f(x_1,x_2)$ 达到最大值。
9. 以 $f(x_1,x_2)$ 表示二元正态分布的联合概率密度函数，具体由式（5.10.2）给出。令 k 是满足下述不等式的常数：

$$0<k<\frac{1}{2\pi(1-\rho^2)^{1/2}\sigma_1\sigma_2}。$$

证明：如果 $\rho=0$，$\sigma_1=\sigma_2$，则满足 $f(x_1,x_2)=k$ 的点 (x_1,x_2) 位于一个圆上；否则，这些点位于一个椭圆上。

10. 设两个随机变量 X_1 和 X_2 服从二元正态分布，另设两个随机变量 Y_1 和 Y_2 具有如下形式：

$$Y_1 = a_{11}X_1 + a_{12}X_2 + b_1,$$
$$Y_2 = a_{21}X_1 + a_{22}X_2 + b_2,$$

其中

$$\begin{vmatrix} a_{11} & a_{12} \\ a_{21} & a_{22} \end{vmatrix} \neq 0。$$

证明：Y_1 和 Y_2 也服从二元正态分布。

11. 设两个随机变量 X_1 和 X_2 服从二元正态分布，满足 $\mathrm{Var}(X_1)=\mathrm{Var}(X_2)$。证明：随机变量 X_1+X_2 和 X_1-X_2 相互独立。

12. 假设在例 5.10.2 中，跳甲的两个测量服从二元正态分布，其参数为：$\mu_1=201,\mu_2=118,\sigma_1=15.2,\sigma_2=6.6,\rho=0.64$。假定第二类跳甲的两个测量也服从二元正态分布，其参数为：$\mu_1=187,\mu_2=131,\sigma_1=15.2,\sigma_2=6.6,\rho=0.64$。以 (X_1,X_2) 表示来自这两类中某一类跳甲的两个测量，设 a_1 和 a_2 是常数。

    a. 对于每一类跳甲，求 $a_1X_1+a_2X_2$ 的均值和标准差。(注意到两类跳甲的方差是相同的。如何知道是相同的?)

    b. 求 a_1 和 a_2，使得 a 中求得的两个均值的差与标准差的比最大。也就是，在所有可能的线性组合中，$a_1X_1+a_2X_2$ 能较好地区分两个物种。

13. 设随机变量 X 和 Y 的联合概率密度函数作为 (x,y) 函数，与下述函数成比例：
$$\exp(-(ax^2+by^2+cxy+ex+gy+h)),$$
其中 $a>0,b>0,c,e,g$ 和 h 都为常数。假定 $ab>(c/2)^2$。证明：X 和 Y 服从二元正态分布，并求其均值、方差和相关系数。

14. 设随机变量 X 服从正态分布，对于每个 x，在给定 $X=x$ 的条件下，随机变量 Y 服从均值为 $ax+b$、方差为 τ^2 的正态分布，其中 a，b 和 τ^2 是常数。证明：X 和 Y 的联合分布是二元正态分布。

15. 设随机变量 $X_1,\cdots,X_n$ 独立同分布，且都服从均值为 μ、方差为 σ^2 的正态分布。定义 $\overline{X}_n=\frac{1}{n}\sum_{i=1}^{n}X_i$ 为样本均值。在本题中，求给定 $\overline{X}_n$ 的条件下每个 X_i 的条件分布。

    a. 证明：X_i 和 $\overline{X}_n$ 服从二元正态分布，其均值都为 μ，方差分别为 σ^2 和 σ^2/n，相关系数为 $1/\sqrt{n}$。提示：令 $Y=\sum_{j\neq i}X_j$，证明 Y 和 X_i 是独立的正态随机变量，且 $\overline{X}_n$ 和 X_i 是 Y 和 X_i 的线性组合。

    b. 证明：在给定 $\overline{X}_n=\bar{x}_n$ 的条件下，X_i 的条件分布是均值为 $\bar{x}_n$、方差为 $\sigma^2(1-1/n)$ 的正态分布。

5.11 补充习题

1. 设 X 和 P 为随机变量。假设在给定 $P=p$ 条件下，X 的条件分布是参数为 n 和 p 的二项分布。假设 P 的分布是参数为 $\alpha=1$ 和 $\beta=1$ 的贝塔分布。求 X 的边际分布。
2. 假设随机变量 X,Y,Z 独立同分布，都服从标准正态分布。计算 $P(3X+2Y<6Z-7)$。
3. 假设 X 和 Y 是独立的泊松随机变量，使得 $\mathrm{Var}(X)+\mathrm{Var}(Y)=5$。计算 $P(X+Y<2)$。
4. 假设 X 服从正态分布，使得 $P(X<116)=0.20$ 和 $P(X<328)=0.90$。确定 X 的均值和方差。
5. 假设从均值为 λ 的泊松分布中抽取四个观察值的随机样本，令 $\overline{X}$ 表示样本均值。证明
$$P\left(\overline{X}<\frac{1}{2}\right)=(4\lambda+1)e^{-4\lambda}。$$
6. 电子元件的寿命 X 服从指数分布，满足 $P(X\leqslant 1\,000)=0.75$。元件寿命的期望是多少?
7. 假设 X 服从正态分布，均值为 μ，方差为 σ^2。用 μ 和 σ^2 表示 $E(X^3)$。
8. 假设从均值为 μ 和标准差为 12 的正态分布中抽取 16 个观测值的随机样本，并且从均值为 μ 和标准差

为 20 的正态分布中抽取 25 个观测值的另一个随机样本，两个样本独立。令 $\overline{X}$ 和 $\overline{Y}$ 表示两者的样本均值，计算 $P(|\overline{X}-\overline{Y}|<5)$。

9. 假设男性顾客按照每小时 120 人的速率的泊松过程到达售票柜台，而女性顾客独立地按照每小时 60 人的速率的泊松过程到达售票柜台。求在一分钟内有四个或更少的人到达售票柜台的概率。

10. 假设 $X_1,X_2,\cdots$ 是独立同分布的随机变量，每个变量都有矩母函数 $\psi(t)$。设 $Y=X_1+\cdots+X_N$，其中该总和中的项数 N 是随机变量，服从均值为 λ 的泊松分布。假设 N 和 $X_1,X_2,\cdots$ 是相互独立的，且若 $N=0$，则 $Y=0$。求 Y 的矩母函数。

11. 每个星期天早上，两个孩子，克雷格和吉尔，都会独立尝试发射他们的飞机模型。在每个星期天，克雷格有 1/3 的概率成功发射，吉尔有 1/5 的概率成功发射。确定两个孩子中至少一个成功发射所需的星期天预期数。

12. 假设抛掷一枚均匀的硬币，直到获得至少一个正面和至少一个反面为止。令 X 表示所需的抛掷次数。求 X 的概率函数。

13. 假设投掷一对均匀的骰子 120 次，用 X 表示两个数字之和为 12 的投掷次数。使用泊松近似来近似 $P(X=3)$。

14. 假设 $X_1,\cdots,X_n$ 为区间[0,1]上的均匀分布的随机样本。令 $Y_1=\min\{X_1,\cdots,X_n\}$ 和 $Y_n=\max\{X_1,\cdots,X_n\}$，且 $W=Y_n-Y_1$，证明：每个随机变量Y_1,Y_n 和 W 都服从贝塔分布。

15. 假设事件流按照泊松过程发生，速率为每小时五个事件。

    a. 求到第一个事件发生为止的等待时间 T_1 的分布。

    b. 求到 k 个事件发生为止的等待时间 T_k 的分布。

    c. 求前 k 个事件不会在 20 分钟内发生的概率。

16. 假设五个组件同时运行，组件的寿命是独立同分布的，并且每个组件的寿命都具有参数为 β 的指数分布。令 T_1 表示从过程开始到其中一个组件发生故障的时间；令 T_5 表示所有五个组件都故障的总时间。计算 $\mathrm{Cov}(T_1,T_5)$。

17. 假设 X_1 和 X_2 是独立的随机变量，并且 $X_i(i=1,2)$ 服从参数为 β_i 的指数分布。证明：对于每个常数 $k>0$，有

$$P(X_1>kX_2)=\frac{\beta_2}{k\beta_1+\beta_2}。$$

18. 假设在一个人口为 15 000 人的城市中，有 500 000 人正在观看某个电视节目。如果随机联系这个城市的 200 个人，其中观看节目的人少于 4 人的概率大概是多少?

19. 假设要估计大量人口中具有某种特征的人的比例。从人群中无放回地随机抽取 100 人的一个样本，观察样本中具有该特征的人的比例为 $\overline{X}$。证明：无论该人群有多大，$\overline{X}$ 的标准差最大为 0.05。

20. 假设 X 服从参数为 n 和 p 的二项分布，并且 Y 服从参数为 r 和 p 的负二项分布，其中 r 是一个正整数。证明：$P(X<r)=P(Y>n-r)$。提示：等式的左边和右边都可以看作在一系列伯努利试验（成功概率为 p）中同一事件发生的概率。

21. 假设 X 服从均值为 λt 的泊松分布，Y 服从参数为 $\alpha=k$ 和 $\beta=\lambda$ 的伽马分布，其中 k 是一个正整数。证明：$P(X\geqslant k)=P(Y\leqslant t)$。提示：该等式的左边和右边都可以看作一个泊松过程（每单位时间内发生的平均次数为 λ）中同一事件发生的概率。

22. 假设 X 是连续随机变量，概率密度函数为 $f(x)$ 和分布函数为 $F(x)$，并且 $P(X>0)=1$。令 $h(x)$ 为 5.7 节习题 18 所定义的失效率，证明：

$$\exp\left[-\int_0^x h(t)\,\mathrm{d}t\right]=1-F(x)。$$

23. 设大容量总体中，40%的学生是大一新生，30%是大二学生，20%是大三学生，10%是大四学生。从

该总体中随机抽取 10 名学生，令X_1, X_2, X_3, X_4分别表示抽取到的大一、大二、大三、大四学生的人数。

a. 对每对值i和$j(i<j)$，求$\rho(X_i, X_j)$。

b. i和$j(i<j)$取哪些值时，$\rho(X_i, X_j)$为最小的负值？

c. i和$j(i<j)$取哪些值时，$\rho(X_i, X_j)$最接近 0？

24. 假设X_1和X_2服从均值为μ_1和μ_2、方差为σ_1^2和σ_2^2、相关系数为ρ的二元正态分布，求X_1-3X_2的分布。

25. 设X服从标准正态分布，并且给定X时，Y的条件分布是均值为$2X-3$和方差为 12 的正态分布。确定Y的边际分布和$\rho(X,Y)$的值。

26. 假设X_1和X_2服从二元正态分布，$E(X_2)=0$，计算$E(X_1^2X_2)$。

第6章 大随机样本

6.1 引言

在本章中，我们介绍一些简化大随机样本分析的近似结果。在第一节中，我们给出两个例子来说明我们可能使用的分析类型以及需要哪些其他的工具才能使用它们。

例 6.1.1 正面向上的比例 如果你从口袋里掏出一枚硬币，你可能会认为它是均匀的。也就是说，它在抛掷时正面向上落地的概率是 1/2。然而，如果掷硬币 10 次，你不能期望看到恰好 5 次正面向上。如果你将它掷 100 次，你将更不可能期望看到恰好 50 次正面向上。事实上，我们可以这样来计算这两个结果的概率，即在 n 次独立抛均匀硬币中，正面向上的次数服从参数为 n 和 1/2 的二项分布。所以，如果 X 是 10 次独立抛掷硬币中正面向上的次数，我们知道

$$P(X=5)=\binom{10}{5}\left(\frac{1}{2}\right)^{5}\left(1-\frac{1}{2}\right)^{5}=0.2461。$$

如果 Y 是 100 次独立抛掷硬币中正面向上的次数，则有

$$P(Y=50)=\binom{100}{50}\left(\frac{1}{2}\right)^{50}\left(1-\frac{1}{2}\right)^{50}=0.0796。$$

尽管在 n 次抛掷中恰好有 $n/2$ 次正面向上的概率非常小，尤其是对于较大的 n，如果 n 很大，你仍然可以期望正面向上的比例接近 1/2。例如，如果 n 为 100，则正面向上的比例为 $Y/100$。在这种情况下，比例在 1/2 附近 0.1 以内的概率为

$$P\left(0.4\leqslant\frac{Y}{100}\leqslant 0.6\right)=P(40\leqslant Y\leqslant 60)=\sum_{i=40}^{60}\binom{100}{i}\left(\frac{1}{2}\right)^{i}\left(1-\frac{1}{2}\right)^{100-i}=0.9648。$$

当 $n=10$ 时，可类似计算得

$$P\left(0.4\leqslant\frac{X}{10}\leqslant 0.6\right)=P(4\leqslant Y\leqslant 6)=\sum_{i=4}^{6}\binom{10}{i}\left(\frac{1}{2}\right)^{i}\left(1-\frac{1}{2}\right)^{10-i}=0.6563。$$

注意，在本例中，$n=100$ 时正面向上的比例接近 1/2 的概率大于 $n=10$ 时的概率。部分原因是我们已经将“接近 1/2”定义为在两种情况下都相同，即介于 0.4 和 0.6 之间。 ◀

例 6.1.1 中进行的计算非常简单，因为我们有公式可以计算任意抛掷次数中正面向上次数的概率函数。对于更复杂的随机变量，情况就不那么简单了。

例 6.1.2 平均等待时间 一个队列正在为顾客服务，第 i 个顾客等待的随机服务时间为 X_i。假设 $X_1,X_2,\cdots$ 是独立同分布且服从区间 $[0,1]$ 上的均匀分布的随机变量，平均等待时间为 0.5。直觉上，大量等待时间的平均值应该接近平均等待时间。但是，对于每个 $n>1$，$X_1,\cdots,X_n$ 的平均值的分布相当复杂。对于大样本，可能无法精确计算样本平均值接近 0.5 的概率。 ◀

大数定律（定理 6.2.4）将为以下直觉提供数学基础：独立同分布的随机变量的大样本的平均值应该接近它们的均值（例如例 6.1.2 中的等待时间）。中心极限定理（定理 6.3.1）

将为我们提供一种样本平均值接近均值的近似概率的计算方法。

习题

1. 3.9 节习题 1 的解决方案是求出例 6.1.2 中的 X_1+X_2 的概率密度函数。求出 $\overline{X}_2=(X_1+X_2)/2$ 的概率密度函数。比较 $\overline{X}_2$ 和 X_1 接近 0.5 的概率。特别是，计算 $P(|\overline{X}_2-0.5|<0.1)$ 和 $P(|X_1-0.5|<0.1)$。$\overline{X}_2$ 的概率密度函数的哪些特征清楚地表明了分布更集中在均值附近?
2. 令 $X_1,X_2,\cdots$ 是一列独立同分布的随机变量序列，服从均值为 μ、方差为 σ^2 的正态分布。令 $\overline{X}_n=\frac{1}{n}\sum_{i=1}^{n}X_i$ 为序列中前 n 个随机变量的样本均值。证明当 $n\to\infty$ 时，$P(|\overline{X}_n-\mu|\leqslant c)$ 收敛到 1。提示：使用标准正态分布的分布函数和所掌握的分布函数的知识表示出概率。
3. 这个问题需要计算机编程，因为手工计算太烦琐了。将例 6.1.1 中的计算扩展到 $n=200$ 次抛掷的情况。也就是说，令 W 是抛掷一枚均匀硬币 200 次时正面向上的次数。计算 $P\left(0.4\leqslant\frac{W}{200}\leqslant 0.6\right)$。你认为当抛掷次数无限制地增加时，这个概率是什么样子的?

6.2　大数定律

独立同分布的随机变量的随机样本的平均值被称为样本均值。样本均值对于汇总随机样本的信息很有用，其方式与概率分布的均值汇总分布的信息的方式非常相似。在本节中，我们将展示一些结论来说明样本均值与构成随机样本的单个随机变量的期望值之间的联系。

马尔可夫和切比雪夫不等式

本节开始我们将介绍两个简单而一般的结论——称为马尔可夫不等式和切比雪夫不等式，然后我们将把这些不等式应用于随机样本。

马尔可夫不等式与例 4.1.9 前面关于将少量概率移动到任意大值处对分布均值的影响的结论有关。一旦给定了均值，马尔可夫不等式就限制了任意大值的概率。

定理 6.2.1　马尔可夫不等式　设 X 是一个随机变量，使得 $P(X\geqslant 0)=1$。那么对于任意实数 $t>0$，有

$$P(X\geqslant t)\leqslant\frac{E(X)}{t}。\tag{6.2.1}$$

证明　为方便起见，假设 X 具有离散分布，概率函数为 f。对于连续分布或更一般的分布类型，证明是类似的。对于离散分布，

$$E(X)=\sum_{x}xf(x)=\sum_{x<t}xf(x)+\sum_{x\geqslant t}xf(x)。$$

由于 X 只能取非负值，因此求和中的所有项都是非负的。所以

$$E(X)\geqslant\sum_{x\geqslant t}xf(x)\geqslant\sum_{x\geqslant t}tf(x)=tP(X\geqslant t)。\tag{6.2.2}$$

将式 (6.2.2) 的两端除以 $t(t>0)$ 得到式 (6.2.1)。■

马尔可夫不等式主要对较大的 t 值感兴趣。事实上，当 $t\leqslant E(X)$，不等式没有任何意义，因为已知 $P(X\leqslant t)\leqslant 1$。然而，由马尔可夫不等式发现，对于每个均值为 1 的非负随机

变量 X，$P(X\geqslant 100)$ 的最大可能值是 0.01。此外，可以验证这个最大值实际上可由任意随机变量 X 取到，其中 $P(X=0)=0.99$ 和 $P(X=100)=0.01$。

切比雪夫不等式与随机变量的方差是衡量其分布离散程度的一种观点有关。该不等式表明 X 远离其均值的概率受一个随 Var（X）增加而增加的量的限制。

定理 6.2.2 切比雪夫不等式 设 X 为 $\mathrm{Var}(X)$ 存在的随机变量。那么对于任意数 $t>0$，

$$P(|X-E(X)|\geqslant t)\leqslant\frac{\mathrm{Var}(X)}{t^2}。\tag{6.2.3}$$

证明 设 $Y=[X-E(X)]^2$，那么 $P(Y\geqslant 0)=1$ 和 $E(Y)=\mathrm{Var}(X)$。对随机变量 Y 应用马尔可夫不等式，我们得到以下结论：

$$P(|X-E(X)|\geqslant t)=P(Y\geqslant t^2)\leqslant\frac{\mathrm{Var}(X)}{t^2}。$$ ■

从这个证明可以看出，切比雪夫不等式只是马尔可夫不等式的一个特例。因此，在马尔可夫不等式证明之后给出的评论也可以应用于切比雪夫不等式。由于它们的普遍性，这些不等式非常有用。例如，如果 $\mathrm{Var}(X)=\sigma^2$ 并且我们令 $t=3\sigma$，那么由切比雪夫不等式得到的结论为

$$P(|X-E(X)|\geqslant 3\sigma)\leqslant\frac{1}{9}。$$

换句话说，任何给定的随机变量与其均值相差超过 3 个标准差的概率不能超过 1/9。对于本书中讨论的许多随机变量和分布，这个概率实际上远小于 1/9。切比雪夫不等式很有用，因为对于每个分布，该概率必须为 1/9 或更小。从本节末尾的习题 4，可以看到式（6.2.3）的上限非常清晰，它不能再小且适用于所有分布。

样本均值的性质

在定义 5.6.3 中，我们定义 n 个随机变量 $X_1,\cdots,X_n$ 的样本均值为其平均值

$$\overline{X}_n=\frac{1}{n}(X_1+\cdots+X_n)。$$

$\overline{X}_n$ 的均值和方差很容易计算。

定理 6.2.3 样本均值的均值和方差 设 $X_1,\cdots,X_n$ 是来自均值为 μ 和方差为 σ^2 的分布的随机样本，令 $\overline{X}_n$ 为样本均值，则 $E(\overline{X}_n)=\mu$ 和 $\mathrm{Var}(\overline{X}_n)=\sigma^2/n$。

证明 从定理 4.2.1 和定理 4.2.4 可得

$$E(\overline{X}_n)=\frac{1}{n}\sum_{i=1}^{n}E(X_i)=\frac{1}{n}\cdot n\mu=\mu。$$

此外，由于 $X_1,\cdots,X_n$ 是独立的，定理 4.3.4 和定理 4.3.5 表明

$$\begin{aligned}\mathrm{Var}(\overline{X}_n)&=\frac{1}{n^2}\mathrm{Var}\Big(\sum_{i=1}^{n}X_i\Big)\\&=\frac{1}{n^2}\sum_{i=1}^{n}\mathrm{Var}(X_i)=\frac{1}{n^2}\cdot n\sigma^2=\frac{\sigma^2}{n}。\end{aligned}$$ ■

换句话说，$\overline{X}_n$ 的均值等于随机样本的（总体）分布的均值，但 $\overline{X}_n$ 的方差仅为该分布方差的 $1/n$。由此可见，$\overline{X}_n$ 的概率分布将比原始分布更集中在均值 μ 附近。换言之，给定分布，样本均值 $\overline{X}_n$ 比单个观测值 X_i 的值更可能接近 μ。

通过对 $\overline{X}_n$ 应用切比雪夫不等式可以使这些陈述更加精确。由于 $E(\overline{X}_n)=\mu$ 和 $\mathrm{Var}(\overline{X}_n)=\sigma^2/n$，从关系式（6.2.3）可以得出，对于每个数 $t>0$ 有

$$P(|\overline{X}_n-\mu|\geq t)\leq\frac{\sigma^2}{nt^2}。\qquad(6.2.4)$$

例 6.2.1　确定所需的观察次数　假设一个随机样本来自某个分布，均值 μ 未知、但标准差 σ 已知（为 2 个单位或更少）。我们将确定样本量必须有多大，才能使 $|\overline{X}_n-\mu|$ 小于 1 个单位的概率至少为 0.99。

由于 $\sigma^2\leq2^2=4$，从关系式（6.2.4）可以得出，对于每个样本量 n，

$$P(|\overline{X}_n-\mu|\geq1)\leq\frac{\sigma^2}{n}\leq\frac{4}{n}。$$

由于必须选择 n 以使 $P(|\overline{X}_n-\mu|<1)\geq0.99$，因此必须选择 n，使得 $4/n\leq0.01$。因此，要求 $n\geq400$。◀

例 6.2.2　模拟　一位环境工程师认为在供水系统中有两种污染物：砷和铅。两种污染物的实际浓度是独立的随机变量 X 和 Y（以相同的单位测量）。工程师对污染物中铅的平均比例感兴趣。也就是说，工程师想知道 $R=Y/(X+Y)$ 的均值。假设“生成尽可能多的具有 X 和 Y 分布的独立伪随机数”是一件简单的事情。得到 $E[Y/(X+Y)]$ 的近似值的常见方法如下：如果我们抽取 n 对样本 $(X_1,Y_1),\cdots,(X_n,Y_n)$，并计算 $R_i=Y_i/(X_i+Y_i)(i=1,\cdots,n)$，则 $\bar{R}_n=\frac{1}{n}\sum_{i=1}^{n}R_i$ 就为 $E(R)$ 的合理估计值。要确定 n 有多大，应该像例 6.2.1 一样进行讨论。由于知道 $|R_i|\leq1$，则有 $\mathrm{Var}(R_i)\leq1$（实际上 $\mathrm{Var}(R_i)\leq1/4$，但是这很难证明。本节习题 14 提供了在离散情况下的证明方法）。根据切比雪夫不等式，对于每个 $\epsilon>0$，

$$P(|\bar{R}_n-E(R)|\geq\epsilon)\leq\frac{1}{n\epsilon^2}。$$

因此，若想要 $|\bar{R}_n-E(R)|\leq0.005$ 的概率至少为 0.98，应有 $n>1/(0.02\times0.005^2)=2\,000\,000$。◀

应该强调的是，例 6.2.1 中切比雪夫不等式的使用保证了 $n=400$ 的样本就足够大，满足指定的概率要求，而不管要抽取样本的特定分布类型。如果有更多关于这个分布的信息，那么通常可以证明较小的 n 值就足够了。此性质在下一个例中说明。

例 6.2.3　抛硬币　假设独立抛掷一枚均匀的硬币 n 次。对于 $i=1,\cdots,n$，如果在第 i 次抛掷中正面向上，则令 $X_i=1$；如果在第 i 次抛掷中反面向上，则令 $X_i=0$。那么样本均值 $\overline{X}_n$ 将简单地等于在 n 次抛掷中获得正面的比例。我们将确定使 $P(0.4\leq\overline{X}_n\leq0.6)\geq0.7$ 的必须抛掷硬币的次数。我们将通过两种方式来确定这个数：（1）利用切比雪夫不等式；（2）利用正面向上总次数的二项分布的精确概率。

令 $T=\sum_{i=1}^{n}X_i$ 表示当抛掷 n 次时正面向上的次数，那么 T 具有参数为 n 和 $p=1/2$ 的二项

分布。因此，由式（4.2.5）可得 $E(T)=n/2$，由式（4.3.3）可得 $\mathrm{Var}(T)=n/4$。因为 $\overline{X}_n=T/n$，可以得到

$$\begin{aligned} P(0.4\leqslant\overline{X}_n\leqslant 0.6) &= P(0.4n\leqslant T\leqslant 0.6n) \\ &= P\left(\left|T-\frac{n}{2}\right|\leqslant 0.1n\right) \\ &\geqslant 1-\frac{n}{4(0.1n)^2}=1-\frac{25}{n}。\end{aligned}$$

因此，如果 $n\geqslant 84$，则这个概率大于等于 0.7，符合要求。

然而，从本书末尾给出的二项分布表中可以发现，对于 $n=15$，

$$P(0.4\leqslant\overline{X}_n\leqslant 0.6)=P(6\leqslant T\leqslant 9)=0.70。$$

因此，实际上抛掷 15 次足以满足指定的概率要求。◀

大数定律

例 6.2.3 中的讨论表明，切比雪夫不等式可能不是特定问题中确定样本量的实用工具，因为它确定的样本量可能比利用样本的具体分布确定的样本量要大得多。然而，切比雪夫不等式是一个有价值的理论工具，下面将使用它来证明一个重要的结论——大数定律。

假设 $Z_1,Z_2,\cdots$ 是一个随机变量序列。粗略地说，如果当 $n\to\infty$ 时，Z_n 的概率分布越来越集中于 b，则称该序列收敛到给定数 b。更准确地说，我们给出以下定义。

定义 6.2.1 依概率收敛 对随机变量序列 $Z_1,Z_2,\cdots$，如果对于任意的数 $\varepsilon>0$，

$$\lim_{n\to\infty}P(|Z_n-b|<\varepsilon)=1,$$

称随机变量序列 $Z_1,Z_2,\cdots$ 依概率收敛到 b。

这个性质可以表示为

$$Z_n\xrightarrow{P}b,$$

有时简单地表述为 Z_n 依概率收敛到 b。

换句话说，如果当 $n\to\infty$ 时，Z_n 落在每个 b 附近的给定区间内的概率接近 1（无论该区间有多小），则 Z_n 依概率收敛到 b。

现在我们将证明，具有有限方差的随机样本的样本均值总是依概率收敛到随机样本的分布均值。

定理 6.2.4 大数定律 假设 $X_1,\cdots,X_n$ 来自均值为 μ 且方差有限的分布的随机样本。令 $\overline{X}_n$ 表示样本均值，则

$$\overline{X}_n\xrightarrow{P}\mu。\tag{6.2.5}$$

证明 令每个 X_i 的方差为 σ^2。由切比雪夫不等式可得，对于任意数 $\varepsilon>0$，

$$P(|\overline{X}_n-\mu|<\varepsilon)\geqslant 1-\frac{\sigma^2}{n\varepsilon^2}。$$

因此，

$$\lim_{n\to\infty}P(|\overline{X}_n-\mu|<\varepsilon)=1,$$

这意味着 $\overline{X}_n \xrightarrow{P} \mu$。 ■

这也证明了当随机样本的分布的均值 μ 有限但方差无限时，式（6.2.5）也满足。但这种情况的证明超出了本书的范围。

由于 $\overline{X}_n$ 依概率收敛到 μ，因此，如果样本量 n 很大，则 $\overline{X}_n$ 很有可能接近于 μ。因此，如果从均值未知的分布中抽取大量随机样本，则样本值的算术平均值通常是对未知均值的近似估计值。这个话题将在6.3节再次讨论，我们将引入中心极限定理，可以为 $\overline{X}_n$ 和 μ 之间的差提供更精确的概率分布。

如果我们观测的随机变量的均值为 μ，但对 μ^2 或 $\ln(\mu)$ 或 μ 的其他连续函数感兴趣。以下结论会很有用。证明留给读者（见本节习题15）。

定理 6.2.5　随机变量的连续函数　如果 $Z_n \xrightarrow{P} b$，且 $g(z)$ 是在 $z=b$ 处连续的一个函数，则 $g(Z_n) \xrightarrow{P} g(b)$。 ■

类似地，同样容易证明如果 $Z_n \xrightarrow{P} b$ 和 $Y_n \xrightarrow{P} c$，并且如果 $g(z,y)$ 在 $(z,y)=(b,c)$ 处连续，那么 $g(Z_n,Y_n) \xrightarrow{P} g(b,c)$（见本节习题16）。事实上，定理6.2.5可推广到任何依概率收敛的有限 k 个序列，且有 k 元连续函数的情形。

大数定律有助于解释为什么直方图（见定义3.7.9）可以用作概率密度函数的近似。

定理 6.2.6　直方图　设 $X_1,X_2,\cdots$ 是一列独立同分布的随机变量序列，令 $c_1,c_2(c_1<c_2)$ 是两个常数。如果 $c_1\leqslant X_i<c_2$，则定义 $Y_i=1$；否则定义 $Y_i=0$。则 $\overline{Y}_n=\dfrac{1}{n}\sum_{i=1}^{n}Y_i$ 是 $X_1,\cdots,X_n$ 落在区间 $[c_1,c_2)$ 的比例，且有 $\overline{Y}_n \xrightarrow{P} P(c_1\leqslant X_1<c_2)$。

证明　通过构造独立同分布的、参数为 $p=P(c_1\leqslant X_1<c_2)$ 的伯努利随机变量 $Y_1,Y_2,\cdots$。定理6.2.4表明 $\overline{Y}_n \xrightarrow{P} p$。 ■

换句话说，定理6.2.6表明：如果我们绘制一个直方图，每个子区间上的条形面积是位于相应子区间内的随机样本的比例，那么每个条形的面积依概率收敛于序列中的随机变量落在该子区间内的概率。如果样本很大，我们可能会期望每个条形的面积接近于这个概率。同样的思路也适用于条件独立同分布（给定 $Z=z$）的样本，将 $P(c_1\leqslant X_1<c_2)$ 替换为 $P(c_1\leqslant X_1<c_2|Z=z)$。

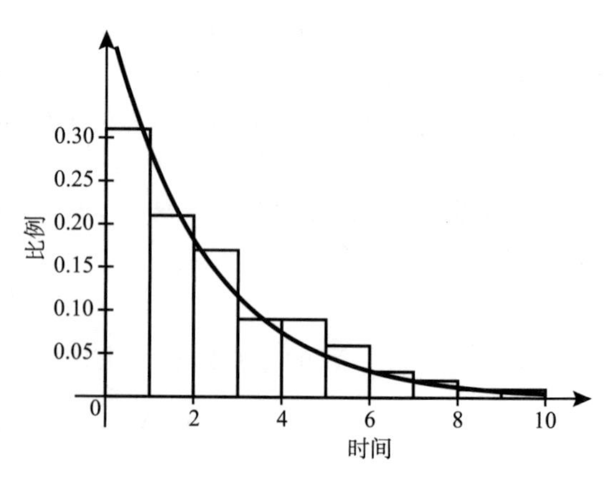

图6.1　例6.2.4的服务时间直方图以及模拟服务时间的条件概率密度函数的图

例 6.2.4　服务速率　在例3.7.20中，我们绘制了观察到的 $n=100$ 个服务时间的直方图。实际上，服务时间被模拟为来自独立同分布的参数为0.446的指数分布的样本。图6.1再现了与 $g(x|z_0)$ 重叠的直方图，其中 $z_0=0.446$。由于每个条形的宽度为1，因

此每个条形的面积等于位于相应区间内的样本的比例。在每个区间$[c_1,c_2)$，曲线$g(x|z_0)$下的面积为$P(c_1\leqslant X_1<c_2|Z=z_0)$。注意条件概率密度函数曲线下的面积与每个条形的面积非常接近。◀

图6.1中直方图的条形高度与概率密度函数匹配得如此紧密的原因是每个条形的面积依概率收敛于概率密度函数图形下方的面积。条形的面积之和为1，与概率密度函数图形下的面积之和相同。如果我们选择直方图中条形的高度来表示计数，那么条形的面积之和将为$n=100$，并且条形的高度约为概率密度函数高度的100倍。

在直方图中，我们可以选择不同宽度的子区间，仍然要保持面积等于子区间内样本的比例。

例6.2.5　服务速率　例6.2.4中，我们可以选择20个宽度为0.5的条形而不是10个宽度为1的条形。要使每个条形的面积表示子区间中样本的比例，每个条形的高度应等于该比例除以0.5。观察值在每个区间$[c_1,c_2)$中的概率为

$$P(c_1\leqslant X_1<c_2|Z=x)=\int_{c_1}^{c_2}g(x|z)\mathrm{d}x\approx(c_2-c_1)g((c_1+c_2)/2|z)$$
$$=0.5\cdot g((c_1+c_2)/2|z)。\tag{6.2.6}$$

回想一下，式(6.2.6)中的概率应该接近于区间中样本的比例。如果我们将概率和比例都除以0.5，我们看到直方图条形的高度应该接近$g((c_1+c_2)/2)$。因此，概率密度函数的图像仍应接近于直方图条形的高度。这里我们在定义3.7.9中选择$r=n(b-a)/k$。图6.2显示了具有20个长度为0.5的区间的直方图以及与图6.1同分布的概率密度函数。图6.2中条形高度仍然与概率密度函数相似，但与图6.1相比，条形高度变化更大。本节习题17有助于解释为什么在这个例子中条形高度变化更大。◀

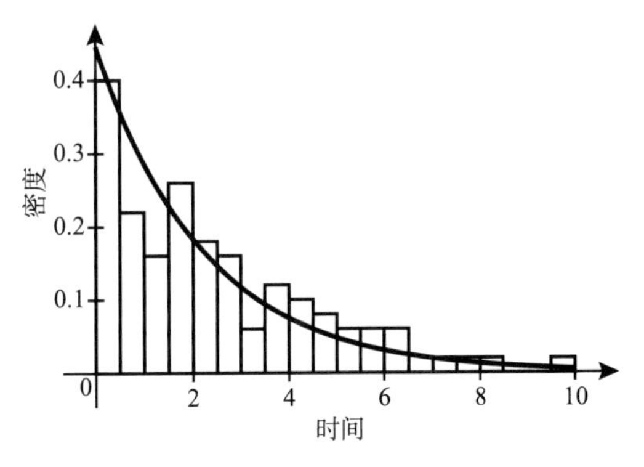

图6.2　修改后的例6.2.4直方图以及条件概率密度函数的图像，子区间宽度为0.5

用于构建图6.1和图6.2的推理同样也适用于构建具有不同宽度的子区间的直方图。在这种情况下，每个条形的高度应等于原始计数除以n（样本量）和相应子区间的宽度。

弱定律和强定律

除上面已经提出的依概率收敛的概念之外，还有其他关于随机变量序列收敛的概念。例如，如果

$$P(\lim_{n\to\infty}Z_n=b)=1,$$

称序列$Z_1,Z_2,\cdots$以概率1收敛到常数b。

以概率1收敛概念的详细研究超出了本书的范围。可以证明，如果一个序列$Z_1,Z_2,\cdots$以概率1收敛到b，那么该序列也将依概率收敛到b。因此，以概率1收敛通常称

为强收敛，而依概率收敛则称为弱收敛。为了强调这两个收敛概念之间的区别，这里简单地被称为大数定律的结论通常被称为弱大数定律。强大数定律可以表述如下：如果 $\overline{X}_n$ 是来自均值为 μ 的分布中样本量为 n 的随机样本的样本均值，则

$$P(\lim_{n\to\infty}\overline{X}_n = \mu) = 1。$$

这个结论的证明这里就不给出了。有一些随机变量序列依概率收敛但不以概率 1 收敛的例子，见本节习题 22。另一种类型的收敛是均方收敛，将在本节习题 10~13 中介绍。

切尔诺夫边界

考虑到切比雪夫不等式是一种将马尔可夫不等式运用于随机变量 $(X-\mu)^2$ 的应用。这个想法可以推广到其他函数，在分布的尾部概率产生更清晰的界限。在给出一般结论之前，我们先举一个简单的例子来说明它可以提供的潜在改进。

例 6.2.6　二项随机变量　假设 X 具有参数为 n 和 1/2 的二项分布。我们希望得到 X/n 远离其均值 1/2 的概率的一个界限。具体来说，假设我们想要如下概率的界：

$$P\left(\left|\frac{X}{n}-\frac{1}{2}\right| \geqslant \frac{1}{10}\right)。\tag{6.2.7}$$

切比雪夫不等式给出了一个界限 $\mathrm{Var}\left(\frac{X}{n}\right)/(1/10)^2$，它等于 $25/n$。

如果不应用切比雪夫不等式，而是定义 $Y=X-n/2$，并将式（6.2.7）中的概率重写为以下两个概率之和

$$P\left(\frac{X}{n} \geqslant \frac{1}{2}+\frac{1}{10}\right) = P\left(Y \geqslant \frac{n}{10}\right),$$

$$P\left(\frac{X}{n} \leqslant \frac{1}{2}-\frac{1}{10}\right) = P\left(-Y \geqslant \frac{n}{10}\right)。\tag{6.2.8}$$

对于每个 $s>0$，将式（6.2.8）中的第一个概率重写为

$$P\left(Y \geqslant \frac{n}{10}\right) = P\left[\exp(sY) \geqslant \exp\left(\frac{ns}{10}\right)\right] \leqslant \frac{E[\exp(sY)]}{\exp(ns/10)},$$

其中不等式来自马尔可夫不等式。该等式涉及 Y 的矩母函数 $\psi(s)=E[\exp(sY)]$。Y 的矩母函数可以通过令 $p=1/2$，$a=1$ 和 $b=-n/2$，并应用式（5.2.4）与定理 4.4.3 得到。结果是

$$\psi(s) = \left[\frac{1}{2}(\exp(s)+1)\exp(-s/2)\right]^n,\tag{6.2.9}$$

对任意 s。在式（6.2.9）中令 $s=1/2$，可得界

$$P\left(Y \geqslant \frac{n}{10}\right) \leqslant \psi(1/2)\exp(-n/20)$$

$$= \exp(-n/20)\left[\frac{1}{2}(\exp(1/2)+1)\exp(-1/4)\right]^n = 0.981\ 1^n。$$

类似地，可将式（6.2.8）中的第二个概率写为

$$P\left(-Y \geqslant \frac{n}{10}\right) = P\left[\exp(-sY) \geqslant \exp\left(\frac{ns}{10}\right)\right], \qquad (6.2.10)$$

其中 $s>0$。$-Y$ 的矩母函数为 $\psi(-s)$。在式（6.2.10）中令 $s=1/2$，并利用马尔可夫不等式可得界

$$P\left(-Y \geqslant \frac{n}{10}\right) \leqslant \psi(-1/2)\exp(-n/20)$$

$$= \exp(-n/20)\left[\frac{1}{2}(\exp(-1/2)+1)\exp(1/4)\right]^n = 0.981\ 1^n,$$

因此可得界

$$P\left(\left|\frac{X}{n}-\frac{1}{2}\right| \geqslant \frac{1}{10}\right) \leqslant 2(0.981\ 1)^n。 \qquad (6.2.11)$$

式（6.2.11）中的界随着 n 的增加呈指数快速下降，而切比雪夫边界 $25/n$ 与 $1/n$ 成比例地减小。例如，当 $n=100$，200，300 时，切比雪夫边界为 0.25，0.125 和 0.083 3。与式（6.2.11）对应的界为 0.296 7，0.044 0 和 0.006 5。◀

例 6.2.6 中选择 $s=1/2$ 是任意的。定理 6.2.7 表明，我们可以采用导致“界限尽可能小”的选择来代替这个任意选择。定理 6.2.7 的证明是马尔可夫不等式的直接应用。(见本节习题 18。)

定理 6.2.7 切尔诺夫边界 设 X 为随机变量，其矩母函数为 ψ，则对于任意实数 t，有

$$P(X \geqslant t) \leqslant \min_{s>0} \exp(-st)\psi(s)。 \qquad ■$$

当 X 是 n 个独立同分布的随机变量之和，每个变量的矩母函数有限，且 $t=nu$，n 较大和 u 固定时，定理 6.2.7 较为有用。例 6.2.6 就是这种情况。

例 6.2.7 几何随机样本的平均值 假设随机变量 $X_1, X_2, \cdots$ 独立同分布，同服从参数为 p 的几何分布。我们希望找到 $\overline{X}_n$ 远离均值 $(1-p)/p$ 的概率的界。具体来说，对于每个固定的 $u>0$，我们希望找到如下概率的界：

$$P\left(\left|\overline{X}_n - \frac{1-p}{p}\right| \geqslant u\right)。 \qquad (6.2.12)$$

令 $X = \sum_{i=1}^{n} X_i - n(1-p)/p$，对任意的 $u>0$，定理 6.2.7 可用来约束

$$P\left(\overline{X}_n \geqslant \frac{1-p}{p}+u\right) = P(X \geqslant nu),$$

$$P\left(\overline{X}_n \leqslant \frac{1-p}{p}-u\right) = P(-X \geqslant nu)。$$

由于式（6.2.12）等于 $P(X \geqslant nu)+P(-X \geqslant nu)$，我们要求的界就是 $P(X \geqslant nu)$ 和 $P(-X \geqslant nu)$ 的界之和。

X 的矩母函数可以通过定理 4.4.3 及定理 5.5.3，令 $a=1$ 和 $b=-n(1-p)/p$ 得到，结论为

$$\psi(s)=\left(\frac{p\exp(-s(1-p)/p)}{1-(1-p)\exp(s)}\right)^{n}。\tag{6.2.13}$$

$-X$ 的矩母函数为 $\psi(-s)$。根据定理 6.2.7 得

$$P(X \geqslant nu) \leqslant \min_{s>0} \psi(s)\exp(-snu)。\tag{6.2.14}$$

我们通过求 $\psi(s)\exp(-snu)$ 的对数的最小值来求 $\psi(s)\exp(-snu)$ 的最小值。利用式（6.2.13），可得

$$\ln[\psi(s)\exp(-snu)]=n\left\{\ln(p)-s\frac{1-p}{p}-\ln[1-(1-p)\exp(s)]-su\right\}。$$

这个表达式关于 s 的导数在

$$s=-\ln\left[\frac{(1+u)p+1-p}{up+1-p}(1-p)\right]\tag{6.2.15}$$

处等于 0，且二阶导数是正的。如果 $u>0$，那么式（6.2.15）中 s 的值是正的，$\psi(s)$ 是有限的。因此式（6.2.15）中 s 的值是式（6.2.14）中的最小值。该最小值可以表示为 q^n，其中

$$q=[p(1+u)+1-p]\left[\frac{(1+u)p+1-p}{up+1-p}(1-p)\right]^{u+(1-p)/p}\tag{6.2.16}$$

且 $0<q<1$。（证明见本节习题 19。）因此，$P(X \geqslant nu) \leqslant q^n$。

对于 $P(-X \geqslant nu)$，我们首先注意到如果 $u \geqslant (1-p)/p, P(-X \geqslant nu)=0$，因为 $\sum_{i=1}^{n} X_i \geqslant 0$。如果 $u \geqslant (1-p)/p$，那么式（6.2.12）的总界限为 q^n。对于 $0<u<(1-p)/p$，最小化 $\psi(-s)\exp(-snu)$ 的 s 值是

$$s=-\ln\left[\frac{(1-u)p+1-p}{1-p-up}(1-p)\right],$$

其中当 $0<u<(1-p)/p$ 时，s 为正。$\min_{s>0}\psi(-s)\exp(-snu)$ 的值为 r^n，其中

$$r=[p(1-u)+1-p]\left[\frac{(1-u)p+1-p}{1-p-up}(1-p)\right]^{-u+(1-p)/p}$$

且 $0<r<1$。因此，如果 $u \geqslant (1-p)/p$，则切尔诺夫边界为 q^n，如果 $0<u<(1-p)/p$，则为 q^n+r^n。因此，随着 n 的增加，界限呈指数快速下降。这是对切比雪夫边界的显著改进，它关于 n 像一个常数一样减小。◀

小结

大数定律表明，如果方差存在，随机样本的样本均值依概率收敛于单个随机变量的均

值μ。这意味着如果随机样本的样本量足够大，则样本均值将接近于μ。切比雪夫不等式为样本均值接近于μ的概率提供了一个（粗略的）界。切尔诺夫边界更清晰，但更难计算。

习题

1. 对于每个整数n，令X_n为非负随机变量，均值μ_n有限。证明：如果$\lim_{n\to\infty}\mu_n=0$，那么$X_n\xrightarrow{P}0$。
2. 假设X是一个随机变量，满足
$$P(X\geqslant 0)=1\text{ 且 }P(X\geqslant 10)=1/5。$$
证明$E(X)\geqslant 2$。
3. 假设X是一个随机变量，其中$E(X)=10$，$P(X\leqslant 7)=0.2$，$P(X\geqslant 13)=0.3$。证明$\mathrm{Var}(X)\geqslant 9/2$。
4. 假设X是随机变量，$E(X)=\mu$，$\mathrm{Var}(X)=\sigma^2$，构建X的一个分布，使得
$$P(|X-\mu|\geqslant 3\sigma)=1/9。$$
5. 给定分布，样本量取多大才能使样本均值在分布均值的2个标准差范围内的概率至少为0.99?
6. 假设$X_1,\cdots,X_n$是来自均值为6.5、方差为4的分布的容量为n的随机样本。确定n的值，使以下关系成立：
$$P(6\leqslant\overline{X}_n\leqslant 7)\geqslant 0.8。$$
7. 假设X是一个随机变量，$E(X)=\mu$和$E[(X-\mu)^4]=\beta_4$。证明
$$P(|X-\mu|\geqslant t)\leqslant\frac{\beta_4}{t^4}。$$
8. 假设在一大批产品中，有30%的产品是次品。假设从这批产品中随机抽取n件产品组成样本，并让Q_n表示样本中次品的比例。利用（a）切比雪夫不等式和（b）本书末尾的二项分布表格，求一个n值，使得$P(0.2\leqslant Q_n\leqslant 0.4)\geqslant 0.75$。
9. 设$Z_1,Z_2,\cdots$为一随机变量序列，假设对于$n=1,2,\cdots$，Z_n的分布如下：
$$P(Z_n=n^2)=\frac{1}{n}\text{ 且 }P(Z_n=0)=1-\frac{1}{n}。$$
证明
$$\lim_{n\to\infty}E(Z_n)=\infty\text{但}Z_n\xrightarrow{P}0。$$
10. 设$Z_1,Z_2,\cdots$为一随机变量序列，如果
$$\lim_{n\to\infty}E[(Z_n-b)^2]=0,\tag{6.2.17}$$
称随机变量序列$Z_1,Z_2,\cdots$均方收敛到常数b。
证明：式（6.2.17）成立当且仅当
$$\lim_{n\to\infty}E(Z_n)=b\text{ 且}\lim_{n\to\infty}\mathrm{Var}(Z_n)=0。$$
提示：利用4.3节习题5。
11. 证明：如果序列$Z_1,Z_2,\cdots$均方收敛到常数b，则序列也依概率收敛到b。
12. 设$\overline{X}_n$为容量为n的样本均值，样本来自均值为μ，方差为σ^2（$\sigma^2<\infty$）的分布。证明：当$n\to\infty$时，$\overline{X}_n$均方收敛到μ。
13. 设$Z_1,Z_2,\cdots$为一随机变量序列，假设$Z_n(n=2,3,\cdots)$的分布如下
$$P\left(Z_n=\frac{1}{n}\right)=1-\frac{1}{n^2}\text{ 且 }P(Z_n=n)=\frac{1}{n^2}。$$
a. 是否存在常数c，使得序列依概率收敛到该常数?
b. 是否存在常数c，使得序列均方收敛到该常数?

14. 设f为离散分布的概率函数。假设对于$x\notin[0,1]$，$f(x)=0$。证明：这个分布的方差最多为1/4。提示：证明存在一个分布仅在$\{0,1\}$两个点上取值，其方差至少与f的方差一样大，然后证明在$\{0,1\}$上取值的分布的方差最多为1/4。
15. 证明定理6.2.5。
16. 假设$Z_n\xrightarrow{P}b$，$Y_n\xrightarrow{P}c$，并设$g(z,y)$为在$(z,y)=(b,c)$处连续的函数。证明：$g(Z_n,Y_n)$依概率收敛到$g(b,c)$。
17. 设X服从参数为n和p的二项分布。令Y服从参数为n和$p/k(k>1)$的二项分布。令$Z=kY$。
    a. 证明：X和Z的均值相同。
    b. 求X和Z的方差。证明如果p很小，则Z的方差大约是X的方差的k倍。
    c. 说明为什么上面的结果解释了图6.2中条形高度比图6.1中条形高度更具有可变性。
18. 证明定理6.2.7。
19. 回到例6.2.7。
    a. 证明：$\min_{s>0}\psi(s)\exp(-snu)$等于$q^n$，其中$q$由式（6.2.16）给出。
    b. 证明：$0<q<1$。提示：先证明如果$u=0$，$0<q<1$。然后，令$x=up+1-p$，证明$\ln(q)$关于x是减函数。
20. 回到例6.2.6，求式（6.2.7）中概率的切尔诺夫边界。
21. 设$X_1,X_2,\cdots$是一列独立同分布的随机变量，同服从参数为1的指数分布，令$Y_n=\sum_{i=1}^{n}X_i$，$n=1,2,\cdots$。
    a. 对任意的$u>1$，计算$P(Y_n>nu)$的切尔诺夫边界。
    b. 如果对于$u<1$，计算$P(Y_n>nu)$的切尔诺夫边界会出现什么问题？
22. 在本习题中，我们将构建一个随机变量序列Z_n的例子，使得$Z_n\xrightarrow{P}0$，但
$$P(\lim_{n\to\infty}Z_n=0)=0。\qquad(6.2.18)$$
即Z_n依概率收敛到0，但是Z_n不以概率1收敛到0。实际上，Z_n收敛到0的概率为0。
设X为在区间$[0,1]$上服从均匀分布的随机变量。对于$n=1,2,\cdots$，构造一列函数$h_n(x)$，并定义$Z_n=h_n(X)$。每个函数$h_n(x)$只有两个值，0和1。将区间$[0,1]$划分为$k(k=1,2,\cdots)$个不相交的、长度为$1/k$的子区间，按顺序排列这些区间，然后在序列中的第n个区间，令$h_n(x)=1,n=1,2,\cdots$。对于每个k，有k个不相交的子区间，因此长度为$1,1/2,1/3,\cdots,1/k$的子区间的个数为
$$1+2+3+\cdots+k=\frac{k(k+1)}{2}。$$
基于该公式，构造剩余部分。序列中第一个子区间长度为1，第二个子区间长度为1/2，后边的第三个子区间长度为1/3，等等。
    a. 对任意的$n=1,2,\cdots$，证明有唯一的一个正数k_n，使得
$$\frac{(k_n-1)k_n}{2}<n\leqslant\frac{k_n(k_n+1)}{2}。$$
    b. 对任意的$n=1,2,\cdots$，定义$j_n=n-(k_n-1)k_n/2$，证明：当n取遍$1+(k_n-1)k_n/2,\cdots,k_n(k_n+1)/2$时，$j_n$取值为$1,\cdots,k_n$。
    c. 定义
$$h_n(x)=\begin{cases}1,(j_n-1)/k_n\leqslant x<j_n/k_n,\\0,其他。\end{cases}$$
证明：对任意的$x\in[0,1)$，对$1+(k_n-1)k_n/2,\cdots,k_n(k_n+1)/2$中有且仅有一个$n$，有$h_n(x)=1$。
    d. 证明：$Z_n=h_n(X)$无限次为1的概率为1。
    e. 证明：式（6.2.18）成立。

f. 证明：$P(Z_n=0)=1-1/k_n$ 及 $\lim_{n\to\infty} k_n=\infty$。

g. 证明：$Z_n \xrightarrow{P} 0$。

23. 证明：习题 22 中的随机变量序列 Z_n 均方收敛（定义见本节习题 10）到 0。

24. 在本习题中，构造一列随机变量 Z_n，使得 Z_n 以概率 1 收敛到 0，但是 Z_n 不均方收敛到 0。设 X 服从区间 [0，1] 上的均匀分布。定义序列 Z_n：如果 $0<X<1/n$，则 $Z_n=n^2$，否则，$Z_n=0$。

a. 证明 Z_n 以概率 1 收敛到 0。

b. 证明 Z_n 不均方收敛到 0。

6.3 中心极限定理

设总体具有均值 μ 和有限方差 σ^2，则来自该总体的随机大样本的样本均值近似服从均值为 μ、方差为 σ^2/n 的正态分布。这个结论有助于解释“很多可以认为是由许多独立部分组成的随机变量，可以利用正态分布建模”。中心极限定理的另一个变形适用于独立但不同分布的随机变量。我们还介绍了 delta 方法，该方法可以用来求随机变量函数的近似分布。

定理的陈述

例 6.3.1 大样本 一项临床试验将有 100 名患者接受治疗。每个未接受治疗的患者以 0.5 的概率存活 18 个月。假设所有患者都是独立的。试验是看新疗法是否能显著提高生存概率。令 X 表示 100 名患者中存活 18 个月的患者人数。如果接受治疗的患者的成功概率为 0.5（与未接受治疗的患者相同），则 X 服从参数为 $n=100$ 和 $p=0.5$ 的二项分布。图 6.3 中，X 的概率函数用实线绘制成条形图。条形图的形状让人联想到钟形曲线。均值为 $\mu=50$ 和方差为 $\sigma^2=25$（与二项分布的均值、方差相同）的正态分布的概率密度函数也用虚线绘制。◀

在例 5.4.1 和例 5.4.2 中，我们说明了泊松分布如何作为具有较大的 n 和较小的 p 的二项分布较好的近似。例 6.3.1 表明，如何用正态分布较好地近似具有较大的 n 而不太小的 p 的二项分布。中心极限定理（定理 6.3.1）正式陈述了“正态分布如何近似独立同分布随机变量的一般总和或平均值的分布”。

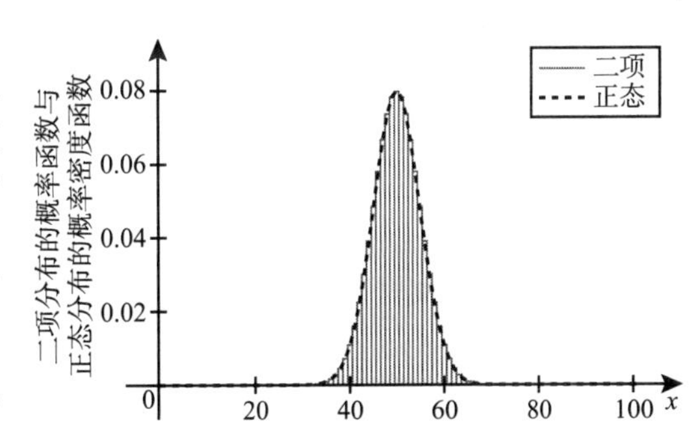

图 6.3 参数为 100 和 0.5 的二项分布的概率函数与均值为 50 和方差为 25 的正态分布的概率密度函数的比较

在推论 5.6.2 中，如果容量为 n 的随机样本来自均值为 μ、方差为 σ^2 的正态分布，则样本均值 $\overline{X}_n$ 服从均值为 μ、方差为 σ^2/n 的正态分布。本节给出的中心极限定理的简单版本表明，无论何时从任何具有均值 μ 和方差 σ^2 的分布中抽取样本量为 n 的随机样本，样本均值 $\overline{X}_n$ 的分布将近似是均值为 μ 和方差为 σ^2/n 的正态分布。

这个结论是由 A. de Moivre 在 18 世纪早期从伯努利分布中的随机样本建立的。

J. W. Lindeberg 和 P. Lévy 在 20 世纪 20 年代初期独立地给出了来自任意分布的随机样本的证明。现在将给出他们提出的定理的精确陈述，本节稍后将给出该定理证明的概要。我们还将陈述另一个中心极限定理，该定理与不一定同分布的独立随机变量的和有关，并将提供一些例子来说明这两个定理。

定理 6.3.1　中心极限定理（Lindeberg-Lévy）　如果随机变量 $X_1,\cdots,X_n$ 是来自给定总体分布的样本量为 n 的随机样本，该分布的均值为 μ、方差为 σ^2（$0<\sigma^2<\infty$），则对每个固定的 x，有

$$\lim_{n\to\infty} P\left(\frac{\overline{X}_n-\mu}{\sigma/n^{1/2}}\leqslant x\right)=\Phi(x), \tag{6.3.1}$$

其中，Φ 表示标准正态分布的分布函数。 ■

式（6.3.1）的解释如下：如果一个大随机样本来自任何分布的总体，该分布的均值为 μ、方差为 σ^2，无论该分布是离散的还是连续的，则随机变量 $n^{1/2}(\overline{X}_n-\mu)/\sigma$ 都近似服从标准正态分布。因此，$\overline{X}_n$ 近似服从均值为 μ、方差为 σ^2/n 的正态分布，即 $\sum_{i=1}^{n}X_i$ 近似服从均值为 $n\mu$、方差为 $n\sigma^2$ 的正态分布。这就是例 6.3.1 说明的中心极限定理的最后一种形式。

例 6.3.2　抛掷硬币　假定抛掷一枚均匀硬币 900 次，我们来估计正面次数多于 495 次的概率。

对于 $i=1,\cdots,900$，若第 i 次抛掷得到正面，令 $X_i=1$，否则，令 $X_i=0$。则 $E(X_i)=1/2$，$\mathrm{Var}(X_i)=1/4$。因此，$X_1,\cdots,X_{900}$ 是来自均值为 1/2、方差为 1/4 的分布总体的一个样本，样本量为 $n=900$。根据中心极限定理，出现正面的总次数 $H=\sum_{i=1}^{900}X_i$ 近似服从正态分布，其均值为$(900)(1/2)=450$，方差为$(900)(1/4)=225$，标准差为$(225)^{1/2}=15$。于是，随机变量 $Z=(H-450)/15$ 近似服从标准正态分布。则

$$\begin{aligned}P(H>495)&=P\left(\frac{H-450}{15}>\frac{495-450}{15}\right)\\&=P(Z>3)\approx 1-\Phi(3)=0.0013。\end{aligned}$$ ◀

真实概率为 0.001 2，精确到小数点后四位。

例 6.3.3　来自均匀分布的样本　设容量为 $n=12$ 的随机样本来自区间$[0,1]$上的均匀分布总体。现在我们来估计 $P\left(\left|\overline{X}_n-\frac{1}{2}\right|\leqslant 0.1\right)$ 的值。

区间$[0,1]$上均匀分布的均值为 1/2，方差为 1/12（见 4.3 节习题 3）。由于在此例中，$n=12$，由中心极限定理知，$\overline{X}_n$ 近似服从均值为 1/2、方差为 1/144 的正态分布，则 $Z=12\left(\overline{X}_n-\frac{1}{2}\right)$ 近似服从标准正态分布。因此，

$$\begin{aligned}P\left(\left|\overline{X}_n-\frac{1}{2}\right|\leqslant 0.1\right)&=P\left(12\left|\overline{X}_n-\frac{1}{2}\right|\leqslant 1.2\right)\\&=P(|Z|\leqslant 1.2)=2\Phi(1.2)-1=0.7698。\end{aligned}$$

对于 $n=12$ 的特殊情况，随机变量 Z 的形式为 $Z=\sum_{i=1}^{12}X_i-6$。一些计算机一度通过添加 12 个均匀分布的伪随机数再减去 6 个来生成标准正态分布的伪随机数。◀

例 6.3.4 泊松随机变量 设随机变量 $X_1,\cdots,X_n$ 是来自均值为 θ 的泊松分布的一个样本。令 $\overline{X}_n$ 表示样本均值，则 $\mu=\theta,\sigma^2=\theta$。由中心极限定理可知，$n^{1/2}(\overline{X}_n-\theta)/\theta^{1/2}$ 近似服从标准正态分布。特别地，中心极限定理表明 $\overline{X}_n$ 应该大概率接近 μ。利用标准正态分布的分布函数，$|\overline{X}_n-\theta|$ 小于某个较小的数 c 的概率可以近似为

$$P(|\overline{X}_n-\theta|<c)\approx 2\Phi(cn^{1/2}\theta^{-1/2})-1。\tag{6.3.2}$$ ◀

在中心极限定理中出现的收敛类型，尤其是式（6.3.1），也会在其他上下文中出现，并有一个特殊的名称。

定义 6.3.1 依分布收敛/渐近分布 设 $X_1,X_2,\cdots$ 是一列随机变量，对于 $n=1,2,\cdots$，以 F_n 表示 X_n 的分布函数，F^* 为 X^* 的分布函数。如果

$$\lim_{n\to\infty}F_n(x)=F^*(x)\tag{6.3.3}$$

对 $F^*(x)$ 的所有连续点 x 都成立，则称随机变量序列 $X_1,X_2,\cdots$ 依分布收敛于随机变量 X^*。有时，简称为 X_n 依分布收敛到 F^*，F^* 被称为 X_n 的渐近分布。如果 F^* 有名字，则称 X_n 依分布收敛到那个名字的分布。

这样，根据定理 6.3.1，如式（6.3.1）所示，随机变量 $n^{1/2}(\overline{X}_n-\mu)/\sigma$ 依分布收敛于标准正态分布；或者，等价地，$n^{1/2}(\overline{X}_n-\mu)/\sigma$ 的渐近分布为标准正态分布。

中心极限定理的影响 中心极限定理提供了一个关于“物理试验中研究的许多随机变量都近似服从正态分布”的似乎合理的解释。例如，一个人的身高与许多随机因素有关，如果每个人的身高由许多单个因素的和所决定，则大量人的身高服从正态分布。一般地，中心极限定理说明许多随机变量的和近似服从正态分布，即使和中每个随机变量的分布并不是正态的。

例 6.3.5 确定模拟次数 在例 6.2.2 中，环境工程师为了估计水污染物中铅的平均比例，需要确定模拟的次数。在例 6.2.2 中利用切比雪夫不等式估计出需模拟 2 000 000 次才能保证估计出的平均比例偏离真实的平均比例小于 0.005 的概率至少为 0.98。现在我们利用中心极限定理来确定一个比较小的模拟次数，而且仍然可以保证有同样精度的上界。平均比例的估计为 n 次模拟得到的比例 $R_1,\cdots,R_n$ 的平均值 $\bar{R}_n$。如例 6.2.2 所指出的，每个 R_i 的方差为 $\sigma^2\leqslant 1$。因此，由中心极限定理知，$\bar{R}_n$ 近似服从均值为真实平均比例 $E(R_i)$、方差不超过 $1/n$ 的正态分布。由于 $\bar{R}_n$ 接近均值的概率随着方差的增加而减小，可以得到

$$\begin{aligned}P(|\bar{R}_n-E(R_i)|<0.005)&\approx\Phi\left(\frac{0.005}{\sigma/\sqrt{n}}\right)-\Phi\left(\frac{-0.005}{\sigma/\sqrt{n}}\right)\\&\geqslant\Phi\left(\frac{0.005}{1/\sqrt{n}}\right)-\Phi\left(\frac{-0.005}{1/\sqrt{n}}\right)\\&=2\Phi(0.005\sqrt{n})-1。\end{aligned}$$

若令 $2\Phi(0.005\sqrt{n})-1=0.98$，可以得到

$$n = \frac{1}{0.005^2}\Phi^{-1}(0.99)^2 = 40\,000 \times 2.326^2 = 216\,411。$$

也就是说，只需比切比雪夫不等式所确定的模拟次数的 10%的比例多一点即可。（事实上由于 σ^2 不大于 1/4，所以，真正需要的模拟次数为 $n=54\,103$。6.2 节习题 14 的证明说明区间[0,1]上离散分布的方差不超过 1/4。对连续分布的证明稍微复杂一点，但该结论也同样成立。） ◀

依分布收敛的其他例子　在第 5 章中，我们看到了三个涉及离散分布的极限定理的例子。定理 5.3.4、定理 5.4.5 和定理 5.4.6 都表明一列概率函数收敛到另一个概率函数。在 6.5 节的习题 7 中，你可以证明一个一般的结论，这意味着刚才提到的三个定理是依分布收敛的例子。

delta 方法

例 6.3.6　服务速率　设顾客到达一个队列等待服务，设第 i 个顾客到达队首后在时间 X_i 内完成服务。假设服务时间 $X_1,\cdots,X_n$ 构成均值为 μ 和有限方差为 σ^2 的一个随机样本，我们对用 $1/\overline{X}_n$ 来估计服务速率更感兴趣。如果 n 很大，中心极限定理告诉我们 $\overline{X}_n$ 的近似分布，但是 $1/\overline{X}_n$ 的近似分布是什么样子的？ ◀

假设 $X_1,\cdots,X_n$ 是来自均值为 μ 和方差为 σ^2（有限）的分布的一个随机样本。中心极限定理表明，$n^{1/2}(\overline{X}_n-\mu)/\sigma$ 近似服从标准正态分布。现在假设我们对 $\overline{X}_n$ 的函数 α 感兴趣。假设函数 α 是可微函数，在 μ 点的导数不为 0，我们将用统计学中的 delta 方法来求 $\alpha(\overline{X}_n)$ 的近似分布。

定理 6.3.2　delta 方法　设 $Y_1,Y_2,\cdots$ 是一列随机变量，F^* 是一个连续的分布函数。设 θ 为一实数，并令 $a_1,a_2,\cdots$ 为单增到∞的正数列。假设 $a_n(Y_n-\theta)$ 依分布收敛到 F^*。设 α 连续可导，使得 $\alpha'(\theta)\neq 0$，那么 $a_n[\alpha(Y_n)-\alpha(\theta)]/\alpha'(\theta)$ 依分布收敛到 F^*。

证明　我们只给出证明的概要。由于 $a_n\to\infty$，因此当 $n\to\infty$时，Y_n 以非常大的概率接近 θ。若不是，$|a_n(Y_n-\theta)|$将以非零概率趋于∞，那么 $a_n(Y_n-\theta)$ 的分布函数不可能收敛到一个分布函数。由于 α 是连续的，$\alpha(Y_n)$一定以较大概率收敛到 $\alpha(\theta)$。于是，由 $\alpha(Y_n)$在 θ 点的泰勒展开式，有

$$\alpha(Y_n) \approx \alpha(\theta) + \alpha'(\theta)(Y_n - \theta), \tag{6.3.4}$$

其中，我们忽略了包含$(Y_n-\theta)^2$ 和更高次数的项。式（6.3.4）两边都减去 $\alpha(\theta)$，然后再在等式两边乘以 $a_n/\alpha'(\theta)$，可得

$$\frac{a_n}{\alpha'(\theta)}[\alpha(Y_n) - \alpha(\theta)] \approx a_n(Y_n - \theta)。 \tag{6.3.5}$$

由此可得结论：式（6.3.5）左侧的分布与等式右侧的分布大致相同，近似为 F^*。 ■

定理 6.3.2 最常见的应用出现在 Y_n 是来自有限方差的分布的随机样本的样本均值时，我们在下面的推论中加以说明。

推论 6.3.1　随机样本均值的 delta 方法　设 $X_1,X_2,\cdots$是独立同分布的随机变量序列，其分布的均值为μ，有限方差为 σ^2。设 α 是个函数，具有连续导数，使得 $\alpha'(\mu)\neq 0$，那么

$$\frac{n^{1/2}}{\sigma\alpha'(\mu)}[\alpha(\overline{X}_n)-\alpha(\mu)]$$

的渐近分布为标准正态分布。

证明　在定理 6.3.2 中令 $Y_n=\overline{X}_n, a_n=n^{\frac{1}{2}}/\sigma, \theta=\mu$，$F^*$ 是标准正态分布的分布函数。■

推论 6.3.1 的结果意味着 $\alpha(\overline{X}_n)$ 的分布可用均值为 $\alpha(\mu)$ 和方差为 $\sigma^2[\alpha'(\mu)]^2/n$ 的正态分布去近似。

例 6.3.7　服务速率　在例 6.3.6 中，我们对 $\alpha(\overline{X}_n)$ 的分布感兴趣，其中对于 $x>0$，$\alpha(x)=1/x$。我们可以应用 delta 方法，$\alpha'(x)=-1/x^2$。由此可见，

$$-\frac{n^{1/2}\mu^2}{\sigma}\left(\frac{1}{\overline{X}_n}-\frac{1}{\mu}\right)$$

的渐近分布为标准正态分布。或者，我们可以说 $1/\overline{X}_n$ 服从近似正态分布，其均值为 $1/\mu$，方差为 $\sigma^2/(n\mu^4)$。◀

方差稳定化变换　如果我们要像例 6.3.4 中那样观察泊松随机变量的随机样本，会假设 θ 是未知的。在这种情况下，我们无法计算式（6.3.2）中的概率，因为 $\overline{X}_n$ 的近似方差依赖于 θ。为此，有时希望通过 $\overline{X}_n$ 的函数 α，对 $\overline{X}_n$ 进行变换，使得 $\alpha(\overline{X}_n)$ 的方差已知。称这样的函数为方差稳定化变换。反过来，我们经常可以通过 delta 方法得到方差稳定化变换。一般地，注意到 $\alpha(\overline{X}_n)$ 的近似分布有方差 $[\alpha'(\mu)]^2\sigma^2/n$。为了使该方差变成常数，需要使 $\alpha'(\mu)$ 变为 $1/\sigma$ 的常数倍。如果 σ^2 是一个函数 $g(\mu)$，则通过下述等式可以达到要求：

$$\alpha(\mu)=\int_a^\mu \frac{\mathrm{d}x}{g(x)^{1/2}}, \tag{6.3.6}$$

其中，a 是任意使得积分有限的常数。

例 6.3.8　泊松随机变量　在例 6.3.4 中，$\sigma^2=\theta=\mu$。因此 $g(\mu)=\mu$，根据式（6.3.6），令

$$\alpha(\mu)=\int_0^\mu \frac{\mathrm{d}x}{x^{1/2}}=2\mu^{1/2}。$$

可以看到，$2\overline{X}_n^{\,1/2}$ 近似服从均值为 $2\theta^{1/2}$、方差为 $1/n$ 的正态分布。对于每个 $c>0$，有

$$P(|2\overline{X}_n^{1/2}-2\theta^{1/2}|<c)\approx 2\Phi(cn^{1/2})-1。\tag{6.3.7}$$

在第 8 章中，我们将看到，当 θ 未知时，如何利用式（6.3.7）来估计 θ。◀

独立随机变量之和的中心极限定理（Liapounov）

现在，我们来阐述一个应用在独立但未必同分布的随机变量序列 $X_1,X_2,\cdots$ 上的中心极限定理。这个定理是由 A. Liapounov 在 1901 年首次证明的。假定 $E(X_i)=\mu_i, \mathrm{Var}(X_i)=\sigma_i^2, i=1,\cdots,n$。令

$$Y_n=\frac{\sum_{i=1}^n X_i-\sum_{i=1}^n \mu_i}{\left(\sum_{i=1}^n \sigma_i^2\right)^{1/2}}, \tag{6.3.8}$$

则 $E(Y_n)=0,\mathrm{Var}(Y_n)=1$。如下定理给出了 Y_n 近似服从标准正态分布的一个充分条件。

定理6.3.3 设随机变量 $X_1,X_2,\cdots$ 相互独立，且 $E(|X_i-\mu_i|^3)<\infty,i=1,2,\cdots$，还假设

$$\lim_{n\to\infty}\frac{\sum_{i=1}^{n}E(|X_i-\mu_i|^3)}{\left(\sum_{i=1}^{n}\sigma_i^2\right)^{3/2}}=0。\tag{6.3.9}$$

最后，令 Y_n 为式（6.3.8）中定义的随机变量。则对于每个固定的数 x，有

$$\lim_{n\to\infty}P(Y_n\leqslant x)=\Phi(x)。\tag{6.3.10}$$

■

该定理解释如下：如果式（6.3.9）成立，则对于任意很大的 n，$\sum_{i=1}^{n}X_i$ 近似服从正态分布，其均值为 $\sum_{i=1}^{n}\mu_i$、方差为 $\sum_{i=1}^{n}\sigma_i^2$。应该注意到，当 $X_1,X_2,\cdots$ 同分布，且三阶矩存在时，式（6.3.9）自然成立，且式（6.3.10）变为式（6.3.1）。

有必要强调一下 Lindeberg-Lévy 定理和 Liapounov 定理的不同之处。Lindeberg-Lévy 定理应用于一列独立同分布的随机变量。要应用此定理，只要满足每个随机变量的方差有限即可。而 Liapounov 定理应用于独立未必同分布的随机变量。要应用此定理，必须假定每个随机变量的三阶矩有限且满足式（6.3.9）。

伯努利随机变量的中心极限定理 通过应用 Liapounov 定理，可以得到如下结论：

定理6.3.4 设随机变量 $X_1,\cdots,X_n$ 相互独立，且 X_i 服从参数为 $p_i(i=1,2,\cdots)$ 的伯努利分布。假定无穷级数 $\sum_{i=1}^{\infty}p_i(1-p_i)$ 发散，令

$$Y_n=\frac{\sum_{i=1}^{n}X_i-\sum_{i=1}^{n}p_i}{\left[\sum_{i=1}^{n}p_i(1-p_i)\right]^{1/2}},\tag{6.3.11}$$

则对于每个固定的数 x，有

$$\lim_{n\to\infty}P(Y_n\leqslant x)=\Phi(x)。\tag{6.3.12}$$

证明 这里 $P(X_i=1)=p_i$，且 $P(X_i=0)=1-p_i$。因此，

$$E(X_i)=p_i,\mathrm{Var}(X_i)=p_i(1-p_i),$$

$$\begin{aligned}E(|X_i-p_i|^3)&=p_i(1-p_i)^3+(1-p_i)p_i^3=p_i(1-p_i)[p_i^2+(1-p_i)^2]\\&\leqslant p_i(1-p_i),\end{aligned}\tag{6.3.13}$$

于是，

$$\frac{\sum_{i=1}^{n} E(|X_i - p_i|^3)}{\left[\sum_{i=1}^{n} p_i(1-p_i)\right]^{3/2}} \leqslant \frac{1}{\left[\sum_{i=1}^{n} p_i(1-p_i)\right]^{1/2}}。\tag{6.3.14}$$

由于无穷级数 $\sum_{i=1}^{\infty} p_i(1-p_i)$ 发散，则当$n\to\infty$时，$\sum_{i=1}^{n} p_i(1-p_i)\to\infty$。由式（6.3.14）可以看出，式（6.3.9）成立。反过来，由定理6.3.3知，式（6.3.10）一定成立。由于式（6.3.12）只是式（6.3.10）在这里要考虑的特定随机变量的简单重述，所以该定理得证。■

定理6.3.4表明，如果无穷级数 $\sum_{i=1}^{\infty} p_i(1-p_i)$ 发散，则大量独立的伯努利随机变量的和 $\sum_{i=1}^{n} X_i$ 近似服从均值为 $\sum_{i=1}^{n} p_i$ 、方差为 $\sum_{i=1}^{n} p_i(1-p_i)$ 的正态分布。应该记住，典型的实际问题只涉及有限个随机变量 $X_1,\cdots,X_n$，而不是随机变量的无穷序列。在这样的问题中，考虑无穷级数 $\sum_{i=1}^{\infty} p_i(1-p_i)$ 发散与否是没有任何意义的，因为只需确定有限个值 $p_1,\cdots,p_n$。因此，从某种意义上说，$\sum_{i=1}^{n} X_i$ 的分布总是可以用正态分布来近似。关键的问题是正态分布是否是 $\sum_{i=1}^{n} X_i$ 的真实分布很好的近似。当然，这依赖于 $p_1,\cdots,p_n$。

由于随着 $\sum_{i=1}^{n} p_i(1-p_i)\to\infty$，$\sum_{i=1}^{n} X_i$ 越来越接近正态分布，因此，当 $\sum_{i=1}^{n} p_i(1-p_i)$ 很大时，正态分布提供了一个很好的近似。而且，由于 $p_i=1/2$ 时，$p_i(1-p_i)$取得最大值，所以，当n很大，$p_1,\cdots,p_n$ 接近1/2时，近似的程度最好。

例6.3.9　考试问题　设一门考试共有99个问题，按从易到难的顺序排列起来。假定某个学生第一个问题回答正确的概率为0.99；第二个问题回答正确的概率为0.98；一般地，第i个问题回答正确的概率为$1-i/100, i=1,\cdots,99$。设该学生回答所有的问题是相互独立的，他至少回答正确60个问题才能通过考试。现在来确定一下该学生通过考试的概率。

若该学生第i个问题回答正确，令$X_i=1$，否则，令$X_i=0$。则$E(X_i)=p_i=1-(i/100)$，$\mathrm{Var}(X_i)=p_i(1-p_i)=(i/100)[1-(i/100)]$。而且，

$$\sum_{i=1}^{99} p_i = 99 - \frac{1}{100}\sum_{i=1}^{99} i = 99 - \frac{1}{100}\cdot\frac{(99)(100)}{2} = 49.5,$$

$$\sum_{i=1}^{99} p_i(1-p_i) = \frac{1}{100}\sum_{i=1}^{99} i - \frac{1}{(100)^2}\sum_{i=1}^{99} i^2$$

$$= 49.5 - \frac{1}{(100)^2}\cdot\frac{(99)(100)(199)}{6} = 16.665。$$

由中心极限定理可知，回答正确的问题总数 $\sum_{i=1}^{99} X_i$ 近似服从正态分布，其均值为49.5，标准差为$(16.665)^{1/2}=4.08$。因此，随机变量

$$Z=\frac{\sum_{i=1}^{n} X_i-49.5}{4.08}$$

近似服从标准正态分布。于是，

$$P\left(\sum_{i=1}^{n} X_i \geqslant 60\right)=P(Z \geqslant 2.5735) \approx 1-\Phi(2.5735)=0.0050。$$ ◀

中心定理证明的概要

矩母函数的收敛性　由下面的定理可知，矩母函数在研究依分布收敛时是非常重要的，该定理的证明由于太难在此不予给出。

定理 6.3.5　设 $X_1,X_2,\cdots$ 是一列随机变量，对于 $n=1,2,\cdots$，以 F_n 表示 X_n 的分布函数，ψ_n 表示 X_n 的矩母函数。

设 X^* 表示另一个随机变量，其分布函数为 F^*，矩母函数为 ψ^*。假定矩母函数 ψ_n $(n=1,2,\cdots)$ 和 ψ^* 都存在。如果对于在 $t=0$ 某个邻域内的所有 t，$\lim_{n\to\infty}\psi_n(t)=\psi^*(t)$，则 $X_1,X_2,\cdots$ 依分布收敛于 X^*。■

换句话说，如果相应的矩母函数序列 $\psi_1,\psi_2,\cdots$ 收敛于矩母函数 ψ^*，分布函数序列 $F_1,F_2,\cdots$ 必定收敛于分布函数 F^*。

定理 6.3.1 证明的概要　现在，我们要给出定理 6.3.1（Lindeberg-Lévy 中心极限定理）的证明概要。设随机变量 $X_1,\cdots,X_n$ 为来自某（总体）分布的样本量为 n 的样本，该分布的均值为μ、方差为σ^2。为方便起见，假定该分布的矩母函数存在，尽管没有该假设，中心极限定理也成立。

对于 $i=1,\cdots,n$，令 $Y_i=(X_i-\mu)/\sigma$，则随机变量 $Y_1,\cdots,Y_n$ 独立同分布，且均值都为0和方差都为1。进而，令

$$Z_n=\frac{n^{1/2}(\overline{X}_n-\mu)}{\sigma}=\frac{1}{n^{1/2}}\sum_{i=1}^{n} Y_i。$$

下面通过证明 Z_n 的矩母函数收敛于标准正态分布的矩母函数，来证明如式（6.3.1）所表示的 Z_n 依分布收敛于服从标准正态分布的随机变量。

若以 $\psi(t)$ 表示每个随机变量 $Y_i(i=1,\cdots,n)$ 的矩母函数，则由定理 4.4.4 知，$\sum_{i=1}^{n} Y_i$ 的矩母函数为$[\psi(t)]^n$。而且，由定理 4.4.3，Z_n 的矩母函数 $\zeta_n(t)$ 为

$$\zeta_n(t)=\left[\psi\left(\frac{t}{n^{1/2}}\right)\right]^n。$$

在这个问题中，$\psi'(0)=E(Y_i)=0,\psi''(0)=E(Y_i^2)=1$。因此，$\psi(t)$ 在 $t=0$ 处的泰勒展开式具有下述形式：

$$\psi(t)=\psi(0)+t\psi'(0)+\frac{t^2}{2!}\psi''(0)+\frac{t^3}{3!}\psi'''(0)+\cdots$$
$$=1+\frac{t^2}{2}+\frac{t^3}{3!}\psi'''(0)+\cdots,$$

同时，

$$\zeta_n(t)=\left[1+\frac{t^2}{2n}+\frac{t^3\psi'''(0)}{3!\ n^{3/2}}+\cdots\right]^n。\tag{6.3.15}$$

利用定理 5.3.3，令 $1+a_n/n$ 等于式（6.3.15）中括号内的表达式，及 $c_n=n$，由于

$$\lim_{n\to\infty}\left[\frac{t^2}{2}+\frac{t^3\psi'''(0)}{3!\ n^{1/2}}+\cdots\right]=\frac{t^2}{2},$$

可得

$$\lim_{n\to\infty}\zeta_n(t)=\exp\left(\frac{1}{2}t^2\right)。\tag{6.3.16}$$

由于式（6.3.16）左边是标准正态分布的矩母函数，由定理 6.3.5 可知，Z_n 的渐近分布一定是标准正态分布。

Liapounov 中心极限定理证明的概要也可以用与上述相同的步骤来证明，这里不进一步进行讨论。

小结

本节给出中心极限定理的两种形式。这两个定理的结论是：大量独立随机变量平均值的近似分布为正态分布。一个定理要求所有的随机变量都有相同分布且具有有限方差。另一个定理不要求随机变量同分布，但要求三阶矩存在，且满足式（6.3.9）的条件。delta 方法给出了样本均值的光滑函数的近似分布的一种求法。

习题

1. 设一台机器每分钟生产的绳子的长度服从均值为 4 英尺、标准差为 5 英寸的正态分布。假定不同时间里生产的绳子的长度是相互独立且同分布的。试求该机器一小时内生产至少 250 英尺绳子的近似概率。
2. 设在一个大都市里有 75%的人住在市区，25%的人住在郊区。如果参加某个音乐会的 1 200 人代表来自都市的一个随机样本。求在参加音乐会的人当中，来自郊区的人数少于 270 的概率。
3. 设在任意给定的一卷布中，瑕疵数服从均值为 5 的泊松分布。现随机抽取了 125 卷布构成一个随机样本，记录下每卷布中的瑕疵数。试求每卷布平均的瑕疵数小于 5.5 的概率。
4. 假定一个容量为 n 的随机样本来自均值为 μ、标准差为 3 的分布总体。利用中心极限定理来确定满足

下列关系的最小的 n：

$$P(|\overline{X}_n-\mu|<0.3)\geqslant 0.95。$$

5. 设一个大型制造厂家生产出有缺陷的产品比例为 0.1。现从该产品中随机抽取一样本，为使样本中有缺陷的产品的比例小于 0.13 的概率至少为 0.99，则最小的样本量为多少？
6. 设有三个女孩 A、B 和 C 朝同一目标扔雪球。假定 A 扔 10 次，每次击中的概率为 0.3；B 扔 15 次，每次击中的概率为 0.2；C 扔 20 次，每次击中的概率为 0.1。计算目标至少被击中 12 次的概率。
7. 设从集合 $\{0,\cdots,9\}$ 中有放回地随机抽取 16 个数字，则这 16 个数字的平均值在 4～6 之间的概率为多少？
8. 设参加某宴会的人喝的饮料取自一个包含 63 盎司[⊖]液体的瓶子。假定每次所倒的饮料重量的期望值为 2 盎司，标准差为 1/2 盎司，设每一次倒多少饮料是相互独立的。计算倒了 36 次后饮料瓶还没有空的概率。
9. 一物理学家对某个物体的比重进行了 25 次独立的测量。该物理学家清楚装置的局限性使得每次测量的标准差为 σ 个单位。

   a. 利用切比雪夫不等式，求他测量的平均值与物体真实比重的差小于 $\sigma/4$ 个单位的概率的下限。

   b. 利用中心极限定理，计算 a 中概率的近似值。
10. 一个样本量为 n 的随机样本来自均值为 μ、标准差为 σ 的分布总体。

    a. 利用切比雪夫不等式确定满足下列关系式的最小的 n：

    $$P\left(|\overline{X}_n-\mu|\leqslant\frac{\sigma}{4}\right)\geqslant 0.99。$$

    b. 利用中心极限定理确定最小的 n，使 a 中的关系式近似成立。
11. 设在某所大学毕业班中平均有 1/3 的学生的父母都来参加毕业典礼，另有 1/3 的学生的父母只有一人参加毕业典礼，剩下 1/3 的学生的父母均不来参加毕业典礼。如果在某个毕业班里有 600 个学生，则有不多于 650 个家长参加毕业典礼的概率为多少？
12. 令 X_n 表示服从参数为 n 和 p_n 的二项分布的随机变量。假定 $\lim\limits_{n\to\infty}np_n=\lambda$。证明：$X_n$ 的矩母函数收敛于均值为 λ 的泊松分布的矩母函数。
13. 设 $X_1,\cdots,X_n$ 为来自均值为 θ、方差为 σ^2 的正态总体的一个样本，其中 θ 未知，且 $\theta\neq 0$。试确定 $\overline{X}_n^3$ 的渐近分布。
14. 设 $X_1,\cdots,X_n$ 为来自均值为 0、方差为 σ^2 的正态总体的一个样本，其中 σ^2 未知。

    a. 求统计量 $\left(\frac{1}{n}\sum_{i=1}^{n}X_i^2\right)^{-1}$ 的渐近分布。

    b. 求统计量 $\frac{1}{n}\sum_{i=1}^{n}X_i^2$ 的一个方差稳定化变换。
15. 设 $X_1,\cdots,X_n$ 为独立同分布的随机变量，其来自总体服从区间 $[0,\theta]$（θ 为一实数，$\theta>0$）上均匀分布的一个样本。对于每个 n，定义 Y_n 为 $X_1,\cdots,X_n$ 的最大值。

    a. 证明：Y_n 的分布函数为

    $$F_n(y)=\begin{cases}0, & y\leqslant 0,\\ (y/\theta)^n, & 0<y<\theta\\ 1, & y>\theta。\end{cases}$$

    提示：见例 3.9.6。

⊖ 1 盎司 = 28.349 5 克。——编辑注

b. 证明：$Z_n=n(Y_n-\theta)$依分布收敛于分布函数

$$F^*(z)=\begin{cases}\exp(z/\theta), & z<0,\\ 1, & z>0。\end{cases}$$

提示：求出 Z_n 的分布函数后利用定理 5.3.3。

c. 利用定理 6.3.2 求出当 n 很大时，Y_n^2 的近似分布。

6.4 连续性修正

中心极限定理的某些应用允许我们通过计算正态随机变量落在区间$[a,b]$上的概率，来估计离散随机变量 X 落在该区间上的概率。该近似可以通过估计 $P(X=a)$ 和 $P(X=b)$ 来得到稍微地改进。

用连续分布近似离散分布

例 6.4.1 大样本 在例 6.3.1 中，我们说明了均值为 50 和方差为 25 的正态分布如何近似参数为 100 和 0.5 的随机变量 X 的二项分布。特别是，如果 Y 服从均值为 50 和方差为 25 的正态分布，我们知道对于所有 x，$P(Y\leqslant x)$都接近于 $P(X\leqslant x)$。但该近似存在一些系统误差。图 6.4 表明在 $30\leqslant x<70$ 范围内的这两个分布函数。对于每个整数 n，这两个分布函数在 $x=n+0.5$ 处非常接近。但是对于每个整数 n，对于略高于 n 的 x，$P(Y\leqslant x)<P(X\leqslant x)$，并且对于略低于 n 的 x，$P(Y\leqslant x)>P(X\leqslant x)$。我们可以利用这些系统差异来提高近似程度。◀

假设 X 为一个离散分布，可以用正态分布来近似，如例 6.4.1。在本节中，我们将描述一种标准方法，以提高例 6.4.1 末尾提到的基于系统差异的近似程度。

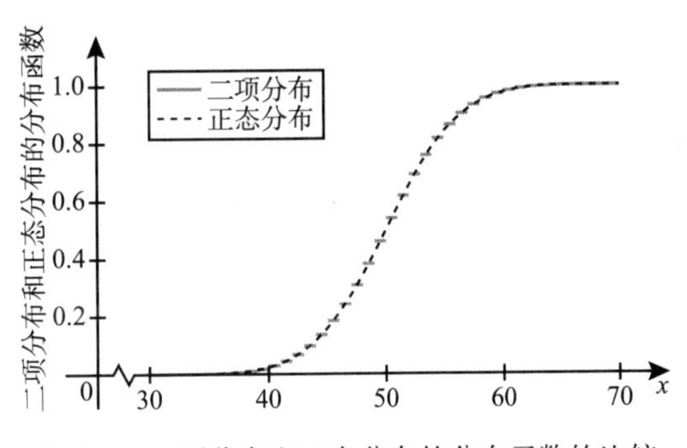

图 6.4 二项分布和正态分布的分布函数的比较

设 $f(x)$为离散随机变量 X 的概率函数，假设我们希望通过概率密度函数为 $g(x)$的连续分布来近似 X 的分布。为帮助讨论，设 Y 为一个随机变量，其概率密度函数为 g。此外，为简单起见，假设 X 的所有可能值都是整数。对于本书中描述的二项分布、超几何分布、泊松分布和负二项分布，都满足该条件。

如果 Y 的分布很好地近似于 X 的分布，则对于所有整数 a 和 b，我们将离散型概率

$$P(a\leqslant X\leqslant b)=\sum_{x=a}^{b}f(x) \tag{6.4.1}$$

用如下连续型概率去近似

$$P(a\leqslant Y\leqslant b)=\int_a^b g(x)\,\mathrm{d}x。 \tag{6.4.2}$$

实际上，例 6.3.2 和例 6.3.9 中使用了这种近似，其中 $g(x)$是由中心极限定理推导出来的正态分布。

这种简单的近似有以下缺点：对于离散分布的 X，$P(X\geqslant a)$和 $P(X>a)$有着不同的值，

但是由于 Y 有连续分布，$P(Y\geqslant a)=P(Y>a)$。这个缺点可用另一种方式表示：虽然对于 X 的每一个可能的整数值 x，$P(X=x)>0$，但是对于所有的 x，$P(Y=x)=0$。

逼近一个条形图

离散随机变量 X 的概率函数 $f(x)$ 可以用条形图表示，如图6.5所示。对于每个整数 x，$\{X=x\}$ 的概率可表示为一个底从 $x-\dfrac{1}{2}$ 延伸到 $x+\dfrac{1}{2}$、高为 $f(x)$ 的矩形的面积。因此，底中心在整数 x 处的矩形面积就是 $f(x)$。图6.5中还画出了一个近似的概率密度函数 $g(x)$。条形面积与概率成正比的条形图类似于直方图（见定义3.7.9），条形面积与样本比例成正比。

从这个角度来看，可以看出式（6.4.1）中的 $P(a\leqslant X\leqslant b)$ 在图6.5中是以 $a,a+1,\cdots,b$ 为中心的矩形的面积之和。从图6.5也可以看出，这些面积的总和可由如下积分去近似：

$$P(a-1/2<Y<b+1/2)=\int_{a-(1/2)}^{b+(1/2)} g(x)\,\mathrm{d}x。\tag{6.4.3}$$

从式（6.4.2）中的积分到式（6.4.3）中的积分的调整称为连续性修正。

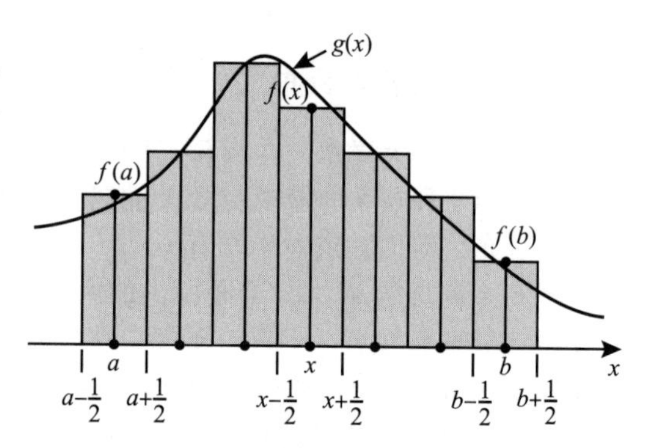

图6.5　使用概率密度函数逼近条形图

例6.4.2　大样本　在例6.4.1末尾，我们发现当 x 略大于某个整数，近似概率 $P(Y\leqslant x)$ 比实际概率 $P(X\leqslant x)$ 小一点。当 x 比一个整数略大时，我们想要计算 $P(Y\leqslant x)$，连续性修正使 Y 的分布函数向左移动0.5。这种移动用 $P(Y\leqslant x+0.5)$ 代替 $P(Y\leqslant x)$，前者更大，通常更接近 $P(X\leqslant x)$。类似地，当 x 略小于某个整数时，我们想要计算 $P(Y\leqslant x)$，连续性修正使 Y 的分布函数向右移动0.5，用 $P(Y\leqslant x-0.5)$ 替换 $P(Y\leqslant x)$。图6.6说明了这两种移动，并显示了它们如何逼近实际的二项分布的分布函数，比图6.4中未移动的正态分布的分布函数更好。◀

如果使用连续性修正，我们会发现单个整数 a 的概率 $f(a)$ 可以近似如下：

$$P(X=a)=P\left(a-\frac{1}{2}\leqslant X\leqslant a+\frac{1}{2}\right)\approx\int_{a-(1/2)}^{a+(1/2)} g(x)\,\mathrm{d}x。\tag{6.4.4}$$

类似地，

$$P(X>a)=P(X\geqslant a+1)=P\left(X\geqslant a+\frac{1}{2}\right)\approx\int_{a+(1/2)}^{\infty} g(x)\,\mathrm{d}x。\tag{6.4.5}$$

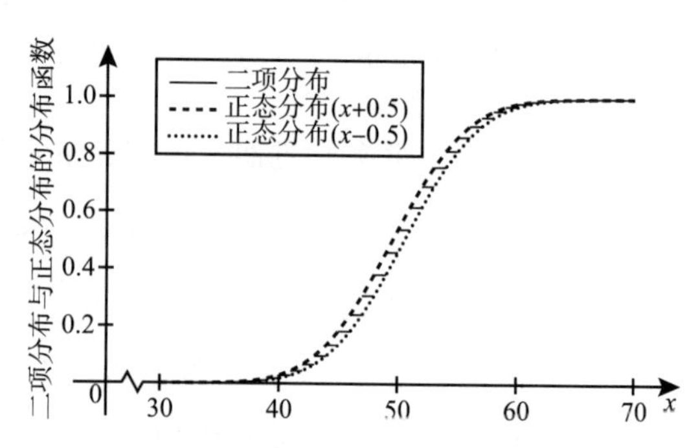

图6.6　二项分布的分布函数与正态分布的分布函数向右和向左移动0.5的比较

例6.4.3　考试问题　为了说明连续性修正的使用，我们再次考虑例6.3.9。在该例中，考试包含99个不同难度的问题，需要确

定 $P(X\geqslant 60)$，其中 X 表示某特定学生回答正确的问题总数。那么，在该例的条件下，由中心极限定理发现，X 的离散分布可以近似为正态分布，其均值为 49.5，标准差为 4.08。令 $Z=(X-49.5)/4.08$。

如果我们使用连续性修正，可以得到

$$P(X\geqslant 60)=P(X\geqslant 59.5)=P\left(Z\geqslant \frac{59.5-49.5}{4.08}\right)$$
$$\approx 1-\Phi(2.4510)=0.007。$$

这个值略大于 0.005，即在 6.3 节中所得到的未经修正的值。◀

例 6.4.4 抛掷硬币 设相互独立地抛掷一枚均匀硬币 20 次，恰好出现 10 次正面的概率为多少？

以 X 表示在 20 次抛掷中出现正面的总次数。根据中心极限定理，X 近似服从正态分布，其均值为 10，标准差为 $[(20)(1/2)(1/2)]^{1/2}=2.236$。如果使用连续性修正，

$$P(X=10)=P(9.5\leqslant X\leqslant 10.5)$$
$$=P\left(-\frac{0.5}{2.236}\leqslant Z\leqslant \frac{0.5}{2.236}\right)$$
$$\approx \Phi(0.2236)-\Phi(-0.2236)=0.177。$$

根据本书后面的附录给出的二项分布表，得到 $P(X=10)$ 的精确值为 0.1762。这样，用连续性修正的正态近似方法是非常好的。◀

小结

以 X 表示取整数值的随机变量，设 X 近似服从均值为 μ、方差为 σ^2 的正态分布。令 a 和 b 是整数，希望近似概率 $P(a\leqslant X\leqslant b)$。利用对正态分布近似的连续性修正，该近似值为 $\Phi((b+1/2-\mu)/\sigma)-\Phi((a-1/2-\mu)/\sigma)$，而不是 $\Phi((b-\mu)/\sigma)-\Phi((a-\mu)/\sigma)$。

习题

1. 令 $X_1,\cdots,X_{30}$ 是相互独立的随机变量，且每个都有离散分布，概率函数为

$$f(x)=\begin{cases}1/4, & x=0\text{ 或 }2,\\ 1/2, & x=1,\\ 0, & \text{其他。}\end{cases}$$

利用中心极限定理和连续性修正来求 $X_1+\cdots+X_{30}$ 至多为 33 的概率的近似值。

2. 令 X 表示 15 重伯努利试验中成功的次数，在每次试验中成功概率为 $p=0.3$。
   a. 利用中心极限定理和连续性修正，求 $P(X=4)$ 的近似值。
   b. 将 a 计算得到的概率近似值与该概率的精确值进行比较。
3. 利用连续性修正，计算例 6.3.2 中的概率。
4. 利用连续性修正，计算 6.3 节习题 2 中的概率。
5. 利用连续性修正，计算 6.3 节习题 3 中的概率。
6. 利用连续性修正，计算 6.3 节习题 6 中的概率。
7. 利用连续性修正，计算 6.3 节习题 7 中的概率。

6.5 补充习题

1. 假设投掷一对均匀的骰子120次，X表示这两个数字之和为7的投掷次数。使用中心极限定理确定k的值，使得$P(|X-20|\leqslant k)$约为0.95。
2. 假设X服从泊松分布，具有非常大的均值λ。解释为什么X的分布可以用均值为λ和方差为λ的正态分布来近似。换句话说，解释为什么当$\lambda\to\infty$时，$(X-\lambda)/\lambda^{1/2}$依分布收敛到服从标准正态分布的随机变量。
3. 假设X服从均值为10的泊松分布。使用中心极限定理，在没有和有连续性修正的情况下，确定$P(8\leqslant X\leqslant 12)$的近似值。使用本书后面给出的泊松概率表来评估这些近似的好坏。
4. 假设X是随机变量，使得$E(X^k)$存在且$P(X\geqslant 0)=1$。证明：对于$k>0$和$t>0$，
$$P(X\geqslant t)\leqslant\frac{E(X^k)}{t^k}。$$
5. 设$X_1,\cdots,X_n$是来自参数为p的伯努利分布的一个随机样本，令$\overline{X}_n$表示样本均值。求$\overline{X}_n$的一个方差稳定化变换。提示：试着求$[p(1-p)]^{-1/2}$的积分，利用$z=\sqrt{p}$进行变换，然后考虑arcsin，即sin函数的反函数。
6. 设$X_1,\cdots,X_n$是来自均值为θ的指数分布的随机样本，令$\overline{X}_n$表示样本均值。求$\overline{X}_n$的一个方差稳定化变换。
7. 设$X_1,\cdots,X_n$是一列取正整数的随机变量，假设存在函数f，使得对任意的$m=1,2,\cdots,\lim\limits_{n\to\infty}P(X_n=m)=f(m)$，$\sum\limits_{m=1}^{\infty}f(m)=1$，且若$x$不是正整数，则$f(x)=0$。令$F$表示概率函数为$f$的离散分布的分布函数。证明：$X_n$依分布收敛于$F$。
8. 设$\{p_n\}_{n=1}^{\infty}$是一个数字序列，对于所有n，$0<p_n<1$。假设$\lim\limits_{n\to\infty}p_n=p$，$0<p<1$。设$X_n$服从参数为$k$和$p_n$的二项分布。证明：$X_n$依分布收敛于参数为$k$和$p$的二项分布。
9. 假设在超市的收银台为顾客服务所需的分钟数呈指数分布，其均值为3。利用中心极限定理估计服务有16个顾客的随机样本所需的总时间超过一小时的概率的近似值。
10. 假设我们将织物生产线上的缺陷发生建模为每平方英尺速率为0.01的泊松过程。利用中心极限定理（有和没有连续性修正）来估计在2 000平方英尺的织物中至少发现15个缺陷的概率的近似值。
11. 设X服从参数为n和3的伽马分布，其中n是一个很大的整数。
    a. 解释为什么可以使用中心极限定理用正态分布来估计X的分布。
    b. 什么样的正态分布近似于X的分布？
12. 设X服从参数为n和0.2的负二项分布，其中n是一个很大的整数。
    a. 解释为什么可以使用中心极限定理用正态分布来估计X的分布。
    b. 什么样的正态分布近似于X的分布？

第7章 估　　计

7.1 统计推断

回顾一下我们关于临床试验的例题。考虑如下问题：在我们观察了其他患者的治疗结果后，未来患者治疗成功的概率有多大？这一类问题我们用统计推断（statistical inference）来处理。一般地，统计推断由对未知量的概率命题组成。例如，我们往往根据实际情况引入随机变量，我们可以计算这个随机变量的均值、方差、分位数、概率及其分布的其他未知参数。在实际中，我们往往观测到一些数据后，会觉得这些数据中含有“信息”，我们的目标就是从这些数据中“学习”到关于这些“信息”的量化指标。生活中很多问题都可以用统计推断来解决。我们观察一台机器的一些产品后应如何判断机器是否正常工作？在民事诉讼中，当我们调查了不同种族群体的判决之后，我们怎么判断这些判决中是否存在歧视或偏袒？我们将在前面概率论各章节的基础上，为了解决处理这些问题，建立统计推断的方法。

概率与统计模型

在本书的前面各章中我们讨论了概率论的理论和方法。与我们在概率论中引入新概念的方式一样，在统计推断中，我们也先介绍一些例题，通过这些例题引出统计推断有关的概念。在正式讨论统计推断之前，我们先通过一些例题来复习与统计推断相关的概率论的概念，体会其中的统计思想。

例 7.1.1　电子元件寿命　一个公司销售某种电子元件，他们非常想知道每个电子元件可能持续使用时间的详细信息。他们收集一些电子元件在通常条件下的使用时间的数据。他们选择指数分布族来对电子元件的使用寿命（单位：年）进行建模，这里的使用寿命是指电子元件从开始使用到失效的总时间。他们假定所有的元件都具有相同的失效率 θ，但是 θ 具体的值不确定。准确地说，令 $X_1,X_2,\cdots$ 表示一系列电子元件的寿命（单位：年）。公司认为，如果他们知道了失效率 θ，则 $X_1,X_2,\cdots$ 为独立同分布的随机变量，同服从参数为 θ 的指数分布。（指数分布的定义见 5.7 节，这一章我们用 θ 表示指数分布的参数，而不是 β。）假设公司观测到 $X_1,\cdots,X_m$ 的值，当然他们也对 $X_{m+1},X_{m+2},\cdots$ 感兴趣。他们更对 θ 感兴趣，因为它与平均寿命有关。由我们前面的公式（5.7.17），我们知道参数为 θ 的指数分布的均值为 $1/\theta$，这正是公司认为“θ 为失效率”的原因。

我们设想一个试验，试验结果就是上面说的一列电子元件的寿命。正如刚才所说，如果我们已经知道 θ 的值，则 $X_1,X_2,\cdots$ 为独立同分布的随机变量。这时，大数定律（定理 6.2.4）告诉我们 $\frac{1}{n}\sum_{i=1}^{n}X_i$ 会依概率收敛到 $1/\theta$，进而由定理 6.2.5 可知 $n/\sum_{i=1}^{n}X_i$ 依概率收敛到 θ。由于 θ 是一列寿命试验结果的函数，θ 本身也可以被当作随机变量来处理。假设在试验之前，公司已经相对确信失效率大概在 0.5/年，但是还是有那么一点不确定。他们对 θ 建模，

假设 θ 为服从参数为 1 和 2 的伽马分布。重述之前的陈述，给定参数 θ 的条件下，他们假定 $X_1,X_2,\cdots$ 为独立同分布的指数分布的随机变量，以此来建模。他们探索样本数据 $X_1,\cdots,X_m$，希望从中“学习”到关于 θ 的更多的信息。他们永远不可能“学习”到 θ 的真实值，因为这要求观测到一列无穷多个元件的寿命数据。这种意义上说，θ 只能是“假设可观测的”。 ◀

例 7.1.1 说明了大多数统计推断问题的几个共同特征，这些特征组成了统计模型。

定义 7.1.1 统计模型 一个统计模型由如下部分组成：

- 感兴趣的随机变量（一元或多元），是可观测的，也可以是“假设可观测的”；
- 可观测随机变量的特定的联合分布或者可能的联合分布族；
- 假定未知并且可能假设可观测的分布的所有参数；
- （如果必要）设定未知参数的（联合）分布。

当我们把未知参数 θ 当作随机变量来处理时，可观测随机变量的联合分布可以理解为给定 θ 下的可观测随机变量的条件分布。

例 7.1.1 中，我们感兴趣的可观测随机变量为 $X_1,X_2,\cdots$，而失效率 θ 是假设可观测的。$X_1,X_2,\cdots$的可能的联合分布族与参数 θ 有关。给定 θ，$X_1,X_2,\cdots$是独立同分布的随机变量，同服从参数为 θ 的指数分布。这也是给定 θ 下的条件分布，因为我们把 θ 当成随机变量来处理。θ 的分布是参数为 1 与 2 的伽马分布。

注：重新定义旧概念。读者会注意到统计模型本身没有什么新东西，就是在本书前面各章的各种例子中用到的很多特征的正式包装。一些例子我们仅仅需要几个特征就能构成一个完全的统计模型，而其他例子则需要所有的特征。在 7.1 节~7.4 节中，我们将引入大量的术语，其中绝大部分术语是前面各章中已经引入过的、已经用到的概念的正式化包装。其目的是帮助我们在以新的方式应用相同的思想的时候，在介绍新的思想的时候，我们能够说出已有概念，不至于搞混淆。

现在，我们正式引入统计推断的概念。

定义 7.1.2 统计推断 统计推断是一个提出关于某个统计模型的部分或全部的概率命题的步骤或过程。

这里，概率命题是指运用任何前面讨论过（或后面待讨论）的概率论的概念有关的命题。例如均值，条件均值，分位数，方差，给定其他随机变量时某个随机变量的条件分布，某个事件发生的概率，给定一些信息的情况下某个事件发生的条件概率，等等。例 7.1.1 中，我们希望做如下统计推断：

- 生成一个随机变量 $Y(X_1,\cdots,X_m$ 的函数）使得 $P(Y\geqslant\theta|\theta)=0.9$；
- 生成一个随机变量 $Y(X_1,\cdots,X_m$ 的函数），我们希望 Y 接近于 θ；
- 计算接下来的 10 个元件寿命的平均值 $\frac{1}{10}\sum_{i=m+1}^{m+10}X_i$ 至少为 2 年的可能性；
- 在观测到 $X_1,\cdots,X_m$ 的数据后，判断 $\theta\leqslant0.4$ 的把握性。

上述各种命题还有其他一些命题，我们后面会详细讨论。

在定义 7.1.1，我们对“可观测”的随机变量和“假设可观测”的随机变量做了区分。对于某个随机变量来说，如果我们确定只要付出必要的努力（成本）就能观测到它，我们就赋予名字“可观测”。对于某个“假设可观测”的随机变量来说，意味着需要有无穷多个数据源来观测，正如前 n 个可观测值的样本均值的极限（当 $n\to\infty$ 时）。在本书中，这种假设可观测的随机变量将对应于可观测随机变量的联合分布的参数，如例 7.1.1。因为这些参数在我们将要讨论的各种推断问题中起着非常重要的作用，下面我们给出参数概念的标准定义。

定义 7.1.3　参数/参数空间　在统计推断问题中，我们把决定感兴趣的随机变量的联合分布的特征或特征的组合称为分布的参数。参数 θ 或参数向量 $(\theta_1,\cdots,\theta_k)$ 的所有可能取值的集合 Ω 称为参数空间。

本书前面介绍的（以及后面将要介绍的）所有分布族都有参数，这些参数包含在其分布的名称中。例如，二项分布族有参数 n 和 p，正态分布族参数化为均值 μ 和方差 σ^2，区间上的均匀分布族参数化为区间的端点，指数分布族参数化为速率参数 θ，等等。

例 7.1.1 中，参数 θ（失效率）必须为正，我们可以明显排除 θ 为负值的情况，于是参数空间 Ω 为所有正数组成的集合。又如，我们考查某人群每个个体的身高，假设身高服从正态分布，均值为 μ，方差为 σ^2，但 μ 和 σ^2 的准确值是未知的。均值 μ 和方差 σ^2 决定了该人群身高具体的正态分布，因此 (μ,σ^2) 可以看作一对参数。在身高这个例子中，μ 和 σ^2 都必须为正，因此参数空间可取为所有满足 $\mu>0$ 和 $\sigma^2>0$ 的 (μ,σ^2) 的集合。如果本例中的正态分布代表了某些特定人群中个体身高（单位：英寸）的分布，我们大概可以确定 $30<\mu<100$ 和 $\sigma^2<50$，则参数空间 Ω 变小了，为所有满足 $30<\mu<100$ 和 $\sigma^2<50$ 的 (μ,σ^2) 的集合。

参数空间 Ω 必须包含给定问题中的参数所有可能的取值，参数向量的实际值则是 Ω 中的一个点。

例 7.1.2　临床试验　假设 40 个患某种疾病的患者将接受一种治疗，我们观察每个病人是否康复。除这 40 个患者之外，我们可能对大量其他患这种病的患者感兴趣。具体来说，我们观察患者 $i=1,2,\cdots$，如果患者 i 康复，则 $X_i=1$；如果不康复，则 $X_i=0$。对于 $X_1,X_2,\cdots$ 的所有可能的分布，我们假设 $X_1,X_2,\cdots$ 独立同分布且同服从参数为 $p(0\leqslant p\leqslant 1)$ 的伯努利分布。在这种情况下，我们知道参数 p 位于闭区间 $[0,1]$ 上，且该区间可以被取为参数空间。由大数定律（定理 6.2.4）可知，当 n 趋于无穷大时，p 是前 n 个患者康复的比例的极限。◀

在大多数问题中，参数作为数据可能分布的特征往往有很自然的解释。例 7.1.2 中，参数 p 可解释为在接受治疗的大量患者中康复的比例。例 7.1.1 中，参数 θ 可解释为失效率，即大量元件寿命的平均寿命的倒数。在这种情况下，对参数的推断可以解释为对参数代表的特征的推断。在本书中，所有参数都有这样的自然解释。在入门课程之外，有可能遇到一些例子，参数的解释可能没有那么直接。

统计推断的例子

下面是一些统计模型和推断的例子，这些例子在前面的各章中已经介绍过。

例 7.1.3　临床试验　例 2.1.4 中，我们介绍了一个临床试验，涉及患者在各种治疗下避免复发的可能性。对于丙咪嗪组患者 i，如果患者 i 没有复发，则 $X_i=1$，否则 $X_i=0$。

设 P 表示接受丙咪嗪治疗的大组患者中避免复发的比例。如果 P 未知，我们可以假设 X_1，X_2，…为独立同分布且同服从参数 $P=p$ 的伯努利分布的随机变量。表2.1中丙咪嗪列的患者给我们提供了一些信息，可以改变参数 P 的不确定性。统计推断包含了对数据或 P 的概率命题，以及数据和 P 的相互关系。例如，例4.7.8中我们假设 P 服从区间 $[0,1]$ 上的均匀分布，在给定研究观察结果的条件下，我们求出了 P 的条件分布，我们还计算了在给定研究观察结果的条件下的 P 的条件均值以及均方误差，试图用其来预测 P 在观察研究结果前后的变化。◀

例7.1.4　放射性粒子　例5.7.8中，假设放射性粒子击中目标的过程是一个泊松过程，但其速率 β 未知。在5.7节的习题22中，要求在观察该泊松过程一段时间后计算 β 的条件分布。◀

例7.1.5　跳甲的测量　例5.10.2中，我们绘制了31只跳甲样本的两个物理测量值的散点图，发现它和二元正态分布相吻合。二元正态分布族参数化为五个量：两个均值、两个方差和相关系数。选择这五个参数来拟合分布是一种统计推断，这种统计推断我们称为参数估计。◀

例7.1.6　均值的区间　假设某人群男性的身高服从正态分布，均值为 μ，方差为9，如例5.6.7所示。现在，假设我们不知道均值 μ 的值，但我们希望通过从该人群中抽样来"学习"它。假设我们选取 $n=36$ 人进行测量，设 $\overline{X}_n$ 表示他们身高的平均值，则例5.6.8中计算的区间 $(\overline{X}_n-0.98,\overline{X}_n+0.98)$ 包含 μ 的概率为0.95。◀

例7.1.7　陪审团选择中的歧视　例5.8.4中，我们感兴趣的问题为是否有证据表明在陪审员遴选中存在歧视墨西哥裔美国人。图5.8表明对歧视程度有不同观点的人（如果有的话）如何根据他们在案件中提供的数值模拟证据改变他们的意见。◀

例7.1.8　排队中的服务时间　假设一个排队中的顾客必须等待服务，且可以观察几个顾客的服务时间。假设我们对顾客的服务速率感兴趣。例5.7.3中，我们用 Z 表示服务速率。例5.7.4中，我们展示了如何在给定几个观察到的服务时间的条件下求 Z 的条件分布。◀

统计推断问题的一般分类

预测　推断的一种形式是预测还没有被观察到的随机变量。例7.1.1中，我们可能对接下来的10个元件寿命的平均值感兴趣，即 $\frac{1}{10}\sum_{i=m+1}^{m+10}X_i$。在临床试验（例7.1.3）中，我们可能对预测丙咪嗪组下一组患者中有多少患者将获得康复感兴趣。在几乎所有的统计推断问题中，我们不可能观察到所有的相关数据，预测却是可能的。当要预测的不可观测量是一个参数时，预测通常被称为估计，如例7.1.5所示。

统计决策问题　在许多统计推断问题中，在对试验数据进行分析后，我们必须从一些可能的决策集合中选取一个决策，而这些决策的结果依赖于某个参数的未知值。例如，我们可能需要估计电子元件的未知失效率 θ，其结果却又依赖于估计值与正确值 θ 的接近程度。又如另一个例子，我们可能需要确定丙咪嗪组（例7.1.3）中患者的未知比例 P 是否大于或小于某个特定常数，而结果却又取决于 P 相对于常数的位置。最后一种推断与第9

章的假设检验密切相关。

试验设计　在一些统计推断问题中，我们要控制采集的试验数据的类型或数量。例如，设计一个试验来确定某种合金的平均抗拉强度，我们可将平均抗拉强度视为合金生产时的压力和温度的函数。在一定的预算和时间限制范围内，试验人员可以选择生产合金实验样品的压力级别和温度水平，也可以指定在每个水平下样品生产的数量。

试验人员选择（至少在某种程度上）特定试验方案进行试验的问题，被称为试验设计问题。当然，试验设计与试验数据的统计分析密切相关。如果不考虑对获得的数据进行后续统计分析，就不可能设计出有效的试验；同样，如果不考虑取得数据的试验的特定类型，也不可能对试验数据进行有意义的统计分析。

其他推论　上述统计推断问题以及前面出现的更多具体例子的一般类别，旨在说明统计推断的类型，我们将能够运用本书介绍的理论和方法处理这些类型的统计推断。我们在实际问题研究中观察到的数据，其模型、推断和方法的范围可能会远远超过我们在这里介绍的范围。希望通过理解我们在这里讨论的问题，能够让读者明白在遇到具有挑战性的统计问题的时候需要做些什么。

统计量的定义

例 7.1.9　滚珠轴承的失效时间　例 5.6.9 中，我们有 23 个滚珠轴承在失效前的转数（单位：百万转）的样本数据。我们将其寿命的转数建模为对数正态分布的随机样本。我们可以假设对数正态分布的参数 μ 和 σ^2 是未知的，我们希望对它们进行一些推断。我们想利用 23 个观测值进行任何这样的推断。但是，我们是否需要跟踪所有 23 个值？有没有一些数据的汇总，我们只需基于这些数据的汇总进行统计推断？◀

我们将在本书中学习的每一个统计推断都将基于可用数据的一个或几个数据汇总。这样的数据汇总经常出现，它们是推断的基础，因此它们有特别的名称。

定义 7.1.4　统计量　*假设感兴趣的可观测随机变量是 $X_1,\cdots,X_n$，设 r 是任意 n 元实值函数。则随机变量 $T=r(X_1,\cdots,X_n)$ 被称为统计量。*

统计量的三个例子是样本均值 $\overline{X}_n$，$X_1,\cdots,X_n$ 值的最大值 Y_n，和函数 $r(X_1,\cdots,X_n)$，其对于 $X_1,\cdots,X_n$ 的所有值都取常数值 3。

例 7.1.10　滚珠轴承的失效时间　例 7.1.9 中，假设我们感兴趣的问题是 μ 与 40 之间的距离有多大，则我们可在推断过程中用统计量

$$T=\left|\frac{1}{23}\sum_{i=1}^{23}\ln(X_i)-40\right|。$$

这时，T 是衡量 μ 与 40 之间距离的一个自然度量。◀

例 7.1.11　均值的区间　例 7.1.6 中，我们建立了一个区间，其包含 μ 的概率为 0.95。区间端点 $\overline{X}_n-0.98$ 与 $\overline{X}_n+0.98$ 都是统计量。◀

许多统计推断无须在明确地构造统计量作为初步步骤的情况下进行。然而，大多数统计推断将涉及使用事先确定的统计量。知道哪些统计推断用哪些统计量可以大大简化推断的实现过程，用统计量来表述一个统计推断也可以帮助我们决定这个推断在多大程度上满足我们的需要。例如，在例 7.1.10 中，如果我们通过 T 来估计 $|\mu-40|$，我们可以使用 T

的分布来帮助确定 T 与 $|\mu-40|$ 相差很大的可能性。当我们在本书后面构建具体的统计推断时，我们将取在推断中起着十分重要作用的统计量。

作为随机变量的参数

参数是否应被视为随机变量，还是仅仅被看作确定分布的索引数，这在统计里面存在一些争议。例如，例 7.1.3 中，我们用 P 代表服用丙咪嗪的大组中患者避免复发的比例，则我们说 $X_1,X_2,\cdots$是在 $P=p$ 的条件下参数为 p 的独立同分布的伯努利随机变量。这里，我们显然地把 P 看作一个随机变量，可以给出它的分布。另一种方法是说 $X_1,X_2,\cdots$ 是服从参数为 p 的独立同分布的伯努利随机变量，其中 p 是未知参数。

如果我们真的想计算一些东西，如在给定前 40 个患者的观察数据的条件下，P 的比例大于 0.5 的条件概率，则我们需要在前 40 个患者的观察数据条件下 P 的条件分布，我们必须把 P 当作一个随机变量。另一方面，如果我们只想推断关于 p 的值的概率命题，那么我们不需要把 P 看成随机变量。例如，我们可能希望找到两个随机变量 Y_1 和 Y_2（$X_1,X_2,\cdots,X_{40}$ 的函数）使得无论 p 等于多少，$Y_1\leqslant p\leqslant Y_2$ 的概率至少为 0.9。在本书后面讨论的一些统计推断是前一种类型，需要把 P 当作一个随机变量，还有一些是后一种类型，其中 p 仅仅是分布里面的一个索引数。

一些统计学家认为，在每一个统计推断问题中，把参数看作随机变量是可能的、有用的。他们认为，参数代表了试验者对于参数真实值可能在哪里的主观信念，是一种主观概率分布。一旦为某个参数设置了一个分布，这个分布与统计领域中使用的任何其他概率分布没有区别，概率论的所有规则都适用于这个分布。事实上，在本书描述的所有情况下，参数实际上可以被当作潜在观测的大量数据的函数的极限。下面是一个典型例子。

例 7.1.12　参数作为随机变量的极限　在例 7.1.3 中，参数 P 可以理解为：我们设想一个接受丙咪嗪治疗的潜在患者的无限序列。对于每个整数 n，该无限序列中任意 n 个患者一组，假设各组患者的治疗情况具有相同的联合分布。换言之，假设患者出现在该序列中的顺序与联合分布无关。设 P_n 是前 n 个患者中没有复发的比例，可以证明当 $n\to\infty$，P_n 收敛到“某个值”的概率为 1。这里“某个值”可以被认为是 P，在一个大量患者中康复的比例。从这个意义上说，P 是一个随机变量，因为它是其他随机变量的函数。在这本书中涉及参数的所有统计模型中都可以提出类似的观点，但要使这些观点精确化，需要更高级的数学知识，这里就不讲了。（Schervish（1995）的第 1 章包含此细节。）统计学家在这个例子中的争论坚持贝叶斯统计哲学，他们被称为贝叶斯统计学派。◀

还有另一种推理方法，我们可以很自然地把例 7.1.12 中的 P 看成一个随机变量，而不依赖于潜在患者的无限序列。假设潜在患者的数量比我们将看到的任何样本都大，我们可以使用定理 5.3.4 来估计近似值，则 P 只是在大量潜在患者中康复的比例。在 $P=p$ 的条件下，根据定理 5.3.4，n 个患者样本中的治疗成功的人数是近似服从参数为 n 和 P 的二项分布的随机变量。如果样本中患者的治疗结果是随机变量，那么这些患者的治疗成功比例也是随机变量。

还有一群统计学家则认为，在许多问题中，给每个参数分配一个分布是不合适的；他们坚持认为参数的真实值是一个固定的数，试验者碰巧不知道它的值。这些统计学家只有当前存在大量的关于相对频率的信息时，即类似的参数在过去试验中取得每个可能值的相对频率，才会给参数分配一个分布。如果两个不同的科学家能够就过去、现在相似的试验达成一致，那么他们可能会给这个参数分配相同的分布。例如，假设某个大批量生产的产品中，有缺陷的产品所占的比例 θ 是未知的。假设同一个制造商在过去生产过许多这样的产品，并且详细记录了缺陷产品在过去批次中所占的比例。过去批次的相对频率可用于构造 θ 的统计量。持这种观点的统计学家，坚持统计的频率哲学，称为频率学派。

频率学派依赖于存在无限随机变量序列的假设，以便使他们的大多数概率命题有意义。一旦假设存在这样一个无限序列，我们就会发现所使用分布的参数是无限序列函数的极限，就像上面描述的贝叶斯一样。这样，参数是随机变量，因为它们是随机变量的函数。这两群统计学家之间的分歧点在于，给这些参数分配分布是否有用、是否可能。

贝叶斯学派和频率学派都认为用于观测的、由参数决定的分布族是有用的。贝叶斯学派说的以参数 θ 决定的分布是给定参数等于 θ 的条件下观测值的条件分布。频率学家说的以参数 θ 决定的分布是指参数的真值为 θ 时观测值的分布。这两学派都一致认为，只要给分布分配一个参数，本章所述的理论和方法都是适用的、有用的。在 7.2 节~7.4 节中，我们将明确假设每个参数是随机变量，并且我们将为其分配分布来表示参数位于参数空间的不同子集中的概率。从 7.5 节开始，我们将考虑不基于分配分布的参数估计。

参考文献

在本书的其余部分，我们将考虑统计推断、统计决策和试验设计中许多不同的问题。其他一些关于统计理论和方法的书与本书程度差不多，已经在 1.1 节后面的参考文献中提到。有些程度更高的关于统计的书有 Bickel 和 Doksum（2000），Casella 和 Berger（2002），Cramér（1946），DeGroot（1970），Ferguson（1967），Lehmann（1997），Lehmann 和 Casella（1998），Rao（1973），Rohatgi（1976），Schervish（1995）。

习题

1. 找出例 7.1.3 中统计模型的组成部分（见定义 7.1.1）。
2. 找出例 7.1.3 中提到的两个统计推断。
3. 找出例 7.1.4 和例 5.7.8 中统计模型的组成部分。
4. 找出例 7.1.6 中统计模型的组成部分。
5. 找出在例 7.1.6 中提及的统计推断。
6. 找出例 5.8.3 中统计模型的组成部分。
7. 找出例 5.4.7 中统计模型的组成部分。

7.2　先验分布和后验分布

在得到任何观察数据之前参数的分布我们称为参数的先验分布。在给定观察数据条件下参数的条件分布称为后验分布。如果我们把数据的观察值代入给定参数下的条件概率函数或者条件概率密度函数中，得到的函数仅是参数的函数，我们称为似然函数。

先验分布

例 7.2.1　电子元件寿命　在例 7.1.1 中，电子元件的寿命 $X_1, X_2, \cdots$ 被建模为独立同分布的参数为 θ（以 θ 为条件）的指数分布的随机变量，θ 为失效率。实际上，当 $n \to \infty$ 时，$n / \sum_{i=1}^{n} X_i$ 依概率收敛到 θ。我们说 θ 服从参数为 1 和 2 的伽马分布。◀

例 7.2.1 末尾提到的 θ 的分布是在观察到任何元件寿命之前分配的。因此，我们称之为先验分布。

定义 7.2.1　先验分布/概率函数/概率密度函数　假设一个统计模型，具有参数 θ。如果将 θ 视为随机变量，则在观察其他感兴趣的随机变量之前分配给 θ 的分布称为其先验分布。如果参数空间至多是可数的，则先验分布是离散型的，其概率函数称为 θ 的先验概率函数。如果先验分布是连续分布，其概率密度函数称为 θ 的先验概率密度函数。我们通常使用符号 $\xi(\theta)$ 来表示先验概率函数或先验概率密度函数，它是 θ 的函数。

当我们将参数视为随机变量时，“先验分布”只是参数的边际分布的另一个名称。

例 7.2.2　一枚普通的或两面都是人头的均匀硬币　令 θ 表示掷一枚硬币时得到人头的概率，假定这枚硬币可能是普通硬币，也可能两面都是人头，因此 θ 的可能取值只能是 $\theta=1/2$ 和 $\theta=1$。如果硬币是普通硬币的先验概率为 0.8，那么 θ 的先验概率函数为 $\xi(1/2)=0.8$ 和 $\xi(1)=0.2$。◀

例 7.2.3　次品的比例　假设一批生产的产品中次品的比例 θ 是未知的，且给 θ 指定的先验分布是区间 $[0,1]$ 上的均匀分布。那么 θ 的先验概率密度函数是

$$\xi(\theta)=\begin{cases}1, & 0<\theta<1,\\ 0, & \text{其他。}\end{cases} \tag{7.2.1}$$ ◀

参数 θ 的先验分布必须是参数空间 Ω 上的概率分布。我们假设试验者或统计学家能够通过构造 Ω 上的概率分布总结他关于 θ 在 Ω 中取值位置的先前信息和知识。换言之，在试验数据被收集或观察之前，实验者过去的经验和知识会使他相信 θ 更可能位于 Ω 的某些特定的区域。我们假设不同区域的相对似然函数可以用 Ω 上的概率分布来表示，即 θ 的先验分布。

例 7.2.4　荧光灯的寿命　假设某种类型的荧光灯的寿命（以小时为单位）将被观测，并且任何一盏灯的寿命服从参数为 θ 的指数分布。假设 θ 的确切值是未知的，但根据以往的经验，θ 的先验分布被认为是均值为 0.000 2、标准差为 0.000 1 的伽马分布。我们要确定 θ 的先验概率密度函数。

假设 θ 的先验分布是参数为 α_0 和 β_0 的伽马分布。在定理 5.7.5 中我们已证明这个分

布的均值为 α_0/β_0 以及其方差为 α_0/β_0^2。因此，$\alpha_0/\beta_0=0.000\,2$ 和 $\alpha_0^{1/2}/\beta_0=0.000\,1$。求解这个方程组，得 $\alpha_0=4$ 和 $\beta_0=20\,000$。从式（5.7.13）可以得到当 $\theta>0$ 时，θ 的先验概率密度函数为

$$\xi(\theta)=\frac{(20\,000)^4}{3!}\theta^3\mathrm{e}^{-20\,000\theta},\tag{7.2.2}$$

且当 $\theta\leqslant 0$ 时，$\xi(\theta)=0$。◀

在本节剩余部分以及 7.3 节和 7.4 节中，我们将重点讨论参数 θ 是感兴趣的随机变量且需要给 θ 分配一个分布的统计推断问题。在这些问题中，我们说可观测随机变量的参数为 θ 的分布是指给定 θ 的条件下可观测随机变量的条件分布。例如，这正是例 7.2.1 中所使用的语言，参数是失效率 θ。在讲随机变量的条件概率函数或条件概率密度函数时，如例 7.2.1 中的 $X_1,X_2,\cdots$，我们将使用“条件概率函数”和“条件概率密度函数”的符号。例如例 7.2.1 中，如果我们令 $\boldsymbol{X}=(X_1,\cdots,X_m)$，则给定 θ 的 $\boldsymbol{X}$ 的条件概率密度函数为

$$f_m(\boldsymbol{x}\mid\theta)=\begin{cases}\theta^m\exp(-\theta(x_1+\cdots+x_m)), & x_i>0,\\ 0, & \text{其他。}\end{cases}\tag{7.2.3}$$

在许多问题中，如例 7.2.1，可观测数据 $X_1,X_2,\cdots$ 被参数为 θ 的一元分布的随机样本建模。在这些情况下，设 $f(x\mid\theta)$ 表示参数为 θ 的分布下单个随机变量的概率函数或概率密度函数。在这种情况下，使用上面的符号，我们有

$$f_m(\boldsymbol{x}\mid\theta)=f(x_1\mid\theta)\cdots f(x_m\mid\theta)。$$

当我们把 θ 当作一个随机变量时，$f(x\mid\theta)$ 是给定 θ 的条件下每个观测值 X_i 的条件概率函数或条件概率密度函数，并且观测值在给定 θ 的条件下是条件独立同分布的。总之，以下两说法可理解为等效表述：

- $X_1,\cdots,X_n$ 是来自概率函数或概率密度函数为 $f(x\mid\theta)$ 的随机样本；
- 给定 θ 的条件下 $X_1,\cdots,X_n$ 是条件独立同分布的，条件概率函数或条件概率密度函数为 $f(x\mid\theta)$。

为了简单起见，我们通常会采用第一种说法，但是当我们将 θ 视为随机变量时，记住这两个说法等价是有用的。

敏感性分析与非正常先验　例 2.3.8 中，我们看到两组截然不同的先验概率被用在同一系列事件上。然而当我们观察到数据以后，发现后验概率很相似。例 5.8.4 中，我们使用一个参数的大量先验分布，考查先验分布对单个重要事件的后验概率有多大影响。通过比较几个不同的先验分布所产生的后验分布，我们了解不同的先验分布对重要问题答案的影响，这是一种常见的做法。这种比较我们称为敏感性分析。

这是非常常见的情形，在观察到数据之后，不同的先验分布并没有多少差别。特别是当有许多数据或是被比较的先验分布十分分散时尤为如此。这个事实有两个含意。第一，不同的试验者在先验分布上可能会有分歧，但事实是当我们有很多数据时，这就变得无关紧要了。第二，当指定哪个先验分布都没有很大关系时，那么试验者则不会倾向于花费很多时间来指定先验分布。但不幸的是，如果不指定先验分布，就没有办法算出在给定数据下参数的条件分布。

作为尝试，某些计算似乎显示的数据比先验分布含有更多可用的信息。通常，这些计

算涉及一个函数$\xi(\theta)$，把它当作参数θ的先验概率密度函数，但是这里$\int\xi(\theta)\,d\theta=\infty$，这明显与概率密度函数的定义相违背。这样的先验称为非正常的。在7.3节中我们将更详细地讨论非正常先验。

后验分布

例7.2.5　荧光灯寿命　例7.2.4中，我们构造了参数θ的先验分布，该参数θ具体化了荧光灯寿命集合的指数分布。假设我们观测了n个这样的荧光灯寿命数据。我们如何根据观测数据改变θ的分布？ ◀

定义7.2.2　后验分布/概率函数/概率密度函数　考虑一个统计推断问题，有参数θ和要观测的随机变量$X_1,\cdots,X_n$。给定$X_1,\cdots,X_n$下的θ的条件分布称为θ的后验分布。给定$X_1=x_1,\cdots,X_n=x_n$的条件下，θ的条件概率函数（或条件概率密度函数）称为θ的后验概率函数（或后验概率密度函数），通常记为$\xi(\theta|x_1,\cdots,x_n)$。

当人们将参数视为随机变量时，“后验分布”仅仅是给定数据下参数的条件分布的另一个名称。随机变量的贝叶斯定理（3.6.13）和随机向量的贝叶斯定理（3.7.15）告诉我们，如何在观测数据之后计算θ的后验概率密度函数（或后验概率函数），我们将在这里使用先验分布和参数的特定符号来回顾贝叶斯定理的推导过程。

定理7.2.1　假设n个随机变量$X_1,\cdots,X_n$来自概率密度函数或概率函数为$f(x|\theta)$的分布的随机样本，并假设参数θ未知，θ的先验概率密度函数或先验概率函数是$\xi(\theta)$，那么θ的后验概率密度函数或后验概率函数是

$$\xi(\theta|\boldsymbol{x})=\frac{f(x_1|\theta)\cdots f(x_n|\theta)\xi(\theta)}{g_n(\boldsymbol{x})},\ \theta\in\Omega,$$

其中g_n是$X_1,\cdots,X_n$的边际联合概率密度函数（或边际联合概率函数）。

证明　为了简便起见，我们假定参数空间Ω是实数轴上的一个区间或者是整个实数轴；$\xi(\theta)$是Ω上的一个先验概率密度函数，而不是先验概率函数。不过，以下证明对$\xi(\theta)$为先验概率函数也适用。

由于随机变量$X_1,\cdots,X_n$来自概率密度函数（或概率函数）为$f(x|\theta)$的分布的随机样本，由3.7节可知给定θ下其条件联合概率密度函数（或条件联合概率函数）$f_n(x_1,\cdots,x_n|\theta)$由以下等式给出

$$f_n(x_1,\cdots,x_n|\theta)=f(x_1|\theta)\cdots f(x_n|\theta)。\tag{7.2.4}$$

如果用向量记号$\boldsymbol{x}=(x_1,\cdots,x_n)$，那么式（7.2.4）中的联合概率密度函数（或联合概率函数）可以简记为$f_n(\boldsymbol{x}|\theta)$。式（7.2.4）表示，在给定$\theta$下$X_1,\cdots,X_n$条件独立且同分布，每个都有概率密度函数（或概率函数）$f(x|\theta)$。

如果条件联合概率密度函数（或条件联合概率函数）乘以概率密度函数$\xi(\theta)$，可得$X_1,\cdots,X_n$和θ的$(n+1)$维联合概率密度函数（或联合概率/密度函数）

$$f(\boldsymbol{x},\theta)=f_n(\boldsymbol{x}|\theta)\xi(\theta)。\tag{7.2.5}$$

$X_1,\cdots,X_n$的边际联合概率密度函数（或边际联合概率函数）可以通过对式（7.2.5）右边关于θ的所有取值积分来得到。所以，可以将$X_1,\cdots,X_n$的n维边际联合概率密度函数（或

边际联合概率函数）表示成如下形式

$$g_n(\boldsymbol{x}) = \int_\Omega f_n(\boldsymbol{x} \mid \theta)\xi(\theta)\,\mathrm{d}\theta。\tag{7.2.6}$$

式（7.2.6）是随机向量的全概率公式（3.7.14）的一个例子。

进而，在给定 $X_1=x_1,\cdots,X_n=x_n$ 条件下 θ 的条件概率密度函数，即 $\xi(\theta|\boldsymbol{x})$，必须等于 $f(\boldsymbol{x},\theta)$ 除以 $g_n(\boldsymbol{x})$。因而有

$$\xi(\theta \mid \boldsymbol{x}) = \frac{f_n(\boldsymbol{x} \mid \theta)\xi(\theta)}{g_n(\boldsymbol{x})}, \theta \in \Omega,\tag{7.2.7}$$

以上是对参数和随机样本重述的贝叶斯定理。如果 $\xi(\theta)$ 是概率函数，先验分布是离散的，只要在式（7.2.6）中用 θ 的所有可能值的和替换积分即可。 ■

例 7.2.6　荧光灯寿命　如例 7.2.4 和例 7.2.5 一样，再次假设某种型号荧光灯的寿命分布是参数为 θ 的指数分布，θ 的先验分布是特定的伽马分布，其概率密度函数 $\xi(\theta)$ 由式（7.2.2）给出。假设 n 盏灯的寿命 $X_1,\cdots,X_n$ 的随机样本已经被观察到。在给定 $X_1=x_1,\cdots,X_n=x_n$ 的条件下，我们来确定 θ 的后验概率密度函数。

由式（5.7.16），观测值 X_i 的概率密度函数为

$$f(x \mid \theta) = \begin{cases} \theta \mathrm{e}^{-\theta x}, & x > 0, \\ 0, & \text{其他。} \end{cases}$$

$X_1,\cdots,X_n$ 的联合概率密度函数可以写成如下形式：对于 $x_1>0,\cdots,x_n>0$，

$$f_n(\boldsymbol{x} \mid \theta) = \prod_{i=1}^{n} \theta \mathrm{e}^{-\theta x_i} = \theta^n \mathrm{e}^{-\theta y},$$

其中 $y=\sum_{i=1}^{n} x_i$。由于 $f_n(\boldsymbol{x}|\theta)$ 将用于构造 θ 的后验分布，统计量 $Y=\sum_{i=1}^{n} X_i$ 显然将用于任何使用后验分布的推断。

因为先验概率密度函数 $\xi(\theta)$ 由式（7.2.2）给出，对 $\theta>0$，我们有

$$f_n(\boldsymbol{x} \mid \theta)\xi(\theta) = \theta^{n+3} \mathrm{e}^{-(y+20\,000)\theta}。\tag{7.2.8}$$

我们需要计算 $g_n(\boldsymbol{x})$，式（7.2.8）关于 θ 积分：

$$g_n(\boldsymbol{x}) = \int_0^\infty \theta^{n+3} \mathrm{e}^{-(y+20\,000)\theta}\,\mathrm{d}\theta = \frac{\Gamma(n+4)}{(y+20\,000)^{n+4}},$$

其中最后一个等式来自定理 5.7.3。于是，

$$\xi(\theta \mid \boldsymbol{x}) = \frac{\theta^{n+3} \mathrm{e}^{-(y+20\,000)\theta}}{\dfrac{\Gamma(n+4)}{(y+20\,000)^{n+4}}} = \frac{(y+20\,000)^{n+4}}{\Gamma(n+4)} \theta^{n+3} \mathrm{e}^{-(y+20\,000)\theta},\tag{7.2.9}$$

对于 $\theta>0$。当我们将这个表达式与式（5.7.13）比较时，我们可以看到它是参数为 $n+4$ 和 $y+20\,000$ 的伽马分布的概率密度函数。因此，这个伽马分布就是参数 θ 的后验分布。

作为一个具体的例子，假设我们观察到以下 $n=5$ 个灯具的寿命数据（单位：小时）：2 911，3 403，3 237，3 509 和 3 118。$y=16\,178$，θ 的后验分布是参数为 9 和 36 178 的伽

马分布。图7.1的上部分显示了本例中的先验分布、后验分布的概率密度函数图像。很明显，这些数据使得 θ 的分布从先验到后验发生了一些变化。

在这一点上，进行敏感性分析可能是合适的。例如，如果我们选择了不同的先验分布，后验分布会发生什么变化？具体来说，如果我们选取参数为1和1 000的伽马先验分布，这时先验分布与原始先验分布具有相同的标准差，但均值是原始先验分布的五倍，得到后验分布是参数为6和17 178的伽马分布。这对“先验”和“后验”的概率密度函数图像在图7.1的下面部分中绘制。比较图的上部分和下部分，我们可以看到，在下部分图中的分布比在上部分图中的分布取值更广。很明显，先验分布的选择将对这个小数据集来说产生很大的不同。◀

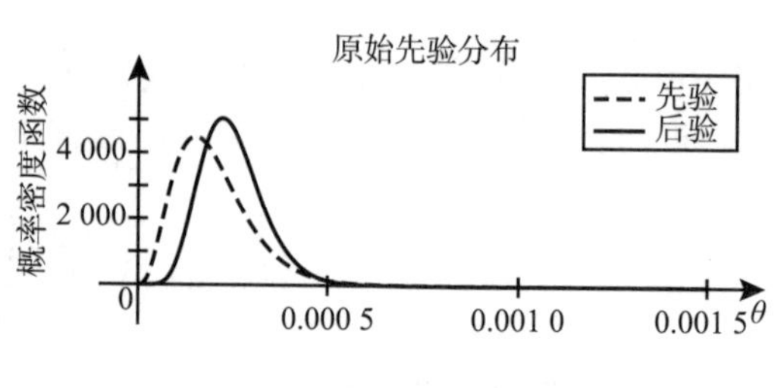

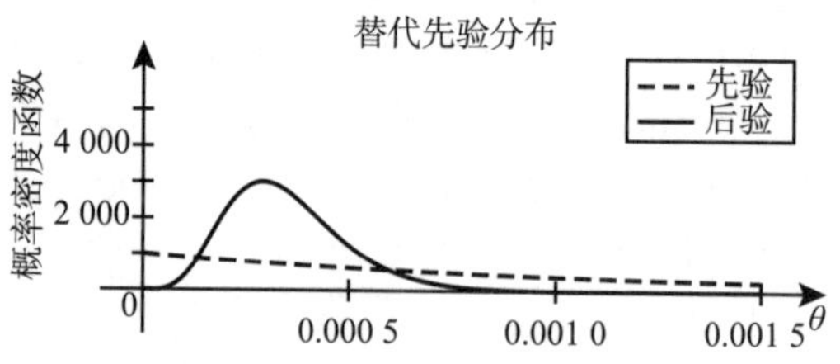

图7.1　例7.2.6中的先验、后验概率密度函数图像。上面一幅图是基于原始的先验分布，下面一幅图基于替代先验分布，这是敏感性分析的一部分

“prior”和“posterior”这两个词来源于拉丁语中的“former”和“coming after”，先验分布是观测数据之前参数 θ 的分布，后验分布是观测数据之后参数 θ 的分布。

似然函数

式（7.2.7）右边的分母是分子关于 θ 所有可能取值的一个积分。这个积分的值依赖于观察值 $x_1,\cdots,x_n$，但是它不依赖于 θ，所以在将式（7.2.7）的右边看作 θ 的一个概率密度函数时，可以认为积分是一个常数。因而式（7.2.7）可以用下列关系来替代：

$$\xi(\theta \mid \boldsymbol{x}) \propto f_n(\boldsymbol{x} \mid \theta)\xi(\theta)。\tag{7.2.10}$$

这里用的比例符号 $\propto$ 表示左式和右式乘以一个常数因子后相等，这个常数因子依赖于观察值 $x_1,\cdots,x_n$，但不依赖于 θ。这个使式（7.2.10）中两边相等的常数因子在任何时候都可以用如下事实来决定：$\int_\Omega \xi(\theta|\boldsymbol{x})\mathrm{d}\theta=1$，因为这里的 $\xi(\theta|\boldsymbol{x})$ 是 θ 的概率密度函数。

式（7.2.10）的右边，一个函数是先验概率密度函数，另外一个函数也有特别的名字。

定义7.2.3　似然函数　当我们把一个随机样本中的观察值的联合概率密度函数或者联合概率函数 $f_n(\boldsymbol{x}|\theta)$ 看作在给定观察值 $x_1,\cdots,x_n$ 条件下 θ 的函数，称其为似然函数。

式（7.2.10）表明了 θ 的后验概率密度函数与似然函数和 θ 的先验概率密度函数的乘积成比例。

通过式（7.2.10）中的比例关系，我们一般不用对式（7.2.6）进行精确的积分，就可以确定 θ 的后验概率密度函数。如果我们识别出式（7.2.10）的右边可能除一个常数因子外恰好等于第5章中所介绍的某个标准概率密度函数或是本书中其他地方的某个概率密度函数，那么我们可以非常容易地确定这个合适的因子，从而把式（7.2.10）的右边变成 θ 的一个“适当”的概率密度函数，我们将通过再次考虑例7.2.3来进一步阐述这一观点。

例 7.2.7　次品的比例　与例 7.2.3 中的假设一样，在一批产品中次品的比例 θ 未知，而且 θ 的先验分布是区间$[0,1]$上的一个均匀分布。假设从一批产品中抽取容量为 n 的一个随机样本，并且对于 $i=1,\cdots,n$，令 $X_i=1$ 表示第 i 个产品是次品，否则 $X_i=0$，则 $X_1,\cdots,X_n$ 形成一个参数为 θ 的 n 重伯努利试验。我们要确定 θ 的后验概率密度函数。

从式（5.2.2）可以得到每个观察值 X_i 的概率函数

$$f(x\mid\theta)=\begin{cases}\theta^x(1-\theta)^{1-x}, & x=0,1,\\ 0, & \text{其他。}\end{cases}$$

因此，如果令 $y=\sum_{i=1}^{n}x_i$，那么 $X_1,\cdots,X_n$ 的联合概率函数可以表示为如下形式：对于 $x_i=0$ 或 $1(i=1,\cdots,n)$，

$$f_n(\boldsymbol{x}\mid\theta)=\theta^y(1-\theta)^{n-y}。\tag{7.2.11}$$

由于先验概率密度函数 $\xi(\theta)$ 由式（7.2.1）给定，由此可得当 $0<\theta<1$ 时，

$$f_n(\boldsymbol{x}\mid\theta)\xi(\theta)=\theta^y(1-\theta)^{n-y}。\tag{7.2.12}$$

我们把上述表达式与式（5.8.3）做比较可以看出，除了一个常数因子，它是参数为 $\alpha=y+1$ 和 $\beta=n-y+1$ 的贝塔分布的概率密度函数。由于后验概率密度函数 $\xi(\theta\mid\boldsymbol{x})$ 和式（7.2.12）的右边成比例，后验分布 $\xi(\theta|\boldsymbol{x})$ 一定是参数为 $\alpha=y+1$ 和 $\beta=n-y+1$ 的贝塔分布的概率密度函数。因此，当 $0<\theta<1$ 时，

$$\xi(\theta\mid\boldsymbol{x})=\frac{\Gamma(n+2)}{\Gamma(y+1)\Gamma(n-y+1)}\theta^y(1-\theta)^{n-y}。\tag{7.2.13}$$

在这个例子中，统计量 $Y=\sum_{i=1}^{n}X_i$ 被用来构造后验分布，因此将用于任何基于后验分布的推断。◀

注：后验概率密度函数的规范化常数。从式（7.2.12）到式（7.2.13）的过程是用来确定后验概率密度函数的一个常用技术的例子。我们可以把任何不方便的常数因子从先验概率密度函数和似然函数中剔除，然后将它们乘起来，如同式（7.2.10）。然后我们来考察乘积的结果，记为 $g(\theta)$，判别一下它是否是我们在别处见过的概率密度函数中的一部分。事实上，如果我们能找到一个已命名的分布的概率密度函数等于 $cg(\theta)$，那么后验概率密度函数也是 $cg(\theta)$，而且后验分布的名称也同它一样，如例 7.2.7 所示。

序贯观测值与预测

在许多试验中，观测值 $X_1,\cdots,X_n$ 构成随机样本，必须按顺序获得，即一次获得一个数据。在这样的试验中，我们首先观察 X_1 的值，然后观察 X_2 的值，接着观察 X_3 的值，以此类推。假设参数 θ 的先验概率密度函数是 $\xi(\theta)$。在观测到 X_1 的值 x_1 后，我们可以按照通常方法从以下关系式中计算出后验概率密度函数 $\xi(\theta|x_1)$：

$$\xi(\theta|x_1)\propto f(x_1|\theta)\xi(\theta)。\tag{7.2.14}$$

由于在给定 θ 的条件下 X_1 和 X_2 是条件独立的，因此给定 θ 和 $X_1=x_1$ 下，X_2 的条件概率函数或条件概率密度函数与单独给定 θ 的条件下 X_2 的条件概率函数或条件概率密度函数相同，即 $f(x_2|\theta)=f(x_2|\theta,X_1=x_1)$。因此，式（7.2.14）中 θ 的后验概率密度函数作为观测到 X_2 的值 x_2 时 θ 的先验概率密度函数。故在观测到 X_2 的值 x_2 之后，我们可以根据如下

关系计算后验概率密度函数 $\xi(\theta|x_1,x_2)$：

$$\xi(\theta|x_1,x_2) \propto f(x_2|\theta)\xi(\theta|x_1)。\tag{7.2.15}$$

我们可以继续这种方式，在每次观测后计算 θ 的更新后的后验概率密度函数，并将该概率密度函数用作下一次观测的参数 θ 的先验概率密度函数。在观测到 $x_1,\cdots,x_{n-1}$ 后，后验概率密度函数 $\xi(\theta|x_1,\cdots,x_{n-1})$ 最终将作为 X_n 最终观测值的参数 θ 的先验概率密度函数。于是，观测到所有 n 个数据 $x_1,\cdots,x_n$ 后的后验概率密度函数可以通过下述关系指定：

$$\xi(\theta|\boldsymbol{x}) \propto f(x_n|\theta)\xi(\theta|x_1,\cdots,x_{n-1})。\tag{7.2.16}$$

换一个角度来看，在所有 n 个值 $x_1,\cdots,x_n$ 已被观测后，我们可以通过将联合概率密度函数 $f_n(\boldsymbol{x}|\theta)$ 与原始的先验概率密度函数 $\xi(\theta)$ 组合，以通常的方式计算后验概率密度函数 $\xi(\theta|\boldsymbol{x})$，如式（7.2.7）所示。可以证明（见本节习题 8），无论是使用式（7.2.7）直接计算还是顺序使用式（7.2.14），式（7.2.15），式（7.2.16）计算，后验概率密度函数 $\xi(\theta|\boldsymbol{x})$ 都是相同的。这种性质已在 2.3 节说明，掷一枚硬币，这枚硬币有可能是均匀硬币，也有可能两边都是正面。每次抛硬币后，硬币是均匀硬币的后验概率都会更新。

式（7.2.14）~式（7.2.16）中的比例常数有一个有用的解释。例如，在式（7.2.16）中，比例常数是右侧关于 θ 的积分的倒数。但根据全概率公式的条件形式（3.7.16），这个积分是给定 $X_1=x_1,\cdots,X_{n-1}=x_{n-1}$ 下 X_n 的条件概率密度函数或条件概率函数。例如，如果 θ 具有连续分布，

$$f(x_n|x_1,\cdots,x_{n-1}) = \int f(x_n|\theta)\xi(\theta|x_1,\cdots,x_{n-1})\mathrm{d}\theta。\tag{7.2.17}$$

式（7.2.16）中的比例常数为 1 除以式（7.2.17）。因此，如果我们在观测到前 $n-1$ 个数据之后，对按顺序预测第 n 个观测值感兴趣，我们可以使用式（7.2.17），也就是式（7.2.16）中比例常数的倒数，作为给定前 $n-1$ 个观测值下 X_n 的条件概率密度函数或条件概率函数。

例 7.2.8　荧光灯寿命　例 7.2.6 中，给定 θ，荧光灯的寿命为独立同分布、同服从参数为 θ 的指数分布的随机变量。我们还观察了 5 盏灯的寿命，发现 θ 的后验分布是参数为 9 和 36 178 的伽马分布。我们想预测下一盏灯的寿命 X_6。

给定前五盏灯的寿命数据，下一盏灯的寿命 X_6 的条件概率密度函数为 $f(x_6|\theta)\xi(\theta|\boldsymbol{x})$ 关于 θ 的积分。故 θ 的后验概率密度函数为 $\xi(\theta|\boldsymbol{x})=2.633\times10^{36}\theta^8\mathrm{e}^{-36\,178\theta}$，$\theta>0$。所以，对于 $x_6>0$，有

$$\begin{aligned}f(x_6|\boldsymbol{x}) &= \int_0^\infty 2.633\times10^{36}\theta^8\mathrm{e}^{-36\,178\theta}\theta\mathrm{e}^{-x_6\theta}\mathrm{d}\theta\\ &= 2.633\times10^{36}\int_0^\infty\theta^9\mathrm{e}^{-(x_6+36\,178)\theta}\mathrm{d}\theta\\ &= 2.633\times10^{36}\frac{\Gamma(10)}{(x_6+36\,178)^{10}} = \frac{9.555\times10^{41}}{(x_6+36\,178)^{10}}。\end{aligned}\tag{7.2.18}$$

我们可以用这个概率密度函数来进行任何我们希望的关于 X_6 分布的计算，只要给定观察到的寿命。例如，第 6 盏灯寿命超过 3 000 小时的概率等于

$$P(X_6>3\,000|\boldsymbol{x}) = \int_{3\,000}^\infty\frac{9.555\times10^{41}}{(x_6+36\,178)^{10}}\mathrm{d}x_6 = \frac{9.555\times10^{41}}{9\times39\,178^9} = 0.488\,2。$$

最后，我们可以继续进行例 7.2.6 中的敏感性分析。如果“下一盏灯的寿命至少为 3 000 的概率”很重要，我们可以看到选择不同的先验分布对这个计算有多大的影响。选择第二个先验分布（参数为 1 和 1 000 的伽马分布），我们发现 θ 的后验分布是参数为 6 和 17 178 的伽马分布。在给定观测数据的情况下，我们可以用计算原始后验分布的方法计算 X_6 的条件概率密度函数，结果如下：

$$f(x_6 \mid \boldsymbol{x}) = \frac{1.542 \times 10^{26}}{(x_6 + 17\,178)^7}, \quad x_6 > 0。 \tag{7.2.19}$$

利用这个概率密度函数，我们可以计算 $X_6 > 3\,000$ 的概率

$$P(X_6 > 3\,000 \mid \boldsymbol{x}) = \int_{3\,000}^{\infty} \frac{1.542 \times 10^{26}}{(x_6 + 17\,178)^7} \mathrm{d}x_6 = \frac{1.542 \times 10^{26}}{6 \times 20\,178^6} = 0.380\,7。$$

正如我们例 7.2.6 的末尾所指出，不同的先验在我们可以做出的推断中产生了相当大的差异。如果 $P(X_6 > 3\,000 \mid \boldsymbol{x})$ 的精确值很重要，我们需要一个更大的样本。在图 7.2 中，我们可以比较给定数据 $\boldsymbol{x}$ 的条件下 X_6 的两个不同概率密度函数。式（7.2.18）给出的概率密度函数对于 x_6 具有较高的中间值，而式（7.2.19）给出的概率密度函数对于 x_6 具有较高的极端值。◀

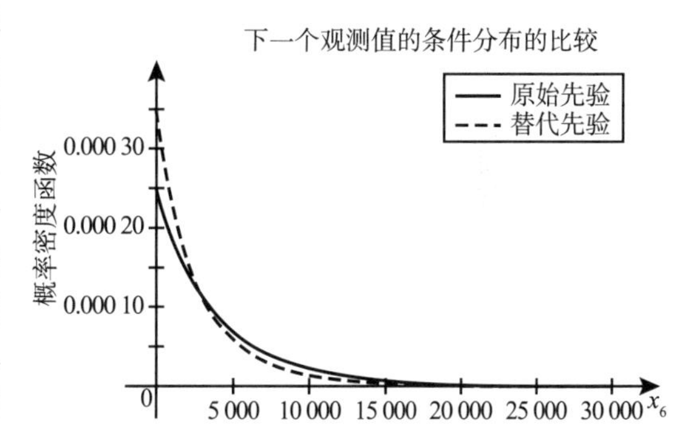

图 7.2　例 7.2.8 中给定观测数据的条件下，式（7.2.18）与式（7.2.19）给出 X_6 的两个可能的条件概率密度函数，它们是由例 7.2.6 中给出的不同的先验分布得到不同的后验分布计算得来

小结

参数的先验分布描述了在观察到任何数据前参数的不确定性。当把似然函数看作参数的函数时，把观察数据代入，那么似然函数就是给定参数条件下数据的条件概率密度函数或条件概率函数。这个似然函数告诉我们，数据可以改变多少不确定性。似然函数大的值出现在后验概率密度函数或者后验概率函数要比先验数值大的参数值处。似然函数小的值会出现在后验要比先验数值小的这些参数值情形中。参数的后验分布就是在给定数据条件下参数的条件分布，这可以由随机变量的贝叶斯定理来得到。进而可以用全概率公式的条件形式，预测在给定 θ 条件下与已有观察数据条件独立的未来观察值。

习题

1. 重新考虑一下例 7.2.8 中的情形。这次假定试验者认为 θ 的先验分布是一个参数为 1 和 5 000 的伽马分布。试验者计算出 $P(X_6 > 3\,000 \mid \boldsymbol{x})$ 的值是什么？
2. 假定已知在一大批产品中次品的比例 θ 的值要么是 0.1，要么是 0.2，且 θ 的先验概率函数为：
$$\xi(0.1) = 0.7 \text{ 和 } \xi(0.2) = 0.3。$$
并假定当从这批产品中随机抽取 8 个产品，发现恰好有 2 个次品。试求 θ 的后验概率函数。
3. 假定一卷磁带的缺陷数目服从泊松分布，其均值 λ 的值要么为 1.0，要么为 1.5，且 λ 的先验概率函数

如下：

$$\xi(1.0)=0.4 \text{ 以及 } \xi(1.5)=0.6。$$

如果随机抽取一卷磁带，发现有三处缺陷，λ 的后验概率函数是什么？

4. 假定某个参数 θ 的先验分布是一个均值为 10 以及方差为 5 的伽马分布。试求 θ 的先验概率密度函数。
5. 假定某个参数 θ 的先验分布是一个均值为 1/3、方差为 1/45 的贝塔分布，试求 θ 的先验概率密度函数。
6. 假设一大批产品中次品的比例 θ 是未知的，且 θ 的先验分布是区间[0,1]上的均匀分布。从这批产品中随机抽取 8 个产品，发现恰好有 3 个是次品。试求 θ 的后验分布。
7. 再次考虑习题 6 中所描述的情形，只不过现在假定 θ 的先验概率密度函数为

$$\xi(\theta)=\begin{cases}2(1-\theta), & 0<\theta<1,\\ 0, & \text{其他。}\end{cases}$$

跟习题 6 的条件相同，假定在一个容量为 8 的随机样本中发现恰好有 3 个是次品。试求 θ 的后验分布。

8. 假设 $X_1,\cdots,X_n$ 来自概率密度函数为 $f(x|\theta)$ 的分布的随机样本，其中 θ 的值未知，且 θ 的先验概率密度函数为 $\xi(\theta)$。证明由式（7.2.7）直接计算得到的后验概率密度函数 $\xi(\theta|\boldsymbol{x})$ 与用式（7.2.14）、式（7.2.15）和式（7.2.16）逐步得到的是相同的。
9. 再次考虑习题 6 中的问题，假定 θ 的先验分布和习题 6 中一样，只不过现在假定，我们不从产品中随机抽取一个样本量为 8 的样本，而是进行如下试验：从这批产品中一个接着一个随机抽取产品，直到恰好发现 3 个次品终止。如果发现在这个试验中，我们必须要抽取容量为 8 的产品，那么试验结束时 θ 的后验分布是什么？
10. 假定从区间 $\left[\theta-\frac{1}{2},\theta+\frac{1}{2}\right]$ 上的均匀分布中取一个观察值 X，θ 的值未知，且 θ 的先验分布是区间 [10,20] 上的均匀分布。如果 X 的观察值是 12，则 θ 的后验分布是什么？
11. 再次考虑习题 10 中的条件，而且假定 θ 的先验分布相同。现在如果从区间 $\left[\theta-\frac{1}{2},\theta+\frac{1}{2}\right]$ 上的均匀分布中取 6 个观察值，它们的值分别为 11.0，11.5，11.7，11.1，11.4 和 10.9。试确定 θ 的后验分布。

7.3 共轭先验分布

对于每一个最流行的统计模型来说，存在一个参数的分布族，具有非常特殊的性质。如果我们在这个分布族选取先验分布，其后验分布也将在这个分布族中。这种分布族我们称为共轭分布族。从共轭族中选择先验分布通常会使计算后验分布变得特别简单。

从伯努利分布中抽样

例 7.3.1　临床试验　例 5.8.5 中，我们观察了临床试验中的患者。在所有可能的患者中，患者康复的比例 P 是一个随机变量，我们从贝塔分布族中选择了一个分布。在例 5.8.5 的最后，这个先验分布的选择使得计算在给定观测数据下 P 的条件分布变得非常简单。事实上，给定数据的 P 的条件分布在贝塔分布族中。◀

例 7.3.1 的结论在一般的情况下也是成立的，见如下定理。

定理 7.3.1　假设 $X_1,\cdots,X_n$ 来自参数 $\theta(0<\theta<1)$ 为未知的伯努利分布的随机样本。假设 θ 的先验分布是参数为 $\alpha>0$ 和 $\beta>0$ 的贝塔分布，则给定数据 $X_i=x_i(i=1,\cdots,n)$ 条件下 θ 的后验分布还是贝塔分布，参数为 $\alpha+\sum_{i=1}^{n}x_i$，$\beta+n-\sum_{i=1}^{n}x_i$。■

定理 7.3.1 只是定理 5.8.2 的重述，它的证明实质上就是例 5.8.3 中的计算。

更新后验分布 定理 7.3.1 的一个含义是：假设一批产品中次品的比例 θ 是未知的，θ 的先验分布是参数为 α 和 β 的贝塔分布，并且从该批产品中随机选取 n 个产品（每次抽取 1 个）进行检验。假设给定 θ，产品是否是次品是条件独立的。如果第一个产品是次品，θ 的后验分布将是参数为 $\alpha+1$ 和 β 的贝塔分布。如果第一个产品不是次品，则后验分布是参数为 α 和 $\beta+1$ 的贝塔分布。这个过程继续下去：每次检查一个产品时，当前 θ 的后验贝塔分布变为新的贝塔分布，其中参数 α 或参数 β 的值增加一个单位。每发现一个次品，α 值增加一个单位；每发现一个非次品，β 值增加一个单位。

定义 7.3.1 共轭族/超参数 设 $X_1,X_2,\cdots$ 在给定 θ 的条件下是条件独立同分布的，具有共同的概率函数或概率密度函数 $f(x|\theta)$。设 Ψ 为参数空间 Ω 上的一个可能的分布族。假设无论我们从 Ψ 中选择哪个先验分布 ξ，无论我们观察到多少个观测值 $\boldsymbol{X}=(X_1,\cdots,X_n)$，无论它们的观测值 $\boldsymbol{x}=(x_1,\cdots,x_n)$ 为多少，后验分布 $\xi(\theta|\boldsymbol{x})$ 都在 Ψ 中。这时，称 Ψ 为来自分布 $f(x|\theta)$ 样本的先验分布的共轭族。也称族 Ψ 在 $f(x|\theta)$ 分布的抽样下封闭。如果对 Ψ 中的分布进一步参数化，先验分布的参数称为先验超参数，后验分布的参数称为后验超参数。

定理 7.3.1 指出，对于伯努利分布的样本，贝塔分布族是先验分布的共轭族。如果 θ 的先验分布是贝塔分布，那么无论样本中的观测值如何，每次抽样后的后验分布也将是贝塔分布。同时，对于伯努利分布的抽样，贝塔分布族是封闭的。定理 7.3.1 中的参数 α 和 β 是先验超参数。后验分布的相应参数 $\alpha+\sum_{i=1}^{n}x_i$ 和 $\beta+n-\sum_{i=1}^{n}x_i$ 是后验超参数。计算后验分布需要统计量 $\sum_{i=1}^{n}X_i$，因此在根据后验分布进行任何推断时也需要这个统计量。本节习题 23 和习题 24 介绍了存在先验分布的共轭族的概率密度函数 $f(x|\theta)$ 的一般集合。这些习题涵盖了大多数名字熟悉的分布。各种形式的均匀分布是例外。

例 7.3.2 后验贝塔分布的方差 假设一批产品中次品的比例 θ 未知，θ 的先验分布是区间 $[0,1]$ 上的均匀分布，从这批产品中随机选取产品进行抽检，直到 θ 的后验分布方差减至 0.01 或更小为止。我们将确定在停止检查之前所检查的次品和非次品的总数。

如 5.8 节所说，区间 $[0,1]$ 上的均匀分布是参数为 1 和 1 的贝塔分布。因此，在得到 y 个次品和 z 个非次品后，θ 的后验分布为贝塔分布，$\alpha=y+1$，$\beta=z+1$。定理 5.8.3 表明参数为 α 和 β 的贝塔分布的方差为 $\alpha\beta/[(\alpha+\beta)^2(\alpha+\beta+1)]$。因此，$\theta$ 的后验分布的方差 V 为

$$V=\frac{(y+1)(z+1)}{(y+z+2)^2(y+z+3)}。$$

一旦次品数 y 和非次品数 z 使得 $V\leqslant 0.01$，取样即停止。可以证明（见本节习题 2）需要检查不超过 22 个产品，但至少需要检查 7 个产品。 ◀

例 7.3.3 护士使用手套 Friedland 等（1992）对市中心一所医院的 23 名护士进行了关于戴手套重要性的教育培训前后的研究。他们记录了护士在接触体液的过程中是否戴手套。在教育培训开始前，在 51 次手术中对护士进行了观察，其中只有 13 次戴手套。θ 是护士在接受教育培训两个月后戴手套的概率。我们感兴趣的是 θ 与 13/51（培训前的观察比例）的比较。

我们将考虑 θ 的两种不同的先验分布，以了解 θ 的后验分布对先验分布的选择的敏感性。第一个先验分布在是区间$[0,1]$上的均匀分布，即参数为 1 和 1 的贝塔分布。第二个先验分布是参数为 13 和 38 的贝塔分布。第二个先验分布的方差比第一个小得多，且第二个先验分布的均值为 13/51。持有第二种先验分布的人相当坚定地认为，教育培训不会有明显的效果。

教育培训两个月后，观察 56 次手术过程，其中 50 次护士戴手套。基于第一种先验分布的 θ 的后验分布是参数为 $1+50=51$ 和 $1+6=7$ 的贝塔分布。特别是 θ 的后验均值为 $51/(51+7)=0.88$，$\theta>2\times13/51$ 的后验概率基本上为 1。基于第二种先验分布的 θ 的后验分布也是参数为 $13+50=63$ 和 $38+6=44$ 的贝塔分布。后验均值为 0.59，$\theta>2\times13/51$ 的后验概率为 0.95。所以，即使对最初持怀疑态度的人来说，这个教育培训似乎也相当有效。我们有很大的把握认为护士在教育培训后戴手套的概率至少是培训前的两倍。

图 7.3 显示了上述两种后验分布的概率密度函数图像。由图可以看出，这两种后验分布显然是非常不同的。例如，第一个后验分布认为 $\theta>0.7$ 的概率大于 0.99，而第二个后验分布则认为 $\theta>0.7$ 的概率小于 0.001。然而，由于我们只对 $\theta>2\times13/51=0.5098$ 的概率感兴趣，我们看到两种后验分布都认为这个概率相当大。◀

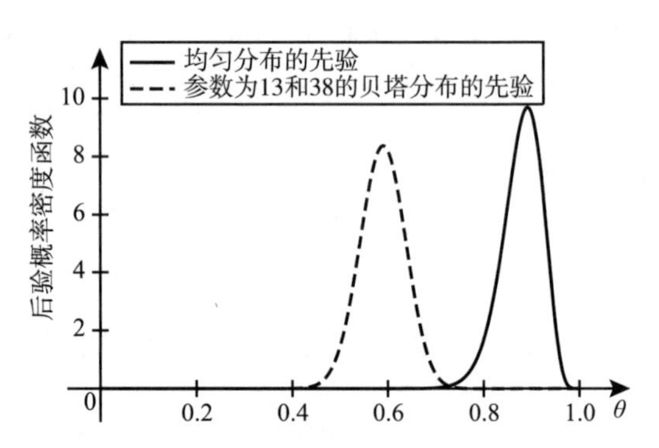

图 7.3　例 7.3.3 中的后验概率密度函数，不同的先验分布对应于不同的后验分布

从泊松分布中抽样

例 7.3.4　顾客到达　店主将顾客到达建模为一个泊松过程，其每小时的到达速率 θ 未知。她设置 θ 的先验分布为参数为 3 和 2 的伽马分布。设 X 为特定一小时内到达的顾客数。如果 $X=3$ 被观察到，店主希望更新 θ 的分布。◀

当样本来自泊松分布时，伽马分布族是其先验分布的共轭分布族。这种关系在以下定理中给出。

定理 7.3.2　假设 $X_1,\cdots,X_n$ 来自均值为 $\theta>0$ 的泊松分布的随机样本，且 θ 未知。假设 θ 的先验分布是参数为 $\alpha>0$ 和 $\beta>0$ 的伽马分布，则给定 $X_i=x_i(i=1,\cdots,n)$ 下 θ 的后验分布是参数为 $\alpha+\sum_{i=1}^{n}x_i$ 和 $\beta+n$ 的伽马分布。

证明　令 $y=\sum_{i=1}^{n}x_i$。则似然函数 $f_n(\boldsymbol{x}|\theta)$ 满足如下关系：

$$f_n(\boldsymbol{x}\mid\theta)\propto e^{-n\theta}\theta^{y}。$$

在这个关系中，我们已经把右边与 $\boldsymbol{x}$ 有关而不依赖于 θ 的因子剔除了。更进一步，θ 的先验概率密度函数为

$$\xi(\theta)\propto\theta^{\alpha-1}e^{-\beta\theta},\quad\theta>0。$$

因为后验概率密度函数 $\xi(\theta|\boldsymbol{x})$ 与 $f_n(\boldsymbol{x}|\theta)\xi(\theta)$ 成比例，于是我们有

$$\xi(\theta|\boldsymbol{x}) \propto \theta^{\alpha+y-1}\mathrm{e}^{-(\beta+n)\theta}, \quad \theta > 0。$$

这个关系的右边可以被识别是参数为 $\alpha+y$ 和 $\beta+n$ 的伽马分布的概率密度函数，除常数因子外。于是 θ 的后验分布就是定理所述的分布。 ■

定理 7.3.2 中，数 α 和 β 是先验超参数，而 $\alpha+\sum_{i=1}^{n} x_i$ 和 $\beta+n$ 是后验超参数。注意，统计量 $Y=\sum_{i=1}^{n} X_i$ 用于计算 θ 的后验分布，因此它是任何基于后验分布的统计推断的一部分。

例 7.3.5　顾客到达　例 7.3.4 中，我们可以应用定理 7.3.2，其中 $n=1$，$\alpha=3$，$\beta=2$，$x_1=3$。给定 $X=3$ 的 θ 的后验分布是参数为 6 和 3 的伽马分布。 ◀

例 7.3.6　后验伽马分布的方差　考虑均值 θ 未知的泊松分布，并假设 θ 的先验概率密度函数如下：

$$\xi(\theta)=\begin{cases}2\mathrm{e}^{-2\theta}, & \theta > 0,\\ 0, & \theta \leqslant 0。\end{cases}$$

假设从给定的泊松分布中随机选取观测值，直到 θ 的后验分布的方差减小到 0.01 或更小为止。我们将确定在取样过程停止之前必须进行的观察次数。

给定的先验概率密度函数 $\xi(\theta)$ 是先验超参数为 $\alpha=1$ 和 $\beta=2$ 的伽马分布的概率密度函数。因此，在我们得到 n 个观测值 $x_1,\cdots,x_n$ 之后，其和是 $y=\sum_{i=1}^{n} x_i$，θ 的后验分布是后验超参数为 $y+1$ 和 $n+2$ 的伽马分布。定理 5.7.5 证明了参数为 α 和 β 的伽马分布的方差为 α/β^2。因此，θ 的后验分布的方差 V 是

$$V=\frac{y+1}{(n+2)^2}。$$

一旦观测值的序列 $x_1,\cdots,x_n$ 满足 $V \leqslant 0.01$，取样立即停止。与例 7.3.2 不同的是，n 需要多大没有统一的界，因为不管 n 是什么，y 可以任意大。显然，在 $V \leqslant 0.01$ 之前，至少需要 $n=8$ 个观测值。 ◀

从正态分布中抽样

例 7.3.7　汽车尾气　再次考虑例 5.6.1 描述的汽车排放物，特别是氮氧化物的抽样。在观察数据之前，假设工程师认为每个排放测量值具有正态分布，其均值为 θ 和标准差为 0.5，但 θ 未知。工程师对 θ 的不确定性可以用另一个均值为 2.0，标准差为 1.0 的正态分布来描述。在看到图 5.1 中的数据后，这位工程师将如何描述她对 θ 的不确定性？ ◀

当样本取自均值 θ 未知但方差 σ^2 已知的正态分布时，正态分布族本身就是其先验分布的共轭族，我们有如下定理。

定理 7.3.3　*假设 $X_1,\cdots,X_n$ 来自某个正态分布的随机样本，其均值 θ 未知且方差 $\sigma^2>0$ 已知。假设 θ 的先验分布是均值为 μ_0、方差为 v_0^2 的正态分布，则给定 $X_i=x_i(i=1,\cdots,n)$ 的 θ 的后验分布是均值为 μ_1 和方差为 v_1^2 的正态分布，其中*

$$\mu_1=\frac{\sigma^2\mu_0+nv_0^2\bar{x}_n}{\sigma^2+nv_0^2} \tag{7.3.1}$$

$$v_1^2 = \frac{\sigma^2 v_0^2}{\sigma^2 + n v_0^2}。 \tag{7.3.2}$$

证明 似然函数 $f_n(\boldsymbol{x}|\theta)$ 具有如下形式

$$f_n(\boldsymbol{x} \mid \theta) \propto \exp\left[-\frac{1}{2\sigma^2} \sum_{i=1}^{n} (x_i - \theta)^2 \right]。$$

在这里，右边我们剔除了一个常数因子。配方法（见 5.6 节习题 24）告诉我们

$$\sum_{i=1}^{n} (x_i - \theta)^2 = n(\theta - \bar{x}_n)^2 + \sum_{i=1}^{n} (x_i - \bar{x}_n)^2。$$

去掉涉及 $x_1, \cdots, x_n$ 且不依赖于 θ 的因子，我们可以把 $f_n(\boldsymbol{x}|\theta)$ 重写成以下形式：

$$f_n(\boldsymbol{x} \mid \theta) \propto \exp\left[-\frac{n}{2\sigma^2} (\theta - \bar{x}_n)^2 \right]。$$

因为先验分布 $\xi(\theta)$ 具有如下形式

$$\xi(\theta) \propto \exp\left[-\frac{1}{2v_0^2} (\theta - \mu_0)^2 \right],$$

我们可以得到后验分布 $\xi(\theta|\boldsymbol{x})$ 满足如下关系

$$\xi(\theta \mid \boldsymbol{x}) \propto \exp\left\{ -\frac{1}{2} \left[\frac{n}{\sigma^2} (\theta - \bar{x}_n)^2 + \frac{1}{v_0^2} (\theta - \mu_0)^2 \right] \right\}。$$

如果 μ_1 和 v_1^2 由式（7.3.1）和式（7.3.2）给出，比较平方项，我们得到如下等式：

$$\frac{n}{\sigma^2} (\theta - \bar{x}_n)^2 + \frac{1}{v_0^2} (\theta - \mu_0)^2 = \frac{1}{v_1^2} (\theta - \mu_1)^2 + \frac{n}{\sigma^2 + n v_0^2} (\bar{x}_n - \mu_0)^2。$$

因为这个等式右边的最后一项不含 θ，所以它可以被比例因子吸收，我们得到

$$\xi(\theta \mid \boldsymbol{x}) \propto \exp\left[-\frac{1}{2v_1^2} (\theta - \mu_1)^2 \right]。$$

这个关系的右边可以被认为是均值为 μ_1 和方差为 v_1^2 的正态分布的概率密度函数，除常数因子外。因此，θ 的后验分布为定理所述分布。 ■

在定理 7.3.3 中，μ_0 和 v_0^2 是先验超参数，而 μ_1 和 v_1^2 是后验超参数。注意，统计量 $\overline{X}_n$ 用于构造后验分布，因此它将在任何基于后验分布的统计推断中发挥作用。

例 7.3.8 汽车尾气 我们可以应用定理 7.3.3 来回答例 7.3.7 末尾的问题。用定理的符号，我们有 $n = 46$，$\sigma^2 = 0.5^2 = 0.25$，$\mu_0 = 2$ 和 $v_0^2 = 1.0$。46 次测量的平均值为 $\bar{x}_n = 1.329$。θ 的后验分布是正态分布，其均值和方差由下式给出

$$\mu_1 = \frac{0.25 \times 2 + 46 \times 1 \times 1.329}{0.25 + 46 \times 1} = 1.333,$$

$$v_1^2 = \frac{0.25 \times 1}{0.25 + 46 \times 1} = 0.0054。$$ ◀

式（7.3.1）中给出的 θ 后验分布的均值 μ_1 可重写为如下形式：

$$\mu_1 = \frac{\sigma^2}{\sigma^2 + n v_0^2} \mu_0 + \frac{n v_0^2}{\sigma^2 + n v_0^2} \bar{x}_n。 \tag{7.3.3}$$

从式（7.3.3）可以看出，μ_1 是先验分布均值 μ_0 和样本均值 $\bar{x}_n$ 的加权平均值。此外，我们还可以看出，$\bar{x}_n$ 的相对权重满足以下三个性质：(1) 固定 v_0^2 和 σ^2 的值，样本量 n 越大，给 $\bar{x}_n$ 的相对权重就越大。(2) 固定 v_0^2 和 n 的值，样本中每个观测值的方差 σ^2 越大，给 $\bar{x}_n$ 的相对权重就越小。(3) 固定 σ^2 和 n 的值，先验分布的方差 v_0^2 越大，给 $\bar{x}_n$ 的相对权重就越大。

此外，从式（7.3.2）可以看出，θ 后验分布的方差 v_1^2 取决于已观测的数据量 n，但不取决于观测数据值的大小。因此，假设 n 个观测值的随机样本取自某个正态分布，其中均值 θ 未知，方差已知，且 θ 的先验分布是某特定的正态分布，则在进行任何观测之前，我们使用式（7.3.2）就可以计算后验分布方差 v_1^2 的值。然而，后验分布的均值 μ_1 将取决于样本数据。后验分布的方差仅取决于观测值的个数，这主要是因为我们假设单个观测值的方差 σ^2 已知。在 8.6 节，我们将放宽这一假设。

例 7.3.9 后验正态分布的方差 假设观测值随机取自均值为 θ 和方差为 1 的正态分布，且 θ 未知。假设 θ 的先验分布是方差为 4 的正态分布。同样地，我们一直取观测值，直到 θ 的后验分布的方差减小到 0.01 或更小为止。我们要确定在取样过程停止之前必须进行的观察次数。

由式（7.3.2）知，在取 n 个观测值后，θ 后验分布的方差 v_1^2 将为

$$v_1^2=\frac{4}{4n+1}。$$

因此，当且仅当 $n\geqslant 99.75$ 时，满足关系 $v_1^2\leqslant 0.01$。因此，在取了 100 个观测值之后将满足关系 $v_1^2\leqslant 0.01$。◀

例 7.3.10 食品标签上的卡路里含量

Allison、Heshka、Sepulveda 和 Heymsfield（1993）对 20 种国际预加工食品进行了取样，将标签上每克食品的规定卡路里含量与实验室测定的卡路里含量进行了比较。图 7.4 是观察到的实验室卡路里测量值与标签上公布的卡路里含量之间百分比差的直方图。我们假设差在给定 θ 下的分布是均值为 θ 和方差为 100 的正态分布。（在本节中，我们假设方差是已知的。在 8.6 节，我们将能够处理均值和方差都为具有联合分布的随机变量的情况。）我们假设 θ 的先验分布是均值为 0、方差为 60 的正态分布。数据 $\boldsymbol{X}$ 包括 20 个差值数据的集合，见图 7.4，其平均值为 0.125。θ 的后验分布就是正态分布，其均值为

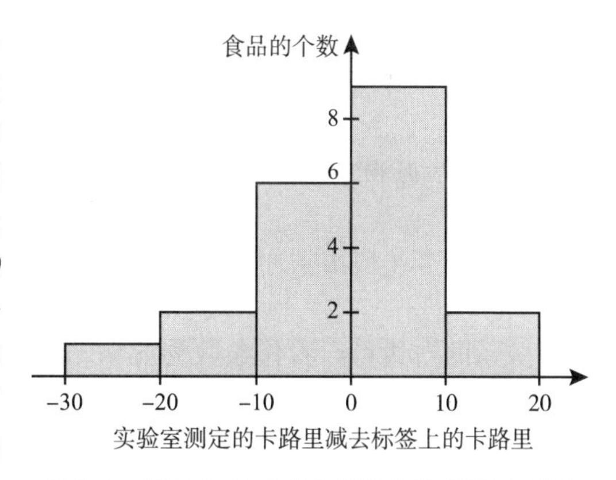

图 7.4 例 7.3.10 中的观测数据与标签上的数据的百分比差的直方图

$$\mu_1=\frac{100\times 0+20\times 60\times 0.125}{100+20\times 60}=0.1154,$$

方差为

$$v_1^2 = \frac{100 \times 60}{100 + 20 \times 60} = 4.62。$$

例如，我们感兴趣的是包装商是否系统地将食物中的热量低估了至少1%。这将对应于$\theta>1$。利用定理5.6.6，我们可以发现

$$P(\theta > 1 \mid \boldsymbol{x}) = 1 - \Phi\left(\frac{1 - 0.1154}{\sqrt{4.62}}\right) = 1 - \Phi(0.4116) = 0.3403。$$

这个概率不可忽视，但不是压倒性的，即包装商有可能在标签上故意削减食物中卡路里含量达百分之一或更多。◀

从指数分布中抽样

例 7.3.11　电子元件的寿命　例7.2.1中，假设我们观察三个电子元件的寿命，$X_1=3$，$X_2=1.5$和$X_3=2.1$。它们被建模为给定参数θ下的独立同分布的指数分布的随机变量。θ的先验分布是参数为1和2的伽马分布。给定这些观察到的寿命数据，θ的后验分布是什么？◀

当从参数θ值未知的指数分布中抽样时，伽马分布族为先验分布的共轭分布族，如下面定理所述。

定理 7.3.4　*假设$X_1,\cdots,X_n$来自指数分布的随机样本，参数$\theta>0$未知。假设θ的先验分布是参数为$\alpha>0$和$\beta>0$的伽马分布，则给定$X_i=x_i(i=1,\cdots,n)$下θ的后验分布是参数为$\alpha+n$和$\beta+\sum_{i=1}^{n} x_i$的伽马分布。*

证明　令$y=\sum_{i=1}^{n} x_i$，则似然函数$f_n(\boldsymbol{x}|\theta)$为

$$f_n(\boldsymbol{x} \mid \theta) = \theta^n e^{-\theta y}。$$

同时，θ的先验概率密度函数$\xi(\theta)$为

$$\xi(\theta) \propto \theta^{\alpha-1} e^{-\beta\theta},\quad \theta>0。$$

于是可得，后验概率密度函数$\xi(\theta|\boldsymbol{x})$有如下形式

$$\xi(\theta \mid \boldsymbol{x}) \propto \theta^{\alpha+n-1} e^{-(\beta+y)\theta},\quad \theta>0。$$

这个关系的右边可以看作参数为$\alpha+n$和$\beta+y$的伽马分布的概率密度函数，除常数因子外。于是θ的后验分布就是定理所述的分布。■

定理7.3.4中θ的后验分布依赖于统计量$Y=\sum_{i=1}^{n} X_i$的观测值，因此，基于后验分布的关于θ的每一个推断都依赖于Y的观测值。

例 7.3.12　电子元件的寿命　例7.3.11中，我们可以应用定理7.3.4来找到后验分布。我们采用这个定理及其证明的符号，有$n=3$，$\alpha=1$，$\beta=2$和

$$y = \sum_{i=1}^{n} x_i = 3 + 1.5 + 2.1 = 6.6。$$

θ的后验分布是参数为$\alpha=1+3=4$，$\beta=2+6.6=8.6$的伽马分布。◀

读者应注意，定理7.3.4将大大缩短例7.2.6中后验分布的推导。

非正常先验分布

7.2 节里，我们提到非正常先验分布是一种权宜之计，它试图捕捉这样的想法，即数据中提供的信息比我们先验分布中已经被捕捉到的信息多得多。在这一节中，我们看到的每一个共轭分布族都有一个非正常先验分布作为限制条件。

例 7.3.13 临床试验 我们在这里所说明的内容将适用于所有数据来自参数为 θ（给定 θ）的伯努利分布的条件独立同分布的样本的例子。考虑例 2.1.4 中丙咪嗪组的受试者。在前面的例子中，所有可能服用丙咪嗪的患者中治疗成功的比例被称为 P，但这次我们称之为 θ，与本章的一般符号是一致的。假设 θ 服从参数为 α 和 β 的贝塔分布，一般共轭先验。丙咪嗪组有 $n=40$ 位患者，其中 22 位治疗成功。由定理 7.3.1 可知，θ 的后验分布是参数为 $\alpha+22$ 和 $\beta+18$ 的贝塔分布。后验分布的均值为 $(\alpha+22)/(\alpha+\beta+40)$。如果 α 和 β 较小，则后验均值接近 22/40，这是观察到的成功比例。事实上，如果 $\alpha=\beta=0$，不符合真实的贝塔分布，于是后验均值正好是 22/40。我们来看看当 α 和 β 接近 0 时会发生什么。贝塔分布的概率密度函数（忽略常数因子）是 $\theta^{\alpha-1}(1-\theta)^{\beta-1}$。我们令 $\alpha=\beta=0$，并假设 $\xi(\theta)\propto\theta^{-1}(1-\theta)^{-1}$ 是 θ 的先验概率密度函数。似然函数为 $f_{40}(\boldsymbol{x}\mid\theta)=\binom{40}{22}\theta^{22}(1-\theta)^{18}$。我们忽略常数因子 $\binom{40}{22}$，得到

$$\xi(\theta\mid\boldsymbol{x})\propto\theta^{21}(1-\theta)^{17},\quad 0<\theta<1。$$

这很容易被认为与参数为 22 和 18 的贝塔分布的概率密度函数相同，除了常数因子。因此，如果我们使用先验超参数为 0 和 0 的非正常先验“贝塔分布”，我们得到 θ 的贝塔后验分布，后验超参数为 22 和 18。注意到定理 7.3.1 给出了正常后验分布，即使在这种不适当的先验情况下也是如此。图 7.5 将此处计算的后验贝塔分布的概率密度函数添加到图 2.4 中，图 2.4 描绘了两个不同离散先验分布的后验概率。这三个后验概率都很接近。◀

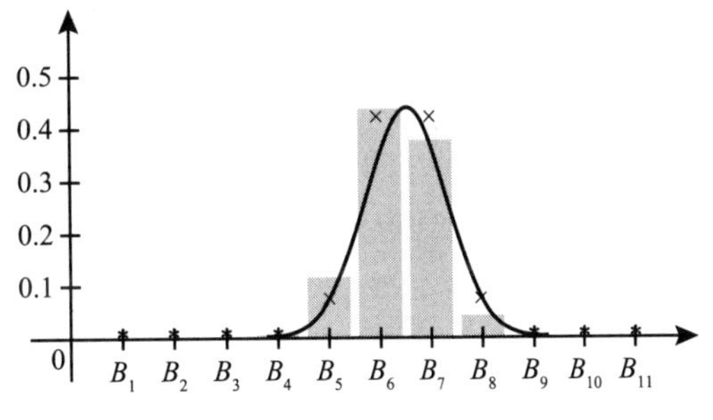

图 7.5 例 2.3.7（×）、例 2.3.8（柱状）得到的后验概率和例 7.3.13（实线）得到的后验概率密度函数

定义 7.3.2 非正常先验 设 ξ 是一个非负函数，其定义域包含了统计模型的整个参数空间，满足 $\int\xi(\theta)\mathrm{d}\theta=\infty$。如果我们假设 $\xi(\theta)$ 是 θ 的先验概率密度函数，则我们对 θ 使用非正常先验。

定义 7.3.2 对于在特定应用中确定使用的非正常先验没有多大用处。选择非正常先验的方法有很多，它们都能导致相似的后验分布，因此选择哪一个并不重要。选择非正常先验的最直接方法是从共轭先验分布族（如果存在）开始。在大多数情况下，如果仔细选择共轭族的参数（先验超参数），则后验超参数将分别等于对应的先验超参数加上一个统计

量。于是人们可以在先验概率密度函数的公式中，每个先验超参数用 0 替换，这通常会产生满足定义 7.3.2 的函数。例 7.3.13 中，每个后验超参数等于相应的先验超参数加上某些统计量，我们用 0 替换了两个先验超参数，得到非正常先验。这里还有更多的例子。如果选择的共轭先验“不方便”参数化，则需要修改刚才的方法，如下面的例 7.3.15。

例 7.3.14　普鲁士士兵的死亡　Bortkiewicz（1898）统计了连续 20 年 14 个军队中每年死于马蹄下的人数（19 世纪比现在更严重），共 280 个数据。280 个数据有以下值：144 个 0，91 个 1，32 个 2，11 个 3，2 个 4。在任何一年中，没有任何一个军队遭受过超过四次的骑马死亡。（这些数据由 Winsor 于 1947 年报告和分析。）假设我们将 280 个计数数据建模为均值为 θ（以 θ 为条件）的泊松分布的随机变量 $X_1,\cdots,X_{280}$，共轭先验是先验超参数为 α 和 β 的伽马分布族。定理 7.3.2 指出 θ 的后验分布是后验超参数为$\alpha+196$ 和 $\beta+280$ 的伽马分布，因为 280 个计数数据之和等于 196。除非 α 或 β 很大，否则后验伽马分布与后验超参数为 196 和 280 的伽马分布几乎相同。

这种后验分布似乎是先验超参数为 0 和 0 的共轭先验的结果。忽略常数因子，参数为 α 和 β 的伽马分布的概率密度函数为 $\theta^{\alpha-1}e^{-\beta\theta}$，$\theta>0$。如果我们取 $\alpha=0$ 和 $\beta=0$，我们得到了 $\theta>0$ 时的非正常先验“概率密度函数” $\xi(\theta)=\theta^{-1}$。假如这是一个真的先验概率密度函数，我们应用随机变量的贝叶斯定理（定理 3.6.4）就会有

$$\xi(\theta\mid \boldsymbol{x}) \propto \theta^{195}e^{-280\theta},\quad \theta>0。$$

这很容易被认为是参数为 196 和 280 的伽马分布的概率密度函数，除了常数因子。本例中的结果适用于我们使用泊松分布建模数据的所有情况。先验超参数为 0 和 0 的非正常“伽马分布”可用于定理 7.3.2，其结论仍然成立。◀

例 7.3.15　滚珠轴承的失效时间　假设我们把例 5.6.9 中的 23 个滚珠轴承对数失效时间建模为均值为 θ 和方差为 0.25 的正态随机变量 $X_1,\cdots,X_{23}$。θ 的共轭先验分布是均值为 μ_0、方差为 v_0^2 的正态分布。23 个对数失效时间的平均值为 4.15，所以 θ 的后验分布是均值为 μ_1、方差为 v_1^2 的正态分布，其中 $\mu_1=(0.25\mu_0+23\times4.15v_0^2)/(0.25+23v_0^2)$，$v_1^2=(0.25v_0^2)/(0.25+23v_0^2)$。如果我们在 μ_1 和 v_1^2 的公式中令 $v_0^2\to\infty$，我们得到 $\mu_1\to4.15$ 和 $v_1^2\to0.25/23$。θ 的先验分布有无穷的方差，就好像说 θ 等可能落在实数轴上的任何地方。同样的情况会发生在我们把数据 $X_1,\cdots,X_n$ 建模为均值为 θ（以 θ 为条件）、方差为 σ^2（已知）的正态分布的随机样本的每个例子中。如果我们采用一个非正常“正态分布”先验，其方差为∞(先验均值不重要)，则根据定理 7.3.3 中的计算，我们可以得到一个后验分布，即均值为 $\bar{x}_n$ 和方差为 σ^2/n 的正态分布。在这种情况下，非正常先验“概率密度函数” $\xi(\theta)$等于常数。

如果我们采用了以下“更方便”的超参数描述共轭先验分布，这个例子可以看成定义 7.3.2 之后描述的方法的应用：方差的倒数（即 $u_0=1/v_0^2$）和均值除以方差（即 $t_0=\mu_0/v_0^2$）。用这些超参数，后验分布的参数为：后验方差的倒数（即 $u_1=u_0+n/0.25$），后验均值除以后验方差（即 $t_1=\mu_1/v_1^2=t_0+23\times4.15/0.25$）。$u_1$ 和 t_1 都具有对应的先验超参数加上某个统计量的形式。当 $u_0=t_0=0$ 时，非正常先验 $\xi(\theta)$ 也等于常数。◀

其他抽样模型也存在非正常先验。读者可以验证（本节习题 21），当数据来自指数分布的随机样本时，参数为 0 和 0 的“伽马分布”的结果与例 7.3.14 中的结果相似。本节习题 23

和习题24引入了概率密度函数为$f(x|\theta)$的一般集合，我们很容易构造出非正常先验。

对于观测数据包含的信息比我们先验分布中体现的信息要多得多的情况，我们引入了非正常先验，它暗含了我们假设数据是相当有信息量的。当数据不包含太多信息时，非正常先验可能非常不合适。

例7.3.16 非常稀有事件 例5.4.7中，我们讨论了一种饮用水污染物，称为隐孢子虫，通常以非常低的浓度出现。假设水务局将供水中的隐孢子虫卵囊建模为泊松过程，其速率为θ个卵囊/升。他们决定取样25升的水来了解θ。假设他们采用了非正常伽马先验，“概率密度函数”为θ^{-1}。（这与例7.3.14中采用的非正常先验相同。）如果这25升水的样本不包含卵囊，则θ的后验分布是参数为0和5的伽马分布，这不是一个真实的分布。无论取样多少升水，在至少观察到一个卵囊之前，后验分布都不是真实的分布。在对稀有事件进行抽样时，人们可能会被迫以正常先验分布的形式量化先验信息，以便能够进行基于后验分布的推断。 ◀

小结

对于这几个给定参数的数据的不同统计模型，每一个都能找到参数先验的共轭分布族。这些族具有这样的性质：如果先验分布是从共轭分布族中选择的，则后验分布也在共轭分布族中。对于与伯努利相关的分布（如二项分布、几何分布和负二项分布）的数据，成功概率参数的共轭分布族是贝塔分布族。对于与泊松过程相关的分布（如泊松分布、伽马分布（第一参数已知）和指数分布）的数据，速率参数的共轭分布族是伽马分布族。对于具有已知方差的正态分布的数据，均值的共轭分布族是正态分布族。

我们还描述了使用非正常先验。非正常先验不是真正的概率分布，但是如果我们假装它们是“概率分布”，我们还是可以计算后验分布，将采用适当的极端先验超参数的共轭先验获得近似后验分布。

习题

1. 再次考虑例7.3.10中描述的情况。我们假设θ的先验分布是均值为0的正态分布，但先验方差为$v^2>0$。如果θ的后验均值是0.12，那么v^2的值是多少？
2. 在例7.3.2中，证明：在选择22个产品后，$V\leqslant 0.01$；并证明：$V>0.01$，直到至少选择了7个产品为止。
3. 假设大批量产品中次品的比例θ未知，θ的先验分布是参数为2和200的贝塔分布。如果从这一批产品中随机选择100个产品，发现其中有3个次品，θ的后验分布是什么？
4. 再次考虑习题3的条件。假设某个统计学家观察到随机选择的100个产品中有3个次品后，她分配给θ的后验分布是均值为2/51、方差为$98/(51^2\times103)$的贝塔分布。统计学家给θ分配了什么先验分布？
5. 假设一卷1 200英尺长的磁带中的缺陷数具有泊松分布，其均值θ未知，θ的先验分布是参数为$\alpha=3$和$\beta=1$的伽马分布。当随机选取五卷磁带进行检查时，发现的缺陷数为2，2，6，0，3。确定θ的后验分布。
6. θ表示某种磁带每100英尺的平均缺陷数。假设θ的值是未知的，θ的先验分布是参数为$\alpha=2$和$\beta=10$的伽马分布。当一卷1 200英尺长的磁带被检查时，正好发现四处缺陷。确定θ的后验分布。
7. 假设某人群中每个人的身高为某个正态分布，其均值θ未知，标准差为2英寸。还假设θ的先验分布是均值为68英寸、标准差为1英寸的正态分布。如果从人群中随机抽取10人，发现他们的平均身高为69.5英寸，那么θ的后验分布是什么？

8. 再次考虑习题7中描述的问题。
   a. 哪个1英寸长的区间包含θ值的先验概率最高？
   b. 哪个1英寸长的区间包含θ值的后验概率最高？
   c. 求出a和b部分中的概率值。
9. 假设20个观测值的随机样本取自某个正态分布，其均值θ未知，方差为1。观测样本值后，发现$\overline{X}_n=10$，θ的后验分布是均值为8、方差为1/25的正态分布。θ的先验分布是什么？
10. 假设随机样本取自某个均值θ未知且标准差为2的正态分布，且θ的先验分布为标准差为1的正态分布。为了将θ后验分布的标准差减小到0.1，样本中最少必须包含多少观测值？
11. 假设从某个均值θ未知、标准差为2的正态分布中随机抽取100个观测值，θ的先验分布为正态分布。证明无论先验分布的标准差有多大，后验分布的标准差都小于1/5。
12. 假设在某个设施服务顾客所需的时间（以分钟为单位）是参数θ未知的指数分布，θ的先验分布是伽马分布，其均值为0.2，标准差为1。如果随机抽取20名顾客，平均服务时间为3.8分钟，θ的后验分布是什么？
13. 对于均值$\mu\neq 0$且标准差$\sigma>0$的分布，分布的变异系数定义为$\sigma/|\mu|$。再次考虑习题12中描述的问题，假设θ的先验伽马分布的变异系数为2。为了将后验分布的变异系数降低到0.1，必须观察的最少顾客数是多少？
14. 证明：对于参数r已知、p未知（$0<p<1$）的负二项分布样本，贝塔分布族是先验分布的共轭分布族。
15. 给定常数$\alpha>0$和$\beta>0$，设$\xi(\theta)$为如下定义的概率密度函数：

$$\xi(\theta)=\begin{cases}\dfrac{\beta^{\alpha}}{\Gamma(\alpha)}\theta^{-(\alpha+1)}\mathrm{e}^{-\beta/\theta}, & \theta>0,\\ 0, & \theta\leqslant 0。\end{cases}$$

   具有这种概率密度函数的分布我们称为逆伽马分布。

   a. 通过$\int_0^{\infty}\xi(\theta)\,\mathrm{d}\theta=1$，证明$\xi(\theta)$确实为概率密度函数。
   b. 考虑所有可能的常数$\alpha>0$和$\beta>0$的$\xi(\theta)$所组成的概率分布族。对于来自均值μ已知、方差θ未知的正态分布的样本，证明该分布族是先验分布的共轭分布族。
16. 假设在习题15中，参数为正态分布的标准差，而不是方差。试确定来自均值μ已知和标准差σ未知的正态分布的样本的共轭先验分布族。
17. 假设一个人每天早上等公共汽车的分钟数为区间$[0,\theta]$上的均匀分布，其中端点θ的值未知。还假设θ的先验概率密度函数如下：

$$\xi(\theta)=\begin{cases}\dfrac{192}{\theta^4}, & \theta\geqslant 4,\\ 0, & \text{其他。}\end{cases}$$

   如果连续三个早晨观察到的等待时间是5，3和8分钟，那么θ的后验概率密度函数是多少？
18. 参数为x_0和α（$x_0>0$和$\alpha>0$）的帕累托分布在5.7节的习题16中定义。证明：帕累托分布族是区间$[0,\theta]$上均匀分布样本的先验分布的共轭分布族，其中端点θ的值是未知的。
19. 假设$X_1,\cdots,X_n$是从某分布中抽出的随机样本，这个分布的概率密度函数$f(x|\theta)$如下：

$$f(x\mid\theta)=\begin{cases}\theta x^{\theta-1}, & 0<x<1,\\ 0, & \text{其他。}\end{cases}$$

   假设参数θ的值是未知的（$\theta>0$），θ的先验分布是参数为α和β的伽马分布（$\alpha>0$和$\beta>0$）。试确定θ

后验分布的均值和方差。

20. 假设我们将电子元件的寿命（以月为单位）建模为参数为β的独立指数随机变量，参数β未知。设β的先验分布是参数为a和b的伽马分布。我们认为，在我们看到任何数据之前，平均寿命是4个月。如果我们观察到10个电子元件的寿命数据，其平均值为6个月，那么我们会声称平均寿命为5个月。确定a和b。提示：用5.7节习题21。

21. 假设$X_1,\cdots,X_n$是来自参数为θ的指数分布的随机样本。设θ的非正常先验分布的“概率密度函数”为$1/\theta$，$\theta>0$。求出θ的后验分布，证明：θ的后验均值为$1/\bar{x}_n$。

22. 考虑例7.3.10中的数据。现在假设我们采用了非正常先验的“概率密度函数”$\xi(\theta)=1$（对于所有θ）。求θ的后验分布和$\theta>1$的后验概率。

23. 考虑概率密度函数或概率函数为$f(x|\theta)$的分布，其中θ属于某个参数空间Ω。我们称指数分布族或Koopman-Darmois分布族，对所有有$\theta\in\Omega$和x，如果$f(x|\theta)$可以写成如下形式：

$$f(x\mid\theta)=a(\theta)b(x)\exp[c(\theta)d(x)]。$$

这里$a(\theta)$和$c(\theta)$是θ的任意函数，$b(x)$和$d(x)$是x的任意函数。令

$$H=\left\{(\alpha,\beta):\int_{\Omega}a(\theta)^{\alpha}\exp[c(\theta)\beta]\mathrm{d}\theta<\infty\right\}。$$

对每个$(\alpha,\beta)\in H$，令

$$\xi_{\alpha,\beta}(\theta)=\frac{a(\theta)^{\alpha}\exp[c(\theta)\beta]}{\int_{\Omega}a(\eta)^{\alpha}\exp[c(\eta)\beta]\mathrm{d}\eta},$$

令Ψ为所有概率密度函数形如$\xi_{\alpha,\beta}(\theta),(\alpha,\beta)\in H$的概率分布的集合。

a. 证明：Ψ是$f(x|\theta)$样本的先验分布的共轭分布族。

b. 假设我们从概率密度函数为$f(x|\theta)$的分布中观察到容量为n的随机样本。如果θ的先验概率密度函数是ξ_{α_0,β_0}，证明：后验超参数是

$$\alpha_1=\alpha_0+n,\beta_1=\beta_0+\sum_{i=1}^{n}d(x_i)。$$

24. 如习题23中所定义的，证明下面每个分布族都是指数分布族：

a. 参数p未知的伯努利分布族；

b. 均值未知的泊松分布族；

c. 负二项分布族，其中r已知，p未知；

d. 均值未知、方差已知的正态分布族；

e. 方差未知、均值已知的正态分布族；

f. α未知、β已知的伽马分布族；

g. α已知、β未知的伽马分布族；

h. α未知、β已知的贝塔分布族；

i. α已知、β未知的贝塔分布族。

25. 证明：区间$[0,\theta]$($\theta>0$)上的均匀分布族不是习题23中定义的指数分布族。提示：看每个均匀分布的支撑。

26. 证明：在整数集$\{0,1,\cdots,\theta\}$（θ为非负整数）上的离散均匀分布族不是习题23中定义的指数分布族。

7.4 贝叶斯估计量

一个参数的估计量是数据的某一个函数，我们希望它接近参数的真值。贝叶斯估计量是使其与参数之间接近程度的某些度量（例如均方误差或者绝对误差）的后验均值最小的估计量。

估计问题的本质

例 7.4.1　食品标签上的卡路里含量　例 7.3.10 中，我们求 θ 的后验分布，θ 即实际测量的卡路里和广告标签上的卡路里计数之间百分比差的均值。消费者群体可能希望公布某个单个值来估计 θ，而不是明确指定 θ 的整个分布。如何选择这样的单个数字的估计是本节的主题。◀

定义 7.4.1　估计量/估计值　*设 $X_1,\cdots,X_n$ 是可观测数据，其联合分布由一个参数 θ 决定，这个参数 θ 在某个实数轴的子集 Ω 中取值。参数 θ 的估计量是实值函数 $\delta(X_1,\cdots,X_n)$。如果观测到 $X_1=x_1,\cdots,X_n=x_n$，则 $\delta(x_1,\cdots,x_n)$ 称为 θ 的估计值。*

注意，每个估计量本质上都是数据的函数，是一个统计量，见定义 7.1.4。

由于 θ 的值必须属于集合 Ω，要求估计量 $\delta(X_1,\cdots,X_n)$ 的每个可能取值都必须属于 Ω 是合理的。不过，我们不需要这种限制。如果一个估计量可以在参数空间之外取值，试验者需要在具体的问题中确定这是否合适。结果可能是，每一个只在 Ω 内部取值的估计量可能存在其他不好的性质。

定义 7.4.1 中，我们要区分估计量和估计值这两个概念。因为估计量 $\delta(X_1,\cdots,X_n)$ 是随机变量 $X_1,\cdots,X_n$ 的一个函数，估计量本身是一个随机变量，而且它的概率分布可以由 $X_1,\cdots,X_n$ 的联合分布来得到。另一方面，估计值是通过把具体的观察值 $x_1,\cdots,x_n$ 代入估计量所得到的具体的值 $\delta(x_1,\cdots,x_n)$。如果我们采用向量符号 $\boldsymbol{X}=(X_1,\cdots,X_n)$ 和 $\boldsymbol{x}=(x_1,\cdots,x_n)$，则估计量是随机向量 $\boldsymbol{X}$ 的一个函数 $\delta(\boldsymbol{X})$，而估计值就是具体的值 $\delta(\boldsymbol{x})$。为了简便，我们通常将符号 $\delta(\boldsymbol{X})$ 简记为 δ。

损失函数

例 7.4.2　食品标签上的卡路里含量　例 7.4.1 中，消费者群体可能会觉得，他们的估计值 $\delta(\boldsymbol{x})$ 离真实平均差 θ 越远，他们将遇到更多的尴尬和可能的法律诉讼。理想情况下，他们希望将负面影响量化为 θ 和估计值 $\delta(\boldsymbol{x})$ 的函数。于是，他们可能想知道，由于他们的估计，他们将遇到不同程度的麻烦的可能性为多大。◀

对于好的估计量 δ 的最主要的要求就是，它产生的估计 θ 要接近于 θ 的真实值。换句话说，一个好的估计量要求误差 $\delta(\boldsymbol{X})-\theta$ 接近于 0 的概率相当大。我们假定对 $\theta\in\Omega$ 的每个可能取值和每个可能的估计值 a，当参数的真值为 θ，估计值是 a 时，用一个数 $L(\theta,a)$ 来度量统计学家的损失或成本。特别地，当 a 和 θ 相差越大，$L(\theta,a)$ 的值就越大。

定义 7.4.2　损失函数　*损失函数是二元实值函数 $L(\theta,a)$，其中 $\theta\in\Omega$ 和 a 是实数。解释是，如果参数等于 θ，估计值等于 a，统计学家的损失是 $L(\theta,a)$。*

和前面一样，令 $\xi(\theta)$ 表示集合 Ω 上的先验概率密度函数，我们考虑这样一个问题，统计学家必须在没有观察到随机样本的值的条件下来估计 θ 的值。如果统计学家选用一个特定的估计值 a，那么她的期望损失将为：

$$E[L(\theta,a)]=\int_{\Omega}L(\theta,a)\xi(\theta)\mathrm{d}\theta。\tag{7.4.1}$$

我们假定统计学家希望选取的估计值 a 使得上述式（7.4.1）中的期望损失达到最小。

贝叶斯估计量的定义

假设统计学家在估计 θ 前就观察到随机向量 $\boldsymbol{X}$ 的值 $\boldsymbol{x}$，并且令 $\xi(\theta|\boldsymbol{x})$ 表示 θ 在集合 Ω 上的后验概率密度函数。(离散参数的情况可用类似方式处理。) 对于统计学家可能用的每一个估计值 a，她在这一情形下的期望损失为

$$E[L(\theta,a)|\boldsymbol{x}]=\int_{\Omega}L(\theta,a)\xi(\theta|\boldsymbol{x})\mathrm{d}\theta。\tag{7.4.2}$$

因此，统计学家应该要选取一个估计值 a，使式（7.4.2）中的期望达到最小。

对于随机向量 $\boldsymbol{X}$ 的每一个可能值 $\boldsymbol{x}$，令 $\delta^*(\boldsymbol{x})$ 表示使式（7.4.2）中的期望损失达到最小的那个估计值 a，那么用来确定具体值的这一函数 $\delta^*(\boldsymbol{X})$ 就是 θ 的一个估计量。

定义 7.4.3　贝叶斯估计量/估计值　设 $L(\theta,a)$ 为损失函数。对于 $\boldsymbol{X}$ 的每个可能值 $\boldsymbol{x}$，设 $\delta^*(\boldsymbol{x})$ 为 a 的值，使得 $E[L(\theta,a)|\boldsymbol{x}]$ 最小化。δ^* 被称为 θ 的贝叶斯估计量。一旦 $\boldsymbol{X}=\boldsymbol{x}$ 被观测到，则 $\delta^*(\boldsymbol{x})$ 被称为 θ 的贝叶斯估计值。

换一种方式描述贝叶斯估计量 δ^*，对于 $\boldsymbol{X}$ 的每个可能取值 $\boldsymbol{x}$，它的贝叶斯估计值 $\delta^*(\boldsymbol{x})$ 由下式确定：

$$E[L(\theta,\delta^*(\boldsymbol{x}))|\boldsymbol{x}]=\min_{\text{所有}a}E[L(\theta,a)|\boldsymbol{x}]。\tag{7.4.3}$$

综上，我们已经考虑了一个随机样本 $\boldsymbol{X}=(X_1,\cdots,X_n)$ 来自参数为 θ 的某个分布的估计问题，其中 θ 属于某个指定集合 Ω，但其值未知。对于每个给定的损失函数 $L(\theta,a)$ 和先验概率密度函数 $\xi(\theta)$，θ 的贝叶斯估计量就是对每个 $\boldsymbol{X}$ 的可能取值 $\boldsymbol{x}$ 都满足式（7.4.3）的估计量 $\delta^*(\boldsymbol{X})$。应该强调的是，贝叶斯估计量的形式将取决于问题中使用的损失函数和指定的 θ 的先验分布。在本书所描述的问题中，贝叶斯估计量都是存在的。然而，还有更复杂的情况，没有满足式（7.4.3）的函数 δ^*。

不同的损失函数

到目前为止，估计问题中最常用的损失函数是平方误差损失函数。

定义 7.4.4　平方误差损失函数　损失函数

$$L(\theta,a)=(\theta-a)^2\tag{7.4.4}$$

被称为平方误差损失函数。

在使用平方误差损失函数时，每一个观察值 $\boldsymbol{x}$ 的贝叶斯估计值 $\delta^*(\boldsymbol{x})$ 就是使得期望 $E[(\theta-a)^2|\boldsymbol{x}]$ 最小的 a 的值。定理 4.7.3 指出，在利用 θ 的后验分布计算 $(\theta-a)^2$ 的期望时，当 a 的值等于后验分布的均值 $E(\theta|\boldsymbol{x})$ 时这个期望将达到最小，如果这个后验均值是有限的话。如果 θ 的后验均值是无限的，则对于每个可能的估计值 a，期望损失都是无限大的。于是，由定理 4.7.3 我们有如下推论：

推论 7.4.1　设 θ 为实值参数。假设我们使用平方误差损失函数（7.4.4），且 θ 的后验均值 $E(\theta|\boldsymbol{X})$ 是有限的，则 θ 的贝叶斯估计量是 $\delta^*(\boldsymbol{X})=E(\theta|\boldsymbol{X})$。■

例 7.4.3　估计伯努利分布的参数　设随机样本 $X_1,\cdots,X_n$ 来自参数 θ 未知的伯努利分布，我们要估计 θ。设 θ 的先验分布是给定参数为 α 和 β（$\alpha>0$，$\beta>0$）的贝塔分布。我们使用式（7.4.4）中所定义的平方误差损失函数，这里 $0<\theta<1$ 且 $0<a<1$。我们要求出 θ 的

贝叶斯估计量。

对于观察值 $x_1,\cdots,x_n$，令 $y=\sum_{i=1}^{n} x_i$，由定理7.3.1可知 θ 的后验分布是参数为 $\alpha_1=\alpha+y$ 和 $\beta_1=\beta+n-y$ 的贝塔分布。因为参数为 α_1 和 β_1 的贝塔分布的均值为 $\alpha_1/(\alpha_1+\beta_1)$，而这个 θ 的后验分布的均值为 $(\alpha+y)/(\alpha+\beta+n)$，故对每个观察值向量 $\boldsymbol{x}$，贝叶斯估计值 $\delta(\boldsymbol{x})$ 就等于这个值。因此，贝叶斯估计量 $\delta^*(\boldsymbol{X})$ 具有如下形式：

$$\delta^*(\boldsymbol{X})=\frac{\alpha+\sum_{i=1}^{n} X_i}{\alpha+\beta+n}。\tag{7.4.5}$$

◀

例7.4.4　估计正态分布的均值　设 $X_1,\cdots,X_n$ 是来自均值 θ 未知、方差 σ^2 已知的正态分布的随机样本。假定 θ 的先验分布是给定均值 μ_0 和方差 v_0^2 的正态分布。最后假设用式（7.4.4）中定义的平方误差损失函数（其中 $-\infty<\theta<\infty,-\infty<a<\infty$），我们来确定 θ 的贝叶斯估计量。

由定理7.3.3可知对所有的观察值 $x_1,\cdots,x_n$，θ 的后验分布是正态分布，均值 μ_1 由式（7.3.1）确定。于是，贝叶斯估计量 $\delta^*(\boldsymbol{X})$ 具有如下形式：

$$\delta^*(\boldsymbol{X})=\frac{\sigma^2\mu_0+nv_0^2\overline{X}_n}{\sigma^2+nv_0^2},\tag{7.4.6}$$

计算过程中并没有用到后验方差。◀

在估计问题中另一常用的损失函数就是绝对误差损失函数。

定义7.4.5　绝对误差损失函数　损失函数

$$L(\theta,a)=|\theta-a|\tag{7.4.7}$$

被称为绝对误差损失。

对于每个观测值 $\boldsymbol{x}$，贝叶斯估计值 $\delta^*(\boldsymbol{x})$ 是使得期望 $E(|\theta-a||\boldsymbol{x})$ 达到最小的 a 的值。定理4.5.3表明，对于每个给定的 θ 的概率分布，当 a 等于 θ 分布的中位数时，$|\theta-a|$ 的期望值达到最小。因此在利用 θ 的后验分布计算 $|\theta-a|$ 的期望值时，我们选择 a 等于 θ 的后验分布的中位数，才能使得这个期望达到最小。

推论7.4.2　当我们使用绝对误差损失函数（7.4.7）时，实值参数 θ 的贝叶斯估计量 $\delta^*(\boldsymbol{X})$ 等于 θ 的后验分布的中位数。■

我们现在再次考虑例7.4.3和例7.4.4，但这次我们要使用绝对误差损失函数而不是平方误差损失函数。

例7.4.5　估计伯努利分布的参数　再次考虑例7.4.3的情况，但现在我们采用式（7.4.7）的绝对误差损失函数。对所有的观察值 $x_1,\cdots,x_n$，θ 的后验分布是参数为 $\alpha+y$ 与 $\beta+n-y$ 的贝塔分布，贝叶斯估计值 $\delta^*(\boldsymbol{x})$ 等于这个贝塔分布的中位数。这里没有关于这个中位数的简单表达式，必须通过每个给定观察值的集合的数值近似来确定。大多数的计算机统计软件都可以计算出任意贝塔分布的中位数。◀

例7.4.6　估计正态分布的均值　再次考虑例7.4.4中的条件，但现在假定我们采用式（7.4.7）所指定的绝对误差损失函数。对所有观察值 $x_1,\cdots,x_n$，贝叶斯估计值，$\delta^*(\boldsymbol{x})$

等于 θ 后验正态分布的中位数。然而，既然每个正态分布的均值和中位数都相等，$\delta^*(\boldsymbol{x})$ 等于后验分布的均值。因此利用绝对误差损失函数得到的贝叶斯估计量和利用平均误差损失函数得到的贝叶斯估计量是相同的，由式（7.4.6）给出。◀

其他损失函数　尽管平方误差损失函数和绝对误差损失函数（使用范围要小一些）都在估计问题中最普遍的应用，这两个损失函数还是有可能在某个特定问题中都不适用。在这些问题中，可能要采用形如 $L(\theta,a)=|\theta-a|^k$ 的损失函数，其中 k 是除了 1 或 2 的某个正数。在其他问题中，当误差 $|\theta-a|$ 有一个指定的量时，损失的结果就有可能依赖于 θ 的实际值。在这样的问题中，就适合采用形如 $L(\theta,a)=\lambda(\theta)(\theta-a)^2$ 或者 $L(\theta,a)=\lambda(\theta)|\theta-a|$ 的损失函数，其中 $\lambda(\theta)$ 是 θ 的给定的一个正函数。在另外一些问题中，对 θ 高估超过某一定量比低估 θ 超过同样量的损失要更大一些。一个能够反映这个性质的特别的损失函数如下：

$$L(\theta,a)=\begin{cases}3(\theta-a)^2, & \theta\leqslant a,\\(\theta-a)^2, & \theta>a。\end{cases}$$

其他各种形式的损失函数可能与具体的估计问题有关。不过，在本书中我们将大部分注意力集中于平方误差和绝对误差损失函数。

对大样本的贝叶斯估计

不同先验分布的影响　假设在一大批产品中次品的比例 θ 是未知的，而且 θ 的先验分布是区间 $[0,1]$ 上的均匀分布。假设我们必须要估计 θ 的值，而且使用平均误差损失函数。最后假定在这批产品中抽查 100 个产品，恰好有 10 个是次品。由于均匀分布是一个参数为 $\alpha=1$ 和 $\beta=1$ 的贝塔分布，而且在给定样本中 $n=100$，$y=10$，根据式（7.4.5）可知，贝叶斯估计值是 $\delta^*(\boldsymbol{x})=11/102=0.108$。

接下来，假设 θ 的先验概率密度函数为 $\xi(\theta)=2(1-\theta)$，其中 $0<\theta<1$ 来代替均匀分布。我们还是选取样本量为 100 的随机样本，其中 10 个是次品。由于 $\xi(\theta)$ 是参数为 $\alpha=1$ 和 $\beta=2$ 的贝塔分布的概率密度函数，从式（7.4.5）可以得出这一情形下 θ 的贝叶斯估计值是 $\delta(\boldsymbol{x})=11/103=0.107$。

这里所采用的两个先验分布是有很大区别的。以均匀分布为先验分布的均值是 1/2，而以贝塔分布为先验分布的均值是 1/3。尽管如此，由于样本中观察数很大（$n=100$），所以对两种不同先验分布的贝叶斯估计几乎是相同的，而且两种估计的值都十分接近于样本中所观察到的次品的比例，即 $\bar{x}_n=0.1$。

例 7.4.7　苏格兰士兵的胸围测量　Quetelet（1846）报告了（有一些误差）5 732 个苏格兰士兵胸围测量的数据（单位：英寸）。这些数据最早出现在 1817 年的一个医学杂志上，并由 Stigler（1986）做了讨论。图 7.6 显示了这些数据的直方图。假设我们把单个胸围测量视为均值是 θ 和方差是 4 的正态随机变量的随机样本（给定 θ）。胸围测量的平均值 $\bar{x}_n=39.85$。如果 θ 的先验分布是均值是 μ_0 且方差是 v_0^2 的正态分布，那么应用式（7.3.1），θ 的后验分布是正态分布，其均值为

$$\mu_1=\frac{4\mu_0+5\,732\times v_0^2\times 39.85}{4+5\,732\times v_0^2},$$

方差为

$$v_1^2=\frac{4v_0^2}{4+5\ 732v_0^2}。$$

贝叶斯估计值将会是 $\delta(\boldsymbol{x})=\mu_1$。注意：除非 μ_0 惊人的大或者 v_0^2 非常地小，否则我们会有 μ_1 近似等于 39.85，v_1^2 近似等于 4/5 732。事实上，如果 θ 的先验概率密度函数是任一连续函数，在 $\theta=39.85$ 附近为正，在 θ 远离 39.85 时不极端大，那么 θ 的后验概率密度函数就十分接近均值为 39.85 和方差为 4/5 732 的正态概率密度函数。不管是何种先验分布，其后验分布的均值和中位数都接近于 $\bar{x}_n$。◀

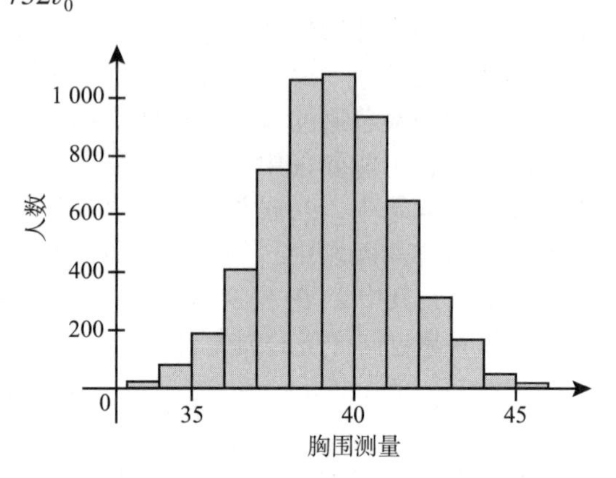

图 7.6　例 7.4.7 中苏格兰士兵胸围测量的直方图

贝叶斯估计量的相容性　令 $X_1,\cdots,X_n$ 是来自参数为 θ 的伯努利分布的随机样本（给定 θ）。假设我们采用 θ 的共轭先验。由于 θ 是给定样本的分布的均值，所以由 6.2 节中的大数定律可知当 $n\to\infty$ 时，$\overline{X}_n$ 依概率收敛于 θ。既然贝叶斯估计量 $\delta^*(\boldsymbol{X})$ 与 $\overline{X}_n$ 的差依概率收敛于 0，$n\to\infty$，我们可以得到当 $n\to\infty$ 时，$\delta^*(\boldsymbol{X})$ 依概率收敛于 θ 的未知值。

定义 7.4.6　相容估计量　*若当 $n\to\infty$ 时，估计量序列依概率收敛于估计参数的未知值，则称其为估计量的相容序列。*

因此在我们考虑的这个问题中，我们已经证明了贝叶斯估计量 $\delta^*(\boldsymbol{X})$ 构成了一组估计量的相容序列。这一结论的实际意义就是：当得到大量的观察值时，贝叶斯估计量以高概率接近参数 θ 的未知值。

在估计伯努利分布的参数中所得到的结论，也适用于其他估计问题。在相当一般的条件下，对于一类广泛的损失函数，某些参数 θ 的贝叶斯估计量在样本量 $n\to\infty$ 时，会形成估计量的相容序列。特别地，对于任一来自 7.3 节中讨论的各种分布族的随机样本，如果对参数指定其共轭先验分布，采用平方误差损失函数，贝叶斯估计量就会构成一组估计量的相容序列。

例如，重新回到例 7.4.4 中的条件。在那个例子中，随机样本来自均值 θ 未知的正态分布，其贝叶斯估计量 $\delta^*(\boldsymbol{X})$ 由式（7.4.6）给定。依照大数定律，当 $n\to\infty$ 时，$\overline{X}_n$ 将收敛于均值 θ 的未知值。由式（7.4.6）可知，当 $n\to\infty$ 时，$\delta^*(\boldsymbol{X})$ 也收敛于 θ。因此，贝叶斯估计量构成了估计量的相容序列。其他例子会在本节末的习题 7 和习题 11 中给出。

更一般的参数及其估计量

到目前为止，我们只考虑实值参数和这些参数的估计量。这种情况有两种非常一般的推广，使用上面描述的相同技巧很容易处理。第一个推广是多维参数，如均值和方差都未知的正态分布的二维参数。第二个推广是参数的函数，而不是参数本身。例如，如果 θ 是例 7.1.1 中的失效率，我们可能有兴趣估计失效的平均时间 $1/\theta$。另一个例子是，如果我们的数据来自一个均值和方差都未知的正态分布，我们可能希望只估计均值而不是整个参数。

为了处理刚才提到的两种推广，我们在定义 7.4.7 中给出了对定义 7.4.1 的必要修改。

定义 7.4.7　估计量/估计值　设 $X_1,\cdots,X_n$ 是可观测数据，其联合分布由一个参数 θ 决定，这个参数 θ 在某个 k 维空间的子集 Ω 中取值。令 h 为从 Ω 到 d 维空间的函数。定义 $\psi=h(\theta)$。ψ 的估计量是在 d 维空间取值的函数 $\delta(X_1,\cdots,X_n)$。如果观测到 $X_1=x_1,\cdots,X_n=x_n$，则 $\delta(x_1,\cdots,x_n)$ 称为 ψ 的估计值。

当定义 7.4.7 中的 h 是恒等函数 $h(\theta)=\theta$ 时，则 $\psi=\theta$，估计的就是原始参数 θ；当 $h(\theta)$ 是 θ 的一个坐标时，所估计的 ψ 就是这个坐标。

在本书后面的章节中会有一些多维参数的例子。下面是一个估计参数函数的例子。

例 7.4.8　电子元件的寿命　例 7.3.12 中，假设我们要估计电子元件的平均失效时间 $\psi=1/\theta$。θ 的后验分布是参数为 4 和 8.6 的伽马分布。如果我们使用平方误差损失 $L(\theta,a)=(\psi-a)^2$，定理 4.7.3 表明贝叶斯估计值是 ψ 的后验分布的均值。也就是说，

$$\begin{aligned}\delta^*(\boldsymbol{x}) &= E(\psi\mid\boldsymbol{x}) = E\left(\frac{1}{\theta}\middle|\boldsymbol{x}\right)\\ &= \int_0^\infty \frac{1}{\theta}\xi(\theta\mid\boldsymbol{x})\mathrm{d}\theta\\ &= \int_0^\infty \frac{1}{\theta}\frac{8.6^4}{6}\theta^3\mathrm{e}^{-8.6\theta}\mathrm{d}\theta\\ &= \frac{8.6^4}{6}\int_0^\infty \theta^2\mathrm{e}^{-8.6\theta}\mathrm{d}\theta\\ &= \frac{8.6^4}{6}\frac{2}{8.6^3} = 2.867,\end{aligned}$$

其中最后一个等式是由定理 5.7.3 得到的。$1/\theta$ 的均值略高于 $1/E(\theta\mid\boldsymbol{x})=8.6/4=2.15$。◀

注：损失函数和效用。在 4.8 节，我们引入了效用的概念，用以衡量各种随机结果对决策者的价值。损失函数的概念与效用函数的概念密切相关。在某种意义上，损失函数就像效用的负数。实际上，例 4.8.8 展示了如何将绝对误差损失转换为效用。在这个例子中，Y 扮演了参数的角色，$d(W)$ 扮演了估计量的角色。以类似的方式，我们可以将其他损失函数转换为效用。因此，在 4.8 节中我们将期望效用最大化的目标替换为本节中期望损失最小化的目标。

贝叶斯估计量的局限性

本节中所阐述的贝叶斯估计量的理论提供了一套令人满意的且条理清晰的参数估计理论。实际上，根据那些支持贝叶斯哲学的统计学家的观点，它提供了可能发展的条件清晰的估计理论。然而，这套理论在实际统计问题的应用中还有一定的局限性。为了应用这套理论，必须要先指定一个具体的损失函数，例如平方误差或绝对误差损失函数，并且还要为参数指定一个先验分布。这些有意义的设定从理论上来说有可能是存在的，但要确定它们却可能很困难，而且很费时间。在一些问题中，统计学家必须决定适合于顾客或雇主的设定，因为要么他们得不到这些设定，要么他们不愿意交流他们的偏好和

见解。在其他一些问题中，一个估计有可能要由一群或是一个组织的成员共同做出，但是往往要组内的成员对选用合适的损失函数和先验分布达成共识是相当困难的。

另外一个可能的难题是在某个具体问题中，参数 θ 有可能是由所有值都未知的实值参数组成的向量。在前面几节中得到的贝叶斯估计的理论，可以很简单地被推广到参数向量 θ 的估计的情形。然而，我们要在这类问题中应用这个理论，有必要先确定向量 θ 的多元先验分布，以及指定一个用于估计 θ 的损失函数 $L(\theta,\boldsymbol{a})$，它是向量 θ 和向量 $\boldsymbol{a}$ 的函数。即使统计学家可能只对估计问题中向量 θ 的一两个分量感兴趣，他也必须要确定整个向量 θ 的多元先验分布。在很多重要的统计问题中，其中有一些会在后面的章节中讨论到，θ 可能有很多分量。在这种问题中，很难在多维参数空间 Ω 内确定一个有意义的先验分布。

需要强调的是，没有简单的方法能够解决这类难题。那些不是基于先验分布和损失函数的估计方法也明显地存在应用的局限性。其他方法在理论框架上也明显地存在严重的缺陷。

小结

参数 θ 的估计量是数据 $\boldsymbol{X}$ 的一个函数 δ。如果观察到 $\boldsymbol{X}=\boldsymbol{x}$，$\delta(\boldsymbol{x})$ 的值就被称为我们的估计值，即估计量 $\delta(\boldsymbol{X})$ 的观察值。损失函数 $L(\theta,a)$ 用来衡量以 a 来估计 θ 时的损失。选择贝叶斯估计量 $\delta^*(\boldsymbol{X})$，使得当 $a=\delta^*(\boldsymbol{x})$ 时函数 $L(\theta,a)$ 的后验均值达到最小值，即：

$$E[L(\theta,\delta^*(\boldsymbol{x}))\mid\boldsymbol{x}]=\min_a E[L(\theta,a)\mid\boldsymbol{x}]。$$

如果损失是平方误差 $L(\theta,a)=(\theta-a)^2$，那么 $\delta^*(\boldsymbol{x})$ 是 θ 的后验均值，即 $E(\theta\mid\boldsymbol{x})$。如果损失是绝对误差 $L(\theta,a)=|\theta-a|$，则 $\delta^*(\boldsymbol{x})$ 是 θ 后验分布的中位数。对于其他损失函数，有可能要通过数值计算来确定其最小值。

习题

1. 在一个临床试验中，令成功治愈的概率 θ 的先验分布是在 $[0,1]$ 上的均匀分布，即参数为 1 和 1 的贝塔分布。假设第一个患者是一个成功治愈的病例。在平方误差与绝对误差的损失函数下分别求 θ 的贝叶斯估计值。
2. 假设一大批产品中的次品比例 θ 是未知的，θ 的先验分布是参数为 $\alpha=5$ 和 $\beta=10$ 的贝塔分布。假设从这批产品中随机选取 20 件，恰好有一件被发现是次品。如果用平方误差损失函数，θ 的贝叶斯估计值是什么？
3. 再次考虑习题 2 的情况。假设 θ 的先验分布同习题 2，也同样假定从这批产品中随机选取 20 件产品。
   a. 样本中有多少件次品时才能使贝叶斯估计值的均方误差达到最大？
   b. 样本中有多少件次品时才能使贝叶斯估计值的均方误差达到最小？
4. 假设一个容量为 n 的随机样本来自某个参数 θ 未知的伯努利分布，θ 的先验分布是均值为 μ_0 的贝塔分布。证明 θ 的后验分布的均值是形如 $\gamma_n\overline{X}_n+(1-\gamma_n)\mu_0$ 的加权平均值，并且证明当 $n\to\infty$ 时，$\gamma_n\to1$。
5. 假设长度为 1 200 英尺的磁带中的缺陷数目服从泊松分布，其均值 θ 的值未知，且 θ 的先验分布是一个参数为 $\alpha=3$ 和 $\beta=1$ 的伽马分布。随机选取 5 卷磁带，发现磁带的缺陷数目为 2，2，6，0，3。如果运用平方误差损失函数，那么 θ 的贝叶斯估计值是多少（参考7.3节中习题5）？

6. 假设从某个均值 θ 未知的泊松分布中随机抽取一个容量为 n 的随机样本，θ 的先验分布是均值为 μ_0 的伽马分布。证明 θ 的后验分布的均值是形如 $\gamma_n\overline{X}_n+(1-\gamma_n)\mu_0$ 的加权平均值，并且证明当 $n\to\infty$时，$\gamma_n\to1$。
7. 再次考虑习题6的条件，假设 θ 必须用平方误差损失函数来估计。证明贝叶斯估计量($n=1,2,\cdots$)形成 θ 的估计量的相容序列。
8. 假设某人群中个体的身高服从均值 θ 未知、标准差为2英寸的正态分布。假设 θ 的先验分布是一个均值为68英寸、标准差是1英寸的正态分布。假设最终从这一人群中随机选取10个个体，他们的平均身高为69.5英寸。

   a. 如果用平方误差损失函数，θ 的贝叶斯估计值是多少？

   b. 如果用绝对误差损失函数，θ 的贝叶斯估计值是多少（参见7.3节中习题7）？
9. 假设从一个均值 θ 未知、标准差为2的正态分布中抽取一个随机样本，θ 的先验分布是一个标准差为1的正态分布，θ 必须用平方误差损失函数来估计。那么为了使 θ 的贝叶斯估计量的均方误差为0.01或甚至更小的最小样本量为多少（参考7.3节中习题10）？
10. 假设某设施服务一个顾客所需时间（单位：分钟）服从某个参数 θ 未知的指数分布，θ 的先验分布是均值为0.2、标准差为1的伽马分布，且观察到一个容量为20的随机样本的平均服务时间是3.8分钟。如果使用平方误差损失函数，θ 的贝叶斯估计值是什么（见7.3节习题12）？
11. 假设一个容量为 n 的随机样本是从某个参数 θ 值未知的指数分布抽取的，θ 的先验分布是某个指定的伽马分布，而且 θ 的值必须用平方误差损失函数来估计。证明：贝叶斯估计量($n=1,2,\cdots$)构成 θ 的估计量的相容序列。
12. 令 θ 表示在某个大城市中支持某个提案的注册投票人的比例。假设 θ 值未知，两个统计员 A 和 B 为 θ 分别指定如下不同的先验概率密度函数 $\xi_A(\theta)$ 和 $\xi_B(\theta)$：

$$\xi_A(\theta) = 2\theta,\text{ 当 } 0 < \theta < 1,$$

$$\xi_B(\theta) = 4\theta^3,\text{ 当 } 0 < \theta < 1。$$

   在由城市1 000名注册投票人所组成的随机样本中，有710人支持这个提案。

   a. 求出每个统计员给 θ 指定的后验分布。

   b. 求出每个统计员在平方误差损失函数下的贝叶斯估计值。

   c. 证明在得到这一随机样本中1 000名注册投票人的意见后，不管样本中支持提案的人数是多少，两个统计员的贝叶斯估计值相差不会超过0.002。
13. 假设 $X_1,\cdots,X_n$ 是一个来自区间$[0,\theta]$上均匀分布的随机样本，这里参数 θ 未知。假设 θ 的先验分布是如5.7节习题16中所定义的参数为 x_0 和 $\alpha(x_0>0,\alpha>0)$的帕累托分布。如果用平方误差损失函数来估计 θ 的值，那 θ 的贝叶斯估计量是什么（见7.3节习题18）？
14. 假设 $X_1,\cdots,X_n$ 是来自某个参数 θ 未知（$\theta>0$）的指数分布的随机样本，令 $\xi(\theta)$表示 θ 的先验概率密度函数，$\hat{\theta}$ 表示在先验概率密度函数 $\xi(\theta)$条件下使用平方误差损失函数时 θ 的贝叶斯估计量。令 $\psi=\theta^2$，并假设我们现在不估计 θ，而是希望用以下平方误差损失函数估计 ψ 的值：

$$L(\psi,a) = (\psi - a)^2,\text{当 } \psi > 0 \text{ 及 } a > 0。$$

   令 $\hat{\psi}$ 表示 ψ 的贝叶斯估计量。解释为什么 $\hat{\psi}>\hat{\theta}^2$。提示：利用4.4节习题4。
15. 令 $c>0$，考虑损失函数

$$L(\theta,a) = \begin{cases} c\,|\,\theta - a\,|, & \theta < a, \\ |\,\theta - a\,|, & \theta \geq a。\end{cases}$$

   假设 θ 服从一个连续分布。证明：θ 的贝叶斯估计量将会是 θ 的后验分布的任何 $1/(1+c)$分位数。提示：证明和定理4.5.3的证明过程很相似。即使当 θ 不服从连续分布时这个结论也成立，只不过证明过程要更烦琐一些。

7.5　极大似然估计量

极大似然估计是避免使用先验分布和损失函数来选择参数估计量的方法，选择使得其似然函数达到最大值的 θ 值作为 θ 的估计值。

引言

例 7.5.1　电子元件的寿命　假设我们观察例 7.3.11 中的数据，该数据由三个电子元件的寿命数据组成。有没有一种方法可以在不先构造先验分布和损失函数的情况下估计失效率 θ? ◀

在这节中，我们建立一个无须指定先验分布和损失函数就能建立估计量的相对简单方法。这方法称为极大似然法，它是由 R. A. Fisher 在 1912 年提出的。极大似然估计能应用于大多数问题，具有很强的直观性，且通常都能得到 θ 的一个合理的估计量。此外，如果样本很大，用这一方法可以得到 θ 的一个非常好的估计量。由此，极大似然法有可能是统计的估计方法中最常用的一种。

注：术语。因为极大似然估计以及本书后面介绍的许多其他过程，不涉及参数的具体的先验分布，因此一些不同的术语经常被用来描述应用这些过程的统计模型。我们不说 $X_1,\cdots,X_n$ 是具有概率函数或概率密度函数 $f(x\mid\theta)$（θ 为条件）的独立同分布的随机变量，我们说 $X_1,\cdots,X_n$ 是从某个概率函数或概率密度函数为 $f(x\mid\theta)$ 的分布中抽取的随机样本，其中参数 θ 未知。具体地说，在例 7.5.1 中，我们可以说寿命数据是来自某个参数 θ 未知的指数分布的随机样本。

极大似然估计量的定义

令随机变量 $X_1,\cdots,X_n$ 来自离散分布或连续分布，其概率函数或概率密度函数为 $f(x\mid\theta)$，其中参数 θ 属于某参数空间 Ω。因此，θ 可以是实值参数，也可以是向量。对于样本中任意观察到的向量 $\boldsymbol{x}=(x_1,\cdots,x_n)$，联合概率函数或联合概率密度函数一般用 $f_n(\boldsymbol{x}\mid\theta)$ 表示。由于定义 7.2.3 在本节非常重要，我们在以下重述定义。

定义 7.5.1　似然函数　当我们把一个随机样本中的观察值的联合概率密度函数或者联合概率函数 $f_n(\boldsymbol{x}\mid\theta)$ 看作在给定观察值 $x_1,\cdots,x_n$ 条件下 θ 的函数，称其为似然函数。

我们先来考虑观察向量 $\boldsymbol{x}$ 来自一个离散分布的情况。如果必须要选择 θ 的一个估计值，我们当然不能考虑那些不可能得到实际观察到的向量 $\boldsymbol{x}$ 的 $\theta\in\Omega$ 的值。此外，假设当 θ 有一个特定的值时，譬如 $\theta=\theta_0$，得到实际观察向量 $\boldsymbol{x}$ 的概率 $f_n(\boldsymbol{x}\mid\theta)$ 非常大，而对其他 $\theta\in\Omega$ 的任何值得到实际观察向量 $\boldsymbol{x}$ 的概率非常小。很自然，我们会把 θ_0 当作 θ 的估计值（除非我们有超过样本中证据的很强的先验信息指向其他某个值）。当样本来自某个连续分布时，我们很自然也要找到使得概率密度函数 $f_n(\boldsymbol{x}\mid\theta)$ 很大的 θ 值，并用这个值作为 θ 的估计值。对每个可能观察到的向量 $\boldsymbol{x}$，由于这个原因，我们会考虑使得似然函数 $f_n(\boldsymbol{x}\mid\theta)$ 达到最大值的那个 θ 值，并用这个值作为 θ 的估计值。这个概念的严格定义如下：

定义 7.5.2　极大似然估计量/估计值　对每个可能观察到的向量 $\boldsymbol{x}$，令 $\delta(\boldsymbol{x})\in\Omega$ 表示 $\theta\in\Omega$ 中使得似然函数 $f_n(\boldsymbol{x}\mid\theta)$ 达到最大的那个 θ 值，并用 $\hat{\theta}=\delta(\boldsymbol{X})$ 表示这样定义的 θ 的估

计量。估计量 $\hat{\theta}$ 被称为 θ 的极大似然估计量。在观察到 $\boldsymbol{X}=\boldsymbol{x}$ 之后，$\delta(\boldsymbol{x})$ 称为 θ 的极大似然估计值。

极大似然估计量或极大似然估计值这一表达可以缩写为 M. L. E.，我们必须通过上下文来确定缩写是指估计量还是指估计值。注意，M. L. E. 必须是参数空间的一个元素，而一般的估计量/估计值不存在这样的要求。

极大似然估计量的例子

例 7.5.2　电子元件的寿命　例 7.3.11 中，观测数据为 $X_1=3$，$X_2=1.5$ 和 $X_3=2.1$。随机变量被建模为从参数为 θ 的指数分布中抽取的容量为 3 的随机样本。似然函数是，对于 $\theta>0$，

$$f_3(\boldsymbol{x}\mid\theta)=\theta^3\exp(-6.6\theta),$$

其中 $\boldsymbol{x}=(3,1.5,2.1)$。最大化似然函数 $f_3(\boldsymbol{x}|\theta)$ 的 θ 值与最大化 $\ln f_3(\boldsymbol{x}|\theta)$ 的 θ 值相同，因为 ln 是一个单调增函数。因此欲求 θ 的极大似然估计值，我们只需求使得下式达到最大的 θ：

$$L(\theta)=\ln f_3(\boldsymbol{x}\mid\theta)=3\ln(\theta)-6.6\theta。$$

取导数 $\mathrm{d}L(\theta)/\mathrm{d}\theta$，令导数为 0，解出 $\theta=3/6.6=0.455$。在 θ 的这个值上，二阶导数是负的，所以它是极大值点。于是 θ 的极大似然估计值为 0.455。◀

值得指出的是在有些问题中，对于某些特定的观察到的向量 $\boldsymbol{x}$，$f_n(\boldsymbol{x}|\theta)$ 对于 $\theta\in\Omega$ 的任何点都不可能达到极大值。在这种情形下，θ 的极大似然估计值不存在。对某些其他观察到的向量 $\boldsymbol{x}$，$f_n(\boldsymbol{x}|\theta)$ 在空间 Ω 中的不止一个点处可以达到极大值。在这种情况下，极大似然估计值不唯一确定，这些点中任何一个值都可以被选作估计 $\hat{\theta}$。尽管如此，在很多实际问题中，极大似然估计值是存在的且可以唯一确定。

下面我们通过几个例子来说明极大似然法以及这些可能情况。在每个例子中，我们都试图得到一个极大似然估计值。

例 7.5.3　疾病检测　假设你沿着马路走时，注意到公共卫生部门正在对某种疾病做免费的医疗检测。这个检测从下面的角度来说其可信度为 90%：如果一个人得了这种疾病，那么检测结果呈阳性的概率为 0.9；然而，一个人如果没有得这种疾病，检测结果呈阳性的可能性仅为 0.1。例 2.3.1 中曾考虑过这一检测。令 X 表示这一检测的结果，其中 $X=1$ 表示检测结果呈阳性，而 $X=0$ 表示检测结果呈阴性。设参数空间为 $\Omega=\{0.1,0.9\}$，其中 $\theta=0.1$ 表示被检测病人没有得此种疾病，而 $\theta=0.9$ 表示此人已得此种疾病。根据这一参数空间，在给定 θ 的条件下，X 服从参数为 θ 的伯努利分布。似然函数为

$$f(x\mid\theta)=\theta^x(1-\theta)^{1-x}。$$

如果观察到 $x=0$，那么

$$f(0\mid\theta)=\begin{cases}0.9, & \theta=0.1,\\ 0.1, & \theta=0.9。\end{cases}$$

非常清楚，当观察到的结果是 $x=0$ 时，$\theta=0.1$ 使似然函数极大化。如果观察的是 $x=1$，那么

$$f(1 \mid \theta)=\begin{cases}0.1, & \theta=0.1,\\ 0.9, & \theta=0.9。\end{cases}$$

明显地，当观察到的是 $x=1$ 时，$\theta=0.9$ 使得似然函数极大化。因此，我们的极大似然估计值为

$$\hat{\theta}=\begin{cases}0.1, & X=0,\\ 0.9, & X=1。\end{cases}$$ ◀

例 7.5.4　从伯努利分布中抽样　假定随机变量 $X_1,\cdots,X_n$ 是来自某个参数 θ 未知（$0\leqslant\theta\leqslant1$）的伯努利分布的随机样本。对所有的观察值 $x_1,\cdots,x_n$，其中每个 x_i 的取值是 0 或 1，似然函数为

$$f_n(\boldsymbol{x} \mid \theta)=\prod_{i=1}^{n} \theta^{x_i}(1-\theta)^{1-x_i}。\tag{7.5.1}$$

我们不是直接使似然函数 $f_n(\boldsymbol{x}|\theta)$ 极大化，而是使 $\ln f_n(\boldsymbol{x}|\theta)$ 极大化：

$$\begin{aligned}L(\theta)=\ln f_n(\boldsymbol{x} \mid \theta) &=\sum_{i=1}^{n}\left[x_i \ln \theta+(1-x_i) \ln (1-\theta)\right] \\ &=\left(\sum_{i=1}^{n} x_i\right) \ln \theta+\left(n-\sum_{i=1}^{n} x_i\right) \ln (1-\theta)。\end{aligned}$$

计算导数 $\mathrm{d}L(\theta)/\mathrm{d}\theta$，并令这一导数等于 0，从而解得 θ。如果 $\sum_{i=1}^{n} x_i \notin \{0,n\}$，我们发现当 $\theta=\bar{x}_n$ 时，导数为 0，而我们可以验证（例如，通过求二阶导数）这个值的确使 $L(\theta)$ 和式（7.5.1）定义的似然函数都达到极大值。如果 $\sum_{i=1}^{n} x_i=0$，那么对所有的 θ，$L(\theta)$ 是 θ 的一个单减函数，因此 L 在 $\theta=0$ 时达到其极大值。类似地，如果 $\sum_{i=1}^{n} x_i=n$，L 是一个单增函数，那么它在 $\theta=1$ 时达到其极大值。在最后两种情形中，注意到似然函数的极大值出现在 $\theta=\bar{x}_n$ 处。从而可以得到 θ 的极大似然估计量为 $\hat{\theta}=\overline{X}_n$。 ◀

从例 7.5.4 可以看到，如果我们把 $X_1,\cdots,X_n$ 看作 n 重伯努利试验，且参数空间为 $\Omega=[0,1]$，那么在任意给定试验中未知的成功概率的极大似然估计量就是 n 个试验中观察到的成功的比例。在例 7.5.3 中，相当于 $n=1$ 重伯努利试验，但参数空间是 $\{0.1, 0.9\}$，而不是 $[0, 1]$，则极大似然估计量不同于成功的比例。

例 7.5.5　从均值未知的正态分布中抽样　假设 $X_1,\cdots,X_n$ 是来自某个均值 μ 未知、σ^2 已知的正态分布的随机样本。对于所有观察值 $x_1,\cdots,x_n$，似然函数 $f_n(\boldsymbol{x}|\mu)$ 为

$$f_n(\boldsymbol{x} \mid \mu)=\frac{1}{(2\pi\sigma^2)^{n/2}} \exp\left[-\frac{1}{2\sigma^2} \sum_{i=1}^{n}(x_i-\mu)^2\right]。\tag{7.5.2}$$

从式（7.5.2）中可以看出，欲求 μ 使 $f_n(\boldsymbol{x}|\mu)$ 达到极大值，我们只需求 μ 使下式达到极小值：

$$Q(\mu)=\sum_{i=1}^{n}(x_i-\mu)^2=\sum_{i=1}^{n} x_i^2-2\mu \sum_{i=1}^{n} x_i+n\mu^2。$$

我们注意到 Q 是 μ 的二次函数，μ^2 项的系数为正。由此我们可知，Q 在导数为 0 处达到极小值。如果现在计算导数 $\mathrm{d}Q(\mu)/\mathrm{d}\mu$，令其为 0，然后从得到的等式中求出 μ，发现 $\mu=\bar{x}_n$。从而，μ 的极大似然估计量为 $\hat{\mu}=\overline{X}_n$。 ◀

从例 7.5.5 中我们可以看出，估计量 $\hat{\mu}$ 不受方差 σ^2 的值的影响，其中假定 σ^2 已知。不管 σ^2 为何值，未知均值 μ 的极大似然估计量总是样本均值 $\overline{X}_n$。在下例中我们还会看到这一现象，其中我们需要同时估计 μ 和 σ^2。

例 7.5.6　从均值、方差皆未知的正态分布中抽样　再次假设 $X_1,\cdots,X_n$ 是来自正态分布的一个随机样本，但现在假设 μ 和 σ^2 都未知，则参数 $\theta=(\mu,\sigma^2)$。对所有观察值 $x_1,\cdots,x_n$，似然函数 $f_n(\boldsymbol{x}|\mu,\sigma^2)$ 由式（7.5.2）的右边给出。这一函数必须在 μ 和 σ^2 所有可能取值中最大化，其中 $-\infty<\mu<\infty$ 且 $\sigma^2>0$。不直接使似然函数 $f_n(\boldsymbol{x}|\mu,\sigma^2)$ 最大化，而是使 $\ln f_n(\boldsymbol{x}|\mu,\sigma^2)$ 最大化更为简单。我们有：

$$L(\theta)=\ln f_n(\boldsymbol{x}\mid\mu,\sigma^2)$$
$$=-\frac{n}{2}\ln(2\pi)-\frac{n}{2}\ln\sigma^2-\frac{1}{2\sigma^2}\sum_{i=1}^{n}(x_i-\mu)^2。\tag{7.5.3}$$

我们应该分三个步骤来求使 $L(\theta)$ 最大化的 $\theta=(\mu,\sigma^2)$ 的值。首先，对每个固定的 σ^2，我们要求使式（7.5.3）右边达到最大的 $\hat{\mu}(\sigma^2)$ 的值。其次，当 $\theta'=(\hat{\mu}(\sigma^2),\sigma^2)$ 时，求使 $L(\theta')$ 达到最大的 σ^2 值 $\hat{\sigma^2}$。最后，θ 的极大似然估计量是随机向量，它的观察值是 $(\hat{\mu}(\hat{\sigma^2}),\hat{\sigma^2})$。第一步已经在例 7.5.5 中得到解决，我们得到了 $\hat{\mu}(\sigma^2)=\bar{x}_n$。对于第二步，我们令 $\theta'=(\bar{x}_n,\sigma^2)$，求 σ^2 使下式最大化：

$$L(\theta')=-\frac{n}{2}\ln(2\pi)-\frac{n}{2}\ln\sigma^2-\frac{1}{2\sigma^2}\sum_{i=1}^{n}(x_i-\bar{x}_n)^2。\tag{7.5.4}$$

可以通过对上式中的 σ^2 求导数，并使其等于 0，从而解出 σ^2 使上式最大化。导数为

$$\frac{\mathrm{d}}{\mathrm{d}\sigma^2}L(\theta')=-\frac{n}{2}\frac{1}{\sigma^2}+\frac{1}{2(\sigma^2)^2}\sum_{i=1}^{n}(x_i-\bar{x}_n)^2。$$

令其为 0，可以得到

$$\sigma^2=\frac{1}{n}\sum_{i=1}^{n}(x_i-\bar{x}_n)^2。\tag{7.5.5}$$

在式（7.5.5）中的 σ^2 取值处，式（7.5.4）的二次导数为负，所以我们已经找到了最大值。因此，$\theta=(\mu,\sigma^2)$ 的极大似然估计量为

$$\hat{\theta}=(\hat{\mu},\hat{\sigma^2})=\left(\overline{X}_n,\frac{1}{n}\sum_{i=1}^{n}(X_i-\overline{X}_n)^2\right)。\tag{7.5.6}$$

值得注意的是，式（7.5.6）极大似然估计量中的第一个坐标被称为数据的样本均值。同理，我们称极大似然估计量中第二个坐标为样本方差。不难发现，样本方差的观察值是“给样本 n 个观察值 $x_1,\cdots,x_n$ 的每个值都指定概率为 $1/n$”这一分布的方差（见本节习题 1）。◀

例 7.5.7　从均匀分布中抽样　假设 $X_1,\cdots,X_n$ 是来自区间 $[0,\theta]$ 上一个均匀分布的随机样本，其中参数 θ 未知（$\theta>0$）。每个观察值的概率密度函数 $f(x|\theta)$ 都具有如下形式：

$$f(x\mid\theta)=\begin{cases}\dfrac{1}{\theta}, & 0\leqslant x\leqslant\theta,\\ 0, & 其他。\end{cases}\tag{7.5.7}$$

因此，$X_1,\cdots,X_n$ 的联合概率密度函数$f_n(\boldsymbol{x}|\theta)$为

$$f_n(\boldsymbol{x}\mid\theta)=\begin{cases}\dfrac{1}{\theta^n}, & 0\leqslant x_i\leqslant\theta, i=1,\cdots,n,\\ 0, & 其他。\end{cases}\tag{7.5.8}$$

从式（7.5.8）可以看出，θ 的极大似然估计值一定是满足 $\theta\geqslant x_i(i=1,\cdots,n)$ 且使得 $1/\theta^n$ 在所有取值中极大化的那个 θ 值。由于 $1/\theta^n$ 是 θ 的一个单减函数，估计将会是满足 $\theta\geqslant x_i(i=1,\cdots,n)$ 的 θ 的最小值。既然这个值是 $\theta=\max\{x_1,\cdots,x_n\}$，那么 θ 的极大似然估计量就是 $\hat{\theta}=\max\{X_1,\cdots,X_n\}$。◀

极大似然估计的局限性

尽管极大似然估计直观上可以理解，但它并不一定适用于所有的问题。例如，在例 7.5.7 中，极大似然估计量 $\hat{\theta}$ 看上去就不是 θ 的一个合适的估计量。由于 $\max\{X_1,\cdots,X_n\}<\theta$ 的概率为 1，我们可以肯定 $\hat{\theta}$ 低估了 θ 的值。事实上，如果给 θ 指定任意的先验分布，那么 θ 的贝叶斯估计量无疑要比 $\hat{\theta}$ 要大。当然，贝叶斯估计量实际超过 $\hat{\theta}$ 多少，要取决于所用的具体的先验分布和观察到的 $X_1,\cdots,X_n$ 的值。例 7.5.7 也提出了极大似然的另一个困难，我们将在例 7.5.8 中说明。

例 7.5.8　极大似然估计不存在　我们仍设 $X_1,\cdots,X_n$ 是来自区间$[0,\theta]$上均匀分布的随机样本。不过这次所给定的均匀分布概率密度函数$f(x|\theta)$不是式（7.5.7）的形式，而是改用以下形式：

$$f(x\mid\theta)=\begin{cases}\dfrac{1}{\theta}, & 0<x<\theta,\\ 0, & 其他。\end{cases}\tag{7.5.9}$$

式（7.5.7）与式（7.5.9）的唯一区别在于式（7.5.9）中的严格不等式代替了式（7.5.7）中的弱不等式，从而改变了概率密度函数在两端点 0 和 θ 的值。因而，两个式子都可被当作均匀分布的密度函数。然而如果我们把式（7.5.9）作为概率密度函数，则 θ 的极大似然估计值是满足 $\theta>x_i(i=1,\cdots,n)$，且在所有值中使 $1/\theta^n$ 达到最大的那个 θ 值。值得一提的是在 θ 所有可能取值中已经不包括 $\theta=\max\{x_1,\cdots,x_n\}$，因为 θ 必须严格大于每个观察值 $x_i(i=1,\cdots,n)$，因为 θ 可以取与 $\max\{x_1,\cdots,x_n\}$ 任意接近的值但却不能等于这个值，这就导致了 θ 的极大似然估计值不存在。◀

在所有我们前面对概率密度函数的讨论中，强调了以下事实：是在开区间 $0<x<\theta$ 还是在闭区间 $0\leqslant x\leqslant\theta$ 取均匀分布的概率密度函数为 $1/\theta$ 是无关紧要的。但现在看到极大似然估计的存在性就取决于这个不相干和不重要的选择。例 7.5.8 中，我们只要使用式（7.5.7）中所给出的概率密度函数，而不使用式（7.5.9）中给出的概率密度函数，就可以非常容易避免这一困难。在许多其他问题中也一样，可以通过选择一个特定的合适的概率密度函数形式来代替已给定的分布，避免这类困难。然而，在例 7.5.10 中我们将看到，这个困难不是总能避免的。

例 7.5.9　极大似然估计不唯一　设 $X_1,\cdots,X_n$ 是来自区间$[\theta,\theta+1]$上均匀分布的随机样本，其中参数 θ 未知（$-\infty<\theta<\infty$）。在这个例子中，联合概率密度函数有以下形式

$$f_n(\boldsymbol{x}\mid\theta)=\begin{cases}1, & \theta\leqslant x_i\leqslant\theta+1(i=1,\cdots,n),\\ 0, & \text{其他。}\end{cases}\tag{7.5.10}$$

条件"$\theta\leqslant x_i$ 对每个 $i=1,\cdots,n$"等价于条件"$\theta\leqslant\min\{x_1,\cdots,x_n\}$"。类似地，条件"$x_i\leqslant\theta+1$ 对每个 $i=1,\cdots,n$"等价于条件"$\theta\geqslant\max\{x_1,\cdots,x_n\}-1$"。这样，我们不把 $f_n(\boldsymbol{x}|\theta)$ 表示成式（7.5.10）中所给的形式，而是使用如下形式

$$f_n(\boldsymbol{x}\mid\theta)=\begin{cases}1, & \max\{x_1,\cdots,x_n\}-1\leqslant\theta\leqslant\min\{x_1,\cdots,x_n\},\\ 0, & \text{其他。}\end{cases}\tag{7.5.11}$$

这样 θ 的极大似然估计值可以在如下区间

$$\max\{x_1,\cdots,x_n\}-1\leqslant\theta\leqslant\min\{x_1,\cdots,x_n\}\tag{7.5.12}$$

中任意选择。

在这个例子中，$\hat{\theta}$ 不是唯一确定的。事实上，极大似然法对 θ 估计值的选择上提供了很小的帮助。对于每一个不在区间（7.5.12）的 θ 值的似然函数值都是 0，于是我们不会用在这个区间以外的 θ 值来估计，而且在区间之内的所有值都是极大似然估计值。◀

例 7.5.10　来自两种分布混合的样本　考虑随机变量 X 可以等概率取自两种正态分布：均值为 0、方差为 1 的正态分布，或是均值为 μ、方差为 σ^2 的正态分布，其中 μ 和 σ^2 都未知。在这些条件下，X 的概率密度函数将是这两个不同正态分布概率密度函数的平均，即

$$f(x\mid\mu,\sigma^2)=\frac{1}{2}\left\{\frac{1}{(2\pi)^{1/2}}\exp\left(-\frac{x^2}{2}\right)+\frac{1}{(2\pi)^{1/2}\sigma}\exp\left[-\frac{(x-\mu)^2}{2\sigma^2}\right]\right\}。\tag{7.5.13}$$

设随机样本 $X_1,\cdots,X_n$ 来自概率密度函数形如式（7.5.13）的分布。跟以往一样，似然函数 $f_n(\boldsymbol{x}|\mu,\sigma^2)$ 有以下形式

$$f_n(\boldsymbol{x}\mid\mu,\sigma^2)=\prod_{i=1}^{n}f(x_i\mid\mu,\sigma^2)。\tag{7.5.14}$$

为了求 $\theta=(\mu,\sigma^2)$ 的极大似然估计值，必须求使得 $f_n(\boldsymbol{x}|\mu,\sigma^2)$ 达到最大的 μ 和 σ^2 的值。

用 x_k 表示 $x_1,\cdots,x_n$ 中任意一个观察值。如果令 $\mu=x_k$，且让 $\sigma^2\to0$，则式（7.5.14）右端的因子 $f(x_k|\mu,\sigma^2)$ 会变成无穷大，而对每个 $x_i\neq x_k$，因子 $f(x_i|\mu,\sigma^2)$ 都会逼近

$$\frac{1}{2(2\pi)^{1/2}}\exp\left(-\frac{x_i^2}{2}\right)。$$

因此，当 $\mu=x_k$ 和 $\sigma^2\to0$ 时，我们发现 $f_n(\boldsymbol{x}|\mu,\sigma^2)\to\infty$。

0 不是 σ^2 的一个允许估计值，因为事先我们已经知道 $\sigma^2>0$。由于当选择 $\mu=x_k$ 以及选择 σ^2 任意小接近于 0 时，似然函数可以达到任意大，这意味着极大似然估计量不存在。

如果我们允许 0 为 σ^2 的一个允许估计值来克服这一困难，那么发现 μ 和 σ^2 有 n 对不同的极大似然估计量，即

$$\hat{\theta}_k = (\hat{\mu}, \hat{\sigma^2}) = (X_k, 0), \quad k = 1, \cdots, n。$$

这些估计量没有一个看起来是合适的。再来回顾一下例子开始的描述，每个观察值可能来自两个正态分布。比如，设 $n=1\ 000$，我们用估计量 $\hat{\theta}_3=(X_3,0)$。那么我们会估计未知方差的值为 0；还有，更有效地，我们可以推断 X_3 来自给定未知参数的正态分布，而其他 999 个观察值来自那个标准正态分布。事实上，既然每个观察值等可能地来自这两个分布，那么应该有数百个观察值，而不是一个来自这个参数未知的正态分布。在这一例子中，极大似然方法明显地不适用。在 12.5 节的习题 10 中将提及这一问题的贝叶斯解法。 ◀

最后，我们将提到关于极大似然估计值的一个说明。极大似然估计值是使数据 $\boldsymbol{X}$ 在给定 θ 条件下条件概率函数或条件概率密度函数最大化的那个 θ 值。因此，极大似然估计值是最可能观察到数据的那个 θ 值。参数的值未必看上去最像是数据中给出的那个值。要说参数取不同值的可能性有多大，就需要这个参数的概率分布。当然，这个参数的后验分布（见 7.2 节）将用于这个目的，但是极大似然估计值的计算中没有涉及后验分布。因此，将极大似然估计值解释为看到数据之后参数最可能的取值是不恰当的。

举个例子，考虑例 7.5.4 中的情形，假设我们将一枚硬币抛掷几次，所关心的是它是否轻微地偏向于正面或反面。令 $X_i=1$ 表示第 i 次抛掷结果是正面，如果是反面则令 $X_i=0$。如果在前 5 次抛掷中，我们得到 4 次正面和 1 次反面，观察到的极大似然估计值将是 0.8，但是很难想象这种情况下，仅基于 5 次抛掷而认为出现正面的概率，即 θ 的最可能取值会为 0.8，而这是发生在一枚以前看上去是均匀的硬币上。将极大似然估计量视为参数的最可能的取值，这与例 2.3.1 和例 2.3.3 的疾病检测中忽视罕见疾病的先验信息是相似的。如果这些例子中检测结果是阳性的，我们发现（在例 7.5.3 中）极大似然估计量的取值为 $\hat{\theta}=0.9$，与患有此疾病相对应。然而，如果患病的先验概率像例 2.3.1 中的那样小，检测结果是阳性后得病的后验概率依然非常小（$\theta=0.9$）。检测没精确到足以颠覆我们事先获得的先验信息。对于我们抛掷硬币也一样，5 次抛掷没有足够的信息去颠覆"硬币是一枚均匀硬币"这一先验信念。只有当数据比可用的先验信息能获得多得多的信息时，才能近似正确地认为参数最有可能的取值就在极大似然估计值附近。这可能发生在当极大似然估计值是建立在大量数据上或只有很少的先验信息的情况下。

小结

参数 θ 的极大似然估计值是使得给定数据 $\boldsymbol{x}$ 的似然函数 $f_n(\boldsymbol{x}|\theta)$ 达到最大值的那个 θ 值。如果我们用 $\delta(\boldsymbol{x})$ 表示极大似然估计值，那么 $\hat{\theta}=\delta(\boldsymbol{X})$ 是极大似然估计量。我们已经计算过，当数据是来自伯努利分布，方差未知的正态分布，两个参数都未知的正态分布，或在区间 $[0,\theta]$ 或 $[\theta,\theta+1]$ 上均匀分布的随机样本时的极大似然估计量。

习题

1. 令 $x_1,\cdots,x_n$ 是不同的数。令 Y 是一个离散随机变量，其概率函数如下：

$$f(y)=\begin{cases}\dfrac{1}{n}, & y\in\{x_1,\cdots,x_n\},\\ 0, & \text{其他。}\end{cases}$$

证明：Y 的方差 $\mathrm{Var}(Y)$ 是式（7.5.5）中给出的形式。

2. 对于某品牌谷物早餐，女性购买者的比例 p 未知，男性购买者的比例也未知。在一个有 70 个购买者的随机样本中，发现其中 58 位是女性，12 位是男性。求 p 的极大似然估计值。

3. 再次考虑习题 2 中给出的条件，但是现在假设我们已经知道 $\frac{1}{2}\leqslant p\leqslant\frac{2}{3}$。如果 70 个购买者的随机样本的观察数据和习题 2 中的一样，p 的极大似然估计值是什么？

4. 假设 $X_1,\cdots,X_n$ 来自参数 θ 未知的伯努利分布的随机样本，但是知道 θ 落在开区间 $0<\theta<1$ 中。试证：如果每个观察值都是 0 或每个观察值都是 1 时，θ 的极大似然估计值不存在。

5. 假设 $X_1,\cdots,X_n$ 是一个来自均值 θ 未知的泊松分布的随机样本（$\theta>0$）。
   a. 假定至少有一个观察值不为 0，试确定 θ 的极大似然估计值。
   b. 如果每一个观察值都为 0，试证：θ 的极大似然估计值不存在。

6. 假设 $X_1,\cdots,X_n$ 是来自某个均值 μ 已知和方差 σ^2 未知的正态分布的随机样本。求 σ^2 的极大似然估计量。

7. 假设 $X_1,\cdots,X_n$ 是来自参数 β 的值未知的指数分布的随机样本（$\beta>0$），求 β 的极大似然估计量。

8. 假设 $X_1,\cdots,X_n$ 是来自概率密度函数为 $f(x|\theta)$ 的分布的随机样本，$f(x|\theta)$ 形式如下：

$$f(x|\theta)=\begin{cases}\mathrm{e}^{\theta-x}, & x>\theta,\\ 0, & x\leqslant\theta,\end{cases}$$

同样假设 θ 的值未知（$-\infty<\theta<\infty$）。
   a. 试证：θ 的极大似然估计量不存在。
   b. 定义同一分布的概率密度函数的另一种形式，使得 θ 的极大似然估计量存在，并求出它的极大似然估计量。

9. 假设 $X_1,\cdots,X_n$ 是来自概率密度函数为 $f(x|\theta)$ 的分布的随机样本，$f(x|\theta)$ 形式如下：

$$f(x|\theta)=\begin{cases}\theta x^{\theta-1}, & 0<x<1,\\ 0, & \text{其他，}\end{cases}$$

同样假设 θ 的值未知（$\theta>0$），求 θ 的极大似然估计量。

10. 假设 $X_1,\cdots,X_n$ 是一个来自概率密度函数为 $f(x|\theta)$ 的分布的随机样本，$f(x|\theta)$ 形式如下：

$$f(x|\theta)=\frac{1}{2}\mathrm{e}^{-|x-\theta|},\ -\infty<x<\infty,$$

同样假设 θ 的值未知（$-\infty<\theta<\infty$），求 θ 的极大似然估计量。提示：与使平均绝对误差极小化问题（定理 4.5.3）做比较。

11. 假设 $X_1,\cdots,X_n$ 是一个在区间 $[\theta_1,\theta_2]$ 上均匀分布的随机样本，其中 θ_1 和 θ_2 都未知（$-\infty<\theta_1<\theta_2<\infty$）。求 θ_1 和 θ_2 的极大似然估计量。

12. 假设某个很大的总体包含 k 种不同的个体（$k\geqslant2$），令 θ_i 表示第 i 种类型的比例，$i=1,\cdots,k$。这里 $0\leqslant\theta_i\leqslant1$，且 $\theta_1+\cdots+\theta_k=1$。同样，假设从这个总体抽取 n 个个体组成随机样本，且第 i 种类型的个体恰好有 n_i 个，且 $n_1+\cdots+n_k=n$。求 $\theta_1,\cdots,\theta_k$ 的极大似然估计量。

13. 假设二维向量 $(X_1,Y_1),(X_2,Y_2)\cdots,(X_n,Y_n)$ 是一个来自二元正态分布的一个随机样本，其中 X 和 Y 的均值未知但 X 和 Y 的方差以及 X 和 Y 的相关系数都是已知的。求均值的极大似然估计量。

7.6　极大似然估计量的性质

在这一节中，我们要探讨极大似然估计量的一些性质，包括：

- 一个参数的极大似然估计量和这个参数的函数的极大似然估计量的关系。
- 对计算算法的需求。
- 当样本量变大时极大似然估计量的变化。
- 在抽样方案中极大似然估计量相关性的缺失。

我们还介绍一种流行的估计的替代方法（矩估计法），有时与极大似然估计结果相同，但有时它在计算上更简单。

不变性

例 7.6.1　电子元件的寿命　例 7.1.1 中，参数 θ 被解释为电子元件的失效率。例 7.4.8 中，我们发现了平均寿命 $\psi=1/\theta$ 的贝叶斯估计值。有没有相应的方法来计算 ψ 的极大似然估计值? ◀

假定随机变量 $X_1,\cdots,X_n$ 是来自某个分布的随机样本，这个分布的概率函数或概率密度函数为 $f(x|\theta)$，其中参数 θ 未知。这个参数可能是一维的或参数向量。现在用 $\hat{\theta}$ 来表示参数 θ 的极大似然估计量。这样，对于所有的观察值 $x_1,\cdots,x_n$，似然函数 $f_n(\boldsymbol{x}|\theta)$ 在 $\theta=\hat{\theta}$ 时达到最大。

如果我们对以上分布中的参数 θ 做如下的变换：不是将概率函数或概率密度函数 $f(x|\theta)$ 表示为参数 θ 的形式，而是表示为新参数 $\psi=g(\theta)$ 的形式，其中 g 为 θ 的一一对应的函数。θ 的极大似然估计量与 ψ 的极大似然估计量之间存在关系吗?

定理 7.6.1　极大似然估计量的不变性　如果 $\hat{\theta}$ 是 θ 的极大似然估计量，且函数 g 为一一对应的函数，那么 $g(\hat{\theta})$ 也是 $g(\theta)$ 的极大似然估计量。

证明　新的参数空间记为 Γ，它是 Ω 在函数 g 下的像。我们再令 $\theta=h(\psi)$ 表示 ψ 的反函数。我们现在用新的参数 ψ 来表示，每个观察值的概率函数或概率密度函数就可以写成 $f[x|h(\psi)]$，它的似然函数也变为 $f_n[\boldsymbol{x}|h(\psi)]$。

参数 ψ 的极大似然估计量 $\hat{\psi}$ 就等于使得 $f_n[\boldsymbol{x}|h(\psi)]$ 最大化的 ψ 值。因为 $f_n(\boldsymbol{x}|\theta)$ 在 $\theta=\hat{\theta}$ 时取得最大值，$f_n[\boldsymbol{x}|h(\psi)]$ 在 $h(\psi)=\hat{\theta}$ 时取得最大值。这样，极大似然估计量 $\hat{\psi}$ 必须满足关系式 $h(\hat{\psi})=\hat{\theta}$，或者等价的 $\hat{\psi}=g(\hat{\theta})$。 ■

例 7.6.2　电子元件的寿命　根据定理 7.6.1，ψ 的极大似然估计量是 θ 的极大似然估计量的倒数。例 7.5.2 中，我们计算了估计值 $\hat{\theta}=0.455$。估计值 $\hat{\psi}$ 为 $1/0.455=2.2$。这比例 7.4.8 中使用平方误差损失求得的贝叶斯估计值 2.867 要小一些。 ◀

不变性这个性质可以推广到非一一对应函数的情形。例如，我们欲估计正态分布的均值 μ，其均值和方差都未知，这时 μ 就不是参数 $\theta=(\mu,\sigma^2)$ 的一一对应的函数。在这种情况下，我们想要估计 $g(\theta)=\mu$，有一种方法定义 θ 的函数的极大似然估计量，函数不必是一一对应的。一种通常方法如下：

定义 7.6.1　函数的极大似然估计量　令 $g(\theta)$ 表示 θ 的任意函数，令 G 是 Ω 在函数 g

下的像。对于每个$t\in G$，定义$G_t=\{\theta:g(\theta)=t\}$和

$$L^*(t)=\max_{\theta\in G_t}\ln f_n(\boldsymbol{x}\mid\theta)。$$

最后定义$g(\theta)$的极大似然估计量为$\hat{t}$，其中$\hat{t}$满足

$$L^*(\hat{t})=\max_{t\in G}L^*(t)。\tag{7.6.1}$$

以下结论说明如何基于定义7.6.1求$g(\theta)$的极大似然估计量。

定理7.6.2　令$\hat{\theta}$为θ的极大似然估计量，$g(\theta)$为参数θ的函数。那么$g(\hat{\theta})$是$g(\theta)$的极大似然估计量。

证明　我们可以证明$\hat{t}=g(\hat{\theta})$满足式（7.6.1）。因为$L^*(t)$是$\ln f_n(\boldsymbol{x}|\theta)$在$\Omega$的子集$\theta$上的最大值，又因为$\ln f_n(\boldsymbol{x}|\hat{\theta})$对所有$\theta$是最大的，由此我们可以推出对所有的$t\in G$，有$L^*(t)\leqslant\ln f_n(\boldsymbol{x}|\hat{\theta})$。令$\hat{t}=g(\hat{\theta})$，我们只需证明$L^*(\hat{t})=\ln f_n(\boldsymbol{x}|\hat{\theta})$即可。注意到$\hat{\theta}\in G_{\hat{t}}$。因为$\hat{\theta}$在所有$\theta\in\Omega$中使$f_n(\boldsymbol{x}|\theta)$最大化，当然它也在所有$\theta\in G_{\hat{t}}$中使$f_n(\boldsymbol{x}|\theta)$达到最大。因此，$L^*(\hat{t})=\ln f_n(\boldsymbol{x}|\hat{\theta})$，且$\hat{t}=g(\hat{\theta})$是$g(\theta)$的一个极大似然估计量。■

例7.6.3　标准差和二阶矩的估计　假定$X_1,\cdots,X_n$是来自均值μ和方差σ^2均未知的正态分布的随机样本。我们欲求标准差σ的极大似然估计量和二阶矩$E(X^2)$的极大似然估计量。在例7.5.6中，我们已经给出了$\theta=(\mu,\sigma^2)$的极大似然估计量是$\hat{\theta}=(\hat{\mu},\widehat{\sigma^2})$。由不变性可知，标准差的极大似然估计量$\hat{\sigma}$就是样本方差的平方根。用符号表示就是$\hat{\sigma}=(\widehat{\sigma^2})^{1/2}$。同样，因为$E(X^2)=\sigma^2+\mu^2$，$E(X^2)$的极大似然估计量就是$\widehat{\sigma^2}+\hat{\mu}^2$。◀

相容性

考虑一个估计问题，其中一个随机样本将从某个包含参数θ的分布中抽出。假设对于每一个足够大的样本量n，也就是说，对于每一个大于某个给定的最小数的n，存在唯一的极大似然估计量。于是，在某些条件下，这些条件在实际问题中通常是满足的，极大似然估计量的序列是θ估计量的相容序列。换言之，在这样的问题中，极大似然估计量的序列依概率收敛到θ的未知值，$n\to\infty$。

我们在7.4节已经说过，在某些一般条件下，参数θ的贝叶斯估计量序列也是估计量的相容序列。因此，对于给定的先验分布和足够大的样本量n，θ的估计量和θ的极大似然估计量通常非常接近，并且两者都非常接近θ的未知值。

我们将不提供证明这一结论所需条件的任何具体细节（详情见Schervish，1995年第7章）。然而，我们将说明此结论，通过再次考虑来自参数为θ的伯努利分布的随机样本$X_1,\cdots,X_n$，其中θ未知（$0\leqslant\theta\leqslant1$）。在7.4节证明了如果给定$\theta$的先验分布是贝塔分布，那么$\theta$的贝叶斯估计量和样本均值$\overline{X}_n$之间的差收敛到0，$n\to\infty$。更进一步，例7.5.4中证明了$\theta$的极大似然估计量是$\overline{X}_n$，于是当$n\to\infty$时，贝叶斯估计量与极大似然估计量之间的差将收敛到0。最后，大数定律（定理6.2.4）表明，样本均值$\overline{X}_n$依概率收敛到θ，$n\to\infty$。因此，贝叶斯估计量的序列和极大似然估计量的序列都是估计量的相容序列。

数值计算

在许多问题中，对于给定的参数 θ 存在唯一的极大似然估计量 $\hat{\theta}$，但是这个极大似然估计量不是一个关于样本观察值的闭式表达式。在这样的问题中，对于给定的观察值集合，就必须用数值计算来决定 $\hat{\theta}$ 的值。下面我们就用两个例子来对此做进一步的说明。

例 7.6.4　从伽马分布中抽样　设随机变量 $X_1,\cdots,X_n$ 是来自伽马分布的一个随机样本，其概率密度函数如下：

$$f(x \mid \alpha)=\frac{1}{\Gamma(\alpha)}x^{\alpha-1}\mathrm{e}^{-x}, x>0。\tag{7.6.2}$$

假设 α 的值也未知（$\alpha>0$），我们欲对 α 做估计。

似然函数为

$$f_n(\boldsymbol{x} \mid \alpha)=\frac{1}{\Gamma^n(\alpha)}\left(\prod_{i=1}^{n}x_i\right)^{\alpha-1}\exp\left(-\sum_{i=1}^{n}x_i\right)。\tag{7.6.3}$$

α 的极大似然估计量为满足下式的 α 的值

$$\frac{\partial \ln f_n(\boldsymbol{x} \mid \alpha)}{\partial \alpha}=0。\tag{7.6.4}$$

由式（7.6.4），就得到如下方程：

$$\frac{\Gamma'(\alpha)}{\Gamma(\alpha)}=\frac{1}{n}\sum_{i=1}^{n}\ln x_i。\tag{7.6.5}$$

函数 $\Gamma'(\alpha)/\Gamma(\alpha)$ 被称为 digamma 函数，在许多不同的已发表的数学表总汇中都可以查到 digamma 函数的表格。在一些数学软件中也可以得到这个 digamma 函数。对 $x_1,\cdots,x_n$ 所有给定的值，α 的唯一值满足方程（7.6.5），这个方程的解必须参照这些数学表或者是用 digamma 函数的数值计算来得到。这个值就是 α 的极大似然估计量。◀

例 7.6.5　从柯西分布中抽样　假设随机变量 $X_1,\cdots,X_n$ 是来自以某个未知点 $\theta(-\infty<\theta<\infty)$ 为中心的柯西分布的随机样本，其概率密度函数如下：

$$f(x \mid \theta)=\frac{1}{\pi[1+(x-\theta)^2]}, \quad -\infty<x<\infty,\tag{7.6.6}$$

假设 θ 是待估参数。

似然函数是

$$f_n(\boldsymbol{x} \mid \theta)=\frac{1}{\pi^n\prod_{i=1}^{n}[1+(x_i-\theta)^2]}。\tag{7.6.7}$$

因此，θ 的极大似然估计量就是使如下表达式达到最小的值：

$$\prod_{i=1}^{n}[1+(x_i-\theta)^2]。\tag{7.6.8}$$

对大部分 $x_1,\cdots,x_n$ 的值，使式（7.6.8）最小化的 θ 值必须通过数值计算来求出。◀

代替式（7.6.4）的精确解的方法是从 α 的启发式估计量开始，然后应用牛顿法。

定义 7.6.2 牛顿法 设 $f(\theta)$ 是实变量的实值函数，并假设我们欲解方程 $f(\theta)=0$。设 θ_0 为解的初始近似值。牛顿法用以下更新近似值代替初始近似值：

$$\theta_1=\theta_0-\frac{f(\theta_0)}{f'(\theta_0)}。$$

牛顿迭代法的基本原理如图 7.7 所示。函数 $f(\theta)$ 用实线表示。牛顿法通过曲线在点 $(\theta_0,f(\theta_0))$ 处的切线去近似曲线，即过点 $(\theta_0,f(\theta_0))$ 的虚线，这个点用小圆圈表示。近似直线与横坐标轴的交点作为修正的近似值 θ_1。通常，我们用修正的近似值代替初始近似值，一直迭代下去，直到结果稳定。

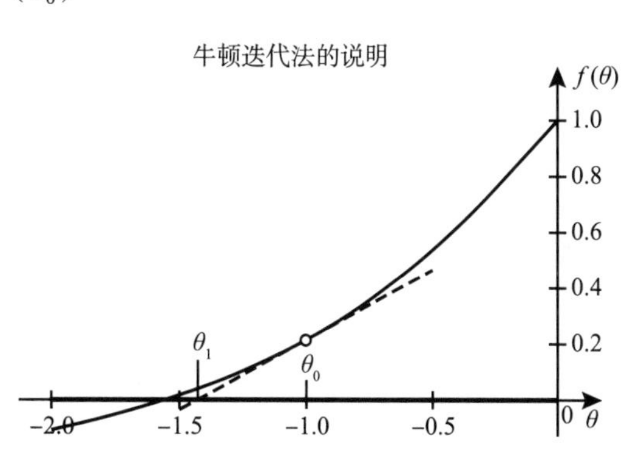

图 7.7 牛顿法求方程 $f(\theta)=0$ 的近似解。初始近似值为 θ_0，修正的近似值为 θ_1

例 7.6.6 从伽马分布中抽样 例 7.6.4 中，假设我们观察 $n=20$ 个来自参数为 α 和 1 的伽马分布的随机变量 $X_1,\cdots,X_{20}$。假设观测值满足 $\frac{1}{20}\sum_{i=1}^{20}\ln(x_i)=1.220$ 和 $\frac{1}{20}\sum_{i=1}^{20}x_i=3.679$。我们希望用牛顿迭代法来近似极大似然估计值。一个合理的初始近似值是基于 $E(X_i)=\alpha$，这就意味着要使用样本均值 $\alpha_0=3.679$。函数 $f(\alpha)$ 是 $\psi(\alpha)-1.220$，其中 ψ 是 digamma 函数。导数 $f'(\alpha)$ 是 $\psi'(\alpha)$，称为 trigamma 函数。牛顿迭代法将 α_0 更新为

$$\alpha_1=\alpha_0-\frac{\psi(\alpha_0)-1.220}{\psi'(\alpha_0)}=3.679-\frac{1.1607-1.220}{0.3120}=3.871。$$

在这里，我们使用了统计软件来计算 digamma 和 trigamma 函数。经过两次迭代后，近似值稳定在 3.876。 ◀

如果 $f'(\theta)/f(\theta)$ 在 θ_0 和 $f(\theta)=0$ 的实际解之间接近于 0，牛顿法就会失败。牛顿迭代法有一个多维版本，我们这里不介绍。也有许多其他的数值方法来最大化函数。任何关于数值优化的文献，比如 Nocedal 和 Wright（2006），都会描述其中的一些内容。

矩估计法

例 7.6.7 从伽马分布中抽样 假设 $X_1,\cdots,X_n$ 是来自参数为 α 和 β 的伽马分布的随机样本。例 7.6.4 中，我们解释了如果 β 已知，如何求出 α 的极大似然估计量。这种方法涉及 digamma 函数，许多人对此并不熟悉。在这个例子中，贝叶斯估计也很难求到，因为我们必须要对一个包含因子 $1/\Gamma^n(\alpha)$ 的函数积分。在这个例子中，难道就没有其他方法来估计向量参数 θ 吗？ ◀

矩估计法是一种直观的参数估计方法，而其他更吸引人的方法可能太难。它也可以用来获得应用牛顿法的初始近似值。

定义 7.6.3 矩估计法 假设 $X_1,\cdots,X_n$ 是来自某个 k 维参数 θ、k 阶矩有限的分布的随机样本。对于 $j=1,\cdots,k$，设 $\mu_j(\theta)=E(X_1^j|\theta)$。假设函数 $\mu(\theta)=(\mu_1(\theta),\cdots,\mu_k(\theta))$ 是 θ 的一一对应的函数。设 $M(\mu_1,\cdots,\mu_k)$ 表示反函数，即对于所有 θ，有

$$\theta = M(\mu_1(\theta), \cdots, \mu_k(\theta)),$$

称 $m_j = \frac{1}{n}\sum_{i=1}^{n} X_i^j \ (j=1,\cdots,k)$ 为样本矩，称 $\hat{\theta}=M(m_1,\cdots,m_k)$ 为 θ 的矩估计量。

矩估计法的通常实现方式是建立 k 个 $m_j=\mu_j(\theta)$ 的方程，然后求 θ。

例 7.6.8　从伽马分布中抽样　例 7.6.4 中，我们考虑了来自参数为 α 和 1 的伽马分布的容量为 n 的样本。每个随机变量的均值为 $\mu_1(\alpha)=\alpha$，矩估计量是 $\hat{\alpha}=m_1$，即样本均值。它可以作为例 7.6.6 用牛顿法的初始近似值。◀

例 7.6.9　从两个参数都未知的伽马分布中抽样　定理 5.7.5 告诉我们带参数 α 和 β 的伽马分布的前两阶矩是

$$\mu_1(\theta) = \frac{\alpha}{\beta},$$

$$\mu_2(\theta) = \frac{\alpha(\alpha+1)}{\beta^2}。$$

矩估计法是用样本矩代替等式的左边，然后求解出 α 和 β。在这种情况下，我们得到矩估计量

$$\hat{\alpha} = \frac{m_1^2}{m_2 - m_1^2},$$

$$\hat{\beta} = \frac{m_1}{m_2 - m_1^2}。$$

注意，$m_2-m_1^2$ 正好是样本方差。◀

例 7.6.10　从均匀分布中抽样　例 7.5.9 中，假设 $X_1,\cdots,X_n$ 是来自在区间 $[\theta,\theta+1]$ 上均匀分布的随机样本。在这个例子中，我们发现极大似然估计不唯一，而且存在一个极大似然估计值的区间

$$\max\{x_1,\cdots,x_n\} - 1 \leqslant \theta \leqslant \min\{x_1,\cdots,x_n\}。\tag{7.6.9}$$

这个区间包含所有可能与观测数据一致的 θ 值。我们现在将应用矩估计法，它只产生一个估计量。每个 X_i 的均值是 $\theta+1/2$，所以矩估计量是 $\overline{X}_n-1/2$。特别地，人们会期望矩估计量的观测值是区间（7.6.9）中的某个数字。然而，情况并非总是如此。例如，如果观察到 $n=3$ 和 $X_1=0.2$，$X_2=0.99$，$X_3=0.01$，则（7.6.9）给出的区间是 $[-0.01, 0.01]$，而 $\overline{X}_3=0.4$。矩估计值为 -0.1，不可能是 θ 的真值。◀

有几个例子中矩估计量也是极大似然估计量。其中一些例子是本节的习题。

尽管偶尔会出现一些如例 7.6.10 的问题，但矩估计量通常是在定义 7.4.6 的意义上的估计量的相容序列。

定理 7.6.3　假设 $X_1,X_2,\cdots$ 是来自独立同分布的随机变量序列，同服从具有 k 维参数向量 θ 的某个分布。假设该分布的前 k 阶矩存在且有限（对于所有 θ），还假设定义 7.6.3 的反函数 M 连续，则基于 $X_1,\cdots,X_n$ 的矩估计量是 θ 的估计量的相容序列。

证明　大数定律表明，样本矩依概率收敛到矩 $\mu_1(\theta),\cdots,\mu_k(\theta)$。定理 6.2.5 推广到 k 个变量的函数，意味着利用样本矩计算的 M（即矩估计量）依概率收敛到 θ。■

极大似然估计量与贝叶斯估计量

贝叶斯估计量和极大似然估计量仅通过似然函数依赖于数据。它们以不同的方式使用似然函数，但在许多问题中它们会非常相似。当函数$f(x|\theta)$满足一定的光滑性条件（作为θ的函数）时，可以证明随着样本量的增加，似然函数会越来越像一个正态概率密度函数。更具体地说，随着n的增加，似然函数开始看起来像一个常数（不依赖于θ，但可能依赖于数据）乘以

$$\exp\left[-\frac{1}{2V_n(\theta)/n}(\theta-\hat{\theta})^2\right], \tag{7.6.10}$$

其中$\hat{\theta}$是极大似然估计量，$V_n(\theta)$是一个随机变量序列。当$n\to\infty$时，$V_n(\theta)$通常收敛到某个极限，我们把这个极限记为$v_\infty(\theta)$。当n很大时，式（7.6.10）中的函数随着θ接近$\hat{\theta}$而迅速上升到峰值，然后随着θ远离$\hat{\theta}$而迅速下降。在这些条件下，只要θ的先验概率密度函数与峰值似然函数相比是相对平坦的，后验概率密度函数看起来就很像似然函数乘以必要的常数，将其转换为概率密度函数。θ的后验均值近似为$\hat{\theta}$。事实上，θ的后验分布近似为正态分布，均值为$\hat{\theta}$，方差为$V_n(\hat{\theta})/n$。类似地，极大似然估计量的分布（给定θ）也近似为正态分布，均值为θ和方差为$v_\infty(\theta)/n$。这些命题的准确化需要一些条件和证明，这超出了本书的范围，大家可以在Schervish（1995）的第7章中找到。

例7.6.11　从指数分布中抽样　假设$X_1,X_2,\cdots$是独立同分布的随机变量，同服从参数为θ的指数分布。令$T_n=\sum_{i=1}^{n}X_i$，则θ的极大似然估计量是$\hat{\theta}_n=n/T_n$（见7.5节习题7）。因为$1/\hat{\theta}_n$是一个有限方差的独立同分布的随机变量的平均值，中心极限定理告诉我们$1/\hat{\theta}_n$的分布是近似正态分布。在这种情况下，近似正态分布的均值和方差分别为$1/\theta$和$1/(\theta^2 n)$。delta方法（定理6.3.2）表明，$\hat{\theta}$近似为正态分布，均值为θ和方差为θ^2/n。在上面的符号中，我们有$V_n(\theta)=\theta^2$。

其次，设θ的先验分布为参数为α和β的伽马分布。定理7.3.4表示，后验分布是参数为$\alpha+n$和$\beta+t_n$的伽马分布。我们证明这种伽马分布近似正态分布。为简单起见，假设α是一个整数。θ的后验分布与“$\alpha+n$个参数为$\beta+t_n$的独立同分布的指数随机变量之和的分布”相同。这样的和近似服从正态分布，均值为$(\alpha+n)/(\beta+t_n)$和方差为$(\alpha+n)/(\beta+t_n)^2$。如果α和β小，则近似均值在$n/t_n=\hat{\theta}$附近，近似方差则在$n/t_n^2=\hat{\theta}^2/n=V_n(\hat{\theta})/n$附近。◀

例7.6.12　普鲁士军队死亡　例7.3.14中，我们求得θ的后验分布，θ是普鲁士军队中基于280个观察样本的平均每年死于马蹄的人数。后验分布为伽马分布，参数为196和280。通过与例7.6.11相同的讨论，该伽马分布可以看成196个独立同分布的参数为280的指数随机变量之和的分布。这个和的分布近似为正态分布，均值为196/280，方差为$196/280^2$。

使用例7.3.14的数据，我们可以求θ的极大似然估计值，这是280个观测值的平均值（根据7.5节习题5）。根据中心极限定理，280个独立同分布的均值为θ的泊松随机变量平均值近似为正态分布，均值为θ和方差为$\theta/280$。用前面的符号，我们有$V_n(\theta)=\theta$。观测

数据的极大似然估计值为 $\hat{\theta}=196/280$，为后验分布的均值。后验分布的方差也为 $V_n(\hat{\theta})/n=\hat{\theta}/280$。◀

在两种常见的情况下，后验分布和极大似然估计量的分布不像前面讨论的那样是相似的正态分布。一种是当样本量不是很大时候，另一种是当似然函数不光滑时。一个小样本的例子是我们的电子元件的例子。

例 7.6.13　电子元件的寿命　例 7.3.12 中，我们有一个 $n=3$ 的参数为 θ 的指数随机变量的样本。后验分布为伽马分布，参数为 4 和为 8.6。极大似然估计量为 $\hat{\theta}=3/(X_1+X_2+X_3)$，其分布为参数为 3 和 3θ 的伽马随机变量倒数的分布。图 7.8 显示后验概率密度函数的图像与极大似然估计量的概率密度函数图像，这里假定极大似然估计的观测值 $\theta=3/6.6$。此外，这两个概率密度函数的图像是相似的，但仍然有不同之处。与后验分布具有相同的均值和方差的正态分布图像，也出现在图上。◀

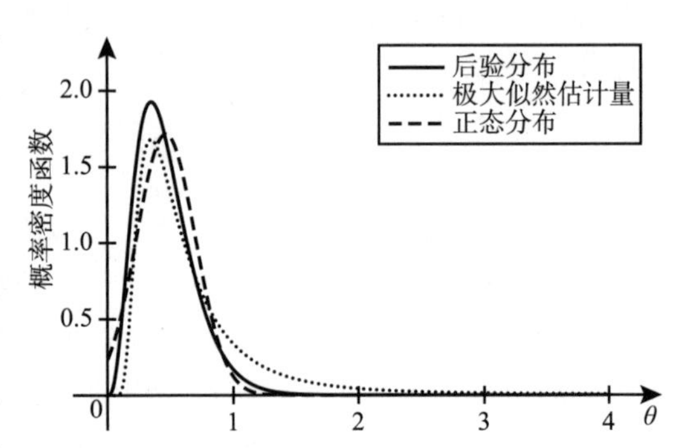

图 7.8　例 7.6.13 中后验分布（实线），极大似然估计量（点线）与近似正态分布（虚线）的概率密度函数的图像比较，$\theta=3/6.6$ 使得概率密度函数尽可能相似

一个非光滑似然函数的例子涉及区间 $[0,\theta]$ 上的均匀分布。

例 7.6.14　从均匀分布中抽样　例 7.5.7 中，我们基于区间 $[0,\theta]$ 上均匀分布的容量为 n 的样本，求出了 θ 的极大似然估计量，是 $\hat{\theta}=\max\{X_1,\cdots,X_n\}$。利用例 3.9.6 中的结果，我们可以求得 $\hat{\theta}$ 的精确分布，$Y=\hat{\theta}$ 的概率密度函数是

$$g_n(y\mid\theta)=n[F(y\mid\theta)]^{n-1}f(y\mid\theta),\tag{7.6.11}$$

其中 $f(\cdot\mid\theta)$ 是 $[0,\theta]$ 上均匀分布的概率密度函数，$F(\cdot\mid\theta)$ 是相应的分布函数。将这些已知函数代入式（7.6.11）得到 $Y=\hat{\theta}$ 的概率密度函数：

$$g_n(y\mid\theta)=n\left(\frac{y}{\theta}\right)^{n-1}\frac{1}{\theta}=n\frac{y^{n-1}}{\theta^n},$$

对于 $0<y<\theta$。这个概率密度函数并不像一个正态概率密度函数，它是非常不对称的，其最大值是极大似然估计的最大可能值。事实上，我们可以分别计算 $\hat{\theta}$ 的均值和方差，分别为

$$E(\hat{\theta})=\frac{n}{n+1}\theta,$$

$$\operatorname{Var}(\hat{\theta})=\frac{n}{(n+1)^2(n+2)}\theta^2。$$

方差下降到 $1/n^2$，而不是我们之前看到的渐近正态的例子中的 $1/n$。

如果 n 足够大，则 θ 的后验分布的概率密度函数近似为其似然函数乘以某个常数，使其成为概率密度函数。似然函数由式（7.5.8）给出，我们对其关于 θ 积分可以得到这个常数，从而有如下 θ 的近似后验概率密度函数：

$$\xi(\theta \mid \boldsymbol{x}) \approx \begin{cases} \dfrac{(n-1)\hat{\theta}^{n-1}}{\theta^n}, & \theta > \hat{\theta}, \\ 0, & \text{其他。} \end{cases}$$

该近似后验分布的均值和方差分别为$(n-1)\hat{\theta}/(n-2)$和$(n-1)\hat{\theta}^2/[(n-2)^2(n-3)]$。后验均值仍几乎等于极大似然估计量的分布的均值（但稍大一点），后验方差与极大似然估计量的分布的方差都以 $1/n^2$ 的速率减小。但是后验分布一点也不像正态分布，因为其概率密度函数在 θ 的最小值处达到最大值，并从那里开始减小。◀

EM 算法

在许多复杂的情况下，很难计算极大似然估计量，其中许多情况涉及丢失数据的形式。术语“丢失数据”可以指几种不同类型的信息，最明显的就是我们计划或希望观察到的但未被观察到的观察结果。例如，假设我们计划收集一些运动员身高和体重的样本。由于可能超出我们控制范围，我们可能会观察到大多数运动员的身高和体重，但是我们只观察到了“这些”（一个子集）运动员的身高和“那些”（另外一个子集）运动员的体重。如果我们将身高和体重建模为二元正态分布，则可能需要计算该分布参数的极大似然估计值。对于完整的数据对，本节习题 24 给出了极大似然估计量的公式。不难看出，在上述缺少数据的情况下，极大似然估计值的计算将要复杂得多。

EM 算法是一种迭代方法，用于在丢失数据导致难以找到极大似然估计量的闭式表达式时近似极大似然估计量。从第 0 步开始（与大多数迭代程序一样），初始参数向量为 $\theta^{(0)}$。要从第 j 步到第 $j+1$ 步，我们先要写出全数据的对数似然函数，如果我们观察到丢失数据，它就是似然函数的对数。丢失数据的值在全数据的对数似然函数中显示为随机变量，而不是观察值。EM 算法的“E”步骤如下：给定观察数据，计算丢失数据的条件分布，假设参数 θ 等于 $\theta^{(j)}$，然后将 θ 视为常数，将丢失数据视为随机变量，计算全数据的对数似然函数的条件均值。E 步从全数据的对数似然函数中剔除了未观察到的随机变量，并将 θ 保留。对于“M”步，选择 $\theta^{(j+1)}$ 以使刚计算出的全数据的对数似然函数的期望最大化。M 步骤将带你进入 $j+1$ 步。理想情况下，最大化步骤并不比实际观察到丢失数据时难。

例 7.6.15 身高和体重 假设我们尝试观察 $n=6$ 对身高和体重，但是我们只得到三个人的完整数据向量（身高+体重），一个人的体重数据和另外两个人的身高数据。我们将其建模为二元正态随机向量，我们想求参数向量$(\mu_1,\mu_2,\sigma_1{}^2,\sigma_2^2,\rho)$的极大似然估计量。（此例仅用于说明。我们不能指望利用这 9 个观测值且没有先验信息的 5 维参数向量进行良好的估计。）数据如表 7.1 所示，缺失的体重为 $X_{4,2}$ 和 $X_{5,2}$，缺失的身高为 $X_{6,1}$。全数据的对数似然函数是六个形如式（5.10.2）的表达式的对数之和，每一个表达式都用表 7.1 的一行替换虚拟变量(x_1,x_2)。例如，与表 7.1 的第四行相对应的项是

$$-\ln(2\pi\sigma_1\sigma_2)-\frac{1}{2}\ln(1-\rho^2)-\frac{1}{2(1-\rho^2)}\left[\left(\frac{68-\mu_1}{\sigma_1}\right)^2-\right.$$
$$\left.2\rho\left(\frac{68-\mu_1}{\sigma_1}\right)\left(\frac{X_{4,2}-\mu_2}{\sigma_2}\right)+\left(\frac{X_{4,2}-\mu_2}{\sigma_2}\right)^2\right]。\tag{7.6.12}$$

作为初始参数向量，我们选择从观察到的数据中计算出的原始估计值：

$$\theta^{(0)}=(\mu_1^{(0)},\mu_2^{(0)},\sigma_1^{2(0)},\sigma_2^{2(0)},\rho^{(0)})=(69.60,194.75,2.87,14.82,0.1764)。$$

其中包括基于两个坐标的边际分布的极大似然估计值，以及从三个完整观测值计算出的样本相关系数。

表 7.1　例 7.6.15 中的身高和体重数据。缺失值我们用随机变量来表示

身高	体重
72	197
70	204
73	208
68	$X_{4,2}$
65	$X_{5,2}$
$X_{6,1}$	170

E 步，我们设定初始值 $\theta=\theta^{(0)}$，并在给定观测数据的情况下，计算全数据的对数似然函数的条件均值。对于表 7.1 的第四行，根据定理 5.10.4 可得，给定观测数据和 $\theta=\theta^{(0)}$，$X_{4,2}$ 的条件分布是正态分布，均值为

$$194.75+0.1764\times(14.82)^{1/2}\left(\frac{68-69.60}{2.87^{1/2}}\right)=193.3,$$

且方差为 $(1-0.1764^2)14.82^2=212.8$。那么 $(X_{4,2}-\mu_2)^2$ 的条件均值为 $212.8+(193.3-\mu_2)^2$。那么式 (7.6.12) 中条件均值的表达式为

$$-\ln(2\pi\sigma_1\sigma_2)-\frac{1}{2}\ln(1-\rho^2)-\frac{1}{2(1-\rho^2)}\left[\left(\frac{68-\mu_1}{\sigma_1}\right)^2-\right.$$
$$\left.2\rho\left(\frac{68-\mu_1}{\sigma_1}\right)\left(\frac{193.3-\mu_2}{\sigma_2}\right)+\left(\frac{193.3-\mu_2}{\sigma_2}\right)^2+\frac{212.8}{\sigma_2^2}\right]。$$

关于最后一个表达式，需要注意的一点是，除了最后一项 $212.8/\sigma_2^2$，如果观察到 $X_{4,2}$ 等于其条件均值 193.3，则这个表达式就是对数似然函数。对于其他两个缺失坐标的观测值，可以进行类似的计算。每一个都会对对数似然函数产生贡献，体现在缺失坐标的条件方差除以其方差加上其对数似然函数（它是观察到缺失值等于其条件均值时的对数似然函数）。这使得 M 步与求完整数据集的极大似然估计量几乎完全相同。与本节习题 24 中的公式唯一的区别如下：对于缺少 X 的每个观测值，我们在 $\hat{\sigma}_1^2$ 和 $\hat{\rho}$ 的公式中，在给定 Y 下 X 的条

件方差加上 $\sum_{i=1}^{n}(X_i-\overline{X}_n)^2$。同样，对于每个缺少 Y 的观测值的情况，我们在 $\hat{\sigma}_2^2$ 和 $\hat{\rho}$ 的公式中，给定 X 下 Y 的条件方差加上 $\sum_{i=1}^{n}(Y_i-\overline{Y}_n)^2$。

我们现在用这个例子的数据来说明 EM 算法的第一次迭代。我们已经有 $\theta^{(0)}$，我们可以从 $\theta^{(0)}$ 处的观测数据计算对数似然函数的值为-31.359。为了开始算法，我们已经从表 7.1 的第四行计算了缺少的第二个坐标的条件均值和方差。第五行相应的条件均值和方差分别为 190.6 和 212.8，第六行为 68.76 和 7.98。对于 E 步，我们用条件均值替换缺失的观测值，并将条件方差添加到偏差差平方和中。对于 M 步骤，我们将刚刚计算的值插入到上述习题 24 的公式中。新参数向量是

$$\theta^{(1)}=(69.46,193.81,2.88,14.83,0.3742),$$

对数似然值是-31.03。经过 32 次迭代后，估算值和对数似然的值停止变化。于是最终估计值是

$$\theta^{(32)}=(68.86,189.71,3.15,15.03,0.8965),$$

对数似然值为-29.66。◀

例 7.6.16　混合正态分布　EM 算法非常流行的用途是拟合混合分布。令 $X_1,\cdots,X_n$ 为随机变量，每一个随机变量要么是从均值为 μ_1 和方差为 σ^2（概率为 p）的正态分布随机抽样，要么是从均值为 μ_2 和方差为 σ^2（概率为 $1-p$）的正态分布中抽样，其中 $\mu_1<\mu_2$。$\mu_1<\mu_2$ 的限制是为了使模型在以下意义上可识别。如果允许 $\mu_1=\mu_2$，则 p 的每个值都会导致可观察数据的相同联合分布。同样，如果 $\mu_1>\mu_2$，则切换两个均值并将 p 更改为 $1-p$ 将为可观察数据产生相同的联合分布。限制 $\mu_1<\mu_2$ 确保了每个不同的参数向量对于可观察的数据产生不同的联合分布。

图 7.4 中的数据是一个典型的两个正态分布的混合分布，均值相差不远。由于我们假设两个分布的方差相同，我们不会遇到例 7.5.10 中出现的问题。

观测值 $X_1=x_1,\cdots,X_n=x_n$ 的似然函数为

$$\prod_{i=1}^{n}\left[\frac{p}{(2\pi)^{1/2}\sigma}\exp\left(\frac{-(x_i-\mu_1)^2}{2\sigma^2}\right)+\frac{1-p}{(2\pi)^{1/2}\sigma}\exp\left(\frac{-(x_i-\mu_2)^2}{2\sigma^2}\right)\right]。\quad(7.6.13)$$

参数向量为 $\theta=(\mu_1,\mu_2,\sigma^2,p)$，正如前面写的那样，似然函数的最大化是一个挑战。但是，我们可以引入缺失的观测值 $Y_1,\cdots,Y_n$，如果 X_i 从均值为 μ_1 的分布中抽样，则 $Y_i=1$；而如果 X_i 从均值为 μ_2 的分布中抽样，则 $Y_i=0$。全数据的对数似然函数可写为，"缺失数据 Y 的边际概率函数的对数之和"加上"给定数据 Y 的条件下观察到数据 X 的条件概率密度函数的对数"，即

$$\sum_{i=1}^{n}Y_i\ln(p)+\left(n-\sum_{i=1}^{n}Y_i\right)\ln(1-p)-\frac{n}{2}\ln(2\pi\sigma^2)-$$
$$\frac{1}{2\sigma^2}\sum_{i=1}^{n}\left[Y_i(x_i-\mu_1)^2+(1-Y_i)(x_i-\mu_2)^2\right]。\quad(7.6.14)$$

在第 j 步中，θ 的估计值为 $\theta^{(j)}$，E 步首先根据观测数据和 $\theta=\theta^{(j)}$ 来求 $Y_1,\cdots,Y_n$ 的条件分布。由于 $(X_1,Y_1),\cdots,(X_n,Y_n)$ 是独立的随机变量对，因此我们可以分别求每对的条件分布。(X_i,Y_i) 的联合分布是具有如下概率/密度函数的混合分布：

$$f(x_i,y_i\mid\theta^{(j)})=\frac{p^{y_i}(1-p)^{1-y_i}}{(2\pi)^{1/2}\sigma^{(j)}}\exp\left(-\frac{1}{\sigma^{2(j)}}[y_i(x_i-\mu_1^{(j)})^2+(1-y_i)(x_i-\mu_2^{(j)})^2]\right)。$$

X_i 的边际概率密度函数是式（7.6.13）中的第 i 个因子。在给定观测数据下，很容易确定 Y_i 的条件分布是伯努利分布，参数由下式给出

$$q_i^{(j)}=\frac{p^{(j)}\exp\left(-\frac{(x_i-\mu_1^{(j)})^2}{2\sigma^{2(j)}}\right)}{p^{(j)}\exp\left(-\frac{(x_i-\mu_1^{(j)})^2}{2\sigma^{2(j)}}\right)+(1-p^{(j)})\exp\left(-\frac{(x_i-\mu_2^{(j)})^2}{2\sigma^{2(j)}}\right)}。\tag{7.6.15}$$

由于全数据的对数似然函数是 Y_i 的线性函数，因此 E 步中我们仅用 $q_i^{(j)}$ 替换式（7.6.14）中的 Y_i，结果如下

$$\sum_{i=1}^n q_i^{(j)}\ln(p)+\left(n-\sum_{i=1}^n q_i^{(j)}\right)\ln(1-p)-\frac{n}{2}\ln(2\pi\sigma^2)-\frac{1}{2\sigma^2}\sum_{i=1}^n[q_i^{(j)}(x_i-\mu_1)^2+(1-q_i^{(j)})(x_i-\mu_2)^2]。\tag{7.6.16}$$

最大化式（7.6.16）很简单。由于 p 仅出现在前两项中，因此我们看到 $p^{(j+1)}$ 只是 $q_i^{(j)}$ 的平均值。同样，$\mu_1^{(j+1)}$ 是 X_i 的加权平均值，权重为 $q_i^{(j)}$。同样，$\mu_2^{(j+1)}$ 是 X_i 的加权平均值，权重为 $1-q_i^{(j)}$。最后，

$$\sigma^{2(j+1)}=\frac{1}{n}\sum_{i=1}^n[q_i^{(j)}(x_i-\mu_1^{(j+1)})^2+(1-q_i^{(j)})(x_i-\mu_2^{(j+1)})^2]。\tag{7.6.17}$$

我们将使用例 7.3.10 中的数据说明 E 步和 M 步中的第一步。对于初始参数向量 $\theta^{(0)}$，我们令 $\mu_1^{(0)}$ 为 10 个最小观测值的平均值，$\mu_2^{(0)}$ 为 10 个最大观测值的平均值。我们设置 $p^{(0)}=1/2$，并且 $\sigma^{2(0)}$ 是 10 个最小观测值的样本方差和 10 个最大观测值的样本方差的平均值，从而

$$\theta^{(0)}=(\mu_1^{(0)},\mu_2^{(0)},\sigma^{2(0)},p^{(0)})=(-7.65,7.36,46.28,0.5)。$$

对于 20 个观测值中的每一个 x_i，我们计算 $q_i^{(0)}$。例如，$x_{10}=-4.0$，根据式（7.6.15），

$$q_{10}^{(0)}=\frac{0.5\exp\left(-\frac{(-4.0+7.65)^2}{2\times46.28}\right)}{0.5\exp\left(-\frac{(-4.0+7.65)^2}{2\times46.28}\right)+0.5\exp\left(-\frac{(-4.0-7.36)^2}{2\times46.28}\right)}=0.7774。$$

如果 $x_8=9.0$，类似计算得出 $q_8^{(0)}=0.0489$。对式（7.6.13）取对数，我们可计算初始的对数似然值是 -75.98。20 个 $q_i^{(0)}$ 值的平均值为 $p^{(1)}=0.4402$。使用 $q_i^{(0)}$ 作为权重的数据

的加权平均值为 $\mu_1^{(1)}=-7.736$，而使用 $1-q_i^{(0)}$ 的加权平均值为 $\mu_2^{(1)}=6.3068$。利用式（7.6.17），我们得到 $\sigma^{2(1)}=56.5491$。对数似然值上升至-75.19。经过25次迭代后，结果定为 $\theta^{(25)}=(-21.9715,2.6802,48.6864,0.1037)$，最终对数似然值为-72.84。于是从观察数据拟合的混合分布的概率密度函数为

$$f(x)=\frac{0.1037}{(2\pi\times48.6864)^{1/2}}\exp\left(-\frac{(x+21.9715)^2}{2\times48.6864}\right)+\frac{1-0.1037}{(2\pi\times48.6864)^{1/2}}\exp\left(-\frac{(x-2.6802)^2}{2\times48.6864}\right),$$

我们把图7.4的直方图与拟合的概率密度函数图像放在图7.9中。此外，图7.9也显示了基于单个正态分布拟合的概率密度函数图像，该单一正态分布的均值和方差分别为0.1250和110.6809。◀

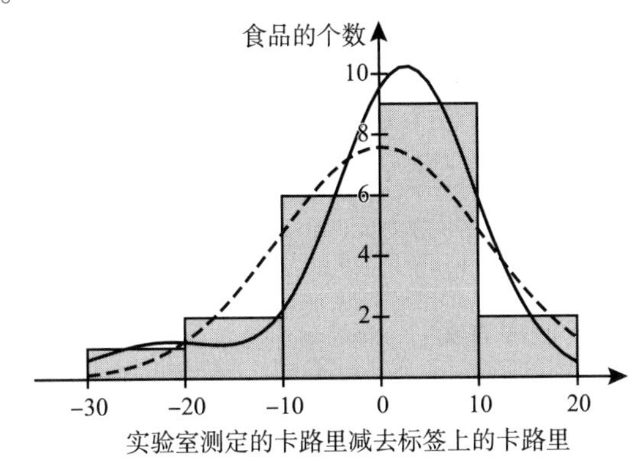

图7.9 例7.3.10数据的直方图，还有例7.6.16拟合的概率密度函数（实线）。概率密度函数已被放大以匹配直方图给出计数。同时，虚线给出了基于单个正态分布拟合的概率密度函数曲线

可以证明对数似然值会随着算法的迭代而增加，并且该算法会收敛到似然函数的局部极大值。与其他最大值的数值算法一样，EM算法将很难保证收敛到全局最大值。

抽样方案

假设一位试验者想要从某个分布取得观察值，这个分布的概率函数或概率密度函数为 $f(x|\theta)$，以获取关于参数 θ 值的信息。试验者需要事先确定样本量，然后简单地按照这个样本量从分布中抽取随机样本。然而不是这样，他也许会先从这个分布中随机观测几个值，并记下得到这些观察值所需要花的成本和时间。然后，他会决定再从这个分布中随机观测更多的一些值，并研究他已得到的所有值。在某一刻，试验者决定停止收集数据，他会利用已得到的所有观察值去估计 θ 的值。他决定停止的原因，或许是因为他

感到已经有了足够的信息能够得到 θ 的好的估计，也有可能是他没有能力花费更多的钱或时间去取样。

在某次实验中，样本中观察值的数量 n 事先没有固定。它是个随机变量，它的值可能会依赖于他们所得的观察值的大小。

假设试验者考虑采用一种方案，这种方案对每个 n，在收集了 n 个观测值之后是否停止抽样的决定是这 n 个观测值的函数。不管试验者是否采用刚才所描述的抽样方案，还是在收集任何观察值前决定固定 n 的值，都能证明基于观察值的似然函数成比例于（作为 θ 的函数）

$$f(x_1 \mid \theta)\cdots f(x_n \mid \theta)。$$

在这种情况下，θ 的极大似然估计值都将是相同的，不依赖于采用哪种抽样方案。换句话说，$\hat{\theta}$ 的值仅依赖于实际观察到的 $x_1,\cdots,x_n$ 值，而不取决于试验者采用的方案，即决定什么时候停止抽样（如果有的话）。

为了说明这个性质，假设顾客相继到达某个服务设施的时间间隔（单位：分钟）是独立同分布的随机变量，同服从参数为 θ 的指数分布，假设观察到的时间间隔 $X_1,\cdots,X_n$ 是来自这个分布的随机样本。从7.5节习题7可知，θ 的极大似然估计量是 $\hat{\theta}=1/\overline{X}_n$。同样，既然指数分布的均值 μ 是 $1/\theta$，由极大似然估计量的不变性可知：$\hat{\mu}=\overline{X}_n$。换句话说，均值的极大似然估计量是样本观察值的平均值。

现在我们考虑如下三个抽样方案：

1. 某试验者事先决定恰好抽取20个观察值，而且发现这20个数据的平均值是6，那么 μ 的极大似然估计值是 $\hat{\mu}=6$。

2. 某试验者决定抽取观察值 $X_1,X_2,\cdots$ 直到她得到一个比10大的值。她发现当 $i=1,\cdots,19$ 时都有 $X_i<10$，而 $X_{20}>10$。因此，在观察到第20个观察值时抽样终止。如果这20个观察值的平均值是6，那么极大似然估计值又是 $\hat{\mu}=6$。

3. 某试验者头脑里并没有特别的计划，每次观测一个数据，直到她被迫停止抽样或她对抽样感到厌烦为止。她确定这些原因（被迫停止或感到疲倦）均不以任何方式依赖于 μ。假如不管何种原因，她都收集了20个观察值，且这20个观察值的平均值是6，那么极大似然估计值也是 $\hat{\mu}=6$。

有时，这样一个试验必须在试验者等待另一个顾客到来的时间间隔内终止。如果在上一个顾客到达后又过去了很多时间，这段时间也不应该被删除在样本数据外，尽管这个完整的时间间隔并没有被观察到。例如，假设最先20个观察值的平均值是6，试验者又等待了15分钟，但是没有其他顾客到达，那么她就结束了实验。在这种情况下，由于第21个观察值一定会比15大，尽管它的准确值未知，但我们可以知道 μ 的极大似然估计值应该大于6。新的极大似然估计值可以通过把最先得到的20个观察值的似然函数乘以第21个观察值大于15的概率，即 $\exp(-15\theta)$，得到新的似然函数，并使这个新的似然函数达到最大来得到 θ 的值（见本节习题15）。

记住，极大似然估计量取决于似然函数。允许极大似然估计量依赖于抽样方案的唯一方式就是通过似然函数。如果决定什么时候停止观察数据完全基于现有的观察值，那么这个信息已经被包括在似然函数里了。如果是由于其他原因而终止的，我们需要对每个给定的 θ 值评估“其他因素”的概率，将这个概率包括在似然函数中。

极大似然估计量的其他性质将会在本章后面及第 8 章中讨论。

小结

函数 $g(\theta)$ 的极大似然估计量是 $g(\hat{\theta})$，其中 $\hat{\theta}$ 是 θ 的极大似然估计量。例如，如果 θ 是排队等候的顾客接受服务的速率，那 $1/\theta$ 是平均服务时间。$1/\theta$ 的极大似然估计量就是 1 除以 θ 的极大似然估计量。有时我们求不出参数的极大似然估计量的闭式表达式，我们必须求助于数值方法来求出或近似极大似然估计量。在绝大多数问题中，当样本量增大时，极大似然估计量序列依概率收敛于参数。当在采集数据时何时终止的决定仅取决于已经观察到的数据或基于与参数无关的其他考虑时，那么这个极大似然估计量将不会依赖于抽样方案。那就是说，如果两种不同的抽样方案导致成比例的似然函数，那么使一个似然函数最大化的 θ 值也会使另一个最大化。

习题

1. 假设 $X_1,\cdots,X_n$ 是来自概率密度函数如 7.5 节习题 10 中所定义的分布的随机样本。求 $e^{-1/\theta}$ 的极大似然估计量。
2. 假设 $X_1,\cdots,X_n$ 是来自均值未知的泊松分布的随机样本。计算出分布标准差的极大似然估计量。
3. 假设 $X_1,\cdots,X_n$ 是来自参数 β 未知的指数分布的随机样本。计算分布中位数的极大似然估计量。
4. 假设某种型号台灯的寿命服从参数 β 未知的指数分布。在时间段 T 小时内，随机抽取 n 只这种型号的台灯做测试，并在这期间观察到失效的台灯数 X，但是没有记录下具体的失效时间。计算基于 X 观察值的 β 的极大似然估计量。
5. 假设 $X_1,\cdots,X_n$ 是来自区间 $[a,b]$ 上均匀分布的随机样本，其中端点 a 和 b 都未知。求出分布均值的极大似然估计量。
6. 假设 $X_1,\cdots,X_n$ 是来自均值和方差都未知的正态分布的随机样本。求此分布 0.95 分位数的极大似然估计量，即求 θ 的值使得 $P(X<\theta)=0.95$。
7. 同样考虑习题 6 中的条件，求出 $v=P(X>2)$ 的极大似然估计量。
8. 假设 $X_1,\cdots,X_n$ 是来自概率密度函数由式（7.6.2）定义的伽马分布的随机样本，求 $\Gamma'(\alpha)/\Gamma(\alpha)$ 的极大似然估计量。
9. 假设 $X_1,\cdots,X_n$ 是来自参数 α 和 β 都未知的伽马分布的随机样本，求 α/β 的极大似然估计量。
10. 假设 $X_1,\cdots,X_n$ 是来自参数 α 和 β 均未知的贝塔分布的随机样本，证明 α，β 的极大似然估计量满足下列式子：

$$\frac{\Gamma'(\hat{\alpha})}{\Gamma(\hat{\alpha})}-\frac{\Gamma'(\hat{\beta})}{\Gamma(\beta)}=\frac{1}{n}\sum_{i=1}^{n}\ln\frac{X_i}{1-X_i}。$$

11. 假设 $X_1,\cdots,X_n$ 是来自区间 $[0,\theta]$ 上的均匀分布的随机样本，其中 θ 未知。求证 θ 的极大似然估计量序列是相容序列。

12. 假设 $X_1,\cdots,X_n$ 是来自参数 β 未知的指数分布的随机样本，证明 β 的极大似然估计量序列是相容序列。
13. 假设 $X_1,\cdots,X_n$ 是来自概率密度函数由 7.5 节习题 9 定义的分布的随机样本，证明 θ 的极大似然估计量序列是相容序列。
14. 假设某科学家希望估计翅膀上有一种特殊花纹的帝王蝶比例 p。
    a. 假设他一次抓一只，直到抓到 5 只有特殊花纹的蝴蝶为止。如果他必须抓 43 只蝴蝶，那么 p 的极大似然估计值是什么？
    b. 假设科学家在一天抓了 58 只帝王蝶，只发现了 3 只特殊花纹的蝴蝶，那么 p 的极大似然估计值是什么？
15. 假设从均值 μ 未知的指数分布中随机抽取 21 个观察值（$\mu>0$），这 20 个观察值的平均数是 6，虽然另外一个观察值的精确值未知，但可以确定它大于 15，求 μ 的极大似然估计值。
16. 假设两位统计员 A 和 B 必须要估计某个未知参数 θ（$\theta>0$），A 的估计方法是观察一个服从参数为 $\alpha=3$ 和 $\beta=\theta$ 的伽马分布的随机变量 X 的值；B 的估计方法是观察一个服从均值为 2θ 的泊松分布的随机变量 Y 的值。如果 A 得到的观察值是 $X=2$，而 B 得到的观察值是 $Y=3$。证明：由这两个观察值所决定的似然函数成比例，并确定由每位统计员得到的 θ 的极大似然估计值的共同值。
17. 假设两位统计员 A 和 B 必须要估计某个未知参数 $p(0<p<1)$，统计员 A 的估计方法是观察一个服从参数为 $n=10$ 和 p 的二项分布的随机变量 X 的值；而统计员 B 是观察一个服从参数为 $r=4$ 和 p 的负二项分布的随机变量 Y 的值。假设统计员 A 得到的观察值是 $X=4$，而统计员 B 得到的观察值是 $Y=6$。证明由两个观察值所确定的似然函数是成比例的，并求由每位统计员得到的 p 的极大似然估计值的共同值。
18. 证明：伯努利分布参数的矩估计量是极大似然估计量。
19. 证明：指数分布参数的矩估计量是极大似然估计量。
20. 证明：泊松分布参数的矩估计量是极大似然估计量。
21. 证明：正态分布均值和方差的矩估计量是极大似然估计量。
22. 假设 $X_1,\cdots,X_n$ 是来自区间 $[0,\theta]$ 上的均匀分布的随机样本，其中 θ 未知。
    a. 求 θ 的矩估计量。
    b. 证明：θ 的矩估计量不是极大似然估计量。
23. 假设 $X_1,\cdots,X_n$ 来自参数为 α 和 β 的贝塔分布的随机样本。令 $\theta=(\alpha,\beta)$ 为向量参数。
    a. 求 θ 的矩估计量。
    b. 证明：θ 的矩估计量不是极大似然估计量。
24. 假设二维向量 $(X_1,Y_1),(X_2,Y_2),\cdots,(X_n,Y_n)$ 是来自某个二元正态分布的随机样本，对 X 和 Y 的均值，X 和 Y 的方差，及 X 和 Y 之间的相关系数都未知。证明这五个参数的极大似然估计量如下：

$$\hat{\mu}_1 = \overline{X} \text{ 和 } \hat{\mu}_2 = \overline{Y},$$

$$\hat{\sigma}_1^2 = \frac{1}{2}\sum_{i=1}^{n}(X_i - \overline{X})^2 \text{ 和 } \hat{\sigma}_2^2 = \frac{1}{2}\sum_{i=1}^{n}(Y_i - \overline{Y})^2,$$

$$\hat{\rho} = \frac{\sum_{i=1}^{n}(X_i - \overline{X}_n)(Y_i - \overline{Y}_n)}{\left[\sum_{i=1}^{n}(X_i - \overline{X}_n)^2\right]^{1/2}\left[\sum_{i=1}^{n}(Y_i - \overline{Y}_n)^2\right]^{1/2}}。$$

提示：首先，重写 (X_i,Y_i) 的联合概率密度函数，写成 X_i 的边际概率密度函数和给定 X_i 条件下 Y_i 的条件概率密度函数的乘积。其次，将参数转换为 μ_1，σ_1^2 和

$$\alpha = \mu_2 - \frac{\rho\sigma_2\mu_1}{\sigma_1},$$

$$\beta = \frac{\rho\sigma_2}{\sigma_1},$$

$$\sigma_{2.1}^2 = (1-\rho^2)\sigma_2^2。$$

再次，求新参数的极大似然估计量。最后，利用极大似然估计量的不变性求原始参数的极大似然估计量。以上转换极大地简化了似然函数的最大化。

25. 再次考虑习题 24 中描述的情况。这次我们假设由于某种与参数无关的原因，我们无法观察到 $Y_{n-k+1},\cdots,Y_n$ 的值。也就是说，我们能够观察到所有 $X_1,\cdots,X_n$ 和 $Y_1,\cdots,Y_{n-k}$，但不能观察到最后 k 个 Y 值。使用习题 24 中给出的提示，求参数 μ_1，μ_2，σ_1^2，σ_2^2，ρ 的极大似然估计量。

*7.7 充分统计量

在本章的前六节中，我们介绍了一些基于参数的后验分布或仅基于似然函数的推断方法。还有其他一些既不基于后验分布也不基于似然函数的推断方法，这些方法基于数据的各种函数（即统计量）的条件分布（给定参数下）。对于给定的问题，有许多统计量可用，其中一些统计量比其他统计量更有用。从某种意义上说，充分统计量才是最有用的。

充分统计量的定义

例 7.7.1 电子元件的寿命 在例 7.4.8 和例 7.5.2 中，我们根据寿命分布中容量为 3 的样本计算了电子元件的平均寿命估计值。我们计算的两种估计值是贝叶斯估计值（例 7.4.8）和极大似然估计值（例 7.5.2）。这两种估计值都仅通过统计量 $X_1+X_2+X_3$ 的值使用观察数据。这个统计量有什么特殊之处吗？如果有，那么在其他问题中是否存在这样的统计量？◀

在许多问题中，我们要估计参数 θ，要么可能找到合适的极大似然估计量，要么找到合适的贝叶斯估计量。然而，在某些问题中，这两种估计量都不适用或不可用，可能没有极大似然估计量，也有可能不止一个。即使极大似然估计量是唯一的，它可能不是合适的估计量，如例 7.5.7 所示，其中极大似然估计量总是低估 θ 的值。在 7.4 节末尾，我们指出了为什么可能没有合适的贝叶斯估计量。在这样的问题中，要寻找一个好的估计量的方法，我们必须推广目前为止已经介绍的方法。在本节中，我们将定义充分统计量的概念，这个概念由 R. A. Fisher 在 1922 年引入。在许多问题中，我们将展示如何使用此概念来简化对良好估计量的寻找。

假设在某个特定的估计问题中，两个统计学家 A 和 B 必须估计参数 θ 的值。统计学家 A 可以观察随机样本 $X_1,\cdots,X_n$ 的观察值，而统计学家 B 不能观察 $X_1,\cdots,X_n$ 的每个值，但可以“学习”某个统计量 $T=r(X_1,\cdots,X_n)$ 的值。在这种情况下，统计学家 A 可以选择 $X_1,\cdots,X_n$ 的观察值的任何函数作为 θ 的估计量（包括 T 的函数），而统计学家 B 只能使用 T 的函数。因此，我们可以看出，与 B 相比，A 通常能够求得更好的估计量。

然而，在某些问题中，B 可以做得与 A 一样好。在这种问题中，单个函数 $T=r(X_1,\cdots,X_n)$ 在某种意义上将概括随机样本中包含的所有信息，对 $X_1,\cdots,X_n$ 的各个具体值的了解对于寻找 θ 的良好估计量将是无关紧要的。具有该特性的统计量 T 被称为充分统计量。充分统计量的正式定义基于以下直觉。假设人们只要可以“学习”到 T，就能够模拟

生成随机变量 $X_1',\cdots,X_n'$，使得对于每个 θ，$X_1',\cdots,X_n'$ 的联合分布与 $X_1,\cdots,X_n$ 的联合分布完全相同。这种统计量 T 从下面这意义上说是充分的：如果有人认为有必要，可以像使用 $X_1,\cdots,X_n$ 一样使用 $X_1',\cdots,X_n'$。模拟生成 $X_1',\cdots,X_n'$ 的过程称为辅助随机化。

定义 7.7.1　充分统计量　令 $X_1,\cdots,X_n$ 是来自参数为 θ 的某分布的随机样本，令 T 为统计量。对于每个 θ 和每个 T 的可能值 t，假设给定 $T=t$ 和 θ 下，$X_1,\cdots,X_n$ 的条件联合分布只依赖于 t，而不依赖于 θ。也就是说，对于每个固定 t，在给定 $T=t$ 和 θ 下 $X_1,\cdots,X_n$ 的条件分布对于所有 θ 都是相同的。此时，我们称 T 是参数 θ 的充分统计量。

现在我们回到定义 7.7.1 之前引入的直觉。当我们根据给定 $T=t$ 的 $X_1,\cdots,X_n$ 的条件联合分布模拟生成 $X_1',\cdots,X_n'$时，对于每个给定的 $\theta\in\Omega$，$T,X_1',\cdots,X_n'$的联合分布将与 $T,X_1,\cdots,X_n$ 的联合分布相同。从联合分布中关于 T 积分（或求和），我们可以看到 $X_1,\cdots,X_n$ 的联合分布与 $X_1',\cdots,X_n'$ 的联合分布相同。因此，如果统计学家 B 可以观察到充分统计量 T 的值，那么她可以模拟生成 n 个随机变量 $X_1',\cdots,X_n'$，它们具有与原始随机样本 $X_1,\cdots,X_n$ 相同的联合分布。充分统计量 T 和不充分统计量的区别在于：在观察到充分统计量 T 后，用于生成随机变量 $X_1',\cdots,X_n'$ 的辅助随机化不需要任何关于 θ 值的知识，因为给定 T 时 $X_1,\cdots,X_n$ 的条件联合分布不依赖于 θ。如果统计量 T 不充分，则无法开展该辅助随机化，因为对于给定的 T 值，$X_1,\cdots,X_n$ 的条件联合分布将涉及 θ 的值，该值未知。

如果统计学家 B 仅关注她所使用的估计量的分布，我们现在可以看到为什么她能像统计学家 A 一样估计 θ，这里统计学家 A 观察 $X_1,\cdots,X_n$ 的所有值。假设 A 打算使用特定的估计量 $\delta(X_1,\cdots,X_n)$ 来估计 θ，并且 B 观察 T 的值并模拟生成 $X_1',\cdots,X_n'$，它们具有与 $X_1,\cdots,X_n$ 相同的联合分布。如果 B 使用估计量 $\delta(X_1',\cdots,X_n')$，则 B 的估计量的概率分布与 A 的估计量的概率分布相同。这说明了为什么在寻找良好的估计量时，统计学家可以将寻找估计量的范围限制为充分统计量 T 的函数。我们将在 7.9 节回到这一点。

另一方面，如果统计学家 B 对她的基于 θ 后验分布的估计量有兴趣，我们还没有证明她为什么能做得和统计学家 A 一样好。下一个结论（因子分解准则）证明为什么这是对的。充分统计量足以使得我们能够计算似然函数，从而能够进行任何仅通过似然函数依赖于数据的统计推断。极大似然估计量和任何基于后验分布的推断都仅通过似然函数来依赖数据。

因子分解准则

紧接例 7.2.7 和定理 7.3.2 和定理 7.3.3 之后，我们曾经指出，使用了特定的统计量来计算所讨论的后验分布。这些统计量都具有这些性质，它们是从数据出发，可以计算似然函数。该性质是表征充分统计量的另一种方法。现在，我们将提出一种简单的方法，以找到可用于许多问题的充分统计量。此方法基于以下结论，该结论由 R. A. Fisher 在 1922 年，J. Neyman 在 1935 年以及 P. R. Halmos 和 L. J. Savage 在 1949 年发展到越来越一般的情况。

定理 7.7.1　因子分解准则　令 $X_1,\cdots,X_n$ 是来自某连续分布或离散分布的随机样本，其概率密度函数或概率函数是 $f(x|\theta)$，其中参数 θ 未知，属于某给定的参数空间 Ω。统计量 $T=r(X_1,\cdots,X_n)$ 对于 θ 是充分统计量当且仅当 $X_1,\cdots,X_n$ 的联合概率密度函数或联合概率函数 $f_n(\boldsymbol{x}|\theta)$ 可以分解如下：对于所有 $\boldsymbol{x}=(x_1,\cdots,x_n)\in\mathbf{R}^n$ 和 $\theta\in\Omega$，

$$f_n(\boldsymbol{x} \mid \theta) = u(\boldsymbol{x})v[r(\boldsymbol{x}),\theta], \tag{7.7.1}$$

这里 u 和 v 是非负函数。其中函数 u 可能依赖于 $\boldsymbol{x}$ 但不依赖于 θ；函数 v 依赖于 θ，但仅通过统计量 $r(\boldsymbol{x})$ 依赖于观测数据 $\boldsymbol{x}$。

证明 我们这里仅证明当随机向量 $\boldsymbol{X}=(X_1,\cdots,X_n)$ 具有离散分布的情况，这时

$$f_n(\boldsymbol{x} \mid \theta) = P(\boldsymbol{X}=\boldsymbol{x} \mid \theta)。$$

首先假设 $f_n(\boldsymbol{x}|\theta)$ 可以分解为式（7.7.1），对所有 $\boldsymbol{x}\in\mathbf{R}^n$ 和 $\theta\in\Omega$。对于 T 的每个可能值 t，令 $A(t)$ 表示所有 $\boldsymbol{x}\in\mathbf{R}^n$ 的集合，使得 $r(\boldsymbol{x})=t$。对于每个给定的 $\theta\in\Omega$，我们将确定 $\boldsymbol{X}$ 在给定 $T=t$ 下的条件分布。对于每个点 $\boldsymbol{x}\in A(t)$，

$$P(\boldsymbol{X}=\boldsymbol{x} \mid T=t,\theta) = \frac{P(\boldsymbol{X}=\boldsymbol{x} \mid \theta)}{P(T=t \mid \theta)} = \frac{f_n(\boldsymbol{x} \mid \theta)}{\sum_{\boldsymbol{y}\in A(t)} f_n(\boldsymbol{y} \mid \theta)}。$$

由于对每个 $\boldsymbol{y}\in A(t)$，我们有 $r(\boldsymbol{y})=t$，并且由于 $\boldsymbol{x}\in A(t)$，由式（7.7.1），我们有

$$P(\boldsymbol{X}=\boldsymbol{x} \mid T=t,\theta) = \frac{u(x)}{\sum_{y\in A(t)} u(\boldsymbol{y})}。 \tag{7.7.2}$$

最后，对于 $\boldsymbol{x}\notin A(t)$，我们有

$$P(\boldsymbol{X}=\boldsymbol{x} \mid T=t,\theta) = 0。 \tag{7.7.3}$$

从式（7.7.2）和式（7.7.3）可以看出，$\boldsymbol{X}$ 的条件分布不依赖于 θ。因此，T 是充分统计量。

反过来，假设 T 是充分统计量，则对于 T 的每个可能值 t，每个点 $\boldsymbol{x}\in A(t)$ 和每个 $\theta\in\Omega$，条件概率 $P(\boldsymbol{X}=\boldsymbol{x}|T=t,\theta)$ 将不依赖于 θ。因此，$P(\boldsymbol{X}=\boldsymbol{x}|T=t,\theta)$ 具有如下形式

$$P(\boldsymbol{X}=\boldsymbol{x} \mid T=t,\theta) = u(\boldsymbol{x})。$$

如果我们令 $v(t,\theta)=P(T=t|\theta)$，则

$$\begin{aligned} f_n(\boldsymbol{x} \mid \theta) &= P(\boldsymbol{X}=\boldsymbol{x} \mid \theta) = P(\boldsymbol{X}=\boldsymbol{x} \mid T=t,\theta)P(T=t \mid \theta) \\ &= u(\boldsymbol{x})v(t,\theta)。\end{aligned}$$

因此，$f_n(\boldsymbol{x}|\theta)$ 可以分解为式（7.7.1）的形式。

对于连续分布的情形的证明需要一些不同的方法，这里不再赘述。■

解读定理 7.7.1 的一种方法是，$T=r(\boldsymbol{X})$ 是充分统计量，当且仅当似然函数成比例于某个仅通过 $r(\boldsymbol{x})$ 依赖于数据的函数（作为 θ 的函数），这个函数是 $v[r(\boldsymbol{x}),\theta]$。当使用似然函数求后验分布时，我们已经看到可以从似然函数中剔除任何不依赖于 θ 的因子（如式（7.7.1）中的 $u(\boldsymbol{x})$），而不会影响后验分布的计算。关于定理 7.7.1，我们有以下推论。

推论 7.7.1 统计量 $T=r(\boldsymbol{X})$ 是充分统计量，当且仅当无论我们采用哪种先验分布，θ 的后验分布仅通过 T 的值依赖于数据。■

对于每个 $\boldsymbol{x}$ 满足 $f_n(\boldsymbol{x}|\theta)=0$，$\theta\in\Omega$ 时，式（7.7.1）中函数 $u(\boldsymbol{x})$ 的值可以选择为 0。因此，当我们应用因式分解标准时，只需验证 $f_n(\boldsymbol{x}|\theta)$ 对于每个 $\boldsymbol{x}$、对于至少一个 $\theta\in\Omega$ 使得 $f_n(\boldsymbol{x}|\theta)>0$ 是否满足式（7.7.1）。

下面，我们将通过给出四个例子来说明因式分解标准的应用。

例 7.7.2 从泊松分布中抽样 假设 $\boldsymbol{X}=(X_1,\cdots,X_n)$ 是来自泊松分布的随机样本，泊松分布的均值 θ 的值未知（$\theta>0$）。令 $r(\boldsymbol{x})=\sum_{i=1}^{n} x_i$。我们将证明 $T=r(\boldsymbol{X})=\sum_{i=1}^{n} X_i$ 是 θ 的充分

统计量。

对于每个非负整数 $x_1,\cdots,x_n$ 的集合，$X_1,\cdots,X_n$ 的联合概率函数 $f_n(\boldsymbol{x}|\theta)$ 如下：

$$f_n(\boldsymbol{x}\mid\theta)=\prod_{i=1}^{n}\frac{e^{-\theta}\theta^{x_i}}{x_i!}=\left(\prod_{i=1}^{n}\frac{1}{x_i!}\right)e^{-n\theta}\theta^{r(\boldsymbol{x})}。$$

令 $u(\boldsymbol{x})=\prod_{i=1}^{n}\frac{1}{x_i!}$ 和 $v(t,\theta)=e^{-n\theta}\theta^t$。我们发现 $f_n(\boldsymbol{x}|\theta)$ 可以因子化为式（7.7.1）的形式。易知 $T=\sum_{i=1}^{n}X_i$ 是 θ 的充分统计量。◀

例 7.7.3　连续分布的因式分解准则　假设 $\boldsymbol{X}=(X_1,\cdots,X_n)$ 是来自某个连续分布的随机样本，其概率密度函数为

$$f(x\mid\theta)=\begin{cases}\theta x^{\theta-1}, & 0<x<1,\\ 0, & \text{其他。}\end{cases}$$

假设参数 θ 未知（$\theta>0$）。令 $r(\boldsymbol{x})=\prod_{i=1}^{n}x_i$ 。我们将证明 $T=r(\boldsymbol{X})=\prod_{i=1}^{n}X_i$ 是 θ 的充分统计量。

当 $0<x_i<1(i=1,\cdots,n)$ 时，$X_1,\cdots,X_n$ 的联合概率密度函数 $f_n(\boldsymbol{x}|\theta)$ 如下：

$$f(\boldsymbol{x}\mid\theta)=\theta^n\left(\prod_{i=1}^{n}x_i\right)^{\theta-1}=\theta^n[r(\boldsymbol{x})]^{\theta-1}。\tag{7.7.4}$$

此外，如果至少有一个 x_i 的值在区间 $(0,1)$ 之外，则对于每个 $\theta\in\Omega$，$f_n(\boldsymbol{x}\mid\theta)=0$。式（7.7.4）的右侧仅通过 $r(\boldsymbol{x})$ 依赖于 $\boldsymbol{x}$。因此，如果令 $u(\boldsymbol{x})=1$ 且 $v(t,\theta)=\theta^n t^{\theta-1}$，我们可以认为式（7.7.4）中的 $f_n(\boldsymbol{x}|\theta)$ 是式（7.7.1）因子化的具体形式。从因式分解准则得出，$T=\prod_{i=1}^{n}X_i$ 是 θ 的充分统计量。◀

例 7.7.4　从正态分布中抽样　假设 $\boldsymbol{X}=(X_1,\cdots,X_n)$ 是来自正态分布的随机样本，其中均值 μ 未知，方差 σ^2 已知。令 $r(\boldsymbol{x})=\sum_{i=1}^{n}x_i$ ，我们将证明 $T=r(\boldsymbol{X})=\sum_{i=1}^{n}X_i$ 是 μ 的充分统计量。

当 $-\infty<x_i<\infty(i=1,\cdots,n)$ 时，$X_1,\cdots,X_n$ 的联合概率密度函数 $f_n(\boldsymbol{x}|\mu)$ 如下：

$$f_n(\boldsymbol{x}\mid\mu)=\prod_{i=1}^{n}\frac{1}{(2\pi)^{1/2}\sigma}\exp\left[-\frac{(x_i-\mu)^2}{2\sigma^2}\right]。\tag{7.7.5}$$

这个等式可以改写为

$$f_n(\boldsymbol{x}\mid\mu)=\frac{1}{(2\pi)^{n/2}\sigma^n}\exp\left(-\frac{1}{2\sigma^2}\sum_{i=1}^{n}x_i^2\right)\exp\left(\frac{\mu}{\sigma^2}\sum_{i=1}^{n}x_i-\frac{n\mu^2}{2\sigma^2}\right)。\tag{7.7.6}$$

令 $u(\boldsymbol{x})$ 是常数因子，即式（7.7.6）中的第一个指数因子，设 $v(t,\mu)=\exp(\mu t/\sigma^2-n\mu^2/\sigma^2)$，则 $f_n(\boldsymbol{x}|\theta)$ 可以分解为式（7.7.1）的形式。由因子分解准则可知，$T=\sum_{i=1}^{n}X_i$ 是 μ 的充分统计量。◀

由于 $\sum_{i=1}^{n}x_i=n\bar{x}_n$，因此我们可以等价地表示式（7.7.6）中的最后一个因子仅通过 $\bar{x}_n$ 依赖于 $x_1,\cdots,x_n$。因此，在例 7.7.4 中统计量 $\overline{X}_n$ 也是 μ 的充分统计量。更一般而言（请参阅

本节的习题 13)，每个充分统计量的一对一函数也是充分统计量。

例 7.7.5　从均匀分布中抽样　假设 $\boldsymbol{X}=(X_1,\cdots,X_n)$ 是来自区间 $[0,\theta]$ 上均匀分布的随机样本，其中参数 θ 的值未知（$\theta>0$）。令 $r(\boldsymbol{x})=\max\{x_1,\cdots,x_n\}$，我们将证明 $T=r(\boldsymbol{X})=\max\{X_1,\cdots,X_n\}$ 是 θ 的充分统计量。

每个单个个体 X_i 的概率密度函数 $f(x|\theta)$ 是

$$f(x\mid\theta)=\begin{cases}\dfrac{1}{\theta}, & 0\leqslant x\leqslant\theta,\\ 0, & \text{其他。}\end{cases}$$

于是 $X_1,\cdots,X_n$ 的联合概率密度函数 $f_n(\boldsymbol{x}|\theta)$ 是

$$f_n(\boldsymbol{x}\mid\theta)=\begin{cases}\dfrac{1}{\theta^n}, & 0\leqslant x_i\leqslant\theta(i=1,\cdots,n),\\ 0, & \text{其他。}\end{cases}$$

可以看出，如果至少有一个 i 使得 $x_i<0$（$i=1,\cdots,n$），则对于每个 $\theta>0$ 的值，$f_n(\boldsymbol{x}|\theta)=0$。因此，我们仅考虑对于 $x_i\geqslant0(i=1,\cdots,n)$ 的 $f_n(\boldsymbol{x}|\theta)$ 的因式分解。

设 $v(t,\theta)$ 定义如下

$$v(t,\theta)=\begin{cases}\dfrac{1}{\theta^n}, & t\leqslant\theta,\\ 0, & t>\theta\text{。}\end{cases}$$

注意，$x_i\leqslant\theta$ 对所有 $i=1,\cdots,n$ 成立当且仅当 $\max\{x_1,\cdots,x_n\}\leqslant\theta$。因此，对于 $x_i\geqslant0$ $(i=1,\cdots,n)$，我们可以重写 $f_n(\boldsymbol{x}|\theta)$ 如下：

$$f_n(\boldsymbol{x}\mid\theta)=v[r(\boldsymbol{x}),\theta]\text{。}\tag{7.7.7}$$

令 $u(\boldsymbol{x})=1$，我们可以看出式（7.7.7）右边就是式（7.7.1）的形式，于是 $T=\max\{X_1,\cdots,X_n\}$ 是 θ 的充分统计量。◀

小结

如果对每个 t，给定 $T=t$ 和 θ 下 $\boldsymbol{X}$ 的条件分布不依赖于 θ，关于所有的 θ 值都相同，则统计量 $T=r(\boldsymbol{X})$ 是充分统计量。于是，如果 T 是充分统计量，我们只要观察 T 的值，而不需要观察 $\boldsymbol{X}$ 的值，我们就可以生成模拟随机变量 $\boldsymbol{X}'$，其联合分布在给定 θ 下与 $\boldsymbol{X}$ 相同。在这种意义上说，从 T 得到的关于 θ 的信息和从 $\boldsymbol{X}$ 得到的信息一样多。因子分解准则告诉我们，$T=r(\boldsymbol{X})$ 是充分统计量当仅当其联合概率函数或联合概率密度函数可以因子分解为 $f(\boldsymbol{x}|\theta)=u(\boldsymbol{x})v[r(\boldsymbol{x}),\theta]$ 的形式，这是判别一个统计量是不是充分统计量的最方便的方法。

习题

习题 1 至习题 10 的说明：在每个习题中，假设随机变量 $X_1,\cdots,X_n$ 是来自该题目中指定分布的容量为 n 的随机样本，并证明该题目中指定的统计量 T 是其参数的充分统计量。

1. 参数 p 未知的伯努利分布（$0<p<1$）；$T=\sum_{i=1}^{n}X_i$。

2. 参数 p 未知的几何分布（$0<p<1$）；$T=\sum_{i=1}^{n}X_i$。

3. 参数为 r 与 p 的负二项分布，其中 r 已知，p 未知（$0<p<1$）；$T=\sum_{i=1}^{n} X_i$。
4. 均值为 μ（已知）、方差为 σ^2（未知）的正态分布；$T=\sum_{i=1}^{n}(X_i-\mu)^2$。
5. 参数为 α 与 β 的伽马分布，其中 α 已知，β 未知（$\beta>0$）；$T=\overline{X}_n$。
6. 参数为 α 与 β 的伽马分布，其中 α 未知（$\alpha>0$），β 已知；$T=\prod_{i=1}^{n} X_i$。
7. 参数为 α 与 β 的贝塔分布，其中 α 未知（$\alpha>0$），β 已知；$T=\prod_{i=1}^{n} X_i$。
8. 取值整数值 $1,2,\cdots,\theta$ 的均匀分布，见 3.1 节的定义，其中 θ 未知（$\theta=1,2,\cdots$）；$T=\max\{X_1,\cdots,X_n\}$。
9. 区间$[a,b]$上的均匀分布，其中 a 已知，b 未知（$b>a$）；$T=\max\{X_1,\cdots,X_n\}$。
10. 区间$[a,b]$上的均匀分布，其中 b 已知，a 未知（$a<b$）；$T=\min\{X_1,\cdots,X_n\}$。
11. 假设 $X_1,\cdots,X_n$ 是来自 7.3 节习题 23 中定义的指数分布族的某个分布的随机样本。证明 $T=\sum_{i=1}^{n} d(X_i)$ 是 θ 的充分统计量。
12. 假设 $X_1,\cdots,X_n$ 是来自参数为 x_0 和 α 的帕累托分布随机样本（见 5.7 节的习题 16）
    a. 如果已知 x_0 且 $\alpha>0$ 未知，求 α 的充分统计量。
    b. 如果 α 已知而 x_0 未知，求 x_0 的充分统计量。
13. 假设 $X_1,\cdots,X_n$ 是来自概率密度函数为$f(x|\theta)$的分布的随机样本，其中参数 $\theta\in\Omega$。假设 $T=r(X_1,\cdots,X_n)$和 $T'=r'(X_1,\cdots,X_n)$是两个统计量，使得 T 是 T'的一对一函数；即，在不知道 $X_1,\cdots,X_n$ 的值的情况下，我们可以由 T 的值确定 T'的值，也可以从 T'的值确定 T 的值。证明 T'是 θ 的充分统计量当且仅当 T 是 θ 的充分统计量。
14. 假设 $X_1,\cdots,X_n$ 是来自习题 6 中的伽马分布的随机样本。证明统计量 $T=\sum_{i=1}^{n}\ln(X_i)$是 α 的充分统计量。
15. 假设 $X_1,\cdots,X_n$ 是来自参数为 α 与 β 的贝塔分布的随机样本，其中 α 已知，而 β 未知（$\beta>0$）。证明以下统计量 T 对于 β 是充分统计量：

$$T=\frac{1}{n}\left(\sum_{i=1}^{n}\ln\frac{1}{1-X_i}\right)^4。$$

16. 令 θ 为参数空间等于实数区间（可能无界）的参数，X 的概率密度函数或概率函数为$f_n(\boldsymbol{x}|\theta)$。（以 θ 为条件）假设 $T=r(\boldsymbol{X})$是充分统计量。证明每个 θ 的先验概率密度函数，在给定 $\boldsymbol{X}=\boldsymbol{x}$ 下 θ 的后验概率密度函数仅通过 $r(\boldsymbol{x})$依赖于 $\boldsymbol{x}$。
17. 设 θ 为参数，设 $\boldsymbol{X}$ 为离散随机向量，其概率函数为$f_n(\boldsymbol{x}|\theta)$。令 $T=r(\boldsymbol{X})$为一个统计量。证明 T 为充分统计量当且仅当对于每一个 t 和 $\boldsymbol{x}$ 使得 $t=r(\boldsymbol{x})$，观察到 $T=t$ 的似然函数与观察到 $\boldsymbol{X}=\boldsymbol{x}$ 的似然函数成比例。

*7.8　联合充分统计量

当参数 θ 为多维时，通常也需要充分统计量是多维的。有时即使 θ 是一维的，没有一维统计量是充分统计量。为了处理需要多个统计量才能满足要求的情况，我们需要推广充分统计量的概念。

联合充分统计量的定义

例 7.8.1　从正态分布中抽样　回到例 7.7.4，设 $\boldsymbol{X}=(X_1,\cdots,X_n)$是来自均值为 μ 和方

差为 σ^2 的正态分布的随机样本。现在假设参数 $\theta=(\mu,\sigma^2)$ 的两个坐标均未知。$\boldsymbol{X}$ 的联合概率密度函数仍然由式（7.7.5）的右边给出。但是现在，联合概率密度函数仍为 $f_n(\boldsymbol{x}|\theta)$，在 μ 和 σ^2 都未知的情况下，似乎没有单个的充分统计量。◀

我们继续假设变量 $X_1,\cdots,X_n$ 是来某个分布的随机样本，该分布的概率密度函数或概率函数是 $f(x|\theta)$，参数 θ 必须属于某个参数空间 Ω。然而，我们现在将明确考虑 θ 可能是实值参数向量。例如，如果样本来自均值 μ 和方差 σ^2 均未知的正态分布，则 θ 就是一个二维向量，其分量为 μ 和 σ^2。类似地，如果样本来自某个区间 $[a,b]$ 上的均匀分布，端点 a 和 b 均未知，则 θ 将是一个二维向量，其分量为 a 和 b。当然，我们也可能继续考虑 θ 是一维参数的情形。

在大多数 θ 为向量的问题中，及在某些 θ 为一维参数的问题中，都不存在一维充分统计量 T。在这样的问题中，我们有必要求两个或多个统计量 $T_1,\cdots,T_k$，它们合并一起就是我们将要讨论的联合充分统计量。

假设在某个给定问题中，统计量 $T_1,\cdots,T_k$ 由观测向量 $\boldsymbol{X}=(X_1,\cdots,X_n)$ 的 k 个不同函数定义。具体来说，令 $T_i=r_i(\boldsymbol{X})$，$i=1,\cdots,k$。宽松地说，统计量 $T_1,\cdots,T_k$ 是 θ 的联合充分统计量，如果统计学家仅“学习”这 k 个函数 $r_1(\boldsymbol{X}),\cdots,r_k(\boldsymbol{X})$ 的值可以估计 θ 和其每个分量函数的值，它和由观察 $X_1,\cdots,X_n$ 的每个值得到的估计结果一样。更正式地说，我们有以下定义。

定义 7.8.1　联合充分统计量　假设对每个 θ 和 $(T_1,\cdots,T_k)$ 的每个可能值 $t_1,\cdots,t_k$，$(X_1,\cdots,X_n)$ 在给定 $(T_1,\cdots,T_k)=(t_1,\cdots,t_k)$ 下的条件联合分布不依赖于 θ，则 $(T_1,\cdots,T_k)$ 称为 θ 的联合充分统计量。

对于联合充分统计量，存在因式分解准则的一种形式。它的证明类似于定理 7.7.1，我们这里不再给出。

定理 7.8.1　联合充分统计量的因子分解准则　设 $r_1,\cdots,r_k$ 是 n 元实函数。$T_i=r_i(\boldsymbol{X})$，$i=1,\cdots,k$ 为 θ 的联合充分统计量，当仅当联合概率密度函数或联合概率函数 $f_n(\boldsymbol{x}|\theta)$ 可以分解如下：对于所有 $\boldsymbol{x}=(x_1,\cdots,x_n)\in\mathbf{R}^n$ 和 $\theta\in\Omega$，

$$f_n(\boldsymbol{x}\mid\theta)=u(\boldsymbol{x})v[r_1(\boldsymbol{x}),\cdots,r_k(\boldsymbol{x}),\theta]。\tag{7.8.1}$$

这里 u 和 v 是非负函数。其中函数 u 可能依赖于 $\boldsymbol{x}$ 但不依赖于 θ；函数 v 依赖于 θ，但仅通过统计量 $r_1(\boldsymbol{x}),\cdots,r_k(\boldsymbol{x})$ 依赖于 $\boldsymbol{x}$。■

例 7.8.2　正态分布参数的联合充分统计量　设 $\boldsymbol{X}=(X_1,\cdots,X_n)$ 是来自均值 μ 和方差 σ^2 都未知的正态分布的随机样本。$X_1,\cdots,X_n$ 的联合概率密度函数由式（7.7.6）给出，可以看出这个联合概率密度函数仅通过 $\sum_{i=1}^n x_i$ 和 $\sum_{i=1}^n x_i^2$ 的值依赖于 $\boldsymbol{x}$。因此，通过因子分解准则，$T_1=\sum_{i=1}^n X_i$ 和 $T_2=\sum_{i=1}^n X_i^2$ 是 μ 和 σ^2 的联合充分统计量。◀

现在假设在一个给定的问题中，统计量 $T_1,\cdots,T_k$ 是某些参数向量 θ 的联合充分统计量。如果通过一对一变换，我们由 $T_1,\cdots,T_k$ 获得 k 个其他统计量 $T_1',\cdots,T_k'$，则我们可以证明 $T_1',\cdots,T_k'$ 也是 θ 的充分统计量。

例 7.8.3　正态分布参数的另外一对联合充分统计量　设 $X_1,\cdots,X_n$ 是来自均值 μ 和方差 σ^2 都未知的正态分布的随机样本。令 $T_1'=\hat{\mu}$ 为样本均值和 $T_2'=\widehat{\sigma^2}$ 为样本方差，即

$$T_1' = \overline{X}_n \text{ 和 } T_2' = \frac{1}{n}\sum_{i=1}^{n}(X_i - \overline{X}_n)^2。$$

我们证明 T_1' 和 T_2' 也是 μ 和 σ^2 的联合充分统计量。

令 T_1 和 T_2 是例 7.8.2 中 μ 和 σ^2 的联合充分统计量，则

$$T_1' = \frac{1}{n}T_1 \text{ 和 } T_2' = \frac{1}{n}T_2 - \frac{1}{n^2}T_1^2。$$

同样地，

$$T_1 = nT_1' \text{ 和 } T_2 = n(T_2' + T_1'^2)。$$

于是统计量 T_1' 和 T_2' 可以由 T_1 和 T_2 一一映射得到，故 T_1' 和 T_2' 也是 μ 和 σ^2 的联合充分统计量。◀

现在我们已经证明了，对于正态分布未知均值和方差的联合充分统计量，我们可以选择例 7.8.2 中给出的 T_1 和 T_2，也可以选择例 7.8.3 中给出的 T_1' 和 T_2'。

例 7.8.4　均匀分布参数的联合充分统计量　假设 $X_1,\cdots,X_n$ 是来自区间 $[a,b]$ 上均匀分布的随机样本，端点 a 和 b 均未知（$a<b$）。对于 $X_1,\cdots,X_n$ 的联合概率密度函数 $f_n(\boldsymbol{x}|a,b)$，除非所有观测值 $x_1,\cdots,x_n$ 位于 a 和 b 之间，否则为 0。也就是说，除非 $\min\{x_1,\cdots,x_n\}\geqslant a$ 和 $\max\{x_1,\cdots,x_n\}\leqslant b$，否则 $f_n(\boldsymbol{x}|a,b)=0$。此外，对于每个向量 $\boldsymbol{x}$，使得 $\min\{x_1,\cdots,x_n\}\geqslant a$ 和 $\max\{x_1,\cdots,x_n\}\leqslant b$，我们有

$$f_n(\boldsymbol{x}\mid a,b) = \frac{1}{(b-a)^n}。$$

我们引入函数

$$h(y,z) = \begin{cases} 1, & y \leqslant z, \\ 0, & y > z。\end{cases}$$

对 $\boldsymbol{x}\in\mathbf{R}^n$，我们可以将 $f_n(\boldsymbol{x}|a,b)$ 写为

$$f_n(\boldsymbol{x}\mid a,b) = \frac{h[a,\min\{x_1,\cdots,x_n\}]h[\max\{x_1,\cdots,x_n\},b]}{(b-a)^n}。$$

由于这个表达式仅通过 $\min\{x_1,\cdots,x_n\}$ 和 $\max\{x_1,\cdots,x_n\}$ 的值依赖于 $\boldsymbol{x}$，因此得出统计量 $T_1=\min\{X_1,\cdots,X_n\}$ 和 $T_2=\max\{X_1,\cdots,X_n\}$ 是 a 和 b 的联合充分统计量。◀

最小充分统计量

在给定的问题中，我们希望尝试去求 θ 的充分统计量或一组联合充分统计量，因为此类统计量的值概括了随机样本中所有与 θ 有关的信息。当某个联合充分统计量的集合已知时，寻找 θ 的良好估计量得到了简化，因为我们只需要考虑这些充分统计量的函数作为可能的估计量。因此，在给定的问题中，我们不仅希望找到某个联合充分统计量的集合，而且要找到其中最简单的联合充分统计量的集合，即我们需要尽量减少联合充分统计量集合中的统计量的个数。（我们在定义 7.8.3 中对此做更精确的说明。）例如，在每个问题中说 n 个观测值 $X_1,\cdots,X_n$ 是联合充分统计量是正确的，但完全没有用。

现在我们来描述每个问题中存在的联合充分统计量的另一个集合，它们稍微有用些。

定义 7.8.2　顺序统计量　假设 $X_1,\cdots,X_n$ 是来自某个分布的随机样本。令 Y_1 表示随

机样本中的最小值，令 Y_2 表示次小值，令 Y_3 表示第三最小值，以此类推。这样，Y_n 表示样本中的最大值，Y_{n-1} 表示次大值。随机变量 $Y_1,\cdots,Y_n$ 被称为样本的顺序统计量。

令 $y_1 \leqslant y_2 \leqslant \cdots \leqslant y_n$ 表示给定样本的顺序统计量的观察值。如果告诉我们 $y_1,\cdots,y_n$ 的值，那么我们知道这 n 个值是在样本中获得的。但是，我们不知道观察值 $X_1,\cdots,X_n$ 中的哪一个实际产生 y_1，哪一个实际产生 y_2，以此类推。我们所知道的是 $X_1,\cdots,X_n$ 的最小值是 y_1，第二个最小值是 y_2，以此类推。

定理 7.8.2　顺序统计是充分统计量　设 $X_1,\cdots,X_n$ 是来自某个分布的随机样本，该分布的概率密度函数或概率函数是 $f(\boldsymbol{x}|\theta)$，则顺序统计量 $Y_1,\cdots,Y_n$ 是 θ 的联合充分统计量。

证明　令 $y_1 \leqslant y_2 \leqslant \cdots \leqslant y_n$ 表示顺序统计量的值。$X_1,\cdots,X_n$ 的联合概率密度函数或联合概率函数为

$$f_n(\boldsymbol{x} \mid \theta) = \prod_{i=1}^{n} f(x_i \mid \theta)。\tag{7.8.2}$$

由于式（7.8.2）右侧乘积中的因子的顺序无关紧要，式（7.8.2）也可以重写成如下形式

$$f_n(\boldsymbol{x} \mid \theta) = \prod_{i=1}^{n} f(y_i \mid \theta)。$$

于是 $f_n(\boldsymbol{x}|\theta)$ 仅通过 $y_1,\cdots,y_n$ 依赖于 $\boldsymbol{x}$，从而我们可以得出顺序统计量 $Y_1,\cdots,Y_n$ 是 θ 的联合充分统计量。■

换句话说，定理 7.8.2 告诉我们，知道样本中获得的 n 个数的集合就足够了，而不必在乎这些数的具体值。

从估计量尽可能较少的角度来看，顺序统计量比完整数据向量更简单。注意到 X_3 是基于完整数据向量的估计量，但是我们无法从顺序统计量中确定 X_3。因此，我们考虑基于顺序统计量的推断，则 X_3 并不是我们需要的估计量。对于 $\{1,\cdots,n\}$ 的适当子集 $\{i_1,\cdots,i_k\}$ 上的数据平均值 $(X_{i_1}+\cdots+X_{i_k})/k$ 以及许多其他函数，同样也是对的。另一方面，每个基于顺序统计量的估计量也是完整数据的函数。

在本节和 7.7 节中给出的每个例子中，我们考虑了一个分布，该分布要么只有一个充分统计量，要么有两个联合充分统计量。但是，对于某些分布，顺序统计量 $Y_1,\cdots,Y_n$ 是存在的最简单的联合充分统计量的集合，且充分统计量的个数不可能进一步降低。

例 7.8.5　柯西分布参数的充分统计量　设 $X_1,\cdots,X_n$ 是来自某个柯西分布的随机样本，中心位置 θ 未知（$-\infty<\theta<\infty$），其概率密度函数 $f(x|\theta)$ 由式（7.6.6）给出，$X_1,\cdots,X_n$ 的联合概率密度函数 $f_n(\boldsymbol{x}|\theta)$ 由式（7.6.7）给出。可以证明，在此问题中存在唯一的联合充分统计量是顺序统计量 $Y_1,\cdots,Y_n$ 或其他可以通过一一变换从顺序统计量中得到的统计量 $T_1,\cdots,T_n$。这里我们就不展开讲了。◀

从这些讨论中引导我们得到了最小充分统计量和联合充分统计量最小集合的概念。如果 T 的每个函数（本身也是一个充分统计量）是 T 的一一对应函数，则充分统计量 T 是最小充分统计量。我们给出以下正式定义，其等价于以上给出的非正式定义。

定义 7.8.3　最小（联合）充分统计量　统计量 T 是最小充分统计量，如果 T 是充分统计量，且是每个其他充分统计量的函数。统计量的向量 $\boldsymbol{T}=(T_1,\cdots,T_k)$ 是最小联合充分统计量，如果 $\boldsymbol{T}$ 的所有分量构成联合充分统计量，且 $\boldsymbol{T}$ 是任何其他联合充分统计

量的函数。

例7.8.5中，顺序统计量 $Y_1,\cdots,Y_n$ 是最小联合充分统计量。

极大似然估计量和贝叶斯估计量为充分统计量

对于接下来的两个定理，令 $X_1,\cdots,X_n$ 是来自某个分布的随机样本，其概率函数或概率密度函数为 $f(x|\theta)$，其中 θ 是一维的未知参数。

定理 7.8.3　极大似然估计量与充分统计量　令 $T=r(X_1,\cdots,X_n)$ 是 θ 的充分统计量，则 θ 的极大似然估计量 $\hat{\theta}$ 仅通过 T 依赖于样本 $X_1,\cdots,X_n$。进一步，如果 $\hat{\theta}$ 也是充分统计量，则它是最小充分统计量。

证明　我们首先证明 $\hat{\theta}$ 是每个充分统计量的函数。令 $T=r(\boldsymbol{X})$ 为充分统计量。因子分解准则定理7.7.1告诉我们，似然函数 $f_n(\boldsymbol{x}|\theta)$ 可以写成如下形式

$$f_n(\boldsymbol{x}\mid\theta)=u(\boldsymbol{x})v[r(\boldsymbol{x}),\theta]。$$

极大似然估计量 $\hat{\theta}$ 是使 $f_n(\boldsymbol{x}|\theta)$ 极大的 θ 的值。由此我们可以得出 $\hat{\theta}$ 是使 $v[r(\boldsymbol{x}),\theta]$ 极大的 θ 的值。由于 $v[r(\boldsymbol{x}),\theta]$ 仅通过函数 $r(\boldsymbol{x})$ 依赖于观测向量 $\boldsymbol{x}$，因此，$\hat{\theta}$ 也将仅通过函数 $r(\boldsymbol{x})$ 依赖于 $\boldsymbol{x}$。因此，估计量 $\hat{\theta}$ 是 $T=r(\boldsymbol{X})$ 的函数。

由于估计量 $\hat{\theta}$ 是观测值 $X_1,\cdots,X_n$ 的函数，而不是参数 θ 的函数，估计量本身就是统计量。如果 $\hat{\theta}$ 实际上是一个充分统计量，则它是最小充分统计量，因为我们刚证明了它是所有其他充分统计量的函数。■

定理7.8.3可以容易地被推广到参数 θ 是多维的情况。如果 $\theta=(\theta_1,\cdots,\theta_k)$ 是 k 个实值参数的向量，则极大似然估计量的向量 $(\hat{\theta}_1,\cdots,\hat{\theta}_k)$ 将仅通过某个联合充分统计量集中的函数依赖于观测值 $X_1,\cdots,X_n$。如果这些估计量的向量是联合充分统计量集，则它们是最小联合充分统计量集，因为它们是每个联合充分统计量集的函数。

例 7.8.6　正态分布参数的最小联合充分统计量　设 $X_1,\cdots,X_n$ 是来自正态分布的随机样本，均值 μ 和方差 σ^2 都未知。在例7.5.6中证明了其极大似然估计量 $\hat{\mu}$ 和 $\widehat{\sigma^2}$ 为样本均值与样本方差。例7.8.3证明了 $\hat{\mu}$ 和 $\widehat{\sigma^2}$ 为联合充分统计量，于是 $\hat{\mu}$ 和 $\widehat{\sigma^2}$ 为最小联合充分统计量。◀

例7.8.6中的统计学家可以对 μ 和 σ^2 的良好估计量的搜索限制在最小联合充分统计量的函数中。因此，从例7.8.6可以得出结论，如果极大似然估计量 $\hat{\mu}$ 和 $\widehat{\sigma^2}$ 本身不能作为 μ 和 σ^2 的估计量，则我们仅需考虑其他估计量是 $\hat{\mu}$ 和 $\widehat{\sigma^2}$ 的函数。

上面有关极大似然估计量的结论，对于贝叶斯估计量也成立。

定理 7.8.4　贝叶斯估计量与充分统计量　令 $T=r(\boldsymbol{X})$ 为 θ 的充分统计量，则 θ 的每个贝叶斯估计量 $\hat{\theta}$ 仅通过 T 依赖于样本 $X_1,\cdots,X_n$。进一步，如果 $\hat{\theta}$ 也是充分统计量，则它是最小充分统计量。

证明　设 θ 的先验概率密度函数或先验概率函数为 $\xi(\theta)$，由关系（7.2.10）和因子分解准则可知，后验概率密度函数 $\xi(\theta|x)$ 满足如下关系

$$\xi(\theta \mid x) \propto v[r(\boldsymbol{x}),\theta]\xi(\theta)。$$

从这种关系可以看出，θ 的后验概率密度函数仅通过 $r(\boldsymbol{x})$ 依赖于观测向量 $\boldsymbol{x}$。由于 θ 的关于特定损失函数的贝叶斯估计量是由这个后验概率密度函数计算出的，因此估计量也仅通过 $r(\boldsymbol{x})$ 依赖于观测向量 $\boldsymbol{x}$。换句话说，贝叶斯估计量是 $T=r(\boldsymbol{X})$ 的函数。由于贝叶斯估计量 $\hat{\theta}$ 本身是一个统计量，并且是每个充分统计量 T 的函数，因此，如果 $\hat{\theta}$ 也是充分统计量，则它是最小充分统计量。■

定理 7.8.4 还可以推广到参数向量和联合充分统计量的情形。

小结

统计量 $T_1=r_1(\boldsymbol{X}),\cdots,T_k=r_k(\boldsymbol{X})$ 是联合充分统计量，当且仅当联合概率函数或联合概率密度函数可以因子分解为 $f_n(\boldsymbol{x}\mid\theta)=u(\boldsymbol{x})v[r_1(\boldsymbol{x}),\cdots,r_k(\boldsymbol{x}),\theta]$，对适当的函数 u 与 v。由因子分解可知原始数据 $X_1,\cdots,X_n$ 本身就是联合充分统计量。为了有用，充分统计量应该是比整体数据更简单的函数。最小充分统计量是最简单函数，函数仍然为充分统计量；也就是说，这是一个充分统计量，它是每个充分统计量的函数。由于似然函数是每个充分统计量的函数，因此根据因子分解准则，由似然函数确定的充分统计量是最小充分统计量。特别地，如果极大似然估计量或贝叶斯估计量是充分统计量，它是最小充分统计量。

习题

习题 1 至习题 4 的说明：在每个习题中，假定随机变量 $X_1,\cdots,X_n$ 是来自该题所指定分布的容量为 n 的随机样本，并证明题目中指定的统计量 T_1 和 T_2 为联合充分统计量。

1. 参数 α 和参数 β 均未知的伽马分布（$\alpha>0$ 和 $\beta>0$）；$T_1=\prod_{i=1}^{n}X_i$，$T_2=\sum_{i=1}^{n}X_i$。
2. 参数 α 和参数 β 均未知的伽马分布（$\alpha>0$ 和 $\beta>0$）；$T_1=\prod_{i=1}^{n}X_i$，$T_2=\prod_{i=1}^{n}(1-X_i)$。
3. 参数 x_0 和 α 都未知（$x_0>0$ 和 $\alpha>0$）的帕累托分布（见 5.7 节 16 题）；$T_1=\min\{X_1,\cdots,X_n\}$，$T_2=\prod_{i=1}^{n}X_i$。
4. 区间 $[\theta,\theta+3]$ 上的均匀分布，θ 未知（$-\infty<\theta<\infty$）；$T_1=\min\{X_1,\cdots,X_n\}$，$T_2=\max\{X_1,\cdots,X_n\}$。
5. 假设向量 $(X_1,Y_1),(X_2,Y_2),\cdots,(X_n,Y_n)$ 是来自二元正态分布的随机样本，其中均值、方差、相关系数都是未知的。证明下面五个统计量是联合充分统计量：

$$\sum_{i=1}^{n}X_i,\ \sum_{i=1}^{n}Y_i,\ \sum_{i=1}^{n}X_i^2,\ \sum_{i=1}^{n}Y_i^2,\ \sum_{i=1}^{n}X_iY_i。$$

6. 考虑某个分布，其概率密度函数或概率函数是 $f(x\mid\theta)$，参数 θ 是属于某个参数空间 Ω 的 k 维向量。我们称为参数为 θ 的分布族是 k 参数的指数族，或者 k 参数的 Koopman-Darmois 族，如果 $f(x\mid\theta)$ 对于 $\theta\in\Omega$ 和所有 x 可以写为

$$f(x\mid\theta)=a(\theta)b(x)\exp\left[\sum_{i=1}^{k}c_i(\theta)d_i(x)\right]。$$

这里 a 和 $c_1,\cdots,c_k$ 是 θ 的任意函数，b 和 $d_1,\cdots,d_k$ 是 x 的任意函数。设 $X_1,\cdots,X_n$ 是来自这种 k 参数指数分布族的随机样本，定义 k 个统计量 $T_1,\cdots,T_k$ 如下：

$$T_i=\sum_{j=1}^{n}d_i(X_j),\quad i=1,\cdots,k。$$

证明 $T_1,\cdots,T_k$ 是 θ 的联合充分统计量。

7. 证明以下每个分布族是习题6中定义的2参数指数族：
   a. 均值和方差均未知的所有正态分布族；
   b. α 和 β 均未知的所有伽马分布族；
   c. α 和 β 均未知的所有贝塔分布族。
8. 假设 $X_1,\cdots,X_n$ 是来自某指数分布的随机样本，参数 β 未知（$\beta>0$）。β 的极大似然估计量是不是最小充分统计量？
9. 假设 $X_1,\cdots,X_n$ 是来自某伯努利分布的随机样本，参数 p 未知（$0\leqslant p\leqslant 1$）。p 的极大似然估计量是不是最小充分统计量？
10. 假设 $X_1,\cdots,X_n$ 是来自区间 $[0,\theta]$ 上均匀分布的随机样本，参数 θ 未知（$\theta>0$）。θ 的极大似然估计量是不是最小充分统计量？
11. 假设 $X_1,\cdots,X_n$ 是来自柯西分布的随机样本，中心位置参数 θ 未知（$-\infty<\theta<\infty$）。θ 的极大似然估计量是不是最小充分统计量？
12. 假设 $X_1,\cdots,X_n$ 是来自某分布的随机样本，该分布的概率密度函数如下：

$$f(x\mid\theta)=\begin{cases}\dfrac{2x}{\theta^2}, & 0\leqslant x\leqslant\theta,\\ 0, & \text{其他。}\end{cases}$$

    这里，参数 θ 未知（$\theta>0$）。求这个分布中位数的极大似然估计量，证明这个估计量为 θ 的最小充分统计量。
13. 假设 $X_1,\cdots,X_n$ 是来自区间 $[a,b]$ 上均匀分布的随机样本，区间端点 a 和 b 未知（$a<b$）。a，b 的极大似然估计量是不是最小联合充分统计量？
14. 对于习题5的条件，均值、方差、相关系数的极大似然估计量由7.6节习题24给出。这五个估计量是不是最小联合充分统计量？
15. 假设 $X_1,\cdots,X_n$ 来自伯努利分布的随机样本，参数 p 未知，并且 p 的先验分布是某个特定的贝塔分布。p 的关于平方误差损失函数的贝叶斯估计量是否是最小充分统计量？
16. 假设 $X_1,\cdots,X_n$ 来自泊松分布的随机样本，参数 λ 未知，并且 λ 的先验分布是某个特定的伽马分布。λ 的关于平方误差损失函数的贝叶斯估计量是否是最小充分统计量？
17. 假设 $X_1,\cdots,X_n$ 来自某个正态分布的随机样本，均值 μ 未知且方差已知，并且 μ 的先验分布是某个特定的正态分布。μ 的关于平方误差损失函数的贝叶斯估计量是否是最小充分统计量？

*7.9　估计量的改进

在本节中，我们将展示如何使用一个充分统计量的函数的估计量来改进某个不是充分统计量的函数的估计量。

估计量的均方误差

例7.9.1　顾客到达　商店老板对在典型的一小时内恰好有一位顾客到达的概率 p 感兴趣。她将顾客的到来建模为泊松过程，到达速率为 θ 人/小时。她在 n 个小时的每一个小时中观察到的到达顾客数为 $X_1,\cdots,X_n$。她做了如下转换：如果 $X_i=1$，则 $Y_i=1$；如果 $X_i\neq1$，则 $Y_i=0$。则 $Y_1,\cdots,Y_n$ 是参数为 p 的伯努利分布的随机样本。于是，商店老板通过 $\delta(\boldsymbol{X})=\dfrac{1}{n}\sum_{i=1}^{n}Y_i$ 来估计 p。这是一个很好的估计量吗？尤其是，如果商店老板希望最小化均方误差，

那么是否有另一个更好的估计量? ◀

一般地，假设 $\boldsymbol{X}=(X_1,\cdots,X_n)$ 是来自某分布的随机样本，该分布的概率密度函数或概率函数是 $f(x|\theta)$，其中参数 θ 必须属于某个参数空间 Ω。在本节中，θ 可以是一维参数或参数向量。对于每个随机变量 $Z=g(X_1,\cdots,X_n)$，令 $E_\theta(Z)$ 表示关于联合概率密度函数或联合概率函数 $f_n(\boldsymbol{x}|\theta)$ 计算的 Z 的期望值。如果我们将 θ 视为随机变量，则 $E_\theta(Z)=E(Z|\theta)$。例如，如果 $f_n(\boldsymbol{x}|\theta)$ 为联合概率密度函数，则

$$E_\theta(Z)=\int_{-\infty}^{\infty}\cdots\int_{-\infty}^{\infty}g(\boldsymbol{x})f_n(\boldsymbol{x}\mid\theta)\,\mathrm{d}x_1\cdots\mathrm{d}x_n。$$

假设 θ 未知，我们欲估计某些函数 $h(\theta)$。如果 θ 是向量，则 $h(\theta)$ 可能是某个坐标或所有坐标的函数等。假定我们使用平方误差损失函数。对于每个给定的估计量 $\delta(\boldsymbol{X})$ 和每个给定的 $\theta\in\Omega$，我们用 $R(\theta,\delta)$ 表示 δ 在给定 θ 下的均方误差，即

$$R(\theta,\delta)=E_\theta([\delta(\boldsymbol{X})-h(\theta)]^2)。\tag{7.9.1}$$

如果我们不给 θ 设置先验分布，那么就需要求估计量 δ 使得均方误差 $R(\theta,\delta)$ 对于每个 $\theta\in\Omega$ 都较小，或者至少对于 θ 的较大范围都较小。

现在假设 $\boldsymbol{T}$ 是 θ 的联合充分统计量的向量。在本节的其余部分，我们将简称 $\boldsymbol{T}$ 为充分统计量。如果 $\boldsymbol{T}$ 是一维的，我们只需将其写为 T 即可。统计学家 A 计划使用特定的估计量 $\delta(\boldsymbol{X})$。在 7.7 节我们注意到，统计学家 B 可以仅“学习”充分统计量 $\boldsymbol{T}$ 的值，通过辅助随机化来生成一个估计量，它与 $\delta(\boldsymbol{X})$ 具有完全相同的分布；特别地，对每个 $\theta\in\Omega$，也与 $\delta(\boldsymbol{X})$ 具有相同的均方误差。现在我们将证明，统计学家 B 即使不使用辅助随机化，仍可以找到某个估计量 δ_0，仅通过充分统计量 $\boldsymbol{T}$ 依赖于观测值 $\boldsymbol{X}$，且是在如下意义下至少与 δ 一样好的估计量：$R(\theta,\delta_0)\leqslant R(\theta,\delta)$，对于每个 $\theta\in\Omega$。

充分统计量已知时的条件期望

我们将通过如下条件期望来定义估计量 $\delta_0(\boldsymbol{T})$：

$$\delta_0(\boldsymbol{T})=E_\theta[\delta(\boldsymbol{X})\mid\boldsymbol{T}]。\tag{7.9.2}$$

由于 T 是充分统计量，因此对于每个给定的 T 值，$X_1,\cdots,X_n$ 的条件联合分布对于每个 $\theta\in\Omega$ 都是相同的。于是，对于任何给定的 $\boldsymbol{T}$ 值，函数 $\delta(\boldsymbol{X})$ 的条件期望对于每个 $\theta\in\Omega$ 都是相同的。由此我们可以得出，式（7.9.2）中的条件期望将依赖于 $\boldsymbol{T}$ 的值，但实际上将不依赖于 θ。换句话说，函数 $\delta_0(\boldsymbol{T})$ 实际上是 θ 的估计量，因为它仅依赖于观测值 $\boldsymbol{X}$，而不依赖于未知 θ。正因为如此，我们可以在式（7.9.2）中省略期望符号 E 的下标 θ，我们可以把关系写成如下形式：

$$\delta_0(\boldsymbol{T})=E[\delta(\boldsymbol{X})\mid\boldsymbol{T}]。\tag{7.9.3}$$

我们现在可以证明如下定理，这个定理由 D. Blackwell 和 C. R. Rao 在 20 世纪 40 年代后期独立建立。

定理 7.9.1 令 $\delta(\boldsymbol{X})$ 是一个估计量，$\boldsymbol{T}$ 是 θ 的充分统计量，$\delta_0(\boldsymbol{T})$ 是由式（7.9.3）定义的估计量，则对每个 $\theta\in\Omega$，都有

$$R(\theta,\delta_0)\leqslant R(\theta,\delta)。\tag{7.9.4}$$

更进一步，如果 $R(\theta,\delta)<\infty$，不等式（7.9.4）严格成立（不能取等号），除非 $\delta(\boldsymbol{X})$ 是 $\boldsymbol{T}$

的函数。

证明　如果 $R(\theta,\delta)=\infty$ 对每个 $\theta\in\Omega$ 成立，则不等式（7.9.4）自动成立。于是我们假设 $R(\theta,\delta)<\infty$。由 4.4 节习题 4a 可得

$$E_\theta([\delta(\boldsymbol{X})-\theta]^2)\geqslant(E_\theta[\delta(\boldsymbol{X})]-\theta)^2,$$

并且可以证明，如果期望被替换为给定 $\boldsymbol{T}$ 的条件期望，则同样的关系也成立，从而有

$$E_\theta([\delta(\boldsymbol{X})-\theta]^2\mid\boldsymbol{T})\geqslant(E_\theta[\delta(\boldsymbol{X})\mid\boldsymbol{T}]-\theta)^2=[\delta_0(\boldsymbol{T})-\theta]^2。\qquad(7.9.5)$$

由关系（7.9.5）可得

$$\begin{aligned}R(\theta,\delta_0)=E_\theta([\delta_0(\boldsymbol{T})-\theta]^2)&\leqslant E_\theta[E_\theta([\delta(\boldsymbol{X})-\theta]^2\mid\boldsymbol{T})]\\&=E_\theta([\delta(\boldsymbol{X})-\theta]^2)=R(\theta,\delta),\end{aligned}$$

其中倒数第二个等式来自定理 4.7.1（期望的全概率公式）。因此，对于每个 $\theta\in\Omega$，都有 $R(\theta,\delta_0)\leqslant R(\theta,\delta)$。

最后，假设 $R(\theta,\delta)<\infty$ 并且 $\delta(\boldsymbol{X})$ 不是 $\boldsymbol{T}$ 的函数。也就是说，不存在函数 $g(\boldsymbol{T})$ 使得 $P(\delta(\boldsymbol{X})=g(\boldsymbol{T})\mid\boldsymbol{T})=1$，则 4.4 节习题 4b（以 $\boldsymbol{T}$ 为条件）告诉我们不等式（7.9.4）是严格的。 ■

例 7.9.2　顾客到达　我们现在回到例 7.9.1，用 θ 表示顾客到达速率（以小时为单位），则 $\boldsymbol{X}$ 是来自泊松分布的随机样本，均值为 θ。例 7.7.2 证明了此时的充分统计量是 $T=\sum_{i=1}^{n}X_i$。T 的分布是均值为 $n\theta$ 的泊松分布，我们现在来计算

$$\delta_0(T)=E[\delta(\boldsymbol{X})\mid T],$$

其中 $\delta(\boldsymbol{X})=\frac{1}{n}\sum_{i=1}^{n}Y_i$，定义见例 7.9.1。（回顾一下，如果 $X_i=1$，则 $Y_i=1$；如果 $X_i\neq1$，则 $Y_i=0$，$\delta(\boldsymbol{X})$ 就为“恰好有一个顾客到达的小时数所占的比例”。）对每个 i 及 T 的所有可能取值 t，容易看出

$$E(Y_i\mid T=t)=P(X_i=1\mid T=t)=\frac{P(X_i=1,T=t)}{P(T=t)}=\frac{P(X_i=1,\sum_{j\neq i}X_j=t-1)}{P(T=t)}。$$

对 $t=0$，显然有 $P(X_i=1\mid T=0)=0$。对 $t>0$，我们发现

$$P(T=t)=\frac{\mathrm{e}^{-n\theta}(n\theta)^t}{t!},$$

$$P\Big(X_i=1,\sum_{j\neq i}X_j=t-1\Big)=\mathrm{e}^{-\theta}\theta\times\frac{\mathrm{e}^{-(n-1)\theta}[(n-1)\theta]^{t-1}}{(t-1)!}=\frac{\mathrm{e}^{-n\theta}(n-1)^{t-1}\theta^t}{(t-1)!}。$$

这两个概率的比值是

$$E(Y_i\mid T=t)=\frac{t}{n}\left(1-\frac{1}{n}\right)^{t-1}。\qquad(7.9.6)$$

由此可得

$$\delta_0(t)=E[\delta_0(\boldsymbol{x})\mid T=t]=E\left[\frac{1}{n}\sum_{i=1}^{n}Y_i\,\middle|\,T=t\right]=\frac{1}{n}\sum_{i=1}^{n}E(Y_i\mid T=t)。$$

根据式（7.9.6），所有的 $E(Y_i\mid T=t)$ 是相同的，所以 $\delta_0(t)$ 是由式（7.9.6）右侧给出的。

由定理 7.9.1 可知，在平方误差损失函数下 $\delta_0(T)$ 比 $\delta(\boldsymbol{X})$ 要好。◀

如果将 $R(\theta,\delta)$ 定义为给定 $\theta\in\Omega$ 下估计量的平均绝对误差，而不是 δ 的均方误差，则与定理 7.9.1 相似的结论成立。换句话说，假设 $R(\theta,\delta)$ 定义如下：

$$R(\theta,\delta)=E_\theta(|\delta(\boldsymbol{X})-\theta|)。\tag{7.9.7}$$

则可以证明（见本节习题 10）定理 7.9.1 仍然是对的。

定义 7.9.1　不容许/容许/优于　假设 $R(\theta,\delta)$ 由式（7.9.1）或式（7.9.7）定义。如果存在另一个估计量 δ_0 使得对每个 $\theta\in\Omega$ 都有 $R(\theta,\delta_0)\leqslant R(\theta,\delta)$，且至少存在一个 $\theta\in\Omega$ 使得不等式严格成立，则我们称估计量 δ 是不容许的。这时，也称估计量 δ_0 优于估计量 δ。如果没有其他估计量优于 δ_0，则称估计量 δ_0 是容许的。

我们用定义 7.9.1 的术语可以将定理 7.9.1 归纳如下：一个不是充分统计量 $\boldsymbol{T}$ 的函数的估计量 δ 是不容许估计量。定理 7.9.1 还明确表明估计量 $\delta_0=E(\delta(\boldsymbol{X})|\boldsymbol{T})$ 优于 δ。然而该定理的这一部分在实际问题中没有多少用处，因为通常很难计算条件期望 $E(\delta(\boldsymbol{X})|\boldsymbol{T})$。定理 7.9.1 是有价值的，主要是因为它提供了进一步的有力证据，证明我们可以将对 θ 的良好估计量的搜索限制为那些仅通过充分统计量依赖于观测值的估计量。

例 7.9.3　估计正态分布的均值　假设 $X_1,\cdots,X_n$ 从正态分布中形成一个随机样本，其均值 μ 未知，并且方差已知，并用 $Y_1\leqslant\cdots\leqslant Y_n$ 表示样本的顺序统计量，定义见 7.8 节。如果 n 是一个奇数，则将中间观测值 $Y_{(n+1)/2}$ 称为样本中位数。如果 n 是偶数，则 $Y_{n/2}$ 和 $Y_{(n/2)+1}$ 之间的每个值都是样本中位数，但是我们通常的样本中位数是指特定值 $\frac{1}{2}[Y_{n/2}+Y_{(n/2)+1}]$。

由于正态分布关于 μ 是对称的，中位数为 μ，因此我们也可以考虑使用样本中位数或样本中位数的简单函数作为 μ 的估计量。但是，在例 7.7.4 中我们证明了样本均值 $\overline{X}_n$ 对于 μ 而言是充分统计量。从定理 7.9.1 可以得出，用 $\overline{X}_n$ 的函数作为 μ 的可能估计量优于样本中位数的函数作为估计量。因此在寻找 μ 的估计量时，我们只需要考虑 $\overline{X}_n$ 的函数。◀

例 7.9.4　估计正态分布的标准差　假设 $X_1,\cdots,X_n$ 是来自正态分布的随机样本，均值 μ 和方差 σ^2 均未知，并再次令 $Y_1\leqslant\cdots\leqslant Y_n$ 表示样本的顺序统计量。差值 Y_n-Y_1 称为样本的极差，我们可以考虑使用极差的一些简单函数作为标准差 σ 的估计量。但是如例 7.8.2 所示，统计量 $\sum_{i=1}^{n}X_i$ 和 $\sum_{i=1}^{n}X_i^2$ 是参数 μ 和 σ^2 的联合充分统计量。于是用 $\sum_{i=1}^{n}X_i$ 和 $\sum_{i=1}^{n}X_i^2$ 的函数作为 σ 的估计量优于极差的每个函数作为估计量。◀

例 7.9.5　滚珠轴承的失效时间　假设我们希望估计例 5.6.9 中描述的滚珠轴承的平均失效时间，我们基于 23 个观察到的失效时间样本。设 $Y_1,\cdots,Y_{23}$ 是观察到的失效时间（不是对数）。我们可能会考虑使用样本均值 $\overline{Y}_n=\frac{1}{23}\sum_{i=1}^{23}Y_i$ 作为估计量。假设我们继续将其对数 $X_i=\ln(Y_i)$ 建模为均值为 θ 和方差为 0.25 的正态随机变量，则 Y_i 是参数为 θ 和 0.25 的对数正态分布。由式（5.6.15），Y_i 的均值为 $\exp(\theta+0.125)$，即平均失效时间。然而我们知道 $\overline{X}_n$ 是充分统计量。由于 $\overline{Y}_n$ 不是 $\overline{X}_n$ 的函数，因此存在 $\overline{X}_n$ 的函数作为平均失效时间的估计量，优于 $\overline{Y}_n$。我们实际上可以找到那个函数。首先，

$$E(\overline{Y}_n \mid \overline{X}_n) = \frac{1}{n}\sum_{i=1}^{n} E(Y_i \mid \overline{X}_n)。\tag{7.9.8}$$

在5.10节习题15中，你已经证明，对每个i，给定$\overline{X}_n = \bar{x}_n$下$X_i$的条件分布是正态分布，均值为$\bar{x}_n$且方差为$0.25(1-1/n)$。由此得出，对于每个$i$，给定$\overline{X}_n$下$Y_i$的条件分布是参数为$\overline{X}_n$和$0.25(1-1/n)$的对数正态分布。于是，由式（5.6.15）可得，对于所有i，给定$\overline{X}_n$下Y_i的条件均值为$\exp[\overline{X}_n+0.125(1-1/n)]$，并且式（7.9.8）也等于$\exp[\overline{X}_n+0.125(1-1/n)]$。◀

使用充分统计量的局限

前面充分统计量的理论应用于某个统计问题时，要牢记以下局限是重要的。在特定问题中，充分统计量的存在及其形式在很大程度上取决于假定的概率密度函数或概率函数的形式。一个统计量是充分统计量，如果假设概率密度函数是$f(x \mid \theta)$；也可能不是充分统计量，如果假设概率密度函数为$g(x \mid \theta)$，即使对于每个$\theta \in \Omega$，$g(x \mid \theta)$可能与$f(x \mid \theta)$十分相似。假设统计学家在特定问题中对概率密度函数的确切形式有疑问，但为方便起见，会假设其概率密度函数是$f(x \mid \theta)$；还假设统计量$\boldsymbol{T}$是充分统计量。由于统计学家不确定概率密度函数的具体形式，因此他希望我们使用的θ的估计量在各种可能的概率密度函数上表现都相当好，即使所选的估计量可能不满足这一要求，即仅通过统计量$\boldsymbol{T}$依赖于观察值。

一个估计量对于各种可能的概率密度函数都表现合理，即使它可能不是任何特定概率密度函数的分布族的最佳可用估计量，这种估计量通常被称为稳健估计量。在10章，我们将进一步考虑稳健估计量。

前面的讨论还提出了另一个有用观点，可以记在脑海中。在7.2节中，我们引入了敏感性分析，以研究选择先验分布对推断的影响。同样的想法可以应用于统计学家选择的某个统计模型的任何特征。特别是，给定参数的观测值的分布（由$f(x \mid \theta)$定义）的选择，通常为了方便起见而不是通过仔细的分析来选择。人们可以对同样的可观察数据，使用不同分布来反复推断。对每个选择的推断结果比较是敏感性分析的另一种形式。

小结

假设$\boldsymbol{T}$是充分统计量，并且我们尝试在平方误差损失下估计参数。假设估计量$\delta(\boldsymbol{X})$不是$\boldsymbol{T}$的函数，则可以通过使用$\delta_0(\boldsymbol{T})$来改善δ，这里$\delta_0(\boldsymbol{T})$是给定$\boldsymbol{T}$下$\delta(\boldsymbol{X})$的条件均值。因为$\delta_0(\boldsymbol{T})$的均值与$\delta(\boldsymbol{X})$相同，且其方差更小，因此$\delta_0(\boldsymbol{T})$的均方误差不大于$\delta(\boldsymbol{X})$。

习题

1. 假设随机变量$X_1,\cdots,X_n$是来自正态分布的容量为n的随机样本（$n \geq 2$），其均值为0，方差θ未知。还假设对于每个估计量$\delta(X_1,\cdots,X_n)$，均方误差$R(\theta,\delta)$由式（7.9.1）定义。请解释为什么样本方差是θ的不容许估计量。

2. 假设随机变量 $X_1,\cdots,X_n$ 是来自$[0,\theta]$上均匀分布的容量为 n 的随机样本（$n\geqslant 2$），参数 θ 未知（$\theta>0$）。同样假设对于每个估计量 $\delta(X_1,\cdots,X_n)$，均方误差 $R(\theta,\delta)$ 由式（7.9.1）定义。请解释为什么估计量 $\delta_1(X_1,\cdots,X_n)=2\overline{X}_n$ 是 θ 的不容许估计量。
3. 再次考虑习题 2 的条件，令估计量 δ_1 由该题所定义。对 $\theta>0$，求均方误差 $R(\theta,\delta_1)$的值。
4. 再次考虑习题 2 的条件，令 $Y_n=\max\{X_1,\cdots,X_n\}$，考虑统计量 $\delta_2(X_1,\cdots,X_n)=Y_n$。
   a. 对 $\theta>0$，求均方误差 $R(\theta,\delta_2)$的值。
   b. 证明：对 $n=2$ 和 $\theta>0$，$R(\theta,\delta_2)=R(\theta,\delta_1)$。
   c. 证明：对 $n\geqslant 3$，δ_2 优于 δ_1。
5. 再次考虑习题 2 和习题 4 的条件，证明存在一个常数 $c*$ 使得估计量 $c*Y_n$ 优于 $cY_n(c\neq c*)$。
6. 假设 $X_1,\cdots,X_n$ 是来自伽马分布的容量为 n 的随机样本（$n\geqslant 2$），其中参数 α 的值未知（$\alpha>0$）并且参数 β 已知。当使用平方误差损失函数时，说明为什么 $\overline{X}_n$ 是该分布均值的不容许估计量。
7. 假设 $X_1,\cdots,X_n$ 是来自指数分布的随机样本，参数 β 未知（$\beta>0$），使用平方误差损失函数进行估计。令 δ 为估计量，使得对于 $X_1,\cdots,X_n$ 的所有可能值都有 $\delta(X_1,\cdots,X_n)=3$。
   a. 对 $\beta>0$，求均方误差 $R(\beta,\delta)$的值。
   b. 解释为什么估计量 δ 是容许估计量。
8. 假设从泊松分布中抽取 n 个观测值的随机样本，均值 θ 未知（$\theta>0$），我们使用平方误差损失函数来估计 $\beta=e^{-\theta}$。由于 β 等于一个观测值为 0 的概率，因此 β 的自然估计量是随机样本中为 0 的观测值的比例 $\hat{\beta}$。解释为什么 $\hat{\beta}$ 是 β 的不容许估计量。
9. 证明：对任意随机变量，$|E(X)|\leqslant E(|X|)$。
10. 假设 $X_1,\cdots,X_n$ 是来自某分布的随机样本，该分布的概率密度函数或概率函数是 $f(x|\theta)$，θ 为未知参数。假设我们必须估计 θ，θ 的充分统计量为 T。令 δ 是 θ 的任意估计量，令 δ_0 为由 $\delta_0=E(\delta|T)$ 定义的估计量，证明对每个 $\theta\in\Omega$，有
$$E_\theta(|\delta_0-\theta|)\leqslant E_\theta(|\delta-\theta|)。$$
11. 假设 $X_1,\cdots,X_n$ 是来自某分布的随机样本，该分布的概率密度函数或概率函数是 $f(x|\theta)$，$\theta\in\Omega$，令 $\hat{\theta}$ 表示 θ 的极大似然估计量。还假设统计量 T 对于 θ 是充分统计量，估计量 δ_0 由关系 $\delta_0=E(\hat{\theta}|T)$ 所定义。比较估计量 $\hat{\theta}$ 和 δ_0。
12. 假设 $X_1,\cdots,X_n$ 构成 n 重伯努利试验序列，每次试验的成功概率 p 未知（$0\leqslant p\leqslant 1$），令 $T=\sum_{i=1}^{n}X_i$，求估计量 $E(X_1|T)$的形式。
13. 假设 $X_1,\cdots,X_n$ 来自泊松分布的随机样本，均值 θ 未知（$\theta>0$），令 $T=\sum_{i=1}^{n}X_i$，且对于 $i=1,\cdots,n$，定义统计量：
$$Y_i=\begin{cases}1, & X_i=0,\\ 0, & X_i>0。\end{cases}$$
求估计量 $E(Y_i|T)$的形式。
14. 再次考虑习题 8 的条件，求 $E(\hat{\beta}|T)$的形式。你可能需要用到习题 13 求解过程中得到的结论。
15. 例 7.9.5 的条件下，求 $\exp(\theta+0.125)$的极大似然估计量。极大似然估计量和例 7.9.5 给出的估计量都具有 $\exp(\overline{X}_n+c)$的形式。求 c 使得估计量 $\exp(\overline{X}_n+c)$有最小的均方误差。
16. 在例 7.9.1 中，θ 为 X_i 的均值，求 p 关于 θ 的表达式；并求 p 的极大似然估计量，证明例 7.9.2 中的估计量 $\delta_0(T)$和极大似然估计量（当 n 很大的时候）近似相同。

7.10 补充习题

1. 一个程序将在 25 种不同的输入下运行。令 θ 代表单次运行中发生运行错误的可能性。我们认为，给定 θ 的条件下，程序每次运行遇到错误的概率都为 θ，并且不同的运行是独立的。在运行程序之前，我们认为 θ 服从［0，1］区间上的均匀分布。假设我们在 25 次运行中有 10 次出现错误。

   a. 求 θ 的后验分布；

   b. 如果我们想用 $\hat{\theta}$ 去估计 θ，采用平方误差损失，$\hat{\theta}$ 的估计值是多少？

2. 假设 $X_1,\cdots,X_n$ 独立同分布，$P(X_i=1)=\theta$，$P(X_i=0)=1-\theta$，θ 未知（$0\leqslant\theta\leqslant1$）。求 θ^2 的极大似然估计量。

3. 假设在一大堆苹果中，坏苹果的比例 θ 是未知的，并且具有如下先验概率密度函数：

$$\xi(\theta)=\begin{cases}60\theta^2(1-\theta)^3, & 0<\theta<1,\\ 0, & \text{其他。}\end{cases}$$

   假设我们选取了 10 个苹果，发现 3 个是坏的。求 θ 关于平方误差损失函数的贝叶斯估计值。

4. 假设 $X_1,\cdots,X_n$ 是来自如下均匀分布的随机样本：

$$f(x\mid\theta)=\begin{cases}\dfrac{1}{\theta}, & \theta\leqslant x\leqslant 2\theta,\\ 0, & \text{其他。}\end{cases}$$

   假设 θ 未知（$\theta>0$），求 θ 的极大似然估计量。

5. 假设 X_1 和 X_2 是相互独立的随机变量，对 $i=1,2$，X_i 服从均值为 $b_i\mu$、方差为 σ_i^2 的正态分布。假设 b_1，b_2，σ_1^2 和 σ_2^2 都是已知的正数，μ 是未知参数。求 μ 基于 X_1 和 X_2 的极大似然估计量。

6. 令 $\psi(\alpha)=\Gamma'(\alpha)/\Gamma(\alpha)$，$\alpha>0$（digamma 函数）。证明

$$\psi(\alpha+1)=\psi(\alpha)+\frac{1}{\alpha}。$$

7. 假设正在测试普通灯泡、长寿命灯泡和超长寿命灯泡。普通灯泡的寿命 X_1 服从均值为 θ 的指数分布，长寿命灯泡的寿命 X_2 服从均值为 2θ 的指数分布，超长寿命灯泡的寿命 X_3 服从均值为 3θ 的指数分布。

   a. 求 θ 基于 X_1，X_2，X_3 的极大似然估计量；

   b. 令 $\psi=1/\theta$，假设 ψ 的先验分布是参数为 α 和 β 的伽马分布。求给定 X_1，X_2，X_3 的 ψ 的后验分布。

8. 考虑具有两个可能状态 s_1 和 s_2 的马尔可夫链，转移矩阵 $\boldsymbol{P}$ 如下

$$\boldsymbol{P}=\begin{array}{c} \\ s_1 \\ s_2\end{array}\begin{array}{c}\begin{array}{cc} s_1 & \quad s_2\end{array}\\ \begin{bmatrix}\theta & 1-\theta\\ 3/4 & 1/4\end{bmatrix}\end{array},$$

   其中 θ 未知（$0\leqslant\theta\leqslant1$）。假设初始状态 X_1 是 s_1，相继的 n 个周期的状态为 $X_2,\cdots,X_{n+1}$，试求 θ 基于 $X_2,\cdots,X_{n+1}$ 的极大似然估计量。

9. 假设一个观测值 X 来自如下均匀分布：

$$f(x\mid\theta)=\begin{cases}\dfrac{1}{\theta}, & 0<x<\theta,\\ 0, & \text{其他。}\end{cases}$$

   假设 θ 的先验概率密度函数为

$$\xi(\theta)=\begin{cases}\theta e^{-\theta}, & \theta>0,\\ 0, & \text{其他。}\end{cases}$$

   求 a. θ 关于平方误差损失函数的贝叶斯估计量；b. θ 关于绝对误差损失函数的贝叶斯估计量。

10. 假设 $X_1,\cdots,X_n$ 组成 n 重伯努利试验，参数 $\theta=(1/3)(1+\beta)$，其中 β 未知（$0\leqslant\beta\leqslant1$）。求 β 的极大似

然估计量。

11. 随机应答法有时用于对敏感主题进行调查。该方法的简化形式描述如下：从大量人口中随机抽取 n 个人。对于样本中的每个人，有 1/2 的概率会被问到某个标准问题，及 1/2 的概率会被问到某个敏感问题。此外，对标准或敏感问题的选择是人与人之间独立进行的。如果一个人被问到标准问题，那么她将给出正面回答的概率为 1/2；反之亦然。但是，如果她被问到敏感问题，那么她给出正面回答的概率 p 未知。统计学家只能观察到样本中 n 个人给出的正面回答的总数 X，他无法观察到哪些人被问到敏感问题，或者样本中有多少人被问到敏感问题。求 p 基于观察值 X 的极大似然估计量。
12. 假设将从区间 $[0,\theta]$ 上的均匀分布中抽取四个观测值的随机样本，并且 θ 的先验分布具有以下概率密度函数：

$$\xi(\theta)=\begin{cases}1/\theta^2, & \theta\geqslant 1,\\ 0, & \text{其他。}\end{cases}$$

假设样本观察值为 0.6，0.4，0.8 和 0.9。求 θ 关于平方误差损失函数的贝叶斯估计值。
13. 在习题 12 的条件下，求 θ 关于绝对误差损失函数的贝叶斯估计值。
14. 假设 $X_1,\cdots,X_n$ 是来自具有如下概率密度函数的随机样本：

$$f(x\mid\beta,\theta)=\begin{cases}\beta e^{-\beta(x-\theta)}, & x\geqslant\theta,\\ 0, & \text{其他。}\end{cases}$$

其中 β 和 θ 都未知（$\beta>0$，$-\infty<\theta<\infty$）。求一个联合充分统计量。
15. 假设 $X_1,\cdots,X_n$ 是来自帕累托分布（见 5.7 节习题 16）的随机样本，参数 x_0 未知，且参数 α 已知，求 x_0 的极大似然估计量。
16. 判断习题 15 中的估计量是否是最小充分统计量。
17. 再次考虑习题 15 的条件，这一次参数 x_0 和 α 都未知，求 x_0 和 α 的极大似然估计量。
18. 判断习题 17 中的估计量是否是最小联合充分统计量。
19. 假设随机变量 X 服从二项分布，n 未知且 p 已知（$0<p<1$）。求 n 基于观察值 X 的极大似然估计量。提示：考虑比率

$$\frac{f(x\mid n+1,p)}{f(x\mid n,p)}\text{。}$$

20. 假设两个观测值 X_1 和 X_2 是从如下均匀分布中随机抽取的：

$$f(x\mid\theta)=\begin{cases}\dfrac{1}{2\theta}, & 0\leqslant x\leqslant\theta\text{ 或 }2\theta\leqslant x\leqslant 3\theta,\\ 0, & \text{其他。}\end{cases}$$

其中 θ 未知（$\theta>0$）。求 θ 在下列情况下的极大似然估计量：

a. $X_1=7$ 和 $X_2=9$

b. $X_1=4$ 和 $X_2=9$

c. $X_1=5$ 和 $X_2=9$

21. 假设随机样本 $X_1,\cdots,X_n$ 取自均值 θ 未知、方差为 100 的正态分布，且 θ 的先验分布为均值为 μ_0 且方差为 25 的正态分布。假设我们使用平方误差损失函数估计 θ，每次抽样的成本为 0.25（以适当的单位）。如果估计过程中的总成本等于贝叶斯估计量的期望损失加抽样成本 $0.25n$，那么使总成本最小的样本量 n 是多少？
22. 假设 $X_1,\cdots,X_n$ 是来自泊松分布的随机样本，均值 θ 未知，我们用平方误差损失函数去估计这个分布的方差。试判别样本方差是否是容许估计量。
23. 式（7.5.6）中的样本均值和样本方差在理论上很重要，但是如果将其用于非常大的样本的数值计算，它们可能会效率低下或产生不准确的结果。例如，设 $x_1,x_2,\cdots$是一个实数序列，直接计算 $\sum_{i=1}^{n}(x_i-\bar{x}_n)^2$

要求我们首先计算 $\bar{x}_n$，然后仍然保持所有的 n 个观察值可用，以便我们可以为每个 i 计算 $x_i-\bar{x}_n$。同样，如果 n 非常大，则当下一个 x_i 相对于累加的总和非常小时，通过将 x_i 相加来计算 $\bar{x}_n$ 会产生较大的舍入误差。

a. 证明如下看起来更有效的公式

$$\sum_{i=1}^{n}(x_i-\bar{x}_n)^2=\sum_{i=1}^{n}x_i^2-n\bar{x}_n^2。$$

使用此公式，我们可以分别累加 x_i 和 x_i^2 的总和，之后便忘记每个观察值。我们仍然会遇到上述的舍入误差问题。

b. 证明以下公式可减少求和时的舍入误差问题：对于每个整数 n，

$$\bar{x}_{n+1}=\bar{x}_n+\frac{1}{n+1}(x_{n+1}-\bar{x}_n),$$

$$\sum_{i=1}^{n+1}(x_i-\bar{x}_{n+1})^2=\sum_{i=1}^{n}(x_i-\bar{x}_n)^2+\frac{n}{n+1}(x_{n+1}-\bar{x}_n)^2。$$

这些公式使我们在使用每个 x_i 更新两个公式后忘记每个 x_i。

第8章　估计量的抽样分布

8.1　统计量的抽样分布

统计量是一些可观察的随机变量的函数，它本身也是一个随机变量，具有分布。这个分布就是抽样分布，它告诉我们在得到观察数据之前，可以假设统计量取些什么值以及设定这些值的可能性。当可观测数据的分布被某个参数索引，抽样分布具体化为给定这个参数条件下统计量的分布。

统计量和估计量

例 8.1.1　临床试验　在例 2.1.4 首次引入的临床试验中，用 θ 代表所有可能使用丙咪嗪的患者中未复发的比例。我们可以使用在丙咪嗪组中观察到的无复发患者的比例来估计 θ。在观察数据之前，抽样没有复发患者的比例是一个随机变量 T，它具有分布，并不完全等于参数 θ。然而，我们希望 T 很有可能接近 θ。例如，我们可以尝试计算 $|T-\theta|<0.1$ 的概率。这样的计算要求我们知道随机变量 T 的分布。在临床试验中，我们将丙咪嗪组中 40 例患者的反应建模为条件（给定 θ）独立同分布的伯努利随机变量，参数为 θ。因此，给定 θ 时 $40T$ 的条件分布是参数为 40 和 θ 的二项分布。由此可以容易地得出 T 的分布。事实上，给定 θ，T 的概率函数如下：

$$f(t\mid\theta)=\binom{40}{40t}\theta^{40t}(1-\theta)^{40(1-t)},t=0,\frac{1}{40},\frac{2}{40},\cdots,\frac{39}{40},1,$$

其他情况 $f(t|\theta)=0$。◀

例 8.1.1 末尾的分布称为统计量 T 的抽样分布，可以用它来帮助我们解决一些问题，如在观察数据之前我们期望 T 与 θ 有多接近，还可以使用 T 的抽样分布来帮助我们确定通过观察 T 能“学习”到多少有关 θ 的信息。如果我们试图确定要采用两个不同统计量中的哪个作为估计量，则它们的抽样分布可能有助于我们进行比较。

抽样分布的概念适用于比统计量更大的一类随机变量。

定义 8.1.1　抽样分布　假设随机变量 $\boldsymbol{X}=(X_1,\cdots,X_n)$ 是来自一个含有未知参数 θ 的分布的随机样本。令 T 是 $\boldsymbol{X}$ 的函数，可能还是 θ 的函数，即 $T=r(X_1,\cdots,X_n,\theta)$。给定 θ 下统计量 T 的分布称为 T 的抽样分布。我们将使用 $E_\theta(T)$ 表示由抽样分布计算得到的 T 的均值。

名称“抽样分布”来自以下事实：T 依赖于随机样本，其分布是从样本数据的分布中所推出的。

通常，定义 8.1.1 中的随机变量 T 不依赖于 θ，因此它是统计量（见定义 7.1.4）。特别地，如果 T 是 θ 的估计量（如定义 7.4.1 所述），则 T 也是统计量，因为它是 $\boldsymbol{X}$ 的函数。因此，我们原则上有可能得出 θ 的每个估计量的抽样分布。事实上，在本书的前面部分已经发现了许多估计量和统计量的分布。

例 8.1.2　正态分布均值的极大似然估计量的抽样分布　假设 $X_1,\cdots,X_n$ 是来自正态分布的随机样本，均值为μ，方差为σ^2。在例7.5.5和例7.5.6中，我们发现样本均值$\overline{X}_n$为μ的极大似然估计量。此外，在推论5.6.2中发现，$\overline{X}_n$的分布是正态分布，均值为μ，方差为σ^2/n。◀

在本章中，对于正态分布的随机样本，我们将得出样本方差的分布以及样本均值和样本方差的各种函数的分布。这些推导将使我们得到一些新分布的定义，这些新分布在统计推断问题中起着重要作用。另外，我们将研究估计量及其抽样分布的某些一般性质。

抽样分布的目的

例8.1.3　电子元件的寿命　考虑例7.1.1中销售电子元件的公司。他们将这些电子元件的寿命建模为独立同分布的参数θ的指数分布的随机变量。他们将θ建模为具有参数1和2的伽马分布。现在假设他们将要观察$n=3$的寿命，并且他们将使用θ的后验均值作为估计量。根据定理7.3.4，θ的后验分布将是伽马分布，其参数为$1+3=4$和$2+\sum_{i=1}^{3}X_i$，则后验均值为$\hat{\theta}=4/\left(2+\sum_{i=1}^{3}X_i\right)$。

在观察这三个寿命之前，公司可能想知道$\hat{\theta}$接近θ的可能性。例如，他们可能想要计算$P(|\hat{\theta}-\theta|<0.1)$。另外，诸如客户之类的其他感兴趣的人可能更想了解估计量与θ的接近程度。但是这些其他人可能不希望为θ分配相同的先验分布。实际上，其中一些人可能根本不希望分配任何先验分布。我们很快将看到，所有这些人将发现确定$\hat{\theta}$的抽样分布很有用。他们对抽样分布的处理方式会有所不同，但是他们都将能够利用抽样分布。◀

例8.1.3中，公司观察了三个寿命之后，他们将只对θ的后验分布感兴趣，他们可以计算$|\hat{\theta}-\theta|<0.1$的后验概率。然而，在抽样之前，$\hat{\theta}$和$\theta$都是随机的，计算$P(|\hat{\theta}-\theta|<0.1)$涉及$\hat{\theta}$和$\theta$的联合分布。抽样分布仅仅是给定$\theta$时$\hat{\theta}$的条件分布，因此，全概率公式告诉我们

$$P(|\hat{\theta}-\theta|<0.1)=E[P(|\hat{\theta}-\theta|<0.1|\theta)]。$$

这样，该公司将利用$\hat{\theta}$的抽样分布作为中间计算来求$P(|\hat{\theta}-\theta|<0.1)$。

例8.1.4　电子元件的寿命　例8.1.3中，$\hat{\theta}$的抽样分布没有名称，但是很容易看到$\hat{\theta}$是统计量$T=\sum_{i=1}^{3}X_i$的单调函数，统计量T是参数为3和θ的伽马分布（以θ为条件）。因此，我们可以从T的分布函数$G(\cdot|\theta)$出发，计算$\hat{\theta}$的抽样分布的分布函数$F(\cdot|\theta)$。具体过程如下：对于$t>0$，

$$\begin{aligned}F(t|\theta)&=P(\hat{\theta}\leqslant t|\theta)\\&=P\left(\frac{4}{2+T}\leqslant t\middle|\theta\right)\\&=P\left(T\geqslant\frac{4}{t}-2\middle|\theta\right)\\&=1-G\left(\frac{4}{t}-2\middle|\theta\right)。\end{aligned}$$

对于 $t\leqslant 0$，$F(t|\theta)=0$。大多数统计软件包都包含函数 G，即伽马分布的分布函数。公司现在可以对每个 θ 计算，

$$P(|\hat{\theta}-\theta|<0.1|\theta)=F(\theta+0.1|\theta)-F(\theta-0.1|\theta)。\tag{8.1.1}$$

图 8.1 显示了该概率关于 θ 的函数图像。为了完成 $P(|\hat{\theta}-\theta|<0.1)$ 的计算，我们必须对式（8.1.1）关于 θ 的分布（即参数为 1 和 2 的伽马分布）进行积分。这个积分在封闭形式下积不出来，我们需要数值近似。其中一种近似是模拟仿真，我们将在第 12 章中讨论。在该例中，近似得出 $P(|\hat{\theta}-\theta|<0.1)\approx 0.478$。

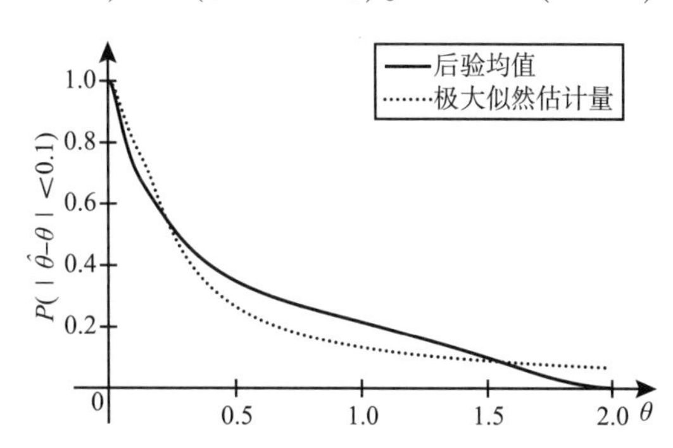

图 8.1　例 8.1.4 中 $\hat{\theta}$ 为后验均值（实线）、极大似然估计量（虚线）时，$P(|\hat{\theta}-\theta|<0.1|\theta)$ 关于 θ 的函数图像

图 8.1 还包含了使用 θ 的极大似然估计量 $\hat{\theta}=3/T$ 计算 $P(|\hat{\theta}-\theta|<0.1)$，极大似然估计量的抽样分布将在本节的习题 9 中推导得到。值得注意的是，当 θ 接近先验均值时，后验均值接近 θ 的概率比极大似然估计量要大一些；当 θ 远离先验均值时，极大似然估计量接近 θ 的概率更高一些。◀

另一种情况，我们也需要估计量的抽样分布，统计者必须确定在两个或多个可用试验中，哪个试验可以获得 θ 的最佳估计量。例如，如果她必须选择用于试验的样本量，那么她通常会计算每个可能样本量的估计量的抽样分布，再根据不同的抽样分布来做出决策。

如例 8.1.3 末尾所述，有些统计者不希望为 θ 分配先验分布。这些统计者将无法计算 θ 的后验分布。相反，他们会将所有统计推断都基于他们选择的估计量的抽样分布。例如，例 8.1.4 中统计者选择使用 θ 的极大似然估计量，需要处理图 8.1 中对应于极大似然估计量的整个曲线，以便她能确定极大似然估计量与 θ 的距离比 0.1 小的可能性有多大。另外，她可能选择其他方式来度量极大似然估计量与 θ 的距离有多近。

例 8.1.5　电子元件的寿命　假设统计学家选择通过极大似然估计量 $\hat{\theta}=3/T$ 去估计 θ，而不是例 8.1.4 中的后验均值。该统计学家可能不会发现图 8.1 中的图非常有用，除非她可以决定哪个 θ 值是最重要的、值得考虑的。代替计算 $P(|\hat{\theta}-\theta|<0.1|\theta)$，而计算

$$P\left(\left|\frac{\hat{\theta}}{\theta}-1\right|<0.1\middle|\theta\right)。\tag{8.1.2}$$

这是 $\hat{\theta}$ 在 θ 值的 10%以内的概率，它可以根据极大似然估计量的抽样分布计算。人们注意到 $\hat{\theta}/\theta=3/(\theta T)$，且 θT 的分布是参数为 3 和 1 的伽马分布。因此，$\hat{\theta}/\theta$ 的分布不依赖于 θ，由此我们可以得到，对所有 θ，$P(|\hat{\theta}/\theta-1|<0.1|\theta)$是同一个数。用例 8.1.4 的符号，$\theta T$ 的分布函数是 $G(\cdot|1)$，故

$$P\left(\left|\frac{\hat{\theta}}{\theta}-1\right|<0.1\middle|\theta\right)=P\left(\left|\frac{3}{\theta T}-1\right|<0.1\middle|\theta\right)$$
$$=P\left(0.9<\frac{3}{\theta T}<1.1\middle|\theta\right)$$
$$=P(2.73<\theta T<3.33\mid\theta)$$
$$=G(3.33\mid 1)-G(2.73\mid 1)=0.134。$$

统计者现在可以断言，无论 θ 是多少，θ 的极大似然估计量在 θ 值的10%以内的概率都是0.134。◀

例8.1.5中的随机变量 $\hat{\theta}/\theta$ 是枢轴量的一个例子，这个量将在8.5节中定义和广泛使用。

例8.1.6 临床试验 例8.1.1中，我们发现了 T 的抽样分布，即丙咪嗪组中未复发患者的比例。使用该分布，我们可以绘制类似于图8.1的图。即对于每个 θ，我们可以计算 $P(|T-\theta|<0.1|\theta)$，图像出现在图8.2中。该图中的跳跃和循环性是由 T 分布的离散性造成的。$\theta=0.5$ 时最小概率为0.731 8。（如果我们绘制了 $P(|T-\theta|\leqslant 0.1|\theta)$ 的图像，则在 θ 等于1/40的倍数的地方，在图的主要部分下方出现的孤立点也出现在图主要部分上方。）◀

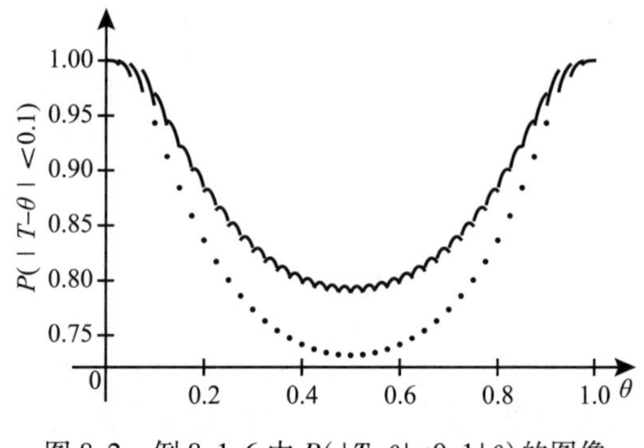

图8.2 例8.1.6中 $P(|T-\theta|<0.1|\theta)$ 的图像

小结

估计量 $\hat{\theta}$ 的抽样分布是给定参数的估计量的条件分布。抽样分布可用作观察数据之前评估贝叶斯估计量的性质的中间计算。更常见的是，那些不愿使用先验分布和后验分布的统计学家使用抽样分布。例如，在取样之前，统计学家可以使用 $\hat{\theta}$ 的抽样分布来计算 $\hat{\theta}$ 接近 θ 的概率。如果对于 θ 的每个可能值，该概率很高，那么统计学家可以确信 $\hat{\theta}$ 的观测值将接近 θ。在观察到数据并获得特定估计值后，即使无法给出明确的后验概率，统计学家仍有可能继续确信该特定估计值可能接近 θ。然而，得出这样的结论并不总是安全的，我们将在例8.5.11的结尾说明这一点。

习题

1. 假设 $X_1,\cdots,X_n$ 是来自区间 $[0,\theta]$ 上均匀分布的一个随机样本，其中 θ 未知，取多大的样本才能使对所有的 θ 都有 $P(|\max\{X_1,\cdots,X_n\}-\theta|\leqslant 0.1|\theta)\geqslant 0.95$？
2. 假设一个随机样本来自均值 θ 未知、标准差是2的正态分布，样本量取多大才能使对每个可能的 θ 都有 $E_\theta(|\overline{X}_n-\theta|^2)\leqslant 0.1$？
3. 同习题2的条件，取多大的样本可以使对每个可能的 θ 都有 $E_\theta(|\overline{X}_n-\theta|)\leqslant 0.1$？
4. 同习题2的条件，取多大的样本可以使对每个可能的 θ 都有 $P(|\overline{X}_n-\theta|\leqslant 0.1)\geqslant 0.95$？
5. 假设一个随机样本来自参数为 p 的伯努利分布，p 未知，并假设 p 的值落在0.2的附近。当 $p=0.2$ 时，

样本量取多大才能使 $P(|\overline{X}_n-p|\leq 0.1)\geq 0.75$?

6. 同习题 5 的条件，用 6.3 节中的中心极限定理求出 $p=0.2$ 时，$P(|\overline{X}_n-p|\leq 0.1)\geq 0.95$ 的近似随机样本量?
7. 同习题 5 的条件，取多大的随机样本才能保证当 $p=0.2$ 时有 $E_p(|\overline{X}_n-p|^2)\leq 0.01$?
8. 同习题 5 的条件，取多大的随机样本才能使对 $p(0\leq p\leq 1)$ 的每个可能值都有 $E_p(|\overline{X}_n-p|^2)\leq 0.01$?
9. 令 $X_1,\cdots,X_n$ 是参数为 θ 的指数分布的随机样本，求 θ 的极大似然估计量的抽样分布的分布函数（极大似然估计量可以在 7.5 节习题 7 中找到。）

8.2 卡方分布

卡方（χ^2）分布族是一个伽马分布族的子族。这些特殊的伽马分布出现在正态分布方差的估计量的抽样分布中。

分布的定义

例 8.2.1 正态分布方差的极大似然估计量 假设 $X_1,\cdots,X_n$ 是来自某个正态分布的随机样本，均值 μ 已知，方差 σ^2 未知。7.5 节习题 6 给出了 σ^2 的极大似然估计量，如下

$$\hat{\sigma}_0^2=\frac{1}{n}\sum_{i=1}^{n}(X_i-\mu)^2。$$

我们将在本节中导出 $\hat{\sigma}_0^2$ 和 $\hat{\sigma}_0^2/\sigma^2$ 的分布，这些分布在一些统计问题中很有用。◀

这一节中我们将介绍和讨论一类特殊的伽马分布——卡方（χ^2）分布。这个分布与来自正态分布的随机样本紧密有关，在统计学领域中应用很广泛，在本书的其余部分我们可以看到它在统计推断的很多重要问题中的应用。在本节中我们将给出 χ^2 分布的定义以及它的一些基本数学性质。

定义 8.2.1 χ^2 分布 对每个正数 m，我们把参数为 $\alpha=m/2$ 且 $\beta=1/2$ 的伽马分布称为自由度为 m 的 χ^2 分布。（参数为 α、β 的伽马分布见定义 5.7.2。）

通常将定义 8.2.1 中的自由度 m 限制为整数。但是，在某些情况下，自由度不是整数会很有用，因此我们不会对此进行限制。

若一个随机变量 X 服从自由度为 m 的 χ^2 分布，那么从式（5.7.13）可知，当 $x>0$ 时，X 的概率密度函数为

$$f(x)=\frac{1}{2^{m/2}\Gamma(m/2)}x^{(m/2)-1}\mathrm{e}^{-x/2}。\tag{8.2.1}$$

且当 $x\leq 0$ 时，$f(x)=0$。

在本书后面给出了 χ^2 分布对于不同 p 和自由度的 p 分位数表。大多数的统计软件包都具有计算任意 χ^2 分布的分布函数和分位数函数的功能。

由定义 8.2.1 及式（8.2.1）都能看出，自由度为 2 的 χ^2 分布是一个参数为 1/2 的指数分布，或等价地，均值为 2 的指数分布。因而以下三个分布是相同的：参数为 $\alpha=1$ 和 $\beta=1/2$ 的伽马分布，自由度为 2 的 χ^2 分布以及均值为 2 的指数分布。

分布的性质

χ^2 分布的均值和方差由定理 5.7.5 立即可得，这里不给出证明。

定理 8.2.1　均值和方差　如果一个随机变量 X 服从自由度为 m 的 χ^2 分布，则 $E(X)=m$, $\mathrm{Var}(X)=2m$。 ■

进而，由式（5.7.15）所给出矩母函数可以得到 X 的矩母函数，为

$$\psi(t)=\left(\frac{1}{1-2t}\right)^{m/2},\ t<\frac{1}{2}。$$

χ^2 分布的可加性直接可以从定理 5.7.7 所得到，我们在下一个定理中不加以证明。

定理 8.2.2　若随机变量 $X_1,\cdots,X_k$ 是相互独立的，且每个 X_i 都服从自由度为 n_i 的 χ^2 分布（$i=1,\cdots,k$），那么 $X_1+\cdots+X_k$ 服从自由度为 $n_1+\cdots+n_k$ 的 χ^2 分布。 ■

现在我们来建立 χ^2 分布与标准正态分布的基本关系。

定理 8.2.3　设随机变量 X 服从标准正态分布，则随机变量 $Y=X^2$ 将服从自由度为 1 的 χ^2 分布。

证明　我们令 $f(y)$ 和 $F(y)$ 分别表示 Y 的概率密度函数和分布函数。同时，由于 X 服从标准正态分布，我们令 $\phi(x)$ 和 $\Phi(x)$ 分别表示 X 的概率密度函数和分布函数，则当 $y>0$ 时，

$$\begin{aligned}F(y)&=P(Y\leqslant y)=P(X^2\leqslant y)=P(-y^{1/2}\leqslant X\leqslant y^{1/2})\\&=\Phi(y^{1/2})-\Phi(-y^{1/2})。\end{aligned}$$

由于 $f(y)=F'(y)$ 且 $\phi(x)=\Phi'(x)$，由微分的链式法则可知

$$f(y)=\phi(y^{1/2})\left(\frac{1}{2}y^{-1/2}\right)+\phi(-y^{1/2})\left(\frac{1}{2}y^{-1/2}\right)。$$

并且，因为 $\phi(y^{1/2})=\phi(-y^{1/2})=(2\pi)^{-1/2}\mathrm{e}^{-y/2}$，可知

$$f(y)=\frac{1}{(2\pi)^{1/2}}y^{-1/2}\mathrm{e}^{-y/2},\ y>0。$$

将这个等式与式（8.2.1）做比较，可见 Y 的概率密度函数事实上就是自由度为 1 的 χ^2 分布的概率密度函数。 ■

我们现在将定理 8.2.3 与定理 8.2.2 结合起来，得到以下定理，这个定理可以提供 χ^2 分布在统计中是一个重要分布的主要原因。

推论 8.2.1　如果随机变量 $X_1,\cdots,X_m$ 独立同分布并且均服从标准正态分布，则它们的平方和 $X_1^2+\cdots+X_m^2$ 服从一个自由度为 m 的 χ^2 分布。 ■

例 8.2.2　正态分布方差的极大似然估计量　例 8.2.1 中，随机变量 $Z_i=(X_i-\mu)/\sigma$，$i=1,\cdots,n$ 组成来自标准正态分布的随机样本。由推论 8.2.1 知 $\sum_{i=1}^{n}Z_i^2$ 服从自由度为 n 的 χ^2 分布。很容易看到 $\sum_{i=1}^{n}Z_i^2$ 与例 8.2.1 的 $n\hat{\sigma}_0^2/\sigma^2$ 完全相同。因此，$n\hat{\sigma}_0^2/\sigma^2$ 的分布是自由度为 n 的 χ^2 分布。读者还应该能够看到 $\hat{\sigma}_0^2$ 本身的分布是参数为 $n/2$ 和 $n/(2\sigma^2)$ 的伽马分布（本节习题 13 证明该结论）。 ◀

例 8.2.3　奶酪的乳酸浓度　Moore 和 McCabe（1999，p. D-1）描述了在澳大利亚进行的一项研究奶酪口味和化学成分关系的试验。乳酸是一种会影响口味的化学成分。奶酪制造商如果想要拥有一批忠实的顾客，就会希望每个顾客在购买奶酪时，奶酪的味道尝上

去会差不多。化学成分例如乳酸的浓度就会导致奶酪口感的变化。假定我们将一些大块奶酪中乳酸的浓度看作独立正态分布变量，均值为μ和方差为σ^2，我们所感兴趣的是这些浓度和μ的值的相差程度。令$X_1,\cdots,X_k$是k个大块奶酪中的浓度，且令$Z_i=(X_i-\mu)/\sigma$。这样

$$Y=\frac{1}{k}\sum_{i=1}^{k}|X_i-\mu|^2=\frac{\sigma^2}{k}\sum_{i=1}^{k}Z_i^2$$

可以度量k个浓度和μ相差的程度。假设乳酸浓度的差别为u或者更高，足以引起口味上有明显的差异。那么我们希望计算$P(Y\leqslant u^2)$。根据推论8.2.1，$W=kY/\sigma^2$的分布是自由度为k的χ^2分布。因此$P(Y\leqslant u^2)=P(W\leqslant ku^2/\sigma^2)$。

例如，假设$\sigma^2=0.09$，我们对$k=10$块奶酪感兴趣，此外，假定$u=0.3$是我们感兴趣的临界差别点。我们可以写成

$$P(Y\leqslant 0.3^2)=P\left(W\leqslant\frac{10\times 0.09}{0.09}\right)=P(W\leqslant 10)。\tag{8.2.2}$$

查自由度为10的χ^2分布的分位数表，可以看到10是介于0.5和0.6这两个分位数之间。事实上，可以用计算机软件来得到式（8.2.2）中的概率，其值是0.56，所以乳酸的浓度和这10大块奶酪的平均浓度的平均平方差有44%可能性会大于预期的量。如果这个概率过大，厂商就会希望在降低乳酸浓度的方差上花些功夫。◀

小结

自由度为m的卡方分布和参数为$m/2$和$1/2$的伽马分布是相同的。它是m个相互独立的标准正态随机变量的平方和的分布。自由度为m的χ^2分布的均值为m，方差为$2m$。

习题

1. 在例8.2.3中，假设我们取20块奶酪作为样本，令$T=\sum_{i=1}^{20}(X_i-\mu)^2/20$，其中$X_i$表示第$i$块奶酪中乳酸的浓度，并设$\sigma^2=0.09$，那么$c$取什么值会满足$P(T\leqslant c)=0.9$？
2. 求自由度为m的χ^2分布的众数（$m=1,2,\cdots$）。
3. 画出自由度m分别取以下值时χ^2分布的概率密度函数，并在每个图上标明均值、中位数和众数。
   a. $m=1$；b. $m=2$；c. $m=3$；d. $m=4$。
4. 假定在xy平面中随机地选取一点(X,Y)，其中X和Y是相互独立的随机变量，且都服从标准正态分布。如果在xy平面内画一个圆心在原点的圆，那么为了使点(X,Y)落在圆内的概率为0.99的最小圆半径是多少？
5. 假定在三维空间中随机选取一个点(X,Y,Z)，其中X,Y和Z都相互独立且都服从标准正态分布。那么从原点到这个点的距离小于1的概率是多少？
6. 当我们在显微镜下观察液体或气体中某微观微粒的运动，看上去这个运动是不规则的，因为微粒之间时常相互碰撞。称这种运动的概率模型为布朗运动，定义如下：在液体或气体中选定一个坐标系。假定在$t=0$时该微粒处在这个坐标系中的原点，且令(X,Y,Z)表示在任何$t>0$时刻微粒的坐标，X,Y,Z互相独立且都服从均值为0和方差为$\sigma^2 t$的正态分布。求在$t=2$时该微粒会落入以原点为球心，半径为4σ的球内的概率。

7. 假设随机变量 $X_1,\cdots,X_n$ 是相互独立的，而且每个随机变量 X_i 都有一个连续分布函数 F_i。令随机变量 Y 由关系式 $Y=-2\sum_{i=1}^{n}\ln F_i(X_i)$ 来确定。证明 Y 服从自由度为 $2n$ 的 χ^2 分布。
8. 假设 $X_1,\cdots,X_n$ 是来自区间 $[0,1]$ 上均匀分布的一个随机样本，令 W 表示样本的极差（见例 3.9.7 定义）。令 $g_n(x)$ 表示随机变量 $2n(1-W)$ 的概率密度函数，且令 $g(x)$ 表示自由度为 4 的 χ^2 分布的概率密度函数。证明：$\lim_{n\to\infty} g_n(x)=g(x)$，当 $x>0$。
9. 假定 $X_1,\cdots,X_n$ 是来自均值为 μ 和方差为 σ^2 的正态分布的一个随机样本。确定 $n(\overline{X}_n-\mu)^2/\sigma^2$ 的分布。
10. 假设 6 个来自标准正态分布的随机变量 $X_1,\cdots,X_6$ 组成一个随机样本，而令 $Y=(X_1+X_2+X_3)^2+(X_4+X_5+X_6)^2$，求 c 的值使得随机变量 cY 服从 χ^2 分布。
11. 如果一个随机变量 X 服从自由度为 m 的 χ^2 分布，那么称 $X^{1/2}$ 的分布为自由度为 m 的 $chi(\chi)$ 分布，求这个分布的均值。
12. 再次考虑例 8.2.3 中的情形，σ^2 要多小才能保证 $P(Y\leqslant 0.09)\geqslant 0.9$？
13. 证明：例 8.2.1 和例 8.2.2 中 $\hat{\sigma}_0^2$ 的分布是参数为 $n/2$ 和 $n/(2\sigma^2)$ 的伽马分布。

8.3 样本均值和样本方差的联合分布

假定我们的数据来自一个正态分布的随机样本。为了估计正态分布的参数，样本均值 $\hat{\mu}$ 和样本方差 $\hat{\sigma}^2$ 都是重要且必须计算出来的统计量。它们的边际分布有助于我们理解把它们作为各自参数的估计量有多好。为了了解估计量的好坏，知道他们的联合分布也很有用处。然而，$\hat{\mu}$ 的边际分布取决于 σ，$\hat{\mu}$ 和 $\hat{\sigma}^2$ 的联合分布将允许我们在不参考 σ 的情况下对 μ 进行推断。

样本均值和样本方差的独立性

例 8.3.1　人工降雨　Simpson，Olsen，Eden（1975）描述了这样一个试验：在这个试验中我们用 26 朵云作为随机样本，考察一下向这 26 朵云撒播硝酸银（一种降雨剂）的降雨量是否比未撒播的 26 朵云的降雨量要多。假设在“对数”尺度上，自然云通常产生的平均降雨量为 4。在将撒播云的均值与未撒播云均值进行比较时，人们可能很自然地会看到撒播云的平均对数降雨量 $\hat{\mu}$ 与 4 有多远。但是样本中降雨的变化也很重要。例如，如果人们比较了两个不同的撒播云样本，则人们会期望两个样本中的平均降雨量不一样，因云与云之间是有变化的。为了确信“撒播云确实会产生更多的降雨量”，我们希望平均对数降雨量（与样本之间的变化相比）大幅度超过 4，这与样本内的变化密切相关。由于我们不知道撒播云的方差，因此我们计算样本方差 $\hat{\sigma}^2$。将 $\hat{\mu}-4$ 与 $\hat{\sigma}^2$ 比较需要我们考虑样本均值和样本方差的联合分布。◀

假定随机变量 $X_1,\cdots,X_n$ 是服从正态分布的随机样本，均值 μ 未知且方差 σ^2 也未知。例 7.5.6 证明了 μ 和 σ^2 的极大似然估计量分别是样本均值 $\overline{X}_n$ 和样本方差 $(1/n)\sum_{i=1}^{n}(X_i-\overline{X}_n)^2$。在本节中，我们要推导出这两个估计量的联合分布。

从推论 5.6.2 已知，样本均值本身服从均值为 μ、方差为 σ^2/n 的正态分布。现在我们将证明一个值得注意的性质：样本均值和样本方差是互相独立的随机变量，尽管它们都是相同变量 $X_1,\cdots,X_n$ 的函数；我们还将证明，除了一个比例系数，样本方差服从自由度为 $n-1$ 的χ^2 分布。更准确地说，我们将证明：随机变量$\sum_{i=1}^{n}(X_i-\overline{X}_n)^2/\sigma^2$ 服从自由度为 $n-1$ 的χ^2 分布。这个结论也是来自正态分布的随机样本的一个令人“震惊”的性质，接下来我们将对此进行深入的讨论。

由于随机变量 $X_1,\cdots,X_n$ 是相互独立的，又因为每个都服从均值为μ、方差为 σ^2 的正态分布，所以随机变量$(X_1-\mu)/\sigma,\cdots,(X_n-\mu)/\sigma$ 也是相互独立的，且每一个都服从标准正态分布。由推论 8.2.1 可知，它们的平方和$\sum_{i=1}^{n}(X_i-\mu)^2/\sigma^2$ 服从自由度为 n 的χ^2 分布。因此，正如前一段所提到的令人“震惊”的性质中，如果在平方和中用样本均值 $\overline{X}_n$ 代替总体均值μ，它的影响仅仅是使χ^2 分布的自由度由 n 变为 $n-1$。综上所述，我们可以得到以下定理：

定理 8.3.1 *假设 $X_1,\cdots,X_n$ 是服从均值为μ、方差为 σ^2 的正态分布的一个随机样本，那么样本均值 $\overline{X}_n$ 和样本方差$(1/n)\sum_{i=1}^{n}(X_i-\overline{X}_n)^2$ 是相互独立的随机变量；$\overline{X}_n$ 服从均值为 μ，方差为 σ^2/n 的正态分布；$\sum_{i=1}^{n}(X_i-\overline{X}_n)^2/\sigma^2$ 服从自由度为 $n-1$ 的χ^2 分布。* ■

此外，还可以证明，仅当随机样本取自正态分布时，样本均值和样本方差才相互独立。在本书中我们对这一结果不做深入研究。然而，要强调的是：样本均值和样本方差的独立性实际上是取自正态分布样本的值得注意的特性。

定理 8.3.1 的证明使用了 3.9 节描述的几个变量的变换和正交矩阵的性质，证明在本节末尾给出。

例 8.3.2 人工降雨 图 8.3 是例 8.3.1 中来自撒播云对数降雨量的直方图。假设这些对数 $X_1,\cdots,X_{26}$ 建模为独立同分布的正态随机变量，均值为μ，方差为σ^2。如果我们对撒播云之间的降雨量的多大变化感兴趣的话，可以计算出样本方差 $\hat{\sigma}^2=\sum_{i=1}^{26}(X_i-\overline{X}_n)^2/26$。$U=26\hat{\sigma}^2/\sigma^2$ 是服从自由度为 25 的χ^2 分布。这个分布可以告诉我们：通过不同的数量，$\hat{\sigma}^2$ 高估或低估了 σ^2 的可能性为多少。例如，本书中的χ^2 表告诉我们自由度为 25 的χ^2 分布的四分位数为 19.94，也就是说 $P(U\leqslant 19.94)=0.25$。因此

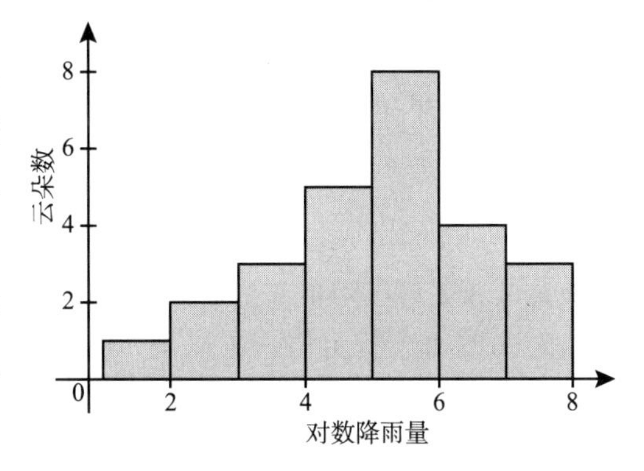

图 8.3 撒播（降雨剂）云对数降雨量的直方图

$$0.25=P\left(\frac{\hat{\sigma}^2}{\sigma^2}\leqslant\frac{19.94}{26}\right)=P(\hat{\sigma}^2\leqslant 0.77\sigma^2)。\tag{8.3.1}$$

即，$\hat{\sigma}^2$ 低估了 σ^2 达 23%甚至更多的概率为 25%。在本例中 $\hat{\sigma}^2$ 的观察值为 2.460。用

式（8.3.1）计算出的概率与观察值2.46和σ^2的偏离程度是无关的。式（8.3.1）告诉我们的是$\widehat{\sigma^2}$低于σ^2至少23%的概率（在观察数据之前）。◀

均值和标准差的估计

我们假定$X_1,\cdots,X_n$是服从均值μ和标准差σ均未知的正态分布的随机样本。同样，我们记μ和σ的极大似然估计量为$\hat{\mu}$和$\hat{\sigma}$，则

$$\hat{\mu}=\overline{X}_n,\hat{\sigma}=\left(\frac{1}{n}\sum_{i=1}^{n}(X_i-\overline{X}_n)^2\right)^{1/2}。$$

注意：$\hat{\sigma}^2=\widehat{\sigma^2}$（$\sigma^2$的极大似然估计量）。在本书的剩余部分中，提到$\sigma^2$的极大似然估计量时，我们可以用符号$\hat{\sigma}^2$和$\widehat{\sigma^2}$中更简便的那个。作为定理8.3.1应用的说明，我们要确定满足以下关系式的最小可能的样本量n：

$$P\left(\left\{|\hat{\mu}-\mu|\leqslant\frac{1}{5}\sigma\right\}\cap\left\{|\hat{\sigma}-\sigma|\leqslant\frac{1}{5}\sigma\right\}\right)\geqslant\frac{1}{2}。\tag{8.3.2}$$

换言之，我们要确定$\hat{\mu}$和$\hat{\sigma}$与未知量的估计量差距都不会超过$(1/5)\sigma$的概率至少为1/2的最小样本量。

由于$\hat{\mu}$和$\hat{\sigma}$的独立性，关系式（8.3.2）可写为：

$$P\left(|\hat{\mu}-\mu|<\frac{1}{5}\sigma\right)P\left(|\hat{\sigma}-\sigma|<\frac{1}{5}\sigma\right)\geqslant\frac{1}{2}。\tag{8.3.3}$$

用p_1表示关系式（8.3.3）左边的第一个概率，令U为一个服从标准正态分布的随机变量，p_1可以表示成如下形式：

$$p_1=P\left(\frac{\sqrt{n}\,|\hat{\mu}-\mu|}{\sigma}<\frac{1}{5}\sqrt{n}\right)=P\left(|U|<\frac{1}{5}\sqrt{n}\right)。$$

类似地，记p_2为关系式（8.3.3）左边第二个概率，设$V=n\hat{\sigma}^2/\sigma^2$，$p_2$可写为以下形式：

$$\begin{aligned}p_2&=P\left(0.8<\frac{\hat{\sigma}}{\sigma}<1.2\right)=P\left(0.64n<\frac{n\hat{\sigma}^2}{\sigma^2}<1.44n\right)\\&=P(0.64n<V<1.44n)。\end{aligned}$$

由定理8.3.1可得随机变量V服从自由度为$n-1$的χ^2分布。

对n的每个特定值，可以确定p_1和p_2的值，至少也可以通过本书最后的标准正态分布表和χ^2表得到p_1和p_2近似值。特别地，通过尝试各种各样的n值后，发现当$n=21$时，$p_1=0.64$，$p_2=0.78$。因而$p_1p_2=0.50$，可知当$n=21$时，关系式（8.3.2）是成立的。

定理8.3.1的证明

从推论5.6.2中我们已经知道样本均值的分布如定理8.3.1所述。我们仅需要证明：样本方差的分布是定理8.3.1所述的分布，以及样本均值和样本方差的独立性。

正交矩阵

我们从正交矩阵的性质开始讨论，正交矩阵对于这个证明来说非常关键。

定义 8.3.1　正交矩阵　若$\boldsymbol{A}^{-1}=\boldsymbol{A}'$，其中$\boldsymbol{A}'$是$\boldsymbol{A}$的转置，称$n\times n$矩阵$\boldsymbol{A}$是正交矩阵。

换句话说，矩阵$\boldsymbol{A}$是正交矩阵，当且仅当$\boldsymbol{AA}'=\boldsymbol{A}'\boldsymbol{A}=\boldsymbol{I}$，其中$\boldsymbol{I}$为$n\times n$单位矩阵时。由此定义得出：一个矩阵是正交矩阵，当且仅当每行元素的平方和为 1，并且不同两行中对应元素乘积的和是 0。同样地，一个矩阵是正交矩阵，当且仅当每列元素的平方和为 1，并且不同两列中对应元素之积的和是 0。

正交矩阵的性质　接下来我们将给出正交矩阵的两个重要性质。

定理 8.3.2　行列式为 1　如果$\boldsymbol{A}$是正交矩阵，那么$|\det\boldsymbol{A}|=1$。

证明　为了证明结论，首先回顾一下，对于方阵$\boldsymbol{A}$有$\det\boldsymbol{A}=\det\boldsymbol{A}'$，且对于方阵$\boldsymbol{A}$和$\boldsymbol{B}$，有$\det\boldsymbol{AB}=(\det\boldsymbol{A})(\det\boldsymbol{B})$。于是，

$$\det(\boldsymbol{AA}')=(\det\boldsymbol{A})(\det\boldsymbol{A}')=(\det\boldsymbol{A})^2。$$

且，若$\boldsymbol{A}$是正交矩阵，则$\boldsymbol{AA}'=\boldsymbol{I}$。所以

$$\det(\boldsymbol{AA}')=\det\boldsymbol{I}=1。$$

因此$(\det\boldsymbol{A})^2=1$或等价地$|\det\boldsymbol{A}|=1$。■

定理 8.3.3　保持平方长度不变　考虑两个n维随机向量

$$\boldsymbol{X}=\begin{bmatrix}X_1\\ \vdots\\ X_n\end{bmatrix}\text{和 }\boldsymbol{Y}=\begin{bmatrix}Y_1\\ \vdots\\ Y_n\end{bmatrix},\tag{8.3.4}$$

假设$\boldsymbol{Y}=\boldsymbol{AX}$，其中$\boldsymbol{A}$是正交矩阵。则

$$\sum_{i=1}^{n}Y_i^2=\sum_{i=1}^{n}X_i^2。\tag{8.3.5}$$

证明　这个结论可以由$\boldsymbol{AA}'=\boldsymbol{I}$直接得出，因为

$$\sum_{i=1}^{n}Y_i^2=\boldsymbol{Y}'\boldsymbol{Y}=\boldsymbol{X}'\boldsymbol{A}'\boldsymbol{AX}=\boldsymbol{X}'\boldsymbol{X}=\sum_{i=1}^{n}X_i^2。$$ ■

向量$\boldsymbol{X}$乘以正交矩阵$\boldsymbol{A}$相当于$\boldsymbol{X}$在n维空间中的旋转，可能会改变其中一些坐标的符号。以上任何这样的一些运算都不能改变原始向量$\boldsymbol{X}$的长度，这个长度等于$\left(\sum_{i=1}^{n}X_i^2\right)^{1/2}$。

以上这两条正交矩阵的性质表明，如果随机向量$\boldsymbol{Y}$是通过随机向量$\boldsymbol{X}$的正交线性变换$\boldsymbol{Y}=\boldsymbol{AX}$得到的，那么这个变换的雅可比的绝对值为 1，而且$\sum_{i=1}^{n}Y_i^2=\sum_{i=1}^{n}X_i^2$。

结合定理 8.3.2 和定理 8.3.3，我们可以得到关于标准正态随机变量的随机样本的正交变换的一个有用事实。

定理 8.3.4　假如随机变量$X_1,\cdots,X_n$独立同分布且都服从标准正态分布。假定$\boldsymbol{A}$是一个$n\times n$的正交矩阵，以及$\boldsymbol{Y}=\boldsymbol{AX}$，则随机变量$Y_1,\cdots,Y_n$也是独立同分布的，且也都服

从标准正态分布，而且 $\sum_{i=1}^{n} X_i^2 = \sum_{i=1}^{n} Y_i^2$。

证明　$X_1,\cdots,X_n$ 的联合概率密度函数如下，对$-\infty<x_i<\infty(i=1,\cdots,n)$有：

$$f_n(\boldsymbol{x}) = \frac{1}{(2\pi)^{n/2}} \exp\left(-\frac{1}{2}\sum_{i=1}^{n} x_i^2\right)。\qquad (8.3.6)$$

如果矩阵 $\boldsymbol{A}$ 也是一个 $n\times n$ 的正交矩阵，随机变量 $Y_1,\cdots,Y_n$ 由关系式 $\boldsymbol{Y}=\boldsymbol{AX}$ 所决定，其中向量 $\boldsymbol{X}$ 和 $\boldsymbol{Y}$ 由式（8.3.4）所确定。这是一个线性变换，所以由式（3.9.20）可以得到 $Y_1,\cdots,Y_n$ 的联合概率密度函数

$$g_n(\boldsymbol{y}) = \frac{1}{|\det \boldsymbol{A}|} f_n(\boldsymbol{A}^{-1}\boldsymbol{y})。$$

令 $\boldsymbol{x}=\boldsymbol{A}^{-1}\boldsymbol{y}$，因为 $\boldsymbol{A}$ 是正交矩阵，如我们刚才所证的 $|\det\boldsymbol{A}|=1$ 和 $\sum_{i=1}^{n} y_i^2 = \sum_{i=1}^{n} x_i^2$。所以

$$g_n(\boldsymbol{y}) = \frac{1}{(2\pi)^{n/2}} \exp\left(-\frac{1}{2}\sum_{i=1}^{n} y_i^2\right)。\qquad (8.3.7)$$

从式（8.3.7）可以看出，$Y_1,\cdots,Y_n$ 的联合概率密度函数和 $X_1,\cdots,X_n$ 的联合概率密度正好相同。■

定理 8.3.1 的证明

来自标准正态分布的随机样本　首先我们将在 $X_1,\cdots,X_n$ 是一个来自标准正态分布的随机样本的假设前提下来证明定理 8.3.1。考虑 n 维行向量 $\boldsymbol{u}$，其中每一个分量都是 $1/\sqrt{n}$：

$$\boldsymbol{u} = \left[\frac{1}{\sqrt{n}} \cdots \frac{1}{\sqrt{n}}\right]。\qquad (8.3.8)$$

因为这个向量 $\boldsymbol{u}$ 的 n 个分量的平方和为 1，我们可能建立一个正交矩阵 $\boldsymbol{A}$ 使得向量 $\boldsymbol{u}$ 的分量作为矩阵 $\boldsymbol{A}$ 的第一行。这个构造，称为 **Gram-Schmidt 正交化方法**，在线性代数的教材中例如 Cullen（1972）中有描述，在这里不做讨论。假定已构造了这个矩阵 $\boldsymbol{A}$，我们将再次以 $\boldsymbol{Y}=\boldsymbol{AX}$ 这一变换来定义随机变量 $Y_1,\cdots,Y_n$。

因为 $\boldsymbol{u}$ 的分量为矩阵 $\boldsymbol{A}$ 的第一行，因而我们有

$$Y_1 = \boldsymbol{uX} = \sum_{i=1}^{n} \frac{1}{\sqrt{n}} X_i = \sqrt{n}\,\overline{X}_n。\qquad (8.3.9)$$

进而通过定理 8.3.4，$\sum_{i=1}^{n} X_i^2 = \sum_{i=1}^{n} Y_i^2$，由此得到

$$\sum_{i=2}^{n} Y_i^2 = \sum_{i=1}^{n} Y_i^2 - Y_1^2 = \sum_{i=1}^{n} X_i^2 - n\overline{X}_n^2 = \sum_{i=1}^{n} (X_i - \overline{X}_n)^2。$$

从而，我们可以得到下列等式

$$\sum_{i=2}^{n} Y_i^2 = \sum_{i=1}^{n} (X_i - \overline{X}_n)^2。\tag{8.3.10}$$

由定理8.3.4可知，随机变量$Y_1,\cdots,Y_n$是相互独立的。于是，随机变量Y_1与$\sum_{i=2}^{n} Y_i^2$是独立的，接着可由式（8.3.9）与式（8.3.10）得出$\overline{X}_n$和$\sum_{i=1}^{n}(X_i-\overline{X}_n)^2$是独立的。由定理8.3.4可知，随机变量$Y_2,\cdots,Y_n$独立同分布，且每个随机变量都服从标准正态分布。因此，由推论8.2.1知，随机变量$\sum_{i=2}^{n} Y_i^2$服从自由度为$n-1$的χ^2分布。由式（8.3.10）可推导出$\sum_{i=1}^{n}(X_i-\overline{X}_n)^2$也服从自由度为$n-1$的$\chi^2$分布。

来自任意正态分布的随机样本　我们已经证明了定理8.3.1中随机样本来自标准正态分布的情形。现在假设随机变量$X_1,\cdots,X_n$是来自任意正态分布的随机样本，均值为μ，方差为σ^2。

如果我们令$Z_i=(X_i-\mu)/\sigma$，$i=1,\cdots,n$，则随机变量$Z_1,\cdots,Z_n$相互独立，且每个变量都服从标准正态分布。换言之，$Z_1,\cdots,Z_n$的联合分布与服从标准正态分布的随机变量的联合分布是一样的。由刚得到的结论可知：$\bar{Z}_n$和$\sum_{i=1}^{n}(Z_i-\bar{Z}_n)^2$是独立的，$\sum_{i=1}^{n}(Z_i-\bar{Z}_n)^2$服从自由度为$n-1$的$\chi^2$分布。由于

$$\sum_{i=1}^{n}(Z_i-\bar{Z}_n)^2=\frac{1}{\sigma^2}\sum_{i=1}^{n}(X_i-\overline{X}_n)^2,\tag{8.3.11}$$

可知样本均值$\overline{X}_n$和样本方差$(1/n)\sum_{i=1}^{n}(X_i-\overline{X}_n)^2$是独立的，且式（8.3.11）右边的随机变量服从自由度为$n-1$的χ^2分布，从而得证。

小结

令$X_1,\cdots,X_n$是来自正态分布的随机样本，均值为μ，方差为σ^2，则其样本均值$\hat{\mu}=\overline{X}_n=\frac{1}{n}\sum_{i=1}^{n}X_i$与样本方差$\hat{\sigma}^2=\frac{1}{n}\sum_{i=1}^{n}(X_i-\overline{X}_n)^2$是相互独立的随机变量。进而，$\hat{\mu}$服从均值为$\mu$、方差为$\sigma^2/n$的正态分布，且$n\hat{\sigma}^2/\sigma^2$服从自由度为$n-1$的卡方分布。

习题

1. 假设$X_1,\cdots,X_n$是来自正态分布的随机样本，均值为μ，方差为σ^2。证明$\hat{\sigma}^2$服从参数为$(n-2)/2$和$n/(2\sigma^2)$的伽马分布。

2. 判断以下 5 个矩阵中哪几个是正交矩阵：

a. $\begin{bmatrix} 0 & 1 & 0 \\ 0 & 0 & 1 \\ 1 & 0 & 0 \end{bmatrix}$　　b. $\begin{bmatrix} 0.8 & 0 & 0.6 \\ -0.6 & 0 & 0.8 \\ 0 & -1 & 0 \end{bmatrix}$

c. $\begin{bmatrix} 0.8 & 0 & 0.6 \\ -0.6 & 0 & 0.8 \\ 0 & 0.5 & 0 \end{bmatrix}$　　d. $\begin{bmatrix} -\frac{1}{\sqrt{3}} & \frac{1}{\sqrt{3}} & \frac{1}{\sqrt{3}} \\ \frac{1}{\sqrt{3}} & -\frac{1}{\sqrt{3}} & \frac{1}{\sqrt{3}} \\ \frac{1}{\sqrt{3}} & \frac{1}{\sqrt{3}} & -\frac{1}{\sqrt{3}} \end{bmatrix}$

e. $\begin{bmatrix} \frac{1}{2} & \frac{1}{2} & \frac{1}{2} & \frac{1}{2} \\ -\frac{1}{2} & -\frac{1}{2} & \frac{1}{2} & \frac{1}{2} \\ -\frac{1}{2} & \frac{1}{2} & -\frac{1}{2} & \frac{1}{2} \\ -\frac{1}{2} & \frac{1}{2} & \frac{1}{2} & -\frac{1}{2} \end{bmatrix}$

3. a. 构造一个 2×2 的正交矩阵，其第一行为：

$$\begin{bmatrix} \frac{1}{\sqrt{2}} & \frac{1}{\sqrt{2}} \end{bmatrix}。$$

b. 构造一个 3×3 的正交矩阵，其第一行为：

$$\begin{bmatrix} \frac{1}{\sqrt{3}} & \frac{1}{\sqrt{3}} & \frac{1}{\sqrt{3}} \end{bmatrix}。$$

4. 假设随机变量 X_1, X_2, X_3 独立同分布，且每个都服从标准正态分布。并且假设

$$Y_1 = 0.8X_1 + 0.6X_2,$$
$$Y_2 = \sqrt{2}(0.3X_1 - 0.4X_2 - 0.5X_3).$$
$$Y_3 = \sqrt{2}(0.3X_1 - 0.4X_2 + 0.5X_3)。$$

求出 Y_1, Y_2, Y_3 的联合分布。

5. 假设随机变量 X_1 和 X_2 相互独立，都服从均值为 μ、方差为 σ^2 的正态分布，证明随机变量 X_1+X_2 和 X_1-X_2 也是独立的。

6. 假设 $X_1, \cdots, X_n$ 是服从均值为 μ，方差为 σ^2 的正态分布的一个随机样本。假设该样本量 n 为 16，确定下列概率的值：

a. $P\left[\frac{1}{2}\sigma^2 \leqslant \frac{1}{n}\sum_{i=1}^{n}(X_i - \mu)^2 \leqslant 2\sigma^2\right]$

b. $P\left[\frac{1}{2}\sigma^2 \leqslant \frac{1}{n}\sum_{i=1}^{n}(X_i - \overline{X}_n)^2 \leqslant 2\sigma^2\right]$

7. 假设 $X_1, \cdots, X_n$ 是服从均值为 μ、方差为 σ^2 的正态分布的一个随机样本，并令 $\hat{\sigma}^2$ 为样本方差。求满足下列关系的 n 的最小值：

a. $P\left(\frac{\hat{\sigma}^2}{\sigma^2} \leqslant 1.5\right) \geqslant 0.95$

b. $P\left(|\hat{\sigma}^2-\sigma^2|\leqslant\frac{1}{2}\sigma^2\right)\geqslant 0.8$

8. 假设 X 是服从自由度为 200 的χ^2 分布。请解释为什么可以用中心极限定理来确定 $P(160<X<240)$ 的近似值，并确定此近似值。
9. 假设两个统计人员 A 和 B 独立地从某个正态分布中选取 20 个观察值作为随机样本，这个正态分布的均值μ 未知、方差 $\sigma^2=4$。假设统计人员 A 求得他的样本方差是 3.8，而统计人员 B 求得他的样本方差是 9.4。问谁的样本均值更接近于μ 的未知值？

8.4　t 分布

当我们的数据是来自均值为μ、方差为 σ^2 的正态分布的一个样本，$Z=n^{1/2}(\hat{\mu}-\mu)/\sigma$ 的分布是标准正态分布，其中 $\hat{\mu}$ 是样本均值。如果 σ^2 是未知的，我们可以用一个（与极大似然估计量类似的）估计量来代替 Z 的公式中的 σ，所得的这个随机变量就服从自由度为 $n-1$ 的 t 分布，且对于μ 的单独推断是十分有用的，即使在μ 和 σ^2 都未知的情况下也是如此。

分布的定义

例 8.4.1　人工降雨　采用和例 8.3.2 中相同的样本，即当 $n=26$ 时的对数降雨量的测量，假设现在我们想要知道这些测量值的样本平均值 $\overline{X}_n$ 和均值μ 相差多远。我们知道 $n^{1/2}(\overline{X}_n-\mu)/\sigma$ 服从标准正态分布，但是我们不知道 σ。如果我们用一个估计量 $\hat{\sigma}$ 去替换 σ，这个估计量可以是极大似然估计量或者其他类似的估计量，$n^{1/2}(\overline{X}_n-\mu)/\hat{\sigma}$ 的分布是什么？我们又怎么利用这个随机变量做关于μ 的推断呢？◀

在这一节中我们将介绍和讨论 t 分布，它与服从正态分布的随机样本有着十分密切的关系。t 分布和χ^2 分布一样，在统计推断重要问题中有广泛应用。t 分布也叫作学生分布（Student，1908），这是为了纪念 W. S. Gosset，他在 1908 年用笔名“Student”发表了对这个分布的研究。这个分布定义如下。

定义 8.4.1　t 分布　考虑两个独立随机变量 Y 和 Z，其中 Y 服从自由度为 m 的χ^2 分布，而 Z 服从标准正态分布。假设随机变量 X 定义为

$$X=\frac{Z}{\left(\frac{Y}{m}\right)^{1/2}},\tag{8.4.1}$$

则称 X 的分布是自由度为 m 的 t 分布。

自由度为 m 的 t 分布的概率密度函数的推导要利用 3.9 节的方法，我们将在本节末尾给出。在这里，我们只陈述结论。

定理 8.4.1　概率密度函数　自由度为 m 的 t 分布的概率密度函数为

$$\frac{\Gamma\left(\frac{m+1}{2}\right)}{(m\pi)^{1/2}\Gamma\left(\frac{m}{2}\right)}\left(1+\frac{x^2}{m}\right)^{-(m+1)/2},\quad -\infty<x<\infty。\tag{8.4.2}$$

t 分布的矩　虽然当 $m\leqslant 1$ 时 t 分布的均值不存在，但是对每个 $m>1$，均值都是存在。

当然，只要均值存在，它的值就是0，因为t分布具有对称性。

一般地，如果随机变量X服从自由度为$m(m>1)$的t分布，能够证明：当$k<m$时，$E(|X|^k)<\infty$；当$k\geqslant m$时，$E(|X|^k)=\infty$。换句话说，X的前$m-1$阶矩都存在，但是更高阶矩都不存在。由此可知X的矩母函数也不存在。

可以证明（见本节习题1），如果X服从自由度为$m(m>2)$的t分布，那么$\text{Var}(X)=m/(m-2)$。

与来自正态分布的随机样本的关系

例8.4.2 人工降雨 我们返回例8.4.1。我们已经看到$Z=n^{1/2}(\overline{X}_n-\mu)/\sigma$服从标准正态分布。此外，定理8.3.1说$\overline{X}_n$（因此$Z$）与$Y=n\hat{\sigma}^2/\sigma^2$相互独立，$Y$服从自由度为$n-1$的$\chi^2$分布。因此，$Z/[Y/(n-1)]^{1/2}$服从自由度为$n-1$的$t$分布。在说明这个结论的一般形式后，我们将展示如何应用这一事实。 ◀

定理8.4.2 假设$X_1,\cdots,X_n$是来自某正态分布的随机样本，均值为μ、方差为σ^2。令$\overline{X}_n$来表示样本均值，定义：

$$\sigma'=\left[\frac{\sum_{i=1}^{n}(X_i-\overline{X}_n)^2}{n-1}\right]^{1/2}, \tag{8.4.3}$$

则$n^{1/2}(\overline{X}_n-\mu)/\sigma'$服从自由度为$n-1$的$t$分布。

证明 定义$S_n^2=\sum_{i=1}^{n}(X_i-\overline{X}_n)^2$，定义$Z=n^{1/2}(\overline{X}_n-\mu)/\sigma$及$Y=S_n^2/\sigma^2$，根据定理8.3.1可得，$Y$和$Z$独立，$Y$服从自由度为$n-1$的$\chi^2$分布，$Z$服从标准正态分布。最后定义$U$：

$$U=\frac{Z}{\left(\frac{Y}{n-1}\right)^{1/2}}。$$

根据t分布的定义，U服从自由度为$n-1$的t分布。我们可以很容易地得出U的表达式，又可以写成以下形式：

$$U=\frac{n^{1/2}(\overline{X}_n-\mu)}{\left(\frac{S_n^2}{n-1}\right)^{1/2}}。 \tag{8.4.4}$$

很容易看出，式（8.4.4）右边的表达式的分母为式（8.4.3）中定义的σ'。 ■

定理8.4.2的第一个严格证明由R. A. Fisher在1923年给出。

式（8.4.4）很重要的一点就是U的值和U的分布都和方差σ^2的取值无关。例8.4.1中我们尝试过将$Z=n^{1/2}(\overline{X}_n-\mu)/\sigma$中的$\sigma$用$\hat{\sigma}$来代替，现在定理8.4.2建议我们应该用式（8.4.3）定义的σ'来代替σ。如果我们用σ'代替σ，我们得到式（8.4.4）中的随机变量U，其本身不包含σ，其分布也不依赖于σ。

读者应该注意到σ'与极大似然估计量$\hat{\sigma}$之间就差一个常数因子：

$$\sigma' = \left(\frac{S_n^2}{n-1}\right)^{1/2} = \left(\frac{n}{n-1}\right)^{1/2}\hat{\sigma}。\tag{8.4.5}$$

我们可以从式（8.4.5）中发现当 n 取较大值时，估计量 σ' 和 $\hat{\sigma}$ 两者将会非常接近，我们将在 8.7 节中进一步讨论估计量 σ'。

如果样本量 n 很大，那么估计量 σ' 接近于 σ 的概率就很高。因此，在随机变量 Z 中用 σ' 代替 σ，不会很大地改变 Z 的标准正态分布。由于这个原因，就像我们之前提到过的，当 $n\to\infty$ 时，自由度为 $n-1$ 的 t 分布收敛于标准正态分布。我们在本节后面再正式回到这一点上。

例 8.4.3　人工降雨　我们现在回到例 8.4.2。假设观察值 $X_1,\cdots,X_n$（对数降雨量）是相互独立的，且服从同一正态分布。$U=n^{1/2}(\overline{X}_n-\mu)/\sigma'$ 的分布就是一个自由度为 $n-1$ 的 t 分布。对于 $n=26$，t 分布表告诉我们当自由度为 25 时，0.9 分位数的值是 1.316，所以 $P(U\leqslant 1.316)=0.9$。也就有下式

$$P(\overline{X}_n \leqslant \mu + 0.258\ 1\sigma') = 0.9,$$

因为 $1.316/(26)^{1/2}=0.258\ 1$。那就是说，$\overline{X}_n$ 不会超过 μ 加上 $0.258\ 1\sigma'$ 的概率为 0.9。当然，σ' 和 $\overline{X}_n$ 都是随机变量，所以这个结果不如我们所希望的那么可靠。在 8.5 节和 8.6 节中我们会讲怎样利用 t 分布做一些关于未知均值 μ 的标准推断。◀

与柯西分布及标准正态分布的关系

从式（8.4.2）（图 8.4）中可以看出，概率密度函数 $g(x)$ 是对称的、钟形的函数，它的最大值在 $x=0$ 时取到。这样，它一般的图形与均值为 0 的正态分布的概率密度函数很相似。然而，当 $x\to\infty$ 或 $x\to-\infty$ 时，概率密度函数 $g(x)$ 尾部比一个正态分布概率密度函数尾部趋于 0 的速度慢得多。事实上，从式（8.4.2）可以看出，自由度为 1 的 t 分布即为柯西分布（定义见例 4.1.8）。柯西分布的概率密度函数在图 4.3 中已有大致的图像。例 4.1.8 中已证明柯西分布的均值不存在，因为用来确定均值的积分不是绝对收敛的。由此可得，自由度为 1 的 t 分布的均值不存在，尽管这个分布的概率密度函数关于 $x=0$ 点对称。

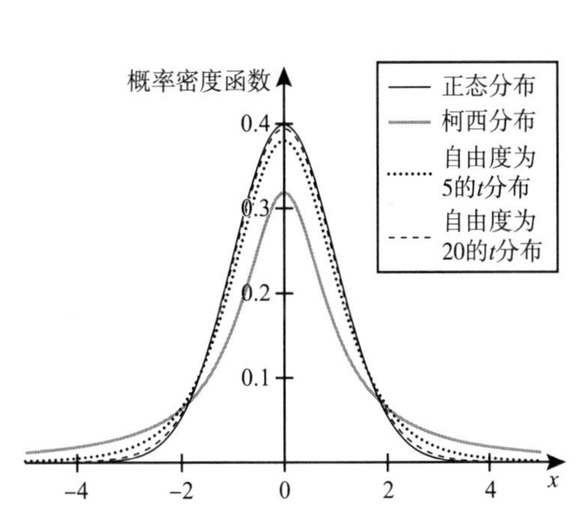

图 8.4　标准正态分布和 t 分布的概率密度函数

同样可以从式（8.4.2）中证明，当 $n\to\infty$ 时，概率密度函数 $g(x)$ 对于 $-\infty<x<\infty$ 中的每个值 x 都收敛到标准正态分布的概率密度函数 $\phi(x)$。这个结论可以从定理 5.3.3 和如下结果得到：

$$\lim_{m\to\infty}\frac{\Gamma\left(m+\frac{1}{2}\right)}{\Gamma(m)m^{1/2}} = 1。\tag{8.4.6}$$

（本节习题 7 给出了一个方法可以证明上述结论。）由此，当 n 很大时，自由度为 n 的 t 分布可用标准正态分布来近似。图 8.4 显示了标准正态分布的概率密度函数与自由度分别为

1、5 和 20 的 t 分布的概率密度函数，这样读者就可以看到当自由度增加时，t 分布是如何靠近正态分布的。

本书末尾给出了自由度为 m 的 t 分布关于 p 和 m 不同取值时 p 分位数的表。表格中首行的概率与 $m=1$ 相对应，即与柯西分布相对应。表末行的概率与 $m=\infty$ 相对应，即与标准正态分布相对应。多数统计包都具有计算任意一个 t 分布的分布函数和分位数函数的功能。

概率密度函数的推导

假设 Y 与 Z 的联合分布由定义 8.4.1 指定。由于 Y 与 Z 是相互独立的，因而它们的联合概率密度函数等于 $f_1(y)f_2(z)$，其中 $f_1(y)$ 是自由度为 m 的 χ^2 分布的概率密度函数，而 $f_2(z)$ 是标准正态分布的概率密度函数。令 X 如式（8.4.1）中所定义，为了简便起见，令 $W=Y$。我们可以首先确定 X 和 W 的联合概率密度函数。

由 X 与 W 的定义可知，

$$Z = X\left(\frac{W}{m}\right)^{1/2} \text{ 并且 } Y = W。 \tag{8.4.7}$$

从 X 和 W 到 Y 和 Z 的变换（8.4.7）的雅可比变换是 $(W/m)^{1/2}$。X 和 W 的联合概率密度函数 $f(x,w)$ 可以用式（8.4.7）来替代联合概率密度函数 $f_1(y)f_2(z)$ 中的 y 和 z，然后将结果乘以 $(w/m)^{1/2}$ 求得。然后我们可以求得 $f(x,w)$ 的值如下：对于 $-\infty<x<\infty$ 且 $w>0$，

$$\begin{aligned} f(x,w) &= f_1(w)f_2\left(x\left[\frac{w}{m}\right]^{1/2}\right)\left(\frac{w}{m}\right)^{1/2} \\ &= cw^{(m+1)/2-1}\exp\left[-\frac{1}{2}\left(1+\frac{x^2}{m}\right)w\right], \end{aligned} \tag{8.4.8}$$

其中 $c=\left[2^{(m+1)/2}(m\pi)^{1/2}\Gamma\left(\frac{m}{2}\right)\right]^{-1}$。

X 的边际概率密度函数 $g(x)$ 可由式（8.4.8）通过以下关系获得

$$\begin{aligned} g(x) &= \int f(x,w)\,\mathrm{d}w \\ &= c\int_0^{\infty} w^{(m+1)/2-1}\exp[-wh(x)]\,\mathrm{d}w, \end{aligned}$$

这里 $h(x)=[1+x^2/m]/2$。由式（5.7.10）得

$$g(x) = c\,\frac{\Gamma((m+1)/2)}{h(x)^{(m+1)/2}}。$$

将这个公式中的 c 替换就得到式（8.4.2）中的函数。

小结

设 $X_1,\cdots,X_n$ 是来自正态分布的随机样本，均值为 μ、方差为 σ^2。设 $\overline{X}_n=\frac{1}{n}\sum_{i=1}^{n}X_i$，

$\sigma' = \left(\frac{1}{n-1}\sum_{i=1}^{n}(X_i - \overline{X}_n)^2\right)^{1/2}$。则 $n^{1/2}(\overline{X}_n - \mu)/\sigma'$ 的分布是自由度为 $n-1$ 的 t 分布。

习题

1. 假设 X 服从自由度为 $m(m>2)$ 的 t 分布。证明 $\mathrm{Var}(X)=m/(m-2)$。提示：为了计算 $E(X^2)$，只在正半实数轴上求积分且把变量 x 变换成

$$y = \frac{\frac{x^2}{m}}{1+\frac{x^2}{m}}。$$

然后将所得积分与贝塔分布的概率密度函数做比较。另一种方法，利用 5.7 节中的习题 21。

2. 设 $X_1,\cdots,X_n$ 是来自均值 μ 和标准差 σ 都未知的正态分布的随机样本，分别令 $\hat{\mu}$ 和 $\hat{\sigma}$ 表示 μ 和 σ 的极大似然估计量，假设样本量 $n=17$，求一个 k 值，使得

$$P(\hat{\mu} > \mu + k\hat{\sigma}) = 0.95。$$

3. 假设五个随机变量 $X_1,\cdots,X_5$ 独立同分布，且每个变量均服从标准正态分布。确定一个常数 c，使随机变量

$$\frac{c(X_1+X_2)}{(X_3^2+X_4^2+X_5^2)^{1/2}}。$$

服从 t 分布。

4. 用书后给出的 t 分布表，计算积分

$$\int_{-\infty}^{2.5}\frac{\mathrm{d}x}{(12+x^2)^2}。$$

的值。

5. 假设随机变量 X_1 和 X_2 互相独立，并均服从均值为 0，方差为 σ^2 的正态分布。计算

$$P\left[\frac{(X_1+X_2)^2}{(X_1-X_2)^2} < 4\right]。$$

提示：$(X_1-X_2)^2 = 2\left[\left(X_1-\frac{X_1+X_2}{2}\right)^2+\left(X_2-\frac{X_1+X_2}{2}\right)^2\right]$。

6. 例 8.2.3 中假设我们观察到 $n=20$ 块奶酪的乳酸含量为 $X_1,\cdots,X_{20}$。求一个数 c，使得 $P(\overline{X}_{20}\leqslant\mu+c\sigma')=0.95$。
7. 证明：式（8.4.6）的极限公式。提示：利用定理 5.7.4。
8. 设 X 服从标准正态分布，Y 服从自由度为 5 的 t 分布。说明为什么 $c=1.63$ 时，$P(-c<X<c)-P(-c<Y<c)$ 的差值能取到最大值。提示：从图 8.4 开始入手。

8.5 置信区间

置信区间为我们提供了当希望估计未知参数 θ 时将更多信息添加到估计量 $\hat{\theta}$ 的一种方法。我们找到一个区间（A，B），使其能以较大的概率包含 θ。区间长度可以让我们了解估计 θ 的近似程度。

正态分布均值的置信区间

例 8.5.1　人工降雨　例 8.3.2 中，$n=26$ 朵撒播云的对数降雨量的样本均值是 $\overline{X}_n$。

它可能是 μ（撒播云的对数降雨量的均值）的合理估计量，但是它没有给出我们多大的把握估计 μ 值。$\overline{X}_n$ 的标准差为 $\sigma/(26)^{1/2}$，我们可以通过估计量，如式（8.4.3）中的 σ'，估计 σ。是否有一种合理的方式将这两个估计量组合成一个推断，该推断告诉我们估计 μ 的值应该是什么以及置信度应该设置为多少？ ◀

我们假设 $X_1,\cdots,X_n$ 为来自某正态分布的随机样本，均值为 μ，方差为 σ^2。关于 μ，我们已经建立了估计量 $\overline{X}_n$；关于 σ，我们建立了估计量 σ'。我们将展示如何运用从式（8.4.4）得到的随机变量

$$U=\frac{n^{1/2}(\overline{X}_n-\mu)}{\sigma'} \tag{8.5.1}$$

来解决例 8.5.1 末尾提出的问题。我们知道 U 服从自由度为 $n-1$ 的 t 分布。因此，我们可以使用统计软件或查表（如本书后面的 t 分布表）计算出 U 的分布函数或分位数。特别地，我们可对每个 $c>0$，计算 $P(-c<U<c)$。通过利用式（8.5.1）关于 U 的表达式，我们可以将不等式 $-c<U<c$ 转换为关于 μ 的不等式。简单的代数可证明 $-c<U<c$ 等价于

$$\overline{X}_n-\frac{c\sigma'}{n^{1/2}}<\mu<\overline{X}_n+\frac{c\sigma'}{n^{1/2}}。 \tag{8.5.2}$$

无论我们可以分配给事件 $\{-c<U<c\}$ 多大的概率，我们也可以分配给式（8.5.2）中的事件同样大小的概率。例如，如果 $P(-c<U<c)=\gamma$，则

$$P\left(\overline{X}_n-\frac{c\sigma'}{n^{1/2}}<\mu<\overline{X}_n+\frac{c\sigma'}{n^{1/2}}\right)=\gamma。 \tag{8.5.3}$$

我们必须谨慎理解式（8.5.3）中的概率命题，它是在 μ 和 σ 固定的情况下关于随机变量 $\overline{X}_n$ 和 σ' 的联合分布的命题。也就是说，它是在 μ 和 σ 给定的条件下关于 $\overline{X}_n$ 和 σ' 的抽样分布的命题。特别地，即使我们将 μ 视为随机变量，它也不是关于 μ 的命题。

上面计算的最流行版本是选择 γ，然后求出使式（8.5.3）为真的 c，即 c 为何值可以使 $P(-c<U<c)=\gamma$？设 T_{n-1} 表示自由度为 $n-1$ 的 t 分布的分布函数，则

$$\gamma=P(-c<U<c)=T_{n-1}(c)-T_{n-1}(-c)。$$

由于 t 分布关于 0 对称，$T_{n-1}(-c)=1-T_{n-1}(c)$，因此 $\gamma=2T_{n-1}(c)-1$，或等价地，$c=T_{n-1}^{-1}((1+\gamma)/2)$。也就是说，$c$ 必须是自由度为 $n-1$ 的 t 分布的 $(1+\gamma)/2$ 分位数。

例 8.5.2　人工降雨　例 8.3.2 中，$n=26$。如果我们想在式（8.5.3）中让 $\gamma=0.95$，则我们需要 c 为自由度为 25 的 t 分布的 $1.95/2=0.975$ 分位数。可以在本书后面的 t 分布的分位数表中找到 $c=2.060$。我们将此值代入到式（8.5.3）中，合并常数 $c/n^{1/2}=2.060/26^{1/2}=0.404$，则式（8.5.3）指出，不管 μ 和 σ 的值如何，两个随机变量 $A=\overline{X}_n-0.404\sigma'$ 和 $B=\overline{X}_n+0.404\sigma'$ 位于 μ 两侧的概率为 0.95。 ◀

这样区间 (A,B)，例 8.5.2 的末尾计算出了其端点，称为置信区间。

定义 8.5.1　置信区间　令 $X=(X_1,\cdots,X_n)$ 是来自依赖于参数（或参数向量）θ 的分布的随机样本。令 $g(\theta)$ 是 θ 的实值函数。令 $A\leqslant B$ 是两个统计量，对 θ 所有值，它们具有如下性质：

$$P(A<g(\theta)<B)\geqslant\gamma。 \tag{8.5.4}$$

则将随机区间 (A,B) 称为 $g(\theta)$ 的置信度为 γ 的置信区间或 $g(\theta)$ 的第 100γ 百分位数的置信区间。如果式（8.5.4）中的不等式“$\geqslant\gamma$”对所有 θ 是等式，称其为精确置信区间。在观

测到随机样本中的随机变量 $X_1,\cdots,X_n$ 的值之后，计算 $A=a$ 和 $B=b$ 的值，称区间 (a,b) 为置信区间的观察值。

例 8.5.2 中，$\theta=(\mu,\sigma^2)$，并且在该例中求得的区间 (A,B) 是 $g(\theta)=\mu$ 的 95%精确置信区间。

基于前面定义 8.5.1，我们建立了如下定理。

定理 8.5.1　正态分布均值的置信区间　令 $X_1,\cdots,X_n$ 是正态分布的随机样本，均值为 μ，方差为 σ^2。对于每个 $0<\gamma<1$，具有如下端点的区间 (A,B) 是 μ 的精确的置信度为 γ 的置信区间：

$$A=\overline{X}_n-T_{n-1}^{-1}\left(\frac{1+\gamma}{2}\right)\frac{\sigma'}{n^{1/2}},$$

$$B=\overline{X}_n+T_{n-1}^{-1}\left(\frac{1+\gamma}{2}\right)\frac{\sigma'}{n^{1/2}}。$$ ■

例 8.5.3　人工降雨　在例 8.5.2 中，撒播云的对数降雨量的均值 $\overline{X}_n=5.134$。σ' 的观察值为 1.600。A 和 B 的观察值分别为 $a=5.134-0.404\times1.600=4.488$ 和 $b=5.134+0.404\times1.600=5.780$。95%置信区间的观察值为 $(4.488,5.780)$。为了进行比较，无撒播云的对数降雨量的平均水平 4 比该区间的下限低一点。◀

置信区间的解释　定义 8.5.1 中定义的置信区间 (A,B) 的解释就很直接，只要我们能记得 $P(A<g(\theta)<B)=\gamma$ 是关于随机变量 A、B 在给定 θ 的具体值下的联合分布的概率命题。一旦我们计算了观察值 a 和 b，置信区间的观察值 (a,b) 就不容易解释了。例如，有些人希望将例 8.5.3 中的区间解释为"我们有 95%的置信度认为 μ 在 4.488 和 5.780 之间"。在本节的后面，我们将说明为什么这样的解释一般不安全。在观察数据之前，我们有 95%的信心认为"随机区间 (A,B) 将包含 μ"，但是在观察数据之后，最安全的解释是"(a,b) 只是随机区间 (A,B) 的观察值"。看待随机区间 (A,B) 的一种方法是想象我们观察到的样本是我们可能已经观察到（或将来可能会观察到）的许多可能样本之一，每个这样的样本我们都可以计算观察到的区间。在观察样本之前，我们期望 95%的区间包含 μ。即使我们观察到很多这样的区间，我们也不知道哪些包含 μ，哪些不包含 μ。图 8.5 包含 100 个置信区间观察值的图，每个观察值均由容量为 $n=26$ 的样本从正态分布中得到，其均值 $\mu=5.1$，标准差 $\sigma=1.6$。在此例中，100 个区间中有 94 个包含 μ 值。

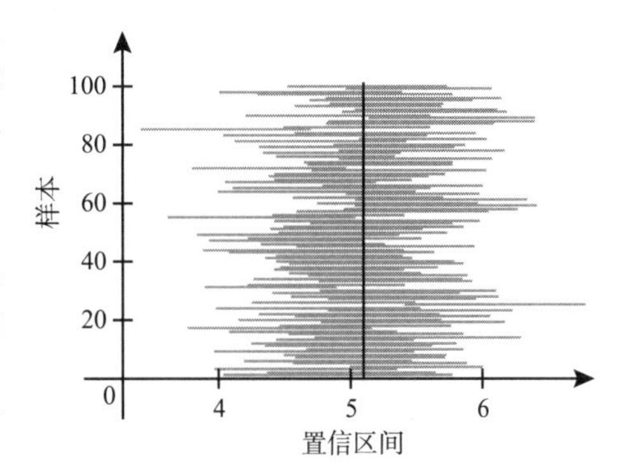

图 8.5　100 次观测，每一次都是来自均值 $\mu=5.1$、标准差 $\sigma=1.6$ 的正态分布的容量为 26 的样本，基于 100 个样本生成的 95%置信区间。这个图中有 94%的区间包含 μ

例 8.5.4　奶酪的乳酸浓度　在例 8.2.3 中，我们讨论了样本量为 10 的奶酪中乳酸的浓度。假设我们要计算出未知量 μ 的 90%置信区间，μ 为未知的乳酸的平均浓度。在式（8.5.3）中当 $n=10$，$\gamma=0.9$ 时，即自由度为 9 的 t 分布的 0.95 分位点时 $c=1.833$。由式（8.5.3）可知，置信区间的端点为 $\overline{X}_n\pm1.833\sigma'/(10)^{1/2}$。以下是由 Moore 和 McCabe（1999，p. D-1）得到的 10

块奶酪中乳酸浓度的观察值，数据如下：

0. 86,1. 53,1. 57,1. 81,0. 99,1. 09,1. 29,1. 78,1. 29,1. 58。

这 10 个数据的平均值为 $\overline{X}_n=1.379$，$\sigma'=0.3277$。所以，得到 90%的置信区间观察值的端点为 $1.379-1.833\times0.3277/(10)^{1/2}=1.189$ 和 $1.379+1.833\times0.3277/(10)^{1/2}=1.569$。◀

注：置信区间的另一种定义。许多作者正如我们前面那样定义置信区间。其他一些人把我们称为置信区间的观察值(a,b)定义为置信区间，并且他们给随机区间(A,B)取别的名字。贯穿本书，我们将继续使用我们已经给出的定义，但是要进一步研究统计的读者可能在以后会遇到另外一种定义。有些作者还会用闭区间取代开区间来定义置信区间。

单侧置信区间

例 8.5.5　人工降雨　假设我们只对撒播云的平均对数降雨量 μ 的下限感兴趣。用置信区间的思想，我们想要找一个随机变量 A，使得 $P(A<\mu)=\gamma$。如果在定义 8.5.1 中令 $B=\infty$，我们将看到(A,∞)是 μ 的置信度为 γ 的置信区间。◀

对于给定的置信度 γ，可以为 μ 构造许多不同的置信区间。例如，令 $\gamma_2>\gamma_1$ 为两个置信度，使得 $\gamma_2-\gamma_1=\gamma$，令 U 与式（8.5.1）相同，则

$$P(T_{n-1}^{-1}(\gamma_1)<U<T_{n-1}^{-1}(\gamma_2))=\gamma,$$

如下统计量也是 μ 的置信度为 γ 的置信区间的端点：

$$A=\overline{X}_n+T_{n-1}^{-1}(\gamma_1)\frac{\sigma'}{n^{1/2}}\text{ 和 }B=\overline{X}_n+T_{n-1}^{-1}(\gamma_2)\frac{\sigma'}{n^{1/2}}。$$

在所有这些置信度为 γ 的置信区间中，满足 $\gamma_1=1-\gamma_2$ 的对称区间是最短的。

但是，在某些情况下（如例 8.5.5），非对称置信区间很有用。通常，将定义 8.5.1 推广为允许 $A=-\infty$或 $B=\infty$是一件简单的事情，这使置信区间的形式为$(-\infty,B)$或(A,∞)。

定义 8.5.2　单侧置信区间/置信限　令 $\boldsymbol{X}=(X_1,\cdots,X_n)$是来自具有参数（或参数向量）$\theta$ 的分布的随机样本。令 $g(\theta)$是 θ 的实值函数。令 A 是统计量，对 θ 所有值，它具有如下性质：

$$P(A<g(\theta))\geqslant\gamma。\tag{8.5.5}$$

则将随机区间(A,∞)称为 $g(\theta)$的置信度为 γ 的单侧置信区间或 $g(\theta)$的第 100γ 百分位数的单侧置信区间。A 称为 $g(\theta)$的置信度为 γ 的单侧置信下限或 $g(\theta)$的第 100γ 百分位数的单侧置信下限。类似地，如果统计量 B 满足

$$P(g(\theta)<B)\geqslant\gamma,\tag{8.5.6}$$

则将$(-\infty,B)$称为 $g(\theta)$的置信度为 γ 的单侧置信区间或 $g(\theta)$的第 100γ 百分位数的单侧置信区间。B 称为 $g(\theta)$的置信度为 γ 的单侧置信上限或 $g(\theta)$的第 100γ 百分位数的单侧置信上限。如果式（8.5.5）或式（8.5.6）中的不等式"$\geqslant\gamma$"对所有 θ 是等式，则相应的置信区间称其为精确置信区间，相应的置信限称为精确置信限。

以下结论与定理 8.5.1 大致相同。

定理 8.5.2　正态分布均值的单侧置信区间　令 $X_1,\cdots,X_n$ 是正态分布的随机样本，均值为 μ，方差为 σ^2。对于每个 $0<\gamma<1$，下列统计量分别是置信度为 γ 的精确的单侧置信下限和单侧置信上限：

$$A = \overline{X}_n - T_{n-1}^{-1}(\gamma)\frac{\sigma'}{n^{1/2}},$$

$$B = \overline{X}_n + T_{n-1}^{-1}(\gamma)\frac{\sigma'}{n^{1/2}}。$$ ■

例 8.5.6　人工降雨　例 8.5.5 中，我们欲求 μ 的 90%置信下限。我们求得 $T_{25}^{-1}(0.9)=1.316$。我们使用例 8.5.3 中的观察数据，我们将观察到的置信下限计算为

$$a = 5.134 - 1.316\frac{1.600}{26^{1/2}} = 4.727。$$ ◀

其他参数的置信区间

例 8.5.7　电子元件的寿命　回顾例 8.1.3 中的公司，该公司基于 $n=3$ 个观察到的寿命 X_1, X_2, X_3 的样本来估计电子元件的失效率 θ。例 8.1.4 和例 8.1.5 中使用统计量 $T=\sum_{i=1}^{3}X_i$ 进行了推断。现在我们可以使用 T 的分布来构造 θ 的置信区间。由例 8.1.5，我们回想起对于所有 θ，θT 服从参数为 3 和 1 的伽马分布。令 G 代表伽马分布的分布函数，则对于所有 θ，$P(\theta T<G^{-1}(\gamma))=\gamma$。由此得出，对于所有 θ，$P(\theta<G^{-1}(\gamma)/T)=\gamma$，而 $G^{-1}(\gamma)/T$ 是 θ 的精确的置信度为 γ 的置信上限。例如，如果公司希望拥有一个随机变量 B，以使他们有 98%的把握将失效率 θ 限制在 B 之上，那么他们可以求得 $G^{-1}(0.98)=7.516$，则 $B=7.516/T$ 是所求的置信上限。 ◀

例 8.5.7 中，随机变量 θT 具有以下性质：对所有 θ，θT 的分布均相同。式（8.5.1）中随机变量 U 的性质如下：对所有 μ 和 σ，U 的分布都相同。这样的随机变量在建立置信区间的过程中带来极大的方便。

定义 8.5.3　枢轴量　令 $\boldsymbol{X}=(X_1,\cdots,X_n)$ 是来自参数（或参数向量）为 θ 的分布的随机样本。令 $V(\boldsymbol{X},\theta)$ 为随机变量，其分布对于所有 θ 均相同，则 V 称为枢轴量。

为了能够使用枢轴量来构造 $g(\theta)$ 的置信区间，需要能够对该枢轴量“求逆”。也就是说，需要一个函数 $r(v,\boldsymbol{x})$ 使得

$$r(V(\boldsymbol{X},\theta),\boldsymbol{X}) = g(\theta)。\tag{8.5.7}$$

如果存在这样的函数，则可以使用它来构建置信区间。

定理 8.5.3　来自枢轴量的置信区间　令 $\boldsymbol{X}=(X_1,\cdots,X_n)$ 是来自参数（或参数向量）为 θ 的分布的随机样本。假设存在枢轴量 V。设 G 为 V 的分布函数，假设 G 是连续的。假设存在函数 $r(v,\boldsymbol{x})$ 满足式（8.5.7），并假设 $r(v,\boldsymbol{x})$ 对于每个固定 $\boldsymbol{x}$ 关于 v 严格单增。设 $0<\gamma<1$，令 $\gamma_2>\gamma_1$ 使得 $\gamma_2-\gamma_1=\gamma$，则如下统计量是 $g(\theta)$ 的置信度为 γ 的精确置信区间的端点：

$$A = r(G^{-1}(\gamma_1),\boldsymbol{X}),$$

$$B = r(G^{-1}(\gamma_2),\boldsymbol{X})。$$

如果 $r(v,\boldsymbol{x})$ 对于每个固定 $\boldsymbol{x}$ 关于 v 严格单减，则我们只需要在定义中交换 A 与 B。

证明　如果 $r(v,\boldsymbol{x})$ 对于每个固定 $\boldsymbol{x}$ 关于 v 严格单增，我们有

$$V(\boldsymbol{X},\theta) < c \text{ 当且仅当 } g(\theta) < r(c,\boldsymbol{X})。\tag{8.5.8}$$

在式（8.5.8）中，对 $i=1$，2，令 $c=G^{-1}(\gamma_i)$，得到

$$P(g(\theta) < A) = \gamma_1,$$
$$P(g(\theta) < B) = \gamma_2。\quad (8.5.9)$$

因为 V 有连续分布且 r 严格单增，

$$P(A = g(\theta)) = P(V(\boldsymbol{X},\theta) = G^{-1}(\gamma_1)) = 0。$$

类似可得 $P(B=g(\theta))=0$。将式（8.5.9）中的两个式子合在一起，我们有 $P(A<g(\theta)<B)=\gamma$。当 $r(v,\boldsymbol{x})$ 对于每个固定 $\boldsymbol{x}$ 关于 v 严格单减时，证明完全类似，证明留给读者。■

例 8.5.8 估计正态分布方差的枢轴量 令 $X_1,\cdots,X_n$ 是均值为 μ 和方差为 σ^2 的正态分布的随机样本。在定理 8.3.1 中，我们发现随机变量 $V(\boldsymbol{X},\theta)=\sum_{i=1}^{n}(X_i-\overline{X}_n)^2/\sigma^2$ 对于所有 $\theta=(\mu,\sigma^2)$ 服从自由度为 $n-1$ 的 χ^2 分布，这使 V 成为枢轴量。读者可以在本节习题 5 中使用此枢轴量来求 $g(\theta)=\sigma^2$ 的置信区间。◀

有时枢轴量不存在。这在当数据具有离散分布时很常见。

例 8.5.9 临床试验 例 2.1.4 的临床试验中，我们考虑丙咪嗪治疗组。用 θ 表示在大量的丙咪嗪患者中治疗成功的比例。假设临床医生需要随机变量 A，使得对于所有 θ，$P(A<\theta)\geqslant 0.9$。也就是说，他们希望有 90%的把握确信成功比例至少为 A。可观察的数据为 $n=40$ 位患者的随机样本中的成功人数 X。在此例中，不存在枢轴量，并且置信区间更加难以构建。在例 9.1.16 中，我们将看到一种适用于这种情况的方法。◀

例 8.5.10 泊松分布参数的近似置信区间 假设 $X_1,\cdots,X_n$ 来自某个含有未知参数 θ 的泊松分布。假设 n 足够大，以至于 $\overline{X}_n$ 近似地有一个正态分布。在例 6.3.8 中，我们发现

$$P(|2\overline{X}_n^{1/2} - 2\theta^{1/2}| < c) \approx 2\Phi(cn^{1/2}) - 1。\quad (8.5.10)$$

在我们观察到 $\overline{X}_n=x$ 后，式（8.5.10）告诉我们

$$(-c + 2x^{1/2}, c + 2x^{1/2}) \quad (8.5.11)$$

是 $2\theta^{1/2}$ 的置信度为 $2\Phi(cn^{1/2})-1$ 的一个近似置信区间的观察值。例如，如果 $c=0.196$ 及 $n=100$，则 $2\Phi(cn^{1/2})-1=0.95$。$g(\theta)=2\theta^{1/2}$ 的反函数 $g^{-1}(y)=y^2/4$，当 $y\geqslant 0$，这是一个单增函数。如果区间（8.5.11）中的两个端点都是非负的，那么我们可知 $2\theta^{1/2}$ 落在区间（8.5.11）中当且仅当 θ 在区间

$$\left(\frac{1}{4}(-c + 2x^{1/2})^2, \frac{1}{4}(c + 2x^{1/2})^2\right)。\quad (8.5.12)$$

如果 $-c+2x^{1/2}<0$，区间（8.5.11）和区间（8.5.12）中的左端点应该被 0 所取代。经过这个修正，区间（8.5.12）是 θ 的一个置信度为 $2\Phi(cn^{1/2})-1$ 的近似置信区间。◀

置信区间的缺点

置信区间的说明 令 (A,B) 为参数 θ 的置信度为 γ 的置信区间，令 (a,b) 为该区间的观察值。应该要强调说明，“θ 落入区间 (a,b) 的概率为 γ”的说法是不正确的。我们要在这里对这点做更进一步的说明。在观察到统计量 $A(X_1,\cdots,X_n)$ 和 $B(X_1,\cdots,X_n)$ 的值之前，这些统计量都是随机变量。因此，根据定义 8.5.1，θ 以概率 γ 落入以 $A(X_1,\cdots,X_n)$ 和 $B(X_1,\cdots,X_n)$ 为端点的随机区间中，但在观察到 $A(X_1,\cdots,X_n)=a, B(X_1,\cdots,X_n)=b$ 这

一特定的值之后，不把 θ 看作随机变量（随机变量得有一定的概率分布），考虑 θ 落入这个特定区间 (a,b) 事件的概率，这是不可能的。换句话说，必须给 θ 指定一个先验分布，然后用所得的后验分布去计算 θ 在区间 (a,b) 内的概率。许多统计学家不给参数 θ 指定一个先验分布，更倾向于说 θ 落入区间 (a,b) 的置信度为 γ，而不是概率为 γ。正是因为置信度和概率之间的这种差别，置信区间的含义及其相关的内容都是统计实践中有些争议的话题。

可被忽略的信息　为了与先前的解释一致，置信区间的置信度 γ 的说明如下：在得到一个样本之前，由样本所构造的区间包括未知值 θ 的概率为 γ。在样本值被观察到之后，可能就会有额外信息来帮助我们判断从这些数据所得到的区间是否真的包含 θ，而如何利用这个信息来调整置信度 γ 则是另一个有争议的话题。

例 8.5.11　长度为 1 的区间上的均匀分布　假设从区间 $\left[\theta-\frac{1}{2},\ \theta+\frac{1}{2}\right]$ 上的均匀分布中随机抽取两个观察值 X_1 和 X_2，其中 θ 未知，且 $-\infty<\theta<\infty$。如果我们让 $Y_1=\min\{X_1,X_2\}$ 和 $Y_2=\max\{X_1,X_2\}$，于是有

$$\begin{aligned}P(Y_1<\theta<Y_2)&=P(X_1<\theta<X_2)+P(X_2<\theta<X_1)\\&=P(X_1<\theta)P(X_2>\theta)+P(X_2<\theta)P(X_1>\theta)\\&=(1/2)(1/2)+(1/2)(1/2)=1/2。\end{aligned}\tag{8.5.13}$$

根据式（8.5.13），则区间 (Y_1,Y_2) 成为 θ 的置信度为 1/2 的置信区间。不过，这还可以做进一步分析。

既然两个观察值 X_1 和 X_2 都必须至少为 $\theta-(1/2)$，至多为 $\theta+1/2$，我们可以确定 $Y_1\geqslant\theta-1/2$ 且 $Y_2\leqslant\theta+1/2$。换句话说，我们确信有：

$$Y_2-(1/2)\leqslant\theta\leqslant Y_1+(1/2)。\tag{8.5.14}$$

现在我们假定观察到 $Y_1=y_1$ 且 $Y_2=y_2$ 满足 $(y_2-y_1)>1/2$。那么有 $y_1<y_2-(1/2)$，根据式（8.5.14）可知 $y_1<\theta$。又因为 $y_1+1/2<y_2$，同理，由式（8.5.14）可得 $\theta<y_2$。如果 $(y_2-y_1)>1/2$，那么我们可以确定置信区间的观察值 (y_1,y_2) 包含了 θ 的未知值，尽管此区间的置信度只有 1/2。

事实上，即使当 $(y_2-y_1)\leqslant1/2$ 时，y_2-y_1 的值越接近 1/2，我们就越能确认区间 (y_1,y_2) 包含 θ。而且 y_2-y_1 的值越接近 0，我们就越能确认区间 (y_1,y_2) 不含 θ。不过置信度必须保持为 1/2，且不依赖于 y_1 和 y_2 的观察值。

这个例子也助于解释 8.1 节最后小结里面的那个提醒。在这个问题中，很自然地会用 $\overline{X}_2=0.5(X_1+X_2)$ 来估计 θ。用 3.9 节中的方法，我们可以得到 $\overline{X}_2$ 的概率密度函数：

$$g(x)=\begin{cases}4x-4\theta+2, & \theta-\dfrac{1}{2}<x\leqslant\theta,\\[2ex] 4\theta-4x+2, & \theta<x<\theta+\dfrac{1}{2},\\[2ex] 0, & \text{其他。}\end{cases}$$

图 8.6 表明概率密度函数 $g(x)$ 的图像为三角形，这样很简单地就可计算出 $\overline{X}_2$ 和 θ 接近的概率：

$$P(|\overline{X}_2-\theta|<c)=4c(1-c),0<c<1/2,$$

对 $c\geqslant 1/2$，概率为 1。举个例子，若 $c=0.3$，则 $P(|\overline{X}_2-\theta|<0.3)=0.84$。然而，随机变量 $Z=Y_2-Y_1$ 包含了由计算所不能解释的有用的信息。实际上，在给定 $Z=z$ 的条件下 $\overline{X}_2$ 的条件分布是区间 $[\theta-\frac{1}{2}(1-z),\theta+\frac{1}{2}(1-z)]$ 上的均匀分布。我们看到，观察值 z 越大，$\overline{X}_2$ 的可能取值的范围就越小。特别地，给定 $Z=z$，$\overline{X}_2$ 接近于 θ 的条件概率为

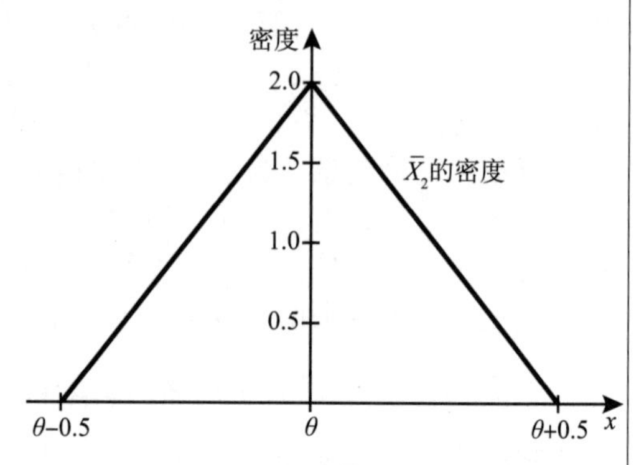

图 8.6　例 8.5.11 中 $\overline{X}_2$ 的概率密度函数

$$P(|\overline{X}_2-\theta|<c|Z=z)=\begin{cases}\dfrac{2c}{1-z}, & c\leqslant(1-z)/2,\\ 1, & c>(1-z)/2。\end{cases} \tag{8.5.15}$$

例如，若 $z=0.1$，那么 $P(|\overline{X}_2-\theta|<0.3|Z=0.1)=0.6667$，这个值远远小于边际概率 0.84。这说明仅仅由于估计量的抽样分布相接近的概率很高而假定我们的估计十分接近于参数是不可靠的。有可能其他信息告诉我们估计的接近程度并不如抽样分布那么好，或者是比所提出的抽样分布还要接近（读者应该从另一种角度计算 $P(|\overline{X}_2-\theta|<0.3|Z=0.9)$）。◀

在下一节中，我们将要讨论用贝叶斯方法来分析来自均值 μ 和方差 σ^2 都未知的正态总体的随机样本。我们先给 μ 和 σ^2 指定一个联合先验分布，再计算 μ 属于任何给定区间 (a,b) 的后验概率。可以证明，如果 μ 和 σ^2 的联合先验概率密度函数相当平滑，且属于 μ 和 σ^2 任何一个小集合的概率不大，而且如果样本量 n 很大，则均值 μ 属于一个特定置信区间 (A,B) 的置信度会与 μ 落入观察区间 (a,b) 的后验概率近似相等[见 DeGroot (1970)]。在下一节中会给出这个近似相等的例子。因此在这些条件下，在实际应用中，由置信区间方法所得的结论与先验概率方法所得到的结论之间的差异是很小的。但是这些方法的解释是不同的。另外，例 8.5.11 的贝叶斯分析将必须考虑随机变量 Z 中包含的额外信息，见本节习题 10。

小结

设 $X_1,\cdots,X_n$ 是来自正态分布的独立随机样本，均值为 μ、方差为 σ^2。令样本观察值为 $x_1,\cdots,x_n$。令 $\overline{X}_n=\frac{1}{n}\sum_{i=1}^{n}X_i$ 和 $\sigma'^2=\frac{1}{n-1}\sum_{i=1}^{n}(X_i-\overline{X}_n)^2$。区间 $(\overline{X}_n-c\sigma'/n^{1/2},\overline{X}_n+c\sigma'/n^{1/2})$ 是 μ 在置信度 γ 下的置信区间，其中 c 是自由度为 $n-1$ 的 t 分布的 $(1+\gamma)/2$ 分位点的值。

习题

1. 设 $X_1,\cdots,X_n$ 是来自正态分布的随机样本，均值 μ 未知、方差 σ^2 已知，$\overline{X}_n$ 是样本均值。令 Φ 为标准正态分布的分布函数，Φ^{-1} 为其反函数。证明：如下区间是 μ 在置信度为 γ 下的置信区间：
$$\left(\overline{X}_n-\Phi^{-1}\left(\frac{1+\gamma}{2}\right)\frac{\sigma}{n^{1/2}},\overline{X}_n+\Phi^{-1}\left(\frac{1+\gamma}{2}\right)\frac{\sigma}{n^{1/2}}\right)。$$
2. 设一个含有 8 个观察值的随机样本，它们来自均值 μ 和方差 σ^2 均未知的正态总体。其观察值分别是 3.1，3.5，2.6，3.4，3.8，3.0，2.9，2.2。求 μ 在置信度分别为（a）0.90，（b）0.95，（c）0.99 条件下最小的置信区间。
3. 设 $X_1,\cdots,X_n$ 是来自正态总体的随机样本，均值 μ 和方差 σ^2 均未知。令随机变量 L 表示由样本观察值构造的 μ 的最小置信区间的长度，求在下述样本量 n 和置信度 γ 条件下 $E(L^2)$ 的值。
   a. $n=5$，$\gamma=0.95$　　d. $n=8$，$\gamma=0.90$
   b. $n=10$，$\gamma=0.95$　　e. $n=8$，$\gamma=0.95$
   c. $n=30$，$\gamma=0.95$　　f. $n=8$，$\gamma=0.99$
4. 设 $X_1,\cdots,X_n$ 是一个服从正态分布的随机样本，其中均值 μ 未知，方差 σ^2 已知。求样本量取多大时，才能使 μ 在置信度为 0.95 条件下的置信区间的长度小于 0.01σ？
5. 设 $X_1,\cdots,X_n$ 是来自正态分布的随机样本，均值 μ、方差 σ^2 均未知。描述在已知置信度为 $\gamma(0<\gamma<1)$ 条件下构造 σ^2 的置信区间的方法。提示：确定使得 $P\left[c_1<\frac{\sum_{i=1}^{n}(X_i-\overline{X}_n)^2}{\sigma^2}<c_2\right]=\gamma$ 成立的常数 c_1 和 c_2。
6. 设 $X_1,\cdots,X_n$ 是来自均值 μ 未知的指数分布的随机样本。描述在指定置信度 $\gamma(0<\gamma<1)$ 条件下构造 μ 的置信区间的方法。提示：确定常数 c_1，c_2 使得 $P\left[c_1<(1/\mu)\sum_{i=1}^{n}X_i<c_2\right]=\gamma$。
7. 在《消费报告》1986 年 6 月期中，给出了一些牛肉热狗卡路里含量的数据。以下是 20 种不同品牌热狗的卡路里含量：
   186，181，176，149，184，190，158，139，175，148，
   152，111，141，153，190，157，131，149，135，132。
   假设它们是均值 μ 和方差 σ^2 均未知的正态随机变量的 20 个相互独立的观察值。求卡路里均值 μ 的 90% 的置信区间。
8. 例 8.5.11 的末尾，在已知 $Z=0.9$ 条件下，计算 $|\overline{X}_2-\theta|<0.3$ 的概率。为什么概率会这么大？
9. 例 8.5.11 中，假设我们观察到 $X_1=4.7$，$X_2=5.3$。
   a. 同例 8.5.11 中的条件，求 50% 的置信区间。
   b. 求与观察数据一致的 θ 可能取值的区间。
   c. 50% 的置信区间与 θ 的可能取值区间相比是大还是小？
   d. 计算例 8.5.11 中随机变量 $Z=Y_2-Y_1$ 的值。
   e. 利用式（8.5.15），计算给定 Z 下 $|\overline{X}_2-\theta|<0.1$ 的条件概率，其中 Z 等于 d 中计算出来的值。
10. 在习题 9 中，假设应用 θ 的先验分布，对于 $\theta>0$，其概率密度函数为 $\xi(\theta)=0.1\exp(-0.1\theta)$。（这是参数为 0.1 的指数分布。）
   a. 证明：给定习题 9 中的观察数据，θ 的后验概率密度函数为
$$\xi(\theta\mid \boldsymbol{x})=\begin{cases}4.122\exp(-0.1\theta), & 4.8<\theta<5.2,\\ 0, & 其他。\end{cases}$$

b. 计算$|\theta-\bar{x}_2|<0.1$的后验概率，其中$\bar{x}_2$是观察数据的平均值。

c. 计算θ在习题 9a 中求得的置信区间中的后验概率。

d. 你能解释为什么 b 的答案与习题 9e 中的答案非常接近吗？提示：将 a 中的后验概率密度函数与式（8.5.15）的函数比较。

11. 设$X_1,\cdots,X_n$是来自参数为p的伯努利分布的随机样本，设$\overline{X}_n$为样本均值。运用方差稳定化变换的方法（6.5 节习题 5）构造p的一个置信度为γ的近似置信区间。

12. 当$r(v,\boldsymbol{x})$对于每个固定$\boldsymbol{x}$关于v严格单减时，完成定理 8.5.3 的证明。

*8.6　正态分布样本的贝叶斯分析

当我们有兴趣为正态分布的参数μ和σ^2构建一个先验分布时，使用$\tau=1/\sigma^2$（称为精确度）更方便。为μ和τ引入一个先验分布的共轭族，然后推出后验分布。可以从后验分布构造μ的区间估计值，它们的形式类似于置信区间，但是它们的解释不同。

正态分布的精确度

例 8.6.1　人工降雨　在例 8.3.1 中，我们提到了一个有趣的问题，撒播云的对数降雨量的均值μ是否超过未撒播云的对数降雨量的均值 4。尽管我们能够求μ的估计量，能够为μ构造一个置信区间，我们还没有直接解决这些问题，即“μ是否大于 4?”或“$\mu>4$的概率有多大?”。如果我们为μ和σ^2构造一个联合先验分布，则可以找到μ的后验分布，最后为这些问题提供直接答案。◀

假设$X_1,\cdots,X_n$是来自正态分布的随机样本，均值μ和方差σ^2未知。在本节中，我们将考虑分配给参数μ和σ^2的联合先验分布，然后研究从样本中的观察值得出的后验分布。如果我们将μ和σ^2重新参数化为μ且$\tau=1/\sigma^2$，则对正态分布参数的先验、后验分布进行操作变得更加简单。

定义 8.6.1　正态分布的精确度　正态分布的精确度τ定义为方差的倒数，即$\tau=1/\sigma^2$。

如果随机变量是均值为μ和精确度为τ的正态分布，则对于$-\infty<x<\infty$，其概率密度函数$f(x|\mu,\tau)$如下：

$$f(x|\mu,\tau)=\left(\frac{\tau}{2\pi}\right)^{1/2}\exp\left[-\frac{1}{2}\tau(x-\mu)^2\right]。$$

类似地，如果$X_1,\cdots,X_n$是来自正态分布的随机样本，其均值为μ和精确度为τ，则$-\infty<x_i<\infty(i=1,\cdots,n)$，其联合概率密度函数$f_n(\boldsymbol{x}|\mu,\tau)$如下：

$$f_n(\boldsymbol{x}|\mu,\tau)=\left(\frac{\tau}{2\pi}\right)^{n/2}\exp\left[-\frac{1}{2}\tau\sum_{i=1}^{n}(x_i-\mu)^2\right]。$$

先验分布的共轭族

我们现在将描述μ和τ的联合先验分布的共轭族。我们将通过具体指定在给定τ的条件下μ的条件分布和τ的边际分布来刻画μ和τ的联合分布。特别是，我们将假定对每个给定的τ值，μ的条件分布是正态分布，其精确度与τ的给定值成比例；同时还假定τ的边际分布是伽马分布。这种类型的所有联合分布的族是联合先验分布的共轭族。如果μ和

τ 的联合先验分布属于该分布族，那么对于随机样本中每个可能的观察值集，μ 和 τ 的联合后验分布也将属于该分布族。这个结论我们将在定理 8.6.1 论述。我们将在定理和本节的其余部分中使用如下记号：

$$\bar{x}_n = \frac{1}{n}\sum_{i=1}^{n} x_i, \qquad s_n^2 = \sum_{i=1}^{n}(x_i - \bar{x}_n)^2。$$

定理 8.6.1 假设 $X_1,\cdots,X_n$ 是来自正态分布的随机样本，均值 μ 未知且精确度 τ 未知（$-\infty<\mu<\infty$ 和 $\tau>0$）。还假设 μ 和 τ 的联合先验分布如下：给定 τ 的 μ 的条件分布是均值为 μ_0 和精确度为 $\lambda_0\tau$ 的正态分布（$-\infty<\mu_0<\infty$ 和 $\lambda_0>0$），且 τ 的边际分布是参数为 α_0 和 β_0（$\alpha_0>0$ 和 $\beta_0>0$）的伽马分布。那么给定 $X_i=x_i(i=1,\cdots,n)$ 情况下，μ 和 τ 的联合后验分布如下：给定 τ 时，μ 的条件分布是均值为 μ_1 且精确度为 $\lambda_1\tau$ 的正态分布，其中

$$\mu_1 = \frac{\lambda_0\mu_0 + n\bar{x}_n}{\lambda_0 + n} \quad 及\ \lambda_1 = \lambda_0 + n, \tag{8.6.1}$$

同时，τ 的边际分布是参数为 α_1 和 β_1 的伽马分布，其中

$$\alpha_1 = \alpha_0 + \frac{n}{2} \quad 及 \quad \beta_1 = \beta_0 + \frac{1}{2}s_n^2 + \frac{n\lambda_0(\bar{x}_n - \mu_0)^2}{2(\lambda_0 + n)}。 \tag{8.6.2}$$

证明 μ 和 τ 的联合先验概率密度函数 $\xi(\mu,\tau)$ 可以通过将给定 τ 下 μ 的条件概率密度函数 $\xi_1(\mu|\tau)$ 乘以 τ 的边际概率密度函数 $\xi_2(\tau)$。根据定理的条件，对于 $-\infty<\mu<\infty$ 和 $\tau>0$，我们有

$$\xi_1(\mu\mid\tau) \propto \tau^{1/2}\exp\left[-\frac{1}{2}\lambda_0\tau(\mu-\mu_0)^2\right]$$

且

$$\xi_2(\tau) \propto \tau^{\alpha_0-1}e^{-\beta_0\tau}。$$

从每一个关系中的右边都剔除了一个既不涉及 μ 也不涉及 τ 的常数因子。

μ 和 τ 的联合后验概率密度函数 $\xi(\mu,\tau|\boldsymbol{x})$ 满足如下关系：

$$\begin{aligned}\xi(\mu,\tau|\boldsymbol{x}) &\propto f_n(\boldsymbol{x}\mid\mu,\tau)\xi_1(\mu\mid\tau)\xi_2(\tau) \\ &\propto \tau^{\alpha_0+(n+1)/2-1}\exp\left[-\frac{\tau}{2}\left(\lambda_0(\mu-\mu_0)^2 + \sum_{i=1}^{n}(x_i-\mu)^2\right) - \beta_0\tau\right]。\end{aligned} \tag{8.6.3}$$

通过在 $(x_i-\mu)^2$ 的那一项里面加和减 $\bar{x}_n$，我们可以证明

$$\sum_{i=1}^{n}(x_i-\mu)^2 = s_n^2 + n(\bar{x}_n-\mu)^2。 \tag{8.6.4}$$

接下来，通过运用完全平方公式（见 5.6 节习题 24），将式（8.6.4）中最后一项与式（8.6.3）中的 $\lambda_0(\mu-\mu_0)^2$ 合并，我们有

$$n(\bar{x}_n-\mu)^2 + \lambda_0(\mu-\mu_0)^2 = (\lambda_0+n)(\mu-\mu_1)^2 + \frac{n\lambda_0(\bar{x}_n-\mu_0)^2}{\lambda_0+n}, \tag{8.6.5}$$

其中 μ_1 由式（8.6.1）定义。式（8.6.4）与式（8.6.5）合在一起，有

$$\sum_{i=1}^{n}(x_i-\mu)^2 + \lambda_0(\mu-\mu_0)^2 = (\lambda_0+n)(\mu-\mu_1)^2 + s_n^2 +$$

$$\frac{n\lambda_0(\bar{x}_n - \mu_0)^2}{\lambda_0 + n}。 \tag{8.6.6}$$

由式（8.6.2），$\lambda_1=\lambda_0+n$ 及式（8.6.6），我们可以将式（8.6.3）写成如下形式

$$\xi(\mu,\tau \mid \boldsymbol{x}) \propto \left\{\tau^{1/2}\exp\left[-\frac{1}{2}\lambda_1\tau(\mu-\mu_1)^2\right]\right\}(\tau^{\alpha_1-1}\mathrm{e}^{-\beta_1\tau}), \tag{8.6.7}$$

其中 λ_1，α_1 和 β_1 由式（8.6.1）和式（8.6.2）定义。

当式（8.6.7）右边花括号内的表达式对于固定的 τ 值被视为 μ 的函数，该表达式可以被认为是正态分布的概率密度函数（除去一个既不依赖于 μ 也不依赖于 τ 的常数因子），其均值为 μ_1，精确度为 $\lambda_1\tau$。由于变量 μ 不会出现在式（8.6.7）右侧花括号外的其他地方，可得这个概率密度函数必须是给出 τ 下 μ 的条件后验概率密度函数。现在继而得出，式（8.6.7）右侧花括号外的表达式必须与 τ 的边际后验概率密度函数成比例，该表达式可以被认为是参数为 α_1 和 β_1 的伽马分布（除常数因子外）。因此，μ 和 τ 的联合后验分布就如定理中所述。 ■

我们现在给定理 8.6.1 中描述的联合分布族起名字。

定义 8.6.2　正态-伽马分布族　令 μ 和 τ 为随机变量。假设给定 τ 下 μ 的条件分布是均值为 μ_0 且精确度为 $\lambda_0\tau$ 的正态分布，还假设 τ 的边际分布是参数为 α_0 和 β_0 的伽马分布，那么我们说 μ 和 τ 的联合分布是超参数为 μ_0，λ_0，α_0 和 β_0 的正态-伽马分布。

定理 8.6.1 中的先验分布服从具有超参数 μ_0，λ_0，α_0 和 β_0 的正态-伽马分布。该定理得出的后验分布是超参数为 μ_1，λ_1，α_1 和 β_1 的正态-伽马分布。与 7.3 节一样，我们将先验分布的超参数称为先验超参数，并将后验分布的超参数称为后验超参数。

通过选择适当的先验超参数值，通常可以在特定的具体问题中找到正态-伽马分布，该分布很好地近似于试验者关于 μ 和 τ 的实际先验分布。然而，应该强调的是，如果 μ 和 τ 的联合分布是正态-伽马分布，则 μ 和 τ 不是独立的。因此，在试验者希望 μ 和 τ 在先验中是独立的问题中，不可能将正态-伽马分布用作 μ 和 τ 的联合先验分布。尽管正态-伽马分布族的这一特征是一个缺陷，但它不是一个重要的缺陷，因为以下事实：即使我们在共轭族外选择了 μ 和 τ 独立的联合先验分布，我们将会发现，仅观察到 X 的单个值之后，μ 和 τ 在后验分布中是相互依赖的。换句话说，即使从基础正态分布进行一次观察，μ 和 τ 也不可能保持独立。

例 8.6.2　奶酪的乳酸浓度　我们再次考虑例 8.5.4 讨论的奶酪中乳酸浓度。假设浓度是独立的正态随机变量，均值为 μ，精确度为 τ。假设试验人员的先验观点可以表示为正态-伽马分布，超参数 $\mu_0=1$，$\lambda_0=1$，$\alpha_0=0.5$ 和 $\beta_0=0.5$。我们可以使用例 8.5.4 的数据找到 μ 和 τ 的后验分布。在这种情况下，$n=10$，$\bar{x}_n=1.379$，$s_n^2=0.9663$。应用定理 8.6.1 中的公式，我们得到

$$\mu_1=\frac{1\times 1+10\times 1.379}{1+10}=1.345, \quad \lambda_1=1+10=11, \quad \alpha_1=0.5+\frac{10}{2}=5.5,$$

$$\beta_1=0.5+\frac{1}{2}0.9663+\frac{10\times 1\times(1.379-1)^2}{2(1+10)}=1.0484。$$

因此，μ 和 τ 的后验分布是具有这四个超参数的正态-伽马分布。特别是，我们现在可以更

直接地解决乳酸浓度变化的问题。例如，我们可以计算 $\sigma=\tau^{1/2}$ 大于某个值（如 0.3）的后验概率：

$$P(\sigma > 0.3 \mid \boldsymbol{x}) = P(\tau < 11.11 \mid \boldsymbol{x}) = 0.984。$$

我们可以使用任何计算机程序计算出伽马分布的分布函数。换一种方式，我们可以使用伽马分布和χ^2 分布之间的关系，这使我们可以说 $U=2\times1.0484\times\tau$ 的后验分布是自由度为 $2\times5.5=11$ 的χ^2 分布（见 5.7 节习题 1）。然后通过书后的χ^2 分布表进行插值，使 $P(\tau<11.11\mid\boldsymbol{x})=P(U\leqslant23.30\mid\boldsymbol{x})\approx0.982$。如果将 $\sigma>0.3$ 视为一个大标准差，则奶酪制造商可能希望寻求更好的质量控制措施。 ◀

均值的边际分布

当μ 和 τ 的联合分布是定理 8.6.1 中所述类型的正态-伽马分布时，则给定 τ 值的情况下μ 的条件分布是正态分布，τ 的边际分布是伽马分布。然而，根据这个定理我们不清楚μ 的边际分布将是什么。现在，我们就来推导出这个边际分布。

定理 8.6.2 均值的边际分布 *假设μ 和 τ 的先验分布服从具有超参数μ_0，λ_0，α_0 和 β_0 的正态-伽马分布，则 μ 的边际分布通过以下方式与 t 分布相关：*

$$\left(\frac{\lambda_0\alpha_0}{\beta_0}\right)^{1/2}(\mu-\mu_0)$$

服从自由度为 $2\alpha_0$ 的 t 分布。

证明 由于给定 τ 值的μ 的条件分布是均值为μ_0 且方差为$(\lambda_0\tau)^{-1}$ 的正态分布，因此我们可以使用定理 5.6.4 得出结论，给定 τ 的 $Z=(\lambda_0\tau)^{1/2}(\mu-\mu_0)$的条件分布是标准正态分布。我们将继续令 $\xi_2(\tau)$为 τ 的边际概率密度函数，令 $\xi_1(\mu\mid\tau)$为给出 τ 的μ 的条件概率密度函数。那么，Z 和 τ 的联合概率密度函数为

$$f(z,\tau)=(\lambda_0\tau)^{-1/2}\xi_1((\lambda_0\tau)^{-1/2}z+\mu_0\mid\tau)\xi_2(\tau)=\phi(z)\xi_2(\tau), \tag{8.6.8}$$

其中 ϕ 是式（5.6.6）的标准正态分布概率密度函数。我们从式（8.6.8）中看到，Z 和 τ 相互独立，并且 Z 服从标准正态分布。接下来，令 $Y=2\beta_0\tau$。利用 5.7 节习题 1 中的结果，我们发现 Y 的分布是参数为 α_0 和 1/2 的伽马分布，即自由度为 $2\alpha_0$ 的χ^2 分布。总之，Y 和 Z 独立，Z 服从标准正态分布，且 Y 服从自由度为 $2\alpha_0$ 的χ^2 分布。由 8.4 节 t 分布的定义，可得随机变量

$$U=\frac{Z}{\left(\dfrac{Y}{2\alpha_0}\right)^{1/2}}=\frac{(\lambda_0\tau)^{1/2}(\mu-\mu_0)}{\left(\dfrac{2\beta_0\tau}{2\alpha_0}\right)^{1/2}}=\left(\frac{\lambda_0\alpha_0}{\beta_0}\right)^{1/2}(\mu-\mu_0) \tag{8.6.9}$$

服从自由度为 $2\alpha_0$ 的 t 分布。 ■

定理 8.6.2 也可以用来求在观察到数据后 μ 的后验分布。为此，我们只需在定理中将 μ_0 替换为μ_1，将 λ_0 替换为 λ_1，将 α_0 替换为 α_1，将 β_0 替换为 β_1。这是因为先验分布和后验分布都具有相同的形式，并且该定理仅依赖于这个形式。同样的理由也适用于随后的讨论，包括定理 8.6.3。

另一种描述μ 的边际分布的方法是将式（8.6.9）重写为

$$\mu=\left(\frac{\beta_0}{\lambda_0\alpha_0}\right)^{1/2}U+\mu_0。\tag{8.6.10}$$

现在我们看到，μ 的分布可以通过如下方式获得：转换 t 分布，使 t 的分布的中心在 μ_0 而不是 0 处，并更改比例因子。这样可以很容易地求出 μ 分布的矩（如果存在）。

定理 8.6.3　假设 μ 和 τ 服从具有超参数 μ_0，λ_0，α_0 和 β_0 的正态-伽马分布。如果 $\alpha_0>1/2$，则 $E(\mu)=\mu_0$。如果 $\alpha_0>1$，则

$$\mathrm{Var}(\mu)=\frac{\beta_0}{\lambda_0(\alpha_0-1)}。\tag{8.6.11}$$

证明　μ 的边际分布的均值和方差可以从 8.4 节中给出的 t 分布的均值和方差轻松获得。由于式（8.6.9）中的 U 服从自由度为 $2\alpha_0$ 的 t 分布，从 8.4 节可以得出，如果 $\alpha_0>1/2$，则 $E(U)=0$；如果 $\alpha_0>1$，则 $\mathrm{Var}(U)=\alpha_0/(\alpha_0-1)$。现在利用式（8.6.10），从中可以看出，如果 $\alpha_0>1/2$，则 $E(\mu)=\mu_0$。另外，如果 $\alpha_0>1$，则

$$\mathrm{Var}(\mu)=\left(\frac{\beta_0}{\lambda_0\alpha_0}\right)\mathrm{Var}(U),$$

式（8.6.11）可由此直接得到。■

此外，μ 落在任何指定区间的概率原则上可以从 t 分布表或适当的软件中获得。大多数统计软件包都包含可以计算具有任意自由度的 t 分布的分布函数和分位数函数的功能，自由度不仅仅是整数。t 分布表通常只处理整数自由度的情况。如有必要，可以在相邻的自由度之间进行插值。

正如我们已经指出的那样，我们可以将定理 8.6.2 和定理 8.6.3 中的先验超参数更改为后验超参数，并将它们转换为有关 μ 的后验边际分布的结果。特别地，如下随机变量的后验分布是自由度为 $2\alpha_1$ 的 t 分布：

$$\left(\frac{\lambda_1\alpha_1}{\beta_1}\right)^{1/2}(\mu-\mu_1)。\tag{8.6.12}$$

数值例子

例 8.6.3　新墨西哥州的疗养院　1988 年，新墨西哥州卫生与社会服务部记录了其许多持牌疗养院的信息。数据由 Smith，Piland 和 Fisher（1992）分析。在这个例子中，我们将考虑 18 个非乡村疗养院的年度住院天数 X（以百为单位）。在观察数据之前，我们应将每个疗养院的 X 值建模为具有均值 μ 和精确度 τ 的正态随机变量。要选择 μ 和 τ 的先验均值和方差，我们可以与该领域的专家交谈，但是为了简单起见，我们将仅基于一些有关这些疗养院床位数的附加信息：平均有 111 张病床，样本标准差为 43.5 张病床。假设我们先前的观点是入住率为 50%，然后，我们可以将均值和标准差按比例简单放大 0.5×365 倍，从而获得一年中住院天数的先验均值和标准差。每年以百个住院天数为单位，得出的均值为 $0.5\times365\times1.11\approx200$，标准差为 $0.5\times365\times0.435\approx6300^{1/2}$。为了将这些值映射到先验超参数中，我们将方差 6 300 拆分，以使其一半是由疗养院之间的方差引起的，另一半是 μ 的方差引起。也就是说，我们将设置 $\mathrm{Var}(\mu)=3\,150$ 和 $E(\tau)=1/3\,150$。我们选择 $\alpha_0=2$ 以反映少量先验信息。由于 $E(\tau)=\alpha_0/\beta_0$，我们发现 $\beta_0=6\,300$。利用 $E(\mu)=\mu_0$ 和

式（8.6.11），我们得到$\mu_0=200$和$\lambda_0=2$。

接下来，我们将确定以点$\mu_0=200$为中心的μ的区间，使μ落在这个区间的概率为0.95。由于由式（8.6.9）定义的随机变量U服从自由度$2\alpha_0$的t分布，由此得出，对于刚获得的数值，随机变量0.025（$\mu-200$）服从自由度为4的t分布。t分布表给出了自由度为4的t分布的0.975分位数是2.776。所以，

$$P[-2.776<0.025(\mu-200)<2.776]=0.95, \tag{8.6.13}$$

等价于，

$$P(89<\mu<311)=0.95。 \tag{8.6.14}$$

因此，在μ和τ的这个先验分布下，μ落在区间（89，311）的概率为0.95。

现在假设下面是我们观察到的18个住院天数（以百为单位）的样本：

128 281 291 238 155 148 154 232 316 96 146 151 100 213 208 157 48 217。

对于这些观察值，我们将它们表示为$\boldsymbol{x}$，$\bar{x}_n=182.17$，$s_n^2=88\ 678.5$。根据定理8.6.1，μ和τ的联合后验分布是具有如下超参数的正态-伽马分布：

$$\mu_1=183.95,\quad \lambda_1=20,\quad \alpha_1=11,\quad \beta_1=50\ 925.37。 \tag{8.6.15}$$

因此，我们从这个联合后验分布中发现，μ和τ的均值和方差为

$$\begin{aligned} &E(\mu\mid\boldsymbol{x})=\mu_1=183.95, \qquad \operatorname{Var}(\mu\mid\boldsymbol{x})=\frac{\beta_1}{\lambda_1(\alpha_1-1)}=254.63,\\ &E(\tau\mid\boldsymbol{x})=\frac{\alpha_1}{\beta_1}=2.16\times10^{-4}, \quad \operatorname{Var}(\tau\mid\boldsymbol{x})=\frac{\alpha_1}{\beta_1^2}=4.24\times10^{-9}。\end{aligned} \tag{8.6.16}$$

由式（8.6.1）可得，μ的后验分布的均值μ_1是μ_0和$\bar{x}_n$的加权平均值。在此数值例子中，可以看到μ_1非常接近$\bar{x}_n$。

接下来，我们将确定μ的边际后验分布。令U为式（8.6.12）中的随机变量，并利用式（8.6.15）中计算的值，则$U=(0.065\ 7)(\mu-183.95)$，并且U的后验分布是自由度为$2\alpha_1=22$的t分布。这个t分布的0.975分位数为2.074，因此

$$P(-2.074<U<2.074\mid\boldsymbol{x})=0.95。 \tag{8.6.17}$$

等价于，

$$P(152.38<\mu<215.52\mid\boldsymbol{x})=0.95。 \tag{8.6.18}$$

换句话说，在μ和τ的后验分布下，μ落在区间（152.38，215.52）中的概率为0.95。

应当注意，由μ的后验分布确定的式（8.6.18）的区间比由先验分布确定的式（8.6.14）中的区间短得多。这个结果反映了一个事实，即μ的后验分布比其先验分布更加集中在其均值周围。μ的先验分布的方差为3 150，后验分布的方差为254.63。μ的先验、后验概率密度函数的图像以及式（8.6.18）的后验区间都反映在图8.7中。 ◀

与置信区间的比较 我们继续利用例8.6.3中的疗养院数据。现在我们将构造μ的置信度为0.95的置信区间，并将这个区间与式（8.6.18）中的后验概率为0.95的区间进行比较。由于例8.6.3中的样本量n为18，由式（8.4.4）定义的随机变量U服从自由度为17的t分布。这个t分布的0.975分位数为2.110。现在根据定理8.5.1，μ的置信度为0.95的置信区间的端点为

$$A = \overline{X}_n - 2.110\frac{\sigma'}{n^{1/2}},$$

$$B = \overline{X}_n + 2.110\frac{\sigma'}{n^{1/2}}。$$

利用 $\bar{x}_n = 182.17$ 和 $s_n^2 = 88\ 678.5$，我们得到 $\sigma = \left(\frac{88\ 678.5}{17}\right)^{1/2} = 72.22$。那么 μ 的置信区间的观察值为（146.25，218.09）。

这个区间接近于式（8.6.18）中后验概率为 0.95 的区间（152.38，215.52）。两个区间的相似性说明了在 8.5 节末尾所作的陈述，即在许多涉及正态分布的问题中，置信区间的方法和使用后验概率的方法会产生相似的结果，尽管两种方法的解释完全不同。

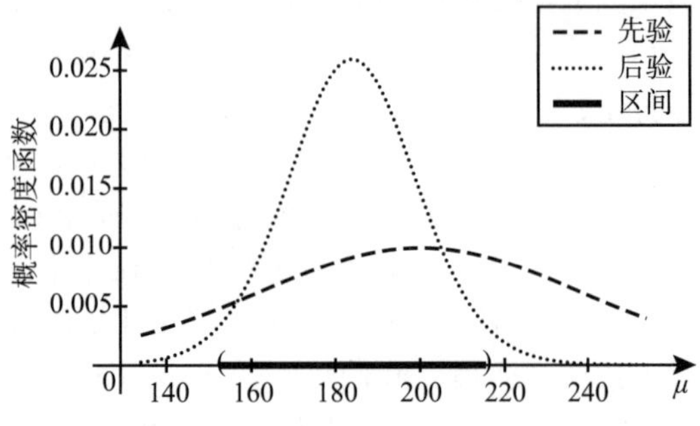

图 8.7　例 8.6.3 中的先验、后验概率密度函数图像。式（8.6.18）中的后验区间显示在底部；相应地，式（8.6.14）中的相应区间太宽了，超过了图像范围

非正常先验分布

正如我们在 7.3 节末尾所讨论的那样，使用非正常先验通常是很方便的，这些先验分布不是真正的分布，但是导出的后验分布却是真正的分布。选择这些非正常先验，更多是为了方便，而不是代表任何人的信念。当有大量数据时，采用非正常先验导致的后验分布通常非常接近采用适当先验分布而产生的后验分布。对于我们在本节中一直在考虑的情况，我们可以将为位置参数（如 μ）引入的非正常先验与为尺度参数（如 $\sigma = \tau^{-1/2}$）引入的非正常先验相结合，引入到 μ 和 τ 通常的非正常先验中。我们发现位置参数典型的非正常先验“概率密度函数”（例 7.3.15）为常数函数 $\xi_1(\mu) = 1$，尺度参数 σ 典型的非正常先验“概率密度函数”为 $g(\sigma) = 1/\sigma$。由于 $\sigma = \tau^{-1/2}$，我们可以应用 3.8 节的技巧求出 $\tau = \sigma^{-2}$ 的非正常“概率密度函数”。反函数的导数为 $-\frac{1}{2}\tau^{-3/2}$，因此 τ 的非正常“概率密度函数”为

$$\left|\frac{1}{2}\tau^{-3/2}\right| g(1/\tau^{-1/2}) = \frac{1}{2}\tau^{-1},$$

对 $\tau > 0$。由于该函数积分为无穷大，我们将剔除因子 1/2，并设置 $\xi_2(\tau) = \tau^{-1}$。如果我们认为 μ 和 τ 是独立的，则 μ 和 τ 的联合非正常先验“概率密度函数”为

$$\xi(\mu, \tau) = \frac{1}{\tau}, \quad -\infty < \mu < \infty,\ \tau > 0。$$

如果我们“假装”这个函数为概率密度函数，则后验概率密度函数 $\xi(\mu, \tau | \boldsymbol{x})$ 成比例于

$$\begin{aligned}\xi(\mu, \tau) f_n(\boldsymbol{x} | \mu, \tau) &\propto \tau^{-1}\tau^{n/2}\exp\left[-\frac{\tau}{2}s_n^2 - \frac{n\tau}{2}(\mu - \bar{x}_n)^2\right] \\ &= \left\{\tau^{1/2}\exp\left[-\frac{n\tau}{2}(\mu - \bar{x}_n)^2\right]\right\}\tau^{(n-1)/2-1}\exp\left(-\tau\frac{s_n^2}{2}\right)。\end{aligned} \tag{8.6.19}$$

当我们将式（8.6.19）花括号内的表达式视为固定 τ 的关于 μ 的函数时，我们可以将该表达式认为是（除去不依赖于 μ 和 τ 的因子）均值为 $\bar{x}_n$ 和精确度为 $n\tau$ 的正态分布概率密度函数。由于 μ 没有出现在其他地方，由此可得这个概率密度函数必须是给定 τ 下 μ 的条件后验概率密度函数。从而，式（8.6.19）最右边花括号外的表达式必须与 τ 的边际后验概率密度函数成比例。我们可以将这个表达式看成参数为 $(n-1)/2$ 和 $s_n^2/2$ 的伽马分布的概率密度函数（除常数因子外）。如果我们的先验分布是具有超参数 $\mu_0=\beta_0=\lambda_0=0$ 和 $\alpha_0=-1/2$ 的正态-伽马形式，则该联合分布将与定理8.6.1中的分布完全相同。也就是说，如果我们“假装” $\mu_0=\beta_0=\lambda_0=0$ 和 $\alpha_0=-1/2$，运用定理8.6.1，则我们得到的后验超参数为 $\mu_1=\bar{x}_n$，$\lambda_1=n$，$\alpha_1=(n-1)/2$，及 $\beta_1=s_n^2/2$。

在正态-伽马分布族中，$\mu_0=\beta_0=\lambda_0=0$ 及 $\alpha_0=-1/2$ 时没有概率分布；但是，如果我们“假装”它是先验分布，那么我们就使用了通常的非正常先验分布。请注意，只要 $n\geqslant 2$，μ 和 τ 的后验分布就在正态-伽马分布族中。

例 8.6.4　人工降雨中的非正常先验　假设例8.3.2和例8.5.3中的参数采用通常的非正常先验，先验超参数取 $\mu_0=\beta_0=\lambda_0=0$ 及 $\alpha_0=-1/2$。由数据可得，$\bar{x}_n=5.134$ 和 $s_n^2=63.96$。后验分布将是正态-伽马分布，后验超参数为 $\mu_1=\bar{x}_n=5.134$，$\lambda_1=n=26$，$\alpha_1=(n-1)/2=12.5$ 及 $\beta_1=s_n^2/2=31.98$。此外，μ 的边际后验分布由式（7.6.12）给出。特别地，

$$U=\left(\frac{26\times 12.5}{31.98}\right)^{1/2}(\mu-5.134)=3.188(\mu-5.134) \tag{8.6.20}$$

服从自由度为25的 t 分布。假设我们想要找一个区间 (a,b)，使得 $a<\mu<b$ 的后验概率为0.95。自由度为25的 t 分布的0.975分位数为2.060。因此，我们有 $P(-2.060<U<2.060)=0.95$。结合式（8.6.20），我们得到

$$P(5.134-2.060/3.188<\mu<5.134+2.060/3.188\mid \boldsymbol{x})=0.95。$$

我们需要的区间从 $a=5.134-2.060/3.188=4.488$ 到 $b=5.134+2.060/3.188=5.780$。请注意，区间（4.488，5.780）与例8.5.3中计算的 μ 的95%置信区间完全相同。

我们还可以利用这种后验分布计算 $\mu>4$ 的可能性，其中4是非撒播云的对数降雨量的均值：

$$P(\mu>4\mid \boldsymbol{x})=P(U>3.188(4-5.134)\mid \boldsymbol{x})=1-T_{25}(-3.615)=0.9993,$$

其中最后的那个值是使用统计软件计算得出的，该软件可以计算所有 t 分布的分布函数。观察数据后，撒播云的对数降雨量的均值似乎大于4。◀

注：非正常先验导出的置信区间。例8.6.4说明了通常的非正常先验的一个有趣性质。如果对正态分布的数据使用通常的非正常先验，则 μ 在置信度为 γ 的置信区间的观察值中的后验概率为 γ。一般地，如果我们在使用了非正常先验后运用式（8.6.9），我们会发现如下随机变量

$$U=\left(\frac{n(n-1)}{s_n^2}\right)^{1/2}(\mu-\bar{x}_n) \tag{8.6.21}$$

的后验分布是自由度为 $n-1$ 的 t 分布。由此可得，如果 $P(-c<U<c)=\gamma$，则

$$P\left(\bar{x}_n - c\frac{\sigma'}{n^{1/2}} < \mu < \bar{x}_n + c\frac{\sigma'}{n^{1/2}}\middle| \boldsymbol{x}\right) = \gamma。\tag{8.6.22}$$

读者会注意到式（8.6.22）和式（8.5.3）之间的惊人相似之处。两者之间的区别在于式（8.6.22）是在观察数据后“关于μ的后验分布”的命题，而式（8.5.3）是在观察数据之前“关于给定μ和σ下随机变量$\overline{X}_n$的条件分布”的命题。这两个概率对于所有可能的数据和γ的所有可能值都相同，它们都等于$P(-c<U<c)$，其中U由式（8.4.4）或式（8.6.21）定义。正如我们在式（8.4.4）中所发现的那样，U的抽样分布（以μ和τ为条件）是自由度为$n-1$的t分布。因此，U的非正常先验（以数据为条件）的后验分布也是自由度为$n-1$的t分布。

当我们尝试估计$\sigma^2=1/\tau$时，也会发生同样的事情。$V=(n-1)\sigma'^2\tau=(n-1)\sigma'^2/\sigma^2$的抽样分布（以$\mu$和$\tau$为条件）是自由度为$n-1$的$\chi^2$分布，如我们在式（8.3.11）中所见到的那样。$V$的非正常先验（以数据为条件）的后验分布也是自由度为$n-1$的χ^2分布（见本节习题4）。因此，σ^2的基于V的抽样分布的置信度为γ的置信区间(a,b)将满足$P(a<\sigma^2<b|\boldsymbol{x})=\gamma$，如果采用非正常先验，它是关于给定数据的后验概率命题。

在许多情况下，当我们采用非正常先验时，像上面U这样的枢轴量的抽样分布与其后验分布是相同的。Schervish（1995，第6章）中可以找到这些情况下的非常数学化的处理。最常见的情况是涉及位置参数（如μ）或尺度参数（如σ）的情况。

小结

对于正态分布的参数μ和$\tau=1/\sigma^2$，我们引入了共轭先验分布族。给定τ的μ的条件分布是均值为μ_0且精确度为$\lambda_0\tau$的正态分布，而τ的边际分布是参数为α_0和β_0的伽马分布。如果$X_1=x_1,\cdots,X_n=x_n$是从均值为μ和精确度为τ的正态分布观察到的容量为n的样本，则给定τ的μ的后验分布是均值为μ_1和精确度为$\lambda_1\tau$的正态分布，并且τ的后验分布是具有参数α_1和β_1的伽马分布，其中μ_1，λ_1，α_1和β_1的值由式（8.6.1）和式（8.6.2）给出。μ的边际后验分布是通过$(\lambda_1\alpha_1/\beta_1)^{1/2}(\mu-\mu_1)$具有自由度为$2\alpha_1$的$t$分布来给出的。包含$\mu$的后验分布的概率$1-\alpha$的区间为

$$\left(\mu_1 - T_{2\alpha_1}^{-1}(1-\alpha/2)\left(\frac{\beta_1}{\alpha_1\lambda_1}\right)^{1/2},\ \mu_1 + T_{2\alpha_1}^{-1}(1-\alpha/2)\left(\frac{\beta_1}{\alpha_1\lambda_1}\right)^{1/2}\right)。$$

如果我们采用非正常先验，先验超参数$\mu_0=\beta_0=\lambda_0=0$及$\alpha_0=-1/2$，则随机变量$n^{1/2}(\overline{X}_n-\mu)/\sigma'$服从自由度为$n-1$的$t$分布，它既可以作为给定数据的后验分布，也可以作为给定μ和σ的抽样分布。另外，$(n-1)\sigma'^2/\sigma^2$服从自由度为$n-1$的χ^2分布，它既可以作为给定数据的后验分布，又可以作为给定μ和σ的抽样分布。因此，如果我们使用非正常先验，则基于后验分布的μ或σ的区间估计也将是置信区间，反之亦然。

习题

1. 假设随机变量X具有正态分布，其均值为μ和精确度为τ。证明随机变量$Y=aX+b(a\neq0)$服从正态分布，均值为$a\mu+b$，精确度为τ/a^2。
2. 假设$X_1,\cdots,X_n$是来自某正态分布的随机样本，均值$\mu(-\infty<\mu<\infty)$未知，且精确度τ已知。还假设μ的

先验分布是均值为 μ_0 和精确度为 λ_0 的正态分布。证明给定 $X_i=x_i(i=1,\cdots,n)$ 下 μ 的后验分布是正态分布，均值为

$$\frac{\lambda_0\mu_0+n\tau\bar{x}_n}{\lambda_0+n\tau}$$

且精确度为 $\lambda_0+n\tau$。

3. 假设 $X_1,\cdots,X_n$ 是来自某正态分布的随机样本，均值 μ 已知，且精确度 τ 未知（$\tau>0$）。还假设 τ 的先验分布是参数为 α_0 和 $\beta_0(\alpha_0>0$ 且 $\beta_0>0)$ 的伽马分布。证明在给定 $X_i=x_i(i=1,\cdots,n)$ 的情况下 τ 的后验分布是伽马分布，参数为 $\alpha_0+(n/2)$ 和

$$\beta_0+\frac{1}{2}\sum_{i=1}^{n}(x_i-\mu)^2。$$

4. 假设 $X_1,\cdots,X_n$ 独立同分布，同服从均值为 μ 和精确度为 τ 的正态分布。设给定的 (μ,τ) 具有通常的非正常先验。令 $\sigma'^2=s_n^2/(n-1)$，证明 $V=(n-1)\sigma'^2\tau$ 的后验分布是自由度为 $n-1$ 的 χ^2 分布。
5. 假设两个随机变量 μ 和 τ 服从正态-伽马分布，使得 $E(\mu)=-5$，$\mathrm{Var}(\mu)=1$，$E(\tau)=1/2$，$\mathrm{Var}(\tau)=1/8$。求指定正态-伽马分布的先验超参数 μ_0，λ_0，α_0 和 β_0。
6. 证明两个随机变量 μ 和 τ 不可能服从正态-伽马分布，使得 $E(\mu)=0$，$\mathrm{Var}(\mu)=1$，$E(\tau)=1/2$，$\mathrm{Var}(\tau)=1/4$。
7. 证明两个随机变量 μ 和 τ 不可能服从正态-伽马分布，使得 $E(\mu)=0$，$E(\tau)=1$，$\mathrm{Var}(\tau)=4$。
8. 假设两个随机变量 μ 和 τ 服从超参数 $\mu_0=4$，$\lambda_0=0.5$，$\alpha_0=1$ 和 $\beta_0=8$ 的正态-伽马分布。求出（a）$P(\mu>0)$ 和（b）$P(0.736<\mu<15.680)$。
9. 利用本节中新墨西哥州疗养院数值例子中的先验分布和数据。
   a. 求尽可能短的区间，以使 μ 落在该区间的后验概率为 0.90。
   b. 求 μ 的尽可能短的置信度为 0.90 的置信区间。
10. 假设 $X_1,\cdots,X_n$ 来自均值 μ 未知且精确度 τ 未知的正态分布的随机样本，并且 μ 和 τ 的联合先验分布为满足以下条件的正态-伽马分布：$E(\mu)=0$，$E(\tau)=2$，$E(\tau^2)=5$，$P(|\mu|<1.412)=0.5$。确定先验超参数 μ_0，λ_0，α_0 和 β_0。
11. 再次考虑习题 10 的条件。还假设在容量为 $n=10$ 的随机样本中，发现 $\bar{x}_n=1$ 且 $s_n^2=8$。求尽可能短的区间，以使 μ 落在这个区间的后验概率为 0.95。
12. 假设 $X_1,\cdots,X_n$ 来自均值 μ 未知且精确度 τ 未知的正态分布的随机样本，并且 μ 和 τ 的联合先验分布为满足以下条件的正态-伽马分布：$E(\tau)=1$，$\mathrm{Var}(\tau)=1/3$，$P(\mu>3)=0.5$，$P(\mu>0.12)=0.9$。确定先验超参数 μ_0，λ_0，α_0 和 β_0。
13. 再次考虑习题 12 的条件。还假设在容量为 $n=8$ 的随机样本中，发现 $\sum_{i=1}^{n}x_i=16$ 且 $\sum_{i=1}^{n}x_i^2=48$。找到最短的可能区间，使得 μ 落在区间的后验概率为 0.99。
14. 继续进行例 8.6.2 中的分析。计算区间 (a,b)，以使 $a<\mu<b$ 的后验概率为 0.9，并将此区间与例 8.5.4 中的 90% 置信区间进行比较。
15. 我们将从正态分布中取容量为 $n=11$ 的样本，均值为 μ 和精确度为 τ。我们将使用参数 (μ,τ) 的自然共轭先验，这种先验来自正态-伽马分布族，其先验超参数为 $\alpha_0=2$，$\beta_0=1$，$\mu_0=3.5$ 和 $\lambda_0=2$。样本的均值为 $\bar{x}_n=7.2$，并且 $s_n^2=20.3$。
    a. 求后验超参数。
    b. 求一个区间包含 μ 的后验分布的 95%。
16. 奶酪中乳酸浓度的研究包括总共 30 个乳酸测量值，其中 10 个乳酸测量值由例 8.5.4 中给出，另外 20 个测量值如下：
    1.68，1.9，1.06，1.3，1.52，1.74，1.16，1.49，1.63，1.99，

1.15，1.33，1.44，2.01，1.31，1.46，1.72，1.25，1.08，1.25。

a. 利用与例8.6.2中相同的先验，基于所有30个观察值计算μ和τ的后验分布。

b. 在观察这个问题中列出的20个观察值之前，我们应利用例8.6.2中的后验分布，将其视为先验分布。利用这20个新观察值来求μ和τ的后验分布，并将结果与a部分的答案进行比较。

17. 考虑例8.6.2中进行的分析。现在请利用通常的非正常先验来计算参数的后验分布。

18. 将在习题17中求得的前10个观察结果的后验分布作为先验，然后在习题16中观察其他20个观察值。在观察所有数据后，求参数的后验分布，并将其与在习题16b部分中发现的分布进行比较。

19. 考虑8.5节习题7中描述的情况。利用正态-伽马族的先验分布，其值$\alpha_0=1$，$\beta_0=4$，$\mu_0=150$和$\lambda_0=0.5$。

a. 求μ和$\tau=1/\sigma^2$的后验分布。

b. 求一个区间(a,b)，使得$a<\mu<b$的后验概率为0.90。

20. 考虑例7.3.10中描述的卡路里计数数据。现在假设给定参数(μ,τ)，每个观测值均具有正态分布，其均值μ未知，精确度τ未知。使用具有先验超参数$\mu_0=0$，$\lambda_0=1$，$\alpha_0=1$和$\beta_0=60$的正态-伽马共轭先验分布。s_n^2的值为2 102.9。

a. 求(μ,τ)的后验分布。

b. 计算$P(\mu>1|\boldsymbol{x})$。

8.7 无偏估计量

设δ是参数θ的函数g的估计量，如果对任意θ有$E_\theta[\delta(\boldsymbol{X})]=g(\theta)$成立，则我们称$\delta$是无偏的。在这一节中将给出几个无偏估计量的例子。

无偏估计量的定义

例8.7.1 电子元件的寿命 考虑例8.1.3中的公司，要估算电子元件失效率θ。基于寿命的样本X_1,X_2,X_3，θ的极大似然估计量为$\hat{\theta}=3/T$，其中$T=X_1+X_2+X_3$。该公司希望$\hat{\theta}$接近于θ。随机变量（如$\hat{\theta}$）的均值是我们期望随机变量所处位置的一种度量。$3/T$的均值为（5.7节习题21）为$3\theta/2$。如果均值告诉我们期望估计量在哪里，我们期望这个估计量比θ大50%。 ◀

令$\boldsymbol{X}=(X_1,\cdots,X_n)$来自含有未知参数（或参数向量）$\theta$的分布的随机样本。假设我们希望估计参数的函数$g(\theta)$。在这类问题中，我们希望可以找到一个估计量$\delta(\boldsymbol{X})$以高概率接近$g(\theta)$。换句话说，我们想得到一个估计量$\delta$，它的分布随$\theta$变化而变化，但是无论$\theta$的真值是多少，$\delta$的概率分布总是集中于$g(\theta)$附近。

例如，假设$\boldsymbol{X}=(X_1,\cdots,X_n)$是来自均值$\theta$未知、方差为1的正态分布的随机样本，这时样本均值$\overline{X}_n$是$\theta$的极大似然估计量。估计量$\overline{X}_n$服从均值为$\theta$、方差为$1/n$的正态分布，所以有理由认为它是$\theta$的一个好的估计量。无论$\theta$的值多大或多小，这个分布都集中于未知参数$\theta$附近。

定义8.7.1 无偏估计量/偏差 如果对于θ的任意值，有$E_\theta[\delta(\boldsymbol{X})]=g(\theta)$，则估计量$\delta(\boldsymbol{X})$被称为是$g(\theta)$的无偏估计量。若一个估计量不是无偏的，则称其为有偏估计量。估计量的数学期望与被估计的参数$g(\theta)$之间的差值称为估计量的偏差。也就是说，$g(\theta)$的估计量δ的偏差为$E_\theta[\delta(\boldsymbol{X})]-g(\theta)$。$\delta$是无偏的，当且仅当偏差对任意$\theta$都为0。

在均值 θ 未知的正态分布样本中，$\overline{X}_n$ 是 θ 的无偏估计量，这是因为对于 $-\infty<\theta<\infty$ 都有 $E_\theta(\overline{X}_n)=\theta$ 成立。

例 8.7.2 电子元件的寿命 例 8.7.1 中，θ 的估计量 $\hat{\theta}=3/T$ 的偏差是 $3\theta/2-\theta=\theta/2$。容易看出，$\theta$ 的无偏估计量为 $\delta(\boldsymbol{X})=2/T$。◀

如果某个参数 θ 的非常数函数 $g(\theta)$ 的估计量 δ 是无偏的，那么 δ 的分布必定会随 θ 的值而改变，这是由于这个分布的均值是 $g(\theta)$。然而我们需要强调的是，这样的分布有可能会集中于 $g(\theta)$ 附近也可能会分散得很开。比如，无偏估计量等可能地“高估或低估 $g(\theta)$ 100 万个单位”，但它不会产生一个接近于 $g(\theta)$ 的估计。因此，仅凭“估计量是无偏估计量”这一事实不能说明这个估计量是一个好的估计量或者说它是合理的。不过，如果一个无偏估计量有很小的方差，则这个估计量的分布将必然集中于其均值 $g(\theta)$ 附近，即这个估计量接近 $g(\theta)$ 的概率很大。

由于上述这些原因，一个特定问题中无偏估计量的研究就是投入大量精力去寻找一个具有较小方差的无偏估计量。如果估计量 δ 是无偏的，则它的均方误差 $E_\theta[(\delta-g(\theta))^2]$ 就等于它的方差 $\mathrm{Var}_\theta(\delta)$。因此，寻找一个方差较小的估计量也就等价于寻找一个有较小均方误差的无偏估计量。如下的结论是 4.3 节习题 4 的一个简单推论。

推论 8.7.1 令 δ 是 $g(\theta)$ 的一个估计量，且方差有限，则 δ 的均方误差等于其方差加上其偏差的平方。■

例 8.7.3 电子元件的寿命 我们利用均方误差比较例 8.7.2 中的两个估计量 $\hat{\theta}$ 和 $\delta(\boldsymbol{X})$。根据 5.7 节习题 21，$1/T$ 的方差是 $\theta^2/4$。因此，$\delta(\boldsymbol{X})$ 的均方误差为 θ^2。对于估计量 $\hat{\theta}$，其本身的方差为 $9\theta^2/4$，偏差的平方为 $\theta^2/4$，因此均方误差是 $5\theta^2/2$，是 $\delta(\boldsymbol{X})$ 均方误差的 2.5 倍。如果单独就均方误差而言，估计量 $\delta^*(\boldsymbol{X})=1/T$ 的方差和平方偏差均等于 $\theta^2/4$，因此均方误差是 $\theta^2/2$，是无偏估计量均方误差的一半。图 8.8 绘制了每个估计量的均方误差以及例 8.1.3 中的贝叶斯估计量 $4/(2+T)$ 的均方误差。贝叶斯估计量的均方误差的计算需要数值模拟。最终（$\theta=3.1$ 以上），贝叶斯估计量的均方误差在 $1/T$ 的均方误差的上方，但对于所有 θ 它都保持在其他两个估计量均方误差的下方。◀

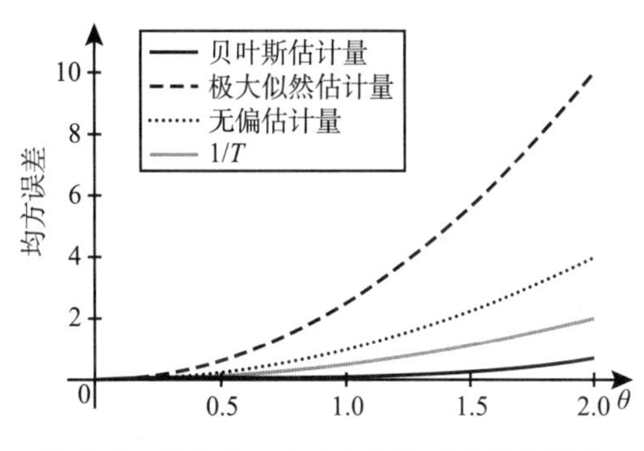

图 8.8 例 8.7.3 中 4 个估计量的均方误差

例 8.7.4 均值的无偏估计量 令 $\boldsymbol{X}=(X_1,\cdots,X_n)$ 是来自依赖于参数（或参数向量）θ 的分布的随机样本，假设该分布的均值和方差是有限的。定义 $g(\theta)=E_\theta(X_1)$，样本均值 $\overline{X}_n$ 显然是 $g(\theta)$ 的无偏估计量，其均方误差是 $\mathrm{Var}_\theta(X_1)/n$。例 8.7.1 中，$g(\theta)=1/\theta$，$\overline{X}_n=1/\hat{\theta}$ 是其均值的无偏估计量。◀

方差的无偏估计量

定理 8.7.1 从一般分布中抽样 令 $\boldsymbol{X}=(X_1,\cdots,X_n)$ 是来自依赖于参数（或参数向量）

θ 的分布的随机样本，假设该分布的方差是有限的。定义 $g(\theta)=\mathrm{Var}_\theta(X_1)$，如下统计量是方差 $g(\theta)$ 的无偏估计量：

$$\hat{\sigma}_1^2=\frac{1}{n-1}\sum_{i=1}^{n}(X_i-\overline{X}_n)^2。$$

证明　设 $\mu=E_\theta(X_1)$，设 σ^2 表示 $g(\theta)=\mathrm{Var}_\theta(X_1)$。由于样本均值是 μ 的无偏估计量，因此自然地首先考虑样本方差 $\hat{\sigma}_0^2=(1/n)\sum_{i=1}^{n}(X_i-\overline{X}_n)^2$，并尝试确定它是否是方差 σ^2 的无偏估计量。我们将使用恒等式

$$\sum_{i=1}^{n}(X_i-\mu)^2=\sum_{i=1}^{n}(X_i-\overline{X}_n)^2+n(\overline{X}_n-\mu)^2。$$

由此可得

$$\begin{aligned}E(\hat{\sigma}_0^2)&=E\left[\frac{1}{n}\sum_{i=1}^{n}(X_i-\overline{X}_n)^2\right]\\&=E\left[\frac{1}{n}\sum_{i=1}^{n}(X_i-\mu)^2\right]-E[(\overline{X}_n-\mu)^2]。\end{aligned}\tag{8.7.1}$$

既然每一个观察值 X_i 有均值 μ 和方差 σ^2，并且对于 $i=1,\cdots,n$ 有 $E[(X_i-\mu)^2]=\sigma^2$。因此，

$$E\left[\frac{1}{n}\sum_{i=1}^{n}(X_i-\mu)^2\right]=\frac{1}{n}\sum_{i=1}^{n}E[(X_i-\mu)^2]=\frac{1}{n}n\sigma^2=\sigma^2。\tag{8.7.2}$$

此外，样本均值 $\overline{X}_n$ 的均值为 μ 和方差为 σ^2/n，因此，

$$E[(\overline{X}_n-\mu)^2]=\mathrm{Var}(\overline{X}_n)=\frac{\sigma^2}{n}。\tag{8.7.3}$$

由式（8.7.1），式（8.7.2）和式（8.7.3）有

$$E(\hat{\sigma}_0^2)=\sigma^2-\frac{1}{n}\sigma^2=\frac{n-1}{n}\sigma^2。\tag{8.7.4}$$

由式（8.7.4）可以看出，样本方差 $\hat{\sigma}_0^2$ 不是 σ^2 的无偏估计量，这是因为它的期望是 $[(n-1)/n]\sigma^2$，而不是 σ^2。然而，如果 $\hat{\sigma}_0^2$ 乘以因子 $n/(n-1)$ 就可得到统计量 $\hat{\sigma}_1^2$，而 $\hat{\sigma}_1^2$ 的期望的确是 σ^2。因此，$\hat{\sigma}_1^2$ 是 σ^2 的无偏估计量。■

根据定理 8.7.1，许多教科书将样本方差定义为 $\hat{\sigma}_1^2$，而不是 $\hat{\sigma}_0^2$。

注：正态随机样本的特例。当 $X_1,\cdots,X_n$ 来自均值为 μ、方差为 σ^2 的正态分布时，估计量 $\hat{\sigma}_0^2$ 等于其方差 σ^2 的极大似然估计量 $\hat{\sigma^2}$。同时，$\hat{\sigma}_1^2$ 与 μ 的置信区间中的随机变量 σ'^2 是相同的。由于在这一节中我们所讨论的是一般分布，σ^2 可能是某一函数 $g(\theta)$，且其极大似然估计量与 $\hat{\sigma}_0^2$ 完全不同，因此这一节中的这些估计量我们选用了不同的名字（本节习题 1 中有一个这样的例子）。

来自某个特定分布族的样本　当我们假设 $X_1,\cdots,X_n$ 是一组来自某个特定分布族的随机样本，例如泊松分布，我们一般不仅仅考虑 $\hat{\sigma}_1^2$，而且还考虑方差的其他无偏估计量。

例 8.7.5　来自泊松分布的样本　假设我们观察到一组来自泊松分布的随机样本，其均值 θ 未知。我们已经知道 $\overline{X}_n$ 是均值 θ 的无偏估计量。此外，由于泊松分布的方差也等于

θ，这就表示 $\overline{X}_n$ 也是方差的无偏估计量。因此，在这个例子中，$\overline{X}_n$ 和 $\hat{\sigma}_1^2$ 都是未知方差 θ 的无偏估计量。再者，$\overline{X}_n$ 与 $\hat{\sigma}_1^2$ 的任意形如 $\alpha\overline{X}_n+(1-\alpha)\hat{\sigma}_1^2$ 的组合，也都是 θ 的无偏估计量，这里 α 是一个给定常数（$-\infty<\alpha<\infty$），因为它的期望值

$$E[\alpha\overline{X}_n+(1-\alpha)\hat{\sigma}_1^2]=\alpha E(\overline{X}_n)+(1-\alpha)E(\hat{\sigma}_1^2)=\alpha\theta+(1-\alpha)\theta=\theta。\quad(8.7.5)$$

θ 的其他无偏估计量也可以用类似方法构造。◀

如果要选用一个无偏估计量，问题在于确定哪一个无偏估计量有最小的方差或者有最小的均方误差。我们先不解决这一问题，我们将在 8.8 节的一个例子中给出。在例 8.7.5 中，对于 θ 所有可能的取值，在所有 θ 的无偏估计量中，估计量 $\overline{X}_n$ 的方差最小。这一结果并不意外，例 7.7.2 中我们知道了 $\overline{X}_n$ 是 θ 的充分统计量，并在 7.9 节中指出我们可以把注意力集中在充分统计量函数的估计量上（见本节习题 13）。

例 8.7.6　正态分布的抽样　假设 $\boldsymbol{X}=(X_1,\cdots,X_n)$ 是来自正态分布的随机样本，均值 μ 和方差 σ^2 都未知，我们将考虑估计 σ^2 的问题。由定理 8.7.1，我们知道估计量 $\hat{\sigma}_1^2$ 是 σ^2 的无偏估计量。此外，在例 7.5.6 中我们知道样本方差 $\hat{\sigma}_0^2$ 是 σ^2 的极大似然估计量。我们想要确定，估计量 $\hat{\sigma}_0^2$ 与 $\hat{\sigma}_1^2$ 哪一个的均方误差 $E[(\hat{\sigma}_i^2-\sigma^2)^2]$ 要更小些，而且是否有 σ^2 的其他估计量，使得其均方误差比 $\hat{\sigma}_0^2$ 和 $\hat{\sigma}_1^2$ 的都要小。

估计量 $\hat{\sigma}_0^2$ 和估计量 $\hat{\sigma}_1^2$ 都具有以下的形式：

$$T_c=c\sum_{i=1}^{n}(X_i-\overline{X}_n)^2,\quad(8.7.6)$$

其中对 $\hat{\sigma}_0^2$ 来说 $c=1/n$，而对 $\hat{\sigma}_1^2$ 来说 $c=1/(n-1)$。我们现在来确定任意形如式（8.7.6）的估计量的均方误差，再确定 c 的值使得均方误差达到最小。我们将要证明一个有趣的性质，对于参数 μ 和 σ^2 的所有可能取值，相同的 c 值使均方误差最小化。因此，在所有形如式（8.7.6）的估计量中，只有一个估计量会使均方误差对每个参数 μ 和 σ^2 所有可能的取值都达到最小。

在 8.3 节中，当 $X_1,\cdots,X_n$ 是来自正态分布的随机样本时，我们已经证明了随机变量 $\sum_{i=1}^{n}(X_i-\overline{X}_n)^2/\sigma^2$ 服从自由度为 $n-1$ 的 χ^2 分布。由定理 8.2.1 知，这个随机变量的均值是 $n-1$，方差为 2（$n-1$）。因此，如果 T_c 由式（8.7.6）定义，则

$$E(T_c)=(n-1)c\sigma^2,\ \mathrm{Var}(T_c)=2(n-1)c^2\sigma^4。\quad(8.7.7)$$

于是，利用推论 8.7.1，T_c 的均方误差可以表示为

$$\begin{aligned}E[(T_c-\sigma^2)^2]&=[E(T_c)-\sigma^2]^2+\mathrm{Var}(T^2)\\&=[(n-1)c-1]^2\sigma^4+2(n-1)c^2\sigma^4\\&=[(n^2-1)c^2-2(n-1)c+1]\sigma^4。\end{aligned}\quad(8.7.8)$$

在式（8.7.8）中 σ^4 的系数是一个关于 c 的简单二次函数。因此，不管 σ^4 取何值，c 的最小值可以通过基本微分来求出，为 $c=1/(n+1)$。

总结一下，我们证明了如下的事实：在 σ^2 的所有形如式（8.7.6）的估计量中，对所有 μ 和 σ^2 的可能取值都有最小均方误差的估计量是 $T_{1/(n+1)}=[1/(n+1)]\sum_{i=1}^{n}(X_i-\overline{X}_n)^2$。特

别地，$T_{1/(n+1)}$ 的均方误差要比极大似然估计量 $\hat{\sigma}_0^2$ 和无偏估计量 $\hat{\sigma}_1^2$ 都小。因此，估计量 $\hat{\sigma}_0^2$ 和 $\hat{\sigma}_1^2$，还有所有形如式（8.7.6）（$c \neq 1/(n+1)$）的估计量都是不容许估计量。进而 C. Stein 在 1964 年证明，存在其他估计量优于估计量 $T_{1/(n+1)}$，即它本身也是不容许估计量。

在本节习题 6 中比较了估计量 $\hat{\sigma}_0^2$ 和 $\hat{\sigma}_1^2$。当然，当样本量 n 很大时，无论是取 n，$n-1$ 还是 $n+1$ 作为除数来估计 σ^2，区别都很小；这三个估计量 $\hat{\sigma}_0^2$，$\hat{\sigma}_1^2$ 和 $T_{1/(n+1)}$ 都是几乎相等的。◀

无偏估计的局限

无偏估计这一概念在统计学的发展中起了十分重要的作用。无偏估计量比有偏估计量要好，这种看法在目前的统计实践中更加普遍。其实，有哪个科学家想要得到的结果“被认为是有偏的”或“被指控是有偏的”？无偏估计理论的专门术语使无偏估计量的使用看上去更令人满意。

然而，正如这节所解释的，无偏估计量的好坏必须通过它的方差或是它的均方误差来评判。例 8.7.3 和例 8.7.6 说明了如下事实：在很多问题中，存在某些有偏估计量要比每个无偏估计量有更小的均方误差，对参数的每个可能取值都是如此。此外，还可以证明一个贝叶斯估计量，已经利用了所有与参数有关的先验信息，并使总的均方误差最小化，只有在参数可以完美地被估计出来的简单问题中才是无偏的。

下面我们来介绍无偏估计理论的其他一些局限性。

无偏估计量不存在　在许多问题中，某个必须要估计的参数的特定函数的无偏估计量是不存在的。例如，$X_1,\cdots,X_n$ 构成参数为 p 的 n 重伯努利试验，其中 p 未知（$0 \leqslant p \leqslant 1$），则样本均值 $\overline{X}_n$ 是 p 的无偏估计量，但是可以证明 $p^{1/2}$ 的无偏估计量不存在（详见本节习题 7）；并且如果已知这个例子中 p 必须落在区间 $\frac{1}{3} \leqslant p \leqslant \frac{2}{3}$ 内，那么对于 p 可能取值的这个区间而言，不存在 p 的无偏估计量。

不适当的无偏估计量　考虑一个伯努利试验的无穷序列，参数 p 未知（$0<p<1$）。我们用 X 表示在第一次成功前失败的次数，则 X 服从参数为 p 的几何分布，其概率函数由式（5.5.3）给出。如果想要利用观察值 X 来估计 p 的值，可以证明（详见本节习题 8）：当 $X=0$ 时，p 的唯一无偏估计量为 1；当 $X>0$ 时，p 的无偏估计量为 0。这个估计量看上去不太恰当。例如，假设在第二次试验中取得了第一次成功，也就是说，如果 $X=1$，概率 p 为 0 是错误的。同样地，如果 $X=0$（第一次试验就成功），估计 p 接近于 1 也是错误的。

再举一个不恰当无偏估计量的例子。假设随机变量 X 服从泊松分布，均值 λ（$\lambda>0$）未知，我们要估计 $\mathrm{e}^{-2\lambda}$ 的值。我们可以证明（见本节习题 9）：当 X 是偶数时，$\mathrm{e}^{-2\lambda}$ 的唯一无偏估计量为 1；当 X 为奇数时，$\mathrm{e}^{-2\lambda}$ 的无偏估计量为 -1。有两个原因表明这个估计量不太恰当：第一，参数 $\mathrm{e}^{-2\lambda}$ 必须在 $(0,1)$ 的范围内，而这里得出参数 $\mathrm{e}^{-2\lambda}$ 的估计是 1 或 -1；第二，估计值只依赖于 X 的奇偶性，而不是 X 的大小。

忽略信息　对无偏估计这一概念最后要批判的是，由于总是运用参数 θ 的无偏估计量的准则（如果这样的无偏估计量存在的话），有时会忽略掉一些已有的有用的信息。

例如，假设在某个电路中，平均电压 θ 未知，我们用电压计来测电压。我们发现读数 X 服从正态分布，其均值为 θ，方差为 σ^2（已知），看到电压计上的观察值为 2.5V。在这个例子中，X 就是 θ 的无偏估计量。一个科学家希望用无偏估计量，把 2.5V 作为 θ 的估计值。

但是，假设这个科学家把 2.5V 作为 θ 的估计值后，他发现电压表实际上会将所有读数截断为 3V，就像例 3.2.7。也就是说，用电压表测 3V 以下的值时，电压表读数是精确的；但当电压大于 3V，那么测出来就是 3V。既然实际读出的值是 2.5V，这个值并未受到电压表缺陷的影响。这时，X 的分布不再是均值为 θ 的正态分布，这个观察值也就不是 θ 的无偏估计量了。因此，如果这个科学家依旧想要用无偏估计量，他就必须把 θ 的估计值从 2.5V 改为其他一个值。

忽略观察到的读数准确性这一事实，看起来是不能接受的。由于实际观察到的读数仅为 2.5V，与没有截断的情况下观察到的结果相同。由于观察到的读数未被截断，似乎已经被截断的读数这一事实与 θ 的估计无关。然而，由于这种可能性确实会改变 X 的样本空间及其概率分布，因此也会改变 θ 的无偏估计量的形式。

小结

$g(\theta)$ 的一个估计量 $\delta(\boldsymbol{X})$ 是无偏的，如果 $E_\theta[\delta(\boldsymbol{X})]=g(\theta)$ 对 θ 的所有可能取值都成立。估计量 $\delta(\boldsymbol{X})$ 的偏差是 $E_\theta[\delta(\boldsymbol{X})]-g(\theta)$。一个估计量的均方误差等于其方差加上偏差的平方。一个无偏估计量的均方误差等于这个估计量的方差。

习题

1. 设 $X_1,\cdots,X_n$ 是来自均值为 θ 的泊松分布的一个随机样本。
   a. 将 $\mathrm{Var}_\theta(X_i)$ 表示为函数 $\sigma^2=g(\theta)$ 的形式。
   b. 求 $g(\theta)$ 的均方误差，并证明它是无偏的。
2. 假设 X 是一个随机变量，其分布未知，且它的各阶矩 $E(X^k)$ 有限 $(k=1,2,\cdots)$。假设 $X_1,\cdots,X_n$ 是来自这个分布的随机样本。证明：当 $k=1,2,\cdots$，k 阶样本矩 $(1/n)\sum_{i=1}^{n}X_i^k$ 是 $E(X^k)$ 的无偏估计量。
3. 条件同习题 2，求 $[E(X)]^2$ 的无偏估计量。提示：$[E(X)]^2=E(X^2)-\mathrm{Var}(X)$。
4. 假设一个随机变量 X 服从几何分布，参数 $p(0<p<1)$ 未知（见 5.5 节定义）。求 $1/p$ 的一个无偏估计量 $\delta(X)$。
5. 假设随机变量 X 服从均值为 λ 的泊松分布，其中 λ 未知（$\lambda>0$）。求 e^{λ} 的无偏估计量 $\delta(X)$。提示：如果 $E[\delta(X)]=\mathrm{e}^{\lambda}$，那么
$$\sum_{x=0}^{\infty}\frac{\delta(x)\mathrm{e}^{-\lambda}\lambda^x}{x!}=\mathrm{e}^{\lambda}。$$
   等式两边同乘 e^{λ}，右边以 λ 幂级数的形式展开，然后对于 $x=0,1,2,\cdots$，使等式两边 λ^x 的系数相等。
6. 假设 $X_1,\cdots,X_n$ 是来自正态分布的随机样本，其均值 μ 和方差 σ^2 都未知。令 $\hat{\sigma}_0^2$ 和 $\hat{\sigma}_1^2$ 是 σ^2 的两个估计量，其定义如下：

$$\hat{\sigma}_0^2 = \frac{1}{n}\sum_{i=1}^{n}(X_i - \overline{X}_n)^2, \hat{\sigma}_1^2 = \frac{1}{n-1}\sum_{i=1}^{n}(X_i - \overline{X}_n)^2。$$

证明：对 μ 和 σ^2 的所有可能取值，$\hat{\sigma}_0^2$ 的均方误差要比 $\hat{\sigma}_1^2$ 的均方误差小。

7. 假设 $X_1,\cdots,X_n$ 是来自参数 p 未知的 n 重伯努利试验（$0\leqslant p\leqslant 1$）。证明每个函数 $\delta(X_1,\cdots,X_n)$ 的期望是一个关于 p 的次数不超过 n 的多项式。

8. 假设一个随机变量 X 服从几何分布，其参数 p 未知（$0<p<1$）。证明 p 的唯一的无偏估计量 $\delta(X)$ 满足 $\delta(0)=1$，而当 $X>0$ 时有 $\delta(X)=0$。

9. 假设一个随机变量 X 服从泊松分布，其均值 λ 未知（$\lambda>0$）。证明 $e^{-2\lambda}$ 的唯一的无偏估计量 $\delta(X)$ 满足：假如 X 是偶数时，$\delta(X)=1$，而当 X 是奇数时，$\delta(X)=-1$。

10. 考虑一个伯努利试验的无限序列，其中参数 p 未知（$0<p<1$），假设连续取样直到恰好得到 k 次成功，这里 k 为固定的整数值（$k\geqslant 2$）。定义 N 为获得 k 次成功数所需要的总试验次数。证明估计量 $(k-1)/(N-1)$ 是 p 的无偏估计量。

11. 假定一种特定的药物提供给两种不同类型的动物 A 和 B。已知 A 类型动物的平均反应跟 B 类型的一样，但是这一均值的共同值 θ 未知，且必须要估计。此外还知 A 类动物反应的方差是 B 类动物反应的方差的 4 倍。令 $X_1,\cdots,X_m$ 表示 m 个 A 类动物反应组成的一个随机样本，将 $Y_1,\cdots,Y_n$ 表示 n 个 B 类动物反应的独立的随机样本。最后考虑估计量 $\hat{\theta}=\alpha\overline{X}_m+(1-\alpha)\overline{Y}_n$。

 a. 当 α，m 和 n 为何值时，$\hat{\theta}$ 是 θ 的一个无偏估计量？

 b. 当 m 和 n 值固定时，α 取何值时，无偏估计量具有最小方差？

12. 假定某总体是由 k 个不同阶层的个体组成的（$k\geqslant 2$），在总体中，个体属于阶层 i 的比例为 $p_i(i=1,\cdots,k)$，且 $p_i>0$，$\sum_{i=1}^{k}p_i=1$。我们对估计总体中某个特征的均值 μ 感兴趣。在第 i 个阶层的个体中，这种特征的均值为 μ_i，方差为 σ_i^2，其中 μ_i 值未知而 σ_i^2 值已知。假定从总体中按如下方法抽取分层样本：在每一个阶层 i 中，取 n_i 个个体的随机样本并测出每一个个体的特征。从 k 个阶层中所取的样本是互相独立的。令 $\overline{X}_i$ 表示阶层 i 样本中 n_i 个测量值的平均值。

 a. 证明 $\mu=\sum_{i=1}^{k}p_i\mu_i$，并证明 $\hat{\mu}=\sum_{i=1}^{k}p_i\overline{X}_i$ 是 μ 的无偏估计量。

 b. 令 $n=\sum_{i=1}^{k}n_i$ 表示 k 个样本的总观察值数。当 n 固定时，求出 $n_1,\cdots,n_k$ 的值使得 $\hat{\mu}$ 的方差最小。

13. 假定 $X_1,\cdots,X_n$ 来自某分布的一个随机样本，该分布的概率密度函数或者概率函数为 $f(x|\theta)$，其中参数 θ 值未知。令 $\boldsymbol{X}=(X_1,\cdots,X_n)$，$T$ 为一个统计量。假定 $\delta(\boldsymbol{X})$ 是 θ 的一个无偏估计量，且使得 $E_\theta[\delta(\boldsymbol{X})|T]$ 不依赖于 θ。（假如 T 是一个充分统计量，且如 7.7 节中所定义，那么对于每个估计量 δ 都是成立的，这个条件在其他例子中也成立。）令 $\delta_0(T)$ 表示在给出的 T 条件下 $\delta(\boldsymbol{X})$ 的条件均值。

 a. 证明 $\delta_0(T)$ 也是 θ 的一个无偏估计量。

 b. 证明对于 θ 的每个可能值，都有 $\mathrm{Var}_\theta(\delta_0)\leqslant\mathrm{Var}_\theta(\delta)$。提示：利用 4.7 节习题 11 的结果。

14. 假定 $X_1,\cdots,X_n$ 是来自在区间 $[0,\theta]$ 上均匀分布的随机样本，参数 θ 未知，令 $Y_n=\max(X_1,\cdots,X_n)$。证明 $[(n+1)/n]Y_n$ 是 θ 的无偏估计量。

15. 假定随机变量 X 只可能取 5 个值，$x=1,2,3,4,5$，其相应概率如下：

$$f(1|\theta)=\theta^3,\quad f(2|\theta)=\theta^2(1-\theta),$$

$$f(3|\theta)=2\theta(1-\theta),\quad f(4|\theta)=\theta(1-\theta)^2,\quad f(5|\theta)=(1-\theta)^3,$$

其中参数 θ 的值未知（$0\leqslant\theta\leqslant 1$）。

 a. 证明对于每一个 θ 值，所给五个概率值的和为 1。

 b. 考虑一个估计量 $\delta_c(X)$ 具有如下的形式：

$$\delta_c(1) = 1,\ \delta_c(2) = 2 - 2c,\ \delta_c(3) = c,\ \delta_c(4) = 1 - 2c,\ \delta_c(5) = 0。$$

试证明对于每个常数 c，$\delta_c(X)$ 是 θ 的一个无偏估计量。

c. 令 θ_0 是一个满足 $0<\theta_0<1$ 的值。确定常数 c 使得当 $\theta=\theta_0$ 时，对于所有其他 c 值，都有 $\delta_{c_0}(X)$ 的方差小于 $\delta_c(X)$ 的方差。

16. 再次考虑习题 3 中的条件。假定 $n=2$，而且我们观察到 $X_1=2, X_2=-1$。计算习题 3 中 $[E(X)]^2$ 的无偏估计量的值。描述你所发现的这个估计量的缺点。

*8.8 Fisher 信息量

本节介绍一种用于度量数据样本中所包含的关于未知参数的信息量的方法。此度量具有直观的性质，即更多数据可提供更多信息，而更精确的数据可提供更多信息。信息度量可用于找到估计量方差的界，并且可用于近似估计从大样本获得的估计量方差。

Fisher 信息量的定义及其性质

例 8.8.1 研究顾客到达 某商店老板对“学习”顾客的到达感兴趣。她将一天中的顾客到达建模为泊松过程（参见定义 5.4.2），到达速率为 θ。她想到了两种不同的可能的抽样方案，以获取有关顾客到达的信息。一种方案是选择固定数量的 n 个顾客，并查看直到 n 个顾客到达为止需要多长的时间 X。另一个方案是观察固定的时间长度 t，并计数在时间 t 内到达的顾客数量 Y。也就是说，商店老板可以观察具有均值 $t\theta$ 的泊松随机变量 Y 或观察具有参数 n 和 θ 的伽马随机变量 X。有什么方法可以解决哪个抽样方案可能会提供更多信息的问题? ◀

Fisher 信息量是分布的一种特性，用于度量人们从一个随机变量或一个随机样本中可能获得的信息多少。

单个随机变量中的 Fisher 信息量 在本节中，我们将介绍一个称为 Fisher 信息量的概念，该概念进入统计推断理论的各个方面，并且我们将描述该概念的几种用途。

考虑一个随机变量 X，其概率函数或概率密度函数是 $f(x|\theta)$。假设 $f(x|\theta)$ 包含未知参数 θ，θ 必须位于实数轴上某给定开区间 Ω。此外，假设 X 在指定的样本空间 S 中取值，并且对于 $x\in S$ 的每个值和 $\theta\in\Omega$ 的每个值有 $f(x|\theta)>0$。该假设从考虑中剔除了区间 $[0,\theta]$ 的均匀分布，其中 θ 的值未知，因为对于这个分布，只有当 $x<\theta$ 时，$f(x|\theta)>0$；当 $x\geqslant\theta$ 时，$f(x|\theta)=0$。该假设不会剔除这样的分布，即 $f(x|\theta)>0$ 的 x 的集合不依赖于 θ，是固定集合。

接下来，我们定义 $\lambda(x|\theta)$ 如下：

$$\lambda(x\mid\theta) = \ln f(x\mid\theta)。$$

假设对于每个 $x\in S$，概率函数或概率密度函数 $f(x|\theta)$ 是 θ 的二次可微函数，我们令

$$\lambda'(x\mid\theta) = \frac{\partial}{\partial\theta}\lambda(x\mid\theta)\ \text{及}\ \lambda''(x\mid\theta) = \frac{\partial^2}{\partial\theta^2}\lambda(x\mid\theta)。$$

定义 8.8.1 随机变量的 Fisher 信息量 令 X 为随机变量，其分布依赖于参数 θ，该参数 θ 在实数轴的开区间中取值。设 X 的概率函数或概率密度函数是 $f(x|\theta)$。假设对于每个 θ 来说，满足 $f(x|\theta)>0$ 的 x 的集合都相同，并且 $\lambda(x|\theta)=\ln f(x|\theta)$ 作为 θ 的函数是二次

可微的。随机变量 X 中的 Fisher 信息量 $I(\theta)$ 定义为

$$I(\theta)=E_{\theta}\{[\lambda'(X\mid\theta)]^2\}。\tag{8.8.1}$$

如果 $f(x|\theta)$ 是概率密度函数，则

$$I(\theta)=\int_S[\lambda'(x\mid\theta)]^2 f(x\mid\theta)\,\mathrm{d}x。\tag{8.8.2}$$

如果 $f(x|\theta)$ 为概率函数，则式（8.8.2）中的积分由 S 中各点的和代替。在下面的讨论中，为方便起见，我们假定 $f(x|\theta)$ 为概率密度函数。但是，当 $f(x|\theta)$ 为概率函数时，所有结论也成立。

有时，一种用于计算 Fisher 信息量的替代方法更有用。

定理 8.8.1 假设定义 8.8.1 的条件，同时假设 $\int_S f(x|\theta)\,\mathrm{d}x$ 关于 θ 的两个导数可以通过交换积分和微分的顺序来计算，则 Fisher 信息量也等于

$$I(\theta)=-E_{\theta}[\lambda''(X\mid\theta)]。\tag{8.8.3}$$

Fisher 信息量的另一种表达方式是

$$I(\theta)=\mathrm{Var}_{\theta}[\lambda'(X\mid\theta)]。\tag{8.8.4}$$

证明 我们知道，对于每个 $\theta\in\Omega$，$\int_S f(x|\theta)\,\mathrm{d}x=1$。因此，如果该方程左侧的积分关于 θ 进行微分，则结果为 0。我们假设可以颠倒关于 x 积分与关于 θ 微分的顺序，仍然得到 0。换句话说，我们将假定可以在积分符号内求导数，得到

$$\int_S f'(x\mid\theta)\,\mathrm{d}x=0,\quad \theta\in\Omega。\tag{8.8.5}$$

此外，我们假设可以在“积分符号内”关于 θ 取二阶导数，并得到

$$\int_S f''(x\mid\theta)\,\mathrm{d}x=0,\quad \theta\in\Omega。\tag{8.8.6}$$

因为 $\lambda'(x|\theta)=f'(x|\theta)/f(x|\theta)$，故

$$E_{\theta}[\lambda'(X\mid\theta)]=\int_S\lambda'(x\mid\theta)f(x\mid\theta)\,\mathrm{d}x=\int_S f'(x\mid\theta)\,\mathrm{d}x。$$

于是，由式（8.8.5）可得

$$E_{\theta}[\lambda'(X\mid\theta)]=0。\tag{8.8.7}$$

由于 $\lambda'(X|\theta)$ 的均值为 0，由式（8.8.1）可得式（8.8.4）成立。

接下来，注意到

$$\begin{aligned}\lambda''(x\mid\theta)&=\frac{f(x\mid\theta)f''(x\mid\theta)-[f'(x\mid\theta)]^2}{[f(x\mid\theta)]^2}\\&=\frac{f''(x\mid\theta)}{f(x\mid\theta)}-[\lambda'(x\mid\theta)]^2。\end{aligned}$$

于是，

$$E_{\theta}[\lambda''(X\mid\theta)]=\int_S f''(x\mid\theta)\,\mathrm{d}x-I(\theta)。\tag{8.8.8}$$

由式（8.8.8）和式（8.8.6）可得式（8.8.3）成立。 ■

在许多问题中，从式（8.8.3）确定 $I(\theta)$ 的值比式（8.8.1）或式（8.8.4）容易。

例 8.8.2 伯努利分布 假设 X 服从参数为 p 的伯努利分布。我们将确定在 X 中的 Fisher 信息量 $I(p)$。

在该例中，X 的可能值为 0 和 1。对于 $x=0$ 或 1，

$$\lambda(x \mid p) = \ln f(x \mid p) = x\ln p + (1-x)\ln(1-p)。$$

于是，

$$\lambda'(x \mid p) = \frac{x}{p} - \frac{1-x}{1-p}。$$

及

$$\lambda''(x \mid p) = -\left[\frac{x}{p^2} + \frac{1-x}{(1-p)^2}\right]。$$

因为 $E(X)=p$，Fisher 信息量为

$$I(p) = -E[\lambda''(X \mid p)] = \frac{1}{p} + \frac{1}{1-p} = \frac{1}{p(1-p)}。$$

回顾式（4.3.3），$\mathrm{Var}(X)=p(1-p)$，因此 X 越精确（方差越小），它提供的信息就越多。

在此例中，很容易地验证满足定理 8.8.1 证明中的假设。实际上，因为 X 只能取两个值 0 和 1，所以式（8.8.5）和式（8.8.6）中的积分归结为 $x=0$ 和 $x=1$ 的和。由于我们总是可以在有限项和内进行求导运算，式（8.8.5）和式（8.8.6）必须得到满足。 ◀

例 8.8.3 正态分布 假设 X 具有正态分布，均值 μ 未知，方差 σ^2 已知。我们将确定 X 中的 Fisher 信息量 $I(\mu)$。

对 $-\infty<x<\infty$，

$$\lambda(x \mid \mu) = -\frac{1}{2}\ln(2\pi\sigma^2) - \frac{(x-\mu)^2}{2\sigma^2},$$

于是，

$$\lambda'(x \mid \mu) = \frac{x-\mu}{\sigma^2} \text{ 和 } \lambda''(x \mid \mu) = -\frac{1}{\sigma^2}。$$

由式（8.8.3）可得，Fisher 信息量为

$$I(\mu) = \frac{1}{\sigma^2}。$$

因为 $\mathrm{Var}(X)=\sigma^2$，我们再次看到 X 越精确（方差越小），它提供的信息更多。

在此例中，直接验证（见本节习题 1），式（8.8.5）和式（8.8.6）都是满足的。 ◀

应该强调的是，Fisher 信息量的概念不能应用于不满足必要假设的分布，如区间 $[0,\theta]$ 上的均匀分布。

随机样本的 Fisher 信息量 当我们从某分布中获得随机样本时，以类似的方式定义 Fisher 信息量。实际上，定义 8.8.2 包含了定义 8.8.1 作为 $n=1$ 的特殊情况。

定义 8.8.2 随机样本的 Fisher 信息量 假设 $\boldsymbol{X}=(X_1,\cdots,X_n)$ 是来自某个分布的随机样本，该分布的概率函数或概率密度函数为 $f(x \mid \theta)$，参数 θ 必须落在实数轴上的某个开区间 Ω 内。设 $f_n(\boldsymbol{x} \mid \theta)$ 表示 $\boldsymbol{X}$ 的联合概率函数或联合概率密度函数。定义

$$\lambda_n(\boldsymbol{x} \mid \theta) = \ln f_n(\boldsymbol{x} \mid \theta)。 \tag{8.8.9}$$

假设对于每个 θ 来说，满足 $f_n(\boldsymbol{x}|\theta)>0$ 的 $\boldsymbol{x}$ 的集合都相同，并且 $\ln f_n(\boldsymbol{x}|\theta)$ 作为 θ 的函数是二次可微的。随机样本 $\boldsymbol{X}$ 中的 Fisher 信息量 $I_n(\theta)$ 定义为

$$I_n(\theta)=E_\theta\{[\lambda_n'(\boldsymbol{X}|\theta)]^2\}。$$

对连续分布，整个样本的 Fisher 信息量 $I_n(\theta)$ 由如下 n 重积分给出：

$$I_n(\theta)=\int_S\cdots\int_S[\lambda_n'(\boldsymbol{x}|\theta)]^2 f_n(\boldsymbol{x}|\theta)\mathrm{d}x_1\cdots\mathrm{d}x_n。$$

对离散分布，我们只需将 n 重积分替换为 n 重求和。

此外，如果我们假设在积分下求导可以交换，则我们可以把 $I_n(\theta)$ 表示为：

$$I_n(\theta)=\mathrm{Var}_\theta[\lambda_n'(\boldsymbol{X}|\theta)] \tag{8.8.10}$$

或

$$I_n(\theta)=-E_\theta[\lambda_n''(\boldsymbol{X}|\theta)]。 \tag{8.8.11}$$

现在，我们将证明整个样本的 Fisher 信息量 $I_n(\theta)$ 与单个观察值 X_i 的 Fisher 信息量 $I(\theta)$ 之间存在简单关系。

定理 8.8.2　在定义 8.8.1 与定义 8.8.2 的条件下，

$$I_n(\theta)=nI(\theta)。 \tag{8.8.12}$$

即 n 个观察值的随机样本的 Fisher 信息量仅是单个观察值的 Fisher 信息量的 n 倍。

证明　因为 $f_n(\boldsymbol{x}|\theta)=f(x_1|\theta)\cdots f(x_n|\theta)$，由此可得

$$\lambda_n(\boldsymbol{x}|\theta)=\sum_{i=1}^n\lambda(x_i|\theta)。$$

于是，

$$\lambda_n''(\boldsymbol{x}|\theta)=\sum_{i=1}^n\lambda''(x_i|\theta)。 \tag{8.8.13}$$

由于每个观察值 X_i 都有概率密度函数 $f(x|\theta)$，每个 X_i 的 Fisher 信息为 $I(\theta)$。由式（8.8.3）和式（8.8.11），通过对式（8.8.13）两边都求期望，我们得到式（8.8.12）。■

例 8.8.4　研究顾客到达　回到例 8.8.1 中的商店老板，她试图在对均值为 $t\theta$ 的泊松随机变量 Y 进行采样或对参数为 n 和 θ 的伽马随机变量 X 进行采样之间进行选择。读者可以在本节习题 3 和习题 19 中计算每个随机变量中的 Fisher 信息，我们将它们标记为 $I_Y(\theta)$ 和 $I_X(\theta)$。它们是

$$I_X(\theta)=\frac{n}{\theta^2}\text{ 和 }I_Y(\theta)=\frac{t}{\theta}。$$

哪一个值更大，显然将取决于 n，t 和 θ 的特定值。n 和 t 是商店老板可以选择的，但是 θ 是未知的。为了使 $I_X(\theta)=I_Y(\theta)$，当且仅当 $n=t\theta$。这种关系实际上有直观意义。例如，如果商店老板选择观察 Y，则观察到的顾客总数 N 将是随机的，且 $N=Y$。N 的均值为 $E(Y)=t\theta$。类似地，如果商店老板选择观察 X，则观察 n 个顾客所需的时间 T 将是随机的。实际上，$T=X$，$T\theta$ 的均值为 n。只要商店老板比较的抽样方案，预期观察到相同数量的顾客或观察相同长度的时间，则这两个抽样方案应提供相同的信息量。◀

信息不等式

例 8.8.5　研究顾客到达　例 8.8.4 中商店老板可以在两个抽样方案之间进行选择的另

一种方式是，比较她用于对顾客到达做出推断命题的估计量。例如，她可能想要估计顾客到达速率 θ，抑或她想要估计 $1/\theta$，顾客到达的平均时间间隔。每个抽样方案都有助于估计两个参数。实际上，这两种方案中至少有一个抽样方案可以得到两个参数的无偏估计量。◀

作为关于 Fisher 信息量的结论的一个应用，我们将展示如何利用 Fisher 信息量来确定在给定问题中参数 θ 的任意估计量的方差的下限。如下结论是由 H. Cramér 和 C. R. Rao 在 20 世纪 40 年代发展起来的。

定理 8.8.3　Cramér-Rao（信息）不等式　假设 $\boldsymbol{X}=(X_1,\cdots,X_n)$ 是来自某分布的一个随机样本，其概率密度函数是 $f(x|\theta)$。还假设本节前面关于 $f(x|\theta)$ 的所有假设都继续成立。令 $T=r(\boldsymbol{X})$ 是方差有限的统计量，且令 $m(\theta)=E_\theta(T)$，假定 $m(\theta)$ 是 θ 的可微函数，则

$$\operatorname{Var}_\theta(T)\geqslant\frac{[m'(\theta)]^2}{nI(\theta)}。\tag{8.8.14}$$

式（8.8.14）取等，当且仅当存在可能依赖于 θ 但不依赖于 $\boldsymbol{X}$ 的函数 $u(\theta)$ 和 $v(\theta)$ 满足如下关系

$$T=u(\theta)\lambda_n'(\boldsymbol{X}|\theta)+v(\theta)。\tag{8.8.15}$$

证明　对 T 与式（8.8.9）中定义的随机变量 $\lambda_n'(\boldsymbol{X}|\theta)$ 之间的协方差，应用定理 4.6.3 得到不等式。由于 $\lambda_n'(\boldsymbol{x}|\theta)=f_n'(\boldsymbol{x}|\theta)/f_n(\boldsymbol{x}|\theta)$，正如单个观察值的情形，我们有

$$E_\theta[\lambda_n'(\boldsymbol{X}|\theta)]=\int_S\cdots\int_S f_n'(\boldsymbol{x}|\theta)\,\mathrm{d}x_1\cdots\mathrm{d}x_n=0。$$

于是，

$$\begin{aligned}\operatorname{Cov}_\theta[T,\lambda_n'(\boldsymbol{X}|\theta)]&=E_\theta[T\lambda_n'(\boldsymbol{X}|\theta)]\\&=\int_S\cdots\int_S r(\boldsymbol{x})\lambda_n'(\boldsymbol{x}|\theta)f_n(\boldsymbol{x}|\theta)\,\mathrm{d}x_1\cdots\mathrm{d}x_n\\&=\int_S\cdots\int_S r(\boldsymbol{x})f_n'(\boldsymbol{x}|\theta)\,\mathrm{d}x_1\cdots\mathrm{d}x_n。\end{aligned}\tag{8.8.16}$$

接下来，写成

$$m(\theta)=\int_S\cdots\int_S r(\boldsymbol{x})f_n(\boldsymbol{x}|\theta)\,\mathrm{d}x_1\cdots\mathrm{d}x_n,\quad\theta\in\Omega。\tag{8.8.17}$$

最后，假设式（8.8.17）两边关于 θ 都是可微的，右边的导数可以在“积分内部”取，则

$$m'(\theta)=\int_S\cdots\int_S r(\boldsymbol{x})f_n'(\boldsymbol{x}|\theta)\,\mathrm{d}x_1\cdots\mathrm{d}x_n,\quad\theta\in\Omega。\tag{8.8.18}$$

由式（8.8.16）和式（8.8.18）可得

$$\operatorname{Cov}_\theta[T,\lambda_n'(\boldsymbol{X}|\theta)]=m'(\theta),\quad\theta\in\Omega。\tag{8.8.19}$$

定理 4.6.3 告诉我们

$$\{\operatorname{Cov}_\theta[T,\lambda_n'(\boldsymbol{X}|\theta)]\}^2\leqslant\operatorname{Var}_\theta(T)\operatorname{Var}_\theta[\lambda_n'(\boldsymbol{X}|\theta)]。\tag{8.8.20}$$

于是，由式（8.8.10），式（8.8.12），式（8.8.19），及式（8.8.20）可得式（8.8.14）成立。

最后注意到，式（8.8.14）取等，当且仅当式（8.8.20）取等，当且仅当存在非零常数 a 和 b 以及常数 c 使得 $aT+b\lambda_n(\boldsymbol{X}|\theta)=c$。最后一条来自定理 4.6.3 中的类似命题。在所有与 Fisher 信息量有关的计算中，我们一直将 θ 视为常数；于是刚才提到的常数 a，b 和 c

可能依赖于 θ，但不依赖于 $\boldsymbol{X}$，则 $u(\theta)=b/a$ 和 $v(\theta)=c/a$。 ■

定理 8.8.3 的如下简单推论给出了 θ 的无偏估计量方差的下界。

推论 8.8.1 无偏估计量方差的 Cramér-Rao 下界 假设定理 8.8.3 的假设成立。令 T 是 θ 的无偏估计量，则

$$\operatorname{Var}_\theta(T) \geqslant \frac{1}{nI(\theta)}。$$

证明 因为 T 是 θ 的无偏估计量，对每个 $\theta \in \Omega$，$m(\theta)=\theta$，$m'(\theta)=1$。运用式（8.8.14)，就可以得到这个不等式。 ■

换句话说，推论 8.8.1 意味着 θ 的无偏估计量的方差不能比样本中 Fisher 信息量的倒数还要小。

例 8.8.6 指数分布参数的无偏估计 令 $X_1,\cdots,X_n$ 为来自参数为 β 的指数分布的随机样本，其样本量为 $n(n>2)$，即每个 X_i 的概率密度函数为 $f(x|\beta)=\beta\exp(-\beta x)$，$x>0$，则

$$\lambda(x|\beta)=\ln(\beta)-\beta x,$$

$$\lambda'(x|\beta)=\frac{1}{\beta}-x,$$

$$\lambda''(x|\beta)=-\frac{1}{\beta^2}。$$

可以验证，式（8.8.3）所需的条件在此例中是成立的。于是，一个观察值的 Fisher 信息量是

$$I(\beta)=-E_\theta\left(-\frac{1}{\beta^2}\right)=\frac{1}{\beta^2}。$$

整个样本的信息量为 $I_n(\beta)=n/\beta^2$。我们考虑估计量 $T=(n-1)/\sum_{i=1}^n X_i$，定理 5.7.7 说 $\sum_{i=1}^n X_i$ 服从参数为 n 和 β 的伽马分布。在 5.7 节习题 21 中，你已经证明了 $1/\sum_{i=1}^n X_i$ 的均值和方差分别是 $\beta/(n-1)$ 和 $\beta^2/[(n-1)^2(n-2)]$。于是，T 是 β 的无偏估计量，方差为 $\beta^2/(n-2)$。这个方差比下界大，下界为 $1/I_n(\beta)=\beta^2/n$。原因是不等式限制了 T 不是 $\lambda_n'(\boldsymbol{X}|\theta)$ 的线性函数。实际上，T 是 $\lambda_n'(\boldsymbol{X}|\theta)$ 的线性函数的倒数。

另一方面，如果我们希望估计 $m(\beta)=1/\beta$，则 $U=\overline{X}_n$ 是方差为 $1/(n\beta^2)$ 的无偏估计量。信息不等式告诉我们说，$1/\beta$ 的估计量的方差下界是

$$\frac{m'(\beta)^2}{n/\beta^2}=\frac{(-1/\beta^2)^2}{n/\beta^2}=\frac{1}{n\beta^2}。$$

在这种情况下，式（8.8.14）中的不等式取等。 ◀

例 8.8.7 研究顾客到达 回到例 8.8.5 中，商店老板想比较 θ 和 $1/\theta$ 的估计量，她要么从泊松随机变量 Y 计算得到，要么从伽马随机变量 X 计算得到。基于 X 的无偏估计量的情况，我们在例 8.8.6 中已经讨论了，我们这里的 X 与例 8.8.6 中 $\beta=\theta$ 的 $\sum_{i=1}^n X_i$ 同分布。于是，X/n 是 $1/\theta$ 的无偏估计量，其方差等于 Cramér-Rao 下界；而 $(n-1)/X$ 是 θ 的无偏估计量，其方差严格大于下限。由于 $E_\theta(Y)=t\theta$，我们看到 Y/t 是 θ 的无偏估计量，其方差为

θ/t，这是 Cramér-Rao 下界。不幸的是，没有单独基于 Y 的 $1/\theta$ 的无偏估计量。估计量 $\delta(Y)=t/(Y+1)$ 满足

$$E_\theta[\delta(Y)]=\frac{1}{\theta}(1-e^{-t\theta})。$$

如果 t 很大且 θ 不太小，则偏差会很小，但是我们不可能找到无偏估计量。原因是，每个 Y 的函数的均值是 $\exp(-t\theta)$ 乘以 θ 的幂级数。每个这样的函数在 $\theta=0$ 的邻域都是可微的，而函数 $1/\theta$ 在 $\theta=0$ 处是不可微的。◀

有效估计量

例 8.8.8 泊松分布的方差 例 8.7.5 中，我们基于随机样本 $\boldsymbol{X}=(X_1,\cdots,X_n)$ 给出了泊松分布方差的无偏估计量的集合。在那个例子之后，我们声称其中一个估计量在这个集合中具有最小的方差。信息不等式为我们提供了一种方法，可以解决这类估计量的集合的比较问题，而不必全部列出它们或计算它们的方差。◀

方差等于 Cramér-Rao 下界的估计量可以在某种意义上"最有效地"利用数据 $\boldsymbol{X}$。

定义 8.8.3 有效估计量 如果式（8.8.14）对每个 $\theta\in\Omega$ 都取等，估计量 T 称为其期望 $m(\theta)$ 的有效估计量。

定义 8.8.3 的一个困难是，在给定问题中可能不存在特定函数 $m(\theta)$ 的估计量，其方差实际上达到了 Cramér-Rao 下界。例如，如果随机变量 X 具有正态分布，其均值为 0，标准差 σ 未知（$\sigma>0$），则可以证明基于单个观察值 X，对于每个 $\sigma>0$，σ 的无偏估计量的方差严格大于 $1/I(\sigma)$（见本节习题 9）。例 8.8.6 中不存在 β 的有效估计量。

另一方面，在许多标准估计问题中，确实存在有效估计量。当然，等于常数的估计量是该常数的有效估计量，因为该估计量的方差为 0。但是，正如我们现在将要证明的那样，通常还有一些更有趣的 θ 的函数存在有效估计量。

根据定理 8.8.3，信息不等式（8.8.14）取等，当且仅当估计量 T 为 $\lambda_n'(\boldsymbol{X}|\theta)$ 的线性函数。在给定问题中，唯一有效的估计量可能就是常数。原因如下：因为 T 是一个估计量，它不能包含未知参数 θ。因此，要使 T 是有效估计量，必须找到函数 $u(\theta)$ 和 $v(\theta)$ 使参数 θ 实际上从式（8.8.15）的右侧被抵消，这时 T 将仅依赖于观测值 $\boldsymbol{X}$，而不依赖于 θ。

例 8.8.9 从泊松分布中抽样 假设 $X_1,\cdots,X_n$ 是来自某泊松分布的随机样本，均值 θ 未知（$\theta>0$）。我们来证明 $\overline{X}_n$ 是 θ 的有效估计量。

$X_1,\cdots,X_n$ 的联合概率函数可以写为如下形式：

$$f_n(\boldsymbol{x}|\theta)=\frac{e^{-n\theta}\theta^{n\bar{x}_n}}{\prod_{i=1}^{n}(x_i!)},$$

于是，

$$\lambda_n(\boldsymbol{X}|\theta)=-n\theta+n\overline{X}_n\ln\theta-\sum_{i=1}^{n}\ln(X_i!)$$

及

$$\lambda_n'(\boldsymbol{X} \mid \theta) = -n + \frac{n\overline{X}_n}{\theta}。\tag{8.8.21}$$

现在如果我们令 $u(\theta)=\theta/n$ 和 $v(\theta)=\theta$，则由式（8.8.21）可得

$$\overline{X}_n = u(\theta)\lambda_n'(\boldsymbol{X} \mid \theta) + v(\theta)。$$

由于统计量 $\overline{X}_n$ 已表示为 $\lambda_n'(\boldsymbol{X}|\theta)$ 的线性函数，由此可得 $\overline{X}_n$ 是其期望值 θ 的有效估计量。换句话说，$\overline{X}_n$ 的方差将达到信息不等式给出的下界，即此例中的 θ/n（见本节习题 3）。这个事实也可以直接验证。◀

最小方差无偏估计量 在给定的问题中，假设特定的估计量 T 是其期望 $m(\theta)$ 的有效估计量，并用 T_1 表示 $m(\theta)$ 的其他无偏估计量，则对于每个 $\theta \in \Omega$，$\mathrm{Var}_\theta(T)$ 将等于信息不等式的下界，而 $\mathrm{Var}_\theta(T_1)$ 将至少与该下界一样大，即对于 $\theta \in \Omega$，$\mathrm{Var}_\theta(T) \leqslant \mathrm{Var}_\theta(T_1)$。换句话说，如果 T 是 $m(\theta)$ 的有效估计量，则在 $m(\theta)$ 的所有无偏估计量中，对于每个可能的 θ，T 的方差最小。

例 8.8.10 泊松分布的方差 在例 8.8.9 中，我们看到 $\overline{X}_n$ 是泊松分布均值 θ 的有效估计量。因此对于每个 $\theta>0$，$\overline{X}_n$ 在 θ 的所有无偏估计量中的方差最小。由于 θ 也是均值为 θ 的泊松分布的方差，我们知道 $\overline{X}_n$ 在其方差的所有无偏估计量中具有最小的方差。这个命题是我们在例 8.7.5 之后提出的，但是没有加以证明。特别地，例 8.7.5 中的估计量 $\hat{\sigma}_1^2$ 不是 $\lambda_n'(\boldsymbol{X}|\theta)$ 的线性函数，因此其方差必须严格大于 Cramér-Rao 下界。同样，式（8.7.5）中的其他估计量的方差必须大于 Cramér-Rao 下界。◀

大样本极大似然估计量的性质

假设 $X_1,\cdots,X_n$ 是来自某分布的随机样本，其概率密度函数或概率函数是 $f(x|\theta)$，还假设 $f(x|\theta)$ 满足推导信息不等式所需的、相似的条件。对于每个样本量 n，令 $\hat{\theta}_n$ 表示 θ 的极大似然估计量，我们将证明：如果 n 大，$\hat{\theta}_n$ 的分布近似为正态分布，均值为 θ，方差 $1/[nI(\theta)]$。

定理 8.8.4 有效估计量的渐近分布 假设定理 8.8.3 的假设成立，令 T 为其均值 $m(\theta)$ 的有效估计量。假设 $m'(\theta)$ 从不为 0，则随机变量

$$\frac{[nI(\theta)]^{1/2}}{m'(\theta)}[T - m(\theta)]$$

的渐近分布是标准正态分布。

证明 首先考虑随机变量 $\lambda_n'(\boldsymbol{X}|\theta)$。因为 $\lambda_n(\boldsymbol{X}|\theta)=\sum_{i=1}^{n}\lambda(X_i|\theta)$，则

$$\lambda_n'(\boldsymbol{X} \mid \theta) = \sum_{i=1}^{n}\lambda'(X_i \mid \theta)。$$

此外，由于 n 个随机变量 $X_1,\cdots,X_n$ 独立同分布，所以 n 个随机变量 $\lambda'(X_1|\theta),\cdots,\lambda'(X_n|\theta)$ 也独立同分布。我们由式（8.8.7）和式（8.8.4）可知，每个变量的均值为 0，每个变量的方差为 $I(\theta)$。因此，根据 Lindeberg-Lévy 的中心极限定理（定理 6.3.1），随机变量 $\lambda_n'(\boldsymbol{X}|\theta)/[nI(\theta)]^{1/2}$ 的渐近分布是标准正态分布。

因为 T 为 $m(\theta)$的有效估计量，我们有

$$E_\theta(T)=m(\theta)\ \text{和}\ \mathrm{Var}_\theta(T)=\frac{[m'(\theta)]^2}{nI(\theta)}。\tag{8.8.22}$$

进而，一定存在函数 $u(\theta)$和 $v(\theta)$满足式（8.8.15）。由于随机变量 $\lambda_n'(\boldsymbol{X}|\theta)$的均值为 0，方差为 $nI(\theta)$，因此从式（8.8.15）可得

$$E_\theta(T)=v(\theta)\ \text{和}\ \mathrm{Var}_\theta(T)=[u(\theta)]^2nI(\theta)。$$

将 T 的均值和方差的值与式（8.8.22）进行比较，我们发现 $v(\theta)=m(\theta)$ 和 $|u(\theta)|=|m'(\theta)|/[nI(\theta)]$。我们不妨设 $u(\theta)=m'(\theta)/[nI(\theta)]$，如果 $u(\theta)=-m'(\theta)/[nI(\theta)]$，也会得到相同的结论。

接下来，我们将 $u(\theta)=m'(\theta)/[nI(\theta)]$和 $v(\theta)=m(\theta)$代入式（8.8.15），可得

$$T=\frac{m'(\theta)}{nI(\theta)}\lambda_n'(\boldsymbol{X}|\theta)+m(\theta)。$$

将这个等式重新排序，得到

$$\frac{[nI(\theta)]^{1/2}}{m'(\theta)}[T-m(\theta)]=\frac{\lambda_n'(\boldsymbol{X}|\theta)}{[nI(\theta)]^{1/2}}。\tag{8.8.23}$$

我们已经证明了式（8.8.23）右侧的随机变量的渐近分布是标准正态分布。因此，式（8.8.23）左侧的随机变量的渐近分布也是标准正态分布。■

极大似然估计量的渐近分布　从定理 8.8.4 可知，对于每个 n，如果 $\hat{\theta}_n$ 是 θ 的有效估计量，则$[nI(\theta)]^{1/2}(\hat{\theta}_n-\theta)$的渐近分布是标准正态分布。然而我们可以证明，即使在 $\hat{\theta}_n$ 不是有效估计量的任意问题中，$[nI(\theta)]^{1/2}(\hat{\theta}_n-\theta)$在某些条件下也具有相同的渐近分布。我们不介绍所需条件的细节，陈述如下结论。这个结论的证明可以在 Schervish（1995，第 7 章）中找到。

定理 8.8.5　极大似然估计量的渐近分布　在任意问题中，假设极大似然估计量 $\hat{\theta}_n$ 是通过求解方程 $\lambda_n'(\boldsymbol{x}|\theta)=0$ 来确定的；此外，还假定二阶导数 $\lambda_n''(\boldsymbol{x}|\theta)$和三阶导数 $\lambda_n'''(\boldsymbol{x}|\theta)$都存在，并满足某些正则化条件，则$[nI(\theta)]^{1/2}(\hat{\theta}_n-\theta)$的渐近分布为标准正态分布。■

实际上，定理 8.8.5 指出在大多数问题中，样本量 n 很大，我们通过对似然函数 $f_n(\boldsymbol{x}|\theta)$或其对数进行求导得到极大似然估计量 $\hat{\theta}_n$，$[nI(\theta)]^{1/2}(\hat{\theta}_n-\theta)$的分布将近似为标准正态分布。等价地，$\hat{\theta}_n$ 的分布将近似服从正态分布，均值为 θ，方差为 $1/[nI(\theta)]$。在这些条件下，我们称 $\hat{\theta}_n$ 是渐近有效估计量。

例 8.8.11　估计正态分布的标准差　假设 $X_1,\cdots,X_n$ 是来自某正态分布的随机样本，均值已知为 0，标准差 σ 未知（$\sigma>0$）。我们可以证明 σ 的极大似然估计量为

$$\hat{\sigma}=\left[\frac{1}{n}\sum_{i=1}^{n}X_i^2\right]^{1/2}。$$

同样，可以证明（见本节习题 4）单个观察值中的 Fisher 信息量为 $I(\sigma)=2/\sigma^2$。因此，如果样本量 n 很大，则 $\hat{\sigma}$ 的分布近似于正态分布，均值为 σ 和方差为 $\sigma^2/(2n)$。◀

对于极大似然估计量难以计算的情况，也有与定理 8.8.5 类似的结论。定理 8.8.6 的

证明可以作为 Schervish（1995）中定理 7.75 的特例。

定理 8.8.6 有效估计 假设似然函数满足与定理 8.8.5 中相同的光滑性条件，假设 $\tilde{\theta}_n$ 是 θ 的估计量序列，使得$\sqrt{n}(\tilde{\theta}_n-\theta)$依分布收敛到某个分布（什么分布无关紧要）。我们利用 $\tilde{\theta}_n$ 作为初始值，牛顿法（定义 7.6.2）迭代一步来找到 θ 的极大似然估计量，这一步的结果记为 θ_n^*。那么$[nI(\theta)]^{1/2}(\theta_n^*-\theta)$的渐近分布是标准正态分布。 ■

定理 8.8.6 中 $\tilde{\theta}_n$ 的一种经典的选择是矩估计量（定义 7.6.3）。例 7.6.6 说明了从伽马分布抽样时定理 8.8.6 的应用。

贝叶斯观点 极大似然估计量 $\hat{\theta}_n$ 的另一个一般性质涉及从贝叶斯角度对参数 θ 做推断。假设我们用在区间 Ω 上正的可微的概率密度函数表示 θ 的先验分布，样本量 n 很大。在与确保 $\hat{\theta}_n$ 分布的渐近正态性所需的正则化条件相似的条件下，可以证明在观察到 $X_1,\cdots,X_n$ 的值后，θ 的后验分布近似为正态分布，均值为 $\hat{\theta}_n$，方差为 $1/[nI(\hat{\theta}_n)]$。

例 8.8.12 标准差的后验分布 再次假设 $X_1,\cdots,X_n$ 是来自某正态分布的随机样本，均值已知为 0，标准差 σ 未知。还假设 σ 的先验概率密度函数对 $\sigma>0$ 是正的可微函数，并且样本量 n 很大。由于 $I(\sigma)=2/\sigma^2$，σ 的后验分布近似服从正态分布，均值为 $\hat{\sigma}$，方差为 $\hat{\sigma}^2/(2n)$，其中 $\hat{\sigma}$ 为 σ 的根据样本观察值计算出的极大似然估计值。图 8.9 说明了这种近似，基于 $n=40$ 个独立同分布的正态随机变量的模拟样本，均值为 0 和方差为 1。在此例中，极大似然估计值是 $\hat{\sigma}=1.061$。图 8.9 显示了基于“概率密度函数”$1/\sigma$ 的非正常先验的实际后验概率密度函数以及近似正态后验概率密度函数，其均值为 1.061，方差为 $1.061^2/80=0.0141$。 ◀

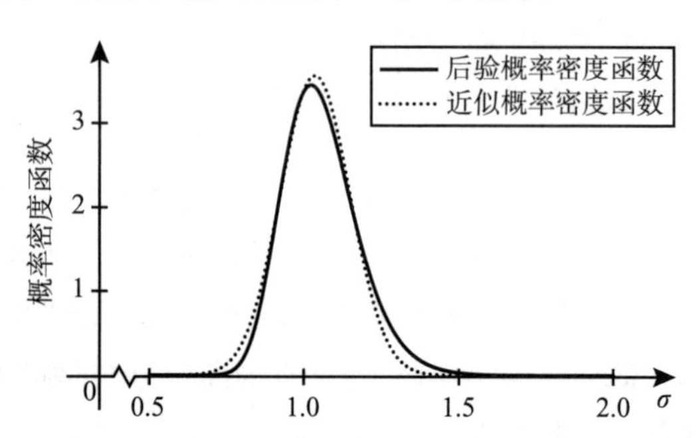

图 8.9 例 8.8.12 中 σ 的后验概率密度函数和基于 Fisher 信息量的近似

多参数的 Fisher 信息量

例 8.8.13 正态分布抽样 设 $\boldsymbol{X}=(X_1,\cdots,X_n)$是来自正态分布的随机样本，均值为 μ 和方差为 σ^2。参数向量 $\theta=(\mu,\sigma^2)$是否可以类似定义 Fisher 信息量? ◀

利用定义 8.8.1 和定理 8.8.1 的思想，我们通过似然函数对数的导数来定义 Fisher 信息量。我们将在容量为 n 的随机样本中定义 Fisher 信息量，要理解单个随机变量($n=1$)中的 Fisher 信息量。

定义 8.8.4 参数向量的 Fisher 信息量 假设 $\boldsymbol{X}=(X_1,\cdots,X_n)$是来自某分布的随机样本，该分布的概率密度函数或概率函数为$f(x|\theta)$，其中 $\theta=(\theta_1,\cdots,\theta_k)$位于 k 维实数空间的某个开集 Ω 中。令$f_n(\boldsymbol{x}|\theta)$表示 $\boldsymbol{X}$ 的联合概率密度函数或联合概率函数，定义

$$\lambda_n(\boldsymbol{x}\mid\theta)=\ln f_n(\boldsymbol{x}\mid\theta)。$$

假设满足$f_n(\boldsymbol{x}|\theta)>0$的$\boldsymbol{x}$的集合对所有的$\theta$都相同（不依赖于$\theta$），$\ln f_n(\boldsymbol{x}|\theta)$关于$\theta$二次可微。随机样本$\boldsymbol{X}$的 Fisher 信息矩阵$I_n(\theta)$定义为$k\times k$的矩阵，其元素$(i,j)$为

$$I_{n,i,j}(\theta)=\mathrm{Cov}_\theta\left[\frac{\partial}{\partial\theta_i}\lambda_n'(\boldsymbol{X}\mid\theta),\frac{\partial}{\partial\theta_j}\lambda_n'(\boldsymbol{X}\mid\theta)\right]。$$

例 8.8.14 正态分布抽样 例 8.8.13 中，令$\theta_1=\mu$和$\theta_2=\sigma^2$。如同式（7.5.3），我们有

$$\lambda_n(\boldsymbol{X}\mid\theta)=-\frac{n}{2}\ln(2\pi)-\frac{n}{2}\ln(\theta_2)-\frac{1}{2\theta_2}\sum_{i=1}^n(X_i-\theta_1)^2。$$

一阶偏导数为

$$\frac{\partial}{\partial\theta_1}\lambda_n(\boldsymbol{x}\mid\theta)=\frac{1}{\theta_2}\sum_{i=1}^n(X_i-\theta_1),\tag{8.8.24}$$

$$\frac{\partial}{\partial\theta_2}\lambda_n(\boldsymbol{x}\mid\theta)=\frac{n}{2\theta_2}+\frac{1}{2\theta_2^2}\sum_{i=1}^n(X_i-\theta_1)^2。\tag{8.8.25}$$

由于上面两个随机变量的均值都为 0，它们的协方差就是乘积的均值。$\sum_{i=1}^n(X_i-\theta_1)$的分布是均值为 0、方差为$n\theta_2$的正态分布，$\sum_{i=1}^n(X_i-\theta_1)^2/\theta_2$的分布是自由度为$n$的$\chi^2$分布。所以式（8.8.24）的方差是$n/\theta_2$，式（8.8.25）的方差是$2n/\theta_2^2$。式（8.8.24）与式（8.8.25）乘积的均值是 0，这是因为正态分布的 3 阶中心矩是 0。于是

$$I_n(\theta)=\begin{pmatrix}\frac{n}{\theta_2} & 0\\ 0 & \frac{n}{\theta_2^2}\end{pmatrix}。$$

◀

一维参数的结果都可以推广到k维参数的情况。例如，在式（8.8.3）中，$\lambda''(X|\theta)$被二阶偏导数的$k\times k$矩阵代替。在 Cramér-Rao 不等式中，我们需要矩阵$I_n(\theta)$的逆，且$m'(\theta)$必须用偏导数向量代替。具体来说，如果T是具有有限方差和均值$m(\theta)$的统计量，则

$$\mathrm{Var}_\theta(T)\geqslant\left(\frac{\partial}{\partial\theta_1}m(\theta),\cdots,\frac{\partial}{\partial\theta_k}m(\theta)\right)I_n(\theta)^{-1}\begin{pmatrix}\frac{\partial}{\partial\theta_1}m(\theta)\\ \vdots\\ \frac{\partial}{\partial\theta_k}m(\theta)\end{pmatrix}。\tag{8.8.26}$$

同样，不等式（8.8.26）中取等，当仅当T是如下向量的线性函数

$$\left(\frac{\partial}{\partial\theta_1}\lambda_n(\boldsymbol{x}\mid\theta),\cdots,\frac{\partial}{\partial\theta_k}\lambda_n(\boldsymbol{x}\mid\theta)\right)。\tag{8.8.27}$$

例 8.8.15 正态分布抽样 在例 8.8.14 中，式（8.8.27）中向量的坐标是两个随

机变量 $\sum_{i=1}^{n} X_i$ 和 $\sum_{i=1}^{n} X_i^2$ 的线性函数。于是唯一方差达到式（8.8.26）下界的统计量的形式为 $T=a\sum_{i=1}^{n} X_i+b\sum_{i=1}^{n} X_i^2+c$。这样的统计量 T 的均值是

$$E_\theta(T)=an\theta_1+bn(\theta_2+\theta_1^2)+c。\tag{8.8.28}$$

特别地，我们不可能通过式（8.8.28）的特例得到 θ_2 的有效估计量，因为没有 $\theta_2=\sigma^2$ 的有效无偏估计量。可以证明，在式（8.4.3）中定义的 $(\sigma')^2$ 是无偏估计量，且在所有无偏估计量中方差最小。这一事实的证明超出了本书的范围。$(\sigma')^2$ 的方差是 $2\theta_2^2/(n-1)$，而 Cramér-Rao 下界是 $2\theta_2^2/n$。◀

例 8.8.16　多项分布　令 $\boldsymbol{X}=(X_1,\cdots,X_n)$ 为来自多项分布（定义 5.9.1）的随机样本，参数为 n 和 $\boldsymbol{p}=(p_1,\cdots,p_k)$。在此例中求 Fisher 信息量涉及一个微妙的问题。参数向量 $\boldsymbol{p}$ 在如下集合中取值

$$\{\boldsymbol{p}:\ p_1+\cdots+p_k=1,\ p_i\geqslant 0\}。$$

该集合没有子集是开的。因此，无论我们选择什么样的参数空间，定义 8.8.4 均不适用。但是，存在一个等价参数 $\boldsymbol{p}^*=(p_1,\cdots,p_{k-1})$ 在如下集合中取值

$$\{\boldsymbol{p}^*:\ p_1+\cdots+p_{k-1}\leqslant 1,\ p_i\geqslant 0\},$$

这个集合的内部是非空的。使用这种形式的参数，假设参数空间为上述集合的内部，可以直接计算 Fisher 信息量（如本节习题 20）。◀

小结

我们试图用 Fisher 信息量度量随机变量或样本包含的关于参数的信息量。样本中的 Fisher 信息量是其独立随机变量的 Fisher 信息量的和。信息不等式（Cramér-Rao 下界）为所有估计量的方差提供了下界。一个估计量是有效估计量，如果它的方差达到下界。θ 的极大似然估计量的渐近分布是（在正则化条件下）正态分布，均值为 θ，方差为样本中的 Fisher 信息量的倒数。同样，对于大样本，θ 的后验分布近似服从正态分布，均值为极大似然估计值，方差为 Fisher 信息量的倒数，这里 Fisher 信息量是基于样本的极大似然估计值估计的。

习题

1. 假设随机变量 X 服从正态分布，其均值 μ 未知（$-\infty<\mu<\infty$），并且方差 σ^2 已知。令 $f(x|\mu)$ 表示 X 的概率密度函数，设 $f'(x|\mu)$ 和 $f''(x|\mu)$ 表示关于 μ 的一阶导数和二阶导数。证明
$$\int_{-\infty}^{\infty} f'(x\mid\mu)\mathrm{d}x=0\quad 及\quad \int_{-\infty}^{\infty} f''(x\mid\mu)\mathrm{d}x=0。$$
2. 假设 X 服从参数为 p 的几何分布（见 5.5 节），求 X 中的 Fisher 信息量 $I(p)$。
3. 假设 X 服从参数为 θ 的泊松分布，$\theta>0$ 未知，求 X 中的 Fisher 信息量 $I(\theta)$。
4. 假设 X 服从正态分布，均值为 0，标准差 $\sigma>0$ 未知，求 X 中的 Fisher 信息量 $I(\sigma)$。

5. 假设随机变量 X 服从正态分布，均值为 0，方差 $\sigma^2>0$ 未知，求在 X 中的 Fisher 信息量 $I(\sigma^2)$。注意，在这个习题中，方差 σ^2 是参数，而在习题 4 中标准差 σ 为参数。
6. 假设 X 是随机变量，其概率密度函数或概率函数是 $f(x|\theta)$，其中参数 θ 未知，但必须位于某个开区间 Ω 内。设 $I_0(\theta)$ 表示 X 中的 Fisher 信息量。现在假设参数 θ 被新参数 μ 替换，$\theta=\psi(\mu)$，ψ 是可微函数。我们将 μ 看成参数，令 $I_1(\mu)$ 表示 X 中的 Fisher 信息量。证明：
$$I_1(\mu)=[\psi'(\mu)]^2 I_0[\psi(\mu)]。$$
7. 假设 $X_1,\cdots,X_n$ 是来自伯努利分布的随机样本，参数 p 未知。证明 $\overline{X}_n$ 是 p 的有效估计量。
8. 假设 $X_1,\cdots,X_n$ 是来自正态分布的随机样本，均值 μ 未知，方差 $\sigma^2>0$ 已知。证明 $\overline{X}_n$ 是 μ 的有效估计量。
9. 假设单个观察值 X 是来自某个正态分布，均值为 0，标准差为 $\sigma>0$ 未知。求 σ 的一个无偏估计量，计算其方差，并证明：对每个 $\sigma>0$，这个方差比 $1/I(\sigma)$ 大。注意，$I(\sigma)$ 在习题 4 中计算得到。
10. 假设 $X_1,\cdots,X_n$ 是来自正态分布的随机样本，均值为 0，标准差 $\sigma>0$ 未知。求由信息不等式给出的 $\ln\sigma$ 的任何无偏估计量的方差的下界。
11. 假设 $X_1,\cdots,X_n$ 是来自某指数分布族的随机样本，其概率密度函数或概率函数为 $f(x|\theta)$，见 7.3 节习题 23，还假设参数 θ 属于实数轴的开区间 Ω。证明：估计量 $T=\sum_{i=1}^{n} d(X_i)$ 是有效估计量。提示：证明 T 可以表示成式（8.8.15）的形式。
12. 假设 $X_1,\cdots,X_n$ 是来自正态分布的随机样本，均值已知，方差未知。试构造一个不等于常数的有效估计量，并确定该估计量的期望和方差。
13. 指出如下讨论中的问题所在：假设随机变量 X 服从区间 $[0,\theta]$ 上的均匀分布，其中 θ 未知（$\theta>0$），则 $f(x|\theta)=1/\theta$，$\lambda(x|\theta)=-\ln\theta$ 和 $\lambda'(x|\theta)=-(1/\theta)$。于是，
$$I(\theta)=E_\theta\{[\lambda'(X|\theta)]^2\}=\frac{1}{\theta^2}。$$
因为 $2X$ 是 θ 的无偏估计量，信息不等式表明
$$\mathrm{Var}(2X)\geqslant\frac{1}{I(\theta)}=\theta^2。$$
但是
$$\mathrm{Var}(2X)=4\,\mathrm{Var}(X)=4\cdot\frac{\theta^2}{12}=\frac{\theta^2}{3}<\theta^2。$$
于是，信息不等式是不正确的。
14. 假设 $X_1,\cdots,X_n$ 是来自伽马分布的随机样本，参数 α 未知，β 已知。证明如果 n 很大，α 极大似然估计量近似服从正态分布，均值为 α，方差如下
$$\frac{[\Gamma(\alpha)]^2}{n\{\Gamma(\alpha)\Gamma''(\alpha)-[\Gamma'(\alpha)]^2\}}。$$
15. 假设 $X_1,\cdots,X_n$ 是来自正态分布的随机样本，均值 μ 未知，方差 σ^2 已知，μ 的先验概率密度函数在整个实数轴上都是正的可微函数。证明如果 n 足够大，给定 $X_i=x_i(i=1,\cdots,n)$ 下 μ 的后验分布近似服从正态分布，均值为 $\bar{x}_n$，方差为 σ^2/n。
16. 假设 $X_1,\cdots,X_n$ 是来自伯努利分布的随机样本，参数 p 未知，且 p 的先验概率密度函数是一个在区间 $0<p<1$ 上正的可微函数。进一步假设 n 很大，$X_1,\cdots,X_n$ 的观测值为 $x_1,\cdots,x_n$ 和 $0<\bar{x}_n<1$。证明 p 的后验分布近似为正态分布，均值为 $\bar{x}_n$ 和方差为 $\bar{x}_n(1-\bar{x}_n)/n$。
17. 设 X 服从参数为 n 和 p 的二项分布，n 已知。证明：X 的 Fisher 信息量为 $I(p)=n/[p(1-p)]$。
18. 设 X 服从参数为 r 和 p 的负二项分布，r 已知。证明：X 的 Fisher 信息量为 $I(p)=r/[p^2(1-p)]$。

19. 设 X 服从参数为 n 和 θ 的伽马分布，θ 未知。证明：X 的 Fisher 信息量为 $I(\theta)=n/\theta^2$。
20. 求例 8.8.16 中的 Fisher 信息矩阵 $\boldsymbol{p}^*$。

8.9　补充习题

1. 假设 $X_1,\cdots,X_n$ 是来自正态分布的随机样本，均值为 0，方差 σ^2 未知。证明：$\sum_{i=1}^{n} X_i^2/n$ 是 σ^2 的无偏估计量，对于所有可能的 σ^2，其方差最小。
2. 证明：如果 X 服从自由度为 1 的 t 分布，则 $1/X$ 仍然服从自由度为 1 的 t 分布。
3. 假设随机变量 U 和 V 相互独立，都服从标准正态分布。证明 U/V，$U/|V|$ 和 $|U|/V$ 都服从自由度为 1 的 t 分布。
4. 假设随机变量 X_1 和 X_2 相互独立，都服从均值为 0、方差为 σ^2 的正态分布。证明 $(X_1+X_2)/(X_1-X_2)$ 都服从自由度为 1 的 t 分布。
5. 假设 $X_1,\cdots,X_n$ 是来自指数分布的随机样本，参数为 β。证明：$2\beta\sum_{i=1}^{n} X_i$ 服从自由度为 $2n$ 的 χ^2 分布。
6. 假设 $X_1,\cdots,X_n$ 是来自实数轴上的未知概率分布 P 的随机样本。设 A 为实数轴上的给定子集，设 $\theta=P(A)$。试构造 θ 的无偏估计量，并求其方差。
7. 设 $X_1,\cdots,X_m$ 是来自正态分布的随机样本，均值为 μ_1，方差 σ^2。$Y_1,\cdots,Y_n$ 是来自正态分布的随机样本，均值为 μ_2，方差为 $2\sigma^2$。$X_1,\cdots,X_m$ 与 $Y_1,\cdots,Y_n$ 相互独立。令 $S_X^2=\sum_{i=1}^{m}(X_i-\overline{X}_m)^2$ 及 $S_Y^2=\sum_{i=1}^{n}(Y_i-\overline{Y}_n)^2$。

   a. α 和 β 满足什么条件，$\alpha S_X^2+\beta S_Y^2$ 是 σ^2 的无偏估计量？

   b. 确定 α 和 β，使得 $\alpha S_X^2+\beta S_Y^2$ 是最小方差的无偏估计量。
8. 设 $X_1,\cdots,X_{n+1}$ 是来自正态分布的随机样本，令 $\overline{X}_n=\frac{1}{n}\sum_{i=1}^{n}X_i$ 及 $T_n=\left[\frac{1}{n}\sum_{i=1}^{n}(X_i-\overline{X}_n)^2\right]^{1/2}$。试确定常数 k 的值，使得 $k(X_{n+1}-\overline{X}_n)/T_n$ 服从 t 分布。
9. 设 $X_1,\cdots,X_n$ 是来自正态分布的随机样本，均值为 μ，方差为 σ^2。设是 Y 与 $X_1,\cdots,X_n$ 相互独立的正态随机变量，均值为 0，方差为 $4\sigma^2$。试确定 Y 与 $X_1,\cdots,X_n$ 的函数，不依赖于 μ 和 σ^2，使其服从自由度为 $n-1$ 的 t 分布。
10. 设 $X_1,\cdots,X_n$ 是来自正态分布的随机样本，均值为 μ，方差为 σ^2，μ 和 σ^2 都未知。试建立 μ 的置信度为 0.90 的置信区间，并求最小的 n，使得置信区间的期望平方长度小于 $\sigma^2/2$。
11. 设 $X_1,\cdots,X_n$ 是来自正态分布的随机样本，均值 μ 未知且方差 σ^2 未知。试建立 μ 的置信下限 $L(X_1,\cdots,X_n)$ 使得
$$P[\mu > L(X_1,\cdots,X_n)] = 0.99。$$
12. 再次考虑习题 11 的条件，试建立 σ^2 的置信上限 $U(X_1,\cdots,X_n)$ 使得
$$P[\sigma^2 < U(X_1,\cdots,X_n)] = 0.99。$$
13. 设 $X_1,\cdots,X_n$ 是来自正态分布的随机样本，均值 θ 未知且方差 σ^2 已知。假设 θ 的先验分布是均值为 μ 和方差为 v^2 的正态分布。

    a. 确定最短的区间 I，使得 $P(\theta\in I|x_1,\cdots,x_n)=0.95$，其中这个概率是计算出来的后验概率。

    b. 证明：当 $v^2\to\infty$，区间 I 收敛到 I^*，即 θ 的置信度为 0.95 的置信区间。
14. 设 $X_1,\cdots,X_n$ 是来自泊松分布的随机样本，均值 θ 未知，令 $Y=\sum_{i=1}^{n}X_i$。

a. 试确定常数 c 使得 e^{-cY} 是 $e^{-\theta}$ 的无偏估计量。

b. 利用信息不等式给出 a 中无偏估计量的方差的下界。

15. 设 $X_1,\cdots,X_n$ 是来自某分布的随机样本，其概率密度函数如下：

$$f(x\mid\theta)=\begin{cases}\theta x^{\theta-1}, & 0<x<1,\\ 0, & \text{其他},\end{cases}$$

其中 θ 为未知参数（$\theta>0$）。试确定 θ 的极大似然估计量的渐近分布。（注：极大似然估计量见 7.5 节习题 9。）

16. 设随机变量 X 服从指数分布，均值 θ 未知（$\theta>0$），求 X 中的 Fisher 信息量。

17. 设 $X_1,\cdots,X_n$ 是来自伯努利分布的随机样本，参数 p 未知。证明：$(1-p)^2$ 的无偏估计量的方差至少是 $4p(1-p)^3/n$。

18. 设 $X_1,\cdots,X_n$ 是来自指数分布的随机样本，参数 β 未知。试建立一个非常数的有效估计量，并求这个估计量的均值和方差。

19. 设 $X_1,\cdots,X_n$ 是来自指数分布的随机样本，参数 β 未知。证明：如果 n 足够大，β 的极大似然估计量近似服从均值为 β、方差为 β^2/n 的正态分布。

20. 再次考虑习题 19 的条件，令 $\hat{\beta}_n$ 表示 β 的极大似然估计量。

a. 利用 delta 方法确定 $1/\hat{\beta}_n$ 的渐近分布。

b. 证明 $1/\hat{\beta}_n=\overline{X}_n$，利用中心极限定理确定 $1/\hat{\beta}_n$ 的渐近分布。

21. 设 $X_1,\cdots,X_n$ 是来自泊松分布的随机样本，均值为 θ，令 $Y=\sum_{i=1}^{n}X_i$。

a. 证明：$1/\theta$ 没有无偏估计量。提示：写出等价于 $E_\theta(r(X))=1/\theta$ 的方程，化简，利用无穷级数证明不存在函数 r 满足这个方程。

b. 假设我们希望估计 $1/\theta$。考虑 $r(Y)=n/(Y+1)$ 作为 θ 的估计量。求 $r(Y)$ 的偏差，并证明当 $n\to\infty$ 时，偏差趋近于 0。

c. 利用 delta 方法求 $n/(Y+1)$ 的渐近分布（$n\to\infty$）。

22. 设 $X_1,\cdots,X_n$ 独立同分布，同服从 $[0,\theta]$ 上的均匀分布，令 $Y_n=\max\{X_1,\cdots,X_n\}$。

a. 求 Y_n/θ 的概率密度函数与分位数函数。

b. 我们经常用 Y_n 作为 θ 的估计量，尽管它是有偏的。计算 θ 的估计量 Y_n 的偏差。

c. 证明：Y_n/θ 为枢轴量。

d. 求 θ 的置信度为 γ 的置信区间。

第9章　假设检验

9.1　假设检验问题

例 8.3.1 中，我们对撒播云的平均对数降雨量μ是否大于某个常数（具体是 4）感兴趣。假设检验问题本质上与例 8.3.1 的决策问题相似。一般来说，假设检验所关心的是确定参数θ是属于参数空间中的一个子集还是它的补集。当θ是一维的，通常这两个子集中至少有一个是区间，但可能是退化的。在本节中，我们引入有关假设检验的符号和术语，同时还会说明假设检验和置信区间的等价关系。

原假设和备择假设

例 9.1.1　人工降雨　例 8.3.1 中，我们将 26 个撒播云的对数降雨量建模为正态随机变量，其中均值μ未知，方差σ^2未知。设$\theta=(\mu,\sigma^2)$表示参数向量。我们感兴趣的是，μ是否大于 4。用参数向量来表述，我们感兴趣的是，θ是否属于$\{(\mu,\sigma^2):\mu>4\}$。在例 8.6.4 中，我们计算出了$\mu>4$的概率，作为贝叶斯分析的一部分。如果不希望进行贝叶斯分析，人们必须通过其他方式（如本章介绍的方式）解决μ是否大于 4 的问题。◀

考虑那些含有未知参数θ的统计问题，θ在某参数空间Ω中取值。现在假设Ω可以被分成两个互不相交的子集Ω_0和Ω_1，那么统计学家要做的就是决定θ到底是属于Ω_0还是Ω_1。

我们用H_0表示“假设$\theta\in\Omega_0$”，H_1表示“假设$\theta\in\Omega_1$”。由于集合Ω_0和Ω_1互不相交且$\Omega_0\cup\Omega_1=\Omega$，显然假设$H_0$和$H_1$必然有一个是正确的。统计学家必须要做的就是决定是$H_0$还是$H_1$为真。这类只有 2 个可能决定的问题，我们称为假设检验的问题。如果统计学家做了一个错误的决策，他可能遭受一定的损失或者支付一定的成本。在许多问题上，他都有机会在做决策之前观察数据，然后观察到的值将会提供给他关于θ的信息。我们决定选择哪一个假设的过程被称为检验过程，简单地称为检验。

讨论至今，我们一直把假设H_0和假设H_1平等地对待。然而在大多数问题中，这两个假设是要区别对待的。

定义 9.1.1　原假设、备择假设/拒绝　假设H_0称为原假设，假设H_1为备择假设。当我们进行假设检验时，如果我们认为θ落在Ω_1中，我们称为拒绝H_0；如果我们认为θ落在Ω_0中，我们称为不拒绝H_0。

定义 9.1.1 中的术语“原假设”和“备择假设”是不对称的，我们将在本节后面回到这一点。

例 9.1.2　古埃及人的头骨　Manly（1986，p. 4）报告了在埃及发现的不同时期的人类头骨大小的测量结果。这些数据是由 Thomson 和 Bandall-Maciver（1905）提供的。有一个时间阶段大概是公元前 4000 年，我们可能把头骨宽度测量的数据（单位：mm）看作服从均值为未知数μ、方差为 26 的正态分布的随机变量。问题是如何比较μ和人类现在大概是 140mm 的头骨宽度。参数空间 Ω 可取为正数集，而且取 Ω_0 为 $[140,\infty)$，同时 $\Omega_1=(0,140)$。在这种情况下，可以把原假设和备择假设规定为：

$$H_0:\mu\geqslant 140,$$
$$H_1:\mu<140。$$

更实际一些，我们可以假设宽度测量数据的均值和方差都是未知的。也就是说，每一个测量值都是均值为 μ、方差为 σ^2 的正态随机变量。在这种情况下，参数是二维向量，即 $\theta=(\mu,\sigma^2)$，参数空间 Ω 将是实数对的集合。在本问题中，因为这里的假设仅仅关心第一坐标 μ，所以 $\Omega_0=[140,\infty)\times(0,\infty)$ 且 $\Omega_1=(0,140)\times(0,\infty)$。这时要检验的假设还是一样，但 μ 仅是二维参数向量的一个坐标，我们将在 9.5 节中讨论这个问题。◀

例 9.1.2 中我们如何决定把 $H_0:\mu\geqslant 140$ 作为原假设而不是 $\mu\leqslant 140$？采用不同的原假设，我们会不会得出相同的结论？我们将在引入假设检验中可能出现的错误（定义 9.1.7）后来讨论这些问题。

简单假设和复合假设

假设 $X_1,\cdots,X_n$ 是来自某个分布的随机样本，这个分布的概率密度函数或概率函数是 $f(x|\theta)$，其中参数 θ 必须落在参数空间 Ω 中，Ω_0 和 Ω_1 互不相交且 $\Omega_0\cup\Omega_1=\Omega$。现在需要检验的是以下的假设：

$$H_0:\theta\in\Omega_0,$$
$$H_1:\theta\in\Omega_1。$$

对于 $i=0$ 或者 $i=1$，Ω_i 可能仅仅只含一个 θ 值，也有可能是一个包含多个 θ 值的集合。

定义 9.1.2 简单假设与复合假设 如果 Ω_i 是只含一个元素的集合，我们则称 H_i 为简单假设；如果 Ω_i 中不止一个元素，我们则称 H_i 为复合假设。

在简单假设下，观察值的分布是完全确定的。在复合假设下，我们只能确定观察值的分布属于某个确定的分布集合。比如说，简单的原假设 H_0 一定有如下形式：

$$H_0:\theta=\theta_0。\tag{9.1.1}$$

定义 9.1.3 单边假设与双边假设 设 θ 是一维参数，单边原假设是 $H_0:\theta\leqslant\theta_0$，或者 $H_0:\theta\geqslant\theta_0$，以及相应的单边备择假设是 $H_1:\theta>\theta_0$ 或者 $H_1:\theta<\theta_0$。若原假设是简单假设，如 (9.1.1)，备择假设通常是双边假设 $H_1:\theta\neq\theta_0$。

例 9.1.2 中的备择假设是单边假设，在例 9.1.3 中备择假设是双边假设。我们将会在 8.3 节和 8.4 节中更加详细讨论单边假设和双边假设。

临界域和检验统计量

例 9.1.3 正态总体均值的检验（已知方差） 假定 $\boldsymbol{X}=(X_1,\cdots,X_n)$ 是来自正态分布的一个随机样本，均值 μ 未知，方差 σ^2 已知。我们欲检验如下假设：

$$H_0:\mu=\mu_0,$$
$$H_1:\mu\neq\mu_0。\tag{9.1.2}$$

如果样本均值 $\overline{X}_n$ 远离 μ_0，则“拒绝 H_0”看上去似乎是合理的。也就是说我们可以找一个

数 c，如果 $\overline{X}_n$ 与 μ_0 的距离超过 c，我们就拒绝 H_0。我们可以将所有可能的数据向量 $\boldsymbol{x}=(x_1,\cdots,x_n)$ 的集合（样本空间）S 分成两个集合：

$$S_0=\{\boldsymbol{x}:-c\leqslant \overline{X}_n-\mu_0\leqslant c\},S_1=S_0^C。$$

如果 $\boldsymbol{X}\in S_1$，则拒绝 H_0；如果 $\boldsymbol{X}\in S_0$，则不拒绝 H_0。我们可以通过定义统计量 $T=|\overline{X}_n-\mu_0|$ 来表述这一检验过程：如果 $T\geqslant c$，则拒绝 H_0。◀

一般地，我们欲检验如下假设：

$$H_0:\theta\in\Omega_0,\quad H_1:\theta\in\Omega_1。\tag{9.1.3}$$

假定在统计学家决定选择哪个假设之前，她能够观察到来自某分布的随机样本 $\boldsymbol{X}=(X_1,\cdots,X_n)$，这个分布含有未知参数 θ。用 S 表示由 n 维随机向量 $\boldsymbol{X}$ 组成的样本空间。换句话说，S 是所有可能取到的随机样本结果的集合。

这类问题中，统计学家通过将样本空间 S 划分成两个子集来进行检验过程。子集 S_1 包含的 $\boldsymbol{X}$ 将导致统计学家拒绝 H_0，而另一个子集 S_0 包含的 $\boldsymbol{X}$ 将使她不拒绝 H_0。

定义 9.1.4　临界域　导致拒绝原假设 H_0 的子集 S_1 称为检验的临界域。

概括地说，检验过程是通过确定检验的临界域来进行的。临界域的补集包含了不拒绝原假设 H_0 的所有样本点。

在大多数假设检验问题中，临界域是通过统计量 $T=r(\boldsymbol{X})$ 来定义的。

定义 9.1.5　检验统计量/拒绝域　设 $\boldsymbol{X}$ 是来自某个分布的随机样本，这个分布取决于参数 θ。设 $T=r(\boldsymbol{X})$ 是一个统计量，R 表示实数的某个子集。假设（9.1.3）的检验过程是通过“如果 $T\in R$，则拒绝原假设 H_0”来进行的，我们称 T 为检验统计量，称 R 为检验的拒绝域。

当一个检验是用定义 9.1.5 的检验统计量 T 和拒绝域 R 来定义的，则定义 9.1.4 的临界域为 $S_1=\{\boldsymbol{x}:r(\boldsymbol{x})\in R\}$。

通常，基于检验统计量 T 的检验的拒绝域将是某个固定区间或某个固定区间的外面。例如，如果当 $T\geqslant c$ 时检验拒绝 H_0，则拒绝域为区间 $[c,\infty)$。一旦确定了所使用的检验统计量，我们用检验统计量来表述内容就会变得更简单，比根据定义 9.1.4 计算的临界域简单。本书接下来的所有检验都是建立在检验统计量的基础上的。实际上，大多数的检验能写成“如果 $T\geqslant c$，则拒绝 H_0”的形式（例 9.1.7 是一个极少的例外）。

例 9.1.3 中，检验统计量是 $T=|\overline{X}_n-\mu_0|$，拒绝域为区间 $[c,\infty)$。关于检验统计量的选择，我们可以通过直觉判断来选择（如例 9.1.3），也可以基于理论上的考虑来选择。在 9.2 节~9.4 节中，我们将对涉及单参数的各种假设检验问题如何选择检验统计量做理论探讨。虽然这些理论上的结果在它们的应用场景下提供了最优检验，但是许多实际问题并不满足应用这些结果所要求的条件。

例 9.1.4　人工降雨　我们把例 9.1.1 中的问题表述为检验原假设 $H_0:\mu\leqslant 4$，与之相应的备择假设为 $H_1:\mu>4$。我们可以使用与例 9.1.3 相同的检验统计量。我们也可以使用统计量 $U=n^{1/2}(\overline{X}_n-4)/\sigma'$，它看起来很像式（8.5.1）中的随机变量，它是置信区间的基础；这时，“如果 U 较大，则拒绝 H_0”是很有道理的，因为这对应于 $\overline{X}_n$ 大于 4。◀

注：参数空间和样本空间的划分。在到目前为止的各种定义中，读者需要理解两个不同的划分。首先，我们将参数空间 Ω 划分为两个不相交的子集 Ω_0 和 Ω_1；接下来，我们将

样本空间 S 划分为两个不相交的子集 S_0 和 S_1。这些划分是相互联系的，但是它们并不相同。一方面，参数空间和样本空间通常维数不同，因此 Ω_0 与 S_0 是不同的。这两种划分之间的联系如下：如果随机样本 $\boldsymbol{X}$ 位于临界域 S_1 中，那么我们拒绝原假设 H_0；如果 $\boldsymbol{X}\in S_0$，我们不拒绝 H_0。我们最终了解到 S_0 或 S_1 哪个集合包含 $\boldsymbol{X}$，但是我们却很少了解 Ω_0 或 Ω_1 哪个集合包含 θ。

功效函数和错误的种类

我们用 δ 表示本节前面讨论的检验过程，该过程基于临界域或基于检验统计量。δ 有趣的概率性质可以归结为，对每个 $\theta\in\Omega$，要么计算检验 δ 拒绝 H_0 的概率 $\pi(\theta|\delta)$，要么计算不拒绝 H_0 的概率 $1-\pi(\theta|\delta)$。

定义 9.1.6　功效函数　设 δ 表示检验过程，我们称函数 $\pi(\theta|\delta)$ 为检验 δ 的功效函数。如果用 S_1 代表检验 δ 的临界域，则功效函数可以表示为

$$\pi(\theta\mid\delta)=P(\boldsymbol{X}\in S_1\mid\theta),\theta\in\Omega。\tag{9.1.4}$$

如果 δ 用检验统计量 T 和拒绝域 R 来表述，功效函数可以表示为

$$\pi(\theta\mid\delta)=P(T\in R\mid\theta),\theta\in\Omega。\tag{9.1.5}$$

对于参数 θ 的每一个可能取值，功效函数给定了 δ 将拒绝 H_0 的概率，由此我们可以看出理想化的功效函数应当满足如下性质：对于每个 $\theta\in\Omega_0$，取值 $\pi(\theta|\delta)=0$；而对于每个 $\theta\in\Omega_1$，$\pi(\theta|\delta)=1$。如果检验 δ 的功效函数确实满足上述性质，那么不论 θ 的真实值是什么，检验都能以概率 1 做出正确的决策。然而在实际问题中，检验过程中几乎很少有这种理想化的功效函数。

例 9.1.5　正态总体均值的检验（已知方差）　在例 9.1.3 中，δ 是基于检验统计量 $T=|\overline{X}_n-\mu_0|$ 和拒绝域 $R=[c,\infty)$ 的检验。$\overline{X}_n$ 的分布是正态分布，均值为 μ，方差为 σ^2/n。因为我们假设方差 σ^2 是已知的，所以参数为 μ。由这个分布，我们可以计算其功效函数。令 Φ 表示标准正态分布的分布函数，则

$$\begin{aligned}P(T\in R\mid\mu)&=P(\overline{X}_n\geqslant\mu_0+c\mid\mu)+P(\overline{X}_n\leqslant\mu_0-c\mid\mu)\\&=1-\Phi\left(n^{1/2}\frac{\mu_0+c-\mu}{\sigma}\right)+\Phi\left(n^{1/2}\frac{\mu_0-c-\mu}{\sigma}\right)。\end{aligned}$$

上面的最终表达式就是功效函数 $\pi(\mu|\delta)$。图 9.1 绘制了 $c=1$，2，3 的三个不同检验的功效函数，其中 $\mu_0=4$，$n=15$ 和 $\sigma^2=9$。◀

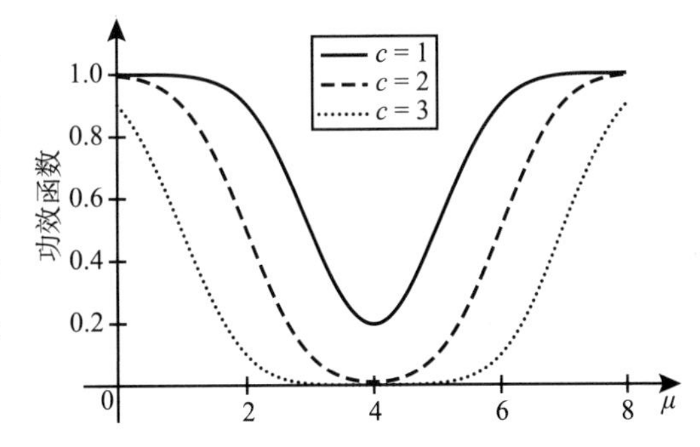

图 9.1　例 9.1.5 中 3 个不同检验的功效函数

由于实际上在每一个检验问题中存在错误的可能性，因此我们应当考虑可能犯什么样的错误。对于 $\theta\in\Omega_0$，拒绝 H_0 是一个不正确的决策。同样地，对于 $\theta\in\Omega_1$，不拒绝 H_0 也是一个不正确的决策。

定义 9.1.7　第Ⅰ类错误/第Ⅱ类错误　拒绝正确原假设的错误决策，我们称为犯第Ⅰ

类错误。不拒绝错误原假设的错误决策，我们称为犯第Ⅱ类错误。

用功效函数来表述，如果 $\theta \in \Omega_0$，$\pi(\theta|\delta)$ 就是犯第Ⅰ类错误的概率；同样地，如果 $\theta \in \Omega_1$，$1-\pi(\theta|\delta)$ 就是犯第Ⅱ类错误的概率。当然 θ 要么属于集合 Ω_0，要么属于集合 Ω_1，不能同时属于两个集合。因此，只有可能犯一类错误，但我们不知道是哪一类错误。

如果要在几个检验中做选择，我们会选择犯错误的概率小的检验 δ。也就是说，我们希望当 $\theta \in \Omega_0$ 时，功效函数 $\pi(\theta|\delta)$ 越小越好；当 $\theta \in \Omega_1$ 时，$\pi(\theta|\delta)$ 越大越好。通常这两个目标是互相对立的，即当 $\theta \in \Omega_0$ 时，我们选择一个让 $\pi(\theta|\delta)$ 小的 δ，通常会发现 $\pi(\theta|\delta)$ 对 $\theta \in \Omega_1$ 也是小的。例如，如果不管是什么观测数据，检验过程 δ_0 从不拒绝 H_0，则对所有的 $\theta \in \Omega_0$，将有 $\pi(\theta|\delta_0)=0$。然而，这个检验对所有的 $\theta \in \Omega_1$，$\pi(\theta|\delta_0)=0$ 也成立。类似地，如果检验 δ_1 总是拒绝 H_1，那么对于所有的 $\theta \in \Omega_1$，将有 $\pi(\theta|\delta_1)=1$。但与此同时 $\theta \in \Omega_0$，也将导致 $\pi(\theta|\delta_1)=1$。因此，有必要在 Ω_0 中低功效和 Ω_1 中高功效这两个目标之间寻求一个适当的平衡点。

在这两个目标之间达到平衡的最普通的方法就是选择一个 0 到 1 之间的数 α_0，使它满足

$$\pi(\theta|\delta) \leqslant \alpha_0, \text{对所有的 } \theta \in \Omega_0。 \tag{9.1.6}$$

那么，在所有满足式（9.1.6）的检验中，统计学家寻找一个检验，它的功效函数在 $\theta \in \Omega_1$ 时越大越好。我们将在 9.2 节和 9.3 节中讨论这种方法。另一种平衡犯第Ⅰ类错误和犯第Ⅱ类错误的概率的方法是最小化不同错误概率的线性组合。我们将在 9.2 节和 9.8 节中讨论此方法。

注：原假设与备择假设的选择。如果人们选择通过要求式（9.1.6）来平衡犯第Ⅰ类和第Ⅱ类错误的概率，则引入了不对称性来处理原假设和备择假设。在大多数检验问题中，这种不对称是很自然的。通常，这两类错误（第Ⅰ类或第Ⅱ类）中有一类成本更高或在某种意义上更不容易接受。对更严重错误的发生概率应该控制更严格一些，这是很有道理的。因此，我们会通常合理安排原假设和备择假设，使第Ⅰ类错误是最应该避免的错误。对于其中两个假设都不是自然的原假设的情况，交换原假设和备择假设，可能会产生不同检验结果（见本节习题 21）。

例 9.1.6　古埃及人的头骨　例 9.1.2 中，假设试验者有一个理论说头骨的宽度应在很长一段时间内增加（很粗略）。如果 μ 是公元前 4000 年以前头骨的平均宽度，而 140 是现代头骨的平均宽度，理论说 $\mu<140$。当实际 $\mu>140$ 时，试验者可能会错误地声称数据支持他们的理论（$\mu<140$），或者当实际 $\mu<140$ 时，他们可能会错误地声称数据无法支持其理论（$\mu>140$）。在科学研究中，人们普遍将“错误确信自己的理论”视为一个严重得多的错误，比“错误怀疑自己的理论”更严重。这意味着第Ⅰ类错误是当实际 $\mu>140$（理论为假，H_0 为真）时，声称 $\mu<140$（确信理论，拒绝 H_0）。人们传统上将区间的端点包含在原假设中，因此我们将要检验的假设表述为

$$H_0: \mu \geqslant 140,$$
$$H_1: \mu < 140,$$

如例 9.1.2 那样。◀

式（9.1.6）中的量在假设检验中起基本作用，有特殊的名字。

定义 9.1.8 显著性水平/检验水平 一个满足式(9.1.6)的检验称为水平为 α_0 的检验，称 α_0 为检验的显著性水平。另外，检验 δ 的检验水平 $\alpha(\delta)$ 定义如下：

$$\alpha(\delta)=\sup_{\theta\in\Omega_0}\pi(\theta|\delta)。\tag{9.1.7}$$

下面结论是定义 9.1.8 的直接推论。

推论 9.1.1 检验 δ 是显著性水平为 α_0 的检验，当且仅当检验水平至多为 α_0（即 $\alpha(\delta)\leqslant\alpha_0$）。如果原假设是简单的，即 H_0：$\theta=\theta_0$，那么 δ 的检验水平为 $\alpha(\delta)=\pi(\theta_0|\delta)$。 ■

例 9.1.7 关于均匀分布的假设检验 设随机样本 $X_1,\cdots,X_n$ 来自区间 $[0,\theta]$ 上的均匀分布，且 θ 未知($\theta>0$)，再假定欲检验如下假设：

$$H_0:3\leqslant\theta\leqslant4,$$
$$H_1:\theta<3 \text{ 或 } \theta>4。\tag{9.1.8}$$

由例 7.5.7 可知，θ 的极大似然估计量是 $Y_n=\max\{X_1,\cdots,X_n\}$。虽然 Y_n 必然比 θ 小，但当样本量 n 相当大时，Y_n 接近于 θ 还是有很大的概率发生的。为了说明，假定检验 δ 为"当 $2.9<Y_n<4$ 时，不拒绝 H_0；当 Y_n 不在这一区间时，拒绝 H_0"。这样一来，检验 δ 的临界域包括所有满足 $Y_n\leqslant2.9$ 或 $Y_n\geqslant4$ 的 $X_1,\cdots,X_n$ 的值。用检验统计量 Y_n 来表述，拒绝域是两个区间的并：$(-\infty,2.9]\cup[4,\infty)$。

δ 的功效函数满足关系式

$$\pi(\theta|\delta)=P(Y_n\leqslant2.9|\theta)+P(Y_n\geqslant4|\theta)。$$

如果 $\theta\leqslant2.9$，则 $P(Y_n\leqslant2.9|\theta)=1$ 和 $P(Y_n\geqslant4|\theta)=0$，因此 $\pi(\theta|\delta)=1$。如果 $2.9<\theta\leqslant4$，则 $P(Y_n\leqslant2.9|\theta)=(2.9/\theta)^n$ 且 $P(Y_n\geqslant4|\theta)=0$，于是 $\pi(\theta|\delta)=(2.9/\theta)^n$。最后，如果 $\theta>4$，则 $P(Y_n\leqslant2.9|\theta)=(2.9/\theta)^n$ 且 $P(Y_n\geqslant4|\theta)=1-(4/\theta)^n$，于是 $\pi(\theta|\delta)=(2.9/\theta)^n+1-(4/\theta)^n$。功效函数 $\pi(\theta|\delta)$ 的草图由图 9.2 表示。

由式(9.1.7)可知，δ 的检验水平为 $\alpha(\delta)=\sup_{3\leqslant\theta\leqslant4}\pi(\theta|\delta)$。由图 9.2 和上面的运算可以得到 $\alpha(\delta)=\pi(3|\delta)=(29/30)^n$。特别地，如果样本量 $n=68$，则 δ 的检验水平为 $(29/30)^{68}=0.0997$。所以 δ 是显著性水平为 $\alpha_0(\alpha_0\geqslant0.0997)$ 的检验。 ◀

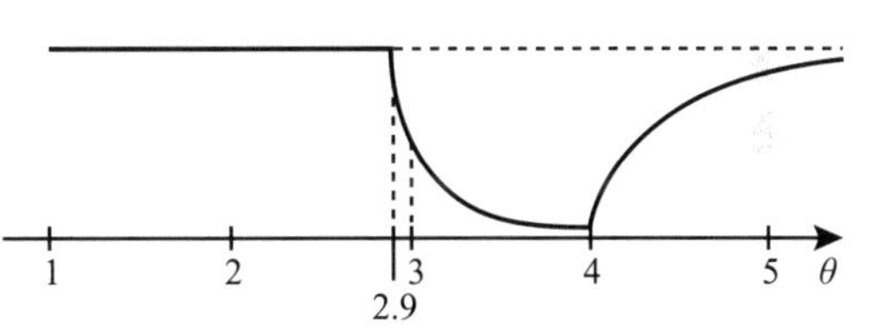

图 9.2 例 9.1.7 中的功效函数 $\pi(\theta|\delta)$

给定显著性水平的检验

假定我们希望检验假设

$$H_0:\theta\in\Omega_0,$$
$$H_1:\theta\in\Omega_1。$$

设 T 为一个检验统计量，假设对于常数 c，如果 $T\geqslant c$，我们的检验就拒绝原假设。再假定希望此检验的显著性水平为 α_0，检验的功效函数为 $\pi(\theta|\delta)=P(T\geqslant c|\theta)$，我们想要

$$\sup_{\theta\in\Omega_0}P(T\geqslant c|\theta)\leqslant\alpha_0。\tag{9.1.9}$$

很清楚地，功效函数和式(9.1.9)的左边是 c 的非增函数。于是，要想使式(9.1.9)成

立，c 的值要大，而不能小。如果我们想让功效函数对所有 $\theta \in \Omega_1$ 要尽可能地大，就应该让 c 在满足式（9.1.9）的情况下尽可能地小。如果 T 有一个连续分布，很容易就能找到一个合适的 c。

例 9.1.8　正态总体均值的假设检验（已知方差）　在例 9.1.5 中，当 $|\overline{X}_n-\mu_0|\geqslant c$ 时，我们的检验拒绝 $H_0:\mu=\mu_0$。由于原假设是简单假设，所以式（9.1.9）的左边将简化为 $|\overline{X}_n-\mu_0|\geqslant c$ 的概率（假设 $\mu=\mu_0$）。当 $\mu=\mu_0$ 时，$Y=\overline{X}_n-\mu_0$ 有均值为 0、方差为 σ^2/n 的正态分布，对每一个显著性水平 α_0，我们都可以找到一个使检验水平恰好为 α_0 的 c 值。图 9.3 显示了 Y 的概率密度函数和在此概率密度函数下阴影部分所表示的检验水平。由于正态分布的概率密度函数是关于均值（这里是 0）对称的，所以两个阴影的面积是一样的，即为 $\alpha_0/2$。这就意味着 c 必须是 Y 的分布中的 $1-\alpha_0/2$ 分位数。这个分位数就是 $c=\Phi^{-1}(1-\alpha_0/2)\sigma n^{-1/2}$。

当检验有关正态分布的均值的假设时，传统做法是采用如下统计量来改写这个检验：

$$Z = n^{1/2}\frac{\overline{X}_n - \mu_0}{\sigma}。\qquad (9.1.10)$$

如果 $|Z|\geqslant\Phi^{-1}(1-\alpha_0/2)$，则拒绝 H_0。◀

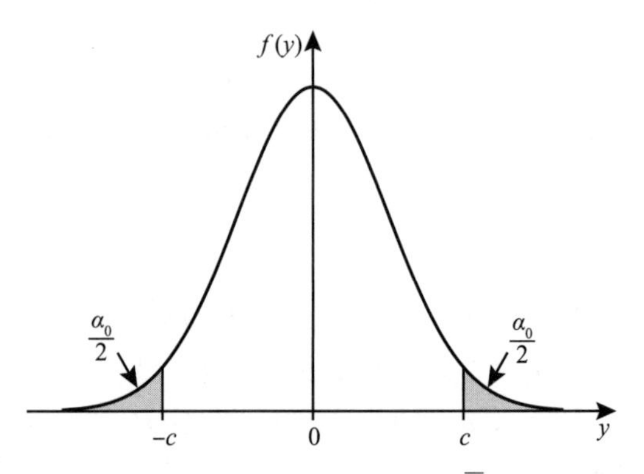

图 9.3　例 9.1.8 中当 $\mu=\mu_0$ 时 $Y=\overline{X}_n-\mu_0$ 的概率密度函数。阴影部分为 $|Y|\geqslant c$ 的概率

例 9.1.9　关于伯努利参数的假设检验　假定 $X_1,\cdots,X_n$ 是来自参数为 p 的伯努利分布的随机样本。假定我们希望检验假设

$$H_0:p\leqslant p_0,$$
$$H_1:p>p_0。\qquad (9.1.11)$$

令 $Y=\sum_{i=1}^{n}X_i$，它服从参数为 n 和 p 的二项分布。我们希望 p 越大时 Y 就越大。所以，假定存在常数 c，当 $Y\geqslant c$ 时，我们选择拒绝 H_0。再假定检验水平在不超过 α_0 的前提下尽可能地接近 α_0。很容易验证 $P(Y\geqslant c|p)$ 是 p 的增函数，因此检验水平就是 $P(Y\geqslant c|p=p_0)$，故 c 应该是使 $P(Y\geqslant c|p=p_0)\leqslant\alpha_0$ 的最小的数。例如，当 $n=10$，$p_0=0.3$，$\alpha_0=0.1$ 时，可以利用附录的二项概率表来确定 c。我们可以计算得到 $\sum_{y=6}^{10}P(Y=y|p=0.3)=0.0473$ 和 $\sum_{y=5}^{10}P(Y=y|p=0.3)=0.1503$。为了保持至多为 0.1 的检验水平，必须选择 $c>5$。在区间 $(5,6]$ 上的任意 c 值产生的是同一个检验，因为 Y 只取整数值。◀

不管何时，当选择一个检验过程时，需要检查它的功效函数。如果人们做了一个好选择，那么 $\theta\in\Omega_1$ 的功效函数一般比 $\theta\in\Omega_0$ 的更大些。再者，当 θ 远离 Ω_0 时，功效函数应当增加。例如，图 9.4 显示了本节两个例子中的功效函数的图像。在这两种情况下，随着参数离开 Ω_0，功效函数变大。

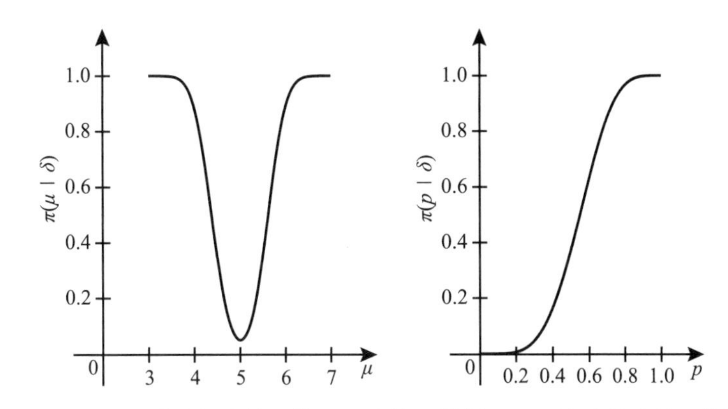

图 9.4 两个检验的功效函数。左边的图是例 9.1.8 检验的功效函数图像，$n=10$，$\mu_0=5$，$\sigma=1$ 和 $\alpha_0=0.05$。右边的图是例 9.1.9 检验的功效函数图像，$n=10$，$p_0=0.3$ 和 $\alpha_0=0.1$

p 值

例 9.1.10 正态总体均值的假设检验（已知方差） 在例 9.1.8 中，假如我们要在显著性水平 $\alpha_0=0.05$ 下检验原假设。我们会根据式（9.1.10）中的检验统计量计算，如果 $Z \geqslant \Phi^{-1}(1-0.05/2)=1.96$，拒绝 H_0。例如，假设我们观测到 $Z=2.78$，则我们会拒绝 H_0。假设我们报告结果，说我们在水平 0.05 下拒绝了 H_0，现在有另一个统计学家认为，在其他显著性水平下检验原假设更合适，他对该报告做些什么？ ◀

假设检验的结果可能会出现数据未得到充分使用的情况。譬如，在例 9.1.10 中，如果式（9.1.10）的统计量 Z 至少为 1.96，我们决定在水平 $\alpha=0.05$ 下拒绝 H_0。这意味着，无论我们观测到 $Z=1.97$ 或者 $Z=6.97$，我们都将报告同样的结果，即在 0.05 的水平下拒绝 H_0。检验结果并没有说明我们离其他统计决策有多近。进一步，如果另外一个统计学家使用 $\alpha_0=0.01$ 的检验，则她在观测到 $Z=1.97$ 时不能拒绝 H_0，而观测到 $Z=6.97$ 时，将拒绝 H_0；那么她在观测到 $Z=2.78$ 时该怎么做呢？

根据这些原因，一个试验者在实际过程中不会事先选择 α_0，然后简单地报告在 α_0 的水平下是否拒绝 H_0。在许多应用领域中，除了报告像 Z 这样的适当的检验统计量的观察值，还要报告在 α_0 水平下拒绝 H_0 的所有 α_0 值，这已经成为标准做法。

例 9.1.11 正态总体均值的假设检验（已知方差） 正如例 9.1.8，Z 的观察值为 2.78，假设 H_0 将在每个水平 α_0 下被拒绝，其中 α_0 满足 $2.78 \geqslant \Phi^{-1}(1-\alpha_0/2)$。使用书后给出的正态分布表，这个不等式转化为 $\alpha_0 \geqslant 0.0054$。称这个 0.005 4 为相应观察数据和假设检验的 p 值。因为 $0.01>0.0054$，统计学家想在 0.01 水平下检验假设，将会拒绝 H_0。 ◀

定义 9.1.9 *p* 值 *一般地，p 值是我们根据观察数据拒绝原假设的最小检验水平。*

如果试验者拒绝原假设当且仅当 p 值最大为 α_0，他使用显著性水平为 α_0 的检验。类似地，试验者想要进行水平为 α_0 的检验，他会拒绝原假设，当且仅当 p 值最大为 α_0。因此，有时将 p 值称为观察到的显著性水平。

例 9.1.10 中，试验者通常会报告说，Z 的观察值为 2.78，而相应的 p 值为 0.005 4。

也就是说，在 0.005 4 的显著性水平下，观察值 Z 刚好显著。当试验者以这种方法报告试验结果时，有利的一点是他不必事先为将要进行的检验选择任何一个显著性水平 α_0。另外，当这个试验报告的读者看到 Z 的取值在 0.005 4 的显著性水平下正好显著，他立刻知道对于比较大的 α_0 值，应该拒绝 H_0，对于较小的 α_0 值不应拒绝 H_0。

p 值的计算　对于单个检验统计量 T，如果检验为"当 $T\geqslant c$ 时，拒绝原假设"的形式，有一种直接的方法去计算 p 值。对于每个 t，令 δ_t 是"如果 $T\geqslant t$，则拒绝 H_0"的检验。那么当 $T=t$ 时 p 值就是 δ_t 的检验水平（见本节习题 18），也就是说 p 值等于

$$\sup_{\theta\in\Omega_0}\pi(\theta\mid\delta_t)=\sup_{\theta\in\Omega_0}P(T\geqslant t\mid\theta)。\tag{9.1.12}$$

通常，在 Ω_0 到 Ω_1 的边界上的某一个 θ_0，会使 $\pi(\theta|\delta_t)$ 最大。因为 p 值是通过 T 分布的上尾部的概率来计算，有时就称它为尾部面积。

例 9.1.12　关于伯努利分布参数的假设检验　对于例 9.1.9 的假设（9.1.11），我们采用的检验为"若 $Y\geqslant c$，则拒绝 H_0"。当 $Y=y$ 出现时，p 值将等于 $\sup_{p\leqslant p_0}P(Y\geqslant y|p)$。在这个例子中，很容易看到 $P(Y\geqslant y|p)$ 作为 p 的函数是单增的，因此 p 值是 $P(Y\geqslant y|p=p_0)$。例如，令 $p_0=0.3,n=10$。如果 $Y=6$，则 $P(Y\geqslant 6|p=0.3)=0.047\,3$，这和我们例 9.1.9 中计算的相同。◀

当检验没有这种"如果 $T\geqslant c$，拒绝 H_0"的形式，p 值的计算比较复杂。在本书中，我们仅计算这种形式的检验的 p 值。

检验和置信集的等价性

例 9.1.13　人工降雨　例 8.5.5 和例 8.5.6 中，μ 是撒播云的对数降雨量的均值，我们求得了 μ 的置信度为 γ 的单边置信区间（下限）。对于 $\gamma=0.9$，置信区间的观察值为 $(4.727,\infty)$。关于该区间的一种有争议的解释是，对于 $\mu>4.727$，置信度为 0.9（无论这意味着什么）。尽管此陈述故意模棱两可且难以解释，但听起来似乎可以帮助我们解决检验假设 $H_0:\mu\leqslant 4$ 与 $H_1:\mu>4$ 的问题。事实"4 不在置信度为 0.9 的置信区间的观察值中"告诉我们某些信息，根据这些信息我们是否可以在某个显著性水平上拒绝 H_0？◀

接下来，我们将说明如何用置信区间（见 8.5 节）作为另外一种替代方法来报告假设检验的结果。特别地，我们将证明，可以把置信度为 γ 的置信集（置信区间的推广）看作在显著性水平 $1-\gamma$ 下不拒绝原假设的集合。

定理 9.1.1　由检验定义置信集　设 $\boldsymbol{X}=(X_1,\cdots,X_n)$ 是取自某个分布的随机样本，这个分布取决于未知参数 θ。令 $g(\theta)$ 是一个函数，假设对 $g(\theta)$ 的每个可能取值 g_0，存在如下假设的显著性水平为 α_0 的检验 δ_{g_0}：

$$H_{0,g_0}:g(\theta)=g_0,\quad H_{1,g_0}:g(\theta)\neq g_0。\tag{9.1.13}$$

对 $\boldsymbol{X}$ 的每一个可能值 $\boldsymbol{x}$，定义

$$\omega(\boldsymbol{x})=\left\{g_0:\text{如果 }\boldsymbol{X}=\boldsymbol{x}\text{ 被观察到},\delta_{g_0}\text{ 不拒绝}H_{0,g_0}\right\}。\tag{9.1.14}$$

令 $\gamma=1-\alpha_0$，则随机集 $\omega(\boldsymbol{X})$ 满足：

$$P[g(\theta_0)\in\omega(\boldsymbol{X})\mid\theta=\theta_0]\geqslant\gamma。\tag{9.1.15}$$

证明 设 θ_0 是 Ω 的任意元素，定义 $g_0=g(\theta_0)$。因为 δ_{g_0} 是水平为 α_0 的检验，我们知道

$$P[\text{检验 } \delta_{g_0} \text{ 不拒绝 } H_{0,g_0} \mid \theta=\theta_0] \geq 1-\alpha_0=\gamma。 \tag{9.1.16}$$

对每个 $\boldsymbol{x}$，我们知道 $g(\theta_0)\in\omega(\boldsymbol{x})$ 当且仅当在观察到数据 $\boldsymbol{X}=\boldsymbol{x}$ 时检验 δ_{θ_0} 不拒绝 H_{0,g_0}。由式（9.1.15）的左边和式（9.1.16）的左边相同可得结论成立。■

定义 9.1.10 置信集 如果随机集 $\omega(\boldsymbol{X})$ 对每个 $\theta_0\in\Omega$ 满足式（9.1.15），我们则称 $\omega(X)$ 是 $g(\theta)$ 的置信度为 γ 的置信集。若对所有 θ_0，不等式（9.1.15）都成为等式，那就称置信集是精确的。

置信集是对在 8.5 节中介绍的置信区间概念的一般化。定理 9.1.1 所证明的就是假设（9.1.13）的水平为 α_0 的检验可以用来构造 $g(\theta)$ 的置信度为 $\gamma=1-\alpha_0$ 的置信集。反过来的构造也是可能的。

定理 9.1.2 由置信集定义检验 设 $\boldsymbol{X}=(X_1,\cdots,X_n)$ 是取自某个分布的随机样本，这个分布取决于未知参数 θ。令 $g(\theta)$ 是一个函数，$\omega(\boldsymbol{X})$ 是 $g(\theta)$ 的置信度为 γ 的置信集。对 $g(\theta)$ 的每个可能取值 g_0，建立假设（9.1.13）的检验 δ_{g_0}：δ_{g_0} 不拒绝 H_{0,g_0}，当且仅当 $g_0\in\omega(\boldsymbol{X})$。则 δ_{g_0} 是假设（9.1.13）的水平为 $\alpha_0=1-\gamma$ 的检验。

证明 因为 $\omega(\boldsymbol{X})$ 是 $g(\theta)$ 的置信度为 γ 的置信集，对所有 $\theta_0\in\Omega$，式（9.1.15）成立。和定理 9.1.1 的证明一样，式（9.1.15）的左边和式（9.1.16）的左边相同，由此可得，δ_{g_0} 是水平为 α_0 的检验。■

例 9.1.14 正态分布均值的置信区间 考虑例 9.1.8 中假设（9.1.2）的检验。令 $\alpha_0=1-\gamma$，若 $|\overline{X}_n-\mu_0|\geq\Phi^{-1}(1-\alpha_0/2)\sigma n^{-1/2}$，水平为 α_0 的检验 δ_{μ_0} 将拒绝 H_0。若观察到 $\overline{X}_n=\overline{X}_n$，我们不拒绝 H_0 的 μ_0 集合如下

$$|\overline{X}_n-\mu_0|<\Phi^{-1}\left(1-\frac{\alpha_0}{2}\right)\sigma n^{-1/2}。$$

这个不等式可容易地变为

$$\bar{x}_n-\Phi^{-1}\left(1-\frac{\alpha_0}{2}\right)\sigma n^{-1/2}<\mu_0<\bar{x}_n+\Phi^{-1}\left(1-\frac{\alpha_0}{2}\right)\sigma n^{-1/2}。$$

置信度为 γ 的置信区间成为

$$(A,B)=\left(\overline{X}_n-\Phi^{-1}\left(1-\frac{\alpha_0}{2}\right)\sigma n^{-1/2},\overline{X}_n+\Phi^{-1}\left(1-\frac{\alpha_0}{2}\right)\sigma n^{-1/2}\right)。$$

对所有的 μ_0，容易验证

$$P(\mu_0\in(A,B)\mid\mu=\mu_0)=\gamma。$$

这个置信区间是精确的。◀

例 9.1.15 利用置信区间构造检验 在 8.5 节中，我们学习了当面对均值与方差均未知的正态分布时，如何构造置信区间。令 $X_1,\cdots,X_n$ 为均值 μ 与方差 σ^2 都未知的正态分布的随机样本。这时参数为 $\theta=(\mu,\sigma^2)$，我们感兴趣的是 $g(\theta)=\mu$。在 8.5 节中，我们采用了如下统计量：

$$\overline{X}_n=\frac{1}{n}\sum_{i=1}^{n}X_i,\quad \sigma'=\left(\frac{1}{n-1}\sum_{i=1}^{n}(X_i-\overline{X}_n)^2\right)^{1/2}。 \tag{9.1.17}$$

$g(\theta)$的置信度为γ的置信区间为

$$\left(\overline{X}_n - T_{n-1}^{-1}\left(\frac{1+\gamma}{2}\right)\frac{\sigma'}{n^{1/2}}, \overline{X}_n + T_{n-1}^{-1}\left(\frac{1+\gamma}{2}\right)\frac{\sigma'}{n^{1/2}}\right), \tag{9.1.18}$$

其中$T_{n-1}^{-1}(\cdot)$为服从自由度为$n-1$的t分布的分位数函数。对每一个μ_0，可以用这个区间得到在水平$\alpha_0=1-\gamma$下的假设检验

$$H_0: \mu = \mu_0,$$
$$H_1: \mu \neq \mu_0。$$

若μ_0不在区间(9.1.18)中，检验将拒绝H_0。稍微做一点代数运算就能发现，μ_0不在区间(9.1.18)内，当且仅当

$$\left| n^{1/2}\frac{\overline{X}_n - \mu_0}{\sigma'} \right| \geqslant T^{-1}\left(\frac{1+\gamma}{2}\right)。$$

这个检验与我们将在9.5节中更详细学习的t检验是一样的。◀

单边置信区间与检验　定理9.1.1和定理9.1.2建立了置信集和形如（9.1.13）的假设检验之间的等价关系。我们经常要检验其他形式的假设，如果有与定理9.1.1和定理9.1.2类似的定理来处理这些情况将会非常方便。例9.1.13就是这样的情况，其中假设的形式为

$$H_{0,g_0}: g(\theta) \leqslant g_0, \quad H_{1,g_0}: g(\theta) > g_0。 \tag{9.1.19}$$

定理9.1.1可以立即推广到这种情况，我们把定理9.1.3的证明留给读者。

定理9.1.3　利用单边检验得单边置信区间　设$\boldsymbol{X}=(X_1,\cdots,X_n)$是取自某个分布的随机样本，这个分布取决于参数$\theta$。令$g(\theta)$是一个函数，假设对$g(\theta)$的每个可能取值$g_0$，存在假设（9.1.19）的显著性水平为$\alpha_0$的检验$\delta_{g_0}$。对$\boldsymbol{X}$的每一个可能值$\boldsymbol{x}$，$\omega(\boldsymbol{x})$的定义由式（9.1.14）给出。令$\gamma=1-\alpha_0$，则随机集$\omega(\boldsymbol{X})$满足（9.1.15），对所有$\theta_0\in\Omega$都成立。■

例9.1.16　伯努利分布参数的单边置信区间　在例9.1.9中，我们展示了如何在α_0水平下构造形如（9.1.11）的单边假设的检验。设$Y=\sum_{i=1}^{n}X_i$。如果$Y\geqslant c(p_0)$，就拒绝原假设H_0，这里$c(p_0)$是满足$P(Y\geqslant c \mid p=p_0)\leqslant\alpha_0$的最小的$c$。在观测到数据$\boldsymbol{X}$后，就可以对于每个$p_0$验证是否拒绝$H_0$，也就是说，对于每个$p_0$都验证是否有$Y\geqslant c(p_0)$。所有那些满足$Y<c(p_0)$（即不拒绝$H_0$）的$p_0$将形成一个区间$\omega(\boldsymbol{X})$，这个区间对所有的$p_0$都满足$P(p_0\in\omega(\boldsymbol{X}) \mid p=p_0)\geqslant 1-\alpha_0$。例如，假定$n=10$，$\alpha_0=0.1$，并且观察到$Y=6$，为了在0.1的检验水平下不拒绝$H_0: p\leqslant p_0$，必须有一个不包含6的拒绝域，而这个事件当且仅当$P(Y\geqslant 6 \mid p=p_0)>0.1$时才会发生。通过尝试$p_0$的不同值，发现对于所有的$p_0>0.3542$此不等式$P(Y\geqslant 6 \mid p=p_0)>0.1$都成立。因此，如果观察到$Y=6$，那么置信度为0.9的置信区间是(0.354 2，1)。注意，0.3不在此区间内，所以在0.1的检验水平下拒绝H_0:$p\leqslant 0.3$，就如同我们在例9.1.9中所做的那样。对于其他观测值$Y=y$，置信区间都将是$(q(y),1)$这种形式，其中$q(y)$的计算我们将在本节习题17中做简要介绍。当$n=10$，$\alpha_0=0.1$时$q(y)$的值是：

y	0	1	2	3	4	5	6	7	8	9	10
$q(y)$	0	0.010 4	0.054 5	0.115 8	0.187 5	0.267 3	0.354 2	0.448 2	0.550 3	0.663 1	0.794 3

这些置信区间都不是精确的。◀

不幸的是，由于以下原因，定理 9.1.2 并未立即推广到单边假设。对于形如(9.1.19)的假设进行单边检验的水平依赖于所有满足 $g(\theta)\leqslant g_0$ 的 θ 值，而不仅依赖于 $g(\theta)=g_0$ 的 θ 值。特别是，定理 9.1.2 中定义的检验 δ_{g_0} 的水平为

$$\sup_{\{\theta:g(\theta)\leqslant g_0\}} P[g_0\notin\omega(\boldsymbol{X})|\theta]。\tag{9.1.20}$$

另一方面，置信度为

$$1-\sup_{\{\theta:g(\theta)=g_0\}} P[g_0\notin\omega(\boldsymbol{X})|\theta]。$$

如果我们能证明式（9.1.20）中的上确界在 $g(\theta)=g_0$ 的 θ 处达到，则检验水平为 1 减去置信度。我们在本书中处理的大多数情况都具有这样的性质，式（9.1.20）中的上确界确实在 $g(\theta)=g_0$ 的 θ 处达到。例 9.1.16 就是这样一种情况，例 9.1.13 是另一个。下例是我们在例 9.1.13 中所需的一般形式。

例 9.1.17 正态分布均值的单边检验和置信区间（方差未知） 设 $X_1,\cdots,X_n$ 是来自正态分布的随机样本，方差 σ^2 和均值 μ 都未知，这里 $\theta=(\mu,\sigma^2)$。令 $g(\theta)=\mu$。在定理 8.5.1 中，我们发现

$$\left(\overline{X}_n-T_{n-1}^{-1}(\gamma)\frac{\sigma'}{n^{1/2}},\infty\right)\tag{9.1.21}$$

是 $g(\theta)$ 的置信度为 γ 的单边置信区间。现在，假设我们用这个区间去检验假设。如果 μ_0 不在区间（9.1.21）内，我们将拒绝原假设 $\mu=\mu_0$。很容易看到，当且仅当 $\overline{X}_n\geqslant\mu_0+\sigma' n^{-1/2}T_{n-1}^{-1}(\gamma)$ 时，μ_0 不在区间（9.1.21）内。这样一个检验似乎对于检验如下假设是有意义的：

$$H_0:\mu\leqslant\mu_0,\quad H_1:\mu>\mu_0。\tag{9.1.22}$$

特别地，例 9.1.13 中，4 不在置信区间的观察值中，这意味着上面构造的检验($\mu_0=4$, $\gamma=0.9$)将会在 0.1 的水平上拒绝 $H_0:\mu\leqslant 4$。◀

例 9.1.17 中构造的检验是我们将在 9.5 节中研究的另一种 t 检验。特别地，我们将在 9.5 节中证明这个 t 检验是一个水平为 $1-\gamma$ 的检验。在本节习题 19 中，你会遇到对应于检验相反假设的单边置信区间。

似然比检验

似然比检验是一种非常流行的假设检验形式。在 9.2 节中，我们将对似然比检验给出部分理论依据。这种检验基于似然函数 $f_n(\boldsymbol{x}|\theta)$（见定义 7.2.3）。似然函数在 θ 的真实值附近趋于最高。实际上，这就是极大似然估计在许多情况下都能很好地起作用的原因。现在，假设我们希望检验如下假设：

$$\begin{aligned}H_0:&\quad\theta\in\Omega_0,\\H_1:&\quad\theta\in\Omega_1。\end{aligned}\tag{9.1.23}$$

为了比较这两个假设，我们主要看似然函数在 Ω_0 或 Ω_1 上是否更高，如果不是，则看似然函数在 Ω_0 上小多少。当我们计算极大似然估计值时，我们在整个参数空间上对似然函数极大化，特别地，我们计算了 $\sup_{\theta\in\Omega} f_n(\boldsymbol{x}|\theta)$。如果我们将注意力集中在 H_0 上，则可以计算出

Ω_0 中的这些参数值中的似然极大值：$\sup_{\theta\in\Omega_0} f_n(\boldsymbol{x}|\theta)$。然后，我们将这两个上确界的比率用于检验假设（9.1.23）。

定义 9.1.11　似然比检验　统计量

$$\Lambda(\boldsymbol{x})=\frac{\sup_{\theta\in\Omega_0} f_n(\boldsymbol{x}\mid\theta)}{\sup_{\theta\in\Omega} f_n(\boldsymbol{x}\mid\theta)} \tag{9.1.24}$$

称为似然比统计量。假设（9.1.23）的似然比检验是如下检验：如果 $\Lambda(\boldsymbol{x})\leqslant k$，则拒绝 H_0，这里 k 为某个常数。

换句话说，如果 Ω_0 上的似然函数与所有 Ω 上的似然函数相比足够小，则似然比检验将拒绝 H_0。通常，我们选择 k 以使检验达到所需的水平 α_0（如果可能的话）。

例 9.1.18　伯努利分布参数的双边似然比检验　假设 Y 为 n 重伯努利试验成功的次数，未知参数为 θ，我们可以观察到 Y。我们考虑假设：$H_0: \theta=\theta_0$，$H_1: \theta\neq\theta_0$。在观察到 $Y=y$ 后，似然函数为

$$f(y\mid\theta)=\binom{n}{y}\theta^y(1-\theta)^{n-y}。$$

这时，$\Omega_0=\{\theta_0\}$ 及 $\Omega=[0,1]$。似然比统计量为

$$\Lambda(y)=\frac{\theta_0^y(1-\theta_0)^{n-y}}{\sup_{\theta\in[0,1]}\theta^y(1-\theta)^{n-y}}。\tag{9.1.25}$$

式（9.1.25）中分母的上确界由例 7.5.4 给出，当 θ 为极大似然估计值 $\hat{\theta}=y/n$ 时，出现最大值。故，

$$\Lambda(y)=\left(\frac{n\theta_0}{y}\right)^y\left(\frac{n(1-\theta_0)}{n-y}\right)^{n-y}。$$

不难看出，对于接近 0 和接近 n 的 y，$\Lambda(y)$ 很小，而最大值在 $y=n\theta_0$ 附近。作为具体例子，假设 $n=10$ 和 $\theta_0=0.3$。表 9.1 列出了 $y=0,\cdots,10$ 时 $\Lambda(y)$ 的 11 个可能值。如果我们希望用显著性水平 α_0 检验，我们将根据 $\Lambda(y)$ 的值从小到大对 y 的值进行排序，我们选择 k，以使与 $\Lambda(y)\leqslant k$ 的那些 y 值对应的概率 $P(Y=y|\theta=0.3)$ 的总和不超过 α_0。例如，如果 $\alpha_0=0.05$，从表 9.1 中可以看出，我们可以将与 $y=10,9,8,7,0$ 相对应的概率相加，得出 0.039。但是，如果我们包含 $y=6$（对应于 $\Lambda(y)$ 的下一个最小值），则总和会跳至 0.076，这太大了。$y\in\{10,9,8,7,0\}$ 的集合对应于 $\Lambda(y)\leqslant k$，对每个在半开区间 $[0.028,0.147)$ 中的 k。当 $y\in\{10,9,8,7,0\}$ 时，拒绝 H_0 的检验水平为 0.039。◀

表 9.1　例 9.1.18 中的似然比统计量的值

y	0	1	2	3	4	5	6	7	8	9	10
$\Lambda(y)$	0.028	0.312	0.773	1.000	0.797	0.418	0.147	0.034	0.005	3×10^{-4}	6×10^{-6}
$P(Y=y\mid\theta=0.3)$	0.028	0.121	0.233	0.267	0.200	0.103	0.037	0.009	0.001	1×10^{-4}	6×10^{-6}

大样本似然比检验

在涉及大样本的问题中，似然比检验最为流行。如下结论显示了在这种情况下如何使用它们，其精确的表述和证明超出了本书的范围。

定理 9.1.4 大样本似然比检验 令 Ω 是 p 维空间的一个开子集，并假设 H_0 指定 θ 的 k 个坐标等于 k 个特定值。假设 H_0 为真，并且似然函数满足证明极大似然估计量是渐近正态分布且渐近有效所需的条件（见定理 8.8.5）。则当 $n\to\infty$ 时，$-2\ln\Lambda(\boldsymbol{X})$ 依分布收敛到自由度为 k 的 χ^2 分布。 ■

例 9.1.19 伯努利分布参数的双边似然比检验 我们把定理 9.1.4 中的思想应用于例 9.1.18 末尾的情况。设 $\Omega=(0,1)$，使得 $p=1$ 且 $k=1$。要得到水平为 α_0 的近似检验，如果 $-2\ln\Lambda(y)$ 大于自由度为 1 的 χ^2 分布的 $1-\alpha_0$ 分位数，则我们将拒绝 H_0。取 $\alpha_0=0.05$ 时，分位数为 3.841。通过对表 9.1 中 $\Lambda(y)$ 行的数字取对数，可以看到 $y\in\{10,9,8,7,0\}$ 的 $-2\ln\Lambda(y)>3.841$。于是，当 $-2\ln\Lambda(y)>3.841$ 时拒绝 H_0，这就是我们在例 9.1.18 中构造的相同检验。 ◀

如果原假设为 θ 的 k 个函数的集合等于 k 个特定值，定理 9.1.4 也适用。例如，假设参数为 $\theta=(\mu,\sigma^2)$，我们希望检验 $H_0:(\mu-2)/\sigma=1, H_1:(\mu-2)/\sigma\neq 1$。我们可以先变换为等价参数 $\theta'=((\mu-2)/\sigma,\sigma)$，然后应用定理 9.1.4。由于极大似然估计量的不变性（定理 7.6.1，推广到多维参数的情形），我们实际上不需要转换即可计算 Λ。我们只需要在两个集合 Ω_0 和 Ω 上最大化似然函数并取比率即可。

最后一点，我们必须注意不要将定理 9.1.4 应用于单边假设检验的问题。在这种情况下，$\Lambda(\boldsymbol{X})$ 通常具有既不是离散型也不是连续型的分布，且不收敛于 χ^2 分布。同样，当参数空间 Ω 是一个闭集且原假设是 θ 取 Ω 的边界上一点时，定理 9.1.4 无法应用。

假设检验的术语

在定义 9.1.1 之后，我们注意到在原假设、备择假设之间进行选择时，存在不对称性。对于 H_0 陈述了这两个选择，即拒绝 H_0 或不拒绝 H_0。在假设检验发展之初，是否需要备择假设存在争议。争议的焦点集中在原假设以及是否拒绝它们。人们从未明确阐明“不拒绝 H_0”的实际操作含义。特别是，这并不意味着我们在任何意义上都接受 H_0 为真。这也不意味着我们一定更有把握地相信 H_0 是真的，而不是假的。就此而言，“拒绝 H_0”并不意味着我们更有把握认为 H_0 为假的。

问题的一部分在于，假设检验的建立就好像它是一个统计决策问题，但是没有涉及损失函数或效用函数。因此，我们没有权衡各种假设的相对可能性与做出各种决策的成本或收益。在 9.8 节，我们将说明一种将假设检验问题视为统计决策问题的方法。事实证明，许多（但不是全部）流行的检验过程在决策问题的框架中有解释。在本章的其余部分中，我们将继续发展经过广泛实践的假设检验理论。

这里还有两点需要澄清。第一个是关于术语“临界域”和“拒绝域”。其他书籍的读者可能会遇到“临界域”或“拒绝域”这两个术语，指的是定义 9.1.4 中的集合 S_1 或定义 9.1.5 中的集合 R。这些书通常只定义两个术语中的一个术语。我们选择给这两个集合 S_1 和 R 不同的名称，因为它们在数学上是不同的对象。S_1 是一个可能的数据向量的子集，而 R 是一个检验统计量的可能值的子集。每一个术语都在假设检验发展中的不同部分使用。在大多数实际问题中，检验利用检验统计量和拒绝域更容易表述。9.2 节中为了证明一些定理，利用临界域定义检验更为方便。

最后一点涉及术语“显著性水平”和“检验水平”，以及术语“水平为 α_0 的检验”。一些作者利用诸如“犯第 I 类错误的概率”或“当原假设为真时数据位于临界域的概率”来定义检验的显著性水平。如果原假设是简单假设，则这些语句很容易理解，且与我们定义的检验水平相符。另一方面，如果原假设是复合假设，此类语句定义就不明确了。对于每个 $\theta\in\Omega_0$，检验拒绝 H_0 的概率通常是不同的。那么我们该选哪一个作为显著性水平？我们将检验水平定义为所有这些概率的上确界。我们已经说过，如果检验水平小于或等于 α_0，则检验的“显著性水平为 α_0”。这意味着一个检验只有一个检验水平，但是有多个显著性水平。从检验水平到 1 之间的每个数字都可以作为显著性水平。区分检验水平和显著性水平的概念是有充分理由的。在例 9.1.9 中，研究者希望将犯第 I 类错误的概率限制为不超过 0.1。检验统计量 Y 具有离散分布，我们看到没有检验水平为 0.1 的检验可用。在该例中，研究者需要选择检验水平为 0.047 3 的检验。尽管检验水平不同，该检验的显著性水平仍为 0.1，是水平为 0.1 的检验。在其他更复杂的情况下，我们可以构造满足式（9.1.6）的检验 δ，即它具有显著性水平 α_0，但不可能（没有复杂的数值方法）计算实际检验水平。研究者坚持采用特定显著性水平为 α_0 的检验，并将其称为水平为 α_0 的检验，而不需要准确计算其检验水平。后一种情况最常见的例子是我们希望同时检验关于两个参数的假设。例如，让 $\theta=(\theta_1,\theta_2)$，我们希望检验如下假设

$$H_0:\theta_1=0 \text{ 且 } \theta_2=1,\quad H_1:\theta_1\neq 0 \text{ 或 } \theta_2\neq 1。\tag{9.1.26}$$

下面的结论给出了构造 H_0 的水平为 α_0 的检验的一种方法。

定理 9.1.5　对 $i=1,\cdots,n$，设 $H_{0,i}$ 为原假设，并设 δ_i 是 $H_{0,i}$ 的水平为 $\alpha_{0,i}$ 的检验。定义组合原假设 H_0 为 $H_{0,1},\cdots,H_{0,n}$，且同时成立。定义检验 δ 如下：如果检验 $\delta_1,\cdots,\delta_n$ 中至少有一个拒绝相应的原假设，则拒绝 H_0，则 δ 是 H_0 的水平为 $\sum_{i=1}^{n}\alpha_{0,i}$ 的检验。

证明　对 $i=1,\cdots,n$，令 A_i 表示事件“检验 δ_i；拒绝 $H_{0,i}$”，运用定理 1.5.8 可得结论成立。

■

要检验(9.1.26)中 H_0，我们需要找到两个检验 δ_1 和 δ_2，使得 δ_1 是用于检验 $\theta_1=0$ 和 $\theta_1\neq 0$ 的检验水平为 $\alpha_0/2$ 的检验，而 δ_2 是用于检验 $\theta_2=1$ 和 $\theta_2\neq 1$ 的检验水平为 $\alpha_0/2$ 的检验。检验 δ 的定义为：如果 δ_1 拒绝 $\theta_1=0$ 或 δ_2 拒绝 $\theta_2=1$ 或两者皆有，则 δ 拒绝 H_0。定理 9.1.5 表示 δ 是 H_0 和 H_1 的水平为 α_0 的检验，但是其准确检验水平需要我们计算出 δ_1 和 δ_2 同时拒绝其相应原假设的概率，而这样的计算通常是棘手的。

最后，正如在定义 9.1.9 之后指出的那样，我们对显著性水平的定义与 p 值的使用非常匹配。

小结

假设检验是决定参数 θ 是否落在参数空间的特定子集 Ω_0 中或它的补集 Ω_1 中的问题，我们把 $\theta\in\Omega_0$ 的情况称为原假设，表示为 H_0；另外一种情况称为备择假设，表示为 $H_1:\theta\in\Omega_1$。设 S 是可能观测到的所有可能的数据值或向量的集合，观测值可分为两个互不相交的子集，当观测值 $\boldsymbol{X}\in S_1(S_1\subset S)$ 时拒绝原假设 H_0，当观测值 $\boldsymbol{X}\notin S_1$ 时不拒绝原假设 H_0，这样的子集 S_1 称为检验的临界域。而检验 δ 的功效函数就是 $\pi(\theta|\delta)=P(\boldsymbol{X}\in S_1|\theta)$，$\delta$ 的检验水平是 $\sup\limits_{\theta\in\Omega_0}\pi(\theta|\delta)$，当这个值最多为 α_0 时，就称为水平 α_0 的检验。如果 Ω_0 是一个单点集，则称原假设 H_0 为简单假设，反之 H_0 为复合假设；类似地，如果 Ω_1 是一个单点集，称 H_1 为简单假设，反之则为复合假设；当 H_0 为真时而拒绝了 H_0，称为第Ⅰ类错误，而当 H_0 为假，不拒绝 H_0 时，称为第Ⅱ类错误。

假设检验通常是建立一个检验统计量 T 来进行检验，当统计量 T 落在一定区间内或一定区间外就拒绝原假设。这个区间的选择使检验达到了所要求的显著性水平。p 值能使我们的报告提供更多的信息，只要是采用检验形式“如果某统计量 $T\geqslant c$ 时拒绝 H_0”，就能容易地计算出 p 值来。当观察到 $T=t$ 时，p 值就等于 $\sup\limits_{\theta\in\Omega_0}P(T\geqslant t|\theta)$。我们还说明了如何将置信集作为反映假设检验所得结果的一种方式。当以显著性水平 α_0 不拒绝原假设 H_0：$\theta=\theta_0$ 时，以置信度 $1-\alpha_0$ 给出的置信集就是所有 $\theta_0\in\Omega$ 的集合。当我们检验关于一维参数或参数的一维函数的假设时，这些置信集是区间。

习题

1. X 服从参数为 β 的指数分布，假定要检验假设

$$H_0:\beta\geqslant 1,H_1:\beta<1。$$

考虑当 $X\geqslant 1$ 时拒绝 H_0 的检验过程 δ。

a. 确定检验的功效函数。

b. 计算检验的水平。

2. 若 $X_1,\cdots,X_n$ 是 $[0,\theta]$ 上均匀分布的随机样本，检验假设

$$H_0:\theta\geqslant 2,H_1:\theta<2。$$

令 $Y_n=\max\{X_1,\cdots,X_n\}$，临界域包含使 $Y_n\leqslant 1.5$ 的所有结果。考虑相应的检验过程。

a. 写出检验的功效函数。

b. 求检验的水平。

3. 假定在一大批产品中次品所占的比例 p 是未知的，要检验假设

$$H_0:p=0.2,H_1:p\neq 0.2。$$

并假设从这些产品中随机取出 20 个作为随机样本，令 Y 表示这个样本中次品的数量，临界域包含了所有使 $Y\leqslant 1$ 或 $Y\geqslant 7$ 的结果，考虑相应的检验过程 δ。

a. 计算出当 $p=0$，0.1，0.2，0.3，0.4，0.5，0.6，0.7，0.8，0.9，1 时的功效函数 $\pi(p|\delta)$ 的值，并画出功效函数的草图。

b. 求检验的水平。

4. 若 $X_1,\cdots,X_n$ 是服从均值 μ 未知、方差为 1 的正态分布的随机样本，μ_0 为某指定数，检验假设

$$H_0: \mu = \mu_0, H_1: \mu \neq \mu_0。$$

并设样本量 n 为 25，考虑当 $|\overline{X}_n - \mu_0| \geq c$ 则拒绝 H_0 的检验过程。计算使检验水平为 0.05 的 c 值.

5. 假设 $X_1, \cdots, X_n$ 是服从均值 μ 与方差 σ^2 都未知的正态分布的随机样本，区分以下假设是简单假设还是复合假设。
   a. $H_0: \mu=0$ 且 $\sigma=1$。
   b. $H_0: \mu>3$ 且 $\sigma<1$。
   c. $H_0: \mu=-2$ 且 $\sigma^2<5$。
   d. $H_0: \mu=0$。
6. 若 X 服从 $\left[\theta-\frac{1}{2}, \theta+\frac{1}{2}\right]$ 上的均匀分布，检验假设
$$H_0: \theta \leqslant 3, H_1: \theta \geqslant 4。$$
   构造检验过程 δ 使功效函数有以下值：$\pi(\theta|\delta)=0$ 当 $\theta \leqslant 3$，$\pi(\theta|\delta)=1$ 当 $\theta \geqslant 4$。
7. 回顾例 9.1.7，考虑一个新的检验 δ^*，使当 $Y_n \leqslant 2.9$ 或 $Y_n \geqslant 4.5$ 时拒绝 H_0，设 δ 是例 9.1.7 给出的检验过程。
   a. 证明当 $\theta \leqslant 4$ 时，$\pi(\theta|\delta^*)=\pi(\theta|\delta)$。
   b. 证明当 $\theta>4$ 时，$\pi(\theta|\delta^*)<\pi(\theta|\delta)$。
   c. 在两个检验中哪一个能较好地检验假设（9.1.8）？
8. 假设 $X_1, \cdots, X_n$ 独立同分布于均值是 μ、方差是 1 的正态分布，检验假设
$$H_0: \mu \leqslant \mu_0, H_1: \mu > \mu_0。$$
   考虑检验：如果 $Z \geqslant c$，则拒绝 H_0，这里的 Z 由式（9.1.10）定义。
   a. 说明 $P(Z \geqslant c|\mu)$ 是 μ 的递增函数。
   b. 确定常数 c，使检验的水平为 α_0。
9. 假设 $X_1, \cdots, X_n$ 独立同分布于一个均值是 μ、方差是 1 的正态分布，检验假设
$$H_0: \mu \geqslant \mu_0, H_1: \mu < \mu_0。$$
   求一个检验统计量 T，使对于每一个 c，当 $T \geqslant c$ 时拒绝 H_0 的检验 δ_c 都有随 μ 递减的功效函数 $\pi(\mu|\delta_c)$。
10. 在习题 8 中，假设观察到 $Z=z$，试确定 p 值的公式。
11. 设 $X_1, \cdots, X_9$ 独立同分布，有参数为 p 的伯努利分布，检验假设
$$H_0: p = 0.4, H_1: p \neq 0.4。$$
   令 $Y=\sum_{i=1}^{9} X_i$。
   a. 试确定 c_1 和 c_2，使
$$P(Y \leqslant c_1 | p = 0.4) + P(Y \geqslant c_2 | p = 0.4)$$
   不大于但尽可能接近于 0.1。
   b. δ 是如果 $Y \leqslant c_1$ 或者 $Y \geqslant c_2$，则拒绝 H_0 的检验；求 δ 的检验水平。
   c. 画出检验 δ 的功效函数图像。
12. 设 X 是以 θ 为中心的柯西分布的观察值，X 的概率密度函数是
$$f(x | \theta) = \frac{1}{\pi[1+(x-\theta)^2]}, -\infty < x < \infty。$$
   检验假设
$$H_0: \theta \leqslant \theta_0, H_1: \theta > \theta_0。$$
   检验 δ_c 是如果 $X \geqslant c$，拒绝 H_0。
   a. 证明 $\pi(\theta|\delta_c)$ 是 θ 的递增函数。
   b. 确定 c 使检验水平为 0.05。

c. 假设观察到 $X=x$，试确定 p 值的公式。

13. 设 X 是服从均值为 θ 的泊松分布，检验假设

$$H_0: \theta \leqslant 1.0, H_1: \theta > 1.0。$$

将检验 δ_c 规定为：如果 $X \geqslant c$，则拒绝 H_0，试确定常数 c，使 δ_c 的检验水平不大于0.1且尽可能接近于0.1。

14. 设 $X_1,\cdots,X_n$ 独立同分布于参数为 θ 的指数分布，检验假设

$$H_0: \theta \geqslant \theta_0, H_1: \theta < \theta_0。$$

令 $X = \sum_{i=1}^{n} X_i$，检验 δ_c 为：如果 $X \geqslant c$，则拒绝 H_0。

a. 证明 $\pi(\theta|\delta_c)$ 是 θ 的递减函数。

b. 确定常数 c，使检验 δ_c 的检验水平为 α_0。

c. 令 $\theta_0=2$，$n=1$ 和 $\alpha_0=0.1$，求 δ_c 的精确形式并画出它的功效函数的草图。

15. 设 X 服从区间 $[0,\theta]$ 上的均匀分布，欲检验以下假设

$$H_0: \theta \leqslant 1, H_1: \theta > 1。$$

考虑有下述形式的检验过程：当 $X \geqslant c$，则拒绝 H_0。对于 X 的每个可能值 x，求观察到 $X=x$ 时的 p 值。

16. 考虑8.5节习题5中的置信区间，确定与这个区间等价的假设检验集合，即对于每一个 $c>0$，求检验 δ_c，检验原假设 $H_{0,c}$：$\sigma^2=c$ 与某些备择假设，满足当且仅当 c 不在区间内时，δ_c 拒绝 $H_{0,c}$，通过在依赖 c 的某个非随机区间的内部或外部的统计量 $T=r(\boldsymbol{X})$ 来写出这个检验。

17. 设 $X_1,\cdots,X_n$ 独立同分布，且有参数为 p 的伯努利分布。令 $Y=\sum_{i=1}^{n} X_i$，我们希望确定 p 的形如 $(q(y),1)$ 的置信度为 γ 的置信区间。证明：如果观察到 $Y=y$，则 $q(y)$ 应选择满足 $P(Y \geqslant y|p=p_0) \geqslant 1-\gamma$ 的 p_0 的最小值。

18. 考虑式（9.1.12）前面描述的情况，证明式（9.1.12）等于在显著性水平 α_0 下拒绝 H_0 的最小的 α_0 值。

19. 回到例9.1.17。在 α_0 水平上检验假设

$$H_0: \mu \geqslant \mu_0, H_0: \mu < \mu_0。 \tag{9.1.27}$$

$\overline{X}_n$ 很小时，拒绝 H_0 是合情合理的。构造 μ 的置信度为 $1-\alpha_0$ 的单边置信区间，如果 μ_0 不在区间内，我们就拒绝 H_0。设法确保这样给出的检验在 $\overline{X}_n$ 很小时会拒绝 H_0。

20. 证明定理9.1.3。

21. 回到例9.1.17和习题19中描述的场景。我们希望比较如果交换原假设和备择假设可能发生的情况。也就是说，我们要比较在 α_0 水平下检验假设（9.1.22）的结果与在 α_0 水平下检验假设（9.1.27）的结果。

a. 设 $\alpha_0<0.5$。证明没有可能的数据集使我们同时拒绝这两个原假设，即对于每个可能的 $\overline{X}_n$ 和 σ'，我们一定不能拒绝两个原假设中的至少一个。

b. 设 $\alpha_0<0.5$。证明存在可能导致无法拒绝两个原假设的数据集；还要证明存在一些数据集，这些数据集会导致拒绝其中任何一个原假设时无法拒绝另一个原假设。

c. 设 $\alpha_0<0.5$。证明有一些数据集会导致拒绝这两个原假设。

*9.2 简单假设的检验

最简单的假设检验情况是参数只有两个可能的值。在这种情况下，可以识别具有某些最优性质的检验的集合。

引言

例9.2.1 排队中的服务时间 例3.7.5中，我们将排队中 n 个顾客的服务时间 $\boldsymbol{X}=$

$(X_1,\cdots,X_n)$建模为具有联合分布的随机变量，其联合概率密度函数为

$$f_1(\boldsymbol{x})=\begin{cases}\dfrac{2(n!)}{\left(2+\sum_{i=1}^{n}x_i\right)^{n+1}}, & \text{对所有 } x_i>0,\\ 0, & \text{其他。}\end{cases} \tag{9.2.1}$$

假设服务经理不确定这个联合分布描述服务时间的好坏程度。作为替代方案，她建议将服务时间建模为参数为1/2的指数随机变量的随机样本。这个模型说联合概率密度函数是

$$f_0(\boldsymbol{x})=\begin{cases}\dfrac{1}{2^n}\exp\left(-\dfrac{1}{2}\sum_{n}^{n}x_i\right), & \text{对所有 } x_i>0,\\ 0, & \text{其他。}\end{cases} \tag{9.2.2}$$

为了说明，图9.5显示了$n=1$时的这两个概率密度函数。如果经理观察到多个服务时间，她如何检验两个分布中的哪一个更好地描述了数据？◀

在本节中，我们将考虑这样的假设检验问题，观察值向量来自两个可能的联合分布之一，统计学家必须确定向量实际来自哪个分布。在许多问题中，两个联合分布中的每一个实际上都是来自单变量分布的随机样本的分布。但是，我们在本节中介绍的内容不会依赖于观察结果是否构成随机样本。例9.2.1中，联合分布之一是随机样本的联合分布，而另一个不是。在此类问题中，参数空间恰好包含两个点，并且原假设和备择假设都是简单假设。

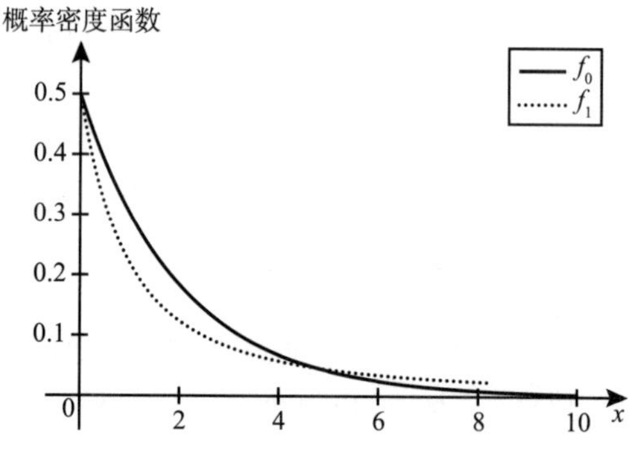

图9.5　例9.2.1中，$n=1$时的两个概率密度函数图像

具体而言，我们将假定随机向量$\boldsymbol{X}=(X_1,\cdots,X_n)$来自某个联合分布，其联合概率密度函数或联合概率函数或联合概率/密度函数为$f_0(\boldsymbol{x})$或$f_1(\boldsymbol{x})$。为了与本书前后的符号相对应，我们可以引入一个参数空间$\Omega=\{\theta_0,\theta_1\}$，设$\theta=\theta_i$表示数据具有概率密度函数或概率函数或概率/密度函数$f_i(\boldsymbol{x})$的情况，$i=0,1$，我们对检验以下简单假设感兴趣：

$$\begin{aligned}H_0:\theta&=\theta_0,\\ H_1:\theta&=\theta_1\text{。}\end{aligned} \tag{9.2.3}$$

这时，$\Omega_0=\{\theta_0\}$和$\Omega_1=\{\theta_1\}$，两个都是单点集。

当$\boldsymbol{X}$是来自某单变量分布的随机样本，其概率密度函数或概率函数为$f(x|\theta)$。在这种特殊情况下，对$i=0,1$，我们有

$$f_i(\boldsymbol{x})=f(x_1|\theta_i)f(x_2|\theta_i)\cdots f(x_n|\theta_i)\text{。}$$

两类错误

当我们对假设(9.2.3)进行检验时，我们对犯第Ⅰ类错误和犯第Ⅱ类错误的概率有特殊的表示法。对于每个检验δ，我们用$\alpha(\delta)$表示犯第Ⅰ类错误的概率，并用$\beta(\delta)$表示犯第Ⅱ类错误的概率，则

$$\alpha(\delta)=P(\text{拒绝 } H_0 \mid \theta=\theta_0),$$
$$\beta(\delta)=P(\text{不拒绝 } H_0 \mid \theta=\theta_1)。$$

例 9.2.2 排队中的服务时间 例 9.2.1 中的服务经理看了图 9.5 中的两个概率密度函数图像，对于长服务时间，决定 f_1 的概率比 f_0 高。因此，如果服务时间较长，她决定拒绝 $H_0: \theta=\theta_0$。具体来说，假设她观察到 $n=1$ 的服务时间为 X_1。如果 $X_1 \geqslant 4$，则她选择的检验 δ 会拒绝 H_0。我们可以从 X_1 的两种不同分布中计算出犯两类错误的概率。给定 $\theta=\theta_0$，X_1 服从参数为 0.5 的指数分布。对于 $x \geqslant 0$，这个分布的分布函数为 $F_0(x)=1-\exp(-0.5x)$。犯第Ⅰ类错误的概率是 $X_1 \geqslant 4$ 的概率，等于 $\alpha(\delta)=0.135$。给定 $\theta=\theta_1$，X_1 的分布的概率密度函数为 $2/(2+x_1)^2$，$x_1>0$，那么对于 $x \geqslant 0$，$F_1(x)=1-2/(2+x)$，犯第Ⅱ类错误的概率为 $\beta(\delta)=P(X_1<4)=F_1(4)=0.667$。◀

我们希望找到一种检验，犯两类错误的概率 $\alpha(\delta)$ 和 $\beta(\delta)$ 都很小。对于给定的样本量，通常无法找到 $\alpha(\delta)$ 和 $\beta(\delta)$ 都将任意小的检验。因此，我们现在将说明如何构建一个检验，以使 α 和 β 特定的线性组合的值最小化。

最优检验

线性组合最小化 假设 a 和 b 为给定的正常数，我们希望找到检验 δ 使得 $a\alpha(\delta)+b\beta(\delta)$ 最小。定理 9.2.1 表明，在这种意义上最优的过程具有非常简洁的形式。在 9.8 节，我们将给出选择使错误概率的线性组合最小化的检验的理由。

定理 9.2.1 令 δ^* 表示这样一个检验：如果 $af_0(\boldsymbol{x})>bf_1(\boldsymbol{x})$，则不拒绝假设 H_0；如果 $af_0(\boldsymbol{x})<bf_1(\boldsymbol{x})$，则拒绝假设 H_0；如果 $af_0(\boldsymbol{x})=bf_1(\boldsymbol{x})$，则可以拒绝也可以不拒绝原假设 H_0。则对于其他所有检验 δ，

$$a\alpha(\delta^*)+b\beta(\delta^*) \leqslant a\alpha(\delta)+b\beta(\delta)。\tag{9.2.4}$$

证明 为方便起见，我们这里只提供离散分布的证明，即假设 $X_1,\cdots,X_n$ 是从离散分布中抽取随机样本。在这种情况下，当 H_i 为真（$i=0,1$）时，$f_i(\boldsymbol{x})$ 表示样本中观察值的联合概率函数。如果样本来自连续分布，则 $f_i(\boldsymbol{x})$ 是一个联合概率密度函数，我们只需将该证明中出现的求和都替换为 n 重积分即可。

如果我们让 S_1 表示任意检验过程 δ 的临界域，则 S_1 包含应拒绝 H_0 的每个样本结果 $\boldsymbol{x}$，而 $S_0=S_1^C$ 包含不拒绝 H_0 的每个结果 $\boldsymbol{x}$。因此，

$$\begin{aligned}
a\alpha(\delta)+b\beta(\delta) &= a\sum_{\boldsymbol{x}\in S_1} f_0(\boldsymbol{x}) + b\sum_{\boldsymbol{x}\in S_0} f_1(\boldsymbol{x}) \\
&= a\sum_{\boldsymbol{x}\in S_1} f_0(\boldsymbol{x}) + b\Big[1-\sum_{\boldsymbol{x}\in S_1} f_1(\boldsymbol{x})\Big] \\
&= b+\sum_{\boldsymbol{x}\in S_1}[af_0(\boldsymbol{x})-bf_1(\boldsymbol{x})]。
\end{aligned}\tag{9.2.5}$$

由式（9.2.5）可知，线性组合 $a\alpha(\delta)+b\beta(\delta)$ 的值将达到最小值，如果我们选择临界域 S_1 使得式（9.2.5）中的最后一项求和的值达到最小值。从而，如果求和包含使 $af_0(\boldsymbol{x})-bf_1(\boldsymbol{x})<0$ 的每个点 $\boldsymbol{x}$，且不包含使 $af_0(\boldsymbol{x})-bf_1(\boldsymbol{x})>0$ 的点 $\boldsymbol{x}$，则该求和的值将是最小值。换句话说，如果我们选择临界域 S_1 包括每个使得 $af_0(\boldsymbol{x})<bf_1(\boldsymbol{x})$ 的点 $\boldsymbol{x}$，并排除每个使得

$af_0(\boldsymbol{x})>bf_1(\boldsymbol{x})$的点$\boldsymbol{x}$，则$a\alpha(\delta)+b\beta(\delta)$将达到最小值。如果在某点$\boldsymbol{x}$上$af_0(\boldsymbol{x})=bf_1(\boldsymbol{x})$，则$S_1$是否包含$\boldsymbol{x}$无关紧要，因为相应的项将对式（9.2.5）中的最后一项求和项的贡献为零。这个临界域就是对应于定理定义的检验δ^*。■

比值$f_1(\boldsymbol{x})/f_0(\boldsymbol{x})$有时称为样本似然比。它与定义9.1.11中的似然比统计量相关，但不尽相同。在上下文中，似然比统计量$\Lambda(\boldsymbol{x})$等于$f_0(\boldsymbol{x})/\max\{f_0(\boldsymbol{x}),f_1(\boldsymbol{x})\}$。特别地，当$\Lambda(\boldsymbol{x})$很小时，样本似然比$f_1(\boldsymbol{x})/f_0(\boldsymbol{x})$很大，反之亦然。事实上，

$$\Lambda(\boldsymbol{x})=\begin{cases}\left(\dfrac{f_1(\boldsymbol{x})}{f_0(\boldsymbol{x})}\right)^{-1}, & f_0(\boldsymbol{x})\leqslant f_1(\boldsymbol{x}),\\ 1, & \text{其他。}\end{cases}$$

关于这种令人困惑的名称选择要记住如下要点：基于这里定义的似然比（定理9.2.1和定理9.2.2）的检验的理论依据是期望定义9.1.11的似然比检验合理。

当$a,b>0$时，定理9.2.1可以改写如下。

推论9.2.1　*假设定理9.2.1的条件成立，并假定$a>0$和$b>0$，则$a\alpha(\delta)+b\beta(\delta)$的值最小的检验$\delta$是：当似然比超过$a/b$时，$\delta$拒绝$H_0$；当似然比不超过$a/b$时，$\delta$不拒绝$H_0$。*■

例9.2.3　排队中的服务时间　例9.2.2中，服务经理可以应用定理9.2.1，而不是“如果$X_1\geqslant 4$，则拒绝H_0”。她必须选择两个数字a和b来平衡犯两种类错误的概率。假设她选择a和b彼此相等，则如果$f_1(x_1)/f_0(x_1)>1$，检验将拒绝H_0，即

$$\frac{4}{(2+x_1)^2}\exp\left(\frac{x_1}{2}\right)>1。\tag{9.2.6}$$

在$x_1=0$处，式（9.2.6）的左边等于1，它一直减小直到$x_1=2$，然后一直增加。

因此，式（9.2.6）对于$x_1>c$的所有值均成立，其中c是使式（9.2.6）左边等于1的唯一的严格正值。通过数值近似，我们发现这个值为$x_1=5.025\,725$。“如果$X_1>5.025\,725$，则拒绝H_0”的检验δ^*的犯第Ⅰ类错误和犯第Ⅱ类错误的概率分别为

$$\alpha(\delta^*)=1-F_0(5.025\,725)=\exp(-2.513)=0.081,$$

$$\beta(\delta^*)=F_1(5.025\,725)=1-\frac{2}{7.026}=0.715。$$

两类错误概率的总和为0.796，例9.2.2中两类错误的概率的总和为0.802，略高。◀

最小化第Ⅱ类错误的概率　接下来，假设第Ⅰ类错误的概率$\alpha(\delta)$不允许大于某指定的显著性水平，我们期望找到使$\beta(\delta)$达到最小的检验δ。在这个问题中，我们可以应用如下结论，它与定理9.2.1密切相关，以纪念统计学家J. Neyman和E. S. Pearson于1933年提出的思想而被称为Neyman-Pearson引理。

定理9.2.2　Neyman-Pearson引理　*假设δ'是具有如下形式的检验：如果$f_1(\boldsymbol{x})<kf_0(\boldsymbol{x})$（$k>0$为某些常数），则不拒绝假设$H_0$；如果$f_1(\boldsymbol{x})>kf_0(\boldsymbol{x})$，则拒绝假设$H_0$；如果$f_1(\boldsymbol{x})=kf_0(\boldsymbol{x})$，则可以拒绝原假设$H_0$，也可以不拒绝$H_0$。如果$\delta$是另一个检验，使得$\alpha(\delta)\leqslant\alpha(\delta')$，则$\beta(\delta)\geqslant\beta(\delta')$。此外，如果$\alpha(\delta)<\alpha(\delta')$，则$\beta(\delta)>\beta(\delta')$。*

证明　从关于δ'的叙述及定理9.2.1可知，对任意检验δ有

$$k\alpha(\delta')+\beta(\delta')\leqslant k\alpha(\delta)+\beta(\delta)。\tag{9.2.7}$$

如果 $\alpha(\delta)\leqslant\alpha(\delta')$，则由式（9.2.7）可知 $\beta(\delta)\geqslant\beta(\delta')$。同时，如果 $\alpha(\delta)<\alpha(\delta')$，则有 $\beta(\delta)>\beta(\delta')$。■

为了说明 Neyman-Pearson 引理的用途，我们假设统计学家希望采用一个检验 δ 使得 $\alpha(\delta)=\alpha_0$ 且 $\beta(\delta)$ 达到最小。根据这个引理，她应尝试通过 $\alpha(\delta')=\alpha_0$ 求 k 的值。则检验 δ' 将使得 $\beta(\delta)$ 的可能值最小。如果样本是从连续分布中获取的，则通常（但并非总是）可以求得 k，使 $\alpha(\delta')$ 等于指定值，如 α_0。但是，如果样本是从离散分布中获取的，则通常不可能选择 k 使得 $\alpha(\delta')$ 等于指定值。在以下例子和本节末尾的习题中我们将进一步考虑这些评注。

例 9.2.4　排队中的服务时间　例 9.2.3 中，由于 X_1 的分布是连续型的，我们可以求 k 使得定理 9.2.2 中的 δ' 满足 $\alpha(\delta')=0.07$。例 9.2.3 中的检验 δ^* 满足 $\alpha(\delta^*)>0.07$ 且 $k=1$。我们将需要更大的 k 值，以将第 I 类错误的概率降低到 0.07。正如我们在例 9.2.3 中指出的那样，式（9.2.6）左边在 $x_1>2$ 时增加，因此满足如下不等式

$$\frac{4}{(2+x_1)^2}\exp\left(\frac{x_1}{2}\right)>k \tag{9.2.8}$$

的 x_1 的集合是形如 (c,∞) 的区间，其中 c 是使得式（9.2.8）左边等于 k 的唯一的值。检验结果将具有“如果 $X_1\geqslant c$，则拒绝 H_0”的形式。在这一点上，我们不再关心 k，因为我们只需要选择 c 确保 $P(X_1\geqslant c|\theta=\theta_0)=0.07$ 即可。也就是说，我们需要 $1-F_0(c)=0.07$。回想一下，$F_0(c)=1-\exp(-0.5c)$，所以 $c=-2\ln(0.07)=5.318$。然后我们可以计算出 $\beta(\delta')=F_1(5.318)=0.727$。这个检验非常接近于例 9.2.3 中的 δ^*。◀

例 9.2.5　正态分布中的随机样本　假设 $X=(X_1,\cdots,X_n)$ 是来自某个正态分布的随机样本，均值 θ 未知，方差为 1，我们要检验如下假设：

$$\begin{aligned}H_0&:\theta=0,\\H_1&:\theta=1。\end{aligned}\tag{9.2.9}$$

我们开始将确定一个检验 δ，在所有满足 $\alpha(\delta)\leqslant0.05$ 的检验中 $\beta(\delta)$ 达到最小值。

当 H_0 为真时，$X_1,\cdots,X_n$ 是来自标准正态分布的随机样本。当 H_1 为真时，这些变量是来自均值和方差都为 1 的正态分布的随机样本。因此，

$$f_0(\boldsymbol{x})=\frac{1}{(2\pi)^{n/2}}\exp\left(-\frac{1}{2}\sum_{i=1}^{n}x_i^2\right)\tag{9.2.10}$$

及

$$f_1(\boldsymbol{x})=\frac{1}{(2\pi)^{n/2}}\exp\left[-\frac{1}{2}\sum_{i=1}^{n}(x_i-1)^2\right]。\tag{9.2.11}$$

经过一些代数简化后，似然比 $f_1(\boldsymbol{x})/f_0(\boldsymbol{x})$ 可以写成

$$\frac{f_1(\boldsymbol{x})}{f_0(\boldsymbol{x})}=\exp\left[n\left(\bar{x}_n-\frac{1}{2}\right)\right]。\tag{9.2.12}$$

现在从式（9.2.12）得出，“当似然比大于指定的正常数 k 时，拒绝假设 H_0”等价于“当样本均值 $\bar{x}_n$ 大于 $(1/2)+(1/n)\ln k$ 时，拒绝 H_0”。

令 $k'=(1/2)+(1/n)\ln k$，假设我们可以求得 k' 使得

$$P(\overline{X}_n > k' \mid \theta=0)=0.05。\tag{9.2.13}$$

当 $\overline{X}_n \geqslant k'$ 时，拒绝 H_0 的检验过程 δ' 将满足 $\alpha(\delta')=0.05$。此外，由 Neyman-Pearson 引理，在所有 $\alpha(\delta)\leqslant 0.05$ 的检验过程中，δ' 是使 $\beta(\delta)$ 达到最小值的最优检验过程。

不难看出，满足式（9.2.13）的 k' 值一定是给定 $\theta=0$ 时 $\overline{X}_n$ 分布的 0.95 分位数。当 $\theta=0$ 时，$\overline{X}_n$ 的分布是均值为 0 且方差为 $1/n$ 的正态分布。因此，其 0.95 分位数为 $0+\Phi^{-1}(0.95)n^{-1/2}$，其中 Φ^{-1} 为标准正态分位数函数。从标准正态分布表中可看出，标准正态分布的 0.95 分位数为 1.645，因此 $k'=1.645n^{-1/2}$。

总之，在所有满足 $\alpha(\delta)\leqslant 0.05$ 的检验中，检验"当 $\overline{X}_n>1.645n^{-1/2}$ 时，拒绝 H_0"犯第Ⅱ类错误的概率最小。

接下来，我们将确定这个检验 δ' 的第Ⅱ类错误的概率 $\beta(\delta')$。由于 $\beta(\delta')$ 是 H_1 为真时不拒绝 H_0 的概率，

$$\beta(\delta')=P(\overline{X}_n<1.645n^{-1/2} \mid \theta=1)。\tag{9.2.14}$$

当 $\theta=1$ 时，$\overline{X}_n$ 的分布为均值为 1 且方差为 $1/n$ 的正态分布，则式（9.2.14）中的概率可以写成

$$\beta(\delta')=\Phi\left(\frac{1.645n^{-1/2}-1}{n^{-1/2}}\right)=\Phi(1.645-n^{1/2})。\tag{9.2.15}$$

例如，当 $n=9$ 时，查标准正态分布表可得

$$\beta(\delta')=\Phi(-1.355)=1-\Phi(1.355)=0.087\,7。$$

最后，对于相同的随机样本和相同的假设（9.2.9），我们将确定检验 δ_0 使得 $2\alpha(\delta)+\beta(\delta)$ 的值达到最小，并且我们将计算当 $n=9$ 时 $2\alpha(\delta_0)+\beta(\delta_0)$ 的值。

从定理 9.2.1 可以得出，"当似然比大于 2 时，拒绝 H_0"的检验 δ_0 使 $2\alpha(\delta)+\beta(\delta)$ 达到最小。由式（9.2.12），这个检验等价于"$\overline{X}_n>(1/2)+(1/n)\ln 2$ 时，拒绝 H_0"。因此，当 $n=9$ 时，最优检验 δ_0 为"当 $\overline{X}_n>0.577$ 时，拒绝 H_0"。对于这个检验，我们有

$$\alpha(\delta_0)=P(\overline{X}_n>0.577 \mid \theta=0)\tag{9.2.16}$$

以及

$$\beta(\delta_0)=P(\overline{X}_n<0.577 \mid \theta=1)。\tag{9.2.17}$$

因为 $\overline{X}_n$ 服从均值为 θ 且方差为 $1/n$ 的正态分布，我们有

$$\alpha(\delta_0)=1-\Phi\left(\frac{0.577-0}{1/3}\right)=1-\Phi(1.731)=0.041\,7$$

与

$$\beta(\delta_0)=\Phi\left(\frac{0.577-1}{1/3}\right)=\Phi(-1.269)=0.102\,2。$$

于是 $2\alpha(\delta)+\beta(\delta)$ 的最小值为

$$2\alpha(\delta_0)+\beta(\delta_0)=2(0.041\,7)+(0.102\,2)=0.185\,6。$$ ◀

例 9.2.6　伯努利分布的样本　假设 $X_1,\cdots,X_n$ 是来自某伯努利分布的随机样本，参数 p 未知。我们要检验如下假设：

$$H_0:\quad p = 0.2,$$
$$H_1:\quad p = 0.4。\tag{9.2.18}$$

我们欲找到$\alpha(\delta)= 0.05$且使$\beta(\delta)$最小的检验。

在这个例子中，每个观察值x_i必须为0或1。如果令$y = \sum_{i=1}^{n} x_i$，则当$p=0.2$时$X_1,\cdots,X_n$的联合概率函数为

$$f_0(\boldsymbol{x}) =(0.2)^y(0.8)^{n-y}。\tag{9.2.19}$$

当$p=0.4$时$X_1,\cdots,X_n$的联合概率函数为

$$f_1(\boldsymbol{x}) =(0.4)^y(0.6)^{n-y}。\tag{9.2.20}$$

于是，似然比是

$$\frac{f_1(\boldsymbol{x})}{f_0(\boldsymbol{x})}=\left(\frac{3}{4}\right)^n\left(\frac{8}{3}\right)^y。\tag{9.2.21}$$

因此，"当似然比大于指定的正常数k时拒绝H_0"等价于"当y大于k'时拒绝H_0"，其中

$$k' = \frac{\ln k + n\ln(4/3)}{\ln(8/3)}。\tag{9.2.22}$$

为了找到$\alpha(\delta)= 0.05$且使$\beta(\delta)$最小的检验，我们利用Neyman-Pearson引理。如果我们令$Y = \sum_{i=1}^{n} X_i$，我们需要找到k'使得

$$P(Y >k' \mid p = 0.2) = 0.05。\tag{9.2.23}$$

当假设H_0为真时，随机变量Y为参数为n和$p=0.2$的二项分布。然而，由于这个分布是离散型的，我们通常不可能找到满足式（9.2.23）的k'值。例如，假设$n=10$，则从二项分布表中发现$P(Y>4\mid p=0.2)= 0.0328$和$P(Y>3\mid p=0.2)= 0.1209$。因此，不存在所需形式的临界域使得$\alpha(\delta)= 0.05$。如果希望使用根据Neyman-Pearson引理指定的水平为0.05的似然比检验δ，则当$Y>4$，拒绝H_0，此时$\alpha(\delta)= 0.0328$。◀

随机化检验

一些统计学家已经强调，如果我们使用随机化检验，可以使例9.2.6中的$\alpha(\delta)$等于0.05。这样的过程描述如下：当检验过程的拒绝域包含所有大于4的y值时，我们在例9.2.6中发现，检验的水平为$\alpha(\delta)= 0.0328$；同时，当我们将点$y=4$添加到该拒绝域时，$\alpha(\delta)$的值将跃升至0.1209。然而，假设我们不是在拒绝域包含或不包含$y=4$之间进行选择，而是使用辅助随机化来确定在$y=4$时是否拒绝H_0。例如，我们可以抛硬币或旋转轮盘来做出决定。那么，通过选择在该随机化过程中的适当的概率，我们可以使$\alpha(\delta)$等于0.05。

具体来说，请考虑以下检验过程：如果$y>4$，则拒绝假设H_0；如果$y<4$，则不拒绝假设H_0。但是，如果$y=4$，则进行辅助随机化，以概率0.195拒绝H_0，以0.805的概率不拒绝H_0。该检验的水平$\alpha(\delta)$为

$$\begin{aligned}\alpha(\delta) &= P(Y > 4 \mid p = 0.2) +(0.195)P(Y = 4\mid p = 0.2)\\ &= 0.0328 + (0.195)(0.0881) = 0.05。\end{aligned}\tag{9.2.24}$$

随机化检验似乎在统计学的实际应用中没有任何位置。对于统计学家来说，仅仅为了使 $\alpha(\delta)$ 等于某些任意指定的值，如0.05，而通过抛硬币或者其他类型的随机化来决定是否拒绝原假设，似乎是不合理的。统计学家的主要考虑因素是使用具有 Neyman-Pearson 引理中指定形式的非随机化的检验过程 δ'。

定理9.2.1和定理9.2.2的证明可以推广到在所有检验中找最优检验，而不管它们是随机化的还是非随机化的。定理9.2.2推广中的最优检验与 δ^* 具有相同的形式，不同之处在于，当 $f_1(\boldsymbol{x})=kf_0(\boldsymbol{x})$ 时允许随机化。在本书中，对随机化检验的唯一真正的需求就是简化定理9.3.1的证明。

此外对于统计学家来说，最小化线性组合 $a\alpha(\delta)+b\beta(\delta)$ 可能更为合理，而不是固定特定的水平 $\alpha(\delta)$ 下尽可能使 $\beta(\delta)$ 最小化。正如我们在定理9.2.1中所看到的那样，我们总是可以在不借助辅助随机化的情况下实现这种最小化。在9.9节中，我们将提出另一个论据，指出为什么“最小化线性组合 $a\alpha(\delta)+b\beta(\delta)$”比“指定 $\alpha(\delta)$ 值，使 $\beta(\delta)$ 最小化”更为合理。

小结

对于参数只有两个可能值 θ_0 和 θ_1 的特殊情况，我们发现了假设 $H_0:\theta=\theta_0$，$H_1:\theta=\theta_1$ 的一组检验，包含对如下标准的最优检验过程：

- 选择检验 δ 使得 $a\alpha(\delta)+b\beta(\delta)$ 最小化；
- 在所有 $\alpha(\delta)\leqslant\alpha_0$ 的检验 δ 中使 $\beta(\delta)$ 最小化。

这里，$\alpha(\delta)=P$(拒绝 $H_0|\theta=\theta_0$)和 $\beta(\delta)=P$(不拒绝 $H_0|\theta=\theta_1$)分别是犯第Ⅰ类错误的概率与犯第Ⅱ类错误的概率。最优检验都具有如下形式：如果 $f_0(\boldsymbol{x})\leqslant kf_1(\boldsymbol{x})$，则拒绝 H_0；如果 $f_0(\boldsymbol{x})>kf_1(\boldsymbol{x})$，则不拒绝 H_0；如果 $f_0(\boldsymbol{x})=kf_1(\boldsymbol{x})$，两者都可以。这里 k 为适当的正常数。

习题

1. 设 $f_0(x)$ 为参数为0.3的伯努利分布的概率函数，令 $f_1(x)$ 为参数为0.6的伯努利分布的概率函数。假设 X 是来自概率函数为 $f(x)$ 的分布的单个观察值，$f(x)$ 是 $f_0(x)$ 或 $f_1(x)$，检验如下简单假设：
$$H_0:\ f(x)=f_0(x),H_1:\ f(x)=f_1(x)。$$
求检验 δ 使得 $\alpha(\delta)+\beta(\delta)$ 达到最小。
2. 考查两个概率密度函数 $f_0(x)$ 与 $f_1(x)$，定义如下：
$$f_0(x)=\begin{cases}1, & 0\leqslant x\leqslant 1,\\ 0, & \text{其他},\end{cases}\qquad f_1(x)=\begin{cases}2x, & 0\leqslant x\leqslant 1,\\ 0, & \text{其他}。\end{cases}$$
假设 X 是来自某分布的单个观察值，其概率密度函数 $f(x)$ 为 $f_0(x)$ 或 $f_1(x)$，检验如下简单假设：
$$H_0:\ f(x)=f_0(x),H_1:\ f(x)=f_1(x)。$$
a. 求检验 δ 使得 $\alpha(\delta)+2\beta(\delta)$ 达到最小。
b. 求 $\alpha(\delta)+2\beta(\delta)$ 的最小值。
3. 考虑习题2的条件，现在的目标是求检验 δ 使得 $3\alpha(\delta)+\beta(\delta)$ 达到最小。
a. 描述这个检验过程。

b. 求 $3\alpha(\delta)+\beta(\delta)$ 的最小值。

4. 再次考虑习题 2 的条件，现在的目标是求检验 δ 满足 $\alpha(\delta)\leqslant 0.1$ 且使得 $\beta(\delta)$ 到达最小。

   a. 描述这个检验过程。

   b. 求最小的 $\beta(\delta)$ 值。

5. 假设 $X_1,\cdots,X_n$ 是来自某正态分布的随机样本，均值 θ 未知，方差为 1。我们要检验如下假设：

$$H_0:\quad \theta=3.5, H_1:\quad \theta=5.0。$$

   a. 在所有使得 $\beta(\delta)\leqslant 0.05$ 的检验中，描述使得 $\alpha(\delta)$ 到达最小的检验过程。

   b. 对于 $n=4$，求 a 给出的检验的 $\alpha(\delta)$ 最小值。

6. 假设 $X_1,\cdots,X_n$ 是来自某伯努利分布的随机样本，参数 p 未知。设 p_0 和 p_1 是两个满足 $0<p_1<p_0<1$ 的特定值，我们的目标是检验如下简单假设：

$$H_0:\quad p=p_0, H_1:\quad p=p_1。$$

   a. 证明使 $\alpha(\delta)+\beta(\delta)$ 最小的检验过程为“当 $\overline{X}_n<c$ 时，拒绝 H_0”。

   b. 求常数 c 的值。

7. 假设 $X_1,\cdots,X_n$ 是来自某正态分布的随机样本，均值 μ 已知，方差 σ^2 未知。我们要检验如下简单假设：

$$H_0:\quad \sigma^2=2, H_1:\quad \sigma^2=3。$$

   a. 证明：在所有使得 $\alpha(\delta)\leqslant 0.05$ 的检验中，描述使得 $\beta(\delta)$ 达到最小的检验过程是“当 $\sum_{i=1}^{n}(X_i-\mu)^2>c$，拒绝 H_0”。

   b. 对 $n=8$，求 a 中常数 c 的值。

8. 假设 X 是来自区间 $[0,\theta]$ 上均匀分布的单个观察值，其中 θ 未知。要检验如下假设：

$$H_0:\quad \theta=1, H_1:\quad \theta=2。$$

   a. 证明：存在检验过程使得 $\alpha(\delta)=0$ 且 $\beta(\delta)<1$。

   b. 在所有满足 $\alpha(\delta)=0$ 的检验过程中，求检验使得 $\beta(\delta)$ 达到最小。

9. 假设 $X_1,\cdots,X_n$ 是来自区间 $[0,\theta]$ 上均匀分布的随机样本，其中 θ 未知。考虑习题 8 的简单检验，在所有满足 $\alpha(\delta)=0$ 的检验过程中，求 $\beta(\delta)$ 的最小值。

10. 假设 $X_1,\cdots,X_n$ 是来自某个泊松分布的随机样本，均值 λ 未知。λ_0 和 λ_1 是两个满足 $\lambda_1>\lambda_0>0$ 的特定值，我们的目标是检验如下简单假设：

$$H_0:\quad \lambda=\lambda_0, H_1:\quad \lambda=\lambda_1。$$

   a. 证明：使 $\alpha(\delta)+\beta(\delta)$ 最小的检验过程为“当 $\overline{X}_n>c$ 时，拒绝 H_0”。

   b. 求 c 的值。

   c. 对 $\lambda_0=1/4$，$\lambda_1=1/2$ 和 $n=20$，求 $\alpha(\delta)+\beta(\delta)$ 能达到的最小值。

11. 假设 $X_1,\cdots,X_n$ 是来自某正态分布的随机样本，均值 μ 未知，标准差为 2。我们要检验如下假设：

$$H_0:\quad \mu=-1, H_1:\quad \mu=1。$$

   对如下样本量 n，给出 $\alpha(\delta)+\beta(\delta)$ 能达到的最小值：

   a. $n=1$　b. $n=4$　c. $n=16$　d. $n=36$

12. 假设 $X_1,\cdots,X_n$ 是来自某个指数分布的随机样本，参数 θ 未知。θ_0 和 θ_1 是两个满足 $0<\theta_0<\theta_1$ 的特定值，我们希望检验如下简单假设：

$$H_0:\quad \theta=\theta_0, H_1:\quad \theta=\theta_1。$$

   对每个 $\alpha_0\in(0,1)$，证明：在所有满足 $\alpha(\delta)\leqslant\alpha_0$ 的检验过程中，使犯第Ⅱ类错误的概率最小的检验为“如果 $\sum_{i=1}^{n}X_i<c$，则拒绝 H_0”，其中 c 为参数为 n 和 θ_0 的伽马分布的 α_0 分位数。

13. 考虑本节中有关排队列的服务时间的一系列例子。假设服务经理观察到两个服务时间 X_1 和 X_2。很容易看出式（9.2.1）中的$f_1(\boldsymbol{x})$和式（9.2.2）中的$f_0(\boldsymbol{x})$都仅通过统计量$T=X_1+X_2$的值$t=x_1+x_2$依赖于观察到的数据。因此，定理 9.2.1 和定理 9.2.2 的检验都仅依赖于T的值。

a. 利用定理 9.2.1，求检验使得犯第Ⅰ类错误的概率与犯第Ⅱ类错误的概率之和最小。

b. 设我们观察到$X_1=4$和$X_2=3$，进行 a 的检验，看看是否拒绝H_0。

c. 证明：假设H_0为真，T的分布是参数为 2 和 1/2 的伽马分布。

d. 利用定理 9.2.2，求检验使得水平至多为 0.01，同时使得犯第Ⅱ类错误的概率最小。提示：看起来好像要解非线性方程组，但是水平为 0.01，方程组退化为一个简单的方程。

e. 假设我们观察到$X_1=4$和$X_2=3$，进行 d 的检验，看看是否拒绝H_0。

*9.3　一致最大功效检验

当原假设或备择假设是复合假设时，我们仍然可以找到一类检验，在某些情况下具有最优性质。特别是，原假设和备择假设的形式为$H_0:\theta\leqslant\theta_0$，$H_1:\theta>\theta_0$，或$H_0:\theta\geqslant\theta_0$，$H_1:\theta<\theta_0$。此外，数据的分布族必须具有称为“单调似然比”的性质，这将在本节中定义。

一致最大功效检验的定义

例 9.3.1　排队中的服务时间　在例 9.2.1 中，服务经理有兴趣检验两个联合分布中的哪个描述了她正在管理的排队中的服务时间。现在假设经理希望考虑所有可以这样描述的联合分布“服务时间是参数为θ的指数分布的随机样本”，而不仅仅只考虑两个联合分布。也就是说，对于每个可能的$\theta>0$，经理愿意考虑服务时间为独立同分布，同服从参数为θ的指数分布的随机变量。特别地，经理有兴趣检验$H_0:\theta\leqslant 1/2$，$H_1:\theta>1/2$。对于每个$\theta'>1/2$，经理可以使用 9.2 节的方法检验假设$H_0':\theta=1/2$，$H_1':\theta=\theta'$。当$\theta=\theta'$时，她可以得到犯第Ⅱ类错误的概率最小的显著性水平为α_0的检验。她能找到一个显著性水平为α_0的检验，使得对于所有$\theta>1/2$犯第Ⅱ类错误的概率同时都达到最大吗？且对于所有$\theta\leqslant 1/2$，这个检验是否使犯第Ⅰ类错误的概率至多为α_0？◀

考虑在一个检验假设的问题中，随机变量$\boldsymbol{X}=(X_1,\cdots,X_n)$是来自某分布的随机样本，这个分布的概率密度函数或概率函数是$f(x|\theta)$。我们假设参数θ的值未知，但必须位于指定参数空间Ω（实数轴的子集）中。与往常一样，我们假设Ω_0和Ω_1是Ω的不相交子集，要检验如下假设：

$$\begin{aligned}H_0:&\quad\theta\in\Omega_0,\\H_1:&\quad\theta\in\Omega_1。\end{aligned}\tag{9.3.1}$$

我们将假设子集Ω_1包含至少两个不同的θ值，在这种情况下，备择假设H_1是复合假设。原假设H_0可以是简单假设也可以是复合假设。例 9.3.1 就是刚刚描述的这种类型，其中$\Omega_0=(0,1/2]$和$\Omega_1=(1/2,\infty)$。

我们的目标是在指定的显著性水平α_0上检验假设（9.3.1），其中α_0是给定数（$0<\alpha_0<1$）。换句话说，我们将仅考虑如下检验：对于每个$\theta\in\Omega_0,P$（拒绝$H_0|\theta$）$\leqslant\alpha_0$。如果$\pi(\theta|\delta)$表示给定检验过程δ的功效函数，则这个要求可以简单地写为

$$\pi(\theta|\delta)\leqslant\alpha_0,\forall\theta\in\Omega_0。\tag{9.3.2}$$

等价地，如果$\alpha(\delta)$表示检验δ的水平，由式（9.1.7）定义，则要求式（9.3.2）可以表示为

$$\alpha(\delta) \leqslant \alpha_0 。\tag{9.3.3}$$

最后，在所有满足要求（9.3.3）的检验过程中，我们希望找到一个检验过程使得对每个 $\theta \in \Omega_1$ 犯第Ⅱ类错误的概率最小。用功效函数来叙述，我们希望 $\pi(\theta|\delta)$ 的值对每个 $\theta \in \Omega_1$ 都尽可能大。

有可能无法满足最后一个标准。如果 θ_1 和 θ_2 是 θ 在 Ω_1 中的两个不同值，则 $\pi(\theta_1|\delta)$ 值最大的检验过程可能与 $\pi(\theta_2|\delta)$ 值最大的检验过程不同。换句话说，可能没有单个检验过程 δ 可以同时使功效函数 $\pi(\theta|\delta)$ 对每个 $\theta \in \Omega_1$ 都达到最大。然而，在某些问题中，将存在满足这个标准的检验过程。这种检验（如果存在）称为一致最大功效检验，简称为 UMP 检验。UMP 检验的定义如下。

定义 9.3.1 一致最大功效（UMP）检验 检验 δ^* 称为假设（9.3.1）的显著性水平为 α_0 的一致最大功效（UMP）检验，如果 $\alpha(\delta^*) \leqslant \alpha_0$，并且对于每个满足 $\alpha(\delta) \leqslant \alpha_0$ 的其他检验 δ 都有

$$\pi(\theta|\delta) \leqslant \pi(\theta|\delta^*)\text{，对所有 } \theta \in \Omega_1 \text{ 都成立。}\tag{9.3.4}$$

在本节中，我们将证明在许多问题中存在 UMP 检验，其中随机样本来自我们在本书中一直考虑的标准分布族。

单调似然比

例 9.3.2 排队中的服务时间 假设例 9.3.1 中的服务经理观察到服务时间的随机样本 $\boldsymbol{X}=(X_1,\cdots,X_n)$，并尝试找到水平为 α_0 的检验 $H_0':\theta=1/2$，$H_1':\theta=\theta'$，使其在 $\theta=\theta'>1/2$ 时具有最大功效。根据 9.2 节习题 12，如果 $\sum_{i=1}^{n} X_i$ 小于参数为 n 和 $1/2$ 的伽马分布的 α_0 分位数，则检验将拒绝 H_0'。无论经理考虑哪个 $\theta'>1/2$，这个检验都是相同的检验。因此，这个检验为假设 $H_0':\theta=1/2$，$H_1:\theta>1/2$ 的显著性水平为 α_0 的 UMP 检验。◀

例 9.3.2 中的指数分布族具有一个特殊性质，称为单调似然比，这个性质可以使服务经理找到 UMP 检验。

定义 9.3.2 单调似然比 设 $f_n(\boldsymbol{x}|\theta)$ 表示观察样本 $\boldsymbol{X}=(X_1,\cdots,X_n)$ 的联合概率密度函数或联合概率函数。令 $T=r(\boldsymbol{X})$ 为一个统计量。我们称 $\boldsymbol{X}$ 的联合分布具有关于统计量 T 的单调似然比，如果满足以下性质：对于任意 $\theta_1 \in \Omega$ 和 $\theta_2 \in \Omega$，$\theta_1<\theta_2$，比率 $f_n(\boldsymbol{x}|\theta_2)/f_n(\boldsymbol{x}|\theta_1)$ 仅通过函数 $r(\boldsymbol{x})$ 依赖于向量 $\boldsymbol{x}$，并且这个比率是 $r(\boldsymbol{x})$ 在 $r(\boldsymbol{x})$ 可能值范围内的单调函数。具体而言，如果比率单调增加，则说 $\boldsymbol{X}$ 的分布具有单增的单调似然比，如果比率单调减少，则说该分布具有单减的单调似然比。

例 9.3.3 伯努利分布的样本 假设 $X_1,\cdots,X_n$ 为来自某伯努利分布的随机样本，p 为未知参数（$0<p<1$）。如果我们令 $y=\sum_{i=1}^{n} x_i$，则联合概率函数 $f_n(\boldsymbol{x}|p)$ 为

$$f_n(\boldsymbol{x}|p)=p^y(1-p)^{n-y}。$$

于是，对 p_1 和 p_2 满足 $0<p_1<p_2<1$，有

$$\frac{f_n(\boldsymbol{x}|p_2)}{f_n(\boldsymbol{x}|p_1)}=\left[\frac{p_2(1-p_1)}{p_1(1-p_2)}\right]^y\left(\frac{1-p_2}{1-p_1}\right)^n 。\tag{9.3.5}$$

从式（9.3.5）可以看出，比率$f_n(\boldsymbol{x}|p_2)/f_n(\boldsymbol{x}|p_1)$仅通过$y$依赖于向量$\boldsymbol{x}$，并且该比率是$y$的单增函数。因此，$f_n(\boldsymbol{x}|p)$关于统计量$Y=\sum_{i=1}^{n}X_i$具有单调增加的单调似然比。◀

例 9.3.4 指数分布的样本 设$\boldsymbol{X}=(X_1,\cdots,X_n)$是来自某指数分布的随机样本，其参数$\theta>0$未知。联合概率密度函数为

$$f_n(\boldsymbol{x}\mid\theta)=\begin{cases}\theta^n\exp\left(-\theta\sum_{i=1}^{n}x_i\right), & \text{对所有 } x_i>0,\\ 0, & \text{其他。}\end{cases}$$

对$0<\theta_1<\theta_2$，我们有

$$\frac{f_n(\boldsymbol{x}|\theta_2)}{f_n(\boldsymbol{x}|\theta_1)}=\left(\frac{\theta_2}{\theta_1}\right)^n\exp\left[(\theta_1-\theta_2)\sum_{i=1}^{n}x_i\right],\tag{9.3.6}$$

对所有$x_i>0$。如果我们设$r(x)=\sum_{i=1}^{n}x_i$，则我们可以看出式（9.3.6）中的比率仅通过$r(\boldsymbol{x})$依赖于$\boldsymbol{x}$，是$r(\boldsymbol{x})$的单减函数。于是，指数随机变量的样本的联合分布关于$T=\sum_{i=1}^{n}X_i$具有单减的单调似然比。◀

例 9.3.4 中，我们可以定义统计量$T'=-\sum_{i=1}^{n}X_i$或$T'=1/\sum_{i=1}^{n}X_i$，则其分布关于T'具有单增的单调似然比。在定义 9.3.2 中，我们一般也可以这样做。因此，当我们证明定理时，假设分布具有单调似然比，我们将表述和证明定理具有单增的单调似然比的情况。当分布具有单减的单调似然比时，读者可以通过严格减函数变换统计量，然后再根据需要将结果转换回原始统计量即可。

例 9.3.5 正态分布的样本 假设$X_1,\cdots,X_n$为来自某正态分布的随机样本，均值$\mu(-\infty<\mu<\infty)$未知，方差σ^2已知。联合概率密度函数$f_n(\boldsymbol{x}|\mu)$为

$$f_n(\boldsymbol{x}|\mu)=\frac{1}{(2\pi)^{n/2}\sigma^n}\exp\left[-\frac{1}{2\sigma^2}\sum_{i=1}^{n}(x_i-\mu)^2\right]。$$

于是，对任意μ_1和μ_2满足$\mu_1<\mu_2$，有

$$\frac{f_n(\boldsymbol{x}|\mu_2)}{f_n(\boldsymbol{x}|\mu_1)}=\exp\left\{\frac{n(\mu_2-\mu_1)}{\sigma^2}\left[\bar{x}_n-\frac{1}{2}(\mu_2+\mu_1)\right]\right\}。\tag{9.3.7}$$

由式（9.3.7）可以看出，比率$f_n(\boldsymbol{x}|\mu_2)/f_n(\boldsymbol{x}|\mu_1)$仅通过$\bar{x}_n$依赖于$\boldsymbol{x}$，是$\bar{x}_n$的单增函数。于是$f_n(\boldsymbol{x}|\mu)$关于统计量$\overline{X}_n$具有单增的单调似然比。◀

单边备择假设

例 9.3.2 中，我们发现了一个简单原假设$H_0':\theta=1/2$及单边备择假设$H_1:\theta>1/2$的显著性水平为α_0的 UMP 检验。在此类问题中，更常见的是检验如下假设

$$\begin{aligned}H_0:&\quad\theta\leqslant\theta_0,\\ H_1:&\quad\theta>\theta_0。\end{aligned}\tag{9.3.8}$$

也就是说，原假设和备择假设都是单边假设。因为单边原假设大于简单原假设 $H_0':\theta=\theta_0$，所以 H_0' 的水平为 α_0 的检验不一定是 H_0 的水平为 α_0 的检验。然而，如果观测值的联合分布具有单调似然比，我们将能够证明存在假设（9.3.8）的水平为 α_0 的 UMP 检验。进一步（见本节习题 12），逆转假设（9.3.8）中 H_0 和 H_1 的不等式得到的假设，也存在 UMP 检验。

定理 9.3.1 假设 $\boldsymbol{X}$ 的联合分布关于 $T=r(\boldsymbol{X})$ 具有单增的单调似然比。设 c 和 α_0 为两个常数，使得

$$P(T\geqslant c\mid\theta=\theta_0)=\alpha_0。\tag{9.3.9}$$

则检验 δ^* "如果 $T\geqslant c$，则拒绝 H_0" 是假设（9.3.8）的显著性水平为 α_0 的 UMP 检验。另外，$\pi(\theta|\delta^*)$ 是 θ 的单调递增函数。

证明 令 $\theta'<\theta''$ 为 θ 的任意值，令 $\alpha_0'=\pi(\theta'|\delta^*)$。由 Neyman-Pearson 引理可得，在所有满足下式的检验 δ 中，

$$\pi(\theta'|\delta)\leqslant\alpha_0',\tag{9.3.10}$$

检验"当 $f_n(\boldsymbol{x}|\theta'')/f_n(\boldsymbol{x}|\theta')\geqslant k$，拒绝 H_0"将使 $\pi(\theta''|\delta)$ 的值达到最大（$1-\pi(\theta''|\delta)$ 达到最小）。我们选择常数 k 使得

$$\pi(\theta'|\delta)=\alpha_0'。\tag{9.3.11}$$

因为 $\boldsymbol{X}$ 的分布具有单增的单调似然比，所以似然比 $f_n(\boldsymbol{x}|\theta'')/f_n(\boldsymbol{x}|\theta')$ 是 $r(\boldsymbol{x})$ 的单增函数。于是，检验"当似然比大于或等于 k 时，拒绝 H_0"等价于检验"当 $r(\boldsymbol{x})$ 大于或等于某个其他数 c 时，拒绝 H_0"。我们选择 c 的值使得式（9.3.11）成立。检验 δ^* 满足式（9.3.11）并具有这种形式；因此，在满足式（9.3.10）的所有检验中，δ^* 会在 $\theta=\theta''$ 时最大化功效函数。满足式（9.3.10）的另一个检验 δ 定义如下：掷一枚硬币，正面朝上的概率为 α_0'，并在该正面朝上时拒绝 H_0。对于所有 θ，包括 θ' 和 θ''，这个检验的 $\pi(\theta|\delta)=\alpha'_0$。因为 δ^* 使 θ'' 的功效函数最大，我们有

$$\pi(\theta''|\delta^*)\geqslant\pi(\theta'|\delta)=\alpha_0'=\pi(\theta'|\delta^*)。\tag{9.3.12}$$

于是我们证明了 $\pi(\theta|\delta^*)$ 是 θ 的单调递增函数。

接下来，考虑我们刚刚证明的特例 $\theta'=\theta_0$。则 $\alpha_0'=\alpha_0$，我们证明了对于每个 $\theta''>\theta_0$，在满足以下条件的所有检验 δ 中，δ^* 最大化 $\pi(\theta''|\delta)$：

$$\pi(\theta_0|\delta)\leqslant\alpha_0。\tag{9.3.13}$$

每个水平为 α_0 的检验 δ 都满足式（9.3.13）。因此，δ^* 在 θ'' 处的功效至少与每个水平为 α_0 的检验的功效一样大。剩下要做的就是证明 δ^* 本身就是水平为 α_0 的检验。

我们已经证明了功效函数 $\pi(\theta|\delta^*)$ 是单增函数，于是对所有 $\theta\leqslant\theta_0$，$\pi(\theta|\delta^*)\leqslant\alpha_0$，所以 δ^* 是水平为 α_0 的检验。 ■

例 9.3.6 排队中的服务时间 例 9.3.2 中的经理可能对假设 $H_0:\theta\leqslant 1/2$，$H_1:\theta>1/2$ 感兴趣。那个例子中的分布关于统计量 $T=\sum_{i=1}^{n}X_i$ 具有单减的单调似然比，因此关于 $-T$ 具有单增的单调似然比。定理 9.3.1 说，水平为 α_0 的 UMP 检验是"当 $-T$ 大于给定 $\theta=1/2$ 下 $-T$ 分布的 $1-\alpha_0$ 分位数时，拒绝 H_0"。这与"在 T 小于 T 分布的 α_0 分位数时，拒绝 H_0"相同。给定 $\theta=1/2$ 时，T 的分布是参数为 n 和 $1/2$ 的伽马分布，也就是 $2n$ 自由度的 χ^2 分

布。例如，如果 $n=10$ 且 $\alpha_0=0.1$，则分位数为 12.44，可以在本书后面的表格中或从计算机软件中找到。◀

例 9.3.7　关于次品比例的假设检验　假设一大批产品中次品的比例 p 是未知的，将从该批产品中随机选择 20 个产品并进行检查，并检验如下假设：

$$\begin{aligned} H_0&: \quad p \leqslant 0.1, \\ H_1&: \quad p > 0.1。\end{aligned} \tag{9.3.14}$$

我们首先将证明存在关于假设（9.3.14）的 UMP 检验。然后，我们将确定这个检验的形式，并讨论使用非随机化检验可以达到的不同显著性水平。

令 $X_1,\cdots,X_{20}$ 表示样本中的 20 个随机变量，则 $X_1,\cdots,X_{20}$ 是来自参数为 p 的伯努利分布的随机样本，由例 9.3.3 可知，$X_1,\cdots,X_{20}$ 的联合概率函数中关于统计量 $Y=\sum_{i=1}^{20} X_i$ 具有单增的单调似然比。因此，根据定理 9.3.1，检验“当 $Y \geqslant c$ 时，拒绝 H_0”将是假设（9.3.14）的 UMP 检验。

对于每个特定选择的常数 c，UMP 检验的水平将为 $\alpha_0=P(Y \geqslant c \mid p=0.1)$。当 $p=0.1$ 时，随机变量 Y 服从参数 $n=20$ 和 $p=0.1$ 的二项分布。由于 Y 具有离散分布，且仅假设有限数量的不同可能值，由此可得，α_0 仅存在有限数量的不同可能值。为了说明这一点，从二项分布表中我们可以发现，如果 $c=7$，则 $\alpha_0=P(Y \geqslant 7 \mid p=0.1)=0.0024$，如果 $c=6$，则 $\alpha_0=P(Y \geqslant 6 \mid p=0.1)=0.0113$。于是，如果试验者希望检验的水平约为 0.01，则要么选择 $c=7$ 和 $\alpha_0=0.0024$，要么选择 $c=6$ 和 $\alpha_0=0.0113$。$c=7$ 的检验是水平为 0.01 的检验，而 $c=6$ 的检验不是水平为 0.01 的检验，因为前一个检验的水平小于 0.01，而后一个检验的水平大于 0.01。

如果试验者希望检验的水平精确地为 0.01，则可以使用 9.2 节所述的随机化检验。◀

例 9.3.8　关于正态分布均值的假设检验　令 $X_1,\cdots,X_n$ 是来自均值为 μ 和方差为 σ^2 的正态分布的随机样本。假设 σ^2 已知，设 μ_0 为一个具体数。我们要检验如下假设：

$$\begin{aligned} H_0&: \quad \mu \leqslant \mu_0, \\ H_1&: \quad \mu > \mu_0。\end{aligned} \tag{9.3.15}$$

我们将首先证明，对于每个指定的显著性水平 $\alpha_0(0<\alpha_0<1)$，都有一个检验假设（9.3.15）的检验水平为 α_0 的 UMP 检验。然后，我们将确定 UMP 检验的功效函数。

由例 9.3.5 可知，$X_1,\cdots,X_n$ 的联合概率密度函数关于统计量 $\overline{X}_n$ 具有单增的单调似然比。因此，根据定理 9.3.1，“当 $\overline{X}_n \geqslant c$ 时，拒绝 H_0”的检验 δ_1 是假设（9.3.15）的 UMP 检验，该检验的水平为 $\alpha_0=P(\overline{X}_n \geqslant c \mid \mu=\mu_0)$。

由于 $\overline{X}_n$ 具有连续分布，因此 c 是给定 $\mu=\mu_0$ 时 $\overline{X}_n$ 分布的 $1-\alpha_0$ 分位数。也就是说，c 是均值为 μ_0 与方差为 σ^2/n 的正态分布的 $1-\alpha_0$ 分位数。正如我们在第 5 章中了解到的那样，这个分位数是

$$c=\mu_0+\Phi^{-1}(1-\alpha_0)\sigma n^{-1/2}, \tag{9.3.16}$$

其中 Φ^{-1} 是标准正态分布的分位数函数。为简单起见，在本例的其余部分中，我们将令 $z_{\alpha_0}=\Phi^{-1}(1-\alpha_0)$。

现在我们将确定这个 UMP 检验的功效函数 $\pi(\mu \mid \delta_1)$。根据定义，

$$\pi(\mu \mid \delta_1) = P(\text{拒绝 } H_0 \mid \mu) = P(\overline{X} \geqslant \mu_0 + z_{\alpha_0}\sigma n^{-1/2} \mid \mu)。\qquad (9.3.17)$$

对于每个 μ，随机变量 $Z' = n^{1/2}(\overline{X}_n - \mu)/\sigma$ 将具有标准正态分布。于是，如果我们用 Φ 表示标准正态分布的分布函数，则

$$\begin{aligned}\pi(\mu|\delta_1) &= P\left[Z' \geqslant z_{\alpha_0} + \frac{n^{1/2}(\mu_0 - \mu)}{\sigma}\right] \\ &= 1 - \Phi\left[z_{\alpha_0} + \frac{n^{1/2}(\mu_0 - \mu)}{\sigma}\right] = \Phi\left[\frac{n^{1/2}(\mu - \mu_0)}{\sigma} - z_{\alpha_0}\right]。\end{aligned} \qquad (9.3.18)$$

功效函数 $\pi(\mu|\delta_1)$ 的大致图像见图 9.6。◀

在（9.3.8）、（9.3.14）和（9.3.15）中的每对假设，备择假设 H_1 被称为单边备择假设，因为 H_1 下参数的可能值集合完全位于原假设 H_0 下的可能值集合的一边。特别是，对于假设（9.3.8）、（9.3.14）或（9.3.15），H_1 下参数的每个可能值都大于 H_0 下的每个可能值。

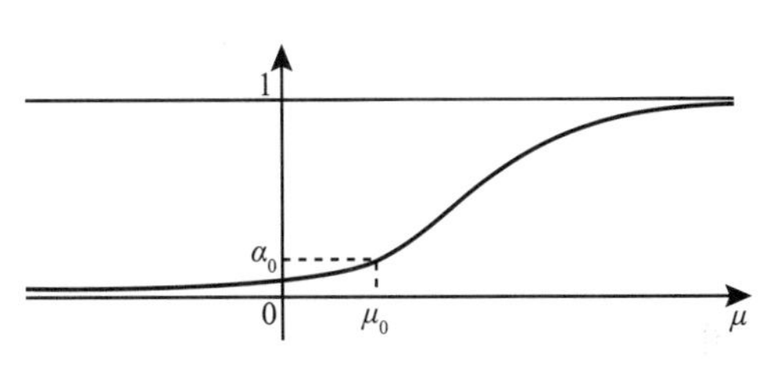

图 9.6　假设（9.3.15）的 UMP 检验的功效函数 $\pi(\mu|\delta_1)$ 的图像

例 9.3.9　其他方向的单边备择假设　在例 9.3.8 中，假设现在我们不是检验假设（9.3.15），而是对检验如下假设感兴趣：

$$\begin{aligned} H_0:&\quad \mu \geqslant \mu_0, \\ H_1:&\quad \mu < \mu_0。\end{aligned} \qquad (9.3.19)$$

在这种情况下，假设 H_1 仍然是单边备择假设，并且可以证明（见本节习题 12）在每个指定的显著性水平 $\alpha_0(0<\alpha_0<1)$ 下假设（9.3.19）都存在 UMP 检验。与式（9.3.16）类似，UMP 检验 δ_2 为“当 $\overline{X}_n \leqslant c$ 时，拒绝 H_0”，其中

$$c = \mu_0 - \Phi^{-1}(1 - \alpha_0)\sigma n^{-1/2}。\qquad (9.3.20)$$

δ_2 的功效函数 $\pi(\mu|\delta_2)$ 为

$$\pi(\mu|\delta_2) = P(\overline{X}_n \leqslant c|\mu) = \Phi\left[\frac{n^{1/2}(\mu_0 - \mu)}{\sigma} - \Phi^{-1}(1 - \alpha_0)\right]。\qquad (9.3.21)$$

这个函数的图像见图 9.7。实际上，本节习题 12 将定理 9.3.1 推广到了每个单调似然比族中形如（9.3.19）的单边假设。在 9.8 节，我们将证明，对于所有具有单调似然比的单边假设的情况，定理 9.3.1 和本节习题 12 中给出的检验形式对于重点放在 θ 的后验分布（而不是功效函数）也是最优检验。◀

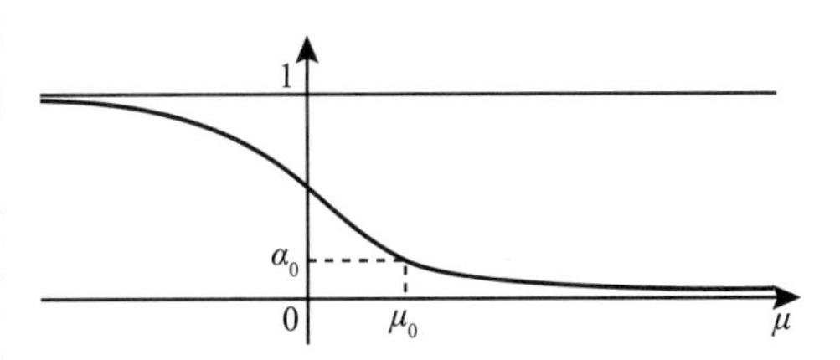

图 9.7　假设（9.3.19）的 UMP 检验的功效函数 $\pi(\mu|\delta_2)$ 的图像

双边备择假设

最后，假设我们不是对例 9.3.8 中的假设（9.3.15）或假设（9.3.19）进行检验，而是对检验如下假设感兴趣：

$$H_0:\ \mu = \mu_0,$$
$$H_1:\ \mu \neq \mu_0。\tag{9.3.22}$$

在这种情况下，H_0 是简单假设，而 H_1 是双边假设。由于 H_0 是简单假设，因此每个检验过程 δ 的水平将简化为功效函数在 $\mu=\mu_0$ 处的值 $\pi(\mu_0|\delta)$。

确实，对于每个 $\alpha_0(0<\alpha_0<1)$，假设（9.3.22）没有显著性水平为 α_0 的 UMP 检验。对于每个 μ，$\mu>\mu_0$，例 9.3.8 中的检验 δ_1 使 $\pi(\mu|\delta)$ 达到最大，而对于每个 μ，$\mu<\mu_0$，例 9.3.9 中的检验 δ_2 使 $\pi(\mu|\delta)$ 达到最大。可以证明（见本节习题 19），δ_1 本质上是当 $\mu>\mu_0$ 时，使 $\pi(\mu|\delta)$ 达到最大的唯一检验。对于 $\mu<\mu_0$，δ_1 不会使 $\pi(\mu|\delta)$ 达到最大，因此对于 $\mu>\mu_0$ 和 $\mu<\mu_0$，没有检验同时可以使 $\pi(\mu|\delta)$ 最大化。在下一节中，我们将讨论这个问题中适当检验的选择问题。

小结

水平为 α_0 的一致最大功效（UMP）检验，其备择假设上的功效函数始终至少与每个水平为 α_0 的检验的功效函数一样大。如果数据的分布族关于统计量 T 具有单调似然比，且原假设和备择假设都是单边假设，则存在水平为 α_0 的 UMP 检验。在这些情况下，水平为 α_0 的 UMP 检验可以采用"如果 $T\geqslant c$，拒绝 H_0"或"如果 $T\leqslant c$，拒绝 H_0"的形式。

习题

1. 假设 $X_1,\cdots,X_n$ 是来自均值 $\lambda(\lambda>0)$ 未知的泊松分布的随机样本。证明：$X_1,\cdots,X_n$ 的联合概率函数关于统计量 $\sum_{i=1}^{n} X_i$ 具有单调似然比。
2. 假设 $X_1,\cdots,X_n$ 是来自某正态分布的随机样本，均值 μ 已知，方差 σ^2 未知。证明：$X_1,\cdots,X_n$ 的联合概率密度函数关于统计量 $\sum_{i=1}^{n}(X_i-\mu)^2$ 具有单调似然比。
3. 假设 $X_1,\cdots,X_n$ 是来自某伽马分布的随机样本，参数 $\alpha(\alpha>0)$ 未知，β 已知。证明：$X_1,\cdots,X_n$ 的联合概率密度函数关于统计量 $\prod_{i=1}^{n} X_i$ 具有单调似然比。
4. 假设 $X_1,\cdots,X_n$ 是来自某伽马分布的随机样本，参数 α 已知，$\beta(\beta>0)$ 未知。证明：$X_1,\cdots,X_n$ 的联合概率密度函数关于统计量 $-\overline{X}_n$ 具有单调似然比。
5. 假设 $X_1,\cdots,X_n$ 是来自某指数分布族（定义见 7.3 节习题 23）的随机样本，其概率密度函数或概率函数为 $f(\boldsymbol{x}|\theta)$。证明：$X_1,\cdots,X_n$ 的联合概率密度函数或者联合概率函数关于统计量 $\sum_{i=1}^{n} d(X_i)$ 具有单调似然比。
6. 假设 $X_1,\cdots,X_n$ 是来自 $[0,\ \theta]$ 上均匀分布的随机样本。证明：$X_1,\cdots,X_n$ 的联合概率密度函数关于统计量 $\max\{X_1,\cdots,X_n\}$ 具有单调似然比。
7. 假设 $X_1,\cdots,X_n$ 是来自某分布的随机样本，这个分布含有未知参数 θ，我们的目标是检验如下假设：
$$H_0:\ \theta\leqslant\theta_0, H_1:\ \theta>\theta_0。$$
还假设所使用的检验忽略了样本观察值，而仅仅依赖于如下辅助随机化：掷不均匀的硬币，以 0.05 的概率出现正面，而以概率 0.95 出现反面。如果出现正面，则拒绝 H_0，如果出现反面，则不拒绝 H_0。求此随机化检验的功效函数。

8. 假设 $X_1,\cdots,X_n$ 是来自某正态分布的随机样本，均值为 0，方差 σ^2 未知。我们的目标是检验如下假设：

$$H_0:\ \sigma^2 \leqslant 2, H_1:\ \sigma^2 > 2。$$

证明：在每个显著性水平 $\alpha_0(0<\alpha_0<1)$ 下，这个假设都存在 UMP 检验。

9. 证明：习题 8 的 UMP 检验为“当 $\sum_{i=1}^{n} X_i^2 \geqslant c$，拒绝 H_0”；当 $n=10$，$\alpha_0=0.05$ 时，求常数 c。

10. 假设 $X_1,\cdots,X_n$ 是来自某伯努利分布的随机样本，参数 p 未知。我们的目标是检验如下假设：

$$H_0:\ p \leqslant \frac{1}{2}, H_1:\ p > \frac{1}{2}。$$

证明，如果样本量为 $n=20$，则在显著性水平 $\alpha_0=0.057\,7$ 和显著性水平 $\alpha_0=0.020\,7$ 下存在上述假设的非随机化 UMP 检验。

11. 假设 $X_1,\cdots,X_n$ 是来自某泊松分布的随机样本，均值 λ 未知。我们的目标是检验如下假设：

$$H_0:\ \lambda \leqslant 1, H_1:\ \lambda > 1。$$

证明：如果样本量 $n=10$，上述假设存在显著性水平为 $\alpha_0=0.014\,3$ 的非随机化 UMP 检验。

12. 假设 $X_1,\cdots,X_n$ 是来自某分布族的随机样本，θ 为未知参数，其联合概率密度函数或联合概率函数 $f_n(\boldsymbol{x}|\theta)$ 关于统计量 $T=r(\boldsymbol{X})$ 具有单调似然比。令 θ_0 为 θ 的具体值，我们要检验如下假设：

$$H_0:\ \theta \geqslant \theta_0, H_1:\ \theta < \theta_0。$$

设 c 为满足 $P(T\leqslant c|\theta=\theta_0)=\alpha_0$ 的常数。证明：检验“如果 $T\leqslant c$，则拒绝 H_0”是显著性水平为 α_0 的 UMP 检验。

13. 假设有 4 个观察值来自某正态分布的样本，其中均值 μ 未知，方差为 1，我们要检验如下假设：

$$H_0:\ \mu \geqslant 10, H_1:\ \mu < 10。$$

a. 求显著性水平为 $\alpha_0=0.1$ 的 UMP 检验。

b. 当 $\mu=9$，求这个检验的功效函数值。

c. 如果 $\mu=11$，求这个检验不拒绝 H_0 的概率。

14. 假设 $X_1,\cdots,X_n$ 是来自某泊松分布的随机样本，均值 $\lambda(\lambda>0)$ 未知。我们的目标是检验如下假设：

$$H_0:\ \lambda \geqslant 1, H_1:\ \lambda < 1。$$

设样本量 $n=10$，在哪一个显著性水平 $\alpha_0(0<\alpha_0<0.03)$ 下存在上述假设的非随机化 UMP 检验？

15. 假设 $X_1,\cdots,X_n$ 是来自某指数分布的随机样本，参数 β 未知。我们的目标是检验如下假设：

$$H_0:\ \beta \geqslant \frac{1}{2}, H_1:\ \beta < \frac{1}{2}。$$

证明：对每个显著性水平 $\alpha_0(0<\alpha_0<1)$，上述假设存在 UMP 检验，形式为“当 $\overline{X}_n \geqslant c$，则拒绝 H_0”，其中 c 为某些常数。

16. 再次考虑习题 15 的条件，假设样本量为 $n=10$，求 c 的值，使得 UMP 检验的显著性水平为 $\alpha_0=0.05$。提示：利用 χ^2 分布表。

17. 假设单个观察值 X 来自某中心参数 θ 未知的柯西分布，其概率密度函数为

$$f(x|\theta) = \frac{1}{\pi[1+(x-\theta)^2]}, \quad -\infty < x < \infty。$$

假设我们希望检验如下假设：

$$H_0:\ \theta = 0, H_1:\ \theta > 0。$$

证明：对每个 $\alpha_0(0<\alpha_0<1)$，上述假设都不存在显著性水平为 α_0 的 UMP 检验。

18. 假设 $X_1,\cdots,X_n$ 是来自某正态分布的样本，均值 μ 未知，方差为 1，我们要检验如下假设：

$$H_0:\ \mu \leqslant 0, H_1:\ \mu > 0。$$

设 δ^* 是上述假设在显著性水平 $\alpha_0=0.025$ 下的 UMP 检验，设 $\pi(\mu|\delta^*)$ 表示 δ^* 的功效函数。

a. 求样本量的最小值 n，使得 $\pi(\mu|\delta^*)\geqslant 0.9$ 对所有 $\mu\geqslant 0.5$ 都成立。

b. 求样本量的最小值 n，使得 $\pi(\mu|\delta^*)\leqslant 0.001$ 对所有 $\mu\leqslant -0.1$ 都成立。

19. 假设 $X_1,\cdots,X_n$ 是来自某正态分布的样本，均值 μ 未知，方差 σ^2 已知。在这个问题中，请你补充在证明“假设（9.3.22）没有水平为 α_0 的 UMP 检验”过程中缺少的步骤。令 δ_1 为例 9.3.8 中定义的水平为 α_0 的检验。

 a. 设 A 为随机向量 $\boldsymbol{X}=(X_1,\cdots,X_n)$ 的可能取值的集合。令 $\mu_1\neq\mu_0$。证明 $P(\boldsymbol{X}\in A|\mu=\mu_0)>0$ 当且仅当 $P(\boldsymbol{X}\in A|\mu=\mu_1)>0$。

 b. 令 δ 为假设（9.3.22）的水平为 α_0 的检验，它在如下意义上不同于 δ_1：存在一个集合 A，当 $\boldsymbol{X}\in A$ 时，δ 拒绝原假设，而 δ_1 不拒绝原假设，且 $P(\boldsymbol{X}\in A|\mu=\mu_0)>0$。对于所有 $\mu>\mu_0$，证明 $\pi(\mu|\delta)<\pi(\mu|\delta_1)$。

*9.4　双边备择假设

当简单原假设所对应的备择假设为双边假设（如同 9.3 节末尾），这时对检验的选择需要比在单边情形下仔细一点。本节将讨论某些有关的问题并描述最常用的一些选择。

检验过程的一般形式

例 9.4.1　古埃及人的头骨　例 9.1.2 中，我们考虑了如何将埃及发现的头骨测量值与现代测量值进行比较。例如，现代头骨的平均宽度约为 140mm。假设我们将公元前 4000 年古埃及人头骨的宽度建模为均值 μ 未知且方差为 26 的正态随机变量。与例 9.1.6 不同，现在假设研究人员没有理论表明头骨宽度随时间增加而增加。取而代之的是，他们只对宽度是否发生了变化感兴趣。他们将如何检验假设 $H_0:\mu=140$，$H_1:\mu\neq 140$？ ◀

在这一节中，我们假定 $\boldsymbol{X}=(X_1,\cdots,X_n)$ 为来自某正态分布的随机样本，均值 μ 未知，方差 σ^2 已知。检验下列假设：

$$\begin{aligned}H_0&:\mu=\mu_0,\\ H_1&:\mu\neq\mu_0。\end{aligned}\tag{9.4.1}$$

在绝大多数实际问题中，我们会假设 μ 和 σ^2 都是未知的，我们将在 9.5 节讨论这一情形。

我们在 9.3 节末尾声明，在任何指定的显著性水平 $\alpha_0(0<\alpha_0<1)$ 下，假设（9.4.1）不存在 UMP 检验。例 9.3.8 和例 9.3.9 中定义的检验 δ_1 或检验 δ_2 都不适合用来检验假设（9.4.1），因为这些检验仅在双边假设 H_1 的一边具有较大的功效函数，它们各自在另一边的功效函数较小。然而，9.3 节给出的检验 δ_1 与 δ_2 的性质以及“样本均值 $\overline{X}_n$ 是 μ 的极大似然估计量”这一事实建议我们，假设（9.4.1）的合理检验是“如果 $\overline{X}_n$ 离 μ_0 足够远，则拒绝 H_0”。换句话说，使用“若 $\overline{X}_n\leqslant c_1$ 或 $\overline{X}_n\geqslant c_2$，则拒绝 H_0”这样的检验过程 δ 是合理的，其中 c_1 和 c_2 为适当选择的常数，$c_1<\mu_0$，$c_2>\mu_0$。

如果检验的水平为 α_0，则 c_1 和 c_2 必须满足下列关系：

$$P(\overline{X}_n\leqslant c_1|\mu=\mu_0)+P(\overline{X}_n\geqslant c_2|\mu=\mu_0)=\alpha_0。\tag{9.4.2}$$

满足式（9.4.2）的 c_1 和 c_2 的值有无数对，当 $\mu=\mu_0$，随机变量 $n^{1/2}(\overline{X}_n-\mu_0)/\sigma$ 服从标准正态分布。通常，我们用 Φ 表示标准正态分布的分布函数，那么式（9.4.2）等价于

$$\Phi\left[\frac{n^{1/2}(c_1-\mu_0)}{\sigma}\right]+1-\Phi\left[\frac{n^{1/2}(c_2-\mu_0)}{\sigma}\right]=\alpha_0。\tag{9.4.3}$$

对应于每一对满足 $\alpha_1+\alpha_2=\alpha_0$ 的正数 α_1 和 α_2，都存在一对数 c_1 和 c_2，使 $\Phi[n^{1/2}(c_1-\mu_0)/\sigma]=\alpha_1$，且 $1-\Phi[n^{1/2}(c_2-\mu_0)/\sigma]=\alpha_2$。这里每一对 c_1 和 c_2 的值都满足式（9.4.2）与式（9.4.3）。

例如，设 $\alpha_0=0.05$，我们选择 $\alpha_1=0.025$ 和 $\alpha_2=0.025$，则 $c_1=\mu_0-1.96\sigma n^{-1/2}$ 和 $c_2=\mu_0+1.96\sigma n^{-1/2}$，由此我们得到检验过程 δ_3。再选择一组 $\alpha_1=0.01$ 和 $\alpha_2=0.04$，则 $c_1=\mu_0-2.33\sigma n^{-1/2}$ 和 $c_2=\mu_0+1.75\sigma n^{-1/2}$，由此我们得到检验过程 δ_4。检验过程 δ_3 和 δ_4 的功效函数 $\pi(\mu|\delta_3)$ 和 $\pi(\mu|\delta_4)$ 的曲线与功效函数 $\pi(\mu|\delta_1)$ 和 $\pi(\mu|\delta_2)$ 的曲线一起在图 9.8 中给出，其中 $\pi(\mu|\delta_1)$ 和 $\pi(\mu|\delta_2)$ 已在先前的图 9.6 和图 9.7 中给出。

随着式（9.4.2）或式（9.4.3）中 c_1 和 c_2 的值减小，当 $\mu<\mu_0$ 时，功效函数 $\pi(\mu|\delta)$ 会减小；当 $\mu>\mu_0$ 时会增大。如果 $\alpha_0=0.05$，其极限情况发生在 $c_1=-\infty$ 和 $c_2=\mu_0+1.645\sigma n^{-1/2}$ 的情形，被这些值所确定的检验恰好是 δ_1。相似地，若式（9.4.2）或式（9.4.3）中 c_1 和 c_2 的值增大，当 $\mu<\mu_0$ 时，功效函数 $\pi(\mu|\delta)$ 会增大，当 $\mu>\mu_0$ 时会减小。如果 $\alpha_0=0.05$，其极限情况为 $c_2=\infty$ 和 $c_1=\mu_0-1.645\sigma n^{-1/2}$，被这些值所确定的检验过程恰好是 δ_2。这两个极端极限情况之间的某种情况似乎适用于假设（9.4.1）的检验。

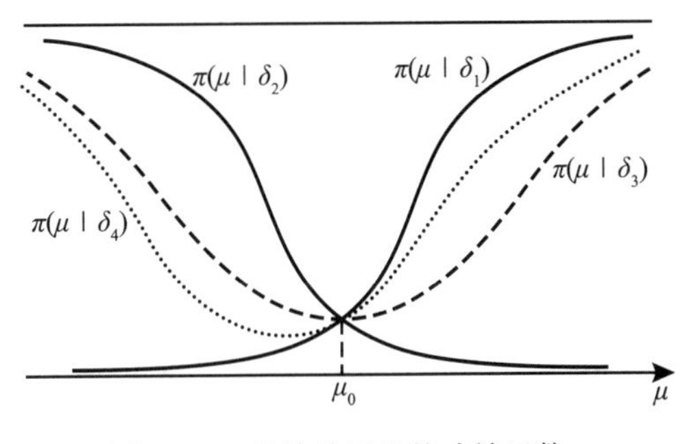

图 9.8　4 种检验过程的功效函数

检验过程的选择

对于给定的样本量 n，式（9.4.2）中的常数 c_1 和 c_2 的选择应该使功效函数的大小和形状适合于特定问题的求解。在某些问题中，一般希望不拒绝原假设，除非数据强烈表明 μ 与 μ_0 有很大差异。在这种问题中，应该采用较小的 α_0。在其他问题中，当 μ 稍大于 μ_0 时不拒绝原假设 H_0 所犯的错误比当 μ 稍小于 μ_0 时不拒绝 H_0 所犯的错误更为严重。这时选择如图 9.8 中有 $\pi(\mu|\delta_4)$ 之类的功效函数的检验会优于选择有对称性函数如 $\pi(\mu|\delta_3)$ 的检验。

通常在给定的问题中，具体检验过程的选择应该综合考虑当 $\mu=\mu_0$ 时拒绝 H_0 所付出的代价以及对于任意的 μ，当 $\mu\neq\mu_0$ 时不拒绝 H_0 所付出的代价。同时，当选定检验时，μ 不同取值的相对似然函数也应当要考虑。例如，如果 $\mu>\mu_0$ 的可能性大于 $\mu<\mu_0$，那么选择"当 $\mu>\mu_0$ 时功效函数大，当 $\mu<\mu_0$ 时功效函数不太大"的检验比选择相反的检验要好。

例 9.4.2　古埃及人的头骨　假设例 9.4.1 中，在拒绝原假设"平均宽度 μ 等于 140"时，$\mu<140$ 与 $\mu>140$ 同样重要，则我们应该选择这样的检验"当样本均值 $\overline{X}_n$ 最多为 c_1 或至少为 c_2 时，其中 c_1 和 c_2 在 140 附近对称，拒绝 H_0"。假设我们要进行水平为 $\alpha_0=0.05$ 的检验，从公元前 4000 年有 $n=30$ 具头骨，于是

$$c_1 = 140 - 1.96(26)^{1/2}30^{-1/2} = 138.18,$$

$$c_2 = 140 + 1.96(26)^{1/2}30^{-1/2} = 141.82。$$

在这种情况下，$\overline{X}_n$ 的观测值为 131.37，我们将以显著性水平 0.05 拒绝 H_0。◀

例 9.4.1 和例 9.4.2 中，我们可能不希望假设已知头骨宽度的方差为 26，而是假设均值和方差均未知。我们将在 9.5 节中看到如何处理这种情况。

其他分布

上面针对正态分布样本引入的原理可以推广到任何其他分布的随机样本。对于其他分布，实现的细节可能更加烦琐且不令人满意。

例 9.4.3　排队中的服务时间　例 9.3.2 中的服务经理将服务时间 $X_1,\cdots,X_n$ 建模为独立同分布，且同服从参数为 θ 的指数分布的随机变量。假设她希望检验假设：$H_0:\theta=1/2$，$H_1:\theta\neq1/2$。对于单边备择假设 $\theta>1/2$，我们发现（例 9.3.2）水平为 α_0 的 UMP 检验是“如果 $T=\sum_{i=1}^{n}X_i$ 小于参数为 n 和 1/2 的伽马分布的 α_0 分位数，则拒绝 H_0”。通过类似的推理，H_0 与另一单边备择假设 $\theta<1/2$ 的水平为 α_0 的 UMP 检验是“如果 T 大于参数为 n 和 1/2 的伽马分布的 $1-\alpha_0$ 分位数，则拒绝 H_0”。构造 $H_0:\theta=1/2$，$H_1:\theta\neq1/2$ 的水平为 α_0 的检验的一种简单方法，与我们在式（9.4.2）之后所用的推理相同，即将两个水平为 α_1 和 α_2 的单边检验组合在一起，其中 $\alpha_1+\alpha_2=\alpha_0$。

作为具体例子，令 $\alpha_1=\alpha_2=\alpha_0/2$，并令 $G^{-1}(\cdot;n,1/2)$ 是参数为 n 和 1/2 的伽马分布的分位数函数。如果 $T\leqslant G^{-1}(\alpha_0/2;n,1/2)$ 或 $T>G^{-1}(1-\alpha_0/2;n,1/2)$，则我们拒绝 H_0。对于 $\alpha_0=0.05$ 且 $n=3$ 的情况，该检验的功效函数图像与例 9.4.4 得出的似然比检验的功效函数图像一起出现在图 9.9 中。◀

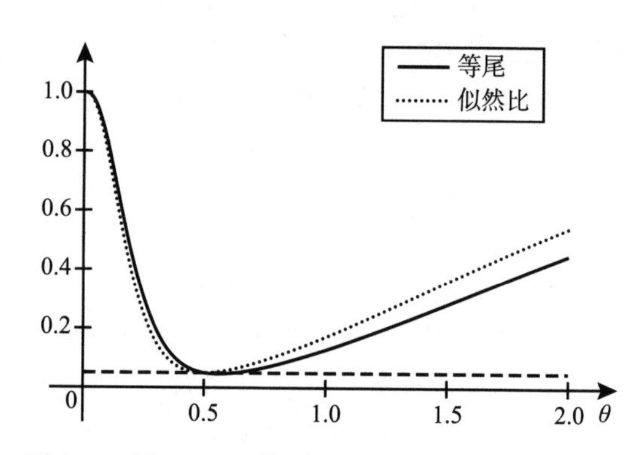

图 9.9　例 9.4.3（等尾）与例 9.4.4（似然比）中的水平为 $\alpha_0=0.05$ 的功效函数水平直线高度为 0.05

例 9.4.3 中的替代检验是似然比检验。在例 9.4.4 中，似然比检验要求求解一些非线性方程组。

例 9.4.4　排队中的服务时间　假设服务经理决定采用似然比检验，而不是例 9.4.3 中构造的特设的双边检验。假设她观察到 $\sum_{i=1}^{n}X_i=t$，则似然函数为

$$f_n(\boldsymbol{x}|\theta)=\theta^n\exp(-t\theta),\theta>0。$$

θ 极大似然估计值为 $\hat{\theta}=n/t$，所以定义 9.1.11 的似然比统计量为

$$\Lambda(\boldsymbol{x})=\frac{(1/2)^n\exp(-t/2)}{(n/t)^n\exp(-n)}=\left(\frac{t}{2n}\right)^n\exp(n-t/2)。\tag{9.4.4}$$

似然比检验为“如果 $\Lambda(\boldsymbol{x}) \leqslant c$，则拒绝 H_0”，c 为某些常数。由式（9.4.4），我们发现 $\Lambda(\boldsymbol{x}) \leqslant c$ 等价于 $t \leqslant c_1$ 或 $t \geqslant c_2$，其中 $c_1 < c_2$ 满足

$$\left(\frac{c_1}{2n}\right)^n \exp(n - c_1/2) = \left(\frac{c_2}{2n}\right)^n \exp(n - c_2/2)。$$

为了使检验水平为 α_0，c_1 和 c_2 一定满足

$$G(c_1;n,1/2) + 1 - G(c_2;n,1/2) = \alpha_0,$$

其中 $G(\cdot\ ;n,1/2)$ 为参数为 n 和 1/2 的伽马分布的分布函数。解这两个方程组可得似然比检验。利用数值计算方法，解得 $c_1 = 1.425$ 和 $c_2 = 15.897$。似然比检验的功效函数图像和等尾检验的功效函数图像都在图 9.9 中画出。◀

复合原假设

从某个角度来看，进行如（9.4.1）的假设检验是无意义的，其中原假设 H_0 对参数 μ 指定了唯一确定的 μ_0。如果我们将 μ 视为未来观察值样本的平均增加的极限，则由于在现实的问题中很难想象 μ 会那么凑巧就等于 μ_0，我们知道假设的 H_0 是不可能成立的，因此当 H_0 给出以后，立即就遭拒绝。

这种批评仅在字面上是正确的。然而在许多问题中，试验者对原假设 H_0“μ 的值接近于某个给定的 μ_0”与备择假设“μ 不接近于 μ_0”感兴趣。在某些这类问题中，简单假设 $H_0: \mu = \mu_0$ 只不过是对决策目标的理想化或简化。在其他时候，应用更实际的复合原假设“指定 μ 属于 μ_0 附近的一个已知区间”是有价值的，我们现在讨论这样的假设。

例 9.4.5　原假设为区间的检验　假定 $X_1, \cdots, X_n$ 来自某正态分布的随机样本，且均值 μ 未知，方差 $\sigma^2 = 1$，假如要检验以下假设：

$$\begin{aligned} &H_0: 9.9 \leqslant \mu \leqslant 10.1, \\ &H_1: \mu < 9.9 \text{ 或 } \mu > 10.1。\end{aligned} \tag{9.4.5}$$

由于备择假设 H_1 是双边假设，所以再次看到，用“当 $\overline{X}_n \leqslant c_1$ 或 $\overline{X}_n \geqslant c_2$ 时拒绝 H_0”的检验 δ 是恰当的。我们将确定当 $\mu = 9.9$ 或 $\mu = 10.1$ 时拒绝 H_0 的概率为 0.05 的 c_1 和 c_2 的值。

令 $\pi(\mu|\delta)$ 表示 δ 的功效函数。当 $\mu = 9.9$，随机变量 $n^{1/2}(\overline{X}_n - 9.9)$ 服从标准正态分布。因此

$$\begin{aligned} \pi(9.9|\delta) &= P(\text{拒绝 } H_0|\mu = 9.9) \\ &= P(\overline{X}_n \leqslant c_1|\mu = 9.9) + P(\overline{X}_n \geqslant c_2|\mu = 9.9) \\ &= \Phi[n^{1/2}(c_1 - 9.9)] + 1 - \Phi[n^{1/2}(c_2 - 9.9)]。\end{aligned} \tag{9.4.6}$$

类似地，当 $\mu = 10.1$ 时，随机变量 $n^{1/2}(\overline{X}_n - 10.1)$ 服从标准正态分布，且

$$\pi(10.1|\delta) = \Phi[n^{1/2}(c_1 - 10.1)] + 1 - \Phi[n^{1/2}(c_2 - 10.1)]。\tag{9.4.7}$$

必须令 $\pi(9.9|\delta)$ 与 $\pi(10.1|\delta)$ 都等于 0.05. 由于正态分布的对称性，如果 c_1 与 c_2 的取值关于 10 对称，那么功效函数 $\pi(\mu|\delta)$ 关于点 $\mu = 10$ 对称。特别地，$\pi(9.9|\delta) = \pi(10.1|\delta)$ 成立。

相应地，取 $c_1 = 10 - c$，$c_2 = 10 + c$，则基于式（9.4.6）和式（9.4.7），我们有

$$\pi(9.9|\delta) = \pi(10.1|\delta) = \Phi[n^{1/2}(0.1 - c)] + 1 - \Phi[n^{1/2}(0.1 + c)]。\tag{9.4.8}$$

c 值的确定要使 $\pi(9.9|\delta) = \pi(10.1|\delta) = 0.05$，所以，$c$ 的值要使得

$$\Phi[n^{1/2}(0.1+c)]-\Phi[n^{1/2}(0.1-c)]=0.95。\tag{9.4.9}$$

对于每个给定的n，符合式（9.4.9）的c值都可通过反复尝试从标准正态分布表中找到，也可以借助于统计软件。

比如说，当$n=16$，c必须由

$$\Phi(0.4+4c)-\Phi(0.4-4c)=0.95\tag{9.4.10}$$

确定，在尝试c的不同取值后，我们发现当$c=0.527$时式（9.4.10）成立，因此

$$c_1=10-0.527=9.473 \text{ 和}$$
$$c_2=10+0.527=10.527。$$

因此，若$n=16$，检验δ是“当$\overline{X}_n\leqslant 9.437$或$\overline{X}_n\geqslant 10.527$时，拒绝$H_0$”，这个检验的功效函数$\pi(\mu\mid\delta)$关于点$\mu=10$对称，且$\pi(9.9\mid\delta)=\pi(10.1\mid\delta)=0.05$，而且，当$9.9<\mu<10.1$时，$\pi(\mu\mid\delta)<0.05$，且当$\mu<9.9$或$\mu>10.1$时，$\pi(\mu\mid\delta)>0.05$。函数$\pi(\mu\mid\delta)$如图 9.10 所示。◀

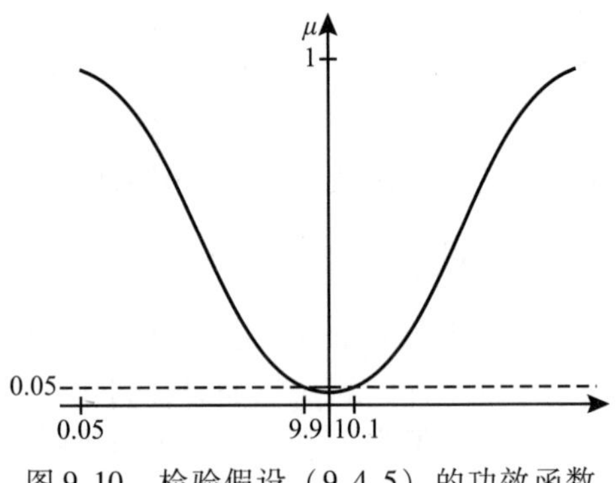

图 9.10　检验假设（9.4.5）的功效函数$\pi(\mu\mid\delta)$

无偏检验

考虑检验如下假设的一般问题：

$$H_0:\theta\in\Omega_0,$$
$$H_1:\theta\in\Omega_1。$$

与通常一样，设$\pi(\theta\mid\delta)$表示检验δ的功效函数。

定义 9.4.1　无偏检验　如果对任意参数值$\theta\in\Omega_0$及$\theta'\in\Omega_1$，有

$$\pi(\theta\mid\delta)\leqslant\pi(\theta'\mid\delta),\tag{9.4.11}$$

则检验δ被称为无偏检验。

换言之，当$\theta'\in\Omega_1$的功效函数的值至少与$\theta\in\Omega_0$的功效函数的值一样大，则δ是无偏检验。

如果我们仔细观察图 9.9 就会发现，对于θ稍大于 1/2，等尾检验的功效函数会下降到 0.05（$\theta=1/2$时的功效函数值）以下，这意味着这个检验不是无偏检验。检验统计量T的分布不对称但通过组合两个单边检验构造双边检验，这是非常典型的情况。不难发现，无偏检验将需要功效函数在$\theta=1/2$时导数等于 0。否则，它将在$\theta=1/2$的一侧或另一侧降至 0.05 以下。

在许多问题中，每个检验的功效函数都可以关于θ的函数进行微分。在这种情况下，为了构造$H_0:\theta=\theta_0$，$H_1:\theta\neq\theta_0$的水平为α_0的无偏检验δ，我们需要

$$\pi(\theta_0\mid\delta)=\alpha_0,\text{且}$$
$$\left.\frac{\mathrm{d}}{\mathrm{d}\theta}\pi(\theta\mid\delta)\right|_{\theta=\theta_0}=0。\tag{9.4.12}$$

在任何实际问题中，这种方程需要进行数值求解。研究人员通常认为，仅仅为了找到一个无偏检验而解这样的方程是不值得麻烦的。

例 9.4.6 排队中的服务时间 例 9.4.4 中，令 $T=\sum_{i=1}^{n}X_i$，如果我们想要形如“如果 $T\leqslant c_1$ 或 $T\geqslant c_2$，则拒绝 H_0”的无偏检验，功效函数是

$$\pi(\theta|\delta)=G(c_1;n,\theta)+1-G(c_2;n,\theta),$$

其中 $G(\cdot;n,\theta)$ 是给定 θ 下 T 的分布函数，

$$G(x;n,\theta)=\int_0^x\frac{\theta^n}{(n-1)!}t^{n-1}\exp(-t\theta)\mathrm{d}t,$$

对 $t>0$。式（9.4.12）要求我们计算 G 关于 θ 的导数。关于 θ 求导，可以转移到积分里面，我们有

$$\frac{\partial}{\partial\theta}G(x;n,\theta)=\int_0^x\frac{n\theta^{n-1}}{(n-1)!}t^{n-1}\exp(-t\theta)\mathrm{d}t-\int_0^x t\frac{\theta^n}{(n-1)!}t^{n-1}\exp(-t\theta)\mathrm{d}t。\tag{9.4.13}$$

读者可以证明（见本节习题 13）式（9.4.13）可以改写成如下形式：

$$\frac{\partial}{\partial\theta}G(x;n,\theta)=\frac{n}{\theta}[G(x;n,\theta)-G(x;n+1,\theta)]。\tag{9.4.14}$$

对于 $\alpha_0=0.05$ 和 $n=3$，我们需要解如下两个方程求 c_1 和 c_2：

$$G(c_1;3,1/2)+1-G(c_2;3,1/2)=0.05,$$

$$\frac{3}{1/2}[G(x;3,1/2)-G(x;4,1/2)]=0。$$

我们用数值方法求解这两个方程，得到与例 9.4.4 中的似然比检验相同的检验（取相同的有效位数）。这解释了为什么似然比检验的功效函数在任何地方都不会低于 0.05。 ◀

直观地，无偏检验的概念是很吸引人的。因为假设检验的目标是当 $\theta\in\Omega_0$ 时不拒绝 H_0，而当 $\theta\in\Omega_1$ 时就拒绝 H_0，所以希望当 $\theta\in\Omega_1$ 时拒绝 H_0 的概率至少与 $\theta\in\Omega_0$ 的概率一样大。可以看出功效函数如图 9.10 所示的检验 δ 是假设（9.4.5）的无偏检验。再看图 9.8，在检验假设（9.4.1）时，该图中的四种功效函数所给的四种检验中，只有 δ_3 是无偏的。人们可以证明在假设（9.4.1）的所有水平为 $\alpha_0=0.05$ 下的无偏检验中，δ_3 是一致最大功效检验，其证明超出了本书的范围。

使得一个检验成为无偏检验的条件有时可以缩小检验的选择范围。但在比较特殊的环境下，我们才去寻求无偏检验。比如，统计学家在检验假设（9.4.5）的时候，只要他认为对任意 $a>0$，当 $\theta=10.1+a$ 时拒绝 H_0 与当 $\theta=9.9-a$ 时拒绝 H_0 是一样重要的，同时他也认为这两个 θ 值的发生是等可能的时候，他才应该使用图 9.10 中显示的无偏检验 δ。在实践中，如果一个有偏检验的功效函数在 Ω_1 的特定区域里有较大的值，而这些特定区域他认为是特别重要的，或者当 H_0 为假时非常可能包含 θ 的真值，则他更愿意用有偏检验而不用无偏检验。

在本章的剩余部分里，我们要考虑的是，在实际运用中常常遇到特殊检验的场景。在这些场景中，不存在一致最大功效检验。我们将研究在这些场景中最流行的检验，我们将证明它们都是似然比检验。但在更高级课程中，会证明在9.5节，9.6节和9.7节中给出的t检验与F检验在具有各自水平的各种无偏检验类中，都是UMP检验。

小结

对于已知方差的正态分布，检验均值是特定值，备择假设是双边检验。这时，人们通过组合两个检验水平为α_1和α_2的单边检验的拒绝域来构造水平为α_0的检验，其中$\alpha_0=\alpha_1+\alpha_2$。一般人们喜欢取$\alpha_1=\alpha_2=\alpha_0/2$。在这种情况下，若$X_1,\cdots,X_n$是取自某正态分布的随机样本，其均值为$\mu$，方差为$\sigma^2$，我们可以检验假设$H_0:\mu=\mu_0$，$H_1:\mu\neq\mu_0$。我们构造如下检验：当$\overline{X}_n>\mu_0+\Phi^{-1}(1-\alpha_0/2)\sigma/n^{1/2}$或当$\overline{X}_n<\mu_0-\Phi^{-1}(1-\alpha_0/2)\sigma/n^{1/2}$，就拒绝$H_0$，其中$\Phi^{-1}$是标准正态分布的分位数函数。一个检验的功效函数在备择假设每个点上的值比在原假设每个点上的值大，那么该检验是无偏检验。上面所述的$\alpha_1=\alpha_2=\alpha_0/2$的正态分布检验就是无偏检验。

习题

1. 假定$X_1,\cdots,X_n$是来自均值μ未知、方差为1的正态分布的随机样本。对给定的μ_0，要检验以下假设：
$$H_0:\mu=\mu_0,H_1:\mu\neq\mu_0。$$
考虑一个检验过程δ“若$\overline{X}_n\leqslant c_1$或$\overline{X}_n\geqslant c_2$，则拒绝$H_0$”，设$\pi(\theta|\delta)$表示$\delta$的功效函数，确定常数$c_1$，$c_2$的值，使得$\pi(\mu_0|\delta)=0.10$并且函数$\pi(\mu|\delta)$关于$\mu=\mu_0$对称。
2. 再次考虑习题1的条件，并假定
$$c_1=\mu_0-1.96n^{-1/2}。$$
求c_2的值使得$\pi(\mu_0|\delta)=0.10$。
3. 再次考虑习题1的条件及其描述的检验过程。当$\pi(\mu_0|\delta)=0.10$并且$\pi(\mu_0+1|\delta)=\pi(\mu_0-1|\delta)\geqslant0.95$时，求$n$的最小值。
4. 设$X_1,\cdots,X_n$是来自均值μ未知、方差为1的正态分布的随机样本。要检验如下假设：
$$H_0:0.1\leqslant\mu\leqslant0.2,H_1:\mu<0.1\text{ 或 }\mu>0.2。$$
考虑一个检验过程δ“若$\overline{X}_n\leqslant c_1$或$\overline{X}_n\geqslant c_2$，则拒绝$H_0$”。设$\pi(\mu|\delta)$表示$\delta$的功效函数。设样本量$n=25$，确定常数$c_1$，$c_2$的值，使得$\pi(0.1|\delta)=\pi(0.2|\delta)=0.07$。
5. 再次考虑习题4的条件，并且设n也等于25，确定常数c_1,c_2的值，使得$\pi(0.1|\delta)=0.02$和$\pi(0.2|\delta)=0.05$。
6. 设随机样本$X_1,\cdots,X_n$取自区间$[0,\theta]$上的均匀分布，θ的值未知，要求检验如下假设：
$$H_0:\theta\leqslant3,H_1:\theta>3。$$
a. 证明：对于每一个显著性水平$\alpha_0(0\leqslant\alpha_0<1)$，存在“当$\max\{X_1,\cdots,X_n\}\geqslant c$时，拒绝$H_0$”的UMP检验。
b. 对每一个可能的α_0值，确定c的值。
7. 对给定的样本量n和一个给定的α_0值，画出习题6中UMP检验的功效函数的草图。
8. 设$X_1,\cdots,X_n$是取自习题6所述均匀分布的随机样本，但现在欲检验如下的假设：
$$H_0:\theta\geqslant3,H_1:\theta<3。$$
a. 证明：对于每个显著性水平$\alpha_0(0\leqslant\alpha_0<1)$，存在“当$\max\{X_1,\cdots,X_n\}\leqslant c$时，拒绝$H_0$”的UMP检验。
b. 对每一个可能的α_0值，确定c的值。
9. 对一个给定的样本量n和一个给定的α_0值，画出习题8中得到的UMP检验的功效函数的草图。
10. 设$X_1,\cdots,X_n$是取自习题6所述均匀分布的随机样本，但现在欲检验如下的假设：

$$H_0:\theta = 3, H_1:\theta \neq 3。\tag{9.4.15}$$

考虑检验过程 δ"若 $\max\{X_1,\cdots,X_n\} \leqslant c_1$ 或 $\max\{X_1,\cdots,X_n\} \geqslant c_2$，则拒绝原假设 H_0"。设 $\pi(\theta|\delta)$ 表示 δ 的功效函数。

a. 确定常数 c_1,c_2 的值，使得 $\pi(3|\delta)=0.05$ 且 δ 为无偏检验。

b. 证明 a 中求得的检验是假设（9.4.15）的水平为 0.05 的 UMP 检验。提示：将这个检验和习题 6、习题 8 中水平为 $\alpha_0=0.05$ 的 UMP 检验进行比较。

11. 再次考虑习题 1 的条件，确定常数 c_1,c_2 的值，使得 $\pi(\mu_0|\delta)=0.10$ 且 δ 为无偏检验。
12. 令 X 服从参数为 β 的指数分布，假定希望检验以下假设：

$$H_0:\beta = 1, H_1:\beta \neq 1。$$

我们使用检验"当 $X\leqslant c_1$ 或 $X\geqslant c_2$ 时，拒绝原假设 H_0"。

a. 构建 c_1 和 c_2 必须满足的方程，使得检验过程的显著性水平为 α_0。

b. 求一对有限的、非零的 (c_1,c_2)，使得检验过程的显著性水平为 $\alpha_0=0.1$。

13. 证明例 9.4.6 中的式（9.4.14）。提示：式（9.4.13）中被积分的两部分与伽马分布的概率密度函数有所不同，有一些因子不依赖于 t。

9.5 t 检验

我们开始处理检验正态分布参数假设的几种特殊情形。在本节中，我们将在方差和均值都未知的情况下，讨论关于均值的假设检验，这些检验都以 t 分布为基础。

关于正态分布均值的假设检验（方差未知）

例 9.5.1　新墨西哥州的疗养院　例 8.6.3 中，我们描述了对新墨西哥州疗养院的住院天数的研究。在该例中，我们将住院天数建模为 $n=18$ 的正态分布的随机样本，均值 μ 和方差 σ^2 均未知。假设我们对检验假设 $H_0:\mu\geqslant 200$，$H_1:\mu<200$ 有兴趣。我们应该使用什么检验？它有什么性质？◀

在这一节，我们将考虑均值和方差都未知时，正态分布均值的假设检验问题。具体地说，设变量 $X_1,\cdots,X_n$ 是取自均值 μ 和方差 σ^2 都未知的正态分布的随机样本，考虑检验如下的假设：

$$\begin{aligned} H_0&: \mu \leqslant \mu_0, \\ H_1&: \mu > \mu_0。\end{aligned}\tag{9.5.1}$$

在这个问题中，参数空间 Ω 包含了所有二维向量 (μ,σ^2)，其中 $-\infty<\mu<\infty$ 且 $\sigma^2>0$。原假设 H_0 指定向量 (μ,σ^2) 落在 Ω 的子集 Ω_0 部分，Ω_0 包含所有 $\mu\leqslant\mu_0$ 且 $\sigma^2>0$ 的向量，如图 9.11 所示。备择假设 H_1 指定 (μ,σ^2) 位于 Ω 中的 Ω_1 部分，Ω_1 由所有不属于 Ω_0 的向量组成。

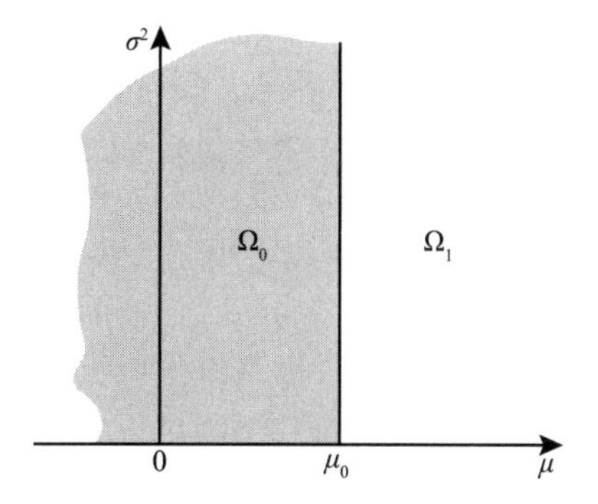

图 9.11　假设（9.5.1）中参数空间 Ω 的子集 Ω_0 和 Ω_1

例 9.1.17 中，我们已经展示了如何从 μ 的单边置信区间中得到假设（9.5.1）的检验。具体说来，定义 $\overline{X}_n=\sum_{i=1}^{n} X_i/n$，$\sigma'=\left[\sum_{i=1}^{n}(X_i-\overline{X}_n)^2/(n-1)\right]^{1/2}$，且

$$U=n^{1/2}\frac{\overline{X}_n-\mu_0}{\sigma'}。\tag{9.5.2}$$

若 $U \geqslant c$ 则拒绝 H_0。当 $\mu=\mu_0$ 时，由定理 8.4.2 可得，无论 σ^2 为何值，由式（9.5.2）定义的统计量 U 将服从自由度为 $n-1$ 的 t 分布。由于这个原因，基于 U 的检验称为 t 检验。当我们要检验如下假设：

$$\begin{aligned} H_0:\quad \mu \geqslant \mu_0, \\ H_1:\quad \mu < \mu_0, \end{aligned} \tag{9.5.3}$$

检验的形式为"如果 $U \leqslant c$，则拒绝 H_0"。

例 9.5.2　新墨西哥州的疗养院　在例 9.5.1 中，如果我们需要水平为 α_0 的检验，我们可以使用 t 检验"如果式（9.5.2）中的统计量 U 小于或等于常数 c，拒绝 H_0"，我们选择 c 使检验的水平等于 α_0。◀

t 检验的性质

定理 9.5.1 给出了 t 检验的一些有用的性质。

定理 9.5.1　*t* 检验的显著性水平与无偏性　设 $X=(X_1,\cdots,X_n)$ 是来自某正态分布的随机样本，均值为 μ，方差为 σ^2，设 U 是式（9.5.2）定义的统计量，c 是自由度为 $n-1$ 的 t 分布的 $1-\alpha_0$ 分位数。设检验 δ 为"如果 $U \geqslant c$，则拒绝假设（9.5.1）中的 H_0"。则功效函数 $\pi(\mu,\sigma^2|\delta)$ 具有如下性质：

i. $\mu=\mu_0$ 时，$\pi(\mu,\sigma^2|\delta)=\alpha_0$，

ii. $\mu<\mu_0$ 时，$\pi(\mu,\sigma^2|\delta)<\alpha_0$，

iii. $\mu>\mu_0$ 时，$\pi(\mu,\sigma^2|\delta)>\alpha_0$，

iv. $\mu\to-\infty$，$\pi(\mu,\sigma^2|\delta)\to 0$，

v. $\mu\to\infty$，$\pi(\mu,\sigma^2|\delta)\to 1$。

此外，水平为 α_0 的检验 δ 是无偏检验。

证明　如果 $\mu=\mu_0$，则 U 服从自由度为 $n-1$ 的 t 分布。于是，

$$\pi(\mu_0,\sigma^2|\delta)=P(U \geqslant c|\mu_0,\sigma^2)=\alpha_0。$$

从而 i 得证。对于 ii 和 iii，定义

$$U^*=\frac{n^{1/2}(\overline{X}_n-\mu)}{\sigma'} \text{ 与 } W=\frac{n^{1/2}(\mu_0-\mu)}{\sigma'},$$

则 $U=U^*-W$。首先，假设 $\mu<\mu_0$，故 $W>0$。由此可得

$$\begin{aligned} \pi(\mu,\sigma^2|\delta) &= P(U \geqslant c|\mu,\sigma^2)=P(U^*-W \geqslant c|\mu,\sigma^2) \\ &= P(U^* \geqslant c+W|\mu,\sigma^2) < P(U^* \geqslant c|\mu,\sigma^2)。\end{aligned} \tag{9.5.4}$$

由于 U^* 服从自由度为 $n-1$ 的 t 分布，因此式（9.5.4）中的最后一个概率为 α_0，从而 ii 得证。对于 iii，令 $\mu>\mu_0$，则 $W<0$，式（9.5.4）中的"小于"变成"大于"，从而 iii 得证。

由 i 和 ii 立即可得，检验 δ 的水平为 α_0。检验 δ 的无偏性由 i 和 iii 可得。

iv 和 v 的证明要困难得多，这里就不给出证明的细节了。直观地，如果 μ 非常大，则式（9.5.4）中的 W 将趋近于 $-\infty$，$U^* \geqslant c+W$ 的概率将会接近于 1。类似地，如果 μ 非常小，远小于 0，则 W 将趋近于 ∞，$U^* \geqslant c+W$ 的概率将会接近于 0。■

对于假设（9.5.3），也有类似的性质。

推论 9.5.1 假设（9.5.3）的 t 检验 设 $X=(X_1,\cdots,X_n)$ 是来自某正态分布的随机样本，均值为 μ，方差为 σ^2，设 U 是式（9.5.2）定义的统计量，c 是自由度为 $n-1$ 的 t 分布的 α_0 分位数。设检验 δ 为“如果 $U\leqslant c$，则拒绝假设（9.5.3）中的 H_0”，则功效函数 $\pi(\mu,\sigma^2|\delta)$ 具有如下性质：

i. $\mu=\mu_0$ 时，$\pi(\mu,\sigma^2|\delta)=\alpha_0$，

ii. $\mu<\mu_0$ 时，$\pi(\mu,\sigma^2|\delta)>\alpha_0$，

iii. $\mu>\mu_0$ 时，$\pi(\mu,\sigma^2|\delta)<\alpha_0$，

iv. $\mu\to-\infty$，$\pi(\mu,\sigma^2|\delta)\to1$，

v. $\mu\to\infty$，$\pi(\mu,\sigma^2|\delta)\to0$。

此外，水平为 α_0 的检验 δ 是无偏检验。 ■

例 9.5.3 新墨西哥州的疗养院 在例 9.5.1 与例 9.5.2 中，假设我们需要一个显著性水平 $\alpha_0=0.1$ 的检验。那么，检验为“如果 $U\leqslant c$，则拒绝 H_0”，其中 c 是自由度为 17 的 t 分布的 0.1 分位数，即 -1.333。利用例 8.6.3 中的数据，我们计算出 $\overline{X}_{18}$ 的观测值 182.17 和 σ' 的观测值 72.22。那么 U 的观测值为 $(17)^{1/2}(182.17-200)/72.22=-1.018$。在显著性水平 0.1 下，我们不拒绝 H_0: $\mu\geqslant200$，因为 U 的观测值大于 -1.333。 ◀

t 检验的 p 值 来自观察到的数据和特定检验的 p 值是最小的 α_0，使得我们在显著性水平 α_0 下拒绝原假设。对于我们刚刚讨论的 t 检验，可以直接计算 p 值。

定理 9.5.2 t 检验的 p 值 假设我们要检验假设（9.5.1）或假设（9.5.3）。设 u 为式（9.5.2）中统计量 U 的观测值，并设 $T_{n-1}(\cdot)$ 为自由度为 $n-1$ 的 t 分布的分布函数，则假设（9.5.1）的 p 值是 $1-T_{n-1}(u)$，并且假设（9.5.3）的 p 值是 $T_{n-1}(u)$。

证明 设 $T_{n-1}^{-1}(\cdot)$ 代表自由度为 $n-1$ 的 t 分布的分位数函数，它是严格单增函数 T_{n-1} 的反函数。我们将在显著性水平 α_0 下拒绝假设（9.5.1），当且仅当 $u\geqslant T_{n-1}^{-1}(1-\alpha_0)$，等价于 $T_{n-1}(u)\geqslant1-\alpha_0$，即 $\alpha_0\geqslant1-T_{n-1}(u)$。因此我们拒绝 H_0 的最小显著性水平 α_0 为 $1-T_{n-1}(u)$。同样，我们拒绝假设（9.5.3），当且仅当 $u\leqslant T_{n-1}^{-1}(\alpha_0)$，即 $\alpha_0\geqslant T_{n-1}(u)$。 ■

例 9.5.4 金属纤维的长度 现有一批加工生产出来的金属纤维，设它们的长度（单位：mm）服从正态分布，均值 μ 与方差 σ^2 均未知。考虑检验如下假设：

$$\begin{aligned}H_0:&\quad \mu\leqslant5.2,\\ H_1:&\quad \mu>5.2。\end{aligned}\tag{9.5.5}$$

现已从这批纤维中随机选取了 15 根测量其长度，得样本均值 $\overline{X}_{15}$ 的观察值为 5.4，σ' 的观察值为 0.422 6。在这些数据的基础上，我们来进行在显著性水平 $\alpha_0=0.05$ 下的 t 检验。

由 $n=15,\mu_0=5.2$，由式（9.5.2）定义的统计量 U 在 $\mu=5.2$ 时应服从自由度为 14 的 t 分布。查 t 分布表可得 $T_{14}^{-1}(0.95)=1.761$。所以，当 $U>1.761$ 时，应拒绝 H_0。由式（9.5.2）可计算出 U 的观察值为 1.833，故在 0.05 的显著性水平下拒绝 H_0。

U 的观察值为 $u=1.833$，$n=15$，我们可用包含 t 分布的分布函数的计算机软件，计算出假设（9.5.1）的 p 值。特别地，这里为 $1-T_{14}(1.833)=0.044\ 1$。 ◀

完全功效函数 如果知道式（9.5.2）定义的统计量 U 的分布，对 μ 的所有值，我们都能确定 t 检验的功效函数。可以把 U 改写成

$$U=\frac{n^{1/2}(\overline{X}_n-\mu_0)/\sigma}{\sigma'/\sigma}。\tag{9.5.6}$$

式（9.5.6）右边的分子部分服从均值为 $n^{1/2}(\mu-\mu_0)/\sigma$，方差为 1 的正态分布。分母部分是一个$\chi^2$ 随机变量除以它的自由度 $n-1$ 所得商的平方根。要不是因为非零均值，如同已经证明过的那样，这个比率本该服从自由度为 $n-1$ 的 t 分布。当分子部分的均值不为 0 时，U 服从非中心 t 分布。

定义 9.5.1　非中心 t 分布　如果 Y 和 W 是独立的随机变量，其中 W 服从均值为 ψ、方差为 1 的正态分布，Y 服从自由度为 m 的χ^2 分布，则随机变量

$$X=\frac{W}{\left(\dfrac{Y}{m}\right)^{1/2}}$$

的分布称为自由度为 m，非中心参数为 ψ 的非中心 t 分布。我们将用 $T_m(t|\psi)$ 表示该分布的分布函数，即 $T_m(t|\psi)=P(X\leqslant t)$。

显然，非中心参数 $\psi=0$ 且自由度为 m 的非中心 t 分布也是一个自由度为 m 的 t 分布。由定义 9.5.1，我们立即有如下结论。

定理 9.5.3　设 $\boldsymbol{X}=(X_1,\cdots,X_n)$是来自某正态分布的随机样本，均值为$\mu$，方差为 σ^2。式（9.5.2）定义的统计量 U 服从非中心 t 分布，其自由度为 $n-1$，非中心参数为 $\psi=n^{1/2}(\mu-\mu_0)/\sigma$。

（1）设检验δ为“如果 $U\geqslant c$，则拒绝 H_0：$\mu\leqslant\mu_0$”，则 δ 的功效函数为 $\pi(\mu,\sigma^2|\delta)=1-T_{n-1}(c|\psi)$；

（2）设检验 δ'为“如果 $U\leqslant c$，则拒绝 H_0：$\mu\geqslant\mu_0$”，则 δ'的功效函数为 $\pi(\mu,\sigma^2|\delta')=T_{n-1}(c|\psi)$。■

在本节习题 11 中，你可以证明公式 $1-T_m(t|\psi)=T_m(-t|-\psi)$。有些计算机程序可以计算非中心 t 分布的分布函数，一些统计软件包也包含了这样的程序。图 9.12 给出了在显著性水平 0.05 和 0.01 下，不同自由度和不同非中心参数值的 t 检验的功效函数。我们用横轴表示$|\psi|$，因为同样的图形可用来表示两种类型的单边假设。接下来的例子描绘了怎样用图 9.12 来近似得到所要求的功效函数。

例 9.5.5　金属纤维的长度　例 9.5.4 中，我们在水平 0.05 下检验了假设（9.5.5）。假定我们对当μ不等于 5.2 时检验的功效感兴趣。特别地，假定当$\mu=5.2+\sigma/2$，即 5.2 加上标准差的一半，我们对这时的功效感兴趣。非中心参数为

$$\psi=15^{1/2}\left(\frac{5.2+\sigma/2-5.2}{\sigma}\right)=1.936。$$

在图 9.12 中，没有自由度为 14 的曲线；然而自由度为 10 和 60 的曲线之间并没有太大的差别。因此我们可以认为所要的答案就在这两者之间，如果在图 9.12 中看显著性水平为 0.05 的那一个图，并且从横轴上的 1.936（大约为 2）开始往上找，直到略超过自由度为 10 的那条曲线。此时我们发现功效大约为 0.6（实际功效为 0.578）。◀

注：功效是非中心参数的函数。例 9.5.5 中，不能回答类似于“当$\mu=5.5$ 时，水平为 0.05 的检验的功效是多少”的问题。原因是功效通过非中心参数而成为μ 和 σ^2 共同的函

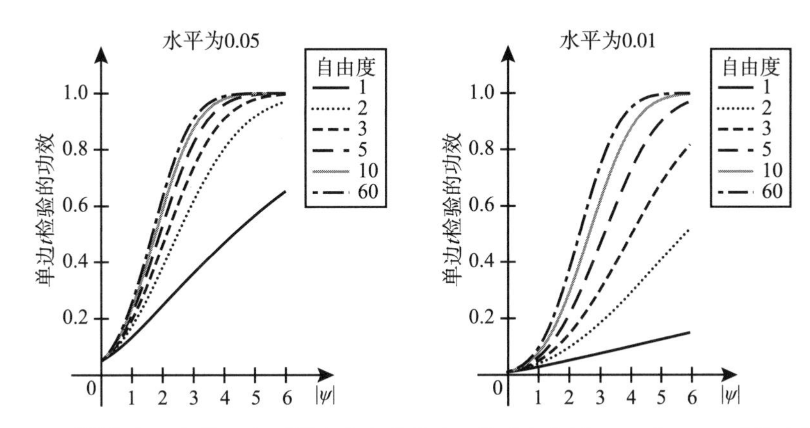

图 9.12　不同非中心参数 ψ 和不同自由度的单边 t 检验在水平 0.05 和 0.01 下的功效函数

数（见本节习题 6）。对于每一个可能的 σ 和 $\mu=5.5$，非中心参数 $\psi=15^{1/2}\times0.3/\sigma$，$\psi$ 从 0 到∞的变化依赖于 σ。这就是每当我们想得到一个 t 检验功效的数值时，为什么总需要知道 μ 和 σ 的取值，或者知道 μ 距离 μ_0 是 σ 的几倍。

选择样本量　利用检验的功效函数来帮助我们决定适当的样本量是可能的。

例 9.5.6　金属纤维的长度　例 9.5.5 中，我们发现 $\mu=5.2+\sigma/2$ 时的功效为 0.578。假定我们要使 $\mu=5.2+\sigma/2$ 时的功效接近 0.8，就用多于 15 个的观测值来达到这样的效果。在图 9.12 中，可以看到非中心参数 ψ 多大可以使得功效达到 0.8。若自由度在 10 和 60 之间，ψ 大约为 2.5。但是当 $\mu=5.2+\sigma/2$ 时，$\psi=n^{1/2}/2$。因此，需要的样本量 n 大约为 25。精确的计算表明，当 $n=25$，$\mu=5.2+\sigma/2$ 的时候，检验水平为 0.05 的功效为 0.783 4。当 $n=26$ 的时候，功效为 0.798 1；而 $n=27$ 的时候，功效为 0.811 8。◀

成对的 t 检验

在很多试验中，在相同的试验装置下以两种不同条件测量同一个变量，我们感兴趣的是一种条件下的均值是否比另一种条件下的大。在这种情况下，通常是将两组测量值对应相减，然后将所得差值看作服从正态分布的随机变量，再做关于差值的均值的假设检验。

例 9.5.7　假人撞击试验　美国国家交通运输安全委员会对放在车内的假人在汽车受到撞击后的受伤部位及伤害程度进行试验，通过试验收集到一些数据。在一系列的试验中，在每辆车上的驾驶席上放置一个假人，在副驾驶席上放置另一个假人。要测量的一个变量是每个假人头部受伤的程度。图 9.13 是不同位置的假人头部受伤数据的双对数坐标图。我们关

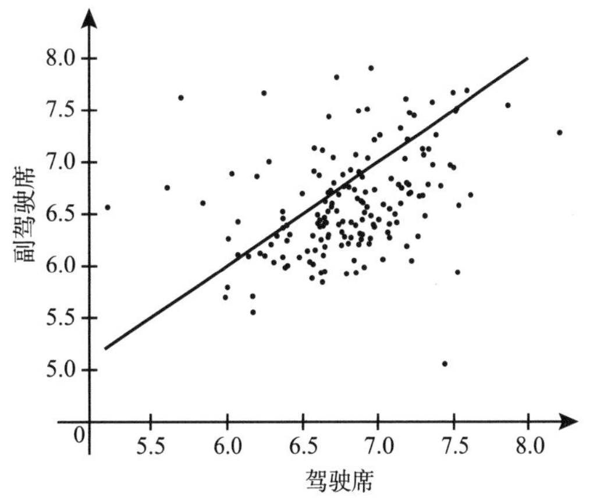

图 9.13　驾驶席和副驾驶席假人头部受伤数据的双对数坐标图。直线表示两个数据相等

注的问题之一是在驾驶席和副驾驶席上的假人的头部受伤程度是否有差异，以及（或者）二者之间有多大的差异。设$X_1,\cdots,X_n$是驾驶席与副驾驶席的假人的头部受伤程度的对数之差，我们可以将$X_1,\cdots,X_n$建模为某正态分布的随机样本，均值为μ，方差为σ^2。如果我们希望在$\alpha_0=0.01$的显著性水平下检验原假设$H_0:\mu\leqslant 0$，相应的备择假设为$H_1:\mu>0$。图9.13中显示的是$n=164$辆车的数据。检验为"如果$U\geqslant T_{163}^{-1}(0.99)=2.35$，则拒绝$H_0$"。

图9.13中坐标值之差的平均值为$\overline{X}_n=0.2199$，σ'的观察值为0.5342，于是统计量U的观察值为5.271，大于2.35，因此在0.01的显著性水平下拒绝原假设。事实上，p值小于10^{-6}。

如果我们还想知道在显著性水平0.01下备择假设H_1的功效函数，假定驾驶席与副驾驶席的假人头部受伤值对数之差的平均值为$\sigma/4$，则非中心参数为$(164)^{1/2}/4=3.20$。在图9.12中右边的图中，功效值大约为0.8（实际值是0.802）。◀

检验双边备择假设

例9.5.8　古埃及人的头骨　例9.4.1和例9.4.2中，我们将公元前4000年头骨的宽度建模为来自某正态分布的容量$n=30$的随机样本，均值μ未知和方差已知。现在，我们将对该模型进行推广，更真实地假设方差σ^2是未知的。我们希望检验假设$H_0:\mu=140$，$H_1:\mu\neq 140$。我们仍然可以计算式（9.5.2）中的统计量U，但现在如果$U\leqslant c_1$或$U\geqslant c_2$，应该拒绝H_0，其中c_1与c_2为适当的常数。我们应该如何选择c_1与c_2？这种检验又具有什么性质呢？◀

我们仍然设$X_1,\cdots,X_n$为来自均值为μ、方差为σ^2的正态分布的随机样本，其中μ和σ^2均为未知，但现在要对下面的假设进行检验：

$$\begin{aligned} H_0:&\quad \mu=\mu_0,\\ H_1:&\quad \mu\neq\mu_0。\end{aligned}\tag{9.5.7}$$

这里，备择假设H_1是双边的。

例9.1.15中，我们从8.5节所讨论的置信区间出发，导出了假设（9.5.7）的α_0水平检验。这个检验形如"如果$|U|\geqslant T_{n-1}^{-1}(1-\alpha_0/2)$，则拒绝$H_0$"，其中$T_{n-1}^{-1}$是自由度为$n-1$的$t$分布的分位数函数，$U$由式（9.5.2）定义。

例9.5.9　古埃及人的头骨　例9.5.8中，假定我们要在水平$\alpha_0=0.05$下检验假设$H_0:\mu=140$，$H_1:\mu\neq 140$。如果我们利用上述检验（在例9.1.15中得到），则常数c_1与c_2大小相等，符号相反。具体说来，$c_1=-T_{29}^{-1}(0.975)=-2.045$和$c_2=2.045$。$\overline{X}_{30}$的观察值为131.37，$\sigma'$的观察值为5.129。统计量$U$的观察值$u=(30)^{1/2}(131.37-140)/5.129=-9.219$，这小于$-2.045$，于是我们在水平0.05下拒绝$H_0$。◀

例9.5.10　金属纤维的长度　重新考虑例9.5.4中所讨论过的问题，但是现在不是检验假设（9.5.5），而是检验如下的假设：

$$\begin{aligned} H_0:&\mu=5.2,\\ H_1:&\mu\neq 5.2。\end{aligned}\tag{9.5.8}$$

仍假定测量了15根纤维的长度，由数据计算U的观测值为1.833，在显著性水平$\alpha_0=0.05$

下检验假设（9.5.8）。

因为 $\alpha_0=0.05$，我们的临界值是自由度为 14 的 t 分布的 $1-0.05/2=0.975$ 分位数。从本书的 t 分布表，找到 $T_{14}^{-1}(0.975)=2.145$，所以 t 检验将在 $U\leqslant-2.145$ 或 $U\geqslant 2.145$ 时拒绝 H_0。因为 $U=1.833$，所以不拒绝原假设 H_0。◀

在给定的问题中，确定备择假设是单边假设还是双边假设很重要，例 9.5.4 和例 9.5.10 中的数值强调了这一点。当在显著性水平 0.05 下检验假设（9.5.5），原假设 H_0：$\mu\leqslant 5.2$ 被拒绝。当在相同显著性水平下检验假设（9.5.8）时，使用了相同数据，原假设 H_0：$\mu=5.2$ 不被拒绝。

双边检验的功效函数 检验 δ"当 $|U|\geqslant c$ 时，其中 $c=T_{n-1}^{-1}(1-\alpha_0/2)$，拒绝 H_0：$\mu=\mu_0$"的功效函数可以通过使用非中心 t 分布得到。如果 $\mu\neq\mu_0$，那么 U 服从自由度为 $n-1$、非中心参数为 $\psi=n^{1/2}(\mu-\mu_0)/\sigma$ 的 t 分布，和我们在单边假设检验中得到的一样。于是 δ 的功效函数为

$$\pi(\mu,\sigma^2\mid\delta)=T_{n-1}(-c\mid\psi)+1-T_{n-1}(c\mid\psi)。$$

图 9.14 画出了不同自由度和非中心参数的功效函数。我们可以利用图 9.14 找到例 9.5.10 当 $\mu=5.2+\sigma/2$ 时（即 $\psi=1.936$）检验的功效，功效值大约是 0.45（实际功效值为 0.438）。

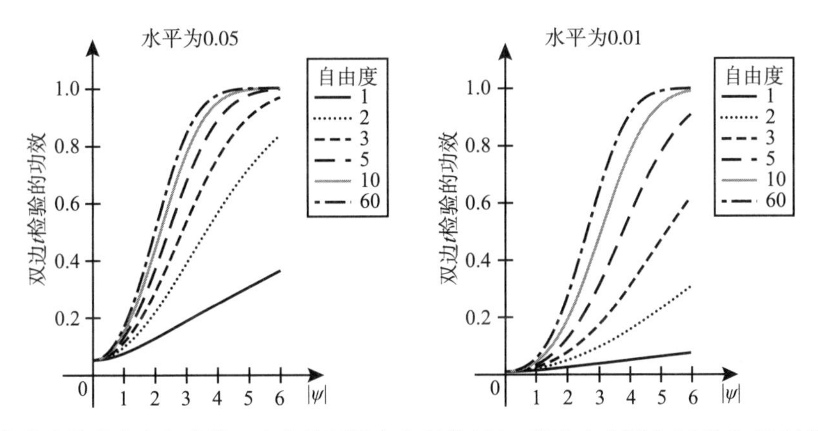

图 9.14 各种取值的非中心参数 ψ 和各种不同自由度的双边 t 检验在水平 0.05 和 0.01 时的功效函数

定理 9.5.4 双边检验的 p 值 假设我们检验假设（9.5.7），设统计量 U 的观察值为 u，令 $T_{n-1}(\cdot)$ 为自由度为 $n-1$ 的 t 分布的分布函数，则 p 值是 $2[1-T_{n-1}(|u|)]$。

证明 设 $T_{n-1}^{-1}(\cdot)$ 表示自由度为 $n-1$ 的 t 分布的分位数函数。我们会在水平 α_0 下拒绝（9.5.7）中的原假设，当且仅当 $|u|\geqslant T_{n-1}^{-1}(1-\alpha_0/2)$，这等价于 $T_{n-1}(|u|)\geqslant 1-\alpha_0/2$，即 $\alpha_0\geqslant 2[1-T_{n-1}(|u|)]$。于是，我们能够拒绝 H_0 的最小显著性水平为 $2[1-T_{n-1}(|u|)]$。■

例 9.5.11 金属纤维的程度 例 9.5.10 中，p 值为 $2[1-T_{14}(1.833)]=0.0882$。注意，这是假设（9.5.1）中 p 值的两倍。◀

就 t 检验来说，如果假设（9.5.1）或假设（9.5.3）中的 p 值为 p，那么假设（9.5.7）的 p 值就是 $2p$ 与 $2(1-p)$ 中的较小的那个值。

t检验作为似然比检验

我们在9.1节中引入了似然比检验。针对本节的假设，我们可以计算这一类检验。

例9.5.12　正态分布均值的单边假设的似然比检验　考虑假设（9.5.1）。在观察到随机样本值$x_1,\cdots,x_n$以后，似然函数为

$$f_n(\boldsymbol{x}|\mu,\sigma^2)=\frac{1}{(2\pi\sigma^2)^{n/2}}\exp\left[-\frac{1}{2\sigma^2}\sum_{i=1}^{n}(x_i-\mu)^2\right]。\tag{9.5.9}$$

在这种情况下，$\Omega_0=\{(\mu,\sigma^2):\mu\leqslant\mu_0\}$且$\Omega_1=\{(\mu,\sigma^2):\mu>\mu_0\}$，似然比统计量为

$$\Lambda(\boldsymbol{x})=\frac{\sup\limits_{\{(\mu,\sigma^2):\mu>\mu_0\}}f_n(\boldsymbol{x}|\mu,\sigma^2)}{\sup\limits_{(\mu,\sigma^2)}f_n(\boldsymbol{x}|\mu,\sigma^2)}。\tag{9.5.10}$$

现在我们来推导基于式（9.5.10）的似然比检验的显式表达式。正如7.5节那样，当我们只知道点（μ，σ^2）属于参数空间Ω时，用$\hat{\mu}$和$\hat{\sigma}^2$表示μ和σ^2的极大似然估计值。例7.5.6中已经证明了

$$\hat{\mu}=\bar{x}_n\text{ 且 }\hat{\sigma}^2=\frac{1}{n}\sum_{i=1}^{n}(x_i-\bar{x}_n)^2。$$

由此可得，$\Lambda(\boldsymbol{x})$的分母为

$$\sup_{(\mu,\sigma^2)}f_n(\boldsymbol{x}|\mu,\sigma^2)=\frac{1}{(2\pi\hat{\sigma}^2)^{n/2}}\exp\left(-\frac{n}{2}\right)。\tag{9.5.11}$$

类似地，当点(μ,σ^2)限制在子集Ω_0内时，我们用$\hat{\mu}_0$和$\hat{\sigma}^2{}_0$代表μ和σ^2在Ω_0的极大似然估计值。首先假定样本值使得$\bar{x}_n\leqslant\mu_0$，则点$(\hat{\mu},\hat{\sigma}^2)$应在$\Omega_0$中，从而$\hat{\mu}_0=\hat{\mu}$及$\hat{\sigma}_0^2=\hat{\sigma}^2$。于是$\Lambda(\boldsymbol{x})$的分子也等于式（9.5.11）。在这种情况下，$\Lambda(\boldsymbol{x})=1$。

接下来，假定取定的样本值使得$\bar{x}_n>\mu_0$，则点$(\hat{\mu},\hat{\sigma}^2)$不在$\Omega_0$中。在这种情况下，可以证明如果$\mu$尽可能地靠近$\bar{x}_n$，$f_n(\boldsymbol{x}|\mu,\sigma^2)$在所有$(\mu,\sigma^2)\in\Omega_0$时将达到最大值。在子集$\Omega_0$的所有点中，最接近$\bar{x}_n$的值为$\mu=\mu_0$，于是$\hat{\mu}_0=\mu_0$。如例7.5.6，我们反过来可以证明$\sigma^2$的极大似然估计值为：

$$\hat{\sigma}_0^2=\frac{1}{n}\sum_{i=1}^{n}(x_i-\hat{\mu}_0)^2=\frac{1}{n}\sum_{i=1}^{n}(x_i-\mu_0)^2。$$

在这种情况下，$\Lambda(\boldsymbol{x})$的分子为

$$\sup_{\{(\mu,\sigma^2):\mu>\mu_0\}}f_n(\boldsymbol{x}|\mu,\sigma^2)=\frac{1}{(2\pi\hat{\sigma}_0^2)^{n/2}}\exp\left(-\frac{n}{2}\right)。\tag{9.5.12}$$

将式（9.5.12）与式（9.5.11）求比值，我们发现

$$\Lambda(\boldsymbol{x})=\begin{cases}\left(\dfrac{\hat{\sigma}^2}{\hat{\sigma}_0^2}\right)^{n/2}, & \bar{x}_n>\mu_0,\\ 1, & \text{其他。}\end{cases}\tag{9.5.13}$$

接着，利用关系式

$$\sum_{i=1}^{n}(x_i-\mu_0)^2=\sum_{i=1}^{n}(x_i-\bar{x}_n)^2+n(\bar{x}_n-\mu_0)^2$$

改写式（9.5.13）中上面分支的那种情况，

$$\Lambda(x)=\left[1+\frac{n(\bar{x}_n-\mu_0)^2}{\sum_{i=1}^{n}(x_i-\bar{x}_n)^2}\right]^{-n/2}。\tag{9.5.14}$$

如果式（9.5.2）中的统计量 U 的观察值为 u，则容易验证

$$\frac{n(\bar{x}_n-\mu_0)^2}{\sum_{i=1}^{n}(x_i-\bar{x}_n)^2}=\frac{u^2}{n-1}。$$

由此可得，$\Lambda(\boldsymbol{x})$ 为 u 的单减函数。于是，对 $k<1$，$\Lambda(\boldsymbol{x})\leqslant k$ 当且仅当 $u\geqslant c$，其中

$$c=\left[\left(\frac{1}{k^{2/n}}-1\right)(n-1)\right]^{1/2}。$$

由此可以看出，似然比检验是一个 t 检验。 ◀

把例 9.5.12 的讨论作适当的修改，从而很容易找到假设（9.5.3）与假设（9.5.7）的似然比检验（见本节习题 17 和 18）。

小结

当 $X_1,\cdots,X_n$ 组成来自某正态分布的随机样本，均值 μ 及方差 σ^2 都未知，我们可以利用 $n^{1/2}(\overline{X}_n-\mu)/\sigma'$ 服从自由度为 $n-1$ 的 t 分布这一事实做有关 μ 的假设检验。用 T_{n-1}^{-1} 表示自由度为 $n-1$ 的 t 分布的分位数函数。例如在检验水平 α_0 下要检验 $H_0:\mu\leqslant\mu_0$，$H_1:\mu>\mu_0$，当 $n^{1/2}(\overline{X}_n-\mu_0)/\sigma'>T_{n-1}^{-1}(1-\alpha_0)$ 时，拒绝 H_0。要检验 $H_0:\mu=\mu_0$，$H_1:\mu\neq\mu_0$，当 $|n^{1/2}(\overline{X}_n-\mu_0)/\sigma'|\geqslant T_{n-1}^{-1}(1-\alpha_0/2)$ 时，拒绝 H_0。每一个检验的功效函数都可以用自由度为 $n-1$、非中心参数为 $\psi=n^{1/2}(\mu-\mu_0)/\sigma$ 的非中心 t 分布的分布函数来表示。

习题

1. 利用例 8.5.4 的数据，$n=10$ 块奶酪中乳酸浓度的样本，假定这个随机样本是取自均值 μ 和方差 σ^2 都未知的正态分布。要检验以下假设

$$H_0:\ \mu\leqslant 1.2, H_1:\ \mu>1.2。$$

   a. 在水平 $\alpha_0=0.05$ 下检验假设。

   b. 计算 p 值。

2. 假定随机选择 9 个观察值，它们都来自均值 μ 和方差 σ^2 都未知的正态分布。已知：$\overline{X}_n=22$，$\sum_{i=1}^{n}(X_i-\overline{X}_n)^2=72$。

   a. 显著性水平取为 0.05，检验假设

$$H_0:\ \mu \leqslant 20, H_1:\ \mu > 20。$$

b. 显著性水平取为 0.05，用双边 t 检验来检验假设

$$H_0:\ \mu = 20, H_1:\ \mu \neq 20。$$

c. 根据数据，给出 μ 的置信度为 0.95 的置信区间。

3. 某种汽车的制造商声称在一般的城市驾驶条件下，汽车平均每加仑汽油行驶距离不低于 20 英里。这种汽车的一个车主记录下在她城市驾驶的情况下的每加仑汽油行驶里程数的一些数据。这些数据是在 9 个不同的场合为油箱加油时获得的。每加仑汽油行驶的英里数的数据结果如下：

$$15.6, 18.6, 18.3, 20.1, 21.5, 18.4, 19.1, 20.4, 19.0。$$

给出在 $\alpha_0 = 0.05$ 下的假设检验，以此来检验厂商的声明。仔细给出你必须要设的前提条件。

4. 设随机样本 $X_1, \cdots, X_8$ 取自均值 μ 和方差 σ^2 都未知的正态分布。检验假设：

$$H_0:\ \mu = 0, H_1:\ \mu \neq 0。$$

已知：$\sum_{i=1}^{8} X_i = -11.2$，$\sum_{i=1}^{8} X_i^2 = 43.7$。如果在显著水平 0.1 下进行一个对称的 t 检验，使得每个临界域的尾部有 0.05 的概率，那么是否拒绝 H_0？

5. 再次考虑习题 4 的条件，检验水平仍为 0.1。但此时的 t 检验不是对称的，且在 $U \leqslant c_1$ 或 $U \geqslant c_2$ 的情况下拒绝 H_0，这里要求 $P(U \leqslant c_1) = 0.01$，$P(U \geqslant c_2) = 0.09$。对于习题 4 中的样本数据，是否拒绝 H_0？

6. 设 $X_1, \cdots, X_n$ 是来自均值 μ 和方差 σ^2 都未知的正态分布的随机样本。在给定显著性水平 α_0 下，做以下假设的 t 检验：

$$H_0:\ \mu \leqslant \mu_0, H_1:\ \mu > \mu_0。$$

令 $\pi(\mu, \sigma^2 | \delta)$ 表示这个 t 检验的功效函数。假设 (μ_1, σ_1^2)，(μ_2, σ_2^2) 满足

$$\frac{\mu_1 - \mu_0}{\sigma_1} = \frac{\mu_2 - \mu_0}{\sigma_2}。$$

证明：$\pi(\mu_1, {\sigma_1}^2 | \delta) = \pi(\mu_2, {\sigma_2}^2 | \delta)$。

7. 考虑均值 μ 和方差 σ^2 都未知的正态分布，检验假设：

$$H_0:\ \mu \leqslant \mu_0, H_1:\ \mu > \mu_0。$$

设从这个分布中只能得到 X 的一个观测值。但是可以利用来自另一个正态分布的一组独立随机样本 $Y_1, \cdots, Y_n$，它们与 X 有相同的方差 σ^2，且均值为 0。如何用自由度为 n 的 t 分布来检验假设 H_0 与 H_1？

8. 设 $X_1, \cdots, X_n$ 是来自某正态分布的随机样本，其均值 μ 和方差 σ^2 都未知。又设 σ_0^2 是一个给定的正值。在指定的检验水平 $\alpha_0 (0 < \alpha_0 < 1)$ 下检验假设：

$$H_0:\ \sigma^2 \leqslant \sigma_0^2, H_1:\ \sigma^2 > \sigma_0^2。$$

令 $S_n^2 = \sum_{i=1}^{n} (X_i - \overline{X}_n)^2$，假设我们利用检验“当 $S_n^2/\sigma_0^2 \geqslant c$ 时，拒绝 H_0”。同时设 $\pi(\mu, \sigma^2 | \delta)$ 表示该检验的功效函数。解释如何选择常数 c，使得无论 μ 取何值，下述要求总能满足：当 $\sigma^2 < \sigma_0^2$ 时，$\pi(\mu, \sigma^2 | \delta) < \alpha_0$；当 $\sigma^2 = \sigma_0^2$ 时，$\pi(\mu, \sigma^2 | \delta) = \alpha_0$；当 $\sigma^2 > \sigma_0^2$ 时，$\pi(\mu, \sigma^2 | \delta) > \alpha_0$。

9. 设 $X_1, \cdots, X_{10}$ 是来自均值 μ 和方差 σ^2 都未知的正态分布的随机样本。检验假设：

$$H_0:\ \sigma^2 \leqslant 4, H_1:\ \sigma^2 > 4。$$

假定进行习题 8 的检验。当 $\alpha_0 = 0.05$，$S_n^2 = 60$ 时，是否拒绝 H_0？

10. 假定同习题 9，从均值 μ 和方差 σ^2 都未知的正态分布中抽取 10 个观测值的随机样本，在显著性水平为 0.05 的条件下检验假设：

$$H_0:\ \sigma^2 = 4, H_1:\ \sigma^2 \neq 4。$$

设当 $S_n^2 \leqslant c_1$ 或 $S_n^2 \geqslant c_2$ 时，拒绝 H_0。这里 c_1，c_2 满足：当 H_0 为真时，

$$P(S_n^2 \leqslant c_1)=P(S_n^2 \geqslant c_2)=0.025。$$

试求 c_1, c_2 的值。

11. 假设 U_1 有一个自由度为 m、非中心参数为 ψ 的非中心 t 分布。U_2 有一个自由度为 m、非中心参数为 $-\psi$ 的非中心 t 分布。证明：$P(U_1 \geqslant c)=P(U_2 \leqslant -c)$。
12. 设 $X_1, \cdots, X_n$ 是来自均值 μ 和方差 σ^2 都未知的正态分布的随机样本。检验假设：
$$H_0: \mu \leqslant 3, H_1: \mu > 3。$$
设样本量 $n=17$，由样本观测值得到 $\overline{X}_n=3.2$ 和 $(1/n)\sum_{i=1}^{n}(X_i-\overline{X}_n)^2=0.09$。计算统计量 U 的值及相应检验的 p 值。
13. 考虑习题 12 的条件，若 $n=170$，同样由样本观测值得到 $\overline{X}_n=3.2$ 和 $(1/n)\sum_{i=1}^{n}(X_i-\overline{X}_n)^2=0.09$。计算统计量 U 的值及相应检验的 p 值。
14. 考虑习题 12 的条件，若要检验假设：
$$H_0: \mu = 3.1, H_1: \mu \neq 3.1。$$
设样本量 $n=17$，同样由样本观测值得到 $\overline{X}_n = 3.2$ 和 $(1/n)\sum_{i=1}^{n}(X_i-\overline{X}_n)^2=0.09$。计算统计量 U 的值及相应检验的 p 值。
15. 考虑习题 14 的条件，现在设样本量为 $n=170$，同样由样本观测值得到 $\overline{X}_n=3.2$ 和 $(1/n)\sum_{i=1}^{n}(X_i-\overline{X}_n)^2=0.09$。计算统计量 U 的值及相应检验的 p 值。
16. 考虑习题 14 的条件，现在设样本量 $n=17$，由样本观测值得到 $\overline{X}_n=3.0$ 和 $(1/n)\sum_{i=1}^{n}(X_i-\overline{X}_n)^2=0.09$。计算统计量 U 的值及相应检验的 p 值。
17. 证明：对于假设（9.5.7）的似然比检验是这样一个双边 t 检验：在 $|U| \geqslant c$ 时拒绝 H_0，这里 U 由式（8.5.1）规定。这个问题的讨论比书上的单边检验的情形稍微简单一点，但又极其类似。
18. 证明：对假设（9.5.3）的似然比检验，当 $U \leqslant c$ 时，拒绝 H_0，其中 U 用式（8.5.1）定义。

9.6 比较两个正态分布的均值

我们常常要比较两个分布，看哪个的均值较大或这两个均值是否有大的差异。当两个分布都是正态分布时，基于 t 分布的检验和置信区间与考虑单个分布时的情形非常相似。

双样本 t 检验

例 9.6.1 人工降雨 例 8.3.1 中，我们曾经对撒播云的平均对数降雨量是否大于 4 感兴趣，我们假定 4 是非撒播云的平均对数降雨量。在其他条件都相似的情况下，如果要比较撒播云和非撒播云的降雨量，通常我们可以观察两个降雨量的随机样本：一个来自撒播云，另一个来自非撒播云，但条件相似。然后，我们将这些样本建模为来自两个不同正态分布的随机样本，并且比较它们的均值和可能的方差，看看分布的差异。◀

现在考虑第一个问题，随机样本是来自两个方差未知但相等的正态分布，我们想知道哪个分布的均值较大。具体来说，设 $\boldsymbol{X}=(X_1, \cdots, X_m)$ 是来自某个正态分布的容量为 m 的随机样本，它的均值 μ_1 和方差 σ^2 都是未知的；$\boldsymbol{Y}=(Y_1, \cdots, Y_n)$ 是来自另一个正态分布的容量为 n 的独立随机样本，它的均值μ_2和方差σ^2也都是未知的。我们将对检验如下假设感兴趣：

$$H_0:\mu_1 \leqslant \mu_2, H_1:\mu_1 > \mu_2。 \tag{9.6.1}$$

对于每个检验过程δ，令$\pi(\mu_1,\mu_2,\sigma^2|\delta)$表示功效函数。我们假定两个分布的方差$\sigma^2$是相同的，尽管$\sigma^2$的值是未知的。如果这个假设得不到保证的话，那么这个双样本t检验是不合适的。对于两个总体可能有不同的方差的情形，在本节的后面部分将讨论一种不同的检验过程；在这一节的最后，我们将推导似然比检验。在9.7节中，将讨论一些比较两个正态分布的方差的检验过程，其中包括检验方差相等的假设。

直观地，如果“两个样本均值的差较大，则拒绝假设（9.6.1）中的H_0”是合理的。定理9.6.1导出了所采用的自然统计量的分布。

定理 9.6.1　双样本 t 统计量　在前面几段所述的框架下，定义

$$\overline{X}_m = \frac{1}{m}\sum_{i=1}^{m} X_i, \quad \overline{Y}_n = \frac{1}{n}\sum_{i=1}^{n} Y_i,$$

$$S_X^2 = \sum_{i=1}^{m}(X_i - \overline{X}_m)^2 \text{ 和 } S_Y^2 = \sum_{i=1}^{n}(Y_i - \overline{Y}_n)^2。 \tag{9.6.2}$$

定义检验统计量如下：

$$U = \frac{(m+n-2)^{1/2}(\overline{X}_m - \overline{Y}_n)}{\left(\frac{1}{m}+\frac{1}{n}\right)^{1/2}(S_X^2+S_Y^2)^{1/2}}。 \tag{9.6.3}$$

对所有$\theta=(\mu_1,\mu_2,\sigma^2)$满足$\mu_1=\mu_2$，$U$的分布是自由度为$m+n-2$的$t$分布。

证明　假定$\mu_1=\mu_2$，定义如下随机变量

$$Z = \frac{\overline{X}_m - \overline{Y}_n}{\left(\frac{1}{m}+\frac{1}{n}\right)^{1/2}\sigma}, \tag{9.6.4}$$

$$W = \frac{S_X^2+S_Y^2}{\sigma^2}。 \tag{9.6.5}$$

统计量U表示成以下的形式

$$U = \frac{Z}{[W/(m+n-2)]^{1/2}}。 \tag{9.6.6}$$

我们只需证明Z服从标准正态分布，W服从自由度为$m+n-2$的χ^2分布，以及Z与W独立。结论由定义8.4.1（t分布族的定义）得证。

我们假定$\boldsymbol{X}$与$\boldsymbol{Y}$独立，可得$\boldsymbol{X}$的函数与$\boldsymbol{Y}$的函数独立。特别地，$(\overline{X}_m,S_X^2)$与$(\overline{Y}_n,S_Y^2)$相互独立。由定理8.3.1，$\overline{X}_m$与S_X^2独立，$\overline{Y}_n$与S_Y^2也独立。由此可得，4个随机变量$\overline{X}_m$，$\overline{Y}_n,S_X^2,S_Y^2$相互独立，从而随机变量$Z$与$W$独立。同样由定理8.3.1，$S_X^2/\sigma^2$和$S_Y^2/\sigma^2$都服从$\chi^2$分布，自由度分别为$m-1$与$n-1$。于是，$W$是两个相互独立的$\chi^2$分布的随机变量之和，因此$W$也服从$\chi^2$分布，自由度为$m+n-2$。$\overline{X}_m-\overline{Y}_n$服从均值为0、方差为$\sigma^2/m+\sigma^2/n$的正态分布，由此可得$Z$服从标准正态分布。■

显著性水平为α_0的双样本t检验δ是“如果$U \geqslant T_{m+n-2}^{-1}(1-\alpha_0)$，则拒绝$H_0$”。定理

9.6.2 给出了一些有用的性质，这些性质与定理 9.5.1 中的性质类似。证明与定理 9.5.1 类似，我们这里就不再赘述。

定理 9.6.2　双样本 t 检验的水平与无偏性　设 δ 是上述定义的双样本 t 检验，功效函数 $\pi(\mu_1,\mu_2,\sigma^2|\delta)$ 具有如下性质：

i.　当 $\mu_1=\mu_2$ 时，$\pi(\mu_1,\mu_2,\sigma^2|\delta)=\alpha_0$，

ii.　当 $\mu_1<\mu_2$ 时，$\pi(\mu_1,\mu_2,\sigma^2|\delta)<\alpha_0$，

iii.　当 $\mu_1>\mu_2$ 时，$\pi(\mu_1,\mu_2,\sigma^2|\delta)>\alpha_0$，

iv.　当 $\mu_1-\mu_2\to-\infty$ 时，$\pi(\mu_1,\mu_2,\sigma^2|\delta)\to 0$，

v.　当 $\mu_1-\mu_2\to\infty$ 时，$\pi(\mu_1,\mu_2,\sigma^2|\delta)\to 1$。

此外，水平为 α_0 的检验 δ 是无偏检验。■

注：另一个单边假设。如果假设是

$$H_0:\mu_1\geqslant\mu_2,H_1:\mu_1<\mu_2,\tag{9.6.7}$$

在相应的水平 α_0 下 t 检验将在 $U\leqslant -T^{-1}_{m+n-2}(1-\alpha_0)$ 时拒绝原假设 H_0。这个检验有与另一单边检验相类似的性质。

p 值的计算与单样本 t 检验的方法几乎相同。定理 9.6.3 的证明实际上与定理 9.5.2 的证明相同，在此未给出。

定理 9.6.3　双样本 t 检验的 p 值　假设我们要检验假设（9.6.1）或假设（9.6.7）。设 u 为式（9.6.3）中统计量 U 的观测值，并设 $T_{m+n-2}(\cdot)$ 为自由度为 $m+n-2$ 的 t 分布的分布函数，则假设（9.6.1）的 p 值是 $1-T_{m+n-2}(u)$，并且假设（9.6.7）的 p 值是 $T_{m+n-2}(u)$。■

例 9.6.2　人工降雨　例 9.6.1 中，我们实际上有 26 朵非撒播云（自然云）的观测值和 26 朵撒播云的观测值。令 $X_1,\cdots,X_{26}$ 为来自撒播云的对数降雨量，令 $Y_1,\cdots,Y_{26}$ 为来自非撒播云的观测数据。我们将所有测量值建模为相互独立的随机变量，X_i 服从均值为 μ_1 和方差为 σ^2 的正态分布，Y_i 服从均值为 μ_2 和方差为 σ^2 的正态分布。现在，我们假定两个分布具有共同方差。假设我们希望检验撒播云的平均对数降雨量是否大于非撒播云的平均对数降雨量。我们选择原假设和备择假设，使犯第 I 类错误对应于声称“撒播会增加降雨量”，而实际上却不会增加降雨量，即原假设为 H_0：$\mu_1\leqslant\mu_2$，备择假设为 H_0：$\mu_1>\mu_2$。我们选定显著性水平为 $\alpha_0=0.01$。在进行正式检验之前，我们先看一下数据。图 9.15 包含了撒播云和非撒播云的对数降雨量的直方图。这两个样本看起来有所不同，撒播云似乎有较大的对数降雨量。正式检验要求我们计算统计量：

$$\overline{X}_m=5.13,\qquad \overline{Y}_n=3.99,$$

$$S_X^2=63.96,\qquad S_Y^2=67.39。$$

临界值是 $T^{-1}_{50}(0.99)=2.403$，检验统计量的观察值为

$$U=\frac{50^{1/2}(5.13-3.99)}{\left(\frac{1}{26}+\frac{1}{26}\right)^{1/2}(63.96+67.39)^{1/2}}=2.544,$$

比临界值 2.403 大，所以在显著性水平 0.01 下拒绝原假设。p 值是我们拒绝 H_0 的最小的显著性水平，为 $1-T_{50}(2.544)=0.007$。◀

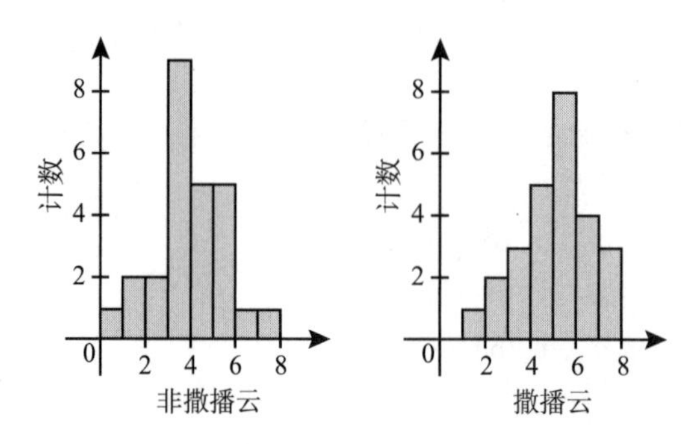

图 9.15 例 9.6.2 中的非撒播云与撒播云的对数降雨量的直方图

例 9.6.3 在英国的罗马陶器 Tubb，Parker 和 Nickless（1980）阐述了一项研究，这项研究是关于在英国各地区发现的产自罗马时代的陶器样本，一项对于每个陶器样本都进行的测量是测量样本中氧化铝的百分含量。假设我们感兴趣的是比较两个不同地点的样本中氧化铝的百分含量。来自 Llanederyn（地名）的样本，样本量为 $m=14$，样本均值 $\overline{X}_m=12.56$ 和样本方差 $S_X^2=24.65$；来自 Ashley Rails（地名）的另一个样本，样本量为 $n=5$，样本均值 $\overline{Y}_n=17.32$ 和样本方差 $S_Y^2=11.01$。其中一个样本量太小，直方图不能很好地说明问题。假定我们将数据用正态随机变量建模，它具有两个不同的均值 μ_1 和 μ_2，但是方差都是 σ^2。我们希望检验原假设 $H_0: \mu_1 \geqslant \mu_2$ 和备择假设 $H_1: \mu_1<\mu_2$。式（9.6.3）定义的 U 的观测值为 -6.302。从书中 t 分布表中查看自由度为 $m+n-2=17$ 的分布，发现 $T_{17}^{-1}(0.995)=2.898$ 和 $U<-2.898$。我们将在任何显著性水平 $\alpha_0 \geqslant 0.005$ 的情况下拒绝原假设 H_0。实际上，与这个 U 值相应的 p 值大约是 $T_{17}(-6.302)=4\times10^{-6}$。◀

检验的功效

对每个参数向量 $\theta=(\mu_1,\mu_2,\sigma^2)$，可以使用定义 9.5.1 中引入的非中心 t 分布来计算双样本 t 检验的功效函数。与定理 9.5.3 的推理几乎相同，我们可以证明如下事实。

定理 9.6.4 双样本 t 检验 *假定本节前面所述的条件成立。设 U 由式（9.6.6）定义，则 U 服从非中心 t 分布，自由度为 $m+n-2$，非中心参数为*

$$\psi=\frac{\mu_1-\mu_2}{\sigma\left(\frac{1}{m}+\frac{1}{n}\right)^{1/2}}。\tag{9.6.8}$$

■

如果我们手头没有合适的计算机程序，可以利用图 9.12 来近似功效函数的计算。

例 9.6.4 在英国的罗马陶器 在例 9.6.3 中，如果 Llanederyn 的均值比 Ashley Rails 的均值小 1.5σ，那么 $|\psi|=1.5/(1/14+1/5)^{1/2}=2.88$。在图 9.12 的右边我们可以看到 $H_0: \mu_1\geqslant\mu_2$ 的 0.01 水平检验的功效大约是 0.65（实际功效是 0.63）。◀

双边备择假设

我们可以容易地将双样本 t 检验修正为如下（双边）假设的显著性水平为 α_0 的检验：

$$H_0:\mu_1=\mu_2, H_1:\mu_1\neq\mu_2。\tag{9.6.9}$$

水平为 α_0 的双边 t 检验是“如果$|U|\geq c$，其中 $c=T^{-1}_{m+n-2}(1-\alpha_0/2)$，拒绝原假设 H_0”，其中检验统计量 U 是在式（9.6.3）中定义的。当 $U=u$ 时，p 值等于 $2[1-T_{m+n-2}(|u|)]$（参见本节习题9）。

例 9.6.5 铜矿石的比较 假定有 8 块矿石来自某一个铜矿特定的位置，构成随机样本，并且每一块矿石中铜的含量用克来做测量单位，用 $X_1,\cdots,X_8$ 来表示，并假设它们有如下观察结果：$\overline{X}_8=2.6$ 和 $S_X^2=0.32$。同时也假设第二个随机样本有 10 块矿石，来自该矿的另一个位置，我们用 $Y_1,\cdots,Y_{10}$ 来表示，并假定观察结果为 $\overline{Y}_{10}=2.3$ 和 $S_Y^2=0.22$。用 μ_1 表示来自第一个地点的矿石的平均铜含量。用 μ_2 表示来自第二个地点的矿石的平均铜含量。假定我们要检验假设（9.6.9）。

假定所有的观测值都是服从正态分布的，且两个地方相应的方差是相同的，均值可能不同。在这个例子中样本量是 $m=8$ 和 $n=10$。且在式（9.6.3）中定义的统计量 U 的值是 3.442。另外，查看自由度为 16 的 t 分布表，发现 $T^{-1}_{16}(0.995)=2.921$，所以相应于这个 U 的观察值的尾部面积小于 2×0.005。因此，在任何一个显著性水平 $\alpha_0\geq0.01$ 下都要拒绝原假设。(事实上当 $U=3.442$，双边尾部面积是 0.003。) ◀

双样本双边 t 检验的功效函数和单样本双边 t 检验的功效函数一样，是建立在非中心 t 分布的基础上的。检验 δ “在$|U|\geq c$ 时，拒绝 H_0：$\mu_1=\mu_2$” 的功效函数为

$$\pi(\mu_1,\mu_2,\sigma^2\mid\delta)=T_{m+n-2}(-c\mid\psi)+1-T_{m+n-2}(c\mid\psi),$$

其中 $T_{m+n-2}(\cdot\mid\psi)$是自由度为 $m+n-2$、非中心参数为 ψ 的非中心 t 分布的分布函数，这里非中心参数 ψ 由式（9.6.8）给出。我们可以利用图 9.14 来近似计算这个功效函数。

双样本 t 检验作为似然比检验

在这一节中，将会看到检验假设（9.6.1）的双样本 t 检验是一个似然比检验。在两个样本中得到观察值 $x_1,\cdots,x_m$ 和 $y_1,\cdots,y_n$ 后，似然函数 $g(\boldsymbol{x},\boldsymbol{y}|\mu_1,\mu_2,\sigma^2)$是

$$g(\boldsymbol{x},\boldsymbol{y}|\mu_1,\mu_2,\sigma^2)=f_m(\boldsymbol{x}|\mu_1,\sigma^2)f_n(\boldsymbol{y}|\mu_2,\sigma^2)。$$

这里，$f_m(\boldsymbol{x}|\mu_1,\sigma^2)$和$f_n(\boldsymbol{y}|\mu_2,\sigma^2)$都有式（9.5.9）给出的形式，且在这两项里 σ^2 的值是相同的。在这个情况下，$\Omega_0=\{(\mu_1,\mu_2,\sigma^2):\mu_1\leq\mu_2\}$，则似然比统计量为：

$$\Lambda(\boldsymbol{x},\boldsymbol{y})=\frac{\sup\limits_{\{(\mu_1,\mu_2,\sigma^2):\mu_1\leq\mu_2\}} g(\boldsymbol{x},\boldsymbol{y}|\mu_1,\mu_2,\sigma^2)}{\sup\limits_{(\mu_1,\mu_2,\sigma^2)} g(\boldsymbol{x},\boldsymbol{y}|\mu_1,\mu_2,\sigma^2)}。\tag{9.6.10}$$

似然比检验为“如果 $\Lambda(\boldsymbol{x},\boldsymbol{y})\leq k$，则拒绝 H_0”，其中选取 k 使得检验达到显著性水平 α_0。

为了便于在式（9.6.10）中取得最大值，令

$$s_x^2=\sum_{i=1}^m(x_i-\bar{x}_m)^2 \text{ 和 } s_y^2=\sum_{i=1}^n(y_i-\bar{y}_n)^2。$$

这样就可以将原式写为

$$g(\boldsymbol{x},\boldsymbol{y}\mid\mu_1,\mu_2,\sigma^2)$$
$$=\frac{1}{(2\pi\sigma^2)^{(m+n)/2}}\exp\left(-\frac{1}{2\sigma^2}\left[m(\bar{x}_m-\mu_1)^2+n(\bar{y}_n-\mu_2)^2+s_x^2+s_y^2\right]\right)。$$

式（9.6.10）的分母通过极大似然估计值达到最大值，即当

$$\mu_1=\bar{x}_m,\mu_2=\bar{y}_n \text{ 和 } \sigma^2=\frac{1}{m+n}(s_x^2+s_y^2)。\tag{9.6.11}$$

关于式（9.6.10）的分子，当 $\bar{x}_m\leqslant\bar{y}_n$ 时，由于式（9.6.11）中的参数向量也在 Ω_0 中，所以 $\Lambda(x,y)=1$。

当 $\bar{x}_m>\bar{y}_n$ 时，不难发现为了得到最大值，$\mu_1=\mu_2$ 是必需的。在这种情况下，当

$$\mu_1=\mu_2=\frac{m\bar{x}_m+n\bar{y}_n}{m+n},$$

$$\sigma^2=\frac{mn(\bar{x}_m-\bar{y}_n)^2/(m+n)+s_x^2+s_y^2}{m+n},$$

式（9.6.10）中的分子达到最大。将上面这些值代入式（9.6.10）中，我们可以得到

$$\Lambda(\boldsymbol{x},\boldsymbol{y})=\begin{cases}1, & \bar{x}_m\leqslant\bar{y}_n,\\(1+v^2)^{-(m+n)/2}, & \bar{x}_m>\bar{y}_n,\end{cases}$$

这里

$$v=\frac{(\bar{x}_m-\bar{y}_n)}{\left(\frac{1}{m}+\frac{1}{n}\right)^{1/2}(s_x^2+s_y^2)^{1/2}}。\tag{9.6.12}$$

如果 $k<1$，我们可以直接证明 $\Lambda(\boldsymbol{x},\boldsymbol{y})\leqslant k$ 等价于 $\nu\geqslant k'$，其中 k' 是另外某个常数。最后，注意到 $(m+n-2)^{1/2}v$ 是 U 的观察值，所以似然比检验为“在 $U\geqslant c$ 时，拒绝 H_0”，其中 c 为某个常数。这与双样本 t 检验是相同的。前面所做的讨论很容易地修改为处理其他单边检验和双边检验的情形（双边检验的情形见本节习题 13）。

不相等方差

已知方差比　我们可以将 t 检验推广到两组服从正态分布的数据方差不相等、但方差比已知的情形。具体来说，假定 $X_1,\cdots,X_m$ 构成随机样本，来自服从均值为 μ_1、方差为 σ_1^2 的正态分布，$Y_1,\cdots,Y_n$ 为另一组随机样本，来自均值为 μ_2、方差为 σ_2^2 的正态分布，且 $X_1,\cdots,X_m$ 与 $Y_1,\cdots,Y_n$ 独立。若 μ_1、μ_2、σ_1^2 和 σ_2^2 均未知，但已知 $\sigma_2^2=k\sigma_1^2$，k 为一已知的正常数，那么可以证明（见本节习题 4），当 $\mu_1=\mu_2$ 时，以下的随机变量 U 服从自由度为 $m+n-2$ 的 t 分布：

$$U=\frac{(m+n-2)^{1/2}(\overline{X}_m-\overline{Y}_n)}{\left(\frac{1}{m}+\frac{k}{n}\right)^{1/2}\left(S_X^2+\frac{S_Y^2}{k}\right)^{1/2}}。\tag{9.6.13}$$

因此，我们可以将式（9.6.13）定义的统计量 U 用于检验假设（9.6.1）或假设（9.6.9）。

Behrens-Fisher 问题 如果所有 4 个参数 μ_1、μ_2 和 σ_1^2，σ_2^2 的值都是未知的，且比值 σ_1^2/σ_2^2 也未知，那么对于假设（9.6.1）和假设（9.6.9）的检验问题会变得很困难。甚至似然比统计量 Λ 没有已知的分布。我们称这个问题为 Behrens-Fisher 问题。对于 Behrens-Fisher 问题的一些模拟解法我们会在第 12 章（例 12.2.4 和例 12.6.10）给出。人们还提出了其他各种别的检验方法，但它们大多数都遭遇到合理性和可用性的争论。在这些方法中，最为人熟知的是 Welch（1938，1947，1951）发表的一系列文章中提出的。Welch 提出利用如下统计量

$$V=\frac{\overline{X}_m-\overline{Y}_n}{\left(\frac{S_X^2}{m(m-1)}+\frac{S_Y^2}{n(n-1)}\right)^{1/2}}。\tag{9.6.14}$$

即使在 $\mu_1=\mu_2$ 时，V 分布的形式也是未知的。但是，Welch 却运用了 t 分布的方法来近似 V 分布，具体如下：令

$$W=\frac{S_X^2}{m(m-1)}+\frac{S_Y^2}{n(n-1)},\tag{9.6.15}$$

他利用与 W 有相同均值和方差的伽马分布去近似 W 的分布（见本节习题 12）。如果我们现在假定 W 的确服从这个伽马分布，那么随机变量 V 就服从自由度为

$$\frac{\left(\frac{\sigma_1^2}{m}+\frac{\sigma_2^2}{n}\right)^2}{\frac{1}{m-1}\left(\frac{\sigma_1^2}{m}\right)^2+\frac{1}{n-1}\left(\frac{\sigma_2^2}{n}\right)^2}。\tag{9.6.16}$$

的 t 分布。接下来，在式（9.6.16）中分别用无偏估计值 $s_x^2/(m-1)$ 和 $s_y^2/(n-1)$ 代替 σ_1^2 和 σ_2^2，则可以得到所需 Welch t 分布自由度的近似值

$$v=\frac{\left(\frac{s_x^2}{m(m-1)}+\frac{s_y^2}{n(n-1)}\right)^2}{\frac{1}{(m-1)^3}\left(\frac{s_x^2}{m}\right)^2+\frac{1}{(n-1)^3}\left(\frac{s_y^2}{n}\right)^2}。\tag{9.6.17}$$

在式（9.6.17）中，s_x^2 和 s_y^2 是 S_X^2 和 S_Y^2 的观察值。我们概括一下 Welch 检验过程：假想式（9.6.14）中的 V 在 $\mu_1=\mu_2$ 时服从自由度为 v 的 t 分布；单边假设和双边假设的检验通过比较 V 和自由度为 v 的 t 分布的各种分位数来构造；如果 v 不是一个整数，将它四舍五入为整数，或者使用计算机程序来处理非整数自由度的 t 分布。

例 9.6.6 比较铜矿石 使用例 9.6.5 中的数据，通过计算可得

$$V=\frac{2.6-2.3}{\left(\frac{0.32}{8\times 7}+\frac{0.22}{10\times 9}\right)^{1/2}}=3.321,$$

$$v=\frac{\left(\frac{0.32}{8\times 7}+\frac{0.22}{10\times 9}\right)^{2}}{\frac{1}{7^3}\left(\frac{0.32}{8}\right)^{2}+\frac{1}{9^3}\left(\frac{0.22}{10}\right)^{2}}=12.49。$$

对于假设（9.6.9），与观察数据相对应的 p 值为 $2[1-T_{12.49}(3.321)]=0.0058$，与在例 9.6.5 中所得的 p 值没什么太大差别。◀

似然比检验 上述 Welch 近似检验的替代方法是应用定理 9.1.4 的大样本近似。使用与本节前面相同的符号，我们可以将似然函数写为

$$g(\boldsymbol{x},\boldsymbol{y}\mid\mu_1,\mu_2,\sigma_1^2,\sigma_2^2)\tag{9.6.18}$$
$$=\frac{1}{(2\pi\sigma_1^2)^{m/2}(2\pi\sigma_2^2)^{n/2}}\exp\left(-\frac{m(\bar{x}_m-\mu_1)^2+s_x^2}{2\sigma_1^2}-\frac{n(\bar{y}_n-\mu_2)^2+s_y^2}{2\sigma_2^2}\right)。$$

全局极大似然估计量为

$$\hat{\mu}_1=\bar{x}_m,\hat{\mu}_2=\bar{y}_n,\hat{\sigma}_1^2=\frac{s_x^2}{m},\hat{\sigma}_2^2=\frac{s_y^2}{n}。\tag{9.6.19}$$

在假设 $H_0:\mu_1=\mu_2$ 下，我们求不出极大似然估计量的公式。然而，如果我们用 $\hat{\mu}$ 表示 $\hat{\mu}_1=\hat{\mu}_2$ 的公共值，则极大似然估计量为

$$\hat{\sigma}_1^2=\frac{1}{m}\left[s_x^2+m(\bar{x}_m-\hat{\mu})^2\right],\tag{9.6.20}$$

$$\hat{\sigma}_2^2=\frac{1}{n}\left[s_y^2+n(\bar{y}_n-\hat{\mu})^2\right],\tag{9.6.21}$$

$$\hat{\mu}=\frac{\frac{m\bar{x}_m}{\hat{\sigma}_1^2}+\frac{n\bar{y}_n}{\hat{\sigma}_2^2}}{\frac{m}{\hat{\sigma}_1^2}+\frac{n}{\hat{\sigma}_2^2}}。\tag{9.6.22}$$

这些方程可以递归求解，即使我们没有封闭形式的解。一种算法如下：

1. 设置 $k=0$，挑选初始值 $\hat{\mu}^{(0)}$，比如 $(m\bar{x}_m+n\bar{y}_n)/(m+n)$；
2. 将 $\hat{\mu}^{(k)}$ 代入式（9.6.20）与式（9.6.21），计算 $\hat{\sigma}_1^{2(k)}$ 与 $\hat{\sigma}_2^{2(k)}$；
3. 将 $\hat{\sigma}_1^{2(k)}$ 与 $\hat{\sigma}_2^{2(k)}$ 代入式（9.6.22）计算 $\hat{\mu}^{(k+1)}$；
4. 如果 $\hat{\mu}^{(k+1)}$ 离 $\hat{\mu}^{(k)}$ 足够近，停止迭代；否则将 k 替换成 $k+1$，回到第 2 步。

例 9.6.7 比较铜矿石 利用例 9.6.5 中的数据，我们将从 $\hat{\mu}^{(0)}=(8\times2.6+10\times2.3)/18=2.433$ 开始。将此值代入式（9.6.20）和式（9.6.21），给出 $\hat{\sigma}_1^{2(0)}=0.068$ 和 $\hat{\sigma}_2^{2(0)}=0.0398$。将它们代入式（9.6.22），给出 $\hat{\mu}^{(1)}=2.396$。经过 13 次迭代后，值停止变化，我们最终的极大似然估计值为 $\hat{\mu}=2.347$，$\hat{\sigma}_1^2=0.1039$ 和 $\hat{\sigma}_2^2=0.0242$。然后，我们可以将这些极大似然估计值代入似然函数（9.6.18），以获得似然比统计量 $\Lambda(\boldsymbol{x},\boldsymbol{y})$ 的分子（记住 μ_1 和 μ_2 都用 $\hat{\mu}$ 替换）。我们还可以将全局极大似然估计量（9.6.19）代入式（9.6.18），得到 $\Lambda(\boldsymbol{x},\boldsymbol{y})$ 的分母，结果是 $\Lambda(\boldsymbol{x},\boldsymbol{y})=0.01356$。定理 9.1.4 告诉我们应该将 $-2\ln\Lambda(\boldsymbol{x},\boldsymbol{y})=8.602$ 与自由度为 1 的 χ^2 分布的临界值进行比较。与统计量的观察值相关的 p 值是自由度为 1 的 χ^2 随机变量大于 8.602 的概率，即 0.003。这与例 9.6.5 中我们假定两个方差相同时得到的 p 值是相同的。◀

对于单边假设的情况，如（9.6.1）和（9.6.7），似然比统计量稍微复杂一些。例如，如果 $\mu_1=\mu_2$，则 $-2\ln\Lambda(\boldsymbol{X},\boldsymbol{Y})$ 依分布收敛到一个既不是离散型也不是连续型的分布。在本书中我们将不再讨论这种情况。

小结

假设观察来自两个正态分布的独立的随机样本：$X_1,\cdots,X_m$ 的均值为 μ_1，方差为 σ_1^2，而 $Y_1,\cdots,Y_n$ 的均值为 μ_2，方差为 σ_2^2。为了对 μ_1 和 μ_2 进行假设检验，如果假定 $\sigma_1^2=\sigma_2^2$，那么就可以用 t 检验。所有的 t 检验都是利用式（9.6.3）中定义的统计量 U。在水平 α_0 下检验 $H_0:\mu_1=\mu_2$ 和 $H_1:\mu_1\neq\mu_2$ 时，如果 $|U|\geqslant T_{m+n-2}^{-1}(1-\alpha_0/2)$，则拒绝 H_0，其中 $T_{m+n-2}^{-1}(1-\alpha_0/2)$ 是自由度为 $m+n-2$ 的 t 分布的分位数函数。在水平 α_0 下检验 $H_0:\mu_1\leqslant\mu_2$ 和 $H_1:\mu_1>\mu_2$ 时，若 $U>T_{m+n-2}^{-1}(1-\alpha_0)$，则拒绝 H_0。在水平 α_0 下检验 $H_0:\mu_1\geqslant\mu_2$ 和 $H_1:\mu_1<\mu_2$ 时，若 $U<T_{m+n-2}^{-1}(1-\alpha_0)$，则拒绝 H_0。这些检验中的功效函数可用非中心的 t 分布来计算，如果不假定 $\sigma_1^2=\sigma_2^2$，可以用近似检验。

习题

1. 在例 9.6.3 中，我们讨论了在英国两个不同地点发现的罗马陶器。在其他地方也发现了样本。其中一个地方是 Island Thorns，有五个样本 $X_1,\cdots,X_5$ 的氧化铝含量的平均百分比为 $\overline{X}=18.18$，其中 $\sum_{i=1}^{5}(X_i-\overline{X})^2=12.61$。设 $Y_1,\cdots,Y_5$ 是来自例 9.6.3 中 Ashley Rails 的容量为 5 的样本。在 $\alpha_0=0.05$ 下检验原假设：Ashley Rails 和 Island Thorns 这两个地方罗马陶器的氧化铝含量平均百分比是相同的，备择假设为它们是不同的。
2. 假设把第一种药物 A 用于随机选出的 8 个病人，经过固定时间以后，对病人身体细胞中药物的浓度（用适当的单位）进行测量，假设 8 个病人所测得的浓度如下所示：

   1.23，1.42，1.41，1.62，1.55，1.51，1.60 和 1.76。

   假设还有第二种药物 B 用于随机选出的 6 个不同的病人，然后用同样的方法测量这 6 个人身体中药物

B 的浓度，数据如下：

$$1.76, 1.41, 1.87, 1.49, 1.67 \text{ 和 } 1.81。$$

假定这些观测资料服从有同样未知方差的正态分布，在显著性 0.10 的水平下检验下面的假设：原假设是所有病人中药物 A 的平均浓度至少与药物 B 的平均浓度一样大，备择假设是药物 B 的平均浓度比药物 A 的大。

3. 重新考虑习题 2 的情况，但现在原假设变为在所有的病人中药物 A 的平均浓度和药物 B 的相等，备择假设是双边假设，即两种药物的平均浓度不一样。求数 c 使得在水平 0.05 下双边 t 检验为"当 $|U|\geq c$ 时，拒绝 H_0"，其中 U 由式（9.6.3）定义，并且进行这个检验。
4. 假设 $X_1,\cdots,X_m$ 是来自均值为 μ_1 和方差为 σ_1^2 的正态分布的随机样本，与之独立的 $Y_1,\cdots,Y_n$ 是来自另一个均值为 μ_2 和方差为 σ_2^2 的正态分布的随机样本。证明当 $\mu_1=\mu_2$ 且 $\sigma_2^2=k\sigma_1^2$ 时，式（9.6.13）中定义的随机变量 U 服从自由度为 $m+n-2$ 的 t 分布。
5. 重新考虑习题 2 的条件和观察值。然而，现在假设药物 A 的每个观察值的方差 σ_1^2 未知，药物 B 的每个观察值的方差 σ_2^2 未知，但已知 $\sigma_2^2=(6/5)\sigma_1^2$，在显著性水平 0.10 下检验习题 2 中的假设。
6. 假设 $X_1,\cdots,X_m$ 是来自均值 μ_1 未知和方差 σ^2 未知的正态分布的随机样本，与之独立的 $Y_1,\cdots,Y_n$ 是来自另一个均值 μ_2 未知和同样的方差 σ^2 未知的正态分布的随机样本。对每一个常数 $\lambda(-\infty<\lambda<\infty)$，构造一个自由度为 $m+n-2$ 的 t 检验来检验以下假设：
$$H_0:\mu_1-\mu_2=\lambda, H_1:\mu_1-\mu_2\neq\lambda。$$
7. 重新考虑习题 2 的条件，令 μ_1 为药物 A 的每次观察的均值，令 μ_2 表示药物 B 的每次观察的均值，像在习题 2 中所做的那样，我们假设所有观察值的方差相同但未知。用习题 6 的结果为 $\mu_1-\mu_2$ 构造一个置信度为 0.90 的置信区间。
8. 例 9.6.5 中确定当 $|\mu_1-\mu_2|=\sigma$ 时水平为 0.01 的检验的功效。
9. 假定我们希望检验假设（9.6.9），我们利用式（9.6.3）中确定的统计量 U，并采用检验"当 $|U|$ 值足够大时，拒绝 H_0"。证明当观察到 $U=u$ 时，检验的 p 值为 $2[1-T_{m+n-2}(|u|)]$。
10. Lyle 等人（1987）进行了一项试验来研究补钙对非裔美国男性血压的影响。有一组 10 个人得以补充钙，而另一组 11 人得到的是安慰剂，试验持续了 12 周，在这 12 周之前和之后，都测量了每个人在休息状态下的收缩压。表 9.2 给出的是 12 周后减去 12 周前所得的差。原假设为补钙组的血压平均变化要比安慰剂组的血压平均变化低。试用水平 $\alpha_0=0.1$ 来检验这个假设。

表 9.2　习题 10 中的血压数据

补钙组	7	−4	18	17	−3	−5	1	10	11	−2	
安慰剂组	−1	12	−1	−3	3	−5	5	2	−11	−1	−3

11. Frisby 和 Clatworthy（1975）研究了试验对象合成随机点立体图所需要的时间。随机点立体图指的是成对的图像，它们一开始出现的时候好像是随机点。试验对象从一个适当的距离看成对的图像，眼睛恰好交叉一适当的距离，于是两个图像就合成一个可以辨认的物体。试验关心的是在多大程度上，可辨认物体的先验信息会影响两个图像的合成时间。一组 43 位试验对象在合成图像之前没有看过该物体的图片。他们的平均时间为 $\overline{X}_{43}=8.560$ 和 $S_X^2=2\,745.7$。第二组有 35 位试验对象，他们事先看过图片，结果发现他们的样本统计量为 $\overline{Y}_{35}=5.551$ 和 $S_Y^2=783.9$。原假设是第一组的平均时间不比第二组的时间长，而备择假设为第一组的平均时间长一些。
    a. 在显著性水平 $\alpha_0=0.01$ 下检验假设，假定两组的方差相等。
    b. 在显著性水平 $\alpha_0=0.01$ 下检验假设，用 Welch 近似检验。
12. 求式（9.6.15）中随机变量 W 的均值 a 和方差 b。现在，令 a 和 b 分别是参数为 α 和 β 的伽马分布的均值和方差，证明 2α 和（9.6.16）的表达式一样。

13. 设 U 由式（9.6.3）所定义，假定要求对假设（9.6.9）进行检验。证明，每个似然比检验有这样的形式：若 $|U|\geq c$ 时，拒绝 H_0，其中 c 为常数。提示：首先证明 $\Lambda(\boldsymbol{x},\boldsymbol{y})=(1+v^2)^{-(m+n)/2}$，$v$ 由式（9.6.12）确定。

9.7 F 分布

在这一节中，我们介绍 F 分布族。这个族可用于两种不同场景的假设检验。第一种情况是当我们想要检验关于两种不同正态分布的方差的假设。本节将导出这些检验，它们基于 F 分布的统计量。第二种场景将在第 11 章当我们检验关于多个正态分布的均值的假设时讨论。

F 分布的定义

例 9.7.1 人工降雨 在例 9.6.1 中，我们曾经比较来自撒播云和非撒播（自然）云的对数降雨量分布。在例 9.6.2 中，我们在假设两个分布的方差相同的情况下，使用双样本 t 检验比较两个分布的均值。最好有一个检验过程来检验这样的假设是否得到满足。◀

在这一节中，我们要介绍一种分布族，叫作 F 分布，它用在检验假设的许多重要问题中，对于两个或多个正态分布，根据从每个分布中抽取的随机样本进行比较。特别是，当我们希望比较两个正态分布的方差时，它自然会出现。

定义 9.7.1 F 分布 设 Y 和 W 是两个独立的随机变量，Y 服从自由度为 m 的 χ^2 分布，W 服从自由度为 n 的 χ^2 分布，m 和 n 是正整数。定义一个新的随机变量 X 如下：

$$X=\frac{Y/m}{W/n}=\frac{nY}{mW}。\tag{9.7.1}$$

X 的分布称为自由度为 m 和 n 的 F 分布。

定理 9.7.1 给出了 F 分布的一般概率密度函数。它的证明依赖于 3.9 节的方法，我们将在本节末尾给出证明。

定理 9.7.1 概率密度函数 设随机变量 X 服从自由度为 m 和 n 的 F 分布，那么它的概率密度函数 $f(x)$ 如下：当 $x>0$ 时，

$$f(x)=\frac{\Gamma\left[\frac{1}{2}(m+n)\right]m^{m/2}n^{n/2}}{\Gamma\left(\frac{1}{2}m\right)\Gamma\left(\frac{1}{2}n\right)}\cdot\frac{x^{(m/2)-1}}{(mx+n)^{(m+n)/2}},\tag{9.7.2}$$

当 $x\leq 0$ 时，$f(x)=0$。■

F 分布的性质

当我们谈到自由度为 m 和 n 的 F 分布时，数字 m 和 n 的次序是很重要的，正同我们从式（9.7.1）X 的定义中看到的那样。当 $m\neq n$ 时，自由度为 m 和 n 的 F 分布和自由度为 n 和 m 的 F 分布是两个不同的分布。定理 9.7.2 给出了与上述两个分布相关的结论，以及 F 分布和 t 分布之间的关系。

定理 9.7.2 设 X 服从自由度为 m 和 n 的 F 分布，则它的倒数 $1/X$ 服从自由度为 n 和

m 的 F 分布。如果随机变量 Y 服从自由度为 n 的 t 分布，则 Y^2 就服从自由度为 1 和 n 的 F 分布。

证明　第一个陈述直接利用定义 9.7.1，将 X 用两个随机变量之比表示。第二个陈述，我们只需将 t 随机变量表示为式（8.4.1）的形式，立即可得。■

在本书的最后给出了两个简短的 F 分布分位数表。在表中只给出 m 和 n 的一对不同可能值对应的 0.95 分位数和 0.975 分位数。换句话说，如果 G 指的是自由度为 m 和 n 的 F 分布的分布函数，那么表中给出 x_1 和 x_2 的值满足 $G(x_1)=0.95$ 和 $G(x_2)=0.975$。通过运用定理 9.7.2，就有可能使用此表得到 F 分布的 0.05 和 0.025 分位数。大多数统计软件都会计算一般 F 分布的分布函数和分位数函数。

例 9.7.2　确定 F 分布的 0.05 分位数　假如一个随机变量 X 服从自由度是 6 和 12 的 F 分布，要确定 x 的值使 $P(X<x)=0.05$。

如果令 $Y=1/X$，则 Y 将服从自由度为 12 和 6 的 F 分布。在书最后的表中可以找到 $P(Y\leqslant 4.00)=0.95$，即 $P(Y>4.00)=0.05$。由于关系 $Y>4.00$ 等价于 $X<0.25$，所以，$P(X<0.25)=0.05$。因为 F 分布是连续的，$P(x\leqslant 0.25)=0.05$，因而 x 的 0.05 分位数是 0.25。◀

两个正态分布方差的比较

假设随机变量 $X_1,\cdots,X_m$ 是来自某个正态分布的随机样本，它的均值 μ_1 和方差 σ_1^2 都是未知的；与之独立的随机变量 $Y_1,\cdots,Y_n$ 是来自另一个正态分布的随机样本，它的均值 μ_2 和方差 σ_2^2 也都是未知的。最后，假定要在显著性水平 $\alpha_0(0<\alpha_0<1)$ 下检验下面的假设：

$$H_0:\sigma_1^2\leqslant\sigma_2^2,\qquad H_1:\sigma_1^2>\sigma_2^2。\tag{9.7.3}$$

对每个检验过程 δ，令 $\pi(\mu_1,\mu_2,\sigma_1^2,\sigma_2^2|\delta)$ 表示 δ 的功效函数。在本节的末尾，我们将导出似然比检验。现在定义 S_X^2 和 S_Y^2 为式（9.6.2）所定义的平方和。那么 $S_X^2/(m-1)$ 和 $S_Y^2/(n-1)$ 分别是 σ_1^2 和 σ_2^2 的估计量。直观地，如果这两个统计量的比值足够大，就应拒绝 H_0。也就是说，定义

$$V=\frac{S_X^2/(m-1)}{S_Y^2/(n-1)},\tag{9.7.4}$$

如果 $V\geqslant c$，则拒绝 H_0，我们选择 c 使该检验达到要求的显著性水平。

定义 9.7.2　F 检验　上述检验过程称为 F 检验。

F 检验的性质

定理 9.7.3　V 的分布　设 V 是式（9.7.4）中的统计量，则 $(\sigma_2^2/\sigma_1^2)V$ 服从自由度为 $m-1$ 和 $n-1$ 的 F 分布。特别地，如果 $\sigma_1^2=\sigma_2^2$，则 V 服从自由度为 $m-1$ 和 $n-1$ 的 F 分布。

证明　由定理 8.3.1，我们知道随机变量 S_X^2/σ_1^2 服从自由度为 $m-1$ 的 χ^2 分布，同时随机变量 S_Y^2/σ_2^2 服从自由度为 $n-1$ 的 χ^2 分布。此外，这两个随机变量是互相独立，因为它们是从两个独立的样本中计算得到的。因此下面的随机变量 V^* 服从自由度为 $m-1$ 和 $n-1$ 的

F 分布：

$$V^* = \frac{S_X^2/[(m-1)\sigma_1^2]}{S_Y^2/[(n-1)\sigma_2^2]}。\tag{9.7.5}$$

从式（9.7.4）和式（9.7.5）可以看到 $V^* = (\sigma_2^2/\sigma_1^2)V$；如果 $\sigma_1^2 = \sigma_2^2$，则 $V = V^*$，从而得证。■

如果 $\sigma_1^2=\sigma_2^2$，不管 σ_1^2 与 σ_2^2 的共同值是多少，也不管 μ_1 和 μ_2 的值是多少，可以用 F 分布表选择常数 c，使得 $P(V\geqslant c)=\alpha$。事实上，c 是对应 F 分布的 $1-\alpha_0$ 分位数。我们接下来证明水平为 α_0 的检验"如果 $V\geqslant c$，拒绝假设（9.7.3）的 H_0"。

定理 9.7.4　检验水平、功效函数与 p 值　设 V 是式（9.7.4）中的统计量，设 c 为自由度为 $m-1$ 和 $n-1$ 的 F 分布的 $1-\alpha_0$ 分位数，$G_{m-1,n-1}$ 是自由度为 $m-1$，$n-1$ 的 F 分布的分布函数。设 δ 为检验"如果 $V\geqslant c$，则拒绝 H_0"，则功效函数 $\pi(\mu_1,\mu_2,\sigma_1^2,\sigma_2^2|\delta)$ 具有如下性质：

i. $\pi(\mu_1,\mu_2,\sigma_1^2,\sigma_2^2|\delta)=1-G_{m-1,n-1}\left(\frac{\sigma_2^2}{\sigma_1^2}c\right)$，

ii. 当 $\sigma_1^2=\sigma_2^2$ 时，$\pi(\mu_1,\mu_2,\sigma_1^2,\sigma_2^2|\delta)=\alpha_0$，

iii. 当 $\sigma_1^2<\sigma_2^2$ 时，$\pi(\mu_1,\mu_2,\sigma_1^2,\sigma_2^2|\delta)<\alpha_0$，

iv. 当 $\sigma_1^2>\sigma_2^2$ 时，$\pi(\mu_1,\mu_2,\sigma_1^2,\sigma_2^2|\delta)>\alpha_0$，

v. 当 $\sigma_1^2/\sigma_2^2\to 0$ 时，$\pi(\mu_1,\mu_2,\sigma_1^2,\sigma_2^2|\delta)\to 0$，

vi. 当 $\sigma_1^2/\sigma_2^2\to\infty$ 时，$\pi(\mu_1,\mu_2,\sigma_1^2,\sigma_2^2|\delta)\to 1$。

水平为 α_0 的检验 δ 是无偏检验。当观察到 $V=v$ 时，p 值为 $1-G_{m-1,n-1}(v)$。

证明　功效函数是拒绝 H_0 的概率，即 $V\geqslant c$ 的概率。令 V^* 由式（9.7.5）所定义，V^* 服从自由度为 $m-1$，$n-1$ 的 F 分布。于是

$$\begin{aligned}\pi(\mu_1,\mu_2,\sigma_1^2,\sigma_2^2|\delta) &= P(V\geqslant c) = P\left(\frac{\sigma_1^2}{\sigma_2^2}V^*\geqslant c\right) = P\left(V^*\geqslant\frac{\sigma_2^2}{\sigma_1^2}c\right)\\ &= 1-G_{m-1,n-1}\left(\frac{\sigma_2^2}{\sigma_1^2}c\right),\end{aligned}\tag{9.7.6}$$

由此可得性质 i 成立。性质 ii 利用定理 9.7.3 可得。至于性质 iii，在式（9.7.6）中令 $\sigma_1^2<\sigma_2^2$。因为 $(\sigma_2^2/\sigma_1^2)c>c$，式（9.7.6）最右边的表达式小于 $1-G_{m-1,n-1}(c)=\alpha_0$。类似地，如果 $\sigma_1^2>\sigma_2^2$，式（9.7.6）最右边的表达式大于 $1-G_{m-1,n-1}(c)=\alpha_0$，从而性质 iv 得证。性质 v 和 vi 由性质 i 和分布函数的基本性质（性质 3.3.2）可得。由 ii 和 iii 可得检验 δ 的水平为 α_0。由 ii 和 iv 可得检验 δ 是无偏检验。最后，如果我们观察到 $V=v$，p 值是拒绝 H_0 的最小的显著性水平 α_0。我们在显著性水平 α_0 下拒绝 H_0，当仅当 $v\geqslant G_{m-1,n-1}^{-1}(1-\alpha_0)$，等价于 $\alpha_0\geqslant 1-G_{m-1,n-1}(v)$，故 $1-G_{m-1,n-1}(v)$ 是我们拒绝 H_0 的最小显著性水平 α_0。■

例 9.7.3　进行 F 检验　设 $X_1,\cdots,X_6$ 是来自均值 μ_1 和方差 σ_1^2 都未知的正态分布的 6 个观察值，同时 $S_X^2=30$。设 $Y_1,\cdots,Y_{21}$ 是来自均值 μ_2 和方差 σ_2^2 都未知的正态分布的 21 个观察值，同时 $S_Y^2=40$。我们对假设（9.7.3）进行 F 检验。

在这个例子中，$m=6$ 和 $n=21$，所以当 H_0 为真时，由式（9.7.4）定义的统计量 V 服从自由度为 5 和 20 的 F 分布。从式（9.7.4）看出，所给样本 V 的值为

$$V=\frac{30/5}{40/20}=3。$$

从书后面给出的表可以知道，自由度为 5 和 20 的 F 分布的 0.95 分位数为 2.71，0.975 分位数为 3.29。因此，$V=3$ 所对应的尾部面积小于 0.05、大于 0.025，因此在 $\alpha_0=0.05$ 的显著性水平下拒绝 $H_0:\sigma_1^2\leqslant\sigma_2^2$。在 $\alpha_0=0.025$ 的显著性水平下不拒绝 H_0（使用计算机程序计算 F 的分布函数所给出的 p 值为 0.035）。最后，假设"当 $\sigma_1^2=3\sigma_2^2$ 时拒绝 H_0"对我们很重要，可能想要当 $\sigma_1^2=3\sigma_2^2$ 时的功效函数高一点。我们用计算机程序算出

$$1-F_{5,20}\left(2.71\times\frac{1}{3}\right)=0.498。$$

即使当 σ_1^2 是 σ_2^2 的 3 倍时，在 0.05 水平下，拒绝 H_0 的概率大约只有 50%。◀

双边备择假设

假定我们要检验如下假设：

$$\begin{aligned}H_0&:\sigma_1^2=\sigma_2^2,\\H_1&:\sigma_1^2\neq\sigma_2^2。\end{aligned}\tag{9.7.7}$$

"如果 $V\leqslant c_1$ 或 $V\geqslant c_2$ 那么拒绝 H_0"应该是合理的，其中 V 由式（9.7.4）定义，c_1 和 c_2 是常数且满足当 $\sigma_1^2=\sigma_2^2$ 时，$P(V\leqslant c_1)+P(V\geqslant c_2)=\alpha_0$。$c_1$ 和 c_2 的最方便的选择是满足 $P(V\leqslant c_1)=P(V\geqslant c_2)=\alpha_0/2$，即选择 c_1 和 c_2 分别为适当的 F 分布的 $\alpha_0/2$ 分位数和 $1-\alpha_0/2$ 分位数。

例 9.7.4　人工降雨　例 9.6.2 中，我们比较了撒播云和非撒播云的对数降雨量的均值，假设的前提是两个方差相等。现在检验原假设：两个方差相等，备择假设：两方差不相等，显著性水平为 $\alpha_0=0.05$。利用例 9.6.2 中所给的统计量，因为 $m=n$，V 的观察值是 63.96/67.39=0.949 1。需要把这个值与自由度为 25 和 25 的 F 分布的 0.025 分位数和 0.975 分位数做比较。因为 F 分布的分位数表没有对应自由度为 25 的行或列，可以在 20~30 之间的自由度内插值或用计算机程序来计算这些分位数。这两个分位数的值是 0.448 4 和 2.230 3。因为 V 在这两个数字之间，在 $\alpha_0=0.05$ 的水平下不拒绝原假设。◀

当 $m\neq n$，上面建立的双边 F 检验不是无偏检验（见本节习题 19）。同时，当 $m\neq n$ 时，利用同一个统计量 T 对所有的显著性水平 α_0，不可能把双边 F 检验叙述成上面的"如果 $T\geqslant c$ 就拒绝原假设"的形式。尽管如此，我们仍然可以计算最小的显著性水平 α_0 使双边 F 检验拒绝 H_0。如下结论的证明留到本节的习题 15 中。

定理 9.7.5　等尾双边　*F 检验的 p 值设 V 是式（9.7.4）中的统计量，假定我们希望检验假设（9.7.7）。设 δ_{α_0} 表示等尾双边 F 检验"当 $V\leqslant c_1$ 或 $V\geqslant c_2$ 时，则拒绝 H_0"，其中 c_1 和 c_2 分别为相应 F 分布的 $\alpha_0/2$ 分位数与 $1-\alpha_0/2$ 分位数，则当观察到 $V=v$ 时使得 δ_{α_0} 拒绝 H_0 的最小 α_0 为*

$$2\min\{1-G_{m-1,n-1}(v),G_{m-1,n-1}(v)\}。\tag{9.7.8}$$ ■

F 检验作为似然比检验

接下来，我们将证明假设（9.7.3）的 F 检验是似然比检验。在观察到两个样本的值 $x_1,\cdots,x_m$ 及 $y_1,\cdots,y_n$ 之后，似然函数 $g(\boldsymbol{x},\boldsymbol{y}|\mu_1,\mu_2,\sigma_1^2,\sigma_2^2)$ 就是

$$g(\boldsymbol{x},\boldsymbol{y}|\mu_1,\mu_2,\sigma_1^2,\sigma_2^2)=f_m(\boldsymbol{x}|\mu_1,\sigma_1^2)f_n(\boldsymbol{y}|\mu_2,\sigma_2^2)。$$

这里 $f_m(\boldsymbol{x}|\mu_1,\sigma_1^2)$ 和 $f_n(\boldsymbol{y}|\mu_2,\sigma_2^2)$ 具有式（9.5.9）中所给的一般形式。对假设（9.7.3），Ω_0 包含所有满足 $\sigma_1^2\leqslant\sigma_2^2$ 的参数 $\theta=(\mu_1,\mu_2,\sigma_1^2,\sigma_2^2)$，其中，$\Omega_1$ 包含所有满足 $\sigma_1^2>\sigma_2^2$ 的 θ，似然比统计量是

$$\Lambda(\boldsymbol{x},\boldsymbol{y})=\frac{\sup\limits_{\{(\mu_1,\mu_2,\sigma_1^2,\sigma_2^2):\sigma_1^2\leqslant\sigma_2^2\}}g(\boldsymbol{x},\boldsymbol{y}|\mu_1,\mu_2,\sigma_1^2,\sigma_2^2)}{\sup\limits_{(\mu_1,\mu_2,\sigma_1^2,\sigma_2^2)}g(\boldsymbol{x},\boldsymbol{y}|\mu_1,\mu_2,\sigma_1^2,\sigma_2^2)}。\tag{9.7.9}$$

这个似然比检验具体为“如果 $\Lambda(\boldsymbol{x},\boldsymbol{y})\leqslant k$，那么 H_0 被拒绝”，其中 k 通常由检验所要求的显著性水平 α_0 来选择。

为了便于最大化式（9.7.9），令

$$s_x^2=\sum_{i=1}^{m}(x_i-\bar{x}_m)^2 \text{ 和 } s_y^2=\sum_{i=1}^{n}(y_i-\bar{y}_n)^2。$$

然后将似然函数写成

$$\begin{aligned}&g(\boldsymbol{x},\boldsymbol{y}\mid\mu_1,\mu_2,\sigma_1^2,\sigma_2^2)\\&=\frac{1}{(2\pi)^{(m+n)/2}\sigma_1^m\sigma_2^n}\exp\left(-\frac{1}{2\sigma_1^2}\left[n(\bar{x}_m-\mu_1)^2+s_x^2\right]-\frac{1}{2\sigma_2^2}\left[n(\bar{y}_n-\mu_2)^2+s_y^2\right]\right)。\end{aligned}$$

对于式（9.7.9）中的分子和分母，需要 $\mu_1=\bar{x}_m$ 和 $\mu_2=\bar{y}_n$ 来最大化这个似然值。如果 $s_x^2/m\leqslant s_y^2/n$，那么分子在条件 $\sigma_1^2=s_x^2/m$，$\sigma_2^2=s_y^2/n$ 时最大化，这些值也使分母最大化，从而这时 $\Lambda(\boldsymbol{x},\boldsymbol{y})=1$。对于其他情况（分子在 $s_x^2/m>s_y^2/n$ 时），可以直接证明，为了实现分子达到最大需要 $\sigma_1^2=\sigma_2^2$。在这种情况下，最大值将在这里达到：

$$\sigma_1^2=\sigma_2^2=\frac{s_x^2+s_y^2}{m+n}。$$

把这些值代入式（9.7.9）得

$$\Lambda(\boldsymbol{x},\boldsymbol{y})=\begin{cases}1, & s_x^2/m\leqslant s_y^2/n,\\(dw^{m/2}(1-w)^{n/2})^{-1}, & s_x^2/m>s_y^2/n,\end{cases}$$

其中

$$w=\frac{s_x^2}{s_x^2+s_y^2} \text{ 和 } d=\frac{(m+n)^{(m+n)/2}}{m^{m/2}n^{n/2}}。$$

注意到，$s_x^2/m\leqslant s_y^2/n$，当仅当 $w\leqslant m/(m+n)$。接着，我们利用如下事实：函数 $h(w)=w^{m/2}(1-w)^{n/2}$ 在 $m/(m+n)<w<1$ 上单减。最后，注意 $h(m/[m+n])=1/d$。对于 $k<1$，由

此可得，$\Lambda(\boldsymbol{x},\boldsymbol{y})\leqslant k$ 当仅当 $w\geqslant k'$ 对某个常数 k' 成立，这又转而等价于 $s_x^2/s_y^2\geqslant k''$。因为 s_x^2/s_y^2 是观察值 V 乘以一个正的常数，所以似然比检验为“当 V 较大时，拒绝 H_0”，这与 F 检验一样。

在假设中的不等式取相反方向的情况下，大家可以容易地修改以上的讨论。当假设为（9.7.7），即双边备择检验，可以证明（见本节习题 16），显著性水平为 α_0 的似然比检验是“在 $V\leqslant c_1$ 或 $V\geqslant c_2$ 时拒绝 H_0”。不幸的是，通常计算出所需的 c_1 和 c_2 是令人厌烦的。由于这个原因，这种情况下人们经常放弃严格的似然比标准，而是简单地令 c_1、c_2 分别为相应 F 分布的 $\alpha_0/2$ 分位数和 $1-\alpha_0/2$ 分位数。

F 分布概率密度函数的推导

既然定义 9.7.1 中的随机变量 Y 和 W 相互独立，它们的联合概率密度函数 $g(y,w)$ 将是它们各自概率密度函数的乘积。此外，因为 Y 和 W 都服从 χ^2 分布，由 χ^2 分布的概率密度函数，见式（8.2.1），我们知道 $g(y,w)$ 有如下形式，当 $y>0$ 且 $w>0$ 时，

$$g(y,w)=cy^{(m/2)-1}w^{(n/2)-1}\mathrm{e}^{-(y+w)/2},\tag{9.7.10}$$

这里

$$c=\frac{1}{2^{(m+n)/2}\Gamma\left(\frac{1}{2}m\right)\Gamma\left(\frac{1}{2}n\right)}。\tag{9.7.11}$$

现在我们把随机变量 Y 和 W 换成 X 和 W，这里 X 由式（9.7.1）所定义。X 和 W 的联合概率密度函数 $h(x,w)$ 首先是在式（9.7.10）中用 x 和 w 的表达式代替 y，然后乘以 $|\partial y/\partial x|$ 得到的。由式（9.7.1）可得，$y=(m/n)xw$ 和 $\partial y/\partial x=(m/n)w$。因此，对于 $x>0$ 和 $w>0$，联合概率密度函数 $h(x,w)$ 有如下形式

$$h(x,w)=c\left(\frac{m}{n}\right)^{m/2}x^{(m/2)-1}w^{[(m+n)/2]-1}\exp\left[-\frac{1}{2}\left(\frac{m}{n}x+1\right)w\right]。\tag{9.7.12}$$

这里常数 c 也是由式（9.7.11）给出的。

对于每个 $x>0$ 的值，X 的边际概率密度函数 $f(x)$ 可以从关系

$$f(x)=\int_0^\infty h(x,w)\,\mathrm{d}w\tag{9.7.13}$$

中得到。由定理 5.7.3 可得

$$\int_0^\infty w^{[(m+n)/2]-1}\exp\left[-\frac{1}{2}\left(\frac{m}{n}x+1\right)w\right]\mathrm{d}w=\frac{\Gamma\left[\frac{1}{2}(m+n)\right]}{\left[\frac{1}{2}\left(\frac{m}{n}x+1\right)\right]^{(m+n)/2}}。\tag{9.7.14}$$

根据式（9.7.11）和式（9.7.14）可得，概率密度函数 $f(x)$ 具有式（9.7.2）给出的形式。

小结

如果 Y 和 W 是互相独立的，并且 Y 服从自由度为 m 的χ^2 分布，W 服从自由度为 n 的χ^2 分布，则$(Y/m)/(W/n)$服从自由度为(m,n)的 F 分布。假设我们观察的两个独立随机样本来自两个方差可能不同的正态分布，当两个方差相等时，两个方差的无偏估计量的比率 V 服从 F 分布。我们通过把 V 和 F 分布的各种分位数相比较，可以构造出关于两个方差假设的检验。

习题

1. 继续考虑 9.6 节习题 11 所描述的情况。原假设为看过物体图片的试验对象所需合成时间的方差不小于未看过图片的试验对象相应的方差。而备择假设则是前一方差小于后一方差。试用 0.05 的显著性水平进行检验。
2. 设随机变量 X 服从自由度为 3 和 8 的 F 分布，确定 c 使 $P(X>c)=0.975$。
3. 设随机变量 X 服从自由度为 1 和 8 的 F 分布，用 t 分布表来确定 c 使 $P(X>c)=0.3$。
4. 假设随机变量 X 服从自由度为 m 和 n 的 F 分布（$n>2$），证明 $E(X)=n/(n-2)$。提示：若 Z 服从自由度为 n 的χ^2 分布，求 $E(1/Z)$的值。
5. 当 $m=n$ 时，自由度为 m，n 的 F 分布的中位数的值是多少?
6. 假设随机变量 X 服从自由度为 m，n 的 F 分布，证明随机变量 $mX/(mX+n)$服从参数为 $\alpha=m/2$ 和 $\beta=n/2$ 的贝塔分布。
7. 考虑两个不同的正态分布，它们的均值 μ_1 和 μ_2 及方差 σ_1^2 和 σ_2^2 都是未知的。如果要检验以下假设：
$$H_0:\sigma_1^2 \leqslant \sigma_2^2, H_1:\sigma_1^2 > \sigma_2^2。$$
进一步假定有一个随机样本包含来自第一个正态分布的 16 个观察值，已知 $\sum_{i=1}^{16} X_i = 84$ 和 $\sum_{i=1}^{16} X_i^2 = 563$，而另一个独立的随机样本包含来自第二个正态分布的 10 个观察值。已知 $\sum_{i=1}^{10} Y_i = 18$ 和 $\sum_{i=1}^{10} Y_i^2 = 72$。
   a. 求 σ_1^2 和 σ_2^2 的极大似然估计值。
   b. 在 0.05 的显著水平下做 F 检验，假设 H_0 是否被拒绝?
8. 继续考虑习题 7，但是改用下列假设
$$H_0:\sigma_1^2 \leqslant 3\sigma_2^2, H_1:\sigma_1^2 > 3\sigma_2^2。$$
描述这些假设的 F 检验。
9. 继续考虑习题 7，但是现在考虑下列假设
$$H_0:\sigma_1^2 = \sigma_2^2, H_1:\sigma_1^2 \neq \sigma_2^2。$$
设统计量 V 由式（9.7.4）定义。我们希望采用检验“当 $V\leqslant c_1$ 或者 $V\geqslant c_2$ 拒绝 H_0”，这里选择常数 c_1 和 c_2 使得当 H_0 为真时，$P(V\leqslant c_1)=P(V\geqslant c_2)=0.025$。当 $m=16$ 和 $n=10$（和习题 7 一样），确定 c_1 和 c_2 的值。
10. 假定一个随机样本包含 16 个观察值，取自均值 μ_1 和方差 σ_1^2 均未知的正态分布。另一个独立的随机样本包含 10 个观察值，取自均值 μ_2 和方差 σ_2^2 均未知的另一个正态分布。对每个常数 $r>0$，在显著性水平 0.05 下，构造如下假设的检验
$$H_0:\frac{\sigma_1^2}{\sigma_2^2} = r, \quad H_1:\frac{\sigma_1^2}{\sigma_2^2} \neq r。$$
11. 再次考虑习题 10 的情况，用该习题的结果来计算 σ_1^2/σ_2^2 的置信区间（置信度为 0.95）。

12. 假设一个随机变量 Y 服从自由度为 m_0 的 χ^2 分布，c 为满足 $P(Y>c)=0.05$ 的常数，解释为什么在 F 分布的 0.95 分位数表中，当 $m=m_0$ 和 $n=\infty$ 时，表值等于 c/m_0。
13. 在 F 分布的 0.95 分位数表中的最后一列包含当 $m=\infty$ 时的值，解释怎样从 χ^2 分布表中得到这一列的表值。
14. 继续考虑习题 7 的情况，当 $\sigma_1^2=2\sigma_2^2$ 时，求出 F 检验的功效函数。
15. 证明定理 9.7.5，同时利用式（9.7.8）计算例 9.7.4 中的 p 值。
16. 设 V 由式（9.7.4）式定义，要确定假设（9.7.7）在 α_0 水平下的似然比检验，证明当 $V\leqslant c_1$ 或 $V\geqslant c_2$ 时，似然比检验将拒绝 H_0，这里当 $\sigma_1^2=\sigma_2^2$ 时，$P(V\leqslant c_1)+P(V\geqslant c_2)=\alpha_0$。
17. 证明在习题 9 中求得的检验不是似然比检验。
18. 设 δ 为双边 F 检验"当 $V\leqslant c_1$ 或 $V\geqslant c_2$ 时，其中 $c_1<c_2$，拒绝假设（9.7.3）中的 H_0"。证明检验 δ 的功效函数为

$$\pi(\mu_1,\mu_2,\sigma_1^2,\sigma_2^2\mid\delta)=G_{m-1,n-1}\left(\frac{\sigma_2^2}{\sigma_1^2}c_1\right)+1-G_{m-1,n-1}\left(\frac{\sigma_2^2}{\sigma_1^2}c_2\right)。$$

19. 设 $X_1,\cdots,X_{11}$ 是来自均值 μ_1 和方差 σ_1^2 均未知的正态分布的随机样本，设 $Y_1,\cdots,Y_{21}$ 是来自均值 μ_2 和方差 σ_2^2 均未知的正态分布的随机样本，这两个样本相互独立。假定我们希望检验假设（9.7.7）。令 δ 表示显著性水平为 $\alpha_0=0.5$ 的等尾双边 F 检验。
    a. 当 $\sigma_1^2=1.01\sigma_2^2$ 时，计算 δ 的功效函数。
    b. 当 $\sigma_1^2=\sigma_2^2/1.01$ 时，计算 δ 的功效函数；
    c. 证明 δ 不是无偏检验。（你可能需要可以计算 $G_{m-1,n-1}$ 的计算机软件，并尽量减少四舍五入的误差。）

*9.8 贝叶斯检验

在这里，我们总结了如何从贝叶斯角度检验假设。一般的想法是选择导致较小的后验预期损失的行为（是否拒绝 H_0）。我们假设做出错误决策的损失大于做出正确决策的损失。许多贝叶斯检验的形式与我们已经看到的检验相同，但它们的解释是不同的。

简单原假设与简单备择假设

例 9.8.1 排队中的服务时间 在例 9.2.1 中，服务经理试图确定两个联合分布中的哪个更好地描述了顾客接受服务的时间。她正在比较式（9.2.1）和式（9.2.2）中的两个概率密度函数 f_1 和 f_0。假定做出"坏"的选择会涉及成本。例如，她选择联合分布对服务时间进行建模，如果模拟服务时间比实际情况要短，顾客可能会因感到沮丧而将业务转移到其他地方，因而产生成本。另一方面，她选择联合分布建模，如果模拟服务时间比实际时间更长，则可能会因雇用多余的服务人员而产生成本。服务经理应该如何权衡这些成本与可用的证据？根据这些证据，她会判断服务时间倾向于多久，以便她在两种联合分布之间进行抉择。◀

考虑一个一般的问题，其中参数空间由两个值组成，即 $\Omega=\{\theta_0,\theta_1\}$。如果 $\theta=\theta_i$（对于 $i=1,2$），令 $X_1,\cdots,X_n$ 是来自某分布的随机样本，这个分布可能的概率密度函数或者概率函数是 $f_i(\boldsymbol{x}),i=0,1$。假设我们要检验以下简单假设：

$$\begin{aligned}H_0&:\ \theta=\theta_0,\\H_1&:\ \theta=\theta_1。\end{aligned}\tag{9.8.1}$$

我们将用 d_0 表示不拒绝假设 H_0 的决策，用 d_1 表示拒绝 H_0 的决策。同样，我们还假定选择错误的决策而导致的损失如下：在 H_0 为真时选择决策 d_1（犯第Ⅰ类错误），则损失为 w_0 单位；在 H_1 为真时选择决策 d_0（犯第Ⅱ类错误），则损失为 w_1 单位。如果在 H_0 为真时选择决策 d_0，或者在 H_1 为真时选择决策 d_1，则做出了正确的决定，损失为 0。因此，对于 $i=0,1$ 和 $j=0,1$，我们用 $L(\theta_i,d_j)$ 表示"θ_i 为 θ 的真值，选择决策 d_j"带来的损失，具体由下表给出：

	d_0	d_1
θ_0	0	w_0
θ_1	w_1	0

(9.8.2)

接下来，假设 H_0 为真的先验概率为 ξ_0，H_1 为真的先验概率为 $\xi_1=1-\xi_0$。然后，每个检验过程 δ 的期望损失 $r(\delta)$ 为

$$r(\delta)=\xi_0 E(\text{损失} \mid \theta=\theta_0)+\xi_1 E(\text{损失} \mid \theta=\theta_1)。\tag{9.8.3}$$

如果我们再次用 $\alpha(\delta)$ 和 $\beta(\delta)$ 表示检验 δ 犯两类错误的概率，并且使用刚才给出的损失表，可得

$$\begin{aligned} E(\text{损失} \mid \theta=\theta_0)&=w_0 P(\text{选择 } d_1 \mid \theta=\theta_0)=w_0\alpha(\delta),\\ E(\text{损失} \mid \theta=\theta_1)&=w_1 P(\text{选择 } d_0 \mid \theta=\theta_1)=w_1\beta(\delta)。\end{aligned}\tag{9.8.4}$$

于是，

$$r(\delta)=\xi_0 w_0\alpha(\delta)+\xi_1 w_1\beta(\delta)。\tag{9.8.5}$$

期望损失 $r(\delta)$ 最小的检验 δ 称为贝叶斯检验。

由于 $r(\delta)$ 只是形如 $a\alpha(\delta)+b\beta(\delta)$ 的线性组合，其中 $a=\xi_0 w_0$ 和 $b=\xi_1 w_1$，因此贝叶斯检验可以由定理 9.2.1 立即确定。因此，只要 $\xi_0 w_0 f_0(\boldsymbol{x})>\xi_1 w_1 f_1(\boldsymbol{x})$，贝叶斯检验将不拒绝 H_0；只要 $\xi_0 w_0 f_0(\boldsymbol{x})<\xi_1 w_1 f_1(\boldsymbol{x})$，贝叶斯检验将拒绝 H_0；如果 $\xi_0 w_0 f_0(\boldsymbol{x})=\xi_1 w_1 f_1(\boldsymbol{x})$，我们既可以不拒绝 H_0，又可以拒绝 H_0。为简单起见，在本节的其余部分中，我们假设 $\xi_0 w_0 f_0(\boldsymbol{x})=\xi_1 w_1 f_1(\boldsymbol{x})$ 时拒绝 H_0。

注：贝叶斯检验仅依赖于成本的比率。注意到，我们选择 δ 使式（9.8.5）中的 $r(\delta)$ 达到最小，如果将 w_0 和 w_1 乘以相同的正常数（如 $1/w_0$），则我们选择的贝叶斯检验不会受到影响。也就是说，贝叶斯检验 δ 也是使如下表达式达到最小的检验：

$$r^*(\delta)=\xi_0\alpha(\delta)+\xi_1\frac{w_1}{w_0}\beta(\delta)。$$

因此，决策者没有必要同时选择两类错误的成本，而只需选择两种成本之比即可。由此可知，在选择检验时，我们可以用"成本比率"代替给定的"显著性水平"。

例 9.8.2 排队中的服务时间 假定服务经理认为，在观察任何数据之前，两种服务时间模型均具有相同的可能性，因此 $\xi_0=\xi_1=1/2$。用联合概率密度函数 f_1 建模预测极长的服务时间和极短的服务时间比用 f_0 建模更符合实际数据。假定"将极长的服务时间建模为比实际的可能性小"的成本与"将极长的服务时间建模为比实际的可能性大"的成本相同，则犯第Ⅱ类错误的成本 w_1 与犯第Ⅰ类错误的成本 w_0 之比为 $w_1/w_0=1$。贝叶斯检验为"如果 $f_0(\boldsymbol{x})<f_1(\boldsymbol{x})$，则将选择决策 d_1（拒绝 H_0）"，这等价于 $f_1(\boldsymbol{x})/f_0(\boldsymbol{x})>1$。 ◀

基于后验分布的检验

从贝叶斯的观点来看，更自然的是基于 θ 的后验分布进行检验，而不是像前面的讨论中那样基于先验分布和两类错误的概率。幸运的是，无论人们如何推导，都会得到相同的检验过程。例如，本节习题 5 要求你证明，通过使“犯两类错误的概率的线性组合最小”得出的检验与通过使“损失的后验期望最小”得到的检验相同。一般地，当损失有界时，情况也是如此，只不过证明更困难了。在本节的其余部分，我们将尝试采用更自然的方法，直接使损失的后验期望最小化。

再回到一般情况，原假设为 $H_0: \theta \in \Omega_0$，备择假设为 $H_1: \theta \in \Omega_1$，其中 $\Omega_0 \cup \Omega_1$ 是整个参数空间。如上所述，我们将用 d_0 表示不拒绝假设 H_0 的决策，用 d_1 表示拒绝 H_0 的决策。像以前一样，我们将假定：在 H_0 为真时采用决策 d_1，则损失为 w_0；在 H_1 为真时采用决策 d_0，则损失为 w_1。(更多现实的损失函数可用，但是这种简单类型的损失函数满足引入的需要。）损失函数 $L(\theta, d_i)$ 总结在下表中：

	d_0	d_1
如果 H_0 为真	0	w_0
如果 H_1 为真	w_1	0

(9.8.6)

现在我们将采用本节习题 5 中简述的方法。假设 $\xi(\theta|\boldsymbol{x})$ 为 θ 的后验概率密度函数，则采用决策 $d_i(i=0,1)$ 的后验期望损失 $r(d_i|\boldsymbol{x})$

$$r(d_i|\boldsymbol{x}) = \int L(\theta, d_i)\xi(\theta|\boldsymbol{x})\mathrm{d}\theta。$$

对于每个 $i=0$，1，我们可以将这个后验期望损失改写为更简单的公式：

$$r(d_0|\boldsymbol{x}) = \int_{\Omega_1} w_1\xi(\theta|\boldsymbol{x})\mathrm{d}\theta = w_1[1 - P(H_0 \text{ 为真} |\boldsymbol{x})],$$

$$r(d_1|\boldsymbol{x}) = \int_{\Omega_0} w_0\xi(\theta|\boldsymbol{x})\mathrm{d}\theta = w_0 P(H_0 \text{ 为真} |\boldsymbol{x})。$$

贝叶斯检验是选择后验期望损失较小的决策，即如果 $r(d_0|\boldsymbol{x}) < r(d_1|\boldsymbol{x})$ 选择决策 d_0；如果 $r(d_0|\boldsymbol{x}) \geqslant r(d_1|\boldsymbol{x})$ 选择决策 d_1。利用上面的表达式，很容易看出不等式 $r(d_0|\boldsymbol{x}) \geqslant r(d_1|\boldsymbol{x})$（拒绝 H_0 时）可以改写为

$$P(H_0 \text{ 为真} |\boldsymbol{x}) \leqslant \frac{w_1}{w_0 + w_1}, \tag{9.8.7}$$

见本节习题 5c。

检验“当式（9.8.7）成立时拒绝 H_0”是在所有情况下的贝叶斯检验，其中损失函数由表（9.8.6）给出。无论分布是否具有单调似然比，这个结果都成立，甚至在备择假设为双边假设或参数为离散型而不是连续型的情况下也都适用。此外，如果我们交换 H_0 和 H_1，交换损失 w_0 和 w_1 以及决策 d_0 和 d_1，贝叶斯检验也会产生相同的结果（见本节习题 11)。

尽管式（9.8.7）具有一般性，检查一下在我们前面已经遇到的特殊情况下的贝叶斯检验是什么样子，还是很有启发性的。

单边假设

假定分布族具有单调似然比，我们考虑如下假设

$$\begin{aligned} H_0: &\quad \theta \leqslant \theta_0, \\ H_1: &\quad \theta > \theta_0。\end{aligned} \tag{9.8.8}$$

接下来将证明，贝叶斯检验“当式（9.8.7）成立时拒绝 H_0”是定理 9.3.1 所述的单边检验。

定理 9.8.1 假设 $f_n(\boldsymbol{x}|\theta)$ 关于统计量 $T=r(\boldsymbol{X})$ 具有单调似然比，要检验的假设为（9.8.8），损失函数有如下形式

	d_0	d_1
$\theta\leqslant\theta_0$	0	w_0
$\theta>\theta_0$	w_1	0

其中常数 $w_0>0$，$w_1>0$，则使后验期望损失达到最小的检验为“如果 $T\geqslant c$，则拒绝 H_0”，c 为某些常数（可能为无穷）。

证明 根据关于参数和样本的贝叶斯定理式（7.2.7），后验概率密度函数 $\xi(\theta|\boldsymbol{x})$ 可以表示为

$$\xi(\theta|\boldsymbol{x}) = \frac{f_n(\boldsymbol{x}|\theta)\xi(\theta)}{\int_{\Omega} f_n(\boldsymbol{x}|\psi)\xi(\psi)\,\mathrm{d}\psi}。$$

观察到 $\boldsymbol{X}=\boldsymbol{x}$ 后，决策 d_0 产生的后验期望损失与决策 d_1 产生的后验期望损失之比为

$$l(\boldsymbol{x}) = \frac{\int_{\theta_0}^{\infty} w_1\xi(\theta|\boldsymbol{x})\,\mathrm{d}\theta}{\int_{-\infty}^{\theta_0} w_0\xi(\psi|\boldsymbol{x})\,\mathrm{d}\psi} = \frac{w_1\int_{\theta_0}^{\infty} f_n(\boldsymbol{x}|\theta)\xi(\theta)\,\mathrm{d}\theta}{w_0\int_{-\infty}^{\theta_0} f_n(\boldsymbol{x}|\psi)\xi(\psi)\,\mathrm{d}\psi}。 \tag{9.8.9}$$

我们需要证明的是 $l(\boldsymbol{x})\geqslant 1$ 等价于 $T\geqslant c$，只需证明 $l(\boldsymbol{x})$ 关于 $T=r(\boldsymbol{X})$ 是单调不减函数。令 $\boldsymbol{x}_1$ 和 $\boldsymbol{x}_2$ 是满足 $r(\boldsymbol{x}_1)\leqslant r(\boldsymbol{x}_2)$ 的两个可能的观测值，我们要证明 $l(\boldsymbol{x}_1)\leqslant l(\boldsymbol{x}_2)$。我们可以写成

$$l(\boldsymbol{x}_1) - l(\boldsymbol{x}_2) = \frac{w_1\int_{\theta_0}^{\infty} f_n(\boldsymbol{x}_1|\theta)\xi(\theta)\,\mathrm{d}\theta}{w_0\int_{-\infty}^{\theta_0} f_n(\boldsymbol{x}_1|\psi)\xi(\psi)\,\mathrm{d}\psi} - \frac{w_1\int_{\theta_0}^{\infty} f_n(\boldsymbol{x}_2|\theta)\xi(\theta)\,\mathrm{d}\theta}{w_0\int_{-\infty}^{\theta_0} f_n(\boldsymbol{x}_2|\psi)\xi(\psi)\,\mathrm{d}\psi}。 \tag{9.8.10}$$

我们可以将式（9.8.10）右边的两个分数通分，公分母为 $w_0^2\int_{-\infty}^{\theta_0} f_n(\boldsymbol{x}_1|\psi)\xi(\psi)\,\mathrm{d}\psi\int_{-\infty}^{\theta_0} f_n(\boldsymbol{x}_2|\psi)\xi(\psi)\,\mathrm{d}\psi$。所得分数的分子是 w_0w_1 乘以

$$\begin{aligned} &\int_{\theta_0}^{\infty} f_n(\boldsymbol{x}_1|\theta)\xi(\theta)\,\mathrm{d}\theta\int_{-\infty}^{\theta_0} f_n(\boldsymbol{x}_2|\psi)\xi(\psi)\,\mathrm{d}\psi - \\ &\int_{\theta_0}^{\infty} f_n(\boldsymbol{x}_2|\theta)\xi(\theta)\,\mathrm{d}\theta\int_{-\infty}^{\theta_0} f_n(\boldsymbol{x}_1|\psi)\xi(\psi)\,\mathrm{d}\psi。\end{aligned} \tag{9.8.11}$$

我们需要证明式（9.8.11）至多为 0。式（9.8.11）中的差值可以写成如下二重积分：

$$\int_{\theta_0}^{\infty}\int_{-\infty}^{\theta_0}\xi(\theta)\xi(\psi)[f_n(\boldsymbol{x}_1|\theta)f_n(\boldsymbol{x}_2|\psi)-f_n(\boldsymbol{x}_2|\theta)f_n(\boldsymbol{x}_1|\psi)]\mathrm{d}\psi\mathrm{d}\theta。\tag{9.8.12}$$

注意到，对于这个二重积分中的所有 θ 和 ψ，有 $\theta\geqslant\theta_0\geqslant\psi$。由于 $r(\boldsymbol{x}_1)\leqslant r(\boldsymbol{x}_2)$，单调似然比意味着

$$\frac{f_n(\boldsymbol{x}_1|\theta)}{f_n(\boldsymbol{x}_1|\psi)}-\frac{f_n(\boldsymbol{x}_2|\theta)}{f_n(\boldsymbol{x}_2|\psi)}\leqslant 0。$$

我们将上述表达式的两边乘以两个分母的乘积，得

$$f_n(\boldsymbol{x}_1|\theta)f_n(\boldsymbol{x}_2|\psi)-f_n(\boldsymbol{x}_2|\theta)f_n(\boldsymbol{x}_1|\psi)\leqslant 0。\tag{9.8.13}$$

注意到，式（9.8.13）的左侧出现在式（9.8.12）被积函数的方括号内。由于这是非正数，因此意味着式（9.8.12）最多为0，从而式（9.8.11）最多为0。■

例 9.8.3　食品标签上的卡路里　例 7.3.10 中，我们曾经对美国的预加工食品中检测到的和公布的卡路里含量之间的百分比差异感兴趣。我们将差异 $X_1,\cdots,X_{20}$ 建模为具有均值 θ 和方差 100 的正态分布的随机变量。θ 的先验分布是具有均值 0 和方差 60 的正态分布。正态分布关于统计量 $\overline{X}_{20}=\frac{1}{20}\sum_{i=1}^{20}X_i$ 具有单调似然比。θ 的后验分布是正态分布，均值为

$$\mu_1=\frac{100\times 0+20\times 60\times\overline{X}_{20}}{100+20\times 60}=0.923\overline{X}_{20},$$

且方差为 $v_1^2=4.62$。假定我们希望检验假设：$H_0:\theta\leqslant 0, H_1:\theta>0$。$H_0$ 为真的后验概率为

$$P(\theta\leqslant 0|\overline{X}_{20})=\Phi\left(\frac{0-\mu_1}{v_1}\right)=\Phi(-0.429\overline{X}_{20})。$$

贝叶斯检验为“如果这个概率小于或等于 $w_1/(w_0+w_1)$，则拒绝 H_0”。因为 Φ 是严格单增函数，所以 $\Phi(-0.429\overline{X}_{20})\leqslant w_1/(w_0+w_1)$，当且仅当 $\overline{X}_{20}\geqslant-\Phi^{-1}(w_1/(w_0+w_1))/0.429$，这就是单边检验的形式。◀

双边备择假设

在例 9.4.5 的前面，我们曾经指出假设

$$\begin{aligned}H_0:&\quad\theta=\theta_0,\\H_1:&\quad\theta\neq\theta_0\end{aligned}\tag{9.8.14}$$

是“原假设为 θ 接近 θ_0，备择假设为 θ 不接近 θ_0”的有用替代。如果 θ 的先验分布为连续分布，则后验分布通常也是连续型的。这种情况下，H_0 为真的后验概率将为 0，这时不管数据如何，都将拒绝 H_0。如果有人相信 $\theta=\theta_0$ 的概率为正，则应该使用不连续的先验分布，但在此我们不采用这种方法。（有关这种方法的处理，见更高级的教材，如 Schervish（1995）中的 4.2 节。）相反，我们可以计算 θ 接近 θ_0 的后验概率。如果这个概率太小，我们可以拒绝原假设“θ 接近 θ_0”。具体来说，令 $d>0$，我们考虑如下假设

$$\begin{aligned}H_0:&\quad|\theta-\theta_0|\leqslant d,\\H_1:&\quad|\theta-\theta_0|>d。\end{aligned}\tag{9.8.15}$$

许多试验者可能选择检验假设（9.8.14），而不是假设（9.8.15），因为尚未指定 d 的具体

值。在这种情况下，我们可以对于所有 d，计算出 $|\theta-\theta_0|\leqslant d$ 的后验概率，并画图。

例 9.8.4 食品标签上的卡路里 在例 9.8.3 描述的情况中，设 $\theta_0=0$，假定我们希望检验假设（9.8.15）。例 7.3.10 中，我们发现 θ 的后验分布为正态分布，均值为 0.115 4，方差为 4.62，由此我们很容易计算

$$P(|\theta-0|\leqslant d|\boldsymbol{x})=P(-d\leqslant\theta\leqslant d|\boldsymbol{x})=\Phi\left(\frac{d-0.1154}{4.62^{1/2}}\right)-\Phi\left(\frac{-d-0.1154}{4.62^{1/2}}\right),$$

对于每个我们想要的 d 值。图 9.16 显示了对于所有 0 到 5 之间的 d 值，$|\theta|$ 小于或等于 d 的后验概率图。特别地，我们看到 $P(|\theta|\leqslant 5|\boldsymbol{x})$ 非常接近 1。如果将 5% 视为一个小的差异，那么我们可以确信 $|\theta|$ 是小的。另一方面，$P(|\theta|\geqslant 1|\boldsymbol{x})$ 大于 0.6。如果认为 1% 大，则 $|\theta|$ 很有可能是大的。◀

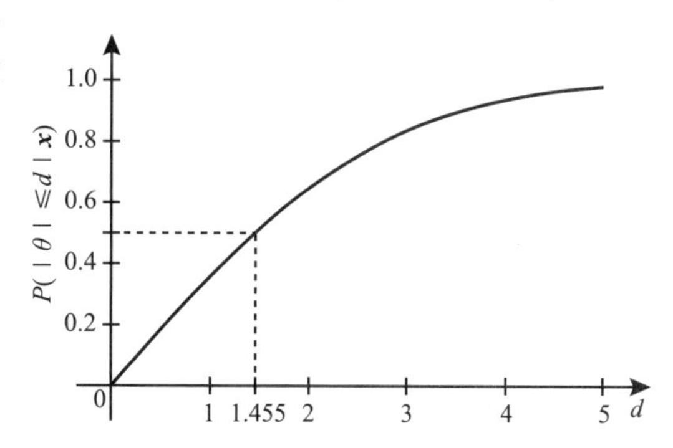

图 9.16 例 9.8.4 中 $P(|\theta|\leqslant d|\boldsymbol{x})$ 关于 d 的图像。虚线显示 $|\theta|$ 后验分布的中位数是 1.455

注：什么算是有意义的差异？ 例 9.8.4 中说明的方法提出了有用的一点。为了完成检验过程，我们需要确定"什么算作 θ 和 θ_0 之间的有意义的差异"。否则，我们不能判断"存在有意义差异"的概率是否很大。迫使试验者思考什么才是有意义的差异是一个好主意。在固定的水平（如 0.05）下检验假设（9.8.14），不需要任何人考虑"什么算是有意义的差异"。实际上，如果试验者确实为决定"什么才算是有意义的差异"所困扰，在检验假设（9.8.14）中选择显著性水平时，尚不清楚如何利用该信息。

方差未知时正态分布均值的检验

在 8.6 节中，我们考虑了从均值和方差未知的正态分布中抽取随机样本的情况。我们引入了共轭先验分布族，发现均值 μ 的线性函数的后验分布是 t 分布。如果我们要检验原假设"μ 落在某个区间"，将式（9.8.7）作为拒绝原假设的条件，那么我们只需要计算任意 t 分布的分布函数的一个表或计算机程序即可。大多数统计软件包都可以计算任意 t 分布的分布函数及其分位数函数，因此我们可以对形如 $\mu\leqslant\mu_0$，$\mu\geqslant\mu_0$ 或 $d_1\leqslant\mu\leqslant d_2$ 的原假设进行贝叶斯检验。

例 9.8.5 芹菜上的农药残留 Sharpe 和 Van Middelem（1955）描述了一个试验，在从喷洒了 parathion（一种农药）的田地中取出蔬菜后，测量了 $n=77$ 个芹菜样本中 parathion 残留。图 9.17 显示了观测值的直方图。（为了便于记录，每个百万分之 Z 的浓度都转换为

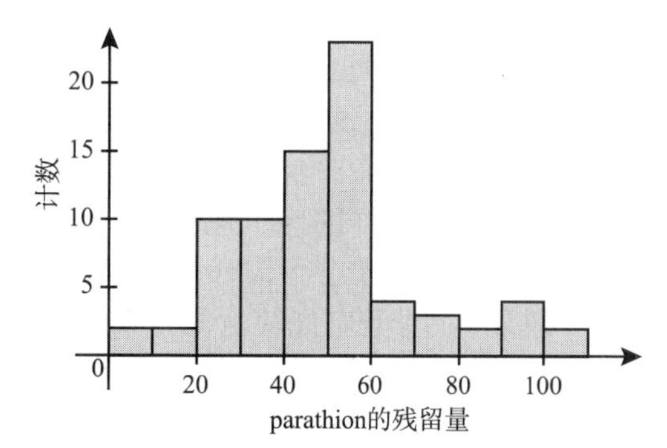

图 9.17 77 个芹菜样本中农药 parathion 的残留量的直方图

$X=100(Z-0.7)$。）假设我们将 X 值建模为具有均值 μ 和方差 σ^2 的正态分布。我们将利用 μ 和 σ^2 的非正常先验分布。样本均值为 $\bar{x}_n=50.23$，并且

$$s_n^2=\sum_{i=1}^{77}(x_i-\bar{x}_{77})^2=34\ 106。$$

正如我们在式（8.6.21）中所看到的，这意味着

$$\frac{n^{1/2}(\mu-\bar{x}_n)}{[s_n^2/(n-1)]^{1/2}}=\frac{77^{1/2}(\mu-50.23)}{(34\ 106/76)^{1/2}}=0.414\ 2\mu-20.81$$

的后验分布是自由度为 76 的 t 分布。假设我们想要检验的假设为 $H_0: \mu\geqslant 55$，$H_1: \mu<55$。假设我们的损失函数由（9.8.6）所述，检验为“如果 H_0 为真的后验概率小于或等于 $\alpha_0=w_1/(w_0+w_1)$，则拒绝 H_0”。如果我们用 T_{n-1} 表示自由度为 $n-1$ 的 t 分布的分布函数，我们可以将这个概率写为

$$P(\mu\geqslant 55\mid \boldsymbol{x})=P\left(\frac{n^{1/2}(\mu-\bar{x}_n)}{(s_n^2/(n-1))^{1/2}}\geqslant\frac{n^{1/2}(55-\bar{x}_n)}{(s_n^2/(n-1))^{1/2}}\middle|\boldsymbol{x}\right)$$
$$=1-T_{n-1}\left(\frac{n^{1/2}(55-\bar{x}_n)}{(s_n^2/(n-1))^{1/2}}\right)。\tag{9.8.16}$$

简单变换表明，最后一个概率小于或等于 α_0，当且仅当 $U\leqslant -T_{n-1}^{-1}(1-\alpha_0)$，其中 U 是式（9.5.2）中用来定义 t 检验的随机变量。实际上，H_0 与 H_1 的水平为 α_0 的 t 检验恰好是“如果 $U\leqslant -T_{n-1}^{-1}(1-\alpha_0)$，则拒绝 H_0”。对于本例中的数据，式（9.8.16）中的概率为 $1-T_{76}(1.974)=0.026$。◀

注：查看你的数据。图 9.17 中的直方图具有一个奇怪的特征。你能具体指出它是什么吗？如果你参加数据分析方面的课程，则可能会学到一些处理具有这类特征的数据的方法。

注：单边原假设的基于非正常先验的贝叶斯检验是 t 检验。例 9.8.5 中，我们看到对于单边假设的贝叶斯检验是相同假设的水平为 α_0 的 t 检验，其中 $\alpha_0=w_1/(w_0+w_1)$。这通常对于采用非正常先验的正态数据成立。由此还可以得到，在这些情况下的 p 值一定与原假设为真的后验概率相同（见本节习题 7）。

比较两个正态分布的均值

接下来，考虑两个正态分布的情况，我们将观察两个相互独立的具有共同方差 σ^2 的正态随机样本：$X_1,\cdots,X_m$，均值为 μ_1；$Y_1,\cdots,Y_n$，均值为 μ_2。为了使用贝叶斯方法，我们需要 $\mu_1-\mu_2$ 的后验分布。我们可以为三个参数 μ_1，μ_2 和 $\tau=1/\sigma^2$ 引入一共轭先验分布族，然后像在 8.6 节中一样进行。为简单起见，在本节中，我们仅处理非正常先验的情况，尽管存在适当的共轭先验会导致更一般的结果。每个参数 μ_1 和 μ_2 的通常非正常先验是常值函数 1，通常 τ 的非正常先验是 $1/\tau$，$\tau>0$。如果我们将这些参数组合在一起，就好像参数是独立的一样，则非正常先验的“概率密度函数”为 $\xi(\mu_1,\mu_2,\tau)=1/\tau,\tau>0$。现在我们可以找到参数的联合后验分布。

定理 9.8.2　假设 $X_1,\cdots,X_m$ 是来自某个正态分布的随机样本，均值为 μ_1，精确度为 τ；$Y_1,\cdots,Y_n$ 是来自另外一个正态分布的随机样本，均值为 μ_2，精确度为 τ。假设参数有非

正常先验，联合“概率密度函数”为$\xi(\mu_1,\mu_2,\tau)=1/\tau,\tau>0$，则

$$(m+n-2)^{1/2}\frac{\mu_1-\mu_2-(\bar{x}_m-\bar{y}_n)}{\left(\frac{1}{m}+\frac{1}{n}\right)^{1/2}(s_x^2+s_y^2)^{1/2}} \tag{9.8.17}$$

的后验分布为自由度为$m+n-2$的t分布，其中s_x^2和s_y^2分别是S_X^2和S_Y^2的观察值。■

定理9.8.2的证明留作本节习题8，因为与8.6节中的结论的证明非常类似。

为了检验如下假设

$$H_0:\ \mu_1-\mu_2\leqslant 0,$$
$$H_1:\ \mu_1-\mu_2>0,$$

我们需要$\mu_1-\mu_2\leqslant 0$的后验概率，这容易从后验分布中得到。利用与式（9.8.16）相同的思想，我们可以将$P(\mu_1-\mu_2\leqslant 0|\boldsymbol{x},\boldsymbol{y})$写成式（9.8.17）中随机变量小于或等于$-u$的概率，其中$u$是式（9.6.3）中定义的随机变量$U$的观察值。由此可得

$$P(\mu_1-\mu_2\leqslant 0\,|\boldsymbol{x},\boldsymbol{y})=T_{m+n-2}(-u),$$

其中T_{m+n-2}是自由度为$m+n-2$的t分布的分布函数。于是H_0为真的后验概率小于$w_1/(w_0+w_1)$，当且仅当

$$T_{m+n-2}(-u)<\frac{w_1}{w_0+w_1}。$$

这反过来又等价于

$$-u<T_{m+n-2}^{-1}\left(\frac{w_1}{w_0+w_1}\right)。$$

即

$$u>T_{m+n-2}^{-1}\left(1-\frac{w_1}{w_0+w_1}\right)。 \tag{9.8.18}$$

如果$\alpha_0=w_1/(w_0+w_1)$，则“当式（9.8.18）出现时，拒绝H_0”的贝叶斯检验与在9.6节中得出的水平为α_0的双样本t检验相同。换一个角度说，当且仅当H_0为真的后验概率（基于非正常先验）至多为α_0时，水平为α_0的双样本单边t检验拒绝原假设H_0。由本节习题7可得，在这种情况下，原假设为真的后验概率必须等于p值。

例9.8.6　在英国的罗马陶器　例9.6.3中，我们观察了来自英国Llanederyn的容量为14的罗马陶器样本和来自Ashley Rails的容量为5的样本，并且我们对Llanederyn中的平均氧化铝含量百分比μ_1是否大于Ashley Rails中的平均氧化铝含量百分比μ_2感兴趣。我们针对$H_0:\mu_1\geqslant\mu_2,H_2:\mu_1<\mu_2$进行了检验，发现$p$值为$4\times10^{-6}$。如果我们对参数使用非正常先验，则$P(\mu_1\geqslant\mu_2|\boldsymbol{x})=4\times10^{-6}$。◀

方差未知的双边备择假设　为了检验正态分布的均值μ接近μ_0的假设，我们可以指定一个特定值d并检验

$$H_0:\ |\mu-\mu_0|\leqslant d,$$
$$H_1:\ |\mu-\mu_0|>d。$$

如果我们不愿意选择单一的d值来表示“接近”，我们可以像例9.8.4那样，为所有d计

算 $P(|\mu-\mu_0|\leqslant d|\boldsymbol{x})$，再绘制图像。检验两个均值是否接近的情况也可以用相同的方法来处理。

例 9.8.7　在英国的罗马陶器　例 9.8.6 中，我们检验了有关英国两个地点的陶器样本中氧化铝含量差异的单边假设。除非我们专门寻找特定方向的差异，检验如下形式的假设可能更有意义：

$$\begin{aligned} H_0:&\quad |\mu_1-\mu_2|\leqslant d,\\ H_1:&\quad |\mu_1-\mu_2|>d, \end{aligned} \tag{9.8.19}$$

其中 d 是值得检测的临界差异值。就像我们在例 9.8.4 中所做的那样，我们可以绘制一个允许我们同时检验形如（9.8.19）的所有假设的图，画出 $P(|\mu_1-\mu_2|\leqslant d|\boldsymbol{x})$ 关于 d 的图像。使用非正常先验，在式（9.8.17）中我们发现了 $\mu_1-\mu_2$ 的后验分布。在这种情况下，以下随机变量具有 17 个自由度的 t 分布：

$$\begin{aligned} &(m+n-2)^{1/2}\frac{\mu_1-\mu_2-(\bar{x}_m-\bar{y}_n)}{\left(\dfrac{1}{m}+\dfrac{1}{n}\right)^{1/2}(s_x^2+s_y^2)^{1/2}}\\ &=17^{1/2}\frac{\mu_1-\mu_2-(12.56-17.32)}{\left(\dfrac{1}{14}+\dfrac{1}{5}\right)^{1/2}(24.65+11.01)^{1/2}}=1.33(\mu_1-\mu_2+4.76), \end{aligned}$$

其中数据汇总来自例 9.6.3。由此可得

$$\begin{aligned} &P(|\mu_1-\mu_2|\leqslant d|\boldsymbol{x})\\ &=P(1.33(-d+4.76)\leqslant 1.33(\mu_1-\mu_2+4.76)\leqslant 1.33(d+4.76)|\boldsymbol{x})\\ &=T_{17}(1.33(d+4.76))-T_{17}(1.33(-d+4.76)), \end{aligned}$$

其中 T_{17} 是自由度为 17 的 t 分布的分布函数。图 9.18 是这个后验概率关于 d 的图像。◀

比较两个正态分布的方差

为了检验关于两个正态分布方差的假设，我们可以利用两个方差之比的后验分布。假设 $X_1,\cdots,X_m$ 是来自均值为 μ_1 和方差为 σ_1^2 的正态分布的随机样本，而 $Y_1,\cdots,Y_n$ 是来自均值为 μ_2 和方差为 σ_2^2 的正态分布的随机样本。如果我们假设数据 X 及其参数与数据 Y 及其参数是相互独立的，我们可以像在 8.6 节中那样，进行两个单独的分析。特别地，我们令 $\tau_i=1/\sigma_i^2, i=1,2$，并设 (μ_1,τ_1) 与 (μ_2,τ_2) 相互独立，每一对都具有正态-伽马分布，就像在 8.6 节中一样。

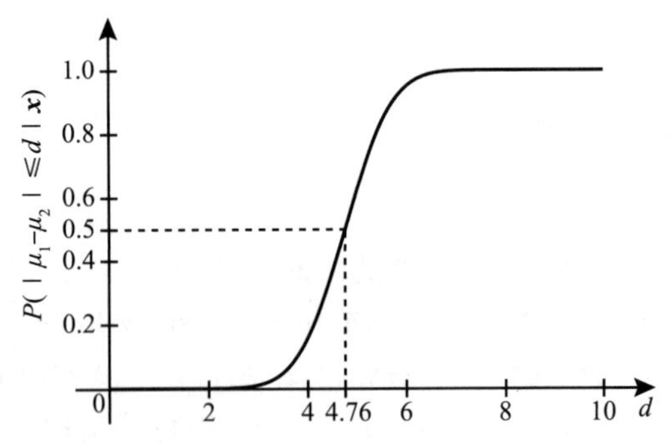

图 9.18　$P(|\mu_1-\mu_2|\leqslant d|\boldsymbol{x})$ 关于 d 的图像。虚线显示 $|\mu_1-\mu_2|$ 的后验分布的中位数为 4.76

为方便起见，我们将仅使用非正常先验进行其余计算。对于非正常先验，τ_1 的后验分布是参数为 $(m-1)/2$ 和 $s_x^2/2$ 的伽马分布，其中 s_x^2 由定理 9.8.2 定义。我们还在 8.6 节中

（利用 5.7 节习题 1）证明了 $\tau_1 s_x^2$ 服从自由度为 $m-1$ 的 χ^2 分布。同样，$\tau_2 s_y^2$ 服从自由度为 $n-1$ 的 χ^2 分布。由于 $\tau_1 s_x^2/(m-1)$ 和 $\tau_2 s_y^2/(n-1)$ 是独立的，因此它们之比服从自由度为 $m-1$ 和 $n-1$ 的 F 分布。也就是说，

$$\frac{\tau_1 s_x^2/(m-1)}{\tau_2 s_y^2/(n-1)} = \frac{s_x^2/[(m-1)\sigma_1^2]}{s_y^2/[(n-1)\sigma_2^2]} \tag{9.8.20}$$

的后验分布是自由度为 $m-1$ 和 $n-1$ 的 F 分布。注意到，式（9.8.20）右边的表达式与式（9.7.5）中的随机变量 V^* 相同，这是随机变量的抽样分布与其后验分布相同的另一种情况。由此可得，关于 σ_1^2/σ_2^2 的单边假设的水平为 α_0 的检验，基于 V^* 的抽样分布构造的检验将与形式为式（9.8.7）的贝叶斯检验相同，只要 $\alpha_0=w_1/(w_0+w_1)$。读者可以在本节习题 9 中证明这一点。

小结

从贝叶斯的角度来看，人们通过使后验期望损失最小化来选择检验。当损失函数具有（9.8.6）的简单形式时，贝叶斯检验在 H_0 的后验概率小于或等于 $w_1/(w_0+w_1)$ 时拒绝 H_0。在许多单边检验情况下，如果采用非正常先验，则这个检验与最常用的水平为 $\alpha_0=w_1/(w_0+w_1)$ 的检验相同。在双边检验的情况下，除了检验 H_0：$\theta=\theta_0$ 和 H_1：$\theta\neq\theta_0$，还可以绘制 $P(|\theta-\theta_0|\leqslant d|\boldsymbol{x})$ 关于 d 的图像。然后，需要确定哪些 d 值算作有意义的差异。

习题

1. 假设某个工业过程可以处于可控状态或失控状态，并且在任何指定时间，处于可控状态的先验概率为 0.9，而失控的先验概率为 0.1。对过程输出进行一次观察 X，必须立即确定过程是处于可控状态还是失控状态。如果过程处于可控状态，则 X 服从均值为 50 且方差为 1 的正态分布。如果过程处于失控状态，则 X 服从均值为 52 且方差为 1 的正态分布。

   如果该过程实际上处于可控状态，认为它处于失控状态，由于不必要地停止该过程而造成的损失将为 1 000 美元；如果实际上该过程处于失控状态，认为它处于可控状态，则继续该过程所造成的损失将为 18 000 美元。如果做出正确的决策，损失将为 0。目标是找到一个期望损失最小的检验过程。当 X 取哪些值时，应该确定该过程处于失控状态？
2. 单个观察值 X 取自某个连续分布，概率密度函数为 f_0 或 f_1，其中

$$f_0(x)=\begin{cases}1, & 0<x<1,\\ 0, & \text{其他},\end{cases}\quad f_1(x)=\begin{cases}4x^3, & 0<x<1,\\ 0, & \text{其他。}\end{cases}$$

   根据观察值 X，我们必须决定 f_0 还是 f_1 是正确的概率密度函数。假设“f_0 正确”的先验概率是 2/3，“f_1 正确”的先验概率是 1/3。还假设选择正确决策的损失为 0，实际上 f_0 正确时认定 f_1 正确的损失为 1 个单位，而实际上 f_1 正确时认定 f_0 正确的损失为 4 个单位。如果要使期望损失最小，X 取哪些值时我们应该认定 f_0 是正确的？
3. 假设某个电子系统可能由于次要缺陷或主要缺陷而发生故障。还假设 80%的故障是由次要缺陷引起的，而 20%的故障是由主要缺陷引起的。发生故障时，系统进行 n 次独立的探测 $X_1,\cdots,X_n$。如果故障是由次要缺陷引起的，则这些探测来自均值为 3 的泊松分布的随机样本。如果故障是由主要缺陷引起的，则这些探测来自均值为 7 的泊松分布的随机样本。判定故障是主要缺陷引起的，而实际上是次要缺陷引起的，则损失为 400 美元。判定故障是由次要缺陷引起的，而实际上是由主要缺陷引起的，则需要花费 2 500 美元。选择正确决策的成本为 0。对于给定的一组观测值 $X_1,\cdots,X_n$，哪个决策使期望损失

最小?

4. 假设大量产品中次品的比例 p 是未知的，并且需要检验以下简单假设：

$$H_0:\ p = 0.3, H_1:\ p = 0.4。$$

假设 $p=0.3$ 的先验概率是 1/4，$p=0.4$ 的先验概率是 3/4；还假设选择错误决策的损失为 1 个单位，选择正确决策的损失为 0。假设从这批产品中选择 n 个产品组成随机样本。证明：贝叶斯检验是当且仅当样本中的次品比例大于

$$\frac{\ln\left(\frac{7}{6}\right) + \frac{1}{n}\ln\left(\frac{1}{3}\right)}{\ln\left(\frac{14}{9}\right)},$$

拒绝 H_0。

5. 假定我们希望检验假设（9.8.1），设损失函数具有（9.8.2）的形式。

   a. 证明：$\theta=\theta_0$ 的后验概率是 $\xi_0 f_0(\boldsymbol{x})/[\xi_0 f_0(\boldsymbol{x})+\xi_1 f_1(\boldsymbol{x})]$。

   b. 证明：使 $r(\delta)$ 最小的检验 δ 也是使得给定 $\boldsymbol{X}=\boldsymbol{x}$ 的后验期望损失最小的检验，对所有 $\boldsymbol{x}$。

   c. 证明如下检验是 b 描述的一种检验。“如果 $P(H_0$ 为真$|\boldsymbol{x}) \leqslant w_1/(w_0+w_1)$，则拒绝 H_0”。

6. 证明：定理 9.8.1 的结论在损失函数由下式给出时仍然成立，

	d_0	d_1
$\theta \leqslant \theta_0$	0	$w_0(\theta)$
$\theta > \theta_0$	$w_1(\theta)$	0

其中 $w_0(\theta)$ 和 $w_1(\theta)$ 为任意正函数。提示：复制定理 9.8.1 的证明，但是用上面的函数替换常数 w_0 和 w_1，并将它们保留在积分内，而不是将其分解。

7. 假设存在这样一种情况，即对所有的 α_0，贝叶斯检验“当 $P(H_0$ 为真$|\boldsymbol{x}) \leqslant \alpha_0$ 时，拒绝 H_0”与“H_0 的水平为 α_0 的检验”都相同。（例 9.8.5 具有这种性质，但在许多其他情况下也具有这种性质。）证明 p 值等于 H_0 为真的后验概率。

8. 在本习题中，你将证明定理 9.8.2。

   a. 证明：给定参数 μ_1，μ_2 和 τ 的数据的联合概率密度函数可以写为某个常数乘以

$$\tau^{(m+n)/2}\exp(-0.5m\tau(\mu_1-\bar{x}_m)^2 -$$
$$0.5n\tau(\mu_2-\bar{y}_n)^2 - 0.5(s_x^2+s_y^2)\tau)。$$

   b. 先验概率密度函数乘以 a 中的概率密度函数，随机变量的贝叶斯定理告诉我们，乘积与后验概率密度函数成比例（作为参数的函数）。

      i. 证明：固定 μ_2 和 τ，μ_1 的函数作为后验概率密度函数，服从均值为 $\bar{x}_m$ 和方差为（$m\tau$）$^{-1}$ 的正态分布；

      ii. 证明：固定 μ_1 和 τ，μ_2 的函数作为后验概率密度函数，服从均值为 $\bar{y}_n$ 和方差为（$m\tau$）$^{-1}$ 的正态分布；

      iii. 证明：在 τ 的条件下，μ_1 和 μ_2 相互独立，且分别服从上面两个正态分布；

      iv. 证明：τ 的边际后验密度函数为伽马分布，参数为 $(m+n-2)/2$ 和 $(s_x^2+s_y^2)/2$。

   c. 证明：给定 τ 的条件下，

$$Z = \tau^{1/2}\frac{\mu_1 - \mu_2 - (\bar{x}_m - \bar{y}_n)}{\left(\frac{1}{m}+\frac{1}{n}\right)^{1/2}}$$

服从标准正态分布，从而随机变量 Z 与 τ 相互独立。

d. 证明：$W=(s_x^2+s_y^2)\tau$ 的分布是伽马分布，参数为 $(m+n-2)/2$ 与 $1/2$，这正是自由度为 $m+n-2$ 的 χ^2 分布。

e. 证明：$Z/[W/(m+n-2)]^{1/2}$ 服从自由度为 $m+n-2$ 的 t 分布，它等于式（9.8.17）中的表达式。

9. 假设 $X_1,\cdots,X_m$ 是来自均值为 μ_1 和方差为 σ_1^2 的正态分布的随机样本；$Y_1,\cdots,Y_n$ 是来自均值为 μ_2 和方差为 σ_2^2 的正态分布的随机样本。假设我们使用一般非正常先验，并且希望检验假设

$$H_0:\quad \sigma_1^2\leqslant\sigma_2^2, H_1:\quad \sigma_1^2>\sigma_2^2。$$

a. 证明：水平为 α_0 的 F 检验和式（9.8.7）中的检验相同，其中 $\alpha_0=w_1/(w_0+w_1)$。

b. 证明：F 检验的 p 值就是“H_0 为真”的后验概率。

10. 再次考虑例 9.6.2 中的情况。令 μ_1 为来自撒播云的对数降雨量的均值，令 μ_2 为来自非撒播云的对数降雨量的均值。使用参数的非正常先验。

a. 求 $\mu_1-\mu_2$ 的后验分布。

b. 画出 $|\mu_1-\mu_2|\leqslant d$ 的后验概率关于 d 的图像。

11. 令 θ 为在参数空间 Ω 中取值的一般参数。设 Ω' 和 Ω'' 为 Ω 的两个不相交的划分，$\Omega'\cup\Omega''=\Omega$。我们要在两个决策之间进行选择：$d'$ 表示 $\theta\in\Omega'$，d'' 表示 $\theta\in\Omega''$。我们考虑以下损失函数：

	d'	d''
如果 $\theta\in\Omega'$	0	w'
如果 $\theta\in\Omega''$	w''	0

将这个决策问题表达为假设检验问题，我们有两种选择。一种选择是定义 $H_0:\ \theta\in\Omega'$，$H_1:\theta\in\Omega''$。另一个选择是定义 $H_0:\theta\in\Omega''$ 和 $H_1:\theta\in\Omega'$。在这个问题中，我们将证明贝叶斯检验将做出相同的决定，不管我们将哪个假设称为原假设以及将哪个假设称为备择假设。

a. 对于每种选择，请说一下我们如何定义以下各项，以使该问题适合本节中描述的假设检验框架：w_0,w_1,d_0,d_1,Ω_0 和 Ω_1。

b. 现在假设我们可以观察到数据 $\boldsymbol{X}=\boldsymbol{x}$，并计算 θ 的后验分布 $\xi(\theta|\boldsymbol{x})$。证明：对于题干部分中的两种假设，贝叶斯检验都会选择相同的决策 d' 或 d''。即观察到 $\boldsymbol{x}$ 导致在第一种假设中选择决策 d'，当且仅当观察到同样的 $\boldsymbol{x}$ 会导致在第二种假设中选择决策 d''。类似地，观察到 $\boldsymbol{x}$ 导致在第一种假设中选择决策 d''，当且仅当观察到同样的 $\boldsymbol{x}$ 会导致在第二种假设中选择决策 d'。

*9.9 基本问题

我们讨论显著性水平与样本量之间的关系。我们还区分在统计上显著的结果和在实践上显著的结果。

显著性水平与样本量的关系

在许多统计应用中，试验者指定显著性水平 α_0，然后在所有水平为 $\alpha(\delta)\leqslant\alpha_0$ 的检验中，根据备择假设寻找具有较大的功效函数的检验过程，这已成为一种标准惯例。试验者抑或计算一个 p 值并报告它是否小于 α_0。对于检验简单原假设和简单备择假设的情况，Neyman-Pearson 引理明确描述了如何构建这样的检验过程。此外，在许多应用中，选择显著性水平 α_0 为 0.10、0.05 或 0.01 已成为传统做法。选择的水平依赖于判断犯第 I 类错误的后果的严重程度。最常用的 α_0 值为 0.05。如果在特定问题中判断犯第 I 类错误的后果

相对温和，则试验者可以选择 α_0 为 0.10。另一方面，如果判断出这些后果特别严重，则试验者可以选择 α_0 为 0.01。

由于这些 α_0 值已在统计实践中确定，因此有时试验者选择 $\alpha_0=0.01$，希望使用谨慎的检验过程，或者，除非样本数据提供有力证据表明 H_0 非真，否则试验者不会拒绝 H_0。然而，我们现在要说明的是，当样本量 n 很大时，选择 $\alpha_0=0.01$ 实际上会导致某些样本的检验过程拒绝 H_0，事实上，它们为 H_0 提供的证据比它们为 H_1 提供的要强。

为了说明这个性质，与例 9.2.5 一样，假设我们从均值 θ 未知且方差为 1 的正态分布中抽取一个随机样本，并且我们要检验如下假设

$$H_0:\quad \theta=0, H_1:\quad \theta=1。$$

由例 9.2.5 的讨论可知，在所有显著性水平 $\alpha(\delta)\leqslant 0.01$ 的检验中，检验 δ^* “当 $\overline{X}_n\geqslant k'$ 时，拒绝 H_0” 犯第Ⅱ类错误的概率 $\beta(\delta)$ 将最小，其中我们选择 k' 使得 $P(\overline{X}_n\geqslant k'\mid\theta=0)=0.01$。当 $\theta=0$ 时，随机变量 $\overline{X}_n$ 服从正态分布，均值为 0，方差为 $1/n$。因此，从标准正态分布表中可以发现，$k'=2.326n^{-1/2}$。

此外，由式（9.2.12）可以得出，这个检验 δ^* 等价于“当 $f_1(\boldsymbol{x})/f_0(\boldsymbol{x})\geqslant k$ 时，拒绝 H_0”，其中 $k=\exp(2.326n^{1/2}-0.5n)$。犯第Ⅰ类错误的概率为 $\alpha(\delta^*)=0.01$。同样，与式（9.2.15）的推导过程类似，犯第Ⅱ类错误的概率为 $\beta(\delta^*)=\Phi(2.326-n^{1/2})$，其中 Φ 表示标准正态分布的分布函数。对于 $n=1$、25 和 100，$\beta(\delta^*)$ 和 k 的值如下所示：

n	$\alpha(\delta^*)$	$\beta(\delta^*)$	k
1	0.01	0.91	6.21
25	0.01	0.003 8	0.42
100	0.01	8×10^{-15}	2.5×10^{-12}

从该表中可以看出，当 $n=1$ 时，仅当似然比 $f_1(\boldsymbol{x})/f_0(\boldsymbol{x})$ 超过 $k=6.21$ 时，假设 H_0 才会被拒绝。换句话说，除非样本观测值 $x_1,\cdots,x_n$ 在 H_1 下的可能性至少是 H_0 下的 6.21 倍，否则 H_0 不会被拒绝。因此，在这种情况下，检验 δ^* 满足了试验者使用谨慎对待拒绝 H_0 的检验的愿望。

但是，如果 $n=100$，则当似然比超过 $k=2.5\times10^{-12}$ 时，检验 δ^* 将拒绝 H_0。因此对于某些观测值 $x_1,\cdots,x_n$，在 H_0 下的可能性是 H_1 下的几百万倍，H_0 将被拒绝。出现这种结果的原因是，当 $n=100$ 时可得到的 $\beta(\delta^*)$ 的值是 8×10^{-15}，相对于指定的 $\alpha_0=0.01$ 极小。因此，检验 δ^* 实际上对第Ⅱ类错误比对第Ⅰ类错误更加谨慎。从这个讨论中我们可以看到，对于较小的 n，α_0 的值是一个合适的选择，但对于较大的 n 来说可能不必要地大了。因此，明智的做法是让显著性水平 α_0 随着样本量的增加而减小。

现在假设试验者认为第Ⅰ类错误比第Ⅱ类错误严重得多，因此她希望使用一种检验使得线性组合 $100\alpha(\delta)+\beta(\delta)$ 的值达到最小，则由定理 9.2.1 可得，当且仅当似然比超过 $k=100$ 时，她应拒绝 H_0，而与样本量 n 无关。换句话说，最小化 $100\alpha(\delta)+\beta(\delta)$ 的检验过程将不会拒绝 H_0，除非观测值 $x_1,\cdots,x_n$ 在 H_1 下的可能性至少是在 H_0 下的 100 倍。

从讨论中可以看出，在选择检验时，同时考虑 $\alpha(\delta)$ 和 $\beta(\delta)$ 的值，而不是固定 $\alpha(\delta)$ 使

$\beta(\delta)$最小，对于试验者来说似乎更合理。例如，人们可以最小化线性组合 $a\alpha(\delta)+b\beta(\delta)$的值。在 9.8 节中，我们也看到了贝叶斯观点如何得出这样的结论，即应该使这种线性组合达到最小。Lehmann（1958）建议选择 k，并要求$\beta(\delta)=k\alpha(\delta)$。贝叶斯方法和 Lehmann 的方法都具有迫使犯第Ⅰ类错误和第Ⅱ类错误的概率随着获得数据增多而降低的优点。当假设是复合假设时，固定显著性水平的检验也会出现类似的问题，这将在本节的后面说明。

统计上显著的结果

当观察到的数据导致在水平 α_0 下拒绝原假设 H_0 时，通常会说人们已经获得了在水平 α_0 下具有统计上显著的结果。发生这种情况时，并不意味着试验者就好像认为 H_0 为假。同样，如果数据没有导致拒绝 H_0，结果在水平 α_0 下是统计上不显著的，但试验者也不一定确信 H_0 为真。确实，用术语"统计上"修饰"显著"是一个警告，即统计上显著的结果可能与实践上显著的结果不同。我们再次考虑例 9.5.10，其中要检验的假设是

$$H_0:\quad \mu=5.2,$$

$$H_1:\quad \mu\neq 5.2。$$

将统计上显著的结果与任何声称"参数μ与假设值 5.2 显著不同"的说法区分开来，这对于试验者来说非常重要。即使数据表明μ不等于 5.2，也不一定提供任何证据表明μ的实际值与 5.2 有显著不同。对于给定的数据集，与检验统计量 U 的观察值对应的尾部面积可能很小，这个数据却可能暗示μ的实际值与 5.2 非常接近，为了实际目的，试验者不会认为μ与 5.2 有显著差异。

当统计量 U 基于非常大的随机样本时，可能会出现上述情况。例如，假设我们在例 9.5.10 中测量的是随机样本中 20 000 根纤维的长度，而不是仅测量 15 根纤维的长度。对于给定的显著性水平，如 $\alpha_0=0.05$，令 $\pi(\mu,\sigma^2|\delta)$表示基于这 20 000 个观察值的 t 检验的功效函数，则对于每个 $\sigma^2>0$，$\pi(5.2,\sigma^2|\delta)=0.05$。然而，由于检验基于大量的观察值，将对于每个仅与 5.2 略有不同的μ值和适中的σ^2，功效 $\pi(\mu,\sigma^2|\delta)$非常接近 1。换句话说，即使μ仅与 5.2 稍微有一点不同，概率也将接近于 1，人们就会得到统计上显著的结果。例如，当 $n=20\,000$ 时，当$|\mu-5.2|=0.03\sigma$ 时，水平为 0.05 的检验的功效为 0.99。

如 9.4 节所述，在整个总体中所有纤维的平均长度μ恰好是 5.2 是不可想象的。然而，μ可能非常接近 5.2，这时试验者不想拒绝原假设 H_0。尽管如此，基于 20 000 根纤维样本的 t 检验很有可能会产生统计上显著的结果。因此，当试验者基于非常大的样本分析很强的检验时，他在解释"统计上显著的"结果的实际显著性时必须谨慎行事。他事先知道，即使μ的真实值与 H_0 下指定的 5.2 略有不同，拒绝 H_0 的概率也很高。

正如本节前面所述，一种处理这种情况的方法是认识到，显著性水平要比传统值 0.05 或 0.01 小得多，这适用于样本量较大的问题。另一种方法是将原假设中的μ的单个值替换为一个区间，就像我们在例 9.4.5 和例 9.8.4 中所做的那样。第三种方法是将统计问题视为一种估计，而不是一种检验假设。

当有大的随机样本可用时，样本均值和样本方差将是参数μ和σ^2的很好的估计量。在试验者选择任何涉及μ和σ^2未知的决策之前，她应计算并考虑这些估计量以及统计量 U 的值。

小结

当我们拒绝原假设时，我们说我们得到了统计上显著的结果。随着样本量的增加，即使对于接近原假设的参数值，水平为 α_0 的检验的功效函数也会变得非常大。对于简单假设，犯第Ⅱ类错误的概率会变得非常小，而犯第Ⅰ类错误的概率却会保持与 α_0 一样大。避免这种情况的一种方法是，随着样本量的增加，令显著性水平降低。如果人们在特定的显著性水平 α_0 上拒绝原假设，则必须小心检查数据是否实际上暗示了与原假设的任何实际重要性偏离。

习题

1. 假设单个观测值 X 是来自均值 μ 未知且方差已知为 1 的正态分布。假设已知 μ 为-5、0 或 5，则需要在显著性水平 0.05 下检验如下假设：
$$H_0:\mu = 0, H_1:\mu = -5 \text{ 或 } \mu = 5。$$
还假设使用检验"当 $|X|>c$ 时，拒绝 H_0"，选择常数 c 使得 $P(|X|>c|\mu=0)=0.05$。
   a. 求 c 的值，并证明：如果 $X=2$，拒绝 H_0。
   b. 证明如果 $X=2$，则在 $\mu=0$ 处的似然函数的值是其在 $\mu=5$ 处的值的 12.2 倍，是其在 $\mu=-5$ 处的值的 5.9×10^9 倍。
2. 假设从均值 μ 未知且方差为 1 的正态分布中随机抽取 10 000 个观察值样本，并且需要在显著性水平 0.05 下检验以下假设：
$$H_0:\ \mu = 0, H_1:\ \mu \neq 0。$$
还假设检验过程指定为"当 $|\overline{X}_n|\geqslant c$ 时，拒绝 H_0"，选择常数 c 使得 $P(|\overline{X}_n|\geqslant c|\mu=0)=0.05$。求在如下两种情况下检验拒绝 H_0 的概率：(a) μ 的实际值为 0.01，(b) μ 的实际值为 0.02。
3. 再次考虑习题 2，现在要检验如下假设：
$$H_0:\ \mu \leqslant 0, H_1:\ \mu > 0。$$
还假设在 10 000 个观测值的随机样本中，样本均值 $\overline{X}_n$ 为 0.03。这个结果在多大的显著性水平下刚好显著?
4. 假设 $X_1,\cdots,X_n$ 是来自正态分布的随机样本，均值 θ 未知，方差为 1。假设希望检验与习题 3 相同的假设。这次，我们选择检验 δ 使得 $19\pi(0|\delta)+1-\pi(0.5|\delta)$ 达到最小。
   a. 对 $n=1$，$n=100$ 和 $n=10\ 000$，分别求 c_n 使得检验 δ 为"当 $\overline{X}_n\geqslant c_n$ 时，拒绝 H_0"。
   b. 对 a 中的每个 n，求检验 δ 的水平。
5. 假设 $X_1,\cdots,X_n$ 是来自正态分布的随机样本，均值 θ 未知，方差为 1。假设想要检验与习题 3 相同的假设。这次，我们选择检验 δ 使得 $19\pi(0|\delta)=1-\pi(0.5|\delta)$。
   a. 对 $n=1$，$n=100$ 和 $n=10\ 000$，分别求 c_n 使得检验 δ 为"当 $\overline{X}_n\geqslant c_n$ 时，拒绝 H_0"。
   b. 对 a 中的每个 n，求检验 δ 的水平。

9.10 补充习题

1. 掷一枚硬币 3 次，用 X 表示硬币正面朝上的次数。假设 θ 代表一次抛掷中硬币正面朝上的概率，每次的结果相互独立。我希望检验 $H_0:\theta=1/2$，$H_1:\theta=3/4$。求检验 δ 使得 $\alpha(\delta)+\beta(\delta)$（第Ⅰ类和第Ⅱ类错误概率之和）达到最小，并求该检验犯两类错误的概率。
2. 假设我们将进行一系列的伯努利试验，每次试验成功的概率 θ 未知，检验如下假设：
$$H_0:\ \theta = 0.1, H_1:\ \theta = 0.2。$$

令 X 表示首次获得成功所需的试验次数，并假设 $X \leqslant 5$ 时将拒绝 H_0。求犯第Ⅰ类错误的概率和犯第Ⅱ类错误的概率。

3. 再次考虑习题 2。假定犯第Ⅰ类和犯第Ⅱ类错误造成的损失相等，并且 H_0 和 H_1 为真的先验概率相同。根据 X 的观察值，求贝叶斯检验。

4. 假设单个观察值 X 来自具有如下概率密度函数的分布：

$$f(x \mid \theta)=\begin{cases}2(1-\theta)x+\theta, & 0 \leqslant x \leqslant 1,\\ 0, & \text{其他},\end{cases}$$

其中 θ 的值是未知的（$0 \leqslant \theta \leqslant 2$）。假设我们要检验如下假设：

$$H_0: \quad \theta=2, H_1: \quad \theta=0。$$

求检验 δ 使得 $\alpha(\delta)+2\beta(\delta)$ 达到最小，并计算这个最小值。

5. 再次考虑习题 4，假设 $\alpha(\delta)$ 为给定值 $\alpha_0(0<\alpha_0<1)$。求检验 δ 使得 $\beta(\delta)$ 达到最小，并计算这个最小值。

6. 再次考虑习题 4，这次我们要检验如下假设

$$H_0: \quad \theta \geqslant 1, H_1: \quad \theta<1。$$

a. 求检验 δ "如果 $X \geqslant 0.9$，则拒绝 H_0" 的功效函数。

b. 求检验 δ 的水平。

7. 再次考虑习题 4. 证明概率密度函数 $f(x \mid \theta)$ 关于统计量 $r(X)=-X$ 具有单调似然比，并求如下假设在显著性水平 $\alpha_0=0.05$ 下的 UMP 检验：

$$H_0: \quad \theta \leqslant \frac{1}{2}, H_1: \quad \theta>\frac{1}{2}。$$

8. 假设一个盒子中包含大量三种颜色（红色、棕色和蓝色）的芯片，并且需要检验的原假设 H_0 是三种颜色的芯片的比例相等，备择假设 H_1 是比例不全相等。假设从盒子中随机抽取三个芯片，检验为"当至少两个芯片颜色相同时，拒绝 H_0"。

a. 求这个检验的水平。

b. 如果 1/7 的芯片是红色，2/7 的芯片是棕色，4/7 的芯片是蓝色，请确定这个检验的功效。

9. 假设单个观察值 X 来自某未知分布 P，并且要检验如下简单假设：

H_0：P 是区间 [0，1] 上的均匀分布，

H_1：P 是标准正态分布。

确定水平为 0.01 的最大功效检验，并计算 H_1 为真时该检验的功效。

10. 假设 $X_1, \cdots, X_{12}$ 是来自某正态分布的随机样本，均值 μ 和方差 σ^2 都未知。叙述如何在显著性水平 $\alpha=0.005$ 下对如下假设进行 t 检验：

$$H_0: \quad \mu \geqslant 3, H_1: \quad \mu<3。$$

11. 假设 $X_1, \cdots, X_n$ 是来自某正态分布的随机样本，均值 θ 未知和方差为 1。要检验如下假设：

$$H_0: \quad \theta \leqslant 0, H_1: \quad \theta>0。$$

同时假设我们决定采用 $\theta=1$ 时功效为 0.95 的 UMP 检验。如果 $n=16$，试求检验水平。

12. 假设 $X_1, \cdots, X_8$ 是来自某分布的随机样本，该分布的概率密度函数为：

$$f(x \mid \theta)=\begin{cases}\theta x^{\theta-1}, & 0<x<1,\\ 0, & \text{其他}。\end{cases}$$

同时假设 θ 未知（$\theta>0$），欲检验如下假设：

$$H_0: \quad \theta \leqslant 1, H_1: \quad \theta>1。$$

证明：显著性水平为 $\alpha_0=0.05$ 的 UMP 检验是"如果 $\sum_{i=1}^{8} \ln X_i \geqslant -3.981$，则拒绝 H_0"

13. 假设 $X_1, \cdots, X_n$ 是来自某 χ^2 分布的随机样本，自由度 θ 未知（$\theta=1,2,\cdots$），欲在给定的显著性水平 α_0

$(0<\alpha_0<1)$ 下检验假设

$$H_0:\ \theta\leqslant 8, H_1:\ \theta\geqslant 9。$$

证明：这个假设的 UMP 检验存在，具体为“如果 $\sum_{i=1}^{n}\ln X_i\geqslant k$，则拒绝 H_0”，其中 k 为适当的常数。

14. 假设 $X_1,\cdots,X_{10}$ 是来自某正态分布的随机样本，均值和方差都未知。建立一个不依赖于未知参数的 F 分布统计量，自由度为 3 和 5。

15. 假设 $X_1,\cdots,X_m$ 是来自某正态分布的随机样本，均值 μ_1 和方差 σ_1^2 都未知；与之独立的 $Y_1,\cdots,Y_n$ 是来自某正态分布的随机样本，均值 μ_2 和方差 σ_2^2 都未知。欲利用通常的 F 检验在显著性水平 $\alpha_0=0.05$ 下检验如下假设：

$$H_0:\ \sigma_1^2\leqslant\sigma_2^2, H_1:\ \sigma_1^2>\sigma_2^2。$$

假设 $m=16$ 且 $n=21$，证明 $\sigma_1^2=2\sigma_2^2$ 时的检验功效由 $P(V^*\geqslant 1.1)$ 给出，其中 V^* 是自由度为 15 和 20 的 F 分布的随机变量。

16. 假设 $X_1,\cdots,X_9$ 是来自某正态分布的随机样本，均值 μ_1 和方差 σ^2 都未知；与之独立的 $Y_1,\cdots,Y_9$ 是来自某正态分布的随机样本，均值 μ_2 和方差 σ^2 都未知。设 S_X^2 和 S_Y^2 由式（9.6.2）定义（$m=n=9$），设

$$T=\max\left\{\frac{S_X^2}{S_Y^2},\frac{S_Y^2}{S_X^2}\right\}。$$

确定常数 c 使得 $P(T>c)=0.05$。

17. 不道德的试验者希望检验以下假设：

$$H_0:\ \theta=\theta_0, H_1:\ \theta\neq\theta_0。$$

她从概率密度函数为 $f(x|\theta)$ 的分布中抽取随机样本 $X_1,\cdots,X_n$，进行一个水平为 α 的检验。如果这个检验没有拒绝 H_0，她将放弃这个样本；然后独立地抽取容量为 n 的新随机样本，基于新样本重新进行检验。持续下去，直到她获得一个能够拒绝 H_0 的样本为止。

a. 这个检验过程的总水平是多少？

b. 如果 H_0 为真，那么在试验者拒绝 H_0 之前，她将必须抽取多少样本？

18. 假设 $X_1,\cdots,X_n$ 是来自某正态分布的随机样本，均值 μ 和精确度 τ 都未知，欲检验如下假设：

$$H_0:\ \mu\leqslant 3, H_1:\ \mu>3。$$

假设 μ 和 τ 的联合先验分布为正态-伽马分布族，见定理 8.6.1，参数为 $\mu_0=3$，$\lambda_0=1$，$\alpha_0=1$ 和 $\beta_0=1$。假定 $n=17$，从样本观察值可得 $\overline{X}_n=3.2$ 和 $\sum_{i=1}^{n}(X_i-\overline{X}_n)^2=17$。试确定 H_0 为真的先验概率与后验概率。

19. 考虑一个假设检验的问题，欲检验关于（任意）参数 θ 的如下假设：

$$H_0:\ \theta\in\Omega_0, H_1:\ \theta\in\Omega_1。$$

假定 δ 是基于观察值 $\boldsymbol{X}$ 的某些向量的水平为 $\alpha(0<\alpha<1)$ 的检验过程，$\pi(\theta|\delta)$ 表示 δ 的功效函数。证明：如果 δ 是无偏检验，则对每个点 $\theta\in\Omega_1$，$\pi(\theta|\delta)\geqslant\alpha$。

20. 再次考虑习题 19 的条件。现在假设我们有二维参数向量 $\theta=(\theta_1,\theta_2)$，其中 θ_1 和 θ_2 为实值参数。假设 A 是平面 $\theta_1\theta_2$ 上的一个特殊的圆，欲检验如下假设：

$$H_0:\ \theta\in A, H_1:\ \theta\notin A。$$

证明：如果 δ 是水平为 α 的无偏检验，功效函数 $\pi(\theta|\delta)$ 为 θ 的连续函数，则对 A 的边界上的每个点一定有 $\pi(\theta|\delta)=\alpha$。

21. 再次考虑习题 19 的条件。现在假设 θ 为一个实值参数，我们欲检验如下假设：

$$H_0:\ \theta=\theta_0, H_1:\ \theta\neq\theta_0。$$

假设 θ_0 是参数空间 Ω 的内点。证明：如果检验 δ 是无偏检验，并且其功效函数 $\pi(\theta|\delta)$ 是 θ 的可微函数，则 $\pi'(\theta_0|\delta)=0$，其中 $\pi'(\theta_0|\delta)$ 表示 $\pi(\theta|\delta)$ 在点 $\theta=\theta_0$ 处的导数。

22. 假设某颗恒星的微分亮度 θ 的值未知，并且欲检验以下简单假设：

$$H_0:\quad \theta = 0, H_1:\quad \theta = 10。$$

统计学家知道，当他在午夜去天文台测量 θ 时，气象条件会变好的概率为 1/2，他将能够获得的测量值 X 服从均值为 θ 和方差为 1 的正态分布；他还知道气象条件将变差的概率为 1/2，他将获得的测量值 Y 服从均值为 θ 和方差为 100 的正态分布。统计学家还了解气象条件的好坏。

a. 在气象条件良好的情况下，构造具有条件水平 $\alpha=0.05$ 的最大功效检验；在气象条件恶劣的情况下，构造具有条件水平 $\alpha=0.05$ 的最大功效检验；

b. 在气象条件良好的情况下，构造具有条件水平 $\alpha=2.0\times10^{-7}$ 的最大功效检验；在气象条件恶劣的情况下，构造具有条件水平 $\alpha=0.099\,999\,8$ 的最大功效检验（你可以借助计算机程序来执行此操作）。

c. 证明 a 部分中的检验和 b 部分中的检验的总水平为 0.05，并确定这两个检验的功效。

23. 再次考虑习题 22 中描述的情况。这次，假设存在形如（9.8.6）的损失函数。另外，假设 $\theta=0$ 的先验概率为 ξ_0，$\theta=10$ 的先验概率为 ξ_1。

a. 对形如（9.8.6）的一般损失函数，求贝叶斯检验。

b. 证明：习题 22a 中的检验并不是本题 a 中的贝叶斯检验的特例。

c. 证明：习题 22b 中的检验（四舍五入误差）是本题 a 中的贝叶斯检验的特例。

24. 设 $X_1,\cdots,X_n$ 是来自均值为 θ 的泊松分布的独立随机样本。令 $Y = \sum_{i=1}^{n} X_i$。

a. 假设我们希望检验假设 $H_0: \theta\geqslant1$，$H_1: \theta<1$。证明：检验“如果 $Y=0$，则拒绝 H_0”是某些显著性水平 α_0 的 UMP 检验，并求 α_0。

b. 求 a 中检验的功效函数。

25. 考虑一个具有参数 θ 的分布族，它关于统计量 T 具有单调似然比。我们学习了如何求假设 $H_{0,c}: \theta\leqslant c$，$H_{1,c}: \theta>c$（对每个 c）的水平为 α_0 的 UMP 检验 δ_c。我们还知道，这些检验等价于置信度为 $1-\alpha_0$ 的置信区间，其中置信区间包含 c，当且仅当 δ_c 不拒绝 $H_{0,c}$。这个置信区间称为一致最精确置信度为 $1-\alpha_0$ 的置信区间。请基于检验和置信区间的等价性，猜测“一致最精确置信度为 $1-\alpha_0$”的定义是什么。可以将该定义写成如下条件概率的形式：对每一对 θ_1 和 θ_2，给定 $\theta=\theta_2$ 的条件下，置信区间包含 θ_1 的条件概率。

第 10 章　分类数据和非参数方法

10.1　拟合优度检验

在一些问题中，对将要观察的数据我们在心目中已有了一个明确的分布。如果这个分布不是很合适，那么不需要知道可供选择的分布的参数族。在这些情况下或其他情况下，我们仍能检验原假设“数据来自某个特定分布”及其备择假设“数据不来自这一分布”。

非参数问题的描述

例 10.1.1　滚珠轴承的失效时间　例 5.6.9 中，我们观察了 23 个滚珠轴承的失效时间，并将这些失效时间的对数建模为正态随机变量。假定我们不相信正态分布是关于失效时间对数的一个很好的模型。有没有办法检验原假设“正态分布是一个好的模型”与相应的备择假设“正态分布不是一个好的模型”呢？如果我们不愿意将数据建模为正态随机变量，是否可以估算失效时间分布的特征（例如中位数、方差等）？ ◀

在第 7、8 和 9 章中我们考虑的每个估计和假设检验的问题中，假定统计学家所得到的观察值来自某个形式已知的分布，尽管一些参数的值未知。例如，我们可能假定随机样本的观察值来自均值未知的泊松分布，或可能假定观察值来自均值和方差都未知的两个正态分布。换而言之，我们已经假定观察值来自某个特定分布的参数族，并且对定义这个分布族的参数值进行统计推断。

在本章要讨论的许多问题中，不需要假定得到的观察值来自某个特定分布的参数族。相反，我们研究关于观察值的某分布而做出的推断，而无须对该分布的形式进行特殊假设。第一个例子，我们可以简单地假定随机样本的观察值来自某个连续分布，但不再进一步假定这种分布的具体形式；我们可以研究这种分布是正态分布的可能性。第二个例子，我们也许有意对抽取样本的某个分布的中位数的值作推断，而这里仅仅假设这种分布是连续的。第三个例子，我们也许有兴趣研究两个独立的随机样本来自同一个分布的可能性，我们可能仅仅假设抽取样本的两个分布都是连续的。

观察值的可能分布不限制在某个指定参数族中的问题称为非参数问题，而用于处理这种问题的统计方法称为非参数法。

分类数据

例 10.1.2　血型　例 5.9.3 中，我们了解了对 6 004 名加利福尼亚白人样本的血型的研究。表 10.1 给出了四种血型的实际人数。我们可能对“这些数据是否与预测特定人群的血型概率的理论相一致”感兴趣。表 10.2 给出了四种血型的理论概率。我们该如何检验原假设“表 10.2 给出的理论概率是表 10.1 中数据的抽样概率”？ ◀

表 10.1 加利福尼亚白人血型的人数统计

A	B	AB	O
2 162	738	228	2 876

表 10.2 加利福尼亚白人血型的理论概率

A	B	AB	O
1/3	1/8	1/24	1/2

在这一节和接下来的四节中，我们将考虑基于数据的统计问题，这些数据的每个观察值可以归类为有限个可能类别或类型之一。这种类型的数据（观察值），我们称为分类数据。由于在这些问题中只包含有限数量的可能类别，并且因为我们对这些类别的概率进行推断感兴趣，这些问题实际上只涉及有限多个参数。然而，正如我们将要看到的那样，基于分类数据的统计方法可以很有效地应用到参数和非参数的问题中。

χ^2 检验

假设总体由 k 种不同类型的个体组成，令 p_i 表示随机选择的个体属于类型 $i(i=1,\cdots,k)$ 的概率。例 10.1.2 就是 $k=4$ 个类型。当然，$p_i \geqslant 0$，$i=1,\cdots,k$ 且 $\sum_{i=1}^{k} p_i = 1$。设 $p_1^0,\cdots,p_k^0$ 是一组特定的数，满足 $p_i^0>0$，$i=1,\cdots,k$ 且 $\sum_{i=1}^{k} p_i^0 = 1$。假定我们要检验下面的假设：

$$H_0: p_i = p_i^0, i = 1,\cdots,k,$$
$$H_1: p_i \neq p_i^0 \text{ 至少有一个 } i \text{ 满足。} \tag{10.1.1}$$

我们假定从给定的总体中取出容量为 n 的随机样本，即取出 n 个独立的观察值，并假定每个观察值属于类型 $i(i=1,\cdots,k)$ 的概率为 p_i。基于这 n 个观察值，我们检验假设（10.1.1）。

对 $i=1,\cdots,k$，设 N_i 表示随机样本中属于类型 i 的观察值的个数。因此，$N_1,\cdots,N_k$ 是满足 $\sum_{i=1}^{k} N_i = n$ 的非负整数。实际上，$(N_1,\cdots,N_n)$ 服从参数为 n 和 $\boldsymbol{p}=(p_1,\cdots,p_k)$ 的多项分布（见 5.9 节）。当原假设 H_0 为真时，属于类型 i 的观察值的期望个数为 $np_i^0(i=1,\cdots,k)$。观察值的实际个数 N_i 和期望个数 np_i^0 的差值，在 H_0 为真时比 H_0 不为真时要小。于是，我们基于这个差值 $N_i-np_i^0(i=1,\cdots,k)$ 建立一个“看上去合理”的检验，来检验假设（10.1.1），当这些差值相对大时，拒绝 H_0。

在 1900 年，Karl Pearson 证明了如下结论，这里我们不再给出证明。

定理 10.1.1 χ^2 统计量 定义如下统计量

$$Q = \sum_{i=1}^{k} \frac{(N_i - np_i^0)^2}{np_i^0}。 \tag{10.1.2}$$

如果假设 H_0 为真，则当样本量 $n\to\infty$ 时，Q 依分布收敛于自由度为 $k-1$ 的 χ^2 分布（见定义 6.3.1）。 ■

定理 10.1.1 说，如果 H_0 为真，且样本量 n 足够大，Q 的分布将近似于自由度为 $k-1$

的χ^2分布。上面的讨论暗示，当$Q \geqslant c$时应该拒绝H_0，其中c取适当的常数。如果欲进行显著性水平为α_0的检验，那么c应该取自由度为$k-1$的χ^2分布的$1-\alpha_0$分位数。这种检验被称作χ^2拟合优度检验。

注：χ^2检验统计量的一般形式。 式（10.1.2）中统计量Q的形式对所有χ^2检验，包括那些在本章后面要介绍的检验，也都适用。这种形式是一些项的和，其中每一项都是观察个数和期望个数的差值的平方除以期望个数：$\sum$（观察个数 - 期望个数）^{2}/ 期望个数。期望个数是假定原假设为真时计算得到的。

只要每个期望个数np_i^0的值不太小，χ^2分布将会是Q的真实分布的一个很好的近似。特别地，如果$np_i^0 \geqslant 5$，$i=1,\cdots,k$，这个近似程度将会很好，而且如果$np_i^0 \geqslant 1.5$，$i=1,\cdots,k$，这个近似程度仍然会很令人满意。

现在通过考虑一些例子来说明χ^2拟合优度检验的用途。

例 10.1.3　血型　在例10.1.2中，我们在表10.2中指定了四种血型的假设概率向量$(p_1^0,\cdots,p_4^0)$。我们可以使用表10.1中的数据来检验原假设H_0：四种血型的概率$(p_1,\cdots,p_4)$等于$(p_1^0,\cdots,p_4^0)$。在H_0下，四个期望个数为

$$np_1^0 = 6\ 004 \times \frac{1}{3} = 2\ 001.3, \quad np_2^0 = 6\ 004 \times \frac{1}{8} = 750.5,$$

$$np_3^0 = 6\ 004 \times \frac{1}{24} = 250.2, \quad np_4^0 = 6\ 004 \times \frac{1}{2} = 3\ 002.0。$$

χ^2检验统计量的观察值为

$$Q = \frac{(2\ 162 - 2\ 001.3)^2}{2\ 001.3} + \frac{(738 - 750.5)^2}{750.5} + \frac{(228 - 250.2)^2}{250.2} + \frac{(2\ 876 - 3\ 002.0)^2}{3\ 002.0} = 20.37。$$

为了在显著性水平α_0下检验H_0，我们将Q与自由度为3的χ^2分布的$1-\alpha_0$分位数进行比较。换一个角度，这里我们可以计算p值，即我们拒绝H_0的最小的α_0。在这里的χ^2拟合优度检验中，p值为$1-\mathrm{X}_{k-1}^2(Q)$，其中X_{k-1}^2是自由度为$k-1$的χ^2分布的分布函数。在这个例子中，$k=4$，p值为1.42×10^{-4}。◀

例 10.1.4　蒙大拿州的民意调查　蒙大拿大学的商业和经济研究处在1992年5月对蒙大拿州的居民进行了民意调查评估。受访者被问及他们的个人经济状况比上一年是更差了、相同，还是更好了。结果见表10.3。我们可能对受访者的回答是否均匀地分布在3种可能答案中有兴趣，即检验原假设：3种答案的概率都等于1/3。我们计算出

$$Q = \frac{(58 - 189/3)^2}{189/3} + \frac{(64 - 189/3)^2}{189/3} + \frac{(67 - 189/3)^2}{189/3} = 0.666\ 7。$$

由于0.666 7是自由度为2的χ^2分布的0.283分位数，我们只能在比$1-0.283=0.717$大的水平下拒绝原假设。◀

表 10.3　美国蒙大拿州关于个人经济状况问题的民意调查

更差	相同	更好	总和
58	64	67	189

例 10.1.5　检验关于比例的假设　假定在一大批产品中次品的比例 p 是未知的，检验下面的假设：

$$H_0:p = 0.1,$$
$$H_1:p \neq 0.1。\tag{10.1.3}$$

又假设在一个具有 100 个产品的随机样本中，发现 16 个是次品。要通过 χ^2 拟合优度检验来检验假设（10.1.3）。

由于在本例中只有两种类型的产品，即次品和正品，且我们已知 $k=2$。此外，如果我们令 p_1 表示次品的未知比例，p_2 表示正品的未知比例，那么可以将假设（10.1.3）表示成下面的形式：

$$H_0:p_1 = 0.1 \text{ 且 } p_2 = 0.9,$$
$$H_1:\text{假设 } H_0 \text{ 不为真。}\tag{10.1.4}$$

当样本量 $n=100$，若 H_0 是真时，次品数的期望值是 $np_1^0=10$，正品数的期望值为 $np_2^0=90$。令 N_1 表示样本中次品的个数，N_2 表示样本中正品的个数，则当 H_0 为真时，由式（10.1.2）定义的统计量 Q 的分布近似于自由度为 1 的 χ^2 分布。

在本例中，$N_1=16$ 且 $N_2=84$；且可以求出 Q 的值为 4。现在我们可以从自由度为 1 的 χ^2 分布表中进行插值或者从统计软件中，确定与 $Q=4$ 对应的尾部面积（p 值）约为 0.045 5。因此，原假设 H_0 在大于 0.045 5 的显著性水平下将被拒绝，但在小于 0.045 5 的水平上将不被拒绝。关于单个比例的假设，我们已在 9.1 节中给出了检验（见 9.1 节习题 11）。你可以将 9.1 节中的检验与本节习题 1 中的检验进行比较。◀

检验关于连续分布的假设

考虑一个在区间 $0<X<1$ 上取值的随机变量 X，但是在此区间上有一个未知的概率密度函数。假设从这个未知分布中抽取一个有 100 个观察值的随机样本。我们希望检验的原假设为：这个分布是区间 $[0,1]$ 上的均匀分布，与之相应的备择假设是：该分布不是均匀分布。这个问题是一个非参数问题，因为 X 的分布可能是区间 $[0,1]$ 上的任意一个连续分布。我们现在要证明的是，χ^2 拟合优度检验可以应用在这个问题上。

假如把区间 $[0,1]$ 分成 20 个长度相等的子区间，即 $[0,0.05),[0.05,0.1),\cdots$。如果实际的分布是一个均匀分布，那么每个观察值落在第 i 个子区间内的概率为 1/20，其中 $i=1,\cdots,20$。既然样本量 $n=100$，则观察值落入每个子区间内的期望个数为 5。若 N_i 表示样本中属于第 i 个子区间的观察值的个数，那么由式（10.1.2）定义的统计量 Q 可以重新简化为如下形式：

$$Q = \frac{1}{5}\sum_{i=1}^{20}(N_i - 5)^2。\tag{10.1.5}$$

若原假设为真，且所取观察值的分布确实是上述均匀分布，则 Q 将近似服从自由度为 19 的 χ^2 分布。

在这里所用的方法明显可以被应用到每一个连续分布的情况，为了检验观察值的随机样本是否来自某个特殊分布，我们可以采用如下步骤：

i. 把整个实数轴或任意概率为 1 的特定区间划分成有限的 k 个不相交的子区间（通常

所选的 k 要满足当 H_0 为真时，落在每个子区间的观察值的期望个数至少为 5)；

ii. 确定根据特定的假设分布分配到第 i 个子区间的概率 p_i^0，并计算落在第 i 个子区间内的观察值的期望个数 $np_i^0(i=1,\cdots,k)$；

iii. 计算样本中的观察值落在第 i 个子区间内的个数 $N_i(i=1,\cdots,k)$；

iv. 计算由式（10.1.2）定义的 Q 的值。若假设的分布是正确的，则 Q 将近似服从于自由度为 $k-1$ 的χ^2 分布。

例 10.1.6　滚珠轴承的失效时间　回到例 10.1.1。假定我们希望用χ^2 检验来检验原假设，即其失效时间的对数是来自均值为 $\ln(50)=3.912$，方差为 0.25 的正态分布的独立随机样本。为了在每个区间中的期望数都至少为 5，我们至多可用 $k=4$ 个区间。在原假设条件下，使落入每个区间的概率为 0.25。也就是说，所假设的正态分布在 0.25，0.5 和 0.75 分位数处分成四个区间，这些分位数的值为：

$$\begin{aligned}
3.912+0.5\Phi^{-1}(0.25)&=3.192+0.5\times(-0.674)=3.575,\\
3.912+0.5\Phi^{-1}(0.5)&=3.192+0.5\times 0=3.912,\\
3.912+0.5\Phi^{-1}(0.75)&=3.192+0.5\times 0.674=4.249,
\end{aligned}$$

因为标准正态分布的 0.25 分位数、0.75 分位数分别为±0.674。观察到的对数值分别为

2.88　3.36　3.50　3.73　3.74　3.82　3.88　3.95
3.95　3.99　4.02　4.22　4.23　4.23　4.23　4.43
4.53　4.59　4.66　4.66　4.85　4.85　5.16

于是，在这四个区间中的每个区间内的观测值数目分别为 3，4，8 和 8。然后计算

$$Q=\frac{(3-23\times 0.25)^2}{23\times 0.25}+\frac{(4-23\times 0.25)^2}{23\times 0.25}+\frac{(8-23\times 0.25)^2}{23\times 0.25}+\frac{(8-23\times 0.25)^2}{23\times 0.25}=3.609。$$

在χ^2 分布表中当自由度为 3 时指出 3.609 在 0.6 与 0.7 分位数之间，因此在小于 0.3 的水平下将不拒绝原假设，在大于 0.4 的水平下拒绝原假设（实际上，p 值为 0.307）。◀

刚刚描述的过程有一个任意性特征，那就是选择子区间的方式。对于同一个问题，两个统计学家可能用两种不同的方式来选择子区间。一般来说，选取子区间好的准则，就是使得落在每个子区间的观察值的期望个数近似相等，并且在保证每个区间内的期望个数不变小的前提下，选择尽可能多的区间数。这就是我们在例 10.1.6 中所做的。

比例的似然比检验

在例 10.1.3 和例 10.1.4 中，我们使用χ^2 拟合优度检验来检验形如（10.1.4）的假设。尽管在这类例子中普遍使用χ^2 检验，实际上我们也可以使用参数检验。例如，可以将表 10.3 中的向量视作参数为 189 和 $\boldsymbol{p}=(p_1,p_2,p_3)$ 的多项分布的随机向量的观测值（见 5.9 节）。假设（10.1.4）的形式如下

$$H_0:\boldsymbol{p}=\boldsymbol{p}^{(0)},H_0:H_0\text{ 不为真。}$$

因此，我们可以使用似然比检验方法来检验假设。具体来说，我们将应用定理 9.1.4。

多项随机向量 $\boldsymbol{x}=(N_1,\cdots,N_k)$ 的似然函数为

$$f(\boldsymbol{x}\mid\boldsymbol{p})=\binom{n}{N_1,\cdots,N_k}p_1^{N_1}\cdots p_k^{N_k}。\tag{10.1.6}$$

为了应用定理 9.1.4，参数空间必须是 k 维空间中的开集。如果用 $\boldsymbol{p}$ 作为参数，对于多项分布是不对的。概率向量集位于 k 维空间中的 $k-1$ 维子集，因为坐标受到“和为 1”的约束。但是，我们可以把向量 $\theta=(p_1,\cdots,p_{k-1})$ 作为参数，因为 $p_k=1-p_1-\cdots-p_{k-1}$ 是 θ 的函数。只要我们相信 $\boldsymbol{p}$ 的所有坐标都严格在 0 和 1 之间，这 $k-1$ 维参数 θ 的所有取值的集合就为开集。于是可以将似然函数（10.1.6）重写为

$$g(\boldsymbol{x}\mid\theta)=\binom{n}{N_1,\cdots,N_k}\theta_1^{N_1}\cdots\theta_{k-1}^{N_{k-1}}(1-\theta_1-\cdots-\theta_{k-1})^{N_k}。\tag{10.1.7}$$

如果 H_0 为真，式（10.1.7）只有 1 个可能值，即

$$\binom{n}{N_1,\cdots,N_k}(p_1^{(0)})^{N_1}\cdots(p_k^{(0)})^{N_k},$$

它是定义 9.1.11 中似然比统计量 $\Lambda(\boldsymbol{x})$ 的分子。通过使式（10.1.7）最大化找到 $\Lambda(\boldsymbol{x})$ 的分母。不难证明极大似然估计量为 $\hat{\theta}_i=N_i/n(i=1,\cdots,k-1)$。于是，大样本似然比检验统计量为

$$-2\ln\Lambda(\boldsymbol{x})=-2\sum_{i=1}^{k}N_i\ln\left(\frac{np_i^{(0)}}{N_i}\right)。$$

如果这个统计量大于自由度为 $k-1$ 的 χ^2 分布的 $1-\alpha_0$ 分位数，则大样本检验将在显著性水平 α_0 下拒绝 H_0。

例 10.1.7　血型　利用表 10.1 中的数据，我们可以检验原假设“概率向量等于表 10.2 中的数组成的向量”。我们已经在例 10.1.3 中算出了 $np_i^{(0)}(i=1,2,3,4)$ 的值。检验统计量的观察值为

$$-2\left[2\,162\ln\left(\frac{2\,001.3}{2\,162}\right)+738\ln\left(\frac{750.5}{738}\right)+228\ln\left(\frac{250.2}{228}\right)+2\,876\ln\left(\frac{3\,002.0}{2\,876}\right)\right]$$
$$=20.16。$$

p 值是自由度为 3 的 χ^2 分布的随机变量大于 20.16 的概率，即 1.57×10^{-4}。这几乎与例 10.1.3 中 χ^2 检验的 p 值相同。◀

检验过程的讨论

χ^2 拟合优度检验受到 9.9 节描述的假设检验的批判。特别是，χ^2 检验中的原假设 H_0 准确指定了观察值的分布，但观察值的实际分布不可能与来自这个指定分布的随机样本的实际分布恰好相同。因此，如果 χ^2 检验基于大量的观察值，我们几乎可以肯定与 Q 的观察值相对应的尾部面积会很小。由于这个原因，如果没有进一步分析，一个很小的尾

部面积不应该被视为强有力的证据来拒绝假设 H_0。在统计学家推断假设 H_0 不合理之前，他应该肯定存在合理的备选分布使得观察值的拟合程度更好。例如，这位统计学家可能会对一些合理的备选分布来计算统计量 Q 的值，以确保这些分布中至少存在一个备选分布，它计算出的 Q 值相对应的尾部面积比 H_0 所指定的分布的尾部面积大得多。

χ^2 拟合优度检验的一个特别之处是其过程被设计成检验原假设 H_0：$p_i=p_i^0$，$i=1,\cdots,k$，对应的备择假设是 H_0 不为真。如果希望用一个特别有效的检验过程来检测出假定值 $p_1^0,\cdots,p_k^0$ 和真实值 $p_1,\cdots,p_k$ 的某种类型的偏差，那么统计学家应该设计特殊的检验，使得对这些类型的备择假设功效要大，而对那些兴趣较小的备择假设功效要小。这个话题在此书中不做讨论。

因为式（10.1.2）中的 $N_1,\cdots,N_k$ 是离散随机变量，统计量 Q 的分布的 χ^2 近似，有时可通过引进6.4节描述的连续性修正而得到改善。然而，此书中我们不用这种修正。

小结

我们引入的 χ^2 拟合优度检验是一种检验方法，用来检验原假设“检验数据是来自某一指定分布的独立同分布的样本”及其备择假设“数据来自其他分布”。当指定分布是离散分布时，该检验是很自然的。假设每次观察都有 k 个可能值，观察到共有 N_i 个取 i 个值，$i=1,\cdots,k$。假定原假设为“i 个可能值的概率为 p_i^0，$i=1,\cdots,k$”。那么我们计算

$$Q=\sum_{i=1}^{k}\frac{(N_i-np_i^0)^2}{np_i^0},$$

其中 $n=\sum_{i=1}^{k}N_i$ 是样本量。当原假设认为数据服从某个连续分布时，则我们首先必须建立一个与其相应的离散分布。通过将实数轴划分成有限多个（k 个）区间，并计算每个区间的概率 $p_1^0,\cdots,p_k^0$，然后假装“我们从数据中获得的全部信息是每个观察值属于哪个区间”。这就把原始数据转变成为取 k 个可能值的离散数据。例如，在 Q 的公式中使用的 N_i 的值是落在第 i 个区间的观察值的个数。在本书中所有 χ^2 检验统计量都有“$\sum$(观察值 - 期望值)^2/期望值”的形式，这里的“观察值”表示观察到的个数，“期望值”表示在原假设是真的前提下观察到的个数的期望值。

习题

1. 考虑例10.1.5中的假设。使用9.1节中习题11指出的检验步骤，并把结果与例10.1.5中所获得的数值结果进行比较。
2. 证明：如果 $p_i^0=1/k$，其中 $i=1,\cdots,k$，那么由式（10.1.2）所定义的统计量 Q 可以写成如下形式

$$Q=\left(\frac{k}{n}\sum_{i=1}^{k}N_i^2\right)-n。$$

3. 调查你最喜欢的伪随机数生成器的随机性。模拟 200 个从 0 到 1 之间的伪随机数，并把单位区间分割成每个长度为 0.1 的 $k=10$ 个区间。对如下假设进行χ^2 检验：假设 10 个区间中的每个区间包含一个伪随机数的概率都相同。
4. 根据简单基因原则，如果一个孩子的母亲和父亲的基因型都是 Aa，那么这个孩子将会有 1/4 的可能性基因型是 AA，有 1/2 的可能性基因型是 Aa，有 1/4 的可能性基因型是 aa。对于父母基因型都是 Aa 的 24 个孩子的随机样本，发现其中 10 个孩子的基因型是 AA，10 个孩子的基因型是 Aa，4 个孩子的基因型是 aa。试运用χ^2 拟合优度检验来研究简单基因原则是否正确。
5. 设在一个 n 重伯努利试验中，每次试验成功的概率 p 是未知的。又设 p_0 是在区间（0,1）中给定的数，并且希望检验如下的假设：

$$H_0:p=p_0,H_1:p\neq p_0。$$

令 $\overline{X}_n$ 表示在 n 次试验中成功的比例，并假定使用χ^2 拟合优度检验来检验上述所给的假设。

a. 证明由式（10.1.2）中所定义的统计量 Q 能写成如下形式

$$Q=\frac{n(\overline{X}_n-p_0)^2}{p_0(1-p_0)}。$$

b. 假定 H_0 为真，证明当 $n\to\infty$时，Q 的分布函数收敛于自由度为 1 的χ^2 分布的分布函数。提示：证明 $Q=Z^2$，从中心极限定理可知，Z 是一个随机变量，它的分布函数收敛于标准正态分布的分布函数。

6. 由一个标准工序生产的小钢棒当遭受 3 000 磅[㊀]的载荷时有 30%会损坏。在一个由一种新工序生产的 50 根相似钢棒所组成的样本中，发现当遭受 3 000 磅的载荷时，有 21 个损坏了。运用χ^2 拟合优度检验来检验假设“新工序的损坏率与旧工序的损坏率是一样”。
7. 随机地从区间（0，1）中抽取 1 800 个观察值的作为样本，发现有 391 个值是在 0 到 0.2 之间，490 个值是在 0.2 到 0.5 之间，580 个值是在 0.5 到 0.8 之间，以及 339 个值是在 0.8 到 1 之间。在 0.01 的显著性水平下运用χ^2 拟合优度检验来检验假设：随机样本是来自区间［0，1］上的均匀分布。
8. 设居住在某一大城市中的男性身高的分布是一个正态分布，它的均值为 68 英寸，标准差为 1 英寸。假如测量了居住在这城市某社区的 500 个男性的身高，得到了表 10.4 的分布。检验以下假设：就身高而言，这 500 个男性所组成的随机样本是来自居住在这个城市的男性的身高的正态分布。

表 10.4　习题 8 的数据

身高/英寸	男性的数量	身高/英寸	男性的数量
<66	18	[68.5，70)	102
[66，67.5)	177	≥70	5
[67.5，68.5)	198		

9. 表 10.5 中的 50 个数据是来自某一标准正态分布的随机样本。

a. 把实数轴分为 5 个区间，使得在标准正态分布下每个区间有 0.2 的概率，进行χ^2 拟合优度检验。

b. 把实数轴分为 10 个区间，使得在标准正态分布下每个区间有 0.1 的概率，进行χ^2 拟合优度检验。

表 10.5　习题 9 的数据

-1.28	-1.22	-0.45	-0.35	0.72
-0.32	-0.80	-1.66	1.39	0.38
-1.38	-1.26	0.49	-0.14	-0.85

㊀ 1 磅≈0.454 千克。——编辑注

（续）

2.33	-0.34	-1.96	-0.64	-1.32
-1.14	0.64	3.44	-1.67	0.85
0.41	-0.01	0.67	-1.13	-0.41
-0.49	0.36	-1.24	-0.04	-0.11
1.05	0.04	0.76	0.61	-2.04
0.35	2.82	-0.46	-0.63	-1.61
0.64	0.56	-0.11	0.13	-1.81

10.2 复合假设的拟合优度检验

我们可以推广拟合优度检验来处理这些情况：原假设为“我们数据的分布属于某个特定的参数族”，备择假设为“数据服从的分布不属于该参数族”。原假设从简单假设变到复合假设，检验过程有两个变化：第一，在检验统计量 Q 中，概率 p_i^0 被基于参数族的估计概率代替；第二，自由度因参数个数而减少。

复合原假设

例 10.2.1　滚珠轴承的失效时间　例 10.1.6 中，我们检验了原假设“滚珠轴承寿命的对数具有正态分布，均值为 3.912，方差为 0.25”。假设我们不确定正态分布是否是对数寿命的良好模型，是否有办法检验对数寿命的分布是正态分布的复合原假设？ ◀

我们将再考虑一个总体，包含了 k 种不同类型的个体，并用 p_i 来表示随机抽取的每个个体属于类型 $i(i=1,\cdots,k)$ 的概率。现在假定要检验的原假设不是参数 $p_1,\cdots,p_k$ 有指定值，而是复合原假设“$p_1,\cdots,p_k$ 的值属于可能值的某个指定子集”。特别地，我们将考虑这样的问题：原假设中指定的参数 $p_1,\cdots,p_k$ 实际上可以表示成更少参数的函数。

例 10.2.2　基因　考虑一个基因（如例 1.6.4）有两个不同的等位基因。给定总体中的每一个个体都必须有三种可能基因型中的一种。如果从父母那里继承的等位基因是独立的，且每对父母将第一个等位基因传给子女的概率 θ 是相同的，那么三种不同基因型的概率 p_1，p_2 和 p_3 可以用以下形式表示：

$$p_1=\theta^2,\quad p_2=2\theta(1-\theta),\quad p_3=(1-\theta)^2。\tag{10.2.1}$$

这里，参数 θ 未知，可在区间 $0<\theta<1$ 中取任意值。对这个区间上的每个 θ，可以看到当 $i=1,2$ 或 3 时，$p_i>0$，且 $p_1+p_2+p_3=1$。在这个问题中，从总体中抽出一个随机样本，统计学家必须用每种基因型的个体的观察数，来决定是否有理由相信区间 $0<\theta<1$ 中存在某个 θ 值，使得 p_1,p_2 和 p_3 可以表示为（10.2.1）的假设形式。

如果一个基因有三个不同的等位基因，总体中的每个个体都必有六种可能基因型中的一种。同样地，若从父母那儿继承的等位基因是独立的，且假定每对父母将第一个及第二个等位基因传给子女的概率各为 θ_1 和 θ_2，则不同基因型的概率 $p_1,\cdots,p_6$ 可以用下面的形式来表示，当 θ_1 和 θ_2 的取值满足 $\theta_1>0$，$\theta_2>0$，且 $\theta_1+\theta_2<1$ 时：

$$p_1=\theta_1^2,\quad p_2=\theta_2^2,\quad p_3=(1-\theta_1-\theta_2)^2,\quad p_4=2\theta_1\theta_2,$$
$$p_5=2\theta_1(1-\theta_1-\theta_2),\quad p_6=2\theta_2(1-\theta_1-\theta_2)。\tag{10.2.2}$$

同样地，对于所有符合上述条件的 θ_1 和 θ_2 的取值，可以证明对 $i=1,\cdots,6$，有 $p_i>0$ 且 $\sum_{i=1}^{6}p_i=1$。基于一个随机样本中拥有每种基因型的个体的观察数 $N_1,\cdots,N_6$，统计学家必须决定是否拒绝以下原假设：存在某些 θ_1 和 θ_2，使得概率 $p_1,\cdots,p_6$ 可以表示成式（10.2.2）的形式。◀

从形式上看，在类似于例 10.2.2 的问题中，我们感兴趣的是检验假设：对 $i=1,\cdots,k$，每个概率 p_i 可以表示成参数向量 $\theta=(\theta_1,\cdots,\theta_s)$ 的特殊函数 $\pi_i(\theta)$。我们假定 $s<k-1$，且向量 θ 的任意分量都不能用其他 $s-1$ 个分量的函数形式来表示，用 Ω 来表示 θ 的所有可能值所构成的 s 维参数空间。此外，我们还假设函数 $\pi_1(\theta),\cdots,\pi_k(\theta)$ 总构成 $p_1,\cdots,p_k$ 值在以下意义下的可行集合：对于每个 $\theta\in\Omega$ 及每个 $i=1,\cdots,k$，都有 $\pi_i(\theta)>0$，且 $\sum_{i=1}^{k}\pi_i(\theta)=1$。

被检验的假设可以表示成以下形式：

$$H_0:\text{对 } i=1,\cdots,k,\text{存在一个值 }\theta\in\Omega\text{ 使得 }p_i=\pi_i(\theta),$$
$$H_1:\text{假设 }H_0\text{ 不为真。}\tag{10.2.3}$$

假定 $s<k-1$ 保证了假设 H_0 事实上把 $p_1,\cdots,p_k$ 的取值限制在这些概率的所有可能值集合的真子集上。也就是说，当向量 θ 取遍集合 Ω 中的所有值时，向量 $[\pi_1(\theta),\cdots,\pi_k(\theta)]$ 仅取遍 $(p_1,\cdots,p_k)$ 可能取值的一个真子集。

复合原假设的 χ^2 检验

为了进行假设（10.2.3）的 χ^2 拟合优度检验，我们必须修改式（10.1.2）中定义的统计量 Q，因为在 n 个观察值的随机样本中，类型 i 的观察值的期望个数 np_i^0 不再完全由原假设 H_0 所确定。当假设 H_0 为真时，要作的修正只需简单地将 np_i^0 替换为其期望个数的极大似然估计值。换句话说，如果 $\hat{\theta}$ 表示的是基于观察个数 $N_1,\cdots,N_k$ 的参数向量 θ 的极大似然估计量，统计量 Q 则定义如下：

$$Q=\sum_{i=1}^{k}\frac{[N_i-n\pi_i(\hat{\theta})]^2}{n\pi_i(\hat{\theta})}。\tag{10.2.4}$$

再者，基于这个统计量 Q 来进行假设（10.2.3）的检验，即当 $Q\geqslant c$ 时，拒绝假设 H_0 是合理的，这里 c 是一个恰当的常数。在 1924 年，R. A. Fisher 证明了如下结论，其准确表述和证明这里不再给出。（见 Schervish（1995），定理 7.1.33。）

定理 10.2.1　复合原假设的 χ^2 检验　假定（10.2.3）中的原假设 H_0 为真，并且满足某些正则条件，则当样本量 $n\to\infty$ 时，由式（10.2.4）所定义的 Q 的分布函数收敛于自由度为 $k-1-s$ 的 χ^2 分布的分布函数。■

当样本量很大并且原假设 H_0 为真时，Q 的分布将近似为 χ^2 分布。为了确定自由度，因为我们把观察个数 N_i 和期望个数 $n\pi_i(\hat{\theta})\,(i=1,\cdots,k)$ 做比较时要估计 s 个参数 $\theta_1,\cdots,\theta_s$，所以必须从 10.1 节中用到的数 $k-1$ 中减去 s。为了使这个结论成立，有必要满足以下正则条件：首先，向量 θ 的极大似然估计量 $\hat{\theta}$ 必须出现在似然函数关于每个参数 $\theta_1,\cdots,\theta_s$ 的偏导数都等于 0 的那个点；其次，这些偏导数必须满足我们在 8.8 节中讨论极大似然估计量的渐近性时所给出的特定条件。

例 10.2.3　基因　作为式（10.2.4）中所定义的统计量 Q 的运用，我们将再次考虑例 10.2.2 中曾描述过的两种类型基因型问题。在第一种类型的问题中，$k=3$，要求检验原假设 H_0"概率 p_1，p_2 和 p_3 可以表示成式（10.2.1）的形式"，其对应的备择假设 H_1 是"H_0 不为真"。在这个问题中，$s=1$。于是当 H_0 是真时，式（10.2.4）中所定义的统计量 Q 的分布将近似于自由度为 1 的 χ^2 分布。

在第二种类型的问题中，$k=6$，要求检验原假设 H_0"概率 $p_1,\cdots,p_6$ 可以表示为式（10.2.2）的形式"，其备择假设 H_1 是"H_0 不为真"。在这个问题中，$s=2$。因此，当 H_0 为真时，Q 的分布将近似于自由度为 3 的 χ^2 分布。◀

确定极大似然估计值

当（10.2.3）中的原假设 H_0 为真时，观察个数 $N_1,\cdots,N_k$ 的似然函数 $L(\theta)$ 是

$$L(\theta)=\binom{n}{N_1,\cdots,N_k}[\pi_1(\theta)]^{N_1}\cdots[\pi_k(\theta)]^{N_k}。\tag{10.2.5}$$

因而，

$$\ln L(\theta)=\ln\binom{n}{N_1,\cdots,N_k}+\sum_{i=1}^{k}N_i\ln\pi_i(\theta)。\tag{10.2.6}$$

极大似然估计值 $\hat{\theta}$ 就是使 $\ln L(\theta)$ 达到极大的 θ 值。式（10.2.6）中的多项式系数不影响最大化，在本节的其余部分中我们将忽略它。

例 10.2.4　基因　例 10.2.2 和例 10.2.3 的第一部分中，$k=3$，并且 H_0 指定概率 p_1，p_2 和 p_3 可以被表示成式（10.2.1）的形式，这种情况下

$$\begin{aligned}\ln L(\theta)&=N_1\ln(\theta^2)+N_2\ln[2\theta(1-\theta)]+N_3\ln[(1-\theta)^2]\\&=(2N_1+N_2)\ln\theta+(2N_3+N_2)\ln(1-\theta)+N_2\ln 2。\end{aligned}\tag{10.2.7}$$

通过求导数可以得到，使得 $\ln L(\theta)$ 达到最大值的 θ 值为

$$\hat{\theta}=\frac{2N_1+N_2}{2(N_1+N_2+N_3)}=\frac{2N_1+N_2}{2n}。\tag{10.2.8}$$

现在，式（10.2.4）所定义的统计量 Q 的值可以由观察个数 N_1，N_2 和 N_3 计算出。如先前所提到的，当 H_0 为真且 n 很大时，Q 的分布将近似为自由度为 1 的 χ^2 分布。于是，Q 的观察值相应的尾部面积由该 χ^2 分布得到。◀

分布的正态性检验

现在考虑一个问题，随机样本 $X_1,\cdots,X_n$ 是从某个概率密度函数未知的连续分布中抽取的，要求检验的原假设 H_0 为"该分布是正态分布"，备择假设 H_1 为"分布不是正态分布"。在这个问题中，为了进行 χ^2 拟合优度检验，我们将实数轴分成 k 个子区间，并且对

随机样本的观察值落入第 i 个子区间的个数 $N_i(i=1,\cdots,k)$ 进行计数。

如果 H_0 为真，我们用 μ 和 σ^2 分别表示正态分布的未知均值和方差，则参数向量 θ 是二维向量 $\theta=(\mu,\sigma^2)$。观察值将落入第 i 个子区间的概率为 $\pi_i(\theta)$ 或 $\pi_i(\mu,\sigma^2)$，就是均值为 μ 和方差为 σ^2 的正态分布分配给那个子区间的概率。换句话说，如果第 i 个子区间是从 a_i 到 b_i 的区间，那么

$$\pi_i(\mu,\sigma^2)=\int_{a_i}^{b_i}\frac{1}{(2\pi)^{1/2}\sigma}\exp\left[-\frac{(x-\mu)^2}{2\sigma^2}\right]\mathrm{d}x$$
$$=\Phi\left(\frac{b_i-\mu}{\sigma}\right)-\Phi\left(\frac{a_i-\mu}{\sigma}\right),\qquad(10.2.9)$$

其中 $\Phi(\cdot)$是标准正态分布的分布函数，$\Phi(-\infty)=0$，$\Phi(\infty)=1$。

值得一提的是，为了计算出由式（10.2.4）定义的统计量 Q 的值，极大似然估计量 $\hat{\mu}$ 和 $\hat{\sigma}^2$ 必须通过不同子区间的观察个数 $N_1,\cdots,N_n$ 来得到；而不能用观察值 $X_1,\cdots,X_n$ 本身来得到。换句话说，$\hat{\mu}$ 和 $\hat{\sigma}^2$ 的值应该是使得如下似然函数达到最大的 μ 和 σ^2 值：

$$L(\mu,\sigma^2)=[\pi_1(\mu,\sigma^2)]^{N_1}\cdots[\pi_k(\mu,\sigma^2)]^{N_k}。\qquad(10.2.10)$$

因为由式（10.2.9）给出的函数 $\pi_i(\mu,\sigma^2)$的复杂性，为了确定使 $L(\mu,\sigma^2)$的值达到最大的 μ 和 σ^2 的值，需要一个冗长的数值计算。另一方面，我们知道 μ 和 σ^2 的基于原始样本观察值 $X_1,\cdots,X_n$ 的极大似然估计量就是简单的样本均值 $\overline{X}_n$ 和样本方差 S_n^2/n。此外，如果利用使似然函数 $L(\mu,\sigma^2)$达到最大的估计量来计算统计量 Q，那么我们知道当原假设 H_0 为真时，Q 的分布将趋于自由度为 $k-3$ 的χ^2 分布。另一方面，如果用基于原始样本观察值的极大似然估计量 $\overline{X}_n$ 和 S_n^2/n 来计算 Q，那么用这个χ^2 分布去近似 Q 的分布就不合适了。由于估计量 $\overline{X}_n$ 和 S_n^2/n 比较简单，我们将用这些估计量去计算 Q，但是我们将描述它们的使用如何修正 Q 的分布。

在 1954 年，H. Chernoff 和 E. L. Lehmann 得到如下的结论，我们这里不再证明。

定理 10.2.2 设 $X_1,\cdots,X_n$ 是来自某个具有 p 维参数 θ 的分布的随机样本。设 $\hat{\theta}_n$ 表示 θ 的满足定义 7.5.2 的极大似然估计量。将实数轴划分成 $k>p+1$ 个区间 $I_1,\cdots,I_k$。设 N_i 表示落在区间 I_i 的观察个数，$i=1,\cdots,k$。设 $\pi_i(\theta)=P(X_i\in I_i|\theta)$，设

$$Q'=\sum_{i=1}^{k}\frac{[N_i-n\pi_i(\hat{\theta}_n)]^2}{n\pi_i(\hat{\theta}_n)},\qquad(10.2.11)$$

假设满足极大似然估计量渐近正态性所需的正则性条件，则当 $n\to\infty$时，Q'的分布函数收敛到某个分布函数，它介于自由度为 $k-p-1$ 的χ^2 分布的分布函数与自由度为 $k-1$ 的χ^2 分布的分布函数之间。 ■

为了检验"分布是正态分布"，假定我们用极大似然估计量 $\overline{X}_n$ 和 S_n^2/n 来计算式（10.2.11）中的统计量 Q'，而不是计算式（10.2.4）中的 Q。如果原假设 H_0 是真的，那么当 $n\to\infty$时，Q'的分布函数收敛到某个分布函数，它介于自由度为 $k-3$ 的χ^2 分布的分布函数和自由度为 $k-1$ 的χ^2 分布的分布函数之间。由此可知，如果 Q'的值是由这种简化方法计算的，则 Q'值相应的尾部面积事实上要比自由度为 $k-3$ 的χ^2 分

布表中的尾部面积大。事实上，Q'值相应的尾部面积落在自由度为 $k-3$ 的χ^2 分布表中得到的尾部面积和自由度为 $k-1$ 的χ^2 分布表中得到的尾部面积之间的某处。因此，通过这种简化办法来计算 Q'的值时，相应的尾部面积将以从χ^2 分布表中得到的这两个值为界。

例 10.2.5　滚珠轴承的失效时间　回到例 10.1.2，我们现在可以试着去检验复合假设“滚珠寿命的对数服从某个正态分布”。我们将实数轴分为和例 10.1.6 中相同的子区间，即分为$(-\infty,3.575]$,$(3.575,3.912]$,$(3.912,4.249]$和$(4.912,\infty)$。落入每个区间的观察值个数仍为 3,4,8,8。我们利用定理 10.2.2，这样使得我们可以使用基于原始数据的极大似然估计值。由此可得 $\hat{\mu}=4.150$ 和 $\hat{\sigma}^2=0.272\,2$。落在四个区间的概率分别为：

$$\pi_1(\hat{\mu},\hat{\sigma}^2)=\Phi\left(\frac{3.575-4.150}{(0.272\,2)^{1/2}}\right)=0.135\,0,$$

$$\pi_2(\hat{\mu},\hat{\sigma}^2)=\Phi\left(\frac{3.912-4.150}{(0.272\,2)^{1/2}}\right)-\Phi\left(\frac{3.575-4.150}{(0.272\,2)^{1/2}}\right)=0.188\,8,$$

$$\pi_3(\hat{\mu},\hat{\sigma}^2)=\Phi\left(\frac{4.249-4.150}{(0.272\,2)^{1/2}}\right)-\Phi\left(\frac{3.912-4.150}{(0.272\,2)^{1/2}}\right)=0.251\,1,$$

$$\pi_4(\hat{\mu},\hat{\sigma}^2)=1-\Phi\left(\frac{4.249-4.150}{(0.272\,2)^{1/2}}\right)=0.425\,1。$$

这使得 Q'值等于

$$Q'=\frac{(3-23\times0.135\,0)^2}{23\times0.135\,0}+\frac{(4-23\times0.188\,8)^2}{23\times0.188\,8}+\frac{(8-23\times0.251\,1)^2}{23\times0.251\,1}+\frac{(8-23\times0.425\,1)^2}{23\times0.425\,1}=1.211。$$

与 1.211 相对应的尾部面积需要在以 $k-1=3$ 为自由度和 $k-3=1$ 为自由度的χ^2 分布中算出。对于自由度为 1 的 p 值是 0.271 1，对于自由度为 3 的 p 值是 0.750 4。所以真正的 p 值落在区间$[0.271\,1,0.750\,4]$中。虽然这个区间很大，但是它告诉我们在水平 α_0 下如果 $\alpha_0<0.271\,1$，不拒绝原假设。◀

注：关于任意分布的复合假设的检验。定理 10.2.2 是非常一般的结论，可以应用于离散分布和连续分布。举个例子，假设从某个可能取值为非负整数 0,1,2,…的离散分布中抽取一个有 n 个观察值的随机样本，设我们希望检验原假设 H_0“分布是泊松分布”，备择假设 H_1“分布不是泊松分布”。最后，假定非负整数 0,1,2,…被分成 k 组，使得每个观察值将落入这些组中的一组。

由 7.5 节的习题 5 可知，如果 H_0 为真，则样本均值 $\overline{X}_n$ 就是泊松分布未知均值 θ 的基于原始样本 n 个观察值的极大似然估计量。因此，如果用估计量 $\hat{\theta}=\overline{X}_n$ 来计算式（10.2.11）中所定义的统计量 Q'，那么当 H_0 为真时，Q'的近似分布位于自由度为 $k-2$ 和自由度为 $k-1$ 的χ^2 分布之间。

例 10.2.6　普鲁士士兵的死亡　例 7.3.14 中，我们将普鲁士军队中因马蹄踢导致的死亡人数建模为泊松分布的随机变量。假设我们希望检验的原假设为“这些数字是来自某个泊松分布的随机样本”，而备择假设为“其不是泊松分布的随机样本”。再报告例 7.3.14 中的计数数据：

死亡人数	0	1	2	3	≥4
观察值的个数	144	91	32	11	2

假定数据为来自泊松分布的随机样本，则似然函数（关于 θ 的函数）成比例于 $\exp(-280\theta)\theta^{196}$，极大似然估计值为 $\hat{\theta}_n=196/280=0.7$。我们可以用 $k=5$ 组来计算 Q' 的统计值。这五组的概率为

死亡人数	0	1	2	3	≥4
$\pi_i(\hat{\theta}_n)$	0.496 6	0.347 6	0.121 7	0.028 3	0.005 8

则

$$Q'=\frac{(144-280\times0.4966)^2}{280\times0.4966}+\frac{(91-280\times0.3476)^2}{280\times0.3476}+\frac{(32-280\times0.1217)^2}{280\times0.1217}+\frac{(11-280\times0.0283)^2}{280\times0.0283}+\frac{(2-208\times0.0058)^2}{208\times0.0058}=1.979。$$

对应于 Q' 观察值的自由度为 4 和 3 的 χ^2 分布的尾部面积分别为 0.739 6 和 0.576 8。对于 $\alpha_0<0.5768$，我们将无法在 α_0 水平下拒绝 H_0。◀

小结

如果我们想要检验复合假设“数据是来自某个参数族的分布”，必须要估计参数 θ。首先，我们把实数分成 k 个不相交的区间，然后将数据简化成分别落入 k 个区间的观察值计数 $N_1,\cdots,N_k$，再构造一个似然函数 $L(\theta)=\prod_{i=1}^{k}\pi_i(\theta)^{N_i}$，其中 $\pi_i(\theta)$ 是一个观察值落入第 i 个区间的概率。我们估计使 $L(\theta)$ 达到最大的 $\hat{\theta}$。然后计算检验统计量 $Q=\sum_{i=1}^{k}[N_i-n\pi_i(\hat{\theta})]^2/[n\pi_i(\hat{\theta})]$，它具有“$\sum$（观察个数−期望个数）^{2}/期望个数”的形式。为了在 α_0 水平下检验原假设，要将 θ 的值与自由度为 $k-1-s$ 的 χ^2 分布的 $1-\alpha_0$ 分位数做比较，其中 s 是 θ 的维数。另一个方法是基于原始观察值，求通常的极大似然估计值 $\hat{\theta}$。在这种情况下，我们需要将 Q 与自由度为 $k-1-s$ 的 χ^2 分布的 $1-\alpha_0$ 分位数和自由度为 $k-1$ 的 χ^2 分布的 $1-\alpha_0$ 分位数之间的数做比较。

习题

1. 表 10.6 中的 41 个数字是 1969—1971 年美国 41 个城市中所测量出的空气中二氧化硫的平均含量（微克/立方米）。数据见 Sokal 和 Rohlf（1981）的第 619~620 页。

   a. 检验原假设“数据来自正态分布”。

b. 检验原假设“数据来自对数正态分布”。

表 10.6　美国 41 个城市的空气中二氧化硫的平均含量

10	13	12	17	56	36	29
14	10	24	110	28	17	8
30	9	47	35	29	14	56
14	11	46	11	23	65	26
69	61	94	10	18	9	10
28	31	26	29	31	16	

2. 在赛季第五场曲棍球比赛中，随机挑选了 200 人，并询问他们在此之前的 4 场比赛中参加了几场。结果在表 10.7 中给出。检验原假设“将 200 个观察值看作来自二项分布的随机样本”，即存在数 θ（$0<\theta<1$），将概率表示为：

$$p_0 = (1-\theta)^4, p_1 = 4\theta(1-\theta)^3, p_2 = 6\theta^2(1-\theta)^2, p_3 = 4\theta^3(1-\theta), p_4 = \theta^4。$$

表 10.7　习题 2 的数据

以前参加的比赛场数	人数	以前参加的比赛场数	人数
0	33	3	15
1	67	4	19
2	66		

3. 考虑一个遗传问题，在某个总体中每个个体都必须有六种基因型中的一种。检验原假设 H_0：六种基因型的概率能表示成式（10.2.2）的形式。
   a. 假定在有 n 个个体的随机样本中，具有六种基因型的个体的观察个数分别为 $N_1,\cdots,N_6$，求出当原假设 H_0 为真时，参数 θ_1,θ_2 的极大似然估计值。
   b. 假定在有 150 个个体的随机样本中，观察个数如下

$$N_1 = 2, N_2 = 36, N_3 = 14, N_4 = 36, N_5 = 20, N_6 = 42。$$

   求出 Q 的值及其相应的尾部面积。
4. 再次考虑 10.1 节习题 8 中由 500 个男性身高的数据组成的样本。假定身高数据被分割成那个习题中给出的区间前，可以发现对于原始样本中 500 个观察到的身高，其样本均值为 $\overline{X}_n=67.6$，样本方差为 $S_n^2/n=1.00$。检验假设“这些被观察到的身高所组成的随机样本来自正态分布”。
5. 在某个大城市，随机选取 200 个人，并询问每个人在那周购买了多少张州彩票。结果如表 10.8 中所给。假定在购买了 5 张或更多彩票的 7 个人中，有 3 个人正好买了 5 张，2 个人买了 6 张，1 个人买了 7 张，还有 1 个人买了 10 张。检验假设“由这 200 个观察值所组成的随机样本来自泊松分布”。

表 10.8　习题 5 的数据

先前买的彩票数	人数	先前买的彩票数	人数
0	52	3	18
1	60	4	8
2	55	5 或更多	7

6. Rutherford 和 Geiger（1910）收集了在 2 608 个不相交的时间段内，钋元素发射 α 粒子的个数，每个时间段的长度为 7.5 秒。结果如表 10.9 所示。检验假设“这 2 608 个观察值组成的随机样本来自泊松分布”。

表 10.9　习题 6 来自 Rutherford 和 Geiger (1910) 的数据

发射的粒子数	时间段的个数	发射的粒子数	时间段的个数
0	57	9	27
1	203	10	10
2	383	11	4
3	525	12	0
4	532	13	1
5	408	14	1
6	273	15 或更多	0
7	139	总计	2 608
8	45		

7. 检验假设“由表 10.10 中的 50 个观察值所组成的随机样本来自正态分布”。

表 10.10　习题 7 的数据

9.69	8.93	7.61	8.12	-2.74
2.78	7.47	8.46	7.89	5.93
5.21	2.62	0.22	0.59	8.77
4.07	5.15	8.32	6.01	0.68
9.81	5.61	13.98	10.22	7.89
0.52	6.80	2.90	2.06	11.15
10.22	5.05	6.06	14.51	13.05
9.09	9.20	7.82	8.67	7.52
3.03	5.29	8.68	11.81	7.80
16.80	8.07	0.66	4.01	8.64

8. 检验假设“由表 10.11 中的 50 个观察值所组成的随机样本来自指数分布”。

表 10.11　习题 8 的数据

0.91	1.22	1.28	0.22	2.33
0.90	0.86	1.45	1.22	0.55
0.16	2.02	1.59	1.73	0.49
1.62	0.56	0.53	0.50	0.24
1.28	0.06	0.19	0.29	0.74
1.16	0.22	0.91	0.04	1.41
3.65	3.41	0.07	0.51	1.27
0.61	0.31	0.22	0.37	0.06
1.75	0.89	0.79	1.28	0.57
0.75	0.05	1.53	1.86	1.28

10.3　列联表

当样本中的每一个观察值都是一个二元离散随机向量（一对离散随机变量）时，有一个简单的方法来检验假设“这两个随机变量独立”。这个检验就是本章前面用过的 χ^2 检验的另一种形式。

列联表中的独立性

例 10.3.1　大学调查　假设从一个大学全部注册的学生中随机地选择 200 名学生，并且样本中的每个学生都按照其报名课程及其在即将到来的选举中对候选人 A 和 B 的偏好来分类。假设结果如表 10.12 所示。我们对检验假设“每个学生报名的课程和他们喜欢的候选人是否独立”感兴趣。更准确地说，假设从该大学全部注册的学生中随机选择一名学生。独立性意味着对于每个 i 和 j，这个随机选择的学生看好候选人 j 同时报名课程 i 的概率等于他看好候选人 j 的概率乘以他报名课程 i 的概率。◀

表 10.12　按照课程和对候选人的偏好对学生进行分类

课程	偏好的候选人			总计
	A	B	未决定	
工程和科学	24	23	12	59
人文和社会科学	24	14	10	48
艺术	17	8	13	38
工业和公共管理	27	19	9	55
总计	92	64	44	200

像表 10.12 这样的数据表是非常常见的，有一个特殊的名称。

定义 10.3.1　列联表　*一个表格中每个观察值都以两种或更多种方式进行分类，这样的表格称为列联表。*

在表 10.12 中，对于每个学生只有两种类型分类，也就是学生报名的课程和他们看好的候选人。这种表格称为**双向列联表**。

通常来说，应该将一个双向列联表分为 R 行和 C 列。对于 $i=1,\cdots,R$ 和 $j=1,\cdots,C$，令 p_{ij} 表示从给定总体中随机抽取的个体被分到表格第 i 行和第 j 列的概率。此外，可以令 p_{i+} 表示该个体被分类到表格第 i 行的边际概率，且令 p_{+j} 表示该个体被分类到表格第 j 列的边际概率。因此，

$$p_{i+}=\sum_{j=1}^{C}p_{ij}\text{ 和 }p_{+j}=\sum_{i=1}^{R}p_{ij}\text{。}$$

此外，由于表格中所有单元的概率总和等于 1，我们有

$$\sum_{i=1}^{R}\sum_{j=1}^{C}p_{ij}=\sum_{i=1}^{R}p_{i+}=\sum_{j=1}^{C}p_{+j}=1\text{。}$$

现在假设从给定的总体中抽取有 n 个个体的随机样本，对于 $i=1,\cdots,R$ 和 $j=1,\cdots,C$，我们令 N_{ij} 表示被分类到表中第 i 行、第 j 列的个体数。另外，令 N_{i+} 表示被分类到第 i 行的个体总和，而 N_{+j} 表示被分类到第 j 列的个体总和。于是，

$$N_{i+}=\sum_{j=1}^{C}N_{ij}\text{ 和 }N_{+j}=\sum_{i=1}^{R}N_{ij}\text{。}\tag{10.3.1}$$

同时，

$$\sum_{i=1}^{R}\sum_{j=1}^{C}N_{ij}=\sum_{i=1}^{R}N_{i+}=\sum_{j=1}^{C}N_{+j}=n\text{。}\tag{10.3.2}$$

基于这些观察值，我们要检验如下假设：

$$H_0: p_{ij} = p_{i+}\, p_{+j}, \text{对于 } i = 1,\cdots,R \text{ 和 } j = 1,\cdots,C,$$
$$H_1: \text{原假设 } H_0 \text{ 不为真。} \tag{10.3.3}$$

独立性的χ^2 检验

在 10.2 节中所描述的χ^2 检验可以应用到假设（10.3.3）的检验问题中。从总体中抽取的每个个体必须来自列联表中 RC 个单元中的一个。在原假设 H_0 下，这些单元的未知概率 p_{ij} 可以表示为未知参数 p_{i+}和 p_{+j} 的函数。由于 $\sum_{i=1}^{R} p_{i+} = 1$ 和 $\sum_{j=1}^{C} p_{+j} = 1$，所以当 H_0 为真时，要被估计的未知参数个数为 $s=(R-1)+(C-1)$，或者为 $s=R+C-2$。

对 $i=1,\cdots,R$ 和$j=1,\cdots,C$，$\hat{E}_{ij}$ 表示 H_0 为真时被分类到表中第 i 行和第 j 列的观察值的期望个数的极大似然估计量。在此问题中，式（10.2.4）所定义的统计量 Q 将具有如下形式

$$Q = \sum_{i=1}^{R} \sum_{j=1}^{C} \frac{(N_{ij} - \hat{E}_{ij})^2}{\hat{E}_{ij}}。 \tag{10.3.4}$$

由于列联表中包含了 RC 个单元，H_0 为真时待估计的参数个数为 $s=R+C-2$。由此可知，当 H_0 为真且 $n\to\infty$时，统计量 Q 的分布函数收敛于自由度为 $RC-1-(R+C-2)=(R-1)(C-1)$ 的χ^2 分布的分布函数。

接下来，我们将考虑估计量 $\hat{E}_{ij}$ 的形式。在第 i 行和第 j 列的观察值的期望个数可以被简记为 np_{ij}。当 H_0 为真时，$p_{ij}=p_{i+}p_{+j}$。因此，如果 $\hat{p}_{i+}$和 $\hat{p}_{+j}$ 分别表示 p_{i+}和 p_{+j} 的极大似然估计量，则有 $\hat{E}_{ij}=n\hat{p}_{i+}\hat{p}_{+j}$。再次，因为 p_{i+}是一个观察值被分类在第 i 行的概率；而 $\hat{p}_{i+}$是样本中的观察值被分类在第 i 行的比例，即 $\hat{p}_{i+}=N_{i+}/n$。同理，$\hat{p}_{+j}=N_{+j}/n$。由此可得

$$\hat{E}_{ij} = n\left(\frac{N_{i+}}{n}\right)\left(\frac{N_{+j}}{n}\right) = \frac{N_{i+}N_{+j}}{n}。 \tag{10.3.5}$$

如果把 $\hat{E}_{ij}$ 的这个值代入式（10.3.4）中，就可从 N_{ij} 的观察值中计算出 Q 的值。如果 $Q\geqslant c$，就拒绝原假设 H_0，这里 c 是适当选取的常数。当 H_0 为真且样本量 n 较大时，Q 的分布将近似为自由度为$(R-1)(C-1)$的χ^2 分布。

例 10.3.2　大学调查　假定我们希望用表 10.12 的数据对假设（10.3.3）进行检验。用表中所给定的总计，可以发现 $N_{1+}=59$，$N_{2+}=48$，$N_{3+}=38$ 和 $N_{4+}=55$；以及 $N_{+1}=92$，$N_{+2}=64$ 和 $N_{+3}=44$。因为 $n=200$，由式（10.3.5）可以算出 4×3 的 $\hat{E}_{ij}$ 值的表，如表 10.13 所示。

表 10.13　例 10.3.2 中单元的期望人数

课程	偏好的候选人			总计
	A	B	未决定	
工程和科学	27.14	18.88	12.98	59
人文和社会科学	22.08	15.36	10.56	48

（续）

课程	偏好的候选人			总计
	A	B	未决定	
艺术	17.48	12.16	8.36	38
工业和公共管理	25.30	17.60	12.10	55
总计	92	64	44	200

现在表 10.12 中所给的 N_{ij} 的值可以与表 10.13 中 $\hat{E}_{ij}$ 的值做比较，由式(10.3.4)中所定义的 Q 的值为 6.68。因为 $R=4, C=3$，所以可以从自由度为 $(R-1)(C-1)=6$ 的 χ^2 分布表中找到相应的尾部面积，它的值大于 0.3。因此，如果 $\alpha_0 \geqslant 0.3$，则在检验水平 α_0 下拒绝原假设 H_0。◀

例 10.3.3　蒙大拿州的民意调查　例 10.1.4 中，我们对蒙大拿州居民个人经济状况进行了民意调查。受访者被问及的另一个问题是收入范围。表 10.14 给出了上述两个问题回答的交叉表。我们可以用 χ^2 检验来检验原假设“关于个人经济状况的观点和收入是独立的”。在原假设下，表 10.15 给出了表 10.14 中每个单元的期望个数。现在可以根据自由度 $(3-1)\times(3-1)=4$ 计算出检验统计量的观察值 $Q=5.210$。这个 Q 值相关联的 p 值为 0.266，所以在大于 0.266 的水平 α_0 下拒绝原假设。◀

表 10.14　蒙大拿州对两个民意调查问题的回答

收入范围/美元	个人经济状况			总计
	更差	相同	更好	
20 000 以下	20	15	12	47
20 000~35 000	24	27	32	83
35 000 以上	14	22	23	59
总计	92	64	67	189

表 10.15　在独立的假设情况下表 10.14 每个单元的期望个数

收入范围/美元	个人经济状况			总计
	更差	相同	更好	
20 000 以下	14.42	15.92	16.66	47
20 000~35 000	25.47	28.11	29.42	83
35 000 以上	18.11	19.98	20.92	59
总计	58	64	67	189

小结

我们学习了如何基于 n 对随机样本检验原假设“两个离散随机变量是独立的”。首先建立一个关于每对可能观察值的个数的列联表，然后估计这两个随机变量的边际分布；在原假设“随机变量是相互独立”下，第一个变量 i 值和第二个变量 j 值的期望个数是 n 乘以两个估计的边际概率；然后通过把列联表中所有单元的“（观察个数-期望个数）^{2}/期望个数”相加来建立 χ^2 统计量 Q，其自由度为 $(R-1)(C-1)$，这里 R 等于表中的行数，C 等于表中的列数。

习题

1. Chase 和 Dummer1992 年研究了密歇根州的学龄儿童的想法。他们询问儿童对于他们来说下列哪个是最重要的：好成绩、运动能力和受欢迎。同时也收集了关于每个儿童的其他信息，表 10.16 表示了 478 名儿童按其性别和不同的回答归类的结果。检验原假设“一个儿童对调查问题的回答和他的性别是无关的”。

表 10.16 习题 1 中的数据，由 Chase 和 Dummer（1992）所提供

	好成绩	运动能力	受欢迎
男孩	117	60	50
女孩	130	30	91

2. 证明：由式（10.3.4）定义的统计量 Q 可以重写成：

$$Q=\left(\sum_{i=1}^{R}\sum_{j=1}^{C}\frac{N_{ij}^2}{\hat{E}_{ij}}\right)-n。$$

3. 证明：如果 $C=2$，由式（10.3.4）定义的统计量 Q 可以重写成：

$$Q=\frac{n}{N_{+2}}\left(\sum_{i=1}^{R}\frac{N_{i1}^2}{\hat{E}_{i1}}-N_{+1}\right)。$$

4. 假设做一个试验来考察一个男性的年龄和他是否留胡子有关。假定从大于或等于 18 岁的男性中随机挑选 100 名；每一个男性按他是否在 18 到 30 岁之间以及他是否留胡子来归类。在表 10.17 中给出了观测值。检验假设“男性的年龄和他是否留胡子之间没有关系”。

表 10.17 习题 4 中的数据

	留胡子	不留胡子		留胡子	不留胡子
18~30 岁	12	28	超过 30 岁	8	52

5. 假设从很大的总体中随机地挑选 300 人，样本中的每个人按其血型 O，A，B，AB，Rh（+）和 Rh（-）来归类。表 10.18 给出了观察值。检验假设“血型的两种分类之间独立”。

表 10.18 习题 5 中的数据

	O	A	B	AB
Rh（+）	82	89	54	19
Rh（-）	13	27	7	9

6. 假设某商店出售同一类型的两种不同品牌 A 和 B 的早餐麦片。假如在一周时间内，商店记录卖掉的每袋此类麦片是 A 品牌还是 B 品牌，同时还记录顾客是男性还是女性（如果是一个小孩买的，或是一个男性和一个女性一起买的，那就不记录在内）。假如卖了 44 袋，结果如表 10.19 所示。检验假设“顾客的性别和购买的品牌之间是相互独立的”。

表 10.19 习题 6 中的数据

	A 品牌	B 品牌		A 品牌	B 品牌
男性	9	6	女性	13	16

7. 考虑一个 3 行 3 列的双向列联表。假如对 $i=1,2,3$ 和 $j=1,2,3$，从给定的总体中随机抽取一个个体会被归类到表 10.20 中第 i 行和第 j 列的概率为 p_{ij}。

表 10.20　习题 7 中的数据

0.15	0.09	0.06	0.20	0.12	0.08
0.15	0.09	0.06			

a. 通过证明 p_{ij} 的值满足（10.3.3）的原假设来证明此表的行和列是相互独立的。

b. 用均匀的伪随机数产生器，从给定的总体中生成一个有 300 个观察值的随机样本。选择 300 个在 0 到 1 之间的伪随机数且操作如下：因为 $p_{11}=0.15$，如果 $x<0.15$ 就把伪随机数 x 归在第一个单元里。因为 $p_{11}+p_{12}=0.24$，那么如果 $0.15<x<0.24$ 就把伪随机数 x 归在第二个单元里。对于九个单元都使用这个方法。例如，除 p_{33} 以外的所有概率的总和是 0.92，所以如果 $x\geqslant 0.92$ 就把伪随机数 x 归在表中右下角的单元里。

c. 考虑由 b 部分产生的观察值 N_{ij} 的 3×3 表。假如概率 p_{ij} 未知，那么检验假设（10.3.3）。

8. 如果一个班级的所有学生独立地完成习题 7，而且每个人用不同的伪随机数，那么不同的学生得到的统计量 Q 的不同值就会形成自由度为 4 的 χ^2 分布的随机样本。如果你能得到班级中所有学生的 Q 值，试检验假设“这些值形成了自由度为 4 的 χ^2 分布的随机样本”。

9. 考虑一个容量为 $R\times C\times T$ 的三向列联表。对 $i=1,\cdots,R, j=1,\cdots,C$ 和 $k=1,\cdots,T$，令 p_{ijk} 表示从给定的总体抽取一个个体会落入表中第 (i,j,k) 单元的概率。设

$$p_{i++}=\sum_{j=1}^{C}\sum_{k=1}^{T}p_{ijk},\quad p_{+j+}=\sum_{i=1}^{R}\sum_{k=1}^{T}p_{ijk},\quad p_{++k}=\sum_{i=1}^{R}\sum_{j=1}^{C}p_{ijk}。$$

基于从给定总体中抽取的容量为 n 的样本观察值，检验如下假设：

$$H_0: p_{ijk}=p_{i++}\,p_{+j+}\,p_{++k}，对于\ i,j,k\ 的所有值都成立，$$
$$H_1: 假设\ H_0\ 不为真。$$

10. 重新考虑习题 9 的条件。对 $i=1,\cdots,R, j=1,\cdots,C$，令 $p_{ij+}=\sum_{k=1}^{T}p_{ijk}$。基于从给定总体中抽取的容量为 n 的样本观察值，建立如下假设的一个检验：

$$H_0: p_{ijk}=p_{ij+}\,p_{++k}，对于\ i,j,k\ 的所有值都成立，$$
$$H_1: 假设\ H_0\ 不为真。$$

10.4　同质性检验

想象一下，我们从几个不同的总体中选择对象，并且观察到每个对象的离散随机变量。我们可能对每个总体中离散随机变量的分布是否相同感兴趣。这种假设有一个 χ^2 检验，与独立性的 χ^2 检验非常类似。

不同总体的样本

例 10.4.1　大学调查　再次考虑例 10.3.1 中描述的问题。在这里，我们假设从某大学全部注册的学生中随机抽取了 200 名学生的样本，并根据他所报名的课程以及对两个候选人 A 和 B 的偏好，将其分类在列联表中。结果显示在表 10.12 中。

现在，假设我们不是随机抽取 200 名学生，而是在这四个课程中分别抽样。也就是说，假设我们从报名“工程和科学”的学生中随机抽取了 59 名学生，从报名“人文和社会科学”的学生中随机选择了 48 名学生，从报名“艺术”的学生中随机选择了 38 名学生，从

报名“工业和公共管理”的学生中抽取了55名学生。在对学生进行抽样之后，在每个课程中根据他们偏好的候选人 A 或 B 还是尚未决定进行分类。假设每个课程中的分类数据与表10.12中报告的相同。

我们可能仍然有兴趣调查学生报名的课程和他偏好的候选人之间是否存在关联。这次，我们这样表达感兴趣的问题：不同课程中候选人的偏好分布是否相同，或者不同课程中的学生在候选人之间的偏好分布是否不同？ ◀

例10.4.1中，我们假设已经得到了一个与表10.12相同的表。我们现在假设这个表是通过从该表的四行定义的不同学生总体中抽取四个不同的随机样本而得到的。这与例10.3.1相反。例10.3.1中，我们假定所有学生均来自一个总体，然后根据两个变量的值进行分类：偏好和报名的课程。现在，我们的兴趣主要在检验如下假设：在所有四个总体中，偏好候选人 A 的学生比例是相同的，偏好候选人 B 的学生比例是相同的，而未决定的学生比例也是相同的。

我们将考虑一个一般的问题，从 R 个不同的总体中抽取随机样本，每个样本中的每个观察值都可以归类为 C 种不同的类型之一。因此，从 R 个样本获得的数据还是可以表示在 $R\times C$ 表中。对于 $i=1,\cdots,R,j=1,\cdots,C$，我们用 p_{ij} 表示从第 i 个总体中随机抽取的观察值属于类型 j 的概率。从而，

$$\sum_{j=1}^{C} p_{ij} = 1, \quad i = 1,\cdots,R。$$

我们要检验如下假设：

$$\begin{aligned} &H_0: p_{1j} = p_{2j} = \cdots = p_{Rj}, j = 1,\cdots,C, \\ &H_1: 假设\ H_0\ 不为真。 \end{aligned} \tag{10.4.1}$$

(10.4.1) 中的原假设 H_0 指出，得到 R 个不同样本的分布实际上是相似的，即 R 个分布是相同的。如果（10.4.1）中的原假设为真，就所研究的随机变量的分布而言，我们将 R 总体组合在一起，将产生一个同质的总体。因此，假设（10.4.1）的检验称为 R 个分布的同质性检验。

对于 $i=1,\cdots,R$，我们将让 N_{i+} 代表第 i 个总体的随机样本中观察值个数；对于 $j=1,\cdots,C$，我们用 N_{ij} 表示第 i 个总体的随机样本中属于类型 j 的观察值的个数。从而，

$$\sum_{j=1}^{C} N_{ij} = N_{i+}, i = 1,\cdots,R。$$

此外，如果用 n 表示所有 R 个样本中观察值的总数，而 N_{+j} 表示 R 个样本中属于类型 j 的观察值的总数，则满足式（10.3.1）和式（10.3.2）。

同质性的 χ^2 检验

现在，我们将为假设（10.4.1）建立一个检验过程。假设目前已知概率 p_{ij}，并考虑从第 i 个样本的观察值中计算如下统计量：

$$\sum_{j=1}^{C} \frac{(N_{ij} - N_{i+}p_{ij})^2}{N_{i+}p_{ij}}。$$

这个统计量只是式（10.1.2）中引入的来自第 i 个总体的 N_{i+} 个观察值的随机样本的标准 χ^2

统计量。于是，当样本量 N_{i+}较大时，该统计量的分布近似为自由度为 $C-1$ 的χ^2 分布。

如果我们现在将 R 个不同样本的统计量相加，得到如下统计量：

$$\sum_{i=1}^{R}\sum_{j=1}^{C}\frac{(N_{ij}-N_{i+}p_{ij})^2}{N_{i+}p_{ij}}。\tag{10.4.2}$$

由于 R 个样本中的观察值是独立获得的，因此统计量（10.4.2）的分布将是 R 个独立的随机变量之和的分布，每个独立变量近似为自由度为 $C-1$ 的 χ^2 分布。因此，统计量（10.4.2）的分布近似为自由度为 $R(C-1)$的χ^2 分布。

由于概率 p_{ij} 实际上是未知的，我们必须根据 R 个随机样本的观察值中各类的个数估计它们。当原假设 H_0 为真时，这 R 个随机样本实际上是从相同分布中抽取的。因此，这些样本中的每个观察值属于类型 j 的概率的极大似然估计量很简单，就是 R 个样本中属于类型 j 的所有观察值所占的比例。换句话说，对于所有的 $i(i=1,\cdots,R)$，p_{ij} 的极大似然估计量都是相同的，并且此估计量为 $\hat{p}_{ij}=N_{+j}/n$。把这个极大似然估计量代入式（10.4.2），我们得到统计量

$$Q=\sum_{i=1}^{R}\sum_{j=1}^{C}\frac{(N_{ij}-\hat{E}_{ij})^2}{\hat{E}_{ij}},\tag{10.4.3}$$

其中

$$\hat{E}_{ij}=\frac{N_{i+}N_{+j}}{n}。\tag{10.4.4}$$

可以看出，式（10.4.3）和式（10.4.4）与式（10.3.4）和式（10.3.5）完全相同。因此，本节中用于检验同质性的统计量 Q 与 10.3 节中用于检验独立性的统计量 Q 完全相同。现在我们将证明，对于同质性检验和独立性检验，自由度的数目也完全相同。

当 H_0 为真时，这 R 个总体的分布是相似的，而对于这个共同的分布，$\sum_{j=1}^{C}p_{ij}=1$，所以我们在这个问题中估计了 $C-1$ 个参数。因此，统计量 Q 近似服从χ^2 分布，自由度为 $R(C-1)-(C-1)=(R-1)(C-1)$，这与 10.3 节相同。

总之，再次考虑表 10.12。这个表的统计分析与以下两个检验过程相同：200 个观察值是从大学全部注册的学生中抽取的一个随机样本，进行独立性检验；或 200 个观察值是从四组不同的学生中分别抽取的（4 个）随机样本，进行同质性检验。无论哪种情况，在这类具有 R 行和 C 列的问题中，我们都应计算由式（10.4.3）和式（10.4.4）定义的统计量 Q，在假设 H_0 为真时，其分布近似为自由度为$(R-1)(C-1)$的χ^2 分布。

注：为什么两个χ^2 检验看起来很像？ 相同的计算适用于独立性的χ^2 检验和同质性的χ^2 检验的原因如下：首先，考虑 10.3 节的情况，抽取了一个样本，测量对应于“行”和“列”的随机变量。“行变量”和“列变量”的独立性等价于，给定“行变量”的条件下，“列变量”的条件分布（对于“行变量”的每个值）都相同。因此，独立性检验所检验的是“列变量”的条件分布对于“行变量”的每个值都相同。如果我们将“行变量”视为子总体（如表 10.12 中的不同课程），那么给定“行变量”的每个值，“列变量”的条件分布是每个子总体内“列变量”的分布。如果样本是从每个子总体中分别抽取而不是从

整个总体中随机抽取的，同质性检验则检验的是每个子总体的分布是否相同。

比较两个或多个总体的比例

例 10.4.2 电视节目调查 假设从几个城市的成年人中独立抽取样本调查，询问每个被抽样调查的人是否观看了某个电视节目。假设我们要检验原假设 H_0"每个城市中观看某电视节目的成年人比例相同"。具体来说，假设有 R 个不同的城市（$R\geqslant 2$）。假设对于 $i=1,\cdots,R$，N_{i+}个成人的随机样本是从城市 i 中选取的，样本中观看该节目的人数为 N_{i1}，而未观看该节目的人数为 $N_{i2}=N_{i+}-N_{i1}$。这些数据可以显示在 $R\times 2$ 表中，如表 10.21。我们要检验与假设（10.4.1）相同形式的假设。因此在原假设 H_0 为真时，也即在所有 R 个城市中观看该节目的成年人比例相同时，由式（10.4.3）和式（10.4.4）定义的统计量 Q 近似服从χ^2 分布，自由度为 $R-1$。◀

表 10.21 两个或多个比例的比较

城市	观看节目	没有观看节目	样本量
1	N_{11}	N_{12}	N_{1+}
2	N_{21}	N_{22}	N_{2+}
⋮			
R	N_{R1}	N_{R2}	N_{R+}

例 10.4.2 中的推理可以推广到我们希望比较不同总体的比例的其他问题。

例 10.4.3 临床试验 表 2.1 中的数据（见例 2.1.4）是临床试验中四个不同治疗组的患者人数以及治疗后复发或未复发的患者人数。我们希望检验的原假设是"所有四个治疗组中未复发的概率相同"。我们可以很容易计算出式（10.4.3）中的统计量 Q 为 10.80，它是自由度为 3 的χ^2 分布的 0.987 分位数。也就是说，p 值为 0.013，并且概率相同的原假设在每个水平 $\alpha_0\geqslant 0.013$ 下都会被拒绝。◀

2×2 相关表

现在我们要描述一种不适合使用同质性χ^2 检验的问题。假设在某个城市中随机选择了 100 个人，询问每个人是否对城市消防部门提供的服务感到满意。这个调查进行不久，这个城市发生大的火灾。假设在火灾后，再次询问这 100 个人，他们是否对消防部门提供的服务感到满意，结果列于表 10.22。

表 10.22 具有与本节中的其他表格相同的外观。但是，对这张表进行同质性χ^2 检验是不合适的，因为在火灾前取的观察值和火灾后取的观察值不是独立的。尽管表 10.22 中的观察值总数为 200，但仅询问了 100 个独立选择的人。有理由相信，某人在火灾前的意见和她在火灾后的意见是相关的。因此，表 10.22 称为 2×2 相关表。

表 10.22 2×2 相关表

	满意	不满意		满意	不满意
火灾前	80	20	火灾后	72	28

显示随机样本中 100 个人意见的正确方式是表 10.23。我们不可能仅从表 10.22 中的数

据构造表 10.23。表 10.22 中的单元格数据只是表 10.23 的边际总数。但是，为了构造表 10.23，我们有必要回到原始数据，并且对于样本中的每个人，都要考虑她在火灾前的意见和她在火灾后的意见。

表 10.23　2×2 表的相关性

火灾前	火灾后		火灾前	火灾后	
	满意	不满意		满意	不满意
满意	70	10	不满意	2	18

此外，通常不适合对表 10.23 进行独立性χ^2 检验或同质性χ^2 检验，因为这两种方法所检验的假设通常都不是研究人员感兴趣的假设类型。实际上，在这个问题中研究人员基本上会对以下两个问题中的一个或两个的答案感兴趣：首先，发生火灾后，城市中有多少人改变了对消防部门的看法？其次，在火灾后那些改变看法的人中，变化主要是朝哪一个方向？

表 10.23 提供了与这两个问题有关的信息。根据表 10.23，火灾后样本中改变看法的人数为 10+2＝12。此外，在改变看法的 12 个人中，其中 10 个人的看法从满意变为不满意 2 个人的意见从不满意变为满意。根据这些统计数据，可以推断出整个城市人口的相应比例。

在此例中，火灾后改变看法的人口比例的极大似然估计值 $\hat{\theta}$ 为 0.12；在那些确实改变了看法的人中，从满意到不满意的比例的极大似然估计值 $\hat{p}_{12}$ 为 5/6。当然，如果在特定问题中 $\hat{\theta}$ 非常小，则对 $\hat{p}_{12}$ 的值几乎没有兴趣。

小结

当从几个总体中抽样离散随机变量时，我们感兴趣的原假设为“在全部总体中的每个随机变量的分布都相同”。我们可以对这个原假设进行如下χ^2 检验：首先，创建一个新变量，其值为不同总体的名称；接下来，假装每个观察值都由原始的离散随机变量以及新的“总体名称”变量组成；最后，计算 10.3 节的χ^2 检验统计量 Q，其自由度也相同。对于本节中考虑的数据类型，在抽样开始前我们就已知道每个观察值的“总体名称”，因此它不再是随机变量。总体名称无论是提前知道还是作为抽样数据的一部分被观察到（如 10.3 节中所述），χ^2 检验的原理都是相同的。

习题

1. 10.3 节习题 1 中讨论的 Chase 和 Dummer（1992）的调查实际上是根据学校所在的位置从三个子总体中抽样而收集的：农村、郊区和城市。表 10.24 显示了按学校所在地分类的调查问题的回答。检验原假设“在所有三种类型的学校所在地中，回答的分布都相同”。

表 10.24　习题 1 的数据，来自 Chase 和 Dummer（1992）

	好成绩	运动能力	受欢迎
农村	57	42	50
郊区	87	22	42
城市	103	26	49

2. 两个大城市中每一个城市的 500 名高中生进行了考试，他们的成绩分别记录为低、中或高，结果在表 10.25 中给出。检验假设“两个城市高中生的成绩分布相同”。

表 10.25 习题 2 的数据

	低	中	高
城市 A	103	145	252
城市 B	140	136	224

3. 在某学年的每个星期二下午，某大学都会邀请一位来访的演讲者就当前感兴趣的某个话题举办讲座。在本学年第四次讲座后的第二天，从该大学的学生群体中随机抽取了 70 名大一学生，70 名大二学生，60 名大三学生和 50 名大四学生，并询问了每位学生“四次讲座中他/她参加了多少次讲座”，结果在表 10.26 中给出。检验假设“该大学的大一、大二、大三和大四学生参加讲座的概率相同”。

表 10.26 习题 3 的数据

	参加次数				
	0	1	2	3	4
大一	10	16	27	6	11
大二	14	19	20	4	13
大三	15	15	17	4	9
大四	19	8	6	5	12

4. 假设有五个人向目标射击。还假设对于 $i=1,\cdots,5$，第 i 人射击 n_i 次，击中目标 y_i 次，并且 n_i 和 y_i 的值如表 10.27 所示。检验以下假设“这五个人都是一样好的射手”。

表 10.27 习题 4 的数据

i	n_i	y_i	i	n_i	y_i
1	17	8	4	24	13
2	16	4	5	16	10
3	10	7			

5. 一家制造厂已与三个不同的机器供应商签订了初步合同。每个供应商交付了 15 台机器，这些机器在工厂的初步生产中试用了四个月。事实证明，供应商 1 的 1 台机器有缺陷，供应商 2 的 7 台机器有缺陷，供应商 3 的 7 台机器有缺陷。统计人员决定检验原假设 H_0“三个供应商提供的机器质量相同”。因此，他建立了表 10.28，并进行了 χ^2 检验。通过对表 10.28 底部一行的值求和，他发现 χ^2 检验统计量的值为 24/5，自由度为 2。然后，他从 χ^2 分布表中发现，当显著性水平为 0.05 时，应接受 H_0。批判这个检验过程，并对观察数据进行有意义的分析。

表 10.28 习题 5 的数据

	供应商		
	1	2	3
有缺陷的机器数 N_i	1	7	7
在 H_0 下有缺陷的机器数的期望 E_i	5	5	5
$\dfrac{(N_i-E_i)^2}{E_i}$	$\dfrac{16}{5}$	$\dfrac{4}{5}$	$\dfrac{4}{5}$

6. 假设体育课中有 100 名学生用弓箭射击目标，有 27 名学生击中目标。然后，向这 100 名学生展示说明

了使用弓箭射击的技巧。展示说明后，再让他们向目标射击，这次有 35 名学生击中了目标。需要什么其他信息（如果有的话）来检验假设“这个展示说明是有帮助的”？

7. 人们参加某个会议时，随机挑选 n 个人，要求每个人说明她（或他）在即将举行的选举中所看好的候选人（两选一）；如果她（或他）还拿不定主意，说“不确定”。在会议期间，人们听取关于其中一位候选人的演讲。会议结束后，再次要求相同的 n 个人每人发表意见。描述一种评估演讲有效的方法。

10.5　Simpson 悖论

在对离散数据进行制表时，我们对组别汇总要小心。假设调查两个问题，我们可以设计一个单一的表格，同时针对包括男性和女性在内的两个问题；也可以针对男性和女性，分别设计一张表格。两种方式，我们可能会得到完全不同的结果。

一个悖论的例子

例 10.5.1　在汇总表中比较疗效　假设进行了一项试验，以便将针对特定疾病的新疗法与针对该疾病的标准疗法进行比较。在该试验中，对 80 名该疾病的患者进行了治疗，其中 40 名患者接受了新疗法，40 名患者接受了标准疗法。在一段时间后，观察每组中有多少患者有改善，又有多少没有改善。假设所有 80 名患者的治疗结果如表 10.29 所示。

根据这个表，接受新疗法的 40 名患者中有 20 名得到了改善，接受标准疗法的 40 名患者中有 24 名得到了改善。因此，在新疗法下有 50%的患者得到改善，而在标准疗法下有 60%的患者得到改善。根据这些结果，新疗法似乎不如标准疗法。◀

表 10.29　比较两种治疗方法的试验结果

全部病人	有改善	没有改善	有改善的百分比
新疗法	20	20	50
标准疗法	24	16	60

研究的结果以几种可能的方式总结；许多列联表，例如表 10.29，仅以一种方式总结。下一个例子中，我们从不同的角度看待这些相同的数据，可以得出不同的结论。

例 10.5.2　在分解表中比较疗效　为了更仔细地研究例 10.5.1 中新疗法的功效，我们分别将其与仅针对样本中的男性患者以及仅针对样本中的女性患者的标准疗法进行比较。因此，表 10.29 中的结果可以分为两个表：一个表仅与男性患者有关，另一个表仅与女性患者有关。将全部数据拆分为不相交部分，每一部分属于总体不同子类，这个过程称为分解。

假设通过分别考虑男性患者和女性患者来分解表 10.29 中的数据时，结果如表 10.30 所示。可以验证的是，当这些单独的表中的数据合并或汇总时，我们再次得到表 10.29。但是，表 10.30 包含了一个很大的惊喜，因为无论男患者、女患者，新疗法似乎都优于标准疗法。具体而言，接受新疗法的男性患者中有 40%（30 名中的 12 名）有所改善，但是接受标准疗法的男性患者中仅有 30%（10 名中的 3 名）有所改善；接受新疗法的女性患者中有 80%（10 名中的 8 名）得到了改善，但接受标准疗法的女性患者中仅有 70%（30 名中的 21 名）得到了改善。◀

表 10.30　表 10.29 按性别分类

男性患者	有改善	没有改善	有改善的百分比
新疗法	12	18	40
标准疗法	3	7	30
女性患者	**有改善**	**没有改善**	**有改善的百分比**
新疗法	8	2	80
标准疗法	21	9	70

表 10.29 和表 10.30 一起产生一些异常结果。根据表 10.30，无论男女，新疗法均优于标准疗法；但根据表 10.29，当所有患者聚集在一起时，新疗法却不如标准疗法。这种现象称为 Simpson 悖论。

应该强调的是，Simpson 悖论并不是因为我们在处理小样本而发生的现象。表 10.29 和表 10.30 中的小数字仅为了说明方便。这些表中的每个条目都可以乘以 1 000 或 1 000 000，而不更改结果。

悖论解释

当然，Simpson 悖论实际上不是悖论；这仅仅是一个结果，它对于以前从未见过或思考过的人来说是令人惊讶的、困惑的。从表 10.30 中可以看出，在我们正在考虑的例子中，无论女性患者接受哪种治疗，她们得到改善的百分比均高于男性患者。此外，样本中的大多数女性患者接受了标准疗法，而大多数男性患者接受了新疗法。具体而言，在样本中的 40 名男性中，有 30 名接受了新疗法，只有 10 名接受了标准疗法，而在样本中的 40 名女性中，这些数字是相反的。

新疗法在汇总表中看起来很糟糕，因为大多数对这两种方法均反应不好的人都接受了新疗法，而大多数对两种疗法都反应良好的人选择了标准疗法。尽管试验中的男女患者人数相等，但接受标准疗法的女性比例很高，男性的比例却很低。由于女性患者的改善百分比比男性高得多，因此在汇总表 10.29 中发现，标准疗法的总体改善百分比比新疗法更高。

Simpson 悖论戏剧性地说明了从汇总表（如表 10.29）进行推断的危险。为确保 Simpson 悖论不会在上述试验中发生，接受新疗法的患者中男性和女性的比例必须与接受标准疗法的患者中的男性和女性的比例相同或近似相同。样本中的男性和女性的数量不必相等。

我们可以用概率来表达 Simpson 悖论。令 A 表示事件“选择患者是男性患者”，而使 A^c 表示事件“选择患者为女性患者”；同样，B 表示事件“患者接受新疗法”，而 B^c 表示事件“患者接受标准疗法”。最后，用 I 表示事件“患者得到改善”。于是，Simpson 悖论反映这样的事实，即如下三个不等式可能同时成立：

$$P(I \mid A \cap B) > P(I \mid A \cap B^c),$$
$$P(I \mid A^c \cap B) > P(I \mid A^c \cap B^c),$$
$$P(I \mid B) < P(I \mid B^c)。 \tag{10.5.1}$$

我们刚才关于预防 Simpson 悖论的讨论可以表示为：如果 $P(A \mid B) = P(A \mid B^c)$，则不可能使

(10.5.1) 中的所有三个不等式同时成立（见本节习题 5）。同样，如果 $P(B|A)=P(B|A^c)$，则不可能使（10.5.1）中的所有三个不等式同时成立（见本节习题 3）。

Simpson 悖论的可能性潜伏在每个随机事件表中。即使我们非常小心地设计一个特定的试验，以使我们在按性别分类时也不会出现 Simpson 悖论，但总可能存在其他一些变量，如受试者的年龄、疾病的强度和疾病的哪个阶段，就其分解而言，我们得出的结论与汇总表所示的结论完全相反。一旦我们设计了一个防止 Simpson 悖论（可以预先确定）的分解的试验，通常我们将受试者随机分配给可能的治疗方法，希望尽可能减小因不可预见的分解而出现 Simpson 悖论的可能性。

例 10.5.3　在汇总表中比较治疗　在本节的例子中，明智的做法是将两种治疗方法分别分配给 20 名男性患者和 20 名女性患者。给每一种疗法分配哪 20 名男性患者和哪 20 名女性患者可以通过随机化确定，可以使 Simpson 悖论意外发生的可能性降到最低。

如果在试验开始时还有其他信息，例如疾病的严重程度，则应在随机分配治疗之前，根据这个附加信息对男性患者和女性患者进行分类。例如，假设在试验开始之前，有 12 名男性和 8 名女性患有这种疾病，症状更严重。然后，我们应该给每一种治疗方法各分配症状更严重的 6 名男性患者和 4 名女性患者。我们还应给每一种治疗方法分配症状较轻的 4 名男性患者和 6 名女性患者。这样就平衡了预期会影响试验结果的因素（性别、症状的严重性和治疗方法）。如果还有另一个无法预料的因素会影响结果，则上述随机分配仍然有可能（但不太可能）使 Simpson 悖论产生。如果还有许多额外的重要因素，即使采用随机化分配，也将不可避免地出现某种程度的失衡。◀

小结

当分解表每个部分中的两个分类变量之间的关系与汇总表中的两个相同变量之间的关系相反时，就会发生 Simpson 悖论。

习题

1. 考虑两个总体Ⅰ和Ⅱ。假设总体Ⅰ中有 80%的男性和 30%的女性具有特定的特征，而总体Ⅱ中只有 60%的男性和 10%的女性具有该特征。说明在这些条件下，总体Ⅱ中具有这种特征的比例有可能比总体Ⅰ中具有这种特征的比例大。
2. 假设 A 和 B 为两个事件，满足 $0<P(A)<1$ 与 $0<P(B)<1$。证明：$P(A|B)=P(A|B^c)$ 当且仅当 $P(B|A)=P(B|A^c)$。
3. 证明：如果 $P(B|A)=P(B|A^c)$，（10.5.1）中的三个不等式不可能同时成立。
4. 假设试验中的每个成年受试者要么接受治疗Ⅰ，要么接受治疗Ⅱ。证明：接受治疗Ⅰ的男性的比例等于接受治疗Ⅱ的男性的比例，当且仅当试验中接受治疗Ⅰ的所有男性比例等于接受治疗Ⅰ的所有女性比例。
5. 证明：如果 $P(A|B)=P(A|B^c)$，（10.5.1）中的三个不等式不可能同时成立。
6. 据信，某所大学在招生政策中歧视女性，因为该大学的所有男性申请人中有 30%被录取，而所有女性申请人中只有 20%被录取。为了确定该大学的五个学院中，哪一个学院最容易造成这种歧视，我们分别分析了每个学院的录取率。令人惊讶地发现，在每个学院中，被录取的女性申请人比例实际上都大于被录取的男性申请人比例。讨论并解释这个结果。

7. 在一个涉及800名受试者的试验中，每个受试者都接受治疗Ⅰ或治疗Ⅱ，并且每个受试者被分为以下四类之一：老年男性、年轻男性、老年女性和年轻女性。在试验结束时，对每个受试者，确定他（或她）所接受的治疗是否有帮助。表10.31给出了这四个类别的每个受试者的结果。
 a. 证明：在这四类受试者中，治疗Ⅱ比治疗Ⅰ更有帮助。
 b. 证明：如果将这四个类别仅汇总为两个类别（年龄较大的受试者和较年轻的受试者），则在每个类别中，治疗Ⅰ比治疗Ⅱ更有帮助；
 c. 证明：如果将b部分中的两个类别汇总为一个包含所有800名受试者的单一类别，则治疗Ⅱ似乎比治疗Ⅰ更有帮助。

表10.31　习题7的数据

老年男性	有帮助	没有帮助
治疗Ⅰ	120	120
治疗Ⅱ	20	10
年轻男性	**有帮助**	**没有帮助**
治疗Ⅰ	60	20
治疗Ⅱ	40	10
老年女性	**有帮助**	**没有帮助**
治疗Ⅰ	10	50
治疗Ⅱ	20	50
年轻女性	**有帮助**	**没有帮助**
治疗Ⅰ	10	10
治疗Ⅱ	160	90

*10.6　Kolmogorov-Smirnov检验

在10.1节中，我们使用χ^2检验对原假设“随机样本来自特定的连续分布”和备择假设“样本并非来自该连续分布”进行了检验。针对这些假设，本节我们将引入更合适的检验。这个检验还可以推广到检验原假设“两个独立样本来自同一分布”和备择假设“它们来自两个不同分布”的情形。

样本分布函数

例10.6.1　滚珠轴承的失效时间　例10.1.6中，我们使用了χ^2拟合优度检验来检验原假设“滚珠轴承的对数失效时间来自正态分布”，均值为3.912，方差为0.25。这个检验要求我们将实数轴任意划分成若干区间，以便将对数失效时间转换为计数数据。对于不需要将（数据）任意汇总成在应用中可能没有物理意义的区间的问题，是否存在检验过程？◀

尝试回答例10.6.1中的问题，第一步是构造不依赖于假设“分布为正态分布”的随机样本分布的估计量。假设随机变量$X_1,\cdots,X_n$是来自某个连续分布的随机样本，并令$x_1,\cdots,x_n$表示$X_1,\cdots,X_n$的观测值。由于观测值来自连续分布，因此观测值$x_1,\cdots,x_n$中的任意两个值相等的概率为0。因此为简单起见，我们假定这n个值各不相同。现在我们将考

虑一个由 $x_1,\cdots,x_n$ 建立的函数 $F_n(x)$，并将其作为分布函数的估计值，样本是从这个分布函数中抽样的。

定义 10.6.1　样本（经验）分布函数　设 $x_1,\cdots,x_n$ 是随机样本 $X_1,\cdots,X_n$ 的观测值。对于每个 $x(-\infty<x<\infty)$，将 $F_n(x)$ 的值定义为样本中小于或等于 x 的观测值的比例。换句话说，如果样本中恰好有 k 个观测值小于或等于 x，则 $F_n(x)=k/n$。以此方式定义的函数 $F_n(x)$ 称为样本分布函数，有时 $F_n(x)$ 称为经验分布函数。

例 10.6.1 中讨论的数据的样本分布函数与该例中假设的正态分布函数一起出现在图 10.1 中。

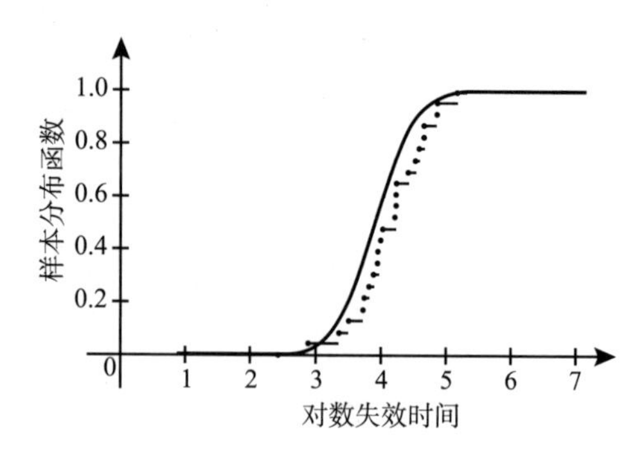

图 10.1　滚珠轴承失效时间的样本分布函数与均值为 3.912、方差为 0.25 的正态分布函数

一般地，样本分布函数 $F_n(x)$ 可以看成将概率 $1/n$ 分配给 n 个值 $x_1,\cdots,x_n$ 中的每一个的离散分布的分布函数。因此，$F_n(x)$ 是一个阶梯函数，在每个点 $x_i(i=1,\cdots,n)$ 处跳跃，幅度为 $1/n$。如果用 $y_1<\cdots<y_n$ 表示定义 7.8.2 中定义的样本的顺序统计量的观察值，则对于 $x<y_1$，$F_n(x)=0$；$F_n(x)$ 在 $x=y_1$ 时跳到 $1/n$，并且在 $y_1\leqslant x<y_2$ 时保持为 $1/n$；$F_n(x)$ 在 $x=y_2$ 时跳到 $2/n$，并且在 $y_2\leqslant x<y_3$ 时保持为 $2/n$；等等。

现在用 $F(x)$ 表示某个分布函数，$X_1,\cdots,X_n$ 为从该分布中抽取的随机样本。对每个给定的 $x(-\infty<x<\infty)$，每个 X_i 小于或等于 x 的概率为 $F(x)$。因此，从大数定律可知，当 $n\to\infty$ 时，样本中小于或等于 x 的观测值比例 $F_n(x)$ 依概率收敛到 $F(x)$。我们用前面符号表示为

$$F_n(x)\xrightarrow{P}F(x),\ -\infty<x<\infty。\tag{10.6.1}$$

关系（10.6.1）表示如下事实：在每个点 x 处，样本分布函数 $F_n(x)$ 将收敛到实际分布函数 $F(x)$，随机样本从 $F(x)$ 中抽样。图 10.2 中画出了来自同一分布的一些不同样本量的样本分布函数的图像。

一个更强的结论（称为 Glivenko-Cantelli 引理）指出，对所有 x，$F_n(x)$ 一致收敛到 $F(x)$。证明超出了本书的范围。

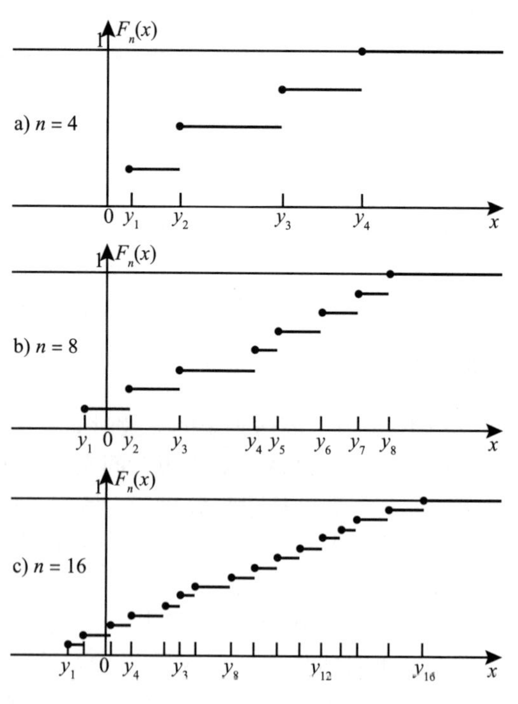

图 10.2　$n=4,8,16$ 的样本分布函数 $F_n(x)$

定理 10.6.1　Glivenko-Cantelli 引理　设 $X_1,\cdots,X_n$ 为独立同分布的随机样本，分布函数为 F，且 F_n 为其样本分布函数，定义

$$D_n = \sup_{-\infty < x < \infty} | F_n(x) - F(x) |, \tag{10.6.2}$$

则 $D_n \xrightarrow{P} 0$。■

如图 10.3 所示的 D_n 值就是一个典型例子。在观察到 $X_1, \cdots, X_n$ 的值之前，D_n 值是一个随机变量。

定理 10.6.1 表明，当样本量 n 很大时，样本分布函数 $F_n(x)$ 很可能在整个实数轴上接近分布函数 $F(x)$。从这个意义上讲，当分布函数 $F(x)$ 未知，样本分布函数 $F_n(x)$ 可以认为是 $F(x)$ 的估计量。但是，从另一个意义上讲，$F_n(x)$ 并不是 $F(x)$ 的非常合理的估计量。正如前面所述，$F_n(x)$ 为集中在 n 个点的离散分布的分布函数，而在本节中我们假设未知分布函数 $F(x)$ 是连续分布。我们将 $F_n(x)$ 平滑，消除其中跳跃，可能会得到 $F(x)$ 的合理估计量，但在此不再赘述。

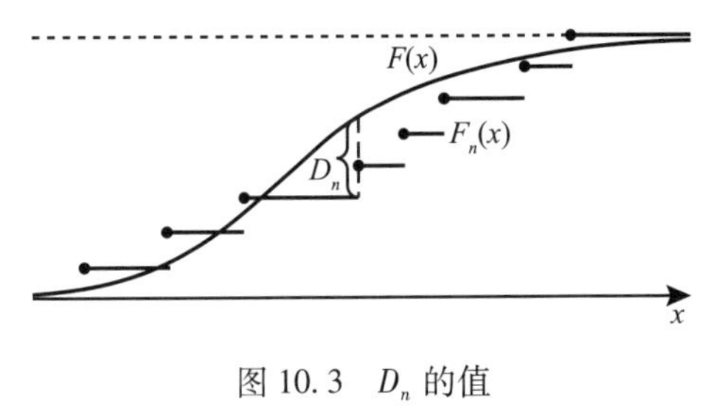

图 10.3　D_n 的值

简单假设的 Kolmogorov-Smirnov 检验

现在假设我们要检验简单原假设“未知分布函数 $F(x)$ 实际上是一个特定的连续分布函数 $F^*(x)$”，相对应的备择假设为“实际分布函数不是 $F^*(x)$”。换句话说，假设我们希望检验如下假设：

$$\begin{aligned} &H_0: F(x) = F^*(x), \ -\infty < x < \infty, \\ &H_1: H_0 \text{ 不为真。} \end{aligned} \tag{10.6.3}$$

这个问题是非参数问题，因为从中获取随机样本的未知分布可以是任何连续分布。

在 10.1 节中，我们描述了如何用“χ^2 拟合优度检验”来检验假设（10.6.3）。然而，这个检验要求将观察值任意分组为数量有限的区间。现在，我们将描述假设（10.6.3）的一种不需要这种分组的检验。

和前面一样，我们用 $F_n(x)$ 表示样本分布函数。另外，我们现在用 D_n^* 表示以下统计量：

$$D_n^* = \sup_{-\infty < x < \infty} | F_n(x) - F^*(x) |。 \tag{10.6.4}$$

换句话说，D_n^* 是样本分布函数 $F_n(x)$ 与假设的分布函数 $F^*(x)$ 之间的最大差。当（10.6.3）中的原假设 H_0 为真时，D_n^* 的概率分布将是一个确定的分布，这个分布对于每个可能的连续分布函数 $F^*(x)$ 是相同的，并且不依赖于具体问题所研究的特定分布函数 $F^*(x)$（见本节习题 13）。针对各种样本量 n，这种分布的表已经建立了，并出现在许多已发布的统计表中。

从 Glivenko-Cantelli 引理可得，如果原假设 H_0 为真，则 D_n^* 的值趋于很小；而如果实际分布函数 $F(x)$ 与 $F^*(x)$ 不同，则 D_n^* 将趋于很大。因此，对于假设（10.6.3）的合理检验过程是“如果 $n^{1/2}D_n^* > c$，则拒绝 H_0”，其中 c 是适当的常数。

为了检验过程表述更方便，我们用 $n^{1/2}D_n^*$，而不是简单的 D_n^*。如下结论由 A. N. Kolmogorov 和 N. V. Smirnov 于 20 世纪 30 年代建立。

定理 10.6.2　如果原假设 H_0 为真，则对每个给定值 $t>0$，有

$$\lim_{n\to\infty} P(n^{1/2}D_n^* \leq t) = 1 - 2\sum_{i=1}^{\infty}(-1)^{i-1}e^{-2i^2t^2}。\tag{10.6.5}$$

■

因此，如果原假设 H_0 为真，则当 $n\to\infty$ 时，$n^{1/2}D_n^*$ 的分布函数将收敛到由式（10.6.5）右边的无穷级数给出的分布函数。对于每个 $t>0$，我们将用 $H(t)$ 表示式（10.6.5）右侧的值。$H(t)$ 的值由表 10.32 给出。

表 10.32　式（10.6.5）中的分布函数 $H(t)$

t	$H(t)$	t	$H(t)$
0.30	0.000 0	1.20	0.887 8
0.35	0.000 3	1.25	0.912 1
0.40	0.002 8	1.30	0.931 9
0.45	0.012 6	1.35	0.947 8
0.50	0.036 1	1.40	0.960 3
0.55	0.077 2	1.45	0.970 2
0.60	0.135 7	1.50	0.977 8
0.65	0.208 0	1.60	0.988 0
0.70	0.288 8	1.70	0.993 8
0.75	0.372 8	1.80	0.996 9
0.80	0.455 9	1.90	0.998 5
0.85	0.534 7	2.00	0.999 3
0.90	0.607 3	2.10	0.999 7
0.95	0.672 5	2.20	0.999 9
1.00	0.730 0	2.30	0.999 9
1.05	0.779 8	2.40	1.000 0
1.10	0.822 3	2.50	1.000 0
1.15	0.858 0		

定义 10.6.2　Kolmogorov-Smirnov 检验　检验过程“当 $n^{1/2}D_n^* \geq c$ 时，拒绝 H_0”，称为 Kolmogorov-Smirnov 检验。

由式（10.6.5）可得，当样本量 n 很大时，常数 c 可以从表 10.32 中选择，使得显著性水平至少近似地达到任何指定的 $\alpha_0(0<\alpha_0<1)$。事实上，我们应该选择 c 为分布 H 的 $1-\alpha_0$ 分位数 $H^{-1}(1-\alpha_0)$。例如，通过查看表 10.32，我们看到 $H(1.36)\approx 0.95$，因此 $H^{-1}(1-0.05)=1.36$。因此，如果原假设 H_0 为真，则 $P(n^{1/2}D_n^* \geq 1.36)=0.05$。因此，$c=1.36$ 对应的 Kolmogorov-Smirnov 检验的显著性水平为 0.05。

例 10.6.2　检验一个样本是否来自标准正态分布　假设欲检验原假设“25 个观察值的随机样本来自标准正态分布”，与之相对的备择假设为“该随机样本来自其他连续分布”。我们将这 25 个样本观察值由最小到最大排序为 $y_1,\cdots,y_{25}$，列在表 10.33 中。这个表还包括样本分布函数 $F_n(y_i)$ 的值和标准正态分布的分布函数的值 $\Phi(y_i)$。

表 10.33 Kolmogorov-Smirnov 检验中的计算

i	y_i	$F_n(y_i)$	$\Phi(y_i)$
1	-2.46	0.04	0.006 9
2	-2.11	0.08	0.017 4
3	-1.23	0.12	0.109 3
4	-0.99	0.16	0.161 1
5	-0.42	0.20	0.337 2
6	-0.39	0.24	0.348 3
7	-0.21	0.28	0.416 8
8	-0.15	0.32	0.440 4
9	-0.10	0.36	0.460 2
10	-0.07	0.40	0.472 1
11	-0.02	0.44	0.492 0
12	0.27	0.48	0.606 4
13	0.40	0.52	0.655 4
14	0.42	0.56	0.662 8
15	0.44	0.60	0.670 0
16	0.70	0.64	0.758 0
17	0.81	0.68	0.791 0
18	0.88	0.72	0.810 6
19	1.07	0.76	0.857 7
20	1.39	0.80	0.917 7
21	1.40	0.84	0.919 2
22	1.47	0.88	0.929 2
23	1.62	0.92	0.947 4
24	1.64	0.96	0.949 5
25	1.76	1.00	0.960 8

通过查表 10.33，我们发现 D_n^*，即 $F_n(x)$ 和 $\Phi(x)$ 之间的最大差，发生在从 $i=4$ 到 $i=5$ 之间，这时 x 从 -0.99 增加到 -0.42。图 10.4 说明了这个区间上 $F_n(x)$ 和 $\Phi(x)$ 的比较，从中我们可以看到 $D_n^*=0.3372-0.16=0.1772$。鉴于在此例中 $n=25$，由此可得 $n^{1/2}D_n^*=0.886$。从表 10.32，我们发现 $H(0.886)=0.6$。与 $n^{1/2}D_n^*$ 的观测值相对应的尾部面积为 0.4，因此我们不会拒绝显著性水平 α_0 小于 0.4 的原假设。 ◀

再次强调重要的一点是，当样本量 n 很大时，即使是与 $n^{1/2}D_n^*$ 的观察值相对应的尾部面积很小，也不一定表示真实的分布函数 $F(x)$ 与假设的分布函数 $\Phi(x)$ 有很大不同。当 n 本身较大时，$F(x)$ 和 $\Phi(x)$ 之间即使是很小的差异，也会产生较大的 $n^{1/2}D_n^*$ 值。因此，在统计学家拒绝原假设之前，他应确信存在一个合理的替代分布函数，其与样本分布函数 $F_n(x)$ 更为接近。

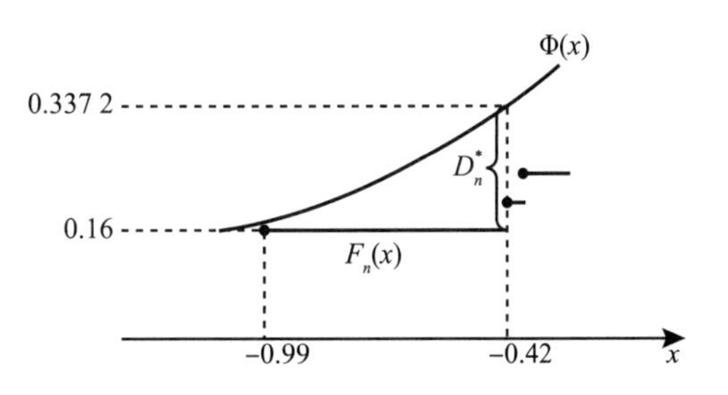

图 10.4 例 10.6.2 中 D_n^* 的值

两个样本的 Kolmogorov-Smirnov 检验

例 10.6.3 补钙和血压 9.6 节习题 10 包含了补钙对血压影响的研究数据。一组 $m=10$ 个男性接受钙补充剂，另一组 $n=11$ 个男性接受安慰剂。在研究结束时，计算了每个人在周期（12 周）开始和结束时血压之间的差异。假设我们不愿意假定“测得的差异的分布是正态分布”。我们是否仍可以构建一个检验过程来检验原假设“治疗组和安慰剂组中差异的分布相同”，与之相对的备择假设为“这两个分布不同”？ ◀

考虑观测值 $X_1,\cdots,X_m$ 是来自某未知分布的随机样本，其分布函数为 $F(x)$；与之独立的观测值 $Y_1,\cdots,Y_n$ 是来自另外一个未知分布的随机样本，其分布函数为 $G(x)$。我们将假设 $F(x)$ 和 $G(x)$ 都是连续函数，欲检验假设“这两个函数相同”，而无须指定它们的通用形式。因此，我们将检验如下假设：

$$H_0: F(x)=G(x),\ -\infty<x<\infty,$$
$$H_1: H_0 \text{ 不为真。} \tag{10.6.6}$$

我们用 $F_m(x)$ 表示根据 $X_1,\cdots,X_m$ 的观测值计算出的样本分布函数，用 $G_n(x)$ 表示根据 $Y_1,\cdots,Y_n$ 的观测值计算出的样本分布函数。此外，我们将考虑统计量 D_{mn}，其定义如下：

$$D_{mn}=\sup_{-\infty<x<\infty}|F_m(x)-G_n(x)|\text{。} \tag{10.6.7}$$

如图 10.5 所示的 D_{mn} 值就是一个典型例子，其中 $m=5$ 且 $n=3$。

当原假设 H_0 为真时，$F(x)$ 和 $G(x)$ 是相同的函数，样本分布函数 $F_m(x)$ 和 $G_n(x)$ 趋于接近。事实上，当 H_0 为真时，由 Glivenko-Cantelli 引理可得

$$D_{mn}\xrightarrow{P}0,m\to\infty,\text{同时 } n\to\infty\text{。} \tag{10.6.8}$$

因而，使用检验过程“D_{mn} 大到一定程度时拒绝 H_0”似乎是合理的。下面定理为我们提供了 D_{mn} 的渐近分布，我们可以用它来构造一个近似检验，其证明超出了本书讨论范围。

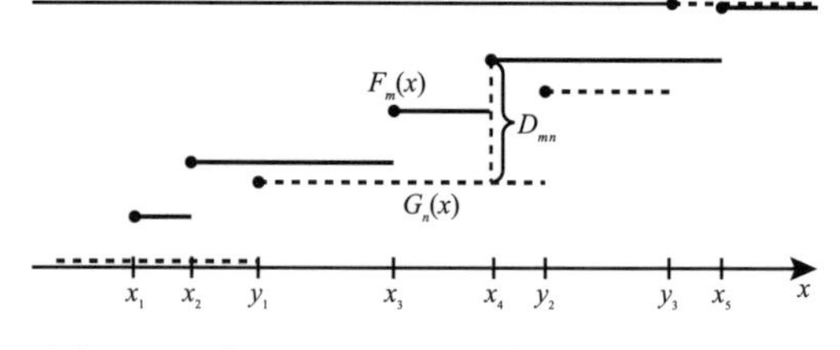

图 10.5 当 $m=5$ 且 $n=3$ 时，$F_m(x)$，$G_n(x)$ 和 D_{mn} 的表示

定理 10.6.3 两个样本的 Kolmogorov-Smirnov 检验 对每个 $t>0$，设 $H(t)$ 表示式（10.6.5）右侧的表达式。如果（10.6.6）中的原假设 H_0 成立，则

$$\lim_{m\to\infty,n\to\infty}P\left[\left(\frac{mn}{m+n}\right)^{1/2}D_{mn}\leqslant t\right]=H(t)\text{。} \tag{10.6.9}$$

■

函数 $H(t)$ 的值在表 10.32 中给出。假设（10.6.6）的大样本近似检验正是利用了式（10.6.9）中的统计量。

定义 10.6.3 两个样本的 Kolmogorov-Smirnov 检验 如下检验过程：如果

$$\left(\frac{mn}{m+n}\right)^{1/2}D_{mn}\geqslant c, \tag{10.6.10}$$

则拒绝 H_0，其中 c 为适当的常数，称为两个样本的 Kolmogorov-Smirnov 检验。

因此，当样本量 m 和 n 较大时，式（10.6.10）中的常数 c 可以从表 10.32 中选择，使得显著性水平达到或者近似达到任何指定的值。例如，如果 m 和 n 很大，并且要在显著性水平 0.05 下进行检验，从表 10.32 中可以得出，我们应选择 $c=H^{-1}(0.95)=1.36$。

例 10.6.4　补钙和血压　回到例 10.6.3 所述的情况。我们对接受钙补充剂的男性的血压变化是否与接受安慰剂的男性的血压变化具有相同的分布感兴趣。图 10.6 显示了治疗组和安慰剂组的血压测量变化的样本分布函数。不难看出，当 $5\leqslant x<7$ 时，会出现最大差异。实际上，$D_{mn}=0.409$，检验统计量的观察值为 $(110/21)^{1/2}\times 0.409=0.936$。从表 10.32 中我们可以看到 $H(0.936)$ 约为 0.654。因此，在每个水平 $\alpha_0\geqslant 0.346$ 下，我们将拒绝原假设"两个样本均来自同一总体"。◀

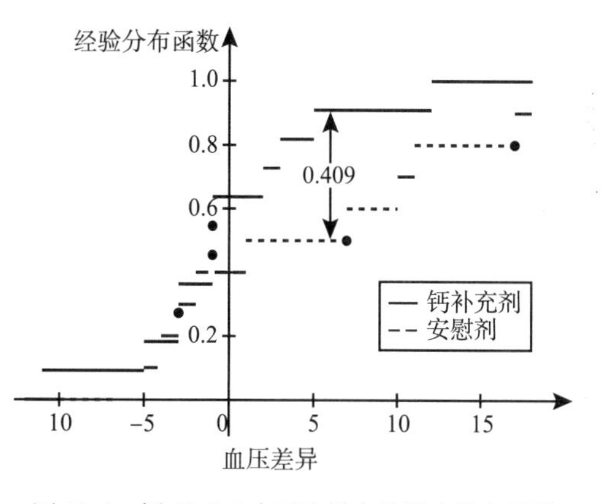

图 10.6　例 10.6.4 中两个样本的样本分布函数

小结

我们引入了 Kolmogorov-Smirnov 检验来检验原假设"随机样本来自某个特定分布"和原假设"两个独立的随机样本来自同一分布"。对于单样本检验，我们计算 D_n，即样本分布函数和原假设分布函数之间的最大差异；如果 $n^{1/2}D_n^*\geqslant H^{-1}(1-\alpha_0)$，则我们在水平 α_0 下拒绝原假设，其中 H 是一个分布函数，如表 10.32 所示。对于双样本检验，我们计算 D_{mn}，即两个不同样本的样本分布函数之间的最大差异。如果 $[mn/(m+n)]^{1/2}D_{mn}\geqslant H^{-1}(1-\alpha_0)$，我们在水平 α_0 下拒绝原假设"两个样本来自相同分布"。

习题

1. 假设 5 个样本观测值的顺序值是 $y_1<y_2<y_3<y_4<y_5$。令 $F_n(x)$ 表示根据这些值构造的样本分布函数，设 $F(x)$ 为连续分布函数，D_n 由式（10.6.2）定义。证明：D_n 的最小可能值为 0.1，并且证明 $D_n=0.1$，当且仅当 $F(y_1)=0.1, F(y_2)=0.3, F(y_3)=0.5, F(y_4)=0.7$ 和 $F(y_5)=0.9$。
2. 再次考虑习题 1 的条件。证明：$D_n\leqslant 0.2$，当且仅当 $F(y_1)\leqslant 0.2\leqslant F(y_2)\leqslant 0.4\leqslant F(y_3)\leqslant 0.6\leqslant F(y_4)\leqslant 0.8\leqslant F(y_5)$。
3. 使用例 10.1.6 中的数据。在该例中，我们使用 χ^2 拟合优度检验来检验原假设"滚珠轴承的对数失效时间具有正态分布，均值为 3.912，方差为 0.25"。现在，使用 Kolmogorov-Smirnov 检验来检验这个原假设。
4. 使用 Kolmogorov-Smirnov 检验来检验假设"表 10.34 中的 25 个值是来自［0,1］上均匀分布的随机样本"。

表 10.34　习题 4 的数据

0.42	0.06	0.88	0.40	0.90
0.38	0.78	0.71	0.57	0.66

（续）

0.48	0.35	0.16	0.22	0.08
0.11	0.29	0.79	0.75	0.82
0.30	0.23	0.01	0.41	0.09

5. 使用 Kolmogorov-Smirnov 检验来检验以下假设“习题4中给出的25个值来自概率密度函数为$f(x)$的分布的随机样本”，其中$f(x)$为

$$f(x)=\begin{cases}\frac{3}{2}, & 0<x\leqslant\frac{1}{2},\\ \frac{1}{2}, & \frac{1}{2}<x<1,\\ 0, & \text{其他。}\end{cases}$$

6. 再次考虑习题4和习题5的条件。假定表10.34中给出的25个值来自区间［0,1］上的均匀分布，其先验概率为1/2，而来自习题5中所述的分布的概率为1/2。求这25个值来自均匀分布的后验概率。
7. 使用 Kolmogorov-Smirnov 检验来检验假设“表10.35中给出的50个值是来自均值为26、方差为4的正态分布的随机样本”。
8. 使用 Kolmogorov-Smirnov 检验来检验假设“表10.35中给出的50个值是来自均值为24、方差为4的正态分布的随机样本”。

表10.35 习题7和习题8的数据

25.088	26.615	25.468	27.453	23.845
25.996	26.516	28.240	25.980	30.432
26.560	25.844	26.964	23.382	25.282
24.432	23.593	24.644	26.849	26.801
26.303	23.016	27.378	25.351	23.601
24.317	29.778	29.585	22.147	28.352
29.263	27.924	21.579	25.320	28.129
28.478	23.896	26.020	23.750	24.904
24.078	27.228	27.433	23.341	28.923
24.466	25.153	25.893	26.796	24.743

9. 假设从分布函数$F(x)$未知的分布中随机抽取25个观测值，由表10.36给出；还假设从分布函数$G(x)$未知的另一个分布中随机抽取20个观测值，由表10.37给出。使用 Kolmogorov-Smirnov 检验来检验假设“$F(x)$和$G(x)$是相同的函数”。

表10.36 习题9的第一个样本数据

0.61	0.29	0.06	0.59	-1.73
-0.74	0.51	-0.56	-0.39	1.64
0.05	-0.06	0.64	-0.82	0.31
1.77	1.09	-1.28	2.36	1.31
1.05	-0.32	-0.40	1.06	-2.47

表 10.37 习题 9 的第二个样本数据

2.20	1.66	1.38	0.20
0.36	0.00	0.96	1.56
0.44	1.50	-0.30	0.66
2.31	3.29	-0.27	-0.37
0.38	0.70	0.52	-0.71

10. 再次考虑习题 9 的条件。设随机变量 X 的分布函数是 $F(x)$，随机变量 Y 的分布函数是 $G(x)$。使用 Kolmogorov-Smirnov 检验来检验假设"随机变量 $X+2$ 和 Y 具有相同的分布"。
11. 再次考虑习题 9 和习题 10 的条件。使用 Kolmogorov-Smirnov 检验来检验假设"随机变量 X 和 $3Y$ 具有相同的分布"。
12. 在例 9.6.3 中，我们比较了从英国两个不同地区发现的罗马陶器中的两个氧化铝测量样本。从 Llanederyn 地区获得的 $m=14$ 个测量值是

    10.1,10.9,11.1,11.5,11.6,12.4,12.5,12.7,13.1,13.4,13.8,13.8,14.4,14.6。

    从 Ashley Rails 获得的 $n=5$ 个测量值是

    14.8,16.7,17.7,18.3,19.1。

    使用两个样本的 Kolmogorov-Smirnov 检验来检验原假设"这些样本的两个分布相同"。
13. 假设 $X_1,\cdots,X_n$ 是来自分布函数 F 未知的随机样本。证明：如果（10.6.3）中的原假设为真，统计量 D_n^* 的分布对于所有连续分布函数 F^* 都是相同的。提示：对于 $i=1,\cdots,n$，令 $Z_i=F^*(X_i)$，并考虑检验原假设"$Z_1,\cdots,Z_n$ 在区间$[0,1]$上均匀分布"。证明这个修改后问题的统计量 D_n^* 与原始 D_n^* 相同。
14. 对例 10.6.1 中的原假设进行 Kolmogorov-Smirnov 检验，数据显示在例 10.1.6。给出检验结果 p 值。

*10.7 稳健估计

在许多统计问题中，假设数据 $\boldsymbol{X}$ 的分布是单个参数族的分布，我们可能会感到不足。假设我们考虑使用某个参数 θ 的估计量 $T=r(\boldsymbol{X})$。如果 $\boldsymbol{X}$ 是来自正态分布的随机样本，则 T 可能有良好的性质。另一方面，如果 $\boldsymbol{X}$ 实际上是来自不同分布的样本，我们可能会考虑 T 的表现。在本节中，我们介绍一类新的分布和新的统计量。然后，当数据来自这些新分布（和旧分布）时，我们比较这些新统计量（和旧统计量）的表现。如果估计量与其他估计量相比表现良好，而与产生数据的分布无关，则这个估计量称为稳健估计量。

估计中位数

例 10.7.1 人工降雨 在图 8.3 中，我们展示了来自 26 个撒播云的对数降雨量的直方图，该图稍微有点不对称。科学家可能不愿意将对数降雨量视为正态随机变量。然而，人们可能希望估计对数降雨量分布的中位数或其他数字特征。人们希望使用一种估计方法，它不依赖于假设"数据是来自正态分布的随机样本"。◀

假设随机变量 $X_1,\cdots,X_n$ 是来自某连续分布的随机样本，其概率密度函数 $f(x)$ 未知，但是我们假定它关于某个未知点 $\theta(-\infty<\theta<\infty)$ 对称。由于这种对称性，点 θ 将是未知分布的中位数。我们将从观测值 $X_1,\cdots,X_n$ 中估计 θ 的值。

如果我们知道观测值实际上来自正态分布，则样本均值 $\overline{X}_n$ 将为 θ 的极大似然估计量。

在没有任何强有力的先验信息表明 θ 可能与 $\overline{X}_n$ 的观测值完全不同的情况下，我们可以假设 $\overline{X}_n$ 将是 θ 的合理估计量。但是，假设观测值可能来自某个分布，其概率密度函数 $f(x)$ 的尾部比正态分布概率密度函数的尾部厚，即当 $x\to\infty$ 或 $x\to-\infty$ 时，概率密度函数 $f(x)$ 降到 0 的速度可能比正态分布的概率密度函数慢得多。在这种情况下，样本均值 $\overline{X}_n$ 可能是 θ 的很差的估计量，因为它的最小均方误差可能比其他可能的估计量大得多。

例 10.7.2　移动柯西样本，如果数据隐含的分布是柯西分布，其中心位于未知点 θ，由例 7.6.5 定义，则 $\overline{X}_n$ 的均方误差将是无限的。在这种情况下，θ 的极大似然估计量有有限的均方误差，且是比 $\overline{X}_n$ 更好的估计量。事实上，对于较大的 n，极大似然估计量的均方误差大约为 $2/n$，不管 θ 的真实值是多少。然而，如例 7.6.5 所指出的那样，这个估计量非常复杂，必须通过对给定观测值进行数值计算来确定。对于这个问题，一个相对简单且合理的估计量是样本中位数，由例 7.9.3 定义。可以证明当数据具有柯西分布时，对于较大的 n 值，样本中位数的均方误差约为 $2.47/n$。◀

由例 10.7.2 和前面的讨论可得，如果我们可以假设数据隐含的分布是正态分布或近似正态分布，则可以使用样本均值作为 θ 的估计量。另一方面，如果我们认为数据隐含的分布是柯西分布或接近柯西分布，则可以使用样本中位数。但是，我们通常不知道数据隐含的分布是否接近正态分布、接近柯西分布或与这两种分布都不接近。因此，我们应该尝试找一个对几种不同的可能分布类型都使得均方误差较小的 θ 估计量。一个估计量对于几种不同类型的分布都表现良好，即使对于每个类型的分布它可能不是最优估计量，这样的估计量称为稳健估计量。在本节中，我们将定义一个分布类，称为被污染的正态分布，用于评估各种估计量的表现。我们还将介绍特殊类型的稳健估计量，我们称为切尾均值和 M-估计量。术语“稳健”是 G. E. P. Box 在 1953 年提出的，术语“切尾均值”是 J. W. Tukey 在 1962 年提出的。但是，第一个切尾均值的数学处理是由 P. Daniell 在 1920 年给出的，M-估计量是由 Huber（1964）引入的。

被污染的正态分布

由于数据中可能会出现随机误差，“数据好像来自正态分布”，试验者可能对此犹豫不决。数据有时记录错误，有时是在不同的研究环境下收集的。一个（或几个）观察值的分布可能与大多数观察值的分布有很大不同。例如，假设我们感兴趣的大部分数据都来自某正态分布，均值 μ 和方差 σ^2 都未知。但是假设存在很小的概率 ϵ，每个观察值实际上来自概率密度函数为 g 的分布。也就是说，我们观察到的数据的概率密度函数实际上是

$$f(x)=(1-\epsilon)(2\pi\sigma^2)^{-1/2}\exp\left(-\frac{1}{2\sigma^2}(x-\mu)^2\right)+\epsilon g(x)。\qquad(10.7.1)$$

定义 10.7.1　被污染的正态分布　*概率密度函数为式（10.7.1）的分布，称为被污染的正态分布；概率密度函数为 g 的分布，称为污染分布。*

如果式（10.7.1）中的污染分布具有较高的方差或均值与 μ 完全不同，则很有可能我们从污染分布中获得的观测值将与其他观测值相距甚远。为了使估计量在一大类被污染的正态分布中表现良好，估计量必须对不接近大部分数据的一个（或几个）观测值不敏感。显然，如果 $\epsilon\geqslant 1/2$，则很难确定哪个分布污染了哪个分布。因此，我们假定 $\epsilon<1/2$。被污

染的正态分布的一个简单例子是，g 是均值为 μ 和方差为 $100\sigma^2$ 的正态分布的概率密度函数。在这种情况下，式（10.7.1）变为

$$f(x)=(1-\epsilon)(2\pi\sigma^2)^{-1/2}\exp\left(-\frac{1}{2\sigma^2}(x-\mu)^2\right)+$$
$$\epsilon(200\pi\sigma^2)^{-1/2}\exp\left(-\frac{1}{200\sigma^2}(x-\mu)^2\right)。\quad (10.7.2)$$

图 10.7 显示了标准正态分布的概率密度函数和其被污染正态分布的概率密度函数（10.7.2）的图像，其中 $\mu=0$，$\sigma^2=1$ 和 $\epsilon=0.05$。这两个概率密度函数非常相似，但是我们很快就会看到污染对估计问题有多大影响。

中位数的估计量的分布的两个重要性质是它的均值和方差。在数据来自概率密度函数为式（10.7.2）的分布的情况下，样本均值和样本中位数的均值都为 μ。接下来，当数据是来自概率密度函数为式（10.7.2）的分布的随机样本时，我们将比较这两个估计量的方差。容量为 n 的样本均值的方差为 $(1+99\epsilon)\sigma^2/n$（你可以在本节习题 7 中证明这一点）。样本中位数的方差很难计算。但是，使用将本节最后介绍的大样本性质，我们可以看到方差约为

$$\frac{1}{4nf^2(\mu)}=\frac{\sigma^2}{n}\frac{50\pi}{(10-9\epsilon)^2}。\quad (10.7.3)$$

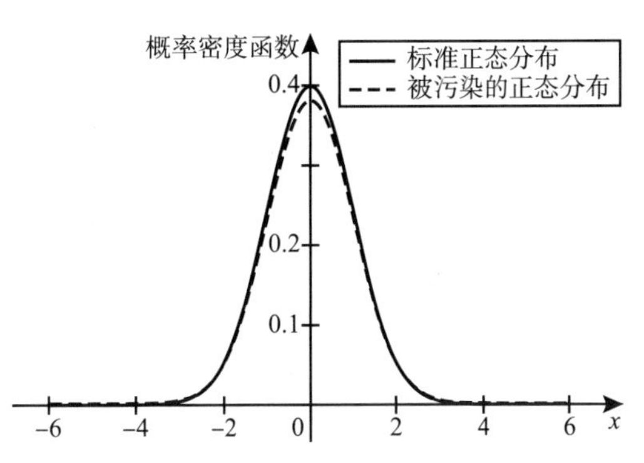

图 10.7 标准正态分布和被污染的正态分布的概率密度函数，其中 $\mu=0$，$\sigma^2=1$ 和 $\epsilon=0.05$

图 10.8 显示了 $0\leqslant\epsilon\leqslant0.5$ 时 $(50\pi)/(10-9\epsilon)^2$ 和 $(1+99\epsilon)$ 的比较。注意到，对于 $\epsilon<0.0058$，样本中位数的方差略大于样本均值的方差，而 ϵ 在 0.01 到 0.5 的范围内，样本中位数的方差则要小得多。例如，如果 $\epsilon=0.05$（如图 10.7 所示），则样本中位数的方差约为样本均值的方差的 29%。

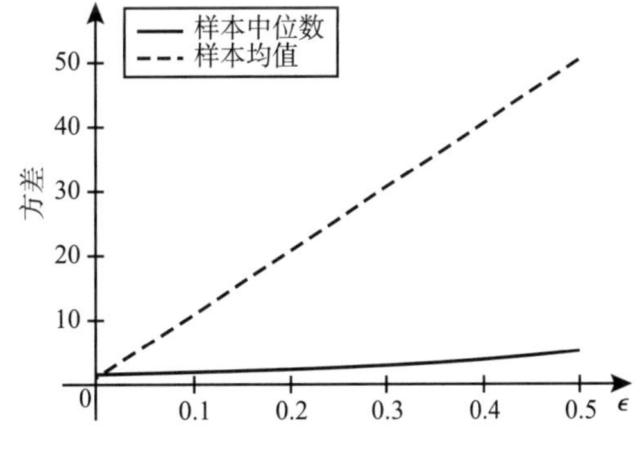

图 10.8 被污染的正态分布的样本均值和样本中位数的方差乘以样本量，固定 $\sigma^2=1$，概率密度函数（10.7.2）是 ϵ 的函数。实线为样本中位数，运用了式（10.7.3）的渐近结果

切尾均值

设 $X_1,\cdots,X_n$ 是取自某未知连续分布的随机样本，假定概率密度函数 $f(x)$ 关于未知点 θ 对称。为了进行讨论，我们用 $Y_1<Y_2<\cdots<Y_n$ 表示该样本的顺序统计量。样本均值 $\overline{X}_n$ 就是这 n 个顺序统计量的平均值。但是，如果我们怀疑概率密度函数 $f(x)$ 的尾部可能比正态分布的尾部更厚，则我们可能希望通过顺序统计量的加权平均值来估计 θ，分配给极端观察值（如 Y_1，Y_2,Y_{n-1} 和 Y_n）较少的权重，并将更多的权重

分配给中间的观察值。样本中位数就是这种加权平均值的一个特殊例子：当 n 为奇数时，它为除中间值以外的所有观察值分配的权重为 0；当 n 为偶数时，它给中间两个观察值中的每一个分配的权重为 1/2，给所有其他观察值分配的权重为 0。

下面一类估计量包含顺序统计量的加权平均值。

定义 10.7.2　切尾均值　对于每个正整数 k，$k<n/2$，忽略样本中的 k 个最小观测值 $Y_1,\cdots,Y_k$ 和 k 个最大观测值 $Y_n,Y_{n-1},\cdots,Y_{n-k+1}$。剩下的 $n-2k$ 个中间观测值的平均值称为 k 级切尾均值。

显然，k 级切尾均值可以表示为如下形式的顺序统计量的加权平均值：

$$\frac{1}{n-2k}\sum_{i=k+1}^{n-k} Y_i。\tag{10.7.4}$$

样本中位数是切尾均值的一个例子：当 n 为奇数时，样本中位数为 $(n-1)/2$ 级切尾均值；当 n 为偶数时，它是 $(n-2)/2$ 级切尾均值。无论哪种情况，样本中位数都是 k 级切尾均值，其中 $k=\lfloor(n-1)/2\rfloor$ 是小于或等于 $(n-1)/2$ 的最大整数。

尺度参数的稳健估计

除了分布的中位数，可能还有其他参数值得估计，即使我们不愿意将数据建模为特定参数族。例如，尺度参数可能有助于了解分布的分散程度，标准差（如果存在）就是这种度量。这里给出尺度参数的一般定义。

定义 10.7.3　尺度参数　如果对任意 $a>0$ 和所有的实数 b，$aX+b$ 相应的参数为 $a\sigma$，任意参数 σ 被称为随机变量 X 的分布的尺度参数。

尽管标准差是一个尺度参数，但是有很多分布（如柯西分布）的标准差不存在。对于所有分布，存在替代标准差的尺度参数，这些尺度参数是有限的。

对于每个分布都存在的一个尺度参数是四分位距（IQR），如定义 4.3.2 所定义。例如，如果 F 是均值为 μ 和方差为 σ^2 的正态分布，则四分位距为 $2\Phi^{-1}(0.75)\sigma=1.349\sigma$（见本节习题 15）。柯西分布的四分位距为 2（见例 4.3.9）。不难证明（见本节习题 11），如果 X 的四分位距为 σ，$a>0$，则 $aX+b$ 的四分位距等于 $a\sigma$。四分位距的估计量是样本四分位距，即 0.75 和 0.25 样本分位数之间的差（样本分位数就是样本分布函数的分位数）。

每个随机变量 X 都存在的另一个尺度参数是中位数绝对偏差。

定义 10.7.4　中位数绝对偏差　随机变量 X 的中位数绝对偏差是 $|X-m|$ 的分布的中位数，其中 m 是 X 的中位数。

如果 X 的分布关于其中位数对称，则中位数绝对偏差为四分位距的一半。对于非对称分布，中位数绝对偏差是中位数周围包含 50%分布的对称区间的一半长度，而四分位距是中位数周围包含“中位数以下一半分布和中位数以上一半分布”的区间的长度。例如，如果 X 具有自由度为 5 的 χ^2 分布，则四分位距为 3.95，而中位数绝对偏差为 1.895，略小于四分位距的一半。中位数绝对偏差的估计量是样本中位数绝对偏差，它是 $|X_i-M_n|$ 的样本中位数，其中 M_n 是 $X_1,\cdots,X_n$ 的样本中位数。

另外两个有用的尺度参数是四分位距除以 1.349，中位数绝对偏差除以 0.674 5。选择的这些参数的性质是，如果数据服从正态分布，那么这些参数等于标准差（见本节习题15）。这些参数的典型估计量是样本四分位距除以 1.349，样本中位数绝对偏差除以 0.674 5。

中位数的 M-估计量

样本均值受一个极端观测值的影响很大。例如在容量为 n 的样本中，如果一个观测值 x 被 $x+\Delta$ 替换，则样本均值将变化 Δ/n。如果 Δ 较大，则这个变化也很大。另一方面，样本中位数受一个观测值变化的影响很小或者根本不受影响。然而，样本中位数的效率低下，因为它使用很少的观测值。切尾均值试图在样本中位数和样本均值之间进行折中，它利用样本中间的多个（不是一个或两个）观测值构成估计量，同时保持了对极端观测值的不敏感性。还有其他试图达到同样折中的估计量。其他的估计量是 θ 在观测值的概率密度函数的不同假设下的极大似然估计量。

如果我们假设 $X_1,\cdots,X_n$ 是来自正态分布的随机样本，均值（和中位数）为 θ，方差任意，则样本均值是 θ 的极大似然估计量。如果我们假设 $X_1,\cdots,X_n$ 是来自如下分布的随机样本，则样本中位数也为 θ 的极大似然估计量。

定义 10.7.5 Laplace 分布 设 $\sigma>0$ 和 θ 为实数。概率密度函数为

$$f(x\mid\theta,\sigma)=\frac{1}{2\sigma}\mathrm{e}^{-|x-\theta|/\sigma} \tag{10.7.5}$$

的分布称为参数为 θ 和 σ 的 Laplace 分布。

本节习题 9 将证明当样本来自 Laplace 分布时，θ 的极大似然估计量确实是样本中位数。

为了看清为什么 Laplace 和正态分布的极大似然估计量如此不同，我们可以检查在这两种情况下求解极大似然估计量的两个方程。从这些方程可以看出，各个对数似然函数关于 θ 的导数必须等于 0。在两种情况下，对数似然函数的导数都是 n 项的和，每一项对应一个观测值。对于正态分布的情况，与观测值 x_i 相对应的项为 $(x_i-\theta)/\sigma^2$。对于 Laplace 分布的情况，我们考查与观测值 x_i 相对应的项：如果 $\theta<x_i$，项等于 $1/\sigma$；如果 $\theta>x_i$，项等于 $-1/\sigma$。由此可知，导数在 $\theta=x_i$ 时不存在。对于在例 8.3.2 中引入的撒播云数据，我们在图 10.9 中说明了这两个导数。单个观测值变化 Δ 将使图 10.9 中的整个正态分布线垂直移动 $\Delta/(n\sigma^2)$。在同一观测值中，相同的变化只会影响图 10.9 中的变化观测值附近的 Laplace 图像，最极端的观测值的实际值不影响图像穿过 0 的位置。

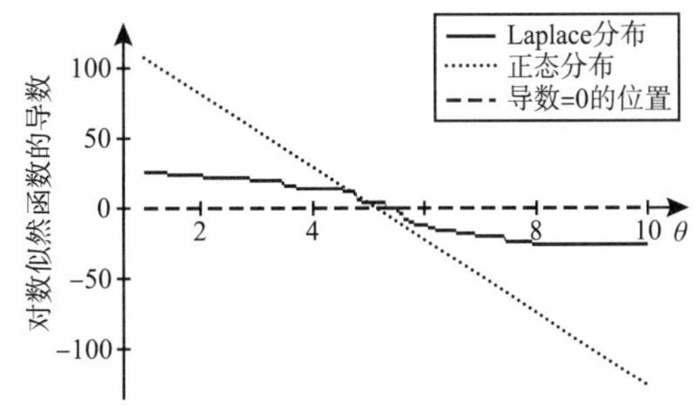

图 10.9 利用人工降雨数据计算的 Laplace 分布和正态分布对数似然函数的导数

在不随意丢弃固定数量的数据的情况下，在这两种类型的行为之间折中是很好的。我们希望对于在中间数据附近的 θ，对数似然函数的导数近似与 $\sum(x_i-\theta)$ 成正比，这里的求和仅在中间的那些观测值上求和。这将使估计量不仅可以利用中间的观测值，还可以使用更

多数据。同时像Laplace分布的情况一样，我们希望导数在极端值附近趋于平坦，这样极端观测的实际值不会影响估计值。一个具有这些性质的概率密度函数具有如下形式：

$$g_k(x\mid\theta,\sigma)=c_k\mathrm{e}^{h_k([x-\theta]/\sigma)},\tag{10.7.6}$$

其中σ为尺度参数，

$$h_k(y)=\begin{cases}-0.5y^2, & -k<y<k,\\ 0.5k^2-k\mid y\mid, & \text{其他。}\end{cases}$$

c_k是使g的积分等于1的常数。我们必须以某种方式选择k，通常是为了反映这样的想法：我们认为极端观测值可能距θ有多远。对于满足$|\theta-x|<k\sigma$的θ，$g_k(x|\theta,\sigma)$的对数的导数关于θ呈线性关系；而当$|\theta-x|>k\sigma$，这个导数像Laplace概率密度函数的对数的导数一样平。现在我们看到，可以选择k来反映“一个数据值离θ多少个σ的倍数时，它就开始对估计θ失去重要性”。经典的选择是$1\leqslant k\leqslant 2.5$。如果我们假设$X_1,\cdots,X_n$是来自概率密度函数为$g_k(x|\theta,\sigma)$的分布的随机样本，则$\theta$的极大似然估计值将在样本中位数和样本均值之间折中。

定义10.7.6　M-估计量　假定数据具有式（10.7.6）的概率密度函数g_k，则θ的极大似然估计量称为M-估计量。

M-估计量是Huber（1977）提出的稳健估计量。该名称源于以下事实：它们是通过最大化一个不是似然函数的函数求得的。

M-估计量不能通过最大化$\prod_{i=1}^{n}g_k(x_i\mid\theta,\sigma)$在封闭形式中得到，但是如果可以先估计$\sigma$，则我们有一种简单的迭代算法可以找到它。通常，我们用$\hat{\sigma}$代替σ，$\hat{\sigma}$等于本节前面介绍的稳健尺度估计值。一个流行的选择是样本中位数绝对偏差除以0.674 5。将$\prod_{i=1}^{n}g_k(x_i\mid\theta,\sigma)$作为$\theta$的函数进行处理，我们可以取对数，求导，再令其为0，尝试找到最大值。对数的导数为$-\sum_{i=1}^{n}\psi_k((x_i-\theta)/\hat{\sigma})/\hat{\sigma}$，其中

$$\psi_k(y)=\begin{cases}-k, & y<-k,\\ y, & -k\leqslant y\leqslant k,\\ k, & y>k\text{。}\end{cases}$$

通常，人们通过如下方式解方程$\sum_{i=1}^{n}\psi_k((x_i-\theta)/\hat{\sigma})=0$：将其改写为$\sum_{i=1}^{n}w_i(\theta)(x_i-\theta)=0$，其中$w_i(\theta)$定义如下：

$$w_i(\theta)=\begin{cases}\dfrac{\psi_k((x_i-\theta)/\hat{\sigma})}{x_i-\theta}, & x_i\neq\theta,\\ 1, & x_i=\theta\text{。}\end{cases}$$

则$\theta=\sum_{i=1}^{n}w_i(\theta)x_i/\sum_{i=1}^{n}w_i(\theta)$就是这个方程的解。显然，我们需要知道$\theta$，才能计算$w_i(\theta)$，我们需要通过以下步骤迭代求解这个方程：

1. 挑选初始值θ_0，例如样本中位数，令$j=0$；

2. 令 $\theta_{j+1}=\dfrac{\sum_{i=1}^{n} w_i(\theta_j)x_i}{\sum_{i=1}^{n} w_i(\theta_j)}$；

3. 将 j 换成 $j+1$，回到步骤 2。

这个过程通常将在少量迭代中收敛到 M-估计值 $\tilde{\theta}$。

迭代过程实际上让我们清楚了为什么 $\tilde{\theta}$ 是稳健估计值，为什么它是样本均值和样本中位数之间的折中。注意到，$\tilde{\theta}$ 是值 $x_1,\cdots,x_n$ 的加权平均值。x_i 的权重与 $w_i(\tilde{\theta})$ 成正比。如果 $|x_i-\tilde{\theta}|\leqslant k\hat{\sigma}$，则 $w_i(\tilde{\theta})=1/\hat{\sigma}$；如果 $|x_i-\tilde{\theta}|>k\hat{\sigma}$，则 $w_i(\tilde{\theta})=k/|x_i-\tilde{\theta}|$，权重随着 x_i 变得更极端而减小。如果 $\tilde{\theta}$ 接近分布的中间（正如我们希望的那样），则分布中间附近的观测值将在估计中获得更大的权重，而远处的观测值将获得更少的权重。

注：M-估计量与对称的分布。在本节的开头，我们假设数据的未知概率密度函数 f 关于未知参数 θ 对称，θ 必须是分布的中位数。即使我们不假定数据来自对称分布，也可以计算上述 M-估计量。但是，如果分布不是对称的，则 M-估计量所估计的不一定是分布的中位数。取而代之的是，M-估计量估计的是数字 γ，使得

$$E\left[\psi_k\left(\frac{X_i-\gamma}{\sigma}\right)\right]=0。\tag{10.7.7}$$

如果 X_i 的分布在 θ 附近对称，则 $\gamma=\theta$ 将是方程（10.7.7）的解。如果 X_i 的分布不对称，则除中位数之外的其他一些数字可能会是方程（10.7.7）的解。

例 10.7.3　人工降雨　再次使用撒播云的数据，我们将求得 $k=1.5$ 的 M-估计量的值。我们从对数降雨量的样本中位数 $\theta_0=5.396$ 开始。我们还使用 $\hat{\sigma}$ 等于中位数绝对偏差 0.731 8 除以 0.674 5，即 $\hat{\sigma}=1.085$。六个最小的和三个最大的观测值不在样本中位数的 $1.5\hat{\sigma}$ 之内。在下一次迭代的计算中，这 9 个观测值的权重均小于其他 17 个观测值。例如，最小的观测值为 1.411，其权重为 $1.5/|1.411-5.396|=0.3764$，而 17 个中心观测值的权重为 0.921 7。这样，观测值的加权平均值为 $\theta_1=5.315$。我们重复加权和平均，直到没有变化为止。经过 10 次迭代后，我们得到 $\theta_{11}=5.283$，与 θ_{10} 几乎相同。◀

注：中位数和尺度参数同时存在 M-估计量。我们可以同时估计中位数和尺度参数，使用的方法与前面 M-估计量描述的方法非常相似。也就是说，我们不是在 M-估计量的算法中选定 $\hat{\sigma}$ 的值，而是构造一个更复杂的算法来同时估计中位数和尺度参数。关于稳健估计过程更多的例子，感兴趣的读者可以参考 Huber（1981）和 Hampel 等人（1986）。

估计量的比较

设观测值 $X_1,\cdots,X_n$ 可能来自某个分布的随机样本，我们已经提到了在怀疑这个分布的概率密度函数的尾部比正态分布的尾部更厚的情况下，使用稳健估计量的必要性。当样本中的几个观测值看起来异常大或异常小时，也需要使用稳健估计量。在这种情况下，统计学家可能会怀疑样本中的大多数观测值来自一个正态分布，而少数极端观测值可能来自不同的正态分布，且其方差比第一个正态分布大得多（这是被污染的正态分布的情况）。极

端观测值（被称为异常值）将极大地影响 $\overline{X}_n$ 的值，并使其成为 θ 的不可靠估计量。由于在稳健估计量中这些异常值的权重较小，因此稳健估计量通常比 $\overline{X}_n$ 更可靠。

公认的是，在上述情况下稳健估计量的表现将优于 $\overline{X}_n$。但是，如果 $X_1,\cdots,X_n$ 实际上的确是来自正态分布的随机样本，那么 $\overline{X}_n$ 的表现将比稳健估计量更好。由于我们通常不确定在特定问题中会遇到哪种情况，因此在实际分布为正态分布时，了解稳健估计量的均方误差比 $\overline{X}_n$ 的均方误差大多少显得非常重要。换句话说，重要的是要知道“如果在实际分布为正态分布时，使用稳健估计量会损失多少”。现在我们将考虑这个问题。

当 $X_1,\cdots,X_n$ 是来自均值为 θ 和方差为 σ^2 的正态分布的随机样本时，$\overline{X}_n$ 的概率分布和本章所述的每个稳健估计量的概率分布将关于 θ 对称。因此，每个估计量的均值都为 θ，每个估计量的均方误差都等于它们的方差，并且不管 θ 的真实值如何，每个估计量的均方误差都为一个恒定值。表 10.38 中列出了样本量 n 为 10 或 20 时，正态分布的几个估计量的均方误差。表 10.38 中的值来自 Andrews 等人（1972），是使用将在第 12 章介绍的模拟方法计算的。应该注意的是，当 $n=10$ 时，$k=4$ 的切尾均值和样本中位数是同一个估计量。

表 10.38　样本均值的均方误差和几种稳健估计量的均方误差的比较

估计量	$n=10$	$n=20$	估计量	$n=10$	$n=20$
样本均值 $\overline{X}_n$	1.00	1.00	$k=4$ 级切尾均值	1.37	1.14
$k=1$ 级切尾均值	1.05	1.02	样本中位数	1.37	1.50
$k=2$ 级切尾均值	1.12	1.06	M-估计量	1.05	1.05
$k=3$ 级切尾均值	1.21	1.10			

注：数据具有方差为 σ^2 的正态分布。均方误差为表中值乘以 σ^2/n。M-估计量采用 $k=1.5$，$\hat{\sigma}$ 等于样本中位数绝对偏差除以 0.674 5

从表 10.38 中可以看出，当数据实际上来自正态分布时，M-估计量的均方误差和切尾均值不会比 $\overline{X}_n$ 的均方误差大很多。实际上，当 $n=20$ 时，2 级切尾均值的均方误差仅是 $\overline{X}_n$ 的均方误差的 1.06 倍，其中省略了样本中 20 个观测值中的 4 个。即使样本中位数的均方误差仅为 $\overline{X}_n$ 的 1.5 倍。这些值说明了在不必要的时候使用稳健估计量的代价。

现在，我们将考虑当数据隐含的分布不是正态分布时，通过使用稳健估计量可以实现在均方误差上改进。如果 $X_1,\cdots,X_n$ 是来自柯西分布的随机样本，则 $\overline{X}_n$ 的均方误差是无限大的。表 10.39 中给出了样本量 n 为 10 或 20 时，柯西分布的稳健估计量的均方误差。表 10.39 中的值来自 Andrews 等人（1972）。

表 10.39　样本均值的均方误差和几种稳健估计量的均方误差的比较

估计量	$n=10$	$n=20$	估计量	$n=10$	$n=20$
样本均值 $\overline{X}_n$	∞	∞	$k=4$ 级切尾均值	3.66	3.58
$k=1$ 级切尾均值	27.22	23.98	样本中位数	3.66	2.88
$k=2$ 级切尾均值	8.57	7.32	M-估计量	6.05	4.50
$k=3$ 级切尾均值	3.86	4.57			

注：数据具有柯西分布。均方误差为表中值除以 n。M-估计量采用 $k=1.5$，$\hat{\sigma}$ 等于样本中位数绝对偏差除以 0.674 5

最后，表10.40说明了两个被污染的正态分布的均方误差。这两个分布的概率密度函数由式（10.7.2）给出，其中$\epsilon=0.05$和$\epsilon=0.1$。表10.40中的值是使用第12章所述的模拟方法计算的。

表10.40　样本均值的均方误差和几种稳健估计量的均方误差的比较

估计量	$\epsilon=0.05$	$\epsilon=0.1$	估计量	$\epsilon=0.05$	$\epsilon=0.1$
样本均值$\overline{X}_n$	5.95	10.90	$k=4$级切尾均值	1.29	1.50
$k=1$级切尾均值	1.87	3.92	样本中位数	1.62	1.81
$k=2$级切尾均值	1.32	2.01	M-估计量	1.27	1.58
$k=3$级切尾均值	1.27	1.57			

注：$n=20$个样本数据来自被污染的正态分布，概率密度函数为式（10.7.2），$\epsilon=0.05$和$\epsilon=0.1$。均方误差为表中值除以n。M-估计量采用$k=1.5$，$\hat{\sigma}$等于样本中位数绝对偏差除以0.674 5

从表10.39和表10.40可以看出，稳健估计量的均方误差比$\overline{X}_n$的均方误差小得多。当切尾均值或M-估计量作为θ的估计量时，很明显必须选择k的特定值。选择k的一般规则在所有情况下都不是最好的。如果有理由相信概率密度函数$f(x)$近似于正态分布，则我们可使用切尾均值去估计θ，它通过在排序后的样本的每一端剔除约10%或15%的观测值而获得。作为替代，我们可以使用$k=2$或2.5的M-估计量。如果概率密度函数$f(x)$可能偏离正态分布，或者如果观测值可能有多个异常值，则可以使用样本中位数估计θ，也可以使用$k=1$或1.5的M-估计量。

我们也可以用类似的方式比较各种尺度估计量。这种比较要复杂得多，因为要估计的尺度参数有多种选择，例如标准差、四分位距和中位数绝对偏差。我们在这里就不做这样的比较了。

样本分位数的大样本性质

在本节的前面部分，我们利用样本中位数以及样本0.25和0.75分位数来估计分布的中位数和尺度特征。这些样本分位数和其他样本分位数的分布很难精确推导出。如果样本量较大，则样本分位数的分布存在近似分布。可以证明，如果$X_1,\cdots,X_n$为来自某连续分布的大随机样本，其概率密度函数为$f(x)$且有唯一p分位数θ_p，则样本p分位数的分布近似为正态分布。确切地说，必须满足假设$f(\theta_p)>0$。

定理10.7.1　样本分位数的渐近分布　在上述条件下，令$\tilde{\theta}_{p,n}$表示样本p分位数，则当$n\to\infty$，$n^{1/2}(\tilde{\theta}_{p,n}-\theta_p)$的分布函数收敛到均值为0、方差为$p(1-p)/f^2(\theta_p)$的正态分布的分布函数。■

换句话说，当n很大时，样本p分位数$\tilde{\theta}_{p,n}$的分布近似服从均值为θ_p、方差为$p(1-p)/[nf^2(\theta_p)]$的正态分布。

此外，假设$\tilde{\theta}_{q,n}$表示样本$q(q>p)$的分位数，并且假设数据分布的q分位数θ_q唯一。则$(\tilde{\theta}_{p,n},\tilde{\theta}_{q,n})$的联合分布近似服从二元正态分布，均值为$\theta_p$和$\theta_q$，方差为$p(1-p)/[nf^2(\theta_p)]$和$q(1-q)/[nf^2(\theta_q)]$，以及协方差为$p(1-q)/[nf(\theta_p)f(\theta_q)]$。有关这些结论的严格推导，见Schervish（1995，7.2节）。

小结

我们引入了中位数和尺度参数的许多估计量，这些估计量比样本均值和样本标准差更稳健。要说新的估计量更稳健，就均方误差而言，意味着与旧的估计量相比表现更好，而不管数据来自哪个分布（在较大的类别中）。中位数的稳健估计量包括切尾均值、样本中位数和通过最大化类似于似然函数的函数获得的 M-估计量。尺度参数的稳健估计量包括样本四分位距（IQR）、样本中位数绝对偏差，以及数据来自正态分布时用于估计标准差的倍数。

习题

1. 假设样本包含表 10.41 中的 15 个观察值。计算（a）样本均值，（b）$k=1, 2, 3, 4$ 的切尾均值，（c）样本中位数，（d）$k=1.5$，$\hat{\sigma}$ 等于样本中位数绝对偏差除以 0.674 5 的 M-估计量的值。

表 10.41　习题 1 的数据

23.0	21.5	63.0	21.7	22.2	22.9
22.5	2.1	22.1	21.3	21.8	22.1
22.4	2.2	21.7			

2. 假设样本包含表 10.42 中的 14 个观察值。计算（a）样本均值，（b）$k=1, 2, 3, 4$ 的切尾均值，（c）样本中位数，（d）$k=1.5$，$\hat{\sigma}$ 等于样本中位数绝对偏差除以 0.674 5 的 M-估计量的值。

表 10.42　习题 2 的数据

1.24	0.36	0.23	0.10	0.03	0.00
0.24	1.78	−2.00	−2.40	0.12	
−0.11	0.69	0.24			

3. 假设从正态分布中取 $n=100$ 个观测值的随机样本，均值 θ 未知，方差为 1，则 $\tilde{\theta}_{0.5,n}$ 表示样本中位数。确定 $P(|\tilde{\theta}_{0.5,n}-\theta|\leqslant 0.1)$ 的（近似）值。
4. 假设从柯西分布中取 $n=100$ 个观测值的随机样本，中心位置 θ 未知，则 $\tilde{\theta}_{0.5,n}$ 表示样本中位数。确定 $P(|\tilde{\theta}_{0.5,n}-\theta|\leqslant 0.1)$ 的（近似）值。
5. 令 $f(x)$ 表示式（10.7.1）中给出的被污染的正态分布的概率密度函数，$\epsilon=\frac{1}{2}$，$\sigma^2=1$，且 g 是均值为 μ、方差为 4 的正态分布的概率密度函数。假设从概率密度函数为 $f(x)$ 的分布中随机选取了 100 个观测值。确定样本均值的均方误差和样本中位数的（近似）均方误差。
6. 使用表 10.6 中的数据，我们想要估计二氧化硫对数的中位数。计算（a）样本均值，（b）$k=1,2,3,4$ 的切尾均值，（c）样本中位数，（d）$k=1.5$，$\hat{\sigma}$ 等于样本中位数绝对偏差除以 0.674 5 的 M-估计量的值。
7. 假设 $X_1,\cdots,X_n$ 独立同分布，同服从由式（10.7.2）给出的概率密度函数的分布。令 $\overline{X}_n=\frac{1}{n}\sum_{i=1}^{n}X_i$。
   a. 证明：$E(\overline{X}_n)=\mu$。
   b. 证明：$\mathrm{Var}(\overline{X}_n)=(1+99\epsilon)\sigma^2/n$。
8. 如果将图 10.8 一直扩展到 $\epsilon=1$，则样本中位数的方差将上升到样本均值的方差之上。实际上，两个方差之比在$\epsilon=1$处与在$\epsilon=0$处是相同的。解释为什么这是正确的。

9. 假设$X_1,\cdots,X_n$是来自某分布的随机样本，其概率密度函数由式（10.7.5）给出。证明：θ的极大似然估计量是样本中位数。提示：引入随机变量X，其分布函数等于$X_1,\cdots,X_n$的样本分布函数，然后利用定理4.5.3。
10. 假设$X_1,\cdots,X_n$独立同分布，分布的概率密度函数由式（10.7.5）给出。假定σ已知，设θ在$x_1,\cdots,x_n$的两个观测值之间。证明：在θ处的似然对数的导数等于$1/\sigma$乘以“大于θ的观测值个数与小于θ的观测值个数之差”。
11. 设X为某个连续分布的随机变量，其四分位距为σ。证明：对所有$a>0$和所有b，$aX+b$的四分位距都是$a\sigma$。
12. 设X为某个连续分布的随机变量，其中位数绝对偏差为σ。证明：对所有$a>0$和所有b，$aX+b$的中位数绝对偏差都是$a\sigma$。
13. 求柯西分布的中位数绝对偏差。
14. 设X服从参数为λ的指数分布。证明：X的中位数绝对偏差小于四分位距的一半。（无须计算中位数绝对偏差。）
15. 设X服从正态分布，标准差为σ。
    a. 证明：四分位距为$2\Phi^{-1}(0.75)\sigma$。
    b. 证明：中位数绝对偏差为$\Phi^{-1}(0.75)\sigma$。
16. Darwin（1876，p.16）报告了一项实验的结果。他种植了15对玉米，每对由在同一盆中生长的一株自体受精和一株交叉受精的植物组成。下面的数据是每对中两株植物的高度（单位：八分之一英寸）之间的差异（交叉受精植株的高度减去自体受精植株的高度）。

    $$49,-67,8,16,6,23,28,41,14,29,56,24,75,60,-48$$

    计算（a）样本均值，（b）$k=1,2,3,4$的切尾均值，（c）样本中位数，（d）$k=1.5$，$\hat{\sigma}$等于样本中位数绝对偏差除以0.674 5的M-估计量的值。
17. 假设$X_1,\cdots,X_n$是来自某分布的大样本，其概率密度函数为f。假定f关于分布的中位数对称。求样本四分位距的大样本分布。

*10.8 符号检验和秩检验

在这一节中，我们描述了一些常用的关于分布的中位数或者关于两种分布间差别的假设的非参数检验。

单样本的检验过程

例10.8.1 热狗的卡路里数 考虑8.5节习题7中给出的$n=20$个牛肉热狗所含的卡路里数。假定我们对检验关于卡路里数的中位数的假设感兴趣，但是不愿意假设卡路里数服从正态分布或任何其他熟悉的分布。当我们不愿意对分布的形式进行假设时，是否有合适的方法？ ◀

假设$X_1,\cdots,X_n$是来自某个未知分布的随机样本。在第9章中，我们考虑了未知分布的形式已知并且含有某些未知参数的情形。例如，某一分布可能是均值或方差均未知的正态分布，现在，我们只假定这个分布是连续型的。由于不假定这个数据的分布有一个均值，所以不能检验关于这个分布均值的假设。然而，每个连续分布都有一个中位数μ满足$P(X_i\leq\mu)=0.5$。对一般分布，中位数是位置的一个常用度量，现在我们给出下列形式的假设的检验过程：

$$H_0:\mu \leqslant \mu_0,$$
$$H_1:\mu > \mu_0。\tag{10.8.1}$$

这个检验基于下面这个简单事实：$\mu \leqslant \mu_0$ 当且仅当 $P(X_i \leqslant \mu_0) \geqslant 0.5$。对 $i=1,\cdots,n$，当 $X_i \leqslant \mu_0$ 时，令 $Y_i=1$，其他情况下令 $Y_i=0$。定义 $p=P(Y_i=1)$。进而检验是否 $\mu \leqslant \mu_0$ 等价于检验是否 $p \geqslant 0.5$。因为 $X_1,\cdots,X_n$ 相互独立，所以 $Y_1,\cdots,Y_n$ 也相互独立，这使得 $Y_1,\cdots,Y_n$ 是服从参数为 p 的伯努利分布的随机样本。我们已经知道如何检验原假设：$p \geqslant 0.5$（见例 9.1.9）。计算 $W=Y_1+\cdots+Y_n$；如果 W 小到一定程度，则拒绝原假设。为了使得检验的显著性水平为 α_0，我们选择 c 满足

$$\sum_{w=0}^{c}\binom{n}{w}\left(\frac{1}{2}\right)^n \leqslant \alpha_0 < \sum_{w=0}^{c+1}\binom{n}{w}\left(\frac{1}{2}\right)^n。$$

于是我们的检验为“如果 $W \leqslant c$，则拒绝 H_0”。

刚才所描述的检验称为**符号检验**，它是基于 $X_i-\mu_0$ 为负的观察值个数的检验。如果我们想检验如下假设

$$H_0:\mu = \mu_0,$$
$$H_1:\mu \neq \mu_0,$$

也可以建立一个类似的检验。再次令 $p=P(X_i \leqslant \mu_0)$，则原假设 H_0 等价于假设 $p=0.5$。为了使得检验的显著性水平为 α_0，我们要选择 c 满足

$$\sum_{w=0}^{c}\binom{n}{w}\left(\frac{1}{2}\right)^n \leqslant \frac{\alpha_0}{2} < \sum_{w=0}^{c+1}\binom{n}{w}\left(\frac{1}{2}\right)^n。$$

我们的检验为“当 $W \leqslant c$ 或 $W \geqslant n-c$ 时，拒绝 H_0”。我们用对称的拒绝域是因为参数为 n 和 $1/2$ 的二项分布关于 $n/2$ 是对称的。

例 10.8.2　热狗的卡路里数　再次考虑例 10.8.1 中牛肉热狗的卡路里数。设 μ 表示牛肉热狗的卡路里数分布的中位数。假设我们想要检验假设 $H_0:\mu=150$，$H_1:\mu \neq 150$。因为 20 个热狗中有 9 个热狗的卡路里含量比 150 要小，可知 $W=9$。这个观察值的双边 p 值是 0.823 8，所以除非 $\alpha_0 \geqslant 0.823\ 8$，我们不会在显著性水平 α_0 下拒绝原假设。◀

对每个 $p=P(X_i \leqslant \mu_0)$ 的值，我们很容易计算出符号检验的功效函数。例如，在假设 (10.8.1) 的单边假设检验中，其功效是

$$P(W \leqslant c) = \sum_{w=0}^{c}\binom{n}{w}p^w(1-p)^{n-w}。$$

两个分布的比较

例 10.8.3　比较铜矿石　再次考虑例 9.6.5 某铜矿中两个位置的铜矿石的比较。假如我们不满意假设“矿石中铜的含量的分布为正态分布”，是否仍可以检验关于“分布是否相同”或“中位数是否相同”的假设？◀

接下来，我们要考虑的问题中，有 m 个观察值 $X_1,\cdots,X_m$ 的随机样本来自某个连续分布，其分布函数 $F(x)$ 未知；与之独立的有 n 个观察值 $Y_1,\cdots,Y_n$ 的随机样本来自另一个连续分布，其分布函数 $G(x)$ 也未知。我们要检验如下假设

$$H_0:F = G$$

$$H_1:F \neq G。 \tag{10.8.2}$$

检验假设（10.8.2）的一个方法是应用10.6节中所描述的两样本的Kolmogorov-Smirnov检验。此外，如果我们愿意假定两样本事实上是取自有相同的未知方差的正态分布，则假设（10.8.2）的检验和两正态分布的均值是否相同的检验是一样的。因此，在这个假定下，我们可以用9.6节所描述的双样本t检验。

在这一节，我们将介绍检验假设（10.8.2）的另一个检验过程。这个检验过程大约在20世纪40年代由F. Wilcoxon和H. B. Mann与D. R. Whitney分别提出，被称作Wilcoxon-Mann-Whitney秩检验。

Wilcoxon-Mann-Whitney 秩检验 在这个检验过程中，我们先将两个样本中的$m+n$个观察值按照它们在两个样本中的最小值到最大值排列成单个序列。因为所有的观察值均来自连续分布，可以假定$m+n$个观察值中没有两个值是相等的。这样，我们可以得到关于这$m+n$个值的总排序。在总排序中的每个观察值按照它在排序中的位置都分别赋予了从1到$m+n$的秩。

Wilcoxon-Mann-Whitney秩检验基于如下性质：如果假定原假设H_0为真，两个样本事实上来自同一分布，那么观察值$X_1,\cdots,X_m$倾向于分散在整个$m+n$个观察值的排序中，而不是集中在较小值或较大值附近。事实上，若H_0为真，分配给这m个观察值$X_1,\cdots,X_m$的秩就如同"有一个放有$m+n$个秩$1,2,\cdots,m+n$的盒子，从中随机无放回地抽取m个秩"。

令S表示为分配给m个观察值$X_1,\cdots,X_m$的秩和。因为秩$1,2,\cdots,m+n$的平均值为$(1/2)\cdot(m+n+1)$，从刚才的讨论中可知：当H_0为真时，

$$E(S)=\frac{m(m+n+1)}{2}。 \tag{10.8.3}$$

还可以证明当H_0为真时，

$$\mathrm{Var}(S)=\frac{mn(m+n+1)}{12}。 \tag{10.8.4}$$

此外，当样本量m，n都很大且H_0为真时，S的分布将近似于均值和方差分别由式（10.8.3）和式（10.8.4）给出的正态分布。如果S的值偏离式（10.8.3）给出的均值很远，Wilcoxon-Mann-Whitney秩检验就拒绝H_0。换句话说，检验具体为"如果$|S-(1/2)m\cdot(m+n+1)|\geq c$，则拒绝$H_0$"，其中$c$为恰当选取的常数。特别地，如果利用$S$的近似正态分布，则常数$c=[\mathrm{Var}(S)]^{1/2}\Phi^{-1}(1-\alpha_0/2)$使得这个检验的显著性水平为$\alpha_0$。

例10.8.4 比较铜矿石 再次考虑例10.8.3中的铜矿石的比较。假定在第一个样本中$m=8$，所测得数据为

$$2.183,2.431,2.556,2.629,2.641,2.715,2.805,2.840,$$

而在第二个样本中$n=10$个所测得数据为

$$2.120,2.153,2.213,2.240,2.245,2.266,2.281,2.336,2.558,2.587。$$

两个样本中18个值按从小到大排列于表10.43中。第一个样本中每个观察值用符号x表示，第二个样本中每个观察值用符号y表示。第一个样本中10个观察值的秩和S为104。

假定用正态分布来近似。如果H_0为真，S近似服从均值为76、方差为126.67的正态分布。因此S的标准差为$(126.67)^{1/2}=11.25$。所以，当H_0为真时，随机变量$Z=(S-76)/$

(11.25)将近似服从标准正态分布。在这个例子中，由于 $S=104$，由此可得 $Z=2.49$。这个 Z 值相对应的 p 值为 0.012 8。因此，在每一个 $\alpha_0 \geqslant 0.0128$ 的显著性水平下都将拒绝原假设 H_0。◀

表 10.43　例 10.8.4 中的排序数据

观察到的			观察到的		
秩	值	样本	秩	值	样本
1	2.120	y	10	2.431	x
2	2.153	y	11	2.556	x
3	2.183	x	12	2.558	y
4	2.213	y	13	2.587	y
5	2.240	y	14	2.629	x
6	2.245	y	15	2.641	x
7	2.266	y	16	2.715	x
8	2.281	y	17	2.805	x
9	2.336	y	18	2.840	x

对于小的 m,n，采用正态分布来近似 S 的分布是不恰当的。在许多已出版的统计表集中给出了小样本量的 S 的精确分布表。许多统计软件包也可以计算 S 精确分布的分布函数和分位数。

注：成对数据的检验。在本节习题 1 和 15 中，建立了关于成对数据的符号检验与秩检验。

同分值

Wilcoxon-Mann-Whitney 秩检验的理论是建立在所有的观察值 X_i，Y_j 都不同的假设上的。然而，由于在实际的试验中只能以有限的精确性进行测量，因此确实存在同一个观察值不止出现一次的情况。例如，假设我们要进行 Wilcoxon-Mann-Whitney 秩检验，发现有一对或多对(i,j)使得 $X_i=Y_j$（同分值）。在这种情况下，就要进行两次秩检验：第一次检验，对每一对 $X_i=Y_j$，应当假定每一个 $X_i<Y_j$；第二次检验，假定 $X_i>Y_j$。如果两个检验的尾部面积大致相同，那么这个同分值在数据中就相对不太重要。另一方面，如果尾部面积差别很大，那么这个同分值对所要做出的推断影响很大。在这种情况下数据有可能是缺乏说服力的。

例 10.8.5　补钙和血压　考虑 9.6 节习题 10 中的数据，我们用数据来说明例 10.6.4 中 Kolmogorov-Smirnov 检验。在两个样本中都有−5 和−3 这两个观察值。首先，把较小的秩分配给接受钙补充剂组的观察值（X_i），然后，把余下较小的秩分配给接受安慰剂组的观察值（Y_j）。例如，在合并的样本中，−3 是第 5，第 6，第 7 小的值。在第一次检验中，把秩 5 分配给 $X_i=-3$，把秩 6、7 分配给两个 $Y_j=-3$；在第二次检验中，把秩 5、6 分配给 $Y_j=-3$。对第一个检验，X 的秩之和为 123；在第二个检验中，X 的秩之和为 126。在这个问题中，$m=10$，$n=11$，所以当原假设为真时，S 的均值和方差分别为 110 和 201.7。对应这两个值的双边尾部面积分别为 0.36，0.26。除非 $\alpha_0 \geqslant 0.26$，否则这两个检验都不会在水平 α_0 下拒绝原假设。◀

也有其他处理同分值的合理的方法。当有两个或多个值相等时，一个简单的方法是把连续的秩分配给这些值，然后将这些秩的平均值分配给同分值。当用这个方法时，Var(S)的值因同分值而必须修正。

Wilcoxon-Mann-Whitney 秩检验的功效

当 X 的秩总和 S 太大或太小时，Wilcoxon-Mann-Whitney 秩检验就拒绝原假设“两个分布相同”。如果人们认为最重要的备择假设是“X_i 的值趋向于比 Y_j 的值大”或“X_i 的值趋向于比 Y_j 的值小”，这是非常敏感的。然而还有其他的情况，尽管 $F\neq G$，但 S 还是趋向于式（10.8.3）中的均值。例如，假设所有的 $X_1,\cdots,X_m$ 都服从区间$[0,1]$上的均匀分布以及 $Y_1,\cdots,Y_n$ 有如下的概率密度函数：

$$g(y)=\begin{cases}0.5, & \text{当 } -1<y<0 \text{ 或 } 1<y<2,\\ 0, & \text{其他。}\end{cases}$$

不难证明 $E(S)$和式（10.8.3）相同，且 $\mathrm{Var}(S)=m^2n/4$。在这种情况下，检验的功效（拒绝 H_0 的概率）也不会明显大于显著性水平 α_0。实际上，如果人们关注这种类型的备择假设，只要 X 的秩太紧密地聚集在一起，不管它们是大还是小，人们都希望拒绝原假设。

Wilcoxon-Mann-Whitney 秩检验被设计为当 F 和 G 之间有特殊关系时具有较大的功效。

定义 10.8.1 随机大于 令 X 表示分布函数为 F 的随机变量，且令 Y 表示分布函数为 G 的随机变量。令 F^{-1} 和 G^{-1} 分别表示相应的分位数函数。如果对所有的 $0<p<1$，有 $F^{-1}(p)\geq G^{-1}(p)$，则我们称 F 随机大于 G，或等价地称 X 随机大于 Y。也就是说，X 的每一个分位数大于或等于 Y 的相应的分位数。

容易看出，如果 X_i 随机大于 Y_j，那么在合并样本中 X_i 的秩至少和 Y_j 的秩一样大。这就使 S 值大的可能性比值小的可能性更大。类似地，如果 Y_j 随机大于 X_i，S 将趋向于小的值。

当 X_i 或 Y_j 都不是随机大于另一个，那么就很难给 S 的分布一个一般的论断。对大样本量，即使 $F\neq G$，S 分布的正态近似依旧成立。但是，S 的均值和方差依赖于两个分布函数 F 和 G。例如利用本节习题 11 中的结论，我们可以证明

$$E(S)=nmP(X_1\geq Y_1)+\frac{m(m+1)}{2}。\tag{10.8.5}$$

用同样的方法，还可以证明：

$$\begin{aligned}\mathrm{Var}(S)=nm[&P(X_1\geq Y_1)-(m+n-1)P(X_1\geq Y_1)^2+\\&(n-1)P(X_1\geq Y_1,X_1\geq Y_2)+(m-1)P(X_1\geq Y_1,X_2\geq Y_1)]。\end{aligned}\tag{10.8.6}$$

原则上说，F 和 G 每一个特定的选择都能计算出这些概率，可以用模拟的方法（见第 12

章）来近似得到所需要的概率。在计算或近似得到这些概率后，就可以估计显著性水平为 α_0 的 Wilcoxon-Mann-Whitney 秩检验的功效：首先，回忆如果 $S \leqslant c_1$ 或 $S \geqslant c_2$ 时，拒绝原假设“$F=G$”，其中

$$c_1 = \frac{m(m+n+1)}{2} - \Phi^{-1}\left(1-\frac{\alpha_0}{2}\right)\left[\frac{mn(m+n+1)}{12}\right]^{1/2},$$

$$c_2 = \frac{m(m+n+1)}{2} + \Phi^{-1}\left(1-\frac{\alpha_0}{2}\right)\left[\frac{mn(m+n+1)}{12}\right]^{1/2}。$$

那么这个检验的功效是

$$\Phi\left(\frac{c_1 - E(S)}{\mathrm{Var}(S)^{1/2}}\right) + 1 - \Phi\left(\frac{c_2 - E(S)}{\mathrm{Var}(S)^{1/2}}\right)。$$

其中 $E(S)$ 和 $\mathrm{Var}(S)$ 分别由式（10.8.5）和式（10.8.6）给定。

小结

符号检验是作为一种非参数检验而被引入的，用以检验未知分布中位数的假设。Wilcoxon-Mann-Whitney 秩检验方法是作为另一种非参数检验而发展起来的，用以检验两个分布函数相等的假设。Wilcoxon-Mann-Whitney 秩检验方法被设计成当两个分布中有一个随机大于另一个时拥有较大功效函数。

习题

1. 假设 $(X_1,Y_1),\cdots,(X_n,Y_n)$ 是独立同分布的随机变量对，且具有连续的联合分布。令 $p=P(X_i \leqslant Y_i)$，假定我们希望检验如下的假设：

$$H_0: p \leqslant 1/2, H_1: p > 1/2。\tag{10.8.7}$$

描述上述假设的符号检验。

2. 重新考虑例 10.8.4 中的数据。对这两个样本应用 Kolmogorov-Smirnov 检验来检验假设（10.8.2.）。
3. 重新考虑例 10.8.4 中的数据。假设观察数据取自两个方差相同的正态分布，检验假设（10.8.2），并应用在 9.6 节中所介绍的 t 检验方法。
4. 在比较两种药物 A 和 B 在降低血糖浓度的有效性的试验中，药物 A 被用于 25 个病人，药物 B 被用于 15 个病人。接受药物 A 的 25 个病人的血糖浓度减少的数据如表 10.44 所示；接受药物 B 的 15 个病人的血糖浓度减少的数据如表 10.45 所示。使用 Wilcoxon-Mann-Whitney 秩检验来检验假设“这两种药物在减少血糖浓度方面具有相同的效用”。

表 10.44 在习题 4 中使用药物 A 的病人数据

0.35	1.12	1.54	0.13	0.77
0.16	1.20	0.40	1.38	0.39
0.58	0.04	0.44	0.75	0.71
1.64	0.49	0.90	0.83	0.28
1.50	1.73	1.15	0.72	0.91

表 10.45 在习题 4 中使用药物 B 的病人数据

1.78	1.25	1.01	0.89	0.86	1.63
1.82	1.95	1.81	1.26	1.07	1.31
0.68	1.48	1.59			

5. 重新考虑习题 4 中的数据。对两个样本应用 Kolmogorov-Smirnov 检验来检验假设“两种药物具有相同效用”。
6. 重新考虑习题 4 中的数据。假定观察数据取自两个方差相同的正态分布。应用在 9.6 节中所介绍的 t 检验方法检验假设“两种药物具有相同效用”。
7. 假设 $X_1,\cdots,X_m$ 是来自某连续分布的随机样本，其概率密度函数 $f(x)$ 未知；与之独立的 $Y_1,\cdots,Y_n$ 是取自另一个连续分布的随机样本，其概率密度函数 $g(x)$ 也未知。同时也假定对 $-\infty<x<\infty$，都有 $f(x)=g(x-\theta)$，这里 $\theta(-\infty<\theta<\infty)$ 是未知参数。令 F^{-1} 为 X_i 的分位数函数，且令 G^{-1} 为 Y_j 的分位数函数。证明：对所有的 $0<p<1$，有 $F^{-1}(p)=\theta+G^{-1}(p)$。
8. 重新考虑习题 7 中的情况。描述如何应用单边 Wilcoxon-Mann-Whitney 秩检验来检验如下假设：
$$H_0:\theta\leqslant 0, H_1:\theta>0。$$
9. 重新考虑习题 7 中的条件。描述对 θ_0 的一个特定值，如何应用双边 Wilcoxon-Mann-Whitney 秩检验来检验如下假设：
$$H_0:\theta=\theta_0, H_1:\theta\neq\theta_0。$$
10. 重新考虑习题 9 中的情况。描述如何使用 Wilcoxon-Mann-Whitney 秩检验来确定置信度为 $1-\alpha_0$ 的 θ 的一个置信区间。提示：当 θ_0 为何值时，在显著性水平 α_0 下接受原假设 H_0：$\theta=\theta_0$？
11. 令 $X_1,\cdots,X_m$ 及 $Y_1,\cdots,Y_n$ 是两个样本中的观察值，并设这些观察值中没有两个是相等的。考虑 mn 对
$$\begin{gathered}(X_1,Y_1),\cdots,(X_1,Y_n),\\(X_2,Y_1),\cdots,(X_2,Y_n),\\\vdots\\(X_m,Y_1),\cdots,(X_m,Y_n)。\end{gathered}$$
令 U 表示这些数对中 X 分量的值大于 Y 分量的值的个数。证明：$U=S-(1/2)m(m+1)$。其中 S 为在本节中所定义的分配给 $X_1,\cdots,X_m$ 的秩和。
12. 令 $X_1,\cdots,X_m$ 为具有分布函数 F 的独立同分布的随机变量，$Y_1,\cdots,Y_n$ 是具有分布函数 G 的独立同分布的随机变量，且 $X_1,\cdots,X_m$ 和 $Y_1,\cdots,Y_n$ 互相独立，令 S 如本节所定义。证明：S 的均值由式（10.8.5）给出。
13. 在习题 12 的条件下，证明：S 的方差由式（10.8.6）给出。
14. 在习题 12 和 13 的条件下，设 $F=G$。证明式（10.8.5）与式（10.8.6）分别和式（10.8.3）与式（10.8.4）是一致的。
15. 重新考虑习题 1 中的条件。这次，令 $D_i=X_i-Y_i$。Wilcoxon（1945）推导了假设（10.8.7）的如下检验。将绝对值 $|D_1|,\cdots,|D_n|$ 按从小到大排序，且对值分配 1 到 n 的秩。然后令 S_W 等于满足 $D_i>0$ 的所有 $|D_i|$ 的秩和。如果 D_i 的分布关于 0 对称，则 S_W 的均值和方差为
$$E(S_W)=n(n+1)/4, \tag{10.8.8}$$
$$\mathrm{Var}(S_W)=n(n+1)(2n+1)/24。 \tag{10.8.9}$$
当 $S_W\geqslant c$ 时检验拒绝 H_0，这里选择的 c 使检验的显著性水平为 α_0。称这个方法为 Wilcoxon 符号秩检验。如果 n 很大，近似正态分布允许我们用：$c=E(S_W)+\Phi^{-1}(1-\alpha_0)\mathrm{Var}(S_W)^{1/2}$。

a. 如果 $|D_j|$ 的秩为 i 且 $D_j>0$，令 $W_i=1$，否则令 $W_i=0$。证明：$S_W=\sum_{i=1}^{n}iW_i$。

b. 证明：在 D_i 的分布关于 0 对称的假设下，$E(S_W)$ 由式（10.8.8）给出。提示：利用式（4.7.13）。

c. 证明：在 D_i 的分布关于 0 对称的假设下，$\mathrm{Var}(S_W)$ 由式（10.8.9）给出。提示：利用式（4.7.14）。

16. 在一个比较用于制造男鞋鞋跟的两种不同的材料 A,B 的试验中，挑选了 15 位男士试穿一双用 A 材料制成一个鞋跟、用 B 材料制成另一个鞋跟的鞋子。在试验初期，每个鞋跟有 10 毫米厚。在鞋被穿了一个月之后，逐一测量剩余的鞋跟厚度。结果如表 10.46 所示。检验原假设"材料 A 不如材料 B 耐用"，备择假设"材料 A 比材料 B 耐用"。使用（a）习题 1 中的符号检验；（b）习题 15 中的 Wilcoxon 符号秩检验，（c）成对 t 检验法。

表 10.46　习题 16 中的数据

双	材料 A	材料 B	双	材料 A	材料 B
1	6.6	7.4	9	7.8	7.0
2	7.0	5.4	10	7.5	6.6
3	8.3	8.8	11	6.1	4.4
4	8.2	8.0	12	8.9	7.7
5	5.2	6.8	13	6.1	4.2
6	9.3	9.1	14	9.4	9.4
7	7.9	6.3	15	9.1	9.1
8	8.5	7.5			

10.9 补充习题

1. 描述如何使用符号检验构造未知分布的中位数 θ 的置信度为 $1-\alpha_0$ 的置信区间，利用 8.5 节习题 7 中的数据来构造观察值的置信度为 0.95 的置信区间。提示：在显著性水平 α_0 下，对于哪个值 θ 你不拒绝原假设 H_0：$\theta=\theta_0$？

2. 假设从一个大的人群中随机选择了 400 个人，并且样本中的每个人都指定了她最喜欢五种早餐麦片中的哪一种。对于 $i=1,\cdots,5$，p_i 表示偏爱麦片 i 的人数比例，N_i 表示样本中偏爱麦片 i 的人数。希望以显著性水平 0.01 检验以下假设：

$$H_0: p_1 = p_2 = \cdots = p_5,$$
$$H_1: \text{假设 } H_0 \text{ 不为真。}$$

$\sum_{i=1}^{5} N_i^2$ 取什么样的值会拒绝 H_0？

3. 考虑由许多家庭组成的大总体，其中每个家庭都有三个孩子，假定我们需要检验原假设 H_0"每个家庭中男孩数量的分布是参数为 $n=3$ 和 $p=1/2$ 的二项分布"，与之相应的备择假设 H_1 为"H_0 不为真"。还假设从 128 个家庭的随机样本中发现，有 26 个家庭没有男孩，有 32 个家庭有一个男孩，有 40 个家庭有两个男孩，有 30 个家庭有三个男孩。H_0 应在什么显著性水平下被拒绝？

4. 再次考虑习题 3 的条件，包括 128 个家庭的随机样本的观察结果，但是现在假设需要检验复合原假设 H_0"每个家庭中男孩数量的分布是 $n=3$ 的二项分布"（并没指定 p 的值），与之相应的备择假设 H_1 为"H_0 不为真"。H_0 应在什么显著性水平下被拒绝？

5. 研究三组美国人的血型，从第 1 组中抽取了 50 人的随机样本，从第 2 组中抽取了 100 人的随机样本，并从第 3 组中抽取了 200 人的随机样本，样本中每个人的血型分别为 A，B，AB 或 O，结果如表 10.47 所示。在显著性水平 0.1 下，检验假设"三组的血型分布均相同"。

6. 再次考虑习题 5 的条件。如何修改表 10.47 中的数字，使得每一行总计和每一列总计保持不变，χ^2 检验统计量的值却增加了？

表 10.47 习题 5 和习题 6 中的数据

	A	B	AB	O	总计
第 1 组	24	6	5	15	50
第 2 组	43	24	7	26	100
第 3 组	69	47	22	62	200

7. 考虑将要应用于 2×2 列联表元素的独立性χ^2 检验。证明：$(N_{ij}-\hat{E}_{ij})^2$ 对于表的四个单元都有相同的值。
8. 再次考虑习题 7 的条件。证明：χ^2 统计量 Q 可以表示成以下形式：

$$Q=\frac{n(N_{11}N_{22}-N_{12}N_{21})^2}{N_{1+}N_{2+}N_{+1}N_{+2}}。$$

9. 假设对包含 $4n$ 个观察值的 2×2 列联表的元素应用显著性水平为 0.01 的独立性χ^2 检验，并且数据具有表 10.48 中给出的形式。当 a 取什么值时，将拒绝原假设？

表 10.48 习题 9 的数据

$n+a$	$n-a$
$n-a$	$n+a$

10. 假设对包含 $2n$ 个观测值的 2×2 列联表的元素应用显著性水平为 0.005 的独立性χ^2 检验，并且数据具有表 10.49 中给出的形式，$\alpha\in(0,1)$。对于 α 取什么值，将拒绝原假设？

表 10.49 习题 10 的数据

αn	$(1-\alpha)n$
$(1-\alpha)n$	αn

11. 在对空气污染对健康影响的研究中，发现患有呼吸系统疾病的城市 A 的人口比例大于城市 B 的人口比例。由于人们普遍认为城市 A 比城市 B 的污染程度较小、更健康，这个结果令人惊讶。因此，针对年轻人（40 岁以下）和老年人（40 岁及以上）分别进行了调查。研究发现，城市 A 的年轻人患呼吸系统疾病的比例比城市 B 小，而且城市 A 的老年人患呼吸系统疾病的比例也比城市 B 小。讨论和解释这些结果。
12. 假设对来自两个不同高中 A 和 B 的学生进行了数学测验。将测验结果制成表格后，发现学校 A 新生的平均分数高于学校 B 新生的平均分数。两个学校的高二、高三和高四学生之间也存在相同的关系（学校 A 的平均分比学校 B 高）。另一方面，还发现学校 A 所有学生的平均分数低于学校 B 所有学生的平均分数。讨论并解释这些结果，举例说明这是如何发生的。
13. 在三个月的时间内，随机抽取 100 名患有抑郁症的住院患者接受特殊治疗。在开始治疗之前，将每位患者分类为抑郁的五个水平之一，其中 1 级代表最严重的抑郁水平，5 级代表最轻的抑郁水平。在治疗结束时，再次根据相同的五个抑郁水平对每个患者进行分类。结果在表 10.50 中给出。讨论使用该表确定治疗是否对缓解抑郁症有帮助。

表 10.50 习题 13 的数据

治疗前的抑郁水平	治疗后的抑郁水平				
	1	2	3	4	5
1	7	3	0	0	0
2	1	27	14	2	0
3	0	0	19	8	2
4	0	1	2	12	0
5	0	0	1	1	0

14. 假设 3 个观察值的随机样本来自某个具有如下概率密度函数的分布

$$f(x)=\begin{cases}\theta x^{\theta-1}, & 0<x<1,\\ 0, & \text{其他},\end{cases}$$

其中 $\theta>0$，求这个分布中位数的概率密度函数。

15. 假设 n 个观察值的随机样本来自某分布，其概率密度函数如习题 14 中所述。确定样本中位数的渐近分布。

16. 假设从自由度为 $\alpha>2$ 的 t 分布中抽取 n 个观察值的随机样本。证明：样本均值 $\overline{X}_n$ 和样本中位数 $\tilde{X}_n$ 的渐近分布都是正态分布，并确定正整数 α，使得 $\overline{X}_n$ 的渐近分布的方差小于 $\tilde{X}_n$ 的渐近分布的方差。

17. 假设 $X_1,\cdots,X_n$ 是来自某分布的大样本，其概率密度函数为 $h(x|\theta)=\alpha f(x|\theta)+(1-\alpha)g(x|\theta)$。这里 $f(x|\theta)$ 是均值 θ 未知且方差为 1 的正态分布的概率密度函数，$g(x|\theta)$ 是均值 θ 未知且方差为 σ^2 的正态分布的概率密度函数，且 $0\leqslant\alpha\leqslant1$。令 $\overline{X}_n$ 和 $\tilde{X}_n$ 分别表示样本均值和样本中位数。

    a. 对于 $\sigma^2=100$，确定 α 的值使得 $\tilde{X}_n$ 的均方误差比 $\overline{X}_n$ 的均方误差小。

    b. 对于 $\alpha=0.5$，确定 σ^2 的值使得 $\tilde{X}_n$ 的均方误差比 $\overline{X}_n$ 的均方误差小。

18. 假设 $X_1,\cdots,X_n$ 是来自概率密度函数为 $f(x)$ 的分布的样本，设 $Y_1<Y_2<\cdots<Y_n$ 为这个样本的顺序统计量。证明：$Y_1,\cdots,Y_n$ 的联合概率密度函数为

$$g(y_1,\cdots,y_n)=\begin{cases}n!\ f(y_1)\cdots f(y_n), & y_1<y_2<\cdots<y_n,\\ 0, & \text{其他。}\end{cases}$$

19. 设 $Y_1<Y_2<Y_3$ 为来自区间 $[0,1]$ 上均匀分布的随机样本的顺序统计量。求给定 $Y_1=y_1$ 和 $Y_3=y_3(0<y_1<y_3<1)$ 下，Y_2 的条件分布。

20. 假设 20 个观察值的随机样本来自某未知的连续分布，令 $Y_1<\cdots<Y_{20}$ 表示样本的顺序统计量。同时，设 θ 为分布的 0.3 分位数，并假设希望 θ 的置信区间形式为 (Y_r,Y_{r+3})。确定 $r(r=1,2,\cdots,17)$ 的值使得这个置信区间具有最大的置信度 γ，并求 γ 的值。

21. 假设 $X_1,\cdots,X_m$ 是来自某连续分布的随机变量，其概率密度函数 $f(x)$ 未知；与之独立的 $Y_1,\cdots,Y_n$ 是来自另外一个连续分布的随机变量，其概率密度函数 $g(x)$ 也未知；且 $f(x)=g(x-\theta)$，$-\infty<x<\infty$，参数 θ 的值未知。假定欲进行如下假设的显著性水平为 $\alpha(0<\alpha<1)$ 的 Wilcoxon-Mann-Whitney 秩检验：

$$H_0:\theta=\theta_0,$$
$$H_1:\theta\neq\theta_0。$$

假定没有两个观察值相同，设 U_{θ_0} 表示满足 $X_i-Y_j>\theta_0$ 的观察值对 (X_i,Y_j) 的个数，其中 $i=1,\cdots,m$ 和 $j=1,\cdots,n$。证明：对足够大的 m 和 n，假设 H_0 不被拒绝，当且仅当

$$\frac{mn}{2}-\Phi^{-1}\left(1-\frac{\alpha}{2}\right)\left[\frac{mn(m+n+1)}{12}\right]^{1/2}<$$
$$U_{\theta_0}<\frac{mn}{2}+\Phi^{-1}\left(1-\frac{\alpha}{2}\right)\left[\frac{mn(m+n+1)}{12}\right]^{1/2},$$

其中 Φ^{-1} 是标准正态分布的分位数。提示：见 10.8 节习题 11。

22. 再次考虑习题 21 的条件。证明：可以通过以下过程获得置信度为 $1-\alpha$ 的 θ 的置信区间，令 k 为小于或等于

$$\frac{mn}{2}-\Phi^{-1}\left(1-\frac{\alpha}{2}\right)\left[\frac{mn(m+n+1)}{12}\right]^{1/2}$$

的最大整数。同样，设 A 为 mn 个 X_i-Y_j 中的第 k 个最小值，$i=1,\cdots,m$ 和 $j=1,\cdots,n$，而 B 为这 mn 个差中的第 k 个最大值。那么区间 $A<\theta<B$ 是符合要求的置信区间。

23. 符号检验可以推广到关于分布的任意分位数而不只是中位数的假设检验。设 θ_p 为某分布的 p 分位数，并假设 $X_1,\cdots,X_n$ 为来自该分布的独立同分布的样本。

    a. 令 b 为任意数。解释如何构建如下假设的符号检验

$$H_0:\theta_p=b,H_1:\theta_p\neq b,$$

    其中显著性水平为 α_0。(你可以构造一个等尾检验。)

    b. 如何运用上述检验构造 θ_p 的置信度为 $1-\alpha_0$ 的置信区间？

第 11 章　线性统计模型

11.1　最小二乘法

当每个从试验中得到的观察值都是成对的一组数，那么试着用其中一个数来预测另一个数通常是非常重要的。最小二乘法是一种利用观察到的成对样本从一个变量来得到另一个变量预测的方法。

拟合一条直线

例 11.1.1　血压　假设给 10 个病人中的每一个先服用一定量的标准药物 A 来治疗，并测量他们的血压变化，在药物作用消失后，再用等量的新药物 B 治疗，然后观察每一位病人的血压变化。称这种血压的变化为病人对每种药物的反应。对 $i=1,\cdots,10$，令 x_i 表示第 i 个病人服用药物 A 的反应，用适当的单位度量，用 y_i 表示第 i 个病人服用药物 B 的反应。假设表 11.1 中给出了观察到的结果。把这 10 个点 (x_i,y_i)，$i=1,\cdots,10$ 描绘在图 11.1 上。这个研究的目的是试图根据病人对标准药物 A 的反应预测病人对药物 B 的反应。◀

表 11.1　两种药物的反应

i	x_i	y_i	i	x_i	y_i
1	1.9	0.7	6	4.4	3.4
2	0.8	-1.0	7	4.6	0.0
3	1.1	-0.2	8	1.6	0.8
4	0.1	-1.2	9	5.5	3.7
5	-0.1	-0.1	10	3.4	2.0

例 11.1.1 中，假设我们现在对描述病人对药物 B 的反应和对药物 A 的反应之间的关系感兴趣。为了得到这种关系的一个简单表达式，我们希望将图 11.1 上的 10 个点拟合成一条直线。尽管这 10 个点显然并不恰好在同一条直线上，我们可能会认为这些偏差是由于观察到的每个病人血压的变化不仅受到两种药物的影响还受其他因素的影响。换句话说，我们也许相信如果可能控制其他这些因素的话，那么观察到的这 10 个点将确实在同一条直线上。还可以进一步认为，如果对大量的病人进行这两种药物的测试并观察反应结果，而不是仅仅 10

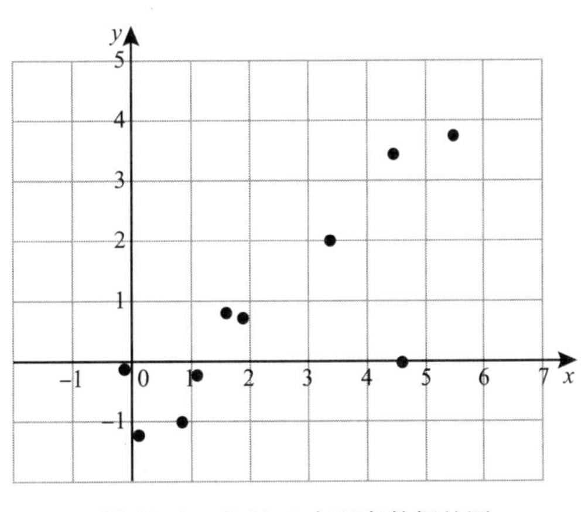

图 11.1　表 11.1 中观察数据的图

个病人，那么会发现得到的点将趋向一条直线。也许我们也希望可以通过一个病人对药物 A 的反应 x 来预测使用药物 B 的反应 y。进行这样一个预测的步骤是把图 11.1 中的点拟合成一条直线，利用这条直线来预测与每个 x 值相对应的 y 值。

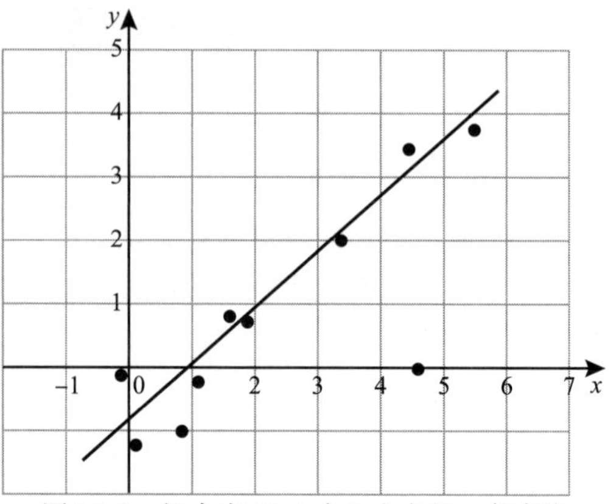

图 11.2　拟合表 11.1 中 9 个点的一条直线

从图 11.1 中可以看出，如果我们不考虑表 11.1 中由 $i=7$ 的病人所得到的点（4.6, 0.0)，那么其余 9 个点大致在一条直线上。图 11.2 中画出了对这 9 个点拟合得非常好的一条直线。然而，如果希望有一条直线对这 10 个点都能拟合，不清楚应该对图 11.2 中的直线调整多少才能够符合这些异常点。现在来描述一种能拟合这条直线的方法。

最小二乘直线

例 11.1.2　血压　在例 11.1.1 中，假设我们对拟合直线到图 11.1 中所画的点感兴趣，为了得到一个简单数学关系，把病人对新药物 B 的反应 y 表示成她对标准药物 A 的反应 x 的函数。也就是说，我们的主要目标是能够从她对药物 A 的反应 x 中近似地预测出对药物 B 的反应 y。因而我们感兴趣的是构造一条直线，使得对每一个观察到的反应 x_i，直线上相应的 y 值尽可能地接近实际上观察到的反应 y_i。图 11.2 中所画的直线到 10 个点的垂直偏差在图 11.3 中给出。◀

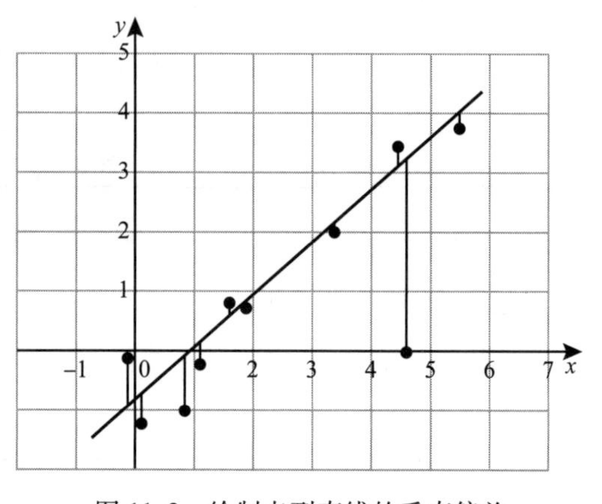

图 11.3　绘制点到直线的垂直偏差

一种构造一条直线来拟合观察值的方法叫作最小二乘法。根据这个方法，这条直线应该使得所有点到该直线的垂直偏差的平方和达到最小。现在要更详细地研究这个方法。

定理 11.1.1　最小二乘　设 $(x_1,y_1),\cdots,(x_n,y_n)$ 为 n 个点的集合，一条直线使得所有点与它的垂直偏差的平方和最小，那么这条直线具有如下斜率和截距：

$$\hat{\beta}_1=\frac{\sum_{i=1}^{n}(y_i-\bar{y})(x_i-\bar{x})}{\sum_{i=1}^{n}(x_i-\bar{x})^2},$$

$$\hat{\beta}_0=\bar{y}-\hat{\beta}_1\bar{x}, \tag{11.1.1}$$

其中 $\bar{x}=\frac{1}{n}\sum_{i=1}^{n}x_i$ 以及 $\bar{y}=\frac{1}{n}\sum_{i=1}^{n}y_i$。

证明　考虑任意一条直线 $y=\beta_0+\beta_1x$，其中常数 β_0 和 β_1 待定。当 $x=x_i$ 时，这条直线的高度是 $\beta_0+\beta_1x_i$。因此，点 (x_i,y_i) 和这条线之间的垂直距离是 $|y_i-(\beta_0+\beta_1x_i)|$。假设要用这条直线来拟合 n 个点，令 Q 表示这 n 个点的垂直距离的平方和。那么

$$Q=\sum_{i=1}^{n}[y_i-(\beta_0+\beta_1x_i)]^2。\tag{11.1.2}$$

欲求 β_0 和 β_1 使 Q 达到最小化，我们可以通过对 Q 关于 β_0 和 β_1 求偏导数并使它们为 0 得到。我们有

$$\frac{\partial Q}{\partial\beta_0}=-2\sum_{i=1}^{n}(y_i-\beta_0-\beta_1x_i)\tag{11.1.3}$$

和

$$\frac{\partial Q}{\partial\beta_1}=-2\sum_{i=1}^{n}(y_i-\beta_0-\beta_1x_i)x_i。\tag{11.1.4}$$

通过使这两个偏导数等于 0，我们得到以下一对方程：

$$\begin{aligned}\beta_0n+\beta_1\sum_{i=1}^{n}x_i&=\sum_{i=1}^{n}y_i,\\ \beta_0\sum_{i=1}^{n}x_i+\beta_1\sum_{i=1}^{n}x_i^2&=\sum_{i=1}^{n}x_iy_i。\end{aligned}\tag{11.1.5}$$

式（11.1.5）称为 β_0 和 β_1 的**正规方程组**。通过考虑 Q 的二阶偏导数，我们可以证明满足正规方程组的 β_0 和 β_1 的值是使式（11.1.2）中的平方和 Q 达到最小的值。求解式（11.1.5）可得式（11.1.1）中的值。■

定义 11.1.1　最小二乘直线　设 $\hat{\beta}_0$ 和 $\hat{\beta}_1$ 由式（11.1.1）定义，由方程 $y=\hat{\beta}_0+\hat{\beta}_1x$ 定义的直线称作最小二乘直线。

对表 11.1 中给出的值，$n=10$，从式（11.1.1）可以得到 $\hat{\beta}_0=-0.786$，$\hat{\beta}_1=0.685$。因此，最小二乘直线方程是 $y=-0.786+0.685x$。这条直线见图 11.4。

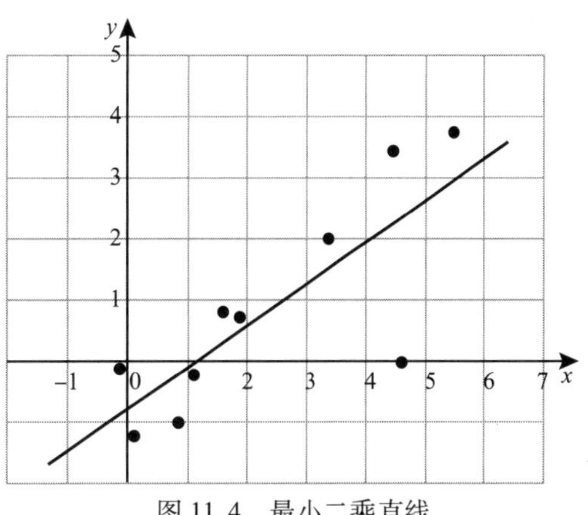

图 11.4　最小二乘直线

事实上所有统计计算机软件都可以计算出最小二乘回归直线。甚至一些便携式计算器也可以做这样的计算。

用最小二乘法来拟合一个多项式

现在假设我们不是简单地构造一条直线来拟合所画的 n 个点，而是要构造一个 $k(k\geqslant2)$ 阶多项式。这样一个多项式将有以下形式：

$$y=\beta_0+\beta_1x+\beta_2x^2+\cdots+\beta_kx^k。\tag{11.1.6}$$

最小二乘法使从曲线到点的垂直偏差的平方和 Q 达到最小，从而来确定常数 $\beta_0,\cdots,\beta_k$。也就是说，应该选择使得 Q 的如下表达式达到最小的这些常数：

$$Q=\sum_{i=1}^{n}[y_i-(\beta_0+\beta_1x_i+\cdots+\beta_kx_j^k)]^2。\tag{11.1.7}$$

如果计算 $k+1$ 个偏导数$\frac{\partial Q}{\partial\beta_0},\cdots,\frac{\partial Q}{\partial\beta_k}$，并且令每个偏导数等于 0，就得到以下含有 $k+1$ 个未知数 $\beta_0,\cdots,\beta_k$ 的 $k+1$ 个线性方程：

$$\begin{aligned}\beta_0n+\beta_1\sum_{i=1}^{n}x_i+\cdots+\beta_k\sum_{i=1}^{n}x_i^k&=\sum_{i=1}^{n}y_i,\\ \beta_0\sum_{i=1}^{n}x_i+\beta_1\sum_{i=1}^{n}x_i^2+\cdots+\beta_k\sum_{i=1}^{n}x_i^{k+1}&=\sum_{i=1}^{n}x_iy_i,\\ &\vdots\\ \beta_0\sum_{i=1}^{n}x_i^k+\beta_1\sum_{i=1}^{n}x_i^{k+1}+\cdots+\beta_k\sum_{i=1}^{n}x_i^{2k}&=\sum_{i=1}^{n}x_i^ky_i。\end{aligned}\tag{11.1.8}$$

跟前面一样，称这个方程组为正规方程组。如果这个正规方程组有唯一解，则这个解将使得 Q 的值达到最小。存在唯一解的充要条件是由该方程组中 $\beta_0,\cdots,\beta_k$ 的系数构成的$(k+1)\times(k+1)$矩阵的行列式不为零。我们将假定这个条件总被满足。如果我们把解记为 $(\hat\beta_0,\cdots,\hat\beta_k)$，则最小二乘多项式为 $y=\hat\beta_0+\hat\beta_1x+\cdots+\hat\beta_kx^k$。

例 11.1.3　拟合一个抛物线　假定希望用形如 $y=\beta_0+\beta_1x+\beta_2x^2$ 的多项式（一条抛物线）来拟合数据表 11.1 中的 10 个点。在本例中，可以发现式（11.1.8）中的正规方程组如下：

$$\begin{aligned}10\beta_0+23.3\beta_1+90.37\beta_2&=8.1\\ 23.3\beta_0+90.37\beta_1+401.0\beta_2&=43.59,\\ 90.37\beta_0+401.0\beta_1+1892.7\beta_2&=204.55。\end{aligned}\tag{11.1.9}$$

而满足这三个方程的唯一 β_0,β_1 和 β_2 的值是 $\hat\beta_0=-0.744$，$\hat\beta_1=0.616$ 和 $\hat\beta_2=0.013$。因此，该最小二乘抛物线方程为

$$y=-0.744+0.616x+0.013x^2。\tag{11.1.10}$$

图 11.5 显示了该曲线及其最小二乘直线。由于方程（11.1.10）中 x^2 的系数很小，在图 11.5 所包括的取值范围内该最小二乘抛物线与最小二乘直线之间都是很接近的。◀

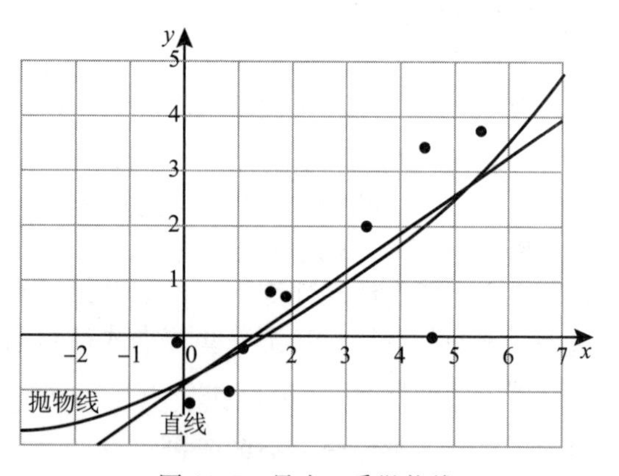

图 11.5　最小二乘抛物线

例 11.1.4　汽油英里数　Heavenrich 和 Hellman（1999）公布了测量 173 辆不同的汽车而得到的几个变量。在这些变量中有两个变量是汽油英里数（英里/加仑）和发动机马力。这两个变量的散点图以及通过最小二乘法所拟合的抛物线如图 11.6 所示。即使没有图 11.6 中所描绘的曲线，也明显可以看到用直线不能充分拟合这两个变量之间的关系。我们必须用某种曲线关系拟合。图中，该最小二乘抛物线在变量发动机马力达到最大值时出现向上弯曲，这多少有点出人意料。事实上，对这样一个例子，应该使用一些先验信息对拟合的曲线方程加以某种限

制。另外，可以用每加仑汽油英里数的曲线函数来代替汽油英里数，并用这个曲线函数当作 y 变量。◀

拟合多个变量的线性函数

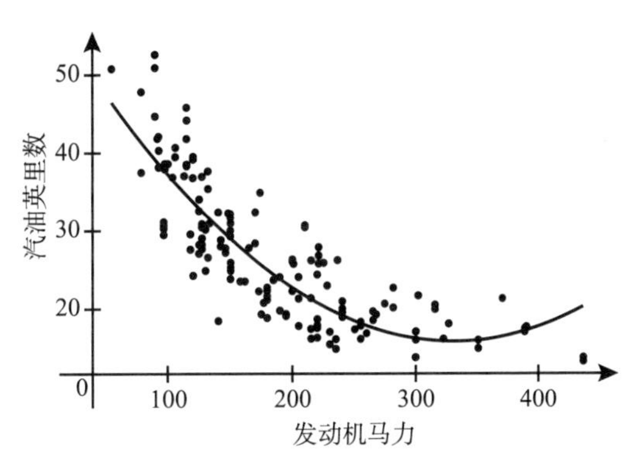

图 11.6 例 11.1.4 中 173 辆汽车的汽油英里数与发动机马力的图。最小二乘抛物线也在图中给出

现在我们将推广例 11.1.1，在例 11.1.1 中我们对线性函数感兴趣，即把某病人对新药物 B 的反应表示成对药物 A 的反应的线性函数。假设我们希望把这个病人对新药物 B 的反应表示为不仅包含对药物 A 的反应，还包括其他一些相关变量的一个线性函数。例如，希望把病人对新药物 B 的反应 y 表示成包括她对药物 A 的反应 x_1、在接受任何药物前的心率 x_2 和血压 x_3，以及其他一些相关变量 $x_4,\cdots,x_k$ 的一个线性函数。

假设对于病人 $i(i=1,\cdots,n)$，测量她对药物 B 的反应 y_i，对药物 A 的反应 x_{i1}，以及其他一些变量的值 $x_{i2},\cdots,x_{ik}$。为了拟合 n 个病人的这些观察值，我们希望考虑如下形式的线性函数

$$y=\beta_0+\beta_1x_1+\cdots+\beta_kx_k。\tag{11.1.11}$$

在这个情况下，也可以通过最小二乘法计算得到 $\beta_0,\cdots,\beta_k$ 的值。对每组给定的观察值 $x_{i1},\cdots,x_{ik}$，再次考虑被观察到的反应 y_i 与式（11.1.11）中给出的线性函数值 $\beta_0+\beta_1x_1+\cdots+\beta_kx_{ik}$ 之间的差。和前面一样，需要将这些差的平方和 Q 最小化。这里

$$Q=\sum_{i=1}^{n}[y_i-(\beta_0+\beta_1x_{i1}+\cdots+\beta_kx_{ik})]^2。\tag{11.1.12}$$

我们用与最小化式（11.1.7）相同的方法来使这个式子最小，即对于 $j=0,1,\cdots,k$，Q 相对于每个 β_j 的偏导数等于 0。在这种情况下，这 $k+1$ 个正规方程具有以下形式：

$$\begin{aligned}
\beta_0n+\beta_1\sum_{i=1}^{n}x_{i1}+\cdots+\beta_k\sum_{i=1}^{n}x_{ik}&=\sum_{i=1}^{n}y_i,\\
\beta_0\sum_{i=1}^{n}x_{i1}+\beta_1\sum_{i=1}^{n}x_{i1}^2+\cdots+\beta_k\sum_{i=1}^{n}x_{i1}x_{ik}&=\sum_{i=1}^{n}x_{i1}y_i,\\
&\vdots\\
\beta_0\sum_{i=1}^{n}x_{ik}+\beta_1\sum_{i=1}^{n}x_{ik}x_{i1}+\cdots+\beta_k\sum_{i=1}^{n}x_{ik}^2&=\sum_{i=1}^{n}x_{ik}y_i。
\end{aligned}\tag{11.1.13}$$

如果这个正规方程组有唯一解，我们将其解记为（$\hat{\beta}_0,\cdots,\hat{\beta}_k$），则最小二乘线性函数是 $y=\hat{\beta}_0+\hat{\beta}_1x_1+\cdots+\hat{\beta}_kx_k$。和前面一样，存在唯一解的充要条件是由方程组（11.1.13）中 $\beta_0,\cdots,\beta_k$ 的系数组成的$(k+1)\times(k+1)$矩阵的行列式不为 0。

例 11.1.5 拟合两个变量的一个线性函数 假设将表 11.1 扩展，以包含表 11.2 中的第三列。这里，对于每个病人 $i(i=1,\cdots,10)$，x_{i1} 表示她对标准药物 A 的反应，x_{i2} 表示她的心率，y_i 表示她对新药物 B 的反应。假定我们希望用这些值拟合一个具有 $y=\beta_0+\beta_1x_1+$

$\beta_2 x_2$ 形式的线性函数。

在这个例子中，可以发现正规方程组（11.1.13）为：

$$\begin{aligned} 10\beta_0 + 23.3\beta_1 + 650\beta_2 &= 8.1, \\ 23.3\beta_0 + 90.37\beta_1 + 1\,563.6\beta_2 &= 43.59, \\ 650\beta_0 + 1\,563.6\beta_1 + 42\,334\beta_2 &= 563.1。 \end{aligned} \tag{11.1.14}$$

满足这三个方程的 β_0,β_1,β_2 的唯一值为 $\hat{\beta}_0=-11.452\,7$，$\hat{\beta}_1=0.450\,3$，$\hat{\beta}_2=0.172\,5$，因此最小二乘线性函数为

$$y=-11.452\,7+0.450\,3x_1+0.172\,5x_2。 \tag{11.1.15}$$

◀

表 11.2　对两种药的反应和心率

i	x_{i1}	x_{i2}	y_i
1	1.9	66	0.7
2	0.8	62	-1.0
3	1.1	64	-0.2
4	0.1	61	-1.2
5	-0.1	63	-0.1
6	4.4	70	3.4
7	4.6	68	0.0
8	1.6	62	0.8
9	5.5	68	3.7
10	3.4	66	2.0

值得注意的是，拟合只含有一个变量的 k 次多项式，如式（11.1.6）所示，可以看成如式（11.1.11）中含有多个变量的线性函数的拟合问题的一个特例。为了使式（11.1.11）适用于拟合式（11.1.6）所给出的多项式形式的问题，我们只需简单地定义 k 个变量 $x_1,\cdots,x_k$ 为 $x_1=x,x_2=x^2,\cdots,x_k=x^k$。

含有不止一个变量的多项式可以表示成式（11.1.11）的形式。例如，假设对于几个不同的病人观察到四个变量 r,s,t 和 y 的值，我们希望拟合这些观察值的函数具有如下形式：

$$y=\beta_0+\beta_1 r+\beta_2 r^2+\beta_3 rs+\beta_4 s^2+\beta_5 t^3+\beta_6 rst。 \tag{11.1.16}$$

通过定义 6 个变量 $x_1,\cdots,x_6$：$x_1=r,x_2=r^2,x_3=rs,x_4=s^2,x_5=t^3$，以及 $x_6=rst$，可以将式（11.1.16）中的函数看作在 $k=6$ 时具有式（11.1.11）形式的线性函数。

小结

我们用最小二乘法基于具有 $\beta_0+\beta_1x_1+\cdots+\beta_kx_k$ 形式的一个或多个变量($x_1,\cdots,x_k$)来计算一个变量（y）的预测量。应选择系数 $\beta_0,\cdots,\beta_k$ 使 y 的观察值和 $\beta_0+\beta_1x_1+\cdots+\beta_kx_k$ 的观察值之间差的平方和尽可能小。对于 $k=1$，我们已经给出了这些系数的代数公式，但大多数计算机统计软件能更容易地算出这些系数。

习题

1. 证明：$\sum_{i=1}^{n}(c_1x_i+c_2)^2 = c_1{}^2\sum_{i=1}^{n}(x_i-\bar{x})^2+n(c_1\bar{x}+c_2)^2$。

2. 证明：式（11.1.1）中的$\hat{\beta}_1$的值能重写成下列三种形式之一。

   a. $\hat{\beta}_1 = \dfrac{\sum_{i=1}^{n}x_iy_i - n\bar{x}\bar{y}}{\sum_{i=1}^{n}x_i^2 - n\bar{x}^2}$

   b. $\hat{\beta}_1 = \dfrac{\sum_{i=1}^{n}(x_i-\bar{x})y_i}{\sum_{i=1}^{n}(x_i-\bar{x})^2}$

   c. $\hat{\beta}_1 = \dfrac{\sum_{i=1}^{n}x_i(y_i-\bar{y})}{\sum_{i=1}^{n}(x_i-\bar{x})^2}$

3. 证明：最小二乘直线 $y=\hat{\beta}_0+\hat{\beta}_1x$ 通过点$(\bar{x},\bar{y})$。

4. 对于 $i=1,\cdots,n$，令 $\hat{y}_i=\beta_0+\beta_1x_i$。证明：式（11.1.1）中给出的 $\hat{\beta}_0$ 和 $\hat{\beta}_1$ 是使得下式成立的 β_0 和 β_1 的唯一值：

$$\sum_{i=1}^{n}(y_i-\hat{y}_i)=0 \text{ 和 } \sum_{i=1}^{n}x_i(y_i-\hat{y}_i)=0。$$

5. 用一条直线拟合表 11.1 中所给的观察值，使得点到直线的水平偏差的平方和最小。在同一张图上画出这条直线和图 11.4 中所给出的最小二乘直线。

6. 已知最小二乘直线和最小二乘抛物线都拟合同一个点集。解释为什么点与抛物线的偏差的平方和不可能大于点与直线的偏差的平方和。

7. 已知某种合金的八个样本是在不同温度下生产出来的，而且观察了每个样本的韧度。观察值列于表 11.3 中，其中 x_i 表示样本 i 生产时的温度（标准单位），而 y_i 表示样本的韧度（标准单位）。

   a. 用最小二乘法将这些值拟合成一条形如 $y=\beta_0+\beta_1x$ 的直线。

   b. 用最小二乘法将这些值拟合成一条形如 $y=\beta_0+\beta_1x+\beta_2x^2$ 的抛物线。

   c. 在同一张图中描出这八个数据点、在 a 中得到的直线和 b 中得到的抛物线。

表 11.3　习题 7 的数据

i	x_i	y_i	i	x_i	y_i
1	0.5	40	5	2.5	44
2	1.0	41	6	3.0	42
3	1.5	43	7	3.5	43
4	2.0	42	8	4.0	42

8. 设(x_i,y_i)，$i=1,\cdots,k+1$，表示在 xy 平面内给定的 $k+1$ 个点，其中任意两点之间没有相同的横坐标。证明：存在唯一的形如 $y=\beta_0+\beta_1x+\cdots+\beta_kx^k$ 的多项式经过这 $k+1$ 点。

9. 将某种塑料的弹性 y 表示成塑料被浇固的温度 x_1 和被浇固的时间 x_2 的一个线性函数。已知在 x_1 和 x_2 的不同数值下做出了 10 块塑料，被观察到的值以适当的单位在表 11.4 中给出。用最小二乘法拟合一个形如 $y=\beta_0+\beta_1x+\beta_2x^2$ 的函数。

表 11.4　习题 9 的数据

i	x_{i1}	x_{i2}	y_i
1	100	1	113
2	100	2	118
3	110	1	127
4	110	2	132
5	120	1	136
6	120	2	144
7	120	3	138
8	130	1	146
9	130	2	156
10	130	3	149

10. 再次考虑表 11.4 中的观察值，用最小二乘法拟合一个形如 $y=\beta_1x_1+\beta_2x_2+\beta_3x_2^2$ 的函数。
11. 再次考虑表 11.4 中的观察值，思考习题 9 和习题 10 中拟合这些变量的两个函数。哪个函数更好地拟合了观察值？

11.2　回归

在 11.1 节中我们介绍了最小二乘法。这种方法计算线性函数的系数，基于变量 x_1，…，x_k 来预测变量 y。在这一节中，假设 y 的值是一族随机变量的观察值。在这种情况下，有一个统计模型使得最小二乘法产生了这个模型参数的极大似然估计值。

回归函数

例 11.2.1　压强和水的沸点　Forbes（1857）报告了尝试获得估计海拔高度的试验结果。海拔高度和大气压强之间有个公式，但是在 Forbes 时代很难将气压计携带到高海拔的地方。但是，旅行者可能更容易携带温度计并测量水的沸点。表 11.5 包含了 17 个从试验中测得的大气压强和水的沸点。我们可以使用最小二乘法来拟合沸点和压强之间的线性关系。令 y_i 为 Forbes 观察结果中的大气压强，x_i 为相应的沸点，$i=1,\cdots,17$。使用表 11.5 中的数据，我们可以计算最小二乘直线。截距和斜率分别为 $\hat{\beta}_0=-81.049$ 和 $\hat{\beta}_1=0.5228$。当然，我们不期望直线 $y=-81.049+0.5228x$ 精确给出沸点 x 和大气压强 y 之间的关系。如果我们获知水的沸点 x，想计算未知大气压强 Y 的条件分布，是否有一个统计模型可以告诉我们给定沸点为 x 时，大气压强的（条件）分布是什么？◀

在本节中，我们将描述一个关于这类问题（如例 11.2.1）的统计模型，将使用最小二乘法对这个统计模型进行拟合。我们将研究这样一些问题，对在给定其他变量 $X_1,\cdots,X_k$ 值的条件下某个随机变量 Y 的条件分布感兴趣。这些变量 $X_1,\cdots,X_k$ 可能是随机变量，在试验中它们的值和 Y 的值都是待观察的，或者它们可能是控制变量，其值由试验者来选择。一般地，在这些变量中有一些变量可能是随机变量，而一些可能是控制变量。但无论如何，我们要研究的是在给定 $X_1,\cdots,X_k$ 的条件下 Y 的条件分布。我们将从一些术语开始。

表 11.5 由 Forbes 试验得到的水的沸点和大气压强。这些数据来自 Weisberg（1985，p. 3）

沸点/华氏度	压强/英寸汞柱[⊖]	沸点/华氏度	压强/英寸汞柱
194.5	20.79	201.3	24.01
194.3	20.79	203.6	25.14
197.9	22.40	204.6	26.57
198.4	22.67	209.5	28.49
199.4	23.15	208.6	27.76
199.9	23.35	210.7	29.04
200.9	23.89	211.9	29.88
201.1	23.99	212.2	30.06
201.4	24.02		

定义 11.2.1 响应/预测量/回归 变量 $X_1,\cdots,X_k$ 称为预测量，而随机变量 Y 称为响应变量。给定 $X_1,\cdots,X_k$ 的值 $x_1,\cdots,x_k$，Y 的条件期望称为 Y 关于 $X_1,\cdots,X_k$ 的回归函数，简称 Y 关于 $X_1,\cdots,X_k$ 的回归。

Y 关于 $X_1,\cdots,X_k$ 的回归是关于 $X_1,\cdots,X_k$ 的值 $x_1,\cdots,x_k$ 的一个函数，这个函数用符号表示为 $E(Y|x_1,\cdots,x_k)$。

本章假设回归函数 $E(Y|x_1,\cdots,x_k)$ 是一个具有如下形式的线性函数：

$$E(Y|x_1,\cdots,x_k)=\beta_0+\beta_1x_1+\cdots+\beta_kk_k。\tag{11.2.1}$$

式（11.2.1）中的系数 $\beta_0,\cdots,\beta_k$ 称为**回归系数**。我们将假定这些回归系数是未知的。因此，它们是要估计的参数。我们还假定可以得到观察值的 n 组向量。对 $i=1,\cdots,n$，假设第 i 组向量$(x_{i_1},\cdots,x_{i_k},y_i)$是由 $X_1,\cdots,X_k$ 的控制值或观察值及与之相对应的 Y 的观察值组成。

由这些观察值可以计算出来回归系数 $\beta_0,\cdots,\beta_k$ 的一组估计量，估计量是根据 11.1 节中所描述的最小二乘法得到的一组值 $\hat{\beta}_0,\cdots,\hat{\beta}_k$。这些估计量我们称为 $\beta_0,\cdots,\beta_k$ 的**最小二乘估计量**。现在我们对给定 $X_1,\cdots,X_k$ 值条件下 Y 的条件分布做进一步的假设，目的是能够确定这些最小二乘估计量更为具体的性质。

简单线性回归

我们先来考虑仅研究 Y 关于单个变量 X 的回归问题。假设对每个 $X=x$，随机变量 Y 可以表示成 $Y=\beta_0+\beta_1x+\varepsilon$ 的形式，这里的 ε 是一个服从均值为 0、方差为 σ^2 的正态分布的随机变量。由假设可知对于给定的 $X=x$，Y 的条件分布为均值是 $\beta_0+\beta_1x$、方差是 σ^2 的正态分布。

这类问题称为**简单线性回归**。这里的“简单”是指我们仅考虑 Y 关于单个变量 X 的回归情况，而不是基于多个变量；“线性”是指回归函数 $E(Y|x)=\beta_0+\beta_1x$ 是一个参数为 β_0

⊖ 1 英寸汞柱 = 3386.39 帕斯卡。——编辑注

和 β_1 的线性函数。例如，一个问题中的 $E(Y|x)$ 是一个多项式，就像式（11.1.6）中右边的式子，也是一个线性回归问题，但不是简单的。

在本节和接下来的两节中，假设我们得到了 n 对观测值$(x_1,Y_1),\cdots,(x_n,Y_n)$，我们将做出以下五个假设。这些假设中的每一个都可以很自然地推广到有多个预测量的情况，但是我们将对这些情况的讨论推迟到 11.5 节。

假设 11.2.1　预测量是已知的　在计算$(Y_1,\cdots,Y_n)$的联合分布之前，就已经知道 $x_1,\cdots,x_n$ 的值，或者观察到随机变量 $X_1,\cdots,X_n$ 的值，并以它们的值为条件。

假设 11.2.2　正态性　对 $i=1,\cdots,n$，给定 $x_1,\cdots,x_n$ 的值，Y_i 的条件分布是正态分布。

假设 11.2.3　线性均值　存在参数 β_0 和 β_1，使得给定值 $x_1,\cdots,x_n$ 的条件下 Y_i 的条件均值具有形式 $\beta_0+\beta_1x_i$，$i=1,\cdots,n$。

假设 11.2.4　方差相同　存在参数 σ^2，使得给定值 $x_1,\cdots,x_n$ 的条件下 Y_i 的条件方差为 σ^2，$i=1,\cdots,n$。这个假设通常称为**同方差性**，具有不同方差的随机变量称为**异方差性**。

假设 11.2.5　独立性　给定观察值 $x_1,\cdots,x_n$，随机变量 $Y_1,\cdots,Y_n$ 是相互独立的。

简要介绍一下假设 11.2.1。例 11.1.1 中，我们看到在试验中观察到病人 i 对标准药物 A 的反应 x_i 以及对药物 B 的反应 y_i。因此，预测量事先是未知的。在这种情况下，我们在此例中所做的所有概率命题均以$(x_1,\cdots,x_n)$为条件。在其他例子中，人们可能正在尝试使用其衡量经济变量的年份来预测经济变量。例如稍后将看到的例 11.5.1，在这种情况下，至少某些预测量的值确实是事先已知的。

假设 11.2.1~11.2.5 明确了在给定向量 $\boldsymbol{x}=(x_1,\cdots,x_n)$以及参数 β_0,β_1 和 σ^2 的条件下，$Y_1,\cdots,Y_n$ 的条件联合分布。特别地，$Y_1,\cdots,Y_n$ 的联合概率密度函数为

$$f_n(\boldsymbol{y}\mid\boldsymbol{x},\beta_0,\beta_1,\sigma^2)=\frac{1}{(2\pi\sigma^2)^{n/2}}\exp\left[-\frac{1}{2\sigma^2}\sum_{i=1}^{n}(y_i-\beta_0-\beta_1x_i)^2\right]。\qquad(11.2.2)$$

我们现在来求参数 β_0,β_1 和 σ^2 的极大似然估计值。

定理 11.2.1　简单线性回归的极大似然估计值　假定假设 11.2.1~11.2.5 成立，则 β_0,β_1 的极大似然估计值为最小二乘估计值，且 σ^2 的极大似然估计值为

$$\hat{\sigma}^2=\frac{1}{n}\sum_{i=1}^{n}(y_i-\hat{\beta}_0-\hat{\beta}_1x_i)^2。\qquad(11.2.3)$$

证明　对于每个观察到的向量 $\boldsymbol{y}=(y_1,\cdots,y_n)$，概率密度函数（11.2.2）将是参数 β_0，β_1 和 σ^2 的似然函数。在式（11.2.2）中，β_0 和 β_1 仅出现在下面这个平方和中

$$Q=\sum_{i=1}^{n}(y_i-\beta_0-\beta_1x_i)^2,$$

它乘以$-1/(2\sigma^2)$又出现在指数里面。不管 σ^2 的值是什么，使指数函数达到最大的 β_0 和 β_1 就是使 Q 达到最小值。由此可得，我们可以通过如下方式依次求出极大似然估计值：先求 β_0 和 β_1 使 Q 达到最小；然后将 $\hat{\beta}_0$ 和 $\hat{\beta}_1$ 的值插入，求出 Q 的最小值；最后再关于 σ^2 最大化结果。读者应该注意到 Q 和式（11.1.2）中给出的平方和是完全一样的，通过最小二乘法可以使其达到最小值。于是，回归系数 β_0，β_1 的极大似然估计值也就是用最小二乘法估计的 β_0，β_1。这些估计值 $\hat{\beta}_0$ 和 $\hat{\beta}_1$ 的确切形式已在式（11.1.1）中给出。

为了求 σ^2 的极大似然估计值，我们需要进行前一段描述的第 2 步、第 3 步，即先用 β_0,β_1 的极大似然估计值 $\hat{\beta}_0$ 和 $\hat{\beta}_1$ 来代替替式（11.2.2）中的 β_0，β_1，然后把所得的结果表达式关于 σ^2 最大化。具体细节见本节习题 1，结果就是式（11.2.3）。 ■

最小二乘估计量的分布

对给定 $x_1,\cdots,x_n$ 的值，我们现在把 $\hat{\beta}_0$ 和 $\hat{\beta}_1$ 这两个估计量看作随机变量 $Y_1,\cdots,Y_n$ 的函数时，$\hat{\beta}_0$ 和 $\hat{\beta}_1$ 的联合分布。具体地，这两个估计量为

$$\hat{\beta}_1=\frac{\sum_{i=1}^{n}(Y_i-\bar{y})(x_i-\bar{x})}{\sum_{i=1}^{n}(x_i-\bar{x})^2},$$

$$\hat{\beta}_0=\overline{Y}-\hat{\beta}_1\bar{x},$$

其中 $\overline{Y}=\frac{1}{n}\sum_{i=1}^{n}Y_i$。

为方便起见，对本节和下一节内容，引入符号

$$s_x=\left(\sum_{i=1}^{n}(x_i-\bar{x})^2\right)^{1/2}。\tag{11.2.4}$$

定理 11.2.2 最小二乘估计量的分布 在假设 11.2.1~11.2.5 下，则 $\hat{\beta}_1$ 的分布是正态分布，均值为 β_1，方差为 σ^2/s_x^2；$\hat{\beta}_0$ 的分布是正态分布，均值为 β_0，方差为

$$\sigma^2\left(\frac{1}{n}+\frac{\bar{x}^2}{s_x^2}\right)。\tag{11.2.5}$$

最后，$\hat{\beta}_1$ 和 $\hat{\beta}_0$ 的协方差为

$$\mathrm{Cov}(\hat{\beta}_0,\hat{\beta}_1)=-\frac{\bar{x}\sigma^2}{s_x^2}。\tag{11.2.6}$$

（如果 $X_1,\cdots,X_n$ 是随机变量，该定理中的所有分布陈述都变为在 $X_i=x_i,i=1,\cdots,n$ 的条件下。）

证明 为了确定 $\hat{\beta}_1$ 的分布，将 $\hat{\beta}_1$ 写成如下形式会更方便些（见 11.1 节习题 2）：

$$\hat{\beta}_1=\frac{\sum_{i=1}^{n}(x_i-\bar{x})Y_i}{s_x^2}。\tag{11.2.7}$$

从式（11.2.7）可以看出 $\hat{\beta}_1$ 是关于 $Y_1,\cdots,Y_n$ 的一个线性函数。因为随机变量 $Y_1,\cdots,Y_n$ 相互独立并且都服从正态分布，因而 $\hat{\beta}_1$ 也服从正态分布。进而，这个分布的均值为

$$E(\hat{\beta}_1)=\frac{\sum_{i=1}^{n}(x_i-\bar{x})E(Y_i)}{s_x^2}$$

因为 $E(Y_i)=\beta_0+\beta_1 x_i$，当 $i=1,\cdots,n$，可以发现（见本节习题 2）

$$E(\hat{\beta}_1)=\beta_1。\tag{11.2.8}$$

进一步，由于随机变量 $Y_1,\cdots,Y_n$ 相互独立，并且每个方差都为 σ^2，从式（11.2.7）可得

$$\mathrm{Var}(\hat{\beta}_1)=\frac{\sum_{i=1}^{n}(x_i-\bar{x})^2\mathrm{Var}(Y_i)}{s_x^4}=\frac{\sigma^2}{s_x^2}。\tag{11.2.9}$$

接下来，我们考虑 $\hat{\beta}_0=\overline{Y}-\hat{\beta}_1\bar{x}$ 的分布。因为 $\overline{Y}$ 和 $\hat{\beta}_1$ 都是 $Y_1,\cdots,Y_n$ 的线性函数，可知 $\hat{\beta}_0$ 也是 $Y_1,\cdots,Y_n$ 的线性函数。因此 $\hat{\beta}_0$ 服从正态分布。$\hat{\beta}_0$ 的均值可以由关系式 $E(\hat{\beta}_0)=E(\overline{Y})-\bar{x}E(\hat{\beta}_1)$ 来确定。可以证明（参见本节习题 3）$E(\hat{\beta}_0)=\beta_0$，进而可以证明（参见本节习题 4）$\mathrm{Var}(\hat{\beta}_0)$ 由式（11.2.5）给出。最后，可以证明（参见本节习题 5）$\hat{\beta}_1$ 和 $\hat{\beta}_0$ 的协方差的值由式（11.2.6）给出。 ■

定理 11.2.2 的简单推论是 $\hat{\beta}_0$ 和 $\hat{\beta}_1$ 分别是 β_0 和 β_1 的无偏估计量。

为了完整描述 $\hat{\beta}_0$ 和 $\hat{\beta}_1$ 的联合分布，将在 11.3 节中证明这个联合分布是二元正态分布，均值、方差、协方差由定理 11.2.2 给出。

例 11.2.2 压强和水的沸点 例 11.2.1 中，我们找到了根据水的沸点预测压强的最小二乘直线，现在我们使用刚描述的线性回归模型作为这个试验中数据的模型。也就是说，用 Y_i 表示 Forbes 观察结果中的大气压强，令 x_i 是相应的沸点，这里 $i=1,\cdots,17$。假设 Y_i 有均值 $\beta_0+\beta_1 x_i$ 和方差 σ^2，且相互独立。当 $n=17$ 时，平均温度 $\bar{x}=202.95$ 且 $s_x^2=530.78$。从这些值中，我们可以用本节中得到的公式计算出最小二乘估计量的方差和协方差。例如，

$$\mathrm{Var}(\hat{\beta}_1)=\frac{\sigma^2}{530.78}=0.001\,88\sigma^2,$$

$$\mathrm{Var}(\hat{\beta}_0)=\sigma^2\left(\frac{1}{17}+\frac{202.95^2}{530.78}\right)=77.66\sigma^2,$$

$$\mathrm{Cov}(\hat{\beta}_0,\hat{\beta}_1)=-\frac{202.95\sigma^2}{530.78}=-0.382\sigma^2。$$

容易看出我们期望得出比 β_0 的估计值精确得多的 β_1 的估计值。 ◀

例 11.2.2 末尾关于获得比 β_0 更精确的 β_1 估计值的陈述有一定的“虚幻性”。我们必须将 β_1 乘以 200 的数量，才能与 β_0 处于相同的尺度。因此，将 $200\hat{\beta}_1$ 的方差与 $\hat{\beta}_0$ 的方差进行比较可能更有意义。一般地，我们可以求得最小二乘估计量的任何线性组合的方差。

例 11.2.3 线性组合的方差 我们经常需要计算最小二乘估计量的线性组合的方差。在这一节后面要讨论的预测问题中有这样的例子。假如我们想要计算 $T=c_0\hat{\beta}_0+c_1\hat{\beta}_1+c_*$ 的方差。把式（11.2.5）、式（11.2.9）和式（11.2.6）中给出的 $\mathrm{Var}(\hat{\beta}_0)$，$\mathrm{Var}(\hat{\beta}_1)$ 和 $\mathrm{Cov}(\hat{\beta}_0,\hat{\beta}_1)$ 代入如下关系式就可以得到 T 的方差：

$$\mathrm{Var}(T)=c_0^2\mathrm{Var}(\hat{\beta}_0)+c_1^2\mathrm{Var}(\hat{\beta}_1)+2c_0c_1\mathrm{Cov}(\hat{\beta}_0,\hat{\beta}_1)。$$

把这些方差代入公式后，这个结果可以重写成如下形式：

$$\operatorname{Var}(T)=\sigma^2\left[\frac{c_0^2}{n}+\frac{(c_0\bar{x}-c_1)^2}{s_x^2}\right] \tag{11.2.10}$$

对于例 11.2.2 的特定情况，我们取 $c_0=0$ 和 $c_1=200$，则 $200\hat{\beta}_1$ 的方差为 $200^2\sigma^2/s_x^2=75.36\sigma^2$。这非常接近 $\hat{\beta}_0$ 的方差，即 $77.66\sigma^2$。 ◀

预测

例 11.2.4　从水的沸点预测压强　例 11.2.1 中，Forbes 正试图找到一种方法利用水的沸点来估计大气压强。假设某旅行者在某地测量的水沸点为 201.5 华氏度。给出大气压强的估计值应该是多少？该估计值有多少不确定性？ ◀

假设在一个简单线性回归问题中，我们已经得到了 n 对观察值 $(x_1,Y_1),\cdots,(x_n,Y_n)$。在这 n 对数据的基础上，当分配给控制变量某个确定的值 x 时，有必要预测独立观察值 Y。由于观察值 Y 服从均值为 $\beta_0+\beta_1 x$ 和方差为 σ^2 的正态分布，很自然地用 $\hat{Y}=\hat{\beta}_0+\hat{\beta}_1 x$ 作为 Y 的预测值。现在要确定这个预测的均方误差 $E[(\hat{Y}-Y)^2]$，这里 $\hat{Y}$ 和 Y 都是随机变量。

定理 11.2.3　预测的均方误差　*在上述预测问题中，*

$$E[(\hat{Y}-Y)^2]=\sigma^2\left[1+\frac{1}{n}+\frac{(x-\bar{x})^2}{s_x^2}\right]。 \tag{11.2.11}$$

证明　在这个问题中，$E(\hat{Y})=E(Y)=\beta_0+\beta_1 x$。因此，如果令 $\mu=\beta_0+\beta_1 x$，则

$$\begin{aligned}E[(\hat{Y}-Y)^2]&=E\{[(\hat{Y}-\mu)-(Y-\mu)]^2\}\\&=\operatorname{Var}(\hat{Y})+\operatorname{Var}(Y)-2\operatorname{Cov}(\hat{Y},Y)。\end{aligned} \tag{11.2.12}$$

然而，随机变量 $\hat{Y}$ 和 Y 是独立的，因为 $\hat{Y}$ 是前 n 对观察值的一个函数，而 Y 是一个独立的观察值，所以 $\operatorname{Cov}(\hat{Y},Y)=0$，因此就有

$$E[(\hat{Y}-Y)^2]=\operatorname{Var}(\hat{Y})+\operatorname{Var}(Y)。 \tag{11.2.13}$$

最后，因为 $\hat{Y}=\hat{\beta}_0+\hat{\beta}_1 x$，当 $c_0=1$，$c_1=x$ 时，Var（$\hat{Y}$）的值由式（11.2.10）给定，同时 $\operatorname{Var}(Y)=\sigma^2$。将它们代入式（11.2.13）可得式（11.2.11）。 ■

例 11.2.5　由水的沸点预测大气压强　在例 11.2.4 中当沸点为 201.5 华氏度时，我们想预测大气压强。最小二乘直线为 $y=-81.06+0.5228x$，$\hat{\sigma}^2=0.0478$。图 11.7 表明所描绘的数据和最小二乘直线，以及当 $x=201.5$ 时点在直线上的位置。压强 Y 预测值的均方误差可以从式（11.2.11）中获得：

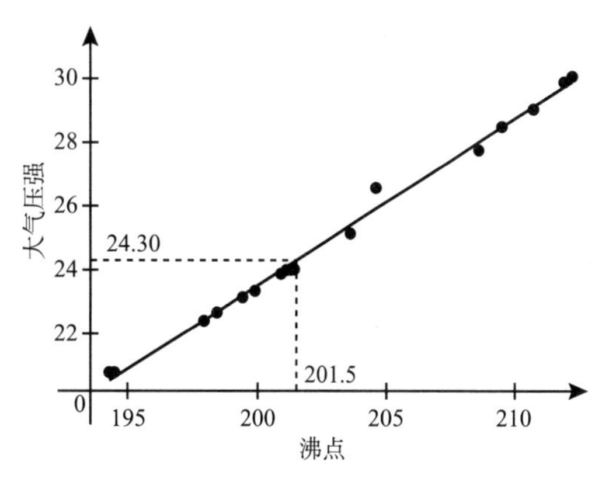

图 11.7　例 11.2.5 中压强与沸点的图及其回归直线。虚线说明当沸点为 201.5 华氏度时压强的预测值

$$E[(\hat{Y}-Y)^2]=\sigma^2\left[1+\frac{1}{17}+\frac{(201.5-202.95)^2}{530.78}\right]=1.0628\sigma^2,$$

其中预测的观察值是 $\hat{Y}=-81.06+0.5229\times 201.5=24.30$。在图 11.7 中标明了 $\hat{Y}$ 的计算结果。均方误差 $1.0628\sigma^2$ 的解释如下：如果我们知道 β_0 和 β_1 的值并试图预测 Y，均方误差会是 $\mathrm{Var}(Y)=\sigma^2$。要估计 β_0 和 β_1，我们只在均方误差中增加了 $0.0628\sigma^2$。◀

注：当 x 远离观察数据时，预测值的均方误差会增加。当 x 离开 $\bar{x}$ 的距离增大时，式（11.2.11）中的均方误差也会增加，并且当 $x=\bar{x}$ 时，均方误差达到最小。这表明当 x 不在观察值 $x_1,\cdots,x_n$ 的中心附近时，要预测 Y 是困难的。事实上，如果 x 比最大的观察值 x_i 更大或者比最小的更小时，要更精确地预测 Y 是相当困难的。这种在观察数据范围之外的预测称作外推。

试验设计

考虑一个简单线性回归问题，其中变量 X 是一个控制变量，它的值 $x_1,\cdots,x_n$ 由试验者来选择。我们将讨论为了得到回归系数 β_0 和 β_1 的良好估计量而选择这些值的方法。

首先假设要选择 $x_1,\cdots,x_n$ 的值使得最小二乘估计量 $\hat{\beta}_0$ 的均方误差最小化。因为 $\hat{\beta}_0$ 是 β_0 的无偏估计量，所以 $\hat{\beta}_0$ 的均方误差等于式（11.2.5）所给出的 $\mathrm{Var}(\hat{\beta}_0)$。由式（11.2.5）可得，对所有值 $x_1,\cdots,x_n$ 都有 $\mathrm{Var}(\hat{\beta}_0)\geqslant\sigma^2/n$，当且仅当 $\bar{x}=0$ 时上述关系式中的等号才成立，所以当 $\bar{x}=0$ 时，$\mathrm{Var}(\hat{\beta}_0)$ 取到其最小值 σ^2/n。当然，在 X 约束为正的任何应用中，这都是不可能的。

再假设要选取值 $x_1,\cdots,x_n$ 使得估计量 $\hat{\beta}_1$ 的均方误差最小化。再次 $\hat{\beta}_1$ 的均方误差等于 $\mathrm{Var}(\hat{\beta}_1)$，由式（11.2.9）给出。从式（11.2.9）可以看到，通过选择使得 s_x^2 达到最大的值 $x_1,\cdots,x_n$，可以使 $\mathrm{Var}(\hat{\beta}_1)$ 达到最小。如果 $x_1,\cdots,x_n$ 取自实数轴上的某个有界区间 (a,b)，且如果 n 是偶数，那么恰好 $n/2$ 个值取 $x_i=a$ 以及另外 $n/2$ 个值取 $x_i=b$ 可以使 s_x^2 的值达到最大。如果 n 是一个奇数，仍然在两个端点 a,b 处重新选取所有的值，但是必须有一个端点比另一个端点多取一个观察值。

从上述讨论中可知，如果要设计试验使得 $\hat{\beta}_0$ 和 $\hat{\beta}_1$ 的均方误差都最小化，那么在给定的试验中，值 $x_1,\cdots,x_n$ 中应该恰好或近似 $n/2$ 个值等于某个尽可能大的数 c，而剩余的值等于 $-c$。用这种方法，$\bar{x}$ 的值会恰好或近似等于 0，s_x^2 的值会尽可能大。

最后，假设要估计线性组合 $\theta=c_0\beta_0+c_1\beta_1+c_*$，其中 $c_0\neq 0$，且要设计试验使得 $\hat{\theta}$ 的均方误差最小化，也就是说，要使 $\mathrm{Var}(\hat{\theta})$ 最小化。例如，Y 是一个对应于预测值 x 的未来观察值，那么为了使 $\theta=E(Y|x)$ 可以令 $c_0=1,c_2=x,c_*=0$。例 11.2.3 中，我们计算了当 $T=\hat{\theta}$ 时的 $\mathrm{Var}(T)$，它作为式（11.2.10）中两个非负项的和。第二项是唯一依赖于 $x_1,\cdots,x_n$ 值的项，当且仅当 $\bar{x}=c_1/c_0$ 时，它的值等于 0（它的最小可能取值）。在这个情况下 $\mathrm{Var}(\hat{\theta})$ 取到其最小值 $c_0^2\sigma^2/n$。

实际上，一个有经验的数据分析员不会如刚才所述的最优设计那样，仅在一个单点或者仅仅在区间(a,b)的两个端点上取所有值$x_1,\cdots,x_n$。这是因为当所有n个观察值都仅取X的一个或两个值时，试验根本无法检验Y关于X的回归是线性函数的假定。为了检验这个假定而不增加最小二乘估计量的均方误差，$x_1,\cdots,x_n$中的许多值必须在a,b两个端点上选取，但是至少有一些值要在区间内的一些点上取到。线性可以通过描绘这些点从直观上来检验，或用二次或更高次数的多项式的拟合来检验。

小结

我们考虑了如下统计模型：假定$x_1,\cdots,x_n$已知，随机变量$Y_1,\cdots,Y_n$是独立，且Y_i服从均值为$\beta_0+\beta_1x_i$和方差为σ^2的正态分布，这里的β_1，β_0，σ^2都是未知参数。这些都是简单线性回归模型的假设。在这个模型下，最小二乘估计量$\hat{\beta}_0$和$\hat{\beta}_1$的联合分布是二元正态分布，其中$\hat{\beta}_i$的均值为β_i，$i=1$，2，其方差由式（11.2.5）和式（11.2.9）给定，其协方差在式（11.2.6）中给出。如果我们考虑要预测与观察值x相对应的Y的未来值，我们可以用预测$\hat{Y}=\hat{\beta}_0+\hat{\beta}_1x$；在这种情况下，$Y-\hat{Y}$服从正态分布，均值为0，方差由式（11.2.11）给出。

习题

1. 证明：σ^2的极大似然估计量由式（11.2.3）给出。
2. 证明：$E(\hat{\beta}_1)=\beta_1$。
3. 证明：$E(\hat{\beta}_0)=\beta_0$。
4. 证明：$\text{Var}(\hat{\beta}_0)$由式（11.2.5）给出。
5. 证明：$\text{Cov}(\hat{\beta}_0,\hat{\beta}_1)$由式（11.2.6）给出。提示：使用4.6节习题8的结果。
6. 证明：在一个简单线性回归问题中，当$\bar{x}=0$时，估计量$\hat{\beta}_0$和$\hat{\beta}_1$是独立的。
7. 考虑一个简单线性回归的问题，病人对新药物B的反应Y与对标准药物A的反应X相关。假设可以得到如表11.1所示的10组观察数据。
   a. 确定$\hat{\beta}_0$，$\hat{\beta}_1$和$\hat{\sigma}^2$的极大似然估计值。
   b. 确定$\text{Var}(\hat{\beta}_0)$和$\text{Var}(\hat{\beta}_1)$的值。
   c. 确定$\hat{\beta}_0$和$\hat{\beta}_1$的相关系数的值。
8. 再次考虑习题7中的条件，假定想要估计$\theta=3\beta_0-2\beta_1+5$的值。确定$\theta$的无偏估计量并计算它的均方误差。
9. 再次考虑习题7中的条件，令$\theta=3\beta_0+c_1\beta_1$，其中$c_1$为一个常数，确定$\theta$的无偏估计量$\hat{\theta}$，什么样的$c_1$值使$\hat{\theta}$的均方误差达到最小?
10. 再次考虑习题7中的条件，如果某病人对药物A的反应值为$x=2$，他对药物B的反应的预测值应为多少，这个预测的均方误差为多少?
11. 再次考虑习题7中的条件，当病人对药物A的反应值x为多少时，他对药物B的反应的均方误差达到最小?

12. 考虑一个简单线性回归问题，一种特定类型的合金的韧度 Y 与生产它时的温度 X 相关。假设在表 11.3 中给出了 8 对观察值。求 $\hat{\beta}_0$,$\hat{\beta}_1$ 和 $\hat{\sigma}^2$ 的极大似然估计值，并求出 $\mathrm{Var}(\hat{\beta}_0)$ 和 $\mathrm{Var}(\hat{\beta}_1)$ 的值。
13. 同习题 12 的情况，求出 $\hat{\beta}_0$ 和 $\hat{\beta}_1$ 的相关系数的值。
14. 再次考虑习题 12 中的条件，假设要估计 $\theta=5-4\beta_0+\beta_1$ 的值。求 θ 的无偏估计量 $\hat{\theta}$，确定 $\hat{\theta}$ 的值和 $\hat{\theta}$ 的均方误差。
15. 再次考虑习题 12 中的条件，令 $\theta=c_1\beta_1-\beta_0$，其中 c_1 是一个常数。求 θ 的无偏估计量 $\hat{\theta}$，当 c_1 取何值时 $\hat{\theta}$ 的均方误差达到最小?
16. 再次考虑习题 12 中的条件。如果合金的一个样本是在温度 $x=3.25$ 时生产的，那么这个合金样本的韧度的预测值是多少? 这个预测值的均方误差是多少?
17. 再次考虑习题 12 中的条件。温度 x 取何值时，该合金样本韧度的预测值的均方误差达到最小?
18. Moore 和 McCabe（1999，p. 174）报告了 1970 年和 1980 年几种海鲜食物的价格。这些数据列在表 11.6 中。如果我们试图根据 1970 年的价格来预测 1980 年的海鲜价格的话，那么可以用线性回归模型。

    a. 根据 1970 年的价格预测 1980 年的价格时求出最小二乘回归系数。

    b. 如果在 1970 年中添加一个售价为 21.4 的品种，你估计 1980 年它的售价会是多少?

    c. 1970 年价格为 21.4 的品种，在 1980 年它的预测价格的均方误差是多少?

表 11.6 习题 18 中 1970 年和 1980 年海鲜的价格

1970	1980	1970	1980
13.1	27.3	26.7	80.1
15.3	42.4	47.5	150.7
25.8	38.7	6.6	20.3
1.8	4.5	94.7	189.7
4.9	23	61.1	131.3
55.4	166.3	135.6	404.2
39.3	109.7	47.6	149

19. 在 19 世纪 80 年代，Francis Galton 研究了生理特征的遗传。Galton 发现高个子男性的儿子比平均身高要高，但是比他们的父亲要矮。相似地，矮个子男性的儿子要比平均身高矮，但是比他们的父亲要高。因此，儿子们的平均身高趋近于人口的平均身高，不管父亲比平均身高更高还是比平均身高更矮。从这些观测值，可以得出结论：身高的差距在一代代地减少，高个和矮个都将消失，人口将“回归”到某个平均身高。这个结论是回归谬论的一个例子。在这个习题中将要证明这个回归谬论会在二元正态分布中发生，甚至当两个坐标有相同的方差也会发生。特别地，假设向量(X_1,X_2)服从相同均值μ、相同方差 σ^2 和正相关系数$\rho<1$ 的二元正态分布。证明：对每个 x_1 的值，$E(X_2|x_1)$要比 x_1 更趋近于μ。(尽管 X_1 与 X_2 有着同样的均值和方差，这仍然会发生。)

11.3 简单线性回归的统计推断

可以将第 8 章和第 9 章介绍的许多关于正态分布样本的推断过程推广到简单线性回归模型。那些使我们得出结论“各种统计量服从 t 分布”的定理，也继续适用于回归情况。

估计量的联合分布

例 11.3.1 大气压强与水的沸点 考虑例 11.2.4 中的旅行者，他对水的沸点为 201.5 华氏度时的大气压强感兴趣。假设该旅行者想知道压力是否为 24.5。例如，旅行者可能希望检验原假设 $H_0:\beta_0+201.5\beta_1=24.5$；旅行者也可能希望得到 $\beta_0+201.5\beta$ 的区间估计。一旦求出回归模型的所有参数 $(\beta_0,\beta_1,\sigma^2)$ 的估计量的联合分布，这种推断便是可行的。 ◀

在定理 11.2.2 的证明之后，我们指出在简单线性回归问题中，极大似然估计量 $\hat{\beta}_0$ 和 $\hat{\beta}_1$ 的联合分布是二元正态分布，其均值、方差和协方差由定理 11.2.2 指定。在本节中，我们将证明这一事实；我们还将考虑极大似然估计量 $\hat{\sigma}^2$［在式（11.2.3）中给出］，我们将得到 $\hat{\beta}_0$，$\hat{\beta}_1$ 和 $\hat{\sigma}^2$ 的联合分布；特别是，我们将证明估计量 $\hat{\sigma}^2$ 独立于 $\hat{\beta}_0$ 和 $\hat{\beta}_1$。

假设 11.2.1~11.2.5 仍然成立。基于 8.3 节所述的正交矩阵的性质，我们将推导 $\hat{\beta}_0$，$\hat{\beta}_1$ 和 $\hat{\sigma}^2$ 的联合分布。

我们将继续使用式（11.2.4）中定义的 s_x。同时，令 $\boldsymbol{a}_1=(a_{11},\cdots,a_{1n})$ 和 $\boldsymbol{a}_2=(a_{21},\cdots,a_{2n})$ 是 n 维向量，其定义如下：

$$a_{1j}=\frac{1}{n^{1/2}},\quad j=1,\cdots,n, \tag{11.3.1}$$

和

$$a_{2j}=\frac{1}{s_x}(x_j-\bar{x}),\quad j=1,\cdots,n。 \tag{11.3.2}$$

容易验证，$\sum_{j=1}^{n}a_{1j}^2=1$，$\sum_{j=1}^{n}a_{2j}^2=1$ 和 $\sum_{j=1}^{n}a_{1j}a_{2j}=0$。

由于向量 $\boldsymbol{a}_1$ 和 $\boldsymbol{a}_2$ 具有这些性质，因此可以构造 $n\times n$ 正交矩阵 $\boldsymbol{A}$，使得 $\boldsymbol{a}_1$ 的坐标成为 $\boldsymbol{A}$ 的第一行，而 $\boldsymbol{a}_2$ 的坐标成为 $\boldsymbol{A}$ 的第二行［具体怎么操作，参考线性代数教材，例如（Cullen，1972）第 162 页的 Gram-Schmidt 方法］。我们假定已经构造了如下的矩阵 $\boldsymbol{A}$：

$$\boldsymbol{A}=\begin{bmatrix}a_{11} & \cdots & a_{1n}\\ a_{21} & \cdots & a_{2n}\\ \vdots & \ddots & \vdots\\ a_{n1} & \cdots & a_{nn}\end{bmatrix}。$$

我们将定义新的随机向量 $\boldsymbol{Z}=\boldsymbol{AY}$，其中

$$\boldsymbol{Y}=\begin{bmatrix}Y_1\\ \vdots\\ Y_n\end{bmatrix} \text{和} \boldsymbol{Z}=\begin{bmatrix}Z_1\\ \vdots\\ Z_n\end{bmatrix}。$$

$Z_1,\cdots,Z_n$ 的联合分布可由如下定理得到，这个定理是定理 8.3.4 的推广。

定理 11.3.1 假设随机变量 $Y_1,\cdots,Y_n$ 相互独立，且每一个都服从正态分布，方差都

为 σ^2。如果 $\boldsymbol{A}$ 是 $n\times n$ 正交矩阵，设 $\boldsymbol{Z}=\boldsymbol{AY}$，则随机变量 $Z_1,\cdots,Z_n$ 也相互独立，每一个都服从方差为 σ^2 的正态分布。

证明　令 $E(Y_i)=\mu_i,i=1,\cdots,n$（在定理中并没有假设 $Y_1,\cdots,Y_n$ 的均值相同），令

$$\boldsymbol{\mu}=\begin{bmatrix}\mu_1\\ \vdots\\ \mu_n\end{bmatrix},$$

同时令 $\boldsymbol{X}=(1/\sigma)(\boldsymbol{Y}-\boldsymbol{\mu})$。由于假设随机向量 $\boldsymbol{Y}$ 的坐标是独立的，所以随机向量 $\boldsymbol{X}$ 的坐标也将是独立的。此外，$\boldsymbol{X}$ 的每个坐标都服从标准正态分布。因此，根据定理 8.3.4，n 维随机向量 $\boldsymbol{AX}$ 的坐标也将是独立的，并且每个坐标都服从标准正态分布。

但是

$$\boldsymbol{AX}=\frac{1}{\sigma}\boldsymbol{A}(\boldsymbol{Y}-\boldsymbol{\mu})=\frac{1}{\sigma}\boldsymbol{Z}-\frac{1}{\sigma}\boldsymbol{A\mu}。$$

因此，

$$\boldsymbol{Z}=\sigma\boldsymbol{AX}+\boldsymbol{A\mu}。\tag{11.3.3}$$

由于随机向量 $\boldsymbol{AX}$ 的坐标是独立的，并且每个都具有标准正态分布，因此随机向量 $\sigma\boldsymbol{AX}$ 的坐标也是独立的，都服从均值为 0 和方差为 σ^2 的正态分布。将 $\boldsymbol{A\mu}$ 与随机向量 $\sigma\boldsymbol{AX}$ 相加，所得向量的每个坐标的均值将发生偏移，但坐标将保持独立，并且每个坐标的方差将保持不变。现在从式（11.3.3）得出，随机向量 $\boldsymbol{Z}$ 的坐标也是独立的，并且每个坐标也都服从方差为 σ^2 的正态分布。 ■

在简单线性回归的问题中，观测值 $Y_1,\cdots,Y_n$ 满足定理 11.3.1 的条件。因而，随机向量 $\boldsymbol{Z}=\boldsymbol{AY}$ 的坐标将是独立的，并且每个坐标都服从方差为 σ^2 的正态分布。我们可以利用这些事实来求出 $(\hat{\beta}_0,\hat{\beta}_1,\hat{\sigma}^2)$ 的联合分布。

定理 11.3.2　在上述简单线性回归问题中，$(\hat{\beta}_0,\hat{\beta}_1)$ 的联合分布是二元正态分布，其均值、方差和协方差如定理 11.2.2 中所述。此外，如果 $n\geq 3$，则 $\hat{\sigma}^2$ 与 $(\hat{\beta}_0,\hat{\beta}_1)$ 独立，并且 $n\hat{\sigma}^2/\sigma^2$ 服从自由度为 $n-2$ 的 χ^2 分布。

证明　可以很容易地得出随机向量 $\boldsymbol{Z}$ 的前两个坐标 Z_1 和 Z_2。第一个坐标是

$$Z_1=\sum_{j=1}^{n}a_{1j}Y_j=\frac{1}{n^{1/2}}\sum_{j=1}^{n}Y_j=n^{1/2}\overline{Y}。\tag{11.3.4}$$

由于 $\hat{\beta}_0=\overline{Y}-\bar{x}\hat{\beta}_1$，我们也可以写成

$$Z_1=n^{1/2}(\hat{\beta}_0+\bar{x}\hat{\beta}_1)。\tag{11.3.5}$$

第二个坐标为

$$Z_2=\sum_{j=1}^{n}a_{2j}Y_j=\frac{1}{s_x}\sum_{j=1}^{n}(x_j-\bar{x})Y_j。\tag{11.3.6}$$

利用式（11.2.7），我们也可以写成

$$Z_2=s_x\hat{\beta}_1。\tag{11.3.7}$$

合在一起，式（11.3.5）和式（11.3.7）为

$$\hat{\beta}_0 = n^{-1/2}Z_1 - \frac{\bar{x}}{s_x}Z_2,$$

$$\hat{\beta}_1 = \frac{1}{s_x}Z_2。\qquad (11.3.8)$$

由于 Z_1 和 Z_2 是独立的正态随机变量，因此它们服从二元正态联合分布。式（11.3.8）将 $\hat{\beta}_0$ 和 $\hat{\beta}_1$ 表示为 Z_1 和 Z_2 的线性组合。这些线性组合满足 5.10 节习题 10 的条件，反过来说 $\hat{\beta}_0$ 和 $\hat{\beta}_1$ 服从二元正态分布。我们已经在定理 11.2.2 中计算了均值、方差和协方差。

随机变量 S^2 的定义如下：

$$S^2 = \sum_{i=1}^{n}(Y_i - \hat{\beta}_0 - \hat{\beta}_1 x_i)^2。\qquad (11.3.9)$$

（容易看出，σ^2 的极大似然估计量由式（11.2.3）给出，为 $\hat{\sigma}^2 = S^2/n$。）我们将证明 S^2 与随机向量$(\hat{\beta}_0,\hat{\beta}_1)$独立。因为 $\hat{\beta}_0 = \overline{Y} - \bar{x}\hat{\beta}_1$，我们可将 S^2 改写成如下形式：

$$S^2 = \sum_{i=1}^{n}[Y_i - \overline{Y} - \hat{\beta}_1(x_i - \bar{x})]^2$$

$$= \sum_{i=1}^{n}(Y_i - \overline{Y})^2 - 2\hat{\beta}_1\sum_{i=1}^{n}(x_i - \bar{x})(Y_i - \overline{Y}) + \hat{\beta}_1^2 s_x^2。$$

现在由式（11.1.1）可得

$$S^2 = \sum_{i=1}^{n}Y_i^2 - n\overline{Y}^2 - s_x^2\hat{\beta}_1^2。\qquad (11.3.10)$$

由于 $\boldsymbol{Z} = \boldsymbol{AY}$，$\boldsymbol{A}$ 为正交矩阵，从定理 8.3.4 我们知道 $\sum_{i=1}^{n}Y_i^2 = \sum_{i=1}^{n}Z_i^2$。利用这一事实，从式（11.3.4），式（11.3.7）和式（11.3.10）中我们得到：

$$S^2 = \sum_{i=1}^{n}Z_i^2 - Z_1^2 - Z_2^2 = \sum_{i=1}^{n}Z_i^2。$$

随机变量 $Z_1,\cdots,Z_n$ 相互独立，并且我们已经证明了 S^2 等于 $Z_3,\cdots,Z_n$ 的平方和。由此可得 S^2 和随机向量(Z_1,Z_2)独立。但是，如式（11.3.8）所示，$\hat{\beta}_0$ 和 $\hat{\beta}_1$ 仅是 Z_1 和 Z_2 的函数。因此，S^2 与随机向量$(\hat{\beta}_0,\hat{\beta}_1)$独立。

我们现在来推导 S^2 的分布。对 $i=3,\cdots,n$，我们有 $Z_i = \sum_{j=1}^{n}a_{ij}Y_j$。于是

$$E(Z_i) = \sum_{j=1}^{n}a_{ij}E(Y_j) = \sum_{j=1}^{n}a_{ij}(\beta_0 + \beta_1 x_j)$$

$$= \sum_{j=1}^{n}a_{ij}[\beta_0 + \beta_1\bar{x} + \beta_1(x_j - \bar{x})]$$

$$= (\beta_0 + \beta_1\bar{x})\sum_{j=1}^{n}a_{ij} + \beta_1\sum_{j=1}^{n}a_{ij}(x_j - \bar{x})。\qquad (11.3.11)$$

由于 $\boldsymbol{A}$ 为正交矩阵，两个不同行的元素对应相乘的和一定是 0。特别地，对 $i=3,\cdots,n$，

$$\sum_{j=1}^{n} a_{ij}a_{1j} = 0 \text{ 以及 } \sum_{j=1}^{n} a_{ij}a_{2j} = 0。$$

现在由式（11.3.1）和式（11.3.2）给出的表达式可得，对 $i=3,\cdots,n$，

$$\sum_{j=1}^{n} a_{ij} = 0 \text{ 以及 } \sum_{j=1}^{n} a_{ij}(x_j - \bar{x}) = 0。$$

当我们把这些值代入式（11.3.11）就会发现 $E(Z_i)=0, i=3,\cdots,n$。

现在我们知道 $n-2$ 个随机变量 $Z_3,\cdots,Z_n$ 相互独立，并且都服从正态分布，均值为 0，方差为 σ^2。由 $S^2 = \sum_{i=3}^{n} Z_i^2$ 可得，随机变量 S^2/σ^2 服从自由度为 $n-2$ 的χ^2 分布。

最后，我们知道 $\hat{\sigma}^2=S^2/n$，所以 $\hat{\sigma}^2$ 与（$\hat{\beta}_0,\hat{\beta}_1$）独立，并且 $n\hat{\sigma}^2/\sigma^2$ 服从自由度为 $n-2$ 的χ^2 分布。 ■

关于回归系数的假设检验

为了方便起见，在以下关于简单线性回归的讨论中，我们令

$$\sigma' = \left(\frac{S^2}{n-2}\right)^{1/2}。 \tag{11.3.12}$$

这个随机变量将出现在我们得出的所有检验统计量和置信区间中。它类似于式（8.4.3）和式（8.4.5）中出现的随机变量，这里它发挥的作用和在单个正态分布均值的假设检验和置信区间中的作用类似。

前面我们证明了（$\hat{\beta}_0,\hat{\beta}_1$）的联合分布是二元正态分布。这意味着每个线性组合 $c_0\hat{\beta}_0+c_1\hat{\beta}_1$ 都服从正态分布。我们将利用这一事实来简化关于回归系数的推断的讨论。我们将从关于回归系数的一般线性组合 $c_0\beta_0+c_1\beta_1$ 的假设检验开始。然后，将通过选择 c_0 和 c_1 的特殊值来介绍特殊情况。例如，$c_0=1$ 和 $c_1=0$ 的线性组合为 β_0，而 $c_0=0$ 和 $c_1=1$ 的线性组合为 β_1。

关于 β_0 和 β_1 的线性组合的假设检验 设 c_0，c_1 和 c_* 为指定的数，其中 c_0 和 c_1 中至少有一个非零，我们希望检验以下假设：

$$\begin{aligned} H_0&: c_0\beta_0 + c_1\beta_1 = c_*, \\ H_1&: c_0\beta_0 + c_1\beta_1 \neq c_*。\end{aligned} \tag{11.3.13}$$

我们将推导出基于随机变量 $c_0\hat{\beta}_0+c_1\hat{\beta}_1$ 和 σ'的上述假设的检验。

定理 11.3.3 *对每个 $0<\alpha_0<1$，假设（11.3.13）的水平为 α_0 的检验为"如果 $|U_{01}| \geq T_{n-2}^{-1}(1-\alpha_0/2)$，则拒绝 H_0"，其中*

$$U_{01} = \left[\frac{c_0^2}{n} + \frac{(c_0\bar{x} - c_1)^2}{s_x^2}\right]^{-1/2} \left(\frac{c_0\hat{\beta}_0 + c_1\hat{\beta}_1 - c_*}{\sigma'}\right), \tag{11.3.14}$$

T_{n-2}^{-1} 是自由度为 $n-2$ 的 t 分布的分位数。

证明 一般地，$c_0\hat{\beta}_0+c_1\hat{\beta}_1$ 的均值为 $c_0\beta_0+c_1\beta_1$，方差由式（11.2.10）给出。于是，当 H_0 为真，下面的随机变量 W_{01} 服从标准正态分布：

$$W_{01} = \left[\frac{c_0^2}{n} + \frac{(c_0\bar{x} - c_1)^2}{s_x^2}\right]^{-1/2} \left(\frac{c_0\hat{\beta}_0 + c_1\hat{\beta}_1 - c_*}{\sigma}\right)。$$

由于 σ 未知，假设（11.3.13）的检验不能简单地基于随机变量 W_{01}。但是，对于参数 β_0，β_1 和 σ^2 的所有可能值，随机变量 S^2/σ^2 服从自由度为 $n-2$ 的 χ^2 分布。此外，由于（$\hat{\beta}_0$，$\hat{\beta}_1$）与 S^2 独立，W_{01} 和 S^2 也是独立的。因此，当假设 H_0 为真时，随机变量

$$\frac{W_{01}}{\left[\left(\frac{1}{n-2}\right)\left(\frac{S^2}{\sigma^2}\right)\right]^{1/2}} \tag{11.3.15}$$

服从自由度为 $n-2$ 的 t 分布。显而易见，式（11.3.15）中的表达式等于式（11.3.14）中的 U_{01}，它仅是观察数据的函数，因此定理中所述的检验是假设（11.3.13）的水平为 α_0 的检验。 ■

定理 11.3.3 的检验过程也是假设（11.3.13）的似然比检验，证明我们这里不再给出。

单边假设的检验 刚刚完成的推导也可以用于检验如下形式的假设

$$\begin{aligned} H_0&: c_0\beta_0+c_1\beta_1 \leqslant c_*, \\ H_1&: c_0\beta_0+c_1\beta_1 > c_*, \end{aligned} \tag{11.3.16}$$

或者

$$\begin{aligned} H_0&: c_0\beta_0+c_1\beta_1 \geqslant c_*, \\ H_1&: c_0\beta_0+c_1\beta_1 < c_*。 \end{aligned} \tag{11.3.17}$$

以下结论的证明与定理 11.3.3 的证明相似，在此不再赘述。

定理 11.3.4 假设（11.3.16）的水平为 α_0 的检验为“如果 $U_{01}\geqslant T_{n-2}^{-1}(1-\alpha_0)$，则拒绝 H_0”；假设（11.3.17）的水平为 α_0 的检验为“如果 $U_{01}\leqslant -T_{n-2}^{-1}(1-\alpha_0)$，则拒绝 H_0”。 ■

定理 11.3.4 的证明与定理 11.3.3 的证明唯一明显不同的地方是，证明中检验的显著性水平为 α_0，这个证明类似于定理 9.5.1 的证明。详见本节习题 23，具体过程留给读者。

接下来，我们将举例说明利用式（11.3.14）中的 U_{01} 具有自由度为 $n-2$ 的 t 分布这一事实，如何检验关于 β_0 和 β_1 的几个常见假设。这些例子对应于将 c_0，c_1 和 c_* 设为特定值。

关于 β_0 的假设检验 设 β_0^* 是给定的数，$-\infty<\beta_0^*<\infty$，假设我们欲检验如下关于回归系数 β_0 的假设：

$$\begin{aligned} H_0&: \beta_0=\beta_0^*, \\ H_1&: \beta_0\neq\beta_0^*。 \end{aligned} \tag{11.3.18}$$

如果我们替换 $c_0=1, c_1=0$ 和 $c_*=\beta_0^*$，则上述假设与假设（11.3.13）相同。如果我们将这些值代入 U_{01} 的公式（11.3.14）中，则得到如下的随机变量 U_0

$$U_0=\frac{\hat{\beta}_0-\beta_0^*}{\sigma'\left(\frac{1}{n}+\frac{\bar{x}^2}{s_x^2}\right)^{1/2}}, \tag{11.3.19}$$

如果 H_0 为真，则 U_0 服从自由度为 $n-2$ 的 t 分布。

假设在简单线性回归的问题中，我们感兴趣的是检验原假设“回归直线 $y=\beta_0+\beta_1x$ 经

过坐标原点”，与之相应的备择假设为“该直线不经过坐标原点”。这些假设可以表示为以下形式：

$$H_0: \beta_0 = 0,$$
$$H_1: \beta_0 \neq 0。 \quad (11.3.20)$$

这里假设值 β_0^* 为 0。

我们用 u_0 表示从一组给定观测值 $(x_i, y_i), i=1,\cdots,n$ 中计算出的 U_0 的值，则与 u_0 相对应的尾部面积（p 值）就是双边尾部面积

$$P(U_0 \geqslant |u_0|) + P(U_0 \leqslant -|u_0|)。$$

例如，假设 $n=20$ 且 U_0 的计算值为 2.1。从自由度为 18 的 t 分布表中可以找到相应的尾部面积为 0.05。因此，在每个显著性水平 $\alpha_0<0.05$ 下，不拒绝原假设 H_0；在每个显著性水平 $\alpha_0 \geqslant 0.05$ 下，拒绝 H_0。

关于 β_1 的假设检验　设 β_1^* 是给定的数，$-\infty<\beta_1^*<\infty$，假设我们欲检验如下关于回归系数 β_1 的假设：

$$H_0: \beta_1 = \beta_1^*,$$
$$H_1: \beta_1 \neq \beta_1^*。 \quad (11.3.21)$$

如果我们替换 $c_0=0$，$c_1=1$ 和 $c_*=\beta_1^*$，则上述假设与假设（11.3.13）相同。如果我们将这些值代入 U_{01} 的公式（11.3.14）中，则得到的随机变量 U_1

$$U_1 = s_x \frac{\hat{\beta}_1 - \beta_1^*}{\sigma'}, \quad (11.3.22)$$

如果 H_0 为真，则 U_1 服从自由度为 $n-2$ 的 t 分布。

假设在简单线性回归问题中，我们感兴趣的是检验假设“变量 Y 实际上与变量 X 不相关”。在假设 11.2.1~11.2.5 下，这个假设等价于“回归函数 $E(Y|x)$ 是常数，实际上不是 x 的函数”。由于假定回归函数的形式为 $E(Y|x)=\beta_0+\beta_1 x$，因此这个假设又等价于假设 $\beta_1=0$。因此，我们的问题是检验以下假设：

$$H_0: \beta_1 = 0,$$
$$H_1: \beta_1 \neq 0。$$

这里假设值 β_1^* 为 0。

我们用 u_1 表示从一组给定观测值 $(x_i, y_i), i=1,\cdots,n$ 中计算出的 U_1 的值，则与这些数据相应的 p 值为

$$P(U_1 \geqslant |u_1|) + P(U_1 \leqslant -|u_1|)。$$

例 11.3.2　汽油英里数　例 11.1.4 中，考虑两个变量“汽油英里数”和“发动机马力”。这次，用 Y 表示汽油英里数的倒数，即加仑每英里，用 X 表示发动机马力。图 11.8 绘制了观测到的数据对 (x_i, y_i) 以及拟合的最小二乘回归直线。注意到，图 11.8 中两个变量之间的关系比图 11.6 中两个变量之间的关系更像直线。每英里加仑数关于发动机马力的简单线性回归的最小二乘估计值为 $\hat{\beta}_0=0.01537$ 和 $\hat{\beta}_1=1.396\times10^{-4}$。同时，$\sigma'=7.181\times10^{-3}$，$\bar{x}=183.97$，并且 $s_x=1036.9$。假设我们想要检验原假设 $H_0:\beta_1 \geqslant 0$，与之相应的备择假设为 $H_1:\beta_1<0$。式（11.3.22）中的统计量 U_1 的观察值为

$$u_1 = 1\ 036.9 \frac{1.396 \times 10^{-4} - 0}{7.139 \times 10^{-3}} = 20.15,$$

它大于自由度为 171 的 t 分布的 $1-10^{-16}$ 分位数。因此，我们将在每个水平 $\alpha_0 \leqslant 10^{-16}$ 下拒绝 H_0。◀

关于未来观察值的均值的假设检验　假设我们对检验假设“回归直线 $y=\beta_0+\beta_1 x$ 通过特殊点(x^*, y^*)，其中 $x^* \neq 0$”感兴趣。换句话说，假设我们要检验以下假设：

$$H_0: \beta_0 + \beta_1 x^* = y^*,$$

$$H_1: \beta_0 + \beta_1 x^* \neq y^*。$$

这些假设与假设（11.3.13）具有相同的形式，其中 $c_0=1, c_1=x^*, c_*=y^*$。因此，可以基于统计量 U_{01} 进行自由度为 $n-2$ 的 t 检验来检验它们。

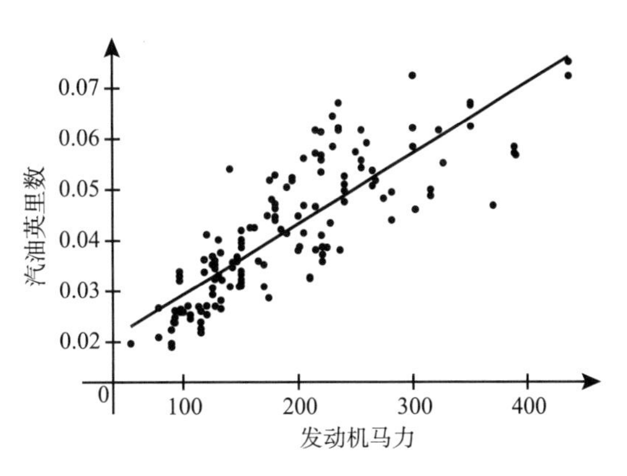

图 11.8　例 11.3.2 中 173 辆汽车的汽油英里数与发动机马力的图。最小二乘回归直线也在图上

例 11.3.3　大气压强与水的沸点　例 11.3.1 中，旅行者感兴趣的是检验原假设 $H_0: \beta_0 + 201.5\beta_1 = 24.5$，备择假设 $H_1: \beta_0 + 201.5\beta_1 \neq 24.5$。我们将利用式（11.3.14）中的统计量 U_{01}，其中 $c_0=1$ 且 $c_1=201.5$。根据表 11.5 中的数据，我们已经计算出最小二乘估计值 $\hat{\beta}_0=-81.049$ 和 $\hat{\beta}_1=0.522\ 8$。我们还可以计算 $n=17$，$s_x^2=530.78$，$\bar{x}=202.95$ 和 $\sigma'=0.232\ 8$。于是

$$U_{01} = \left[\frac{1}{17} + \frac{(202.95 - 201.5)^2}{530.78}\right]^{1/2} \frac{-81.049 + 201.5 \times 0.522\ 8 - 24.5}{0.232\ 8} = -0.220\ 4。$$

如果 H_0 为真，则 U_{01} 服从自由度为 $n-2=15$ 的 t 分布。观察值$-0.220\ 4$ 相应的 p 值为 0.828 5。原假设将会在显著性水平 α_0 下被拒绝，$\alpha_0 \geqslant 0.828\ 5$。◀

置信区间

β_0，β_1 或二者任何线性组合的置信区间可以从相应的检验过程中得到。

定理 11.3.5　设 c_0 与 c_1 为两个非 0 常数，则以下面两个随机变量为端点的开区间

$$c_0\hat{\beta}_0 + c_1\hat{\beta}_1 \pm \sigma' \left[\frac{c_0^2}{n} + \frac{(c_0\bar{x} - c_1)^2}{s_x^2}\right]^{1/2} T_{n-2}^{-1}\left(1 - \frac{\alpha_0}{2}\right) \tag{11.3.23}$$

是 $c_0\beta_0+c_1\beta_1$ 的置信度为 $1-\alpha_0$ 的置信区间。

证明　考虑一般的假设（11.3.13）。定理 9.1.1 告诉我们，在水平 α_0 下不拒绝原假设 H_0 的所有 c_* 的值的集合构成 $c_0\beta_0+c_1\beta_1$ 的置信度为 $1-\alpha_0$ 的置信区间。可以直接验证，c_* 介于（11.3.23）中的两个随机变量之间，当且仅当 $|U_{01}| \leqslant T_{n-2}^{-1}(1-\alpha_0/2)$，这明确了在水平 α_0 下不拒绝 H_0（根据定理 11.3.3）。■

例 11.3.4　汽油英里数　例 11.3.2 中，我们拒绝了 $\beta_1 \leqslant 0$ 的原假设，但可能希望构

造 β_1 的区间估计值。应用定理 11.3.5，其中 $c_0=0$ 且 $c_1=1$。则置信度为 $1-\alpha_0$ 的置信区间的端点为

$$\hat{\beta}_1 \pm \frac{\sigma'}{s_x} T_{n-2}^{-1}\left(1-\frac{\alpha_0}{2}\right)。$$

例如，假设我们想要 β_1 的置信度为 0.8 的置信区间。我们使用计算机软件，可以得到 $T_{171}^{-1}(0.9)=1.287$（我们也可以使用本书后面的表格进行插值）。例 11.3.2 中给出了计算区间端点所需的其他值，置信区间的观察值为$(1.307\times10^{-4}, 1.485\times10^{-4})$。◀

定理 11.3.5 的其他特殊情况是 $c_0=1$ 和 $c_1=0$ 时，给出了 β_0 的置信区间；$c_0=1$ 和 $c_1=x$ 时，给出了当 $X=x$ 时 Y 的均值的置信区间。第二个也可以描述为在给定点 x 处回归直线的值 $\theta=\beta_0+\beta_1 x$。相应的置信区间的端点为

$$\hat{\beta}_0+\hat{\beta}_1 x \pm T_{n-2}^{-1}\left(1-\frac{\alpha_0}{2}\right)\sigma'\left[\frac{1}{n}+\frac{(x-\bar{x})^2}{s_x^2}\right]^{1/2}。\tag{11.3.24}$$

预测区间　在 11.2 节，我们讨论了当知道 x 的值时预测相应的 Y 值（与观测数据无关）的情况。假设我们需要一个区间，它应包含概率为指定值 $1-\alpha_0$ 的 Y。我们可以考虑 Y，$\hat{Y}=\hat{\beta}_0+\hat{\beta}_1 x$ 和 S^2 的联合分布来构造这样的区间。

定理 11.3.6　在简单线性回归问题中，令 Y 为预测量 x 对应的新观察值，Y 与 $Y_1,\cdots,Y_n$ 独立，令 $\hat{Y}=\hat{\beta}_0+\hat{\beta}_1 x$，则 Y 介于如下两个随机变量之间的概率为 $1-\alpha_0$：

$$\hat{Y} \pm T_{n-2}^{-1}\left(1-\frac{\alpha_0}{2}\right)\sigma'\left[1+\frac{1}{n}+\frac{(x-\bar{x})^2}{s_x^2}\right]^{1/2}。\tag{11.3.25}$$

证明　由于 Y 与观测数据独立，我们认为 Y，$\hat{Y}$ 和 S^2 都是独立的。因此，如下两个随机变量是独立的：

$$Z=\frac{Y-\hat{Y}}{\sigma\left[1+\frac{1}{n}+\frac{(x-\bar{x})^2}{s_x^2}\right]^{1/2}},\quad W=\frac{S^2}{\sigma^2}。$$

由于 Y 和 $\hat{Y}$ 独立，并且都是正态分布，所以 Z 具有正态分布。由于 $E(Y)=E(\hat{Y})$，因此 Z 的均值为 0。根据式（11.2.13），Z 的方差为 1。根据定理 11.3.2，W 服从自由度为 $n-2$ 的 χ^2 分布。因此，$Z/[W/(n-2)]^{1/2}$ 服从自由度为 $n-2$ 的 t 分布。不难看出 $Z/[W/(n-2)]^{1/2}$ 与下式相同

$$U_x=\frac{Y-\hat{Y}}{\sigma'\left[1+\frac{1}{n}+\frac{(x-\bar{x})^2}{s_x^2}\right]^{1/2}}。\tag{11.3.26}$$

因此，$P(|U_x|<T_{n-2}^{-1}(1-\alpha_0/2))=1-\alpha_0$。然后，直接可以证明 Y 介于（11.3.25）中的两个随机变量之间，当且仅当$|U_x|<T_{n-2}^{-1}(1-\alpha_0/2)$。■

定义 11.3.1　预测区间　端点由式（11.3.25）给出的随机区间称为 Y 的置信度为 $1-\alpha_0$ 的预测区间。

在观察数据之前，当 σ'，$\hat{\beta}_0$，$\hat{\beta}_1$ 和 Y 仍然都是随机变量时，式（11.3.25）中的端点

具有以下性质：Y 处于端点之间（在区间中）的概率为 $1-\alpha_0$。观察到数据后，端点为式（11.3.25）的区间的解释与前面置信区间的解释类似，但增加的复杂之处在于 Y 也是随机变量。

例 11.3.5　汽油英里数　例 11.3.2 中，假设我们希望预测特定汽车的发动机马力为 x 时的汽油英里数。特别是，令 $x=100$，我们使用 $\alpha_0=0.1$ 来构造上述预测区间。利用例 11.3.2 和式（11.3.25）中计算的值，我们得到了用于预测每英里 Y 加仑的区间 $(0.01737, 0.04127)$。Y 在这个区间中，当且仅当 $1/Y$ 在 $1/0.01737=57.56$ 和 $1/0.04127=24.23$ 之间时，我们可以说每加仑英里数的 90%预测区间的观察值为 $(24.23, 57.56)$。◀

残差分析

每当进行统计分析时，重要的是要验证观察到的数据是否满足这个分析所基于的假设。例如，在简单线性回归问题的统计分析中，我们假设 Y 关于 X 的回归是线性函数，并且观察值 $Y_1,\cdots,Y_n$ 是独立的。在这些假设的基础上建立了 β_0 和 β_1 的极大似然估计量以及关于 β_0 和 β_1 的假设检验，但是我们没有检查数据，以确定这些假设是否合理。

检查这些假设的一种快速、非正式的方法是检查观察值 $y_1,\cdots,y_n$ 与拟合的回归直线之间的差异。

定义 11.3.2　残差/拟合值　对于 $i=1,\cdots,n$，$\hat{y}_i=\hat{\beta}_0+\hat{\beta}_1x_i$ 的观测值称为拟合值。对于 $i=1,\cdots,n$，$e_i=y_i-\hat{y}_i$ 的观测值称为残差。

具体地说，假设在 xe 平面上绘制了 n 个点 (x_i,e_i)，$i=1,\cdots,n$，则 $\sum_{i=1}^{n}e_i=0$ 且 $\sum_{i=1}^{n}x_ie_i=0$（见 11.1 节习题 4）。但是，在这些限制下，正残差和负残差应随机分散在点 (x_i,e_i) 中。如果正残差 e_i 倾向于集中在 x_i 的极值或 x_i 的中心值，则可能违背假设“Y 关于 X 的回归是线性函数”，也有可能违背假设“观测值 $Y_1,\cdots,Y_n$ 独立”。实际上，如果点 (x_i,e_i) 的图表现出任何类型的常规模式，都可能违背这些假设。

例 11.3.6　大气压强和水的沸点　关于用最小二乘法拟合例 11.2.2 中数据的残差，我们可以利用例 11.2.5 中计算的回归系数：$\hat{\beta}_0=-81.06$ 和 $\hat{\beta}_1=0.5229$。表 11.7 中包含原始数据以及拟合值 $\hat{y}_i=-81.06+0.5229x_i$ 和所有 i 的残差 $e_i=y_i-\hat{y}_i$。残差与沸点的关系图如图 11.9 所示。该图具有两个醒目的特征：一个是非常大的正残差，对应于图顶部的 $x_i=204.6$。残差如此之大的观察值有时称为**异常值**；对应于这个观察值的 x_i 或 y_i 值可能记录不正确，也有可能是在不同于其他观察值的条件下进行的，也许那个特定的 y_i 值恰好偏离了其均值。另一个显著特征是，除异常值外，其他残差似乎形成了 U 形。对于这种现状的残差，我们用曲线而不是直线可以更好地描述两个变量之间的关系。

表 11.7　表 11.5 的数据，最小二乘拟合值、残差，以及对数大气压强

x_i	y_i	$\hat{y}_i=-81.06+0.5229x_i$	$e_i=y_i-\hat{y}_i$	$\ln(y_i)$
194.5	20.79	20.64	0.1512	3.034
194.3	20.79	20.53	0.2557	3.034
197.9	22.40	22.42	-0.0167	3.109
198.4	22.67	22.68	-0.0081	3.121

（续）

x_i	y_i	$\hat{y}_i=-81.06+0.5229x_i$	$e_i=y_i-\hat{y}_i$	$\ln(y_i)$
199.4	23.15	23.20	−0.0510	3.142
199.9	23.35	23.46	−0.1125	3.151
200.9	23.89	23.99	−0.0954	3.173
201.1	23.99	24.09	−0.0999	3.178
201.4	24.02	24.25	−0.2268	3.179
201.3	24.01	24.19	−0.1845	3.178
203.6	25.14	25.40	−0.2572	3.224
204.6	26.57	25.92	0.6499	3.280
209.5	28.49	28.48	0.0078	3.350
208.6	27.76	28.01	−0.2516	3.324
210.7	29.04	29.11	−0.0697	3.369
211.9	29.88	29.74	0.1428	3.397
212.2	30.06	29.89	0.1660	3.403

处理我们在图 11.9 中注意到的两个特征的技巧，可以在专门研究回归方法的书中找到，例如 Belsley，Kuh 和 Welsch（1980），Cook 和 Weisberg（1982），Draper 和 Smith（1998）以及 Weisberg（1985）。处理残差图中形状弯曲的一种可能技巧是在进行回归之前对两个变量 X 和 Y 进行变换，可以只变换一个变量，也可以两个都变换。实际上，Forbes（1857）怀疑大气压强的对数与沸点呈线性关系。表 11.7 中还包含压强的对数。如果我们把对数大气压强关于沸点进行回归，则可得到最小二乘估计值 $\hat{\beta}_0=-0.9709$ 和 $\hat{\beta}_1=0.0206$。统计量 σ' 的观察值为 8.730×10^{-3}。这个拟合的残差可以通过 $\ln(y_i)-(-0.9709+0.0206x_i)$ 来计算，并绘制在图 11.10 中。一个大的残差仍然出现在图 11.10 中，但是剩余残差的弯曲形状消失了。要查看一个观察值对回归的影响，我们可以使用其余 16 个观察值来拟合回归。在这种情况下，估计系数为 $\hat{\beta}_0=-0.9518$ 和 $\hat{\beta}_1=0.0205$ 以及 $\sigma'=2.616\times10^{-3}$。回归系数变化不大，但是估计的标准差降至前面标准差的三分之一以下。◀

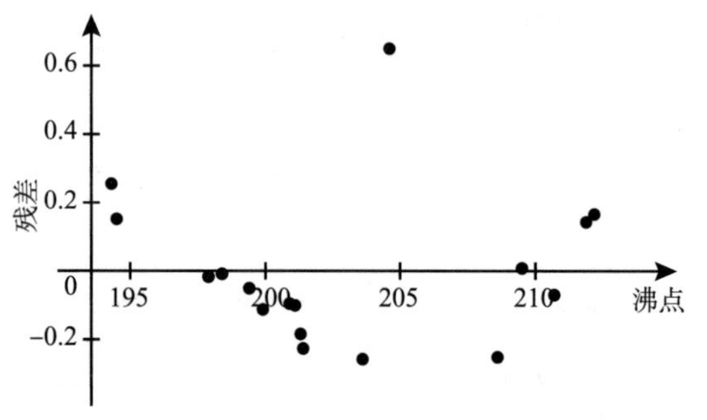

图 11.9　例 11.3.6 中残差与沸点的图像

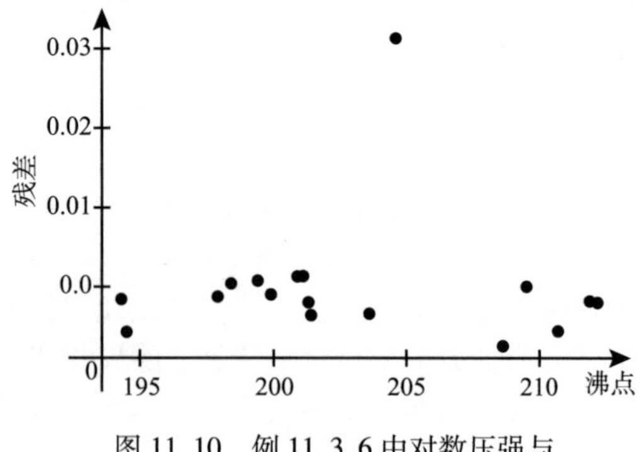

图 11.10　例 11.3.6 中对数压强与沸点的回归残差

注：例 11.3.6 中两个模型不可能都正确。大气压强均值和对数大气压强均值都是沸点的线性函数，这是不对的。当图 11.9 中的残差图显示出曲线形状时，我们便开始怀疑大

气压强的均值不是沸点的线性函数。在这种情况下，例 11.2.2、例 11.2.5 和例 11.3.3 中进行的概率计算也值得怀疑。

注：如何处理异常值。例 11.3.6 中，$X=204.6$ 的数据点使得很难解释回归分析的结果。Forbes（1857）将这一点标记为“明显错误”。一般地，当这一类数据点出现在我们的数据集时，我们应尝试验证它们与其余数据是否在相同条件下采集。在试验期间，收集数据的过程有时会发生变化。如果去掉异常值对分析产生显著影响，则必须处理这个观察值。根据采集过程，如果无法说明我们应该删除这个观察值，则有可能是 Y_i 的分布不同于正态分布。可能是这个分布以高概率产生与均值的极大偏差。在这种情况下，可能必须采用与 10.7 节中描述的稳健估计类似的稳健回归过程。有兴趣的读者参考 Hampel 等人（1986）或 Rousseeuw 和 Leroy（1987）。

正态分位数图 另一个有助于评估回归模型的假设的图为正态分位数图，有时也称为正态评分图或正态 Q-Q 图。假设残差是 $\varepsilon_i=y_i-(\beta_0+\beta_1x_i)$ 的合理估计值。根据线性回归模型，每个 ε_i 都服从正态分布，均值为 0，方差为 σ^2。正态分位数图将“正态分布的分位数”与“有序残差值”进行比较。我们希望“低于正态分布 0.25 分位数的残差约占 25%”，我们希望“低于正态分布 0.8 分位数的残差约占 80%”，以此类推。我们通过绘制“有序残差值”与“正态分布的分位数”的图，可以看到这些“希望”得到满足的程度。

设 $r_1\leqslant r_2\leqslant\cdots\leqslant r_n$ 为从最小到最大的残差。我们绘制的点是 $(\Phi^{-1}(i/[n+1]),r_i),i=1,\cdots,n$，其中 Φ^{-1} 是标准正态分布的分位数函数。$\Phi^{-1}(i/[n+1]),i=1,\cdots,n$ 是标准正态分布的 n 个分位数，它将标准正态分布分为等概率的区间，包括第一个分位数以下的区间和最后一个分位数之上的区间。如果这些绘制的点大致分布在直线 $y=x$ 上，则位于标准正态分布 0.25 分位数以下的残差大约占 25%，位于 0.8 分位数以下的残差大约占 80%，以此类推。如果这些点大致位于另一条直线 $y=ax+b$ 上，则可以将每个点的第一坐标值乘以 a 加 b 得到“新第一坐标值”，则“新点”大致位于 $y=x$ 上。这时每个（旧）点的第一坐标值是均值为 b 和方差 a^2 的正态分布的分位数，于是位于均值为 b 和方差为 a^2 的正态分布的 0.25 分位数以下的残差大约占 25%，以此类推。因此，我们通过检查正态分位数图来了解这些点与某条直线的距离有多近。我们不在乎是哪一条直线，因为我们只关心数据是否看起来像来自某个正态分布；我们通过拟合回归模型来帮助确定哪个正态分布。

例 11.3.7 大气压强和水的沸点 作为正态分位数图的说明，我们从例 11.3.6 的数据集中剔除了让人麻烦的观察值（第 12 行的数据），并拟合了对数大气压强关于沸点的回归模型。最终的正态分位数图如图 11.11 所示。图 11.11 中的点大致在一条线上，尽管检测图中的某些曲度并不困难。通常情况下，极端残差（最低残差和最高残差）无法与其他残

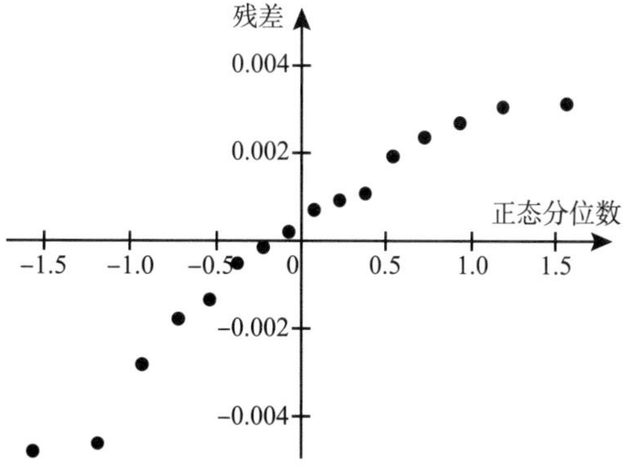

图 11.11 对数大气压强关于沸点的回归的正态分位数图（已剔除第 12 个数据）

差很好地在一条直线上，因此人们通常最关注图中间的那些点。远离其他点所在直线的极端观测值则表明了一个更严重的问题。异常值通常会以这种方式出现，同时也出现在其他残差图中。◀

如果我们知道观察值的顺序，还有一些其他图可以帮助揭示观察值之间是否存在某种依赖性。在本章后面讨论多元回归时，我们将介绍这些图。读者希望对与线性回归相关的图有更深了解，可以参阅 Cook 和 Weisberg（1994）。

同时对 β_0 和 β_1 进行推断

同时对 β_0 和 β_1 的假设进行检验　接下来，假设 β_0^* 和 β_1^* 为给定的数，我们对如下假设的检验感兴趣：

$$\begin{aligned} &H_0: \beta_0 = \beta_0^* \text{ 且 } \beta_1 = \beta_1^*, \\ &H_1: \text{假设 } H_0 \text{ 不为真。} \end{aligned} \tag{11.3.27}$$

这些假设不是（11.3.13）的特例；因此，我们将无法使用式（11.3.14）中的 U_{01} 来检验这些假设。相反，我们将推导出假设（11.3.27）的似然比检验过程。

似然函数 $f_n(\boldsymbol{y}|\boldsymbol{x}, \beta_0, \beta_1, \sigma^2)$ 由式（11.2.2）给出。由 11.2 节可知，当 β_0，β_1 和 σ^2 等于式（11.1.1）和式（11.2.3）给出的极大似然估计量 $\hat{\beta}_0$，$\hat{\beta}_1$ 和 $\hat{\sigma}^2$ 时，似然函数达到最大值。

当原假设 H_0 为真时，β_0 和 β_1 的值分别为 β_0^* 和 β_1^*。当 σ^2 为如下估计量 $\hat{\sigma}_0^2$ 时，$f_n(\boldsymbol{y}|\boldsymbol{x}, \beta_0^*, \beta_1^*, \sigma^2)$ 将在 σ^2 的所有可能值上取得最大值：

$$\hat{\sigma}_0^2 = \frac{1}{n}\sum_{i=1}^{n}(y_i - \beta_0^* - \beta_1^* x_i)^2。$$

现在考虑统计量

$$\Lambda(\boldsymbol{y}|\boldsymbol{x}) = \frac{\sup_{\sigma^2} f_n(\boldsymbol{y}|\boldsymbol{x}, \beta_0^*, \beta_1^*, \sigma^2)}{\sup_{\beta_0, \beta_1, \sigma^2} f_n(\boldsymbol{y}|\boldsymbol{x}, \beta_0, \beta_1, \sigma^2)}。$$

利用刚才所述的结论，可以证明

$$\Lambda(\boldsymbol{y}|\boldsymbol{x}) = \left(\frac{\hat{\sigma}^2}{\hat{\sigma}_0^2}\right)^{n/2} = \left[\frac{\sum_{i=1}^{n}(y_i - \hat{\beta}_0 - \hat{\beta}_1 x_i)^2}{\sum_{i=1}^{n}(y_i - \beta_0^* - \beta_1^* x_i)^2}\right]^{n/2}。 \tag{11.3.28}$$

式（11.3.28）中最后那个表达式的分母可以重写为

$$\begin{aligned} &\sum_{i=1}^{n}(y_i - \beta_0^* - \beta_1^* x_i)^2 \\ &\quad = \sum_{i=1}^{n}[(y_i - \hat{\beta}_0 - \hat{\beta}_1 x_i) + (\hat{\beta}_0 - \hat{\beta}_0^*) + (\hat{\beta}_1 - \hat{\beta}_1^*)x_i]^2。 \end{aligned} \tag{11.3.29}$$

为了进一步简化这个表达式，设 S^2 为由式（11.3.9）定义的统计量，并设统计量 Q^2 定义如下

$$Q^2 = n(\hat{\beta}_0 - \beta_0^*)^2 + \left(\sum_{i=1}^{n} x_i^2\right)(\hat{\beta}_1 - \beta_1^*)^2 + 2n\bar{x}(\hat{\beta}_0 - \beta_0^*)(\hat{\beta}_1 - \beta_1^*)。 \tag{11.3.30}$$

现在，我们将式（11.3.29）右边展开，并利用在11.1节习题4中建立的以下关系：

$$\sum_{i=1}^{n}(y_i - \hat{\beta}_0 - \hat{\beta}_1 x_i) = 0 \text{ 和 } \sum_{i=1}^{n} x_i(y_i - \hat{\beta}_0 - \hat{\beta}_1 x_i) = 0。$$

于是我们得到如下关系

$$\sum_{i=1}^{n}(y_i - \beta_0^* - \beta_1^* x_i)^2 = S^2 + Q^2。$$

现在由式（11.3.28）可得

$$\Lambda(\boldsymbol{y} \mid \boldsymbol{x}) = \left(\frac{S^2}{S^2 + Q^2}\right)^{n/2} = \left(1 + \frac{Q^2}{S^2}\right)^{-n/2}。 \tag{11.3.31}$$

似然比检验过程具体为"当 $\Lambda(\boldsymbol{y}|\boldsymbol{x}) \leqslant k$ 时，拒绝 H_0"。从式（11.3.31）可以看出，这个检验过程等价于"当 $Q^2/S^2 \geqslant k'$ 时，拒绝 H_0"，其中 k' 是适当的常数。为了使这个检验更加标准，我们将统计量 U^2 定义如下：

$$U^2 = \frac{\frac{1}{2}Q^2}{\sigma'^2}。 \tag{11.3.32}$$

那么似然比检验具体为"当 $U^2 \geqslant \gamma$ 时，拒绝 H_0"，其中 γ 是适当的常数。

当假设 H_0 为真时，我们现在要确定统计量 U^2 的分布。可以看出（见本节习题7和习题8），当 H_0 为真时，随机变量 Q^2/σ^2 服从自由度为2的 χ^2 分布。同时，由于随机变量 S^2 和随机向量 $(\hat{\beta}_0, \hat{\beta}_1)$ 相互独立，又由于 Q^2 是 $\hat{\beta}_0$ 和 $\hat{\beta}_1$ 的函数，因此随机变量 Q^2 和 S^2 是独立的。最后，我们知道 S^2/σ^2 服从自由度为 $n-2$ 的 χ^2 分布。因此，当 H_0 为真时，由式（11.3.32）定义的统计量 U^2 服从自由度为2和 $n-2$ 的 F 分布。由于检验为"如果 $U^2 \geqslant \gamma$，拒绝原假设 H_0"，对于特定的显著性水平 $\alpha_0(0<\alpha_0<1)$，相应的 γ 值是这个 F 分布的 $1-\alpha_0$ 分位数，即 $F_{2,n-2}^{-1}(1-\alpha_0)$。

联合置信集 接下来，考虑为未知回归系数（对）β_0 和 β_1 构造置信集的问题。这种置信集可以由式（11.3.32）定义的统计量 U^2 得到，前面我们利用统计量 U^2 来检验假设（11.3.27）。具体说来，设 $F_{2,n-2}^{-1}(1-\alpha_0)$ 为自由度为2和 $n-2$ 的 F 分布的 $1-\alpha_0$ 分位数。然后，所有满足 $U^2<F_{2,n-2}^{-1}(1-\alpha_0)$ 的 (β_0^*, β_1^*) 的集合，将构成 (β_0, β_1) 的置信度为 $1-\alpha_0$ 的置信集。可以看出（见本节习题16），这个置信集包含 $\beta_0\beta_1$ 平面上某个椭圆内的所有点 (β_0, β_1)。换句话说，这个置信集实际上是一个**置信椭圆**。

针对刚才得出的β_0和β_1的置信椭圆，可以用来构造整个回归直线$y=\beta_0+\beta_1 x$的置信集。对于椭圆内的每个点(β_0,β_1)，我们可以在xy平面上画出一条直线$y=\beta_0+\beta_1 x$。对应于椭圆内所有点(β_0,β_1)的所有直线的集合将是实际回归直线的置信度为$1-\alpha_0$的置信集。有一个相当冗长而详细的分析，这里就不再介绍了［参阅 Scheffé（1959，3.5 节）］，这个分析证明了这个置信集的上下限是由如下关系定义的曲线：

$$y=\hat{\beta}_0+\hat{\beta}_1 x\pm[2F_{2,n-2}^{-1}(1-\alpha_0)]^{1/2}\sigma'\left[\frac{1}{n}+\frac{(x-\bar{x})^2}{s_x^2}\right]^{1/2}。\tag{11.3.33}$$

换句话说，在置信度为$1-\alpha_0$的情况下，实际回归直线$y=\beta_0+\beta_1 x$将介于“通过式（11.3.33）中的加号得到的曲线”和“通过式（11.3.33）中的减号得到的曲线”之间。这些曲线之间的区域通常称为**回归直线的置信带**。

以类似的方式，置信椭圆可以用于为β_0和β_1的每个线性组合构造“同时置信区间”。$c_0\beta_0+c_1\beta_1$的置信度为$1-\alpha_0$的置信区间的端点为

$$c_0\hat{\beta}_0+c_1\hat{\beta}_1\pm\sigma'\left[\frac{c_0^2}{n}+\frac{(c_0\bar{x}-c_1)^2}{s_x^2}\right]^{1/2}[2F_{2,n-2}^{-1}(1-\alpha_0)]^{1/2}。\tag{11.3.34}$$

这与（11.3.23）中给出的“单个置信区间”不同，仅在于将“t_{n-2}分布的$1-\alpha_0/2$分位数”替换为“$F_{2,n-2}$分布的$1-\alpha_0$分位数 2 倍的平方根”。“同时置信区间”比“单个置信区间”宽，因为它们满足更严格的要求。(在观察数据之前) 所有形如（11.3.34）的置信区间同时包含相应参数的概率为$1-\alpha_0$。形如（11.3.23）的“单个置信区间”包含相应参数的概率也为$1-\alpha_0$，但是两个或多个“单个置信区间”同时包含其对应参数的概率小于$1-\alpha_0$。

替代检验和置信集　假设（11.3.27）是假设（9.1.26）的特例，可以通过在假设（9.1.26）之后描述的同样方法来检验它们。得到的检验可以导出(β_0,β_1)的替代置信集。假设（11.3.27）的水平为α_0的替代检验仅仅是组合了假设（11.3.20）和假设（11.3.21）的两个水平为$\alpha_0/2$的检验。具体来说，假设（11.3.27）的水平为α_0的替代检验δ将拒绝H_0，如果

$$|U_0|\geqslant T_{n-2}^{-1}\left(1-\frac{\alpha_0}{4}\right)\text{ 或 }|U_1|\geqslant T_{n-2}^{-1}\left(1-\frac{\alpha_0}{4}\right),\tag{11.3.35}$$

其中U_0和U_1分别是式（11.3.19）和式（11.3.22）中用于检验假设（11.3.20）和假设（11.3.21）的统计量。

与之相应的，(β_0,β_1)的联合置信集是所有满足“$|U_0|$和$|U_1|$都严格小于$T_{n-2}^{-1}(1-\alpha_0/4)$”的$(\beta_0^*,\beta_1^*)$集合，这个替代置信集将为矩形而不是椭圆。这个置信矩形也为形如$c_0\beta_0+c_1\beta_1$的所有线性组合提供了同时置信区间。当然，这时端点的公式不如式（11.3.34）那么完美。令C为联合置信矩形，则$c_0\beta_0+c_1\beta_1$的置信区间如下

$$\left(\inf_{(\beta_0^*,\beta_1^*)\in C}c_0\beta_0^*+c_1\beta_1^*,\ \sup_{(\beta_0^*,\beta_1^*)\in C}c_0\beta_0^*+c_1\beta_1^*\right)。\tag{11.3.36}$$

sup 和 inf 分别在矩形的四个角上取到，因此只需要计算 $c_0\beta_0^*+c_1\beta_1^*$ 的四个值即可确定区间。本节习题 24 中列出了一些特殊情况。

例 11.3.8　大气压强和水的沸点　在例 11.2.1 和例 11.2.2 中，我们计算了最小二乘估计值以及估计值的方差和协方差。图 11.12 显示了(β_0,β_1)的置信度为 0.95 的椭圆和矩形联合置信集。如果我们想要的只是两个参数的置信区间，则可以从这两个置信集中提取。对于椭圆区域，式（11.3.34）分别给出 β_0 和 β_1 的区间$(-1.0149,-0.8886)$和$(0.020207,0.020830)$。注意到，这些区间的端点分别是图 11.12 中设置的椭圆联合置信集的 β_0 和 β_1 的最小值和最大值。同样地，来自矩形联合置信集的置信区间分别为$(-1.0097,-0.8938)$和$(0.020233,0.020804)$，其端点也是图 11.12 中矩形联合置信集的 β_0 和 β_1 的最小值和最大值。

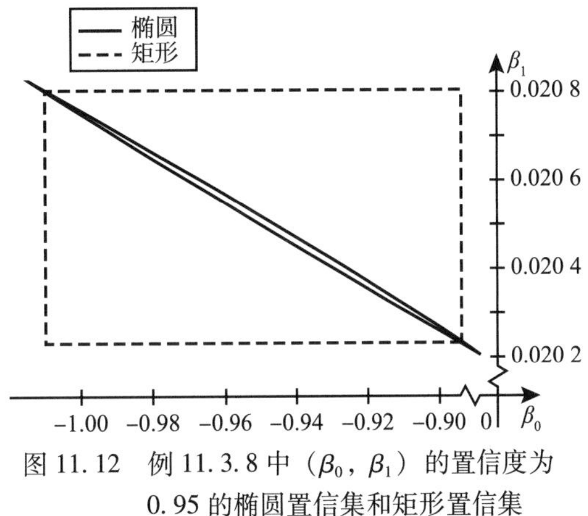

图 11.12　例 11.3.8 中（β_0，β_1）的置信度为 0.95 的椭圆置信集和矩形置信集

最后，假设除了两个参数 β_0 和 β_1 的置信区间，我们还需要回归函数的置信带，即所有温度 x 下平均对数大气压强的置信带。这个均值的形式为 $c_0\beta_0+c_1\beta_1$，其中 $c_0=1$ 且 $c_1=x$。基于椭圆和矩形联合置信集，在图 11.13 中绘制了置信带。例如，在 $x=201.5$ 时，我们从椭圆置信集和矩形置信集得到的区间分别为$(3.1809,3.1846)$和$(3.0672,3.2983)$。

对于两个单参数的联合置信区间，从矩形置信集计算出的比椭圆置信集略短。但是，与椭圆置信集相比，从矩形置信集计算得出的回归函数的置信带（见图 11.13）要宽得多。◀

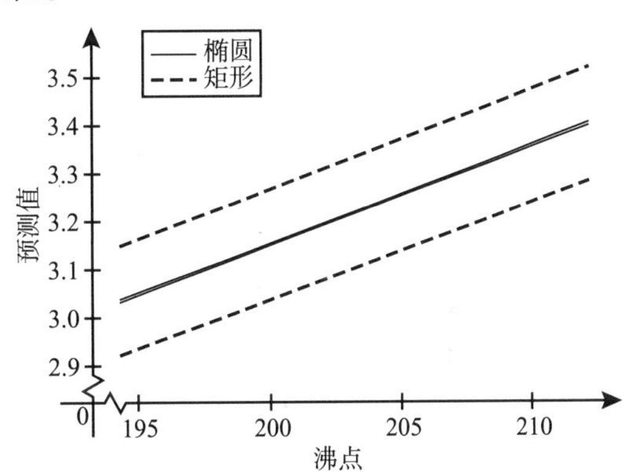

图 11.13　例 11.3.8 中的回归函数的置信度为 0.95 的置信带，这个置信带是同时基于椭圆和矩形联合置信集计算出来的

在例 11.3.8 中，如果人们仅对三个参数 β_0,β_1 和 $\beta_0+201.5\beta_1$ 的同时置信区间感兴趣，而不是整个回归函数，则可以从矩形联合置信集的推广中得到更短的区间。这个推广基于定理 1.5.8 的 Bonferroni 不等式。

定理 11.3.7　*假设我们对参数 $\theta_1,\cdots,\theta_n$ 的同时置信区间感兴趣。对于每个 i，设 (A_i,B_i)为 θ_i 的置信度为 $1-\alpha_i$ 的置信区间，则所有 n 个置信区间同时覆盖它们相应的参*

数的概率至少为 $1-\sum_{i=1}^{n}\alpha_i$。

证明　对于每个 $i=1,\cdots,n$，定义事件 $E_i=\{A_i<\theta_i<B_i\}$。因为 (A_i,B_i) 是 θ_i 的置信度为 $1-\alpha_i$ 的置信区间，所以对于每个 i 我们都有 $P(E_i^c)\leqslant\alpha_i$，并且所有 n 个区间同时覆盖它们对应的参数的概率为 $P\left(\bigcap_{i=1}^{n}E_i\right)$。由 Bonferroni 不等式，这个概率至少为 $1-\sum_{i=1}^{n}\alpha_i$。■

定理 9.1.5 给出了检验如下联合假设的相应结论：

$$H_0:\theta_i=\theta_i^* \text{ 对所有 } i,$$
$$H_1:H_0 \text{ 不为真。} \tag{11.3.37}$$

如果我们想要三个参数的置信度为 $1-\alpha_0$ 的同时置信区间，则令 $\alpha_i=\alpha_0/3$。

例 11.3.9　大气压强和水的沸点　例 11.3.8 中，假设我们只对三个参数 β_0，β_1 和 $\beta_0+201.5\beta_1$ 的置信度为 0.95 的同时置信区间感兴趣。然后，我们可以为每个参数使用置信度为 $1-0.05/3=0.9833$ 的置信区间。需要的 t 分布的分位数为 $T_{14}^{-1}(0.9917)=2.7178$。$\beta_0$，$\beta_1$ 和 $\beta_0+201.5\beta_1$ 的三个区间分别为 $(-1.0146,-0.8889)$，$(0.020296,0.020828)$ 和 $(3.1809,3.1845)$。注意到，这些区间都比基于椭圆联合置信集的相应区间短。这些区间中的前两个区间比例 11.3.8 中的矩形联合置信集的对应区间长，但是第三个区间比基于相同矩形置信集的对应区间要短得多。◀

最后，有一种方法可以基于 Bonferroni 不等式为整个回归函数构建更窄的置信带，我们将证明细节留到本节习题 25。

那么，我们应该使用哪个置信区间呢？同时对于假设（11.3.27），我们又应该使用的哪个检验呢？我们所构建的检验中，没有一个是一致最大功效检验。某些检验在某些备择假设下功效更大，而另外一些检验在其他备择假设下功效更大。在参数 β_0 与 β_1 中，如果有一个稍微大于或小于假设值，而另一个参数接近于假设值，则矩形联合置信集相应的检验将比椭圆联合置信集的检验功效更大。如果 β_0 与 β_1 两者都和假设值略有不同，则椭圆检验比矩形检验功效更大，即使它们与假设值之间的距离都不足使矩形检验拒绝原假设。如果没有任何特别说明哪些备择假设最重要，人们可能会选择椭圆假设。另一方面，如果一个人仅需要几个置信区间，而不是整个回归函数的置信带，则基于 Bonferroni 不等式的区间通常会更短。不同的检验和置信区间仅因在构造中使用的分位数而不同。分位数越大，置信区间越长。表 11.8 给出了基于椭圆联合置信集的区间所需的分位数（不取决于构造的区间数）以及基于 Bonferroni 不等式的各种区间所需的分位数。可以看到，如果只希望三个或更少的区间，则 Bonferroni 区间通常会更短。

表 11.8　基于 Bonferroni 不等式和基于椭圆联合置信集计算 k 个同时联合置信区间所需的分位数的比较

α_0	n	$T_{n-2}^{-1}(1-\alpha_0/[2k])$				$[2F_{2,n-2}^{-1}(1-\alpha_0)]^{1/2}$
		$k=1$	$k=2$	$k=3$	$k=4$	
0.05	5	3.18	4.18	4.86	5.39	4.37
	10	2.31	2.75	3.02	3.21	2.99
	15	2.16	2.53	2.75	2.90	2.76
	20	2.10	2.45	2.64	2.77	2.67
	60	2.00	2.30	2.47	2.58	2.51
	120	1.98	2.27	2.43	2.54	2.48
	∞	1.96	2.24	2.40	2.50	2.45
0.01	5	5.84	7.45	8.58	9.46	7.85
	10	3.36	3.83	4.12	4.33	4.16
	15	3.01	3.37	3.58	3.73	3.66
	20	2.88	3.20	3.38	3.51	3.47
	60	2.66	2.92	3.06	3.16	3.16
	120	2.62	2.86	3.00	3.09	3.10
	∞	2.58	2.81	2.94	3.03	3.04

小结

对于都不为 0 的常数 c_0 和 c_1，我们看到

$$\left[\frac{c_0^2}{n}+\frac{(c_0\bar{x}-c_1)^2}{s_x^2}\right]^{-1/2}\frac{c_0\hat{\beta}_0+c_1\hat{\beta}_1-(c_0\beta_0+c_1\beta_1)}{\sigma'} \tag{11.3.38}$$

在简单线性回归的假设下服从自由度为 $n-2$ 的 t 分布。我们可以利用式（11.3.38）中的随机变量来检验关于 β_0，β_1 以及两者的线性组合的假设或构建它们的置信区间。我们还学习了如何在已知 X 值时构造相应的观察值 Y 的预测区间。

关于同时检验 β_0 与 β_1 是基于式（11.3.32）中的统计量 U^2，当假设（11.3.27）中的原假设 H_0 为真时，U^2 服从自由度为 2 和 $n-2$ 的 F 分布。整个回归直线 $y=\beta_0+\beta_1x$ 的置信带（一族置信区间，每个 x 都对应一个置信区间，使得所有区间同时覆盖 $\beta_0+\beta_1x$ 的真实值的概率为 $1-\alpha_0$）由（11.3.33）给出。对每个单独 x，置信带中的区间比单个置信区间稍宽。

优良做法是根据回归关于预测量 X 画出残差图。这类图可以揭示是否违背本节中关于分布理论的基本假设。特别是，可以在残差图中寻找曲线模式和异常点。残差关于 X 的图像有助于揭示假定的 Y 的均值的形式是否偏离。正态分位数的有序残差图有助于揭示每个 Y_i 的分布都是正态的假设是否偏离。

习题

1. 假设在一个简单线性回归问题中，获得了表 11.9 中给出的 10 对观测值 x_i 和 y_i。在显著性水平 0.05 下检验以下假设：

$$H_0:\beta_0=0.7, H_1:\beta_0\neq 0.7。$$

表 11.9 习题 1 的数据

i	x_i	y_i	i	x_i	y_i
1	0.3	0.4	6	1.0	0.8
2	1.4	0.9	7	2.0	0.7
3	1.0	0.4	8	−1.0	−0.4
4	−0.3	−0.3	9	−0.7	−0.2
5	−0.2	0.3	10	0.7	0.7

2. 对于表 11.9 中的数据，在显著性水平 0.05 下检验假设“回归直线穿过 xy 平面中的原点”。
3. 对于表 11.9 中的数据，在显著性水平 0.05 下检验假设“回归直线的斜率是 1”。
4. 对于表 11.9 中的数据，在显著性水平 0.05 下检验假设“回归直线是水平的”。
5. 对于表 11.9 中的数据，在显著性水平 0.10 下检验以下假设：

$$H_0:\beta_1 = 5\beta_0, H_1:\beta_1 \neq 5\beta_0。$$

6. 对于表 11.9 中显示的数据，在显著性水平 0.01 下检验以下假设：当 $x=1$ 时，回归直线的高度为 $y=1$。
7. 在简单线性回归的问题中，令 $D=\hat{\beta}_0+\hat{\beta}_1\bar{x}$。证明：随机变量 $\hat{\beta}_1$ 和 D 不相关，并解释为什么 $\hat{\beta}_1$ 和 D 必须独立。
8. 设随机变量 D 如习题 7 中所述，并让随机变量 Q^2 由式（11.3.30）定义。

   a. 证明：

$$\frac{Q^2}{\sigma^2} = \frac{(\hat{\beta}_1 - \beta_1^*)^2}{\mathrm{Var}(\hat{\beta}_1)} + \frac{(D - \beta_0^* - \beta_1^*\bar{x})^2}{\mathrm{Var}(D)}。$$

   b. 解释当假设（11.3.27）中的原假设 H_0 为真时，为什么随机变量 Q^2/σ^2 服从自由度为 2 的 χ^2 分布。
9. 对于表 11.9 中的数据，在显著性水平 0.05 下，检验如下假设：

$$H_0:\beta_0 = 0 \text{ 和 } \beta_1 = 1,$$
$$H_1:\beta_0 = 0 \text{ 和 } \beta_1 = 1 \text{ 中至少有一个不正确。}$$

10. 对于表 11.9 中的数据，构造 β_0 的置信度为 0.95 的置信区间。
11. 对于表 11.9 中的数据，构造 β_1 的置信度为 0.95 的置信区间。
12. 对于表 11.9 中的数据，构造 $5\beta_0-\beta_1+4$ 的置信度为 0.90 的置信区间。
13. 对于表 11.9 中的数据，对回归直线在点 $x=1$ 处的高度（纵坐标）构造置信度为 0.99 的置信区间。
14. 对于表 11.9 中的数据，对回归直线在点 $x=0.42$ 处的高度构造一个置信度为 0.99 的置信区间。
15. 假设在简单线性回归的问题中，对于回归直线在给定 x 处的高度，已经构造了置信度为 $1-\alpha_0(0<\alpha_0<1)$ 的置信区间。证明：当 $x=\bar{x}$ 时，这个置信区间的长度最短。
16. 设统计量 U^2 如式（11.3.32）所定义，设 γ 为固定的正常数。证明：对于所有观测值 $(x_i, y_i), i=1,\cdots,n$，满足 $U^2<\gamma$ 的 (β_0^*, β_1^*) 的点集是 $\beta_0^*\beta_1^*$ 平面上椭圆的内部。
17. 对于表 11.9 中的数据，构造 β_0 和 β_1 的置信度为 0.95 的置信椭圆。
18. a. 对于表 11.9 中的数据，在 xy 平面上绘制回归直线的置信度为 0.95 的置信带。

    b. 在同一张图上，绘制曲线指定每个点 x 处的回归直线值的置信度为 0.95 的置信区间的极限。
19. 在简单线性回归的问题中，确定 c 的值，使得统计量 $c\sum_{i=1}^{n}(Y_i - \hat{\beta}_0 - \hat{\beta}_1 x_i)^2$ 将成为 σ^2 的无偏估计量。
20. 假设对 $n=32$ 个观测值进行每加仑英里数（Y）关于汽车重量（X）的简单线性回归。假设最小二乘估计值为 $\hat{\beta}_0=68.17$ 和 $\hat{\beta}_1=-1.112, \sigma'=4.281$。其他有用的统计量的观测值为 $\bar{x}=30.91$，并且 $\sum_{i=1}^{n}(x_i-\bar{x})^2 = 2\,054.8$。

a. 假设我们要为重量 $X=24$ 的新观测值预测每加仑的英里数 Y。我们的预测是什么？

b. 对于 a 部分的预测，请给出（未观测到）Y 值的 95%的预测区间。

21. 利用表 11.6 中的数据。在开始本习题之前，先计算 11.2 节习题 18 中的最小二乘回归。

a. 画出最小二乘回归的残差关于 1970 年价格的图像。你看到形状了吗？

b. 将两个价格都转换为其自然对数，然后重复进行最小二乘回归。现在画出残差关于 1970 年的对数价格的图像。这个图看起来比 a 部分更好吗？

22. 利用表 11.6 中的原始数据，用 1980 年海鲜价格的对数对 1970 年海鲜价格的对数进行最小二乘回归。

a. 在水平 $\alpha_0=0.01$ 下检验原假设“斜率 β_1 小于 2.0”。

b. 求出斜率 β_1 的 90%置信区间。

c. 对于 1970 年价格为 21.4 的品种，求出 1980 年价格的 90%预测区间。（注意，21.4 是 1970 年的价格，而不是 1970 年的对数价格。）

23. 证明：定理 11.3.4 中的第一个检验的显著性水平为 α_0。提示：利用与证明定理 9.5.1 的 ii 部分相似的讨论。

24. 对于以下特殊情况，求出（11.3.36）中区间端点的显式公式（不含 sup 或 inf）：

a. $c_0=1$ 和 $c_1=x>0$。

b. $c_0=1$ 和 $c_1=x<0$。

提示：在这两种情况下，端点的形式为 $\hat{\beta}_0+\hat{\beta}_1x$ 加上或减去 x 的线性函数，这取决于矩形联合置信集的边长。

25. 在这个问题上，我们将使用定理 11.3.7 为回归函数构建更窄的置信带。令 $\hat{\beta}_0$ 和 $\hat{\beta}_1$ 是最小二乘估计量，而 σ' 是在本节中使用的 σ 的估计量。令 $x_0<x_1$ 是预测量 X 的两个可能值。

a. 求出 $\beta_0+\beta_1x_0$ 和 $\beta_0+\beta_1x_1$ 的置信度为 $1-\alpha_0$ 的同时置信区间。

b. 对于每个实数 x，求出唯一 α 的公式，使得 $x=\alpha x_0+(1-\alpha)x_1$。将该值记为 $\alpha(x)$。

c. 分别调用在 a 部分中找到的区间 (A_0,B_0) 和 (A_1,B_1)。定义事件

$$C=\{A_0<\beta_0+\beta_1x_0<B_0,A_1<\beta_0+\beta_1x_1<B_1\}。$$

对于每个实数 x，将 $L(x)$ 和 $U(x)$ 分别定义为以下四个数中的最小和最大：

$$\alpha(x)A_0+[1-\alpha(x)]A_1,\alpha(x)B_0+[1-\alpha(x)]A_1,$$

$$\alpha(x)A_0+[1-\alpha(x)]B_1,\alpha(x)B_0+[1-\alpha(x)]B_1。$$

如果事件 C 发生，证明：对于每个实数 x，$L(x)<\beta_0+\beta_1x<U(x)$。

*11.4 简单线性回归的贝叶斯推断

在 8.6 节中，我们为正态分布的均值 μ 和精确度 τ 引入了非正常先验分布，它简化了与参数的后验分布相关的几种计算。先验还使一些结果推断与基于统计抽样分布的推断极为相似。在简单线性回归中也会发生相似的情况。

回归参数的非正常先验

例 11.4.1 汽油英里数 再次考虑例 11.3.2。假设我们对这样的说法感兴趣，“我们认为 β_1 与 0 相距多远？”以及“我们对这种看法有多相信？”例如，对于任意 c，假设我们希望能够说出 $|\beta_1|$ 小于或等于 c 的可能性是多少。为此，我们需要计算 β_1 的分布。给定观测数据，β_1 的后验分布可以达到这个目的。◀

我们将继续假设观察到变量对 (X_i,Y_i)，$i=1,\cdots,n$，还将假设在给定 $X_1=x_1,\cdots,X_n=x_n$

和参数 β_0，β_1 和 σ^2 的情况下，$Y_1,\cdots,Y_n$ 相互条件独立，并且 Y_i 的条件分布是均值为 $\beta_0+\beta_1 x_i$、方差为 σ^2 的正态分布。设 $\tau=1/\sigma^2$ 为精确度，就像在 8.6 节中所做的那样。如果我们令参数的非正常先验“概率密度函数”为 $\xi(\beta_0,\beta_1,\tau)=1/\tau$，不难求出参数的后验分布。

定理 11.4.1　假设在给定 $x_1,\cdots,x_n$ 和 β_0,β_1，τ 下 $Y_1,\cdots,Y_n$ 相互独立，并且 Y_i 服从均值为 $\beta_0+\beta_1 x_i$、精确度为 τ 的正态分布。设先验分布为非正常先验，“概率密度函数”为 $\xi(\beta_0,\beta_1,\tau)=1/\tau$，则 β_0，β_1 和 τ 的后验分布如下：(1) 给定 τ 的条件下，β_0 和 β_1 的联合分布是二元正态分布，相关系数为 $-n\bar{x}/\left(n\sum_{i=1}^{n}x_i^2\right)^{1/2}$，均值和方差如表 11.10 所示；(2) τ 的后验分布是参数为 $(n-2)/2$ 和 $S^2/2$ 的伽马分布，其中 S^2 在式 (11.3.9) 中定义。如果 c_0 和 c_1 都不为 0，则

$$\left[\frac{c_0^2}{n}+\frac{(c_0\bar{x}-c_1)^2}{s_x^2}\right]^{-1/2}\frac{c_0\beta_0+c_1\beta_1-[c_0\hat{\beta}_0+c_1\hat{\beta}_1]}{\sigma'} \tag{11.4.1}$$

的边际后验分布是自由度为 $n-2$ 的 t 分布。

表 11.10　简单线性回归且非正常先验的后验均值和方差

参数	均值	方差
β_0	$\hat{\beta}_0$	$\left(\frac{1}{n}+\bar{x}^2/s_x^2\right)/\tau$
β_1	$\hat{\beta}_1$	$(s_x^2\tau)^{-1}$

证明　后验概率密度函数正比于先验概率密度函数与似然函数的乘积。似然函数是给定参数和 $\boldsymbol{x}=(x_1,\cdots,x_n)$ 下，数据 $\boldsymbol{Y}=(Y_1,\cdots,Y_n)$ 的条件概率密度函数，即

$$f_n(\boldsymbol{y}\mid\beta_0,\beta_1,\tau,\boldsymbol{x})=[\tau/(2\pi)]^{n/2}\exp\left(-\frac{\tau}{2}\sum_{i=1}^{n}(y_i-\beta_0-\beta_1x_i)^2\right)。\tag{11.4.2}$$

为了证明后验分布如定理所述，只需要证明 $1/\tau$ 乘以式 (11.4.2)（关于 β_0，β_1 和 τ 的函数）正比于定理所提出的后验概率密度函数。

待证的 τ 的后验概率密度函数（作为 τ 的函数）正比于

$$\tau^{(n-2)/2-1}e^{-S^2\tau/2}。\tag{11.4.3}$$

待证的 (β_0，β_1) 的条件后验概率密度函数（给定 τ）是式 (5.10.2) 中给出的二元正态概率密度函数，其参数如表 11.11 中进行替换。

表 11.11　式 (5.10.2) 与定理 11.4.1 的关系

式 (5.10.2)	定理 11.4.1	式 (5.10.2)	定理 11.4.1
ρ	$-n\bar{x}/\left(n\sum_{i=1}^{n}x_i^2\right)^{1/2}$	μ_1	$\hat{\beta}_0$
σ_1^2	$\left(\frac{1}{n}+\bar{x}^2/s_x^2\right)/\tau$	x_2	β_1
σ_2^2	$(s_x^2\tau)^{-1}$	μ_2	$\hat{\beta}_1$
x_1	β_0		

简化式（5.10.2）中替换的关键是要注意

$$1-\rho^2=\frac{s_x^2}{\sum_{i=1}^{n}x_i^2},\quad \sigma_1^2=\frac{\sum_{i=1}^{n}x_i^2}{ns_x^2\tau},\quad \frac{\rho}{\sigma_1\sigma_2}=-\frac{\tau n\bar{x}s_x^2}{\sum_{i=1}^{n}x_i^2}。$$

表11.11中的替换表明，待证的(β_0,β_1)的条件后验概率密度函数（给定τ）正比于

$$\tau\exp\left(-\frac{\tau}{2}\left[n(\beta_0-\hat{\beta}_0)^2+2n\bar{x}(\beta_0-\hat{\beta}_0)(\beta_1-\hat{\beta}_1)+\left(\sum_{i=1}^{n}x_i^2\right)(\beta_1-\hat{\beta}_1)^2\right]\right)。\tag{11.4.4}$$

式（11.4.3）和式（11.4.4）的乘积是待证的联合后验概率密度函数，它正比于

$$\tau^{n/2-1}\exp\left(-\frac{\tau}{2}\left[S^2+n(\beta_0-\hat{\beta}_0)^2+2n\bar{x}(\beta_0-\hat{\beta}_0)(\beta_1-\hat{\beta}_1)+\left(\sum_{i=1}^{n}x_i^2\right)(\beta_1-\hat{\beta}_1)^2\right]\right)。\tag{11.4.5}$$

我们现在要证明，式（11.4.2）右边乘以$1/\tau$与式（11.4.5）成正比。如果我们从式（11.3.29）中删除星号，则式（11.4.2）指数里面的求和与式（11.3.29）中的求和完全相同。在11.3节中，我们将式（11.3.29）改写为

$$S^2+n(\beta_0-\hat{\beta}_0)^2+\left(\sum_{i=1}^{n}x_i^2\right)(\beta_1-\hat{\beta}_1)^2+2n\bar{x}(\beta_0-\hat{\beta}_0)(\beta_1-\hat{\beta}_1),\tag{11.4.6}$$

式（11.4.6）中的星号已经被删除了。注意到，式（11.4.6）乘以$-\tau/2$与式（11.4.5）指数里面的式子相同。同时注意到，$1/\tau$乘以式（11.4.2）中指数前面的因子等于$\tau^{n/2-1}$。因此，$1/\tau$乘以式（11.4.2）与式（11.4.5）成正比。

最后，我们证明式（11.4.1）中的随机变量服从自由度为$n-2$的t分布。由于(β_0,β_1)在给定τ条件下服从二元正态分布，因此在给定τ条件下$c_0\beta_0+c_1\beta_1$服从正态分布，其均值为$c_0\hat{\beta}_0+c_1\hat{\beta}_1$，它的方差（给定$\tau$）可从式（5.10.9）和表11.10（经过一些乏味的代数计算后）得到，为ν/τ，其中

$$\nu=\frac{c_0^2}{n}+c_0^2\frac{\bar{x}^2}{s_x^2}+c_1^2\frac{1}{s_x^2}-2c_0c_1\frac{\bar{x}}{s_x^2}=\frac{c_0^2}{n}+\frac{(c_0\bar{x}-c_1)^2}{s_x^2}。$$

定义随机变量

$$Z=\left(\frac{\tau}{v}\right)^{1/2}\left[c_0\beta_0+c_1\beta_1-(c_0\hat{\beta}_0+c_1\hat{\beta}_1)\right],$$

并注意到Z（给定τ）服从标准正态分布，因此与τ独立。$W=S^2\tau$的分布是参数为$(n-2)/2$和$1/2$的伽马分布，这也就是自由度为$n-2$的χ^2分布。从t分布的定义可以得出，$Z/[W/(n-2)]^{1/2}$服从自由度为$n-2$的t分布。由于$\sigma'^2=S^2/(n-2)$，很容易验证$Z/[W/(n-2)]^{1/2}$与式（11.4.1）中的随机变量相同。■

例 11.4.2　大气压强和水的沸点　例11.3.6的最后，我们仅利用Forbes原始数据17个观察值中的16个数据来估计对数压强关于水的沸点的回归系数。我们得到了$\hat{\beta}_0=-0.951\,8$

和 $\hat{\beta}_1=0.0205(\sigma'=2.616\times10^{-3})$。除去一个观察值，我们得到 $n=16$，$\bar{x}=202.85, s_x^2=527.9$。基于参数的后验分布，我们现在可以应用定理 11.4.1 进行推断。例如，假设我们对 β_1 的区间估计感兴趣。在式（11.4.1）中，令 $c_0=0$ 和 $c_1=1$，我们发现

$$\frac{s_x}{\sigma'}(\beta_1-\hat{\beta}_1)=449.2(\beta_1-0.0205) \tag{11.4.7}$$

服从自由度为 14 的 t 分布。如果我们想要区间包含一部分概率为 $1-\alpha_0$ 的后验分布，那么我们可以注意到 $|449.2(\beta_1-0.0205)|\leqslant T_{14}^{-1}(1-\alpha_0/2)$ 的后验概率为 $1-\alpha_0$。例如，如果 $\alpha_0=0.1$，则 $T_{14}^{-1}(1-0.1/2)=1.761$，区间估计为 $0.0205\pm1.761/449.2=(0.0166, 0.0244)$。◀

读者应注意，当 $\beta_1=\beta_1^*$ 时，式（11.4.7）中的随机变量与式（11.3.22）中的 U_1 相同。这意味着，当我们使用定理 11.4.1 中的非正常先验时，β_1 的置信度为 $1-\alpha_0$ 的置信区间将与包含后验概率 $1-\alpha_0$ 的区间相同。实际上，对于所有 c_0 和 c_1，只要 $c_0\beta_0+c_1\beta_1=c_*$，式（11.4.1）中的随机变量都与式（11.3.14）中的 U_{01} 相同。这意味着当使用定理 11.4.1 中的非正常先验时，回归参数的所有线性组合的置信度为 $1-\alpha_0$ 的置信区间都将包含后验分布的概率 $1-\alpha_0$ 的区间。读者可以在本节的习题 1 和习题 2 中证明这些论断。

注：有一个正常先验分布的共轭分布族。定理 11.4.1 中给出的参数后验分布具有以下形式：τ 服从伽马分布；在 τ 给定的条件下，(β_0,β_1) 服从二元正态分布，其方差和协方差是 $1/\tau$ 的倍数。这种形式的分布的集合就是简单线性回归中参数的先验分布的共轭分布族。使用这些先验分布的细节，感兴趣的读者可以参见 Broemeling（1985）。

预测区间

在 11.3 节，我们展示了如何构造区间预测未来的观测结果。在贝叶斯框架中，我们也可以构造区间预测未来的观测结果。设 Y 为预测量 x 的未来观察值，则在给定参数和数据的条件下，$Z_1=\tau^{1/2}(Y-\beta_0-\beta_1x)$ 服从标准正态分布；因此，它与参数和数据无关。令 $\hat{Y}=\hat{\beta}_0+\hat{\beta}_1x$，就像我们在 11.3 节所做的那样。可以证明，给定 τ 和数据时，$Z_2=\tau^{1/2}(\beta_0+\beta_1x-\hat{Y})$ 的条件分布为正态分布，均值为 0，方差为

$$\frac{1}{n}+\frac{(x-\bar{x})^2}{s_x^2},$$

因此，它与 τ 和数据独立（见本节习题 3）。由于 Z_1 与所有参数独立，因此它也与 Z_2 独立。因此，在给定 τ 和数据的情况下，$Z_1+Z_2=\tau^{1/2}(Y-\hat{Y})$ 的条件分布是正态分布，其均值为 0，方差为

$$1+\frac{1}{n}+\frac{(x-\bar{x})^2}{s_x^2}。$$

与定理 11.4.1 的证明一样，$S^2\tau$ 服从自由度为 $n-2$ 的 χ^2 分布，并且与 Z_1+Z_2 独立。从 t 分布的定义可得，随机变量

$$U_x = \frac{Y - \hat{Y}}{\sigma'\left[1 + \frac{1}{n} + \frac{(x - \bar{x})^2}{s_x^2}\right]^{1/2}}$$

在给定数据下服从自由度为 $n-2$ 的 t 分布。因此，在给定数据的情况下，Y 落在如下端点构成的区间中的条件概率为 $1-\alpha_0$：

$$\hat{Y} \pm T_{n-2}^{-1}\left(1 - \frac{\alpha_0}{2}\right)\sigma'\left[1 + \frac{1}{n} + \frac{(x - \bar{x})^2}{s_x^2}\right]^{1/2}。\tag{11.4.8}$$

注意到，上面定义的 U_x 与式（11.3.26）中定义的 U_x 相同。另外，以式（11.4.8）为端点的区间与式（11.3.25）中给出的区间相同。基于后验分布的预测区间的解释比式（11.3.25）之后给出的解释要简单一些，因为这个概率是以所有已知量（即数据）为条件，它仅涉及在给定数据的条件下未知量 Y 的分布。

例 11.4.3 大气压强和水的沸点 假设我们对水的沸点为 208 华氏度时的大气压强的预测感兴趣。我们可以找到一个区间，使得大气压强落在这个区间中的后验概率为 0.9。也就是说，我们可以使用式（11.4.8），取 $\alpha_0=0.1$，$x=208$。从本书的 t 分布表中可以找到 $T_{14}(0.95)=1.761$。其余的所需值见例 11.4.2。特别地，用 Y 代表对数压强，$\hat{Y}=-0.9518+0.0205\times208=3.3122$，并且

$$\sigma'\left[1 + \frac{1}{n} + \frac{(x - \bar{x})^2}{s_x^2}\right]^{1/2} = 2.616\times10^{-3}\left[1 + \frac{1}{16} + \frac{(208 - 202.85)^2}{527.9}\right]^{1/2}$$

$$= 2.759\times10^{-3}。$$

因此对数压强的区间的端点为 $3.3122\pm1.761\times2.759\times10^{-3}$，分别为 3.307 和 3.317。大气压强本身的区间为

$$(e^{3.307}, e^{3.317}) = (27.31, 27.58)。$$

我们可以将对数压强区间转换为压强区间的原因很简单，就是 $3.307<Y<3.317$ 当且仅当 $27.31<e^Y<27.58$，第一个不等式的后验概率与第二个不等式的后验概率相同。 ◀

假设检验

在 9.8 节，我们讨论基于后验分布的检验。如果犯第Ⅰ类错误的成本为 w_0，犯第Ⅱ类错误的成本为 w_1，我们发现，如果原假设的后验概率小于 $w_1/(w_0+w_1)$，则贝叶斯检验将拒绝原假设。假设我们使用非正常先验且原假设为 $H_0: c_0\beta_0+c_1\beta_1=c_*$。由于 $c_0\beta_0+c_1\beta_1$ 的后验分布是连续分布，很明显，原假设的后验概率为 0。因此，我们将仅考虑单边假设的贝叶斯检验。假定我们感兴趣的假设是

$$H_0: c_0\beta_0 + c_1\beta_1 \leqslant c_*,$$
$$H_1: c_0\beta_0 + c_1\beta_1 > c_*。\tag{11.4.9}$$

另一个方向的假设可以用类似方法处理。令 $\alpha_0=w_1/(w_0+w_1)$。原假设为真的后验概率就是 $c_0\beta_0+c_1\beta_1\leqslant c_*$ 的后验概率。我们已经在定理 11.4.1 中推导了 $c_0\beta_0+c_1\beta_1$ 的后验分布。由此，我们可以计算

$$
\begin{aligned}
&P(c_0\beta_0+c_1\beta_1\leqslant c_*)\\
&=P\left(\left[\frac{c_0^2}{n}+\frac{(c_0\bar{x}-c_1)^2}{s_x^2}\right]^{-1/2}\frac{c_0\beta_0+c_1\beta_1-(c_0\hat{\beta}_0+c_1\hat{\beta}_1)}{\sigma'}\right.\\
&\left.\leqslant\left[\frac{c_0^2}{n}+\frac{(c_0\bar{x}-c_1)^2}{s_x^2}\right]^{-1/2}\frac{c_*-(c_0\hat{\beta}_0+c_1\hat{\beta}_1)}{\sigma'}\right)\\
&=T_{n-2}\left(\left[\frac{c_0^2}{n}+\frac{(c_0\bar{x}-c_1)^2}{s_x^2}\right]^{-1/2}\frac{c_*-(c_0\hat{\beta}_0+c_1\hat{\beta}_1)}{\sigma'}\right)\\
&=T_{n-2}(-U_{01}),
\end{aligned}
$$

其中 T_{n-2} 表示自由度为 $n-2$ 的 t 分布的分布函数，U_{01} 是由式（11.3.14）定义的随机变量。容易看出，$T_{n-2}(-U_{01})\leqslant\alpha_0$ 当且仅当 $U_{01}\geqslant T_{n-2}^{-1}(1-\alpha_0)$。因此，假设（11.4.9）的贝叶斯检验与相同假设的水平为 α_0 的检验（在假设（11.3.16）之后推导出来）是一样的。因此，在 11.3 节中我们学习过的所有单边检验，在使用非正常先验时也是贝叶斯检验。

在 9.8 节，我们讨论当参数的后验分布是连续时如何检验双边备择假设。在线性回归问题中，也可以使用相同的方法。我们将举例说明。

例 11.4.4　汽油英里数　例 11.4.1 中，我们想要利用例 11.3.2 中的斜率参数 β_1 的后验分布，以便能够说出我们相信 β_1 接近 0 的把握度。利用定理 11.4.1，我们可以画出 $|\beta_1|$ 的后验分布函数的图像。$s_x(\beta_1-\hat{\beta}_1)/\sigma'$的后验分布服从自由度为 $n-2$ 的 t 分布。例 11.3.2 中，我们计算出 $s_x=1\,036.9,\sigma'=7.181\times10^{-3},\hat{\beta}_1=1.396\times10^{-4},n=173$。对于所有正的 c，

$$
P(|\beta_1|\leqslant c)=P(-c\leqslant\beta_1\leqslant c)=T_{171}\left(\frac{1\,036.9}{7.181\times10^{-3}}(c-1.396\times10^{-4})\right)-T_{171}\left(\frac{1\,036.9}{7.181\times10^{-3}}(-c-1.396\times10^{-4})\right),
$$

其中 T_{171} 是自由度为 171 的 t 分布的分布函数。图 11.14 包含了 $|\beta_1|$ 的后验分布函数。我们可以看到 $|\beta_1|<1.6\times10^{-4}$ 的概率基本上为 1，但 $|\beta_1|>1.2\times10^{-4}$ 的概率基本上也是 1。这些数字可能看起来很小，但是请记住，β_1 必须乘以马力，通常是 50～300 范围内的数字。因此，即使 β_1 小到 1.2×10^{-4}，在 100 马力和 200 马力的情况下，每英里的加仑数之间的差也会是 0.012，这是每英里的加仑数之间的可观差异。我们还可以将此结果转换为每加仑英里数。假设 $\beta_1=1.2\times10^{-4}$，并在假设 $\beta_1=1.2\times10^{-4}$ 下，β_0 等于它的条件均值。这个条件均值可以使用本节习题 7 的方法来计算，等于 0.018 97，那么 200 马力汽车的每加仑英里数为 23.27，而 100 马力汽车的每加仑英里数为 32.23。◀

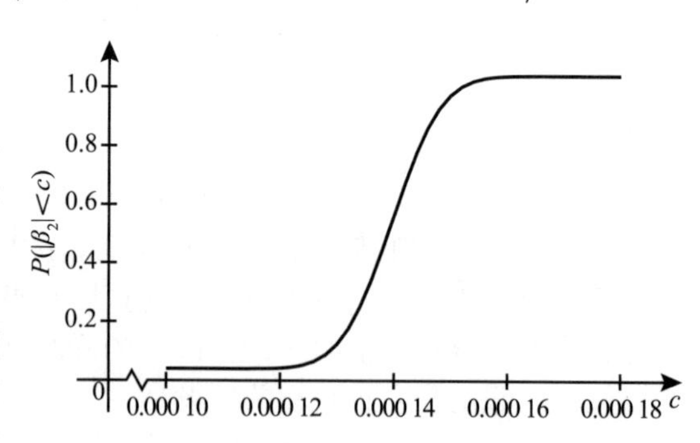

图 11.14　例 11.4.4 中 $|\beta_1|$ 的后验分布函数图像

小结

我们对简单线性回归模型的参数使用了非正常先验分布，给出了在观察 n 个数据点下参数的后验分布。截距参数和斜率参数（被移位和重新调整后）的后验分布是自由度为 $n-2$ 的 t 分布。这些后验分布与最小二乘估计量的抽样分布具有惊人的相似性。实际上，参数的后验概率区间与置信区间完全相同；未来观测值的预测区间与基于抽样分布的预测区间完全相同；单边原假设和备择假设的水平为 α_0 的检验为“当原假设的后验概率小于 α_0 时，则拒绝原假设”。基于后验分布的计算与基于抽样分布的计算之间唯一联系不大的地方是对双边备择假设的检验。

习题

1. 假定简单线性回归的通常条件成立。假设我们使用本节中的非正常先验。设 (a,b) 为按照 11.3 节构造的 β_1 的置信度为 $1-\alpha_0$ 的置信区间的观察值，证明：$a<\beta_1<b$ 的后验概率为 $1-\alpha_0$。
2. 假设简单线性回归的通常条件成立。假设我们使用本节中的非正常先验。设 (a,b) 为按照 11.3 节构造的 $c_0\beta_0+c_1\beta_1$ 的置信度为 $1-\alpha_0$ 的置信区间的观察值。证明：$a<c_0\beta_0+c_1\beta_1<b$ 的后验概率为 $1-\alpha_0$。
3. 假设一个简单线性回归模型使用非正常先验。证明：以 τ 为条件，$\tau^{1/2}(\beta_0+\beta_1x-\hat{Y})$ 的后验分布为正态分布，均值为 0，方差为
$$\frac{1}{n}+\frac{(x-\bar{x})^2}{s_x^2}。$$
4. 我们希望用简单线性回归模型拟合表 11.9 中的数据，使用非正常先验分布。
   a. 求出各参数的后验分布。
   b. 求一个包含 β_1 的 90%后验分布的有界区间。
   c. 求出 β_0 在 0 和 2 之间的概率。
5. 利用表 11.9 中的数据，并假设我们希望将数据拟合为简单线性回归模型，使用非正常先验。
   a. 求出斜率参数 β_1 的后验分布。
   b. 求出 $\beta_0+\beta_1$ 的后验分布，以及对应于 $x=1$ 的未来观测值 Y 的均值。
   c. 画出 $|\beta_1-0.7|$ 的后验分布函数图像。
6. 利用表 11.6 中的数据，假设我们希望用一个简单线性回归模型来拟合，由 1970 年的对数价格来预测 1980 年的对数价格。
   a. 求出斜率参数 β_1 的后验分布。
   b. 求出 $\beta_1\leqslant 2$ 的后验概率。
   c. 对于 1970 年价格为 21.4 的海鲜，求出其在 1980 年的价格的 95%预测区间。
7. 在使用通常非正常先验的简单线性回归问题中，证明：给定 β_1 下，β_0 的条件均值是 $\hat{\beta}_0-\bar{x}(\beta_1-\hat{\beta}_1)$。提示：利用定理 11.4.1 中描述的 (β_0,β_1) 服从二元正态分布这一事实，再利用式（5.10.6）求出条件均值。

11.5　一般线性模型与多元回归

简单线性回归模型可以推广到允许 Y 的均值作为多个预测量的函数的情况。由此产生的许多分布理论与简单回归模型的结果非常相似。

一般线性模型

例 11.5.1　20 世纪 50 年代的失业率　表 11.12 中的数据提供了 1950 年至 1959 年的 10 年中的失业率以及美联储的工业生产指数。我们有理由认为失业与工业生产有关。其他因素也起作用，这些其他因素很可能在过去的十年中发生了变化。作为这些其他因素的替代，我们把年份的某些函数当作预测量。图 11.15 显示了失业率关于两个预测变量的散点图。从图中无法确切地看出失业率如何随两个预测因素而变化，但似乎存在某些关系。在本节中，我们将说明如何用关于多个预测量的回归模型拟合这些数据和其他数据。◀

表 11.12　例 11.5.1 中的失业数据

失业率	工业生产指数	年份	失业率	工业生产指数	年份
3.1	113	1950	2.7	146	1955
1.9	123	1951	2.6	151	1956
1.7	127	1952	2.9	152	1957
1.6	138	1953	4.7	141	1958
3.2	130	1954	3.8	159	1959

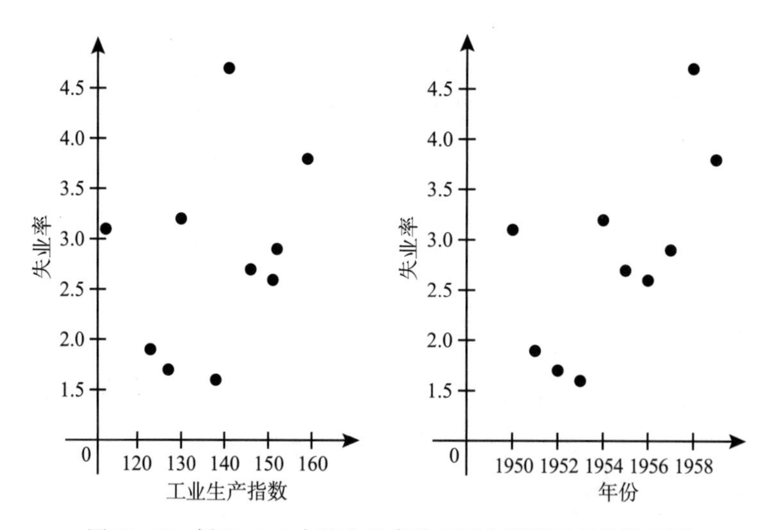

图 11.15　例 11.5.1 中的失业率关于两个预测变量的散点图

在本节中，我们将研究回归问题，其中观察值 $Y_1,\cdots,Y_n$ 满足与 11.2 节和 11.3 节中假设 11.2.1~11.2.5 类似的假设。特别是，我们将再次假设每个观察值 Y_i 服从正态分布，观察值 $Y_1,\cdots,Y_n$ 相互独立，并且观察值 $Y_1,\cdots,Y_n$ 具有相同的方差 σ^2。不是单个预测量与每个 Y_i 关联，我们假设 p 维向量 $z_i=(z_{i0},\cdots,z_{ip-1})$ 与每个 Y_i 关联。现在，我们在这个框架中重申我们所做的假设。

假设 11.5.1　预测量已知　要么提前知道向量 $z_1,\cdots,z_n$，要么它们是随机向量 $\boldsymbol{Z}_1,\cdots,\boldsymbol{Z}_n$

的观察值，在这个条件下我们计算$(Y_1,\cdots,Y_n)$的联合分布。

假设 11.5.2 正态性 对于$i=1,\cdots,n$，给定向量$z_1,\cdots,z_n$下Y_i的条件分布为正态分布。

假设 11.5.3 线性均值 存在一个参数向量$\boldsymbol{\beta}=(\beta_0,\cdots,\beta_{p-1})$，使得给定$z_1,\cdots,z_n$的条件下$Y_i$的条件均值的形式为

$$z_{i0}\beta_0+z_{i1}\beta_1+\cdots+z_{ip-1}\beta_{p-1}, \tag{11.5.1}$$

对$i=1,\cdots,n$成立。

假设 11.5.4 方差相同 存在参数σ^2，对于$i=1,\cdots,n$，给定$z_1,\cdots,z_n$的条件下Y_i的条件方差为σ^2。

假设 11.5.5 独立性 给定观察值$z_1,\cdots,z_n$的条件下，随机变量$Y_1,\cdots,Y_n$是独立的。

我们在这里引入的推广是每个观察值Y_i的均值是p个未知参数$\beta_0,\cdots,\beta_{p-1}$的形如式（11.5.1）的线性组合。每个$z_{ij}$的值要么由试验者在开始试验之前确定，要么与$Y_i$一起在试验中被观察到。在后一种情况下，式（11.5.1）给出了观察到z_{ij}的条件下Y_i的条件均值。

定义 11.5.1 一般线性模型 观察值$Y_1,\cdots,Y_n$满足假设 11.5.1~11.5.5 的统计模型称为一般线性模型。

在定义 11.5.1 中，术语“线性”是指每个观察值Y_i的均值是未知参数$\beta_0,\cdots,\beta_{p-1}$的线性函数。

许多不同类型的回归问题是一般线性模型的例子。例如，在简单线性回归的问题中，对于$i=1,\cdots,n$，$E(Y_i)=\beta_0+\beta_1x_i$，这个均值可以用式（11.5.1）中给出的形式表示，$p=2$，$z_{i0}=1$和$z_{i1}=x_i(i=1,\cdots,n)$。同样，如果Y关于X的回归是k次多项式，对于$i=1,\cdots,n$，

$$E(Y_i)=\beta_0+\beta_1x_i+\cdots+\beta_kx_i^k。 \tag{11.5.2}$$

在这种情况下，$z_{ij}=x_i^j(j=0,\cdots,k)$和$p=k+1$，可以用式（11.5.1）中的形式表示$E(Y_i)$。

最后一个例子，考虑在一个问题中Y关于k个变量$X_1,\cdots,X_k$的回归是一个类似于式（11.2.1）的函数。这种类型的问题称为多元线性回归问题，因为Y是关于多个变量$X_1,\cdots,X_k$的回归，而不是关于单个变量X的回归，并且我们还假设其回归是参数$\beta_0,\cdots,\beta_k$的线性函数。在多元线性回归问题中，对于$i=1,\cdots,n$，我们得到n个观察值向量$(x_{i1},\cdots,x_{ik},Y_i)$，$x_{ij}$是第$i$次观测的变量$X_j$的观察值，则$E(Y_i)$由下式给出

$$E(Y_i)=\beta_0+\beta_1x_{i1}+\cdots+\beta_kx_{ik}。 \tag{11.5.3}$$

这个均值也可以用式（11.5.1）给出的形式来表示，其中$p=k+1$，$z_{i0}=1$且$z_{ij}=x_{ij},j=1,\cdots,k$。

例 11.5.2 20 世纪 50 年代的失业率 例 11.5.1 中，我们可以用Y表示失业率，X_1表示生产指数，X_2表示年份。◀

我们的讨论意味着，一般线性模型具有足够的一般性，可以包含简单线性回归问题、多元线性回归问题、回归函数为多项式的问题、回归函数形如式（11.1.16）的问题，以及许多其他问题。

一些书专门介绍了回归和其他线性模型，见 Cook 和 Weisberg（1999），Draper 和 Smith（1998），Graybill 和 Iyer（1994），Weisberg（1985）。

极大似然估计量

现在，我们将描述确定一般线性模型中 $\beta_0,\cdots,\beta_{p-1}$ 的极大似然估计量的过程。由于当 $i=1,\cdots,n$ 时 $E(Y_i)$ 由式（11.5.1）给出，在观察到 $y_1,\cdots,y_n$ 的值后，似然函数的形式如下

$$\frac{1}{(2\pi\sigma^2)^{n/2}}\exp\left[-\frac{1}{2\sigma^2}\sum_{i=1}^{n}(y_i-z_{i0}\beta_0-\cdots-z_{ip-1}\beta_{p-1})^2\right]。\tag{11.5.4}$$

由于极大似然估计值是使似然函数（11.5.4）达到最大的值，由此可以看出，估计值 $\hat{\beta}_0,\cdots,\hat{\beta}_{p-1}$ 是使如下平方和 Q 达到最小的 $\beta_0,\cdots,\beta_{p-1}$ 值：

$$Q=\sum_{i=1}^{n}(y_i-z_{i0}\beta_0-\cdots-z_{ip-1}\beta_{p-1})^2。\tag{11.5.5}$$

由于 Q 是观察值与式（11.5.1）中线性函数的偏差的平方和，因此所得到的极大似然估计值 $\hat{\beta}_0,\cdots,\hat{\beta}_{p-1}$ 与最小二乘估计值相同。

为了确定 $\hat{\beta}_0,\cdots,\hat{\beta}_{p-1}$ 的值，我们可以计算 p 个偏导数 $\partial Q/\partial\beta_j, j=0,\cdots,p-1$，并令每个偏导数都为 0。所得的 p 个方程构成关于 $\beta_0,\cdots,\beta_{p-1}$ 的 p 元线性方程组（称为正规方程组）。我们假设正规方程中 $\beta_0,\cdots,\beta_{p-1}$ 的系数构成的 $p\times p$ 矩阵是非奇异矩阵，则这个方程组有唯一解 $\hat{\beta}_0,\cdots,\hat{\beta}_{p-1}$，它既是 $\beta_0,\cdots,\beta_{p-1}$ 的极大似然估计值又是最小二乘估计值。

对于多项式回归问题，$E(Y_i)$ 由式（11.5.2）给出，我们前面将正规方程组表示为关系式（11.1.8）；对于多元线性回归问题，$E(Y_i)$ 由式（11.5.3）给出，我们前面将正规方程组表示为关系式（11.1.13）。

如果在 Q 的公式（11.5.5）中用 $\hat{\beta}_i$ 代替 β_i，$i=0,\cdots,p-1$，则

$$S^2=\sum_{i=1}^{n}(Y_i-z_{i0}\hat{\beta}_0-\cdots-z_{ip-1}\hat{\beta}_{p-1})^2。\tag{11.5.6}$$

式（11.5.6）是对式（11.3.9）在多元回归情况下的自然推广。用定理 11.2.1 证明中概述的方法，我们可以证明在一般线性模型中，σ^2 的极大似然估计量为

$$\hat{\sigma}^2=\frac{S^2}{n}。\tag{11.5.7}$$

具体细节留作本节习题 1。与式（11.3.12）类似，我们定义如下非常有用的量

$$\sigma'=\left(\frac{S^2}{n-p}\right)^{1/2}。\tag{11.5.8}$$

这个量可以使 σ'^2 为 σ^2 的无偏估计量（见本节习题 2）。

估计量的显式形式

为了得出估计量 $\hat{\beta}_0,\cdots,\hat{\beta}_{p-1}$ 的显式形式及其性质，使用向量和矩阵的符号和技巧将会很方便。我们引入 $n\times p$ 矩阵 $\mathbf{Z}$，定义如下：

$$Z = \begin{bmatrix} z_{10} & \cdots & z_{1p-1} \\ z_{20} & \cdots & z_{2p-1} \\ \vdots & \ddots & \vdots \\ z_{n0} & \cdots & z_{np-1} \end{bmatrix}。\tag{11.5.9}$$

矩阵 $\boldsymbol{Z}$ 将不同的回归问题区分开来，因为 $\boldsymbol{Z}$ 中的项决定了与给定问题相关的未知参数 β_0，…，β_{p-1} 的特定线性组合。

定义 11.5.2 设计矩阵 一般线性模型中的矩阵 $\boldsymbol{Z}$（11.5.9）称为模型的设计矩阵。

“设计矩阵”的名称来自由试验者选择 z_{ij} 得到精心设计试验的情况。但是应记住，$\boldsymbol{Z}$ 中的某些（或全部）项可能是某些随机变量的观察值，实际上可能不受试验者控制。

我们还将设 $\boldsymbol{y}$ 为 $Y_1,\cdots,Y_n$ 的观察值的 $n\times1$ 向量，$\boldsymbol{\beta}$ 为参数的 $p\times1$ 向量，$\hat{\boldsymbol{\beta}}$ 为估计值的 $p\times1$ 向量。这些向量可以表示为

$$\boldsymbol{y} = \begin{bmatrix} y_1 \\ \vdots \\ y_n \end{bmatrix}, \boldsymbol{\beta} = \begin{bmatrix} \beta_0 \\ \vdots \\ \beta_{p-1} \end{bmatrix}, \hat{\boldsymbol{\beta}} = \begin{bmatrix} \hat{\beta}_0 \\ \vdots \\ \hat{\beta}_{p-1} \end{bmatrix}。$$

向量或矩阵 $\boldsymbol{v}$ 的转置将由 $\boldsymbol{v}'$ 表示。

定理 11.5.1 一般线性模型的估计量 $\boldsymbol{\beta}$ 的最小二乘估计量（和极大似然估计量）为

$$\hat{\boldsymbol{\beta}} = (\boldsymbol{Z}'\boldsymbol{Z})^{-1}\boldsymbol{Z}'\boldsymbol{Y}。\tag{11.5.10}$$

证明 式（11.5.5）中给出的平方和 Q 可以写成如下形式

$$Q = (\boldsymbol{y} - \boldsymbol{Z\beta})'(\boldsymbol{y} - \boldsymbol{Z\beta})。$$

由于 Q 是 $\boldsymbol{\beta}$ 坐标的二次函数，Q 关于这些坐标直接求偏导数，并令它们为 0。例如，关于 β_0 的偏导数为

$$\frac{\partial Q}{\partial \beta_0} = -2\sum_{i=1}^{n} z_{i0}y_i + 2\sum_{j=0}^{p-1}\beta_j\sum_{i=1}^{n} z_{i0}z_{ij}。\tag{11.5.11}$$

其他偏导数都会产生与式（11.5.11）类似的式子。将每个式子（共 p 个）的右边设为 0，并将它们排序成如下矩阵方程：

$$\boldsymbol{Z}'\boldsymbol{Z\beta} = \boldsymbol{Z}'\boldsymbol{y}.\tag{11.5.12}$$

因为假定 $p\times p$ 矩阵 $\boldsymbol{Z}'\boldsymbol{Z}$ 非奇异，估计值向量 $\hat{\boldsymbol{\beta}}$ 是方程式（11.5.12）的唯一解。为了使 $\boldsymbol{Z}'\boldsymbol{Z}$ 非奇异，观察值个数 n 必须至少为 p，并且在矩阵 $\boldsymbol{Z}$ 中必须至少存在 p 行线性无关。当满足这个假设时，由式（11.5.12）可得 $\hat{\boldsymbol{\beta}} = (\boldsymbol{Z}'\boldsymbol{Z})^{-1}\boldsymbol{Z}'\boldsymbol{Y}$。因此，如果用随机向量 $\boldsymbol{Y}$ 代替观察值的向量 $\boldsymbol{y}$，则估计向量 $\hat{\boldsymbol{\beta}}$ 的形式为式（11.5.10）。 ■

几乎每个计算机统计软件包都能计算多元线性回归的最小二乘估计值，甚至某些计算器也可以进行多元线性回归。矩阵 $(\boldsymbol{Z}'\boldsymbol{Z})^{-1}$ 很有用，不仅仅用来计算式（11.5.10）中的 $\hat{\boldsymbol{\beta}}$，我们将在本节的后面看到。并非每个回归软件都能轻松得到这个矩阵。

由式（11.5.10）可得，每个估计量 $\hat{\beta}_0,\cdots,\hat{\beta}_{p-1}$ 将是向量 $\boldsymbol{Y}$ 的坐标 $Y_1,\cdots,Y_n$ 的线性组合。由于每个坐标都服从正态分布并且它们之间相互独立，每个估计量 $\hat{\beta}_j$ 也将服从正态分

布。实际上，整个向量 $\hat{\boldsymbol{\beta}}$ 服从联合正态分布（称为多元正态分布），它是二元正态分布对多个坐标的推广。在本书中，我们不详细讨论多元正态分布，而仅指出一个与二元正态分布相同的特征：如果向量 $\hat{\boldsymbol{\beta}}$ 服从多元正态分布，则 $\hat{\boldsymbol{\beta}}$ 的坐标的每个线性组合也服从正态分布。实际上，$\hat{\boldsymbol{\beta}}$ 坐标的每个线性组合的集合服从多元正态分布。

例 11.5.3 20 世纪 50 年代的失业率 例 11.5.1 中的矩阵 $\boldsymbol{Z}$ 具有三列：第一列是 10 个数字 1；第二列是表 11.12 的第二列；为了避免某些数值计算问题，我们将 $\boldsymbol{Z}$ 的第三列设为表 11.12 的第三列减去 1949。向量 $\boldsymbol{y}$ 是表 11.12 的第一列。我们可以计算矩阵$(\boldsymbol{Z}'\boldsymbol{Z})^{-1}$和向量 $\boldsymbol{Z}'\boldsymbol{y}$：

$$(\boldsymbol{Z}'\boldsymbol{Z})^{-1}=\begin{pmatrix}38.35 & -0.3323 & 1.383\\ -0.3323 & 2.915\times10^{-3} & -0.01272\\ 1.383 & -0.01272 & 0.06762\end{pmatrix}\quad \boldsymbol{Z}'\boldsymbol{y}=\begin{pmatrix}28.2\\ 3931\\ 172.3\end{pmatrix}。$$

我们利用式（11.5.10）可以算出

$$\hat{\boldsymbol{\beta}}=\begin{pmatrix}13.45\\ -0.1033\\ 0.6594\end{pmatrix}。$$

我们将在本节后面检查残差。◀

均值向量与协方差矩阵

现在，我们将推导 $\hat{\beta}_0,\cdots,\hat{\beta}_{p-1}$ 的均值、方差和协方差。假设 $\boldsymbol{Y}$ 是坐标为 $Y_1,\cdots,Y_n$ 的 n 维随机向量。从而，

$$\boldsymbol{Y}=\begin{bmatrix}Y_1\\ \vdots\\ Y_n\end{bmatrix}。\tag{11.5.13}$$

这个随机向量的均值 $E(\boldsymbol{Y})$定义为“由 $\boldsymbol{Y}$ 的各个坐标的均值所组成的 n 维向量”，即

$$E(\boldsymbol{Y})=\begin{bmatrix}E(Y_1)\\ \vdots\\ E(Y_n)\end{bmatrix}。$$

定义 11.5.3 均值向量/协方差矩阵 如果 $\boldsymbol{Y}$ 是随机向量，则向量 E（$\boldsymbol{Y}$）称为 $\boldsymbol{Y}$ 的均值向量。如果一个 $n\times n$ 矩阵，其第 i 行、第 j 列中的元素为 $\mathrm{Cov}(Y_i,Y_j)$，$i=1,\cdots,n$ 且 $j=1,\cdots,n$，这样的矩阵称为 $\boldsymbol{Y}$ 的协方差矩阵，记作 Cov（$\boldsymbol{Y}$）。

例如，如果对于所有的 i 和 j，$\mathrm{Cov}(Y_i,Y_j)=\sigma_{ij}$，则

$$\mathrm{Cov}(\boldsymbol{Y})=\begin{bmatrix}\sigma_{11} & \cdots & \sigma_{1n}\\ \vdots & \ddots & \vdots\\ \sigma_{n1} & \cdots & \sigma_{nn}\end{bmatrix}。$$

对于 $i=1,\cdots,n$，$\mathrm{Var}(Y_i)=\mathrm{Cov}(Y_i,Y_i)=\sigma_{ii}$。因此，矩阵 $\mathrm{Cov}(\boldsymbol{Y})$的 n 个对角线元素是 $Y_1,\cdots,Y_n$ 的方差。另外，由于 $\mathrm{Cov}(Y_i,Y_j)=\mathrm{Cov}(Y_j,Y_i)$，所以 $\sigma_{ij}=\sigma_{ji}$，矩阵 $\mathrm{Cov}(\boldsymbol{Y})$一定是

对称矩阵。

一般线性模型中，很容易确定随机向量 $\boldsymbol{Y}$ 的均值向量和协方差矩阵。由式（11.5.1）可知

$$E(\boldsymbol{Y})=\boldsymbol{Z\beta}。\tag{11.5.14}$$

同时，$\boldsymbol{Y}$ 的坐标 $Y_1,\cdots,Y_n$ 相互独立，并且每个坐标的方差都为 σ^2，于是

$$\mathrm{Cov}(\boldsymbol{Y})=\sigma^2\boldsymbol{I},\tag{11.5.15}$$

其中 $\boldsymbol{I}$ 是 $n\times n$ 单位矩阵。

以下结论有助于我们求出 $\hat{\boldsymbol{\beta}}$ 的均值向量和协方差矩阵。

定理 11.5.2 *假设 $\boldsymbol{Y}$ 是形如式（11.5.13）的 n 维随机向量，则它存在均值向量 $E(\boldsymbol{Y})$ 和协方差矩阵 Cov（$\boldsymbol{Y}$）。还假设 $\boldsymbol{A}$ 是 $p\times n$ 阶矩阵，其元素是常数，并且 $\boldsymbol{W}$ 是由关系 $\boldsymbol{W}=\boldsymbol{AY}$ 定义的 p 维随机向量。那么，$E(\boldsymbol{W})=\boldsymbol{A}E(\boldsymbol{Y})$ 和 $\mathrm{Cov}(\boldsymbol{W})=\boldsymbol{A}\mathrm{Cov}(\boldsymbol{Y})\boldsymbol{A}'$。*

证明 设矩阵 $\boldsymbol{A}$ 表示如下

$$\boldsymbol{A}=\begin{bmatrix} a_{01} & \cdots & a_{0n} \\ \vdots & \ddots & \vdots \\ a_{p-11} & \cdots & a_{p-1n}\end{bmatrix}。$$

那么，向量 E（$\boldsymbol{W}$）的第 i 个坐标是

$$E(W_i)=E\Big(\sum_{j=1}^{n}a_{ij}Y_j\Big)=\sum_{j=1}^{n}a_{ij}E(Y_j)。\tag{11.5.16}$$

由此可以看出，式（11.5.16）中最右边的求和是向量 $\boldsymbol{A}E(\boldsymbol{Y})$ 的第 i 个坐标。因此，$E(\boldsymbol{W})=\boldsymbol{A}E(\boldsymbol{Y})$。

接下来，对于 $i=0,\cdots,p-1$ 和 $j=0,\cdots,p-1$，$p\times p$ 矩阵 Cov（$\boldsymbol{W}$）的第 i 行、第 j 列的元素为

$$\mathrm{Cov}(W_i,W_j)=\mathrm{Cov}\Big(\sum_{r=1}^{n}a_{ir}Y_r,\sum_{s=1}^{n}a_{js}Y_s\Big)。$$

由 4.6 节的习题 8，有

$$\mathrm{Cov}(W_i,W_j)=\sum_{r=1}^{n}\sum_{s=1}^{n}a_{ir}a_{js}\mathrm{Cov}(Y_r,Y_s)。\tag{11.5.17}$$

利用矩阵的乘法公式，我们发现式（11.5.17）的右边是 $p\times p$ 矩阵 $\boldsymbol{A}\mathrm{Cov}(\boldsymbol{Y})\boldsymbol{A}'$ 的第 i 行、第 j 列的元素。因此，$\mathrm{Cov}(\boldsymbol{W})=\boldsymbol{A}\mathrm{Cov}(\boldsymbol{Y})\boldsymbol{A}'$。 ■

应用定理 11.5.2，我们可以得到估计量 $\hat{\beta}_0,\cdots,\hat{\beta}_{p-1}$ 的均值、方差和协方差。

定理 11.5.3 *在一般线性模型中，$E(\hat{\boldsymbol{\beta}})=\boldsymbol{\beta}$ 且 $\mathrm{Cov}(\hat{\boldsymbol{\beta}})=\sigma^2(\boldsymbol{Z}'\boldsymbol{Z})^{-1}$。*

证明 由式（11.5.10），$\hat{\boldsymbol{\beta}}$ 可以表示为 $\hat{\boldsymbol{\beta}}=\boldsymbol{AY}$ 的形式，其中 $\boldsymbol{A}=(\boldsymbol{Z}'\boldsymbol{Z})^{-1}\boldsymbol{Z}'$。根据定理 11.5.2 和式（11.5.14），有

$$E(\hat{\boldsymbol{\beta}})=(\boldsymbol{Z}'\boldsymbol{Z})^{-1}\boldsymbol{Z}'E(\boldsymbol{Y})=(\boldsymbol{Z}'\boldsymbol{Z})^{-1}\boldsymbol{Z}'\boldsymbol{Z\beta}=\boldsymbol{\beta}。$$

同时，根据定理 11.5.2 和式（11.5.15），有

$$\begin{aligned}\mathrm{Cov}(\hat{\boldsymbol{\beta}})&=(\boldsymbol{Z}'\boldsymbol{Z})^{-1}\boldsymbol{Z}'\mathrm{Cov}(\boldsymbol{Y})\boldsymbol{Z}(\boldsymbol{Z}'\boldsymbol{Z})^{-1}\\&=(\boldsymbol{Z}'\boldsymbol{Z})^{-1}\boldsymbol{Z}'(\sigma^2\boldsymbol{I})\boldsymbol{Z}(\boldsymbol{Z}'\boldsymbol{Z})^{-1}\\&=\sigma^2(\boldsymbol{Z}'\boldsymbol{Z})^{-1}。\end{aligned}$$

■

因此，对于 $j=0,\cdots,p-1$，$E(\hat{\beta}_j)=\beta_j$，$\mathrm{Var}(\hat{\beta}_j)$等于 σ 乘以矩阵$(\mathbf{Z}'\mathbf{Z})^{-1}$ 的第 j 个对角线元素。同样，对于 $i\neq j$，$\mathrm{Cov}(\hat{\beta}_i,\hat{\beta}_j)$等于 σ 乘以矩阵 $(\mathbf{Z}'\mathbf{Z})^{-1}$ 的第 i 行、第 j 列的元素。

例 11.5.4　洗碗机发货量　美国商务部收集了有关耐用品工厂发货量的数据以及其他经济指标。表 11.13 包含了从 1960 年到 1985 年的洗碗机工厂发货量（以千为单位）和私人住宅投资总额（折算成 1972 年的美元，以十亿计）。图 11.16 显示了洗碗机发货量与年份和私人住宅投资总额的关系的散点图。我们用 Y 表示洗碗机发货量。我们可以拟合一个模型，其中 Y 的均值由式（11.5.3）给出，$k=2$。矩阵 $\mathbf{Z}$ 有 26 行和 3 列。第一列全部为数字 1；第二列中的时间用“年份减去 1960”来表示，这是为了数值计算的稳定性；第三列为私人住宅投资总额。然后我们可以计算

$$(\mathbf{Z}'\mathbf{Z})^{-1}=\begin{pmatrix} 1.152 & 0.012\,79 & -0.026\,60 \\ 0.012\,79 & 0.001\,136 & -0.000\,563\,6 \\ -0.026\,60 & -0.000\,563\,6 & 0.000\,702\,6 \end{pmatrix}。$$

$\hat{\beta}_1$ 和 $\hat{\beta}_2$ 之间的相关系数可以计算为

$$\rho=\frac{\mathrm{Cov}(\hat{\beta}_1,\hat{\beta}_2)}{(\mathrm{Var}(\hat{\beta}_1)\mathrm{Var}(\hat{\beta}_2))^{1/2}}=\frac{-0.000\,563\,6\sigma^2}{(0.001\,136\sigma^2\times 0.000\,702\,6\sigma^2)^{1/2}}=-0.630\,9。$$

注意到，相关系数不依赖于 σ^2 的未知值，而仅依赖于设计矩阵。另外还注意到，相关系数为负，并且还很大。这意味着，如果其中一个系数被高估，则另一个系数往往会被低估。◀

表 11.13　1960 年至 1985 年的洗碗机发货量和私人住宅投资总额

年份	洗碗机发货量（千台）	私人住宅投资总额（折算成 1972 年的美元，十亿美元）
1960	555	34.2
1961	620	34.3
1962	720	37.7
1963	880	42.5
1964	1 050	43.1
1965	1 290	42.7
1966	1 528	38.2
1967	1 586	37.1
1968	1 960	43.1
1969	2 118	43.6
1970	2 116	41.0
1971	2 477	53.7
1972	3 199	63.8
1973	3 702	62.3
1974	3 320	48.2

（续）

年份	洗碗机发货量（千台）	私人住宅投资总额（折算成 1972 年的美元，十亿美元）
1975	2 702	42.2
1976	3 140	51.2
1977	3 356	60.7
1978	3 558	62.4
1979	3 488	59.1
1980	2 738	47.1
1981	2 484	44.7
1982	2 170	37.8
1983	3 092	52.7
1984	3 491	60.3
1985	3 536	61.4

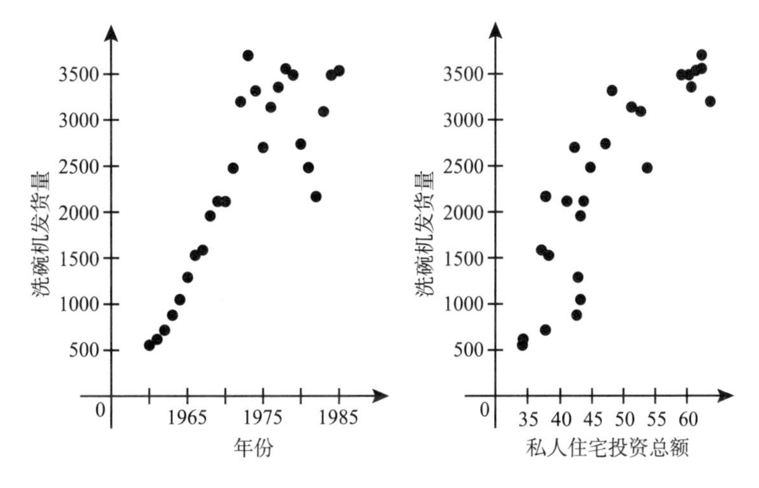

图 11.16　洗碗机发货量关于年份（左）和私人住宅投资总额（右）的散点图

估计量的联合分布

设随机变量 S^2 由式（11.5.6）定义，平方和 S^2 也可以表示为如下形式

$$S^2 = (\boldsymbol{Y} - \boldsymbol{Z}\hat{\boldsymbol{\beta}})'(\boldsymbol{Y} - \boldsymbol{Z}\hat{\boldsymbol{\beta}})。\tag{11.5.18}$$

为了证明下面两个事实：（1）S^2/σ^2 服从自由度为 $n-p$ 的 χ^2 分布；（2）S^2 与随机向量 $\hat{\boldsymbol{\beta}}$ 独立。我们需要推广定理 11.3.2 证明中的方法，所使用的方法超出了本书范围。

由式（11.5.7），我们看到 $\hat{\sigma}^2 = S^2/n$，故随机变量 $n\hat{\sigma}^2/\sigma^2$ 服从自由度为 $n-p$ 的 χ^2 分布，并且估计量 $\hat{\sigma}^2$ 和 $\hat{\boldsymbol{\beta}}$ 独立。

关于 $\hat{\boldsymbol{\beta}}$ 和 $\hat{\sigma}^2$ 的联合分布（我们已经证明的和没有证明的），总结如下。

推论 11.5.1 设 $p\times p$ 对称矩阵 $(\mathbf{Z}'\mathbf{Z})^{-1}$ 表示为

$$(\mathbf{Z}'\mathbf{Z})^{-1}=\begin{bmatrix}\zeta_{00} & \cdots & \zeta_{0p-1}\\ \vdots & \ddots & \vdots\\ \zeta_{p-10} & \cdots & \zeta_{p-1p-1}\end{bmatrix}。\tag{11.5.19}$$

那么，(1) 对于 $j=0,\cdots,p-1$，估计量 $\hat{\beta}_j$ 服从正态分布，均值为 β_j，方差为 $\zeta_{jj}\sigma^2$；(2) 对于 $i\neq j$，我们有 $\mathrm{Cov}(\hat{\beta}_i,\hat{\beta}_j)=\zeta_{ij}\sigma^2$；(3) 整个向量 $\hat{\boldsymbol{\beta}}$ 服从多元正态分布；(4) $\hat{\sigma}^2$ 和 $\hat{\boldsymbol{\beta}}$ 相互独立，$n\hat{\sigma}^2/\sigma^2$ 服从自由度为 $n-p$ 的 χ^2 分布。■

注意，$\hat{\boldsymbol{\beta}}$ 也独立于式 (11.5.8) 中的 σ'^2。

假设检验

假定欲检验假设“某个回归系数 β_j 等于给定值 β_j^*”。换句话说，假定要检验如下假设：

$$\begin{aligned}H_0&:\beta_j=\beta_j^*,\\ H_1&:\beta_j\neq\beta_j^*。\end{aligned}\tag{11.5.20}$$

由于 $\mathrm{Var}(\hat{\beta}_j)=\zeta_{jj}\sigma^2$，因此，当 H_0 为真时，随机变量

$$W_j=\frac{(\hat{\beta}_j-\beta_j^*)}{\zeta_{jj}^{1/2}\sigma}。$$

服从标准正态分布。此外，由于随机变量 S^2/σ^2 服从自由度为 $n-p$ 的 χ^2 分布，并且 S^2 与 $\hat{\beta}_j$ 独立，因此，当 H_0 为真时，下面的随机变量 U_j 将服从自由度为 $n-p$ 的 t 分布：

$$U_j=\frac{W_j}{\left[\frac{1}{n-p}\left(\frac{S^2}{\sigma^2}\right)\right]^{1/2}}=\frac{\hat{\beta}_j-\beta_j^*}{(\zeta_{jj})^{1/2}\sigma'}。\tag{11.5.21}$$

假设 (11.5.20) 的水平为 α_0 的检验具体为“如果 $|U_j|\geqslant T_{n-p}^{-1}(1-\alpha_0/2)$，则拒绝原假设 H_0”，其中 T_{n-p}^{-1} 是自由度为 $n-p$ 的 t 分布的分位数函数。此外，在给定问题中如果 u 是 U_j 的观察值，则相应的 p 值是

$$P(U_j\geqslant|u|)+P(U_j\leqslant-|u|)。\tag{11.5.22}$$

单边假设的检验可以以类似的方式得到。

例 11.5.5 洗碗机发货量 例 11.5.4 中，模型的最小二乘估计值为 $\hat{\beta}_0=-1\,314$，$\hat{\beta}_1=66.91$，$\hat{\beta}_2=58.86$，σ' 的观察值为 352.9。现在我们对检验如下假设感兴趣：

$$\begin{aligned}H_0&:\beta_1=0,\\ H_1&:\beta_1\neq0,\end{aligned}$$

这里 β_1 是多元线性回归模型中的时间系数。利用例 11.5.4 中的矩阵 $(\mathbf{Z}'\mathbf{Z})^{-1}$，我们可以计算出

$$U_1=\frac{66.91-0}{(0.001\,136)^{1/2}\times352.9}=5.625。$$

自由度为 26-3=23，并且 5.625 大于本书 t 分布表中列出的每个分位数。使用计算机程序，

我们发现 p 值约为 1×10^{-5}。 ◀

例 11.5.6 20 世纪 50 年代的失业率 例 11.5.3 中，我们根据美联储的生产指数和年份对失业率进行了回归。最小二乘估计值为 $\hat{\beta}_0=13.45$, $\hat{\beta}_1=-0.1033$ 和 $\hat{\beta}_2=0.6594$，σ' 的观察值为 0.4011。现在我们希望检验假设

$$H_0: \beta_2 \leqslant 0.4,$$
$$H_1: \beta_2 > 0.4。$$

为了检验这些假设，"如果 U_2 太大，我们拒绝 H_0"。我们利用例 11.5.3 中的矩阵 $(\boldsymbol{Z}'\boldsymbol{Z})^{-1}$ 来计算 U_2：

$$U_2=\frac{0.6594-0.4}{(0.06762)^{1/2}\times0.4011}=2.487。$$

自由度为 10−3=7，并且 2.487 落在自由度为 7 的 t 分布的 0.975 和 0.99 分位数之间。p 值实际上是 0.0209，因此我们将在每个水平 $\alpha_0\geqslant0.0209$ 下拒绝 H_0。 ◀

在本节习题 17 至习题 21 中将讨论两个回归系数 β_i 和 β_j 的假设检验问题。本节习题 26 的主题是关于 $\beta_0,\cdots,\beta_{p-1}$ 的线性组合的假设检验问题。

一些计算机程序可以很容易地检验关于单个 β_j 的假设。实际上，大多数软件会自动提供检验统计量 U_j 的值，对每个 $j(j=0,1,\cdots,k)$，可以检验如下假设：

$$H_0: \beta_j=0,$$
$$H_1: \beta_j\neq0。\tag{11.5.23}$$

一些程序还会根据式（11.5.22）计算出的相应 p 值。

检验的功效 如果（11.5.20）中的原假设为假，则统计量 U_j 服从非中心 t 分布，自由度为 $n-p$，非中心性参数为 $\psi=(\beta_j-\beta_j^*)/(\zeta_{jj}^{1/2}\sigma)$。我们可以利用图 9.12 和图 9.14 或计算机程序对特定参数值计算 t 检验的功效。

预测

设 $z'=(z_0,\cdots,z_p)$ 是未来观测值 Y 的预测量的向量。我们希望用 $\hat{Y}=z'\hat{\boldsymbol{\beta}}$ 来预测 Y，我们想知道预测的均方误差。假定 Y 与观测数据独立，从而 Y 和 $\hat{Y}$ 独立。我们可以写为

$$\hat{Y}=z'\hat{\boldsymbol{\beta}}=z'(\boldsymbol{Z}'\boldsymbol{Z})^{-1}\boldsymbol{Z}'\boldsymbol{Y},$$

可以看出 $\hat{Y}$ 是原始数据 $\boldsymbol{Y}$ 的线性组合。因为 $\boldsymbol{Y}$ 的坐标是独立的正态随机变量，定理 11.3.1 告诉我们 $\hat{Y}$ 服从正态分布。容易看出，$\hat{Y}$ 的均值是

$$E(\hat{Y})=z'E(\hat{\boldsymbol{\beta}})=z'\boldsymbol{\beta}。$$

由定理 11.5.2，得到 $\hat{Y}$ 的方差

$$\begin{aligned}\mathrm{Var}(\hat{Y})&=z'(\boldsymbol{Z}'\boldsymbol{Z})^{-1}\boldsymbol{Z}'\mathrm{Cov}(\boldsymbol{Y})\boldsymbol{Z}(\boldsymbol{Z}'\boldsymbol{Z})^{-1}z\\&=z'(\boldsymbol{Z}'\boldsymbol{Z})^{-1}z\sigma^2。\end{aligned}$$

由于 Y 服从均值为 $z'\boldsymbol{\beta}$、方差为 σ^2 的正态分布，并且 Y 与 $\hat{Y}$ 独立，由此可得 $Y-\hat{Y}$ 服从正态分布，均值为 0，方差由下式给出

$$\mathrm{Var}(Y-\hat{Y})=\mathrm{Var}(\hat{Y})+\mathrm{Var}(Y)=\sigma^2[1+z'(\boldsymbol{Z}'\boldsymbol{Z})^{-1}z]。\tag{11.5.24}$$

由于 $Y-\hat{Y}$ 的均值为 0，所以式（11.5.24）也是用 $\hat{Y}$ 来预测 Y 的均方误差。

像（11.3.25）中一样，我们也可以为 Y 构造预测区间。我们定义

$$Z=\frac{Y-\hat{Y}}{\sigma[1+z'(\boldsymbol{Z}'\boldsymbol{Z})^{-1}z]^{1/2}},W=\frac{S^2}{\sigma^2}。$$

那么 Z 服从标准正态分布，并且与 W 独立，W 服从自由度为 $n-p$ 的 χ^2 分布。因此，

$$\frac{Z}{[W/(n-p)]^{1/2}}=\frac{Y-\hat{Y}}{\sigma'[1+z'(\boldsymbol{Z}'\boldsymbol{Z})^{-1}z]^{1/2}}$$

服从自由度为 $n-p$ 的 t 分布。由此可见，在观察数据之前，以概率 $1-\alpha_0$ 包含 Y 的区间的端点由下式给出

$$\hat{Y}\pm T_{n-p}^{-1}\left(1-\frac{\alpha_0}{2}\right)\sigma'[1+z'(\boldsymbol{Z}'\boldsymbol{Z})^{-1}z]^{1/2}。\tag{11.5.25}$$

例 11.5.7　预测洗碗机的发货量　例 11.5.4 中，模型的最小二乘估计值为 $\hat{\beta}_0=-1\,314$，$\hat{\beta}_1=66.91$，$\hat{\beta}_2=58.86$，σ' 的观察值为 352.9。现在假设我们对预测 1986 年的洗碗机发货量感兴趣。我们碰巧知道，1986 年的私人住宅投资总额为 672 亿美元。为了预测 1986 年的洗碗机发货量，我们首先构成预测量的向量 $z'=(1,26,67.2)$。然后我们计算出 $\hat{Y}=z'\hat{\boldsymbol{\beta}}=4\,381$，并且

$$\sigma'[1+z'(\boldsymbol{Z}'\boldsymbol{Z})^{-1}z]^{1/2}=352.9(1+0.213\,6)^{1/2}=388.8。$$

现在，我们可以计算 1986 年洗碗机发货量的预测区间。例如，对于 $\alpha_0=0.1$，我们利用 $T_{23}^{-1}(0.95)=1.714$ 得到 90% 的预测区间为

$$(4\,381-1.714\times388.8,4\,381+1.714\times388.8)=(3\,715,5\,047)。$$

由于 σ' 的值很大，区间比较长。1986 年洗碗机的实际销售量为 3 915，与 $\hat{Y}$ 相差甚远，但仍在这个区间中。◀

多元 R^2

在多元线性回归问题中，我们特别感兴趣的是确定变量 $X_1,\cdots,X_k$ 解释随机变量 Y 的观测变化的程度。Y 的 n 个观察值 $y_1,\cdots,y_n$ 中的变化可以通过 $\sum_{i=1}^{n}(y_i-\bar{y})^2$ 的值来度量，它是 $y_1,\cdots,y_n$ 与均值 $\bar{y}$ 的偏差的平方之和。类似地，Y 关于 $X_1,\cdots,X_k$ 的回归用数据拟合后，Y 的 n 个观察值中的变化仍可以通过 $y_1,\cdots,y_n$ 与拟合回归的偏差平方和来度量，这个平方和等于从观察值计算出的式（11.5.6）中 S^2 的值，即 $S^2=\sum_{i=1}^{n}(y_i-\hat{y}_i)^2$，其中 $\hat{y}_i=\hat{\beta}_0+\hat{\beta}_1x_{i1}+\cdots+\hat{\beta}_kx_{ik}$。

由此可得，在观察值 $y_1,\cdots,y_n$ 中的变化中，拟合回归无法解释的变化的比例为

$$\frac{\sum_{i=1}^{n}(y_i-\hat{y}_i)^2}{\sum_{i=1}^{n}(y_i-\bar{y})^2}。$$

反过来，观察值 $y_1,\cdots,y_n$ 中拟合回归能解释的变化的比例由如下 R^2 值给出：

$$R^2 = 1 - \frac{\sum_{i=1}^{n}(y_i - \hat{y}_i)^2}{\sum_{i=1}^{n}(y_i - \bar{y})^2}。\tag{11.5.26}$$

例 11.5.8　20 世纪 50 年代的失业率　对于例 11.5.1 中的数据，我们可以计算 $\bar{y}_{10} = 2.82$，然后计算 $\sum_{i=1}^{10}(y_i - \bar{y}_{10})^2 = 8.376$。$S^2$ 的值为 $(10-3)\times\sigma'^2 = 1.126$，因此 $R^2 = 1 - 1.126/8.376 = 0.8656$。◀

R^2 的值一定在区间 $0 \leqslant R^2 \leqslant 1$ 中。当 $R^2 = 0$ 时，最小二乘估计值为 $\hat{\beta}_0 = \bar{y}$ 和 $\hat{\beta}_1 = \cdots = \hat{\beta}_k = 0$。在这种情况下，拟合的回归函数为常值函数 $y = \bar{y}$。当 R^2 接近 1 时，Y 的观察值在拟合回归函数附近的变化远小于它们在 $\bar{y}$ 附近的变化。

残差分析

在 11.3 节中，我们描述了一些用于评估简单线性回归模型假设是否满足的图。在一般线性模型中，这些图和其他的图也很有用。回顾一下，通常残差是

$$e_i = y_i - \hat{y}_i = y_i - z_{i0}\hat{\beta}_0 - \cdots - z_{ip-1}\hat{\beta}_{p-1}。$$

例 11.5.9　20 世纪 50 年代的失业率　在这个例子中，$p=3$，对于所有 i，$z_{i0}=1$。我们在图 11.17 上面的图中绘制了残差关于两个预测量的散点图，开始寻找违反假设的情况。第一年（1950 年）的残差很高，每幅图中其余年份的残差似乎位于具有正斜率的直线附近。这表明第一个观察结果与其他观察结果没有相同的模式。我们进行了没有 1950 年这个数据点的回归。图 11.17 的下面是用新的最小二乘估计值拟合 1951—1959 年数据的残差图。1951—1959 年的残差不再位于斜线上。同样，图 11.18 显示了删除 1950 年观测值之前和之后的正态分位数图，右边的图要直很多。当然，这种图形分析并不表明应该删除 1950 年的观测结果。我们应该检查一下是否有可能在 1950 年发生过一些事情，从而使失业和时间之间的关系发生了巨大变化（例如，朝鲜战争的开始）。◀

在多元回归情况下，另一个有用的图是残差关于拟合值 $\hat{y}_i$ 的图，$i=1,\cdots,n$（参考本节习题 27，我们就清楚了为什么在简单线性回归中不使用这个图）。这个图有助于揭示 Y 的均值和方差之间的依赖性（$\hat{y}_i$ 是 Y_i 的均值的估计值）。如果在图的一端或另一端残差分布更分散，则表明 Y 的方差随均值变化而变化，这违背了"所有观测值有相同方差"的假设。图 11.19 的左图是残差关于失业率数据拟合值的图，看起来低拟合值对应的残差比高拟合值对应的残差更分散。对残差图中的这类特征做出回应的方法，可以在回归方法的教科书中找到，如 Draper 和 Smith（1998）以及 Cook 和 Weisberg（1999）。

如果我们可以获得每次数据测量的时间，如例 11.5.1 和例 11.5.4 所示，那么残差关于时间的图像是有意义的，从中可以看出是否存在任何未被模型捕捉到的时间上的依赖性。由于时间是每个例子中的预测量之一，当我们绘制残差关于预测量的图像时，我们往往会绘制残差关于时间的图像。除了绘制残差关于时间的图像，我们还可以绘制相邻两个残差的图像，从中可以看出"小残差是否倾向于同时出现"或"大残差是否倾向于同时出

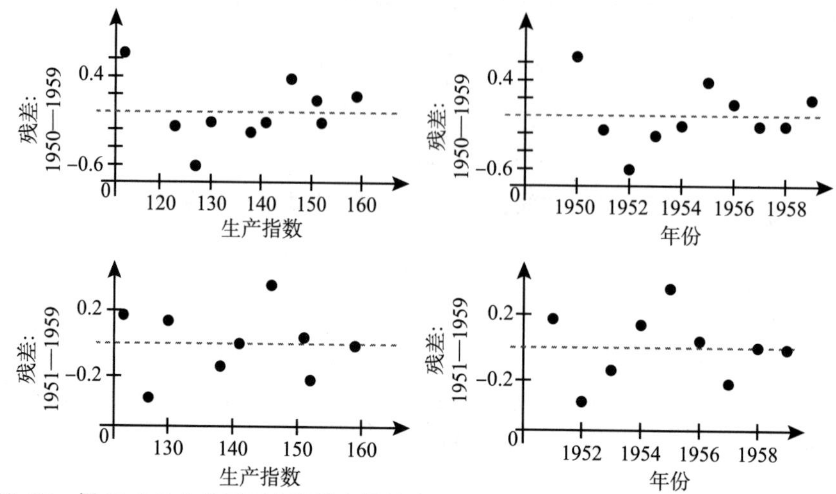

图 11.17　例 11.5.9 中关于两个预测变量的残差图。上面两幅图：使用 1950—1959 年的所有数据。下面两幅图：仅使用 1951—1959 年的数据

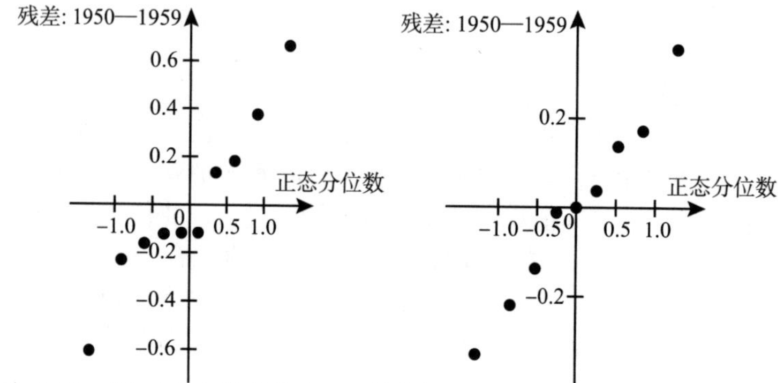

图 11.18　例 11.5.9 的残差的正态分位数图。左图来自所有 10 个观测值的回归；右图仅使用 1951—1959 年观测值的回归

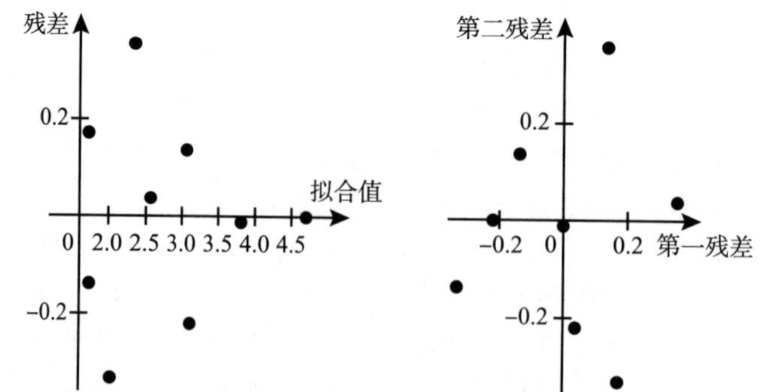

图 11.19　例 11.5.9 的残差图。左：残差关于拟合值的图。右：相邻残差对的图。这两个图仅使用 1951—1959 年的数据

现”。设 $v_1,\cdots,v_n$ 是按时间排序的残差，我们可以绘制 $n-1$ 个点 $(v_1,v_2),(v_2,v_3),\cdots,(v_{n-1},v_n)$。如果这些点存在某种模式，则表明在时间上相邻的观测值之间存在依赖性，称为序列依赖性，它将违背“观察是独立”的假设。图 11.19 中的右图是失业数据的相邻残差对的图。这个图中的点聚集在相对的角上，表明存在序列依赖性，尽管样本量较小，很难确定。

例 11.5.10 洗碗机发货量 再次考虑例 11.5.4 中的数据。在图 11.20 的上面两幅图中，残差关于这两个预测量的图揭示了一个严重的问题。残差关于年份的图中有一条曲线：残差在中间年份最高，在前面几年和后面几年较低。这表明发货量关于时间可能不是线性的。相邻残差对的图也暗示了某些时间的依赖性。这可能是同一问题的结果，该问题导致了残差关于时间的图出现曲线，或者可能暗示了相邻的观测值存在依赖性。洗碗机的发货量偏离其总体趋势可能会持续一年以上。例如，一年的销售繁荣或萧条可能会延续到下一年。正态分位数图（这里没有展示）相当笔直。

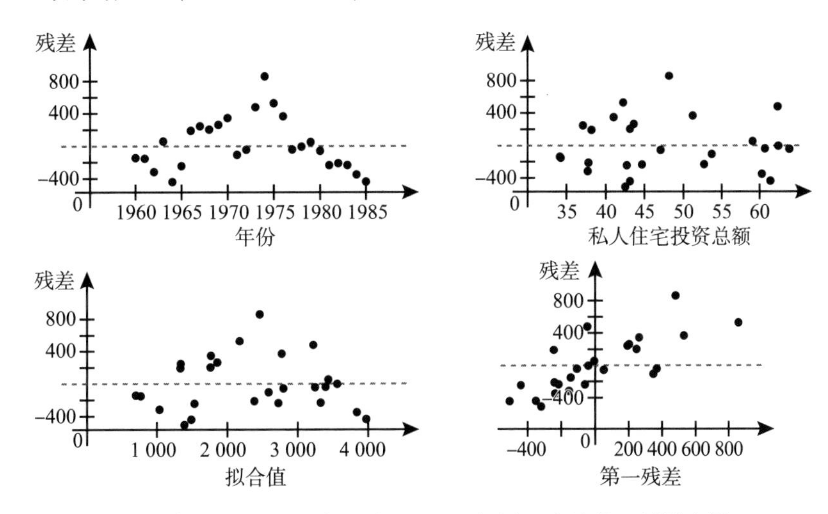

图 11.20 例 11.5.10 的残差图。上面两幅图：残差关于预测变量。左下图：残差关于拟合值。右下图：成对的连续残差

为了尝试确定这些数据中是否存在序列依赖性或非线性关系（或两者都有），我们拟合了另一个模型：Y 的均值关于私人住宅投资总额是线性函数，关于时间却是二次函数。也就是说，用 X_1 表示年份（减去 1960），用 X_2 表示私人住宅投资总额，令 $X_3=X_1^2$。于是

$$E(Y)=\beta_0+\beta_1X_1+\beta_2X_2+\beta_3X_1^2。$$

该模型的最小二乘估计值为 $\hat{\beta}_0=-1\ 445,\hat{\beta}_1=206.1,\hat{\beta}_2=48.5,\hat{\beta}_3=-5.23$。$\sigma'$ 的观察值为 235.7。在图 11.21 中列出了残差关于时间的图与相邻残差对的图。残差关于时间的图比以前更好，但相邻残差对仍然接近于一条线，这意味着我们需要考虑序列依赖性。Box，Jenkins 和 Reinsel（1994）是一本描述处理序列依赖性（通常称为时间序列分析）的书。 ◀

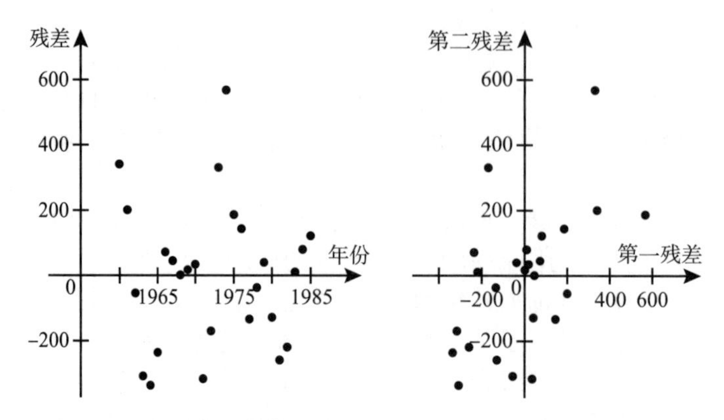

图 11.21　洗碗机发货量关于时间是二次函数回归的残差图。
左：残差关于时间的图。右：相邻残差对的图

小结

在一般线性模型中，我们假设每个观测值 Y_i 的均值可以表示为 $z_{i0}\beta_0+\cdots+z_{ip-1}\beta_{p-1}$，其中 $\beta_0,\cdots,\beta_{p-1}$ 是未知参数，$z_{i0},\cdots,z_{ip-1}$ 是预测量的观测值。这些预测量可以是控制变量，也可以是与 Y_i 一起测量的其他变量及其函数。参数的最小二乘估计量表示为 $\hat{\beta}_0,\cdots,\hat{\beta}_{p-1}$，它们可以根据式（11.5.10）或使用计算机来计算。假定每个 Y_i 的方差都等于 σ^2。最小二乘估计量的每个线性组合都服从正态分布，与 σ^2 的无偏估计量 σ'^2 独立，σ'^2 由式（11.5.8）给出。

为了检验关于单个 β_j 的假设，式（11.5.21）中的统计量 U_j 在原假设为真时服从自由度为 $n-p$ 的 t 分布。为了预测未来值 Y，我们可以利用式（11.5.25）给出的端点构成预测区间。我们应始终绘制残差 $y_i-\hat{y}_i$ 关于预测变量、拟合值 $\hat{y}_i$ 和时间（如果可用）的图，以便我们能够检查是否违背线性回归模型的假设。这些图中的模式可能暗示违背有关 Y_i 的均值形式或方差不变的假设。我们还应该绘制正态分位数图，在这个图中与直线的偏差意味着 Y_i 值可能不服从正态分布，尽管违背有关均值和方差的假设也可能导致在图中出现这种模式。如果观测时间可用，我们还应绘制相邻残差对的图来寻找序列依赖性。

习题

1. 证明：一般线性模型中 σ^2 的极大似然估计量由式（11.5.7）给出。
2. 证明：式（11.5.8）中定义的 σ'^2 是 σ^2 的无偏估计量。你可以假设 S^2 服从自由度为 $n-p$ 的 χ^2 分布。
3. 考虑在一个回归问题中，对于某个变量 X 的每个值 x，随机变量 Y 服从均值为 βx 和方差为 σ^2 的正态分布，其中 β 和 σ^2 未知。假设获得 n 对独立的观测值 (x_i,Y_i)。证明：β 的极大似然估计量为

$$\hat{\beta}=\frac{\sum_{i=1}^{n}x_iY_i}{\sum_{i=1}^{n}x_i^2}。$$

4. 对于习题 3 的条件，证明：$E(\hat{\beta}) = \beta$，而 $\mathrm{Var}(\hat{\beta}) = \sigma^2/\left(\sum_{i=1}^{n} x_i^2\right)$ 。

5. 假设将少量 x 的胰岛素制剂注入兔子后，血糖降低百分比 Y 服从正态分布，其均值为 βx，方差为 σ^2，β 和 σ^2 未知。假设在 10 只不同的兔子上进行独立观察时，观察值 x_i 和 $Y_i, i=1,\cdots,10$ 如表 11.14 所示。求极大似然估计值 $\hat{\beta}$ 和 $\hat{\sigma}^2$，以及 $\mathrm{Var}(\hat{\beta})$ 的值。

表 11.14　习题 5 的数据

i	x_i	y_i	i	x_i	y_i
1	0.6	8	6	2.2	19
2	1.0	3	7	2.8	9
3	1.7	5	8	3.5	14
4	1.7	11	9	3.5	22
5	2.2	10	10	4.2	22

6. 对于习题 5 的条件和表 11.14 中的数据，请对如下假设进行检验：

$$H_0:\beta = 10,\quad H_1:\beta \neq 10。$$

7. 考虑在一个回归问题中，患者对新药物 B 的反应 Y 与他对标准药物 A 的反应 X 相关。假设对于 X 的每个值 x，回归函数都是 $E(Y)=\beta_0+\beta_1 x+\beta_2 x^2$。假设有 10 对观测值，如表 11.1 所示。在一般线性模型的标准假设下，求极大似然估计值 $\hat{\beta}_0$，$\hat{\beta}_1$，$\hat{\beta}_2$ 和 $\hat{\sigma}^2$。

8. 对于习题 7 的条件和表 11.1 中的数据，求 $\mathrm{Var}(\hat{\beta}_0)$，$\mathrm{Var}(\hat{\beta}_1)$，$\mathrm{Var}(\hat{\beta}_2)$，$\mathrm{Cov}(\hat{\beta}_0,\hat{\beta}_1)$，$\mathrm{Cov}(\hat{\beta}_0,\hat{\beta}_2)$ 和 $\mathrm{Cov}(\hat{\beta}_1,\hat{\beta}_2)$ 的值。

9. 对于习题 7 的条件和表 11.1 中的数据，请对以下假设进行检验：

$$H_0:\beta_2 = 0,\quad H_1:\beta_2 \neq 0。$$

10. 对于习题 7 的条件和表 11.1 中的数据，请对以下假设进行检验：

$$H_0:\beta_1 = 4,\quad H_1:\beta_1 \neq 4。$$

11. 对于习题 7 的条件和表 11.1 中的数据，确定 R^2 的值，其中 R^2 由式（11.5.26）定义。

12. 考虑一个多元线性回归问题，患者对新药物 B 的反应 Y 与她对标准药物 A 的反应 X_1 和心率 X_2 有关。假设对于所有值 $X_1=x_1$ 和 $X_2=x_2$，回归函数的形式为 $E(Y)=\beta_0+\beta_1 x_1+\beta_2 x_2$，并且在表 11.2 中给出了 10 组观测值（$x_{i1}$，$x_{i2}$，$Y_i$）的值。在多元线性回归的标准假设下，确定极大似然估计值 $\hat{\beta}_0$，$\hat{\beta}_1$，$\hat{\beta}_2$ 和 $\hat{\sigma}^2$。

13. 对于习题 12 的条件和表 11.2 中的数据，确定 $\mathrm{Var}(\hat{\beta}_0)$，$\mathrm{Var}(\hat{\beta}_1)$，$\mathrm{Var}(\hat{\beta}_2)$，$\mathrm{Cov}(\hat{\beta}_0,\hat{\beta}_1)$，$\mathrm{Cov}(\hat{\beta}_0,\hat{\beta}_2)$ 和 $\mathrm{Cov}(\hat{\beta}_1,\hat{\beta}_2)$ 的值。

14. 对于习题 12 的条件和表 11.2 中的数据，请对如下假设进行检验：

$$H_0:\beta_1 = 0,\quad H_1:\beta_1 \neq 0。$$

15. 对于习题 12 的条件和表 11.2 中的数据，请对如下假设进行检验：

$$H_0:\beta_2 = -1,\quad H_1:\beta_2 \neq -1。$$

16. 对于习题 12 的条件和表 11.2 中的数据，求 R^2 的值，其中 R^2 由式（11.5.26）定义。

17. 考虑在一般线性模型中，观测值 $Y_1,\cdots,Y_n$ 是独立的，并且服从相同方差 σ^2 的正态分布，其中 $E(Y_i)$

由式（11.5.1）给出。设矩阵 $(\boldsymbol{Z}'\boldsymbol{Z})^{-1}$ 由式（11.5.19）定义。对于所有 i 和 j，$i \neq j$，设随机变量 A_{ij} 定义如下：

$$A_{ij} = \hat{\beta}_i - \frac{\zeta_{ij}}{\zeta_{jj}}\hat{\beta}_j。$$

证明：$\text{Cov}(\hat{\beta}_j, A_{ij}) = 0$，并解释为什么 $\hat{\beta}_j$ 和 A_{ij} 是独立的。

18. 对于习题17的条件，证明：$\text{Var}(A_{ij}) = [\zeta_{ii} - (\zeta_{ij}^2/\zeta_{jj})]\sigma^2$，并证明如下随机变量 W^2 服从自由度为2的 χ^2 分布：

$$W^2 = \frac{\zeta_{jj}(\hat{\beta}_i - \beta_i)^2 + \zeta_{ii}(\hat{\beta}_j - \beta_j)^2 - 2\zeta_{ij}(\hat{\beta}_i - \beta_i)(\hat{\beta}_j - \beta_j)}{(\zeta_{ii}\zeta_{jj} - \zeta_{ij}^2)\sigma^2}。$$

提示：证明

$$W^2 = \frac{(\hat{\beta}_j - \beta_j)^2}{\zeta_{jj}\sigma^2} + \frac{[A_{ij} - E(A_{ij})]^2}{\text{Var}(A_{ij})}。$$

19. 再次考虑习题17和习题18的条件，并设随机变量 σ' 由式（11.5.8）定义。

a. 证明：随机变量 $\sigma^2 W^2/(2\sigma'^2)$ 服从自由度为2和 $n-p$ 的 F 分布。

b. 对于两个给定的数 β_i^* 和 β_j^*，描述如何对以下假设进行检验：

$$H_0: \beta_i = \beta_i^* \text{ 且 } \beta_j = \beta_j^*,$$
$$H_1: H_0 \text{ 不为真。}$$

20. 对于习题7的条件和表11.1中的数据，请对以下假设进行检验：

$$H_0: \beta_1 = \beta_2 = 0,$$
$$H_1: H_0 \text{ 不为真。}$$

21. 对于习题12的条件和表11.2中的数据，请对以下假设进行检验：

$$H_0: \beta_1 = 1 \text{ 且 } \beta_2 = 0,$$
$$H_1: H_0 \text{ 不为真。}$$

22. 考虑11.2节中描述的简单线性回归问题，并且 R^2 由式（11.5.26）定义。证明：

$$R^2 = \frac{\left[\sum_{i=1}^{n}(x_i - \bar{x})(y_i - \bar{y})\right]^2}{\left[\sum_{i=1}^{n}(x_i - \bar{x})^2\right]\left[\sum_{i=1}^{n}(y_i - \bar{y})^2\right]}。$$

23. 假设 $\boldsymbol{X}$ 和 $\boldsymbol{Y}$ 是 n 维随机向量，其均值向量 $E(\boldsymbol{X})$ 和 $E(\boldsymbol{Y})$ 存在。证明：$E(\boldsymbol{X}+\boldsymbol{Y}) = E(\boldsymbol{X}) + E(\boldsymbol{Y})$。

24. 假设 $\boldsymbol{X}$ 和 $\boldsymbol{Y}$ 是独立的 n 维随机向量，存在协方差矩阵 $\text{Cov}(\boldsymbol{X})$ 和 $\text{Cov}(\boldsymbol{Y})$。证明 $\text{Cov}(\boldsymbol{X}+\boldsymbol{Y}) = \text{Cov}(\boldsymbol{X}) + \text{Cov}(\boldsymbol{Y})$。

25. 假设 $\boldsymbol{Y}$ 是坐标为 Y_1，Y_2 和 Y_3 的三维随机向量，并且 Y 的协方差矩阵如下：

$$\text{Cov}(\boldsymbol{Y}) = \begin{bmatrix} 9 & -3 & 0 \\ -3 & 4 & 0 \\ 0 & 0 & 5 \end{bmatrix}。$$

确定 $\text{Var}(3Y_1 + Y_2 - 2Y_3 + 8)$ 的值。

26. 在有 p 个预测量的一般线性模型中，我们希望检验以下假设：

$$H_0: \sum_{j=0}^{p-1} c_j\beta_j = c_*,$$
$$H_1: \sum_{j=0}^{p-1} c_j\beta_j \neq c_*。\qquad (11.5.27)$$

a. 证明：$\sum_{j=0}^{p-1} c_j\hat{\beta}_j$ 服从正态分布，并求出其均值和方差（你可能要用定理 11.3.1 和定理 11.5.2）。

b. 令 $\boldsymbol{c}'=(c_0,\cdots,c_{p-1})$。如果 H_0 为真，证明：

$$U=\frac{\sum_{j=0}^{p-1} c_j\hat{\beta}_j - c_*}{\sigma'(\boldsymbol{c}'(\boldsymbol{Z}'\boldsymbol{Z})^{-1}\boldsymbol{c})^{1/2}}$$

服从自由度为 $n-p$ 的 t 分布。

c. 说明如何在显著性水平 α_0 下检验假设（11.5.27）。

27. 在简单线性回归问题中，残差关于拟合值的图与残差关于预测量 X 的图（除水平轴的标注外）看起来相同。解释这为什么是对的。
28. 考虑一个多元线性回归问题，设计矩阵为 $\boldsymbol{Z}$，观测值为 $\boldsymbol{Y}$。设 $\boldsymbol{Z}_1$ 为从 $\boldsymbol{Z}$ 中删除至少一列的剩余矩阵。我们把 $\boldsymbol{Z}_1$ 作为“预测量较少且数据 $\boldsymbol{Y}$ 相同”的线性回归问题的设计矩阵，证明：使用 $\boldsymbol{Z}$ 计算出的 R^2 至少与使用 $\boldsymbol{Z}_1$ 计算出的 R^2 一样大。
29. 假设（见例 11.5.4）Y_i 的均值是年份和私人住宅投资总额的线性函数的模型，计算洗碗机发货数据的 R^2 值。
30. 再次考虑习题 26 的条件。假定（11.5.27）中的原假设为假，求出习题 26 中定义的统计量 U 的分布。

11.6 方差分析

在 9.6 节中，我们学习了比较两个正态分布均值的方法。在这一节中，我们考虑比较多个正态分布均值的试验。由此方法所引出的理论是完全建立在一般线性模型结果（11.5 节）的基础上的。

单因子试验设计

例 11.6.1 热狗中的卡路里 Moore 和 McCabe（1999）描述了《消费者报告》（1986 年 6 月，第 364-367 页）收集到的数据。数据包括来自 63 个品牌的热狗的卡路里含量（见表 11.15）。热狗有四种类型：牛肉、猪肉、禽肉和“特色类”（特色类包括奶酪或辣椒酱等馅料）。我们感兴趣的问题是“不同类型的热狗的卡路里含量是否不同?”以及“它们在多大程度上不同?”。在这个例子中，这种由几组相似的随机变量组成的数据结构，是本节的主题。◀

表 11.15 四种类型热狗的卡路里含量

类型	卡路里含量
牛肉	186，181，176，149，184，190，158，139，175，148，152，111，141，153，190，157，131，149，135，132
猪肉	173，191，182，190，172，147，146，139，175，136，179，153，107，195，135，140，138
禽肉	129，132，102，106，94，102，87，99，107，113，135，142，86，143，152，146，144
特色类	155，170，114，191，162，146，140，187，180

在这一节和本章的剩余部分，我们要研究的主题是方差分析，简称 ANOVA。ANOVA

问题实际上是多元回归问题，其设计矩阵 $\boldsymbol{Z}$ 有一个非常特殊的形式。换句话说，ANOVA 的研究可以用一般线性模型框架（定义 11.5.1）来处理，这个模型的基本假设不变：所得的观察值是独立的且服从正态分布；所得的观察值有相同的方差 σ^2；每一个观察值的均值都可以用一个未知参数的线性组合来表示。ANOVA 理论和方法主要是在 20 世纪 20 年代由 R. A. Fisher 发展的。

我们通过考虑一个单因子设计问题来开始我们对 ANOVA 的研究。在这个问题中，假定随机样本来自 p 个不同的正态分布，每个分布有着相同的方差 σ^2，我们要在样本观察值的基础上比较这 p 个分布的均值。在 9.6 节中，考虑了有两个总体（$p=2$）的情形，这里我们进一步推广了 9.6 节中的结果，得到关于任意 p 的结果。特别地，我们做如下的假设：对 $i=1,\cdots,p$，随机变量 $Y_{i1},\cdots,Y_{in_i}$ 是来自均值为 μ_i、方差为 σ^2 的正态分布的随机样本，这里均值 $\mu_1,\cdots,\mu_p$ 和 σ^2 的值都是未知的。

在这个问题中，样本量 $n_1,\cdots,n_p$ 不一定相等。用 $n=\sum_{i=1}^{p} n_i$ 表示 p 个样本里的观察值总数，假设所有的 n 个观察值都是独立的。

例 11.6.2　热狗中的卡路里　例 11.6.1 中，样本量为 $n_1=20$（牛肉），$n_2=17$（猪肉），$n_3=17$（禽肉），$n_4=9$（特色类）。在这种情况下，μ_1 表示牛肉热狗的平均卡路里含量，μ_2、μ_3、μ_4 分别表示猪肉热狗、禽肉热狗、特色类热狗的平均卡路里含量。假设所有卡路里含量都是独立的且方差为 σ^2 的正态随机变量。这些数据等我们学习完 ANOVA 方法以后再做分析。◀

由我们刚才的假设可知，对 $j=1,\cdots,n_i$ 和 $i=1,\cdots,p$，有 $E(Y_{ij})=\mu_i$ 和 $\mathrm{Var}(Y_{ij})=\sigma^2$，由于每个观察值的数学期望 $E(Y_{ij})$ 等于 p 个参数 $\mu_1,\cdots,\mu_p$ 中的一个，很明显每一个期望都可以看成 $\mu_1,\cdots,\mu_p$ 的线性组合。此外，我们可以把 n 个观察值 Y_{ij} 看作可以写成如下形式的很长的 n 维向量 $\boldsymbol{Y}$ 中的一个元素，

$$\boldsymbol{Y}=\begin{bmatrix} Y_{11} \\ \vdots \\ Y_{1n_1} \\ \vdots \\ Y_{p1} \\ \vdots \\ Y_{pn_p} \end{bmatrix}。\tag{11.6.1}$$

因此这种单因子设计满足一般线性模型的条件。为了使单因子设计看上去更像一般线性模型，可以定义参数 $\beta_i=\mu_{i+1}$，其中 $i=0,\cdots,p-1$. 那么在 $n\times p$ 设计矩阵 $\boldsymbol{Z}$ 中，每一个总体对应一列。总体 1 所对应的列中有 n_1 个 1，接着是 $n_2+\cdots+n_p$ 个 0；总体 2 所对应的列有 n_1 个 0，接着是 n_2 个 1 和 $n_3+\cdots+n_p$ 个 0；以此类推。例如，用例 11.6.2 中热狗的数据，矩阵 $\boldsymbol{Z}$ 将变成

$$
\mathbf{Z}=\begin{pmatrix}
1 & 0 & 0 & 0\\
\vdots & \vdots & \vdots & \vdots\\
1 & 0 & 0 & 0\\
0 & 1 & 0 & 0\\
\vdots & \vdots & \vdots & \vdots\\
0 & 1 & 0 & 0\\
0 & 0 & 1 & 0\\
\vdots & \vdots & \vdots & \vdots\\
0 & 0 & 1 & 0\\
0 & 0 & 0 & 1\\
\vdots & \vdots & \vdots & \vdots\\
0 & 0 & 0 & 1
\end{pmatrix}
\begin{matrix}
\left.\begin{matrix}\\ \\ \\ \end{matrix}\right\} 20\text{ 行}\\
\left.\begin{matrix}\\ \\ \\ \end{matrix}\right\} 17\text{ 行}\\
\left.\begin{matrix}\\ \\ \\ \end{matrix}\right\} 17\text{ 行}\\
\left.\begin{matrix}\\ \\ \\ \end{matrix}\right\} 9\text{ 行}
\end{matrix}
\tag{11.6.2}
$$

由于参数 $\mu_1,\cdots,\mu_p$ 更为自然，在建立 ANOVA 的过程中我们将不再用一般线性模型符号。

对 $i=1,\cdots,p$，令 $\overline{Y}_{i+}$代表第 i 个样本中 n_i 个观察值的样本均值，即

$$\overline{Y}_{i+}=\frac{1}{n_i}\sum_{j=1}^{n_i}Y_{ij}。\tag{11.6.3}$$

可以使用与定理 11.2.1 证明相似的逻辑来证明，$\overline{Y}_{i+}$是 $\mu_i(i=1,\cdots,p)$ 的极大似然估计量或最小二乘估计量，且 σ^2 的极大似然估计量为

$$\hat{\sigma}^2=\frac{1}{n}\sum_{i=1}^{p}\sum_{j=1}^{n_i}(Y_{ij}-\overline{Y}_{i+})^2。\tag{11.6.4}$$

具体细节留作本节习题 1。

平方和的分解

例 11.6.3　热狗中的卡路里　例 11.6.1 和例 11.6.2 中，我们注意到每种类型热狗中的卡路里数彼此之间有很大变异。如果我们要尝试解决“不同类型的热狗是否具有相同卡路里数”的问题，就需要能够同时量化“每种类型内部的变异”和“类型之间的变异”。◀

在单因子设计下，我们通常对检验假设“来自抽取样本的这 p 个分布实际上相同”感兴趣；也就是说，我们要检验下面的假设：

$$
\begin{aligned}
&H_0:\mu_1=\cdots=\mu_p,\\
&H_1:\text{假设 }H_0\text{ 不为真。}
\end{aligned}
\tag{11.6.5}
$$

例如，在例 11.6.2 中，（11.6.5）中的原假设 H_0 是“四种热狗的卡路里的均值是一样的”，但没有指定这个值是多少，备择假设 H_1 是“其中至少有两个均值不同”，但它没有指定哪些均值不同或这些均值相差多少。

在开展一个适当的检验过程之前，先要进行一些预备性的代数运算。首先，定义

$$\overline{Y}_{++}=\frac{1}{n}\sum_{i=1}^{p}\sum_{j=1}^{n_i}Y_{ij}=\frac{1}{n}\sum_{i=1}^{p}n_i\overline{Y}_{i+},$$

为所有 n 个观察值的均值。再把平方和

$$S_{\mathrm{Tot}}^2=\sum_{i=1}^{p}\sum_{j=1}^{n_i}(Y_{ij}-\overline{Y}_{++})^2 \tag{11.6.6}$$

分解为两个小一些的平方和，它们每一个将会和 n 个观察值中的某一种类型的变异相联系。注意到，如果我们相信“所有的观察值来自单个标准正态分布，而不是来自 p 个不同的正态分布”，则 S_{Tot}^2/n 将会是 σ^2 的极大似然估计量。这意味着我们可以把 S_{Tot}^2 解释为 n 个观察值间变异的总度量。从 S_{Tot}^2 中分离出的一个比较小的平方和可以度量 p 个不同样本间的变异，而另一个平方和可以度量每个样本内的观察值之间的变异。基于这两个变异度量的比值，我们将要进行假设（11.6.5）的检验。由于这个原因，用方差分析这个名称来描述这种问题和其他相关问题。

定理 11.6.1 平方和的分解 设 S_{Tot}^2 由式（11.6.6）定义，则

$$S_{\mathrm{Tot}}^2=S_{\mathrm{Resid}}^2+S_{\mathrm{Betw}}^2, \tag{11.6.7}$$

其中

$$S_{\mathrm{Resid}}^2=\sum_{i=1}^{p}\sum_{j=1}^{n_i}(Y_{ij}-\overline{Y}_{i+})^2,\quad S_{\mathrm{Betw}}^2=\sum_{i=1}^{p}n_i(\overline{Y}_{i+}-\overline{Y}_{++})^2。$$

此外，$S_{\mathrm{Resid}}^2/\sigma^2$ 服从自由度为 $n-p$ 的 χ^2 分布，且与 S_{Betw}^2 独立。

证明 如果我们只考虑样本 i 中的 n_i 个观察值，那么可以将这些值的平方和写成如下形式：

$$\sum_{j=1}^{n_i}(Y_{ij}-\overline{Y}_{++})^2=\sum_{j=1}^{n_i}(Y_{ij}-\overline{Y}_{i+})^2+n_i(\overline{Y}_{i+}-\overline{Y}_{++})^2。 \tag{11.6.8}$$

从定理 8.3.1 可知，式（11.6.8）中右式的第一项除以 σ^2 服从自由度为 n_i-1 的 χ^2 分布，而且与 $\overline{Y}_{i+}$ 独立。既然 $\overline{Y}_{++}$ 是 $\overline{Y}_{1+},\cdots,\overline{Y}_{p+}$ 的函数，它们都与式（11.6.8）中右边的第一项相互独立，从而式（11.6.8）中右边的两项是独立的。

如果把式（11.6.8）中的各项关于 i 求和，就可以得到式（11.6.7）。因为 p 个样本中所有观察值是相互独立的，所以式（11.6.7）右边的两项是独立的。$S_{\mathrm{Resid}}^2/\sigma^2$ 是 p 个独立随机变量的和，每个都服从自由度为 n_i-1 的 χ^2 分布。因此，$S_{\mathrm{Resid}}^2/\sigma^2$ 本身服从自由度为 $\sum_{i=1}^{p}(n_i-1)=n-p$ 的 χ^2 分布。 ■

正如我们先前所提到的，S_{Tot}^2 看作所有观察值相对于总均值的总变异。类似地，可以将 S_{Resid}^2 看作这些观察值关于它们特定的样本均值的总变异，或者是样本内总残差变异。同时，可以将 S_{Betw}^2 看作这些样本均值关于总均值的总变异，或者是样本均值间的变异。所以，把总变异 S_{Tot}^2 分成了两个独立的分量 S_{Resid}^2 和 S_{Betw}^2，S_{Resid}^2 和 S_{Betw}^2 分别代表不同类型的变异。这种分法经常被归纳在一个表里，如表 11.16 所示，这个表格被称为单因子方差分析表。

表 11.16 单因子方差分析表的一般形式

变异来源	自由度	平方和	均方
样本间	$p-1$	S^2_{Betw}	$S^2_{\text{Betw}}/(p-1)$
残差	$n-p$	S^2_{Resid}	$S^2_{\text{Resid}}/(n-p)$
总计	$n-1$	S^2_{Tot}	

在表 11.16 中“均方”这一列数是平方和除以自由度。它们被用来检验假设(11.6.5)。若(11.6.5)中的原假设为真，那么在“样本间”和“总计”这两行中的自由度恰好是χ^2分布的随机变量的自由度。通过建立假设(11.6.5)的一个恰当的检验，我们可以看到为什么这个结论是正确的。

注：残差均方和回归场合下 σ^2 的无偏估计量是一样的。 这节开始的时候我们把单因子试验设计表示成数据向量 $\boldsymbol{Y}$ 关于设计矩阵 $\boldsymbol{Z}$ 的多元线性回归问题。将式(11.6.4)中 σ^2 的极大似然估计量 $\hat{\sigma}^2$ 和表 11.16 中的残差均方做比较，可以看到两个仅在分母的常数上不一样。极大似然估计量是 S^2_{Resid}/n，而残差均方为 $S^2_{\text{Resid}}/(n-p)$。记最后一个比率为 σ'^2，它是 σ^2 的无偏估计量（本节习题 8 中证明了这个事实）。

例 11.6.4 热狗中的卡路里 例 11.6.2 中的四个样本均值是

$$\overline{Y}_{1+}=156.85,\quad \overline{Y}_{2+}=158.71,\quad \overline{Y}_{3+}=118.76,\quad \overline{Y}_{4+}=160.56。$$

总的均值是 $\overline{Y}_{++}=147.60$。我们可以建立方差分析表，见表 11.17。在给出适当的检验统计量后，我们将检验假设(11.6.5)。◀

表 11.17 例 11.6.4 的方差分析表

变异来源	自由度	平方和	均方
样本间	3	19 454	6 485
残差	59	32 995	559.2
总计	62	52 449	

检验假设

为了检验假设(11.6.5)，我们需要一个检验统计量，它在 H_1 为真时比在 H_0 为真时要更大一些；同时还需要知道，当 H_0 为真时这个检验统计量所服从的分布。

定理 11.6.2 假定假设(11.6.5)中的 H_0 为真，则

$$U^2=\frac{S^2_{\text{Betw}}/(p-1)}{S^2_{\text{Resid}}/(n-p)} \tag{11.6.9}$$

服从自由度为 $p-1$ 和 $n-p$ 的 F 分布。

证明 如果所有 p 个样本的观测值有相同的均值，可以证明（见本节习题 2）$S^2_{\text{Betw}}/\sigma^2$ 服从自由度为 $p-1$ 的χ^2分布。我们已经看到 S^2_{Betw} 与 S^2_{Resid} 是相互独立的，且 $S^2_{\text{Resid}}/\sigma^2$ 服从自由度为 $n-p$ 的χ^2分布。由此可得，当 H_0 为真时随机变量 U^2 将服从定理所述的分布。■

当原假设 H_0 不为真时，也就是至少有两个 μ_i 的值不同，那么 U^2 的分子的期望将大于它在 H_0 为真时的期望（见本节习题 11）。无论 H_0 是否为真，U^2 的分母的分布总保持不变。假

设（11.6.5）在显著性水平 α_0 下的检验是“如果 $U^2 \geqslant F^{-1}_{p-1,n-p}(1-\alpha_0)$，则拒绝 H_0”，这里 $F^{-1}_{p-1,n-p}$ 是自由度为 $p-1$ 和 $n-p$ 的 F 分布的分位数函数。在本书后面给出了 F 分布的部分分位数表。可以证明，这个检验也是检验水平为 α_0 的似然比检验（见本节习题 12）。

例 11.6.5　热狗中的卡路里　假如我们希望检验原假设“所有四种不同类型的热狗的卡路里均值相同”，与之相应的备择假设为“至少有两种热狗的卡路里均值不同”。如果原假设为真，式（11.6.9）中的统计量 U^2 服从自由度为 3 和 59 的 F 分布。U^2 的观察值为表 11.17 中样本均方与残差均方的比值，即 6 485/559.2 = 11.60，相对应的 p 值为 4.5×10^{-6}，因此在大多数显著性水平下，都将拒绝原假设。◀

检验的功效　如果（11.6.5）中的原假设不成立，那么式（11.6.9）中的统计量 U^2 服从所谓的非中心 F 分布。关于功效函数的更多细节，可以参照进阶教材，如 Scheffé（1959，第 2 章）。这里我们不进一步讨论方差分析检验的功效。

残差分析

因为单因子试验设计是一般线性模型的一个特殊情形，在进行单因子方差分析计算时，我们要对一般线性模型做一些假设。我们应该计算残差并画出它们的图来看这个假设是否合理。当 $j=1,\cdots,n_i$ 和 $i=1,\cdots,p$ 时，残差的值是 $e_{ij}=Y_{ij}-\overline{Y}_{i+}$。

例 11.6.6　热狗中的卡路里　图 11.22 是残差关于分类变量“热狗类型”的散点图。图 11.23 为残差关于正态分位数的散点图。在正态分位数图中的点是按照热狗类型来标注的。在这些点上出现一些干扰因素：首先，有三个残差出现了相当大的负值；其次，前三个样本中的每一个都包含两个相当不同的子集，一个残差较小而另一个残差较大。每个样本中的两个子集之间有一个间隔。这就暗示着可能还有另外一个我们还没有讨论到的变量，这个变量可以用来区分每一组的这两个子集。如果回到原始数据（《消费者报告》的原始文章中），会发现每一袋热狗的重量和每袋热狗的数量都被详细记录了。这两个数之比是一个热狗的平均重量。图 11.24 是残差关于热狗平均重量的散点图。注意，多数“大残差”来自大的（重的）热狗而“小残差”趋向于来自小的（轻的）热狗。因此最好将 Y 设置为每盎司[⊖]的卡路里，而不是每个热狗的卡路里。◀

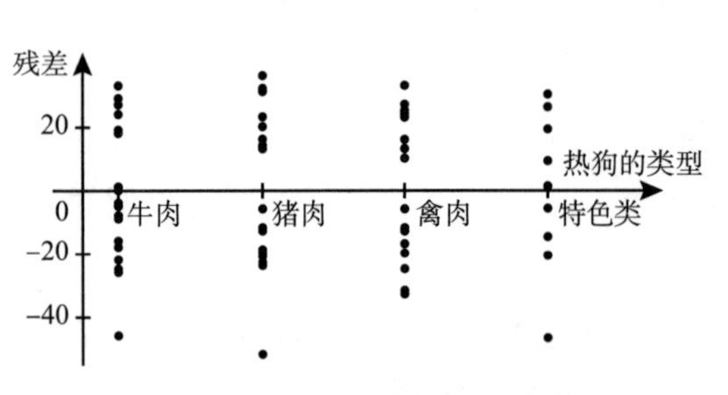

图 11.22　残差关于热狗类型的散点图

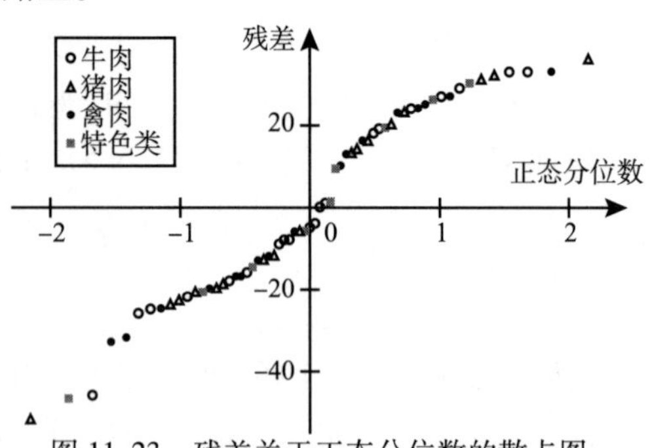

图 11.23　残差关于正态分位数的散点图。这些点是按照热狗类型绘制的

⊖　1 盎司≈28.349 5 克。——编辑注

小结

我们可以把单因子试验设计看作一个一般线性模型，可以利用11.5节的方法来拟合这个模型。然而，在单因子设计中往往感兴趣的是假设（11.6.5），这些假设关于多个回归系数的线性组合，它们并不是我们在11.5节学过的假设的特殊情况。要检验这些新假设，我们引入了方差分析（ANOVA）和方差分析表。如果 H_0 是真的，那么式（11.6.9）中的检验统计量 U^2 服从自由度为 $p-1$ 和 $n-p$ 的 F 分布。H_0 的检验水平为 α_0 的检验为"如果 U^2 大于对应 F 分布的 $1-\alpha_0$ 分位数，则拒绝 H_0"。

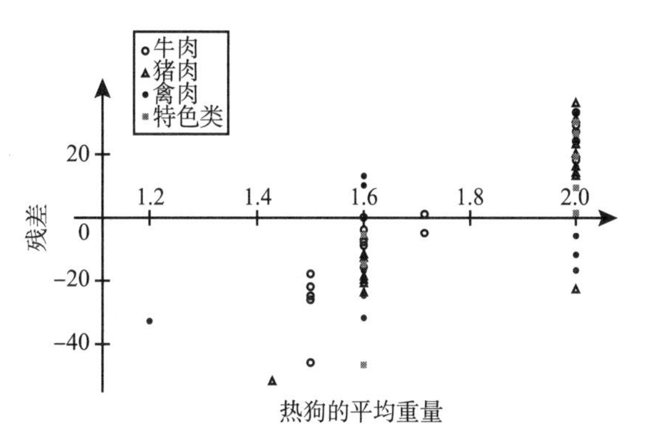

图 11.24 残差关于热狗平均重量的散点图。这些点是按照热狗类型绘制的

习题

1. 在单因子设计中，证明：对 $i=1,\cdots,p$，向量 $(\boldsymbol{Z}'\boldsymbol{Z})^{-1}\boldsymbol{Z}'\boldsymbol{Y}$ 的第 i 个分量是 $\overline{Y}_{i+}$。进而证明：$\overline{Y}_{i+}$ 是 μ_i 的最小二乘估计量。
2. 假定（11.6.5）中的 H_0 为真，即所有的观察值有相同均值 μ。证明：$S^2_{\text{Betw}}/\sigma^2$ 服从自由度为 $p-1$ 的 χ^2 分布。提示：令
$$\boldsymbol{X}=\begin{pmatrix} n_1^{1/2}(\overline{Y}_{1+}-\mu)/\sigma^2 \\ \vdots \\ n_p^{1/2}(\overline{Y}_{p+}-\mu)/\sigma^2 \end{pmatrix},$$
然后用与8.3节中相同的方法来确定样本方差的分布。无须证明可以用下面事实：设 $\boldsymbol{u}=((n_1/n)^{1/2},\cdots,(n_p/n)^{1/2})$，那么存在一个第一行为 $\boldsymbol{u}$ 的正交矩阵 $\boldsymbol{A}$。
3. 证明：
$$\sum_{i=1}^{p} n_i(\overline{Y}_{i+}-\overline{Y}_{++})^2=\sum_{i=1}^{p} n_i\overline{Y}_{i+}^2-n\overline{Y}_{++}^2。$$
4. 分析来自三个不同地区的一些牛奶场的牛奶样品，观察每个样品中放射性元素锶-90的含量。假设样品来自第一个地区的四个牛奶场，第二个地区的六个牛奶场和第三个地区的三个牛奶场。结果（单位：微微居里/升）记录如下：
地区1：6.4，5.8，6.5，7.7，
地区2：7.1，9.9，11.2，10.5，6.5，8.8，
地区3：9.5，9.0，12.1。
a. 假设三个地区所有奶场的锶-90含量的方差是相同的，求出每个地区平均含量的极大似然估计值以及共同方差的极大似然估计值。
b. 检验假设"三个地区的锶-90含量相同"。
5. 从四所大型高中的每一个毕业班中随机挑选10个学生，观察这40个学生在某次数学测验中的成绩。假设每个学校的10个学生成绩的样本均值和样本方差如表11.18所示。检验假设"四所高中在这次测验中的表现没有差异"。在进行这个检验时仔细讨论所做的假设。

表 11.18　习题 5 中的数据

学校	样本均值	样本方差
1	105.7	30.3
2	102.0	54.4
3	93.5	25.0
4	110.8	36.4

6. 假设容量为 n 的随机样本来自均值为 μ、方差为 σ^2 的正态分布。在观察样本前，把随机变量分成容量分别为 n_1，…，n_p 的 p 组，这里 $n_i \geqslant 2$，对 $i=1,\cdots,p$ 且 $\sum_{i=1}^{p} n_i = n$。对 $i=1,\cdots,p$，令 Q_i 表示第 i 组中 n_i 个观察值与样本均值的偏差的平方和。确定 $Q_1+\cdots+Q_p$ 的分布以及 Q_1/Q_p 的分布。
7. 如果 U 如式（9.6.3）所定义，证明：U^2 等于式（11.6.9）所给出的表达式；并利用这个结果证明：在 9.6 节中所给出的用于比较两个正态分布均值的 t 检验，与本节中所给出的当 $p=2$ 时的单因子设计的检验是相同的。
8. 证明：在单因子设计中，下面的统计量是 σ^2 的无偏估计量：

$$\frac{1}{n-p}\sum_{i=1}^{p}\sum_{j=1}^{n_i}(Y_{ij}-\overline{Y}_{i+})^2。$$

9. 在单因子设计中，证明对于 i，i'和 j 的所有值，其中 $j=1,\cdots,n_i,i=1,\cdots,p$ 和 $i'=1,\cdots,p$，下面的三个随机变量 W_1，W_2 和 W_3 之间两两互不相关。

$$W_1 = Y_{ij} - \overline{Y}_{i+}, W_2 = \overline{Y}_{i'+} - \overline{Y}_{++}, W_3 = \overline{Y}_{++}。$$

10. 在 1973 年，Texaco，Inc 的总裁，写了一份关于空气和水污染的报告给美国参议院的一个委员会。而这个委员会还关注噪音水平与汽车过滤器的关系。他引用了表 11.19 中的数据，数据来自包括三种不同大小的车辆噪音的研究。

表 11.19　习题 10 中的数据

车的大小	噪音值
小	810，820，820，835，835，835
中	840，840，840，845，855，850
大	785，790，785，760，760，770

a. 对这些数据建立一个方差分析表。
b. 计算原假设“所有三种大小的车辆制造噪音的平均水平相同”的 p 值。

11. 如果（11.6.5）中的原假设 H_0 为假，证明：S^2_{Betw} 的期望值是 $(p-1)\sigma^2 + \sum_{i=1}^{p} n_i(\mu_i-\bar{\mu})^2$，其中 $\bar{\mu} = \frac{1}{n}\sum_{i=1}^{p} n_i\mu_i$。
12. 证明：在单因子设计中，假设（11.6.5）的水平为 α_0 的似然比检验为“当 $U^2>F^{-1}_{p-1,n-p}(1-\alpha_0)$时，拒绝 H_0”。提示：首先将 $\sum_{j=1}^{n_i}(y_{ij}-\mu_i)^2$ 分解为与式（11.6.8）相似的形式；在 S^2_{Tot} 的公式中用一个常数（设为μ）来代替 $\overline{Y}_{++}$，把结果分解为与式（11.6.7）相似的形式；会出现一个额外的项。
13. 如果（11.6.5）的原假设为真，证明：$S^2_{\text{Tot}}/\sigma^2$ 服从自由度为 $n-1$ 的χ^2 分布。
14. 单因子设计中一个常用的替代参数法如下：令 $\mu = \frac{1}{n}\sum_{i=1}^{p} n_i\mu_i$，并定义 $\alpha_i = \mu_i - \mu$。这使得

$E(Y_{ij})=\mu+\alpha_i$。

a. 证明：$\sum_{i=1}^{p} n_i\alpha_i = 0$。

b. 证明：α_i 的极大似然估计量是 $\overline{Y}_{i+}-\overline{Y}_{++}$。

c. 证明：假设（11.6.5）中的原假设等价于 $\alpha_1=\cdots=\alpha_p=0$。

d. 证明：S^2_{Betw} 的均值是 $(p-1)\sigma^2+\sum_{i=1}^{p} n_i\alpha_i^2$。

*11.7 双因子试验设计

在 11.6 节中，我们学习了如何分析几个具有不同特征的样本。例如，我们分析了从热狗中收集的数据，这些数据因肉的种类而异。假设每个热狗除了在肉的种类上有区别，在是否标记为“低脂”上也不同。这时，我们将有两个不同的特征，它们构成比较的基础。在本节中，我们将讨论如何分析包含两个不同特征的观察值数据。

每个单元只有一个观察值的双因子试验设计

例 11.7.1 牛奶中的放射性同位素 假设在测量牛奶中某种放射性同位素浓度的试验中，从四个不同的牛奶场获得牛奶样品，并用三种不同的方法测量每个样品中的同位素浓度。如果我们用 Y_{ij} 表示对第 i 个牛奶场的样品使用第 j 种方法得到的测量值，$i=1,2,3,4$ 和 $j=1,2,3$，则在这个例子中总共有 12 次测量。我们主要有两个感兴趣的问题：第一个问题，“所有四个牛奶场的牛奶中同位素的浓度是否相同?”第二个问题，“这三种不同的测量方法是否会产生不同的浓度测量值?”。 ◀

例 11.7.1 中的这类问题，随机变量的观察值受到两个因子的影响，我们称为**双因子试验设计**。在一般的双因子试验设计中，有两个因子，我们将其称为 A 和 B。我们假设因子 A 可能有 I 个不同的值（或水平），同时因子 B 也可能有 J 个不同的值（或水平）；当因子 A 的值为 i 且因子 B 的值为 j 时，得到了所研究变量的观察值 Y_{ij}，$i=1,\cdots,I$，$j=1,\cdots,J$。如果将 IJ 个观察值排列在矩阵中，如表 11.20 所示，则 Y_{ij} 是矩阵的 (i,j) 单元中的观察值。

图 11.20 双因子试验设计的通用数据

因子 A	因子 B 1	2	…	J
1	Y_{11}	Y_{12}	…	Y_{1J}
2	Y_{21}	Y_{22}		Y_{2J}
⋮	⋮			
I	Y_{I1}	Y_{I2}		Y_{IJ}

我们将对双因子试验设计继续做一般线性模型的假设。由此，我们将假定所有观察值 Y_{ij} 是独立的，每个观察值都服从正态分布，并且所有观察值的方差 σ^2 都相同。关于均值 $E(Y_{ij})$，在本节中我们将做特别的假设：不仅假定 $E(Y_{ij})$ 依赖于两个因子的 i 和 j 值，

还假定存在数 θ_1, …, θ_I 和 ψ_1, …, ψ_J，使得

$$E(Y_{ij}) = \theta_i + \psi_j \quad i = 1,\cdots,I, j = 1,\cdots,J。 \tag{11.7.1}$$

式（11.7.1）指出，$E(Y_{ij})$ 的值是以下两个效应的总和：因子 A 值为 i 的效应 θ_i 和因子 B 值为 j 的效应 ψ_j。因此，假设"$E(Y_{ij})$ 具有式（11.7.1）中的形式"，称为因子效应的**可加性假设**。

我们通过下面的例子来阐明可加性假设的含义：考虑在 J 个不同的报摊出售 I 种不同的杂志。假定某个特定的报摊每周平均要售出的杂志 1 比杂志 2 多 30 份，那么由可加性假设，其他 $J-1$ 个报摊中的每个报摊每周平均要售出的杂志 1 比杂志 2 多 30 份也是正确的。同样，假定特定杂志在报摊 1 的平均销售量比报摊 2 多 50 份，那么由可加性假设，报摊 1 的其他 $I-1$ 种杂志中的每一种杂志平均每周销售量比报摊 2 多 50 份也必须成立。可加性假设是一个限制性很强的假设，因为它不允许特定杂志在某些特定的报摊上卖得非常好。在 11.8 节，我们将考虑没有可加性假设的模型。

即使我们在一般的双因子试验设计中假定因子 A 和 B 的效应是可加的，但满足式（11.7.1）的数 θ_i 和 ψ_j 是不唯一的。我们可以给 $\theta_1,\cdots,\theta_I$ 的每个数加上任意常数 c，并给 $\psi_1,\cdots,\psi_J$ 的每个数减去相同的常数 c，而无须更改 IJ 个观察值中任何一个 $E(Y_{ij})$ 的值。因此，尝试从给定的观察值估计 θ_i 或 ψ_j 的值没有意义，因为 θ_i 和 ψ_j 不唯一。为了避免这种困难，我们将用不同的参数表示 $E(Y_{ij})$。下面的假设等价于可加性假设。

我们将假定存在数 μ，$\alpha_1,\cdots,\alpha_I$ 和 $\beta_1,\cdots,\beta_J$ 使得

$$\sum_{i=1}^{I}\alpha_i = 0 \text{ 和 } \sum_{j=1}^{J}\beta_j = 0, \tag{11.7.2}$$

以及

$$E(Y_{ij}) = \mu + \alpha_i + \beta_j \quad i = 1,\cdots,I, j = 1,\cdots,J。 \tag{11.7.3}$$

这种方式表示 $E(Y_{ij})$ 有一个优势。对于 $i=1,\cdots,I$ 和 $j=1,\cdots,J$，如果 $E(Y_{ij})$ 的值是一组对某些 $\theta_1,\cdots,\theta_I$ 和 $\psi_1,\cdots,\psi_J$ 满足式（11.7.1）的数，则存在一组唯一值 μ，$\alpha_1,\cdots,\alpha_I$ 及 $\beta_1,\cdots,\beta_J$ 满足式（11.7.2）和式（11.7.3）（见本节习题 3）。

参数 μ 称为**总均值**，这是因为由式（11.7.2）和式（11.7.3）可得

$$\mu = \frac{1}{IJ}\sum_{i=1}^{I}\sum_{j=1}^{J}E(Y_{ij})。 \tag{11.7.4}$$

参数 $\alpha_1,\cdots,\alpha_I$ 称为因子 A 的效应，参数 $\beta_1,\cdots,\beta_J$ 称为因子 B 的效应。

由式（11.7.2）可知，$\alpha_I = -\sum_{i=1}^{I-1}\alpha_i$ 和 $\beta_J = -\sum_{j=1}^{J-1}\beta_j$。因此，式（11.7.3）中的每个均值 $E(Y_{ij})$ 都可以表示为 $I+J-1$ 个参数 $\mu,\alpha_1,\cdots,\alpha_{I-1}$ 和 $\beta_1,\cdots,\beta_{J-1}$ 的特定线性组合。因此，如果我们将 IJ 个观察值视为一个 IJ 维向量的元素，则双因子设计满足一般线性模型的条件。然而，在实际问题中，用其他 α_i 和 β_j 的表达式替换 α_I 和 β_J 并不方便，因为这种替换会破坏试验中出现在每个因子不同水平之间的对称性。

参数估计

可以直接证明以下结论，但很乏味。

定理 11.7.1 定义

$$\overline{Y}_{i+}=\frac{1}{J}\sum_{j=1}^{J}Y_{ij},\quad i=1,\cdots,I,$$

$$\overline{Y}_{+j}=\frac{1}{I}\sum_{i=1}^{I}Y_{ij},\quad j=1,\cdots,J,$$

$$\overline{Y}_{++}=\frac{1}{IJ}\sum_{i=1}^{I}\sum_{j=1}^{J}Y_{ij}=\frac{1}{I}\sum_{i=1}^{I}\overline{Y}_{i+}=\frac{1}{J}\sum_{i=1}^{J}\overline{Y}_{i+}。\tag{11.7.5}$$

则 μ，$\alpha_1,\cdots,\alpha_I$ 和 $\beta_1,\cdots,\beta_J$ 的极大似然估计量（和最小二乘估计量）如下：

$$\hat{\mu}=\overline{Y}_{++},$$
$$\hat{\alpha}_i=\overline{Y}_{i+}-\overline{Y}_{++},\quad i=1,\cdots,I,$$
$$\hat{\beta}_j=\overline{Y}_{+j}-\overline{Y}_{++},\quad j=1,\cdots,J。\tag{11.7.6}$$

σ^2 的极大似然估计量为

$$\hat{\sigma}^2=\frac{1}{IJ}\sum_{i=1}^{I}\sum_{j=1}^{J}(Y_{ij}-\hat{\mu}-\hat{\alpha}_i-\hat{\beta}_j)^2=\frac{1}{IJ}\sum_{i=1}^{I}\sum_{j=1}^{J}(Y_{ij}-\hat{y}_{ij})^2。$$ ■

容易验证（见本节习题 6）：$\sum_{i=1}^{I}\hat{\alpha}_i=\sum_{j=1}^{J}\hat{\beta}_j=0$；$E(\hat{\mu})=\mu$；$E(\hat{\alpha}_i)=\alpha_i$，$i=1,\cdots,I$；$E(\hat{\beta}_j)=\beta_j$，$j=1,\cdots,J$。因为 $E(Y_{ij})=\mu+\alpha_i+\beta_j$，所以 $E(Y_{ij})$ 的极大似然估计量为

$$\hat{Y}_{ij}=\overline{Y}_{i+}+\overline{Y}_{+j}-\overline{Y}_{++}=\hat{\mu}+\hat{\alpha}_i+\hat{\beta}_j,$$

也称为 Y_{ij} 的拟合值。

例 11.7.2 牛奶中的放射性同位素 再次考虑例 11.7.1，假设通过三种不同方法测量来自四个牛奶场的牛奶样品的放射性同位素浓度（以微微居里/升为单位），如表 11.21 所示。根据表 11.21，行均值为 $\overline{Y}_{1+}=5.5$，$\overline{Y}_{2+}=8.8$，$\overline{Y}_{3+}=8.3$ 和 $\overline{Y}_{4+}=7.6$；列均值为 $\overline{Y}_{+1}=8.25$，$\overline{Y}_{+2}=5.65$ 和 $\overline{Y}_{+3}=8.75$；所有观察值的均值为 $\overline{Y}_{++}=7.55$。因此，由式（11.7.6）可得极大似然估计值 $\hat{\mu}=7.55$，$\hat{\alpha}_1=-2.05$，$\hat{\alpha}_2=1.25$，$\hat{\alpha}_3=0.75$，$\hat{\alpha}_4=0.05$，$\hat{\beta}_1=0.70$，$\hat{\beta}_2=-1.90$ 以及 $\hat{\beta}_3=1.20$。

表 11.22 给出了所有观察值的拟合值 $\hat{Y}_{ij}$。通过将表 11.21 中的观察值与表 11.22 中的拟合值进行比较，我们可以看到相应项之间的差异通常很小。这些小的差异表明，在双因子试验设计中使用的模型（假定两个因子的效应具有可加性）可以很好地拟合观察值。最后，从表 11.21 和表 11.22 中可以发现

$$\sum_{i=1}^{I}\sum_{j=1}^{J}(Y_{ij}-\hat{Y}_{ij})^2=2.74。$$

因此，根据定理 11.7.1，$\hat{\sigma}^2=2.74/12=0.228$。 ◀

图 11.21 例 11.7.2 的数据

牛奶场	方法		
	1	2	3
1	6.4	3.2	6.9
2	8.5	7.8	10.1
3	9.3	6.0	9.6
4	8.8	5.6	8.4

图 11.22　例 11.7.2 中观察值的拟合值

牛奶场	方法		
	1	2	3
1	6.2	3.6	6.7
2	9.5	6.9	10.0
3	9.0	6.4	9.5
4	8.3	5.7	8.8

平方和的分解

我们将用与 11.6 节中相同的方式对总平方和进行分解。首先

$$S_{\mathrm{Tot}}^2=\sum_{i=1}^{I}\sum_{j=1}^{J}(Y_{ij}-Y_{++})^2。\tag{11.7.7}$$

现在，我们将总平方和 S_{Tot}^2 分解为三个较小的平方和，这些每一个较小的平方和将与观察值 Y_{ij} 之间的某种类型的变异相关联。如果某些原假设为真，则它们中的每一个（除以 σ^2）都将服从 χ^2 分布；无论原假设是否为真，它们都将相互独立。因此，就像在单因子试验设计中一样，我们可以基于方差分析（即分析不同类型的变异）来构造某些原假设的检验。

定理 11.7.2　平方和的分解　设 S_{Tot}^2 由式（11.7.7）定义，则

$$S_{\mathrm{Tot}}^2=S_{\mathrm{Resid}}^2+S_A^2+S_B^2,\tag{11.7.8}$$

其中

$$S_{\mathrm{Resid}}^2=\sum_{i=1}^{I}\sum_{j=1}^{J}(Y_{ij}-\overline{Y}_{i+}-\overline{Y}_{+j}+\overline{Y}_{++})^2,$$

$$S_A^2=J\sum_{i=1}^{I}(\overline{Y}_{i+}-\overline{Y}_{++})^2,$$

$$S_B^2=I\sum_{j=1}^{J}(\overline{Y}_{+j}-\overline{Y}_{++})^2。$$

此外，$S_{\mathrm{Resid}}^2/\sigma^2$ 服从自由度为 $(I-1)(J-1)$ 的 χ^2 分布，且上述三个平方和相互独立。

证明　我们将 S_{Tot}^2 改写为

$$S_{\mathrm{Tot}}^2=\sum_{i=1}^{I}\sum_{j=1}^{J}[(Y_{ij}-\overline{Y}_{i+}-\overline{Y}_{+j}+\overline{Y}_{++})+(\overline{Y}_{i+}-\overline{Y}_{++})+(\overline{Y}_{+j}-\overline{Y}_{++})]^2。\tag{11.7.9}$$

将式（11.7.9）右边展开，我们得到式（11.7.8）（见本节习题 8）。

可以证明，随机变量 S_{Resid}^2，S_A^2 和 S_B^2 是相互独立的（见本节习题 9）。此外，还可以证明 S_{Resid}^2 服从 χ^2 分布，自由度为 $IJ-(I+J-1)=(I-1)(J-1)$。 ■

不难发现，S_A^2 可以度量因子 A 在不同水平下的样本均值关于样本总均值的变异。同样地，S_B^2 度量因子 B 在不同水平下的样本均值关于样本总均值的变异。利用关系（11.7.6），

我们可以将 S^2_{Resid} 改写为

$$S^2_{\text{Resid}}=\sum_{i=1}^{I}\sum_{j=1}^{J}(Y_{ij}-\hat{\mu}-\hat{\alpha}_i-\hat{\beta}_j)^2=\sum_{i=1}^{I}\sum_{j=1}^{J}(Y_{ij}-\hat{y}_{ij})^2。$$

可以清楚地看到，S^2_{Resid} 度量残差变异，即未被模型解释的观察值之间的变异。这种分解总结在表 11.23 中，这个表就是双因子的方差分析表。与单因子的情况一样，当某些原假设为真时，自由度将变为各种χ^2 随机变量的自由度。

表 11.23　双因子设计的一般方差分析表

变异来源	自由度	平方和	均方
因子 A	$I-1$	S^2_A	$S^2_A/(I-1)$
因子 B	$J-1$	S^2_B	$S^2_B/(J-1)$
残差	$(I-1)(J-1)$	S^2_{Resid}	$S^2_{\text{Resid}}/(I-1)(J-1)$
总计	$IJ-1$	S^2_{Tot}	

例 11.7.3　牛奶中的放射性同位素　利用例 11.7.2 中计算出的估计值，我们可以计算出表 11.24 中的方差分析表。在建立适当的检验统计量之后，我们可以用表 11.24 来检验关于这两个因子的效应的假设。◀

表 11.24　例 11.7.3 的方差分析

变异来源	自由度	平方和	均方
牛奶场	3	18.99	6.33
方法	2	22.16	11.08
残差	6	2.74	0.456 7
总计	11	43.89	

假设检验

例 11.7.4　牛奶中的放射性同位素　再次考虑例 11.7.2 中描述的情况，涉及四个牛奶场和三种测量方法。对于每一种测量方法，我们可能对检验“牛奶场之间的同位素浓度没有差异”感兴趣。如果我们将“牛奶场”视为因子 A，将“测量方法”视为因子 B，则假设“$\alpha_i=0$，$i=1,\cdots,I$”意味着对于每种测量方法，所有四个牛奶场的同位素的浓度具有相同的分布；换句话说，牛奶场间没有差异。我们也可能对检验假设“对于每个牛奶场，三种测量方法都产生相同的同位素浓度的分布”感兴趣。对于这种情况，假设“$\beta_j=0,j=1,\cdots,J$”意味着对于每个牛奶场，三种测量方法得到的同位素浓度的分布相同。但是，这个假设并不是说无论将哪一种方法应用于特定牛奶样品，都将获得相同的测量值。由于测量值的固有变异性，这个假设仅陈述了“三种方法得出的值服从相同的正态分布”。◀

在涉及双因子设计的问题中，我们常常对检验假设“一个或两个因子对观察值的分布没有影响”感兴趣。换句话说，我们常常要检验假设“因子 A 的所有效应 $\alpha_1,\cdots,\alpha_I$ 都等于 0”，或检验假设“因子 B 的所有效应 $\beta_1,\cdots,\beta_J$ 都等于 0”，或者检验假设“所有 α_i 和 β_j 全

都为 0”。在接下来的讨论中，定义

$$\sigma' = \left[\frac{S^2_{\text{Resid}}}{(I-1)(J-1)}\right]^{1/2}。\tag{11.7.10}$$

定理 11.7.3　考虑如下假设：

$$H_0:\alpha_i = 0, i = 1,\cdots,I,$$
$$H_1:H_0\text{ 不为真}。\tag{11.7.11}$$

如果 H_0 为真，则下面的随机变量服从自由度为 $I-1$ 和 $(I-1)(J-1)$ 的 F 分布：

$$U^2_A = \frac{S^2_A}{(I-1)\sigma'^2}。\tag{11.7.12}$$

类似地，接下来假定我们要检验如下假设：

$$H_0:\beta_j = 0, j = 1,\cdots,J,$$
$$H_1:H_0\text{ 不为真}。\tag{11.7.13}$$

如果 H_0 为真，则下面的随机变量服从自由度为 $J-1$ 和 $(I-1)(J-1)$ 的 F 分布：

$$U^2_B = \frac{S^2_B}{(J-1)\sigma'^2}。\tag{11.7.14}$$

最后，假定我们要检验如下假设

$$H_0:\alpha_i = 0, i = 1,\cdots,I,\text{同时 }\beta_j = 0, j = 1,\cdots,J,$$
$$H_1:H_0\text{ 不为真}。\tag{11.7.15}$$

如果 H_0 为真，则下面的随机变量服从自由度为 $I+J-2$ 和 $(I-1)(J-1)$ 的 F 分布：

$$U^2_{A+B} = \frac{S^2_A + S^2_B}{(I+J-2)\sigma'^2}。\tag{11.7.16}$$

对于上述每种情况，显著性水平为 α_0 的检验为“如果相应的统计量（U^2_A, U^2_B, U^2_{A+B}）大于或等于相应的 F 分布的 $1-\alpha_0$ 分位数，则拒绝 H_0”。

证明　我们将证明假设（11.7.11）的论断。假设（11.7.13）的证明实际上是相同的，假设（11.7.15）的证明相似，留作本节习题 16。由于 $\sum_{j=1}^{J}\beta_j = 0$，我们得出结论：$\overline{Y}_{i+}$ 服从均值为 μ、方差为 σ^2/J 的正态分布，$i=1,\cdots,I$。由于 $\overline{Y}_{i+}$ 是独立的，以及 $\overline{Y}_{++}$ 是 $\overline{Y}_{1+},\cdots,\overline{Y}_{I+}$ 的均值，由定理 8.3.1 可知，如下随机变量服从自由度为 $I-1$ 的 χ^2 分布：

$$\frac{J}{\sigma^2}\sum_{i=1}^{I}(\overline{Y}_{i+} - \overline{Y}_{++})^2 = \frac{S^2_A}{\sigma^2}。$$

由于 $S^2_{\text{Resid}}/\sigma^2$ 服从自由度为 $(I-1)(J-1)$ 的 χ^2 分布，于是我们得出以下结论：

$$\frac{S^2_A/(I-1)}{S^2_{\text{Resid}}/[(I-1)(J-1)]}\tag{11.7.17}$$

服从自由度为 $I-1$ 和 $(I-1)(J-1)$ 的 F 分布。不难发现，式（11.7.17）中的随机变量与式（11.7.12）中定义的 U^2_A 相同。令 $F^{-1}_{I-1,(I-1)(J-1)}(1-\alpha_0)$ 表示自由度为 $I-1$ 和 $(I-1)(J-1)$ 的 F 分布的 $1-\alpha_0$ 分位数。设 δ 表示检验“如果 $U^2_A \geqslant F^{-1}_{I-1,(I-1)(J-1)}(1-\alpha_0)$，则拒绝 H_0”，对于每个参数向量 θ，令 $\pi(\theta|\delta)$ 为功效函数。由于 U^2_A 对于与 H_0 一致的所有参数向量 θ

服从定理所述的 F 分布，由此可得对于每个这样的 θ，$\pi(\theta|\delta)=\alpha_0$，并且 δ 是水平为 α_0 的检验。■

注意，定理 11.7.3 中的 U_A^2 是表 11.23 中因子 A 的均方与残差均方之比。当 (11.7.12) 中的原假设 H_0 不成立时，至少存在一个 i 使得 $\alpha_i=E(\overline{Y}_{i+}-\overline{Y}_{++})$ 的值不为 0。因此，U_A^2 分子的期望值将大于 H_0 为真时的期望值（见本节习题 1）。无论 H_0 是否为真，U_A^2 分母的分布都保持不变。还可以证明，定理 11.7.3 中的检验也是假设（11.7.11）的水平为 α_0 的似然比检验。

例 11.7.5 检验牛奶场之间的差异 现在假设需要使用表 11.21 中的观察值来检验牛奶场之间没有差异的假设，即检验假设（11.7.11）。在这个例子中，由式（11.7.12）定义的统计量 U_A^2 服从自由度为 3 和 6 的 F 分布。利用表 11.24 中的方差分析表，我们发现 $U_A^2=6.33/0.4567=13.86$。相应的 p 值小于 0.025，这是本书表中的最小值。利用统计软件，我们计算出 p 值约为 0.004。因此，在 0.004 或更高的显著性水平下，原假设“牛奶场之间没有差异”将被拒绝。◀

例 11.7.6 检验测量方法之间的差异 接下来，假设希望使用表 11.21 中的观察值来检验假设“不同测量方法的效应都等于 0”，即检验假设（11.7.13）。在这个例子中，由式（11.7.14）定义的统计量 U_B^2 服从自由度为 2 和 6 的 F 分布。利用表 11.24 的方差分析表，我们发现 $U_B^2=11.08/0.4567=24.26$。对应于此观察值的 p 值约为 0.001，因此在大于 0.001 的显著性水平下都将拒绝“方法之间无差异”的假设。◀

小结

双因子设计可以看成一般线性模型，但是我们感兴趣的假设涉及多个回归系数的线性组合。我们为双因子试验设计建立了方差分析（ANOVA）表，利用此表可以构造各种假设的检验统计量。当在因子水平的每种组合下只有一个观察值时，我们假定这两个因子的效应是可加的。然后，我们可以检验原假设“每一个因子都对观察值的均值没有影响”，这些假设的检验可以利用式（11.7.12）中的检验统计量 U_A^2 和式（11.7.14）中的 U_B^2。如果相应的原假设为真，则这些统计量都服从 F 分布。

习题

1. 假定（11.7.11）中的原假设 H_0 为假，证明：$E(S_A^2)=(I-1)\sigma^2+J\sum_{i=1}^{I}\alpha_i^2$。
2. 考虑一个双因子试验设计，对于 $i=1,\cdots,I$ 和 $j=1,\cdots,J$，$E(Y_{ij})$ 的值在以下矩阵中给出。对于每个矩阵，请说明因子的效应是否具有可加性。

a.

	因子 B	
因子 A	1	2
1	5	7
2	10	14

b.

因子 A	因子 B	
	1	2
1	3	6
2	4	7

c.

因子 A	因子 B			
	1	2	3	4
1	3	−1	0	3
2	8	4	5	8
3	4	0	1	4

d.

因子 A	因子 B			
	1	2	3	4
1	1	2	3	4
2	2	4	6	8
3	3	6	9	12

3. 证明：如果双因子试验设计中因子的效应是可加的，则存在唯一一组数 $\mu,\alpha_1,\cdots,\alpha_I$ 和 $\beta_1,\cdots,\beta_J$ 满足式（11.7.2）、式（11.7.3）。提示：令 μ 为所有 $\theta_i+\psi_j$ 值的平均值，令 α_i 等于 θ_i 减去 θ_i 的平均值，对于 β_j 类似定义。
4. 假设在双因子设计中，当 $I=2$ 且 $J=2$ 时，$E(Y_{ij})$ 的值如习题 2b 所示。确定 μ，α_1，α_2，β_1 和 β_2 满足式（11.7.2）和式（11.7.3）。
5. 假设在双因子设计中，当 $I=3$ 且 $J=4$ 时，$E(Y_{ij})$ 的值如习题 2c 所示。确定 $\mu,\alpha_1,\alpha_2,\alpha_3$ 和 $\beta_1,\cdots,\beta_4$ 满足式（11.7.2）和式（11.7.3）。
6. 验证：如果 $\hat{\mu}$，$\hat{\alpha}_i$ 和 $\hat{\beta}_j$ 由式（11.7.6）定义，则 $\sum_{i=1}^{I}\hat{\alpha}_i=\sum_{j=1}^{J}\hat{\beta}_j=0$; $E(\hat{\mu})=\mu$;$E(\hat{\alpha}_i)=\alpha_i$，$i=1,\cdots,I$; $E(\hat{\beta}_j)=\beta_j$，$j=1,\cdots,J$。
7. 证明：如果 $\hat{\mu}$，$\hat{\alpha}_i$ 和 $\hat{\beta}_j$ 由式（11.7.6）定义，则

$$\mathrm{Var}(\hat{\mu})=\frac{1}{IJ}\sigma^2,$$

$$\mathrm{Var}(\hat{\alpha}_i)=\frac{I-1}{IJ}\sigma^2, i=1,\cdots,I,$$

$$\mathrm{Var}(\hat{\beta}_j)=\frac{J-1}{IJ}\sigma^2, j=1,\cdots,J。$$

8. 证明：式（11.7.9）和式（11.7.8）的右边相等。
9. 证明：在双因子设计中，对于 i,j,i' 和 j' 的所有值（i 和 $i'=1,\cdots,I$; j 和 $j'=1,\cdots,J$），以下四个随机变

量 W_1, W_2, W_3, W_4 两两不相关：

$$W_1 = Y_{ij} - \overline{Y}_{i+} - \overline{Y}_{+j} + \overline{Y}_{++},$$
$$W_2 = \overline{Y}_{i'+} - \overline{Y}_{++}, W_3 = \overline{Y}_{+j'} - \overline{Y}_{++},$$
$$W_4 = \overline{Y}_{++}。$$

10. 证明：

$$\sum_{i=1}^{I}(\overline{Y}_{i+} - \overline{Y}_{++})^2 = \sum_{i=1}^{I}\overline{Y}_{i+}^2 - I\overline{Y}_{++}^2$$

和

$$\sum_{j=1}^{J}(\overline{Y}_{+j} - \overline{Y}_{++})^2 = \sum_{j=1}^{J}\overline{Y}_{+j}^2 - J\overline{Y}_{++}^2。$$

11. 证明：

$$\sum_{i=1}^{I}\sum_{j=1}^{J}(Y_{ij} - \overline{Y}_{i+} - \overline{Y}_{+j} + \overline{Y}_{++})^2 = \sum_{i=1}^{I}\sum_{j=1}^{J}Y_{ij}^2 - J\sum_{i=1}^{I}\overline{Y}_{i+}^2 - I\sum_{j=1}^{J}\overline{Y}_{+j}^2 + IJ\overline{Y}_{++}^2。$$

12. 在比较各种涂料和各种塑料表面反射性能的研究中，将三种不同种类的涂料涂在五种塑料表面。假设观察到的结果以适当的单位填入表 11.25 中。求出 $\hat{\mu}$，$\hat{\alpha}_1$，$\hat{\alpha}_2$，$\hat{\alpha}_3$ 和 $\hat{\beta}_1$，…，$\hat{\beta}_5$ 的值。

表 11.25　习题 12~15 的数据

	表面类型				
涂料种类	1	2	3	4	5
1	14.5	13.6	16.3	23.2	19.4
2	14.6	16.2	14.8	16.8	17.3
3	16.2	14.0	15.5	18.7	21.0

13. 对于习题 12 的条件和表 11.25 的数据，对于 $i = 1, 2, 3$ 和 $j = 1, \cdots, 5$，求 $E(Y_{ij})$ 的最小二乘估计值，并确定 $\hat{\sigma}^2$ 的值。
14. 对于习题 12 的条件和表 11.25 的数据，请检验假设“三种不同种类的涂料的反射性能相同”。
15. 对于习题 12 的条件和表 11.25 的数据，请检验假设“五种不同类型的塑料表面的反射性能相同”。
16. 证明：定理 11.7.3 中关于 U_{A+B}^2 的分布的论断。

*11.8　具有复制的双因子试验设计

假设我们在双因子试验设计的每个单元都得到了多个观察值。除了检验关于两个因子单独效应的假设，我们还可以检验可加性假设（11.7.3）是否成立。但是如果可加性假设不成立，对这两个因子的单独效应的解释会更加复杂。当可加性假设不成立时，我们说这两个因子之间存在相互作用。

每个单元中具有 *K* 个观察值的双因子（试验）设计

例 11.8.1　汽油消耗量　假设汽车制造商进行了一项试验，调查安装在汽车上的某个设备是否会影响汽车消耗的汽油量。制造商生产三种型号的汽车，即紧凑型、中间型和标准型。每种型号有五辆汽车安装了这个设备，汽车在固定路线上行驶，并测量了每辆汽车的汽油消耗量。同样，每种型号有五辆汽车没有安装这个设备，也在同一路线上行驶，并测量了每辆汽车的汽油消耗量。表 11.26 给出了汽油消耗数据（以升为单位）。

表 11.26　例 11.8.1 的数据

	紧凑型	中间型	标准型
安装设备	8.3	9.2	11.6
	8.9	10.2	10.2
	7.8	9.5	10.7
	8.5	11.3	11.9
	9.4	10.4	11.0
未安装设备	8.7	8.2	12.4
	10.0	10.6	11.7
	9.7	10.1	10.0
	7.9	11.3	11.1
	8.4	10.8	11.8

在这里出现了与 11.7 节中相同类型的问题。例如，安装和没有安装该设备的汽车的平均消耗量是否不同？三种车型的平均消耗量是否不同？我们还可以解决另一个问题，在这个例子中每种因子组合下都有多个观察结果，不同车型的该设备的效应（如果有）是否不同？ ◀

我们将继续考虑涉及双因子设计的方差分析问题。但是对于 i 和 j 的每个组合，现在不再只有单个观察值 Y_{ij}，而是有 K 个独立的观察值 $Y_{ijk}(k=1,\cdots,K)$。换句话说，在表 11.20 的每个单元中不是只有一个观察值，而是有 K 个独立同分布的观察值。每个单元中的 K 个观察值是在相似的试验条件下得到的，称为**复制**。在有复制的双因子设计中，观察值的总个数为 IJK。我们继续假设所有观察值都是独立的，每个观察值都服从正态分布，所有观察值都有相同的方差 σ^2。

我们将用 θ_{ij} 表示单元 (i,j) 中 K 个观察值的均值。对于 $i=1,\cdots,I,j=1,\cdots,J$ 和 $k=1,\cdots,K$，我们有

$$E(Y_{ijk})=\theta_{ij}。\tag{11.8.1}$$

在有复制的双因子设计中，我们不再像 11.7 节中所做的那样，假定这两个因子的效应是可加的。在这里，我们可以假设期望值 θ_{ij} 是任意数。正如我们将在本节后面看到的那样，我们可以检验效应的可加性假设。

容易验证，θ_{ij} 的极大似然估计量（或最小二乘估计量）仅仅是单元 (i,j) 中的 K 个观察值的样本均值。从而，

$$\hat{\theta}_{ij}=\frac{1}{K}\sum_{k=1}^{K}Y_{ijk}=\overline{Y}_{ij+}。\tag{11.8.2}$$

因此 σ^2 的极大似然估计量为

$$\hat{\sigma}^2=\frac{1}{IJK}\sum_{i=1}^{I}\sum_{j=1}^{J}\sum_{k=1}^{K}(Y_{ijk}-\overline{Y}_{ij+})^2。\tag{11.8.3}$$

为了识别和讨论这两个因子的效应并检查这些效应可加的可能性，对于 $i=1,\cdots,I$ 和 $j=1,\cdots,J$，用一组新的参数 $\mu,\alpha_i,\beta_j,\gamma_{ij}$ 替换参数 θ_{ij} 很有帮助。这些新参数由以下关系定义：

$$\theta_{ij}=\mu+\alpha_i+\beta_j+\gamma_{ij}, i=1,\cdots,I, j=1,\cdots,J, \tag{11.8.4}$$

和

$$\begin{aligned}&\sum_{i=1}^{I}\alpha_i=0,\ \sum_{j=1}^{J}\beta_j=0,\\&\sum_{i=1}^{I}\gamma_{ij}=0, j=1,\cdots,J,\\&\sum_{j=1}^{J}\gamma_{ij}=0, i=1,\cdots,I。\end{aligned} \tag{11.8.5}$$

可以证明（见本节习题 1），对应于每组数 $\theta_{ij},i=1,\cdots,I,j=1,\cdots,J$，存在唯一的数 $\mu,\alpha_i,\beta_j,\gamma_{ij}$ 满足式（11.8.4）和式（11.8.5）。

参数 μ 称为**总均值**。参数 $\alpha_1,\cdots,\alpha_I$ 称为**因子 A 的主效应**，参数 $\beta_1,\cdots,\beta_J$ 称为**因子 B 的主效应**。参数 $\gamma_{ij},i=1,\cdots,I,j=1,\cdots,J$，称为**交互作用**。从式（11.8.1）和式（11.8.4）可以看出，当且仅当所有的交互作用消失时，即每个 $\gamma_{ij}=0$ 时，因子 A 和 B 的效应才是可加的。

我们将再次使用在 11.6 节和 11.7 节中的符号。我们将 Y_{ijk} 的一个下标用“+”替换，表示 Y_{ijk} 的值关于这个下标求和。如果我们进行了两次或三次求和，则应使用两个或三个“+”。然后我们将在 Y 上方放一个“-”，表示我们已将该和除以求和的项数，从而得到 Y_{ijk} 关于一个或多个下标的均值。例如，

$$\overline{Y}_{ij+}=\frac{1}{K}\sum_{k=1}^{K}Y_{ijk},$$

$$\overline{Y}_{+j+}=\frac{1}{IK}\sum_{i=1}^{I}\sum_{k=1}^{K}Y_{ijk},$$

$\overline{Y}_{+++}$ 表示所有 IJK 个观察值的均值。

我们可以利用与定理 11.2.1 证明相似的逻辑来证明以下结论。证明细节见本节习题 2 和习题 5。

定理 11.8.1 *μ，α_i 和 β_j 的极大似然估计量（和最小二乘估计量）为*

$$\begin{aligned}\hat{\mu}&=\overline{Y}_{+++},\\\hat{\alpha}_i&=\overline{Y}_{i++}-\overline{Y}_{+++},\quad i=1,\cdots,I,\\\hat{\beta}_j&=\overline{Y}_{+j+}-\overline{Y}_{+++},\quad j=1,\cdots,J。\end{aligned} \tag{11.8.6}$$

同时，对 $i=1$，…，I 和 $j=1$，…，J，有

$$\begin{aligned}\hat{\gamma}_{ij}&=\overline{Y}_{ij+}-(\mu+\hat{\alpha}_i-\hat{\beta}_j)\\&=\overline{Y}_{ij+}-\overline{Y}_{i++}-\overline{Y}_{+j+}+\overline{Y}_{+++}。\end{aligned} \tag{11.8.7}$$

此外，对所有的 i 和 j，$E(\hat{\mu})=\mu,E(\hat{\alpha}_i)=\alpha_i,E(\hat{\beta}_j)=\beta_j$ 和 $E(\hat{\gamma}_{ij})=\gamma_{ij}$。 ■

例 11.8.2 汽油消耗量 例 11.8.1 中，设因子 A 为设备，使因子 B 为车型，于是我

们有 $I=2, J=3, K=5$。表 11.27 给出了表 11.26 中六个单元中每个单元的均值 $\overline{Y}_{ij+}$，该表还给出了第 i 行的均值 $\overline{Y}_{i++}$，第 j 列的均值 $\overline{Y}_{+j+}$，以及所有 30 个观测值的均值 $\overline{Y}_{+++}$。

表 11.27 例 11.8.2 中的单元均值

	紧凑型	中间型	标准型	行均值
安装设备	$\overline{Y}_{11+}=8.58$	$\overline{Y}_{12+}=10.12$	$\overline{Y}_{13+}=11.08$	$\overline{Y}_{1++}=9.9267$
未安装设备	$\overline{Y}_{21+}=8.94$	$\overline{Y}_{22+}=10.20$	$\overline{Y}_{23+}=11.40$	$\overline{Y}_{2++}=10.1800$
列均值	$\overline{Y}_{+1+}=8.76$	$\overline{Y}_{+2+}=10.16$	$\overline{Y}_{+3+}=11.24$	$\overline{Y}_{+++}=10.0533$

根据表 11.27，由式（11.8.6）和式（11.8.7）可得，极大似然估计值或最小二乘估计值为

$$\hat{\mu}=10.0533,\quad \hat{\alpha}_1=-0.1267,\quad \hat{\alpha}_2=0.1267,$$
$$\hat{\beta}_1=-1.2933,\quad \hat{\beta}_2=0.1067,\quad \hat{\beta}_3=1.1867,$$
$$\hat{\gamma}_{11}=-0.0533,\quad \hat{\gamma}_{12}=0.0867,\quad \hat{\gamma}_{13}=-0.0333,$$
$$\hat{\gamma}_{21}=0.0533,\quad \hat{\gamma}_{22}=-0.0867,\quad \hat{\gamma}_{23}=0.0333。$$

在此例中，对于所有 i 和 j 值，交互作用 $\hat{\gamma}_{ij}$ 的估计值都较小。◀

平方和的分解

现在考虑总平方和，

$$S_{\text{Tot}}^2=\sum_{i=1}^{I}\sum_{j=1}^{J}\sum_{k=1}^{K}(Y_{ijk}-\overline{Y}_{+++})^2。\tag{11.8.8}$$

现在我们将说明如何将 S_{Tot}^2 分解为四个较小的独立平方和，每个平方和与观察值之间的特定类型的变异相关。在各种原假设下，每个平方和（除以 σ^2）将服从 χ^2 分布。

定理 11.8.2 设 S_{Tot}^2 由式（11.8.8）所定义，则

$$S_{\text{Tot}}^2=S_A^2+S_B^2+S_{\text{Int}}^2+S_{\text{Resid}}^2,\tag{11.8.9}$$

其中

$$S_A^2=JK\sum_{i=1}^{I}(\overline{Y}_{i++}-\overline{Y}_{+++})^2,$$
$$S_B^2=IK\sum_{j=1}^{J}(\overline{Y}_{+j+}-\overline{Y}_{+++})^2,$$
$$S_{\text{Int}}^2=K\sum_{i=1}^{I}\sum_{j=1}^{J}(\overline{Y}_{ij+}-\overline{Y}_{i++}-\overline{Y}_{+j+}+\overline{Y}_{+++})^2,$$
$$S_{\text{Resid}}^2=\sum_{i=1}^{I}\sum_{j=1}^{J}\sum_{k=1}^{K}(Y_{ijk}-\overline{Y}_{ij+})^2。\tag{11.8.10}$$

另外，$S_{\text{Resid}}^2/\sigma^2$ 服从自由度为 $IJ(K-1)$ 的 χ^2 分布；如果所有 $\alpha_i=0$，则 S_A^2/σ^2 服从自由度为 $I-1$ 的 χ^2 分布；如果所有 $\beta_j=0$，则 S_B^2/σ^2 服从自由度为 $J-1$ 的 χ^2 分布；如果所有 $\gamma_{ij}=0$，则 $S_{\text{Int}}^2/\sigma^2$ 服从自由度为 $(I-1)(J-1)$ 的 χ^2 分布。上述四个平方和相互独立。

证明 式（11.8.9）的证明在本节习题7中留给读者。

随机变量 $S^2_{\text{Resid}}/\sigma^2$ 是 IJ 个独立随机变量（形如 $\sum_{k=1}^{K}(Y_{ijk}-\overline{Y}_{ij+})^2/\sigma^2$）的和。根据定理8.3.1，这 IJ 个随机变量中的每一个都服从自由度为 $K-1$ 的 χ^2 分布。因此，所有 IJ 个随机变量的总和服从自由度为 $IJ(K-1)$ 的 χ^2 分布。如果所有 $\alpha_i=0$，则 $\overline{Y}_{1++},\cdots,\overline{Y}_{I++}$ 都服从均值为 μ、方差为 σ^2/JK 的正态分布。定理8.3.1意味着 S^2_A/σ^2 服从自由度为 $I-1$ 的 χ^2 分布。类似地，如果所有 $\beta_j=0$，则 S^2_B/σ^2 服从自由度为 $J-1$ 的 χ^2 分布。

S^2_{Int} 的自由度可以如下确定：如果所有 $\gamma_{ij}=0$，则可加性假设成立，并且 S^2_{Int} 与11.7节中的 S^2_{Resid} 相同，除了 $\overline{Y}_{ij+}$ 的方差不一样（这里 $\overline{Y}_{ij+}$ 服从均值为 $\mu+\alpha_i+\beta_j$ 和方差为 σ^2/K 的正态分布，而不是方差为 σ^2 的分布）。这意味着，如果所有 $\gamma_{ij}=0$，则 $S^2_{\text{Int}}/\sigma^2$ 服从自由度为 $(I-1)(J-1)$ 的 χ^2 分布。

最后，可以证明上述所有平方和（11.8.10）都是独立的（相关结论见本节习题8）。 ■

定理11.8.2中的结论总结在表11.28中，该表是双因子设计的方差分析表，每个单元有 K 个观察值。

表11.28 具有复制的双因子设计的一般方差分析表

变异来源	自由度	平方和	均方
A 的主效应	$I-1$	S^2_A	$S^2_A/(I-1)$
B 的主效应	$J-1$	S^2_B	$S^2_B/(J-1)$
交互作用	$(I-1)(J-1)$	S^2_{Int}	$S^2_{\text{Int}}/[(I-1)(J-1)]$
残差	$IJ(K-1)$	S^2_{Resid}	$S^2_{\text{Resid}}/[IJ(K-1)]$
总计	$IJK-1$	S^2_{Tot}	

例11.8.3 汽油消耗量 使用例11.8.2中计算的样本均值，我们可以构造方差分析表，见表11.29。我们将利用表11.29中的均方来检验关于因子效应的各种假设。 ◀

表11.29 例11.8.2的数据的方差分析表

变异来源	自由度	平方和	均方
设备的主效应	1	0.481 3	0.481 3
车型的主效应	2	30.92	15.46
交互作用	2	0.114 7	0.057 3
残差	24	18.22	0.759 0
总计	29	49.73	

假设检验

前面提到，当且仅当所有交互作用 γ_{ij} 都消失时，因子 A 和 B 的效应才是可加的。因此，要检验因子的效应是否具有可加性，我们必须检验如下假设：

$$H_0:\gamma_{ij}=0, i=1,\cdots,I, j=1,\cdots,J,$$
$$H_1:H_0 \text{ 不为真。} \tag{11.8.11}$$

由定理 11.8.2 可得，当原假设 H_0 为真时，随机变量 $S^2_{\text{Int}}/\sigma^2$ 服从自由度为$(I-1)(J-1)$的χ^2分布。与之独立的随机变量 $S^2_{\text{Resid}}/\sigma^2$ 服从自由度为 $IJ(K-1)$的χ^2 分布，无论 H_0 是否为真。因此，当 H_0 为真时，如下随机变量 U^2_{AB} 具有自由度为$(I-1)(J-1)$和 $IJ(K-1)$的 F 分布：

$$U^2_{AB}=\frac{IJ(K-1)S^2_{\text{Int}}}{(I-1)(J-1)S^2_{\text{Resid}}}, \tag{11.8.12}$$

它是交互均方与残差均方之比。如果满足以下条件，则原假设 H_0 将在水平 α_0 下被拒绝：

$$U^2_{AB}\geqslant F^{-1}_{(I-1)(J-1),IJ(K-1)}(1-\alpha_0),$$

其中 $F^{-1}_{(I-1)(J-1),IJ(K-1)}$是自由度为$(I-1)(J-1)$和 $IJ(K-1)$的 F 分布的分位数函数。

例 11.8.4 汽油消耗量 假设我们希望使用例 11.8.2 中的数据来检验原假设“汽车安装该设备的效应和车型的效应是可加的”，与之相应的备择假设为“效应不可加”。换句话说，假设我们需要检验假设（11.8.11）。利用表 11.29 中的均方和式（11.8.12），我们计算出 $U^2_{AB}=0.0573/0.7590=0.076$。我们可以利用统计软件求出相应的 p 值，其值为 0.927 5。因此，在通常的显著性水平下，都不会拒绝原假设“效应是可加的”。◀

如果（11.8.11）中的原假设 H_0 被拒绝，则表明至少有一些交互作用 γ_{ij} 不为 0。因此，对于某些 i 和 j 的组合，观察值的均值将大于其他组合的观察值的均值，并且因子 A 和因子 B 都会影响这些均值。在这种情况下，由于因子 A 和因子 B 都影响观察值的均值，我们通常对检验“主效应 $\alpha_1,\cdots,\alpha_I$ 为 0”或“主效应 $\beta_1,\cdots,\beta_J$ 为 0”都没有兴趣。

另一方面，如果（11.8.11）中的原假设 H_0 不被拒绝（例 11.8.4 中的情况），那么我们可能会按照“所有交互作用都为 0”进行推导。此外，如果所有主效应 $\alpha_1,\cdots,\alpha_I$ 都为 0，则每个观察值的均值将不依赖于 i，因子 A 对观察值没有影响。因此，如果我们不拒绝（11.8.11）中的原假设 H_0，我们可能对检验以下假设感兴趣：

$$H_0:\alpha_i=0 \text{ 且 } \gamma_{ij}=0, \text{对所有的 } i=1,\cdots,I, j=1,\cdots,J,$$
$$H_1:H_0 \text{ 不为真。} \tag{11.8.13}$$

实际上，即使我们没有先检验假设（11.8.11），我们仍可能会对检验这个假设感兴趣。

如果 H_0 为真，由定理 11.8.2 可知，S^2_A/σ^2 和 $S^2_{\text{Int}}/\sigma^2$ 相互独立，都服从χ^2 分布，自由度分别为 $I-1$ 和$(I-1)(J-1)$。因此当假设（11.8.13）中的 H_0 为真时，如下随机变量 U^2_A 服从自由度为 $I-1+(I-1)(J-1)=(I-1)J$ 和 $IJ(K-1)$的 F 分布：

$$U^2_A=\frac{IJ(K-1)[S^2_A+S^2_{\text{Int}}]}{(I-1)JS^2_{\text{Resid}}}。 \tag{11.8.14}$$

如果我们不先检验假设（11.8.11），如果 $U^2_A\geqslant F^{-1}_{(I-1)J,IJ(K-1)}(1-\alpha_0)$，我们会在水平 α_0 下拒绝假设（11.8.13）中的 H_0。

如果我们先检验假设（11.8.11），没有拒绝原假设，在检验假设（11.8.13）之前我们需要强调两个重要的注意事项。首先，应以不拒绝（11.8.11）中的原假设为条件，计算第二个检验（即假设（11.8.13）的检验）的水平，即如果第二个检验为“如果 $T\geqslant c$

（对于某些统计量 T），则拒绝（11.8.13）中的原假设”，那么第二个检验的水平为如下条件概率：

$$P(T \geqslant c \mid U_{AB}^2 < F_{(I-1)(J-1),IJ(K-1)}^{-1}(1-\alpha_0))。\tag{11.8.15}$$

这个条件概率的计算超出了本书的范围，但是我们可以使用第 12 章中介绍的模拟方法来近似计算这个条件概率（有关例子见例 12.3.4）。

其次，涉及选择用于检验假设（11.8.13）的检验统计量 T。对于我们没有先检验假设（11.8.11）的情况，式（11.8.14）中的统计量 U_A^2 是合理的检验统计量。然而如果我们不能拒绝（11.8.11）中的原假设，更好的检验统计量可能是

$$V_A^2 = \frac{IJ(K-1)S_A^2}{(I-1)S_{\text{Resid}}^2}。\tag{11.8.16}$$

原因之一是，对于 $T=V_A^2$，式（11.8.15）中的概率通常比 $T=U_A^2$ 更接近 α_0。例如，如果 $IJ(K-1)$ 比较大且 H_0 为真，则 S_{Resid}^2 应该以高概率接近于 σ^2。在这种情况下，由于 S_{Int}^2 和 S_A^2 是独立的随机变量，因此随机变量 V_A^2 和 U_{AB}^2 也应接近于独立。这将使基于 V_A^2 的检验与“基于 U_{AB}^2 的检验是否拒绝其原假设”几乎独立。另一方面，因为

$$U_A^2 = \frac{1}{J}[V_A^2 + (J-1)U_{AB}^2],$$

我们看到在所有情况下 U_A^2 和 U_{AB}^2 之间的依赖性都可能很高。

因此，如果我们先检验假设（11.8.11）而未能拒绝原假设，则应使用 V_A^2 来检验假设（11.8.13）。如果 $V_A^2 \geqslant c$，我们将拒绝原假设，其中 c 为常数。不幸的是，我们仍然找不到 c 的可用表达式，仅知道第二个检验的水平（在第一个检验不拒绝原假设的条件下）为条件概率（11.8.15），其中 $T=V_A^2$。如有必要，我们可以使用模拟方法进行计算（请见例 12.3.4）。这个两阶段检验的总水平大于 α_0（见本节习题 19）。在实践中，通常取 $c=F_{I-1,IJ(K-1)}^{-1}(1-\alpha_0)$，条件概率（11.8.15）（其中 $T=V_A^2$）的值实质上是 α_0。

例 11.8.5　汽油消耗量　假定现在需要检验的原假设为“该设备对所有车型的汽油消耗量没有影响”，与之相应的备择假设为“设备对汽油消耗量有影响”。换句话说，我们需要检验假设假设（11.8.13）。如果我们没有先检验假设（11.8.11），我们可以使用式（11.8.14）和表 11.29 中的数据来计算 $U_A^2=24(0.4813+0.1147)/[3(18.22)]=0.2616$。自由度为 3 和 24 的 F 分布的相应 p 值为 0.852 3。因此，不会在通常的显著性水平下拒绝原假设。

另一方面，由于我们先检验了假设（11.8.11），我们应该改用 $V_A^2=0.4813/0.7590=0.6341$。我们无法计算与这个观察值关联的准确条件 p 值。但是假定我们不拒绝假设（11.8.11）中的原假设，利用例 12.3.4 中描述的方法可得 p 值近似为 0.43。对于 $T=U_A^2$ 和 $T=V_A^2$，我们也可以利用例 12.3.4 的方法来近似（11.8.15）中的概率。当 $\alpha_0=0.05$ 时，这些近似值分别为 0.019 和 0.048。注意到，基于 V_A^2 的检验接近给定的水平 $\alpha_0=0.05$，而基于 U_A^2 的检验的条件水平要小得多。◀

同样，我们可能想知道“因子 B 的所有主效应以及交互作用是否都为 0”。这时，我们需要检验以下假设：

$$H_0: \beta_j = 0 \text{ 且 } \gamma_{ij} = 0, \text{对所有的 } i=1,\cdots,I, j=1,\cdots,J,$$

$$H_1:H_0 \text{ 不为真。} \tag{11.8.17}$$

与式（11.8.14）相似，当 H_0 为真时，如下随机变量 U_B^2 服从自由度为 $I(J-1)$ 和 $IJ(K-1)$ 的 F 分布：

$$U_B^2 = \frac{IJ(K-1)[S_B^2 + S_{\text{Int}}^2]}{I(J-1)S_{\text{Resid}}^2}。\tag{11.8.18}$$

同样，如果我们不先检验假设（11.8.11），那么当 $U_B^2 \geqslant F^{-1}_{I(J-1),IJ(K-1)}(1-\alpha_0)$ 时，我们会在水平 α_0 下拒绝 H_0。如果我们先检验假设（11.8.11）而未能拒绝原假设，那么当 V_B^2 太大时，我们应拒绝假设（11.8.17）中的 H_0，其中 $V_B^2 = \frac{IJ(K-1)S_B^2}{(J-1)S_{\text{Resid}}^2}$。这个检验的条件水平也必须通过数值模拟来计算。

在给定问题中，如果不拒绝假设（11.8.11）中的原假设同时却又都拒绝假设（11.8.13）和假设（11.8.17）中的原假设，我们可能会继续使用这样的模型“假设因子 A 和因子 B 的效应具有近似可加性，并且两个因子的效应都很重要”，进行进一步的研究和试验。

例 11.8.5 中得到的结果并未提供任何有关设备有效的指示。但是从表 11.27 中可以看出，对于每一种车型，安装该设备的汽车的平均汽油消耗量要小于未安装该设备的汽车的平均汽油消耗量。如果我们假设汽车的设备和车型的效应是可加的，无论是哪种车型，安装该设备后在给定路线上的汽油消耗减少量的极大似然估计值为 $\hat{\alpha}_2-\hat{\alpha}_1=0.2534$ 升。

单元中观察值个数不相等的双因子设计

再次考虑具有 I 行和 J 列的双因子（试验）设计，但是现在我们假设不是每个单元中都有 K 个观察值，而是某些单元具有更多的观察值。对于 $i=1,\cdots,I$ 和 $j=1,\cdots,J$，我们用 K_{ij} 表示单元（i，j）中的观察值个数。因此，观察值的总数为 $\sum_{i=1}^{I}\sum_{j=1}^{J}K_{ij}$。我们假定每个单元至少包含一个观察值，我们再次用 Y_{ijk} 表示单元（i，j）中的第 k 个观察值。对于每个 i 和 j，下标 k 的值为 $1,\cdots,K_{ij}$。我们还像以前一样，假设所有的观察值是独立的；每个都服从正态分布；对于所有 i,j,k，$\text{Var}(Y_{ijk})=\sigma^2$；$E(Y_{ijk})=\mu+\alpha_i+\beta_j+\gamma_{ij}$，这些参数满足式（11.8.5）中给出的条件。

和往常一样，我们用 $\overline{Y}_{ij+}$ 表示单元（i，j）中观察值的均值。可以证明，对于 $i=1,\cdots,I$ 和 $j=1,\cdots,J$，极大似然估计量或最小二乘估计量如下：

$$\hat{\mu} = \frac{1}{IJ}\sum_{i=1}^{I}\sum_{j=1}^{J}\overline{Y}_{ij+}, \hat{\alpha}_i = \frac{1}{J}\sum_{j=1}^{J}\overline{Y}_{ij+} - \hat{\mu},$$

$$\hat{\beta}_j = \frac{1}{I}\sum_{i=1}^{I}\overline{Y}_{ij+} - \hat{\mu}, \hat{\gamma}_{ij} = \overline{Y}_{ij+} - \hat{\mu} - \hat{\alpha}_i - \hat{\beta}_j。\tag{11.8.19}$$

这些估计量在直观上是合理的，它们类似于式（11.8.6）和式（11.8.7）中给出的估计量。

但是，假设我们现在需要检验假设（11.8.11），假设（11.8.13）或假设（11.8.17）之类的假设。构造适当的检验变得有些困难，因为当不同单元中的观察值个数不相等时，类似于式（11.8.10）中给出的平方和通常不独立。因此，本节前面介绍的检验过程无法直接在此处应用。有必要发展其他平方和，使得它们之间是独立的，并能反映我们感兴趣的数据中不同类型的变异。我们将不在本书中进一步考虑这个问题。方差分析的这一问题和其他问题在 Scheffé（1959）中有描述。

小结

我们将双因子设计的分析推广到了在两个因子的所有水平的组合下都有相同个数的观察值的情况。在这种情况下，我们可以检验的一个原假设是“这两个因子的效应是可加的”（我们假定当每个单元只有一个观察值时效应是可加的）。如果我们拒绝这个可加性假设，我们通常不会检验任何进一步的假设。如果我们不拒绝这种原假设，我们可能仍然会对“其中一个因子是否对观察值的均值产生影响”感兴趣。即使我们不首先检验原假设“这两个因子的效应是可加的”，我们仍然可能对“其中一个因子是否有影响”感兴趣。最后这个假设的准确检验形式取决于我们是否事先检验这些效应的可加性。

习题

1. 证明对于每组数 $\theta_{ij}(i=1,\cdots,I,j=1,\cdots,J)$，存在唯一的一组数 $\mu,\alpha_i,\beta_j,\gamma_{ij}(i=1,\cdots,I,j=1,\cdots,J)$ 满足式（11.8.4）和式（11.8.5）。
2. 验证：式（11.8.6）给出了有复制的双因子设计的参数的极大似然估计量。
3. 假设在双因子设计中，θ_{ij} 的值由 11.7 节习题 2 a，b，c 和 d 中的矩阵给出。对于每个矩阵，求出满足式（11.8.4）和式（11.8.5）的 $\mu,\alpha_i,\beta_j,\gamma_{ij}$ 的值。
4. 验证：如果 $\hat{\alpha}_i,\hat{\beta}_j,\hat{\gamma}_{ij}$ 由式（11.8.6）和式（11.8.7）给出，则 $\sum_{i=1}^{I}\hat{\alpha}_i=0$，$\sum_{j=1}^{J}\hat{\beta}_j=0$，$\sum_{i=1}^{I}\hat{\gamma}_{ij}=0,j=1,\cdots,J$；$\sum_{j=1}^{J}\hat{\gamma}_{ij}=0,i=1,\cdots,I$。
5. 验证；如果 $\hat{\mu},\hat{\alpha}_i,\hat{\beta}_j,\hat{\gamma}_{ij}$ 由式（11.8.6）和式（11.8.7）给出，则对于所有 i,j，$E(\hat{\mu})=\mu,E(\hat{\alpha}_i)=\alpha_i$，$E(\hat{\beta}_j)=\beta_j,E(\hat{\gamma}_{ij})=\gamma_{ij}$。提示：本习题中的随机变量都是 Y_{ijk} 的线性函数，因此期望值是 Y_{ijk} 的期望值的线性组合。
6. 证明：如果 $\hat{\mu},\hat{\alpha}_i,\hat{\beta}_j,\hat{\gamma}_{ij}$ 由式（11.8.6）和式（11.8.7）给出，则对于所有 i，j，有以下结果：

$$\mathrm{Var}(\hat{\mu})=\frac{I}{IJK}\sigma^2,\qquad \mathrm{Var}(\hat{\alpha}_i)=\frac{(I-1)}{IJK}\sigma^2,$$

$$\mathrm{Var}(\hat{\beta}_j)=\frac{(J-1)}{IJK}\sigma^2,\mathrm{Var}(\hat{\gamma}_{ij})=\frac{(I-1)(J-1)}{IJK}\sigma^2。$$

7. 验证式（11.8.9）。
8. 在每个单元中有 K 个观察值的双因子设计中，证明：对于所有 i,i_1,i_2,j,j_1,j_2,k，以下五个随机变量两两不相关：

$$Y_{ijk}-\overline{Y}_{ij+},\hat{\alpha}_{i_1},\hat{\beta}_{j_1},\hat{\gamma}_{i_2j_2},\hat{\mu}。$$

9. 验证：

$$U_{AB}^2=\frac{IJK(K-1)\left(\sum_{i=1}^{I}\sum_{j=1}^{J}\overline{Y}_{ij+}^2-J\sum_{i=1}^{I}\overline{Y}_{i++}^2-I\sum_{j=1}^{J}\overline{Y}_{+j+}^2+IJ\overline{Y}_{+++}^2\right)}{(I-1)(J-1)\left(\sum_{i=1}^{I}\sum_{j=1}^{J}\sum_{k=1}^{K}Y_{ijk}^2-K\sum_{i=1}^{I}\sum_{j=1}^{J}\overline{Y}_{ij+}^2\right)}$$

10. 假设在一项试验研究中确定同时接受兴奋剂和镇静剂的综合效果，将三种不同类型的兴奋剂和四种不同类型的镇静剂施用于一组兔子。试验中的每只兔子都接受一种兴奋剂，在 20 分钟后接受其中一种镇静剂；一小时后，以适当的单位测量兔子的反应。为了可以将每对可能的药物施用给两只不同的兔子，试验中使用了 24 只兔子。表 11.30 给出了这 24 只兔子的反应。求出 $\hat{\mu},\hat{\alpha}_i,\hat{\beta}_j,\hat{\gamma}_{ij}$ 以及 $\hat{\sigma}^2$ 的值。

表 11.30 习题 10~15 的数据

兴奋剂	镇静剂			
	1	2	3	4
1	11.2	7.4	7.1	9.6
	11.6	8.1	7.0	7.6
2	12.7	10.3	8.8	11.3
	14.0	7.9	8.5	10.8
3	10.1	5.5	5.0	6.5
	9.6	6.9	7.3	5.7

11. 对于习题 10 的条件和表 11.30 的数据，检验假设“兴奋剂和镇静剂之间的每种交互作用均为 0”。
12. 对于习题 10 的条件和表 11.30 的数据，检验假设“三种兴奋剂的效应相同”。
13. 对于习题 10 的条件和表 11.30 的数据，检验假设“四种镇静剂的效应相同”。
14. 对于习题 10 的条件和表 11.30 的数据，检验如下假设：

$$H_0:\mu=8,\quad H_1:\mu\neq 8。$$

15. 对于习题 10 的条件和表 11.30 的数据，检验如下假设：

$$H_0:\alpha_2\leqslant 1,\quad H_1:\alpha_2>1。$$

16. 在单元中的观察值个数不相等的双因子设计中，证明：如果 $\hat{\mu},\hat{\alpha}_i,\hat{\beta}_j,\hat{\gamma}_{ij}$ 由式（11.8.19）给出，则对于所有 i,j，$E(\hat{\mu})=\mu$，$E(\hat{\alpha}_i)=\alpha_i$，$E(\hat{\beta}_j)=\beta_j$，$E(\hat{\gamma}_{ij})=\gamma_{ij}$。
17. 验证：如果 $\hat{\mu},\hat{\alpha}_i,\hat{\beta}_j,\hat{\gamma}_{ij}$ 由式（11.8.19）给出，则 $\sum_{i=1}^{I}\hat{\alpha}_i=0,\sum_{j=1}^{J}\hat{\beta}_j=0,\sum_{i=1}^{I}\hat{\gamma}_{ij}=0,j=1,\cdots,J$；$\sum_{j=1}^{J}\hat{\gamma}_{ij}=0,i=1,\cdots,I$。
18. 证明：如果 $\hat{\mu},\hat{\alpha}_i$ 由式（11.8.19）给出，那么对于 $i=1,\cdots,I$，

$$\mathrm{Cov}(\hat{\mu},\hat{\alpha}_i)=\frac{\sigma^2}{IJ^2}\left(\sum_{j=1}^{J}\frac{1}{K_{ij}}-\frac{1}{I}\sum_{r=1}^{I}\sum_{j=1}^{J}\frac{1}{K_{rj}}\right)。$$

如果所有 K_{ij} 都相同，证明：上述协方差为 0。

19. 回顾本节中描述的两阶段检验过程：首先，在水平 α_0 下检验假设（11.8.11）。如果拒绝原假设，则停止；如果不拒绝原假设，再检验假设（11.8.13）。假若第一个检验不拒绝原假设，设 β_0 为第二个检验的条件水平。假定两个原假设都为真。求出这个两阶段检验过程拒绝至少一个原假设的概率。
20. 在 11.6 节习题 10 中提到的研究实际上包括了车辆大小以外的另一个因子。有两种不同的汽车过滤器，即标准过滤器和新开发的过滤器。表 11.19 仅包含来自标准过滤器的数据。表 11.31 中提供了新过滤器的相应数据。

表 11.31 习题 20 的数据。该表包含具有新过滤器的车辆的数据

车辆的大小	噪音值
小	820，820，820，825，825，825
中	820，820，825，815，825，825
大	775，775，775，770，760，765

a. 利用表 11.19 和表 11.31 的数据构造双因子试验设计的方差分析表。
b. 计算检验原假设“没有交互作用”的 p 值。
c. 计算检验原假设“三种大小的车辆的噪音平均水平相同”的 p 值。
d. 计算检验原假设“两种过滤器平均产生相同水平噪音”的 p 值。

11.9 补充习题

1. 考虑例 11.2.2 的数据。假设我们拟合了对数大气压强关于沸点的简单线性回归。
   a. 求出斜率 β_1 的 90%置信区间（有界区间）。
   b. 在水平 $\alpha_0=0.1$ 下检验假设 $H_0:\beta_1=0, H_1:\beta_1\neq 0$。
   c. 当沸点为 204.6 时，求大气压强的 90%预测区间（不是对数大气压强）。
2. 假设$(X_i,Y_i), i=1,\cdots,n$ 是来自某二元正态分布的随机样本，均值为 μ_1,μ_2，方差为 σ_1^2,σ_2^2，相关系数为 ρ，我们用 $\hat{\mu}_i,\hat{\sigma}_i^2,\hat{\rho}$ 分别表示它们的极大似然估计量。设 $\hat{\beta}_2$ 表示 Y 关于 X 回归的 β_2 的极大似然估计量。证明：

$$\hat{\beta}_2 = \hat{\rho}\hat{\sigma}_2/\hat{\sigma}_1。$$

   提示：见 7.6 节习题 24。
3. 假设$(X_i,Y_i), i=1,\cdots,n$ 是来自某二元正态分布的随机样本，均值为 μ_1,μ_2，方差为 σ_1^2,σ_2^2，相关系数为 ρ。给定观测值 $X_1=x_1,\cdots,X_n=x_n$，求出统计量 T 的均值和方差：

$$T = \frac{\sum_{i=1}^{n}(x_i-\bar{x})Y_i}{\sum_{i=1}^{n}(x_i-\bar{x})^2}。$$

4. 设 $\theta_1,\theta_2,\theta_3$ 表示三角形的未知角度，以度数表示（$\theta_1+\theta_2+\theta_3=180, \theta_i>0, i=1,2,3$）。假如每个角度都是通过有误差的仪器测量的，发现 $\theta_1,\theta_2,\theta_3$ 的测量值分别为 $y_1=83, y_2=47, y_3=56$。确定 $\theta_1,\theta_2,\theta_3$ 的最小二乘估计值。
5. 假设用一条直线来拟合 n 个点$(x_1,y_1),\cdots,(x_n,y_n)$，使得 $x_2=x_3=\cdots=x_n$ 但 $x_1\neq x_2$。证明：最小二乘直线将过点(x_1,y_1)。
6. 假设我们用最小二乘直线拟合 n 个点$(x_1,y_1),\cdots,(x_n,y_n)$，可以按照通常的方式最小化点与直线的“垂直偏差”的平方和。也可以用另一条最小二乘直线来拟合，通过最小化点与直线的“水平偏差”的平方和。这两条线在什么条件下会重合？
7. 假设用一条直线 $y=\beta_1+\beta_2 x$ 拟合 n 个点$(x_1,y_1),\cdots,(x_n,y_n)$，使得点到线的垂直距离的平方和最小。确定 β_1，β_2 的最优值。
8. 假设双胞胎姐妹参加某次数学考试。她们知道，她们将在考试中得到的分数具有相同的均值 μ，相同的方差 σ^2 和正相关系数 ρ。假如她们的分数服从二元正态分布，证明：双胞胎中的每个人知道自己的分数后，另一个人分数的期望值介于这个人的分数和 μ 之间。
9. 假设容量 n 的样本由 k 个子样本组成，分别包含 $n_1,\cdots,n_k$ 个观察值（$n_1+\cdots+n_k=n$）。设 $x_{ij}(j=1,\cdots,n_i)$

表示第 i 个子样本中的观察值，而 $\bar{x}_{i+}$ 和 v_i^2 表示该子样本的样本均值和样本方差：

$$\bar{x}_{i+} = \frac{1}{n_i}\sum_{j=1}^{n_i} x_{ij}, \quad v_i^2 = \frac{1}{n_i}\sum_{j=1}^{n_i}(x_{ij} - \bar{x}_{i+})^2。$$

最后，用 $\bar{x}_{++}$ 和 v^2 表示 n 个观察值的整个样本的样本均值和样本方差：

$$\bar{x}_{++} = \frac{1}{n}\sum_{i=1}^{k}\sum_{j=1}^{n_i} x_{ij}, \quad v^2 = \frac{1}{n}\sum_{i=1}^{n}\sum_{j=1}^{n_i}(x_{ij} - \bar{x}_{++})^2.$$

确定 v^2 关于 $\bar{x}_{++}$，$\bar{x}_{i+}$ 和 v_i^2 的表达式。

10. 考虑线性回归模型

$$Y_i = \beta_1 w_i + \beta_2 x_i + \varepsilon_i, \quad i = 1,\cdots,n。$$

其中 $(w_1,x_1),\cdots,(w_n,x_n)$ 是给定的常数对，而 $\varepsilon_1,\cdots,\varepsilon_n$ 是独立同分布的随机变量，同服从均值为 0、方差为 σ^2 的正态分布。求出 β_1 和 β_2 的极大似然估计量的显式表达式。

11. 在双因子设计中，每个单元中有 K 个观测值（$K\geqslant 2$），求出 σ^2 的无偏估计量。
12. 在双因子设计中，每个单元中有一个观测值，构造原假设“因子 A 和因子 B 的效应都为 0”的检验。
13. 在双因子设计中，在每个单元中有 K 个观测值（$K\geqslant 2$），构造原假设“因子 A 和因子 B 的主效应以及所有交互作用都为 0”的检验。
14. 假设用两种不同肥料给两个不同品种的玉米施肥，从而比较产量。对于这四个组合中的每一个，均获得了 K 个独立的复制。令 X_{ijk} 表示品种 i 与肥料 j 的组合的第 k 个复制的产量（$i=1,2;j=1,2;k=1,\cdots,K$）。假设所有观测值都独立且服从正态分布，每个分布都有相同的未知方差，并且 $E(X_{ijk})=\mu_{ij},k=1,\cdots,K$。解释如下假设的含义，并描述如何对它们进行检验：

$$H_0:\mu_{11} - \mu_{12} = \mu_{21} - \mu_{22},$$
$$H_1:H_0 \text{ 不为真。}$$

15. 假设 W_1,W_2,W_3 是独立的随机变量，每个变量都服从正态分布，并具有以下均值和方差：

$$E(W_1) = \theta_1 + \theta_2, \quad \mathrm{Var}(W_1) = \sigma^2,$$
$$E(W_2) = \theta_1 + \theta_2 - 5, \mathrm{Var}(W_2) = \sigma^2,$$
$$E(W_3) = 2\theta_1 - 2\theta_2, \mathrm{Var}(W_3) = 4\sigma^2。$$

确定 $\theta_1,\theta_2,\sigma^2$ 的极大似然估计量，并求出这些估计量的联合分布。

16. 假设需要用 $y=\alpha x^\beta$ 形式的曲线拟合给定的 n 个点 $(x_i,y_i),x_i>0,y_i>0,i=1,\cdots,n$。通过直接应用最小二乘法，也可以先将问题转换为用一条直线拟合 n 个点（$\ln x_i,\ln y_i$），再应用最小二乘法来拟合该曲线。讨论每种方法适用的条件。
17. 考虑一个简单线性回归问题，用 $e_i=Y_i-\hat{\beta}_0-\hat{\beta}_1 x_i$ 表示观察值 Y_i 的残差（$i=1,\cdots,n$），如定义 11.3.2 所定义。对于给定的 $x_1,\cdots,x_n$，计算 $\mathrm{Var}(e_i)$，并证明它是 x_i 与 $\bar{x}$ 的距离的递减函数。
18. 考虑一个一般线性模型，$n\times p$ 设计矩阵为 $\boldsymbol{Z}$，令 $\boldsymbol{W}=\boldsymbol{Y}-\boldsymbol{Z}\hat{\boldsymbol{\beta}}$ 表示残差向量。（换句话说，$\boldsymbol{W}$ 的第 i 个坐标为 $Y_i-\hat{Y}_i$，$\hat{Y}_i=z_{i0}\hat{\beta}_0+\cdots+z_{ip-1}\hat{\beta}_{p-1}$。）

    a. 证明：$\boldsymbol{W}=\boldsymbol{D}\boldsymbol{Y}$，其中

$$\boldsymbol{D} = \boldsymbol{I} - \boldsymbol{Z}(\boldsymbol{Z}'\boldsymbol{Z})^{-1}\boldsymbol{Z}'。$$

    b. 证明：矩阵 $\boldsymbol{D}$ 是幂等矩阵，即 $\boldsymbol{D}\boldsymbol{D}=\boldsymbol{D}$。

    c. 证明：$\mathrm{Cov}(\boldsymbol{W})=\sigma^2\boldsymbol{D}$。

19. 考虑一个双因子设计，设因子的效应是可加的，满足式（11.7.1）的要求。设 $v_1,\cdots,v_I$ 和 $w_1,\cdots,w_J$ 为任意给定的正数，证明：存在唯一的数 $\mu,\alpha_1,\cdots,\alpha_I,\beta_1,\cdots,\beta_J$ 使得

$$\sum_{i=1}^{I} v_i\alpha_i = \sum_{j=1}^{J} w_j\beta_j = 0$$

和

$$E(Y_{ij}) = \mu + \alpha_i + \beta_j, i = 1,\cdots,I, j = 1,\cdots,J。$$

20. 考虑习题19的双因子设计，因子效应是可加的。还假设每个单元都有 K_{ij} 个观察值，其中 $K_{ij}>0$，$i=1,\cdots,I, j=1,\cdots,J$。令 $v_i=K_{i+}, i=1,\cdots,I$，令 $w_j=K_{+j}, j=1,\cdots,J$。假设 $E(Y_{ijk})=\mu+\alpha_i+\beta_j$（$k=1,\cdots,K_{ij}$，$i=1,\cdots,I, j=1,\cdots,J$），其中 $\sum_{i=1}^{I} v_i\alpha_i = 0, \sum_{j=1}^{J} w_j\beta_j = 0$，如习题19中所示。验证：$\mu,\alpha_i,\beta_j$ 的最小二乘估计量如下：

$$\hat{\mu} = \overline{Y}_{+++},$$

$$\hat{\alpha}_i = \frac{1}{K_{i+}}Y_{i++} - \overline{Y}_{+++}, i = 1,\cdots,I,$$

$$\hat{\beta}_j = \frac{1}{K_{+j}}Y_{+j+} - \overline{Y}_{+++}, j = 1,\cdots,J。$$

21. 再次考虑习题19和习题20的条件，$\hat{\mu},\hat{\alpha}_i,\hat{\beta}_j$ 与习题20中给出的估计量相同。证明：$\mathrm{Cov}(\hat{\mu},\hat{\alpha}_i)=\mathrm{Cov}(\hat{\mu},\hat{\beta}_j)=0$。

22. 再次考虑习题19和习题20的条件，并假设 K_{ij} 具有以下比例性质：

$$K_{ij} = \frac{K_{i+}K_{+j}}{n}, i = 1,\cdots,I, j = 1,\cdots,J。$$

证明：$\mathrm{Cov}(\hat{\alpha}_i,\hat{\beta}_j)=0$，其中估计量 $\hat{\alpha}_i,\hat{\beta}_j$ 由习题20给出。

23. 在一个三因子设计中，每个单元中只有一个观察值，假设观察值 Y_{ijk}（$i=1,\cdots,I$; $j=1,\cdots,J$; $k=1,\cdots,K$）独立并服从正态分布，具有相同的方差 σ^2。假设 $E(Y_{ijk})=\theta_{ijk}$。证明：对于每组数 θ_{ijk}，都有唯一的一组数 $\mu,\alpha_i^A,\alpha_j^B,\alpha_k^C,\beta_{ij}^{AB},\beta_{ik}^{AC},\beta_{jk}^{BC},\gamma_{ijk}$（$i=1,\cdots,I; j=1,\cdots,J; k=1,\cdots,K$）使得

$$\alpha_+^A = \alpha_+^B = \alpha_+^C = 0,$$

$$\beta_{i+}^{AB} = \beta_{+j}^{AB} = \beta_{i+}^{AC} = \beta_{+k}^{AC} = \beta_{j+}^{BC} = \beta_{+k}^{BC} = 0,$$

$$\gamma_{ij+} = \gamma_{i+k} = \gamma_{+jk} = 0,$$

和

$$\theta_{ijk} = \mu + \alpha_i^A + \alpha_j^B + \alpha_k^C + \beta_{ij}^{AB} + \beta_{ik}^{AC} + \beta_{jk}^{BC} + \gamma_{ijk},$$

对所有的 i，j，k。

24. 2000年的美国总统大选势均力敌，特别是在佛罗里达州。实际上，新闻广播员无法在选举后的第二天预测获胜者，因为无法确定谁将赢得佛罗里达州的25张选举人票。棕榈滩县的许多选民抱怨说，他们对选票的设计感到困惑，并可能按照他们的意愿投票支持 Patrick Buchanan 而不是 Al Gore。表11.32显示了每个县的正式选票数（所有正式重新计票后）。在选举之前，没有理由认为 Buchanan 将在棕榈滩县获得比佛罗里达其他县高得多的选票。
    a. 绘制 Buchanan 的选票数与总选票数的关系图，每个县一个点；确定与棕榈滩县相对应的点。
    b. 鉴于对棕榈滩投票的投诉，将棕榈滩县的数据点视为与其他数据点不同可能是明智的。用简单线性回归模型拟合，其中 Y 是 Buchanan 的选票，X 是每个县（不包括棕榈滩县）的总选票。
    c. 将b中的回归残差关于 X 变量作图。你注意到了图中的任何模式吗？
    d. 县中每个候选人的选票方差应依赖于该县的总选票数。总选票数越大，你期望每个候选人选票数的方差越大。因此简单线性回归模型的假设不成立。作为替代方案，设 Y 是 Buchanan 的对数选票数，X 是每个县的对数总选票数，再用简单线性回归拟合。继续排除棕榈滩县。

e. 将 d 中的回归残差关于 X 变量作图。你注意到图中有任何模式吗？

f. 使用 d 中的模型，为棕榈滩县的 Buchanan 选票数（而不是 Buchanan 对数选票数）形成 99%的预测区间。

g. 令 B 为在 f 中得到的区间的上限。假设在棕榈滩县投票给 Buchanan 的实际人数实际上是 B 而不是 3 411，并假设其余的 3 411$-B$ 位选民实际上已经投票给了 Gore。这会改变佛罗里达州普选的赢家吗？

表 11.32 在 2000 年佛罗里达州的总统选举中，县投票支持 Bush，Gore 和 Buchanan

县	Bush	Gore	Buchanan	总计	县	Bush	Gore	Buchanan	总计
Alachua	34 124	47 365	263	85 729	Lee	106 141	73 560	305	184 377
Baker	5 610	2 392	73	8 154	Leon	39 062	61 427	282	103 124
Bay	38 637	18 850	248	58 805	Levy	6 858	5 398	67	12 724
Bradford	5 414	3 075	65	8 673	Liberty	1 317	1 017	39	2 410
Brevard	115 185	97 318	570	218 395	Madison	3 038	3 014	29	6 162
Broward	177 902	387 703	795	575 143	Manatee	57 952	49 177	271	110 221
Calhoun	2 873	2 155	90	5 174	Marion	55 141	44 665	563	102 956
Charlotte	35 426	29 645	182	66 896	Martin	33 970	26 620	112	62 013
Citrus	29 767	25 525	270	57 204	Miami-Dade	289 533	328 808	560	625 449
Clay	41 736	14 632	186	57 353	Monroe	16 059	16 483	47	33 887
Collier	60 450	29 921	122	92 162	Nassau	16 404	6 952	90	23 780
Columbia	10 964	7 047	89	18 508	Okaloosa	52 093	16 948	267	70 680
Desoto	4 256	3 320	36	7 811	Okeechobee	5 057	4 588	43	9 853
Dixie	2 697	1 826	29	4 666	Orange	134 517	140 220	446	280 125
Duval	152 098	107 864	652	264 636	Osceola	26 212	28 181	145	55 658
Escambia	73 017	40 943	502	116 648	Palm Beach	152 951	269 732	3 411	433 186
Flagler	12 613	13 897	83	27 111	Pasco	68 582	69 564	570	142 731
Franklin	2 454	2 046	33	4 644	Pinellas	184 825	200 630	1 013	398 472
Gadsden	4 767	9 735	38	14 727	Polk	90 295	75 200	533	168 607
Gilchrist	3 300	1 910	29	5 395	Putnam	13 447	12 102	148	26 222
Glades	1 841	1 442	9	3 365	Santa Rosa	36 274	12 802	311	50 319
Gulf	3 550	2 397	71	6 144	Sarasota	83 100	72 853	305	160 942
Hamilton	2 146	1 722	23	3 964	Seminole	75 677	59 174	194	137 634
Hardee	3 765	2 339	30	6 233	St. Johns	39 546	19 502	229	60 746
Hendry	4 747	3 240	22	8 139	St. Lucie	34 705	41 559	124	77 989
Hernando	30 646	32 644	242	65 219	Sumter	12 127	9 637	114	22 261
Highlands	20 206	14 167	127	35 149	Suwannee	8 006	4 075	108	12 457
Hillsborough	180 760	169 557	847	360 295	Taylor	4 056	2 649	27	6 808
Holmes	5 011	2 177	76	7 395	Union	2 332	1 407	37	3 826
Indian River	28 635	19 768	105	49 622	Volusia	82 357	97 304	498	183 653
Jackson	9 138	6 868	102	16 300	Wakulla	4 512	3 838	46	8 587
Jefferson	2 478	3 041	29	5 643	Walton	12 182	5 642	120	18 318
Lafayette	1 670	789	10	2 505	Washington	4 994	2 798	88	8 025
Lake	50 010	36 571	289	88 611	Absentee	1 575	836	5	2 490

注：总列包括选举中的所有 11 名候选人。缺失行包括未在各个县总计中包含的海外缺席投票。这些数据来自佛罗里达州官方选举网站，此网站已被移动或删除

第12章 模　　拟

12.1 什么是模拟

模拟是一种使用高速计算机能力代替分析计算的方法。大数定律告诉我们，如果我们观察到大量的独立同分布的均值有限的随机变量，则这些随机变量的平均值应接近于分布的均值。如果我们能使一台计算机产生大的独立同分布的样本，我们就可以对这些随机变量取平均值，而不用尝试（甚至有可能失败）分析计算其均值。对于一个特定的问题，人们需要弄清楚需要什么类型的随机变量，如何使计算机产生它们，以及需要多少随机变量才能对数值结果有信心。这些问题将在本章中得到一定程度的解决。

概念的证明

我们从一些简单的模拟例子开始，解决我们已经可以解析回答的问题，表明这些模拟达到了它所宣传的效果。同时，这些简单例子提出了一些在尝试使用模拟来解决更困难的问题时必须注意的问题。

例 12.1.1　分布的均值　已知区间[0,1]上均匀分布的均值为1/2。如果我们有大量的独立同分布的随机变量，同服从区间[0,1]上的均匀分布，如 $X_1,\cdots,X_n$，大数定律表明 $\overline{X}=\frac{1}{n}\sum_{i=1}^{n}X_i$ 应该接近均值1/2。对于 n 的几个不同值，表12.1给出了［0，1］上容量为 n 的均匀分布的模拟样本的平均值。不难看出大多数情况下平均值接近于0.5，但是有相当大的变异，尤其是对于 $n=100$。$n=1\ 000$ 的变异似乎较小，而两个最大的 n，变异甚至更小。 ◀

表 12.1　例 12.1.1 中几个不同模拟的结果

n	模拟的复制				
100	0.485	0.481	0.484	0.569	0.441
1 000	0.497	0.506	0.480	0.498	0.499
10 000	0.502	0.501	0.499	0.498	0.498
100 000	0.502	0.499	0.500	0.498	0.499

例 12.1.2　正态概率　正态分布随机变量大于或等于1.0的概率是已知的，为0.158 7。如果我们有大量的独立同分布的标准正态随机变量 $X_1,\cdots,X_n$，则可以建立伯努利随机变量 $Y_1,\cdots,Y_n$：如果 $X_i\geqslant 1.0$，则 $Y_i=1$；否则，$Y_i=0$。由大数定律可知，$\overline{Y}=\frac{1}{n}\sum_{i=1}^{n}Y_i$ 应该接近 Y_i 的均值，即 $P(X_i\geqslant 1.0)=0.158\ 7$。请注意，$\overline{Y}$ 只是 X_i 的模拟值大于或等于1.0的比例。对于样本量 n 的几个不同值，表12.2给出了标准正态分布的模拟样本中的 $X_i\geqslant 1.0$ 的比例。不难看出，这个比例在一定程度上接近0.158 7，但是不同的模拟之间仍然存在相当大的可变性。 ◀

表 12.2　例 12.1.2 中几个不同模拟的结果

n	模拟的复制				
100	0.16	0.18	0.17	0.22	0.14
1 000	0.135	0.171	0.174	0.159	0.171
10 000	0.160	0.163	0.158	0.152	0.156
100 000	0.158	0.158	0.158	0.159	0.161

正如之前提到的，在上面的例子中我们无须进行模拟。这些只是为了说明模拟可以实现其声称的效果。但是需要注意的是，不管模拟了多大的样本，一个随机变量独立同分布的样本的平均值不一定等于其均值。人们需要考虑其可变性。可变性在表 12.1 和表 12.2 中显而易见。我们将在本章稍后部分讨论模拟的可变性问题。

读者可能还想知道我们如何得到这两个例子中所使用的所有均匀分布和正态分布的随机变量。几乎每个商业统计软件包都有一个用于独立的、同服从区间［0，1］上均匀分布的随机变量模拟器。在本章的后面，我们将讨论模拟其他分布的方法。第 3 章已经讨论过一种这样的方法。

模拟可能会有所帮助的例子

接下来，我们提供一些例子，其基本问题相对容易描述，但求解是非常乏味的。

例 12.1.3　等待休息　快餐店中的两个服务员 A 和 B 同时开始为顾客提供服务。他们同意各自服务完 10 位顾客后一起休息一下。假定其中一个人将在另一个人之前完成，他不得不等待。其中一个服务员平均需要等待多长时间？

假如我们将所有服务时间建模为独立同分布的随机变量，同服从参数为每分钟 0.3 位顾客的指数分布，不管哪个服务员都是如此。这样服务完 10 位顾客所花的时间就服从参数为 10 和 0.3 的伽马分布。设 X 为 A 服务完 10 位顾客的时间，Y 为 B 服务完 10 位顾客的时间。我们要计算 $|X-Y|$ 的均值，分析上最直接方法是在两个非矩形区域的并集上求二重积分。

另一方面，假设计算机能为我们提供所需的尽可能多的独立的伽马随机变量，那么我们可以得到一对随机变量 (X,Y) 并计算 $Z=|X-Y|$。我们根据需要，独立地重复这个过程，计算所有观察到的 Z 值的平均值，它应接近 Z 的均值。

无须赘述，我们实际上模拟了 10 000 对 (X,Y) 值，并对得到的 Z 值求平均，得到了 11.71 分钟，模拟的 Z 值的直方图在图 12.1 中；我们另外模拟了 10 000 对，得出平均 11.77。◀

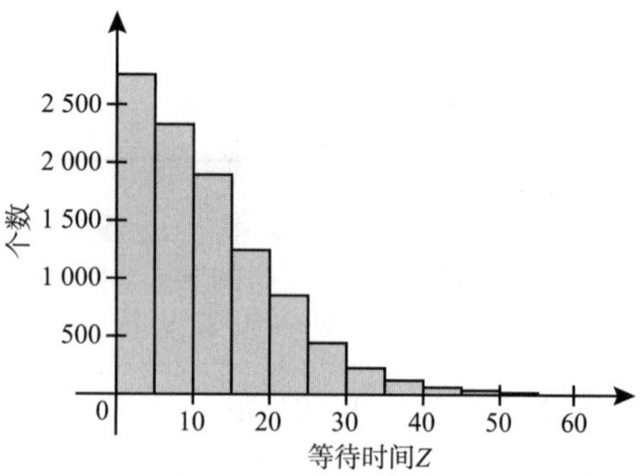

图 12.1　例 12.1.3 中 10 000 个模拟等待时间 Z 的样本的直方图

例 12.1.4　硬币正面的连续次数　你听到有人说他在掷一枚看似均匀的硬币时，连续掷出 12 次正面。独立掷一枚均匀硬币 12 次，连续掷出 12 次正面的概率为 $(0.5)^{12}$，这是一个很小的数。相反，你可能也听说过有人连续掷出 12 次反面。即使这样，连续掷出 12 次同一面的概率仅为 $(0.5)^{11}$。但是随后你发现这人实际上将这枚硬币掷了 100 次，而在这 100 次中，连续 12 次正面出现。当你得知某人掷 100 次连续得到 12 次同一面时，你一定不会感到奇怪了。当人们掷硬币 100 次时，连续得到 12 次同一面的概率有多大？

假设我们可以用计算机按我们希望的次数模拟掷一枚均匀的硬币。我们可以要求计算机模拟掷 100 次，然后检查连续长度是否大于或等于 12。如果连续长度大于或等于 12，则令 $X=1$；否则，$X=0$。然后我们根据需要，独立重复多次这个过程，并对所有观察到的 X 求平均，其平均值应接近 X 的均值，它是在 100 次中的连续次数大于或等于 12 的概率。

无须赘述，重复上述模拟试验 10 000 次，图 12.2 显示了最大连续次数的直方图。对于 10 000 次运行中的每次，我们按上述方法计算 X，发现平均值为 0.021 4，仍然是一个很小的数，但远没有 $(0.5)^{11}$ 这么小。我们另外运行 10 000 次模拟试验（每次模拟掷一枚硬币 100 次），重复刚才的平均值计算，得到 0.022 9。◀

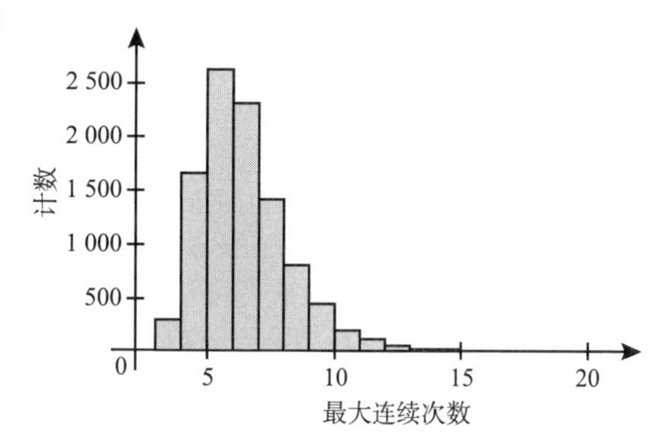

图 12.2　10 000 个最大连续次数的样本直方图（正面或反面）。每个连续次数都是模拟掷一枚均匀的硬币 100 次得到的

在上面的例子中如何进行模拟的很多细节被忽略了。但是，我们希望观察的随机变量很清楚，即例 12.1.3 中的 Z 和例 12.1.4 中的 X。许多模拟可以解决多个问题。例如，在例 12.1.4 中，我们记录了 10 000 次中最大连续次数，即使我们的主要关注点是“最大连续次数是否大于或等于 12”。我们也可以尝试计算最大连续次数的期望值或最大连续次数的分布的其他性质。例 12.1.3 中，我们也可以尝试估计“一个人等待时间至少为 15 分钟”的概率，等等。

图 12.1 和图 12.2 说明了 10 000 次重复模拟试验存在变异。此外，每个例子都表明，我们重新运行所有 10 000 次模拟试验，都会得到不同的答案。答案之间有多少差异，这是我们将在 12.2 节中解决的问题，我们使用切比雪夫不等式和中心极限定理来帮助我们确定重复基本试验多少次。在 12.3 节中，我们将详细介绍如何模拟掷硬币 100 次或（一对）伽马分布的随机变量。

小结

假设我们想知道随机变量或随机向量 W 的某个函数 g 的均值。例如例 12.1.3 中，我们可以令 $W=(X,Y)$ 和 $g(W)=|X-Y|$。如果计算机能够提供大量与 W 的分布相同的独立的随机变量（或随机向量），我们就可以利用 $g(W)$ 的模拟值的平均值来近似 $g(W)$ 的均值。考虑到 $g(W)$ 的变异性，我们在确定近似值的置信度时必须小心。

习题

对于本节的每个习题，如果你有合适的计算机软件，也可以利用不同数量的重复进行模拟。涉及的大多数分布通常都可以在计算机软件中得到。如果没有可用的分布，可以等到 12.3 节介绍用于模拟特定分布的方法后再进行模拟。

1. 假设人们可以模拟尽可能多的独立随机变量，且同服从参数为 1 的指数分布。解释如何使用模拟来近似参数为 1 的指数分布的均值。
2. 如果 X 的概率密度函数为 $1/x^2, x>1$，则 X 的均值为无穷大。如果使用这个概率密度函数模拟大量随机变量并计算出它们的平均值，你期望会发生什么？
3. 如果 X 服从柯西分布，则 X 的均值不存在。如果模拟大量柯西分布随机变量并计算它们的平均值，你期望会发生什么？
4. 假设一个人希望可以模拟尽可能多的独立同分布的随机变量，同服从参数为 p 的伯努利分布。解释如何利用这些来近似计算参数为 p 的几何分布的均值。
5. 快餐店中的两个服务员 A 和 B 分别同时开始服务第一位顾客。在 A 服务完第二位顾客后，注意到 B 尚未服务完他的第一位顾客。然后，A 指责 B 的速度较慢，B 则回应说 A 只是获得了两位更容易服务的顾客。假设我们将所有服务时间建模为独立同分布的随机变量，同服从参数为 0.4 的指数分布，哪一位服务员都一样。设 X 为服务员 A 的前两个服务时间的总和，令 Y 为服务员 B 的第一个服务时间。假设你可以根据需要，模拟尽可能多的独立随机变量，同服从参数为 0.4 的指数分布。
   a. 解释如何使用这些随机变量来近似计算 $P(X<Y)$。
   b. 解释为什么 $P(X<Y)$ 相同，无论指数分布的公共参数是什么。也就是说，我们不需要使用参数 0.4 来模拟指数。我们可以使用任何方便的参数，并且应该得到相同的答案。
   c. 求出 (X,Y) 的联合概率密度函数，将 $P(X<Y)$ 用二重积分来表示。

12.2 为什么模拟是有用的

统计模拟常用于估计分布的特征，例如均值、分位数以及其他不能用封闭形式计算的分布特征。使用模拟估计量时，除了估计值本身，还应该计算该估计量的精确程度的度量。

模拟的例子

模拟是一种技术，它能够帮助人们了解复杂系统是如何运作的，即使不能对它进行详细分析。例如，工程师可通过模拟一个建筑工程附近的交通模型，观察该工程受交通限制所带来的影响。物理学家可以在不知气体分子运动机制的条件下模拟该气体分子的运动。统计模拟则用来估计我们不能通过解析方法计算的模型的概率特征。因为模拟在分析中引入了随机元素，它有时被称作“蒙特卡罗方法”，蒙特卡罗是欧洲著名的赌博中心。

例 12.2.1 样本中位数的均方误差 我们将观察容量为 n 的服从柯西分布的随机样本，分布的中心 μ 未知。每个观察值的概率密度函数为

$$f(x)=\frac{1}{\pi}[1+(x-\mu)^2]^{-1},$$

未知参数 μ 是分布的中位数。假设我们对用样本中位数 M 作为 μ 的估计量的好坏感兴趣，特别地，想要计算均方误差 $E([M-\mu]^2)$。如果我们能够产生一个容量为 n 的随机样本，且

样本来自中心为μ的柯西分布，我们就能计算样本中位数M和$Y=(M-\mu)^2$，均方误差即为$\theta=E(Y)$。如果能产生v个（数字很大）与Y同分布的随机变量$Y^{(1)},\cdots,Y^{(v)}$，那么根据大数定理，$Z=\frac{1}{v}\sum_{i=1}^{v}Y^{(i)}$应该近似于$\theta$。为此，我们可以产生$nv$个独立的同服从中心为$\mu$的柯西分布的随机变量。然后把它们分成$v$个大小为$n$的集合，并计算每个集合的样本中位数$M^{(i)}(i=1,\cdots,v)$，然后计算$Y^{(i)}=(M^{(i)}-\mu)^2$。事实上10.7节的表格里的不少数据就是这么算出来的，这些表格包括了根据不同分布的随机样本计算得出的各种估计值的均方误差。例如，表10.39中样本中位数正是根据我们的这个例子得到的。◀

注：区分模拟的符号。我们将用括号里的上标来区分同一随机变量的不同模拟值。例如例12.2.1中，我们用$Y^{(i)}$来代表Y的第i个模拟值。类似地，可以模拟有下标的随机变量。例如$\mu_i^{(j)}$表示μ_i的第j个模拟值。

例12.2.1说明了许多统计模拟的主要特征。如果我们想要计算的数可以表示成一些分布为F的随机变量的期望，那么可以产生一个分布为F的随机变量的大样本，然后对它们取平均。但通常情况下分布F本身非常复杂，如例12.2.1中那样，这时我们需要用比较熟悉的分布的简单随机变量构造服从分布F的随机变量。例12.2.1中，均方误差是随机变量$Y=(M-\mu)^2$的均值，这里的M是以μ为中心的柯西随机变量的样本中位数。我们不可能很容易地一步就模拟出与Y同分布的随机变量，但可以先模拟出n个柯西随机变量，然后找到它们的样本中位数M，最后计算出$Y=(M-\mu)^2$，该Y的分布即为我们所需要的分布，之后我们多次重复Y的模拟。

不是所有的统计模拟都涉及随机变量的均值。

例12.2.2　复杂分布的中位数　设X是参数μ未知的指数随机变量，假设μ服从概率密度函数为g的分布。我们所关心的是X的中位数。X的边际概率密度函数为

$$f(x)=\int_0^{\infty}\mu e^{-\mu x}g(\mu)\,d\mu。$$

我们可能无法计算该积分，但假如可以产生一个由具有概率密度函数g的随机变量$\mu^{(1)},\cdots,\mu^{(v)}$所构成的大样本。然后对于每个$i=1,\cdots,v$，我们可以模拟出一个参数为$\mu^{(i)}$的指数分布的$X^{(i)}$。随机变量$X^{(1)},\cdots,X^{(v)}$即为概率密度函数为$f$的分布的随机样本，样本$X^{(1)},\cdots,X^{(v)}$的中位数接近于概率密度函数为$f$的分布的中位数。◀

例12.2.3　临床试验　考虑例2.1.4所描述的4个治疗组的例子。对$i=1,2,3,4$，设P_i为第i组的病人在治疗后不再复发的概率，我们感兴趣的是P_i之间的差距达到特定值的可能性。假设P_i相互独立，其先验分布为参数为α_0和β_0的贝塔分布；P_i的后验分布也相互独立，服从参数是α_0+x_i和$\beta_0+n_i-x_i$的贝塔分布，其中n_i为第i组的病人数，x_i是第i组不再复发的病人数。我们可以模拟大量v个向量(P_1,P_2,P_3,P_4)服从上述贝塔分布，这样就可以得到任何我们想知道的关于(P_1,P_2,P_3,P_4)后验分布的问题的答案。例如我们要估计$P(P_i>P_4)$，$i=1,2,3$，其中$i=4$代表安慰剂组，这个概率告诉我们每种治疗比不治疗好的程度。我们还可以通过计算向量(P_1,P_2,P_3,P_4)的样本中“第i个分量大于第4个分量”的比例来估计$P(P_i>P_4)$。我们也可以估计“P_i是最大”的概率，或者“所有四个P_i相差都在ε之内”的概率。◀

例 12.2.4　比较方差不相等的两个正态分布的均值　第 9 章中，我们讨论了两个方差未知且不相等的正态分布的均值是否相等的假设检验问题。这个问题在贝叶斯框架下用模拟来解决会相对简单些，我们的参数为 $\mu_x, \tau_x, \mu_y, \tau_y$。在给定这些参数的条件下，设 $X_1, \cdots, X_m$ 独立同分布，同服从均值为 μ_x、精确度为 τ_x 的正态分布；设 $Y_1, \cdots, Y_n$ 独立同分布（且与 X 是独立的），同服从均值为 μ_y、精确度为 τ_y 的正态分布。在先验分布中，假设我们使用 (μ_x, τ_x) 与 (μ_y, τ_y) 的自然共轭先验，并假定它们是独立的（其实没有必要让 X 的参数与 Y 的参数独立，但这样可以使问题变得简单）。8.6 节详细说明了怎样得到参数的后验分布。由于 X 数据及 X 参数均与 Y 数据及 Y 参数独立，我们可以分别计算两者参数的后验分布。记 (μ_x, τ_x) 的后验分布的超参数为 α_{x1}，β_{x1}，μ_{x1} 和 λ_{x1}。类似地，设 (μ_y, τ_y) 后验分布的超参数为 α_{y1}，β_{y1}，μ_{y1} 和 λ_{y1}。要对关于 $\mu_x - \mu_y$ 的假设进行检验，我们需要知道 $\mu_x - \mu_y$ 的后验分布。这个分布不太容易分析。如果我们可以根据它们的联合后验分布模拟一组参数向量，对于每个样本向量我们可以计算 $\mu_x - \mu_y$，这些值将形成一个来自 $\mu_x - \mu_y$ 的后验分布的样本。更准确地说，设 v 是一个很大的数，对于每个 $i = 1, \cdots, v$，我们想根据联合后验分布来模拟 $(\mu_x^{(i)}, \mu_y^{(i)}, \tau_x^{(i)}, \tau_y^{(i)})$。为此，我们需要模拟独立的伽马随机变量 $\tau_x^{(i)}$ 和 $\tau_y^{(i)}$，服从适当的后验分布；在这个模拟之后，我们可以模拟 $\mu_x^{(i)}$，其服从均值为 μ_{x1} 和方差为 $1/(\lambda_{x1}\tau_x^{(i)})$ 的正态分布。类似地，我们可以模拟 $\mu_y^{(i)}$，其服从均值为 μ_{y1} 和方差为 $1/(\lambda_{y1}\tau_y^{(i)})$ 的正态分布。于是 $\mu_x^{(i)} - \mu_y^{(i)} (i = 1, \cdots, v)$ 是一个来自 $\mu_x - \mu_y$ 的后验分布的样本。在我们讨论了各种分布的模拟伪随机数的方法后，我们将在例 12.3.8 中说明这个方法。◀

例 12.2.4 中的模拟可以直接推广到具有不同方差的两个或多个正态分布的比较。在比较多个均值时，有一个问题，就是要计算什么量来综合这个比较，这时不止一个差 $\mu_x - \mu_y$，还可以得到三个或更多的均值的差。在例 12.3.7 和例 12.5.6 中，我们将更详细地讨论这种情形。

例 12.2.5　估计标准差　设 X 是一个随机变量，它的标准差 θ 是要估计的重要的量。假如我们无法算出封闭形式的 θ，但是可以模拟许多与 X 同分布的伪随机数 $X^{(1)}, \cdots, X^{(v)}$，这样我们就可以计算出样本标准差

$$S_v = \left(\frac{1}{v} \sum_{i=1}^{v} (X^{(i)} - \overline{X})^2 \right)^{1/2},$$

将其作为 θ 的一个估计量，其中 $\overline{X} = \frac{1}{v} \sum_{i=1}^{v} X^{(i)}$。由于 S_v 不是平均值，大数定理没有告诉我们它依概率收敛于 θ。然而，如果令 $Y^{(i)} = X^{(i)2}$，我们可以把 S_v 重写为 $(\overline{Y} - \overline{X}^2)^{1/2}$。用这种形式，我们发现 $S_v = g(\overline{X}, \overline{Y})$，其中 $g(x, y) = (y - x^2)^{1/2}$，注意 g 对满足 $y \geq x^2$ 的任意点 (x, y) 都是连续的。大数定律告诉我们 $\overline{Y}$ 依概率收敛于 $E(X^2)$ 以及 $\overline{X}$ 依概率收敛于 $E(X)$。因为 $E(X^2) \geq E(X)$，我们可以应用 6.2 节习题 16 来导出 S_v 依概率收敛于 $g(E(X), E(X^2)) = \theta$。◀

上面的所有例子都涉及具有特定分布的大量随机变量的生成。这个主题的某些讨论在第 3 章中出现过。12.3 节和 12.5 节还将继续讨论具有特定分布的随机变量生成的方法。12.4 节和 12.6 节将重点介绍成功运用统计模拟解决特殊类型的问题。

你指的是哪个均值?

模拟分析给已有的概率统计分析添加了概率分布和统计量的抽样分布的一种新方法。一个典型的统计分析包含了数据 $X_1,\cdots,X_n$ 的随机样本的概率模型。这个概率模型指定了每个 X_i 的分布，这个分布可能有一些参数，例如它的均值、中位数、方差和其他我们在估计和检验中感兴趣的度量。然后我们构造统计量（数据的函数），记为 $\boldsymbol{Y}$。这些函数可能包含我们想要估计的那个参数的样本形式，如样本均值、样本中位数、样本方差等。$\boldsymbol{Y}$ 的分布称为**抽样分布**。抽样分布也可能有均值、中位数、方差和其他我们需要计算或处理的度量。迄今为止，我们有了三个版本的均值、中位数、方差和其他度量，我们甚至还未开始讨论模拟。

模拟分析可以用来估计统计量 $\boldsymbol{Y}$ 的抽样分布中的参数 θ。典型地，人们模拟独立同分布的伪随机向量 $\boldsymbol{Y}^{(1)},\cdots,\boldsymbol{Y}^{(v)}$，它们同服从 $\boldsymbol{Y}$ 的分布（抽样分布）。然后计算出 $\boldsymbol{Y}^{(1)},\cdots,\boldsymbol{Y}^{(v)}$ 的综合的统计量 Z，并用 Z 去估计 θ。这个 Z 本身可能是样本均值、样本中位数、样本方差，或样本 $\boldsymbol{Y}^{(1)},\cdots,\boldsymbol{Y}^{(v)}$ 的其他度量。Z 的分布称为它的**模拟分布**或者**蒙特卡罗分布**。模拟分布的数字特征，如均值、中位数、和方差称为**模拟均值**、**模拟中位数**和**模拟方差**，以便弄清楚我们已经到达了这个永远可以延伸的专业术语树的哪个水平。这里有一个例子来说明所有不同的水平。

例 12.2.6 五个或者更多的方差 设 $X_1,\cdots,X_n$ 是独立同分布的连续随机变量，分布函数为 F。令 ψ 表示 X_i 的方差。假如我们决定用样本方差 $Y=\sum_{i=1}^{n}(X_i-\overline{X})^2/n$ 去估计 ψ。作为"决定 Y 作为 ψ 的估计量有多好"的一部分，我们感兴趣的是它的方差 $\theta=\mathrm{Var}(Y)$，即 θ 是 Y 的抽样分布的方差。假如我们不能算出封闭形式的 θ，但是假定可以很容易地从分布 F 中模拟它。我们可能要模拟 nv 个值 $X_i^{(j)}$，$j=1,\cdots,v$，$i=1,\cdots,n$。对于每个 j，计算出样本 $X_1^{(j)},\cdots,X_n^{(j)}$ 的样本方差 $Y^{(j)}$：$Y^{(j)}=\sum_{i=1}^{n}(X_i^{(j)}-\overline{X}^{(j)})^2/n$。$Y^{(j)}$ 与 Y 本身同分布，即 Y 的抽样分布。由于我们对 $\mathrm{Var}(Y)$感兴趣，我们可以计算出样本 $Y^{(1)},\cdots,Y^{(v)}$ 的样本方差 Z：$Z=\sum_{i=1}^{v}(Y^{(i)}-\overline{Y})^2/v$，然后用 Z 来估计 θ。如果 Z 很大，这意味着 Y 有很大的方差，所以 Y 不是 ψ 的一个很好的估计量。除非我们愿意收集更多的数据或者寻找一个更好的估计量，否则就被 ψ 的一个不好的估计量卡住了。

最后，由于模拟的数量 v 不足够多，Z 可能不是 θ 的一个好的估计量。如果真是如此，我们可以模拟更多的 $Y^{(j)}$ 值。也就是说，可以增加模拟量 v 来获得 θ 的更好的模拟估计量（这不会使 Y 成为 ψ 的更好的估计量，但是它将提供给我们判断估计量好坏的一个更好的想法）。于是，我们将试着去估计 Z 的方差（模拟方差）。如何准确地去做是随例子的不同而变化的，在这里我们将不做任何详细的叙述。然而，我们将在这一节的后面解释如何对最常用的模拟类型来估计 Z 的模拟方差。

方差的这个估计值必须在某处中止，且与 $\mathrm{Var}(Z)$一起结束。就是说，我们将不会去评估 $\mathrm{Var}(Z)$的估计量有多好。所有这些分布和估计的水平在表 12.3 中介绍。 ◀

例 12.2.6 没有打算介绍任何模拟方法。它想要介绍不同水平的概率概念（例如方差）以及进入统计分析的模拟研究中的样本形式。为了避免混淆，区分正在讨论的是哪个方差或者是哪个样本方差是很重要的。在这章中，我们将集中在模拟样本的特征上，尤其是由模拟样本中计算出的统计量的模拟分布。然而，我们的例子必然会涉及在先前水平中出现的参数和统计量。此外，模拟分布的分析将会使用和在非模拟数据时使用的相同的方法（中心极限定理、大数定律、delta 方法等）。

表 12.3　在典型模拟分析中概率分布、统计量和参数的水平

分布（D）或样本（S）	参数（P）或统计量（S）
（D）总体分布 F	（P）均值、方差、中位数等，ψ
（S）来自 F 的样本 $\boldsymbol{X}=(X_1,\cdots,X_n)$	（S）基于 $\boldsymbol{X}$ 的 ψ 的估计量 Y，如样本均值、样本方差、样本中位数等
（D）Y 的抽样分布 G	（P）均值、方差、中位数等，Y 的抽样分布的 θ
（S）来自 G 的模拟样本 $\boldsymbol{Y}=(Y^{(1)},\cdots,Y^{(v)})$	（S）基于 $\boldsymbol{Y}$ 的 θ 的估计量 Z，如 $\boldsymbol{Y}$ 的样本均值、样本方差、样本中位数等
（D）Z 的模拟分布 H	（P）模拟分布的方差（模拟方差）
（S）模拟数据（因例子而不同）	（S）模拟方差的估计量（依赖于特定的例子）

模拟结果的不确定性评估

例 12.2.6 中的最后一步（汇总在表 12.3 中最后两行）对于每个模拟分析都是很重要的一部分。也就是说，我们应该总是试图去评估模拟中的不确定性。这个不确定性很容易通过模拟量的模拟方差来评估。例如例 12.2.1 中，令 $v=1\ 000$ 和 $\theta=0$，我们可以产生 n 个柯西随机变量的 1 000 个样本；计算第 i 个样本的中位数 $M^{(i)}$，并计算 $Y^{(i)}=(M^{(i)}-0)^2$ 的值；我们再取这 1 000 个 $Y^{(i)}$ 值的平均值。我们可以重复这个过程几次，但每次都不能得到同样的结果。这要归于如下的事实：即使对像 1 000 这样一个很大的 v，估计量，如 $Z=\frac{1}{v}\sum_{i=1}^{v}Y^{(i)}$，仍然是一个具有正值方差的随机变量（它的模拟方差）。模拟方差越小，就越能肯定估计量 Z 接近于我们想要估计的值。但是在评估不确定量之前，我们需要估计或限制模拟方差。我们如何估计 Z 的模拟方差依赖于 Z 是否为模拟值的平均值，是否为一个或更多个平均值的平滑函数，是否为模拟值的样本分位数。我们估计出的模拟方差的平方根被称为**模拟标准误差**，而且它是 Z 的模拟标准差一个估计值。模拟标准误差是一个汇总模拟不确定性的流行的办法，有两个理由。第一，它的度量单位与所要估计的量相同（不像模拟方差）。第二，模拟标准误差对于说明“模拟估计量与所要估计的参数有多接近”很有用。在展示如何在几个常见的例子中计算模拟标准差后，我们将更详细解释第二点。

例 12.2.7　平均值的模拟标准误差　假设模拟分析的目的是估计某个随机变量 Y 的均值 θ。模拟估计量 Z 通常是大量模拟值的平均值。估计平均值的模拟方差的一种直接方法如下：为了估计均值 θ，假设要对 Y 进行大量的 v 次模拟，即假设对于很大的 v，我们模拟互相独立的量 $Y^{(1)},\cdots,Y^{(v)}$；还假定 θ 的估计量是 $Z=\frac{1}{v}\sum_{i=1}^{v}Y^{(i)}$，且每个 $Y^{(i)}$ 都有均值 θ

和有限的方差 σ^2。样本 $Y^{(1)},\cdots,Y^{(v)}$ 的样本标准差是样本方差的平方根，即

$$\hat{\sigma}=\left(\frac{1}{v}\sum_{i=1}^{v}(Y^{(i)}-\overline{Y})^2\right)^{1/2}。\tag{12.2.1}$$

如果 v 很大，那么 $\hat{\sigma}$ 就很接近 σ。中心极限定理告诉我们，Z 应该近似服从均值为 θ 和方差为 σ^2/v 的正态分布。由于我们通常都不知道 σ^2，将用 $\hat{\sigma}^2$ 来估计。这使得 Z 的模拟方差的估计量就等于 $\hat{\sigma}^2/v$，这时模拟标准误差为 $\hat{\sigma}/v^{1/2}$。◀

例 12.2.8　另一个估计量的平滑函数的模拟标准误差　有时在估计一个量 ψ 后，还希望估计它的一个平滑函数 $g(\psi)$。例如，我们可能需要去估计某个均值的平方根或其对数。或者，我们可能已经估计了方差 θ^2，而现在想要 θ 的估计量。一般地，假设我们希望通过模拟估计的参数是 $\theta=g(\psi)$，我们已经有了 ψ 的估计量 W；假设估计量 W 近似服从均值为 ψ 和方差为 σ^2/v 的正态分布，这里的 v 相对于 σ^2 较大；最后假设在计算 W 时已经得到了 σ 的估计量 $\hat{\sigma}$。例如，W 本身就是 v 个独立同分布的模拟随机变量 $Y^{(i)}$ 的平均值，模拟随机变量均值为 ψ，方差为 σ^2。这时，式（12.2.1）将是 σ 的估计量。令 $Z=g(W)$ 是 θ 的估计量。由 delta 方法（见 6.3 节）可知，Z 近似服从一个均值为 $\theta=g(\psi)$ 和方差为 $[g'(\psi)]^2\sigma^2/v$ 的正态分布。如果 $g(\psi)=\psi^{1/2}$，那么 $W^{1/2}$ 就近似服从均值为 $\psi^{1/2}$ 和方差为 $\sigma^2/(4\psi v)$ 的正态分布。我们已经有了 σ 和 ψ 的估计值，所以 Z 的模拟标准误差为 $|g'(W)|\hat{\sigma}/v^{1/2}$。◀

例 12.2.9　样本分位数的模拟标准误差　假设模拟分析的目标是估计某个分布 G 的 p 分位数 θ_p。典型地，我们模拟了大量的伪随机值 $Y^{(1)},\cdots,Y^{(v)}$，其分布为 G；用样本的 p 分位数作为我们的估计量。在 10.7 节中，我们指出一个大样本（容量为 m）中的样本分位数 p 近似服从正态分布，均值为 θ_p，方差为 $p(1-p)/[mg^2(\theta_p)]$，这里 g 是分布 G 的概率密度函数。现在我们所关心的是这个近似方差具有 σ^2/m 的形式，其中 $\sigma^2=p(1-p)/g^2(\theta_p)$ 是某个不依赖于 m 的数。假设我们模拟 k 个来自分布 G 的独立随机样本，每个样本量为 m。这通常可以通过选择原始模拟样本 $Y^{(1)},\cdots,Y^{(v)}$ 的容量 $v=km$ 来做到，将 v 个模拟值分为 k 个容量为 m 的子样本。计算每个随机样本的样本 p 分位数（共 k 个），这些模拟的样本 p 分位数记为 $Z_1,\cdots,Z_k$。为了使样本分位数近似服从正态分布，m 必须很大。接下来，计算 $Z_1,\cdots,Z_k$ 的样本标准差

$$S=\left(\frac{1}{k}\sum_{i=1}^{k}(Z_i-\bar{Z})^2\right)^{1/2},\tag{12.2.2}$$

这里 $\bar{Z}$ 是 k 个样本 p 分位数的平均值。如果我们把每个 Z_i 当作一个单独的模拟，则 S^2 就是 Z_i 的方差的估计量。但是前面刚指出 Z_i 的方差近似为 σ^2/m。因此 S^2 是 σ^2/m 的一个估计量。换句话说，σ 的一个估计量为 $\hat{\sigma}=m^{1/2}S$。最后，把所有 k 个样本合并为单个容量为 $v=km$ 的样本，并计算 Z 的样本 p 分位数，并把它作为 θ_p 的蒙特卡罗估计量。正如我们前面注意到的，Z 近似服从均值为 θ_p 和方差为 σ^2/v 的正态分布。我们刚构造了 σ 的一个估计量 $\hat{\sigma}$，所以 Z 的模拟方差的估计量为 $\hat{\sigma}^2/v=mS^2/v=S^2/k$，从而模拟标准误差为 $S/k^{1/2}$。◀

例 12.2.10　样本方差的模拟标准误差　假定模拟分析的目标是估计某个估计量 Y 的方差 θ（例 12.2.6 是基于这种情况讨论的）。假定我们模拟 $Y^{(1)},\cdots,Y^{(v)}$，并用 $Z=$

$\frac{1}{v}\sum_{i=1}^{v}(Y^{(i)}-\overline{Y})^2$ 去估计 θ。现在我们需要估计 Z 的模拟方差。我们将 Z 改写为两个平均值的光滑函数，再应用 delta 方法的二维推广（见本节习题 12）来估计模拟方差。令 $W^{(i)}=Y^{(i)2}$，可得 $Z=\overline{W}-\overline{Y}^2$，其中 $\overline{W}$ 是 $W^{(1)},\cdots,W^{(v)}$ 的平均值。现在 Z 是两个平均值的光滑函数，这时可应用习题 12 中的二维 delta 方法（具体细节见本节习题 13）。习题 13 的结果提供了以下 Z 的渐近方差的近似。首先，算出 $W^{(1)},\cdots,W^{(v)}$ 的样本方差，记为 V；接下来，计算出 Y 和 W 之间的样本协方差

$$C=\frac{1}{v}\sum_{i=1}^{v}(Y^{(i)}-\overline{Y})(W^{(i)}-\overline{W})。$$

$\mathrm{Var}(Z)$ 的估计量就为

$$\widehat{\mathrm{Var}(Z)}=\frac{1}{v}(4\overline{Y}^2Z-4\overline{Y}C+V)。\tag{12.2.3}$$

同时，Z 的模拟分布是均值为 θ 和方差被式（12.2.3）估计的近似正态分布。模拟标准误差是式（12.2.3）的平方根。◀

模拟的量是否足够? 设 Z 是基于 v 个模拟值的某个参数 θ 的蒙特卡罗估计量。由于我们现在能够估计出 Z 的模拟方差，所以可以回答问题“Z 与 θ 有多接近”，并且我们还可以决定是否需要更多的模拟使 Z 足够接近于 θ。与前面考虑的所有情形一样，假定 Z 近似服从均值为 θ 和方差为 σ^2/v 的正态分布，其中 σ^2 是不依赖于模拟量的数。对任意 $\epsilon>0$，

$$P(|Z-\theta|\leqslant\epsilon)\approx2\Phi(\epsilon v^{1/2}/\sigma)-1,\tag{12.2.4}$$

这里 Φ 是标准正态分布函数。我们可以用这种近似方法来帮助确定 Z 与 θ 有多接近。在式（12.2.4）中，我们可以用 Z 的模拟标准误差的倒数来替代 $v^{1/2}/\sigma$ 去近似 $|Z-\theta|\leqslant\epsilon$ 的概率。我们还可以用式（12.2.4）来决定如果 v 不够大的话，还需多少次模拟。例如，假设我们想让式（12.2.4）的概率等于 γ，那么应该令

$$v=\left[\Phi^{-1}\left(\frac{1+\gamma}{2}\right)\frac{\sigma}{\epsilon}\right]^2。\tag{12.2.5}$$

由于我们很难事先知道 σ，通常先做容量为 v_0 的初步模拟，并基于这些初步模拟计算 $\hat{\sigma}$。

例 12.2.11　样本中位数的均方误差　不失一般性，例 12.2.1 中我们可以取 $\mu=0$，原因如下：设 $M^{(i)}$ 为 $X_1^{(i)},\cdots,X_n^{(i)}$ 的样本中位数，每一个 $X_j^{(i)}$ 都是以 μ 为中心的柯西随机变量，则 $M^{(i)}-\mu$ 也是 $X_1^{(i)}-\mu,\cdots,X_n^{(i)}-\mu$ 的样本中位数，且每个 $X_j^{(i)}-\mu$ 都是以 0 为中心的柯西随机变量。由于我们的计算是建立在 $Y^{(i)}=(M^{(i)}-\mu)^2,i=1,\cdots,v$ 基础上的，无论是否有 $\mu=0$，我们都会得到相同的结果。所以，令 $\mu=0$，这使 $Y^{(i)}=M^{(i)2}$，且现在 σ^2 是 $M^{(i)2}$ 的方差（即使柯西随机变量甚至没有一阶矩，也可以证明至少 9 个独立同分布的柯西随机变量的样本中位数的 4 阶矩有限）。假定我们想要 θ 的估计量 $Z=\overline{Y}$ 在 θ 的 $\epsilon=0.01$ 范围内的概率为 $\gamma=0.95$，即我们想要 $P(|Z-\theta|\leqslant0.01)=0.95$。由于 Z 是一个平均值，则可以通过式（12.2.1）计算 σ 的估计值 $\hat{\sigma}$。假设我们模拟了 $v_0=1\,000$ 个来自柯西分布的容量为 $n=20$ 的样本，计算 1 000 个 $Y^{(i)}$ 的值，然后计算 $\hat{\sigma}=0.389\,2$。由式（12.2.5）（σ 用 0.389 2 代替）可知，我们需要 $v=(1.96\times0.398\,2/0.01)^2=5\,820$。因此，我们还需要大约 4 820 次模拟。◀

完成了式（12.2.5）所建议的其余模拟之后，人们需要重新计算 $\hat{\sigma}$。如果比开始估计的量要大很多，那就需要再进行另外的模拟了。

例 12.2.12　复杂分布的中位数　例 12.2.2 中，假定概率密度函数 g 是参数为 3 和 1 的伽马分布的概率密度函数。假设我们想要以 0.99 的概率使中位数的估计量与中位数的真实值的误差在 0.001 内，我们先做一个 $v_0=10\ 000$ 的初步模拟：我们模拟 $\mu^{(1)},\cdots,\mu^{(10\ 000)}$ 服从参数为 3 和 1 的伽马分布；对于每一个 i，我们模拟 $X^{(i)}$ 服从参数为 $\mu^{(i)}$ 的指数分布；再将 $X^{(1)},\cdots,X^{(10\ 000)}$ 分成 $k=20$ 个每个大小为 $m=500$ 的样本，然后我们计算每一个样本中位数 $Z_1,\cdots,Z_{20}$。在进行了这些初始模拟之后，假定观察到式（12.2.2）中 $S=0.015\ 97$，这使得 $\hat{\sigma}=0.357\ 0$。将这个值代替式（12.2.5）中的 σ，其中 $\gamma=0.99$ 和 $\epsilon=0.001$，可以得到 $v=845\ 747.4$。这意味着我们共需要 845 748 次模拟以便在这个模拟的结果中达到我们所需要的置信度。为了检验，总共模拟了 900 000 个值，并且计算出样本中位数 0.259 3 以及基于 $k=100$ 个每个样本量为 $m=6\ 200$ 的子样本的新 S^2 值。新的 $\hat{\sigma}$ 值是 0.452 9。将 0.452 9 替代式（12.2.5）中的 σ，得到一个新的 $v=1\ 360\ 939$，这意味着还需要进行 460 939 次模拟。◀

模拟实际过程

在许多科学领域中，实际的物理或社会变化过程都建模为含有随机项的模型。例如，股票价格常建模成如例 5.6.10 中服从对数正态分布的随机变量。许多包含等待时间和服务的过程通常被建模为泊松分布。在本书前面所建立的简单概率模型只是在实际过程中建立这种模型的基石。在此，我们将给出两个例子，用已知分布来构造稍微复杂一些的模型。可以通过模拟来简化这些模型的分析。

例 12.2.13　期权定价　例 5.6.10 中，我们介绍了 Black 和 Scholes（1973）关于期权定价的公式。在那个例子中，期权是关于要购买价格为 q 的某种股票，它在时刻 u（未来时刻）的价值是随机变量 S_u，服从对数正态分布。许多经济学家认为例 5.6.10 中的 $\ln(S_u)$ 的标准差 σ 不应该被视为已知常数。例如，可以把 σ 视为一个概率密度函数为 $f(\sigma)$ 的随机变量。准确地说，我们将继续假设 $S_u=S_0e^{(r-\sigma^2/2)u+\sigma u^{1/2}Z}$，但是现在我们要假设 Z 和 σ 都是随机变量。为了方便起见，假设它们是独立的。设 Z 服从标准正态分布，设 $\tau=1/\sigma^2$ 服从参数为 α 和 β（均已知）的伽马分布，参数 α 和 β 有可能根据结合历史数据和股票分析的专家意见来估计股票价格的方差而得到。例如，它们有可能是对一个股票价格样本运用贝叶斯分析而得到的后验超参数。易知对所有的 σ，都有 $E(S_u|\sigma)=S_0e^{ru}$。因此对期望的全概率（定理 4.7.1）意味着 $E(S_u)=S_0e^{ru}$。这就是风险中性所需要的。例 5.6.10 中所考虑的期权价格是随机变量 $e^{-ru}h(S_u)$ 的均值，其中

$$h(s)=\begin{cases}s-q, & s>q,\\0, & \text{其他。}\end{cases}$$

Black-Scholes 公式（5.6.18）是已知 σ 条件下的 $e^{-ru}h(S_u)$ 的条件均值。为了估计 $e^{-ru}h(S_u)$ 的边际均值，我们可以根据 σ 的分布来模拟大量的值 $\sigma^{(i)}(i=1,\cdots,v)$，将每一

个 $\sigma^{(i)}$ 代入式（5.6.18），再对结果取平均。

作为一个例子，假设我们取与例 5.6.10 结尾相同的数值，$u=1$，$r=0.06$，$q=S_0$。这次，假设 $1/\sigma^2$ 服从参数为 2 和 0.012 7 的伽马分布（这些值使得 $E(\sigma)=0.1$，但是 σ 具有相当大的可变性）。我们可以从这个分布中对 σ 取 $v=1\ 000\ 000$ 个值，并对每个值计算（5.6.18）。在我们的模拟中平均值是 $0.075\ 6S_0$，而模拟标准误差是 $1.814S_0\times10^{-5}$。期权价格仅仅略高于当假设 σ 已知时的价格。当 S_u 的分布更为复杂时，人们可以直接模拟 S_u 和估计 $h(S_u)$ 的均值。 ◀

在下面的例子中，每一个模拟都要求许多的步骤，但是每一个步骤都相对简单。在实际模拟过程中，将一些简单的步骤合并成一个复杂的步骤是十分普遍的。

例 12.2.14 有不耐烦顾客的服务排队。 考虑一列队伍中，顾客的到达过程是一个速率为 λ 人/小时的泊松过程。假设这个排队中只有一个服务人员。到达这个队伍的每一个顾客都计算队伍的长度 r（包括正在接受服务的顾客在内），并以概率 P_r 离开，其中 $r=1,2,\cdots$。离开队伍的顾客不会再加入队伍。每个进入排队的顾客都按照到达的顺序等待，直到他前面的顾客已经结束服务，才会移到队列的最前面。在到达队伍最前面后，顾客接受服务的时间（以小时为单位）是一个参数为 μ 的指数随机变量。假设所有的服务时间和到达时间相互独立。

我们可以用模拟来了解这个排队的行为。例如，我们可以估计开始营业后在一个特定时刻 t 队伍中的顾客的期望人数。为了这个目的，可以模拟多次（v 次）这个排队的实现。对每一次实现 i，计算 t 时刻在队列中的顾客数 $N^{(i)}$，则估计量是 $\frac{1}{v}\sum_{i=1}^{v}T^{(i)}$。为了模拟单次实现，过程如下：模拟泊松过程中的到达的时间间隔 $X_1,X_2,\cdots$，它们是独立同分布的参数为 λ 的指数随机变量；设 $T_j=\sum_{i=1}^{j}X_i$ 是第 j 个顾客到达的时间。当有一个 k 使得 $T_k>t$ 时就停止模拟，在 t 时刻只有前 $k-1$ 个顾客进入队伍。对每个 $j=1,\cdots,k-1$，模拟一个服务时间 Y_j，其服从参数为 μ 的指数分布，令 Z_j 表示第 j 个顾客到达队伍最前面的时间，并且令 W_j 表示第 j 个顾客离开队伍的时间。例如：$Z_1=X_1$ 和 $W_1=X_1+Y_1$。对 $j>1$，第 j 个顾客先计算队伍的长度，然后决定是否离开。如果顾客 j 到达时，顾客 i 仍然在队伍中（$i<j$），令 $U_{i,j}=1$；如果顾客 i 已经离开队伍，则令 $U_{i,j}=0$。那么

$$U_{i,j}=\begin{cases}1, & W_i\geqslant T_j,\\ 0, & \text{其他。}\end{cases}$$

当第 j 个顾客到达时队伍中的顾客数为 $r=\sum_{i=1}^{j-1}U_{i,j}$。那么我们就模拟一个服从参数为 p_r 的伯努利分布的随机变量 V_j。如果 $V_j=1$，顾客 j 离开队伍，从而 $W_j=T_j$。如果顾客 j 留在队伍中，那么这个顾客到达队伍最前面的时刻为

$$Z_j=\max\{T_j,W_1,\cdots,W_{j-1}\}。$$

也就是说，第 j 个顾客要么到达后马上就到达队伍的最前面（如果正好没有人在被服务），要么所有前 $j-1$ 个顾客都已经离开，就紧接上去。而且，如果顾客 j 留在队伍中，则 $W_j = Z_j + Y_j$。对每个 $j=1,\cdots,k-1$，第 j 个顾客在 t 时刻会在队伍里，当且仅当 $W_j \geq t$。

给出一个数值例子，假设 $\lambda=2$，$\mu=1$，$t=3$，$p_r=1-1/r$，其中 $r\geq 1$。假设最初 $k=6$ 个模拟时间间隔为

$$0.215, 0.713, 1.44, 0.174, 0.342, 0.382。$$

这些时间的前 5 个总和为 2.884，但所有这 6 个的总和是 3.266。所以，在 $t=3$ 时刻至多有 5 个顾客在队伍里。假设前 5 个顾客的模拟服务时间为

$$0.251, 2.215, 2.855, 0.666, 2.505。$$

由于还不知道当每个顾客 j 到达时有多少顾客将在队伍里，所以我们不能提前模拟 V_j 的值。图 12.3 列出了一条描述过程的模拟时间线。从顾客 1 开始，其值 $T_1 = Z_1 = 0.215$ 和 $W_1 = 0.215 + 0.251 = 0.466$。对顾客 2，$T_2 = T_1 + 0.713 = 0.928 > W_1$，所以当顾客 2 到达时已没有人在队伍里，且 $Z_2 = T_2 = 0.928$。那么，$W_2 = Z_2 + 2.215 = 3.143$。对顾客 3，$T_3 = T_2 + 1.44 = 2.368 < W_2$，所以 $r=1$。因为 $p_1 = 0$，且顾客 3 留在队伍里，因此不需要模拟 V_3。从而有 $Z_3 = W_2 = 3.143$ 以及 $W_3 = Z_3 + 2.855 = 5.998$。对顾客 4，$T_4 = T_3 + 0.174 = 2.542$。因为 $W_1 < T_4 < W_2$，W_3，所以有 $r=2$ 个顾客在队伍里。然后用参数为 $p_2 = 1/2$ 的伯努利分布来模拟 V_4。假设模拟得 $V_4 = 1$，即顾客 4 离开，由此忽略第 4 个顾客的模拟服务时间，这使得 $W_4 = T_4 = 2.542$。对顾客 5，$T_5 = T_4 + 0.342 = 2.884$，此时顾客 2 和顾客 3 仍然在队伍里。需要用含参数 $p_2 = 1/2$ 的伯努利分布来模拟 V_5。假如 $V_5 = 0$，所以顾客 5 留在队伍里。于是，$Z_5 = W_3 = 5.988$ 以及 $W_5 = Z_5 + 2.505 = 8.393$。最后，对 $j=2$，3，5 有 $W_j \geq 3$。这意味着正如图 12.3 说明的一样，在时刻 3 有 $N^{(1)} = 3$ 个顾客在队伍里。毫无疑问，对于一个大的模拟，我们可以通过计算机编程来计算这些结果。◀

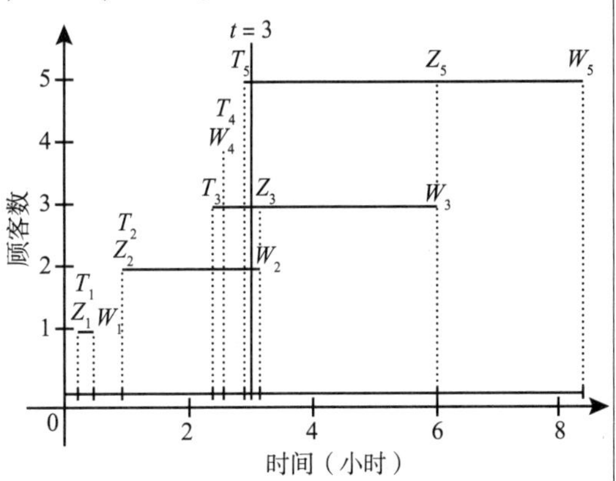

图 12.3 排队服务的一个模拟。最底下的一条直线是例 12.2.14 中的时间线。每个顾客用一条水平线段来表示。$t=3$ 时的垂直线经过 $t=3$ 时刻仍然在队伍中的那些顾客的水平线

小结

如果我们希望计算某个随机变量 Y 的期望值 θ，但当不能进行必要的封闭形式计算时，我们可以用模拟。通常地，我们要模拟和 Y 的分布相同的一个大量的随机样本 $Y^{(1)},\cdots,Y^{(v)}$，然后计算样本均值 Z 作为估计量。我们也可以用类似的方式来估计分布的分位数 θ_p。

如果 $Y^{(1)},\cdots,Y^{(v)}$ 是来自分布的一个大样本，可以计算出样本 p 分位数 Z。如果能够计算出模拟估计量好坏程度的一些度量是一个好的想法，一个普遍使用的度量是 Z 的模拟标准误差，它是 Z 的模拟标准差的估计。当然，人们也可以通过进行大量的模拟，来确保 Z 接近被估计参数的概率很高。

习题

1. 式（12.2.4）是基于 Z 近似服从正态分布的假设。有时候，正态的近似值不是很好。在这种情况下，我们可以令

$$v=\frac{\sigma^2}{\epsilon^2(1-\gamma)}。\tag{12.2.6}$$

为了更精确，令 Z 是 v 个具有均值 μ 和方差 σ^2 的独立随机变量的平均值。证明：当 v 至少为式（12.2.6）中的值时，有 $P(|Z-\mu|\leqslant c)\geqslant\gamma$。提示：利用切比雪夫不等式（6.2.3）。

2. 例 12.2.11 中，根据式（12.2.6），需要多大的 v 值？
3. 假设我们能得到足够多的独立同分布的标准正态随机变量。设 X 表示服从均值为 2 和方差为 49 的正态分布的随机变量。试描述用模拟来估计 $E(\ln(|X|+1))$ 的一个方法。
4. 利用伪随机数发生器来模拟一个有 15 个独立观察值的样本，其中有 13 个服从区间 $[-1,1]$ 上的均匀分布，而 2 个服从区间 $[-10,10]$ 上的均匀分布。利用所得到的 15 个值试计算：(a) 样本均值；(b) $k=1,2,3,4$ 时的切尾均值（见 10.7 节）；(c) 样本中位数。这些估计量中哪个最接近于 0？
5. 重复习题 4 模拟 10 次，每次用不同的伪随机样本。换句话说，建立 10 个独立样本，每个样本有 15 个观察值，并且它们都满足习题 4 中的条件。
   a. 对每个样本，习题 4 中列出的哪个估计量最接近于 0？
   b. 对习题 4 中列出的每个估计量，试确定在这 10 个样本的每个样本中估计量与 0 距离的平方，并确定这 10 个距离平方的平均值。哪个估计量和 0 的平均距离平方最小？
6. 假设 X 和 Y 是相互独立的，且 X 服从参数为 3.5 和 2.7 的贝塔分布，Y 服从参数为 1.8 和 4.2 的贝塔分布。我们对 $X/(X+Y)$ 的均值感兴趣。假定你能够模拟足够多的服从任意贝塔分布的随机变量。
   a. 如果可以进行足够多的模拟，描述能产生 $X/(X+Y)$ 的均值的较好估计量的模拟方案。
   b. 要使估计量与 $E[X/(X+Y)]$ 的真实值相差不超过 0.01 的置信度为 98%。描述该如何确定适当的模拟量。
7. 考虑表 10.40 中的数据。假设你可以得到足够多的标准正态随机变量和在区间 $[0,1]$ 内均匀分布的随机变量。你希望通过模拟来得到位于“样本中位数”行和 $\epsilon=0.05$ 列的数。
   a. 描述如何进行这样的模拟。提示：设随机变量 X 和 U 是相互独立的，且 X 服从标准正态分布，U 服从区间 $[0,1]$ 上的均匀分布。令 $0<\epsilon<1$，求出如下随机变量的分布：

$$Y=\begin{cases}X, & U>\epsilon,\\ 10X, & U<\epsilon。\end{cases}$$

   b. 用计算机进行这个模拟。
8. 考虑在习题 7 中描述相同的情况。这次，考虑位于“$k=2$ 的切尾均值”行和 $\epsilon=0.1$ 列的数。
   a. 描述如何进行模拟生成这个数。
   b. 用计算机进行模拟。
9. 例 12.2.12 中，我们实际上可以计算出封闭形式的 X_i 的分布的中位数 θ。计算真实的中位数，并观察模拟值与真实值相差多远。提示：利用随机变量的全概率公式（3.6.12）和式（5.7.10）来求出 X 的边际概率密度函数，那么就很容易得到分布函数和分位数函数。
10. 设随机变量 $X_1,\cdots,X_{21}$ 独立同分布，同服从参数为 λ 的指数分布。设 M 表示样本中位数，我们希望计

算 M 的均方误差，M 作为 X_i 的分布的中位数的估计量。

a. 确定 X_i 的分布的中位数。

b. 令 θ 是当 $\lambda=1$ 时样本中位数的均方误差。证明：样本中位数的均方误差通常都等于 θ/λ^2。

c. 描述估计 θ 的一个模拟方法。

11. 例 12.2.4 中，有一个稍微简单一点的方法来模拟来自 $\mu_x-\mu_y$ 的后验分布的样本。假设我们可以模拟足够多的相互独立的 t 个伪随机变量，且具有想要的任意自由度。解释我们如何运用这 t 个随机变量来模拟来自 $\mu_x-\mu_y$ 的后验分布的一个样本。

12. 令$(Y_1,W_1),\cdots,(Y_n,W_n)$是一个独立同分布的随机向量样本，且协方差矩阵有限，为

$$\boldsymbol{\Sigma}=\begin{pmatrix}\sigma_{yy} & \sigma_{yw}\\ \sigma_{yw} & \sigma_{ww}\end{pmatrix}。$$

令 $\overline{Y}$ 和 $\overline{W}$ 是样本均值。设函数 $g(y,w)$分别关于 y 和 w 有连续偏导数 g_1 和 g_2。令 $Z=g(\overline{Y},\overline{W})$。则 g 在点(y_0,w_0)附近的二维泰勒展开式为

$$g(y,w)=g(y_0,w_0)+g_1(y_0,w_0)(y-y_0)+g_2(y_0,w_0)(w-w_0),\qquad(12.2.7)$$

加上一个在这里忽略的误差项。式（12.2.7）中，令$(y,w)=(\overline{Y},\overline{W})$以及$(y_0,w_0)=(E(Y),E(W))$。由式（12.2.7）的近似水平，证明：

$$\begin{aligned}\operatorname{Var}(Z)=\;&g_1(E(Y),E(W))^2\sigma_{yy}+\\&2g_1(E(Y),E(W))g_2(E(Y),E(W))\sigma_{yw}+\\&g_2(E(Y),E(W))^2\sigma_{ww}。\end{aligned}$$

提示：运用 4.6 节中得到的随机变量线性组合的方差公式。

13. 用习题 12 中的二维 delta 方法来得到式（12.2.3）中所给出的样本方差的模拟方差的估计量。提示：分别用 $\overline{Y}$ 和 $\overline{W}$ 代替 $E(Y)$和 $E(W)$，并用样本方差和样本协方差来代替 $\boldsymbol{\Sigma}$。

14. 设 Y 是服从某个分布的随机变量。假设你有足够多的与 Y 同分布的伪随机变量。描述估计 Y 的分布的偏度（见定义 4.4.1）的一个模拟方法。

15. 假设在未来时刻 u 的股票价格是一个随机变量 $S_u=S_0\mathrm{e}^{\alpha u+W_u}$，其中 S_0 表示现值，α 是一个常数，而且 W_u 是一个分布已知的随机变量。假设你能得到足够多的和 W_u 的分布相同的独立同分布的随机变量。假设 W_u 的矩母函数 $\psi(t)$已知，且在一个包含 $t=1$ 的区间上有限。

a. 为了使 $E(S_u)=\mathrm{e}^{ru}S_0$，$\alpha$ 应该为何值？

b. 我们希望对在时刻 u 以价格 q 买入一股这样的股票的期权定价。描述一下如何用模拟来估计这种期权的价格。

16. 考虑一个排队中顾客的到达服从速率为 λ 人/小时的泊松过程。假设这个排队中有两个服务人员。每个到达队伍的顾客都会计算一下队伍的长度 r（包括任何正在被服务的顾客），并以概率 p_r 决定离开，$r=2,3,\cdots$。一个离开队伍的顾客就不会再进入队伍了。而进入队伍的顾客要按照到达顺序等待，等到两名服务人员中至少有一名服务人员有空才能轮到。如果两个服务人员同时都有空，顾客以 0.5 的概率随机地在二者中选择一个，且与其他所有随机变量相互独立。对于服务人员 $i(i=1,2)$，从服务开始，为一位顾客服务的时间（以小时计）是一个参数为 μ_i 的指数随机变量。假设所有服务时间之间是相互独立的，且和顾客到达的时间也是相互独立的。描述该如何模拟在特定的 t 时刻队伍中的顾客数（包括正在被服务的顾客）。

12.3 特定分布的模拟

为了进行统计模拟，我们必须要能得到各种分布的伪随机数。在这节中，我们将介绍对特定分布进行模拟的一些方法。

大多数带统计功能的计算软件包能生成区间[0,1]上均匀分布的伪随机数。在本节接下来的部分中，假设有一个任意大的样本，包含在[0,1]上均匀分布的独立同分布的随机变量（伪随机数）中。通常，我们需要其他分布的随机变量，本节的目的是回顾一些可将均匀分布的随机变量转换成服从其他分布的随机变量的一般方法。

概率积分变换

在第 3 章中，我们介绍了用概率积分变换把区间[0,1]上均匀分布的随机变量 X 变换成连续随机变量 Y，其分布函数 G 严格单调递增。在这个方法中令 $Y=G^{-1}(X)$，当很容易计算 G^{-1} 时，这种方法就比较好用。

例 12.3.1　产生指数分布的伪随机变量　假设随机变量 Y 服从参数为 λ 的指数分布，其中 λ 为已知常数，则 Y 的分布函数为

$$G(y)=\begin{cases}1-e^{-\lambda y}, & y\geq 0,\\ 0, & y<0。\end{cases}$$

可以很容易地对它求反函数

$$G^{-1}(x)=-\ln(1-x)/\lambda, 0<x<1。$$

如果 X 是区间[0,1]上均匀分布的随机变量，那么 $-\ln(1-X)/\lambda$ 服从参数为 λ 的指数分布。

◀

狭义目标算法

有这样一些分布，其分布函数 G 的反函数不易计算。例如，若 G 是标准正态分布的分布函数，那么 G^{-1} 只能近似计算得到。然而，有一个聪明的方法，就是将两个独立的区间[0,1]上均匀分布的随机变量变换成两个标准正态分布的随机变量。这种方法由 Box 和 Müller（1958）提出。

例 12.3.2　生成两个独立的标准正态随机变量　设随机变量 X_1,X_2 独立同分布，同服从区间[0,1]上的均匀分布，则 (X_1,X_2) 的联合概率密度函数是

$$f(x_1,x_2)=1, 0<x_1,x_2<1。$$

定义

$$Y_1=[-2\ln(X_1)]^{1/2}\sin(2\pi X_2),$$
$$Y_2=[-2\ln(X_1)]^{1/2}\cos(2\pi X_2)。$$

其反函数为

$$X_1=\exp(-(Y_1^2+Y_2^2)/2),$$
$$X_2=\frac{1}{2\pi}\arctan(Y_1/Y_2)。$$

利用 3.9 节中的方法，我们计算出其雅可比行列式，即反函数的偏导数构成矩阵的行列式，这个矩阵为

$$\begin{pmatrix} -y_1\exp(-(y_1^2+y_2^2)/2) & -y_2\exp(-(y_1^2+y_2^2)/2) \\ \dfrac{1}{2\pi y_2}\dfrac{1}{1+(y_1/y_2)^2} & -\dfrac{y_1}{2\pi y_2^2}\dfrac{1}{1+(y_1/y_2)^2} \end{pmatrix}。$$

该矩阵的行列式即为 $J=\exp(-(y_1^2+y_2^2)/2)/(2\pi)$。则 (Y_1,Y_2) 的联合概率密度函数为

$$\begin{aligned} g(y_1,y_2) &= f(\exp(-(y_1^2+y_2^2)/2), \arctan(y_1/y_2)/(2\pi))\,|J| \\ &= \exp(-(y_1^2+y_2^2)/2)/(2\pi)。\end{aligned}$$

这即是两个独立的标准正态随机变量的联合概率密度函数。◀

接受/拒绝

其他分布有许多其他的狭义目标方法。这里我们将给出一个被广泛使用的广义目标方法。这种方法称为**接受/拒绝法**。设 f 为一个概率密度函数，并假定我们要从这个概率密度函数中抽取伪随机变量。假设存在另一个概率密度函数 g，并满足以下两种性质：

- 知道如何模拟概率密度函数为 g 的伪随机变量；
- 存在一个常数 k，使得对所有 x，有 $kg(x)\geqslant f(x)$。

为了模拟概率密度函数为 f 的单个随机变量 Y，需要进行下面的步骤：

1. 模拟一个概率密度函数为 g 的伪随机变量 X 和一个在 $[0,1]$ 上均匀分布的伪随机变量 U，要求 X 与 U 独立；
2. 若

$$\frac{f(X)}{g(X)} \geqslant kU, \tag{12.3.1}$$

则令 $Y=X$，过程结束。

3. 如果式（12.3.1）不成立，则舍弃 X 和 U，重新回到第 1 步。

如果我们不止需要一个 Y，则我们可以根据需要重复这个过程。我们现在来证明每个 Y 的概率密度函数都是 f。

定理 12.3.1 *在接受/拒绝法中，Y 的概率密度函数是 f。*

证明 首先，我们注意到 Y 的分布是式（12.3.1）成立的条件下 X 的条件分布。这就是说，设 A 是式（12.3.1）成立这一事件，设 $h(x,u|A)$ 为给定 A 的条件下 (X,U) 的条件联合概率密度函数，那么 Y 的概率密度函数为 $\int h(x,u\mid A)\,\mathrm{d}u$，这是因为 Y 是由满足条件（12.3.1）的 X 构成的。给定 A 的条件下，(X,U) 的概率密度函数是

$$h(x,u\mid A)=\frac{1}{P(A)}\begin{cases} g(x), & f(x)/g(x)\geqslant ku, 0<u<1, \\ 0, & \text{其他。}\end{cases}$$

可以直接计算 $P(A)$，即求 $U\leqslant f(X)/[kg(X)]$ 的概率。

$$P(A)=\int_{-\infty}^{\infty}\int_0^{f(x)/[kg(x)]} g(x)\,\mathrm{d}u\mathrm{d}x=\int_{-\infty}^{\infty}\frac{1}{k}f(x)\,\mathrm{d}x=\frac{1}{k}。$$

所以

$$h(x,u\mid A)=k\begin{cases} g(x), & f(x)/g(x)\geqslant ku, 0<u<1, \\ 0, & \text{其他。}\end{cases}$$

固定 x，这个函数关于所有 u 求积分，即可得到基于 x 的 Y 的概率密度函数：

$$\int h(x,u\mid A)\,\mathrm{d}u=k\int_0^{f(x)/[kg(x)]} g(x)\,\mathrm{d}u=f(x)。$$

■

这里有一个使用接受/拒绝法的例子。

例 12.3.3 模拟贝塔分布 假设我们希望模拟一个参数为 1/2 和 1/2 的贝塔分布的随机变量 Y，Y 的概率密度函数是

$$f(y)=\frac{1}{\pi}y^{-1/2}(1-y)^{-1/2},0<y<1。$$

注意，这个概率密度函数是无界的。然而，很容易推出

$$f(y)\leqslant\frac{1}{\pi}[y^{-1/2}+(1-y)^{-1/2}],\tag{12.3.2}$$

对所有的 $0<y<1$。我们可以将式（12.3.2）的右边改写成 $kg(y)$ 的形式，这里 $k=4/\pi$，

$$g(y)=\frac{1}{2}\left[\frac{1}{2y^{1/2}}+\frac{1}{2(1-y)^{1/2}}\right]。$$

这里 g 是由两个概率密度函数 g_1,g_2 一半对一半混合而得出，

$$g_1(x)=\frac{1}{2x^{1/2}},0<x<1,$$

$$g_2(x)=\frac{1}{2(1-x)^{1/2}},0<x<1。\tag{12.3.3}$$

可以很容易地用概率积分变换方法来模拟这两个分布的随机变量。为了模拟概率密度函数为 g 的随机变量 X，先模拟三个$[0,1]$上均匀分布的独立随机变量 U_1,U_2,U_3。若 $U_1\leqslant1/2$，则 X 的概率密度函数为 g_1，我们利用 U_2 的概率积分变换模拟 X；若 $U_1>1/2$，则 X 的概率密度函数为 g_2，我们利用概率积分变换和 U_2 模拟 X。若 $f(X)/g(X)\geqslant kU_3$，则 $Y=X$。否则，重复此过程。 ◀

当使用接受/拒绝法时，人们必须经常地拒绝模拟值并重新模拟。由定理 12.3.1 的证明可知，接受一个值的概率为 $P(A)$，即 $1/k$。k 值越大，就越难以接受。在本节习题 5 中，你将证明在首次接受模拟值之前，迭代次数的期望为 k。

接受/拒绝法一个常见的特例是模拟一个给定某事件条件下的随机变量。例如，设 X 是一个概率密度函数为 g 的随机变量，假定希望得到给定 $X>2$ 时的 X 的条件分布。那么，给定 $X>2$ 条件下，X 的条件概率密度函数为

$$f(x)=\begin{cases}kg(x), & x>2,\\ 0, & x\leqslant2。\end{cases}$$

其中 $k=1/\int_2^\infty g(x)\,\mathrm{d}x$。由于对所有 x，都有 $f(x)\leqslant kg(x)$，因此可用接受/拒绝法。事实上，由于 $f(X)/g(X)$ 只有两个值 k 和 0，在接受/拒绝法中不必模拟均匀分布变量 U。我们甚至不必计算 k 的值，只要在 $X\leqslant2$ 的时候拒绝就可以了，这里给出用这种算法去解决 11.8 节中还没有解决的一个问题。

例 12.3.4 计算两阶段检验的水平 在 11.8 节中，我们研究了如何分析了有复制的双因子（试验）设计的数据。在那一节中，我们介绍了一个两阶段检验方法：首先检验假设（11.8.11）；如果不拒绝原假设，则继续检验假设（11.8.13）。但不幸的是，不能计算在第一个检验不拒绝原假设的条件下，第二个检验的条件水平。也就是说，不能得到式（11.8.15）的封闭形式。然而，我们可以用模拟的方法来估计这个条件水平。

这两个检验是建立在由式（11.8.12）定义的 U_{AB}^2 和式（11.8.16）定义的 V_A^2 的基础上的，若 $U_{AB}^2 \geqslant d$，第一个检验将拒绝（11.8.11）中的原假设，其中 d 是适当的 F 分布的分位数；若 $V_A^2 \geqslant c$，则第二个检验拒绝它的原假设，其中 c 是需要被确定的。随机变量 U_{AB}^2 和 V_A^2 都是不同均方的比率。特别地，它们有相同的分母 $MS_{\text{Resid}}=S_{\text{Resid}}^2/[IJ(K-1)]$。为了确定第二个检验的适当的临界值 c，需要得到给定 $U_{AB}^2<d$ 与两个原假设都为真的情况下，V_A^2 的条件分布。我们可以从下面的条件分布中抽样：设交互均方为 $MS_{AB}=S_{\text{Int}}^2/[(I-1)(J-1)]$，因子 A 的均方为 $MS_A=S_A^2/(I-1)$，则 $U_{AB}^2=MS_{AB}/MS_{\text{Resid}}$，$V_A^2=MS_A/MS_{\text{Resid}}$；所有这些均方都是独立的，且当原假设为真时它们都来自不同的伽马分布；大多数统计软件包都可以模拟来自伽马分布的随机变量。因此，我们首先模拟多个三元组$(MS_{AB},MS_{\text{Resid}},MS_A)$。然后，对每一个模拟出的三元组，计算 U_{AB}^2 和 V_A^2。若 $U_{AB}^2 \geqslant d$，舍去对应的 V_A^2，未被舍去的 V_A^2 就是来自我们需要的条件分布的随机样本。通过模拟 MS_A，仅在观测到 $U_{AB}^2<d$ 时计算 V_A^2，可以略提高该算法的效率。◀

产生其他随机变量的函数

通常对于一个特定的分布有不止一种的模拟方法。例如，假设一个分布为某个其他随机变量的函数的分布（如χ^2，t 和 F 分布）。此时，有一个直接的方法可模拟所想要的分布。首先，从所定义的分布中模拟随机变量，然后计算它的适当的函数。

例 12.3.5　模拟贝塔分布的另一种方法　在 5.8 节习题 6 中，你们已经证明了如下结论：如果 U 和 V 相互独立，并且 U 服从参数为 α_1 和 β 的伽马分布，V 服从参数为 α_2 和 β 的伽马分布，那么 $U/(U+V)$ 服从参数为 α_1 和 α_2 的贝塔分布。因此，如果有一种可以模拟伽马随机变量的方法，就可以模拟贝塔随机变量。例 12.3.3 中 $\alpha_1=\alpha_2=1/2$，令 $\beta=1/2$，那么 U 和 V 均服从参数为 1/2 和 1/2 的伽马分布，即自由度为 1 的χ^2分布。如果模拟两个独立的标准正态随机变量 X_1，X_2（例如，可使用例 12.3.2 的方法），那么 X_1^2 与 X_2^2 相互独立并且都服从自由度为 1 的χ^2分布。从而 $Y=X_1^2/(X_1^2+X_2^2)$ 服从参数为 1/2 和 1/2 的贝塔分布。◀

另举一个例子，为了模拟一个自由度为 10 的χ^2随机变量，人们可以模拟 10 个独立同分布的标准正态随机变量，再把它们的平方值相加。或者，人们也可以模拟 5 个来自参数为 1/2 的指数分布的随机变量，然后把它们相加。

例 12.3.6　产生二元正态随机向量的伪随机数　假设我们希望模拟一个二元正态随机向量，其概率密度函数由式（5.10.2）给出。这个概率密度函数可以用下面的随机变量的联合概率密度函数构造：

$$
\begin{aligned}
X_1 &= \sigma_1 Z_1 + \mu_1, \\
X_2 &= \sigma_2[\rho Z_1 + (1-\rho^2)^{1/2} Z_2] + \mu_2,
\end{aligned}
\tag{12.3.4}
$$

其中 Z_1 和 Z_2 独立同分布，同服从标准正态分布。如果我们用例 12.3.2 的方法生成服从标准正态分布的 Z_1 和 Z_2，可以用式（12.3.4）把它们转换成 X_1 和 X_2，这样(X_1,X_2)就服从我们想要得到的二元正态分布。◀

大多数的统计软件包都能模拟来自常用的（已被命名的）连续分布的随机变量。事实上，本节中的方法仅用于模拟一些不常见的分布或者统计软件包中没有的情况。

关于常见分布模拟的一些例子

例 12.3.7　单因子（试验）设计的贝叶斯分析　我们使用 11.6 节中介绍的统计模型来进行单因子设计的贝叶斯分析，其中模型参数有非正常先验（我们也可以用一个正常先验，但是一些额外的计算会转移我们对模拟问题的注意力）。与在 8.6 节一样，令 $\tau=1/\sigma^2$，参数$(\mu_1,\cdots,\mu_p,\tau)$的常用非正常先验的“概率密度函数”为 $1/\tau$，后验联合概率密度函数与 $1/\tau$ 和似然函数的乘积成比例。观察到的数据为 y_{ij}，$j=1,\cdots,n_i$，$i=1,\cdots,p$，似然函数为

$$(2\pi)^{-n/2}\tau^{n/2}\exp\left(-\frac{\tau}{2}\sum_{i=1}^{p}\sum_{j=1}^{ni}(y_{ij}-\mu_i)^2\right),$$

其中 $n=n_1+\cdots+n_p$。为了简化这个似然函数，我们把指数部分的平方和重新改写为

$$\sum_{i=1}^{p}\sum_{j=1}^{n_i}(y_{ij}-\mu_i)^2=\sum_{i=1}^{p}n_i(\bar{y}_{i+}-\mu_i)^2+S^2_{\text{Resid}},$$

其中 $\bar{y}_{i+}$是 $y_{i1},\cdots,y_{in_i}$ 的平均值，且

$$S^2_{\text{Resid}}=\sum_{i=1}^{p}\sum_{j=1}^{n_i}(y_{ij}-\bar{y}_{i+})^2$$

是残差平方和。这样，后验概率密度函数与下式成比例：

$$\tau^{p/2}\exp\left(-\frac{\tau}{2}\sum_{i=1}^{p}n_i(\bar{y}_{i+}-\mu_i)^2\right)\tau^{(n-p)/2-1}\exp\left(-\frac{\tau}{2}S^2_{\text{Resid}}\right)。$$

这个表达式很容易被看成“τ 的概率密度函数”（参数为$(n-p)/2$ 和 $S^2_{\text{Resid}}/2$ 的伽马分布）与“$\mu_1,\cdots,\mu_p$ 的 p 个概率密度函数”的乘积，$\mu_1,\cdots,\mu_p$ 分别服从均值为 $\bar{y}_{i+}$、精确度为 $n_i\tau$，$i=1,\cdots,p$ 的正态分布。因此参数的后验联合分布如下：给定 τ 的条件下，μ_i 相互独立且服从均值为 $\bar{y}_{i+}$和精确度为 $n_i\tau$ 的正态分布；τ 的边际分布是一个参数为$(n-p)/2$ 和 $S^2_{\text{Resid}}/2$ 的伽马分布。

如果我们能从后验分布中模拟参数的一个大样本，就可以回答这个问题：“从数据中‘学习’到了什么?”为此，我们首先模拟大量的 τ，其值为 $\tau^{(1)},\cdots,\tau^{(v)}$。由于大多数统计软件允许使用者模拟第一个参数任意和第二个参数为 1 的伽马随机变量。我们可以模拟参数为$(n-p)/2$ 和 1 的伽马分布的随机变量 $T^{(1)},\cdots,T^{(v)}$。再令 $\tau^{(l)}=2T^{(l)}/S^2_{\text{Resid}}$，$l=1,\cdots,v$。然后，对每 l 个独立的模拟值 $\mu_1^{(l)},\cdots,\mu_p^{(l)}$ 进行模拟，其中 $\mu_i^{(l)}$ 服从均值为 $\bar{y}_{i+}$和方差为 $1/(n_i\tau^{(l)})$的正态分布。

作为一个特殊例子，考虑例 11.6.2 中的热狗数据。首先如上所述，我们模拟 $v=$ 60 000 组参数。现在，我们可以解决的问题是“这些均值之间的差异有多大?”。这里有几种方法：我们可以计算出对每个 $c>0$，所有 $|\mu_i-\mu_j|>c$（关于 i,j）的概率；也可以算出对每个 $c>0$，至少有一个$|\mu_i-\mu_j|>c$ 的概率；还可以算出$\max\limits_{i,j}|\mu_i-\mu_j|$或$\min\limits_{i,j}|\mu_i-\mu_j|$的分位数；还可以算出所有$|\mu_i-\mu_j|$的平均值的分位数。例如，60 000 个模拟值中的 99%至少有一个$|\mu_i^{(l)}-\mu_j^{(l)}|>27.94$。$\max\limits_{i,j}|\mu_i-\mu_j|$的 0.99 分位数的估计量的模拟标准误差是 0.111 7（这个

例子其余的部分，我们将只给出模拟估计值，而不给出它们的模拟标准误差）。大约 1/2 的模似值中，对所有 i,j 都有 $|\mu_i^{(l)}-\mu_j^{(l)}|>2.379$。在 99%的模拟值中均值差异的平均值至少为 14.59。究竟是 27.94，14.59 还是 2.379 算作大差异，取决于我们需要对热狗做什么样的决策。汇总所有这些计算的一个有效的方法是画出这六个差值 $|\mu_i-\mu_j|$ 的最大、最小和平均值的样本分布函数图（一组数据的样本分布函数定义见 10.6 节的开头部分）。本例中的图形见图 12.4。如果我们只关心这四种热狗之间是否存在差异，有一个方法就是检查图 12.4 中的“最大值”曲线（你能解释为什么可以这么做吗?）。

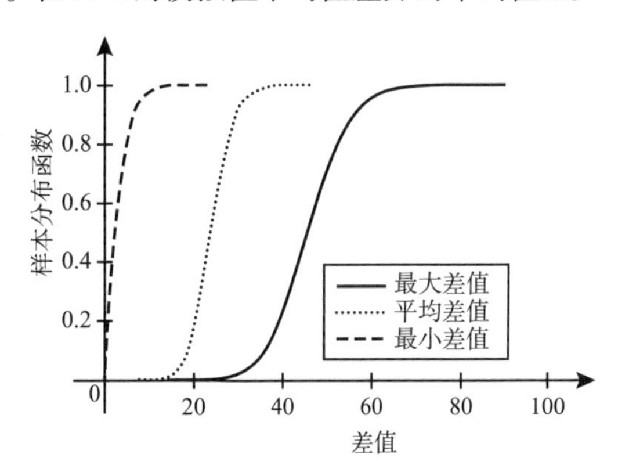

图 12.4　例 12.3.7 中六个差值 $|\mu_i-\mu_j|$ 的最大、平均和最小值的样本分布函数

我们也可以尝试去解决第 11 章中方差分析框架下的一些非常困难的问题。例如，我们可能会问每个 μ_i 是四个中的最大值或最小值的概率。对每个 i，令 N_i 表示模拟 j 的个数，使得 $\mu_i^{(j)}$ 是 $\mu_1^{(j)},\cdots,\mu_4^{(j)}$ 中最小的一个。再令 M_i 表示模拟 j 的个数，使得 $\mu_i^{(j)}$ 是这四个均值中最大的一个。那么 $N_i/60\ 000$ 就是 μ_i 为最小均值的概率的模拟估计值，$M_i/60\ 000$ 就是 μ_i 为最大均值的概率的模拟估计值。结果见表 12.4，我们可以看出 μ_3 几乎一直是最小的，而 μ_4 有将近 50%的可能性是最大的。◀

表 12.4　例 12.3.7 中，每个 μ_i 是最大和最小的后验概率

类型	牛肉	猪肉	禽肉	特色类
i	1	2	3	4
$P(\mu_i$ 最大$\|\boldsymbol{y})$	0.196 6	0.321 1	0	0.482 3
$P(\mu_i$ 最小$\|\boldsymbol{y})$	0	0	1	0

例 12.3.8　比较铜矿石　我们将利用例 9.6.5 中有关铜矿石的数据来说明例 12.2.4 的方法，假设所有参数都采用非正常先验分布。观察到的数据包括一个容量为 8 和另一个容量为 10 的样本，并且 $\overline{X}=2.6$，$\sum_{i=1}^{8}(X_i-\overline{X})^2=0.32$，$\overline{Y}=2.3$，$\sum_{j=1}^{10}(Y_j-\overline{Y})^2=0.22$。从而，后验分布的超参数为 $\mu_{x1}=2.6$，$\lambda_{x1}=8$，$\alpha_{x1}=3.5$，$\beta_{x1}=0.16$，$\mu_{y1}=1.15$，$\lambda_{y1}=10$，$\alpha_{y1}=4.5$，$\beta_{y1}=0.11$。τ_x 和 τ_y 的后验分布分别是参数为 3.5，0.16 和 4.5，0.11 的伽马分布。我们可以分别从这两个分布中模拟 10 000 个伪

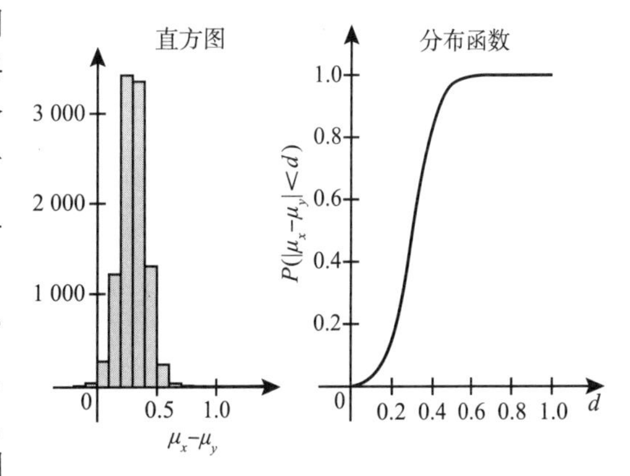

图 12.5　例 12.3.8 中模拟的 $\mu_x-\mu_y$ 的直方图和 $|\mu_x-\mu_y|$ 的后验分布函数

随机数。对每个模拟值 τ_x，我们模拟 μ_x，其服从均值为 2.6、方差为 $1/(8\tau_x)$ 的正态分布；对每个模拟值 τ_y，我们模拟 μ_y，其服从均值为 2.3、方差为 $1/(10\tau_y)$ 的正态分布。图 12.5 绘制了 $\mu_x-\mu_y$ 的 10 000 个模拟值的直方图和 $\mu_x-\mu_y$ 的样本分布函数。图中显示，$\mu_x-\mu_y$ 几乎总是为正（事实上，有超过 99%部分为正）。$|\mu_x-\mu_y|<0.5$ 的概率非常大，因此若在这个问题上 0.5 不算是一个大的差距，则认为 μ_x 与 μ_y 十分接近。反之，若 0.1 是一个大的差距，则认为 μ_x 与 μ_y 相差较大。◀

例 12.3.8 中，如果我们只是关注 $\mu_x-\mu_y$ 的分布，我们可以直接模拟 μ_x 与 μ_y，而不用先模拟 τ_x 和 τ_y。由于在此例中，μ_x 与 μ_y 相互独立，我们可以从它们各自的边际分布来模拟。

例 12.3.9　t 检验的功效　在定理 9.5.3 中，我们举例说明了如何基于非中心 t 分布的分布函数计算 t 检验的功效函数。不是所有的统计软件包都可以计算非中心 t 分布的概率。我们可以用模拟的方法来估计这些概率。令 Y 服从自由度为 m、非中心参数为 ψ 的 t 分布，那么 Y 的分布与 $X_1/(X_2/m)^{1/2}$ 的分布相同，其中 X_1 和 X_2 相互独立，并且 X_1 服从均值为 ψ、方差为 1 的正态分布，X_2 服从自由度为 m 的 χ^2 分布。估计 Y 的分布函数的一个简单方法就是模拟大量的 (X_1,X_2) 数对，然后计算 $X_1/(X_2/m)^{1/2}$ 的样本分布函数。◀

样本分布函数的模拟标准误差　在例 12.3.7 和例 12.3.8 中，我们绘制了模拟数据函数的样本分布函数。这些函数中没有用到模拟标准误差。我们可以对样本分布函数的每个值计算模拟标准误差，但是有一个更简单的方法来概括样本分布函数的不确定性，我们可以利用 Glivenko-Cantelli 引理（定理 10.6.1）。为了汇总模拟的结果，设 $Y^{(i)}(i=1,\cdots,v)$ 为被模拟的分布函数为 G 的独立同分布样本。令 G_v 为样本分布函数。对于每个实数 x，$G_v(x)$ 为模拟样本中小于或等于 x 的比例，即 $G_v(x)$ 为满足 $Y^{(i)}\leqslant x$ 的个数 i 的 $1/v$ 倍。Glivenko-Cantelli 引理告诉我们，如果 v 很大，则

$$P(|G_v(x)-G(x)|\leqslant t/v^{1/2},\text{对所有 } x)\approx H(t),$$

这里 H 为表 10.32 中的函数。特别地，$t=2$ 时，$H(t)=0.999\,3$。所以我们可以断言（至少是近似地），$|G_v(x)-G(x)|\leqslant 2/v^{1/2}$ 对于所有的 x 以 0.999 3 的概率同时成立。例 12.3.7 中，我们有 $v=60\,000$，因此图 12.4 中的每个曲线应该以 0.999 3 为概率被精确到 0.008。事实上，所有 3 条曲线同时被精确到 0.008 的概率为 0.997 9（请在本节习题 14 中证明）。

离散随机变量的模拟

到现在为止，在这一节中的所有例子，都只是涉及连续分布随机变量的模拟。偶尔需要去模拟离散分布的随机变量。模拟离散随机变量的算法是存在的，这里我们将介绍一些方法。

例 12.3.10　模拟伯努利随机变量　模拟一个参数为 p 的伯努利随机变量 X 的伪随机数是很简单的。我们只需要模拟在区间 $[0,1]$ 上均匀分布的随机变量 U：如果 $U\leqslant p$，令 $X=1$；否则，令 $X=0$。由于 $P(U\leqslant p)=p$，X 服从所要求的分布。我们可以用这种方法来模拟任何一个只有两个可能取值（支撑）的分布，即

$$f(x)=\begin{cases}p, & x=t_1,\\ 1-p, & x=t_2,\\ 0, & \text{其他},\end{cases}$$

那么当 $U \leqslant p$，$X = t_1$；否则，$X = t_2$。◀

例 12.3.11　模拟离散均匀随机变量　假设我们希望模拟概率函数为下式的分布的伪随机变量：

$$f(x)=\begin{cases}\dfrac{1}{n}, & x \in \{t_1,\cdots,t_n\},\\ 0, & 其他。\end{cases} \tag{12.3.5}$$

在整数 $1,\cdots,n$ 上的均匀分布是这种分布的一个例子。下面给出模拟一个概率函数为（12.3.5）的随机变量的简单方法。设 U 服从$[0,1]$上的均匀分布，并设 Z 为小于或等于 $nU+1$ 的最大的整数。易知，Z 以相同的概率取值 $1,\cdots,n$，从而 $X=t_Z$ 的概率函数为（12.3.5）。◀

例 12.3.11 中描述的这个方法并不适用于更一般的离散分布。然而，例 12.3.11 中的方法对 12.6 节描述的自助法中的模拟是有用的。

对一般的离散分布，有一种与概率积分变换类似的方法。假设一个离散分布，集中在点 $t_1<\cdots<t_n$ 上取值，分布函数为

$$F(x)=\begin{cases}0, & x<t_1,\\ q_i, & t_i \leqslant x < t_{i+1}, i=1,\cdots,n-1,\\ 1, & x \geqslant t_n。\end{cases} \tag{12.3.6}$$

下面是定义 3.3.2 的分位数函数：

$$F^{-1}(p)=\begin{cases}t_1, & 0<p \leqslant q_1,\\ t_{i+1}, & q_i \leqslant p \leqslant q_{i+1}, i=1,\cdots,n-2,\\ t_n, & q_{n-1}<p<1。\end{cases} \tag{12.3.7}$$

你可以证明（见本节习题 13），如果 U 服从在区间$[0,1]$上的均匀分布，则 $F^{-1}(U)$的分布函数为式（12.3.6）。这给出了一个直观但并不有效的方法可以模拟任意的离散分布。注意，将 n 限制为有限事实上是不必要的。即使分布有无限多个可能值，F^{-1} 也可以由式（12.3.7）定义，只要用∞代替 $n-2$，并移去最后一个分支即可。

例 12.3.12　模拟几何分布随机变量　假设我们要模拟参数为 p 的几何分布的伪随机变量 X。用式（12.3.7）的记号，$t_i=i-1$，$q_i=1-(1-p)^i$，$i=1,2,\cdots$。使用概率积分变换，我们可以先模拟 U，其服从区间$[0,1]$上的均匀分布，然后比较 U 及 q_i，$i=1,2,\cdots$，如果 $q_i<U$，则令 $X=i$。在此例中，由于 q_i 有简单的表达式，我们可以避免一系列的比较，使得 $q_i<U$ 的第一个 i 为一个严格小于 $\ln(1-U)/\ln(1-p)$的最大整数。◀

但这种概率积分变换对所有可能的取值有很多而 q_i 又没有一个简单表达式的离散分布而言是非常低效的。Walker（1974），Kronmal 和 Peterson（1979）提出了一个更有效的方法，称作 alias 方法。这种方法的操作如下：设我们想要模拟随机变量 X，其概率函数为 f。假设仅在 x 的 n 个不同值上有 $f(x)>0$。首先，我们先把 f 写成 n 个概率函数的平均值，每个概率函数集中在 1 到 2 个点上取值，即

$$f(x)=\frac{1}{n}[g_1(x)+\cdots+g_n(x)], \tag{12.3.8}$$

这里的每个 g_i 为集中在 1 到 2 个点上取值的概率函数。我们将在例 12.3.13 中展示怎么去

做。为了模拟 X，先模拟一个基于整数 $1,\cdots,n$ 的均匀分布的整数 I（使用例 12.3.11 的方法）；然后模拟 X，其分布的概率函数为 g_I。读者可以在本节习题 17 中证明 X 的概率函数为 f。

例 12.3.13　用 alias 方法模拟二项分布的随机变量　假定我们需要模拟许多来自参数为 9 和 0.4 的二项分布的随机变量。这个分布的概率函数 f 在本书最后的表格中已经给出。这种分布以正概率取 $n=10$ 个不同的数值。由于 n 个概率之和必须等于 1，必定有 x_1 和 y_1 使得 $f(x_1)\leqslant 1/n$ 及 $f(y_1)\geqslant 1/n$。例如，对 $x_1=0, y_1=2$，有 $f(x_1)=0.0101$，而 $f(y_1)=0.1612$。定义第一个两点概率函数 g_1：

$$g_1(x)=\begin{cases}nf(x_1), & x=x_1,\\ 1-nf(x_1), & x=y_1,\\ 0, & \text{其他。}\end{cases}$$

在此例中，$g_1(0)=0.101$ 及 $g_1(2)=0.899$。然后把 f 写成 $f(x)=g_1(x)/n+f_1^*(x)$，其中

$$f_1^*(x)=\begin{cases}0, & x=x_1,\\ f(y_1)-g_1(y_1)/n, & x=y_1,\\ f(x), & \text{其他。}\end{cases}$$

在我们的例子中，$f_1^*(2)=0.0713$。现在，f_1^* 只在 $n-1$ 个值上取正值，而 f_1^* 的正值之和为 $(n-1)/n$。因此必定存在 x_2 和 y_2 使得 $f_1^*(x_2)\leqslant 1/n$ 及 $f_1^*(y_2)\geqslant 1/n$。例如，当 $x_2=2, y_2=3$ 时，$f_1^*(x_2)=0.0713$，$f_1^*(y_2)=0.2508$。把 g_2 定义成

$$g_2(x)=\begin{cases}nf_1^*(x_2), & x=x_2,\\ 1-nf_1^*(x_2), & x=y_2,\\ 0, & \text{其他。}\end{cases}$$

这里，$g_2(2)=0.713$。可令 $f_1^*(x)=g_2(x)/n+f_2^*(x)$，其中

$$f_2^*(x)=\begin{cases}0, & x=x_2,\\ f_1^*(y_2)-g_2(y_2)/n, & x=y_2,\\ f_1^*(x), & \text{其他。}\end{cases}$$

在我们的例子中，$f_2^*(3)=0.2221$。现在 f_2^* 只取 $n-2$ 个正值，总和为 $(n-2)/n$。再重复这个过程 $n-3$ 次，可得到 $g_1,\cdots,g_{n-1}$ 和 f_{n-1}^*。这里的 $f_{n-1}^*(x)$ 只取一个正值，即 $x=x_n$，$f_{n-1}^*(x_n)=1/n$。使 g_n 成为 x_n 上的一个退化分布。那么对所有的 x 有 $f(x)=[g_1(x)+\cdots+g_n(x)]/n$。

在这些初步的设定后，alias 方法可以快速地进行模拟。模拟独立的 U 和 I，U 服从区间 $[0,1]$ 上的均匀分布，I 服从整数 $1,\cdots,n$（在我们的例子中 $n=10$）上的均匀分布。如果 $U\leqslant g_I(x_I)$，则令 $X=x_I$；如果 $U>g_I(x_I)$，令 $X=y_I$，这里需要模拟的数据是

i	1	2	3	4	5	6	7	8	9	10
x_i	0	2	1	6	7	3	8	9	4	5
y_i	2	3	3	3	3	4	4	4	5	—
$g_i(x_i)$	0.101	0.713	0.605	0.743	0.212	0.781	0.035	0.003	0.327	1

还有一个更好的方法是用一个简单的模拟来代替 U 和 I 的两个模拟。模拟来自 $[0,1]$ 上均

匀分布的 Y，令 I 为小于或等于 $nY+1$ 的最大整数；然后令 $U=nY+1-I$（见本节习题 19）。

作为一个例子，假定模拟 Y，其服从[0,1]上的均匀分布，我们得到 $Y=0.4694$。那么 $I=5$，$U=0.694$。由于 $0.694>g_5(x_5)=0.212$，令 $X=y_5=3$。图 12.6 展示了通过 alias 方法得到的 10 000 组模拟值的直方图。◀

上面所有构造 alias 方法所必需的步骤只有在需要模拟许多个来自同一个离散分布的随机变量时才有价值。

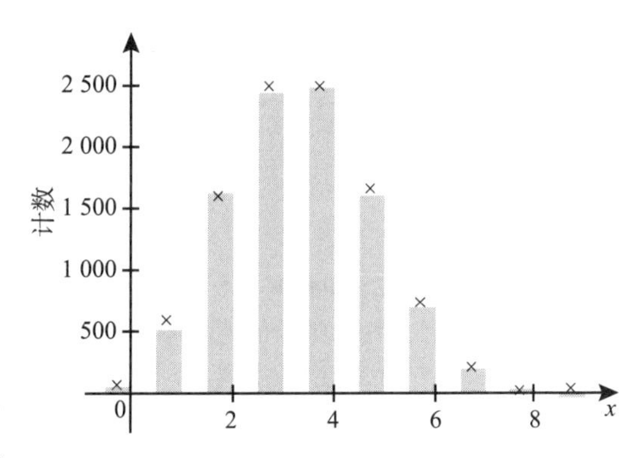

图 12.6　例 12.3.13 中模拟 10 000 个二项分布随机变量的直方图。×的记号出现在高度与 $10\,000f(x)$ 相等的地方，以此来解释模拟和真实分布一致

小结

我们已经看到了一些将服从均匀分布的伪随机变量转换为其他分布的伪随机变量的例子。接受/拒绝法应用很广，但可能在得到一个被接受的模拟值之前需要大量舍去模拟值。同时，我们也看到了如何模拟作为其他随机变量函数的随机变量（例如非中心 t 分布的随机变量）。还有一些例子告诉我们怎样使用具有一些相同分布的模拟随机变量。读者如果希望深入了解非均匀分布的伪随机变量生成，可以参考 Devroye（1986）。

习题

1. 回到 12.2 节中的习题 10，现在我们已经知道如何模拟指数分布随机变量，进行下面的模拟：
   a. 进行 $v_0=2\,000$ 次模拟，计算 θ 的估计值和它的模拟标准误差。
   b. 假设我们希望 θ 的估计量以 0.99 的概率与 θ 的距离小于 0.01，那么需要进行多少次模拟?
2. 请叙述怎样将一组在区间[0,1]上均匀分布的随机样本 $U_1,\cdots,U_n$ 转换为一组容量为 n 的在区间$[a,b]$上均匀分布的随机样本。
3. 叙述如何利用概率积分变换来模拟两个概率密度函数为式（12.3.3）的随机变量。
4. 叙述如何使用概率积分变换来模拟柯西分布的随机变量。
5. 证明：接受/拒绝法中到第一次被接受之前需要迭代的次数的期望为 k。提示：将每一次迭代看作一个伯努利试验。在第一次成功之前，试验次数（没有失败）的期望数是多少?
6. a. 叙述如何模拟一个参数为 0 和 1 的 Laplace 分布的随机变量。参数为 θ 和 σ 的 Laplace 分布的概率密度函数由式（10.7.5）给出。
   b. 叙述如何在模拟一个 Laplace 随机变量的基础上，使用接受/拒绝法来模拟一个标准正态随机变量。提示：求 $x\geqslant 0$ 时，$e^{-x^2/2}/e^{-x}$ 的最大值，注意这两个分布都是关于 0 对称的。
7. 假设你可以得到尽可能多的你想要的独立同分布的标准正态伪随机数。叙述如何模拟一个伪随机数，其服从自由度为 4 和 7 的 F 分布。
8. 设 X 和 Y 是独立的随机变量，其中 X 服从自由度为 5 的 t 分布，Y 服从自由度为 7 的 t 分布。我们对 $E(|X-Y|)$感兴趣。
   a. 模拟 1 000 对(X_i,Y_i)，且每对都服从上述联合分布，并估计 $E(|X-Y|)$。

b. 运用这 1 000 个模拟数对来估计 $|X-Y|$ 的方差。

c. 根据你的估计方差，需要模拟多少次才能够使得在置信度为 0.99 时 $E(|X-Y|)$ 的估计量与实际均值的误差控制在 0.01 之内?

9. 试叙述怎样运用接受/拒绝法来模拟随机变量，其概率密度函数如下：

$$f(x)=\begin{cases}\frac{4}{3}x, & 0<x\leqslant 0.5,\\ \frac{2}{3}, & 0.5<x\leqslant 1.5,\\ \frac{8}{3}-\frac{4}{3}x, & 1.5<x\leqslant 2,\\ 0, & \text{其他。}\end{cases}$$

10. 将例 12.2.3 的模拟用在例 2.1.4 的临床试验中，模拟 5 000 个参数向量。运用 $\alpha_0=1,\beta_0=1$ 的先验分布。估计使用“丙咪嗪”的组不再复发的概率是最大的概率；计算需要多少次模拟才能使得在置信度 0.95 下，估计量与实际概率之间的误差小于 0.01?

11. 在例 12.3.7 我们通过先模拟参数为 $(n-p)/2$ 和 1 的伽马随机变量来模拟 τ 的值。假设统计软件允许我们模拟 χ^2 随机变量来代替，那么我们应该使用哪个 χ^2 分布，同时怎样才能将模拟得到的 χ^2 转为适当的伽马分布的随机变量?

12. 运用 9.6 节习题 10 中表 9.2 的血压数据。假设我们没有把握证明所要处理的两组数据有相同的方差。当我们允许方差不等时，像在例 12.3.8 中做的那样，模拟参数的后验分布的样本。

a. 画出两组均值之差的绝对值的样本分布函数图。

b. 画出两个方差比值对数的直方图来看它们有多接近。

13. 如同式（12.3.7）中定义的 F^{-1}。令 U 为区间 $[0,1]$ 上的均匀分布。证明 $F^{-1}(U)$ 的分布函数为式（12.3.6）。

14. 参考图 12.4 中的三条曲线，即为三个样本的分布函数 $G_{v,1},G_{v,2},G_{v,3}$，它们所要估计的分布函数分别记为 G_1,G_2 和 G_3。利用 Glivenko-Cantelli 引理（定理 10.6.1）来证明：

$$P(|G_{v,i}(x)-G_i(x)|\leqslant 0.008\,2,\text{对所有的 } x \text{ 和 } i)$$

大约为 0.997 9 或更大些。提示：利用 Bonferroni 不等式（定理 1.5.8）。

15. 证明：接受/拒绝法可用于离散分布。也就是说，令 f 和 g 为概率函数，而不是概率密度函数，但是接受/拒绝法接下来描述的部分则不变。提示：证明可以转化为用对 x 求和来代替积分，而对关于 u 的积分则不需转换。

16. 描述如何用离散形式的概率积分变换来模拟一个均值为 θ 的泊松伪随机变量。

17. 设 f 是一个概率函数，并假设式（12.3.8）成立，其中每一个 g_i 都是另一个概率函数。假设 X 是用紧接着式（12.3.8）后所描述的方法来模拟得到的。证明：X 的概率函数为 f。

18. 利用 alias 方法来模拟一个随机变量，其服从均值为 5 的泊松分布。你可以利用书后面的泊松概率表，并假定 16 是泊松随机变量可能取的最大值，你可以假设所有不等于 $0,\cdots,15$ 的概率之和为 $k=16$ 时的概率值。

19. 设 Y 服从区间 $[0,1]$ 上的均匀分布。定义 I 为小于或等于 $nY+1$ 的最大整数，并且定义 $U=nY+1-I$。证明 I 和 U 独立，且 U 在区间 $[0,1]$ 上均匀分布。

12.4　重要性抽样

许多积分可以有效地改写为随机变量函数的均值。如果我们可以模拟大量具有适当分布的随机变量，则可以利用它们来估计可能无法以封闭形式计算的积分。

模拟方法特别适合估计随机变量的均值。如果我们可以模拟许多具有适当分布的随机变量，我们可以对模拟值取平均来估计均值。由于连续分布的随机变量的均值是积分，我们可能想知道是否也可以通过模拟方法来估计其他积分。原则上，所有积分（如果有限）都可以通过模拟来估计，但是需要注意确保模拟结果具有有限方差。

假设我们希望计算 $\int_a^b g(x)\mathrm{d}x$，其中 g 是有限函数，同时 a 和 b 都为有限值。我们可以将这个积分改写为

$$\int_a^b g(x)\mathrm{d}x=\int_a^b (b-a)g(x)\frac{1}{b-a}\mathrm{d}x=E[(b-a)g(X)], \tag{12.4.1}$$

这里 X 是在区间 $[a,b]$ 上均匀分布的随机变量。一种简单的蒙特卡罗方法是模拟大量伪随机数 $X_1,\cdots,X_v$，其服从区间 $[a,b]$ 上的均匀分布，并利用 $\frac{b-a}{v}\sum_{i=1}^{v}g(X_i)$ 来估计积分。这种方法具有两个公认的缺点。首先，它不能用于估计无边界区域的积分。第二，效率可能很低。如果 g 在区间的一部分上比另一部分大得多，则 $g(X_i)$ 将具有较大的方差，并且将需要非常大的 v 才能获得积分的良好估计量。

试图克服上述两个缺点的方法称为重要性抽样。重要性抽样的想法非常类似于在式（12.4.1）中的做法。也就是说，我们将积分改写为 X 的某些函数的均值，其中 X 服从某个我们可以轻松模拟的分布。

假设我们能够模拟一个伪随机变量 X，其概率密度函数 f 满足每当 $g(x)>0$ 时 $f(x)>0$，则我们可以写成

$$\int g(x)\mathrm{d}x=\int\frac{g(x)}{f(x)}f(x)\mathrm{d}x=E(Y), \tag{12.4.2}$$

其中 $Y=g(X)/f(X)$（如果存在某些 x，使得 $f(x)=0$ 且 $g(x)>0$，则式（12.4.2）中的两个积分可能不相等）。如果我们模拟 v 个独立的概率密度函数为 f 的随机数 $X_1,\cdots,X_v$，我们就可以用 $\frac{1}{v}\sum_{i=1}^{v}Y_i$ 来估计积分，其中 $Y_i=g(X_i)/f(X_i)$。概率密度函数 f 称为**重要性函数**。对于某些 x 满足 $f(x)>0$ 且使 $g(x)=0$，这是可以接受的，尽管效率不高。有效的重要性抽样的关键是选择一个好的重要性函数。Y 的方差越小，估计量应越好。也就是说，我们希望 $g(X)/f(X)$ 接近于常值随机变量。

例 12.4.1　重要性函数的选择　假设我们要估计 $\int_0^1 \mathrm{e}^{-x}/(1+x^2)\mathrm{d}x$，可以选择以下重要性函数：

$$\begin{aligned}
&f_0(x)=1, && 0<x<1,\\
&f_1(x)=\mathrm{e}^{-x}, && 0<x<\infty,\\
&f_2(x)=(1+x^2)^{-1}/\pi, && -\infty<x<\infty,\\
&f_3(x)=\mathrm{e}^{-x}/(1-\mathrm{e}^{-1}), && 0<x<1,\\
&f_4(x)=4(1+x^2)^{-1}/\pi, && 0<x<1。
\end{aligned}$$

这些概率密度函数每一个都为正，且 g 为正，每一个都可以使用概率积分变换来模拟。例

如，我们模拟了 10 000 个在区间［0，1］上均匀分布的随机数 $U^{(1)},\cdots,U^{(10\,000)}$。然后，我们将五个概率积分变换应用于这个模拟数据集上，这样我们的比较就不会因为潜在均匀分布样本的改变而发生变化。由于五个概率密度函数在不同范围内为正，因此我们应该定义

$$g(x)=\begin{cases}\mathrm{e}^{-x}/(1+x^2), & 0<x<1,\\ 0, & \text{其他。}\end{cases}$$

用 F_j 表示与 f_j 对应的分布函数，令 $X_j^{(i)}=F_j^{-1}(U^{(i)})$，$i=1,\cdots,10\,000, j=0,\cdots,4$。令 $Y_j^{(i)}=g(X_j^{(i)})/f_j(X_j^{(i)})$。然后我们得到 $\int g(x)\mathrm{d}x$ 的五个不同的估计量，即

$$\overline{Y}_j=\frac{1}{10\,000}\sum_{i=1}^{10\,000}Y_j^{(i)}, j=0,\cdots,4。$$

对于每个 j，我们还计算了 $Y_j^{(i)}$ 的样本方差

$$\hat{\sigma}_j^2=\frac{1}{10\,000}\sum_{i=1}^{10\,000}(Y_j^{(i)}-\overline{Y}_j)^2。$$

$\overline{Y}_j$ 的模拟标准误差为 $\hat{\sigma}_j/100$。我们在表 12.5 中列出了五个估计值以及相应的 $\hat{\sigma}_j$ 值。估计值相对接近，但是 $\hat{\sigma}_j$ 的某些值几乎是其他值的 10 倍。这可以根据每个 f_j 对函数 g 的近似程度来理解这一点。首先，注意到两个最坏的情况是 f_j 在无界区间为正。这使我们模拟了大量 $X_j^{(i)}$ 值使得 $g(X_j^{(i)})=0$，因此 $Y_j^{(i)}=0$。这是非常低效的。例如，对于 $j=2$，$X_2^{(i)}$ 值的 75%不在区间(0,1)内，其余的 $Y_2^{(i)}$ 值一定非常大，才能使平均值接近正确值。换句话说，由于 $Y_2^{(i)}$ 值是如此分散（它们的范围在 0 到 π 之间），因此我们得到了较大的 $\hat{\sigma}_2$ 值。另一方面，当 $j=3$ 时，$Y_3^{(i)}$ 没有 0 值。实际上，$Y_3^{(i)}$ 值仅在 0.316 1 到 0.632 1 之间，这使得 $\hat{\sigma}_3$ 很小。选择重要性函数的目的是使 $Y^{(i)}$ 值具有较小的方差。这可以通过使比率 g/f 尽可能接近常数来实现。◀

表 12.5　例 12.4.1 中的蒙特卡罗估计值与 $\hat{\sigma}_j$

j	0	1	2	3	4
$\overline{Y}_j$	0.518 5	0.511 0	0.512 8	0.522 4	0.521 1
$\hat{\sigma}_j$	0.244 0	0.421 7	0.931 2	0.097 3	0.140 9

例 12.4.2　计算没有封闭表达式的均值　设 X 服从参数为 α 和 1 的伽马分布。假设我们想要求 $1/(1+X+X^2)$ 的均值。我们不妨认为这个均值是

$$\int_0^{\infty}\frac{1}{1+x+x^2}f_\alpha(x)\mathrm{d}x, \tag{12.4.3}$$

其中 f_α 是参数为 α 和 1 的伽马分布的概率密度函数。如果 α 不小，则 $f_\alpha(x)$ 在 $x=0$ 附近接近于 0，并且 x 仅在 α 附近使 $f_\alpha(x)$ 的值相当大。对于较大的 x，$1/(1+x+x^2)$ 非常像 $1/x^2$。如果 α 和 x 都很大，则式（12.4.3）中的被积函数近似为 $x^{-2}f_\alpha(x)$。由于 $x^{-2}f_\alpha(x)$ 等于 $f_{\alpha-2}(x)$ 乘以常数，我们可以使用重要性函数 $f_{\alpha-2}$ 进行重要性抽样。例如，对于 $\alpha=5$，我们模拟了 10 000 个服从参数为 3 和 1 的伽马分布的伪随机变量 $X^{(1)},\cdots,X^{(10\,000)}$，

$[1/(1+X^{(i)}+X^{(i)2})]f_5(X^{(i)})/f_3(X^{(i)})$的样本均值为0.051 84，样本标准差为0.014 65。为了进行比较，我们还模拟了10 000个服从参数为5和1的伽马分布的伪随机变量$Y^{(1)},\cdots,Y^{(10\,000)}$。$1/(1+Y^{(i)}+Y^{(i)2})$的样本均值为0.052 26，样本标准差为0.051 03，约为我们使用重要性函数f_3得到的3.5倍。但是，当$\alpha=3$时，这两种方法的样本标准差几乎相等。在$\alpha=10$的情况下，重要性抽样的样本标准差大约是直接从X的分布抽样的标准差的十分之一。正如我们前面提到的，当α很大时，$1/x^2$近似于$1/(1+x+x^2)$的程度比α小的时候更好。◀

例 12.4.3　二元正态分布的概率　设(X_1,X_2)服从二元正态分布，并假设我们对特定值c_1,c_2的事件$\{X_1\leqslant c_1,X_2\leqslant c_2\}$的概率感兴趣。通常，我们无法直接地计算二重积分

$$\int_{-\infty}^{c_2}\int_{-\infty}^{c_1}f(x_1,x_2)\mathrm{d}x_1\mathrm{d}x_2,\tag{12.4.4}$$

其中$f(x_1,x_2)$是(X_1,X_2)的联合概率密度函数。我们可以将联合概率密度函数写为$f(x_1,x_2)=g_1(x_1|x_2)f_2(x_2)$，其中$g_1$是给定$X_2=x_2$下的条件概率密度函数，$f_2$是$X_2$的边际概率密度函数。正如我们在5.10节中了解到的那样，这两个概率密度函数都是正态概率密度函数。特别地，给定$X_2=x_2$时X_1的条件分布是正态分布，均值和方差由式（5.10.8）给出。我们可以将二重积分（12.4.4）中的内积分直接表示成如下形式：

$$\begin{aligned}\int_{-\infty}^{c_1}f(x_1,x_2)\mathrm{d}x_1&=\int_{-\infty}^{c_1}g(x_1|x_2)f_2(x_2)\mathrm{d}x_1\\&=f_2(x_2)\Phi\left(\frac{c_1-\mu_1-\rho\sigma_1(x_2-\mu_2)/\sigma_2}{\sigma_1(1-\rho)^{1/2}}\right),\end{aligned}$$

其中Φ为标准正态分布函数。于是，式（12.4.4）中的积分就是上面最后一个表达式关于x_2的积分。有效的重要性函数可能是给定$X_2\leqslant c_2$下X_2的条件概率密度函数，我们用h表示如下概率密度函数：

$$h(x_2)=\frac{(2\pi\sigma_2^2)^{-1/2}\exp\left(-\dfrac{1}{2\sigma_2^2}(x_2-\mu_2)^2\right)}{\Phi\left(\dfrac{c_2-\mu_2}{\sigma_2}\right)},\ -\infty<x_2\leqslant c_2。\tag{12.4.5}$$

不难看出，如果U服从区间［0，1］上的均匀分布，则

$$W=\mu_2+\sigma_2\Phi^{-1}\left[U\Phi\left(\frac{c_2-\mu_2}{\sigma_2}\right)\right]\tag{12.4.6}$$

的概率密度函数为h（见本节习题5）。如果我们用h作为重要性函数，并以此概率密度函数模拟$W^{(1)},\cdots,W^{(v)}$，则积分（12.4.4）的估计量为

$$\frac{1}{v}\sum_{i=1}^{v}\Phi\left(\frac{c_1-\mu_1-\rho\sigma_1(W^{(i)}-\mu_2)/\sigma_2}{\sigma_1(1-\rho)^{1/2}}\right)\Phi\left(\frac{c_2-\mu_2}{\sigma_2}\right)。$$ ◀

并非总是可以保证重要性抽样的估计量具有有限的方差。在本节的例子中，我们设法找到的重要性函数具有以下性质：被积函数与重要性函数之比是有界的。这一性质保证了重要性抽样的估计量具有有限的方差（见本节习题8）。

分层重要性抽样

假设我们试图估计 $\theta=\int g(x)\mathrm{d}x$，我们考虑使用重要性函数$f$。$\theta$ 的重要性抽样估计量的模拟方差来自 $Y=g(X)/f(X)$的方差，其中 X 的概率密度函数为f。实际上，如果我们模拟容量为 n 的重要性样本，则估计量的模拟方差为 σ^2/n，其中 $\sigma^2=\mathrm{Var}(Y)$。分层重要性抽样尝试通过将 θ 分解为 $\theta=\sum_{j=1}^{k}\theta_j$ 来减小模拟方差，估计每个 θ_j 的模拟方差都非常小。

在使用概率积分变换模拟 X 时，分层重要性抽样算法最容易描述。设 F 为概率密度函数f相应的分布函数。首先，我们按如下方式分解 θ：定义 $q_0=-\infty, q_j=F^{-1}(j/k), j=1,\cdots,k-1, q_k=\infty$。然后对于$j=1,\cdots,k$，定义

$$\theta_j=\int_{q_{j-1}}^{q_j}g(x)\mathrm{d}x,$$

显然，$\theta=\sum_{j=1}^{k}\theta_j$。接下来，我们使用相同的重要性函数$f$，在 θ_j 相应积分的区间内通过重要性抽样来估计每个 θ_j。也就是说，我们使用如下重要性函数来进行重要性抽样来估计 θ_j：

$$f_j(x)=\begin{cases}kf(x), & q_{j-1}\leqslant x<q_j,\\ 0, & \text{其他。}\end{cases}$$

（由本节习题9，我们知道f_j 确实是概率密度函数。）为了模拟概率密度函数为 f_j 的随机变量，我们设 V 在区间$[(j-1)/k,j/k]$上服从均匀分布，并令 $X_j=F^{-1}(V)$，则读者可以证明（见本节习题9）X_j 的概率密度函数为f_j。设 σ_j^2 为 $g(X_j)/f_j(X_j)$的方差。假设对于每个$j=1,\cdots,k$，我们模拟容量为 m 的重要性样本，其分布与 X_j 的分布相同，则 θ_j 的估计量的方差为 σ_j^2/m。由于 $\theta_1,\cdots,\theta_k$ 的 k 个估计量是独立的，θ 的估计量的方差就为 $\sum_{j=1}^{k}\sigma_j^2/m$。为了便于与非分层重要性抽样进行比较，令 $n=mk$。如果方差小于 σ^2/n，则分层就是一种改进。由于 $n=mk$，我们需要证明

$$\sigma^2\geqslant k\sum_{j=1}^{k}\sigma_j^2, \tag{12.4.7}$$

最好能证明上述不等式严格成立。

为了证明式（12.4.7），我们注意到概率密度函数为f_j 的随机变量 X_j 与概率密度函数为f的随机变量 X 之间存在紧密联系。令 J 为在整数 $1,\cdots,k$ 上服从离散均匀分布的随机变量。定义 $X^*=X_J$，使得在给定 $J=j$ 下 X^* 的条件概率密度函数是f_j，那么你就可以证明（见本节习题11）X^* 和 X 具有相同的概率密度函数。令 $Y=g(X)/f(X)$，同时令

$$Y^*=\frac{g(X^*)}{f_J(X^*)}=\frac{g(X^*)}{kf(X^*)}。$$

则 $\mathrm{Var}(Y^* \mid J=j)=\sigma_j^2$，而 kY^* 与 Y 的分布相同。于是，

$$\sigma^2 = \mathrm{Var}(Y) = \mathrm{Var}(kY^*) = k^2\mathrm{Var}(Y^*)。\tag{12.4.8}$$

由定理 4.7.4，

$$\mathrm{Var}(Y^*) = E[\mathrm{Var}(Y^* \mid J)] + \mathrm{Var}[E(Y^* \mid J)]。\tag{12.4.9}$$

通过构造，$E(Y^* \mid J=j)=\theta_j$，而 $\mathrm{Var}(Y^* \mid J=j)=\sigma_j^2$。此外，如果 θ_j 不完全相同，则不等式 $\mathrm{Var}[E(Y^* \mid J)] \geqslant 0$ 严格成立。由于对于 $j=1,\cdots,k,P(J=j)=1/k$，我们有

$$E[\mathrm{Var}(Y^* \mid J)] = \frac{1}{k}\sum_{j=1}^{k}\sigma_j^2。\tag{12.4.10}$$

结合式（12.4.8），式（12.4.9）和式（12.4.10），如果 θ_j 不全相等，可得到式（12.4.7）的不等式严格成立。

例 12.4.4　分层重要性抽样的说明　我们考虑例 12.4.1 中想要估计的积分。最好的重要性函数似乎是 f_3，模拟标准误差为 $\hat{\sigma}_3/100=9.73\times10^{-4}$。在本例中，我们将 10 000 个模拟值分配给 $k=10$ 个容量为 $m=1\,000$ 的子集，并将积分范围［0，1］划分为 10 个等长子区间来进行分层重要性抽样。这样做我们得到积分的蒙特卡罗估计值为 0.524 8。为了估计模拟标准误差，我们需要通过 $\hat{\sigma}_j^*$ 估计每个 σ_j，并计算 $\sum_{j=1}^{10}\hat{\sigma}_j^{*2}/1\,000$。在我们正在讨论的模拟中，分层重要性抽样的模拟标准误差为 1.05×10^{-4}，约为未分层重要性抽样的十分之一。我们还可以使用 $k=100$ 个容量为 $m=100$ 的子集进行分层重要性抽样。在我们的模拟中，积分的估计值是一样的，模拟标准误差 1.036×10^{-5}。◀

例 12.4.4 中的分层重要性抽样效果很好，其原因是：函数 $g(x)/f_3(x)$ 是单调函数。这时，θ_j 随 j 的变化而变化，从而 $\mathrm{Var}[E(Y^* \mid J)]$ 很大，分层将非常有效。

小结

我们介绍了通过模拟计算积分的重要性抽样方法。估计 $\int g(x)\mathrm{d}x$ 的重要性抽样的思想是选择一个概率密度函数 f 满足我们方便模拟，同时 $g(x)/f(x)$ 接近于常数。然后，我们将积分改写为 $\int[g(x)/f(x)]f(x)\mathrm{d}x$ 。我们可以通过对 $g(X^{(i)})/f(X^{(i)})$ 取平均来估计最后一个积分，其中 $X^{(1)},\cdots,X^{(v)}$ 是来自概率密度函数为 f 的随机样本。分层重要性抽样可以产生方差更小的估计量。

习题

1. 证明：式（12.4.1）中的公式是一种重要性抽样，重要性函数是区间［a，b］上均匀分布的概率密度函数。
2. 设 g 为一个函数，我们希望计算 $g(X)$ 的均值，其中 X 的概率密度函数为 f。假设我们可以模拟概率密度函数为 f 的伪随机数。证明以下两种做法的结果相同：

- 模拟 $X^{(i)}$，其概率密度函数为 f，并对 $g(X^{(i)})$ 的值取平均，得到估计量；
- 用重要性函数 f 进行重要性抽样来估计积分 $\int g(x)f(x)\mathrm{d}x$ 。

3. 设 Y 服从自由度为 m 和 n 的 F 分布，我们希望估计 $P(Y>c)$。考虑概率密度函数

$$f(x)=\begin{cases}\dfrac{(n/2)c^{n/2}}{x^{n/2+1}}, & x>c,\\ 0, & \text{其他。}\end{cases}$$

   a. 解释如何模拟概率密度函数为 f 的伪随机数。
   b. 解释如何利用重要性函数为 f 的重要性抽样估计 $P(Y>c)$。
   c. 查看 Y 的概率密度函数（9.7.2），并解释如果 c 不小，为什么重要性抽样可能比同服从自由度为 m 和 n 的 F 分布的独立随机变量的抽样更有效。

4. 我们想要计算积分 $\int_0^\infty \ln(1+x)\exp(-x)\mathrm{d}x$ 。
   a. 模拟 10 000 个参数为 1 的指数随机变量，并使用它们来估计积分。同时，求估计量的模拟标准误差。
   b. 模拟 10 000 个参数为 1.5 和 1 的伽马随机变量，并使用它们来估计积分（重要性抽样）。求出估计量的模拟标准误差（如果你没有伽马函数可用，$\Gamma(1.5)=\sqrt{\pi}/2$）。
   c. 哪一种似乎更有效？你能解释为什么吗？

5. 设 U 在区间 $[0,1]$ 上服从均匀分布。证明：式（12.4.6）中定义的随机变量 W 的概率密度函数为 h，这里 h 由式（12.4.5）定义。

6. 假设我们希望估计积分

$$\int_1^\infty \frac{x^2}{\sqrt{2\pi}}\mathrm{e}^{-0.5x^2}\mathrm{d}x。$$

   在下面 a 和 b 中，模拟样本量为 1 000。
   a. 通过重要性抽样，使用服从截断正态分布的随机变量来估计积分。也就是说，重要性函数是

$$\frac{1}{\sqrt{2\pi}[1-\Phi(1)]}\mathrm{e}^{-0.5x^2}, x>1。$$

   b. 使用概率密度函数为 $x\exp(0.5[1-x^2]), x>1$ 的随机变量，进行重要性抽样来估计积分。提示：证明这种随机变量可以用以下方式获得：先利用参数为 0.5 的指数分布的随机变量，加 1，然后取平方根。
   c. 计算和比较 a 和 b 中两个估计量的模拟标准误差。你能解释一下为什么一个比另一个小很多吗？

7. 设 (X_1,X_2) 服从二元正态分布，均值都等于 0，方差都等于 1，相关系数等于 0.5。我们希望通过模拟来估计 $\theta=P(X_1\leqslant 2, X_2\leqslant 1)$。
   a. 模拟 10 000 个服从上述分布的二元正态向量的样本，利用满足两个不等式 $X_1\leqslant 2$ 和 $X_2\leqslant 1$ 的向量的比例作为 θ 的估计量 Z，并计算 Z 的模拟标准误差。
   b. 使用例 12.4.3 中描述的方法进行 10 000 次模拟，生成 θ 的替代估计量 Z'。计算 Z' 的模拟标准误差，并将 Z' 与 a 中的估计值进行比较。

8. 我们希望近似求积分 $\int g(x)\mathrm{d}x$ ，假设概率密度函数 f 可以作为重要性函数。假设 $g(x)/f(x)$ 是有界的，证明：重要性抽样估计量具有有限方差。

9. 设 F 为连续的严格单增的分布函数，其概率密度函数为 f。设 V 在区间 $[a,b]$ $(0\leqslant a<b\leqslant 1)$ 上服从均匀分布。证明：$X=F^{-1}(V)$ 的概率密度函数为 $f(x)/(b-a)$，$F^{-1}(a)\leqslant x\leqslant F^{-1}(b)$。（如果 $a=0$，则令 $F^{-1}(a)=-\infty$。如果 $b=1$，则令 $F^{-1}(b)=\infty$。）

10. 对于习题 6 中所述的情况，按如下方式使用分层重要性抽样：将区间$(1,\infty)$分为五个小区间，每个小区间在重要性分布下的概率为 0.2。从每个小区间中抽取 200 个观察值。计算模拟标准误差。对于习题 6 的 a 和 b，将这个模拟与习题 6 中的模拟进行比较。
11. 用分层重要性抽样的符号，证明：$X^*=X_J$ 和 X 具有相同的分布。提示：给定 $J=j$ 下 X^* 的条件概率密度函数是f_j，利用全概率公式。
12. 再次考虑 12.2 节习题 15 描述的情况。假设 W_u 服从参数为 $\theta=0$ 和 $\sigma=0.1u^{1/2}$ 的 Laplace 分布，其概率密度函数由式（10.7.5）定义。
    a. 证明：W_u 的矩母函数是
    $$\psi(t)=\left(1-\frac{t^2u}{100}\right)^{-1},\ -10u^{-1/2}<t<10u^{-1/2}。$$
    b. 令 $r=0.06$ 为无风险利率。在 $u=1$ 时，模拟大量（v 个）W_u 的值，并利用这些值来估计当前价格为 S_0 时，在将来的 $u=1$ 时刻购买一股该股票的期权的价格。还要计算模拟标准误差。
    c. 使用重要性抽样来改进 b 中的模拟。现在我们不是直接模拟 W_u 值，而是模拟 W_u 的给定 $S_u>S_0$ 下的条件分布。模拟标准误差会小多少？
13. 控制变量法是一种用于减少模拟估计量的方差的技术。假设我们希望估计 $\theta=E(W)$。控制变量是与 W 正相关的且均值 μ 已知的随机变量 V。对于每个常数 $k>0$，$E(W-kV+k\mu)=\theta$。同时，如果仔细选择 k，$\mathrm{Var}(W-kV+k\mu)<\mathrm{Var}(W)$。在本题中，我们将看到如何使用控制变量进行重要性抽样，但这种方法非常通用。假设我们希望计算 $\int g(x)\mathrm{d}x$，并且我们使用重要性函数f。假设存在一个函数 h，使得 h 与 g 相似，但已知 $\int h(x)\mathrm{d}x$ 等于 c。设 k 为常数，模拟 $X^{(1)},\cdots,X^{(v)}$，其概率密度函数为f，并定义
    $$W^{(i)}=\frac{g(X^{(i)})}{f(X^{(i)})},$$
    $$V^{(i)}=\frac{h(X^{(i)})}{f(X^{(i)})},$$
    $$Y^{(i)}=W^{(i)}-kV^{(i)},$$
    对所有 i。那么，$\int g(x)\mathrm{d}x$ 的估计量为 $Z=\frac{1}{v}\sum_{i=1}^{v}Y^{(i)}+kc$。
    a. 证明：$E(Z)=\int g(x)\mathrm{d}x$。
    b. 令 $\mathrm{Var}(W^{(i)})=\sigma_W^2$ 和 $\mathrm{Var}(V^{(i)})=\sigma_V^2$。设 ρ 为 $W^{(i)}$ 和 $V^{(i)}$ 的相关系数。证明：使 $\mathrm{Var}(Z)$最小的 k 值为 $k=\sigma_W\rho/\sigma_V$。
14. 假设我们希望对例 12.4.1 中的函数 $g(x)$计算积分。
    a. 使用习题 13 中描述的控制变量法去估计 $\int g(x)\mathrm{d}x$。令 $h(x)=1/(1+x^2)$，$0<x<1$，$k=\mathrm{e}^{-0.5}$（这使 h 与 g 的大小大致相同）。令$f(x)$为例 12.4.1 中的函数f_3，试比较使用控制变量与不使用控制变量的模拟标准误差。
    b. 估计 $W^{(i)}$和 $V^{(i)}$（习题 13 中的记号）的方差和相关性，以便了解好的 k 值是多少。
15. 对偶变量法也是一种用于减少模拟估计量方差的技术。对偶变量是负相关的随机变量，具有相同的均值和相同的方差。两个对偶随机变量的平均值的方差小于两个独立同分布的随机变量的平均值的方差。在本题中，我们将看到如何使用对偶变量进行重要性抽样，但是这种方法非常通用。假设我们希望计算 $\int g(x)\mathrm{d}x$，我们希望使用重要性函数f。假设我们利用概率积分变换生成伪随机变量，其概率密度函数为f。也就是说，令 $X^{(i)}=F^{-1}(U^{(i)})$，$i=1,\cdots,v$，其中 $U^{(i)}$ 在区间$[0,1]$上服从均匀分布，并

且设 F 为概率密度函数 f 相应的分布函数。对于每个 $i=1,\cdots,v$，定义

$$\begin{aligned} T^{(i)} &= F^{-1}(1-U^{(i)}), \\ W^{(i)} &= \frac{g(X^{(i)})}{f(X^{(i)})}, \\ V^{(i)} &= \frac{g(T^{(i)})}{f(T^{(i)})}, \\ Y^{(i)} &= 0.5[W^{(i)}+V^{(i)}]。\end{aligned}$$

则 $\int g(x)\mathrm{d}x$ 的估计量为 $Z=\frac{1}{v}\sum_{i=1}^{v}Y^{(i)}$。

a. 证明：$T^{(i)}$ 与 $X^{(i)}$ 具有相同的分布。

b. 证明：$E(Z)=\int g(x)\mathrm{d}x$。

c. 如果 $g(x)/f(x)$ 是单调函数，请解释为什么我们期望 $W^{(i)}$ 和 $V^{(i)}$ 负相关。

d. 如果 $W^{(i)}$ 和 $V^{(i)}$ 负相关，证明：$\mathrm{Var}(Z)$ 小于在无对偶变量的情况下通过 $2v$ 个模拟值得到的方差。

16. 我们利用习题 15 中描述的对偶变量法。令 $g(x)$ 是例 12.4.1 中的被积函数，令 $f(x)$ 为例 12.4.1 中的函数 f_3，试估计 $\mathrm{Var}(Y^{(i)})$，并将其与例 12.4.1 中的 $\hat{\sigma}_3^2$ 进行比较。

17. 对于本节中需要模拟的每个习题，看看你是否可以想到一种使用控制变量法或对偶变量法来减小模拟估计量的方差的方法。

*12.5　马尔可夫链蒙特卡罗（MCMC）方法

12.3 节中提到的用来产生特殊分布的伪随机数的方法对单变量的分布是最有效的。它们也可用于多变量场合，但应用并不广泛。一种基于马尔可夫链（见 3.10 节）的方法在 Metropolis 等人（1953），Gelfand 和 Smith（1990）的论文发表后变得非常流行。本节我们仅考虑 MCMC 方法的最简单的形式。

Gibbs 抽样算法

我们将试着先从模拟一个二元分布开始，设 (X_1,X_2) 的联合概率密度函数为 $f(x_1,x_2)=cg(x_1,x_2)$。假定函数 g 已知，而未必知道常数 c，这种情况常在计算后验分布时遇到。如果把 X_1,X_2 看作参数，函数 g 可能是先验概率密度函数与似然函数（把 X_1,X_2 的取值看成已知）的乘积。由于 $cg(x_1,x_2)$ 为后验分布的概率密度函数，因此常数 $c=1/\int g(x_1,x_2)\mathrm{d}x_1\mathrm{d}x_2$。通常 c 很难算出，尽管 12.4 节的方法可能有帮助。即使我们能大致确定 c，但后验分布中的其他特征不是很简单地就能算出的，所以模拟是有用的。

如果函数 $g(x_1,x_2)$ 有特殊的形式，则有一种有效的算法模拟概率密度函数为 f 的随机向量。所要求的形式具体描述如下：首先固定 x_2，把 $g(x_1,x_2)$ 看作 x_1 的函数，这个函数需要看起来是可以模拟的伪随机数的概率密度函数（对 X_1 而言）。类似地，如果固定 x_1，把 $g(x_1,x_2)$ 看作 x_2 的函数，这个函数也需要看起来是可以模拟的伪随机数 X_2 的概率密度函数。

例 12.5.1　正态分布的样本　设有一个来自均值 μ 未知和精确度 τ 未知的正态分布的样本。设我们使用 8.6 节给出的自然共轭先验，先验和似然函数乘积由式（8.6.7）给出，

为了方便起见没有给出其中的常数因子。我们将这个表达式改写为

$$\xi(\mu,\tau \mid \boldsymbol{x}) \propto \tau^{\alpha_1+1/2-1}\exp\left(-\tau\left[\frac{1}{2}\lambda_1(\mu-\mu_1)^2+\beta_1\right]\right),$$

一旦我们观察到数据，$\alpha_1,\beta_1,\mu_1,\lambda_1$ 都已知。对固定的 τ，把它看作 μ 的函数，这个函数看起来是均值为 μ_1、精确度为（$\tau\lambda_1$）$^{-1}$ 的正态分布的概率密度函数。对固定的 μ，把它看作 τ 的函数，它看起来像参数是 $\alpha_1+1/2$ 和 $\lambda_1(\mu-\mu_1)^2/2+\beta_1$ 的伽马分布的概率密度函数，这两个分布都比较容易模拟。◀

当我们固定 x_2，把 $g(x_1,x_2)$ 看作 x_1 的函数时，相当于我们考虑给定 $X_2=x_2$ 条件下 X_1 的条件概率密度函数，而不考虑不依赖于 x_1 的一个乘数因子（见本节习题 1）。类似地，当我们固定 x_1，把 $g(x_1,x_2)$ 看作 x_2 的函数时，相当于我们考虑给定 $X_1=x_1$ 时 X_2 的条件概率密度函数。

一旦确认函数 $g(x_1,x_2)$ 具有我们想要的形式，我们的算法步骤如下：

1. 给定 X_2 的初始值 $x_2^{(0)}$，令 $i=0$；
2. 从给定 $X_2=x_2^{(i)}$ 时 X_1 的条件分布中模拟出一个新值 $x_1^{(i+1)}$；
3. 从给定 $X_1=x_1^{(i+1)}$ 时 X_2 的条件分布中模拟出一个新值 $x_2^{(i+1)}$；
4. 将 i 用 $i+1$ 替代并回到第 2 步。

这个算法循环至一个足够大的 i 值时结束。尽管目前还没有一个真正令人满意的收敛准则，我们在本节的后面将介绍一个收敛准则，通常称这一算法为 Gibbs 抽样。这个名字来自早期 Geman 和 Geman（1984）进行抽样时所用的 Gibbs 分布。

一些理论准则

迄今为止，还没有一个判断 Gibbs 抽样算法好坏的准则。这个准则来源于这样的事实，即一列$(x_1^{(1)},x_2^{(1)}),(x_1^{(2)},x_2^{(2)}),\cdots$构成了马尔可夫链的状态观察序列。这个马尔可夫链比 3.4 节中遇到的马尔可夫链更复杂，原因有二：第一，状态是二维的；第二，状态的个数是无限的而不是有限的。尽管如此，人们还是容易确认描述 Gibbs 抽样算法的马尔可夫链的基本结构。假设 i 是迭代步数的现值，在给定已有的状态$(X_1^{(1)},X_2^{(1)}),\cdots,(X_1^{(i)},X_2^{(i)})$的条件下，下一状态$(X_1^{(i+1)},X_2^{(i+1)})$的条件分布仅依赖于当前状态$(X_1^{(i)},X_2^{(i)})$。这与 3.10 节所给的有限马尔可夫链的性质是一样的。

即使我们同意这些序列对构成马尔可夫链，那么凭什么相信它们就是来自所想要的分布呢？答案在于将定理 3.10.4 的第二部分推广到更一般的马尔可夫链。这个推广在数学上过于复杂，我们无法在这里介绍，它所要求的条件涉及我们在本书中没有介绍的概念。

尽管如此，Gibbs 抽样是由一个联合分布构造的，可以证明这个联合分布是所得马尔可夫链的平稳分布（见本节习题 2）。对于我们在本书中说明的情况，随着转移次数的增加，Gibbs 抽样的马尔可夫链的分布确实会收敛到该平稳分布（更一般性的讨论，见 Tierney，1994）。由于与马尔可夫链的紧密联系，Gibbs 抽样（以及几种相关技术）通常称为马尔可夫链蒙特卡罗（MCMC）法。

马尔可夫链何时收敛?

尽管马尔可夫链的分布可以收敛到其平稳分布，但是在任何有限的时间之后，这个分

布不一定是平稳分布。通常，分布将在有限的时间内非常接近平稳分布，但是在特定的应用中，我们如何分辨是否对马尔可夫链进行了足够长的抽样，使得我们确信抽得的样本可以看作从平稳分布中得到的？有很多工作围绕这个问题展开。但并没有一个简单的证明方法。Cowles 和 Carlin（1996）回顾了一些在蒙特卡罗分析中评估马尔可夫链的收敛性的方法，这里给出一个简单的技术。

考虑这个马尔可夫链的 k 个不同样本，它们的初始值分别为 $x_{2,1}^{(0)},\cdots,x_{2,k}^{(0)}$。这 k 个马尔可夫链的样本不仅可以用于评估收敛性，还可以用于计算模拟估计量的方差。比较明智的选择是将初始值 $x_{2,1}^{(0)},\cdots,x_{2,k}^{(0)}$ 尽可能分散开。这将有助于判断是否得到一个收敛得很慢的马尔可夫链。接下来应用 Gibbs 抽样算法，从 k 个初始值的每一个开始。这样我们将有 k 个独立的马尔可夫链，每个都有相同的平稳分布。如果 k 个马尔可夫链经过 m 次迭代来抽样，那么我们就可以把 X_1（或 X_2）的观察值看作 k 个容量均为 m 的样本。为了记号方便，令 $T_{i,j}$ 表示 X_1 或 X_2 的来自第 i 个马尔可夫链的第 j 次迭代的值。（我们将对 X_1 和 X_2 交错地重复以下的分析）。现在，把 $T_{i,j},j=1,\cdots,m$ 看作来自 k 个分布中第 i 个($i=1,\cdots,k$)分布的容量为 m 的一个样本。如果我们进行足够长的抽样以使得马尔可夫链近似收敛，那么所有 k 个分布应该是近似相同的。这意味着可以用方差分析（11.6 节）中的 F 统计量来度量这 k 个分布的接近程度。这个 F 统计量可以写成 $F=B/W$，其中

$$B=\frac{m}{k-1}\sum_{i=1}^{k}(\bar{T}_{i+}-\bar{T}_{++})^2,$$

$$W=\frac{1}{k(m-1)}\sum_{i=1}^{k}\sum_{j=1}^{m}(T_{ij}-\bar{T}_{i+})^2。$$

这里我们使用了与 11.6 节相同的记号，下标“+”出现的位置表示对这个位置上所有下标对应的值取平均。如果这 k 个分布是不同的，那么 F 值会很大。如果 k 个分布都相同，那么 F 值应该接近于 1。如前所述，我们计算了两个 F 统计量，一个基于 X_1，另一个基于 X_2。如果两个 F 统计量都小于某个略大于 1 的数，则认为已经进行了足够长的抽样。Gelman 等人（1995）本质上描述了这个同样的过程，并建议将两个 F 统计量中大的那个与 $1+0.44m$ 比较。在计算 F 统计量之前，至少从 $m=100$ 开始（如果迭代速度足够快的话），这是一个比较好的主意。这将有助于避免仅由于某些“幸运”的模拟结果而宣称已经收敛了。在确定收敛之前，马尔可夫链迭代的初始序列常被称作**预热**。在预热迭代之后，接下来的迭代可认为是来自平稳分布。我们通常会丢弃预热迭代，因为我们不确定它们的分布是否接近平稳分布。但是马尔可夫链的迭代是依赖的，因此不应将其视为独立同分布的样本。即使我们从多个存在依赖的观察值中计算出 F 统计量，我们也没有声称这个统计量服从 F 分布，也没有将统计量与 F 分布的分位数进行比较，以便决定收敛。我们仅使用统计量作为 k 个马尔可夫链的差异程度的临时度量。

例 12.5.2　新墨西哥州的疗养院　我们使用 8.6 节中来自 1988 年新墨西哥州 18 个非乡村疗养院中病人的住院天数。那里，我们认为观察值来自均值 μ 和精确度 τ 都未知的正态分布的随机样本。我们使用自然共轭先验，并计算出后验超参数为 $\alpha_1=11,\beta_1=50\,925.37,\mu_1=183.95$ 及 $\lambda_1=20$。我们以例 12.5.1 中的 Gibbs 抽样算法为例说明上述收敛判断。正如在例 12.5.1 中发现的一样，给定 τ 下 μ 的条件分布为均值是 183.95、方差是

$(20\tau)^{-1}$ 的正态分布，给定 μ 下 τ 的条件分布是参数为 11.5 和 50 925.37+20$(\mu-183.95)^2$ 的伽马分布。对 μ 选择 $k=5$ 个初始值：182.17,227,272,137,82。选择这些初始值时，先得到 μ 的后验标准差的粗略近似 $[\beta_1/(\lambda_1\alpha_1)]^{1/2}\approx 15$，然后使用后验均值和与后验均值上下相差 3 个和 6 个上述后验标准差的值。在能计算 F 统计量之前必须对这 5 个马尔可夫链进行 $m=2$ 次迭代。在我们的模拟中，当 $m=2$ 时，两个 F 统计量中大的那个已经小到 0.886 2 了，在到 $m=100$ 的过程中，一直非常接近于 1，此时，显然应该停止预热阶段。

◀

基于 Gibbs 抽样的估计

迄今为止，我们已经讨论了（没有证明）如果运行 Gibbs 抽样算法进行多次迭代（经过预热），我们应该开始看到 $(X_1^{(i)},X_2^{(i)})$ 的联合概率密度函数接近于想要抽样的函数 f。不幸的是，这些连续的数对即使有相同的分布，也不是相互独立的。大数定律并没有告诉我们，存在同分布的相关随机变量的平均值是否收敛。然而，由马尔可夫链中得到的这种类型的依赖性充分正则，有一些定理保证了这种情况下平均值的收敛性，甚至这些平均值是渐近正态的。也就是说，假如我们希望基于马尔可夫链的 m 个观察值来估计某个函数 $h(X_1,X_2)$ 的均值 μ，仍可以假定 $\frac{1}{m}\sum_{i=1}^{m}h(X_1^{(i)},X_2^{(i)})$ 收敛于 μ，近似服从均值为 μ、方差为 σ^2/m 的正态分布。但是，此时的收敛速度明显慢于独立同分布样本的收敛速度，而且 σ^2 也比 $h(X_1,X_2)$ 的方差大，这是由于 $h(X_1^{(i)},X_2^{(i)})$ 相邻的值通常是正相关的。正相关同分布的随机变量的平均值的方差比相同数量的独立同分布的随机变量的平均值的方差大（见本节习题 4）。

前面我们使用了 k 个独立的马尔可夫链确定需要做多少次预热，我们现在利用这 k 个马尔可夫链来处理由相关样本带来的问题。去掉预热部分，继续对每个马尔可夫链再进行 m_0 次迭代。对每个马尔可夫链计算想要的估计，可能是平均值、样本分位数、样本方差或其他一些度量 $Z_j,j=1,\cdots,k$，然后我们计算式（12.2.2）中的 S，

$$S=\left(\frac{1}{k}\sum_{j=1}^{k}(Z_j-\bar{Z})^2\right)^{1/2}。\tag{12.5.1}$$

从而 S^2 是 Z_j 的模拟方差的估计量。模拟方差记为 σ^2/m_0，和例 12.2.9 一样，用 $\hat{\sigma}^2=m_0S^2$ 来估计 σ^2。同时，把从 k 个链中得到的所有样本合并成单一的样本，然后用这单一样本构造总的估计量 Z。估计量 Z 的模拟标准误差为 $[\hat{\sigma}/(m_0k)]^{1/2}=S/k^{1/2}$。

此外，我们可能希望获得确定一个精确估计量所需的模拟次数。我们用 $\hat{\sigma}$ 来替换式（12.2.5）中的 σ 来得到一个适当的模拟次数 v。将这 v 次模拟分割到 k 个马尔可夫链中，当 $v/k>m_0$ 时，每条链至少将迭代 v/k 次。

一些例子

例 12.5.3　新墨西哥州的疗养院　我们不需要用 Gibbs 抽样来模拟例 12.5.1 中的后验分布的样本，因为那个例子中的 μ 和 τ 的联合分布有一个封闭式表达式。每个边际分布和条件分布都已知，且易于模拟。只有当条件分布容易模拟时，Gibbs 抽样最有用。然而，

我们可以说明例 12.5.1 中 Gibbs 抽样的使用，并将模拟结果与 μ 和 τ 的已知边际分布相比较。

例 12.5.2 中，我们使用了 $k=5$ 个马尔可夫链并对它进行 100 次迭代预热。现在希望可以从联合后验分布中构造数对 (μ,τ) 的一个样本。预热后，再对每一个马尔可夫链进行 $m_0=1\ 000$ 次迭代。这些迭代将产生数对 (μ,τ) 的 5 个相关序列。μ 值的序列对之间的相关性很小，对于连续 τ 值也一样。为了将结果与 8.6 节中已知的后验分布相比较，图 12.7 显示了 μ 的 t 分位数图和 τ 的伽马分位数图（正态分位数图见 11.3 节，我们也可以用相同的方法来构造伽马分位数图和 t 分位数图，只要用伽马分位数函数和 t 分位数函数代替标准正态分位数函数即可）。在图 12.7 中模拟值看起来与画的直线很接近（尾部有些点偏离了直线，但事实上所有分位数图都会发生这种情况）。图 12.7 显示了由真实后验分布得到的分位数直线：对 μ 而言是由自由度为 22 的 t 分布得到，并乘以 15.21，其中心在 183.95 处；对 τ 而言是由参数为 11 和 50 925.7 的伽马分布得到的。

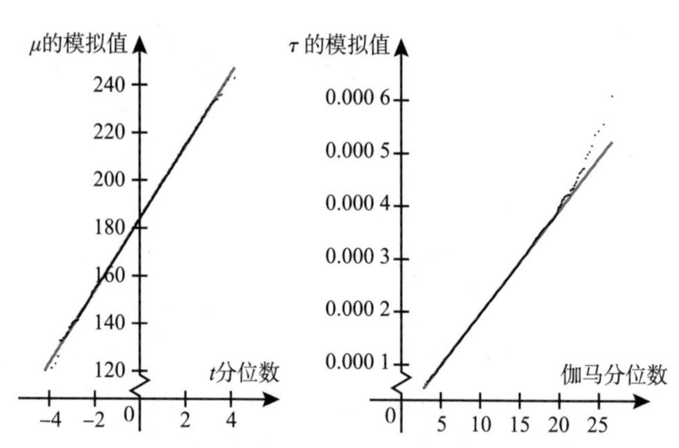

图 12.7　例 12.5.3 中后验分布模拟得到的 μ 和 τ 的分位数图。每个图中的直线表示由 8.6 节得到的真实后验分布的分位数。左图中的横轴为自由度为 22 的 t 分布的分位数，μ 的真实后验分布作了尺度和位移变换后变为这个 t 分布。右图中的横轴是参数为 11 和 1 的伽马分布的分位数。τ 的真实后验分布是这个伽马分布作一个尺度变换

我们可以用 (μ,τ) 的样本对来估计 (μ,τ) 的任何函数的后验均值。例如，假定我们对 $\mu+1.645/\tau^{1/2}$ 的均值 θ 感兴趣，它是原始观察值的未知分布的 0.95 分位数。$\mu+1.645/\tau^{1/2}$ 的 5 000 个模拟值的平均值为 $Z=299.67$。式（12.5.1）中的 S 值为 0.411 9，可得 $\hat{\sigma}=13.03$，从而 Z 的模拟标准误差为 $\hat{\sigma}/5\ 000^{1/2}=0.184\ 2$。在这个例子中，我们可以准确地计算 $\mu+1.645/\tau^{1/2}$ 的真正后验均值，为

$$\mu_1+1.645\beta_1^{1/2}\frac{\Gamma(\alpha_1-0.5)}{\Gamma(\alpha_1)}=299.88。$$

它偏离 Z 的模拟值稍大于 1 个模拟标准误差。假定我们希望 θ 的估计量与真实值的差距在 0.01 范围内的概率达到 0.99。将这些值以及 $\hat{\sigma}=13.03$ 代入式（12.2.5）中，我们发现总共需要进行 $v=12\ 358\ 425$ 次模拟。5 个马尔可夫链中的每一个都必须进行 2 251 685 次迭代。◀

当遇到两个以上的参数问题时，Gibbs 抽样才真正体现了它的价值。概率密度函数为 $f(\boldsymbol{x})=cg(\boldsymbol{x})$ 的 p 元随机变量 $(X_1,\cdots,X_p)$ 的一般 Gibbs 抽样算法如下。首先，验证当其他所有变量给定时，g 作为单个变量的概率密度函数似乎是容易被模拟的。然后进行下面的步骤：

1. 为 $X_2,\cdots,X_p$ 选初始值 $x_2^{(0)},\cdots,x_p^{(0)}$，并令 $i=0$。

2. 在给定 $X_2=x_2^{(i)},\cdots,X_p=x_p^{(i)}$ 时，从 X_1 的条件分布中模拟出新值 $x_1^{(i+1)}$。

3. 在给定 $X_1=x_1^{(i+1)},X_3=x_3^{(i)},\cdots,X_p=x_p^{(i)}$ 时，从 X_2 的条件分布中模拟出新值 $x_2^{(i+1)}$。

⋮

$p+1$. 在给定 $X_1=x_1^{(i+1)},\cdots,X_{p-1}=x_{p-1}^{(i+1)}$ 时，从 X_p 的条件分布中模拟出新值 $x_p^{(i+1)}$。

$p+2$. 用 $i+1$ 代替 i，再回到第 2 步。

根据这种算法得到的 p 元 $(X_1,\cdots,X_p)$ 值的连续序列是以前相同意义下的马尔可夫链。这个马尔可夫链的平稳分布有概率密度函数 f，经过多步迭代后的分布接近于这个平稳分布。

例 12.5.4　非正常先验的多元回归　考虑我们的观察数据涉及三元 $(Y_i,x_{1i},x_{2i}),i=1,\cdots,n$ 的问题。假设 x_{ji} 的值是已知的，Y_i 的分布服从均值为 $\beta_0+\beta_1x_{1i}+\beta_2x_{2i}$、精确度为 τ 的正态分布。这是在 11.5 节介绍过的多元回归模型，其中方差用精确度的倒数代替。假定对参数采用了非正常先验 $\xi(\beta_0,\beta_1,\beta_2,\tau)=1/\tau$，那么参数的后验概率密度函数成比例于"似然函数与 $1/\tau$ 的乘积"，即为某个常数乘以

$$\tau^{n/2-1}\exp\left(-\frac{\tau}{2}\sum_{i=1}^{n}(y_i-\beta_0-\beta_1x_{1i}-\beta_2x_{2i})^2\right)。\tag{12.5.2}$$

为简化已有的公式，先定义数据的一些描述性统计量：

$$\bar{x}_1=\frac{1}{n}\sum_{i=1}^{n}x_{1i},\qquad \bar{x}_2=\frac{1}{n}\sum_{i=1}^{n}x_{2i},\qquad \bar{y}=\frac{1}{n}\sum_{i=1}^{n}y_i,$$

$$s_{11}=\sum_{i=1}^{n}x_{1i}^2,\qquad s_{22}=\sum_{i=1}^{n}x_{2i}^2,\qquad s_{12}=\sum_{i=1}^{n}x_{1i}x_{2i},$$

$$s_{1y}=\sum_{i=1}^{n}x_{1i}y_i,\qquad s_{2y}=\sum_{i=1}^{n}x_{2i}y_i,\qquad s_{yy}=\sum_{i=1}^{n}y_i^2。$$

如果我们把式（12.5.2）看作 τ 的函数（给定 β_0,β_1,β_2 的值），则它看起来是参数为 $n/2$ 和 $\sum_{i=1}^{n}(y_i-\beta_0-\beta_1x_{1i}-\beta_2x_{2i})^2/2$ 的伽马分布的概率密度函数。如果我们把式（12.5.2）看成 β_j 的函数（给定其他参数时），则它是 β_j 的指数函数，指数为 β_j 的二次函数，且 β_j^2 项的系数为负。于是，它看起来像是一个均值依赖于数据和其他 β，方差等于 $1/\tau$ 乘以数据的某个函数的正态随机变量的概率密度函数。通过对表达式 $\sum_{i=1}^{n}(y_i-\beta_0-\beta_1x_{1i}-\beta_2x_{2i})^2$ 中的平方分别做三次计算，每次将不同的 β_j 视为感兴趣的变量，这个表达式将变得更清晰。例如，将 β_0 视为感兴趣的变量，可得到

$$\sum_{i=1}^{n}(y_i-\beta_0-\beta_1x_{1i}-\beta_2x_{2i})^2=n[\beta_0-(\bar{y}-\beta_1\bar{x}_1-\beta_2\bar{x}_2)]^2,$$

加上一个与 β_0 无关的项。于是，给定其他参数下 β_0 的条件分布是均值为 $\bar{y}-\beta_1\bar{x}_1-\beta_2\bar{x}_2$、方差为 $1/(n\tau)$ 的正态分布。如将 β_1 视为感兴趣变量，可得到

$$\sum_{i=1}^{n}(y_i-\beta_0-\beta_1x_{1i}-\beta_2x_{2i})^2=s_{11}(\beta_1-w_1)^2,$$

加上一个与 β_1 无关的项，其中

$$w_1 = \frac{1}{s_{11}}(s_{1y} - \beta_0 n\bar{x}_1 - \beta_2 s_{12})。$$

这意味着，给定其他参数下 β_1 的条件分布是均值为 w_1、方差为 $(\tau s_{11})^{-1}$ 的正态分布。类似地，给定其他参数下 β_2 的条件分布是均值为 w_2、方差为 $(\tau s_{22})^{-1}$ 的正态分布，其中

$$w_2 = \frac{1}{s_{22}}(s_{2y} - \beta_0 n\bar{x}_2 - \beta_1 s_{12})。$$ ◀

例 12.5.5　20 世纪 50 年代的失业率　例 11.5.9 中，我们看到 1951—1959 年的失业率数据比包含 1950 年失业率的数据看起来更满足多元回归的假设。我们只用此例中最后九年的数据（见表 11.12）。我们将采用非正常先验和 Gibbs 抽样来得到这些参数的后验分布的样本。例 12.5.4 已给出所需的条件分布，我们只需描述性统计量的值，并取 $n=9$：

$$\bar{x}_1 = 140.7778, \quad \bar{x}_2 = 6, \quad \bar{y} = 2.789,$$
$$s_{11} = 179585, \quad s_{22} = 384, \quad s_{12} = 7837,$$
$$s_{1y} = 3580.9, \quad s_{2y} = 169.2, \quad s_{yy} = 78.29。$$

再次运行 $k=5$ 个马尔可夫链。在这个问题中，参数有四个坐标：$\beta_i, i=0,1,2$ 及 τ。这样要计算四个 F 统计量，并进行预热处理直到最大的 F 小于 $1+0.44m$ 为止，假定这里会在 $m=4\,546$ 时预热停止。我们再对每个马尔可夫链进行 10 000 次的迭代抽样。

假定我们想要一个包含 β_1 后验分布 90%的区间 $[a,b]$。数 a，b 分别是 0.05 样本分位数和 0.95 样本分位数。基于得到的 β_1 的总共 5 000 个样本，此区间为 $[-0.1178, -0.0553]$。为了评估区间端点的不确定性，对五个马尔可夫链中的每一个都计算 0.05 和 0.95 的样本分位数。那些值分别为

0.05 分位数：−0.145 2，−0.106 7，−0.118 1，−0.107 9，−0.114 2

0.95 分位数：−0.068 4，−0.061 0，−0.048 6，−0.059 4，−0.043 0

基于 0.05 样本分位数，S 的值为 0.015 67；基于 0.95 样本分位数，S 的值为 0.011 42。为安全起见，我们用这两个值中较大的那个值来估计区间端点的模拟标准误差，由于每个马尔可夫链都进行了 $m_0=10\,000$ 次迭代，于是就有 $\hat{\sigma}=Sm_0^{1/2}=1.567$。如果希望以 0.95 的概率使得区间的每个端点与 β_1 的分布真实分位数的差距在 0.01 范围内（每个端点都在 0.01 范围内的概率应该更小些，但计算比较困难）。我们可以用式（12.2.5）来计算需要多少个模拟值，得到 $\upsilon=94\,386$，这就意味着五个链的每一个都需要进行 18 878 次的迭代，这大约是已经模拟次数的 2 倍。作为比较，我们用 11.3 节中的方法构建 β_1 的 90%的置信区间是 $[-0.1124, -0.0579]$。这与后验概率区间非常的接近。◀

我们可以求出例 12.5.5 的后验分布的显式表达式，尽管在本书中我们并没有这样做。实际上，当使用非正常先验时，在本例的最后计算的 90%的置信区间包含了 90%的后验分布，这与 11.4 节中当我们使用非正常先验时参数 $1-\alpha_0$ 的置信区间包含了 $1-\alpha_0$ 的后验概率是一样的。下面例子中，封闭形式解不存在。

例 12.5.6　不同方差的单因子设计的贝叶斯分析　考虑在 11.6 节中介绍的单因子设计，其中假设数据中每个观察值都来自有不同均值但有相同方差的 p 个正态分布，为了说明 Gibbs 抽样的进一步的功能，我们去掉假设“每个正态分布有相同方差”，即对于 $i=1,\cdots,p$，假设 $Y_{i1},\cdots,Y_{in_i}$ 都服从均值为 μ_i 和精确度为 τ_i 的正态分布，且给定所有参数的条

件下所有观察值都是条件独立的。参数的先验分布如下：假设在给定其他参数条件下，$\mu_1,\cdots,\mu_p$ 条件独立，μ_i 服从均值为 ψ 和精确度为 $\lambda_0\tau_i$ 的正态分布。这里，ψ 是另一个服从某个分布的参数。我们引入参数 ψ 是为了说明 μ_i 都来自一个公共的分布，但并不确定这个分布的中心在哪里。然后说 ψ 是服从均值为 ψ_0、精确度为 u_0 的正态分布，对于非正常先验，下面我们令 $u_0=0$，也就不需要 ψ_0 了。接下来，设 $\tau_1,\cdots,\tau_p$ 独立同分布，同服从参数为 α_0 和 β_0 的伽马分布。我们将 ψ 与 τ_i 建模为相互独立。对非正常先验，令 $\alpha_0=\beta_0=0$。刚描述的这个模型称之为层次模型，因为每个分布都在某个水平的层次上。图 12.8 说明了这个例子中的层次。

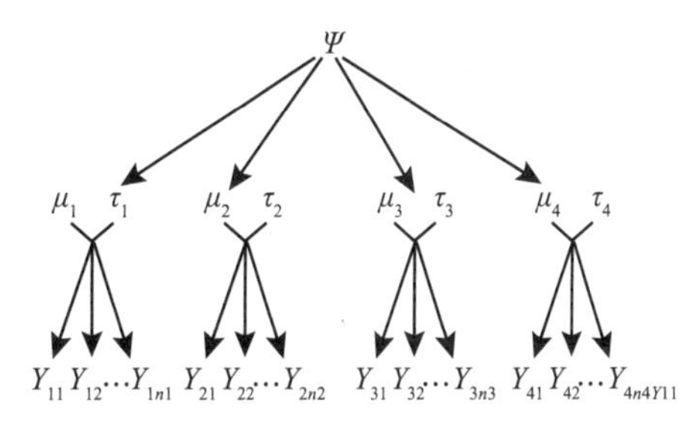

图 12.8　例 12.5.6 中层次模型的图。参数 ψ 影响 μ_i 的分布，而参数 (μ_i,τ_i) 影响 Y_{ij} 的分布

观察值和参数的联合概率密度函数是似然函数（给定 μ_i 和 τ_i 下观察值的概率密度函数）乘以给定 τ_i 和 ψ 下 μ_i 的条件先验概率密度函数，再乘以 τ_i 和 ψ 的先验概率密度函数。除了与数据和参数都无关的常数，这个乘积具有如下形式：

$$\exp\left(-\frac{u_0(\psi-\psi_0)^2}{2}-\sum_{i=1}^{p}\tau_i\left[\beta_0+\frac{n_i(\mu_i-\bar{y}_i)^2+w_i+\lambda_0(\mu_i-\psi)^2}{2}\right]\right)\times$$

$$\prod_{i=1}^{p}\tau_i^{\alpha_0+[n_i+1]/2-1},\tag{12.5.3}$$

其中 $w_i=\sum_{j=1}^{n_i}(y_{ij}-\bar{y}_i)^2, i=1,\cdots,p$ 。我们已经对式（12.5.3）进行排列，以便包含每个参数的项都互相接近。这将有利于描述 Gibbs 抽样算法。

为了构造 Gibbs 抽样，我们需要把式（12.5.3）作为每个参数的函数并分别加以考察。这些参数为 $\mu_1,\cdots,\mu_p;\tau_1,\cdots,\tau_p;\psi$。作为 τ_i 的函数，式（12.5.3）看起来像是参数为 $\alpha_0+(n_i+1)/2$ 和 $\beta_0+[n_i(\mu_i-\bar{y}_i)^2+w_i+\lambda_0(\mu_i-\psi)^2]/2$ 的伽马分布的概率密度函数。作为 ψ 的函数，它像均值为 $(u_0\psi_0+\lambda_0\sum_{i=1}^{p}\tau_i\mu_i)/(u_0+\lambda_0\sum_{i=1}^{p}\tau_i)$ 和精确度为 $u_0+\lambda_0\sum_{i=1}^{p}\tau_i$ 的正态分布的概率密度函数。它是对包含 ψ 的所有项配成完全平方得到的。类似地，我们对包含 μ_i 的所有项配成完全平方，发现式（12.5.3）可以看成均值为 $(n_i\bar{y}_i+\lambda_0\psi)/(n_i+\lambda_0)$ 和精确度为 $\tau_i(n_i+\lambda_0)$ 的正态概率密度函数，作为 μ_i 的函数。所有这些分布都易于模拟。

用例 11.6.2 中热狗卡路里的数据作为例子。在这个例子中，$p=4$，在我们的先验分布中，$\lambda_0=\alpha_0=1,\beta_0=0.1,u_0=0.001$ 和 $\psi_0=170$。我们使用 $k=6$ 个马尔可夫链，进行 $m=100$ 次预热模拟，事实证明这足以使所有 9 个 F 统计量的最大值小于 $1+0.44m$。然后我们对 6 个马尔可夫链再做 10 000 次迭代，来自后验分布的样本足以让我们回答关于参数的任何问题，包括一些在第 11 章中运用分析方法不能回答的问题。例如，在表 12.6 中列出的一些参数的后验均值和标准差，注意四个组中方差 $1/\tau_i$ 有多大的不同。例如，通过计算满足 $1/\tau_4^{(l)}>4/\tau_1^{(l)}$ 的迭代次数 l 除以 60 000 的商，就可以计算 $1/\tau_4>4/\tau_1$ 的概率，其结果是 0.508 7。这个数字表明至少某些方差相差很大的可能性是比较大的。如果方差是不同的，那么第 11 章中的方差分析计算就不成立。

表 12.6　例 12.5.6 中的一些参数的后验均值和标准差

种类	牛肉	猪肉	禽肉	特色类
i	1	2	3	4
$E(\mu_i \mid \mathbf{y})$	156.7	158.4	120.7	159.7
$(\mathrm{Var}(\mu_i \mid \mathbf{y}))^{1/2}$	3.498	5.241	6.160	10.55
$E(1/\tau_i \mid \mathbf{y})$	252.3	487.3	670.8	1 100
$(\mathrm{Var}(1/\tau_i \mid \mathbf{y}))^{1/2}$	84.70	179.1	250.6	586.9
$E(\psi \mid \mathbf{y})=152.8$		$(\mathrm{Var}(\psi \mid \mathbf{y}))^{1/2}=10.42$		

我们也可能解决这样的问题：μ_i 之间有多大差别。作为比较，我们可以进行与例 12.3.7 中相同的计算。在 60 000 个模拟的 99% 中至少有一个 $|\mu_i^{(l)}-\mu_j^{(l)}|>24.66$。大约一半的模拟有 $|\mu_i^{(l)}-\mu_j^{(l)}|>2.268$。在 99%的模拟中，差值的平均值至少是 13.07。图 12.9 给出了六个 $|\mu_i-\mu_j|$ 差值的最大值、最小值和平均值的样本分布函数图。仔细检查这个例子的结果，可以看出：这四个 μ_i 比我们分析例 12.3.7 后所认为的更加靠近。当我们在层次模型中使用正常先验时，这是会发生的典型的事情。例 12.3.7 中，μ_i 都是独立的，它们在先验中没有公共的未知均值。例 12.5.6 中，μ_i 都有公共的先验分布，其均值 ψ 未知。这个附加参数 ψ 的估计允许 μ_i 的后验分布推向位于所有样本平均值的附近的位置。根据这个数据，总的样本平均值为 147.60。◀

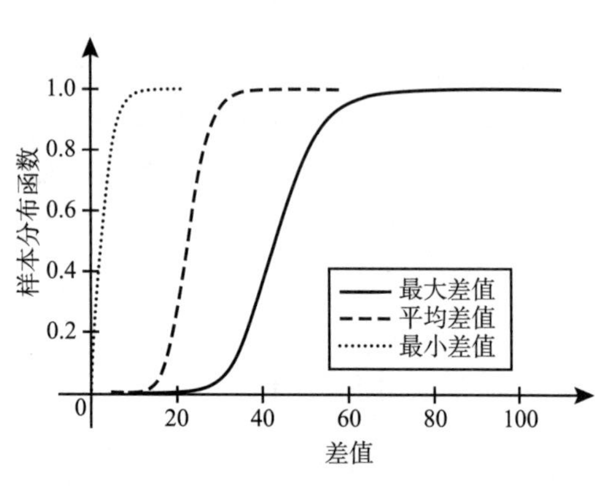

图 12.9　例 12.5.6 中六个差值 $|\mu_i-\mu_j|$ 的最大值、平均值和最小值的样本分布函数

预测

本节例子中所有的计算都涉及参数的函数。从 Gibbs 抽样中获得的后验分布的样本也可以用于对未来观测值做预测，并构造预测区间。做预测的最直接的办法是用后验样本得到的参数值来拟合未来数据。虽然对于预测有很多有效的方法，但这个方法易于描述和评估。

例 12.5.7　热狗中的卡路里　在例 12.5.6 中，我们也许关心两种热狗的卡路里数差异有多大。例如，令 Y_1 和 Y_3 分别为牛肉热狗和禽肉热狗的卡路里数，可以如下构造 $D=Y_1-Y_3$ 的预测区间。对每一个迭代 l，设模拟的参数向量为

$$\theta^{(l)}=(\mu_1^{(l)},\mu_2^{(l)},\mu_3^{(l)},\mu_4^{(l)},\tau_1^{(l)},\tau_2^{(l)},\tau_3^{(l)},\tau_4^{(l)},\psi^{(l)},\beta^{(l)})。$$

对每一个 l，模拟牛肉热狗的卡路里数 $Y_1^{(l)}$，服从均值为 $\mu_1^{(l)}$、方差为 $1/\tau_1^{(l)}$ 的正态分布；同样模拟禽肉热狗的卡路里数 $Y_3^{(l)}$，服从均值为 $\mu_3^{(l)}$、方差为 $1/\tau_3^{(l)}$ 的正态分布；然后计算 $D^{(l)}=Y_1^{(l)}-Y_3^{(l)}$。$D^{(1)},\cdots,D^{(60\,000)}$ 值的样本分位数可以用于估计 D 的分布的分位数。

例如，假设我们想要得到 D 的 90%的预测区间。如上，我们模拟 60 000 个 $D^{(l)}$ 的值，

找到 0.05 和 0.95 的样本分位数分别为 −14.86 和 87.35，即为预测区间的端点。为了评估这个模拟估计量和 D 分布的实际分位数的接近程度，我们计算这两个端点的模拟标准误差。对于 $k=6$ 个马尔可夫链中得到的样本，我们可以计算 D 值的 0.05 样本分位数。然后，我们可以把这些值作为式（12.5.1）中的 $Z_1,\cdots,Z_6$ 去计算值 S。则模拟标准误差为 $S/6^{1/2}$。对于 0.95 样本分位数，可以重复这个过程。区间的两个端点的模拟标准误差分别为 0.244 7 和 0.325 5。相对于预测区间的长度而言，这些模拟标准误差是非常小的。◀

例 12.5.8　砷测量的删失数据　Frey 和 Edwards（1997）描述了全美国范围内砷分布情况的调查（NAOS）。数百个社区供水系统提交了他们的未经处理过的水样本，试图帮助刻画全国范围内砷的分布。砷是环境保护局（EPA）要求加以控制的几大污染物之一。要对像砷这样的物质的含量进行模拟，一大困难在于浓度通常太低以至于无法精确测量。在这种情况下的测量数据是删失的。就是说，我们只知道砷的浓度低于某个删失值，但是不知道低了多少。在 NAOS 数据集中，删失点是 0.5 微克/升。浓度低于 0.5 微克/升的为删失数据。

Gibbs 抽样可以帮助我们估计存在删失数据的砷的分布，Lockwood 等人（2001）对 NAOS 和其他数据做了广泛的分析，指出了不同州之间以及不同水源之间砷的分布的差异程度。为方便起见，考察来自俄亥俄州的 24 个观察值。在这 24 个观察值中，11 个是取自地下水源（井），另外 13 个是取自地表面水源（比如河流和湖泊）。下面是来自俄亥俄州的 7 个非删失地下水观察值：

$$9.62,10.5,2.30,0.80,17.04,9.90,1.32。$$

另外 4 个地下水观察值为删失数据。

假设把俄亥俄州地下水中的砷浓度看作参数为 μ 和 σ^2 的对数正态分布。处理删失数据的一个最普遍的方法是把它们看成未知参数。就是说，令 $Y_1,\cdots,Y_4$ 表示来自四口井的未知浓度的删失数据。令 $X_1,\cdots,X_7$ 表示 7 个未删失的值。假设 μ 和 $\tau=1/\sigma^2$ 的先验分布为正态-伽马先验分布，其超参数为 μ_0,λ_0,α_0 和 β_0。$X_1,\cdots,X_7,Y_1,\cdots,Y_4$ 以及 μ 和 τ 的联合概率密度函数成正比于

$$\tau^{\beta_0+(7+4+1)/2-1}\exp\left(-\frac{\tau}{2}\left[\lambda_0(\mu-\mu_0)^2+\sum_{i=1}^{7}(\ln(x_i)-\mu)^2+\sum_{j=1}^{4}(\ln(y_i)-\mu)^2+2\beta_0\right]\right)。$$

观察到的数据包括 $X_1,\cdots,X_7$ 的观察值 $x_1,\cdots,x_7$，和 $Y_j\leqslant 0.5$，$j=1,\cdots,4$。给定数据和其他参数下 μ 和 τ 的条件分布与例 12.5.1 中得到的分布相同。准确地说，给定 τ，Y_j 以及数据条件下，μ 服从正态分布，其均值为

$$\frac{\lambda_0\mu_0+\sum\limits_{j=1}^{7}\ln(x_i)+\sum\limits_{j=1}^{4}\ln(y_j)}{\lambda_0+11},$$

精确度为 $\tau(\lambda_0+11)$，而在 μ，Y_j 以及数据的条件下，τ 服从伽马分布，其参数为 $\alpha_0+(11+1)/2$ 和

$$\beta_0+\frac{1}{2}\left(\sum_{j=1}^{7}(\ln(x_i)-\mu)^2+\sum_{j=1}^{4}(\ln(y_i)-\mu)^2+\lambda_0(\mu-\mu_0)^2\right)。$$

给定 μ,τ 以及数据条件下，Y_j 是独立的同服从对数正态分布的随机变量，参数为 μ 和 $1/\tau$，

但在条件 $Y_j<0.5$ 下，每个 Y_j 的条件分布函数是

$$F(y)=\frac{\Phi([\ln(y)-\mu]\tau^{1/2})}{\Phi([\ln(0.5)-\mu]\tau^{1/2})},y<0.5。$$

我们只要计算出标准正态分布的分布函数和分位数函数，就可以模拟出分布函数为 F 的随机变量。设 U 服从区间[0,1]上的均匀分布，则

$$Y=\exp(\mu+\tau^{-1/2}\Phi^{-1}[U\Phi([\ln(0.5)-\mu]\tau^{1/2})])$$

的分布函数即为 F。

在这一类分析中，一个需要做推断的例子是预测不同供水系统中的砷浓度。知道砷测量的可能值可以帮助供水系统选择比较经济的处理方式，来达到环境保护局的标准。为简单起见，我们可以在马尔可夫链的每次迭代中模拟一种砷浓度。比如说，假设 $(\mu^{(i)},\tau^{(i)})$ 是在马尔可夫链的第 i 次迭代中 μ 和 τ 的模拟值，那么我们可以模拟 $Y^{(i)}=\exp(\mu^{(i)}+Z(\tau^{(i)})^{-1/2})$，其中 Z 是标准正态随机变量。图 12.10 给出了从每个长度为 10 000 的 10 个马尔可夫链中得到的模拟值 $\ln(Y^{(i)})$ 的直方图。预测值低于 $\ln(0.5)$ 的删失点的比例是 0.335，模拟标准误差是 0.001；对数尺度下的预测值的中位数为 0.208，模拟标准误差为 0.007，用例 12.2.8 中描述的 delta 方法可将预测值转换为原来的尺度。砷浓度的预测值的中位数是 $\exp(0.208)=1.231$ 微克/升，模拟标准误差为 $0.007\exp(0.208)=0.009$。◀

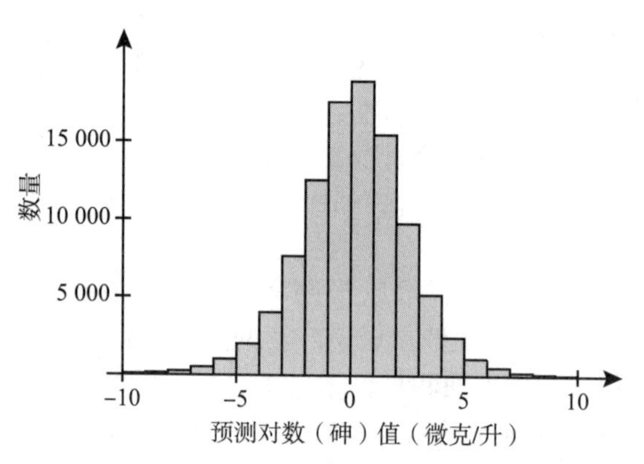

图 12.10　例 12.5.8 中对 10 个马尔可夫链中的每个进行 10 000 次迭代的模拟对数（砷）值的直方图。垂直线的位置是在删失点 ln(0.5)处

注：有更一般的马尔可夫链蒙特卡罗法。对于要模拟的分布，Gibbs 抽样要求有特殊的结构，我们要能在给定其他坐标下模拟出每一坐标的条件分布。在许多问题中，这是不可能的，即使不是对全部坐标，至少对有些坐标是不行的。如果只有一个坐标较难模拟，可以尝试对那个坐标用接受/拒绝法模拟。如果这样还不行，还可以用更一般的马尔可夫链蒙特卡罗法。其中最简单的是由 Metropolis 等人（1953）提出的 Metropolis 法。在 Gelman 等人（1953）的第 11 章有 Meropolis 法的介绍，还有 Hastings（1970）提出的更一般的方法。

小结

我们介绍了从感兴趣的联合分布中产生观测值的马尔可夫链的 Gibbs 抽样算法。这个联合分布必须有一个特殊的形式：作为每一个变量的函数，联合概率密度必须看起来像一个易于模拟出伪随机变量的概率密度函数。Gibbs 抽样算法通过坐标进行循环，在其余变量给定下对每个坐标进行模拟，算法需要一个预热期，在这期间马尔可夫链的状态分布会收敛到想要的分布。通过同步地运行几个独立的马尔可夫链，我们可以评估收敛性并计算模拟值的模拟标准误差。

习题

1. 设$f(x_1,x_2)=cg(x_1,x_2)$为(X_1,X_2)的联合概率密度函数。对每个给定的x_2，令$h_2(x_1)=g(x_1,x_2)$，即当x_2固定时，h_2是$g(x_1,x_2)$关于x_1的函数。证明：必存在不依赖于x_1的乘数因子c_2，使得$h_2(x_1)c_2$是在$X_2=x_2$条件下X_1的条件概率密度函数。
2. 设$f(x_1,x_2)$是联合概率密度函数，假设$(X_1^{(i)},X_2^{(i)})$的联合概率密度函数为f。应用Gibbs抽样算法的第2和第3步，将得到的结果记作$(X_1^{(i+1)},X_2^{(i+1)})$。证明：$(X_1^{(i+1)},X_2^{(i)})$和$(X_1^{(i+1)},X_2^{(i+1)})$的联合概率密度函数也是$f$。
3. 设$Z_1,Z_2,\cdots$构成一个马尔可夫链，假定Z_1的分布是平稳分布。证明：对于任意$i>1$，(Z_1,Z_2)的联合分布与(Z_i,Z_{i+1})的联合分布相同。为了简单起见，你可以假定马尔可夫链的状态空间有限，不过结果在一般情况下也成立。
4. 设$X_1,\cdots,X_n$互不相关，方差都为σ^2。又设$Y_1,\cdots,Y_n$正相关，方差也都为σ^2。证明：$\overline{X}$的方差小于$\overline{Y}$的方差。
5. 利用30个奶酪的乳酸浓度数据，10个数据来自例8.5.4，20个数据来自8.6节习题16。拟合与例8.6.2相同的模型，使用相同先验分布，不过这次我们采用例12.5.1中的Gibbs抽样算法。模拟10 000对(μ,τ)参数。试估计$(\sqrt{\tau}\mu)^{-1}$的后验均值，并计算估计量的模拟标准误差。
6. 利用表11.13中的洗碗机发货量的数据。假定我们用多元线性回归模型对洗碗机的发货量关于时间（年份减去1960）和私人住宅投资总额进行拟合，并以此进行预测。假设参数有非正常先验，它与$1/\tau$成比例。运用Gibbs抽样，从参数的联合后验分布中得到容量为10 000的样本。
   a. 令β_1为时间的回归系数，用你所得到的后验样本绘制$|\beta_1|$的样本分布函数。
   b. 我们对预测1986年洗碗机发货量感兴趣。
      i. 从你模拟参数的后验分布画出$\beta_0+26\beta_1+67.2\beta_2$值的直方图。
      ii. 对每个参数的模拟值，模拟出1986年洗碗机的发货量（时间=26，私人住宅投资总额=67.2）。从模拟值计算它的90%的预测区间，并与例11.5.7中给出的区间做比较。
      iii. 绘制1986年洗碗机的模拟发货量的直方图，与i中的直方图做比较。请解释为什么其中一个样本的方差比另一个大。
7. 利用表11.19中的数据。这次我们用例12.5.6中的模型进行拟合。采用先验超参数$\lambda_0=\alpha_0=1,\beta_0=0.1,u_0=0.001$和$\psi_0=800$，从参数的后验联合分布中得到一个容量为10 000的样本。估计三个参数μ_1,μ_2,μ_3的后验均值。
8. 在这个问题中，我们将稳健线性回归进行概述。假设本题的数据都以$(Y_i,x_i),i=1,\cdots,n$的形式成对出现，假设所有x_i都已知，Y_i都为独立的随机变量。我们这里只考虑简单回归，这些方法可以很容易推广到多元回归。
   a. 设β_0,β_1,σ表示未知参数，令a为已知的正常数。证明：下面两个模型等价，即证明在两个模型中$(Y_1,\cdots,Y_n)$的联合分布相同。
   模型1：对每个i，$[Y_i-(\beta_0+\beta_1x_i)]/\sigma$服从一个自由度为$a$的$t$分布。
   模型2：对每个i，给定τ_i时Y_i服从均值为$\beta_0+\beta_1x_i$、方差为$1/\tau_i$的条件正态分布。并且$\tau_1,\cdots,\tau_n$独立同分布，服从参数为$a/2$和$a\sigma^2/2$的伽马分布。
   提示：当μ和τ服从正态-伽马分布时，运用与8.6节中得到μ的边际分布的相同讨论。
   b. 现在考虑a中的模型2，令$\eta=\sigma^2$，假定η的先验分布是参数为$b/2$和$f/2$的伽马分布，其中b和f为已知常数。假定参数β_0和β_1有非正常联合先验，其“概率密度函数”为1。证明：似然函数和先验“联合密度函数”的乘积是一个常数乘以

$$\eta^{(na+b)/2-1}\prod_{i=1}^{n}\tau_i^{(a+1)/2-1}\exp\left(-\frac{1}{2}\left\{f\eta+\sum_{i=1}^{n}\tau_i\left[a\eta+(y_i-\beta_0-\beta_1x_i)^2\right]\right\}\right)。\qquad(12.5.4)$$

c. 考虑式（12.5.4）是每一个参数在其他参数为固定值下的函数。证明：表 12.7 给出了每个参数在已知其他条件下的条件分布。

表 12.7　习题 8 中的参数和条件分布

参数	式（12.5.4）可以视为以下分布的概率密度函数
η	参数为$(na+b)/2$ 和 $(f+a\sum_{i=1}^{n}\tau_i)/2$ 的伽马分布
τ_i	参数为$(a+1)/2$ 和$[a\eta+(y_i-\beta_0-\beta_1x_i)^2]/2$ 的伽马分布
β_0	均值为 $\sum_{i=1}^{n}\tau_i(y_i-\beta_1x_i)/\sum_{i=1}^{n}\tau_i$ 和精确度为 $\sum_{i=1}^{n}\tau_i$ 的正态分布
β_1	均值为 $\sum_{i=1}^{n}\tau_ix_i(y_i-\beta_0)/\sum_{i=1}^{n}\tau_ix_i^2$ 和精确度为 $\sum_{i=1}^{n}\tau_ix_i^2$ 的正态分布

9. 利用表 11.5 的数据，假设 Y_i 是对数大气压强，x_i 是第 i 次观测的沸点，$i=1,\cdots,17$，采用习题 8 中的稳健回归方法，其中 $a=5,b=0.1$，$f=0.1$，估计参数 β_0，β_1 和 η 的后验均值和标准差。

10. 本题中，我们将对例 7.5.10 所描述问题的贝叶斯解进行概述。令 $\tau=1/\sigma^2$，使用 8.6 节中所描述的正常的正态-伽马先验，除了参数 μ 和 τ，引入 n 个附加参数。

    对 $i=1,\cdots,n$，如果 X_i 来自均值为 μ，精确度为 τ 的正态分布，则令 $Y_i=1$；如果 X_i 来自标准正态分布，则 $Y_i=0$。

    a. 给定 τ，$Y_1,\cdots,Y_n$ 和 $X_1,\cdots,X_n$，求 μ 的条件分布。

    b. 给定 μ，$Y_1,\cdots,Y_n$ 和 $X_1,\cdots,X_n$，求 τ 的条件分布。

    c. 给定 μ，τ，$X_1,\cdots,X_n$ 和其他的 Y_j，求 Y_i 的条件分布。

    d. 叙述怎样用 Gibbs 抽样找到 μ 和 τ 的后验分布。

    e. 证明：Y_i 的后验均值为 X_i 来自均值和方差均未知的正态分布的后验概率。

11. 再次考虑例 7.5.10 所描述的模型。假设 $n=10$，$X_1,\cdots,X_{10}$ 的观测值是

    $$-0.92,\ -0.33,\ -0.09,0.27,0.50,\ -0.60,1.66,\ -1.86,3.29,2.30。$$

    a. 用习题 10 中的 Gibbs 抽样算法和这个模型对观测数据进行拟合，采用先验超参数：$\alpha_0=1,\beta_0=1$，$\mu_0=0,\lambda_0=1$。

    b. 对每个 i，估计"X_i 来自未知均值和方差的正态分布"的后验概率。

12. 设 $X_1,\cdots,X_n$ 独立同分布，同服从均值为 μ、精确度为 τ 的正态分布，Gibbs 抽样允许人们使用(μ,τ)的先验分布，其中 μ 和 τ 是独立的。设 μ 的先验分布为均值为 μ_0、精确度为 γ_0 的正态分布；τ 的先验分布为参数为 α_0 和 β_0 的伽马分布。

    a. 证明：表 12.8 给出了在给定其他的条件下每个参数的条件分布。

    b. 利用新墨西哥州疗养院的数据（例 12.5.2 和例 12.5.3），设先验超参数为 $\alpha_0=2,\beta_0=6\ 300,\mu_0=200,\gamma_0=6.35\times10^{-4}$。利用 Gibbs 抽样求出$(\mu,\tau)$的后验分布。特别地，计算包含 95%的 μ 后验分布的区间。

表 12.8　习题 12 的参数和条件分布

参数	先验乘以似然可以视为以下分布的概率密度函数
τ	参数为 $\alpha_0+n/2$ 和 $\beta_0+0.5\sum_{i=1}^{n}(x_i-\bar{x})^2+0.5n(\bar{x}-\mu)^2$ 的伽马分布
μ	均值为$(\gamma_0\mu_0+n\tau\bar{x})/(\gamma_0+n\tau)$和精确度为 $\gamma_0+n\tau$ 的正态分布

13. 再次考虑习题 12 中所描述的情形，现在我们设 μ 的先验分布更像共轭先验。引进另一个参数 γ，它的先验分布是一个参数为 a_0 和 b_0 的伽马分布。令 μ 在给定 γ 条件下的先验分布服从一个均值为 μ_0 和精确度为 γ 的正态分布。
   a. 证明：μ 的边际先验分布由“$\left(\frac{b_0}{a_0}\right)^{-1/2}(\mu-\mu_0)$服从自由度为 $2a_0$ 的 t 分布”来确定。提示：参考 8.6 节中 μ 的边际分布的推导。
   b. 假设我们希望 μ 和 τ 的边际先验分布和它们在 8.6 节的共轭先验分布相同。为此，先验超参数之间必须有什么联系?
   c. 证明：表 12.9 给出了给定其他参数下每个参数的条件分布。

表 12.9　习题 13 的参数和条件分布

参数	先验乘以似然可以视为以下分布的概率密度函数
τ	参数为 $\alpha_0+n/2$ 和 $\beta_0+0.5\sum_{i=1}^{n}(x_i-\bar{x})^2+0.5n(\bar{x}-\mu)^2$ 的伽马分布
μ	均值为 $(\gamma\mu_0+n\tau\bar{x})/(\gamma+n\tau)$ 和精确度为 $\gamma+n\tau$ 的正态分布
γ	参数为 $a_0+1/2$ 和 $b_0+0.5(\mu-\mu_0)^2$ 的伽马分布

   d. 利用新墨西哥州疗养院的数据（例 12.5.2 和例 12.5.3），设先验超参数为 $\alpha_0=2,\beta_0=6\,300,\mu_0=200,a_0=2,b_0=3\,150$。请用 Gibbs 抽样得到$(\mu,\tau,\gamma)$的后验分布，并计算包含 95%的 μ 的后验分布的区间。
14. 考虑例 12.5.8 所描述的情形，除了 11 个地下水源，还有 13 个观测值来自俄亥俄州的地表水源。在这 13 个地表水测量中，只有一个是删失的。从俄亥俄州得到的没有被删失的地表水含砷的浓度为

$$1.93,0.99,2.21,2.29,1.15,1.81,2.26,3.10,1.18,1.00,2.67,2.15。$$

   先验超参数为 $\alpha_0=0.5,\mu_0=0,\lambda_0=1,\beta_0=0.5$。
   a. 试用例 12.5.8 所描述的模型进行拟合，并预测马尔可夫链每次迭代的地表水浓度的对数。
   b. 比较你所预测的测量值的直方图与图 12.10 的地下水预测值的直方图。描述主要的差别。
   c. 估计地表水的砷浓度分布的中位数，并与被预测的地下水浓度的分布中位数做比较。
15. 令 $X_1,\cdots,X_{n+m}$ 为来自参数为 θ 的指数分布的随机样本。假设 θ 的先验分布为已知参数 α 和 β 的伽马分布。假设我们观测到 $X_1,\cdots,X_n$，但 $X_{n+1},\cdots,X_{n+m}$ 是删失的。
   a. 首先，假设按照如下方式进行删失：对 $i=1,\cdots,m$，如果我们只知道 $X_{n+i}\leqslant c$，但不知道 X_{n+i} 的精确值。建立 Gibbs 抽样算法，使我们能模拟 θ 的后验分布，尽管存在删失。
   b. 接下来，假设按照如下方式进行删失：对 $i=1,\cdots,m$，如果我们只知道 $X_{n+i}\geqslant c$，但不知道 X_{n+i} 的精确值。建立 Gibbs 抽样算法，使我们能模拟 θ 的后验分布，尽管存在删失。
16. 假设完成一任务的时间是 X 和 Y 两部分的总和。令$(X_i,Y_i)(i=1,\cdots,n)$为完成两部分任务的时间的随机样本。但是，对于一些观察值，我们观察到的只是 $Z_i=X_i+Y_i$。为了确切些，假设对于 $i=1,\cdots,k$ 我们观察到了(X_i,Y_i)；而对于 $i=k+1,\cdots,n$，我们观察到了 Z_i。假设所有 X_i 和 Y_i 是独立的，并且每个 X_i 服从参数为 λ 的指数分布，每个 Y_i 服从参数为 μ 的指数分布。
   a. 证明给定 $Z_i=z$ 时 X_i 的条件分布的分布函数为

$$G(x\mid z)=\frac{1-\exp(-x[\lambda-\mu])}{1-\exp(-z[\lambda-\mu])},\text{其中 } 0<x<z。$$

   c. 假设（λ，μ）的先验分布如下：两个参数是独立的，λ 服从参数为 a 和 b 的伽马分布，且 μ 服从参数为 c 和 d 的伽马分布。这四个数字 a,b,c,d 都是已知的常数。建立 Gibbs 抽样算法来模拟（λ，μ）的后验分布。

12.6 自助法

参数和非参数的自助法是一种在概率计算中用已知分布来代替未知分布 F 的方法。如果我们得到一组来自分布 F 的数据样本，首先用 $\hat{F}$ 来近似 F，然后进行所要做的计算。如果 $\hat{F}$ 是 F 的一个很好的近似，那么自助法就成功了。如果要做的计算很复杂，则可以用模拟的方法。

引言

假定我们有一组来自未知分布 F 的数据样本 $\boldsymbol{X}=(X_1,\cdots,X_n)$，假设我们对涉及 F 和 $\boldsymbol{X}$ 的某个量感兴趣，比如 F 中位数的估计量 $g(\boldsymbol{X})$ 的偏差。在最简单的例子中，自助法分析背后的主要思想是：第一步，用一个已知分布 $\hat{F}$ 来代替未知分布 F；接着，产生来自分布 $\hat{F}$ 的样本 $\boldsymbol{X}^*$；最后，基于 $\hat{F}$ 和 $\boldsymbol{X}^*$ 来计算我们所感兴趣的量，比如 $\hat{F}$ 的中位数的估计量 $g(\boldsymbol{X}^*)$ 的偏差。我们考虑下面一个非常简单的例子。

例 12.6.1 样本均值的方差 设 $\boldsymbol{X}=(X_1,\cdots,X_n)$ 是来自分布函数为 F 的某个连续分布的随机样本，现在我们只假定 F 有有限的均值 μ 和有限的方差 σ^2。假如我们对样本均值 $\overline{X}$ 的方差感兴趣，我们已经知道了这个方差等于 σ^2/n，但不清楚 σ^2 等于多少。为了估计 σ^2/n，自助法用已知分布 $\hat{F}$ 来代替未知分布 F，$\hat{F}$ 同样也有有限的均值 $\hat{\mu}$ 和有限的方差 $\hat{\sigma}^2$。如果 $\boldsymbol{X}^*=(X_1^*,\cdots,X_n^*)$ 是来自 $\hat{F}$ 的一个随机样本，那么这个样本均值 $\overline{X}^*=\frac{1}{n}\sum_{i=1}^{n}X_i^*$ 的方差是 $\hat{\sigma}^2/n$。既然 $\hat{F}$ 是已知的，我们应该可以计算出 $\hat{\sigma}^2/n$，于是我们可以用这个值来估计 σ^2/n 的值。

已知分布 $\hat{F}$ 的最流行的选择是 10.6 节中定义的样本分布函数 F_n。这个样本分布函数 F_n 是离散分布函数，在随机样本 $X_1,\cdots,X_n$ 的每个观察值 $x_1,\cdots,x_n$ 上都有幅度为 $1/n$ 的跳跃。因此如果 $\boldsymbol{X}^*=(X_1^*,\cdots,X_n^*)$ 是 $\hat{F}$ 的随机样本，则每个 X_i^* 是离散随机变量，它的概率函数为

$$f(x)=\begin{cases}\dfrac{1}{n}, & x\in\{x_1,\cdots,x_n\},\\ 0, & \text{其他。}\end{cases}$$

这使得计算概率函数为 f 的随机变量 X_i^* 的方差 $\hat{\sigma}^2$ 变得相对简单。这个方差为

$$\hat{\sigma}^2=\frac{1}{n}\sum_{i=1}^{n}(x_i-\bar{x})^2,$$

其中 $\bar{x}$ 是观察值 $x_1,\cdots,x_n$ 的平均值。这样，我们对 $\overline{X}$ 的方差的自助估计为 $\hat{\sigma}^2/n$。 ◀

在自助法分析中的关键步骤就是选择已知分布 $\hat{F}$。例 12.6.1 所做的特殊选择是样本分布函数，此种自助法称为**非参数自助法**。这是因为当选择 $\hat{F}=F_n$ 时，并没有假定分布 F 属于一个参数族。若我们愿意假设 F 属于某个参数族，则我们可以在该参数族中选择 $\hat{F}$，然后利用参数自助法分析，下面举例说明。

例 12.6.2　样本均值的方差　设 $\boldsymbol{X}=(X_1,\cdots,X_n)$ 为来自均值为 μ、方差为 σ^2 的正态分布的随机样本。和例 12.6.1 中一样，假定我们要估计样本均值 $\overline{X}$ 的方差 σ^2/n。为了运用参数自助法，我们用正态分布族中的一个 $\hat{F}$ 来代替 F。在这个例子中，我们选择的 $\hat{F}$ 是均值和方差分别为极大似然估计量 $\bar{x}$ 和 $\hat{\sigma}^2$ 的正态分布，当然我们还有其他的选择。然后，我们利用分布 $\hat{F}$ 生成大量模拟随机样本，用模拟随机样本的样本均值 $\overline{X}^*$ 的方差来估计 σ^2/n。$\overline{X}^*$ 的方差我们很容易计算，即为 $\hat{\sigma}^2/n$。在本例中，我们用参数自助法得到的结果和非参数自助法得到的完全相同。◀

在例 12.6.1 和例 12.6.2 中，很容易计算分布 $\hat{F}$ 的随机样本的样本均值的方差。在自助法的典型应用中，要计算感兴趣的量并不是很容易。例如，例 12.6.1 和例 12.6.2 中，我们没有简单的公式可以计算 $\hat{F}$ 的样本 $\boldsymbol{X}^*$ 的样本中位数的方差。在这种情况下，我们可以借助于模拟来近似计算。在讲关于自助法中运用模拟的例子之前，我们先描述需要使用自助法分析的一般情形。

一般的自助法

设 $\eta(\boldsymbol{X},F)$ 是我们感兴趣的量，它可能依赖于分布 F 和来自 F 的样本 $\boldsymbol{X}$。例如，如果分布 F 的概率密度函数为 f，我们可能对下面的量感兴趣：

$$\eta(\boldsymbol{X},F)=\left[\frac{1}{n}\sum_{i=1}^{n}X_i-\int xf(x)\,\mathrm{d}x\right]^2。\tag{12.6.1}$$

例 12.6.1 和例 12.6.2 中，我们想要求的样本均值的方差就等于式（12.6.1）的均值。一般地，我们希望估计 $\eta(\boldsymbol{X},F)$ 的均值、分位数或其他一些概率特征。在自助法中，设 $\hat{F}$ 是我们希望接近 F 的某个分布，$\boldsymbol{X}^*$ 是从 $\hat{F}$ 分布抽取的随机样本，我们用 $\eta(\boldsymbol{X}^*,\hat{F})$ 的均值、分位数或其他一些概率特征来估计 $\eta(\boldsymbol{X},F)$ 的均值、分位数或其他一些概率特征。表 12.10 显示了数据的原始统计模型和用自助法分析得到的量之间的对应关系。我们感兴趣的函数 η 必须是所考虑的所有分布和来自这些分布的样本中都存在的一些量。我们感兴趣的其他量可能是某统计量的分布的分位数、某个估计量的平均绝对误差或均方误差、某个估计量的偏差、统计量属于某些区间的概率，等等。

表 12.10　统计模型和自助法分析的相似性

统计模型		自助法
分布	F 未知	$\hat{F}$ 已知
数据	F 的独立同分布的样本 $\boldsymbol{X}$	$\hat{F}$ 的独立同分布的模拟样本 $\boldsymbol{X}^*$
感兴趣的函数	$\eta(\boldsymbol{X},F)$	$\eta(\boldsymbol{X}^*,\hat{F})$
参数/估计	$\eta(\boldsymbol{X},F)$ 的均值、中位数、方差等	$\eta(\boldsymbol{X}^*,\hat{F})$ 的均值、中位数、方差等

之前的简单例子中，$\eta(\boldsymbol{X}^*,\hat{F})$ 的分布是已知的，且容易计算。通常情况下，$\eta(\boldsymbol{X}^*,\hat{F})$ 的分布过于复杂，不能解析地计算它的特征。此时，人们可以用下面的模拟去近似自助估计值。首先，从分布 $\hat{F}$ 中抽取大量（记为 v 个）的随机样本 $\boldsymbol{X}^{*(1)},\cdots,\boldsymbol{X}^{*(v)}$；然后，计

算 $T^{(i)}=\eta(\boldsymbol{X}^{*(i)},\hat{F})$，$i=1,\cdots,v$；最后，计算所要的 $T^{(1)},\cdots,T^{(v)}$ 的样本分布函数的特征。

例 12.6.3　样本中位数的均方误差　假设我们要对来自分布函数为 F 的某个连续分布的数据 $\boldsymbol{X}=(X_1,\cdots,X_n)$ 建立模型，该分布的中位数为 θ；又设我们用样本中位数 M 作为 θ 的估计量。我们要估计 θ 的估计量 M 的均方误差；如果令 $\eta(\boldsymbol{X},F)=(M-\theta)^2$，并估计 $\eta(\boldsymbol{X},F)$ 的均值。设 $\hat{F}$ 为已知的分布，我们希望它与 F 类似，$\boldsymbol{X}^*$ 为来自 $\hat{F}$ 的容量为 n 的随机样本。不管我们选择什么样的分布 $\hat{F}$，都很难计算自助估计值，即 $\eta(\boldsymbol{X}^*,\hat{F})$ 的均值。这时我们模拟大量（v 个）来自 $\hat{F}$ 的样本 $\boldsymbol{X}^{*(1)},\cdots,\boldsymbol{X}^{*(v)}$，并计算每个样本的样本中位数 $M^{(1)},\cdots,M^{(v)}$。然后，我们计算 $T^{(i)}=(M^{(i)}-\hat{\theta})^2$，$i=1,\cdots,v$，其中 $\hat{\theta}$ 是 $\hat{F}$ 分布的中位数。我们模拟近似的自助估计值就是 $T^{(1)},\cdots,T^{(v)}$ 的均值。

举个例子，设我们有一个容量为 $n=25$ 的样本，样本值 $y_1,\cdots,y_{25}$ 由表 10.33 给出。对于非参数自助法分析，我们用 $\hat{F}=F_n$，这也已在表 10.33 中列出。注意，分布 $\hat{F}$ 的中位数就是原始样本的样本中位数 $\hat{\theta}=0.40$。然后，我们利用分布 $\hat{F}$ 模拟 $v=10\ 000$ 个容量为 25 的随机样本，即每次从值 y_i 中有放回地抽取 25 个数，重复 10 000 次（完成本节习题 2 后就明白为什么这样做可得到所需的样本 $\boldsymbol{X}^{*(1)},\cdots,\boldsymbol{X}^{*(v)}$）。例如，下面就是 10 000 个自助样本之一：

1.64　0.88　0.70　−1.23　−0.15　1.40　−0.07　−2.46　−2.46　−0.10
−0.15　1.62　0.27　0.44　−0.42　−2.46　1.40　−0.10　0.88　0.44
−1.23　1.07　0.81　−0.02　1.62

如果我们把样本中的数排序，我们发现样本中位数为 0.27。事实上，10 000 个样本中有 1 485 个自助样本的中位数等于 0.27。图 12.11 给出了从自助样本中取样的所有 10 000 个样本中位数的直方图。原始样本中最大的四个以及最小的四个观察值从未在 10 000 个自助样本中作为样本中位数出现。对于 10 000 个自助样本中的每个 i，计算样本中位数 $M^{(i)}$ 以及平方误差 $T^{(i)}=(M^{(i)}-\hat{\theta})^2$，其中 $\hat{\theta}=0.40$ 是 $\hat{F}$ 分布的中位数，然后对 10 000 个样本的所有这些值取平均值，得到 0.088 7。这就是我们对样本中位数的均方误差的非参数自助估计值的模拟近似。模拟值 $T^{(i)}$ 的样本方差为 $\hat{\sigma}^2=0.013\ 5$，自助估计值的模拟标准误差为 $\hat{\sigma}/\sqrt{10\ 000}=1.163\times10^{-3}$。◀

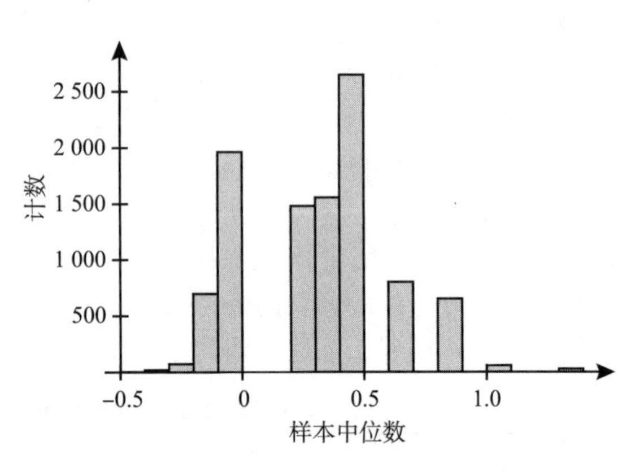

图 12.11　例 12.6.3 中 10 000 个自助样本的样本中位数

注：自助估计值的模拟近似。自助法是一种估计技术。像这样，它产生感兴趣的参数的估计值。当自助估计值太难计算时，就用模拟的方法，模拟能提供自助估计值的估计量。本书中将自助估计值的模拟估计量称为近似。我们这样做仅仅是为了避免称为估计的估计量。

自助法由 Efron（1979）提出，从那时以来已有许多的应用。读者如果想要了解更多关于自助法的细节，可参考 Efron 和 Tibshirani（1993）或 Davison 和 Hinkley（1997）。Young（1994）给出了很多关于自助法的综述，包含了很多有用的文献。在本节接下来的部分，我们将给出一些有关参数和非参数自助法的例子，解释如何用模拟的方法来近似所要的自助估计值。

非参数自助法

例 12.6.4　四分位距的置信区间　定义 4.3.2 中引入了分布的四分位距（IQR）的概念，是上四分位和下四分位的差距，即 0.75 和 0.25 分位数之间的差距。分布中间 50%的比例落于上下四分位数之间，所以四分位距包含了分布中间二分之一的区间的长度。例如，如果 F 是一个方差为 σ^2 的正态分布，则它的四分位距为 1.35σ。

假设我们想要求未知分布 F 的四分位距 θ 的 90%置信区间，我们有来自 F 的随机样本 $X_1,\cdots,X_n$。构造置信区间的方法很多，我们只关注那些建立在 θ 和样本四分位距 $\hat{\theta}$ 之间关系基础上的方法。由于四分位距是一个尺度特征，因此在 $\hat{\theta}/\theta$ 的分布上建立置信区间是合理的，即令 $\hat{\theta}/\theta$ 的分布的 0.05 和 0.95 分位数为 a 和 b，则

$$P\left(a\leqslant\frac{\hat{\theta}}{\theta}\leqslant b\right)=0.9。$$

由于 $a\leqslant\hat{\theta}/\theta\leqslant b$ 等价于 $\hat{\theta}/b\leqslant\theta\leqslant\hat{\theta}/a$，我们可以得到结论：$(\hat{\theta}/b,\hat{\theta}/a)$ 为 θ 的 90%的置信区间。下面我们介绍利用非参数自助法对分位数 a 和 b 进行估计。设 $\eta(\boldsymbol{X},F)=\hat{\theta}/\theta$ 为样本 $\boldsymbol{X}$ 的样本四分位距与分布 F 的四分位距的比率。取 $\hat{F}=F_n$，注意到 $\hat{F}$ 的四分位距为 $\hat{\theta}$，即样本四分位距。再令 $\boldsymbol{X}^*$ 为来自 $\hat{F}$ 的容量为 n 的样本，$\hat{\theta}^*$ 为由 $\boldsymbol{X}^*$ 计算出的样本四分位距，则 $\eta(\boldsymbol{X}^*,\hat{F})=\hat{\theta}^*/\hat{\theta}$。我们利用 $\eta(\boldsymbol{X}^*,\hat{F})$ 的分布的 0.05 分位数和 0.95 分位数估计 $\eta(\boldsymbol{X},F)$ 分布的 0.05 分位数和 0.95 分位数，而 $\eta(\boldsymbol{X}^*,\hat{F})$ 的分布的 0.05 分位数和 0.95 分位数是通过模拟来近似的。我们模拟大量（v 个）的自助样本 $\boldsymbol{X}^{*(i)},i=1,\cdots,v$。对于每一个自助样本 i，计算出样本四分位距 $\hat{\theta}^{*(i)}$，再用它除以 $\hat{\theta}$，这个比率记为 $T^{(i)}$；$\hat{\theta}^*/\hat{\theta}$ 的 q 分位数可由样本 $T^{(1)},\cdots,T^{(v)}$ 的样本 q 分位数近似得出。用这种方法构造出的置信区间称为**百分位自助置信区间**。

我们用表 10.33 的数据举例说明。分布 F_n 的四分位距为 1.46，是第 19 个和第 6 个观察值的差。我们模拟来自分布 F_n 的容量为 25 的 10 000 个随机样本；对第 i 个样本，计算出来的样本四分位距 $\hat{\theta}^{*(i)}$ 除以 1.46，得到 $T^{(i)}$；把 $T^{(1)},\cdots,T^{(10\,000)}$ 从小到大排序后的第 500 个和第 9 500 个值分别为 0.582 2 和 1.630 1。于是，我们计算出的百分位自助置信区间为$(1.46/1.630\,1,1.46/0.582\,2)=(0.895\,6,2.507\,7)$。◀

例 12.6.5　位置参数的置信区间　设 $X_1,\cdots,X_n$ 为一个来自分布 F 的随机样本。假设我们要求 F 的中位数 θ 的置信区间，我们可以基于样本中位数 M 的置信区间。例如，我们的区间形式可能为$[M-c_1,M+c_2]$。由于 $M-c_1\leqslant\theta\leqslant M+c_2$ 等价于$-c_2\leqslant M-\theta\leqslant c_1$，我们可以把$-c_2$ 和 c_1 看作 $M-\theta$ 的分布的分位数。如果不对分布 F 做假设，很难得到 $M-\theta$ 的分布的近

似分位数。为了计算百分位自助置信区间，令 $\eta(\boldsymbol{X},F)=M-\theta$，则 $\eta(\boldsymbol{X},F)$ 的分布的分位数（如 $\alpha_0/2$ 与 $1-\alpha_0/2$）用相应的 $\eta(\boldsymbol{X}^*,\hat{F})$ 的分位数来近似。这里的 $\hat{F}$ 是样本的分布函数 F_n，其中位数为 M，$\boldsymbol{X}^*$ 是来自 $\hat{F}$ 的随机样本。然后，我们选择一个比较大的数 v，模拟出很多样本 $\boldsymbol{X}^{*(i)}$，$i=1,\cdots,v$；对每一个样本，计算样本中位数 $M^{*(i)}$，再求出 $M^{*(i)}-M$，$i=1,\cdots,v$ 的样本分位数。◀

例 12.6.5 中百分位自助置信区间的好坏关键在于 M^*-M 的分布对 $M-\theta$ 的分布近似的程度（这里，M^* 是来自分布 $\hat{F}$ 的容量为 n 的样本 $\boldsymbol{X}^*$ 的中位数）。例 12.6.5 中的近似值是可以改进的。M^*-M 的分布与 $M-\theta$ 的分布有差异的原因之一是其中一个分布或多或少地比另一个分布更分散，我们可以使用另一个受分散差异的影响尽可能小的自助近似。我们可用区间 $[M-d_1Y,M+d_2Y]$ 代替形如 $[M-c_1,M+c_2]$ 的区间，这里 Y 为测量数据分散度的统计量。Y 可以为样本四分位距，另一种可能的分散性度量为样本中位数绝对偏差（即 $|X_1-M|,\cdots,|X_n-M|$ 的样本中位数）。现在，我们看到 $M-d_1Y\leqslant\theta\leqslant M+d_2Y$ 等价于

$$-d_2\leqslant\frac{M-\theta}{Y}\leqslant d_1。$$

于是，$-d_2$ 和 d_1 便是 $(M-\theta)/Y$ 的分布的分位数。这个区间的形式类似于在 8.5 节中构建的 t 置信区间。实际上，我们所构造的这个区间称为 **t-百分位自助置信区间**。我们使用如下的自助样本 $\boldsymbol{X}^*$ 构造 t-百分位自助置信区间：计算自助样本 $\boldsymbol{X}^*$ 的样本中位数 M^* 和尺度统计量 Y^*，再计算 $T=(M^*-M)/Y^*$；多次重复这个过程可得到来自自助样本的大量的（v 个）$T^{(1)},\cdots,T^{(v)}$；再令 $-d_2$ 和 d_1 为 $T^{(i)}$ 值的样本分位数（例如 $\alpha_0/2$ 与 $1-\alpha_0/2$）。

例 12.6.6 中位数的 t-百分位置信区间 考虑例 8.5.4 中 $n=10$ 块奶酪中的乳酸浓度。我们通过 $v=10\ 000$ 次自助模拟来得到乳酸浓度中位数 θ 的置信度为 $1-\alpha_0=0.9$ 的置信区间。这个样本中位数的值为 $M=1.41$，该中位数的绝对偏差为 $Y=0.245$。$(M^{*(i)}-M)/Y^{*(i)}$ 在 0.05 和 0.95 的样本分位数的值分别为 -2.133 和 1.581，得到的 t-百分位自助置信区间为 $(1.41-1.581\times0.245,1.41+2.133\times0.245)=(1.023,1.933)$。与之相比，$M^{*(i)}-M$ 值的 0.05 和 0.95 的样本分位数的值分别为 -0.32 和 0.16，这种方法得到的百分位自助区间等于 $(1.41-0.16,1.41+0.32)=(1.25,1.73)$。◀

例 11.5.6 中，t-百分位的区间要比百分位区间更宽。这反映了一个事实，即根据自助样本得到的 Y^* 值相当分散。这也就暗示样本中我们期望看到的分散程度的变化较大。因此，认为 M^*-M 的分布的分散程度与 $M-\theta$ 的分布的分散程度相同的看法并不好。一般来说，在 t-百分位和百分位的自助区间都能得到时，t-百分位自助区间比百分位自助区间更好。这是由于 $(M^*-M)/Y^*$ 的分布对 $\hat{F}$ 的依赖比 M^*-M 的分布对 $\hat{F}$ 的依赖要少。特别地，$(M^*-M)/Y^*$ 不依赖于分布 $\hat{F}$ 的任何尺度参数。由于这个原因，我们更期望 $(M^*-M)/Y^*$ 的分布与 $(M-\theta)/Y$ 的相似程度比 M^*-M 的分布与 $M-\theta$ 的相似程度更高。

例 12.6.7 样本相关系数的分布的特征 设 (X,Y) 服从二元联合分布 F，方差都有限，这样讨论相关系数就有意义了。假设有来自分布 F 的一组随机样本 $(X_1,Y_1),\cdots,(X_n,Y_n)$，我们对这个样本的如下样本相关系数的分布感兴趣：

$$R=\frac{\sum_{i=1}^{n}(X_i-\overline{X})(Y_i-\overline{Y})}{\left(\left[\sum_{i=1}^{n}(X_i-\overline{X})^2\right]\left[\sum_{i=1}^{n}(Y_i-\overline{Y})^2\right]\right)^{1/2}}。\tag{12.6.2}$$

R 作为 X 和 Y 的相关系数 ρ 的估计量，我们可能对 R 的方差、R 的偏差或者 R 的一些其他特征感兴趣。但无论我们的目标是什么，我们都可使用非参数自助法。例如，考虑 ρ 的估计量 R 的偏差，它等于 $\eta(\boldsymbol{X},F)=R-\rho$ 的均值。我们先用观察到的成对数据的样本分布 F_n 来代替联合分布 F。这个 F_n 是取值为某些实数对的离散联合分布，它以 $1/n$ 的概率分配给每一对样本观察值（共 n 对）。如果(X^*,Y^*)服从 F_n 分布，很容易就可以验证 X^* 和 Y^* 的相关系数为 R（见本节习题8）。于是，我们可以选择一个大的数 v，并利用分布 F_n 模拟出 v 个容量为 n 的样本；对于每个 i，可以将第 i 个自助样本代入式（12.6.2）来计算样本相关系数 $R^{(i)}$；对于每一个 i，计算 $T^{(i)}=R^{(i)}-R$，并用均值 $\frac{1}{v}\sum_{i=1}^{v}T^{(i)}$ 来估计 $R-\rho$ 的均值。

举一个数值例子，考虑例 5.10.2 中跳甲的数据。样本相关系数为 $R=0.640\,1$。抽取 $v=10\,000$ 个样本量为 $n=31$ 的自助样本。10 000 个自助样本中，平均样本相关系数为 0.635 4，它的模拟标准误差为 0.001，然后我们可以估计样本相关系数的偏差为 0.635 4−0.640 1=−0.004 7。◀

参数自助法

例 12.6.8　变异系数偏差的修正　分布的变异系数是其标准差与均值之比（通常，人们只计算来自正随机变量的分布的变异系数）。如果我们认为数据 $X_1,\cdots,X_n$ 是来自参数为 μ 和 σ^2 的对数正态分布，则变异系数为 $\theta=(e^{\sigma^2}-1)^{1/2}$。该变异系数的极大似然估计量是 $\hat{\theta}=(e^{\hat{\sigma}^2}-1)^{1/2}$，这里 $\hat{\sigma}$ 是 σ 的极大似然估计量。我们觉得这个变异系数的极大似然估计量是一个有偏估计量，因为它是非线性的。计算偏差是一件困难的事。然而，我们可以用参数自助法去估计这个偏差。σ 的极大似然估计量 $\hat{\sigma}$ 是 $\ln(X_1),\cdots,\ln(X_n)$的样本方差的平方根，μ 的极大似然估计量 $\hat{\mu}$ 是 $\ln(X_1),\cdots,\ln(X_n)$的样本平均值。我们可以模拟大量来自参数为 $\hat{\mu}$ 和 $\hat{\sigma}^2$ 的对数正态分布的容量为 n 的随机样本；对于每个 i，计算第 i 个自助样本的样本标准差 $\hat{\sigma}^{*(i)}$；我们用值 $T^{(i)}=(e^{[\hat{\sigma}^{*(i)}]^2}-1)^{1/2}-\hat{\theta}$ 的样本平均值来估计 $\hat{\theta}$ 的偏差。

举一个例子，考虑例 5.6.9 中所介绍的滚珠轴承失效时间的数据。如果我们认为这些数据服从对数正态分布，参数的极大似然估计值为 $\hat{\mu}=4.150$ 和 $\hat{\sigma}=0.521\,7$。θ 的极大似然估计值为 $\hat{\theta}=0.559\,3$。我们可以从对数正态分布中抽取 10 000 个容量为 23 的样本，并计算这些对数的样本方差。然而，有一个更简单的方法来进行这个模拟。$[\hat{\sigma}^{*(i)}]^2$ 的分布是自由度为 22 的χ^2 分布的随机变量乘以 $0.521\,7^2/23$ 后的分布。因此，我们只要抽取 10 000 个来自自由度为 22 的χ^2 分布的随机变量，然后每一个随机变量都乘以 $0.521\,7^2/23$，第 i 个记为$[\hat{\sigma}^{*(i)}]^2$。这样，10 000 个 $T^{(i)}$ 的样本平均值为−0.018 25，即为 $\hat{\theta}$ 的偏差的参数自助估计值（这里模拟标准误差为 9.47×10^{-4}）。由于我们对偏差的估计值为负，这就意味着我们得到的 $\hat{\theta}$ 比 θ 小。为了修正偏差，可以在原来的估计值 $\hat{\theta}$ 的基础上加 0.018 25，就可

以得到新的估计值 0.559 3+0.018 25=0.577 6。◀

例 12.6.9　估计统计量的标准差　假设 $X_1,\cdots,X_n$ 是来自均值为 μ、方差为 σ^2 的正态分布的随机样本，我们要研究的是服从相同分布的随机变量的取值小于或等于 c 的概率，即我们对估计 $\theta=\Phi([c-\mu]/\sigma)$ 感兴趣。θ 的极大似然估计量是 $\hat{\theta}=\Phi([c-\overline{X}]/\hat{\sigma})$，很难计算 $\hat{\theta}$ 的标准差的封闭形式解。然而，我们可以利用均值为 $\bar{x}$、方差为 $\hat{\sigma}^2$ 的正态分布模拟出很多（记为 v 个）自助样本；对于第 i 个自助样本，我们计算样本均值 $\bar{x}^{*(i)}$，样本标准差 $\hat{\sigma}^{*(i)}$，再计算 $\hat{\theta}^{*(i)}=\Phi([c-\bar{x}^{*(i)}]/\hat{\sigma}^{*(i)})$。我们可以用

$$\bar{\theta}^*=\frac{1}{v}\sum_{i=1}^{v}\hat{\theta}^{*(i)}$$

来估计 $\hat{\theta}$ 的均值（如例 12.6.8 中所述，我们也可以用它来估计 $\hat{\theta}$ 的偏差），从而 $\hat{\theta}$ 的标准差可以用 $\hat{\theta}^{*(i)}$ 值的样本标准差

$$Z=\left(\frac{1}{v}\sum_{i=1}^{v}(\hat{\theta}^{*(i)}-\bar{\theta}^*)^2\right)^{1/2}$$

来估计。

例如，我们可以用 8.6 节中疗养院的数据，有 $n=18$ 个观察值，我们现在关心 $\Phi([200-\mu]/\sigma)$。μ 和 σ 的极大似然估计值为 $\hat{\mu}=182.17$ 和 $\hat{\sigma}=72.22$，故 $\hat{\theta}$ 的观察值是 $\Phi([200-182.17]/72.22)=0.597\,5$。我们利用均值为 182.17、方差为 72.22^2 的正态分布模拟出 10 000 个容量为 18 的样本。对第 i 个样本，我们计算出 $\hat{\theta}^{*(i)},i=1,\cdots,10\,000$，对它们取平均得 $\bar{\theta}^*=0.602\,0$，样本标准差为 $Z=0.097\,68$。

我们可以分两步来计算自助估计近似的模拟标准误差。第一步，运用例 12.2.10 的方法，得到 $\hat{\theta}^{*(i)}$ 的样本方差 Z^2 的模拟标准误差；在我们这个例子中，该值为 1.365×10^{-4}。第二步，运用 delta 方法，如例 12.2.8，得到 Z^2 的平方根的模拟标准误差；在我们这个例子中，第二步得到的值为 6.986×10^{-4}。◀

例 12.6.10　方差不等时均值的比较　假设我们有两个样本 $X_1,\cdots,X_m$ 和 $Y_1,\cdots,Y_n$，分别来自两个可能不同的正态分布，即 $X_1,\cdots,X_m$ 是来自均值为 μ_1、方差为 ${\sigma_1}^2$ 的正态分布的独立同分布样本，而 $Y_1,\cdots,Y_n$ 是来自均值为 μ_2、方差为 ${\sigma_2}^2$ 的正态分布的独立同分布样本。在 9.6 节中，我们讨论了 $k=\sigma_2^2/\sigma_1^2$ 已知时如何检验假设 $H_0:\mu_1=\mu_2$ 与 $H_1:\mu_1\neq\mu_2$。然而，如果我们不假定已知比率 k 的话，我们只能运用近似检验。

即使不知道 k，我们也选择使用通常的双样本 t 检验，即当 $|U|>c$ 时，则拒绝 H_0，其中 U 是式（9.6.3）所定义的统计量，而 c 是自由度为 $m+n-2$ 的 t 分布的 $1-\alpha_0/2$ 分位数。如果 $k\neq1$，这个检验的水平不一定为 α_0。我们可以用参数自助法来尝试计算这个检验水平。事实上，参数自助法可以帮助我们选择一个不同的检验临界值 c^*，使我们估计犯第 I 类错误的概率至少为 α_0。

举一个例子，我们再次利用例 9.6.5 的数据。两个分布的方差的极大似然估计值分别为 ${\hat{\sigma}_1}^2-0.04$（对于 X 数据），${\hat{\sigma}_2}^2=0.022$（对于 Y 数据）。犯第 I 类错误的概率是当原假设（即 $\mu_1=\mu_2$）为真时拒绝原假设的概率。因此，我们必须在 X 和 Y 的数据有相同均值的

情况下模拟自助样本。由于在计算 U 时 X 与 Y 数据的样本平均值是相减的，对这两个样本我们选择什么样的共同均值无关紧要。

因此，参数自助法可以按照如下步骤进行。首先，选择一个比较大的数 v，对 $i=1,\cdots,v$，模拟$(\overline{X}^{*(i)},\overline{Y}^{*(i)},S_X^{2*(i)},S_Y^{2*(i)})$，其中这 4 个随机变量都独立，且有下面的分布：

- $\overline{X}^{*(i)}$服从均值为 0，方差为 $\hat{\sigma}_1{}^2/m$ 的正态分布；
- $\overline{Y}^{*(i)}$服从均值为 0，方差为 $\hat{\sigma}_2{}^2/n$ 的正态分布；
- $S_X^{2*(i)}$ 是自由度为 $m-1$ 的χ^2 分布的随机变量与 $\hat{\sigma}_1{}^2$ 的乘积；
- $S_Y^{2*(i)}$ 是自由度为 $n-1$ 的χ^2 分布的随机变量与 $\hat{\sigma}_2{}^2$ 的乘积。

然后对每个 i，计算

$$U^{(i)}=\frac{(m+n-2)^{1/2}(\overline{X}^{*(i)}-\overline{Y}^{*(i)})}{\left(\frac{1}{m}+\frac{1}{n}\right)^{1/2}(S_X^{2*(i)}+S_Y^{2*(i)})^{1/2}}。$$

对于常用的双样本 t 检验，犯第 I 类错误的概率的自助估计的模拟近似值是所有的模拟中满足$|U^{(i)}|>c$ 的比例。

当 $v=10\,000$ 时，我们对若干不同 c 值进行上述分析。我们取 c 为自由度等于 16 的 t 分布的 $1-\alpha_0/2$ 分位数，其中 $\alpha_0=j/1\,000$，$j=1,\cdots,999$。图 12.12 显示了根据检验的名义水平 α_0 得到犯第 I 类错误概率的自助估计的模拟近似图。虽然自助估计值普遍稍微偏大了一点，但是两者的结论惊人的相似。比方说，当 $\alpha_0=0.05$ 时，自助估计值为 0.065。

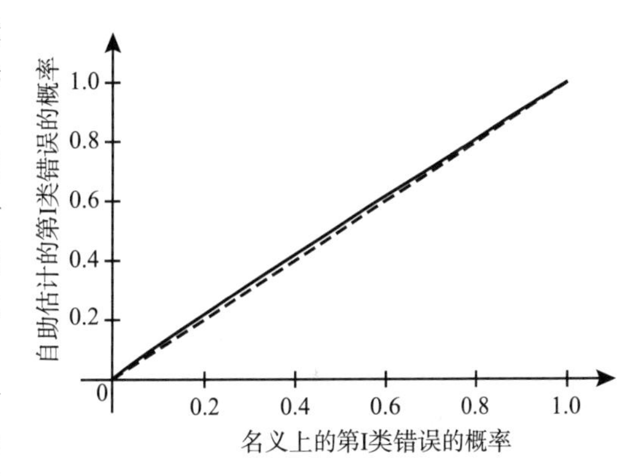

图 12.12　例 12.6.10 中 t 检验的自助估计的第 I 类错误的概率关于名义上第 I 类错误的概率的图像。对角线上的虚线表示这两个错误概率相等

接下来，我们用自助法分析来修正这个例子中的双样本 t 检验的水平。为此，设 Z 为模拟值$|U^{(i)}|$的 $1-\alpha_0$ 样本分位数。如果我们需要水平为 α_0 的检验，我们可以用 Z 值来代替双样本 t 检验的临界值 c，从而得到检验"当$|U|>Z$ 时，则拒绝原假设"。例如，取 $\alpha_0=0.05$，t 分布的 0.975 分位数是 2.12，而模拟出来的 $Z=2.277$，Z 的模拟标准误差为 0.008 9（基于将 10 000 个自助样本分成 10 个子样本，每个子样本的容量为 1 000）。◀

例 12.6.11　样本相关系数的偏差　在例 12.6.7 中，除了假定 X,Y 的方差有限，对(X,Y)的分布 F 我们没有其他假设。现在我们假设(X,Y)服从二元正态分布。我们可以计算 7.6 节习题 24 中的所有参数的极大似然估计量。与例 12.3.6 一样，我们可以利用参数为这些极大似然估计量的二元正态分布模拟 v 个容量为 n 的样本。对于第 i 个样本，$i=1,\cdots,v$，我们通过将第 i 个样本代入到式（12.6.2）来计算样本相关系数 $R^{(i)}$。我们估计的偏差为 $\bar{R}-\hat{\rho}$。注意，ρ 的极大似然估计量 $\hat{\rho}$ 与 R 是相同的。

举一个数值算例，考虑例 5.10.2 中的跳甲数据，其样本的相关系数为 $R=0.640\,1$。我们构造 $v=10\,000$ 个容量为 $n=31$ 的服从正态分布且相关系数为 0.640 1 的样本。它的均值

和方差不会影响 R 的分布（见本节习题 12）。10 000 个自助样本的平均样本相关系数为 0. 635 2，模拟标准误差为 0. 001，然后估计样本相关系数的偏差为 0. 635 2－0. 640 1＝－0. 004 9。这与我们在例 12. 6. 7 中用非参数自助法得到的值惊人的一致。 ◀

小结

自助法是一种用来估计数据 $\boldsymbol{X}$ 及其未知分布 F 的函数 η 的概率特征的方法，即我们对 $\eta(\boldsymbol{X},F)$ 的均值、分位数或一些其他特征感兴趣。自助法的第一步就是用和分布 F 类似的已知分布 $\hat{F}$ 来代替 F；然后，用 $\hat{F}$ 中的样本数据 $\boldsymbol{X}^*$ 代替 $\boldsymbol{X}$；最后，计算 $\eta(\boldsymbol{X}^*,\hat{F})$ 的均值、分位数和其他特征，作为自助估计值。除了最简单的情形，最后一步通常需要模拟。基于 $\hat{F}$ 的不同选择，我们有两个不同的自助法：在非参数自助法中，用样本分布函数作为 $\hat{F}$；在参数自助法中，我们假定 F 来自某个参数族，并将分布 F 中未知的参数用它的极大似然估计值或其他估计值来代替得到 $\hat{F}$。

习题

1. 假设 $X_1,\cdots,X_n$ 是一个来自参数为 θ 的指数分布的随机样本。解释如何使用参数的自助法来估计样本均值 $\overline{X}$ 的方差（不需要模拟）。
2. 设 $x_1,\cdots,x_n$ 为随机样本 $\boldsymbol{X}=(X_1,\cdots,X_n)$ 的观察值，令 F_n 为样本的分布函数。令 $J_1,\cdots,J_n$ 为从数字 $\{1,\cdots,n\}$ 中有放回地抽取的随机样本。定义 $X_i^*=x_{J_i}$，$i=1,\cdots,n$。证明 $\boldsymbol{X}^*=(X_1^*,\cdots,X_n^*)$ 是分布 F_n 的一个独立同分布的样本。
3. 设 n 为奇数，$\boldsymbol{X}=(X_1,\cdots,X_n)$ 是一个来自某个分布的容量为 n 的样本。假定我们希望使用非参数自助法来估计样本中位数的一些特性。计算“非参数自助样本的样本中位数是原始数据 $\boldsymbol{X}$ 中的最小观察值”的概率。
4. 利用表 11. 5 中的第一列数据，这些数据给出了 Forbes 试验中 17 个不同地方的水的沸点。设 F 是这些沸点的分布，我们不对 F 做太多假设。假设我们对样本中位数作为分布 F 中位数的估计量的偏差感兴趣。我们要利用非参数的自助法来估计这个偏差。首先，计算模拟近似的模拟标准误差；然后，要使你的偏差估计（分布为 $\hat{F}$）与正确的偏差（分布为 $\hat{F}$）之差在 0. 02 内的概率至少为 0. 9，需要多少自助样本。
5. 利用表 10. 6 中的数据。我们对样本中位数作为分布中位数的估计量的偏差感兴趣。
   a. 使用非参数自助法估计这个偏差。
   b. 需要多少自助样本才使得估计的偏差在 0. 05 以内的概率为 0. 99?
6. 使用 9. 7 节中习题 16 的数据。
   a. 使用非参数自助法估计样本中位数的方差。
   b. 需要多少自助样本，使得估计的方差在 0. 05 以内的概率为 0. 95?
7. 利用在 9. 6 节习题 10 中描述过的表 9. 2 的血压数据，现在假定我们不确定两个治疗组的方差是否一样。进行一个例 12. 6. 10 中的非参数自助分析，使用 $v=10\ 000$ 次自助模拟。
   a. 对一个给定名义水平 $\alpha_0=0.1$ 的双样本 t 检验，估计犯第 I 类错误的概率。
   b. 通过计算 $|U^i|$ 的自助分布的近似分位数来修正双样本 t 检验的水平。
   c. 计算 b 中的分位数的模拟标准误差。
8. 例 12. 6. 7 中，设从样本分布 F_n 中随机抽取(X^*,Y^*)，证明：X^* 与 Y^* 之间的相关系数为式（12. 6. 2）

中的 R。

9. 使用表 11.6 中的海鲜价格数据。假定我们仅假设 1970 和 1980 年海鲜价格的分布是一个方差有限的连续联合分布。我们对样本相关系数的性质感兴趣，先模拟 1 000 个非参数自助样本来求解以下问题：
   a. 对样本相关系数的方差近似自助估计值。
   b. 对样本相关系数的偏差近似自助估计值。
   c. 计算以上每个自助估计值的模拟标准误差。
10. 使用 8.5 节习题 7 的牛肉热狗数据，模拟 10 000 个非参数自助样本来求解如下问题：
   a. 对牛肉热狗中卡路里的中位数，近似构造一个 90%的百分位自助置信区间。
   b. 对牛肉热狗中卡路里的中位数，近似构造一个 90%的 t-百分位自助置信区间。
   c. 将这些区间与假定数据来自正态分布所形成的 90%的区间进行比较。
11. 随机变量的偏度的定义见定义 4.4.1。假定 $X_1,\cdots,X_n$ 是一个来自分布为 F 的随机样本。“样本偏度”定义为

$$M_3 = \frac{\frac{1}{n}\sum_{i=1}^{n}(X_i - \overline{X})^3}{\left[\frac{1}{n}\sum_{i=1}^{n}(X_i - \overline{X})^2\right]^{3/2}}。$$

   人们用 M_3 作为分布 F 的偏度 θ 的一个估计量。自助法可以用来估计 θ 的估计量“样本偏度”的偏差和标准差。
   a. 证明：M_3 是样本分布 F_n 的偏度。
   b. 利用表 11.6 中的 1970 年的海鲜价格数据计算“样本偏度”，并模拟 1 000 个自助样本，利用这些自助样本来估计“样本偏度”的偏差和标准差。
12. 假设$(X_1,Y_1),\cdots,(X_n,Y_n)$是一个来自均值分别为$\mu_x$ 与 μ_y、方差分别为 σ_x^2 和 σ_y^2、相关系数为 ρ 的二元正态分布的随机样本。设 R 为样本相关系数，证明：R 的分布只与 ρ 有关，而与 μ_x，μ_y，σ_x^2 和 σ_y^2 无关。

12.7 补充习题

1. 在你的计算机上通过标准正态伪随机数生成器生成容量为 10 000 的样本，检验标准正态分布的伪随机数，并绘制其正态分位数图。图像看起来是不是一条直线？
2. 在你的计算机上检验伽马分布的伪随机数。模拟 10 000 个参数为 a 和 1$(a=0.5,1,1.5,2,5,10)$的伽马伪随机变量，并绘制相应参数的伽马分位数图。
3. 在你的计算机上检验 t 分布的伪随机数。模拟 10 000 个自由度分别为 $m=1,2,5,10,20$ 的 t 分布的伪随机数，并分别绘制 t 分位数图。
4. 设 X 和 Y 为独立随机变量，其中 X 服从自由度为 5 的 t 分布，Y 服从自由度为 3 的 t 分布。我们对 $E(|X-Y|)$感兴趣。
   a. 模拟 1 000 对服从上述联合分布的(X_i,Y_i)，并估计 $E(|X-Y|)$。
   b. 同时，利用这 1 000 对模拟值来估计$|X-Y|$的方差。
   c. 根据这个方差，需要多少次模拟才能 99%确信 $E(|X-Y|)$的估计量在实际均值的 0.01 范围内？
5. 考虑例 9.5.5 中完成的功效的计算。
   a. 模拟 $v_0=1\ 000$ 个独立同分布的自由度为 14 和非中心参数为 1.936 的非中心 t 伪随机变量。
   b. 估计自由度为 14 和非中心参数为 1.936 的非中心 t 分布的随机变量大于或等于 1.761 的概率，并计算模拟标准误差。
   c. 假如我们希望 b 中“非中心 t 分布的概率”的估计量以 0.99 的概率接近于真实值的 0.01 范围内，

我们需要模拟多少个非中心 t 分布的随机变量?

6. χ^2 拟合优度检验（见第 10 章）是基于检验统计量的分布的渐近近似。对于中小型样本，渐近近似可能不是很好。模拟可用于评估近似程度，还可以用于估计拟合优度检验的功效函数。本题中，假设我们正在进行例 10.1.6 的检验。本题的思想可用于所有这类问题。
   a. 模拟 $v=10\ 000$ 个容量为 $n=23$ 的均值为 3.912、方差为 0.25 的正态分布样本；对于每个样本和例 10.1.6 所用的四个区间，计算 χ^2 拟合优度统计量 Q；用模拟来估计 Q 大于或等于自由度为 3 的 χ^2 分布的 0.9、0.95 和 0.99 分位数的概率。
   b. 假设数据的实际分布为均值为 4.2、方差为 0.8 的正态分布，我们对 χ^2 拟合优度检验的功效函数感兴趣。在指定的备择假设下，用模拟来估计水平分别为 0.1、0.05 和 0.01 的检验的功效函数。
7. 在 10.2 节中，我们讨论了复合假设的 χ^2 拟合优度检验，它们需要根据落入检验所用不同区间的观察值个数来计算出极大似然估计量。假如我们使用基于原始观察数据的极大似然估计量，当时我们声称 χ^2 检验统计量的渐近分布在两个不同的 χ^2 分布之间。我们可以使用模拟来更好地近似检验统计量的分布。在本题中，我们试图检验与例 10.2.5 相同的假设，尽管这些方法将适用于所有这类情况。
   a. 用 10 个不同的正态分布分别模拟 $v=1\ 000$ 个容量为 $n=23$ 的样本。设这些正态分布的均值分别为 3.8，3.9，4.0，4.1 和 4.2，方差分别为 0.25 和 0.8，共 10 个均值和方差的组合。对于每个模拟的样本，使用 μ，σ^2 的通常的极大似然估计量来计算 χ^2 统计量 Q。对每一个正态分布，分别估计 Q 的分布的 0.9，0.95 和 0.99 分位数。
   b. 这些分位数会随分布的变化而变化吗?
   c. 考虑检验“如果 $Q\geqslant 5.2$，则拒绝原假设”。在以下备选假设中，使用模拟方法估计这个检验的功效函数：对于每个 i，$(X_i-3.912)/0.5$ 服从自由度为 5 的 t 分布。
8. 例 12.5.6 中，我们使用了层次模型。在这个模型中，参数 $\mu_1,\cdots,\mu_p$ 是独立的随机变量，在给定 ψ 和 $\tau_1,\cdots,\tau_p$ 条件下，μ_i 服从均值为 ψ 和精确度为 $\lambda_0\tau_i$ 的正态分布。为了使模型更一般化，我们还可以用未知参数 λ 代替 λ_0。也就是说，在 ψ，λ 和 $\tau_1,\cdots,\tau_p$ 的条件下，设 μ_i 之间相互独立，且 μ_i 服从均值为 ψ、精确度为 $\lambda\tau_i$ 的正态分布；并设 λ 服从参数为 γ_0，δ_0 的伽马分布；以及 λ 与 ψ 和 $\tau_1,\cdots,\tau_p$ 独立，其余参数服从例 12.5.6 中所述的先验分布。
   a. 将似然函数和先验的乘积改写为参数 $\mu_1,\cdots,\mu_p,\tau_1,\cdots,\tau_p$，$\psi$ 和 λ 的函数。
   b. 给定所有其他参数，求出每个参数的条件分布。提示：对于除 λ 以外的所有参数，分布几乎与例 12.5.6 中给出的分布相同；当然，无论 λ_0 出现在哪里，都要相应的改变。
   c. 先验分布采用参数 $\alpha_0=1,\beta_0=0.1,u_0=0.001,\gamma_0=\delta_0=1$ 和 $\psi_0=170$，用该题的模型拟合例 11.6.2 的热狗卡路里数据，分别计算四个 μ_i 和 $1/\tau_i$ 的后验均值。
9. 例 12.5.6 中，我们将参数 $\tau_1,\cdots,\tau_p$ 建模为独立同分布，同服从参数为 α_0,β_0 的伽马分布。我们可以在层次模型中添加一层，可以允许 τ_i 来自参数未知的分布。例如，我们可以假定在给定 β 的条件下，τ_i 为条件独立且服从参数为 α_0 和 β 的伽马分布，并设 β 与 ψ 和 $\mu_1,\cdots,\mu_p$ 独立，且 β 服从参数为 ϵ_0 和 ϕ_0 的伽马分布。其余的先验分布见例 12.5.6。
   a. 将似然函数和先验的乘积改写为参数 $\mu_1,\cdots,\mu_p,\tau_1,\cdots,\tau_p$，$\psi$ 和 β 的函数。
   b. 给定所有其他参数，求出每个参数的条件分布。提示：对于除 β 以外的所有参数，分布几乎与例 12.5.6 中给出的分布相同；当然，无论 β_0 出现在哪里，都必须改变。
   c. 先验分布使用参数 $\alpha_0=\lambda_0=1$，$u_0=0.001$，$\epsilon_0=0.3$，$\phi_0=3.0$ 和 $\psi_0=170$，用该题的模型拟合例 11.6.2 的热狗卡路里数据，分别计算四个 μ_i 和 $1/\tau_i$ 的后验均值。
10. 设 $X_1,\cdots,X_k$ 为相互独立的随机变量，且 X_i 服从参数为 n_i，p_i 的二项分布。我们希望检验原假设 H_0：$p_1=\cdots=p_k$，与之相应的备择假设 H_1 为“H_0 不为真”。假设 $n_1,\cdots,n_k$ 是已知常数。
   a. 证明：如果以下统计量大于或等于某个常数 c，则似然比检验将拒绝 H_0：

$$\frac{\prod_{i=1}^{k}\left[X_i^{X_i}(n_i-X_i)^{n_i-X_i}\right]}{\left(\sum_{j=1}^{k}X_j\right)^{\sum_{j=1}^{k}X_j}\left[\sum_{j=1}^{k}(n_j-X_j)\right]^{\sum_{j=1}^{k}(n_j-X_j)}}。$$

b. 描述如何使用模拟技术估计常数 c，使似然比检验的显著性水平为 α_0（假定你可以根据需要模拟尽可能多的二项分布的伪随机变量）。

c. 考虑进行例 2.1.4 中的抑郁症研究。设 p_i 为表 2.1 的第 i 组患者成功（无复发）的概率，其中 $i=1$ 表示丙咪嗪组，$i=2$ 表示碳酸锂组，$i=3$ 表示联合疗法组，$i=4$ 表示安慰剂组。请通过计算似然比检验的 p 值，检验原假设：$p_1=p_2=p_3=p_4$。

11. 考虑方差不相等时，检验两个正态分布的均值是否相等的问题，见 9.6 节。数据是两个独立的样本 $X_1,\cdots,X_m$ 和 $Y_1,\cdots,Y_n$。X_i 独立同分布，同服从均值为 μ_1、方差为 σ_1^2 的正态分布；Y_j 独立同分布，同服从均值为 μ_2、方差为 σ_2^2 的正态分布。

a. 假设 $\mu_1=\mu_2$，证明式（9.6.14）中的随机变量 V 的分布仅通过比率 σ_2/σ_1 依赖于参数。

b. 令 v 为式（9.6.17）中 Welch 检验过程的近似自由度，证明：v 的分布仅通过比率 σ_2/σ_1 依赖于参数。

c. 用模拟来评估 Welch 检验中的近似值。特别地，分别设置比率 σ_2/σ_1 等于 1，1.5，2，3，5 和 10。对于每个比率，模拟 10 000 个样本，它们的容量分别为 $n=11$ 和 $m=10$（或适当的概括性统计量）。对于每个模拟样本，计算检验统计量 V 以及该模拟中与数据相应的近似 t 分布的 0.9，0.95 和 0.99 分位数；跟踪 V 大于每一个分位数的模拟比例，这些比例与名义值 0.1，0.05 和 0.01 相比如何？

12. 再次考虑习题 11 中描述的情况。这次，利用模拟评估通常的双样本 t 检验的表现，即用与习题 11c 相同的模拟（如果没有相同的模拟，可以用类似的模拟）。这次对每个模拟样本，计算式（9.6.3）的统计量 U，并跟踪 U 大于每个名义 t 分位数 $T_{19}^{-1}(1-\alpha_0)$ 的模拟比例，$\alpha_0=0.1,0.05,0.01$，这些比例与名义 α_0 值相比如何？

13. 假设我们的数据对为 $(Y_i,x_i),i=1,\cdots,n$。这里每个 Y_i 是随机变量，每个 x_i 是已知常数。假设我们使用简单线性回归模型：$E(Y_i)=\beta_0+\beta_1x_i$。设 $\hat{\beta}_1$ 代表 β_1 的最小二乘估计量。然而，假设 Y_i 实际上是服从平移和尺度变换的 t 分布的随机变量。特别地，假设 $(Y_i-\beta_0-\beta_1x_i)/\sigma(i=1,\cdots,n)$ 独立同分布，同服从自由度为 $k\geqslant5$ 的 t 分布。我们可以利用模拟来估计 $\hat{\beta}_1$ 抽样分布的标准差。

a. 证明：$\hat{\beta}_1$ 抽样分布的方差不依赖于参数 β_0 和 β_1 的值。

b. 证明：$\hat{\beta}_1$ 抽样分布的方差等于 $v\sigma^2$，其中 v 不依赖于任何参数 β_0，β_1 和 σ。

c. 描述一种估计 b 中 v 的模拟方案。

14. 使用习题 13 中建立的模拟方案和表 11.5 的数据。假设我们认为对数大气压强与沸点呈线性关系，但对数大气压强服从自由度为 5 的 t 分布变换（平移变换和尺度变换）。利用模拟估计习题 13b 中的 v 值。

15. 在 7.4 节中，我们引入了贝叶斯估计量。对于简单的损失函数，例如平方误差和绝对误差，我们能够得到贝叶斯估计量的一般形式。在许多实际问题中，损失函数并没有这么简单，我们通常用模拟来近似贝叶斯估计量。假设我们能够根据给定的某些观察数据 $X=x$，从某个参数 θ 的后验分布模拟样本 $\theta^{(1)},\cdots,\theta^{(v)}$（可直接通过 Gibbs 抽样），这里 θ 可以是一维参数或多维参数向量。假设我们的损失函数为 $L(\theta,a)$，我们想要选择 a，使得后验均值 $E[L(\theta,a)|\boldsymbol{x}]$ 达到最小。

a. 描述一种在上述情况下近似贝叶斯估计的一般方法。

b. 假设贝叶斯估计的近似模拟方差正比于“模拟样本量的倒数”。如何计算贝叶斯估计值近似的模拟标准误差?

16. 例12.5.2中，假设新墨西哥州希望估计非乡村疗养院的平均住院天数μ。参数为$\theta=(\mu,\tau)$，损失函数是不对称的，反映低估和高估的不同成本。假设损失函数为

$$L(\theta,a) = \begin{cases} 30(a-\mu), & a \geqslant \mu, \\ (\mu-a)2, & \mu > a。 \end{cases}$$

试利用在习题15中的方法来近似贝叶斯估计值，并计算模拟标准误差。

奇数序号习题答案

注：对于要求证明、推导或画图的习题，不提供答案

第1章

1.4节

7. (a) $\{x: x<1$ 或 $x>5\}$；(b) $\{x: 1\leqslant x\leqslant 7\}$；(c) B；(d) $\{x: 0<x<1$ 或 $x>7\}$；(e) $\varnothing$。

11. (a) $S=\{(x,y): 0\leqslant x\leqslant 5$ 且 $0\leqslant y\leqslant 5\}$. (b) $A=\{(x,y)\in S: x+y\geqslant 6\}$, $B=\{(x,y)\in S: x=y\}$, $C=\{(x,y)\in S: x>y\}$, $D=\{(x,y)\in S: 5<x+y<6\}$. (c) $A^c\cap D^c\cap B$. (d) $A^c\cap B^c\cap C^c$。

1.5节

1. $\frac{2}{5}$。 3. (a) $\frac{1}{2}$；(b) $\frac{1}{6}$；(c) $\frac{3}{8}$。 5. 0.4。 7. 如果 $A\subset B$，最大为0.4，如果 $P(A\cup B)=1$，最小为0.1。 11. (a) $1-\frac{\pi}{4}$；(b) $\frac{3}{4}$；(c) $\frac{2}{3}$；(d) 0。

1.6节

1. $\frac{1}{2}$。 3. $\frac{2}{3}$。 5. $\frac{4}{7}$。 7. $P(Aa)=P(aa)=\frac{1}{2}$。

1.7节

1. 14。 3. 5! 5. $\frac{5}{18}$。 7. $\frac{20!}{8!\,20^{12}}$。 9. $\frac{(3!)^2}{6!}$。

1.8节

1. $\binom{20}{10}$。 3. 两个数相等。 5. 这个数是 $\binom{4251}{97}$，必为整数。 7. $\frac{n+1-k}{\binom{n}{k}}$。 9. $\frac{n+1}{\binom{2n}{n}}$。

11. $\frac{\binom{98}{10}}{\binom{100}{12}}$。 13. $\frac{\binom{20}{6}+\binom{20}{10}}{\binom{24}{10}}$。 17. $\frac{4\binom{13}{4}}{\binom{52}{4}}$。 21. $\binom{365+k}{k}$。

1.9 节

1. $\binom{21}{7,7,7}$。 3. $\binom{300}{5,8,287}$。 5. $\frac{1}{6^n}\binom{n}{n_1,n_2,\cdots,n_6}$。 7. $\frac{\binom{12}{6,2,4}\binom{13}{4,6,3}}{\binom{25}{10,8,7}}$。

9. $\frac{4!}{\binom{52}{13,13,13,13}}$。

1.10 节

1. $3\frac{\binom{4}{2}\binom{48}{3}}{\binom{52}{5}}-3\frac{\binom{4}{2}\binom{48}{3,3,42}}{\binom{52}{5,5,42}}$。 3. 45%。 5. $\frac{3}{8}$。

7. $1-\frac{1}{\binom{100}{15}}\left\{\left[\binom{90}{15}+\binom{80}{15}+\binom{70}{15}+\binom{60}{15}\right]-\left[\binom{70}{15}+\binom{60}{15}+\binom{50}{15}+\binom{50}{15}+\binom{40}{15}+\binom{30}{15}\right]+\left[\binom{40}{15}+\binom{30}{15}+\binom{20}{15}\right]\right\}$。

9. $n=10$。 11. $\frac{\binom{5}{r}\binom{5}{5-r}}{\binom{10}{5}}, r=\frac{x}{2}, x=0,2,\cdots,10$。

1.12 节

1. 不相交。 3. $\frac{\binom{250}{18}\binom{100}{12}}{\binom{350}{30}}$。 5. 0.312 0。 7. $\frac{1}{\binom{r+w}{r}}$。

9. $\frac{\binom{7}{j}\binom{3}{5-j}}{\binom{10}{5}}$，其中 $k=2j-2$，$j=2,3,4,5$。 13. (d) $\frac{\binom{n-k+1}{k}}{\binom{n}{k}}$。

第 2 章

2.1 节

1. $P(A)/P(B)$。 3. $P(A)$。 5. $\frac{r(r+k)(r+2k)b}{(r+b)(r+b+k)(r+b+2k)(r+b+3k)}$。 7. $\frac{1}{3}$。

9. (a)$\frac{3}{4}$;(b)$\frac{3}{5}$。 13. 0.44。 15. 0.47。

2.2 节

1. $P(A^c)$。 5. $1-\frac{1}{10^6}$。 7. (a)0.92;(b)0.869 6。 9. $\frac{1}{7}$。 11. (a)0.261 7。

13. $10(0.01)(0.99)^9$。 15. $n>\frac{\ln(0.2)}{\ln(0.99)}$。 17. $\frac{1}{12}$。

19. $[(0.8)^{10}+(0.7)^{10}]-[(0.2)^{10}+(0.3)^{10}]$。 23. (a)0.221 5;(b)0.023 4。

2.3 节

3. 0.301。 5. $\frac{18}{59}$。 7. (a)$0,\frac{1}{10},\frac{2}{10},\frac{3}{10},\frac{4}{10}$;(b)$\frac{3}{4}$;(c)$\frac{1}{4}$。 11. 1/4。 13. (a)1/9;(b)1。

15. 0.274。

2.4 节

3. 条件 a。 5. $i\geqslant 198$。 9. $\frac{2}{3}$。

2.5 节

3. $\frac{11}{12}$。 5. $\frac{1}{\binom{10}{3}}$。 7. 总是。 9. $\frac{1}{6}$。 11. $1-\left(\frac{49}{50}\right)^{50}$。 13. (a)0.93;(b)0.38。

15. $\frac{4}{81}$。 17. 0.067。 19. $p_1+p_2+p_3-p_1p_2-p_2p_3-p_1p_3+p_1p_2p_3$,其中

$$p_1=\frac{\binom{6}{1}}{\binom{8}{3}},p_2=\frac{\binom{6}{2}}{\binom{8}{4}},p_3=\frac{\binom{6}{3}}{\binom{8}{5}}。$$

21. $P(A\text{ 获胜})=\frac{4}{7}$; $P(B\text{ 获胜})=\frac{2}{7}$; $P(C\text{ 获胜})=\frac{1}{7}$。 23. 0.372。

25. (a)0.659;(b)0.051。 27. $\frac{1-\left(\frac{1}{2}\right)^{n-1}}{1-\left(\frac{1}{2}\right)^{n}}$。

29. (a)$\frac{1-p_0-p_1}{1-p_0}$,其中 $p_0=\frac{\binom{48}{13}}{\binom{52}{13}}$,$p_1=\frac{4\binom{48}{12}}{\binom{52}{13}}$;(b)$1-p_1$,同时,$\frac{\binom{3}{1}\binom{48}{11}+\binom{3}{2}\binom{48}{10}+\binom{48}{9}}{\binom{51}{12}}=0.561\ 2$。

33. $\frac{7}{9}$。　35. (a) 第 2 种情况；(b) 第 1 种情况；(c) 两种情况下的概率相等。

第3章

3.1 节

1. $\frac{6}{11}$。　3. $f(0)=\frac{1}{6}, f(1)=\frac{5}{18}, f(2)=\frac{2}{9}, f(3)=\frac{1}{6}, f(4)=\frac{1}{9}, f(5)=\frac{1}{18}$。

5. $f(x)=\begin{cases}\dfrac{\binom{7}{x}\binom{3}{5-x}}{\binom{10}{5}}, & x=2,3,4,5,\\ 0, & \text{其他。}\end{cases}$　7. 0.806。　9. 1/2。

3.2 节

1. 4/9。　3. (a) $\frac{1}{2}$；(b) $\frac{13}{27}$；(c) $\frac{2}{27}$。　5. (a) $t=2$；(b) $t=\sqrt{8}$。

7. $f(x)=\begin{cases}\frac{1}{10}, & -2\leqslant x\leqslant 8\\ 0, & \text{其他,}\end{cases}$ 概率为 $\frac{7}{10}$。　13. 0.004 5。

3.3 节

5. $f(x)=(2/9)x, 0\leqslant x\leqslant 3; f(x)=0$, 其他。　7. $F(x)=\begin{cases}0, & x<-2,\\ \frac{1}{10}(x+2), & -2\leqslant x\leqslant 8,\\ 1, & x>9\text{。}\end{cases}$

11. $F^{-1}(p)=3p^{1/2}$。　13. 10.2。　15. $F(x)=x^2, 0<x<1$。

3.4 节

1. (a) 0.5；(b) 0.75。　3. (a) $\frac{1}{40}$；(b) $\frac{1}{20}$；(c) $\frac{7}{40}$；(d) $\frac{7}{10}$。

5. (a) $\frac{5}{4}$；(b) $\frac{79}{256}$；(c) $\frac{13}{16}$；(d) 0。　7. (a) 0.55；(b) 0.8。　9. 0.635 05。

11. (a) 0.273；(b) 0.513。

3.5 节

1. 区间 $[a,b]$ 上的均匀分布，区间 $[c,d]$ 上的均匀分布。

3. (a) $f_1(x)=\begin{cases}\frac{1}{2}, & 0\leqslant x\leqslant 2,\\ 0, & \text{其他},\end{cases}$ $f_2(y)=\begin{cases}3y^2, & 0\leqslant y\leqslant 1,\\ 0, & \text{其他};\end{cases}$ (b)是；(c)是。

5. (a) $f(x,y)=\begin{cases}p_x p_y, & x=0,1,2,3, y=0,1,2,3,\\ 0, & \text{其他}\end{cases}$ (b) 0.3；(c) 0.35。

7. 是。 9. (a) $f(x,y)=\begin{cases}\frac{1}{6}, & (x,y)\in S,\\ 0, & \text{其他},\end{cases}$ $f_1(x)=\begin{cases}\frac{1}{2}, & 0\leqslant x\leqslant 2,\\ 0, & \text{其他},\end{cases}$

$f_2(y)=\begin{cases}\frac{1}{3}, & 1\leqslant y\leqslant 4,\\ 0, & \text{其他};\end{cases}$ (b)是。 11. $\frac{11}{36}$。

15. (b) $f_1(x)=\frac{1}{3}, 1<x<3$; $f_1(x)=\frac{1}{6}, 6<x<8$; $f_1(x)=0$, 其他. $f_2(y)=1, 0<y<1$; $f_2(y)=0$, 其他。

3.6 节

1. 对 $-1<y<1$, $g_1(x|y)=\begin{cases}1.5x^2(1-y^2)^{-3/2}, & -(1-y^2)^{1/2}<x<(1-y^2)^{1/2},\\ 0, & \text{其他}。\end{cases}$

3. (a) 对 $-2<x<4$, $g_2(y|x)=\begin{cases}\frac{1}{2[9-(x-1)^2]^{1/2}}, & (y+2)^2<9-(x-1)^2,\\ 0, & \text{其他};\end{cases}$ (b) $\frac{2-\sqrt{2}}{4}$。

5. (a) 对 $0<y<1$, $g_1(x|y)=\begin{cases}\frac{-1}{(1-x)\ln(1-y)}, & 0<x<y,\\ 0, & \text{其他};\end{cases}$ (b) $\frac{1}{2}$。

7. (a) 对 $0<x<2$, $g_2(y|x)=\begin{cases}\frac{4-2x-y}{2(2-x)^2}, & 0<y<4-2x,\\ 0, & \text{其他};\end{cases}$ (b) $\frac{1}{9}$。

9. (a) $f_1(x)=\begin{cases}\frac{1}{2}x(2+3x), & 0<x<1,\\ 0, & \text{其他};\end{cases}$ (b) $\frac{8}{11}$。 13. $g_1(1|1)=0.5506$, $g_1(1|2)=0.6561$, $g_1(1|3)=0.4229$, $g_1(1|4)=0.2952$, $g_1(0|y)=1-g_1(1|y)$, $y=1,2,3,4$。

3.7 节

1. (a) 1/3；(b) $(x_1+3x_3+1)/3$, $0\leqslant x_i\leqslant 1\ (i=1,3)$；(c) 5/13。

3. (a) 6；(b) $f_{13}(x_1,x_3)=\begin{cases}3\,\mathrm{e}^{-(x_1+3x_3)}, & x_i>0, i=1,3,\\ 0, & \text{其他};\end{cases}$ (c) $1-\frac{1}{\mathrm{e}}$。

5. (a) $\prod_{i=1}^{n}p_i$；(b) $1-\prod_{i=1}^{n}(1-P_i)$。 7. $\sum_{i=k}^{n}\binom{n}{i}p^i(1-p)^{n-i}$，其中 $p=\int_a^b f(x)\,\mathrm{d}x$。

3.8 节

1. $g(y)=\begin{cases}3(1-y)^{1/2}/2, & 0<y<1,\\ 0, & 其他。\end{cases}$

3. $G(y)=1-(1-y)^{\frac{1}{2}}, 0<y<1$；$g(y)=\begin{cases}\dfrac{1}{2(1-y)^{1/2}}, & 0<y<1,\\ 0, & 其他。\end{cases}$

7. (a) $g(y)=\begin{cases}\dfrac{1}{2}y^{-1/2}, & 0<y<1,\\ 0, & 其他;\end{cases}$ (b) $g(y)=\begin{cases}\dfrac{1}{3}|y|^{-2/3}, & -1<y<0,\\ 0, & 其他;\end{cases}$

(c) $g(y)=\begin{cases}2y, & 0<y<1,\\ 0, & 其他。\end{cases}$ 9. $Y=2X^{1/3}$。 13. $f(t)=\begin{cases}2\,\mathrm{e}^{-\frac{2}{t}}/t^2, & t>0,\\ 0, & 其他。\end{cases}$

17. (a) $r(x)=0, x\leqslant 100$; $r(x)=x-100, 100<x\leqslant 5\ 100$; $r(x)=5\ 000, x>5\ 100$;

(b) $G(y)=0, y<0$; $G(y)=1-\dfrac{1}{y+101}, 0\leqslant y<5\ 000$; $G(y)=1, y\geqslant 5\ 000$。

3.9 节

1. $g(y)=\begin{cases}y, & 0<y\leqslant 1,\\ 2-y, & 1<y<2,\\ 0, & 其他。\end{cases}$ 3. $g(y_1,y_2,y_3)=\begin{cases}8y_3(y_1y_2)^{-1}, & 0<y_3<y_2<y_1<1,\\ 0, & 其他。\end{cases}$

5. $g(z)=\begin{cases}\dfrac{1}{3}(z+1), & 0<z\leqslant 1,\\ \dfrac{1}{3z^3}(z+1), & z>1,\\ 0, & z\leqslant 0。\end{cases}$ 7. $g(y)=\dfrac{1}{2}\mathrm{e}^{-|y|}, -\infty<y<\infty$。 9. $(0.8)^n-(0.7)^n$。

11. $\left(\dfrac{1}{3}\right)^n+\left(\dfrac{2}{3}\right)^n$。 13. $g(y)=\begin{cases}\dfrac{n(n-1)}{8}\left(\dfrac{z}{8}\right)^{n-2}\left(1-\dfrac{z}{8}\right), & -3<z<5,\\ 0, & 其他。\end{cases}$ 19. $y\mathrm{e}^{-y}, y>0$。

3.10 节

1. (a) $(1/2, 1/2)$; (b) $\begin{pmatrix}5/9 & 4/9\\ 4/9 & 5/9\end{pmatrix}$ 3. (a) 0.667; (b) 0.666。

5. (a) 0.38; (b) 0.338; (c) 0.3338。 7. (a) 0.632; (b) 0.605。 9. (a) $\dfrac{1}{8}$; (b) $\dfrac{1}{8}$。

11. (a) $\dfrac{40}{81}$; (b) $\dfrac{41}{81}$。

13.

	HHH	HHT	HTH	THH	TTH	THT	HTT	TTT
HHH	0	1	0	0	0	0	0	0
HHT	0	0	$\frac{1}{2}$	0	0	0	$\frac{1}{2}$	0
HTH	0	0	0	$\frac{1}{2}$	0	$\frac{1}{2}$	0	0
THH	$\frac{1}{2}$	$\frac{1}{2}$	0	0	0	0	0	0
TTH	0	0	0	$\frac{1}{2}$	0	$\frac{1}{2}$	0	0
THT	0	0	$\frac{1}{2}$	0	0	0	$\frac{1}{2}$	0
HTT	0	0	0	0	$\frac{1}{2}$	0	0	$\frac{1}{2}$
TTT	0	0	0	0	1	0	0	0

17. (a) $\{Aa,Aa\}$的概率为 1；(b) $\{Aa,Aa\}$，$\{Aa,aa\}$和$\{aa,aa\}$的概率分别为 0.04,0.32,0.64。 19. (2/3, 1/3)。

3.11 节

3. $f(x)=\begin{cases}\frac{2}{5}, & 0<x<1,\\ \frac{3}{5}, & 1<x<2,\\ 0, & \text{其他。}\end{cases}$ 5. $\frac{\pi}{4}$。 7. $1-\frac{1}{2^{p-1}}+\frac{1}{2^{2p-1}}$。 9. $\frac{1}{10}$。 11. $Y=5(1-e^{-2X})$或$Y=5\,e^{-2X}$。

13. 集合 c 与 d。 15. 0.371 5。 17. (a) $f_2(y)=-9y^2\ln y, 0<y<1$；(b) $g_1(x|y)=-\frac{1}{x\ln y}, 0<y<x<1$。

19. $f_1(x)=3(1-x)^2, 0<x<1$；$f_2(y)=6y(1-y), 0<y<1$；$f_3(z)=3z^2, 0<z<1$。

21. (a) $g(u,v)=\begin{cases}v\,e^{-v}, & 0<u<1, v>0,\\ 0, & \text{其他；}\end{cases}$ (b) 是。

23. $h(y_1|y_n)=\frac{(n-1)(e^{-y_1}-e^{-y_n})^{n-2}e^{-y_1}}{(1-e^{-y_n})^{n-1}}, 0<y_1<y_n$。

25. (a) $2\varepsilon f_2(y)$； (b) $2\varepsilon\int_{-\infty}^{x} f(s,y)\,ds$。

27.

		第 $n+1$ 次比赛中的玩家		
		(A,B)	(A,C)	(B,C)
第 n 次比赛中的玩家	(A,B)	0	0.3	0.7
	(A,C)	0.6	0	0.4
	(B,C)	0.8	0.2	0

29. (0.422 0, 0.201 8, 0.376 1)。

第 4 章

4.1 节

1. $(a+b)/2$。 3. 18.92。 5. 4.867。 9. $\frac{3}{4}$。 11. $\frac{1}{n+1}$与$\frac{n}{n+1}$。 13. 11.61 美元。
15. 25 美元。

4.2 节

1. 5 美元。 3. $\frac{1}{2}$。 5. $n\int_a^b f(x)\,dx$。 7. $c\left(\frac{5}{4}\right)^n$。 9. $n(2p-1)$。 11. $2k$。

4.3 节

1. 1/12。 3. $\frac{1}{12}(b-a)^2$。 7. (a)6; (b)39。 9. $(n^2-1)/12$。 11. 0.5. 13 . 1。

4.4 节

1. 0。 3. 1。 7. $\mu=\frac{1}{2},\sigma^2=\frac{3}{4}$。 9. $E(Y)=c\mu$;$\mathrm{Var}(Y)=c(\sigma^2+\mu^2)$。
11. $f(1)=\frac{1}{5}$;$f(4)=\frac{2}{5}$;$f(8)=\frac{2}{5}$。 17. 2。

4.5 节

3. $m=\ln 2$。 5. (a)$\frac{1}{2}(\mu_f+\mu_g)$; (b)满足 $1\leqslant m\leqslant 2$ 的任意数 m。
7. (a)$\frac{7}{12}$;(b)$\frac{1}{2}(\sqrt{5}-1)$。 9. (a)0.1;(b)1。 11. Y。

4.6 节

1. 0. 11. $\rho(X,Y)$的值会比-1小。 13. (a)11; (b)51。 15. $n+\frac{n(n-1)}{4}$。

4.7 节

1. 0.005 76,边际均方误差的 7%。 5. $1-\frac{1}{2^n}$。
7. $E(Y|X)=\frac{3X+2}{3(2X+1)}$;$\mathrm{Var}(Y|X)=\frac{1}{36}\left[3-\frac{1}{(2X+1)^2}\right]$。 9. $\frac{1}{12}-\frac{\ln 3}{144}$。

13. (a) $\frac{3}{5}$; (b) $\frac{\sqrt{29}-3}{4}$。 15. (a) $\frac{18}{31}$; (b) $\frac{\sqrt{5}-1}{2}$。

4.8 节

1. $\alpha>1.111$。 3. Z。 5. $\frac{2}{3}$。 7. p。 9. 如果 $p>\frac{1}{2}, a=1$；如果 $p<\frac{1}{2}, a=0$；如果 $p=\frac{1}{2}$, a 可以任意取。 11. 如果 $p\leqslant\frac{1}{2}, b=0$；如果 $p>\frac{1}{2}, b=(2p-1)A$。 13. 如果 $p>\frac{1}{2}, b=A$；如果 $p<\frac{1}{2}, b=0$；如果 $p=\frac{1}{2}$, b 可以任意取。 15. $x_0>\frac{4}{(\alpha+1)^{1/\alpha}}$。 17. 继续治疗。

4.9 节

5. $a=\pm\frac{1}{\sigma}, b=-a\mu$。 7. $\frac{3}{2}$。 11. 预订 s 升, s 满足 $\int_0^s f(x)\,dx=\frac{g}{g+c}$。

13. (a)(b): $E(Z)=29$, $\text{Var}(Z)=109$. (c) $E(Z)=29$; $\text{Var}(Z)=94$。 17. 1。 21. $-\frac{1}{2}$。

25. (a) 0.133 3. (b) 0.141 4。 29. $a=pm$。

第5章

5.2 节

1. 参数为 $\frac{1}{3}$ 的伯努利分布。 3. 0.377。 5. 0.500 0。 7. $\frac{113}{64}$。 9. $\frac{k}{n}$。 11. $n(n-1)p^2$。

13. 0.495 7。 15. 1 110, 4.64×10^{-171}。

5.3 节

1. 8.39×10^{-8}。 3. $E(\overline{X})=\frac{1}{3}$; $\text{Var}(\overline{X})=\frac{8}{441}$。 5. 如果 T 为奇数, $\frac{T-1}{2}$ 或 $\frac{T+1}{2}$；如果 T 为偶数, $\frac{T}{2}$。 7. (a) $\frac{\binom{0.7T}{10}+0.3T\binom{0.7T}{9}}{\binom{T}{10}}$; (b) $(0.7)^{10}+10(0.3)(0.7)^9$。 9. 3/128。

5.4 节

1. 0.594 0。 3. 0.016 6。 5. $\sum_{x=m}^{n}\binom{n}{x}\left(\sum_{i=k+1}^{\infty}\frac{e^{-\lambda}\lambda^i}{i!}\right)^x\left(\sum_{i=0}^{k}\frac{e^{-\lambda}\lambda^i}{i!}\right)^{n-x}$。 7. $\sum_{x=21}^{\infty}\frac{e^{-30}30^x}{x!}$。

9. 参数为 $p\lambda$ 的泊松分布。 11. 如果 λ 为非整数，众数为不超过 λ 的最大整数；如果 λ 为整数，众数为 λ 与 $\lambda-1$。 13. 0.347 6。 15. $9\lambda e^{-3\lambda}, \lambda>0$。

5.5 节

1. (a)0.000 1;(b)0.01。 3. (a)150;(b)4 350。 9. 参数为 $p=1-\prod_{i=1}^{n}q_i$ 的几何分布。

5.6 节

1. 0.0,-0.674 5,0.674 5,-1.282,1.282。 3. 参数为 $\mu=20,\sigma=\frac{20}{9}$ 的正态分布。

5. 0.996。 7. $(0.136\ 0)^3$。 9. 0.682 7。 11. $n=1\ 083$。 13. 0.381 2。

15. (a) $\frac{\exp\left\{-\frac{1}{2}(x-25)^2\right\}}{\exp\left\{-\frac{1}{2}(x-25)^2\right\}+9\exp\left\{-\frac{1}{2}(x-20)^2\right\}}$;(b) $x>22.5+\frac{1}{5}\ln 9$。

17. $f(x)=\frac{1}{(2\pi)^{1/2}\sigma x}\exp\left\{-\frac{1}{2\sigma^2}(\ln x-\mu)^2\right\},x>0;f(x)=0,x\leqslant 0$。

19. $f(\mu)=\frac{1.001\ 3}{(2\pi)^{1/2}}\exp\left\{-\frac{1}{2}(\mu-8)^2\right\},5<\mu<15$。 21. 参数为 4.6 与 10.5 的对数正态分布。

23. 参数为 3.149 与 2 的对数正态分布。

5.7 节

7. $1-[1-\exp(-\beta t)]^3$。 9. $\frac{1}{e}$。 11. $\left(\frac{1}{n}+\frac{1}{n-1}+\frac{1}{n-2}\right)\frac{1}{\beta}$。 13. $1-e^{-5/2}$。 15. $e^{-5/4}$。

17. $1\cdot 3\cdot 5\cdots(2n-1)\sigma^{2n}$。

5.8 节

1. $F^{-1}(p)=p^{1/\alpha}$。 5. $\frac{\alpha(\alpha+1)\cdots(\alpha+r-1)\beta(\beta+1)\cdots(\beta+s-1)}{(\alpha+\beta)(\alpha+\beta+1)\cdots(\alpha+\beta+r+s-1)}$。 9. $\alpha=\frac{1}{17},\beta=\frac{19}{17}$。

5.9 节

3. $\frac{2\ 424}{6^5}$。 5. 0.050 1。

5.10 节

1. 70.57。 3. 0.156 2。 5. 90,36。 7. $\mu_1=4,\mu_2=-2,\sigma_1=1,\sigma_2=2,\rho=-0.3$。

13. $\rho=-0.5c/(ab)^{1/2},\sigma_1^2=2b/d,\sigma_2^2=2a/d,\mu_1=(cg-2be)/d,\mu_2=(ce-2ag)/d$,其中 $d=4ab-c^2$。

5.11 节

1. $f(x)=1/(n+1),x=0,\cdots,n$。 3. 0.040 4。 7. $3\mu\sigma^2+\mu^3$。 9. 0.815 2。 11. $\frac{15}{7}$。

13. 0.220 2。 15. (a)参数为 $\beta=5$ 的指数分布；(b)参数为 $\alpha=k$ 与 $\beta=5$ 的伽马分布；(c) $e^{-5(k-1)/3}$。 23. (a) $\rho(X_i,X_j)=-\left(\frac{p_i}{1-p_i}\cdot\frac{p_j}{1-p_j}\right)^{1/2}$，其中 p_i 为 i 年级学生的比例；(b) $i=1,j=2$；(c) $i=3,j=4$。 25. 参数为 $\mu=-3$ 与 $\sigma^2=16$ 的正态分布；$\rho(X,Y)=\frac{1}{2}$。

第6章

6.1节

1. $4x$，$0<x\leqslant 1/2$；$4-4x$，$1/2<x<1$；0，其他． 0.36；0.2. 看概率密度函数高的地方。
3. 0.996 4. 概率可能会增加到1。

6.2节

5. 25。 13. (a)是；(b)否。 17. (b) $np(1-p)$ 与 $knp(1-p/k)$。 21. (a) $[u\exp(1-u)]^n$；(b)无用的界。

6.3节

1. 0.001。 3. 0.993 8。 5. $n\geqslant 542$。 7. 0.738 5。 9. (a) 0.36；(b) 0.788 7。
11. 0.993 8。
13. 均值为 θ^3、方差为 $\frac{9\theta^4\sigma^2}{n}$ 的正态分布。 15. (c) $n(Y_n^2-\theta^2)/(2\theta)$ 的近似分布函数为 F^*。

6.4节

1. 0.816 9。 3. 0.001 2。 5. 0.993 8。 7. 0.753 9。

6.5节

1. 8.00。 3. 没有连续性修正：0.473；用连续性修正：0.571；准确概率：0.571。
5. $\arcsin\left(\sqrt{\overline{X}_n}\right)$。 9. 0.158 7。 11. (b)均值为 $n/3$、方差为 $n/9$ 的正态分布。

第7章

7.1节

1. $X_1,X_2,\cdots,P$；给定 $P=p$，X_i 独立同分布，服从参数为 p 的伯努利分布。 3. $Z_1,Z_2,\cdots$ 为放射性粒子的到达时间，参数为 β，$Y_k=Z_k-Z_{k-1}$，$k\geqslant 2$。 5. $(\overline{X}_n-0.98,\overline{X}_n+0.98)$ 以概率0.95包含 μ。 7. Y 服从均值为 λt 的泊松分布，参数为 λ 与 p；给定 $Y=y$，$X_1,\cdots,X_y$ 独立同分布，服从参数为 p 的伯努利分布，$X=X_1+\cdots+X_y$（可观察到）。

7.2 节

1. 0.451 6。　3. $\xi(1.0|X=3)=0.245\ 6$；$\xi(1.5|X=3)=0.754\ 4$。　5. 参数为 $\alpha=3$、$\beta=6$ 的贝塔分布的概率密度函数。　7. 参数为 $\alpha=4$、$\beta=7$ 的贝塔分布。　9. 参数为 $\alpha=4$、$\beta=6$ 的贝塔分布。　11. 区间[11.2,11.4]上的均匀分布。

7.3 节

1. 120。　3. 参数为 $\alpha=5$，$\beta=297$ 的贝塔分布。　5. 参数为 $\alpha=16$，$\beta=6$ 的伽马分布。

7. 均值为 69.07 且方差为 0.286 的正态分布。　9. 均值为 0 且方差为 $\frac{1}{5}$ 的正态分布。

13. $n\geqslant 100$。　17. $\xi(\theta|x)=\begin{cases}\frac{6\times 8^6}{\theta^7}, & \theta>8,\\ 0, & \theta\leqslant 8.\end{cases}$　19. $\frac{\alpha+n}{\beta-\sum_{i=1}^{n}\ln x_i}$ 与 $\frac{\alpha+n}{\left(\beta-\sum_{i=1}^{n}\ln x_i\right)^2}$。

21. 参数为 n、$n\bar{x}_n$ 的伽马分布。

7.4 节

1. 2/3 与 $2^{-1/2}$。　3. (a)12 或 13；(b)0。　5. $\frac{8}{3}$。　9. $n\geqslant 396$。

13. $\frac{\alpha+n}{\alpha+n-1}\max(x_0,X_1,\cdots,X_n)$。

7.5 节

3. $\frac{2}{3}$。　5. (a)$\hat{\theta}=\bar{x}_n$。　7. $\hat{\beta}=\frac{1}{\overline{X}_n}$。　9. $\hat{\theta}=-\frac{n}{\sum_{i=1}^{n}\ln X_i}$。

11. $\hat{\theta}_1=\min(X_1,\cdots,X_n)$；$\hat{\theta}_2=\max(X_1,\cdots,X_n)$。　13. $\hat{\mu}_1=\overline{X}_n$；$\hat{\mu}_2=\overline{Y}_n$。

7.6 节

1. $\left(\prod_{i=1}^{n}X_i\right)^{1/n}$。　3. $\hat{m}=\overline{X}_n\ln 2$。　5. $\hat{\mu}=\frac{1}{2}[\min\{X_1,\cdots,X_n\}+\max\{X_1,\cdots,X_n\}]$。

7. $\hat{v}=\Phi\left(\frac{\hat{\mu}-2}{\hat{\sigma}}\right)$。　9. $\overline{X}_n$。　15. $\hat{\mu}=6.75$。　17. $\hat{p}=\frac{2}{5}$。　23. (a)$\hat{\alpha}=[\bar{x}_n(\bar{x}_n-\overline{x_n^2})]/(\overline{x_n^2}-\bar{x}_n^2)$，$\hat{\beta}=[(1-\bar{x}_n)(\bar{x}_n-\overline{x_n^2})]/(\overline{x_n^2}-\bar{x}_n^2)$。　25. $\hat{\mu}_1=\overline{X}_n$，$\hat{\sigma}_1^2=\frac{1}{n}\sum_{i=1}^{n}(X_i-\overline{X}_n)^2$，$\hat{\mu}_2=\hat{\alpha}+\hat{\beta}\hat{\mu}_1$，$\hat{\sigma}_2^2=\hat{\sigma}_{2.1}^2+\hat{\beta}^2\hat{\sigma}_1^2$，$\hat{\rho}=\hat{\beta}\hat{\sigma}_1/\hat{\sigma}_2$，其中 $\hat{\beta}=\sum_{i=1}^{n-k}(Y_i-\overline{Y}_{n-k})(X_i-\overline{X}_{n-k})/\sum_{i=1}^{n-k}(X_i-\overline{X}_{n-k})^2$，$\hat{\alpha}=\overline{Y}_{n-k}-\hat{\beta}\hat{\mu}_1$，$\hat{\sigma}_{2.1}^2=\frac{1}{n-k}\sum_{i=1}^{n-k}(Y_i-\hat{\alpha}-\hat{\beta}X_i)^2$。

7.8 节

9. 是。 11. 否。 13. 是。 15. 是。 17. 是。

7.9 节

3. $R(\theta,\delta_1)=\dfrac{\theta^2}{3n}$。 5. $c^*=\dfrac{n+2}{n+1}$。 7. (a) $R(\beta,\delta)=(\beta-3)^2$。 11. $\hat{\theta}=\delta_0$。 13. $\left(\dfrac{n-1}{n}\right)^T$。

15. $\exp(\overline{X}_n+0.125)$, $c=0.125(1-3/n)$。

7.10 节

1. (a)参数为 11、16 的贝塔分布；(b) 11/27。 3. $\dfrac{6}{17}$。 5. $\dfrac{\sigma_2^2 b_1 x_1+\sigma_1^2 b_2 x_2}{\sigma_2^2 {b_1}^2+\sigma_1^2 {b_2}^2}$。

7. (a) $\dfrac{1}{3}\left(X_1+\dfrac{1}{2}X_2+\dfrac{1}{3}X_3\right)$；(b)参数为 $\alpha+3$、$\beta+x_1+\dfrac{1}{2}x_2+\dfrac{1}{3}x_3$ 的伽马分布。

9. (a) $x+1$, (b) $x+\ln 2$。 11. $\hat{p}=2(\hat{\theta}-\dfrac{1}{4})$，其中

$$\hat{\theta}=\begin{cases}\dfrac{X}{n}, & \dfrac{1}{4}\leqslant\dfrac{X}{n}\leqslant\dfrac{3}{4},\\ \dfrac{1}{4}, & \dfrac{X}{n}<\dfrac{1}{4},\\ \dfrac{3}{4}, & \dfrac{X}{n}>\dfrac{3}{4}。\end{cases}$$

13. $2^{1/5}$。 15. $\min(X_1,\cdots,X_n)$。 17. $\hat{x}_0=\min(X_1,\cdots,X_n)$, $\hat{\alpha}=\left(\dfrac{1}{n}\sum_{i=1}^{n}\ln x_i-\ln\hat{x}_0\right)^{-1}$。

19. 大于 $\dfrac{x}{p}-1$ 的最小整数。如果 $\dfrac{x}{p}-1$ 本身是整数，则 $\dfrac{x}{p}-1$ 与 $\dfrac{x}{p}$ 都是极大似然估计量。

21. 16。

第 8 章

8.1 节

1. $n\geqslant 29$。 3. $n\geqslant 255$。 5. $n=10$。 7. $n\geqslant 16$。 9. $1-G(n/t)$，其中 $G(\cdot)$ 是参数为 n、θ 的伽马分布。

8.2 节

1. 0.127 8。 5. 0.20。 9. 自由度为 1 的 χ^2 分布。 11. $\dfrac{2^{1/2}\Gamma[(m+1)/2]}{\Gamma(m/2)}$。

8.3 节

7. (a)$n=21$；(b)$n=13$。 9. 两个样本相同。

8.4 节

3. $c=\sqrt{3/2}$。 5. 0.70。

8.5 节

3. (a)$6.16\sigma^2$;(b)$2.05\sigma^2$;(c)$0.56\sigma^2$;(d)$1.80\sigma^2$;(e)$2.80\sigma^2$;(f)$6.12\sigma^2$。
7. (148.1,165.6)。 9. (a)(4.7,5.3);(b)(4.8,5.2);(d)0.6;(e)0.5。
11. 区间端点为 $\sin^2(\arcsin\sqrt{\bar{x}_n}\pm n^{-1/2}\Phi^{-1}([1+\gamma]/2))$，除非 $\arcsin\sqrt{\bar{x}_n}\pm n^{-1/2}\Phi^{-1}([1+\gamma]/2)$ 其中一个落在区间$[0,\pi/2]$外。

8.6 节

5. $\mu_0=-5$;$\lambda_0=4$;$\alpha_0=2$;$\beta_0=4$。 7. 这些条件意味着 $\alpha_0=\frac{1}{4}$，只有 $\alpha_0>\frac{1}{2}E(\mu)$存在。
9. (a)(157.83,210.07);(b)(152.55,211.79)。 11. (0.446,1.530)。
13. (0.724,3.336)。 15. (a)$\alpha_1=7.5$,$\beta_1=22.73$,$\lambda_1=13$,$\mu_1=6.631$;(b)(5.602,7.660)。
17. $\alpha_1=4.5$,$\beta_1=0.4831$,$\lambda_1=10$,$\mu_1=1.379$。 19. 超参数为 $\alpha_1=11$,$\beta_1=4885.7$,$\lambda_1=20.5$,$\mu_1=156.7$ 的正态-伽马分布;(b)(148.7,164.7)。

8.7 节

1. (a)$g(\theta)=\theta$;(b)$\overline{X}_n$。 3. $\frac{1}{n}\sum_{i=1}^{n}X_i^2-\frac{1}{n-1}\sum_{i=1}^{n}(X_i-\overline{X}_n)^2$。 5. $\delta(X)=2^X$。
11. (a)所有值;(b)$\alpha=\frac{m}{m+4n}$。 15. (c)$c_0=\frac{1}{3}(1+\theta_0)$。

8.8 节

3. $I(\theta)=\frac{1}{\theta}$。 5. $I(\sigma^2)=\frac{1}{2\sigma^4}$。 9. $\sqrt{\pi/2}\,|X|$,$(\frac{\pi}{2}-1)\sigma^2$。

8.9 节

7. (a)$\alpha(m-1)+2\beta(n-1)=1$;(b)$\alpha=\frac{1}{m+n-2}$,$\beta=\frac{1}{2(m+n-2)}$。 9. $\frac{Y}{2\left[\frac{S_n^2}{n-1}\right]^{\frac{1}{2}}}$。

11. $\overline{X}_n-c\left[\frac{S_n^2}{n(n-1)}\right]^{\frac{1}{2}}$，其中 c 是自由度为 $n-1$ 的 t 分布的 0.99 分位数。

13. (a) $(\mu_1-1.96v_1, \mu_1+1.96v_1)$，其中 μ_1 和 v_1 分别由式(7.3.1)和式(7.3.2)给出。
15. 均值为 θ、方差为 θ^2/n 的正态分布。　21. (c) 均值为 $1/\theta$、方差为 $1/(n\theta^3)$ 的正态分布。

第 9 章

9.1 节

1. (a) $\pi(\beta|\delta)=e^{-\beta}$; (b) e^{-1}。　3. (a) $\pi(0)=1, \pi(0.1)=0.3941, \pi(0.2)=0.1558$, $\pi(0.3)=0.3996, \pi(0.4)=0.7505, \pi(0.5)=0.9423, \pi(0.6)=0.9935$, $\pi(0.7)=0.9998, \pi(0.8)=1.0000, \pi(0.9)=1.0000, \pi(1.0)=1.0000$; (b) 0.1558。
5. (a) 简单假设; (b) 复合假设; (c) 复合假设; (d) 复合假设。　9. $T=\mu_0-\overline{X}_n$。
11. (a) $c_1<0, c_2=6$; (b) 0.0994。　13. 3　15. 如果 $0\leqslant x\leqslant 1, 1-x$; 如果 $x>1, 0$。
19. $(-\infty, \bar{x}_n+\sigma' n^{-\frac{1}{2}} T_{n-1}^{-1}(1-\alpha_0))$。

9.2 节

1. 如果 $X=1$，拒绝 H_0；如果 $X=0$，不拒绝 H_0。　3. (b) 1。　5. (a) 如果 $\overline{X}_n>5-1.645 n^{-\frac{1}{2}}$，拒绝 H_0；(b) $\alpha(\delta)=0.0877$。　7. (b) $c=31.02$。　9. $\beta(\delta)=\left(\frac{1}{2}\right)^n$。
11. (a) 0.6170；(b) 0.3173；(c) 0.0455；(d) 0.0027。　13. (a) 如果 $\exp(-T/2)/4<4/(2+T)^3$，拒绝 H_0; (b) 不拒绝 H_0；(d) 如果 $T>13.28$，拒绝 H_0；(e) 不拒绝 H_0。

9.3 节

7. 对每个 θ，功效函数为 0.05。　9. $c=36.62$。
13. (a) 如果 $\overline{X}_n\leqslant 9.359$，则拒绝 H_0；(b) 0.7636；(c) 0.9995。

9.4 节

1. $c_1=\mu_0-1.645n^{-\frac{1}{2}}, c_2=\mu_0+1.645n^{-\frac{1}{2}}$　3. $n=11$。　5. $c_1=-0.424, c_2=0.531$。
11. $c_1=\mu_0-1.645n^{-\frac{1}{2}}, c_2=\mu_0+1.645n^{-\frac{1}{2}}$。

9.5 节

1. (a) 不拒绝 H_0；(b) 0.0591。　3. $U=-1.809$；不拒绝声明。　5. 不拒绝 H_0。
9. 因为 $\frac{S_n^2}{4}<16.92$，不拒绝 H_0。　13. $U=\frac{26}{3}$；相应的尾部面积非常小。
15. $U=\frac{13}{3}$；相应的尾部面积非常小。

9.6节

1. 不拒绝 H_0。 3. $c_1=-1.782$，$c_2=1.782$；不拒绝 H_0。 5. 因为 $U=-1.672$，拒绝 H_0。
7. $-0.320<\mu_1-\mu_2<0.008$。 11.（a）不拒绝 H_0；（b）不拒绝 H_0。

9.7节

1. 拒绝原假设。 3. $c=1.228$。 5. 1。 7.（a） $\hat{\sigma}_1^2=7.625, \hat{\sigma}_2^2=3.96$；（b）不拒绝 H_0。
9. $c_1=0.321, c_2=3.77$。 11. $0.265V<r<3.12V$。 15. 0.897 1。 19.（a）0.050 3；（b）0.049 8。

9.8节

1. $X>50.653$。 3. 如果 $\sum_{i=1}^{n} X_i > \frac{4n+\ln(0.64)}{\ln(7/3)}$，则认为故障是由主要缺陷引起。
11.（a）对第一种选择，$w_0=w', w_1=w'', d_0=d', d_1=d'', \Omega_0=\Omega', \Omega_1=\Omega''$. 对于其他情况，交换一下。

9.9节

1.（a）$c=1.96$. 3. 0.001 3. 5.（a）1.681, 0.302 1, 0.25；（b）0.046 4, 0.001 26, 3×10^{-138}。

9.10节

1. 如果 $X\geqslant2$，拒绝 H_0，$\alpha(\delta)=0.5$，$\beta(\delta)=0.1563$。 3. 对 $X\leqslant6$，则拒绝 H_0。
5. 对 $X>1-\alpha^{\frac{1}{2}}$，则拒绝 H_0；$\beta(\delta)=(1-\alpha^{\frac{1}{2}})^2$。 7. 对 $X\leqslant\frac{1}{2}[(1.4)^{\frac{1}{2}}-1]$，则拒绝 H_0。
9. 对 $X\leqslant0.01$ 或 $X\geqslant1$，则拒绝 H_0；功效为 0.662 7。 11. 0.009 3。 17.（a）1；（b）$\frac{1}{\alpha}$。
23.（a）如果测量值大于或等于 $5+0.1\times$方差$\times\ln(w_0\xi_0/(w_1\xi_1))$，拒绝 H_0。

第10章

10.1节

7. $Q=11.5$；拒绝假设。 9.（a）$Q=5.4$，相应的尾部面积是 0.25；（b）$Q=8.8$，相应的尾部面积介于 0.4 与 0.5 之间。

10.2节

1. 结果依赖于如何将实数轴分割成小区间，但是 b 的 p 值明显比 a 的 p 值大。
3.（a）$\hat{\theta}_1=\frac{2N_1+N_4+N_5}{2n}, \hat{\theta}_2=\frac{2N_2+N_4+N_6}{2n}$；（b）$Q=4.37$，相应的尾部面积为 0.226。
5. $\hat{\theta}=1.5, Q=7.56$；相应的尾部面积介于 0.1 与 0.2 之间。

10.3 节

1. $Q=21.5$；相应的尾部面积是 2.2×10^{-5}。 5. $Q=8.6$；相应的尾部面积介于 0.025 与 0.05 之间。

10.4 节

1. $Q=18.8$；相应的尾部面积是 8.5×10^{-4}。 3. $Q=18.9$；相应的尾部面积介于 0.1 与 0.05 之间。 5. Q 的正确值为 7.2，相应的尾部面积小于 0.05。

10.5 节

7. (b)

	有帮助的比例	
	年龄较大的受试者	较年轻的受试者
治疗 I	0.433	0.700
治疗 II	0.400	0.667

(c)

	有帮助的比例
	所有受试者
治疗 I	0.500
治疗 II	0.600

10.6 节

3. $D_n^*=0.25$；相应的尾部面积是 0.11。 5. $D_n^*=0.15$；相应的尾部面积是 0.63。
7. $D_n^*=0.065$；相应的尾部面积大约是 0.98。 9. $D_{mn}=0.27$；相应的尾部面积是 0.39。
11. $D_{mn}=0.50$；相应的尾部面积是 0.008。

10.7 节

1. (a) 22.17；(b) 20.57, 22.02, 22.00, 22.00；(c) 22.10；(d) 22.00。 3. 0.575。 5. 均方误差$(\overline{X}_n)=0.025$，均方误差$(\widetilde{X}_n)=0.028$。 13. 1。 17. 正态分布，均值等于$(\theta_{3/4}-\theta_{1/4})$分布的分位数，方差为$[4nf(\theta_{1/4})^2]^{-1}$。

10.8 节

3. $U=3.447$；相应的（双边）尾部面积是 0.003。 5. $D_{mn}=0.5333$；相应的尾部面积是 0.010。

10.9 节

1. (141, 175)。 3. 任何大于 0.005 的水平，最小概率由书后的表给出。 5. 不拒绝假设。
9. $|a|>\frac{1}{2}(6.635n)^{1/2}$。 15. 正态分布，均值为$\left(\frac{1}{2}\right)^{1/\theta}$，方差为$\frac{1}{n\theta^2 4^{1/\theta}}$。
17. (a) $0.031<\alpha<0.994$. (b) $\sigma<0.447$ 或 $\sigma>2.237$。 19. 区间$[y_1, y_3]$上的均匀分布。

第 11 章

11.1 节

5. $y=-1.670+1.064x$。 7. (a)$y=40.893+0.548x$；(b)$y=38.483+3.440x-0.643x^2$。
9. $y=3.7148+1.1013x_1+1.8517x_2$。 11. 观测值和拟合曲线之间的差值的平方和比习题 10 小。

11.2 节

7. (a)$-0.7861, 0.6850, 0.9377$；(b)$0.2505\sigma^2, 0.0277\sigma^2$；(c)$-0.775$。
9. $c_1=3\bar{x}_n=6.99$。 11. $x=\bar{x}_n=2.33$。 13. -0.891。 15. $c_1=-\bar{x}_n=-2.25$。 17. $x=\bar{x}_n=2.25$。

11.3 节

1. 因为 $U_0=-6.695$，拒绝 H_0。 3. 因为 $U_1=-6.894$，拒绝 H_0。 5. 因为 $|U_{01}|=0.664$，不拒绝 H_0。 9. 因为 $U^2=24.48$，拒绝 H_0。 11. $0.246<\beta_1<0.624$。 13. $0.284<y<0.880$。
17. $10(\beta_0-0.147)^2+10.16(\beta_1-0.435)^2+8.4(\beta_0-0.147)(\beta_1-0.435)<0.503$。
19. $c=1/(n-2)$。 25. (a)$\beta_0+\beta_1x_i\pm T_{n-2}^{-1}(1-\alpha_0/4)\sigma'\left[\frac{1}{n}+\frac{(x_i-\bar{x}_n)^2}{s_x^2}\right]^{1/2}$；(b)$\alpha(x)=\frac{x-x_1}{x_0-x_1}$。

11.4 节

5. (a)$12.21(\beta_1-0.4352)$服从自由度为 8 的 t 分布；(b)$11.25(\beta_0+\beta_1-0.5824)$服从自由度为 8 的 t 分布。

11.5 节

5. $\hat{\beta}=5.126, \hat{\sigma}^2=16.994, \mathrm{Var}(\hat{\beta})=0.0150\sigma^2$。 7. $\hat{\beta}_0=-0.744, \hat{\beta}_1=0.616, \hat{\beta}_2=0.013, \hat{\sigma}^2=0.937$。
9. $U_3=0.095$；相应的尾部面积大于 0.90。 11. $R^2=0.644$。 13. $\mathrm{Var}(\hat{\beta}_0)=222.7\sigma^2$, $\mathrm{Var}(\hat{\beta}_1)=0.1355\sigma^2$, $\mathrm{Var}(\hat{\beta}_2)=0.0582\sigma^2$, $\mathrm{Cov}(\hat{\beta}_0,\hat{\beta}_1)=4.832\sigma^2$, $\mathrm{Cov}(\hat{\beta}_0,\hat{\beta}_2)=-3.598\sigma^2$, $\mathrm{Cov}(\hat{\beta}_1,\hat{\beta}_2)=-0.0792\sigma^2$。 15. $U_2=4.319$； 相应的尾部面积小于 0.01。 21. 自由度为 2 和 7 的 F 统计量的值是 1.615；相应的尾部面积大于 0.05。 25. 87。 29. 0.893。

11.6 节

5. $U^2=13.09$；相应的尾部面积小于 0.025。

11.7 节

5. $\mu=3.25, \alpha_1=-2, \alpha_2=3, \alpha_3=-1, \beta_1=1.75, \beta_2=-2.25, \beta_3=-1.25, \beta_4=1.75$。
13. $\hat{\sigma}^2=1.9647$。 15. $U_B^2=4.664$；相应的尾部面积介于 0.025 和 0.05 之间。

11.8 节

3. (a) $\mu=9, \alpha_1=-3, \alpha_2=3, \beta_1=-1.5, \beta_2=1.5, \gamma_{11}=\gamma_{22}=\frac{1}{2}, \gamma_{12}=\gamma_{21}=-\frac{1}{2}$;

(b) $\mu=5, \alpha_1=-\frac{1}{2}, \alpha_2=\frac{1}{2}, \beta_1=-\frac{3}{2}, \beta_2=\frac{3}{2}, \gamma_{11}=\gamma_{22}=\gamma_{12}=\gamma_{21}=0$;

(c) $\mu=3\frac{1}{4}, \alpha_1=-2, \alpha_2=3, \alpha_3=-1, \beta_1=1\frac{3}{4}, \beta_2=-2\frac{1}{4}, \beta_3=-1\frac{1}{4}, \beta_4=1\frac{3}{4}, \gamma_{ij}=0$,对所有 i,j;

(d) $\mu=5, \alpha_1=-2\frac{1}{2}, \alpha_2=0, \alpha_3=2\frac{1}{2}, \beta_1=-3, \beta_2=-1, \beta_3=1, \beta_4=3, \gamma_{11}=1\frac{1}{2}, \gamma_{12}=\frac{1}{2}, \gamma_{13}=-\frac{1}{2}, \gamma_{14}=-1\frac{1}{2}, \gamma_{21}=\gamma_{22}=\gamma_{23}=\gamma_{24}=0, \gamma_{31}=-1\frac{1}{2}, \gamma_{32}=-\frac{1}{2}, \gamma_{33}=\frac{1}{2}, \gamma_{34}=1\frac{1}{2}$。

11. $U_{AB}^2=0.7047$;相应的尾部面积远大于 0.05。

13. $U_B^2=9.0657$;相应的尾部面积小于 0.025。

15. 近似统计量服从自由度为 12 的 t 分布,观察值为 2.867 3;相应的尾部面积介于 0.005 和 0.01 之间。 19. $\alpha_0+(1-\alpha_0)\beta_0$。

11.9 节

1. (a) (0.019 96, 0.021 29);(b) 拒绝原假设;(c) (25.35, 26.16)。

3. $E(T)=\frac{\rho\sigma_2}{\sigma_1}$; $\mathrm{Var}(T)=\frac{(1-\rho^2)\sigma_2^2}{\sum_{i=1}^{n}(x_i-\bar{x}_n)^2}$。

7. $\beta_2=\frac{\sum_{i=1}^{n}(y_i'^2-x_i'^2)\pm\left\{\left[\sum_{i=1}^{n}(y_i'^2-x_i'^2)\right]^2+4\left(\sum_{i=1}^{n}x_i'y_i'\right)^2\right\}^{1/2}}{2\sum_{i=1}^{n}x_i'y_i'}$, $\beta_1=\bar{y}_n-\beta_2\bar{x}_n$,其中 $x_i'=x_i-\bar{x}_n$, $y_i'=y_i-\bar{y}_n$. β_2 是取"+"还是"−",依赖于最优直线的斜率是正还是负。

9. $\frac{1}{n}\sum_{i=1}^{k}n_i[v_i^2-(\bar{x}_{i+}-\bar{x}_{++})^2]$。

11. $\frac{1}{IJ(K-1)}\sum_{i,j,k}(Y_{ijk}-\overline{Y}_{ij+})^2$。

13. 令 $U=\frac{IJ(K-1)(S_A^2+S_B^2+S_{AB}^2)}{(IJ-1)S_{\text{Resid}}^2}$. 如果 $U\geqslant c$,则拒绝 H_0。在假设 H_0 下,U 服从自由度为 $IJ-1$ 和 $IJ(K-1)$ 的 F 分布。

15. $\hat{\theta}_1=\frac{1}{4}(Y_1+Y_2)+\frac{1}{2}Y_3, \hat{\theta}_2=\frac{1}{4}(Y_1+Y_2)-\frac{1}{2}Y_3, \hat{\sigma}^2=\frac{1}{3}[(Y_1-\hat{\theta}_1-\hat{\theta}_2)^2+(Y_2-\hat{\theta}_1-\hat{\theta}_2)^2+(Y_3-\hat{\theta}_1+\hat{\theta}_2)^2]$,其中 $Y_1=W_1, Y_2=W_2-5, Y_3=\frac{1}{2}W_3$;$(\hat{\theta}_1,\hat{\theta}_2)$ 与 $\hat{\sigma}^2$ 相互独立;$(\hat{\theta}_1,\hat{\theta}_2)$ 服从二维正态分布,均值向量

为(θ_1,θ_2)，协方差矩阵为$\begin{bmatrix}\frac{3}{8} & -\frac{1}{8}\\ \frac{1}{8} & \frac{3}{8}\end{bmatrix}\sigma^2$；$\frac{3\hat{\sigma}^2}{\sigma^2}$服从自由度为 1 的$\chi^2$ 分布。 **17.** $\mathrm{Var}(e_i)=\left[1-\frac{1}{n}-\frac{(x_i-\bar{x}_n)^2}{\sum_{j=1}^{n}(x_j-\bar{x}_n)^2}\right]\sigma^2$。

19. $\mu=\bar{\theta}+\bar{\psi}$；$\alpha_i=\theta_i-\bar{\theta}$；$\beta_j=\psi_j-\bar{\psi}$，其中 $\bar{\theta}=\frac{\sum_{i=1}^{I}v_i\theta_i}{v_+}$，$\bar{\psi}=\frac{\sum_{j=1}^{J}w_j\psi_j}{w_+}$。

23.

$\mu=\bar{\theta}_{+++}$，

$\alpha_i^A=\bar{\theta}_{i++}-\bar{\theta}_{+++}$，

$\alpha_j^B=\bar{\theta}_{+j+}-\bar{\theta}_{+++}$，

$\alpha_k^C=\bar{\theta}_{++k}-\bar{\theta}_{+++}$，

$\beta_{ij}^{AB}=\bar{\theta}_{ij+}-\bar{\theta}_{i++}-\bar{\theta}_{+j+}+\bar{\theta}_{+++}$，

$\beta_{ik}^{AC}=\bar{\theta}_{i+k}-\bar{\theta}_{i++}-\bar{\theta}_{++k}+\bar{\theta}_{+++}$，

$\beta_{jk}^{BC}=\bar{\theta}_{+jk}-\bar{\theta}_{+j+}-\bar{\theta}_{++k}+\bar{\theta}_{+++}$，

$\gamma_{ijk}=\theta_{ijk}-\bar{\theta}_{ij+}-\bar{\theta}_{i+k}-\bar{\theta}_{+jk}+\bar{\theta}_{i++}+\bar{\theta}_{+j+}+\bar{\theta}_{++k}-\bar{\theta}_{+++}$。

第 12 章

注：涉及模拟习题的答案本身只是模拟近似值。你的答案可能会不同。

12.1 节

5. (c) $f(x,y)=0.4^3x\exp(-0.4[x+y])$，$x,y>0$，$\int_0^\infty\int_x^\infty 0.4^3x\exp(-0.4[x+y])\,dy\,dx$。

12.2 节

5. (b) $k=2$ 的截尾均值的均方误差最小。 **9.** 0.259 9。 **11.** $(\lambda_{x1}\alpha_{x1}/\beta_{x1})^{1/2}(\mu_x-\mu_{x1})$服从自由度为 $2\alpha_{x1}$ 的 t 分布，对 μ_y 类似。 **15.** (a) $r-[\ln\psi(1)]/u$。

12.3 节

1. (a)近似值=0.047 5，模拟的标准误差=0.001 8；(b) $v=484$。 **11.** 自由度为 $n-p$ 的χ^2分布除以 S^2_{Resid}。

12.4 节

7. (a) $Z=0.834\ 3$，模拟标准误差=0.003 72；(b) $Z'=0.838\ 6$，模拟标准误差=0.000 03。

17. 参见习题3,4,6,10。

12.5 节

5. 近似值=0.254 2，模拟标准误差=4.71×10^{-4}。 7. 826.8,843.3,783.3。
9. 后验均值：-0.965,0.020 59,1.199×10^{-5}；标准差：2.448×10^{-2},1.207×10^{-4},8.381×10^{-6}。
11. (b)0.33,0.29,0.30,0.31,0.34,0.30,0.62,0.51,0.98,0.83。
13. (b)α_0 与 β_0 具有相同的先验分布。此外，$b_0=\beta_0/\lambda_0, a_0=\alpha_0$；(d)近似值=(154.67, 215.79),端点的模拟标准误差=$10.8v^{-1/2}$(基于10条马尔可夫链，每条长为v)。
15. (a)以其他 X_{n+i} 为条件的分布函数为 $F(x)=(1-e^{-\theta x})/(1-e^{-\theta c}), 0<x\leqslant c$；(b)以其他 X_{n+i} 为条件的分布函数为 $F(x)=1-e^{-\theta(x-c)}, x\geqslant c$。

12.6 节

3. $\sum_{i=\frac{n+1}{2}}^{n}\binom{n}{i}\left(\frac{l}{n}\right)^{n}\left(1-\frac{l}{n}\right)^{n-i}$，其中 l 为原始样本中等于最小值的观测数据个数。
5. (a)-1.684；(b)大约50 000。 7. (a)0.107；(b)1.763；(c)0.018 3。
9. (a)4.868×10^{-4}；(b)-0.002 3；(c)2.423×10^{-5},6.920×10^{-4}。
11. (b)-0.269 4,0.545 8。

12.7 节

5. (b)近似值=0.581,模拟标准误差=0.015 6；(c)16 200。 7. (a)0.9分位数在4.0附近,0.95分位数在5.2附近，0.99分位数在8附近；(b)差异和蒙特卡罗变化具有相同的数量级；(c)0.123。
9. (a) $\exp\left(-\beta\phi_0-\frac{u_0(\psi-\psi_0)^2}{2}-\sum_{i=1}^{p}\tau_i\left[\beta+\frac{n_i(\mu_i-\bar{y}_i)^2+w_i+\lambda_0(\mu_i-\psi)^2}{2}\right]\right)\times$
$\beta^{p\alpha_0+\varepsilon_0-1}\prod_{i=1}^{p}\tau_i^{\alpha_0+\frac{(n_i+1)}{2}-1}$；(b)$\beta$ 服从参数为 $p\alpha_0+\varepsilon_0$ 与 $\varphi_0+\sum_{i=1}^{p}\tau_i$ 的伽马分布；(c)与表12.6中的值非常接近。
11. (c)比例非常接近于名义值。

附　　录

二项概率表

$$P(X=k)=\binom{n}{k}p^k(1-p)^{n-k}$$

n	k	$p=0.1$	$p=0.2$	$p=0.3$	$p=0.4$	$p=0.5$
2	0	0.810 0	0.640 0	0.490 0	0.360 0	0.250 0
	1	0.180 0	0.320 0	0.420 0	0.480 0	0.500 0
	2	0.010 0	0.040 0	0.090 0	0.160 0	0.250 0
3	0	0.729 0	0.512 0	0.343 0	0.216 0	0.125 0
	1	0.243 0	0.384 0	0.441 0	0.432 0	0.375 0
	2	0.027 0	0.096 0	0.189 0	0.288 0	0.375 0
	3	0.001 0	0.008 0	0.027 0	0.064 0	0.125 0
4	0	0.656 1	0.409 6	0.240 1	0.129 6	0.062 5
	1	0.291 6	0.409 6	0.411 6	0.345 6	0.250 0
	2	0.048 6	0.153 6	0.264 6	0.345 6	0.375 0
	3	0.003 6	0.025 6	0.075 6	0.153 6	0.250 0
	4	0.000 1	0.001 6	0.008 1	0.025 6	0.062 5
5	0	0.590 5	0.327 7	0.168 1	0.077 8	0.031 2
	1	0.328 0	0.409 6	0.360 2	0.259 2	0.156 2
	2	0.072 9	0.204 8	0.308 7	0.345 6	0.312 5
	3	0.008 1	0.051 2	0.132 3	0.230 4	0.312 5
	4	0.000 5	0.006 4	0.028 4	0.076 8	0.156 2
	5	0.000 0	0.000 3	0.002 4	0.010 2	0.031 2
6	0	0.531 4	0.262 1	0.117 6	0.046 7	0.015 6
	1	0.354 3	0.393 2	0.302 5	0.186 6	0.093 8
	2	0.098 4	0.245 8	0.324 1	0.311 0	0.234 4
	3	0.014 6	0.081 9	0.185 2	0.276 5	0.312 5
	4	0.001 2	0.015 4	0.059 5	0.138 2	0.234 4
	5	0.000 1	0.001 5	0.010 2	0.036 9	0.093 8
	6	0.000 0	0.000 1	0.000 7	0.004 1	0.015 6
7	0	0.478 3	0.209 7	0.082 4	0.028 0	0.007 8
	1	0.372 0	0.367 0	0.247 1	0.130 6	0.054 7
	2	0.124 0	0.275 3	0.317 6	0.261 3	0.164 1
	3	0.023 0	0.114 7	0.226 9	0.290 3	0.273 4
	4	0.002 6	0.028 7	0.097 2	0.193 5	0.273 4
	5	0.000 2	0.004 3	0.025 0	0.077 4	0.164 1
	6	0.000 0	0.000 4	0.003 6	0.017 2	0.054 7
	7	0.000 0	0.000 0	0.000 2	0.001 6	0.007 8
8	0	0.430 5	0.167 8	0.057 6	0.016 8	0.003 9
	1	0.382 6	0.335 5	0.197 7	0.089 6	0.031 2
	2	0.148 8	0.293 6	0.296 5	0.209 0	0.109 4
	3	0.033 1	0.146 8	0.254 1	0.278 7	0.218 8
	4	0.004 6	0.045 9	0.136 1	0.232 2	0.273 4

（续）

n	k	$p=0.1$	$p=0.2$	$p=0.3$	$p=0.4$	$p=0.5$
	5	0.000 4	0.009 2	0.046 7	0.123 9	0.218 8
	6	0.000 0	0.001 1	0.010 0	0.041 3	0.109 4
	7	0.000 0	0.000 1	0.001 2	0.007 9	0.031 2
	8	0.000 0	0.000 0	0.000 1	0.000 7	0.003 9
9	0	0.387 4	0.134 2	0.040 4	0.010 1	0.002 0
	1	0.387 4	0.302 0	0.155 6	0.060 5	0.017 6
	2	0.172 2	0.302 0	0.266 8	0.161 2	0.070 3
	3	0.044 6	0.176 2	0.266 8	0.250 8	0.1641
	4	0.007 4	0.066 1	0.171 5	0.250 8	0.246 1
	5	0.000 8	0.016 5	0.073 5	0.167 2	0.246 1
	6	0.000 1	0.002 8	0.021 0	0.074 3	0.164 1
	7	0.000 0	0.000 3	0.003 9	0.021 2	0.070 3
	8	0.000 0	0.000 0	0.000 4	0.003 5	0.017 6
	9	0.000 0	0.000 0	0.000 0	0.000 3	002 0
10	0	0.348 7	0.107 4	0.028 2	0.006 0	0.001 0
	1	0.387 4	0.268 4	0.121 1	0.040 3	0.009 8
	2	0.193 7	0.302 0	0.233 5	0.120 9	0.043 9
	3	0.057 4	0.201 3	0.266 8	0.215 0	0.117 2
	4	0.011 2	0.088 1	0.200 1	0.250 8	0.205 1
	5	0.001 5	0.026 4	0.102 9	0.200 7	0.246 1
	6	0.000 1	0.005 5	0.036 8	0.111 5	0.205 1
	7	0.000 0	0.000 8	0.009 0	0.042 5	0.117 2
	8	0.000 0	0.000 1	0.001 4	0.010 6	0.043 9
	9	0.000 0	0.000 0	0.000 1	0.001 6	0.009 8
	10	0.000 0	0.000 0	0.000 0	0.000 1	0.001 0
15	0	0.205 9	0.035 2	0.004 7	0.000 5	0.000 0
	1	0.343 2	0.131 9	0.030 5	0.004 7	0.000 5
	2	0.266 9	0.230 9	0.091 6	0.021 9	0.003 2
	3	0.128 5	0.250 1	0.170 0	0.063 4	0.013 9
	4	0.042 8	0.187 6	0.218 6	0.126 8	0.041 7
	5	0.010 5	0.103 2	0.206 1	0.185 9	0.091 6
	6	0.001 9	0.043 0	0.147 2	0.206 6	0.152 7
	7	0.000 3	0.013 8	0.081 1	0.177 1	0.196 4
	8	0.000 0	0.003 5	0.034 8	0.118 1	0.196 4
	9	0.000 0	0.000 7	0.011 6	0.061 2	0.152 7
	10	0.000 0	0.000 1	0.003 0	0.024 5	0.091 6
	11	0.000 0	0.000 0	0.000 6	0.007 4	0.041 7
	12	0.000 0	0.000 0	0.000 1	0.001 6	0.013 9
	13	0.000 0	0.000 0	0.000 0	0.000 3	0.003 2
	14	0.000 0	0.000 0	0.000 0	0.000 0	0.000 5
	15	0.000 0	0.000 0	0.000 0	0.000 0	0.000 0
20	0	0.121 6	0.011 5	0.000 8	0.000 0	0.000 0
	1	0.270 1	0.057 6	0.006 8	0.000 5	0.000 0
	2	0.285 2	0.136 9	0.027 8	0.003 1	0.000 2
	3	0.190 1	0.205 4	0.071 6	0.012 3	0.001 1
	4	0.089 8	0.218 2	0.130 4	0.035 0	0.004 6

（续）

n	k	p=0.1	p=0.2	p=0.3	p=0.4	p=0.5
	5	0.031 9	0.174 6	0.178 9	0.074 6	0.014 8
	6	0.008 9	0.109 1	0.191 6	0.124 4	0.037 0
	7	0.002 0	0.054 5	0.164 3	0.165 9	0.073 9
	8	0.000 3	0.022 2	0.114 4	0.179 7	0.120 1
	9	0.000 1	0.007 4	0.065 4	0.159 7	0.160 2
	10	0.000 0	0.002 0	0.030 8	0.117 1	0.176 2
	11	0.000 0	0.000 5	0.012 0	0.071 0	0.160 2
	12	0.000 0	0.000 1	0.003 9	0.035 5	0.120 1
	13	0.000 0	0.000 0	0.001 0	0.014 6	0.073 9
	14	0.000 0	0.000 0	0.000 2	0.004 9	0.037 0
	15	0.000 0	0.000 0	0.000 0	0.001 3	0.014 8
	16	0.000 0	0.000 0	0.000 0	0.000 3	0.004 6
	17	0.000 0	0.000 0	0.000 0	0.000 0	0.001 1
	18	0.000 0	0.000 0	0.000 0	0.000 0	0.000 2
	19	0.000 0	0.000 0	0.000 0	0.000 0	0.000 0
	20	0.000 0	0.000 0	0.000 0	0.000 0	0.000 0

泊松概率表

$$P(X=k)=\frac{e^{-\lambda}\lambda^k}{k!}$$

k	λ=0.1	0.2	0.3	0.4	0.5	0.6	0.7	0.8	0.9	1.0
0	0.904 8	0.818 7	0.740 8	0.670 3	0.606 5	0.548 8	0.496 6	0.449 3	0.406 6	0.367 9
1	0.090 5	0.163 7	0.222 2	0.268 1	0.303 3	0.329 3	0.347 6	0.359 5	0.365 9	0.367 9
2	0.004 5	0.016 4	0.033 3	0.053 6	0.075 8	0.098 8	0.121 7	0.143 8	0.164 7	0.183 9
3	0.000 2	0.001 1	0.003 3	0.007 2	0.012 6	0.019 8	0.028 4	0.038 3	0.049 4	0.061 3
4	0.000 0	0.000 1	0.000 3	0.000 7	0.001 6	0.003 0	0.005 0	0.007 7	0.011 1	0.015 3
5	0.000 0	0.000 0	0.000 0	0.000 1	0.000 2	0.000 4	0.000 7	0.001 2	0.002 0	0.003 1
6	0.000 0	0.000 0	0.000 0	0.000 0	0.000 0	0.000 0	0.000 1	0.000 2	0.000 3	0.000 5
7	0.000 0	0.000 0	0.000 0	0.000 0	0.000 0	0.000 0	0.000 0	0.000 0	0.000 0	0.000 1
8	0.000 0	0.000 0	0.000 0	0.000 0	0.000 0	0.000 0	0.000 0	0.000 0	0.000 0	0.000 0
k	λ=1.5	2	3	4	5	6	7	8	9	10
0	0.223 1	0.135 3	0.049 8	0.018 3	0.006 7	0.002 5	0.000 9	0.000 3	0.000 1	0.000 0
1	0.334 7	0.270 7	0.149 4	0.073 3	0.033 7	0.014 9	0.006 4	0.002 7	0.001 1	0.000 5
2	0.251 0	0.270 7	0.224 0	0.146 5	0.084 2	0.044 6	0.022 3	0.010 7	0.005 0	0.002 3
3	0.125 5	0.180 4	0.224 0	0.195 4	0.140 4	0.089 2	0.052 1	0.028 6	0.015 0	0.007 6
4	0.047 1	0.090 2	0.168 0	0.195 4	0.175 5	0.133 9	0.091 2	0.057 3	0.033 7	0.018 9
5	0.014 1	0.036 1	0.100 8	0.156 3	0.175 5	0.160 6	0.127 7	0.091 6	0.060 7	0.037 8
6	0.003 5	0.012 0	0.050 4	0.104 2	0.146 2	0.160 6	0.149 0	0.122 1	0.091 1	0.063 1
7	0.000 8	0.003 4	0.021 6	0.059 5	0.104 4	0.137 7	0.149 0	0.139 6	0.117 1	0.090 1
8	0.000 1	0.000 9	0.008 1	0.029 8	0.065 3	0.103 3	0.130 4	0.139 6	0.131 8	0.112 6
9	0.000 0	0.000 2	0.002 7	0.013 2	0.036 3	0.068 8	0.101 4	0.124 1	0.131 8	0.125 1
10	0.000 0	0.000 0	0.000 8	0.005 3	0.018 1	0.041 3	0.071 0	0.099 3	0.118 6	0.125 1
11	0.000 0	0.000 0	0.000 2	0.001 9	0.008 2	0.022 5	0.045 2	0.072 2	0.097 0	0.113 7
12	0.000 0	0.000 0	0.000 1	0.000 6	0.003 4	0.011 3	0.026 4	0.048 1	0.072 8	0.094 8
13	0.000 0	0.000 0	0.000 0	0.000 2	0.001 3	0.005 2	0.014 2	0.029 6	0.050 4	0.072 9

（续）

k	λ=1.5	2	3	4	5	6	7	8	9	10
14	0.000 0	0.000 0	0.000 0	0.000 1	0.000 5	0.002 2	0.007 1	0.016 9	0.032 4	0.052 1
15	0.000 0	0.000 0	0.000 0	0.000 0	0.000 2	0.000 9	0.003 3	0.009 0	0.019 4	0.034 7
16	0.000 0	0.000 0	0.000 0	0.000 0	0.000 0	0.000 3	0.001 4	0.004 5	0.010 9	0.021 7
17	0.000 0	0.000 0	0.000 0	0.000 0	0.000 0	0.000 1	0.000 6	0.002 1	0.005 8	0.012 8
18	0.000 0	0.000 0	0.000 0	0.000 0	0.000 0	0.000 0	0.000 2	0.000 9	0.002 9	0.007 1
19	0.000 0	0.000 0	0.000 0	0.000 0	0.000 0	0.000 0	0.000 1	0.000 4	0.001 4	0.003 7
20	0.000 0	0.000 0	0.000 0	0.000 0	0.000 0	0.000 0	0.000 0	0.000 2	0.000 6	0.001 9
21	0.000 0	0.000 0	0.000 0	0.000 0	0.000 0	0.000 0	0.000 0	0.000 1	0.000 3	0.000 9
22	0.000 0	0.000 0	0.000 0	0.000 0	0.000 0	0.000 0	0.000 0	0.000 0	0.000 1	0.000 4
23	0.000 0	0.000 0	0.000 0	0.000 0	0.000 0	0.000 0	0.000 0	0.000 0	0.000 0	0.000 2
24	0.000 0	0.000 0	0.000 0	0.000 0	0.000 0	0.000 0	0.000 0	0.000 0	0.000 0	0.000 1
25	0.000 0	0.000 0	0.000 0	0.000 0	0.000 0	0.000 0	0.000 0	0.000 0	0.000 0	0.000 0

χ^2 分布表

如果 X 服从自由度为 m 的χ^2 分布,此表给出满足 $P(X\leqslant x)=p$（X 的 p 分位数）的 x 值。

m	p								
	0.005	0.01	0.025	0.05	0.10	0.20	0.25	0.30	0.40
1	0.000 0	0.000 2	0.001 0	0.003 9	0.015 8	0.064 2	0.101 5	0.148 4	0.275 0
2	0.010 0	0.020 1	0.050 6	0.102 6	0.210 7	0.446 3	0.575 4	0.713 3	1.022
3	0.071 7	0.114 8	0.215 8	0.351 8	0.584 4	1.005	1.213	1.424	1.869
4	0.207 0	0.297 1	0.484 4	0.710 7	1.064	1.649	1.923	2.195	2.753
5	0.411 7	0.554 3	0.831 2	1.145	1.610	2.343	2.675	3.000	3.655
6	0.675 7	0.872 1	1.237	1.635	2.204	3.070	3.455	3.828	4.570
7	0.989 3	1.239	1.690	2.167	2.833	3.822	4.255	4.671	5.493
8	1.344	1.647	2.180	2.732	3.490	4.594	5.071	5.527	6.423
9	1.735	2.088	2.700	3.325	4.168	5.380	5.899	6.393	7.357
10	2.156	2.558	3.247	3.940	4.865	6.179	6.737	7.267	8.295
11	2.603	3.053	3.816	4.575	5.578	6.989	7.584	8.148	9.237
12	3.074	3.571	4.404	5.226	6.304	7.807	8.438	9.034	10.18
13	3.565	4.107	5.009	5.892	7.042	8.634	9.299	9.926	11.13
14	4.075	4.660	5.629	6.571	7.790	9.467	10.17	10.82	12.08
15	4.601	5.229	6.262	7.261	8.547	10.31	11.04	11.72	13.03
16	5.142	5.812	6.908	7.962	9.312	11.15	11.91	12.62	13.98
17	5.697	6.408	7.564	8.672	10.09	12.00	12.79	13.53	14.94
18	6.265	7.015	8.231	9.390	10.86	12.86	13.68	14.43	15.89
19	6.844	7.633	8.907	10.12	11.65	13.72	14.56	15.35	16.85
20	7.434	8.260	9.591	10.85	12.44	14.58	15.45	16.27	17.81
21	8.034	8.897	10.28	11.59	13.24	15.44	16.34	17.18	18.77
22	8.643	9.542	10.98	12.34	14.04	16.31	17.24	18.10	19.73
23	9.260	10.20	11.69	13.09	14.85	17.19	18.14	19.02	20.69
24	9.886	10.86	12.40	13.85	15.66	18.06	19.04	19.94	21.65
25	10.52	11.52	13.12	14.61	16.47	18.94	19.94	20.87	22.62
30	13.79	14.95	16.79	18.49	20.60	23.36	24.48	25.51	27.44
40	20.71	22.16	24.43	26.51	29.05	32.34	33.66	34.87	36.16
50	27.99	29.71	32.36	34.76	37.69	41.45	42.94	44.31	46.86

（续）

m	p								
	0.005	0.01	0.025	0.05	0.10	0.20	0.25	0.30	0.40
60	35.53	37.48	40.48	43.19	46.46	50.64	52.29	53.81	56.62
70	43.27	45.44	48.76	51.74	55.33	59.90	61.70	63.35	66.40
80	51.17	53.54	57.15	60.39	64.28	69.21	71.14	72.92	76.19
90	59.20	61.75	65.65	69.13	73.29	78.56	80.62	82.51	85.99
100	67.33	70.06	74.22	77.93	82.86	87.95	90.13	92.13	95.81

m	p									
	0.50	0.60	0.70	0.75	0.80	0.90	0.95	0.975	0.99	0.995
1	0.454 9	0.708 3	1.074	1.323	1.642	2.706	3.841	5.024	6.635	7.879
2	1.386	1.833	2.408	2.773	3.219	4.605	5.991	7.378	9.210	10.60
3	2.366	2.946	3.665	4.108	4.642	6.251	7.815	9.348	11.34	12.84
4	3.357	4.045	4.878	5.385	5.989	7.779	9.488	11.14	13.28	14.86
5	4.351	5.132	6.064	6.626	7.289	9.236	11.07	12.83	15.09	16.75
6	5.348	6.211	7.231	7.841	8.558	10.64	12.59	14.45	16.81	18.55
7	6.346	7.283	8.383	9.037	9.803	12.02	14.07	16.01	18.48	20.28
8	7.344	8.351	9.524	10.22	11.03	13.36	15.51	17.53	20.09	21.95
9	8.343	9.414	10.66	11.39	12.24	14.68	16.92	19.02	21.67	23.59
10	9.342	10.47	11.78	12.55	13.44	15.99	18.31	20.48	23.21	25.19
11	10.34	11.53	12.90	13.70	14.63	17.27	19.68	21.92	24.72	26.76
12	11.34	12.58	14.01	14.85	15.81	18.55	21.03	23.34	26.22	28.30
13	12.34	13.64	15.12	15.98	16.98	19.81	22.36	24.74	27.69	29.82
14	13.34	14.69	16.22	17.12	18.15	21.06	23.68	26.12	29.14	31.32
15	14.34	15.73	17.32	18.25	19.31	22.31	25.00	27.49	30.58	32.80
16	15.34	16.78	18.42	19.37	20.47	23.54	26.30	28.85	32.00	34.27
17	16.34	17.82	19.51	20.49	21.61	24.77	27.59	30.19	33.41	35.72
18	17.34	18.87	20.60	21.60	22.76	25.99	28.87	31.53	34.81	37.16
19	18.34	19.91	21.69	22.72	23.90	27.20	30.14	32.85	36.19	38.58
20	19.34	20.95	22.77	23.83	25.04	28.41	31.41	34.17	37.57	40.00
21	20.34	21.99	23.86	24.93	26.17	29.62	32.67	35.48	38.93	41.40
22	21.34	23.03	24.94	26.04	27.30	30.81	33.92	36.78	40.29	42.80
23	22.34	24.07	26.02	27.14	28.43	32.01	35.17	38.08	41.64	44.18
24	23.34	25.11	27.10	28.24	29.55	33.20	36.42	39.36	42.98	45.56
25	24.34	26.14	28.17	29.34	30.68	34.38	37.65	40.65	44.31	46.93
26	29.34	31.32	33.53	34.80	36.25	40.26	43.77	46.98	50.89	53.67
27	39.34	41.62	44.16	45.62	47.27	51.81	55.76	59.34	63.69	66.77
28	49.33	51.89	54.72	56.33	58.16	63.17	67.51	71.42	76.15	79.49
29	59.33	62.13	65.23	66.98	68.97	74.40	79.08	83.30	88.38	91.95
30	69.33	72.36	75.69	77.58	79.71	85.53	90.53	95.02	100.4	104.2
31	79.33	82.57	86.12	88.13	90.41	96.58	101.9	106.6	112.3	116.3
32	89.33	92.76	96.52	98.65	101.1	107.6	113.1	118.1	124.1	128.3
33	99.33	102.9	106.9	109.1	111.7	118.5	124.3	129.6	135.8	140.2

χ^2 分布表部分改编自“A new table of percentage points of the chi-square distribution”by H. Leon Harter. From BIOMETRIKA, vol 51(1964), pp. 231-239.

χ^2 分布表部分改编自 BIOMETRIKA TABLES FOR STATISTI-CIANS, Vol. 1, 3rd ed., Cambridge University Press, © 1966, edited by E. S. Pearson and H. O. Hartley.

t分布表

如果 X 服从自由度为 m 的 t 分布,此表给出满足 $P(X\leqslant x)=p$ 的 x 值。

m	$p=0.55$	0.60	0.65	0.70	0.75	0.80	0.85	0.90	0.95	0.975	0.99	0.995
1	0.158	0.325	0.510	0.727	1.000	1.376	1.963	3.078	6.314	12.706	31.821	63.657
2	0.142	0.289	0.445	0.617	0.816	1.061	1.386	1.886	2.920	4.303	6.965	9.925
3	0.137	0.277	0.424	0.584	0.765	0.978	1.250	1.638	2.353	3.182	4.541	5.841
4	0.134	0.271	0.414	0.569	0.741	0.941	1.190	1.533	2.132	2.776	3.747	4.604
5	0.132	0.267	0.408	0.559	0.727	0.920	1.156	1.476	2.015	2.571	3.365	4.032
6	0.131	0.265	0.404	0.553	0.718	0.906	1.134	1.440	1.943	2.447	3.143	3.707
7	0.130	0.263	0.402	0.549	0.711	0.896	1.119	1.415	1.895	2.365	2.998	3.499
8	0.130	0.262	0.399	0.546	0.706	0.889	1.108	1.397	1.860	2.306	2.896	3.355
9	0.129	0.261	0.398	0.543	0.703	0.883	1.100	1.383	1.833	2.262	2.821	3.250
10	0.129	0.260	0.397	0.542	0.700	0.879	1.093	1.372	1.812	2.228	2.764	3.169
11	0.129	0.260	0.396	0.540	0.697	0.876	1.088	1.363	1.796	2.201	2.718	3.106
12	0.128	0.259	0.395	0.539	0.695	0.873	1.083	1.356	1.782	0.179	2.681	3.055
13	0.128	0.259	0.394	0.538	0.694	0.870	1.079	1.350	1.771	2.160	2.650	3.012
14	0.128	0.258	0.393	0.537	0.692	0.868	1.076	1.345	1.761	2.145	2.624	2.977
15	0.128	0.258	0.393	0.536	0.691	0.866	1.074	1.341	1.753	0.131	2.602	2.947
16	0.128	0.258	0.392	0.535	0.690	0.865	1.071	1.337	1.746	2.120	2.583	2.921
17	0.128	0.257	0.392	0.534	0.689	0.863	1.069	1.333	1.740	0.110	2.567	2.898
18	0.127	0.257	0.392	0.534	0.688	0.862	1.067	1.330	1.734	2.101	2.552	2.878
19	0.127	0.257	0.391	0.533	0.688	0.861	1.066	1.328	1.729	2.093	2.539	2.861
20	0.127	0.257	0.391	0.533	0.687	0.860	1.064	1.325	1.725	2.086	2.528	2.845
21	0.127	0.257	0.391	0.532	0.686	0.859	1.063	1.323	1.721	2.080	2.518	2.831
22	0.127	0.256	0.390	0.532	0.686	0.858	1.061	1.321	1.717	2.074	2.508	2.819
23	0.127	0.256	0.390	0.532	0.685	0.858	1.060	1.319	1.714	2.069	2.500	2.807
24	0.127	0.256	0.390	0.531	0.685	0.857	1.059	1.318	1.711	0.064	2.492	2.797
25	0.127	0.256	0.390	0.531	0.684	0.856	1.058	1.316	1.708	2.060	2.485	2.787
26	0.127	0.256	0.390	0.531	0.684	0.856	1.058	1.315	1.706	2.056	2.479	2.779
27	0.127	0.256	0.389	0.531	0.684	0.855	1.057	1.314	1.703	2.052	2.473	2.771
28	0.127	0.256	0.389	0.530	0.683	0.855	1.056	1.313	1.701	2.048	2.467	2.763
29	0.127	0.256	0.389	0.530	0.683	0.854	1.055	1.311	1.699	2.045	2.462	2.756
30	0.127	0.256	0.389	0.530	0.683	0.854	1.055	1.310	1.697	2.042	2.457	2.750
40	0.126	0.255	0.388	0.529	0.681	0.851	1.050	1.303	1.684	2.021	2.423	2.704
60	0.126	0.254	0.387	0.527	0.679	0.848	1.046	1.296	1.671	2.000	2.390	2.660
120	0.126	0.254	0.386	0.526	0.677	0.845	1.041	1.289	1.658	1.980	2.358	2.617
∞	0.126	0.253	0.385	0.524	0.674	0.842	1.036	1.282	1.645	1.960	2.326	2.576

标准正态分布函数的表

$$\Phi(x)=\int_{-\infty}^{x}\frac{1}{(2\pi)^{1/2}}\exp\left(-\frac{1}{2}u^2\right)\mathrm{d}u$$

x	$\Phi(x)$	x	$\Phi(x)$	x	$\Phi(x)$	x	$\Phi(x)$	x	$\Phi(x)$
0.00	0.5000	0.04	0.5160	0.08	0.5319	0.12	0.5478	0.16	0.5636
0.01	0.5040	0.05	0.5199	0.09	0.5359	0.13	0.5517	0.17	0.5675
0.02	0.5080	0.06	0.5239	0.10	0.5398	0.14	0.5557	0.18	0.5714
0.03	0.5120	0.07	0.5279	0.11	0.5438	0.15	0.5596	0.19	0.5753

（续）

x	$\Phi(x)$	x	$\Phi(x)$	x	$\Phi(x)$	x	$\Phi(x)$	x	$\Phi(x)$
0.20	0.579 3	0.65	0.742 2	1.10	0.864 3	1.55	0.939 4	2.00	0.977 3
0.21	0.583 2	0.66	0.745 4	1.11	0.866 5	1.56	0.940 6	2.01	0.977 8
0.22	0.587 1	0.67	0.748 6	1.12	0.868 6	1.57	0.941 8	2.02	0.978 3
0.23	0.591 0	0.68	0.751 7	1.13	0.870 8	1.58	0.942 9	2.03	0.978 8
0.24	0.594 8	0.69	0.754 9	1.14	0.872 9	1.59	0.944 1	2.04	0.979 3
0.25	0.598 7	0.70	0.758 0	1.15	0.874 9	1.60	0.945 2	2.05	0.979 8
0.26	0.602 6	0.71	0.761 1	1.16	0.877 0	1.61	0.946 3	2.06	0.980 3
0.27	0.606 4	0.72	0.764 2	1.17	0.879 0	1.62	0.947 4	2.07	0.980 8
0.28	0.610 3	0.73	0.767 3	1.18	0.881 0	1.63	0.948 5	2.08	0.981 2
0.29	0.614 1	0.74	0.770 4	1.19	0.883 0	1.64	0.949 5	2.09	0.981 7
0.30	0.617 9	0.75	0.773 4	1.20	0.884 9	1.65	0.950 5	2.10	0.982 1
0.31	0.621 7	0.76	0.776 4	1.21	0.886 9	1.66	0.951 5	2.11	0.982 6
0.32	0.625 5	0.77	0.779 4	1.22	0.888 8	1.67	0.952 5	2.12	0.983 0
0.33	0.629 3	0.78	0.782 3	1.23	0.890 7	1.68	0.953 5	2.13	0.983 4
0.34	0.633 1	0.79	0.785 2	1.24	0.892 5	1.69	0.954 5	2.14	0.983 8
0.35	0.636 8	0.80	0.788 1	1.25	0.894 4	1.70	0.955 4	2.15	0.984 2
0.36	0.640 6	0.81	0.791 0	1.26	0.896 2	1.71	0.956 4	2.16	0.984 6
0.37	0.644 3	0.82	0.793 9	1.27	0.898 0	1.72	0.957 3	2.17	0.985 0
0.38	0.648 0	0.83	0.796 7	1.28	0.899 7	1.73	0.958 2	2.18	0.985 4
0.39	0.651 7	0.84	0.799 5	1.29	0.901 5	1.74	0.959 1	2.19	0.985 7
0.40	0.655 4	0.85	0.802 3	1.30	0.903 2	1.75	0.959 9	2.20	0.986 1
0.41	0.659 1	0.86	0.805 1	1.31	0.904 9	1.76	0.960 8	2.21	0.986 4
0.42	0.662 8	0.87	0.807 9	1.32	0.906 6	1.77	0.961 6	2.22	0.986 8
0.43	0.666 4	0.88	0.810 6	1.33	0.908 2	1.78	0.962 5	2.23	0.987 1
0.44	0.670 0	0.89	0.813 3	1.34	0.909 9	1.79	0.963 3	2.24	0.987 5
0.45	0.673 6	0.90	0.815 9	1.35	0.911 5	1.80	0.964 1	2.25	0.987 8
0.46	0.677 2	0.91	0.818 6	1.36	0.913 1	1.81	0.964 9	2.26	0.988 1
0.47	0.680 8	0.92	0.821 2	1.37	0.914 7	1.82	0.965 6	2.27	0.988 4
0.48	0.684 4	0.93	0.823 8	1.38	0.916 2	1.83	0.966 4	2.28	0.988 7
0.49	0.687 9	0.94	0.826 4	1.39	0.917 7	1.84	0.967 1	2.29	0.989 0
0.50	0.691 5	0.95	0.828 9	1.40	0.919 2	1.85	0.967 8	2.30	0.989 3
0.51	0.695 0	0.96	0.831 5	1.41	0.920 7	1.86	0.968 6	2.31	0.989 6
0.52	0.698 5	0.97	0.834 0	1.42	0.922 2	1.87	0.969 3	2.32	0.989 8
0.53	0.701 9	0.98	0.836 5	1.43	0.923 6	1.88	0.969 9	2.33	0.990 1
0.54	0.705 4	0.99	0.838 9	1.44	0.925 1	1.89	0.970 6	2.34	0.990 4
0.55	0.708 8	1.00	0.841 3	1.45	0.926 5	1.90	0.971 3	2.35	0.990 6
0.56	0.712 3	1.01	0.843 7	1.46	0.927 9	1.91	0.971 9	2.36	0.990 9
0.57	0.715 7	1.02	0.846 1	1.47	0.929 2	1.92	0.972 6	2.37	0.991 1
0.58	0.719 0	1.03	0.848 5	1.48	0.930 6	1.93	0.973 2	2.38	0.991 3
0.59	0.722 4	1.04	0.850 8	1.49	0.931 9	1.94	0.973 8	2.39	0.991 6
0.60	0.725 7	1.05	0.853 1	1.50	0.933 2	1.95	0.974 4	2.40	0.991 8
0.61	0.729 1	1.06	0.855 4	1.51	0.934 5	1.96	0.975 0	2.41	0.992 0
0.62	0.732 4	1.07	0.857 7	1.52	0.935 7	1.97	0.975 6	2.42	0.992 2
0.63	0.735 7	1.08	0.859 9	1.53	0.937 0	1.98	0.976 1	2.43	0.992 5
0.64	0.738 9	1.09	0.862 1	1.54	0.938 2	1.99	0.976 7	2.44	0.992 7

（续）

x	$\Phi(x)$	x	$\Phi(x)$	x	$\Phi(x)$	x	$\Phi(x)$	x	$\Phi(x)$
2.45	0.992 9	2.62	0.995 6	2.84	0.997 7	3.15	0.999 2	3.70	0.999 9
2.46	0.993 1	2.64	0.995 9	2.86	0.997 9	3.20	0.999 3	3.75	0.999 9
2.47	0.993 2	2.66	0.996 1	2.88	0.998 0	3.25	0.999 4	3.80	0.999 9
2.48	0.993 4	2.68	0.996 3	2.90	0.998 1	3.30	0.999 5	3.85	0.999 9
2.49	0.993 6	2.70	0.996 5	2.92	0.998 3	3.35	0.999 6	3.90	1.000 0
2.50	0.993 8	2.72	0.996 7	2.94	0.998 4	3.40	0.999 7	3.95	1.000 0
2.52	0.994 1	2.74	0.996 9	2.96	0.998 5	3.45	0.999 7	4.00	1.000 0
2.54	0.994 5	2.76	0.997 1	2.98	0.998 6	3.50	0.999 8		
2.56	0.994 8	2.78	0.997 3	3.00	0.998 7	3.55	0.999 8		
2.58	0.995 1	2.80	0.997 4	3.05	0.998 9	3.60	0.999 8		
2.60	0.995 3	2.82	0.997 6	3.10	0.999 0	3.65	0.999 9		

标准正态分布函数的表来自 HANDBOOK OF STATISTICAL TABLES by Donald B. Owen. © 1962 by Addison-Wesley.

F 分布的 0.95 分位数表

如果 X 服从自由度为 m 和 n 的 F 分布，该表给出满足 $P(X \leqslant x) = 0.95$ 的 x 值。

n	m																
	1	2	3	4	5	6	7	8	9	10	15	20	30	40	60	120	∞
1	161.4	199.5	215.7	224.6	230.2	234.0	236.8	238.9	240.5	241.9	245.9	248.0	250.1	251.1	252.2	253.3	254.3
2	18.51	19.00	19.16	19.25	19.30	19.33	19.35	19.37	19.38	19.40	19.43	19.45	19.46	19.47	19.48	19.49	19.50
3	10.13	9.55	9.28	9.12	9.01	8.94	8.89	8.85	8.81	8.79	8.70	8.66	8.62	8.59	8.57	8.55	8.53
4	7.71	6.94	6.59	6.39	6.26	6.16	6.09	6.04	6.00	5.96	5.86	5.80	5.75	5.72	5.69	5.66	5.63
5	6.61	5.79	5.41	5.19	5.05	4.95	4.88	4.82	4.77	4.74	4.62	4.56	4.50	4.46	4.43	4.40	4.36
6	5.99	5.14	4.76	4.53	4.39	4.28	4.21	4.15	4.10	4.06	3.94	3.87	3.81	3.77	3.74	3.70	3.67
7	5.59	4.74	4.35	4.12	3.97	3.87	3.79	3.73	3.68	3.64	3.51	3.44	3.38	3.34	3.30	3.27	3.23
8	5.32	4.46	4.07	3.84	3.69	3.58	3.50	3.44	3.39	3.35	3.22	3.15	3.08	3.04	3.01	2.97	2.93
9	5.12	4.26	3.86	3.63	3.48	3.37	3.29	3.23	3.18	3.14	3.01	2.94	2.86	2.83	2.79	2.75	2.71
10	4.96	4.10	3.71	3.48	3.33	3.22	3.14	3.07	3.02	2.98	2.85	2.77	2.70	2.66	2.62	2.58	2.54
15	4.54	3.68	3.29	3.06	2.90	2.79	2.71	2.64	2.59	2.54	2.40	2.33	2.25	2.20	2.16	2.11	2.07
20	4.35	3.49	3.10	2.87	2.71	2.60	2.51	2.45	2.39	2.35	2.20	2.12	2.04	1.99	1.95	1.90	1.84
30	4.17	3.32	2.92	2.69	2.53	2.42	2.33	2.27	2.21	2.16	2.01	1.93	1.84	1.79	1.74	1.68	1.62
40	4.08	3.23	2.84	2.61	2.45	2.34	2.25	2.18	2.12	2.08	1.92	1.84	1.74	1.69	1.64	1.58	1.51
60	4.00	3.15	2.76	2.53	2.37	2.25	2.17	2.10	2.04	1.99	1.84	1.75	1.65	1.59	1.53	1.47	1.39
120	3.92	3.07	2.68	2.45	2.29	2.17	2.09	2.02	1.96	1.91	1.75	1.66	1.55	1.50	1.43	1.35	1.25
∞	3.84	3.00	2.60	2.37	2.21	2.10	2.01	1.94	1.88	1.83	1.67	1.57	1.46	1.39	1.32	1.22	1.00

F 分布的 0.95 分位数表改编自 BIOMETRIKA TABLES FOR STATISTICIANS, Vol. 1, 3rd ed., Cambridge University Press, © 1966, edited by E. S. Pearson and H. O. Hartley.

F 分布的 0.975 分位数表

如果 X 服从自由度为 m 和 n 的 F 分布，该表给出满足 $P(X \leqslant x) = 0.975$ 的 x 值。

n	m																
	1	2	3	4	5	6	7	8	9	10	15	20	30	40	60	120	∞
1	647.8	799.5	864.2	899.6	921.8	937.1	948.2	956.7	963.3	968.6	984.9	993.1	1001	1006	1010	1014	1018
2	38.51	39.00	39.17	39.25	39.30	39.33	39.36	39.37	39.39	39.40	39.43	39.45	39.46	39.47	39.48	39.49	39.50
3	17.44	16.04	15.44	15.10	14.88	14.73	14.62	14.54	14.47	14.42	14.25	14.17	14.08	14.04	13.99	13.95	13.90
4	12.22	10.65	9.98	9.60	9.36	9.20	9.07	8.98	8.90	8.84	8.66	8.56	8.46	8.41	8.36	8.31	8.26

（续）

n	m 1	2	3	4	5	6	7	8	9	10	15	20	30	40	60	120	∞
5	10.01	8.43	7.76	7.39	7.15	6.98	6.85	6.76	6.68	6.62	6.43	6.33	6.23	6.18	6.12	6.07	6.02
6	8.81	7.26	6.60	6.23	5.99	5.82	5.70	5.60	5.52	5.46	5.27	5.17	5.07	5.01	4.96	4.90	4.85
7	8.07	6.54	5.89	5.52	5.29	5.12	4.99	4.90	4.82	4.76	4.57	4.47	4.36	4.31	4.25	4.20	4.14
8	7.57	6.06	5.42	5.05	4.82	4.65	4.53	4.43	4.36	4.30	4.10	4.00	3.89	3.84	3.78	3.73	3.67
9	7.21	5.71	5.08	4.72	4.48	4.32	4.20	4.10	4.03	3.96	3.77	3.67	3.56	3.51	3.45	3.39	3.33
10	6.94	5.46	4.83	4.47	4.24	4.07	3.95	3.85	3.78	3.72	3.52	3.42	3.31	3.26	3.20	3.14	3.08
15	6.20	4.77	4.15	3.80	3.58	3.41	3.29	3.20	3.12	3.06	2.86	2.76	2.64	2.59	2.52	2.46	2.40
20	5.87	4.46	3.86	3.51	3.29	3.13	3.01	2.91	2.84	2.77	2.57	2.46	2.35	2.29	2.22	2.16	2.09
30	5.57	4.18	3.59	3.25	3.03	2.87	2.75	2.65	2.57	2.51	2.31	2.20	2.07	2.01	1.94	1.87	1.79
40	5.42	4.05	3.46	3.13	2.90	2.74	2.62	2.53	2.45	2.39	2.18	2.07	1.94	1.88	1.80	1.72	1.64
60	5.29	3.93	3.34	3.01	2.79	2.63	2.51	2.41	2.33	2.27	2.06	1.94	1.82	1.74	1.67	1.58	1.48
120	5.15	3.80	3.23	2.89	2.67	2.52	2.39	2.30	2.22	2.16	1.94	1.82	1.69	1.61	1.53	1.43	1.31
∞	5.02	3.69	3.12	2.79	2.57	2.41	2.29	2.19	2.11	2.05	1.83	1.71	1.57	1.48	1.39	1.27	1.00

F 分布的 0.975 分位数表改编自 BIOMETRIKA TABLES FOR STATISTICIANS, Vol. 1, 3rd ed., Cambridge University Press, © 1966, edited by E. S. Pearson and H. O. Hartley.

离散分布

	参数为 p 的伯努利分布	参数为 n 和 p 的二项分布
概率函数	$f(x)=p^x(1-p)^{1-x}$, $x=0,1$	$f(x)=\binom{n}{x}p^x(1-p)^{n-x}$, $x=0,\cdots,n$
均值	p	np
方差	$p(1-p)$	$np(1-p)$
矩母函数	$\psi(t)=pe^t+1-p$	$\psi(t)=(pe^t+1-p)^n$

	整数 $a,\cdots,b$ 上的均匀分布	参数为 A,B,n 的超几何分布
概率函数	$f(x)=\frac{1}{b-a+1}$, $x=a,\cdots,b$	$f(x)=\frac{\binom{A}{x}\binom{B}{n-x}}{\binom{A+B}{n}}$, $x=\max\{0,n-b\},\cdots,\min\{n,A\}$
均值	$\frac{b+a}{2}$	$\frac{nA}{A+B}$
方差	$\frac{(b-a)(b-a+2)}{12}$	$\frac{nAB}{(A+B)^2}\frac{A+B-n}{A+B-1}$
矩母函数	$\psi(t)=\frac{e^{(b+1)t}-e^{at}}{(e^t-1)(b-a+1)}$	$\psi(t)=\sum_x f(x)e^{tx}$

	参数为 p 的几何分布	参数为 r 和 p 的负二项分布
概率函数	$f(x)=p(1-p)^x$, $x=0,1,\cdots$	$f(x)=\binom{r+x-1}{x}p^r(1-p)^x$, $x=0,1,\cdots$
均值	$\frac{1-p}{p}$	$\frac{r(1-p)}{p}$
方差	$\frac{1-p}{p^2}$	$\frac{r(1-p)}{p^2}$
矩母函数	$\psi(t)=\frac{p}{1-(1-p)e^t}$, $t<\ln(1/[1-p])$	$\psi(t)=\left[\frac{p}{1-(1-p)e^t}\right]^r$, $t<\ln(1/[1-p])$

	均值为 λ 的泊松分布	参数为 n 和 $(p_1,\cdots,p_k)$ 的多项分布
概率函数	$f(x)=e^{-\lambda}\frac{\lambda x}{x!}$, $x=0,1,\cdots$	$f(x_1,\cdots,x_k)=\binom{n}{x_1,\cdots,x_k}p_1^{x_1}\cdots p_k^{x_k}$, $x_1+\cdots+x_k=n$,对于所有 $x_i\geqslant 0$
均值	λ	$E(X_i)=npi$, $i=1,\cdots,k$
方差	λ	$\mathrm{Var}(X_i)=np_i(1-p_i)$, $\mathrm{Cov}(X_i,X_j)=-np_ip_j$, $i,j=1,\cdots,k$
矩母函数	$\psi(t)=e^{\lambda(e^t-1)}$	多项矩母函数可被定义,但在本书中未定义

连续分布

	参数为 α 和 β 的贝塔分布	区间 $[a,b]$ 上的均匀分布
概率密度函数	$f(x)=\frac{\Gamma(\alpha+\beta)}{\Gamma(\alpha)\Gamma(\beta)}x^{\alpha-1}(1-x)^{\beta-1}$, $0<x<1$	$f(x)=\frac{1}{b-a}$, $a<x<b$
均值	$\frac{\alpha}{\alpha+\beta}$	$\frac{a+b}{2}$
方差	$\frac{\alpha\beta}{(\alpha+\beta)^2(\alpha+\beta+1)}$	$\frac{(b-a)^2}{12}$
矩母函数	没有简单形式	$\psi(t)=\frac{e^{-at}-e^{-bt}}{t(b-a)}$

	参数为 β 的指数分布	参数为 α 和 β 的伽马分布
概率密度函数	$f(x)=\beta e^{-\beta x}$, $x>0$	$f(x)=\frac{\beta^\alpha}{\Gamma(\alpha)}x^{\alpha-1}e^{-\beta x}$, $x>0$
均值	$\frac{1}{\beta}$	$\frac{\alpha}{\beta}$

（续）

	参数为 β 的指数分布	参数为 α 和 β 的伽马分布
方差	$\frac{1}{\beta^2}$	$\frac{\alpha}{\beta^2}$
矩母函数	$\psi(t)=\frac{\beta}{\beta-t}$, $t<\beta$	$\psi(t)=\left(\frac{\beta}{\beta-t}\right)^{\alpha}$, $t<\beta$

	均值为 μ 方差为 σ^2 的正态分布	均值为 μ_1 和 μ_2，方差为 σ_1^2 和 σ_2^2，相关系数为 ρ 的二元正态分布
概率密度函数	$f(x)=\frac{1}{(2\pi)^{1/2}\sigma}\exp\left(-\frac{(x-\mu)^2}{2\sigma^2}\right)$	见式(5.10.2)
均值	μ	$E(X_i)=\mu_i$, $i=1,2$
方差	σ^2	协方差矩阵：$\begin{pmatrix}\sigma_1^2 & \rho\sigma_1\sigma_2\\ \rho\sigma_1\sigma_2 & \sigma_2^2\end{pmatrix}$
矩母函数	$\psi(t)=\exp\left(\mu t+\frac{t^2\sigma^2}{2}\right)$	多项矩母函数可被定义，但在本书中未定义

	参数为 μ 和 σ^2 的对数正态分布	自由度为 m 和 n 的 F 分布
概率密度函数	$f(x)=\frac{1}{(2\pi)^{1/2}\sigma x}\exp\left(\frac{-(\log(x)-\mu)^2}{2\sigma^2}\right)$, $x>0$	$f(x)=\frac{\Gamma\left[\frac{1}{2}(m+n)\right]m^{m/2}n^{n/2}}{\Gamma\left(\frac{1}{2}m\right)\Gamma\left(\frac{1}{2}n\right)}\cdot\frac{x^{(m/2)-1}}{(mx+n)^{(m+n)/2}}$, $x>0$
均值	$e^{\mu+\sigma^2/2}$	$\frac{n}{n-2}, n>2$
方差	$e^{2\mu+\sigma^2}(e^{\sigma^2}-1)$	$\frac{2n^2(m+n-2)}{m(n-2)^2(n-4)}, n>4$
矩母函数	对于 $t>0$ 不是有限的	对于 $t>0$ 不是有限的

	自由度为 m 的 t 分布	自由度为 m 的 χ^2 分布
概率密度函数	$f(x)=\frac{\Gamma\left(\frac{m+1}{2}\right)}{(m\pi)^{1/2}\Gamma\left(\frac{m}{2}\right)}\left(1+\frac{x^2}{m}\right)^{-(m+1)/2}$	$f(x)=\frac{1}{2^{m/2}\Gamma(m/2)}x^{(m/2)-1}e^{-x/2}, x>0$
均值	$0, m>1$	m
方差	$\frac{m}{m-2}, m>2$	$2m$
矩母函数	对于 $t\neq 0$ 不是有限的	$\psi(t)=(1-2t)^{-m/2}$, $t<1/2$

	以μ为中心的柯西分布	参数为x_0和α_0的帕累托分布
概率密度函数	$f(x)=\frac{1}{\pi(1+[x-\mu]^2)}$	$f(x)=\frac{\alpha x_0^\alpha}{x^{\alpha+1}},x>x_0$
均值	不存在	$\frac{\alpha x_0}{\alpha-1},\alpha>1$
方差	不存在	$\frac{\alpha x_0^2}{(\alpha-1)^2(\alpha-2)},\alpha>2$
矩母函数	对于$t\neq0$不是有限的	对于$t>0$不是有限的

参考文献

Allison, D. B. , Heshka, S. , Sepulveda, D. , and Heymsfield, S. B. (1993). Counting calories—Caveat emptor. *Journal of the American Medical Association*, 270: 1454–1456.

Andrews, D. F. , Bickel, P. J. , Hampel, F. R. , Huber, P. J. , Rogers, W. H. , and Tukey, J. W. (1972). *Robust Estimates of Location: Survey and Advances*. Princeton: Princeton University Press.

Belsley, D. A. , Kuh, E. , and Welsch, R. E. (1980). *Regression Diagnostics: Identifying Influential Data and Sources of Collinearity*. New York: John Wiley and Sons.

Berry, D. A. , and Geisser, S. (1986). Inference in cases of disputed paternity. In M. H. DeGroot, S. E. Fienberg, and J. B. Kadane (eds.), *Statistics and the Law* (pp. 353–382). New York: John Wiley and Sons.

Bickel, P. J. , and Doksum, K. A. (2000). *Mathematical Statistics: Basic Ideas and Selected Topics* (Vol. 1, 2nd ed.). Upper Saddle River, NJ: Prentice-Hall.

Black, F. , and Scholes, M. (1973). The pricing of options and corporate liabilities. *Journal of Political Economy*, 81: 637– 654.

Bortkiewicz, L. von, (1898). *Das Gesetz der Kleinen Zahlen*. Leipzig: Teubner.

Box, G. E. P. , Jenkins, G. M. , and Reinsel, G. C. (1994). *Time Series Analysis: Forecasting and Control* (3rd ed.). Upper Saddle River, NJ: Prentice-Hall.

Box, G. E. P. , and Müller, M. E. (1958) . A note on the generation of random normal deviates. *Annals of Mathematical Statistics*, 29: 610–611.

Broemeling, L. (1984). *Bayesian Analysis of Linear Models*. New York: Marcel Dekker, Inc.

Brunk, H. D. (1975). *An Introduction to Mathematical Statistics* (3rd ed.). Lexington, MA: Xerox College Publishing.

Casella, G. , and Berger, R. L. , (2002) *Statistical Inference* (2nd ed.). Pacific Grove, CA: Brooks/Cole.

Chase, M. A. , and Dummer, G. M. (1992). The role of sports as a social status determinant for children. *Research Quarterly for Exercise and Sport*, 63: 418–424.

Cook, R. D. , and Weisberg, S. (1982). *Residuals and Influence in Regression*. New York: Chapman and Hall.

——— (1994). *An Introduction to Regression Graphics*. New York: John Wiley and Sons.

——— (1999). *Applied Regression Including Computing and Graphics*. New York: John Wiley and Sons.

Cowles, M. K. , and Carlin, B. P. (1996). Markov chain Monte Carlo convergence diagnostics: A comparative review. *Journal of the American Statistical Association*, 91: 883–904.

Cramér, H. (1946) . *Mathematical Methods of Statistics*. Princeton, NJ: Princeton Univer-sity Press.

Cullen, C. G. (1972). *Matrices and Linear Transformations* (2nd ed.). Reading, MA: Addison-Wesley.

Darwin, C. (1876). *The Effects of Cross and Self-Fertilization in the Vegetable Kingdom*. London: John Murray.

David, F. N. (1988) . *Games, Gods, and Gambling*. New York: Dover Publications.

Davison, A. C. , and Hinkley, D. V. (1997). *Bootstrap Methods and Their Application*. New York: Cambridge University Press.

DeGroot, M. H. (1970). *Optimal Statistical Decisions*. New York: McGraw-Hill.

Devore, J. L. (1999). *Probability and Statistics for Engineering and the Sciences* (5th ed.). Monterey, CA: Brooks/Cole.

Devroye, L. (1986). *Non-Uniform Random Variate Generation* New York: Springer.

Draper, N. R., and Smith, H. (1998). *Applied Regression Analysis* (3rd ed.). New York: John Wiley and Sons.

Efron, B. (1979). Bootstrap methods: Another look at the jackknife. *The Annals of Statistics*, 7: 1–26.

Efron, B., and Tibshirani, R. (1993). *An Introduction to the Bootstrap*. New York: Chap-man and Hall.

Feller, W. (1968). *An Introduction to Probability Theory and Its Applications* (Vol. 1, 3rd ed.). New York: John Wiley and Sons.

Ferguson, T. S. (1967). *Mathematical Statistics: ADecision Theoretic Approach*. New York: Academic Press.

Finkelstein, M. O., and Levin, B. (1990). *Statistics for Lawyers*. New York: Springer-Verlag.

Forbes, J. D. (1857). Further experiments and remarks on the measurement of heights by the boiling point of water. *Transactions of the Royal Society of Edinburgh*, 21: 135–143.

Fraser, D. A. S. (1976). *Probability and Statistics*. Boston: Duxbury Press.

Frey, M., and Edwards, M. (1997). Surveying arsenic occurrence. *Journal of the American Water Works Association*, 89: 105–117.

Friedland, L. R., Joffe, M., Wiley, J. F., Schapire, A., and Moore, D. F., (1992). Effect of educational program on compliance with glove use in a pediatric emergency department. *American Journal of Diseases of Childhood*, 146: 1355–1358.

Frisby, J. P., and Clatworthy, J. L. (1975) Learning to see complex random-dot stere-ograms, *Perception*, 4: 173–178.

Gelfand, A. E., and Smith, A. F. M. (1990). Sampling-based approaches to calculating marginal densities. *Journal of the American Statistical Association*, 85: 398–409.

Gelman, A., Carlin, J. B., Stern, H. S., and Rubin, D. B. (1995). *Bayesian Data Analysis*. London: Chapman and Hall.

Geman, S., and Geman, D. (1984). Stochastic relaxation, Gibbs distributions and the Bayesian restoration of images. *IEEE Transactions on Pattern Analysis and Machine Intelligence*, 6: 721–741.

Graybill, F. A., and Iyer, H. K. (1994). *Regression Analysis: Concepts and Applications*. Pacific Grove, CA: Brooks/Cole.

Grunbaum, B. W., Crim, M., Selvin, S., Pace, N., and Black, D. M. (1978). Frequency distribution and discrimination probability of twelve protein genetic variants in human blood as functions of race, sex, and age. *Journal of Forensic Sciences*, 23: 577–587.

Hampel, F. R., Ronchetti, E. M., Rousseeuw, P. J., and Stahel, W. A. (1986). *Robust Statistics: The Approach Based on Influence Functions*. New York: John Wiley and Sons.

Hastings, W. K. (1970). Monte Carlo sampling methods using Markov chains and their applications. *Biometrika*, 57: 97–109.

Heavenrich, R. M., and Hellman, K. H. (1999) Light duty automotive technology and fuel economy trends through 1999, *U. S. Environmental Protection Agency* (EPA420-R-99-018).

Hoel, P. G., Port, S., and Stone, C. L. (1971). *Introduction to Probability Theory*. Boston: Houghton-Mifflin.

Hogg, R. V., and Tanis, E. A. (1997). *Probability and Statistical Inference* (5th ed.). Upper Saddle River, NJ: Prentice-Hall.

Huber, P. J. (1964). Robust estimation of a location parameter. *The Annals of Mathemat-ical Statistics*, 35: 73–101.

——— (1977). *Robust Statistical Procedures*. Philadelphia: Society for Industrial and Applied Mathematics.

——— (1981). *Robust Statistics*. New York: John Wiley and Sons.

Kempthorne, O., and Folks, L. (1971). *Probability, Statistics, and Data Analysis*. Ames, IA: Iowa State University Press.

Kennedy, W. J., Jr., and Gentle, J. E. (1980). *Statistical Computing*. New York: Marcel Dekker.

Kronmal, R. A., and Peterson, A. V., Jr. (1979). On the alias method for generating random variables from a discrete distribution. *The American Statistician*, 33: 214-218.

Larsen, R. J., and Marx, M. L. (2001). *An Introduction to Mathematical Statistics and Its Applications* (3rd ed.). Upper Saddle River, NJ: Prentice-Hall.

Larson, H. J. (1974). *Introduction to Probability Theory and Statistical Inference* (2nd ed.). New York: John Wiley and Sons.

Lawless, J. F. (1982). *Statistical Models and Methods for Lifetime Data*. New York: John Wiley and Sons.

Lehmann, E. L. (1958). Significance level and power. *Annals of Mathematical Statistics*, 29: 1167-1176.

——— (1997). *Testing Statistical Hypotheses* (2nd ed.). New York: Springer-Verlag.

Lehmann, E. L., and Casella, G. (1998). *Theory of Point Estimation* (2nd ed.). New York: Springer-Verlag.

Lieblein, J., and Zelen, M. (1956). Statistical investigation of the fatigue life of deep groove ball bearings. *Journal of Research of the National Bureau of Standards*, 57: 273-316.

Lindgren, B. W. (1976). *Statistical Theory* (3rd ed.). New York: Macmillan.

Lockwood, J. R., Schervish, M. J., Gurian, P., and Small, M. J. (2001). Characterization of arsenic occurrence in source waters of U. S. community water systems. *Journal of the American Statistical Association*, 96 (456): 1184-1193.

Lorenzen, T. J. (1980). Determining statistical characteristics of a vehicle emissions audit procedure. *Technometrics*, 22: 483-493.

Lubischew, A. A. (1962). On the use of discriminant functions in taxonomy. *Biometrics*, 18: 455-477.

Lyle, R. M., Melby, C. L., Hyner, G. C., Edmondson, J. W., Miller, J. Z., and Weinberger, M. H. (1987). Blood pressure and metabolic effects of calcium supplementation in normotensive white and black men. *Journal of the American Medical Association*, 257: 1772-1776.

Manly, B. F. J. (1986). *Multivariate Statistical Methods: A Primer*. London: Chapman and Hall.

Markowitz, H. (1987). *Mean-Variance Analysis in Portfolio Choice and Capital Markets*. Oxford: Basil Blackwell.

Metropolis, N., Rosenbluth, A. W., Rosenbluth, M. N., Teller, A. H., and Teller E. (1953). Equations of state calculations by fast computing machines. *Journal of Chemical Physics*, 21: 1087-1091.

Meyer, P. L. (1970). *Introductory Probability and Statistical Applications* (2nd ed.). Reading, MA: Addison-Wesley.

Miller, I., and Miller, M. (1999). *John E. Freund's Mathematical Statistics* (6th ed.). Upper Saddle River, NJ: Prentice-Hall.

Mood, A. M., Graybill, F. A., and Boes, D. C. (1974). *Introduction to the Theory of Statistics* (3rd ed.). New York: McGraw-Hill.

Moore, D. S., and McCabe, G. P. (1999). *Introduction to the Practice of Statistics* (3rd ed.). New York: W. H. Freeman.

Morrison, D. F. (1990). *Multivariate Statistical Methods* (3rd ed.). New York: McGraw-Hill.

Nocedal, J., and Wright, S. (2006). *Numerical Optimization*. New York: Springer.

Olkin, I., Gleser, L. J., and Derman, C. (1980). *Probability Models and Applications*. New York: Macmillan.

Ore, O. (1960). Pascal and the invention of probability theory. *American Mathematical Monthly*, 67: 409-419.

Prien, R. F., Kupfer, D. J., Mansky, P. A., Small, J. G., Tuason, V. B., Voss, C. B., and Johnson, W. E. (1984). Drug therapy in the prevention of recurrences in unipolar and bipolar affective disorders. *Archives of General Psychiatry*, 41: 1096-1104.

Quetelet, A. (1846). *Lettres à S. A. R. le Duc Régnant de Saxe-Cobourg et Gotha, sur la théorie des probabilités, appliquée aux sciences morales et politiques*. Brussels: Hayez.

Rao, C. R. (1973). *Linear Statistical Inference and Its Applications* (2nd ed.). New York: John Wiley and Sons.

Rice, J. A. (1995). *Mathematical Statistics and Data Analysis* (2nd ed.). Belmont, CA: Duxbury Press.

Rohatgi, V. K. (1976). *An Introduction to Probability Theory and Mathematical Statistics*. New York: John Wiley and Sons.

Rousseeuw, P. J., and Leroy, A. M. (1987). *Robust Regression and Outlier Detection*. New York: John Wiley and Sons.

Rutherford, E., and Geiger, H. (1910). The probability variations in the distribution of α particles. *The London, Dublin, and Edinburgh Philosophical Magazine and Journal of Science, Series 6*, 20: No. 118, 698-704.

Rubinstein, R. Y. (1981). *Simulation and the Monte Carlo Method*. New York: John Wiley and Sons.

Scheffé, H. (1959). *The Analysis of Variance*. New York: John Wiley and Sons.

Schervish, M. J. (1995). *Theory of Statistics*. New York: Springer-Verlag.

Sharpe, R. H., and Van Middelem, C. H. (1955). Application of variance components to horticultural problems with special reference to a parathion residue study. *Proceedings of the American Society for Horticultural Science*, 66: 415-420.

Simpson, J., Olsen, A., and Eden, J. C. (1975). A Bayesian analysis of a multiplicative treatment effect in weather modification. *Technometrics*, 17: 161-166.

Smith, H. L., Piland, N. F., and Fisher, N. (1992). A comparison of financial performance, organizational characteristics, and management strategy among rural and urban nursing facilities. *Journal of Rural Health*, 8: 27-40.

Sokal, R. R., and Rohlf, F. J. (1981). *Biometry* (2nd ed.). San Francisco: W. H. Freeman.

Stigler, S. M. (1986). *The History of Statistics*. Cambridge, MA: Belknap Press of Harvard University Press.

Student (1908). The probable error of a mean. *Biometrika*, 6: 1-25.

Thomson, A., and Randall-Maciver, R. (1905). *Ancient Races of the Thebaid*. Oxford: Oxford University Press.

Tierney, L. (1994). Markov chains for exploring posterior distributions (with discussion). *The Annals of Statistics*, 22: 1701-1762.

Todhunter, I. (1865). *A History of the Mathematical Theory of Probability from the Time of Pascal to That of Laplace*. New York: G. E. Stechert (reprinted 1931).

Tubb, A., Parker, A. J., and Nickless, G. (1980). The analysis of Romano-British pottery by atomic absorption spectrophotometry. *Archaeometry*, 22: 153-171.

Twain, M. (1924). *Mark Twain's Autobiography* (Vol. 1). New York: Harper Brothers. Wackerly, D. D.,

Mendenhall, W. , and Scheaffer, R. L. (1996). *Mathematical Statistics with Applications* (7th ed.). Belmont, CA: Duxbury Press.

Walker, A. J. (1974). New fast method for generating discrete random numbers with arbitrary frequency distributions. *Electronics Letters*, 10: 127-128.

Weisberg, S. (1985). *Applied Linear Regression* (2nd ed.). New York: John Wiley and Sons.

Welch, B. L. (1938). The significance of the difference between two means when the population variances are unequal. *Biometrika*, 29: 350-362.

——— (1947). The generalization of "Student's" problem when several different popu-lation variances are involved. *Biometrika*, 29: 28-35.

——— (1951). The comparison of several groups of observations when the ratios of the population variances are unknown. *Biometrika*, 29: 330-336.

Wilcoxon, F. (1945). Individual comparisons by ranking methods, *Biometrics*, 1: 80-83. Winsor, C. P. (1947). Quotations: "Das Gesetz der Kleinen Zahlen," *Human Biology*, 19: 154-161.

Young, G. A. (1994). Bootstrap: More than a stab in the dark? (with discussion). *Statistical Science*, 9: 382-415.